管理學
Management
Concepts · Applications · Skill Development
ROBERT N. LUSSIER／著
郭建中／譯

目　錄

第一章
管理學：過去與現在

學習目標

在讀完這章之後，你將能夠：

1.描述一名經理人的職責。

2.列出並解釋三種管理上的技巧。

3.列出並解釋四種管理上的功能。

4.解釋三種管理角色：人際互動性、資訊提供性和決策性。

5.列出管理階層的層級體系。

6.描述三種不同類型的經理人：概括型、功能型和工程計畫型。

7.針對各管理階層所需的技巧和呈現出來的職責功能，來描述這些管理階層之間的差異。

8.說明傳統學派的理論學家和行為學派的理論學家，他們之間的同異性。

9.描述系統學派和應變學派的理論學家與傳統學派和行為學派的理論學家有什麼不同。

10.界定下列幾個主要名詞：

經理人
經理人的資源
績效表現
管理技巧
專業技術上的技巧
人性和溝通上的技巧
概念和決策上的技巧
管理功能
規劃
組織
領導
控制
管理角色類別
管理階層
經理人類型
傳統學派的理論學家
行為學派的理論學家
管理科學的理論學家
系統學派的理論學家
社會工程學派的理論學家
應變學派的理論學家

技巧建構者

技巧的發展

1.你應該培養自己的情境處理技巧

為了更明確一點，你應該經由狀況情境的分析，選出一套最符合該情境需求的管理風格，來發展出屬於你自己的概念和決策性管理技巧。根據現有的狀況施展適當的管理風格有助於你瞭解在這樣的狀況下，最適切的人性和溝通技巧是什麼。而第一個該培養出來的主要管理功能就是領導能力，另外透過這項練習所發展出來的主要管理角色則是人際互動和決策性的角色。然後還要發展資訊和系統組織方面的SCANS資格能力，以及一些基本和思考性的技巧能力。

■ The Gap為大學生提供了實習的機會，可以讓他們在畢業後向管理性事業進行挑戰。

The Gap公司一開始在1969的時候只有一家分店，位在舊金山的海洋大道（Ocean Avenue）上。短短二十五年之間，它終於成為零售業中的領導者，共有1,500百家分店，年營業額超過37億美元，收益高達3億2,000萬美元。The Gap屬於特殊專賣店，店中專營男女性和5歲以下兒童的休閒服，其中有五種品牌：Gap、Gap Kids、babyGap（全美超過825家店）、Old Navy（全美超過125家店），和Banana Republic（全美超過200家店）。有些Gap分店結合了以上一些產品線，有些則是屬於單一產品線的專賣店。最近，The Gap又推出了個人保養用品和鞋類產品，為的是要讓顧客有更充分的理由到店裏來購物。

位在美國的Gap分店共坐落於48個州內，其中包括50個最大的都會區。Gap海外分店則分佈在波多黎各、加拿大、英國、法國、日本、威爾斯和蘇格蘭等地。所有這些店都是採租賃型式，沒有一家店是採加盟方式或由外人來經營。

The Gap一向以顧客為導向，換句話說，所有的Gap員工都把顧客置於工作的第一位。這種以客為尊的理念從一些小節上就可以看得出來，The Gap要求店員要向上門的顧客問好，這項舉動不僅讓顧客覺得賓至如歸，還能在一開始就對顧客的需要作出立即的判斷和協助。所有的分店經理都要為顧客服務，而且要根據他們對待顧客的能力程度來作績效評估和升遷。

The Gap也提供大學畢業生一個挑戰管理性事業的契機，該公司為在學的大學生提供實習性的工作機會，一旦表現良好，就能在畢業後調整為全職的管理工作。除此之外，The Gap還有一項晉升政策，能夠讓有天份又肯在工作上賣力的經理人士，繼續往上攀升。這些願意在職位上重新調整的員工們，鐵定可以加快他們在這家公司的爬升速度。The Gap的重要管理運作包括了目標設定和訓練等。

儘管本章的章名是〈管理學：過去與現在〉，你還是會先學到什麼是管理學；要怎樣才能成為一名成功的經理人；經理要做些什麼事；以及各經理人之間的差異等。以上這些主題都能適用於過去與現在的管理學。然後，你會讀到從過去到目前為止的管理學演變，最後才是管理學中的當今熱門主題，它們也將會是未來幾年內的持續性重要議題。

什麼是管理學

和一名經理人士的訪談

這次和The Gap分店經理Bonnie Castonguary的訪談，讓我們縱覽了一名經理人士的工作與職責究竟是什麼。

作　者：你什麼時候開始幫The Gap工作的？又是如何一路爬升成為目前的分店經理？

Bonnie：我是在1990年11月開始接受有關分店經理方面的訓練。到了1991年9月，因為某位女士請產假，於是我替代她的分店經理職務。一直到1992年1月，我才有 了自己的第一家店。1993年的8月和1994年的10月，我被提升分派到營業額更大的分店裏。我的下一個事業晉升目標是總經理，這樣一來，雖然我還是待在一家店裏，可是卻可以協助地區經理監管我轄區內的其它分店了。

作　者：請簡單描述一下你的工作。

Bonnie：下面這個大致性的摘要是取自於「The Gap分店管理職務縱覽」格式，內容大約有兩頁這麼長。一開始是一般性的概述，然後是每一層管理摘要的各部分細節描述。

The Gap分店的經理Bonnie Castonguary。

分店管理小組掌管店內的銷售、營運和人事等功能部分，目的是確保店內可以有最大的營收效益，並確實配合公司的程序作法。這個小組包括了襄理（Assistant Managers）、副理（Associate Managers）、分店經理（Store Manager）、或總經理（General Manager）。

在圖1-1裏，Bonnie就描述了一個典型的週一上班日。

8:00 A.M.

- 進入分店，巡視各賣場樓層，確定昨晚的關店動作一切無誤。
- 根據我對營業額的預估，按比例抓出當週的薪資成本，並收集入檔。
- 在管理主機上進行開啟程序（該電腦會記錄所有店內收銀機的銷售交易和存貨項目）。

8:30 A.M.

- 帶櫥窗設計人員到各賣場樓層，指派任務給他們，要求設計出新的商品展示（為員工和我自己列出一份「待做」名單）。

9:00 A.M.

- 在店門開啟前，叫出語音信箱，看看是否有來自於其它分店經理或者是我的直屬老闆與地區經理的留言。
- 打幾通商業電話。

9:30 A.M.

- 指派銷售同仁到各店區內。
- 把錢放進電腦式的收銀機抽屜裏。

10:00 A.M.

- 打開店門。
- 確定銷售同仁適當地駐守在各店區樓層中。
- 確定每一位進門的顧客都被招呼到，而且能知道他們的需求是什麼。
- 賣場協助（如果需要的話，自己也出面協助向顧客問好、協助銷售、補充貨架上的貨源、置換房間等）。

12:00 P.M.

- 從營運明細表和毛利報告上，做出上一個月的商業分析。

12:30 P.M.

- 在員工輪班休息時提供必要的賣場協助。

1:30-2:30 P.M.

- 準備好顧客所要的調貨內容（這是指我們店內有貨但別家分店卻沒有貨的一些產品）以方便送達。把調貨單輸入電腦，以便取貨。

3:00 P.M.

- 準備啟程參加地區性會議。

3:15 P.M.

- 把調貨的東西交付給對方，順便接另一家分店經理去開會。

4:00 P.M.

會議是由地區經理以及總經理和分店經理共七人主辦。一開始討論的是下列各項主題，最後則以巡視會議所在地的分店樓層作為結束：

- 上週的業績、上週的工資額、下個月的工資額計畫（業績比例下的成本）、店內的整潔和各項標準。
- 新的資料項目、郵件、一般討論、疑問等。
- 店內賣場巡視。在店內巡視的時候，負責該店的經理會討論一下其它分店經理可能想要用到的一些新點子。除此之外，其它分店經理也會提供一些點子供該店經理改進店內的櫥窗設計。換句話說，這是一個交換點子的好時機，非常有助於同在一個區域內的小組成員。

6:00 P.M.

- 打電話到店裏，瞭解一下當天的銷售情形，然後回家。

圖1-1　經理人一天的生活

作　者：身為一名經理，你最喜歡的是哪一部分？

Bonnie：在工作上你不會有時間讓你覺得無聊，因為你總是在做不同的事情。

作　者：那麼身為一名經理，最不喜歡的又是哪一部分呢？

Bonnie：處理員工的表現問題和顧客的問題，而且總是有處理不完的事情等著我。當我下了班之後，要是店裏還有問題，我就得待在店裏也許到半夜兩點，直到所有的問題都解決掉為止

作　者：對那些還沒有任何全職經驗，畢業後對管理性工作又蠻有興趣的大學生來說，你會給他們一些什麼建議？

Bonnie：你需要全心投入且努力地工作。你必須以自己的工作為榮。你必須願意負起很多的責任。千萬記住，你的員工永遠期望你為他們塑下典範，如果你犯了錯（你一定會犯錯的），也會影響到你的員工。你必須是一個自我鞭策者。身為一名分店經理，你必須激勵自己的員工，可是你不能期望自己的老闆也會同等的對待你、激勵你哦！

經理人的職責

1. 描述一名經理人的職責

經理人（manager）透過有效率（efficient）和實際有效（effective）的資源利用，來負責完成各項組織目標。此外，在這篇定義當中，還有幾個關鍵字需要解釋一下。所謂有效率就是指把事情做對，以便將可利用的資源發揮到最大的極限。而實際有效則是指為了達成某個目標，你必須選擇正確的事情來做才行。而所謂**「經理人的資源」**（manager's resources）則包括人力、財務、物質和資訊。

經理人
透過有效的資源利用，負責完成各項組織目標的人物。

經理人的資源
人力、財務、物質和資訊等各種資源。

人力資源

人力資源就是人。經理們必須藉由員工的協助，把事情做完。而人力就是每位經理背後最有價值的資源。有沒有注意到 「經理人的一天生活」，當中，Bonnie並沒有親自設計所有的商品展示，而是透過手下的員工來完成這些事情。身為一名經理，你應該儘可能雇用最棒的人手。然後這些受雇員工經過訓練，就會學會使用公司內部的其它資源，把生產力發揮到最大的極限。這本書的重點就在於如何和員工一起合作，共同完成組織目標。

財務資源

多數的經理都有一份預算表，上頭載明在某段期間內，該部門或分店的營運成本是多少。換句話說，這份預算界定了可以利用的財務資源。經理必須負責監督旗下部門並沒有浪費任何可資利用的資源。Bonnie在開店前把錢放進收銀機的抽屜裏，還要籌算出業績比例下的工資成本，以便達成營收目標。所以Bonnie肩負了將The Gap利潤極大化的重責大任。

工作運用

1.描述你現在／以前的老闆所用到的特定資源是什麼。請提供該名經理的工作頭銜和負責部門。

物質資源

要把事情做好，必須有效地運用到一些物質上的資源。類似像Bonnie這樣的零售店，物質資源包括了商店本身的建築體、出售的貨品、用來展示貨品的背景道具，和用來記錄銷售業績和存貨的電腦軟硬體。此外，它還包括後面房間的各式存貨和供應品，例如，價格標籤、衣架等。經理們必須負責讓這些設備道具處於可用的狀況下，並確保所有必要的材料物品都充分無虞才行。如果物質資源不夠或者是保管不當的話，就可能誤了期限和損失掉目前或未來的一些生意。

資訊資源

經理們需要擁有來自於四面八方的各種資訊。[1]控制中心（電腦）可用來儲存和尋找位在The Gap店內的資訊。當Bonnie檢查她的語音信箱、打電話、指示員工進行展示工作、以及參加地區性會議並巡視賣場時，使用的就是資訊資源。和小組成員們一起分享資源，對身為經理人的你，是非常重要的成功關鍵因素。[2]在這個競爭日益激烈的全球市場中，為了加快生意成交的速度，資訊的重要性無可避免地將會與日俱增。

績效表現
用來評估經理如何有效運用資源來達成目標的各種方法。

組織的**績效表現**（performance）程度是根據經理人如何有效運用資源來達成目標而定的。經理人必須對此負責並被評估。目前的趨勢作法是要求經理人在較少的資源下完成某些目標。[3]現在的經理人都被要求必須是個能統御各式人等的小組領導人。[4, 5]

成功的經理人該有什麼條件

既然你已明瞭管理是怎麼一回事，現在你就要開始學習一名成功的經理人所必備的一些特質和技巧。

現在的經理人都被要求必須是個能統御各式人等的小組領導人。

管理特質

過去這幾年來，眾多的研究專家都想回答這個問題：成功的經理人該有什麼條件？在一份《華爾街日報》的蓋洛普調查（Gallup survey）當中，有282家大型企業的782名頂尖執行主管接受了訪問，他們被問到「身為一名成功的行政官，需要具備哪些重要的特質？」[6]在你讀過這些執行主管的回答之前，請先完成自我評估練習1-1，看看自己是否擁有成功的經理人士所必備的某些條件。

蓋洛普調查中的受訪主管們都一致認同正直、勤勉和人際相處能力是身為一名成功經理人的三大必備條件。其它的特質還包括商業知識、聰明才智、領導統御能力、教育程度、判斷力、溝通能力、變通能力和計畫與設定目標的能力。受訪主管們也說出了七種失敗的特質，它們分別是：狹隘的目光視野、無法體諒別人、無法和他人合作、優柔寡斷、缺乏主動性、不願承擔責任、不夠正直等。另外還有些其它的失敗性特質，包括了不知變通、不願獨立思考、沒辦法解決問題、以及急欲想要受到別人的歡迎等。

工作運用

2.找出某位特定的經理人，最好曾經或目前是你的老闆，解釋一下為什麼他或她是個成功／不成功的經理人。請舉出實例。

管理技巧

2. 列出並解釋三種管理上的技巧

今天，好的管理技巧是非常必要的。[7,8]你一路走過來所得到的經驗、訓練和學歷，如果和這方面有關的話，都非常有益於你發展自己的管理技巧。因為

自我評估練習1-1　管理特質問卷

下面十五道問題都和成功的經理人所必備的特質條件有些關聯。請針對每一題評估自己，找出最能描述你行為的數字（1到4）：

4 ____ 這個描述完全不像我。

3 ____ 這個描述有一點像我。

2 ____ 這個描述蠻像我的。

1 ____ 這個描述非常像我。

____ 1.我喜歡和人們一起工作。我情願和別人一起合作，也不要獨自工作。

____ 2.我可以激勵別人。我有辦法讓別人做一些他們可能不想做的事。

____ 3.我很受到別人的歡迎，人們喜歡和我一起工作。

____ 4.我很合作，努力想要幫助小組把事情做好，而不願成為一個明星而已。

____ 5.我是一個領導者，我喜歡教育、訓練和指導別人。

____ 6.我想要成功，我總是盡我所能的去做，求得成功。

____ 7.我是一個自我主動性很強的人，我總是在沒有人告知我該做什麼事情的情況下，就把事情給做好了。

____ 8.我是一個問題終結者。如果事情不是照我所想的那樣去做，我就會更正它來符合我的目標。

____ 9.我是個自力更生型的人，我不需要其他人的幫忙。

____ 10.我在工作上很努力，我喜歡工作，也喜歡把事情做完的感覺。

____ 11.我是個可以信賴的人，如果我說我會在一定時間內做完某件事，我就一定做得到。

____ 12.我是個很忠心的人，我絕不會做出或說出任何事情來故意傷害我的朋友、親戚、或工作夥伴。

____ 13.我可以接受批評，如果有人說到我不好的一面，我會慎重的思考一番，並在適當的時候改正過來。

____ 14.我很誠實，我不說謊、不偷竊、也不騙人。

____ 15.我很公正，我對待任何人都一律平等。我絕不利用其他人。

____ 總分（請將一到十五題的分數加總在一起，你的分數會在十五到六十分之間）

一般來說，你的分數愈低，就愈有機會成為一名成功的經理人。如果你有興趣在未來成為一名經理人，你就可以在本課程中或個人生活上改善自己的正直特質（第十一到第十五題）、勤勉特質（第六到第十題）和人際相處能力（第一到第五題）。請把這個測試當成為一個起點，看看自己的一些特質。你在哪方面很強？哪方面很弱？想想看該如何改善自己的弱點，如果可以的話，最好是把改善計畫寫出來。

管理技巧是這麼地重要，所以本書的重點將會擺在技巧的建構上。其實，成功的關鍵就在於個人對工作上的努力不懈。如果你好好經營它，就可以透過本課程的學習發展出自己的管理技巧。當然在日常生活中，你也可以運用到本書的概念。

Robert Katz在二十年前就進行了一項研究計畫，這項研究結果到目前為止仍廣為人所引用。Katz找出了行政官所必備的三大技巧，它們分別是專業技術、人性作法和概念看法。[9]經過了許多年之後，其他研究專家又在其中加添了行政技巧、溝通能力、政治手腕、和解決問題以及決策能力等。所以就本書而言，**管理技巧**（management skills）總共包括了：（1）專業技術上的技巧；（2）人性和溝通上的技巧；以及（3）概念和決策上的技巧。

管理技巧
（1）專業技術上的技巧；（2）人性和溝通上的技巧；以及（3）概念和決策上的技巧。

專業技術上的技巧

專業技術上的技巧（technical skills）是指運用方法和技能來達成某項任務的能力。當經理人在進行預算工作的時候，他可能需要具備電腦技術來操作類似像Lotus1-2-3或Excel這樣的軟體。Bonnie需要具備電腦技術來打開店門、作成調貨和銷售資料的記錄。多數員工之所以會被拔擢到管理階層的工作，主要就是因為他們具備了專業技術。各個工作所需具備的專業技術各不相同，因此，本書並不著重在專業技術的發展。但是，你可以在第六章和第十五章學習到如何運用一些規劃和決策工具，以及一些財務和預算工具。

專業技術上的技巧
運用方法和技能來達成某項任務的能力。

人性和溝通上的技巧

人性和溝通上的技巧（human and communication skills）是指在團體中和人們一起合作共事的能力。沒有溝通技巧，你就無法成為一個實際有效的團體成員或經理人。[10]今天，員工們都想要參與管理，[11]所以愈來愈需要在團體工作上運用到好的人際關係。[12]人性技巧的另一個領域就是政治手腕。你和員工之間的相處情形，絕對會影響到你的管理是否成功。但是你並不需要為了想要擁有好的工作關係而去喜歡人們（雖然這可能有些幫助）。Bonnie一天當中，絕大多數的時間都花在和員工與顧客的共事上。我們可從The Gap分店經理職務縱覽中明白地看出，身為一名經理人，優良的溝通技巧是非常必要的。透過這本書，你將會學到如何和各種不同的人們一起工作，如何發展出人力資源上的技巧，改善溝通能力，激勵和領導他人，管理團體成員，發展權力和政治手腕，處理矛盾衝突，以及改善員工的績效表現等。

人性和溝通上的技巧
在團體中和人們一起合作共事的能力。

概念和決策上的技巧
對抽象構想的領悟能力和選擇可行方案來解決問題的能力。

概念和決策上的技巧

概念和決策上的技巧（conceptual and decision-making skills）是指對抽象構想的領悟能力和選擇可行方案來解決問題的能力。概念上的技巧，它的另一個替代說法是系統性思考能力（system thinking），或者是對整體組織以及各部分片段之間關係的瞭解能力。因為商業活動在這個多樣化的全球環境中一向是處於競爭的狀態，所以非常需要創意性的分析和判斷[13]目前又以爭議性的思考（critical thinking）來解決一些問題和麻煩。[14]Bonnie的工作之一就是決定該推出哪些貨品，如何展示這些貨品，以及該雇用哪些人等。透過本書，你就會學習到該如何發展出自己的概念和規劃技巧。請參考圖1-2，重新回顧一下這些管理技巧。

工作運用

3.選定一名經理人，最好曾經或目前是你的老闆。明確列出他或她在工作上用過哪些專業技術上的技巧、人性和溝通上的技巧、以及概念和決策上的技巧？

工作上所需的技術和條件：SCANS

SCANS（The U.S. Secretary of Commerce's Commission on Achieving Necessary Skills）執行了一項研究，用來決定一般工作上所需必備的技術和條件。委員會的成員們在這項研究中，找出了實際工作表現中所必備的個人特質是什麼，也就是五項資格能力：資源、人際互動能力、資訊能力、系統組織能力和專業技術，和三部分的基礎性能力：基本能力、思考能力和個人特質。我們會在稍後部分詳細介紹SCANS所確認出的這些技巧。

圖1-2　管理技巧

概念運用

AC 1-1 管理技巧

請針對下列五種情況，找出所需要的技巧，各技巧明列如下：

a.專業技術上的技巧 b.人性和溝通上的技巧 c.概念和決策上的技巧

__1.對整體組織以及各部分片段之間關係的瞭解能力。

__2.有能力激勵員工做好自己的工作。

__3.表現局部工作的能力，例如：將資料輸入到電腦裏。

__4.決定把錯誤更正回來的能力。

__5.書寫備忘錄和信函的能力。

Ghiselli研究

Edwin Ghiselli教授主持過一項研究計畫，是用來找出成功經理人所必備的一些特質。[15]Ghiselli確認出六個重要的特質，但它們卻不一定和成功有著必然的關係。這些特質依照重要程度的反序排列如下：（6）主動性；（5）自信心；（4）決斷心；（3）聰明才智；（2）對職業成就的需求；以及（1）監督能力。排名第一的監督能力包括了規劃、組織、領導和控制等技巧。Ghiselli提出的監督能力，其中的四大領域也和管理功能有比較多的共通點。而管理功能正是你在下文中所要學到的東西。

經理人是做什麼的？

討論過什麼是管理以及成功經理人所必備的條件之後，接下來我們就要提出下個問題：「經理人是做什麼的？」在本段落中，你會學到經理人所應表現出來的四大功能，以及他們所應擔任的三種角色究竟是什麼。

管理功能

3. 列出並解釋四種管理上的功能

正如先前所談到的，經理人會透過其他人的協助來把事情做好。經理人要規劃、組織、領導和控制手邊的資源，以期完成組織體所交付的目標。如果是由經理人來親自操作機器、等待顧客上門、或是整理展示用品，他們做的就是

管理功能
規劃、組織、領導和控制。

非管理性的工作，和一般員工沒什麼差別了。四個**管理功能**（management functions）分別是：

1.規劃。

2.組織。

3.領導。

4.控制。

本書內容就是繞著四大管理功能而組織成的。每一個功能正是本書中每一部的標題。然後在每一個功能底下又有三到五章來談論技巧上的發展議題。我們會在這裏以及稍後的各章裏，詳細個別說明每一個功能。但是，你必須先瞭解這四大功能是一個有系統組織的程序過程，它們彼此關聯，而且常常會同時一起運作。

規劃

規劃
事先設定目標並確實決定該如何達成目標的一個過程。

通常來說，規劃往往是管理過程中的一個起始點。為了要成功，各企業組織必須進行許多的規劃。[16]而公司內部的人們也需要有目標和計畫來協助引導他們。[17]**規劃**（planning）就是用來事先設定目標並確實決定該如何達成目標的一個過程。經理人往往必須為員工排定進度，要求工作績效，並抓出預算。Bonnie就要為員工排定工作進度，同時選出展售的貨品。例如在早上八點半的時候，Bonnie必須規劃出櫥窗人員所應完成的展示內容。你在規劃功能上的表現能力是根據你的概念和決策管理技巧而來的。

組織

組織
指派、協調工作與資源來完成目標的一個過程。

為了要成功，所以要有組織。[18]經理人必須設計和發展出一套組織系統來將計畫落實。**組織**（organizing）就是指派、協調工作與資源來完成目標的一個過程。經理人負責資源的分配和安排。而協調人力資源的重點就在於為人們指派各種不同的工作任務。在早上八點三十分的時候，Bonnie把貨品的展示責任委派給櫥窗設計人員。到了九點半，她則指派銷售同仁到各賣場樓層中。組織功能中的另一個重要部分是人員調度（staffing）。所謂人員調度就是選擇、訓練、和評估旗下員工的一個過程。Bonnie就身負了調度分店員工的責任。你的組織能力取決於你在概念和決策技巧，以及人性和溝通技巧上的綜合表現。

領導

領導
影響員工的一個過程，讓他們在工作上向目標邁進。

除了規劃和組織以外，經理人也需要和員工們一起共事。**領導**（leading）就是指影響員工的一個過程，讓他們在工作上向目標邁進。[19]經理人必須和員

概念運用

AC 1-2 管理功能

請就下列五種情況，看看是否符合這四種管理功能或者只是非管理性的功能：

a.規劃 b.組織 c.領導 d.控制 e.非關管理

__ 6. 經理正在告知員工該如何架設生產的機器。

__ 7. 經理趁著換班的前半段時間，正在決定該生產多少數量的產品單位。

__ 8. 某位員工已經有很多次的曠職紀錄了，經理正在討論這件事，並設法想要改進這名員工的習慣。

__ 9.經理正在進行工作面談，因為有某位員工即將退休，必須添補人手。

__10.經理正在修理一台損壞的機器。

工溝通目標，鼓勵他們完成目標。Bonnie的工作之一就是與個別員工和小組進行溝通，同時鼓勵、領導他們。Bonnie肩負了訓練員工的責任。而你的領導能力則是來自於人性和溝通上的技巧。

控制

十個人裏頭只有三個人會言出必行。[20]因此，要是不做後續追蹤的話，目標往往不能達成。所謂**控制**（controlling）就是設定和執行計策的一個過程，以確保目標的達成。控制的重點在於衡量一下目標完成度的進展如何，並在必要的時候，採取正確的措施。[21]Bonnie一整天都在做控制的工作。她一開始就先檢查一下前一晚的關店動作是否無誤，然後再打開電腦。從早上十點到中午十二點，以及從中午十二點半到下午一點半，Bonnie都在確定各賣場樓層的銷售人員是否應付得過來，並在必要的時候加添人手。你的控制能力是根據概念和決策上的技巧、以及人性和溝通上的技巧而來的。

控制
就是設定和執行計策的一個過程，以確保目標的達成。

非管理性的功能

所有的經理人都要表現出這四種管理功能。經理人的工作就是要透過員工的協助，把工作完成。但是有許多經理人也會從事非管理性的工作。舉例來說，Bonnie從早上十點到中午十二點，以及從中午十二點半到下午一點半，都在做等待顧客上門的工作，而這種工作基本上是員工該做的事。如果Bonnie自己親身影印了一份她所正在進行的商業分析報告，這個動作也是非關管理性功能的工作。有許多經理人士，就像Bonnie一樣，被人稱之為「勞動經理」（working manager），因為他們必須身兼管理以及員工這兩種職責。一旦Bonnie

工作運用

4.請找出一名經理人，最好曾經或目前是你的老闆。請舉出實例說出這名經理人在四種管理功能上的表現如何。

被拔擢為總經理，就不用再花那麼多時間來作一些非管理性的工作。要是成了地區經理，就更不必做這些小事了。

管理功能之間的系統關係

管理功能並不是一種線性的過程。經理人可能並不會老是從規劃開始作起，然後是組織、領導，最後才是控制。這些功能雖然很個別明確，可是也是互有關聯。經理人往往會同時一起發揮這些功能。除此之外，每一個功能都和其它功能唇齒相依。舉例來說，如果你一開始的規劃很糟糕，即使組織、領導和控制作得再好，目標還是無法達成。同樣地，如果你的計畫作得很棒，可是在組織上卻一塌糊塗，領導也作得不夠好，目標還是無法達成。而計畫要是缺乏了控制，在執行上也不會有實際的效果。圖1-3就描繪了這個過程。請記住，管理功能是根據目標的設定（規劃）和完成（組織 、領導和控制）而來的。

SCANS 和管理功能

為了更瞭解SCANS和管理技巧與管理功能之間的關係，請參考圖1-4。在SCANS技巧（框中的內容）之後的是各種管理技巧和功能，對SCANS技巧的發展來說很有幫助。

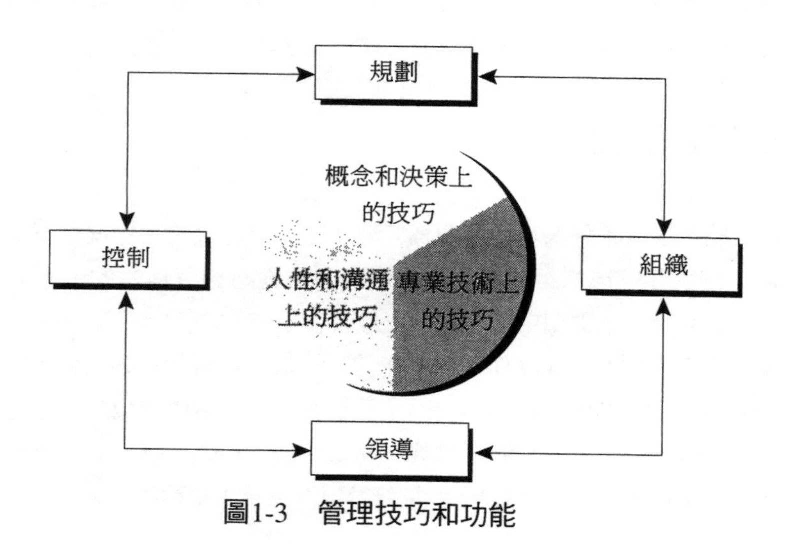

圖1-3　管理技巧和功能

管理角色

4.解釋三種管理角色：人際互動性、資訊提供性和決策性

Henry Mintzberg找出了經理人的十種角色，可用來完成管理功能中的規劃、組織、領導和控制這四種功能。所謂角色就是對某個人在某既定狀況下的行為期許。最近的研究都很支持Mintzberg的這種管理角色理論。[22,23,24] Mintzberg將這些角色分成三個類別，[25]也就是**管理角色類別**（management role categories），它們分別是：

管理角色類別
人際互動性、資訊提供性和決策性等角色。

1.人際互動性的角色。

2.資訊提供性角色。

3.決策性的角色。

人際互動性的角色

人際互動性角色包括了，有名無實的領導人、實際的領導者和聯絡官等。當經理扮演人際互動性的角色時，他們就是在運用自己的人性和溝通管理技巧，來發揮出必要的管理功能。當經理人代表公司或部門參加典禮和象徵性的活動時，他就是在扮演有名無實的領導人角色（figurehead role）。Bonnie在迎接顧客上門，帶領他們參觀分店的時候，即是在扮演一個有名無實的領導人角色。當經理人在鼓勵、訓練員工，並與他們溝通時，所扮演就是實際領導人的角色（leader role）。一整天下來，當Bonnie指導員工駐守在各賣場樓層時，她即是在扮演實際領導人的角色。當經理人和自己單位以外的人進行互動，以便獲取資訊或爭取別人的好感時，他的角色扮演又成了一名聯絡官（liaison role）。Bonnie在地區性會議中，就是這樣一個聯絡官的角色，其中還包括了會後到各個樓層賣場的巡視動作。

資訊提供性的角色

資訊提供性角色包括了，監看者、傳播者和發言人等。當經理人扮演資訊提供性的角色時，他們會利用到一些人性和溝通上的管理技巧。如果經理人是在和他人說話或正在閱讀以吸收資訊時，那就表示他正在扮演監看者的角色（monitor role）。Bonnie一直在監看賣場的狀況，以確保各樓層都有充分的人員配合。經理人在傳播資訊給其它人的時候，就是在扮演傳播者的角色（disseminator role）。於是Bonnie在參加地區性會議時，所扮演的角色就是一個傳播者。當經理人提供資訊給組織以外的其他人時，便扮演著發言人的角色（spokesperson）。所以當Bonnie在早上打了一些商業電話，或者是接受本書作

工作運用

5.請找出一名經理人，最好曾經或目前是你的老闆。請舉出實例說出這名經理人在三種管理角色類別上的表現如何。請確定在人際互動性、資訊提供性、和決策性等分類下的三、四種角色中，至少得找出其中之一才行。

工作場所的技術知識（Know-How）

由SCANS所確認出來的 know-how是由五項資格能力和三部分的基礎能力所組成的，它們都是實際工作表現中所必備的個人特質。這些特質包括了以下幾點：

資格能力　從業人員可以實際有效地運用：

1.資源能力：分配時間、金錢、物資、空間和人員。（資源和專業技術上的技巧以及概念和決策上的技巧有關，也和規劃、組織以及控制等管理功能有關）

2.人際互動的能力：小組成員一起共事、教育他人、服務顧客、領導、協調、以及和來自於不同文化背景的人們一起共事等。（人際互動能力和人性溝通技巧有關，有和組織與領導等管理功能有關）

3.資訊提供能力：獲取資料和評估資料、組織和保管檔案、詮釋和溝通、以及使用電腦來處理資訊等。（資訊提供和專業技術、人性與溝通等管理技巧有關，也和組織、領導和控制等管理功能有關）

4.系統組織能力：瞭解社交上、組織上、和技術上的系統關係；監督和糾正績效表現；以及設計或改善系統本身。（系統組織和概念與決策上的管理技巧很有關係，也和規劃、組織、和控制等管理功能有關）

5.專業技術能力：選定設備和工具、把專業技術運用在特定的工作任務上，及解決技術上的問題等。（專業技術力和專業技術上的管理技巧有關和規劃、組織、以及控制等管理功能有關。第六、七、十五和十七章內容將有助於你發展一些專業技術的技巧）

基礎能力　資格能力需要具備：

1.基本能力：閱讀、寫作、數算、口語、與聽的能力。（所有的管理技巧和功能都需要具備這些基本能力。你可以藉由閱讀本書來發展自己的閱讀能力。第六和第十五章則需要一些數算能力。口語能力可透過課堂上的活動來養成。而第十章則會提供一些建議，讓你改進自己的寫作、口語和聽力上的技巧）

2.思考能力：有創意的思考、決策的作成、解決問題、對事情的看法不言而喻、瞭解學習的方法、以及能夠推論等。（所有的管理技巧和功能都需要具備思考能力，特別是概念和決策上的管理技巧。第四章會專門著重在思考的技巧上）

3.個人特質：個人的責任感、自尊心、社交能力、自我管理和正直心等。（個人特質會影響我們的管理技巧，以及我們在管理功能上的表現。個人特質可透過本書的協助來養成，因為每一章都提供了一或多個專注於個人特質的自我學習練習）

Source: U.S. Secretary,s Commission on Achieving Necessary Skills. *Skills and Tasks for Jobs: ASCANS Report for America 2000*. Washington, DC: U.S. Department of Commerce, National Technical Information Services, 1992, p.6
Information in parentheses added by the author.

圖1-4　SCANS和管理技巧與功能之間的關係

者的訪問時，就是在扮演發言人的角色。

決策性的角色

決策性角色包括了，創業者、安定者、資源分配者、以及協商者。當經理人正在扮演他的決策性角色時，就表示他正在運用概念和決策上的管理技巧。當他有創舉或是正在主動進行某種改善工作時，也就在扮演創業者的角色（entrepreneur-role）。Bonnie要求櫥窗人員進行新的展示佈置，以利店內的銷

概念運用

AC 1-3　管理角色

請依照下列選項，找出這五個題目中的角色：

a.人際互動性角色　b.資訊提供性角色　c.決策性角色

__11.經理人正在和工會代表討論新的工會合約。

__12.經理人正在告知某位員工，該如何填寫表格。

__13. 經理人在早上的第一件事，就是泡杯咖啡，閱讀《華爾街日報》。

__14.經理人正在開發全新的整體品質管理（TQM）技術。

__15.業務經理正在和一名顧客討論一些抱怨申訴。

售，就是一個實例。當紛爭發生的時候或危機產生時，經理人必須採取糾正的行動，這就是所謂安定者的角色（disturbance-handler role）。比如說，當某位顧客在退貨時，因為員工不願退款而心生不滿，這時Bonnie就必須出面進行安撫。當經理人在排定進度、申請授權、或者是抓預算和安排活動時，他們的角色扮演就是資源分配者（resource-allocator role）。Bonnie必須分派銷售同仁到各個樓層，這就是一種分配資源的舉動。另外，當經理人在非例行性的事務中代表自己的部門或組織出席的時候，也就是正在扮演協商者的角色（negotiator role）。例如，當Bonnie打電話給外面的承包商時，就是這樣的一個角色。

在這多樣化的全球經濟企業持續競爭的同時，環境與科技均會影響傳播、資訊及決策者。[26]圖1-5對這三個範疇有更清楚的圖析。

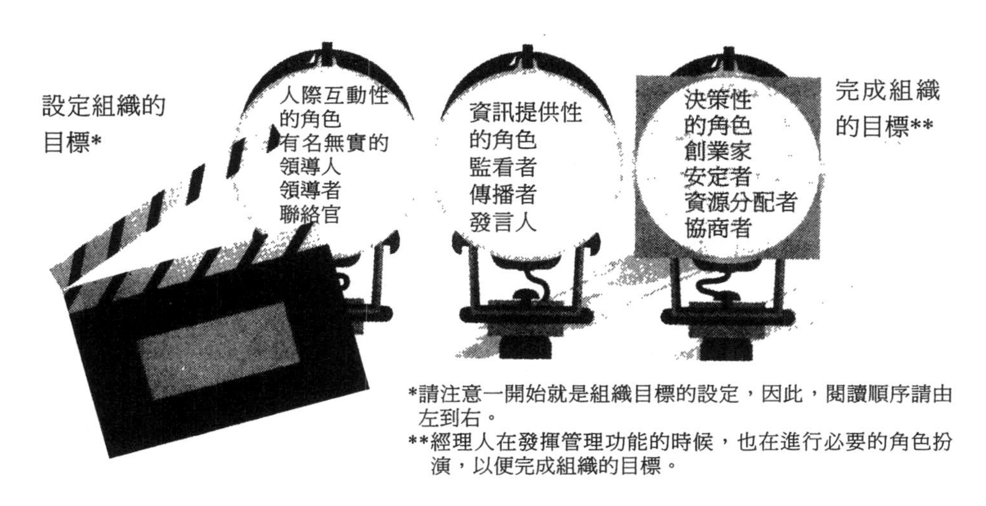

*請注意一開始就是組織目標的設定，因此，閱讀順序請由左到右。

**經理人在發揮管理功能的時候，也在進行必要的角色扮演，以便完成組織的目標。

圖1-5　經理人扮演的角色

5.列出管理階層的層級體系

各經理人之間的差異

各種管理階層、各種不同類型的經理人、所需要的管理技巧、所展現的管理功能、大型企業VS.中小型企業的經理人以及營利機構VS.非營利機構的經理人，這種種之間都互有差異。

三種管理階層（和運作的員工）

管理階層
高階、中階和第一線的經理人。

三個**管理階層**（levels of management）分別是高階、中階和第一線的經理人。他們也分別被稱之為策略性管理階層、戰術性管理階層和運作性管理階層。這三個階層的彼此關係詳述如下：

高階經理人

這些執行主管都有頭銜，例如，董事會主席、執行長（CEO）、總裁或副總裁等。在多數組織中，位在最高管理階層的職務並不多。高階經理人的職責是管理整個組織體，或者是組織體的主要部分。他們會為組織體的意圖、目標、策略和長期計畫進行發展和界定。同時必須向其他執行主管或董事會的理事們報告，而且要監督中階經理人的各種活動。

中階經理人

擁有這些職務的人，他們的職稱可能是業務經理、分行經理、或者是部門主任等。中階經理人要負責落實最高管理階層的策略，所以必須發展短期的運作計畫。通常，他們必須向執行主管報告，並監督第一線經理人的各種活動。

工作運用

6.請找出某個組織體內的三種管理階層，請說出其位階和職稱。請確定列出該組織的名稱。

第一線的經理人

這個階層的職稱例子包括了小組長、督導、護理長和辦公室經理等。這些經理人必須負責將中階經理人所擬定的運作計畫落實。通常他們必須向中階經理人報告。此外，第一線的經理人也不像其它兩個管理階層必須監督其它的經理人，他們只要負責監督旗下的運作員工就可以了。

運作的員工

運作員工就是組織裏的勞工，他們並沒有擔任組織裏的任何管理職務。他們必須向第一線的經理人報告。他們要製造產品、等待顧客上門、修理維繕等等。

根據The Gap的組織架構來看，Bonnie正是第一線的經理人，因為運作的員工必須直接向她報告。還記得Bonnie要求櫥窗人員當天的待做事項嗎？但是她自己所管轄的辦公室來看，她也算得上是最高階的經理人。此外，就某些方面來說，她也能被稱作是中階經理人，因為她必須向較高階層的地區經理報告，而且手下還有三位第一線的經理人，亦即兩位副理和一位襄理，這三個人的直屬上司正是Bonnie。Bonnie的分店通常有三十名左右的運作員工。可是逢到旺季時，如聖誕節或返校日，店裏雇用的員工就會高達五十名。

經理人的類型

6. 描述三種不同類型的經理人：概括型、功能型和工程計畫型

經理人類型
概括型、功能型和工程計畫型。

經理人類型（types of managers）分別是概括型、功能型和工程計畫型。高階經理人和某些中階經理人就是所謂的概括型經理人（總經理 general managers），因為他們必須監督好幾個有著不同功能的部門活動。中階經理人和第一線的經理人則往往被稱之為功能型經理人（functional managers），管轄的是相關任務下的一些活動。Bonnie就稱得上是功能型經理人，因為她要負責自己店內的功能表現。

四個最常見的功能性領域分別是運作／生產、行銷、財務／會計和人力資源／人事管理等。生產經理（production manager）負責的是產品的製造，例如福特的野馬車（Ford Mustang）。而運作經理（operations manager）則負責提供某些服務，例如由美國銀行（Bank America）所提供的貸款。但是不管製造業或服務業，現在都比較喜歡採用廣義的名稱：營運（operations）。行銷經理（marketing manager）負責的是產品和服務的銷售與宣傳。會計經理（accounting manager）則負責營收和支出的記錄（收付款項），並作成收益報告。財務經理（fnancial manager）必須負責必要資金的收取和投資的作成。財務（finance）這個專有名詞通常是用來

在General Mills的工程計畫經理人，必須協調員工和其它資源，以達成穀類早餐食品的全新開發和製造。

表示會計和財務這兩種活動。人力資源（取代了以前的專有名詞：人事）經理（human resources manager）則負責預估未來所需的員工數目，並進行招募、選才、評估和報酬等工作，此外，他也需要確定組織內的員工會遵守法律上的條文和規範。

工程計畫型的經理人（project manager）要跨越過好幾個部門，同時協調員工和一些資源，以便完成某項特定的任務。例如為家樂氏（Kellogg's）或General Mills開發和製造全新的穀類早餐食品，或者是為波音公司（Boeing）研發新的機種。

工作運用

7.確認你現在或以前老闆的類型是什麼。如果他曾經或現在是功能型的經理人，請將該部門的功能任務明確地說出來。

目前的商業趨勢是從中截斷管理階層，[27]特別是中階經理人，以便在另兩個階層的鴻溝之間架起橋樑。此外，各企業組織也發展出一種不會太流於僵硬形式的管理架構，例如自我管理式的小組團體，這種作法會增加人性關係和溝通技巧上的需求。請參考圖1-6，它是某個組織架構表的實例，可以明白呈現出各管理階層的層級和功能。

管理技巧

所有的經理人都需要具備專業技術、人性和溝通，以及概念和決策上的技巧。但是具備這些技巧的必然性也因管理階層的不同而有所不同。儘管為了決

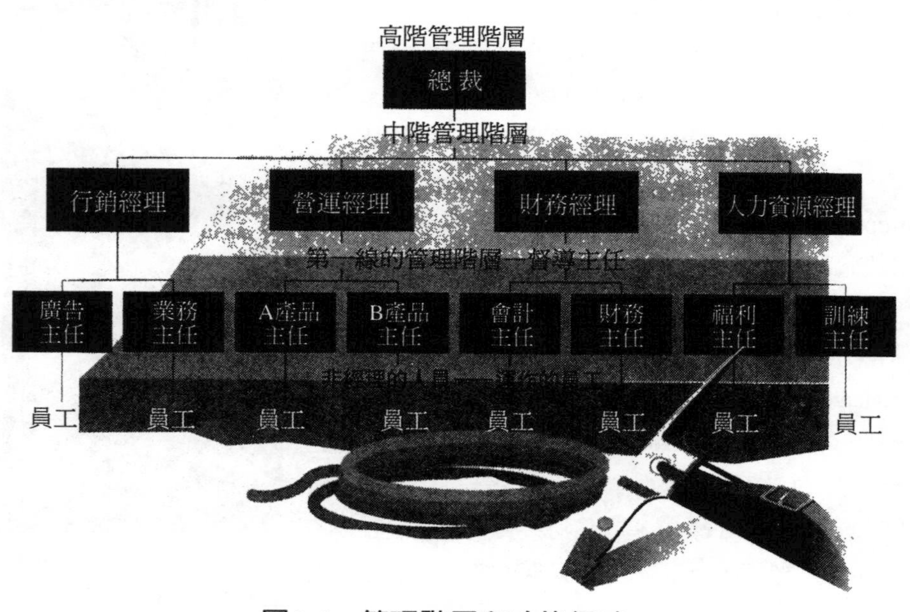

圖1-6　管理階層和功能領域

概念運用

AC 1-4　各管理階層之間的不同差異

以下是五種描述情況（16-20），請找出這些情況的管理階層各是什麼：

a.高階　b.中階　c.第一線

__16.督導運作的員工們。

__17.對概念技巧的需求大過於專業技術上的技巧。

__18.時間多花在領導和控制上。

__19.必須向執行主管報告。

__20.在各管理技巧和功能上，比較需要求取這之間的平衡。

定每一種管理階層所需要用到的技巧，而做過許多不同的研究，但其中結果還是存在著一些差異矛盾。一般來說，大家都很同意這三種管理階層都很需要具備人性和溝通上的技巧。但是就高階經理人來說，他們更重視的是概念和決策技巧的具備。反觀第一線的經理人著重的則是專業技術上的技巧。這種說法是有邏輯的，因為一旦你開始在管理階層中攀升的時候，你就必須要能夠概念化各部門之間的互動關係才行，而身為第一線的經理人，你只要專注在每日的產品製造就可以了。中階經理人則需要在這三種技巧上求取平衡，但這也會因為各企業組織體的不同而有所差異。

管理功能

7.針對各管理階層所需的技巧和呈現出來的職責功能，來描述這些管理階層之間的差異

所有的經理人都要表現這四種管理功能：規劃、組織、領導和控制。但是花在每一個功能的時間卻因管理階層的不同而有不同。根據研究，各經理人花在每一個功能上的時間並無定論。但是，一般都同意第一線的督導花在領導和控制的時間最多；中階經理人則將時間平均花在四個功能上；而高階經理人則在規劃和組織上，花了相當多的時間。**圖1-7**就摘要了各管理階層之間的差異，以及他們所需要用到的不同技巧。

管理階層	所需的首要管理技巧	表現出來的首要管理功能
高階	概念和人性技巧	規劃和組織
中階	三者的平衡	四種的平衡
第一線	專業技術和人性技巧	領導和控制

圖1-7　在所需技巧和功能表現上，各管理階層的不同差異

大型企業VS.小型企業的經理人

小型企業有很多種不同的定義。針對本書而言，我們是「根據小型企業管理局」（Small Business Administration，簡稱SBA）的定義來進行界定，換言之，小型企業（small business）的所有權和經營權都是獨立擁有的，對它所身處的產業並沒有什麼主控權，而且員工數目也不超過五百人。在大型企業中，管理階層可能不只三種，但在小型企業裏，老闆可能就是唯一的經理人。大型公司通常在架構上比較複雜和正式。而小型企業的經理人卻往往不若大型企業的經理人那麼地專精。Bonnie是為大型企業——The Gap做事，但她的分店則類似一個小型企業，可是卻擁有來自於大型企業的支援。

在小型企業裏，經理人往往比大型企業的經理人更以專業技術為導向，因為後者距產品、服務和顧客的距離比較遠。大型企業裏的規劃通常是以格式化的書面計畫為主；而小型企業的老闆則往往心中有所計畫，卻沒有正式地發表出來。大型企業偏好大量採用精細複雜的電腦化控制系統；而小型企業則多靠直接的觀察來行事。[28]舉例來說，大型、中型和小型公司都有電腦化的存貨紀錄，上頭可載明賣出多少數量的產品，而存貨又剩下多少。電腦的用途是為了判定何時應該補充訂貨。可是許多小型企業的老闆卻將存貨紀錄寫在紙上或是記在自己的腦袋裏，只要查看一下貨架，就知道何時應該補訂貨了。

角色的重要性也視公司的大小而有所不同。在小型企業裏，最重要的角色就是創業者和發言人。因為必須有創業者的技巧才能開創一個新的事業，另外還需要發言人來提升這份事業。在大型企業裏，比較重要的角色是資源分配者，次要角色則是創業者。小型企業的經理人比起大型企業的經理人來說，比較不需扮演領導者和資訊提供者的角色。[29,30]儘管在以前的研究當中指出，大型企業對創業者的技巧比較不那麼地需要，可是現在的大型企業，也都開始尋求身懷創業技巧的各種人才。創業者會開創新的事業，在大型組織裏，有創意的內部人才（intrapreneurs）可以靠公司的資源開創出全新的商業生機。例如，像3M、奇異電器（General Electric）和必治妥（Bristol Myers）等這類的公司，都很鼓勵公司內部的自創精神。

營利機構VS.非營利機構的經理人

營利機構和非營利機構的經理人，他們的工作都一樣嗎？雖然這之間的確存在著一些明顯的差異，但是答案仍然是肯定的。[31]不管是什麼樣的機構組織，所有的經理都需要具備一些技巧，也都要展現相同的管理功能和扮演相同的角色。而Bonnie就是為一家營利事業在做事。

在營利和非營利機構之間，存在著兩種主要差異，就是績效表現的衡量和人員的調度。對營利機構來說，最主要的績效衡量辦法就是看看是否達到了最低營收的標準要求。但對非營利機構來說，卻沒有什麼共通的績效衡量辦法。The United Way，男女童軍（Boy and Girl Scouts）、圖書館和汽車登記所（registry of motor vehicles）都各有不同的績效衡量方法。除此之外，營利機構必須付薪給員工；可是許多非營利機構卻擁有一群不支薪的志願義工。

透過本文，你將會學習到可適用於各種機構組織的管理技巧。但是，更重要的是，你所發展出來的技巧將有助於自己成為個人生涯和專業生涯中的理想人物。

管理學的簡史

8.說明傳統學派的理論學家和行為學派的理論學家，他們之間的同異性

你之所以必須關心管理學的簡史，是有兩個主要理由。第一是為了讓你更瞭解目前的發展情形，和避免重蹈覆轍。早期有關管理學的文獻都是由從事管理的當事人本身所著作的，他們將自己的經驗寫出來，再推衍出一些基本原理。近來的管理學文獻則是由研究學家所寫成。這其中有許多不同分類的管理辦法，或者稱之為各種管理學派。在本單元中，你會學到管理學的五種不同學派，它們分別是：傳統學派、行為學派、計量學派、系統學派和應變學派。

傳統學派的理論

傳統學派的理論學家（classical theorists）為了要找出最好的辦法來管理整個組織，所以著重的是工作本身和管理功能。在二十世紀初的時候，經理人開始整合一些辦法，藉由對管理工作在效率上的要求，來提升績效表現。這樣的焦點到了後期慢慢演變成對部門管理和組織管理的重視。科學化的管理是透過工業技術的發展來強調工作的效率性 ，而行政管理的理論強調的則是組織的規定和架構。

傳統學派的理論學家 此種研究學家為了要找出最好的辦法來管理整個組織，所以著重的是工作本身和管理功能。

科學化的管理

Frederick Winslow Taylor（1856-1915）是一名工程師，也就是眾人皆知的科學管理之父。他非常著重工作的分析和再設計，使其更有效率。他積極尋找良策以求將績效表現發揮到最大的極至。所以他的最終結果就是發展了許多「科學化的管理」原則。以下就是其中幾個主要的原理：

1.為員工的工作步驟發展出一個標準流程。

2.把工作內容專業化。

3.科學化地選定、訓練和培養員工。

4.為工作進行規劃和排定進度。

5.為每一份工作任務設定標準辦法和時間表。

6.以按件計酬和紅利發放的方式來作為金錢上的誘因。[32]

Frank Gilbreth（1868-1924）和他的妻子Lillian Gilbreth （1878-1972）則進行時間和動作的研究，以求開發出更有效率的工作流程。他們的成果常被書本、電影和電視連續劇拿來解嘲，也就是所謂的一打更便宜（Cheaper by the Dozen），這是用來暗喻他們將科學化的管理實際運用到自己的12個孩子身上。當Frank過世的時候，他們的孩子正好從2歲到19歲，各種年齡都有。Lillian則以顧問為生，繼續這份研究工作。但是後來她卻把焦點逐漸轉移到產業心理（industrial psychology）的先鋒開路上。Lillian最後成了Purdue大學的管理學教授，被後人尊稱為「管理學的第一夫人」。

另一位對科學化管理有所貢獻的重要人物是Henry Gantt（1861-1919）。他發展出一種方法來排定工作的時間進度，到目前為止，這個方法還是廣為人所運用。你會在第六章的時候，學到如何發展 Gantt表格。

行政管理的理論

Henri Fayol（1841-1925）是一名法國工程師，被人尊稱為「管理原則和管理功能的開路先鋒」。他把操作和管理弄得壁野分明 。Fayol找出了五種主要的管理功能：規劃、協調、組織、控制和指揮。除了他的五個管理功能之外，Fayol也發展出十四種原則，到了今天仍廣為人所運用。[33]多數的管理原則教科書都是根據管理功能而組織寫成的。

對行政管理有所貢獻的另外兩位人士分別是Max Weber（1864-1920）和Chester Barnard（1886-1961） 。Max Weber是一位德國的社會學家，他發展出一套官僚技術概念（bureaucracy concept） ，他的概念並不包含一大堆漫無效率的繁文褥節：其目的只是要發展出一套規定和流程，好讓所有的員工都能被平等地對待。Chester Barnard則研究了組織裏的權力分配。他提出了派系問題，這種社交性集結的情形在正式的組織中常常見得到。

Mary Parker Follett（1868-1933）強調人的重要性甚過於一些機械技術。Follett對行政管理理論的貢獻在於她對員工參與、衝突解決和目標分享等需求的強調。現在的趨勢的確愈來愈強調員工的參與度。而Barnard和Follett的另一個貢獻則是引出了行為學派的發展。

現在仍有許多公司正成功地運用傳統學派的管理辦法。麥當勞（McDonald's）的速食服務體系就是一個最佳實例。Monsanto的經理人也是採用傳統學派的管理辦法，例如時間和動作的研究以及一些組織上的原則，你會在第七章的時候學到其中的內容。正在縮減規模的大型企業都以裁撤員工數量和加強效率的方法來達成節省成本的目的，它們採用的就是傳統學派的管理作風。

行為學派的理論

行為學派的理論學家（behavioral theorists）為了要找出最好的辦法來管理整個組織，所以著重的是人的本身。在1920年代，管理學的作者開始質疑傳統學派的管理作法，於是把焦點從工作本身移到了從業者的身上。就像傳統學派的理論學家一樣，他們也在尋求管理整個組織的最佳辦法。但是，行為學派的管理作法卻是強調對人性技巧的需要甚過於對專業技術的需要。

行為學派的理論學家
此種研究專家為了要找出最好的辦法來管理整個組織，所以著重的是人的本身。

Elton Mayo（1880-1949）是人類關係（human relations）運動上的開路先鋒。Mayo領導了一群哈佛的學者，執行所謂的Hawthorne調查，它研究了1927年至1932年西方電器公司（Western Electric）的Hawthorne廠（位在伊利諾州的Cicero）所發生的一些人類行為，這是一個極為重要的研究指標。Mayo就像Taylor一樣，也想要增加績效表現，可是最終結果卻是想要找出最佳的工作環境。這些研究專家認為經理人對待下屬的方法會對他們的績效表現產生重要的影響。換句話說，若是對員工施點小惠，並時常滿足他們的需求，就會有更好的績效表現。所謂「霍索恩效應」（Hawthorne effect）就是指研究人們的一些現象，這些現象會影響到最後的績效表現。[34]

Abraham Maslow（1908-1970）則發展出需求層級的理論（the hierarchy of needs theory）。[35]Maslow是早期研究動機（motivation）的專家之一。一直到現在為止，動機仍然是主要的研究領域。你會在第十一章的時候，學到更多有關Maslow的需求層級理論和其它的動機理論。

Douglas McGregor（1906-1964）發展出X理論和Y理論（Theory X and Theory Y）。McGregor是根據經理人對工人所作的假設而來進行兩種理論的對照。X理論的經理人假定人們並不喜歡工作，所以需要經理人來進行規劃、組織，並指導控制他們，使其工作不會脫序，進而產生最佳的績效表現。Y理論的經理人假定人們很喜歡工作，所以並不需要密切的監督舉動。McGregor並沒有明確地說出究竟該如何管理，他只是建議在管理思考上作些重新的適應而已。[36]你會在第十一章的時候，學到如何以X理論和Y理論來影響動機和工作表現。

行為學家認為一個快樂的員工是非常有生產力的。但是最近的調查卻指出，快樂的員工並不見得具備了大量的生產力。正如你所看到的，傳統學派和行為學派的理論有很大的差異，但是雙方都認定自己擁有管理整個組織的最佳良策。

行為學派的管理作風仍在演變當中，而且已經被運用在一些企業組織上了。最近有個專門術語，稱之為行為科學法（behavioral science approach），意思是對工作中的人們進行研究，它是起源於經濟學、心理學、社會學和其它等相關原理。而以下章節中的組織材料，也大多是根據行為科學的研究而來的。事實上，Bonnie和全球各地的經理人都是採用行為科學在對待人們。

管理科學

管理科學的理論學家
此種研究專家著重的是數學的運用，以利問題的解決和決策的作成。

管理科學的理論學家（management science theorists）著重的是數學的運用，以利問題的解決和決策的作成。在第二次世界大戰時（1940年代），有一個研究計畫開始調查計量方法對軍隊及邏輯性問題的適用性如何。戰爭結束之後，商業經理人開始利用管理科學（數學）。有些數學上的模式被運用到財務方面、管理資訊系統（MIS）、以及營運管理等領域上。電腦的使用則讓各種計量方法在全球市場上大行其道。因為管理科學強調的是決策技巧和專業技術的技巧，所以對傳統學派管理理論的附合，更甚過於行為學派。你會在談到規劃和控制的章節裏學到更多有關管理科學的內容。管理科學並不常用來組織和領導一些管理功能。

整合性的透視

9.描述系統學派和應變學派的理論學家與傳統學派和行為學派的理論學家有什麼不同

整合性的透視內含了三個成份：系統學派理論、社會工程學派理論和應變學派理論。

系統學派理論

系統學派的理論學家（systems theorists）把組織看作是一個整體，它的各部分零件都是相互關聯的。在1950年代的時候，曾經有人嘗試要把傳統學派、行為學派和管理科學等理論結合成一個整體性的管理程序。由組織上的系統把輸入（資源）轉換成輸出（產品和／或服務）。

系統學派的理論學家 此種研究專家把組織看作是一個整體，它的各部分零件都是相互關聯的。

根據Russell Ackoff的說法，最常用來解決問題的傳統學派作法是一種簡化法（reductionism）。經理人往往想把整體組織分成幾個基本的部分（部門），再去瞭解各部分的行為和特質，最後再把對各部分的透析程度整合在一起，成為對整個組織的全盤瞭解。他們著重的是讓每個獨立的部門儘可能地發揮出最有效的運作。可是簡化法卻無法讓人對整體組織有所瞭解，充其量只是知道它是如何運作而已。因為整個系統的各個部分都是相互依存的，所以即使其中一個部分做得非常有效率，也無法讓整體組織的表現都達到最好的效果。舉例來說，大家並不認為明星球員隊是最棒的組合隊伍，因為在比賽中，他們可能沒辦法打贏一般的球隊。[37]

系統學派理論強調的是概念上的技巧，好用來瞭解各子系統（各部門）之間的相互關係，如此一來，對整體組織才會有貢獻。比如說，行銷、營運和財務部門（也就是數個子系統），它們之間的行動會對彼此造成影響。如果說產品的品質滑落，業務量就會跟著下跌，進而造成財務收入的減少。所以在各部門經理人要作決策之前，最好考慮一下這之間的效應連帶關係。組織體是一個整體系統（由各部門所組成），如同管理程序的系統（規劃、組織、領導和控制）一樣，其中有各子系統（各部門單位）在相互作用。換句話說，當你有問題要解決的時候，不要試著把問題打散，而是把它當作一個整體性的問題來看。

根據 Harold Koontz、[38] Daniel Katz和Robert Kahn [39]等人的說法，系統學派的管理作法是把組織體視作為一個開放性的系統，因為它和外在環境有互動關係，會受到外在因素的影響。舉例來說，政府所制定的法律會影響企業組織何事可行？何事不可行？經濟環境則會影響企業組織的營收業績。你會在下一章裏頭學到更多有關開放性系統和組織環境的內容。

這幾年來，系統學派理論不再那麼受到大眾的歡迎。但是就當今流行的主要趨勢來說，其中之一就是全面品質管理（TQM），亦即把系統作法納入到管理當中。你會在第二章、第八章和第十七章的時候，學到有關TQM的事宜。

社會工程學派的理論

社會工程學派的理論學家
此種研究專家著重的是人和技術的整合。

社會工程學派的理論學家（sociotechnical theorists）著重的是人和技術的整合。在1950和1960年代，Trist、Bamforth和Emery[40]以及其他人等共同發展出社會工程系統。他們就如同今天的經理人一樣，非常瞭解你必須同時整合人和工程技術才行 。忽視任何一方只會降低最後的績效表現。現在的行為科學裏頭有許多部分都和社會工程學派的理論不謀而合。

應變學派的理論

應變學派的理論學家
此種研究專家強調的是針對既定狀況，作出最佳管理辦法的判斷決定。

應變學派的理論學家（contingency theorists）強調的是針對既定狀況，作出最佳管理辦法的判斷決定。在1960和1970年代的時候，管理學的研究專家們想要確定環境和技術究竟是如何影響整體組織。

Tom Burns和George Stalker主持了一項研究計畫，想知道環境究竟是如何影響一個公司的組織體和管理系統。他們找出了兩種不同類型的環境：安定的環境（只有少許的變動）和創新的環境（變動很大）；以及兩種類型的管理系統：機械性（mechanistic）的管理系統（類似於官僚式的傳統學派理論）和有機性（organic）的管理系統（非官僚式，比較類似於行為學派）。他們作成結論，認為在安定的環境中，機械性的管理作法比較有效；但在創新的環境中，則比較適合有機性的管理作法。[41]

Joan Woodward也主持了一項研究計畫，用來瞭解技術（也就是產品的生產方法）是如何影響組織架構的。她發現到組織架構的確會隨著技術類型的改變而改變。於是Woodward作成結論，機械性或傳統學派的管理作法比較適合大量生產的技術型態（例如裝配線上的汽車）；而有機性或行為學派的管理作法則比較適合小量生產（例如特別訂製的產品）和需要長時間生產（例如煉油）的技術類型。

各理論之間的比較

還記得傳統學派和行為學派的理論學家都各自宣稱他們擁有最佳的組織管理辦法嗎？相反地，應變學派的理論學家卻認為這世上並沒有所謂的最佳管理辦法可以適用於所有類型的組織體上。應變學派的理論學家不會告訴經理人該如何管理，他們要經理人去檢查一下目前的狀況如何，然後再採用其它理論中最適切的管理辦法。應變學派的理論學家也不像系統學派的理論學家，因為前者不會真的試著去整合傳統學派、行為學派和管理科學等各家理論。他們只推薦你要視既定的狀況條件，來選用最適合的理論辦法。但是應變學派的理論學家也會要求經理人在決定採用何種辦法來達成目標時，以系統法來協助決策的作成。透過本文，你會學習到如何以系統學派理論和應變學派理論作為整合性的觀點，以確保自己的管理技巧可以發揮到最大的效果。

目前的管理議題

在每章的最後會有一個討論單元，其中內容都是該章所衍生出來的一些目前管理議題。最熱門的主題包括了：全球化、多樣化、道德和社會責任、品質、生產力、分享管理、團隊分工以及小型企業等多項議題。這些內容將會在後續的章節中有更詳細的描述。

全球化

這種把事業擴張到其它國家的趨勢目前仍在持續發燒中。被認為是一家美國公司的Exxon，它的營收有70%都來自於美國以外的其它地區。事實上，美國公司大多使用來自於其它國家的組成零件。舉例來說，福特公司Crown Victoria車身上的零件來自於墨西哥、日本、西班牙、德國和英國等各地。即使是小型企業主，也必須為了爭取顧客，和外國公司在市場上一較長短。如果你是受雇於美國公司，你可能被要求到某個國家的分公司服務一段時間。所以你會需要用到人性上的技巧，以便和來自於不同文化的人們一起共事。

多樣化

有很多理由使你必須相信，多樣化的管理是很重要的。隨著二十一世紀的來臨，美國勞動力有愈來愈多樣化的趨勢。統計學家指出，大多數的企業組織都正經歷著勞動力在性別、文化和年齡上的變化起伏。[42]在未來的十年內，增加的勞動力中有85%是來自於少數種族和女性。[43]根據估計，到了西元2030年，美國本土的白人將剩下不到50%。因此，多樣化的管理將會成為1990年代和未來二十一世紀最引人注意的焦點議題。[44]企業組織體需要有多樣化的管理，才能生存下去。[45]要是不能做到這一點最起碼的要求，下場就是利潤損失。[46]多樣化的勞動力將會取代同質性的勞動力，[47]而成功的企業組織就是把多樣化視作為自己的一種競爭優勢。[48]

道德和社會責任

最近幾年來，大家都愈來愈強調商業道德。道德（ethics）[49,50]為是非行為的品德標準，會隨著全球各地環境的不同而有不同的標準。一般來說，沒有道德的事情往往是不合法的，但是這也不一定。The Gap的作法是要對社會負責，所以它在年度報告上提出了有關 Gap基金會（Gap Foundation）、社區行動計畫（Community Action Program）和共同資源（Corporate Sourcing）等說明。你將會在第二章的時候，學到更多有關道德和社會責任方面的事情。

品質和全面品質管理

因為全球經濟正持續擴張中，所以提供有品質的產品和服務，就成了市場上生存的必要條件。[51]許多企業組織以全面品質管理這個字眼來反映它們對品質的重視程度。全面品質管理有兩個很重要的部分，一是對顧客的重視（就像The Gap一樣）；再者是對全方位營運的持續改善。[52]福特公司的口號：「工作的第一位就是品質」，這句口號強調的即是公司本身對品質的重視程度。

生產力

生產力攸關輸入與輸出之間的績效衡量。為了要在全球市場上競爭，各企業組織都在持續增加員工的生產力。為了要提升表現，大家都期望經理人能展現出事半功倍的效果。比如說，為了想和日本人一較長短，全錄（Xerox）減半了員工的數目和產品設計的所需時間。哈雷機車（Harley-Davidson）則降低了25%的雇用率，同時還把一台機車的製造時間縮減了一半以上。有關生產力的兩個最新議題分別是精簡化（downsizing）和再改造（re-engineering）。

分享管理

員工是企業組織的最大資源。當今的趨勢就是增加員工的參與度。為了要在全球市場上和人一較長短，經理人必須把資訊、報酬以及權力等下放到組織裏的最低層級中。[53]同時，他們也要能從低階員工那裏吸取資訊才行。你將會透過本書學習到許多有關分享管理之類的資訊。

團隊分工

隨著分享管理的日趨重要，團隊分工也愈受到大家的重視，一般認為這是一種增加生產力的主要方法。[54]很久以來，大家都認定由團隊來參與決策，可確保決策的正確性和落實性。[55,56]

小型企業

正如本章所介紹過的，小型企業和大型企業的管理作風的確存在著一些差異。你將會在下面的每一章裏學到和各章主題有所相關的兩者差異。

摘要與辭彙

經過組織後的本章摘要是為了解答第一章所提出的十大學習目標：

1.描述一名經理人的職責

經理人必須透過有效率和實際有效的資源利用，來負責完成各項組織目標。有效率就是指把事情做對，以便將可利用的資源發揮到最大的極限。而實際有效則是指為了達成某個目標，你必須選擇正確的事情來做才行。經理人的資源則包括人力、財務、物質和資訊。

2.列出並解釋三種管理上的技巧

三種管理技巧分別是專業技術上的技巧、人性和溝通上的技巧、以及概念和決策上的技巧。專業技術上的技巧是指運用方法和技能來達成某項任務的能力。人性和溝通上的技巧則是指在團體中和人們一起合作共事的能力。而概念和決策上的技巧則是指對抽象構想的領悟能力和選擇可行方案來解決問題的能力。

3.列出並解釋四種管理上的功能

四個管理功能分別是：規劃、組織、領導和控制。規劃就是用來事先設定目標並確實決定該如何達成目標的一個過程。組織則是指派、協調工作與資源來完成目標的一個過程。領導是指影響員工的一個過程，讓他們在工作上向目標邁進。而控制則是指設定和執行計策的一個過程，以確保目標的達成。

4.解釋三種管理角色——人際互動性、資訊提供性和決策性

當經理人在扮演有名無實的領導人、實際的領導者和聯絡官時，就是在表現人際互動性的角色。當經理人在演出監看者、傳播者和發言人時，就是在表現資訊提供性的角色。當經理人在扮演創業者、安定者、資源分配者以及協商者時，就是在表現決策性的角色。

5.列出管理階層的層級體系

管理階層的三個層級分別是高階（執行長）、中階（行銷經理）和第一線（會計主任）。

6.描述三種不同類型的經理人—— 概括型、功能型和工程計畫型

概括型經理人（總經理）必須監督好幾個有著不同功能的部門活動。功能型經理人則管轄一些相關活動，例如，運作、行銷、財務和人力資源等。工程計畫型的經理人要跨越過好幾個部門，同時協調員工和一些資源，以便完成某項特定的任務。

7.針對各管理階層所需的技巧和呈現出來的職責功能，來描述些管理階層之間的差異

高階經理人比第一線的經理人更重視概念和決策上的技巧。中階經理人則需要在這三種技巧上求取平衡。而第一線的經理人則比高階經理人更需要專業技術上的技巧。

8.說明傳統學派的理論學家和行為學派的理論學家，他們之間的同異性

不管是傳統學派或行為學派的理論學家，他們都在尋求管理整個組織的最佳辦法。但是傳統學派強調的是工作和管理功能；而行為學派則著重人的本身。

9.描述系統學派和應變學派的理論學家與傳統學派和行為學派的理論學家有什麼不同

傳統學派、行為學派和系統學派的理論學家，三者的差異就在於他們對組織以及問題本身的概念化方法互有不同。傳統學派和行為學派的理論學家使用簡化法，把組織分成好幾個部分，以便能在概念上通盤瞭解整體（各部分的加總就等於整體）。系統學派的理論學家則把組織視作為一個整體，而它的各部分零件都是相互關聯的，進而在概念上對整體有一番通盤的瞭解（整體等於各部分之間的相互關係）。

傳統學派和行為學派都在尋求可適用於各種組織體的最佳管理辦法。可是應變學派的理論學家卻認為世界上並沒有所謂的最佳管理辦法可以運用在每一種組織體上。他們主張的是針對既定的狀況條件，設法找出最有效的管理辦法。

10.界定下列幾個主要名詞（依照本章的出現順序而排列）

請選擇下列一或多種方法來進行：（1）靠自己的記憶，把填空題中的專有名詞補上；（2）從結尾的回顧單元以及下頭的定義來為這些專有名詞進行配對；或者（3）從本章一開頭的名單上，依序把各專有名詞照抄一遍。

____ 透過有效的資源利用，負責完成各項組織目標的人物。

____ 包括人力、財務、物質和資訊等各種資源。

組織的____程度是用來評估經理如何有效運用資源來達成目標的各種方法。

____ 包括了專業技術上的技巧、人性和溝通上的技巧以及概念和決策上的技巧。

____ 是指運用方法和技能來達成某項任務的能力。

____ 是指在團體中和人們一起合作共事的能力。

____ 對抽象構想的領悟能力和選擇可行方案來解決問題的能力。

四個 ____ 包括了規劃、組織、領導和控制。

____ 是指事先設定目標並確實決定該如何達成目標的一個過程。

____ 意謂指派、協調工作與資源來完成目標的一個過程。

____ 是指影響員工的一個過程，好讓他們在工作上向目標邁進。

____ 是指設定和執行計策的一個過程，以確保目標的達成。

____ 包括了人際互動性、資訊提供性和決策性等角色。

有三種 ____ ，它們分別是高階、中階和第一線的經理人。

有三種 ____ ，它們分別是概括型、功能型和工程計畫型。

____ 為了要找出最好的辦法來管理整個組織，所以著重的工作本身和管理功能。

____ 為了要找出最好的辦法來管理整個組織，所以著重的是人的本身。

____ 著重的是數學的運用，以利問題的解決和決策的作成。

____ 把組織看作是一個整體，它的各部分零件都是相互關聯的。

____ 著重的是人和技術的整合。

____ 強調的是針對既定狀況，作出最佳管理辦法的判斷決定。

回顧與討論

1.什麼是管理學？為什麼學習管理是很重要的一件事？

2.什麼是三大管理技巧？所有的經理人都需要具備這些技巧嗎？

3.管理的四大功能是什麼？所有的經理人都要表現出這四種功能嗎？

4.三種管理角色是什麼？所有的經理人都要扮演這三種角色嗎？

5.經理人有哪三種類型？這些類型之間真的互有差異嗎？

6.應變學派的理論，它的主題究竟是什麼？

Bill Gates, CEO, Microsoft Corporation

個案

1978年的時候，Bill Gates 和Paul Allen一同創立了微軟公司，這家公司從一個小型企業逐步轉變為市場上的超大型公司。微軟公司的市價總值超過IBM（26.76兆美元VS.26.48兆美元），而Bill Gates所擁有的30%股權，根據市價的估算也超過了70億美元。微軟公司的崛起可以歸功於Gates 的創新理念以及他對工作的執著努力。世界各地有1億2,000萬台以上的個人電腦都以微軟的MS-DOS磁碟作業系統在運行。微軟公司的市場佔有率高達30%以上，遠遠凌駕過三大競爭對手：Lotus、Novell和WordPerfect加起來的市場總合。

大家都知道Bill Gates是個要求很嚴格的老闆，而且很鼓勵創意，對員工的成就感很能認同。他要求公司同仁要博學多聞；擅長推理；暢所欲言；而且要臉皮厚，不怕別人的批評。員工們常常要在團隊小組裏分工合作，耗時甚長。發展和出售程式設計的小組成員必須在所謂的「Bill」會議中提出他們的點子。在「Bill」會議中，Gates通常會打斷會中的提案，質疑其中的看法與主張。大家都知道他喜歡對著小組成員大聲地批評和挑戰他們的觀點，要他們勇敢地提出最好的解答。

Bill Gates積極地參與和協調程式設計與行銷等各種功能小組的活動，但是對各部門的經理人而言，他也代表了權威。公司的各部門都是獨立的，可是Gates卻像黏膠一樣，能夠讓它們緊密結合在一起。Gates早就明白宣示了微軟公司的整體企業目標和計畫，也就是一般人所熟知的Microsoft Vision，而且力行貫徹於全公司上下。他的長程目標：「你指尖下的資訊（Information at Your Fingertips）」至少得花十年的時間才能看得出來。他堅信若是有任何一絲資訊是公眾所想要知道的，就應該要能隨手可得。Gates談到該公司目前之所以成功乃是源自於幾年前的大膽下注，從此才得以安享榮景。而1990年代的賭注則包括了多媒體、雙向電視、物件導向程式設計以及像掌中個人電腦（wallet PC）之類的遠端科技。

請為下列的問題選出最佳的答案。請確定你能解釋為什麼選擇該答案：

___ 1.是什麼資源在微軟的成功上扮演了一個最重要的角色？

a.人力　b.物質條件　c.財務　d.資訊

___ 2.在此個案研討中，最被強調的是哪一種管理技巧？

a.專業技術　b.人性與溝通　c.概念和決策

___ 3.在此個案研討中，最被強調的是哪一種管理功能？

a.規劃　b.組織　c.領導　d.控制

___ 4.Bill Gates積極參與和協調各種功能小組的活動，但是對各部門的經理人而言，他卻代表

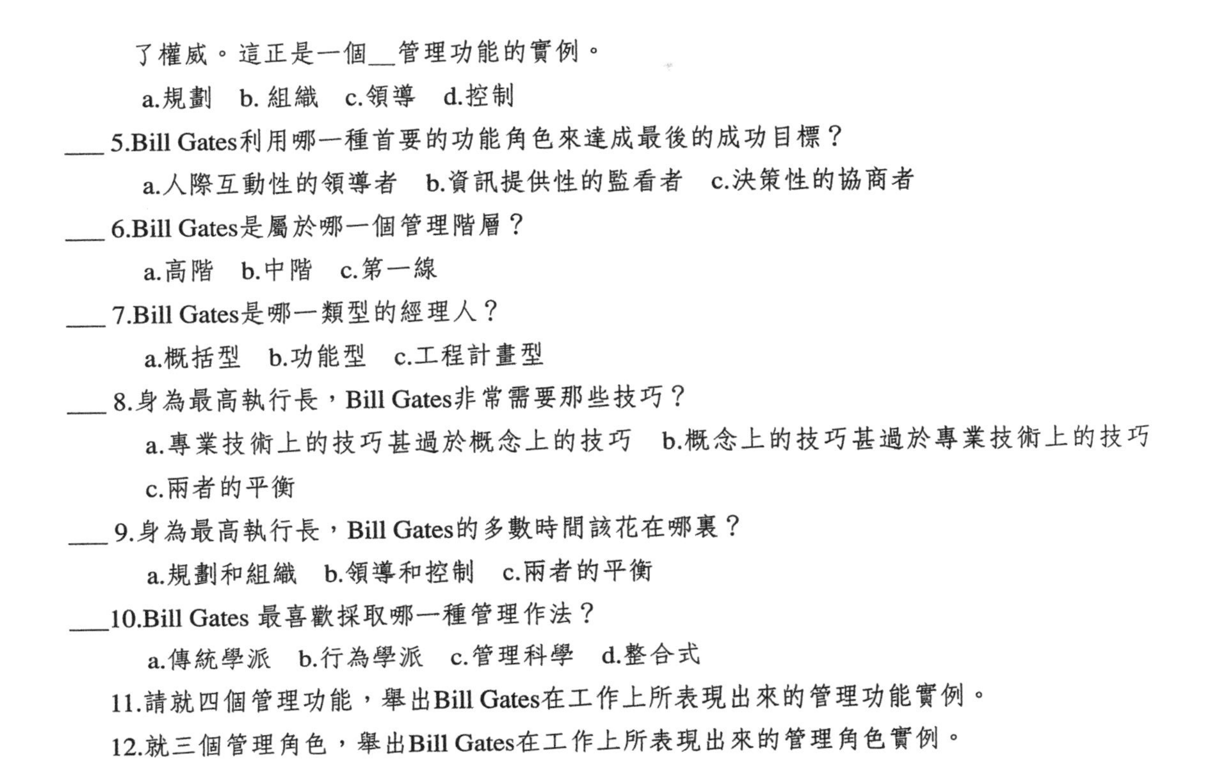

了權威。這正是一個__管理功能的實例。

a.規劃　b.組織　c.領導　d.控制

___5.Bill Gates利用哪一種首要的功能角色來達成最後的成功目標？

a.人際互動性的領導者　b.資訊提供性的監看者　c.決策性的協商者

___6.Bill Gates是屬於哪一個管理階層？

a.高階　b.中階　c.第一線

___7.Bill Gates是哪一類型的經理人？

a.概括型　b.功能型　c.工程計畫型

___8.身為最高執行長，Bill Gates非常需要那些技巧？

a.專業技術上的技巧甚過於概念上的技巧　b.概念上的技巧甚過於專業技術上的技巧

c.兩者的平衡

___9.身為最高執行長，Bill Gates的多數時間該花在哪裏？

a.規劃和組織　b.領導和控制　c.兩者的平衡

___10.Bill Gates 最喜歡採取哪一種管理作法？

a.傳統學派　b.行為學派　c.管理科學　d.整合式

11.請就四個管理功能，舉出Bill Gates在工作上所表現出來的管理功能實例。

12.就三個管理角色，舉出Bill Gates在工作上所表現出來的管理角色實例。

13.你認為自己願意為Bill Gates做事嗎？請解釋你的理由。

欲知微軟公司的最新詳情，請多利用以下網址：http://www.microsoft.com

情境的分析

根據應變學派理論學家的說法，並沒有什麼所謂最佳的管理風格可以適用於所有的情況。相反地，好的經理人會根據個別的能力或團隊小組的狀況來修正自己的風格。[57]研究也指出，經理人與員工之間的互動關係可以被分成兩種明顯不同的類別：指揮型和支援型：

1.指揮性的行為：經理人著重的是指導和控制的行為，以確保任務可以如期達成。經理人告知員工怎麼做，並密切地監督他們的表現。

2.支援性的行為：經理人著重的是鼓勵和誘發的行為，而不是告訴員工該怎麼做。經理人會解釋各項事情，並傾聽員工的聲音，協助他們建立自信和自尊，由自己做成決策。

換句話說，身為一名經理人，當你正在和員工互動的時候，你可以著重於指揮（要求任務的達成）、支援（發展彼此的關係）、或者是兩者兼具。

這樣的定義不由得我們質疑：「我究竟應該採取什麼風格，為什麼呢？」答案全視狀況而定，也就是說部分應由員工的能力來作取決的標準。事實上，光是能力也有兩種切入的觀點：

1.才能：員工們具備了知識、經驗、學歷和技術等來完成某項特定任務，並不需要你的監督指揮嗎？

2.動機：員工有信心來做這項工作嗎？他們想要做這份任務嗎？他們願意全力以赴，完成這項任務嗎？在沒有你的鼓勵和支持之下，他們可以做得好嗎？

判定員工的能力

員工的能力可以經由你持續性的評估，從沒什麼表現，到變得卓然有成。你可以為某項特定任務，設定出一個，最能貼切表現員工才能和動機的能力標準：

1.水準不夠（C1）：要是沒有詳細的指導和密切的監督，員工就無法達成任務。被歸類於這個標準的員工不是不會做這項任務，就是不願意做它。

2.水準適中（C2）：員工有適當的能力，但需要明確的指導和支援才能把事情做好。員工的動機可能很強，但是因為缺乏能力，所以仍需要從旁指導。

3.高水準（C3）：員工有很好的能力，可是缺乏信心去做它。他們最需要的是支持和鼓勵，以激勵他們完成任務。

4.超水準（C4）：員工不需要任何指導或支援，就有能力把事情辦好。

多數人在工作上都有各種不同的任務必須達成。所以瞭解員工的能力會因為任務的不同而互有差異，這一點非常重要。舉例來說，銀行的櫃台人員可能在例行性的交易工作上，有C4的表現水準，可是在開立新戶頭或特殊帳戶的情況下，卻只有C1的表現成績。員工在一開始工作的時候，通常只有C1的表現能力，所以需要上級的密切指導。一旦他們的工作能力提升了之後，你就可以只在背後支援或者是停止原先的監督舉動。身為經理人，你必須慢慢培養自己的員工，讓他們從C1晉升到C2，再到C3，最後是C4的水準階段。

四種管理風格

正確的管理類型是配合整個環境，即是員工能力上應有的功能。此外，每一種管理類型也牽涉到各種不同程度的支持及直接行為，所以這四種管理類型的環境是獨裁式、諮商式、參與式和授權式：

1.獨裁式的風格（S1A）包含了高度指揮性／低度支持性的行為（HD/LS）。若是在面對能力很差（C1）的員工時，這種作法就很適切。當你在和員工互動的時候，必須進行詳細的指示說明，確實描述任務是什麼，何時、何地、以及如何進行這項任務。密切監督進展成果，並給予支援。和員工在一起的多數時間都是用來進行詳細的指導說明。並不需要員工的意見就可以自行作成決策。

2.諮商式的風格（S2C）包含了高度指揮性／高度支持性的行為（HD/HS）。若是在面對能力適中（C2）的員工時，這種作法就很適切。在工作進行的整個過程當中，給予明確的指示並監督其表現。在此同時，還要向員工解釋為什麼該項任務必須照自己的要求來完成，並回答他們的疑問，好作為他們背後的支援。當你在向他們推銷自己做事方法的好處時，也要趁機經營你們之間的關係。不管是指導或支援員工，都要花費相等量的時間。在做決策的時候，你可能需要參考員工的意見，但最後的決定還是在於你自己。一旦決策後，當然也可以合併員工所提出來的點子，就要對他們的績效表現進行指導和監督。

3.參與式的風格（S3P）就是低度指揮性／高度支持性的行為作法（LD/HS），對能力很高的員工（C3）來說，這種互動作法是很適切的。當你在和員工交手的時候，只要花一點時間給予大方向的指導，並常常鼓勵他們就可以了。在監督上不用花費太多的時間，讓員工以自己的方式來進行，只要看到最後的結果就夠了。以鼓勵來代替支持並建立他們的信心。如果需要完成某項任務，不要告訴他們該如何進行，只要問他們會如何來達成它就可以了。和他們一起作決策，或者讓員工自己決定事情，可是必須在你的設限條件之下或經過你的同意才可以。

4.授權式的風格（S4E）就是低度指揮性／低度支持性的行為作法，很適用於表現極為卓越的員工們（C4）。在和這類員工互動的時候，只要讓他們知道有哪些需求必須完成就可以了。你要回答他們的問題，但是即使必要，也不用給太多的指導。而且不需要監督他們的表現，因為這些員工都是很自動自發的，如果必要的話，只要給一點支持就夠了。儘管不需要經過你的同意，但是在讓他們自己作決定的時候，也必須顧及到你的設限條件。授權式管理的另一種說法是放任式管理或不干涉的管理，也就是讓他們自己做事。

運用情境管理的模式

模式1-1摘要了四種管理風格。

一開始，請先確認每一種情境下的員工能力究竟如何。然後把該員工的能

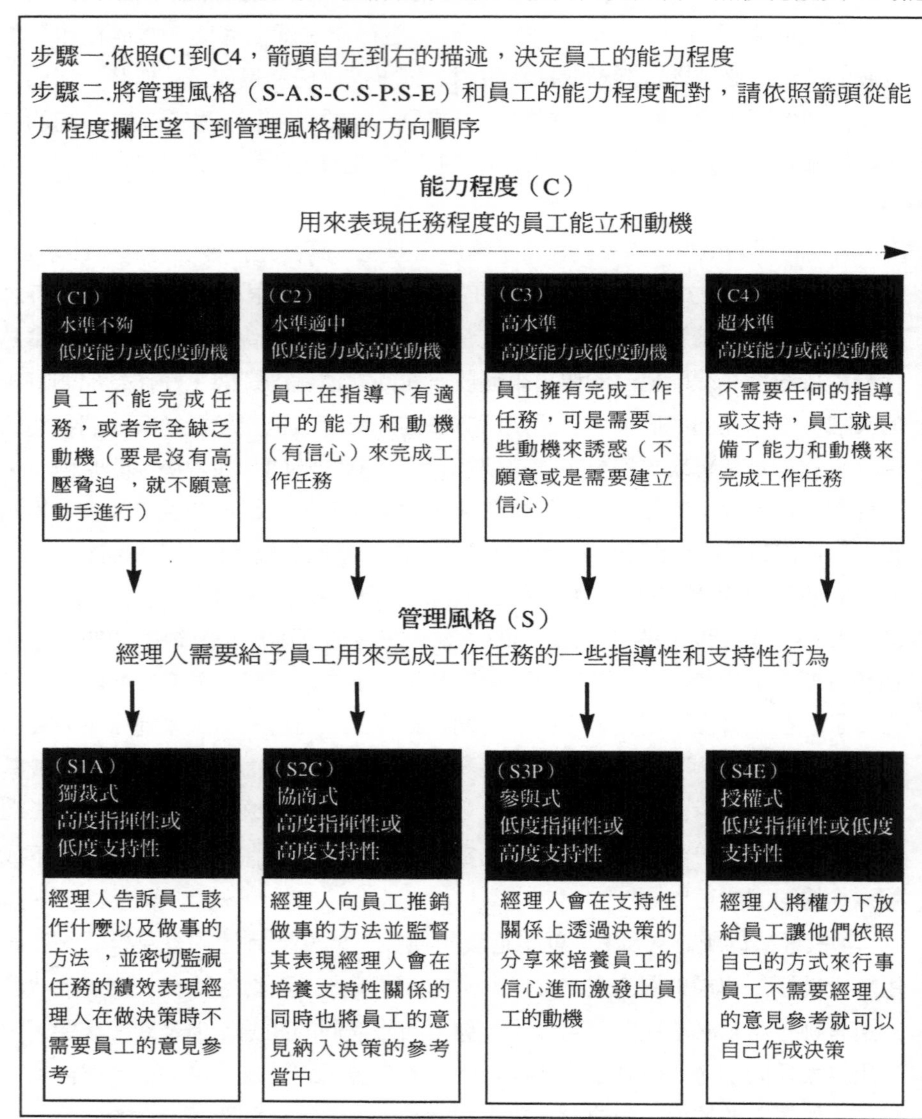

模式1-1　情境管理模式

力程度依照1到4的分數填在各題情境描述的左邊C欄上。接下來，再決定每一個答案（a、b、c、或 d）所代表的管理風格，只要把字母（A、C、P、或 E）填在每一題情境描述的結尾欄S上就可以了。最後再把你認為最適切的答案作上記號即可。

C____ 1.你的新進員工們看起來做得還不錯，他們漸漸不再需要上級的指導和密切的監督。你會怎麼做？

a.除非有問題發生，否則不再指導他們，只看績效表現。S___

b.花點時間個別瞭解他們，可是仍要確定他們可以保持一定的表現水準。S___

c.確定事情一切順利，繼續指導和密切地監督他們。S___

d.開始討論他們有興趣的一些全新工作任務。S___

現在，讓我們看看你的成績如何：

1.因為是新進員工，所以能力程度在一開始的時候應該只有C1，可是現在已經發展到C2的程度了。如果你把2填在C欄上，你就做對了。

2.a選擇是E── 授權式風格，低度的指揮和支持；b選擇則是C── 諮商式風格，亦即高度的指揮和支持；c選擇是A── 獨裁式風格，也就是高度的指揮和低度的支持；d選擇則是P── 參與式風格，低度指揮和高度的支持（討論員工的興趣是什麼）。

3.如果你的答案選擇是b，你就答對了。但是在商場上，往往並不是只有一種方法就可以把某個情境完全搞定。因此，在這個練習中，你可以根據自己在每個情境中表現行為的成功與否來給分。在第一題的情題的情境中，b是最成功的選擇，因為它的作法可以逐步培養員工，所以有三分。c是次佳的答案，再來則是d。因為最好的辦法就是讓事情按部就班，而不是急著催促員工成長，免得造成其中的問題。所以c只有兩分，d只有一分。a是最沒有效果的答案，因為你是從完全監督的極端作法換到完全不監督的另一種極端作法，所以它是零分，因為這其中的差別太大了，可能會造成一些問題，並負面影響到你的成功管理。

若是愈能將自己的管理風格和員工的能力配合在一起，你就愈有勝算成為一名成功的經理人。

練習1-1　瞭解你自己[58]

目標

1.熟識班上的某些同學。

2.更瞭解本課程的涵蓋內容。

3.更瞭解你的講師。

程序1（5到8分鐘）

分成五或六個小組，最好和不太熟識的人編在一組。每一個成員都要介紹自己的姓名和兩、三件有關自己的事情。在小組自我介紹結束之後，互相問問題以瞭解每個人。

程序2（4到8分鐘）

小組裏的成員都能叫出彼此對方的姓名嗎？如果可以的話，最好就這麼照著做下去。萬一不行的話，還得再介紹一次。接下來，小組成員必須直呼彼此對方的姓名，請確定每一個人都要知道對方的名字才行。

問題討論

你該怎麼做，才能改善自己記住人們姓名的能力。

程序3（5到10分鐘）

請為自己的小組選出一名發言人或記錄者。並詳閱下列各種內容，決定好自己的發言人會根據這些內容來向講師提出哪些問題。該發言人不能說出是由誰提出這些問題的。你們也不需要針對每個類別都提出問題。

1.對課程的期望：你希望從本課程中學到什麼？你的講師將針對你的講師針對你的期望提出評論，並告訴全班同學，你的期待月容是否是本課程中的計畫項目之一。

2.疑問或顧慮：有沒有任何有關本課程的內容是你所不明瞭的？請將任何可能有的疑問或顧慮表達出來。

3.有關對講師的疑慮：列出一些你想詢問有關講師本身的問題，以便能更瞭解他或她。

程序（10到20分鐘）

每一位發言人一次可問一個問題，直到程序3裡的所有問題類型都被提及為止。發言人應跳開那些別人已詢問過的問題。

結論

講師可能會作一些結論上的講評。

運用（2到4分鐘）

我從此次經驗中學到了什麼？我會在未來的日子裡如何運用這些所學？

分享

自願者在前述問題中說出他們的答案是什麼。

第二章
環境：品質、全球化、道德與社會責任

學習目標

在讀完這章之後，你將能夠：

1.解釋五種內在環境因素：管理、任務宗旨、資源、系統過程和架構。

2.列出並解釋全面品質管理的兩個主要原則需求。

3.描述九個外在環境因素——顧客、競爭對手、供應商、勞動力、利害關係人、社會、技術、政府和經濟會如何影響內在的企業環境？

4.說出國內、國際和多國企業的不同差異。

5.就六種讓企業全球化的方法來看，指出哪一個方法擁有最高和最低的成本與風險。

6.解釋利害關係人的道德辦法。

7.討論社會責任四種層級的不同差異。

8.解釋精簡化和重新改造這之間的不同差異。

9.界定下列幾個主要名詞：

內在環境	多國企業（MNC）
任務	全球化資源
股東	合資
系統過程	直接投資
品質	道德
顧客價值	股東的道德作法
全面品質管理	社會責任
外在環境	精簡化
國際性企業	重新改造

技巧建構者

技巧的發展

1.你應該可以發展出分析公司環境和管理運作上的技巧

這套分析（見**技巧建構練習**2-1）需要一些概念上的技巧。若是具備了分析自己公司環境和管理運作以及競爭對手的技巧，就可以讓你成為更有價值的員工。如果你想要晉升到較高階的管理階層，這項技巧尤其重要。而第一個該培養的管理功能技巧就是規劃；管理角色則是資訊提供性和決策性的角色。因此資源、資訊和系統組織方面的SCANS資格能力，以及一基本性和思考性的技巧能力也能被發展出來。

■ 聯邦快遞平均每一個晚上都要處理200萬件的包裹，將它們送達到全球186個國家中。

Frederick W. Smith想到了一個隔夜快遞系統的點子，就是利用航空貨運來運送一些非常注重時效性的貨物，例如，藥品、電腦零件和電子產品。Smith在一份期末報告中向教授提出了這樣的點子，可是卻只得到"C"的分數。1973年的3月12日，Smith藉由運送六件包裹來測試自己的點子。同年的4月17日，聯邦快遞（FedEx）開始正式運作，總共送達了186件包裹。在前27個月份裏，聯邦快遞每個月都要損失100萬美元。

聯邦快遞所發展出來的輻輳系統（hub-and-spokes），現在正廣為航空業所競相仿效。這套系統會讓所有的貨物都流向某個中心，經過分類、分裝到各飛機上，再進行運送。一直到1988年的11月，聯邦快遞總算能夠在一個晚上的時間完成100萬件包裹的送達服務。它是該產業中第一個提出創新構想和服務的快遞公司，這些構想包括，隔夜送抵包裹、隔夜送抵信件（1981年）、第二天早上十點三十分以前送達（1982年的秋天）、貨車上的包裹追蹤、透過電話的即時包裹追蹤（1981年）、明確時間的送貨服務、週六快遞和到府取件服務等。現在的聯邦快遞平均每一個晚上都要處理200件的包裹，將它們送達到全球186個國家中。你將會在本章學到，聯邦快遞之所以成功，全是因為它勇於改進自己的內部環境和能力來適應外在的環境。[1]

欲知有關聯邦快遞的最新資訊，請多利用 http://www.fedex.com的網址。欲知如何使用網際網路，請參考附錄的內容。

內在環境

1.解釋五種內在環境因素：管理、任務宗旨、資源、系統過程和架構

營利和非營利組織，它們的創設目的就是要為顧客製造一些產品和／或服務。所謂企業組織的**內在環境**（internal environment）包括了影響自己績效表現的各種內在因素。也被稱之為內在因素，因為它們是受到組織內部的控制，和外在因素完全相反，後者完全不在組織的控制範圍內。你在本單元所學到的五個內在環境因素分別是：管理、任務宗旨、資源、系統過程和架構。

內在環境
包括了影響自己績效表現的各種內在因素。

管理

經理人負責的是組織的績效表現。他們會施展規劃、組織、領導和控制等功能。經理人所展現的領導風格和所作成的決策，都會從上至下地影響到整個組織的表現。高階經理人通常必須肩負起組織成功或失敗的責任，因為他們對自己的行為有控制權，即使受到了外在環境的影響，也不能免責。很明顯的，聯邦快遞要是沒有了創辦人和最高執行長Frederick W. Smith，就不會有今天的成功地位。而Bonnie Castonguary（第一章的人物）本身也直接影響了Gap分店的表現。你將會透過本文學習到如何成為一名實際有效的經理人，並發展出管理上的技巧。[2]使得有效的經理了解在一特定組織中旗下員工的需求，員工願意付出使組織發揮功效。[3]

工作運用

每一次進行本章的工作運用時，請在舉例時，儘量使用不同的企業組織為例。

1.說明某個組織的任務宗旨，最好是你曾經或目前正在工作的企業組織。

任務宗旨

組織的**任務宗旨**（mission）就是指它存在的目的和理由。任務宗旨的發展是高階管理階層的責任。任務宗旨應該要能指出目前和未來的產品是什麼。產品（product）這個術語通常是用來含括貨品和服務這兩者。根據Deming的說法，企業之所以失敗的主要原因就在於管理階層沒有前瞻性。在管理階層的指令之下，組織生產出錯誤的產品——所謂錯誤的產品就是指產品沒有市場；再不然就是市場太小了。[4]有遠見的經理人會修正組織的任務宗旨，提供顧客所需要的產品。根據調查，管理階層若是不能發展和傳達出明確目標下的任務宗旨，勞工的忠誠度往往會因此而瓦解。[5]圖2-1列出了聯邦快遞的宗旨說明。請

任務宗旨
組織存在的目的和理由。

注意它的目標就是要滿足每一位顧客。

聯邦快遞承諾要對人們——服務——利潤（PEOPLE-SERVICE-PROFIT）這個理念全力以赴。我們將整體性地提供既可靠又具競爭力的全球性空中／地面運輸服務，將具有時效性的貨品和文件優先送達到指定地點，進而為自己製造出可觀的財務利潤。我們會使用即時電子追蹤系統來控制每一件託付的包裹。而每一個貨物的完整快遞記錄也都會隨著我們的帳單致送給顧客。我們以助人為己任，不管是對待彼此或是對待公眾都是有禮和專業的。我們將竭盡所能地滿足顧客的每一次交易。

圖2-1　聯邦快遞的宗旨說明

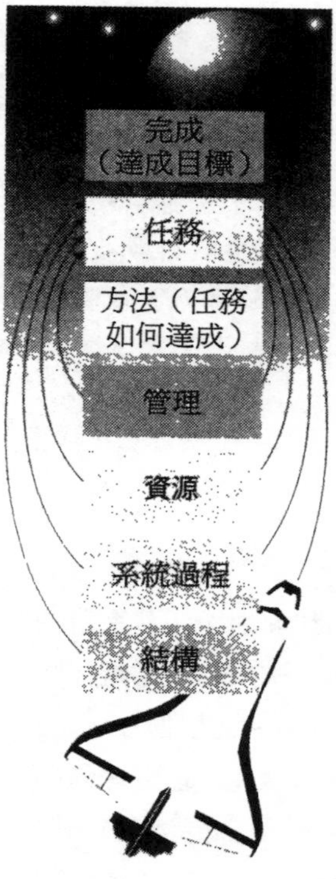

圖2-2　內在環境的手段和目的

利害關係人
其所屬利益會受到組織行為影響的人們。

身兼教授和顧問的Russell Ackoff指出，任務宗旨應包括可以衡量和評估出績效表現的各種目標。宗旨任務應該說出自己的組織和競爭對手有什麼不同，該組織能提供給顧客什麼樣的獨特好處。[6]任務宗旨也和所有的利害關係人有關。所謂**利害關係人**（stakeholders）就是指其所屬利益會受到組織行為影響的人們。利害關係人可能包括員工、股東、顧客、供應商、政府以及其它等等。本章還會出現更多這類的利害關係人。

此外，使命也是組織所要達到的最終目標。而其他內部環境因素須配合來達成這項使命（參閱圖2-2之圖解）。在此必須聲明的，經理建立使命、設定目標，但他們並非終歸。他們的責任並非作使命報告而是協助完成使命。

資源

組織必須具備資源來完成它的任務宗旨。正如第一章所談到的，組織的資源包括了人力、財務、物質和資訊等資源。人力資源（human resources）要負責達成組織的任務宗旨和目標，他們要想出能造成改變的創意性構想，來增加組織的績效表現。聯邦快遞以人們——服務——利潤為理念，公開宣示該公司是把人放在第一位的考量位置上，所以他們會提供卓越的服務給人們，進而產生利潤。聯邦快遞旗下有98,000多名員工，每天都要處理200萬件以上的包裹，準時送達到全球186個國家。聯邦快遞的物質資源（physical resources）包括近457架的空中貨機和29,000千輛地上交通工具；COSMOS是聯邦快遞的電腦系統，對時間上的掌握和追蹤送達具有非常關鍵性的影響。財務資源（financial resources）需要用來購買和維持物質資源，並付薪給組織內的員工。1994年的時候，聯邦快遞的營收超過了80億美元，淨利高達$204,370,000。資訊資源（informational resources）主要來自於COSMOS這套電腦系統，但是聯邦快遞也有自己專屬的內部電視網，稱之為FXTV，可透過閉路衛星轉播，將視訊傳送到全球1,200個站址上。身為一名經理人，你所肩負的責任就是利用這四種資源來完成組織交代的任務宗旨。

系統過程

所謂**系統過程**（systems process）是指將輸入轉換成輸出的方法。系統過程共有四種成份：

系統過程
將輸入轉換成輸出的方法。

1.輸入：輸入（inputs）就是指一些起始力，可將運作上所需用到的必需品提供給組織。輸入也意謂著組織內的資源（人力、財務、物質和資訊資源）。在聯邦快遞裏，主要的輸入就是每天200萬件待送到全球186個國家的包裹。

2.轉換：轉換（transformation）就是把輸入成為輸出的一種轉變。在聯邦快遞裏，包裹（輸入）必須流到中心（轉換）先進行的分類。

3.輸出：輸出（outputs）則是提供給顧客的產品。就聯邦快遞的個案來看，包裹送達到顧客的手上就是輸出。

4.反饋：反饋（feedback）可提供控制的手段，好確保在輸入和轉換的過程下會得到預期的結果。COSMOS就被當作是一種反饋的手段，來協助確保所有的包裹都能夠準時地送達。

工作運用

2.描述某個組織的系統過程，該組織最好是你曾經或現在工作的所在。

像福特汽車公司這樣的製造商都會使用到鋼鐵、塑膠和金屬零件、以及橡膠輪胎等之類的原始材料和零件（輸入），以便在裝配線上（轉換過程）製造出一部部的汽車（輸出）。The Gap從製造商採購衣服（輸入），然後再以現金收款或信用買賣的方式賣給（轉換過程）顧客（輸出）。顧客可能來自於內部；也可能來自於外部。某個系統下的輸出可能會成為另一個系統的輸入。舉例來說，福特從固特異（Goodyear）買進輪胎，對福特本身來說，算是一種輸入，但是卻讓福特成為固特異外部的顧客。在福特公司裏，某個部門可能要製造擋泥板（輸出），再送交到裝配線上（輸入）。所以同家組織內的各部門就成了內部裏的顧客。在前例中，福特公司和固特異公司可能就是彼此對方的利害關係人。

經理人要是能透視系統的作用，就會把組織視為整個過程而不是財務、行銷、營運和人力資源等個別部門。他的焦點一定是擺在所有這些功能的互動關係上，也就是輸入轉換成輸出的過程。身為一名經理，你必須利用自己概念上的技巧，來瞭解這些系統過程，以便協助整個組織達成它的任務宗旨。請參考圖2-3對系統過程的描寫。

品質

品質
把使用上的實際效益拿來和必要條件作比較，進而判定出價值。

顧客價值
是指顧客所採納的購買利益點，以便判定究竟是否該買某個產品。

品質（quality）是一種內部的因素，因為它是受到組織內部範圍的控制。顧客對品質的認定好壞是把使用上的實際效益拿來和必要條件作比較，進而判定出它的價值。**顧客價值**（customer value）則是指顧客所採納的購買利益點，以便判定究竟是否該買某個產品。其實顧客購買的不是產品本身，而是購買他們預期從產品身上所得到的利益點。價值正是誘使我們購買產品的一種動機。當本書作家購買一台電腦和一套軟體的時候，他並不是為了設備本身才花錢購買，而是為了能夠進行本書手稿的文字處理好處。它比手寫方式要來得較快較容易，而且也比較便宜。電腦對作者來說是有價值的，所以他要買下它。

品質和價值算得上是所有組織的要素，因為它們可以吸引新顧客上門和維繫老顧客。如果某位顧客利用聯邦快遞來傳送包裹，然後又獲得了準時送交的良好結果，這名顧客就會認為這個錢花得值得。顧客認定聯邦快遞是有價值的，所以下次還會再找它運送包裹。反之則不然，該名顧客鐵定會找其它的門路來幫忙。品質和價值在競爭激烈的市場上一直被人重新地界定著。如果UPS（United Parcel Service）以更少的錢提供更快的服務，那麼就會被顧客認定為比

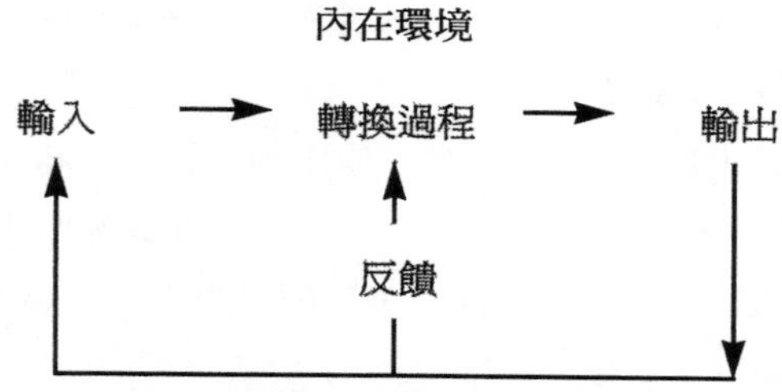

內在環境

輸入 → 轉換過程 → 輸出

反饋

圖2-3　系統過程

較有價值的快遞服務，而搶掉許多聯邦快遞的客戶。

全面品質管理（TQM）

2.列出並解釋全面品質管理（TQM）的兩個主要原則需求

TQM是個很常用的術語，用來強調組織內部的品質。TQM是以整個系統為著眼點，因為它不是專為單一部門所提出的單一計畫而已，而是組織內部每一個人（整體）的責任。**全面品質管理**（total quality management ，簡稱TQM）是指組織內部所有人等都要涉入的過程，以顧客為重視焦點，所以必須持續不斷地改善產品的價值。TQM有四項主要原則：[7]

全面品質管理
指組織內部所有人等都要涉入的過程，以顧客為重視焦點，所以必須持續不斷地改善產品的價值。

1.對傳達顧客價值的重視：正如前面所述，如果某個組織想要成功，它就要提出價值，好吸引和保留顧客。

2.持續不斷地改善系統和它的過程：原則2和原則1有著非常密切的關係。品質和價值會一直地改變，如果組織只滿足於舊式的標準，想要維持原狀的話，它就會敗在競爭對手之下。IBM是一個活生生的實例，它從大型電腦轉變為個人電腦的腳步不夠快，而且在系統過程上也出現了一些問題，所以拱手讓了許多業績給Compaq、Apple、Packard-Bell和其它品牌，在1993年的個人電腦銷售排名榜上只佔到了第四位。豐田汽車的Lexus部門座右銘是「追求完美，永無止盡」，意思正是對原則1和原則2的重視。事實上，原則1和原則2也就是TQM 定義上的基礎精神。

3.著重於管理過程甚過於對人的管理：員工會透過系統過程將輸入轉換成輸出。如果經理人想要改善員工的績效表現，他們需要注重的是過程本身而非人的本身。這是因為員工是根據自己的技巧和組織所提供的資源來執行一些過程。Juran和Deming發現到在所有的工作問題當中，只有15%到20%左右的問題是來自於勞工所能控制的因素。[8]因此，有80%到85%的問題是由系統過程中的問題所造成的，而不是由員工所造成。這也是大家所通稱的85-15原理（85-15 rule）。不良的輸入可能無法轉換成實際有效的輸出。如果某件包裹放進聯邦快遞的箱子裏，卻沒有寫明送交的地址，就不能算是取件員工的錯。是這套系統允許人們在沒有經過取件員工的檢查之前，就可以把包裹丟進箱子裏。

工作運用

3.就你最近購買的某個產品，確認出它的品質和價值。

4.以團隊分工的方式來有效地執行過程：單一員工很少能獲得輸入，再轉換成輸出，送交到顧客的手上，或者提供服務。但在一個組織裏，員工在系統過程中所負責的步驟各有不同，所以需要強調團隊分工。在第十三章的時候，你將會學到有關團隊分工的事宜。

聯邦快遞一向對品質和價值是全力以赴的，而且對「品質改進過程」的信念是昭然若揭的，此信念乃是源自於人們——服務——利潤的本來理念。聯邦

概念運用

AC 2-1　內在環境

請找出以下幾種情況的內在環境因素：

a.管理　b.任務宗旨　c.資源　d.系統過程　e.架構

__ 1.「我們使用這些化學物質，讓它們成為液狀，再放入 這些模裏面，等到它變硬了之後，就成了戶外用的椅了。」

__ 2.「我們有披薩的快遞服務。」

__ 3.「是這裏的人們讓公司成為它今天的局面。」

__ 4.「一旦我們有了成長，我們就成立了新的人力資源服務部門。」

__ 5.「管理階層並不信任我們，這裏所有的決策都是由高階管理階層所訂定的。

快遞擁有75位以上的品質專家，是從組織內部裏拔擢選出的，他們專事於員工的品質訓練，協助品質小組活動，促銷成功的啟發故事，同時也身兼公司的諮商人員。他們的任務宗旨是要根據各部門的特殊需求，定製出各種品質訓練、溝通、衡量和報酬辦法。在1990年的時候，聯邦快遞率先贏得了服務業的Malcolm Baldrige國家品質獎。身為一名經理人，你必須瞭解品質和顧客價值的重要性，並透過系統過程不斷地努力達成這些目標。

架構

架構（structure）指的是組織分類各種資源的方法，好用來完成它的任務宗旨。正如第一章所討論到的，一個組織體就是一個系統。身為一個系統的組織體會被架構成幾個部門，例如財務、行銷、生產、人事以及其它等等。每一個部門都會對組織這個整體造成影響，而且也受到彼此部門的互相影響。組織會把各資源進行架構整理，使輸入轉換成輸出。組織中的所有資源都必須被有效地架構，好完成組織所預定的目標。身為一名經理人，你必須負責架構裏的部分組織，也就是單一部門。你會在第七章到第九章的內文中，學到更多有關組織架構的事宜。請參考圖2-4，複習內在環境的各個成因。

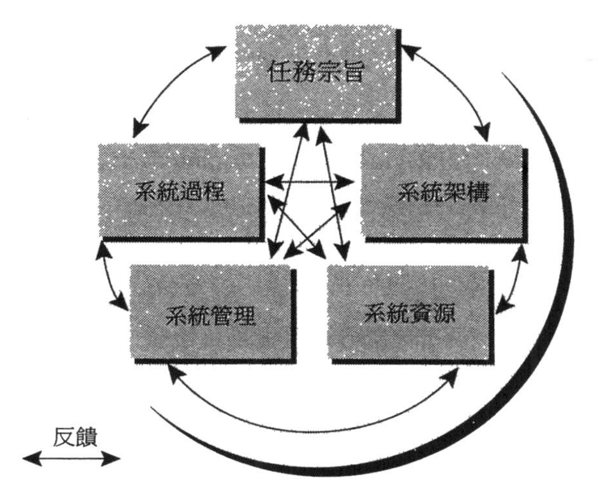

圖2-4　內部的環境成因

外在還境

3.描述九個外在環境因素——顧客、競爭對手、供應商、勞動力、利害關係人、社會、技術、政府和經濟會如何影響內在的企業環境？

外在環境
組織以外會影響到它績效表現的各種因素。

組織的**外在環境**（external environment）包括了組織以外會影響到它績效表現的各種因素。儘管經理人可以控制內在環境，可是卻對組織以外所發生的事情使不上力。九個重要的外在因素分別是顧客、競爭對手、供應商、勞動力、利害關係人、社會、技術、政府和經濟體。

顧客

顧客可以透過產品的購買對組織產生重要的影響。要是沒有了顧客，組織就沒有存在的必要。當今優秀的經理人瞭解這種需求，所以會提供產品價值給顧客。能否持續地改進顧客價值則是企業之所以成功或失敗的主要差異關鍵。優秀的經理人所發展出來的任務宗旨可以為顧客提供好的價值。透過系統過程，使用其中的架構和資源，組織體就可以為目標顧客提供好的產品。根據聯邦快遞的宗旨說明，它的首要價值是送交「具有時效性的貨品和文件……並使用即時電子追蹤系統……竭盡所能地滿足顧客的每一次交易」。 經理人必須隨著顧客價值的改變，修正組織的任務宗旨和產品。如果他們不能做到的話，顧客就會流向競爭對手，如同IBM的個人電腦例子一樣。

顧客服務很重要嗎？

由策略性規劃機構（Strategic Planning Institute）所主持的一項研究計畫透露，擁有高度服務性策略的組織體每一年約可以增加6%的市場占有率，而銷售業績則可以增加12%。不注重服務性策略的公司則會滑落2%的市場占有率，業績則會下降1%。所以毫無疑問的，服務的好壞對財務的確會造成影響。[9]服務也算是顧客價值裏的一個重要部分。這也是為什麼TQM那麼著重於顧客價值的創造。你愈能創造出顧客價值，你的管理事業就愈成功。

競爭

組織必須為了爭取顧客而在市場上和他人競爭，所以競爭對手的各種策略性動作一定會影響到組織體的表現。聯邦快遞是第一家提供早上十點三十分前送達包裹的隔夜快遞服務。可是它的頭號競爭對手UPS卻在市場上率先推出早上八點三十分前送達包裹的隔夜服務，然後又推出了當天送達的快遞服務。結果聯邦快遞只好努力跟上UPS的服務腳步，只為了留住顧客的心。[10]當某家公司率先增加顧客價值時，即使競爭對手後來跟上了腳步，也可能永久地失去本來的顧客。聯邦快遞的其它主要競爭對手還包括Roadway Package SystemStrategic（簡稱RPS）、安邦快遞（Airborne）和美國郵政服務局（U.S. Postal Service）的快捷郵件，以及其它許多地區性的快遞公司。

顧客價值的另一個重要領域是定價。當競爭對手變動價格的時候，公司方面也往往為了保住顧客群而調整價格。舉例來說，個人電腦的速度愈來愈快，價格則愈來愈便宜。另一個例子則是 RJR Nabisco，當它提高香煙售價時，競爭對手Philip Morris和Brown & Williamson也都調整價格以因應。[11]如果它的競爭對手沒有配合這次價格調漲的話，RJR就非常有可能會削減自己的價格來配合對方了。事實上整個競爭態勢是隨著全球經濟的擴張而愈趨激烈的。

優秀的經理人會發展出任務宗旨及一些策略，來提供優於競爭對手的一些獨特好處。企業組織透過轉換過程利用自己的資源和架構，開發出獨一無二的產品。必勝客的餐廳就非常地與眾不同。可是Domino's Pizza推出了三十分鐘以內送達的披薩快遞服務（後來時間又加長了），所以從必勝客和其它餐廳的手上奪走了許多顧客。結果為了競爭，必勝客和其它批薩店不得不競相推出快遞服務。雖說Little Caesar's所出售的兩小披薩和瘋狂麵包（crazy bread）非常與眾不同，可是它並沒有提供快遞服務，一直到1995年才開始這項服務 。你愈有辦法爭取顧客，你的企業組織當然就愈有可能成功。

時效性的競爭（time-based competition）強調的是從產品構想到交貨給顧客這之間，應加快其中的速度，這也是目前最流行的趨勢。你將會在第五章和第十七章的時候，學到有關時效性競爭方面的事宜。

工作運用

4.某家公司的競爭對手曾經對它的生意造成什麼樣的影響？請舉出實例。

供應商

許多組織的資源多來自於公司以外的地方。組織通常會向供應商購買土地、建物、機器、設備、自然資源以及一些組成零件。因此，組織的表現也會受到供應商的影響。通用汽車（General Motors，簡稱GM）建立了一座釷星（Saturn）工廠，好用來生產釷星車系（Saturn）的四種車款。GM特別發展了個別獨立的釷星經銷網來銷售這個車系。但是在第一年裏，因為生產的問題，釷星的汽車經銷商只收到一半的汽車配額。GM是釷星經銷商的供應商，如果GM不能把車子交出去，或者是汽車的品質不良，經銷商的表現就會受到負面的影響。而聯邦快遞的快遞服務也必須依靠它從供應商那兒買來的貨機和貨車為生。要成為一名優秀的經理人，你必須瞭解供應商的重要性，和他們培養出密切的合作關係，這也是TQM裏非常重要的一部分。

勞動力

組織內的員工對組織的表現也有直接的影響。管理階層從組織以外可資利用的勞動力那兒招募到一些人力資源。而公司的任務宗旨、內部架構和它的系統過程，則是決定員工能力程度表現的重要因素。聯邦快遞員工和Gap員工各自需要的工作技巧一定大不相同。

工會也可以為各組織體提供一些員工。一般認為工會算是一種外在因素，因為他們在面對組織的時候，常常扮演著第三者的角色。UPS多數的員工都是Teamsters工會的成員，而聯邦快遞的員工則沒有加入什麼主要性工會。在一個工會化的組織裏，通常是由工會而不是個人來和管理階層進行合約協商。在非工會化的組織裏，則會面臨到員工自行組成工會的威脅。工會具有罷工的力量，當工會決定罷工的時候，收益和報酬都會遭受到損失。1994年的棒球罷工就是一個活生生的例子。

股東

企業體的持有人們，也就是所謂的股東們，對管理階層有很重要的影響力。大型企業的多數股東並不干涉該公司的每日運作，可是他們卻有權投票選出該企業的最高執行長。董事會的監事們一般也不會牽涉該公司的每日運作，可是他們卻手操高階管理階層的生殺大權。高階管理階層必須向董事會的監事們報告。如果組織體的表現不理想，經理人就可能被炒魷魚。John Akers現在就成了IBM的前任最高執行長和主席。聯邦快遞的股權有5,600萬美元是由股東們所持有。身為一名經理人，你可能有機會從你所在任的公司裏拿到屬於你自己的股份。

社會

社會上的人士可能會對組織體的管理階層施壓要求改變。個人和團體也可以集結成群地向企業體施壓求變。居住在某企業體所在範圍內的居民們，都不想讓該企業污染當地的空氣或水源，或者是濫用當地的天然資源。來自社會的壓力會造成更嚴格的污染把關議題。製造鮪魚罐頭的公司在捕捉鮪魚的時候，曾經屠殺了許多海豚。現在它們礙於社會壓力。不得不在鮪魚罐頭上寫明自己是「對海豚無害的」。社會人士要求各企業組織必須負起社會責任，還要講商業道德。你將會在本章稍後的地方，學到有關道德和社會責任方面的議題。

技術

技術變動的速度將會持續地增加。很少有組織體到了今天還在以十年前的技術在作業。幾年前仍在構想階段的幾種產品，現在都已經大量生產了。電腦改變了組織體行事和交易的方法。電腦通常算是公司系統過程中的一個主要部分，而電信科技已經成長了近一世紀，所以很有可能演變成為另一股新產品。12

新的技術通常會改變產品的用途。Atari是第一家成功推出家庭電視遊樂器的公司。但是擁有卓越技術的Nintendo卻取代了前者的市場。可是到了1995

年，Sega就被人預估可以超越Nintendo在美國市場電視遊樂器的零售業績（包括硬體和軟體的銷售），因為它在　Nintendo之前推出了全新一代的電玩，稱之為Saturn（這就是時效性競爭）。[13]新力公司（Sony）為它旗下的新電玩PlayStation，以超低價的方式在市場上推出，此電玩使用的是光碟技術，預計對該產業的各競爭對手多少會造成一些壓力。[14]微軟公司（Microsoft）宣稱它的技術可以讓它的下一個作業系統在進行快速電腦遊戲時，有更好的表現。事實上，個人電腦產業一直希望能取代Sega、Nintendo、Sony和其它以電玩為主的各種機型。[15]

新的技術為某些公司創造出新的契機，但是也成了其它公司的可能威脅。聯邦快遞以自己的技術為豪。它是第一家發展出輻輳系統的公司，使得隔夜快遞的夢想成真，還有它在COSMOS上的運用，才能讓所有的包裹落實即時追蹤系統。從另一方面來看，傳真機的出現對聯邦快遞來說，不可不算是一種威脅，因為它提供了瞬間性的傳送服務。幸運的是，聯邦快遞大多數的營收都來自於包裹的運送。幾年前，市面上有數以千計的嬰兒尿布服務公司，可是因為製造紙尿布的技術出現（後來又演變為環境的污染問題），大多數的公司都不得不關門大吉。如果你想要讓自己管理的事業繼續下去，就必須跟得上該產業中的最新科技。別忘了永遠要做學習新事物的第一個自願者。

工作運用

5.請舉出技術如何影響一或多家企業組織體的實例，最好以你曾經或目前工作的企業為例。

政府

外國政府、聯邦政府、州政府和地方政府，全都會設定各企業組織所必須遵從的法律條文。即使這些律法會隨著政府當權官員的不同而有不同的詮釋、方向和實施，但是條文本身卻仍然保持原封不動的狀態。有時候所謂政府環境指的就是政治環境和法律環境。汽車產業曾被要求減少汽車排氣上的污染量。航空業則被要求降低飛機的噪音程度。各企業組織不再能把自己的廢棄物隨意丟棄在我們的河川裏。職業安全健康局（The Occupational Safety and Health Administration，簡稱OSHA）設定了各企業所必須達到的安全標準值。各組織在沒有得到FDA的核准之前絕對無法出售藥品。美國人以殘障法（Americans with Disabilities Act，簡稱ADA）來強制各企業更改許多人員雇用的辦法。換句話說，就某種程度上而言，[16]各企業可能無法再像以往那樣為所欲為，政府會告訴企業組織何事可為、何事不可為。由Sears所持有的Allstate保險公司搬離了麻州這個地方，理由就是因為它無法接受當地州政府的法令規定。

政府可以為企業體創造契機，也可能帶來威脅。幾年前，緬因州把合法的飲酒年齡從21歲降到了18歲。於是Dick Peltier開了一間酒吧專門瞄準在18到20歲左右的年輕人身上，結果生意相當地成功。但是幾年之後，該州又提高了飲酒年齡的門檻，Dick在一夜之間就關門大吉了。

企業組織和政府也可以彼此合作，一起推動各國之間的自由貿易。關貿總協（The General Agreement on Tariffs and Trade，簡稱GATT）就是一個國際性的組織，旗下有一百多個會員國。GATT的工作項目就是為所有的會員國發展一般性的協定，並在各會員國之間扮演仲裁者的角色，協助解決一些差異性的問題，或者是當某會員國抗議另一會員國有不公平的貿易運作時，出面進行調解。GATT小組可以下達停止不當貿易運作的命令，或者允許指控不當貿易運作的會員國採取報復行動。此外還有一些歐洲貿易聯盟，最大的是歐盟（European Union，簡稱EU），其前身為歐洲共同體（European Community），是由十二個會員國所組成，它們分別是比利時、丹麥、法國、希臘、愛爾蘭、義大利、盧森堡、荷蘭、葡萄牙、西班牙、英國和德國。自1992年終以來，歐盟開始正式成為一個無國界的單一市場，不管是旅遊、聘雇、投資和貿易都可以暢行無阻。歐洲自由貿易協會（The European Free Trade Association，簡稱EFTA）則將奧地利、芬蘭、冰島、挪威、瑞典和瑞士等劃歸為另一個單一市場，可是這些國家也都計畫加入歐盟的行列。而捷克斯拉夫、匈牙利、以及波蘭等，也都同意在這十年內向歐盟產品開放它們的市場。

創立於1993年，並在1994年開始執行的北美自由貿易協定（North American Free Trade Agreemen，簡稱NAFTA），其中的美加協定更擴大了範圍涵蓋到墨西哥這個國家。在未來的十到十五年之間，預計會有高達兩萬項左右的個別關稅被解除，如此一來，各會員國之間的貿易障礙就消失殆盡了。此外，外界傳說NAFTA會擴張它的領域，涵蓋所有的中南美洲。而環太平洋各國（The Pacific Rim countries）——日本、中國、韓國、台灣、印尼、馬來西亞、菲律賓、泰國、香港和新加坡等，也早已形成了一個貿易區域，稱之為亞太區域（Pacific Asia）。請參考圖2-5的描繪，就可以清楚看到以上所談到的這些貿易區域了。而各政府之間所作成的協定也會影響各公司在全球市場上運作的情形。我們將在稍後的地方談到有關全球性企業的這方面議題。

經濟

企業組織體並無法控制經濟大環境的成長、通貨膨脹、利率、匯率以及其它因素等等，但是這些東西卻對組織體的表現有著非常直接的影響。一般來

圖2-5　貿易區域

說，正如國民生產毛額（簡稱GNP）和國內生產毛額（簡稱GDP）所測度的一樣，只要逢到經濟成長，各企業的表現就比較好，反之，若是GNP/GDP滑落或逢到不景氣時，產業表現也就跟著不太理想。美國最近一次不景氣是發生在1990年的最後一季以及1991年的前兩季。自從那時起，經濟就開始呈現穩定成長的局面了。如果商業活動變緩了下來，待運的包裹就會減少，而聯邦快遞也會跟著受到影響。

在通貨膨脹期間，各企業都會碰到成本增加的問題，可是卻無法老是把成本轉嫁到消費者的身上。這樣的情況會導致利潤的滑落。當利率居高不下的時候，就要花較大的成本才能借貸到資金，所以也可能影響到利潤收入。匯率也會對國內和國外的生意造成影響。當美元疲軟的時候，國外產品在美國本土的售價就會提高，反之亦然。弱勢的美元可以為美國創造出一些商業契機。當美元比日幣弱勢的時後，日本的汽車製造商就必須提高售價或是降低自己的利潤目標。一旦日本汽車的價格調漲，美國人就傾向於購買本國汽車和其它的本國商品。有了貶低的美元，美國公司在歐洲的生意也好做多了。[17]瞭解經濟，尤其是全球性的經濟，可以有助於你晉升到高階管理階層的地步。

互動式的管理

根據Russell Ackoff的說法，互動式的經理人（interactive managers）不像反應式的經理人（reactive managers）（只有在受到外在因素的驅使之下，才會

概念運用

AC 2-2　外在環境

請找出以下幾種情況的外在環境因素：

a.顧客　b.競爭　c.供應商　d.勞動力　e.股東　f.社會　g.技術　h.政府　i.經濟

__ 6.「寶鹼公司已經開發出一種全新可分解生物的物質，將用來取代紙尿布裏的合成樹脂襯墊，如此一來紙尿布就不會成為垃圾掩埋場裏的萬年垃圾了。」

__ 7.「AT&T曾經一度是市場中唯一提供長途電話服務的公司，可是後來市場上又加入了 MCI、Sprint 和其它公司，因此瓜分掉了它的許多顧客。」

__ 8.「我申請了貸款想要開創屬於自己的事業，可是我可能申請不下來，因為這陣子的資金很緊，即便是利率也很高。」

__ 9.「該公司的股份持有人已經警告過最高執行長了，他們說，如果生意在今年內仍無起色的話，就要把他炒魷魚。」

__ 10.「管理階層要把我們公司賣給百事可樂公司，可是政府說如果我們這樣子做的話，可能會違反反托辣斯法。我們公司現在該怎麼辦呢？」

作些改變）和應答式的經理人（responsive managers）（在他們被要求之前，就試著為可能變動作預測和準備，以便適應外在的環境），他們會設計出自己想要得到的未來景況，並發明方法來讓夢想實現。他們堅信我們有能力可以創造出部分的未來，並控制未來對我們的影響範圍。他們會試著避免各種威脅，而不只是準備迎戰它而已，此外他們也不單單只是探索契機而已，而是創造出屬於自己的契機來。互動式的經理人不是被動反應性的，他們會為了自己和利害關係人的好處而主動讓事情發生。他們總是計畫未來要做得比現在更好，知道自己所追求的理想是永遠不可能獲得的，但是卻可以持續不斷地接近中。隨著變動率的加速，互動式經理人會試著設計出一些他們可以控制的系統，以便增加自己學習和適應的能力。經驗不再是最好的導師，因為它的速度太慢了，而且又不明確，於是乎實驗取代了經驗。互動式的經理人很願意作出一些必要的改變，來讓組織體更接近理想中的設計。[18]在1970年代早期，人們認定隔夜快遞服務是不可能做到的事情，可是這種想法並沒有阻止Smith讓隔夜快遞服務透過聯邦快遞公司成為一項事實。你是否有什麼偉大的全新構想可以發展出新的事業？或者你想到了什麼辦法可以幫助企業體創造出顧客價值呢？

隨著企業組織的成長，內在和外在環境的複雜性也會跟著提高。會提高環境複雜性的主要因素就在於市場的全球化，[19]經理人都相信這個因素對他們所處的事業有非常重大的影響。請參考圖2-6，回顧組織體的環境。再想想看聯邦快遞在環境上的複雜性如何。聯邦快遞必須在186個國家裏從事交易，因此

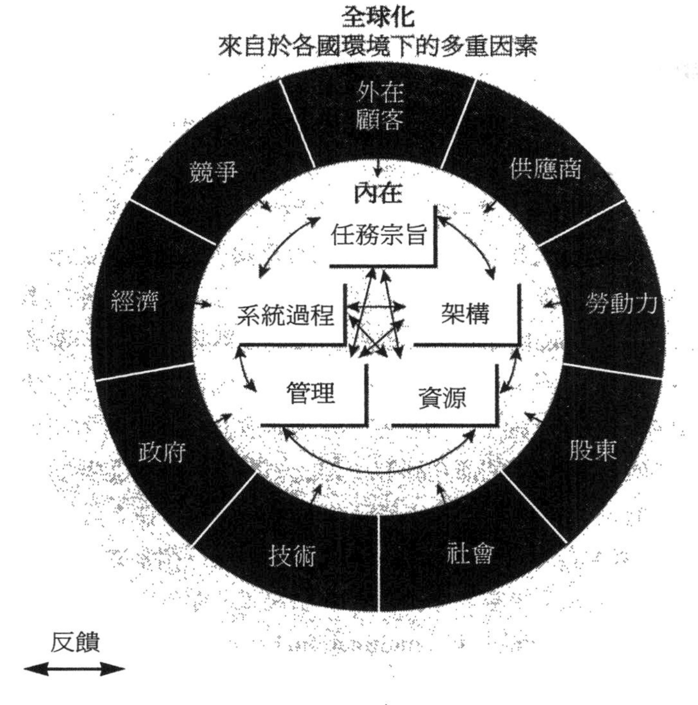

圖2-6　組織的環境

它必須遵守這186個政府的不同法令和規定，以及適應這186個不同的經濟體、勞動力、社會以及其它等等。在下面兩個單元裏，你將會學到如何在全球環境中進行商業的運作。

在全球環境中進行商業的運作

4.說出國內、國際和多國企業的不同差異

在本單元裏，你將會學到有關全球企業的事宜；如何讓事業體全球化；以及大型全球化公司和小型國際企業的運作事宜等。

在全球環境中和他人一較長短，對任何一家公司的生存來說都是不可避免的。[20]即使是當地的小型企業也無法避免和全球性公司在國內市場中競爭。經理人，特別是大型公司的經理人，都以全球化管理系統為馬首是瞻。[21]全球五百大公司裏頭，若是根據國別來分類 ，美國所擁有的全球性公司數量絕對凌駕於其它國家。[22]全球性環境的特性就是經濟的變化非常快速；傳播也很快速；

而且到處是相互結盟的商業組織；與供應商的關係是屬於閉鎖性質的；以及快速變動的工業技術等。「這項生意可以全球化嗎？」[23]這類的問題已經不存在了，現在的問題是：「我們要如何全球化，多快可以達成？」[24]

企業之所以要全球化的主要理由就是為了要增加銷售和利潤。如果你一開始只在美國做本國生意（domestic business）（只在一個國家進行事業的運作），你就只有2億5,000萬人口的潛在顧客。要是你把事業交易擴大（採買和出售一些輸入和輸出）到加拿大和墨西哥（NAFTA會員國），你就可以增加顧客人口，達到3億6,000萬人。到了這個地步，你擁有的即是一份國際性的事業了。所謂**國際企業**（international business）是指企業的主要總部設在一個國家，但卻在其它國家進行商業交易。如果你想將事業擴張到歐盟市場中，因此你在歐盟會員國裏的其中一個國家設下了辦公室，並透過歐盟來進行商業交易，那麼你就可以再增加3億3,000萬名的潛在顧客，如此一來，整個顧客群加總起來共有7億人口。到了此刻，等到各種運作都已經起步的時候（在本國市場擁有一個已鞏固的事業指揮中心，並至少在另一個國家也擁有一個基礎鞏固的指揮中心，其營收業績的25%以上來自於本國以外的市場），你所擁有的就是一個多國性或全球性的企業了。**多國企業**（multinational corporation，簡稱MNC）在好幾個國家都設有實質的運作中心。比較大型的MNC會在好幾個國家設置事業指揮中心，而且營收業績的50%以上來自於本國以外的市場 ，這類公司包括了Gillette（吉利）、Colgate（高露潔）、Coca-Cola（可口可樂）、IBM、Digital Equipment（迪吉多）、NCR、Dow Chemical（道耳化學）、Xerox（全錄）、Alfac、Rhône-Poulene Rorer、Exxon、Mobil（美孚）、Texaco、Motorola（摩托羅拉）、Citicorp（花旗）、Bank of Boston、Avon（雅芳）和Hewlett-Packard（惠普）。雀巢（Nestlé）的總部在瑞士的Vevy，可是98%以上的營收都來自於瑞士以外的市場，而95%以上的資產也都分佈在瑞士以外的地區。麥當勞（McDonald's）有14,250幾家店分佈在全球73個國家，其中5,000家店是在美國本土以外的市場。[25]你可能永遠不會擁有一家屬於你自己的全球性企業，可是你卻可能成為一名國際性的經理人。國際性經理人（international manager）必須同時跨越過好幾個國家和文化的界線，進行管理事宜。[26]

國際企業
該企業的主要總部設在一個國家，但卻在其它國家進行商業交易。

多國企業
該企業在好幾個國家都設有實質的運作中心。

企業全球化

5.就六種讓企業全球化的方法來看，指出哪一個方法擁有最高和最低的成本與風險

國內企業可以六種主要的方法來達成全球化的目的。它們分別是資源全球化、進口和出口、授權、締約、合資和直接投資。圖2-7依照成本和風險的高

圖2-7　企業全球化

低順序以及國際化VS.多國化的順序列出以上這些方法。

資源全球化

資源全球化（global sourcing）是指大加利用遍及全球的資源。國內經理人和全球性經理人的差異就在於他們對以下這兩者有不同的著眼點：輸入；以及將輸入轉換成輸出的地點所在。通用、福特和克萊斯勒等汽車公司都採用國外的材料、供應品和零件來製造所謂的美國原廠車。克萊斯勒好幾年來都是在加拿大製造汽車，然後再運到美國出售。這些MNC都不得不在全球市場上想盡辦法找到廉價的勞工來為他們做事。[27]不讓NAFTA順利通過的主要阻力之一，就是有人擔心此協定的通過，會讓墨西哥人透過製配工廠（maquiladoras）搶走許多美國勞工的飯碗。所謂製配工廠就是建在墨西哥境內的一些輕型裝備廠，很靠近美國的邊界，以方便資方雇用大量的廉價工人。不管是國際企業或多國企業，都喜歡採用全球性的資源。身為一名國際經理人，你將不只需要掃瞄整個美國本土，還必須包括全世界，以便找出最佳的交易辦法。

資源全球化
大加利用遍及全球的資源。

進出口

國內公司透過進口（importing）向國外公司購買產品，然後再將它們出售於本國市場中。專營出售日本車和德國車的Pier 1進口公司和美國汽車經銷網，就是最好的實例。另外，國內公司也可以透過出口（exporting）將自己的產品賣給國外的買主，比如說，福特公司出口福特汽車到日本的經銷商處。

授權

在授權（licensing）協定下，某家公司允許另一家公司使用它的一些資產、例如品名、商標、技術、專利權以及著作權等。在收取費用的情況下，華特迪士尼（Walt Disney）允許全球幾家公司可以製造米老鼠和獅子王等各種相關性產品。最常見的授權型式就是加盟（franchise），由授權人（franchiser）提供商標、設備、材料、訓練、管理辦法、諮商輔導以及合作性廣告給加盟人（franchisee），並向加盟人收取費用和一定比例的收入。舉例來說，麥當勞、必勝客、Subway、假日飯店（Holiday Inn）等在全球各地都有加盟運作的分店。

締約

有了締約（contracting）製造，你就擁有一家國外公司專門為你製造產品，可是自己卻仍舊保有行銷的權利。Sears就是在拉丁美洲和西班牙使用這種辦法。締約廠以Sears之名製造產品，然後再由Sears在自己的百貨店裏販售。有了管理締約（management contracting），賣方可以為國外公司提供管理性的服務。比如說，希爾頓（Hilton）為世界各地的當地持有人經營飯店。此外，也可以提供許多種的締約性服務。

合資

合資
由幾家公司共同分享某個全新事業的所有權（合股）。

幾家公司共同分享某個全新事業的所有權（合股），就是所謂的**合資**（joint venture）。克萊斯勒和奧地利汽車公司（Austrian Motors）設立了一家合資廠，叫做Eurostar，專門在歐洲生產和販售迷你小型車。豐田和通用汽車在加州也有一家合資廠。兩家公司共同承擔風險和成本，可是彼此在對事業如何運作的控制權上必須各讓一步，當然利潤報酬也是共享的。策略性聯盟（strategic alliance）則是一種協定，但是不一定要在所有權上彼此共享。柯達、富士、坎農（Canon）和美樂達（Minolta）就曾彼此協定共同開發全新的軟片。柯達和富士負責軟片的製造；坎農和美樂達則負責製造專用此種軟片的相機。但是大約有一半左右的策略性聯盟會失敗。[28]

直接投資

直接投資
某家公司在國外地區建立或買下運作設施（子公司）。

由某家公司在國外地區建立或買下運作設施（子公司），這就是所謂的**直接投資**（direct investment）。福特、克萊斯勒和通用等汽車公司都在歐洲擁有自己的生產設施。要成為一個MNC，至少得具備一項合資事業，可是汽車產業卻利用了合資和直接投資的另一種結合體。汽車公司的最新作法就是在最接近銷售點的地方生產汽車。[29]美國的三大汽車製造商都是擁有直接投資事業的MNC，可是它們也採用了最低姿態的一種全球性擴張方式，那就是進出口。

聯邦快遞在186個國家擴張它的全球版圖，採用的就是以直接投資的方式買下20家不同的公司。其中包括Gelco Express（於1984年所買下的一家全球性快遞公司，該公司的服務網遍及84個國家）、Lex Wilkinson and Lex Systemline（於1986年所買下的一家英國公司）、Cansica（於1987年所買下的一家加拿大公司）、Island Couriers（於1987年所買下的一家拉丁美洲公司）、Daisei Companies（於1988年所買下的一家日本公司）、Flying Tigers（於1989年所買下的一家全球性公司）和Aeroenvios S.A. de C.V.（於1990年所買下的一家墨西哥公司）。很明顯的，聯邦快遞正是典型的一家MNC。

大型全球性公司的運作

MNC具備了全球性的管理小組、策略、經營運作和產品、技術、研發、財務以及行銷。[30]

全球性的管理小組

龍頭老大級的全球性公司都有外國籍的高階經理人和由外國人所管理的各類子公司。跨越過文化障礙且訓練有素的經理人，常常需要出差旅行以便瞭解事業進行所在地的文化背景。最快速的管理晉階方式就是透過海外運作來達成，因為全球性公司都需要曾經在海外服務過的各種高階經理人。[31]在第三章的時候，你將會學習到全球各地文化的多樣性。

雀巢公司業務部的設立目的是為了和泰國當地急速竄起中的超市產業建立起良好的關係。

全球性策略

全球性公司都奉行單一策略和單一架構，而不是由各子公司來各自為政。為了達成全球性的協調，所以必須取得這中間的平衡，如此才能獲得規模經濟（economies of scale）的地步，並落實當地的運作，讓各國的經理人能夠因應當地消費者的需求和迎頭痛擊各地的競爭對手。所有的子公司都可以採用全球性的資源。全球性策略（global strategy）大大利用了直接投資、合資以及策略性聯盟的各種特性。

全球性的經營運作和產品

全球性公司在全球各地都有標準化的經營運作方式來達到規模經濟的地步，而且它們所製造的產品遍銷全球，並不只在當地市場販售。在1990年代中期的時候，福特公司以不同的運作設備在歐洲和美國出售不同的車種。但是福特的明定目標還是訂在西元兩千年以前，[32]以相同類型的設備出產相同的汽車，在NAFTA、EU以及其它國家裏出售。各總部多坐落在擁有最多資源的國家裏，並不一定要待在本國境內。AT&T的有線電話運作總部就位在法國；都彭（Du Pont）的電氣用品總部則位在日本；而IBM的網路系統總部則位在英國。[33]

全球性的技術和研發

技術和研發（簡稱R&D）都必須集中在一個國家裏以便開發出全球通用的產品，而不是任由各子公司重複地進行。全球化的技術資源和研發資源廣為大家所採納，比如說，福特就利用馬自達（Mazda）發展出Probe車款來出售。

全球性的財務運作

當MNC想要長期借貸的時候，它會在全球各地尋找可以提供最優惠利率和最好條件的市場。但若只是短期性的財務操作，則大多利用各國當地的金融機構。產品價格是根據外幣而不是本國貨幣來估價。MNC會把子公司的股份出售給當地國的人們。也會依照國際標準來管理貨幣匯率，以及採購、避險對沖、貨幣風險暴露以及其它重要性的共同功能等。

全球性的行銷

全球性的產品和行銷活動會視當地市場的不同而作修正調整。當麥當勞打開印度市場的大門時，它也同時面臨到一個問題。你能想像那是什麼嗎？如果你回答印度的牛是神聖的象徵，所以大多數的印度人都不吃牛肉漢堡，你就答對了。因此麥當勞在印度出售的麥香堡是不含牛肉餅的。當地的廣告通常由當地的廣告代理商自行發展。而運用在本國市場的產品，也會在稍後才推廣到其它國家。可是現在的趨勢卻是讓產品在全球同步上市（時效性競爭）。吉利公司（Gillette）在美國推出感應式刮鬍刀（Sensor）（當時正逢1990年的超級杯期間），而另外19個國家也在同時期推出同樣的廣告。你認為最棒的全球性冷凍食品是什麼？如果你的答案是披薩，你就答對了。因為「即使在冷凍庫裏，它的風味依舊保持得很好，所以每個人都喜歡它。[34]

聯邦快遞也依循這樣的作法，同時強調自己是使用標準化的作業在提供全球性的快遞服務。請參考圖2-8，回顧大型全球性企業的作業一覽表。

小型國際公司的運作

你並不需要為了想在國際水域裏悠游，而讓自己變成一條大魚。[35]Peter Drucker說過，即使是小型公司裏的最高執行長，也必須具備全球性的思考邏輯，否則就會被解雇。事實上對小型公司來說，它們比較沒有國界方面的顧慮，而且要比大型MNC要來得容易改變。最成功的幾家大型全球性企業都是專玩利基市場（niche）的行家，它們只生產一種產品或一條產品線。[36]但是大型MNC要比小型企業享受到更多的資源。因此，小型公司往往情願成為一家國際企業，也不願成為全球性的企業，因為它們無法像龍頭老大級的MNC做到上述六項運作上的要求。[37]讓我們來看看大型MNC和小型國際企業在這六項作業要求上的不同差異是什麼。

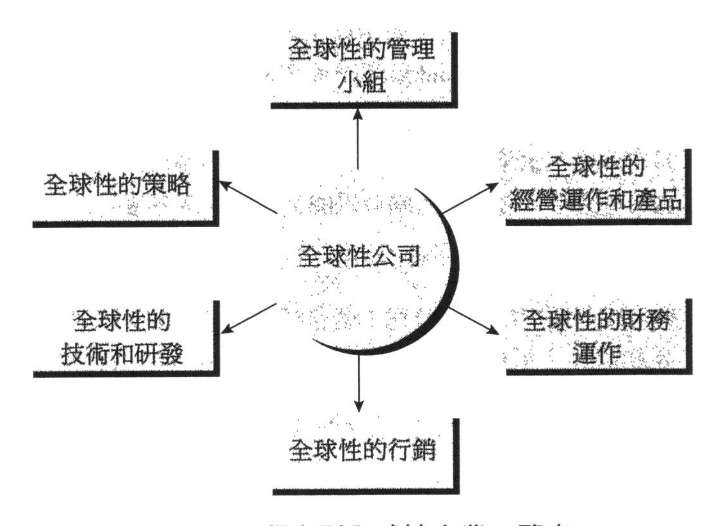

圖2-8　回顧大型全球性企業一覽表

全球性的管理小組

小型企業老闆通常沒有雇用國外的經理人，事實上也沒有能力雇用得起。但是卻可以聘雇顧問和代理商來從事同樣的工作。

全球性的策略

MNC在使用全球性策略的時候，有能力可以利用直接投資和合資的方式來展開作業。可是多數的小型企業卻無此雄厚的財力。所以它們往往要靠進出口和資源全球化的策略來達成。

全球性的經營運作和產品

MNC有能力在許多國家擁有自己的運作設施，多數的小型企業卻無法辦到。因此，它們往往只能提供較少的運作設施，再不然就是儘量利用締約或者將產品出口到具有運作設施的公司團體來達成目的。小型公司也可以製造標準化的產品在全球市場中出售。

全球性的技術和研發

小型企業與高科技公司不同，多數的小型企業只有一小部分預算或者完全沒有預算可以用在技術和研發上。但是有許多小型企業會在全球各地市場搜尋並快速地模仿他人最新研發出來的產品，而不是由自己來作研發的工作。

全球性的財務運作

一般來說，小型企業不同於MNC，它們是無法從某個國家借貸到資金，然後再到另一個國家去投資的。為了要全球化，許多小型企業主轉向進出口銀行（Export-Import Bank）。Eximbank就是一個政府機構，它可透過各式各樣的放款保證和保險計畫，來協助美國貨品和服務的出口事宜。除了Eximbank以外，小型企業可能也可以在企業籌辦所在的當地國借貸到資金。當你在選擇究竟該在哪個國家籌辦企業時，這個方法就可以成為你的一個考量所在。

工作運用

6.選定一家企業，並確認出它的全球化進程是多少，請儘可能地找出它的各項全球性運作內容。

全球性的行銷

小型企業可以利用出口管理公司、廣告代理商和經銷商服務等來執行它的行銷計畫。除此之外，小型企業的經理人可以參加商展、貿易中心的網路活動，也可以在各產業刊物上打廣告。

商業道德

人們戲稱主修商學的畢業生[38]「在道德上非常地天真爛漫」。最近幾年來，大家開始漸漸重視商業道德。[39,40]你不可能連續好幾天在大眾媒體上都沒聽到或讀到有關道德方面或法律方面的醜聞案。[41]所謂**道德**（ethics）就是影響行為是非標準。正確的行為被認為是有道德的，而錯誤的行為則被認為是沒有道德的。政府的律法可用來管理一些商業行為。但是道德卻是超過法律界線以外的規範要求。有道德和無道德的行為，這兩者之間的差異很難界清。某些國家認定為缺乏道德的行為，另一些國家則可能不以為然。舉例來說，在美國，送禮是道德的，賄賂（作為生意上交換條件的禮物）則是不道德的。但是，禮物和賄賂這兩者卻一直很難劃清界線。在某些國家，賄賂是商業運作上的標準程序。你將會在本單元裏學到以下幾件事：道德行為絕對會有代價；有關道德行為的一些簡單方針；以及有關道德上的管理事宜。

道德
影響行為的是非標準。

道德行為絕對會有代價嗎?

一般說來，答案是肯定的。請回想一下第一章談到了成功經理人所必備的特質之一就是正直。道德行為正是正直特性中的一部分。利用良好的人性關係也是在展現所謂的優良道德。[42]一開始，你可能會因為採取了不道德的行為而獲利甚多，可是報復會隨之而來，別人對你不再信任，你的生產力也跟著瓦解。[43]如果你被人抓到說謊的小辮子，人們將不再相信你，你也很難能在公司有嶄露頭角的機會。各企業組織之所以小心謹慎地面試新人，就是不想雇用到沒有道德感的人。[44]優良的企業和優良的商業道德是共存並榮的。道德是企業的中心和心臟所在，而利潤和道德則是本體相連的。[45]

道德行為的簡單方針

在你每一天的個人生活和工作當中，你都會面臨到許多關乎道德或非道德的抉擇。你會根據以前自己從父母、老師、朋友、經理、同事和其他人的經驗學習上，做出屬於你自己的決定。你過去的種種會形成你現在的善惡觀念，進而協助你分辨當下情況的是與非。以下是幾個方針，可以幫助你做出正確的決定。

黃金定律

黃金定律可以協助你運用自己的道德行為，此定律是：

己所不欲，勿施予人。

你不希望別人加諸在你身上的事情，也不要加諸在別人的身上。

四方向的測驗

Rotary International發展出四方向的測驗，用來測度我們在商業交易上的思維和作為。這四道問題分別是：（1）它是真的嗎？（2）就所有考量點來看，它是公平的嗎？（3）它可以基於善意和友誼嗎？（4）就所有考量點來看，它是有益的嗎？當你作下決策時，如果這四個問題的答案都是肯定的，你的決定十之八九都是有道德的。

6.解釋利害關係人的道德辦法

利害關係人的道德辦法
為所有的利害關係人創造出雙贏的局面，以便讓所有的人都能受惠於此決策。

利害關係人的道德辦法

就**利害關係人的道德辦法**（stakeholders' approach to ethics）來看，在決策時，你會試著想要為所有的利害關係人創造出雙贏的局面，以便讓所有的人都能受惠於此決策。你在管理階層中的地位愈高，你所面對的利害關係人就愈多。你可以自問自己一個簡單的問題，來幫助你決定自己的決策是否對各利害關係人的道德有益：

我可以很驕傲地告訴各利害關係人有關我的決策嗎？

如果你可以很驕傲地向各利害關係人說出你的決策，十之八九一定是道德的。如果你辦不到，或者你一直想找藉口說服自己，這可能就是一個沒有道德的決策。如果你無法確定決策是否道德，可以和你的上司、高階經理人、道德委員會的成員、或者是其他有著高道德標準的人士談談。如果你不願意徵詢這些人對道德方面的意見，因為你自忖可能不會喜歡他們的答案，那麼就表示你的決策極有可能是不道德的。

在1982年的時候，嬌生公司（Johnson & Johnson）的Tylenol止痛藥被公司以外的某個人下了毒，結果造成8人死亡。主席James Burke為了要保護大眾的安全，做下決策不惜成本回收了市面上所有的Tylenol膠囊，並暫停生產製造。從利害關係人的角度來看，此舉對所有人都有益。顧客所以受惠是因為被下毒的膠囊全部銷毀了。嬌生公司雖然在短時間內損失了金錢，可是就長期來看，卻受惠甚鉅，因為它重建了消費者的信心，讓他們願意繼續購買該公司的產品。如果當初嬌生公司一昧著重在短期上的財產損失，就很有可能會永遠地失掉手上的顧客，而且不只是Tylenol止痛藥的顧客而已。此外，員工也受益良多，因為他們的工作保住了，萬一當初嬌生公司一定要保留那些膠囊，否認錯誤的話，員工的工作不保這個結局是大有可能發生的。

不幸的是，有些時候某些決策是無法讓所有的利害關係人都皆大歡喜的。舉例來說，如果某企業的表現不佳，裁員就無可避免。因此被裁掉的員工是沒有什麼受惠可言的。許多大型公司在裁撤員工時，會提供遣散費和就業服務，好讓他們在其它企業組織中找到工作。

道德上的管理

組織體究竟是否有道德是根據旗下所有員工的集體行為而定的。如果其中一名員工沒有道德，該組織就是沒有道德的組織。所以你就是道德的起始力行者。[46]你是一個講道德的人嗎？從管理的角度來看，經理人必須為道德行為設下標準方針，並身體力行成為道德上的典範，如此才能進行道德上的推動。

道德規範

道德規範（codes of ethics）又稱之為行為規範（codes of conduct），其中闡述了企業奉行道德方法的重要性，並提供道德行為的指南方針。多數的大型企業都有書面的道德規範。請參考圖2-9，美國Exxon公司的道德規範。

商業道德

- 我們公司的政策就是嚴格遵守所有的商業律法。
- 在交易上小心求慎對公司來說是一項無價的資產。
- 我們很在乎結果之前的過程。
- 我們尊重公司上下人等的正直風範，而且希望所有人都能依從帳務規定和監督。

利益衝突

- 公司員工不得從事和公司有所競爭或操控性的其它事業，除非經過管理階層的認可同意。
- 不管接受或提供任何禮物、娛樂和服務，都必須明確說明原因。
- 任何員工不得利用公司的人事、資訊、或其它資產來作為個人性的圖利工具。
- 參加任何外界活動都必須事先經過管理階層的同意。

圖2-9　美國Exxon公司的道德規範摘要

高階管理階層的支持

高階管理階層負有發展道德規範的重責大任，確保員工的訓練有素，能夠根據上級的指揮行事，並積極推動有道德的商業行為。但是，最重要的責任還是在於典範的塑立，所謂上行下效，員工往往會模仿經理人的行為，尤其是高階經理人。如果經理人沒有道德，員工也不會好到哪裏去。Ocean Spray的最高執行長暨總裁Jack S. Llewellyn堅信，最高執行長必須率先樹立道德標準的典範，書面的政策說明根本沒有什麼價值可言。如果最高執行長能夠身體力行道德行為的話，經理人就會和所有的顧客與員工誠良以對。

工作運用

7.選定一家企業，並確認它是如何進行道德管理的？

推行道德行為

如果員工可以因為不道德行為而受到獎勵，而不是處罰的話，所有的員工都會競相仿效，以不道德的行為為榮。許多組織都成立了道德委員會來扮演評判仲裁者的角色，來決定是否有發生無道德行為以及該用什麼樣的罰則來懲處這些行為。有愈來愈多的公司組織也都開始成立所謂的道德辦公室，並設有一名總監或副總裁，可直接向最高執行長報告，他要負責道德政策的擬定；聽取員工的抱怨申訴；執行訓練計畫；並調查像性騷擾之類的醜聞案件。[47]

為了推行道德行為，應該要鼓勵員工勇於檢舉公司內部的不道德行為。當某些員工舉發他的同事涉及不道德的行為時，就是在做檢舉（whistle-blowing）。檢舉人可以向管理階層報告，進行內部的舉發；或者是向外界（如政府或報章雜誌等）進行舉發。根據法律和道德上的規定，檢舉人是不應該遭受到任何負面傷害結果的。你會向你的上司或更高階的管理階層舉發其它同事的不道德行為嗎？如果有高階經理人涉入或背後支援這種不道德的行為，你會勇於向外界檢舉嗎？其實若是沒有遇到真正的狀況，要你回答這樣的問題，並不太容易。可是也許有一天，你就會面臨到類似這樣的決策了。

因為執著於人們——服務——利潤這樣的理念，所以聯邦快遞一向被公認為有道德的公司。聯邦快遞也擁有一份道德規範，上頭強調了商業和個人道德標準的最高成就目標。

社會責任

社會責任
努力為所有利害關係人創造雙贏局面的自覺性態度。

道德和社會責任是唇齒相依的。**社會責任**（social responsibility）是指努力為所有利害關係人創造雙贏局面的自覺性態度。道德行為通常和社會責任脫不了關係，反之亦然。在此單元裏，你將學到以下幾個議題：和利害關係人相關的社會責任、而社會責任的代價也必須由社會來承擔嗎？以及社會責任的四種層級。

與利害關係人相關的社會責任

公司肩負了社會責任，必須設法為九種外在類型的利害關係人以及公司內部的利害關係人（亦即員工）創造出雙贏的局面。對顧客來說，公司必須提供安全又有顧客價值的產品和服務。對社會而言，公司必須改進生活品質，或至少不要破壞周遭的環境。公司也必須公平地和競爭對手在市場上競爭。並透過技術，開發新的方法來增進顧客的價值和生活品質。公司必須以合作的態度和供應商一起共事。另外還要遵守政府的律法條文。公司必須為勞工提供平等雇用的機會。而且還要負起和經濟息息相關的財務運作責任。公司不僅要提供合理的利潤給各股東，還要為所有的員工，提供安全的工作環境和足夠的薪資與福利。

負起社會責任會有代價嗎？

很多研究專家都在設法找出社會責任和財務表現上的關聯。但是，單單根據財務表現所作出的結果報告並無一致性。曾經有過一個測試是根據利害關係人的反應來作績效表現的衡量，最後再建立起社會責任和績效表現之間的關係。[48]結果發現公司的股價並不會因為某些共同性不法行為的公佈而滑落，但是若是有賄賂、逃稅、或者違反政府合約等不法行為的公佈，股價就一定下

概念運用

AC 2-3 利害關係人

請確認以下各種情況下的利害關係人是誰：

a.員工　b.顧客　c.社會　d.競爭對手　e.供應商　f.政府

__11.「我們打算和那家公用事業公司抗爭到底，阻止它在我們的小鎮上建立核能電廠。」

__12.「我買了這根雪茄，結果當我點燃它的時候，卻在我眼前爆開，害我受傷了。」

__13.「該鎮的委員會非常官僚，所以如果你想要弄到一張酒商執照的話，得要玩點手段才行。」

__14.「很抱歉，聽說你的零售業績不是很理想，我們可能不能再繼續供貨了。」

__15.「我投了標，可是PIP卻拿到了材料印刷的合約。」

挫。[49]根據調查，88%的受訪者表示，他們比較傾向購買的公司股票，是那些能負起社會責任的公司，甚過於那些無法負起社會責任的公司。[50]儘管社會責任和最低利潤之間並沒有什麼明顯的關聯，我們至少還是可以說若是能負起社會責任，就絕對不會傷害到公司的績效表現。因此，社會責任的確會讓你得到代價，因為公司的所有利害關係人都能因此而受惠。

7.討論社會責任四種層級的不同差異

社會責任的幾個層級

就歷史上來看，資本主義是根據Adam Smith的構想和實施而來的。Smith認為就長期而言，公眾的利益會透過個人和企業對自我利潤的追求而間接達成，政府則必須扮演一個限制性的角色。經濟學家和諾貝爾得主Milton Friedman也同意Smith的看法，也就是說當某個企業開始獲利的時候，也正是對社會負起責任的時候。除了遵守律法和為股東謀求最大的利潤以外，企業體對社會是沒有任何的責任可言的。[51]但從另一個極端的說法來看，Sethi卻表明曾有人指控各企業體的最高執行長對社會責任的重視程度不夠，建議應將和社會責任有關的政策內容劃歸為公司的宗旨說明部分。[52]多數的經理人和員工，他們的觀點都介於這兩者之間。Sethi確認了社會責任的四種層級：社會性阻礙、社會性義務、社會性回應和社會性參與。請參考圖2-10對這四種社會責任層級的描繪。選定某家企業，並確認它在某項議題上的社會責任層級。

工作運用

8.選定某家企業，並確認它在某項議題上的社會責任層級。

社會性阻礙

在社會性阻礙（social obstruction）的情況之下，經理人會小心謹慎地進行或者要求員工進行一些無道德或非法的商業運作。舉例來說，有人揭發Ashland Oil故意和其它包商共謀定下價格，為的是想在田納西州和北方的高速

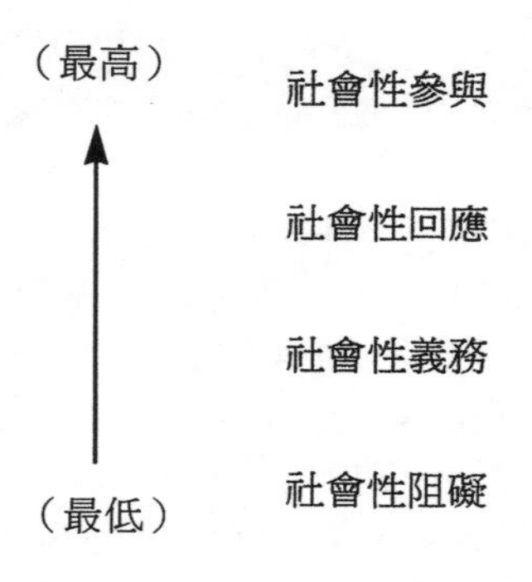

圖2-10　四種社會責任層級

Hanna Anderson因為社區參與而獲得了許多獎項，她參與了眾多的活動，其中，一個名為Hannadowns的活動，也就是把衣服捐獻給當地的慈善機構和災難救助。

公路工程上，索取較高的價格。Ashland的經理人犯了一個錯誤，那就是他把兩名不願同流合污的員工給炒了魷魚。就這類例子來說，檢舉和政府的嚴刑重罰應該可收到一些立竿見影的嚇阻效果。

社會性義務

在社會性義務（social obligation）之下，經理人只能達到最低的法律要求。舉例來說，Philip Morris因為社會團體的施壓，而不得不停止使用卡通人物：駱駝老喬（Joe Camel）為香煙打廣告，因為它對年輕人的吸引力實在是太大了。其實在法律上，Philip Morris是有權使用駱駝老喬的。它大可以不理會外界的要求，堂而皇之地繼續使用它。

社會性回應

在社會性回應（social reaction）下，經理人會對適當性的社會要求作出回應。如果Philip Morris因為社會輿論的持續施壓，而選擇放棄使用駱駝老喬，這就是一種社會性的回應。有些鮪魚製罐工廠因為社會上的聲浪要求，而停止了捕殺海豚的行動。他們現在把「對海豚無害」的標籤貼在罐子上，作為一種對社會責任有所回應的標誌。但是，最常見的社會性回應類型卻是公益團體到某公司要求為藝術活動、大學獎學金、反毒活動等樂捐；或者是贊助運動比賽，借用公司的設備來集會或供運動隊伍使用等。IBM和Exxon等公司也會配合員工的樂捐進行捐獻。

社會性參與

在社會性參與（social involvement）下，經理人會自願主動進行一些具有社會責任的行動。麥當勞設立了Ronald McDonald之家來幫助病童家庭，這就是一種社會性參與。聯邦快遞也是處於社會責任的社會性參與層級。它是第一家投資噪音降低計畫的公司，使得波音727-100的飛行噪音達到級數三（FAA所認可的最安靜噪音級數）的標準。聯邦快遞和Pratt & Whitney一同合作，為727系列的機群開發出可降低噪音的特殊裝備。只要是購買新的機種，就可以符合級數三的標準。聯邦快遞也和國會合作，創造出一種專門使用乾淨燃料的陸上交通工具。現在的聯邦快遞在某些陸上交通工具的使用上，正是採用這類具備乾淨燃料的運輸工具。聯邦快遞收集使用過的汽油，承包給外面的公司進行彙總和再生利用。如果可能的話，聯邦快遞也儘量使用再生紙，不管是筒狀、盒狀、或裝箱的包裝物，一律採用百分之百的再生材質。同時，聯邦快遞也鼓勵員工把個人的時間貢獻在社區的服務上。

就整體來說，許多機構都可以被劃歸到社會責任間的不同層級當中。但是，各公司也會因為不同的議題而處身於不同的層級之中。舉例來說，Philip Morris在處理駱駝老喬的事件上是屬於社會性義務的層級，可是它也會因應社會上的需求而慷慨解囊，主動進行一些社會性的參與活動。

AC 2-4　社會責任的層級

請確認以下各種情況下的社會責任層級各是什麼：

a.社會性阻礙　b.社會性義務　c.社會性回應　d.社會性參與

__16.「我我同意市中心的Boy and Girls俱樂部有益於我們這座城市，所以我們將為這個計畫捐贈一千美元。」

__17.「我對畢業於當地高中的員工閱讀能力感到失望，Betty，我要你聯絡校長，看看你們是否可以發展出什麼計畫來改善學生的閱讀能力。」

__18.「Bill ，查帳員下個禮拜就到了，所以我們最好確定我們所拿走的存貨不會在帳簿上看得出來。」

__19.「我們不再以棍棒來屠殺海豹，因為我們在報紙上看到了非常負面的報導。現在起，我們要使用在成本比較貴的槍枝。」

__20.「6月1日開始，新的條文就要正式地生效。我們必須減少丟棄在河川裡的廢棄物達一半的量左右。並找到出價最低的投標廠商，讓他去載另外一半量的廢棄物，把它們處理掉。」

社會性審核

所謂的社會性審核（social audit）是指某公司運用在社會行為上的一種手段。許多大型公司會設定社會性目標，並試著衡量自己是否有達成這些目標。[53]許多大型企業都在自己的年度報告裏含括了社會性審核這一項目標單元。

目前的管理議題

8.解釋精簡化和重新改造這之間的不同差異

本章的重點談到了許多目前極為熱門的管理性議題（全球化、道德、品質、團隊分工和小型VS.大型企業的比較）。在下一章的時候，我們則會看看有關多樣化（diversity）的議題和其它一些不同的議題。在多樣化的議題下，你將清楚地發現到，一旦事業全球化之後，整個人力也會變得更多樣化了起來，所以以上幾個重點也會變得愈形重要。

為了增加生產力，許多公司都在力行精簡化的策略。所謂**精簡化**（downsizing）就是縮減組織資源的一種過程，以期用事半功倍的手段來增加組織的生產力。首先要縮減的地方就是人力資源。許多大型企業都在計畫性裁撤員工和各種職務，來達成縮減成本的目的。就短期來看，各執行主管所得到的報告都是這種人力上的縮減的確可以帶來生產力方面的增加，並緊縮貨品和服務上的需求，同時也可裁撤掉幾個不足輕重的單位。但是現在有一些研究專門調查那些已經精簡化的公司所成就的績效表現，[54]結果發現過去的緊縮舉動正傷害到目前和未來的利潤收益，特別是對那些裁撤研究和行銷等相關領域的公司來說[55]，更是如此。研究專家指出，1971年到1982年之間的合併事業有將近一半功敗垂成，造成了一些後續的不良結果。為了要有高額的股價，這些透過精簡化所無止盡創下的各種裁員記錄，讓美國的勞工們付出了慘痛的代價。[56]是的，為了要在全球市場中競爭，各公司必須作到一人抵兩人用的效果才能生存下去，可是若只是一味地裁撤職務，要求留下來的員工必須做兩或三人份的工作，這畢竟不是長久之計。精簡化的另一種選擇是重新改造，也就是以有系統的方法來進行精簡化。

精簡化
縮減組織資源的一種過程，以期用事半功倍的手段來增加組織的生產力。

所謂**重新改造**（re-engineering）就是對工作進行根本上的重新設計，把一些零零碎碎的分支工作合併到可以節省時間和金錢的主流程序中（時效性競爭）。有了重新改造，你將以全新的辦法展開作業。你設計的工作程序，可以讓小組團隊共同分擔參與性管理的責任，將四面八方得來的輸入透過轉換，成為輸出。重新改造下的工作往往只需要較少的工作人員和更少的經理人。經過

重新改造
對工作進行根本上的重新設計，把一些零零碎碎的分支工作合併到可以節省時間和金錢的主流程序中。

重新改造後，員工將不再是齒輪下的齒狀物而已，而是輪軸本身。[57]在傳統的作業之下（亦指精簡化的工程下），每個人都只要做一點點的事情，所以很難從整件完整的事情中得到真正的成就感。但有了重新改造，小組團隊做的是完整的事情，他們清楚知道何時該完成它，因為他們有權利自己作決策，而且可以驕傲地指著成品說：「這是我做的！」除此之外，重新改造的作法也把一些無足輕重價值的工作給去除掉了，所以公司可以握有比較多的流通資金。[58]重新改造後的工作比起傳統工作要來得有報酬多了。[59]至於如何進行重新改造，並不在本章的涵括範圍內。市面上有一些書是專門針對這個主題而寫成的。就本書的目的而言，你只需要瞭解它是什麼就夠了，並不需要再去知道其中運作的細節。

摘要與辭彙

經過組織後的本章摘要是為了解答第二章所提出的九大學習目標：

1.解釋五種內在環境因素

管理、任務宗旨、資源、系統過程和架構：所謂管理階層指的是負責組織績效表現的人們。而任務宗旨就是組織存在的目的和理由。組織擁有人力、財務、物質和資訊等資源來完成它的任務宗旨。系統過程是指將輸入轉換成輸出的方法。而架構則是組織用來分類各種資源的方法以便達成預定下的任務宗旨。

2.列出並解釋全體品質管理（TQM）的兩個主要原則需求

TQM的兩個主要原則是：（1）傳達對顧客價值的重視；以及（2）持續不斷地改善系統和它的過程。為了要成功，企業組織必須不斷地提供顧客價值來吸引和留住顧客。要是沒有了顧客，企業也就沒有存在的必要了。

3.描述九個外在環境因素—顧客、競爭對手、供應商、勞動力、利害關係人、社會、技術、政府和經濟會如何影響內在的企業環境

企業應提供什麼樣的產品，這件事應由顧客來決定，因為要是沒有了顧客價值，也就沒有了顧客和企業。競爭對手的商業運作（例如，產品特性和價格）往往會被它人模仿下來，只為了要保留住顧客價值。從供應商那兒所得到的不良輸入，也會導致輸出的品質不良，進而造成產品缺乏顧客價值。要是沒有合格的勞動力／員工，產品或服務的顧客價值也就變小了，甚至完全沒有。透過董事會的監事選舉，股東可以聘雇高階經理人，為整個企業組織提供指導方向。社會可會對企業組織體施壓，要它們進行或不准進行某些活動（例如，污染等）。企業體必須開發新的技術，或至少維持住技術水準，以便提供顧客價值。政府則會設定律法讓企業界來遵守。而經濟活動會影響組織體對顧客價值的提供能力。例如，膨脹的價格會造成較低的顧客價值。

4.說出國內、國際和多國企業的不同差異

國內企業只在一個國家裏做生意。而國際企業的主要總部是在設在一個國家裏，可是卻在其它各國進行生意的交易。MNC則在很多國家裏進行主要的運作。

5.就六種讓企業全球化的方法來看，指出哪一個方法擁有最高和最低的成本與風險

進出口是最低成本和風險的一種作法，直接投資則需要最多的成本和風險。資源全球化也可以是以上這兩種辦法的部分作法。

6.解釋利害關係人的道德辦法

在利害關係人的道德辦法之下，你可以為所有相關當事人創造出雙贏的局面。如果你能很驕傲地向所有利害關係人說出你的決策，它就很有可能是一個有道德的決策。如果你無法驕傲地說出，或者你必須試著說服自己這個決策是對的，那麼它就可能不是一個有道德的決策了。

7.討論社會責任四種層級的不同差異

社會責任的參與是從下至上都要做到的。在社會性阻礙之下，經理人會從事不道德和非法的行為。在社會性義務之下，經理人只能達到最低的法律要求而已。在社會性回應下，經理人會因為社會上的要求而作出因應。在社會性參與之下，經理人則會自願主動作出有社會責任的舉動。

8.解釋精簡化和重新改造這之間的不同差異

所謂精簡化就是縮減組織資源的一種過程，以期用事半功倍的手段來增加組織的生產力。而重新改造則是對工作進行根本上的重新設計，把一些零零碎碎的分支工作合併到可以節省時間和金錢的主流程序中。精簡化只著重於資源的裁撤，而重新改造則著重於新工作的開發。

9.界定下列幾個主要名詞（依照本章的出現順序而排列）

請選擇下列一或多種方法來進行：（1）靠自己的記憶，把填空題中的專有名詞補上；（2）從結尾的回顧單元以及下頭的定義來為這些專有名詞進行配對；或者（3）從本章一開頭的名單上，依序把各專有名詞照抄一遍。

組織的 ____ 包括了影響自己績效表現的各種內在因素。

組織的 ____ 就是組織存在的目的和理由。

所謂 ____ 是指其所屬利益會受到組織行為影響的人們。

____ 是指將輸入轉換成輸出的方法。

顧客判定 ____ 的好壞，是把使用上的實際效益拿來和必要條件作比較。

所謂 ____ 是指顧客所採用的購買利益點，以便判定究竟是否該買某個產品。

所謂 ____ 是指組織內部所有人等都要涉入的過程，以顧客為重視焦點，所以必須持續不斷地改善產品的價值。

組織的 ____ 包括了組織以外會影響到它績效表現的各種因素。

所謂 ____ 是指該企業的主要總部設在一個國家，但卻在其它國家進行商業交易。

所謂 ____ 是指該企業在好幾個國家都設有實質的運作中心。

所謂 ____ 是指大加利用遍及全球的資源。

所謂 ____ 是指由幾家公司共同分享某個全新事業的所有權（合股）。

所謂 ____ 是指某家公司在國外地區建立或買下運作設施（子公司）。

所謂 ____ 是指影響行為的是非標準。

在 ____ 之下，你會為所有的利害關係人創造出雙贏的局面，以便讓所有的人都能受惠於此決策。

所謂 ____ 是指努力為所有利害關係人創造雙贏局面的自覺性態度。

所謂 ____ 是指縮減組織資源的一種過程，以期用事半功倍的手段來增加組織的生產力。

所謂 ____ 是對工作進行根本上的重新設計，把一些零零碎碎的分支工作合併到可以節省時間和金錢的主流程序中。

回顧與討論

1.你相信多數組織都真的很注重顧客價值嗎？請解釋你的理由。

2.你認為所有的組織都應該採用TQM嗎？請解釋你的回答。

3.管理階層和任務宗旨、資源、系統過程、以及架構有什麼關係？這些內在因素有哪些算是結果？哪些又算是手段？

4.有什麼主要的技術改變曾對你的生活品質造成了很大的影響？

5.NAFTA對美國有利還是有弊？

6.政府的商業法應該增加、減少、抑或是維持現狀？

7.你能舉出位在貴校學區內的幾所國際性和全球性的企業組織嗎？

8.就你在問題7中所列舉的企業組織，你能找出它們進行全球化的方法是什麼嗎。

9.你相信如果你採用的是有道德的行為，一定會在長久以後得到好的代價嗎？

10.你有屬於你自己現在正在遵循的道德行為嗎？你會採用本文所提出的道德指南嗎？答案如果是肯定的，是哪一個方向指南呢？理由是什麼？

11.道德是可以傳授和學習的嗎？

12.你相信公司會因為負起社會責任而受惠嗎？答案如果是肯定的，告訴我們會如何地受惠？

13.身為一名最高執行長，你會肩負起什麼層級的社會責任？

14.在資源全球化、精簡化和重新改造下，美國勞工丟了很多工作 。這些運作是有道德和有社會責任的嗎？

香煙工業

個案

幾年來，各香煙公司一直承受著來自於社會各界的巨大壓力（主要競爭對手包括R. J. Reynolds（R. J. R. Nabisco的一部分）、Philip Morris和Brown & Williamson），要求它們停止在美國的香煙銷售。根據研究專家的報告，吸煙有害人體的健康。美國公共衛生局局長命令所有的香煙包裝都要印上警告標示。在政府機構的建築物以及許多私人大樓裏，也都禁止吸煙的行為。然而也有許多建築物只允許某些區域可以吸煙。餐廳通常劃分了吸煙區和禁煙區，但也有些餐廳對這一點沒有設限。有各式各樣的廣告瞄準在年輕人的身上，告誡他們吸煙有害健康；有些廣告聲稱吸煙不只是自己的事情而已。那些吸煙的十來歲年輕人被描繪成帶有口臭的人，因此喪失了和美女約會的機會，只因為他會吸煙。Philip Morris被要求停止使用駱駝老喬來促銷它的香煙，因為這個卡通人物對年輕人的吸引力太大了。那些身染癌症和有著其它健康問題的人們，一直想要控告香煙公司對他們所造成的傷害。有人指控香煙公司在香煙裏頭放進了一些物質，使得抽煙的人會上癮。某家龍頭老大級的香煙公司，它的創始人之一的親戚在一則反香煙的廣告裏代表他的家人向世人致歉。市面上有些投資基金，擁有一些公司的控股，它們就因為考慮到「社會良知」的問題，而不願意購買香煙公司的股票。

不管這些壓力如何，香煙公司還是很賺錢的，而且宣稱自己提供了顧客他們所想要的產品。香煙公司因為擁有營收利潤，又因出售股票而有很多的收入，再加上借款，使得它們可以邁向多樣化經營的地步。Philip Morris買下了Miller Beer（美樂啤酒）、General Foods（通用食品）和Kraft（卡夫食品）。R. J. Reynolds和Nabisco現在則成了一家公司。且不管壓力是什麼或者多樣化經營的程度如何，這些香煙公司絕不會停止對香煙的銷售。香煙公司並沒有強迫人們來買香煙。只要有人繼續抽煙，市面上就會由人提供香煙和販售香煙。所以為什麼RJR和Philip Morris不能賣呢？如果這兩家公司其中有一家不賣香煙了，這只是表示另外一家公司會擁有更多的生意機會而已。即使它們兩家都不賣了，只要香煙生意還是有利可圖，就會有新的公司竄起替代。除此之外，政府也收到了一大筆的香煙營業稅，香煙公司也必須根據自己的營收多寡來付稅，這些稅收再被轉換成資助窮人的各種活動計畫。何況香煙公司也提供了數以千計的工作機會，而且也有數千個以上的各型企業是靠著販售香煙在維生的。

遠在美國本土出現這些反煙壓力之前，香煙公司就預見了海外市場的潛力。亞洲市場單單一年就可以售出價值900億美元以上的香煙。事實上，十幾年前，美國政府就藉著威脅要杯葛來自於日本、台灣和韓國等地的產品，進而協助RJR和PhilipMorris把香煙產品推到亞洲市場上。中國大陸有10億以上的人口，而90%以上的男性都在吸煙。中國大陸每一年都會製造和消費掉一兆支以上的香煙。和吸煙息息相關的各種疾病一直高居亞洲人健康危機中的榜首位置。可是亞洲各政府卻對吸煙的警告標示著力甚少，也不太管青少年的吸煙問題，或者有任何禁煙的要求。台灣有一個香煙品牌就叫做「長壽」牌。而日本的警告標示也只是淡淡地寫著：「請勿吸煙過多」而已。

不到10%的亞洲婦女和青少年是吸煙人口，而美國香煙公司也保證不以這些人作為它們的目標群。但是Philip Morris卻推出一種香煙是專門迎合婦女的（Virginia Slims），RJR也為某香港熱門搖滾歌手贊助了三場演唱會，只要持有五個Winsten 香煙的空盒，就可以得到免費的入場券。美國和台灣的政府官員都抱怨美國公司雇用人手在遊樂場裏面發送香煙給12歲左右的青少年。[60]

請為下列題目找出最佳的答案選擇。請確定你能夠解釋自己答案：

___ 1.香煙公司提供的是有顧客價值的高品質產品：

a.正確　b.錯誤

___ 2.RJR和Philip Morris都擁有股東：

a.正確　b.錯誤

___ 3.技術對香煙產業有其重要的影響：

a.正確　b.錯誤

___ 4.香煙產業的首要壓力是來自於什麼樣的外在因素？

a.顧客和競爭對手　b.社會和政府　c.供應商和勞工　d.經濟和競爭對手　e.股東和技術

___ 5.GATT、NAFTA、EU、和Pacific Asia都對香煙產業的表有重要的影響力：

a.正確　b.錯誤

___ 6. RJR和Philip Morris是屬於什麼樣的公司？

a.國內企業　b.國際企業　c. MNC

___ 7.根據這個個案的內容來看，RJR和Philip Morris用以向亞洲擴張的全球化辦法是什麼？

a.出口　b. 授權　c. 締約　d. 合資　e. 直接投資

___ 8.香煙公司曾被人指控有不道德的商業運作：

a.正確　b.錯誤

___ 9.RJR和Philip Morris的經理人看起來似乎非常強力地推動在亞洲市場上的道德行為：

a.正確　b.錯誤

___ 10.總而言之，在美國的香煙公司是處於社會責任下的什麼層級階段？

a.社會性阻礙　b.社會性義務　c.社會性回應　d.社會性參與

11.這些香煙公司有道德嗎？請解釋你的看法。

12.這些香煙公司有對社會負責嗎？換句話說，它們擁有努力為所有利害關係人創造雙贏局面的自覺性態度嗎？

13.如果美國政府通過一項法律，讓香煙販售成為一種不合法的行為，這九項外在因素會有什麼樣的受惠或受到什麼樣的傷害？

14.美國政府應該訂下法律，使香煙成為一項非法產品嗎？

欲知 RJR and Philip Morris的最新詳情，請多利用以下網址：http://www.streethrt.com。若想知道如何運用網際網路，請參考附錄。

技巧建構練習2-1　組織環境和管理運作分析

為技巧建構練習作準備

在本練習中，你會選定某一個特定的企業組織，建議你最好選擇自己曾經從事或目前正在服務的公司。回答以下和該公司有關的各種問題。你可能需要聯絡公司裏的人，以便找到你所要的答案。請把你的答案寫下來。

內在環境

1.確認它的高階經理人，並簡短討論一下他們的領導風格。

2.請說明該組織的任務宗旨。

3.請找出該組織的某些主要資源。

4.請解釋該組織的系統過程。請記得討論該組織是如何確保品質和顧客價值的？

5.請找出該組織的架構，列出它的各主要部門。

外在環境

此單元的答案務必要說明每一個外在因素是如何影響該企業組織的。

6.找出該組織的目標顧客群。

7.找出該組織的主要競爭對手。

8.找出該組織的主要供應商。

9.該組織的主要勞動力多是從什麼地方招募的？

10.該組織有股東嗎？它的股票會列在三大股票交易所的其中之一嗎？是哪一個交易所？

11.該組織會如何地影響社會？社會又會如何地影響它？

12.請描述該組織產業在過去、現在、和未來所用到過的技術是什麼？該組織是技術上的領導者嗎？

13.請找出會影響到該組織的一些政府機構。請務必列出會影響該組織事業的一些律法和條文。

14.請解釋經濟會如何地影響該組織？

全球化

15.該組織是國內、國際、抑或是全球性的企業？

16.如果該組織是國際或全球性的企業，請簡單描繪一下它的全球性運作內容（出口等）。

17.如果該組織是國際或全球性的企業，請簡單描繪一下它的運作內容（管理小組、策略等）。

道德

18.該組織有任何的道德行為指南嗎？如果有的話，請解釋清楚。

19.該組織是如何管理道德的？它有道德規範嗎（內容是什麼）？高階管理階層可以樹立道德上的良好典範嗎？有在推動道德行為嗎（如何推動）？

社會責任

20.總而言之，該組織的社會責任層級是什麼？請找出該組織做過的一些事情是對社會負責的，並確認出其中的層級是什麼？

進行課堂上的技巧建構練習

目標

發展出概念上的技巧，以便分析組織的環境和管理運作。

準備

你應該在上課之前，準備好有關該組織的環境內容。

經驗

首要的技巧建構來自於此練習的準備。班上同學應分享彼此的準備內容，來加強學習的效果。

選擇（10到30分鐘）

1.把班上同學分成三或五人的幾個小組，每一個成員都要告知其他人他所準備的答案內容是什麼。然後選出其中一名成員的答案，並向班上同學報告。

2.講師會找出一名成員，要他提供自己所準備的答案內容。可能會有幾個學生被講師挑到。

3.講師會挑選不同的學生，針對不同部分的準備內容，要他們說出答案。

結論

講師可能會作些結論性的講評。

運用（2到4分鐘）

我從此經驗中學到了什麼？我會如何在未來的日子裏，運用此所學？

分享

自願者說出他們在運用單元中的答案是什麼。

自我評估練習2-1　你的行為有道德嗎？

此練習，你將會有兩次的機會使用到這一組問題。第一次在做回答時，請著重於你自己的行為，以及此行為的使用頻率。問題前的空格是要你填寫1到5的數字，來代表你對這種行為的使用頻率。這些數字會決定你的道德程度。你可以不用害怕，誠實地在班上告訴別人你的分數是多少。可是這種分享道德分數的作法並不是本練習中的一部分。

第二次使用的時候，請以你曾服務過或目前正在工作的企業組織為例，找出其中一位也在該組織做事的人來作為評定目標。如果你觀察到該位人士作過該項行為，請在號碼的後面空格上填入「O」；如果你曾在組織內或組織外報告（檢舉）過這類行為的話，請在該空格上再行填入「W」的記號。

第一欄空格　經常　從來沒有

1　2　3　4　5

第二欄空格　O—曾觀察到　W - 曾報告過

大學

___ 1. ___ 在指定作業上有作弊的行為。

___ 2. ___ 請別人幫你代寫報告，並通過了考試。

___ 3. ___ 在考試上作弊。

工作

___ 4. ___ 上班遲到，可是薪水照領。

___ 5. ___ 工作早退，可是薪水照領。

___ 6. ___ 早／午餐耗時甚久，可是薪水照領。

___ 7. ___ 假病假之名，行休假之實。

___ 8. ___ 只會交際打混，卻不會把手邊的工作做好。

___ 9. ___ 使用公司電話，大打私人電話。

___10.___ 在上班時間做私人的事情。

___11.___ 使用公司的影印機來做私人的事情。

___12.___ 透過公司的郵件，來寄送私人的信件。

___13.___ 把公司的用品或產品帶回家，沒有歸還。

___14.___ 在沒有得到允許之前，把公司的工具、設備帶回家，作為私用，而且不歸還。

___15.___ 把公司的用品或產品拿來送給朋友，或者讓他們任意拿取，沒有告知。

___16.___ 領取餐費、出差、或其它支出的津貼，卻沒有真正地發生過實際的行為。

___17.___ 使用公司的車子作為私人的用途。

___18.___帶配偶或朋友吃飯，卻向公司報公帳。

___19.___帶配偶或朋友出差，卻向公司報公帳。

___20.___接受顧客或供應商的禮物，作為生意往來的交換條件。

若想判定自己的道德總分，把1到5的數字全部加總起來。你的總分將會在20分到100分之間。請把總分填在這裏___，下面的連續欄代表的正是你的總分落點。

無道德　　　　　　　　　　有道德

20 - 30 - 40 - 50 - 60 -70 - 80 - 90 - 100

問題討論

1.對第1題到第3題的問題來說，誰是這類不道德行為裏的受惠者和受害者？

2.就第4題到第20題的問題，選出你認為最沒有道德的三種行為（請在題目號碼上打圈），誰是這類不道德行為裏的受惠者和受害者？

3.如果你曾觀察到這類沒有道德的行為，卻沒有檢舉它，為什麼你不檢舉呢？如果你檢舉過，你為什麼想要這麼做呢？結果是什麼？

4.身為一名經理人，你的職責就是支持有道德的行為。如果你知道以上任何一種沒有道德的行為，你會挺身維護道德標準嗎？

進行課堂上的練習2-1

目標

更認識道德和檢舉，並瞭解自己對不道德行為的作法是什麼。

準備

你應該已經完成此練習的準備工作。

經驗

你可以和別人分享一起這些準備問題的答案是什麼，但是並不需要說出你的道德總分。

程序1（5到10分鐘）

講師會把1到20題寫在黑板上，學生若是看到過題目中所描述的行為，就請舉手；同樣地，若是舉發過題目上所描述的行為，也請再舉一次手。講師會把總計人數寫在黑板上。（請注意，程序1和程序2A兩者也許可以合併。）

程序2（10到20分鐘）

A選擇：當講師在計算學生看到過或舉發過不道德行為的人數時，他或她也可以順便討論這些題目中所提到的狀況。

B選擇：此練習的最後準備部分是把同學分成四到六個小組，彼此分享你們對這四道問題討論的看法是什麼。可能會要求各組把他們的總結看法向班上提出。如果要這麼做的話，請在討論之前，先選出各組的發言人。

C選擇 ：在此練習的最後準備部分，是由講師引導全班進行以上四道問題的討論。

結論

講師可能會作一些結論性的講評。

運用

我從此練習中學到了什麼？在未來的日子裏，我將如何運用此所學？

分享

自願者說出他們在運用單元中的答案是什麼。

第三章
多樣化差異的管理：人性技巧

學習目標

在讀完這章之後，你將能夠：

1. 解釋偏見、刻板印象和歧視之間的不同差異。
2. 描述市場的增加和較低廉的勞工成本為何會成為多樣化差異的好處。
3. 對多樣化差異的尊重和對多樣化差異的管理，請就這兩者的不同差異進行討論。
4. 請提出多樣化差異訓練上的兩個重要部分。
5. 解釋利害關係人的道德辦法和人性技巧辦法之間的關係。
6. 描述全球性的多樣化差異會如何影響管理功能的執行。
7. 列出和解釋抱怨處理模式的各個步驟。
8. 界定下列幾個主要名詞：

多樣化差異	尊重多樣化差異
民族優越感	管理多樣化差異
偏見	貴人
刻板印象	人際關係的黃金定律
歧視	利害關係人的人際關係辦法
玻璃頂蓬	顧客
性騷擾	抱怨
殘障	抱怨處理模式

技巧建構者

技巧的發展

1.你應該發展出自己的技巧，以便更能處理一些抱怨申訴

處理抱怨問題（技巧建構練習3-1）需要一點人性和溝通上的技巧，而且也是各種決策性角色的重要部分：亦即要扮演騷動處理者和協商者的角色，甚至必須根據抱怨的情況，擔任起資源分配者的角色。因此資源運用、人際互動、資訊提供和系統組織方面的SCANS資格能力，以及一些基本性、思考性和人格特質的技巧能力也可以培養出來。

■ 迪吉多公司的員工學會了尊重他人的差異性，這名電腦裝配線上的盲人技師就是最佳的佐證。

迪吉多公司（Digital Equipment Corpora- tion）是一家電腦製造商，它的經營運作遍及全球72個國家，總部則位在麻州的梅納市。（Maynard）。迪吉多引領風潮，率先推動對多樣化差異的尊重和管理。該公司在1972年和1980年建造了兩座工廠，讓女性和少數種族員工在指派到其它的迪吉多設施之前，就先擁有自己成長和發展的機會。

迪吉多不像當今的許多公司現在才開始體會到多樣化的重要性，早在1980年代早期的時候，它就鼓勵每一位員工要儘可能發揮出自己的潛能。迪吉多聘用Barbara Walker來開拓該公司的平等就業機會，並以具體性的行動計畫來達成多樣化的目的。在這裏，我們尊重和讚許個人的個別差異，而不是以容忍性的傳統觀點來對待。

Walker有一個頭銜是「尊重不同差異的經理」(Manager of Valuing Differences)。迪吉多的尊重不同差異活動（Valuing Differences Pro-gram）和其經營理念乃是肇因於他們堅信工作場所的差異範圍愈大，員工的合作可能性就愈高，當然員工的構想也就愈有創意，進而讓組織體擁有更高層次的績效表現。

迪吉多的目標是要獲得勞力上的競爭和提高士氣，並透過自己在多樣化差異上所作的各種努力，來建立起優質工作環境的良好聲譽。迪吉多想要能夠繼續吸引和留住勞動市場中的最好人才。

尊重個別差異的訓練計畫有助於員工瞭解什麼是偏見和什麼是刻板印象，以及如何避免掉因為上述這兩個因素而衍生出來的歧視態度。員工學會了要尊重彼此的不同差異。尊重不同差異活動含括了各式各樣的文化理事會和尊重不同差異理事會，理事會裏頭也包括了許多資深經理人。這些理事會提倡以開放的心態對待個別人等的不同差異，鼓勵經理人向多樣化差異的目標全力以赴，同時還贊助各民族、性別、以及人種的慶祝活動。舉例來說，迪吉多會慶祝拉丁裔的歷史傳承週（Hispanic Heritage Week）活動，和黑人的歷史月（Black History Month）活動。

迪吉多已經完成了勞力上的多樣化目標。波士頓工廠的員工來自44個國家，使用語言多達19種。為了要方便這其中的差異性，公司的佈告內容必須以英文、中文、法文、拉丁文、葡萄牙文、越南文、以及海地文等多種語文印發。[1]

欲知迪吉多公司的現況詳情，請利用下列網址： http://www.digital.com。若想瞭解如何使用網際網路，請參考附錄。

對多樣化差異的縱覽

美國這個國家給人的刻板印象就是一個「文化的大熔爐」，在這個熔爐裏，所有的種族性和民族性差異都被融合在一起，成為一鍋道地的美國式濃湯。可是現在的情勢已經有了改變。事實上，許多種族和大多數的民族團體都保留了他們原始的身分記號，可是卻不會在工作上流露出來。今天，少數民族並不想失掉他們的原始身分，而且法律上也明訂他們沒有必要這麼做。人權法案（The Civic Rights Act）明白地指出種族歧視和性別歧視都是不合法的行為。可是更重要的是，當今的經理人並不想讓手下員工丟掉自己的本來身分。他們瞭解到多樣化差異會影響績效表現的盈虧，[2]多樣化勞力終將會取代同質性勞力成為勞動市場中的主流，[3]而且經理人都在利用多樣化的勞力來作為一種競爭上的優勢。[4]在本單元裏，你將會學到多樣化差異是起源於何處和一些重要的專用術語，以及多樣化的各式團體和他們所想要的東西是什麼。

從平等的就業和具體的行動到多樣化的勞力

平等就業機會（equal employment opportunity，簡稱EEO）是打擊種族主義和偏見的第一場硬戰。正如它的名稱所給人的暗示意義一樣，EEO強調對待所有員工一律平等。而具體行動（affirmative action，簡稱AA）的目標則是糾正各企業組織對女性和少數種族的排它性。AA是一種招募工具，專門雇用少數種族和女性，並提升他們的職務。政府和企業界都有為數眾多的工作配額，必須分撥一定比例的職務給女性和少數種族。結果為了要達成配額目標，一些資格不太夠的女性和少數種族也被雇用或提升，這使得多數團體的成員紛紛抱怨，這種理所當然的作法反而成了一種變相的歧視。到了最後，政府和各企業不得不拿掉所謂的配額和比例。就在事情有所進展的時候，多數的女性和少數種族在EEO和AA的保護傘下，仍舊位居多數企業中的最低階層。換句話說，EEO和AA並沒有發揮它們的功效。[5]

就在EEO和AA從執行主管的職責頭銜中消失的同時，勞力多樣化計畫也正逐步取代了前兩者。[6]雇主們都打開雙臂歡迎多樣化差異的這個點子，這也是一個非具體性的行動，它沒有配額、時間表、或任何書面性的道德義務。多樣化差異設置了利多，讓「資格符合」的女性與少數種族得以躋身管理階層，因為他們本來就被預期會和白種男性在某些方面有不同的差異性表現，而這些差異也正有助於組織的盈虧表現。[7]當你擺脫了AA的數字目標之後，你就可以擁有多樣化的勞力，但卻不一定得提升少數種族和女性的職等。在消除了AA之後的淨值結果就是「符合資格」的少數種族數目也跟著降低了。而多樣化差異的目標也變得令人難以理解。「多樣化差異要比AA令人稱心愉快多了，可是它卻讓真理昏暗不明。[8]AA畢竟有其必要，因為多數企業依舊沒能像對待白種男性一樣地去雇用和提昇女性與少數種族。不管這些企業是如何地歡迎、支持、管理、培育、或提倡多樣化差異，都是一樣的。」[9]其實只有時間能告訴我們，AA究竟能否成為多樣化差異的一部分，或者AA將會永遠地消失。

1.解釋偏見、刻板印象和歧視之間的不同差異

重要的專用術語

多樣化差異
某團體或組織裏的成員，他們之間不同程度的差異。

當我們談到多樣化勞力的時候，我們指的就是個別人等的不同特質，這些特質會造就出他們在職場中所呈現出來的不同身分和經歷。所謂**多樣化差異**（diversity）是指某團體或組織裏的成員，他們之間不同程度的差異。如果你很懷疑究竟多樣化差異是不是真的那麼重要，答案絕對是肯定的。這個世界上是完全沒有同質性可言的。[10]在未來的十年裏，增加的勞力中有85%是來自於少數種族和女性。[11]根據預估，到了西元2030年，美國的白種人將剩下不到50%。職場中的勞力多樣化將會是經理人的主要考量點。因此，[12]對多樣化差異的管理也將貫穿1990年代並在下個世紀開始成為管理課題中的重要部分。[13]

在處理多樣化差異上，我們已經面臨了一些問題，其中包括民族優越感、偏見、刻板印象、和歧視等。民族優越感是指一種自然傾向，讓我們不由自主地評斷其它團體（包括，不同文化、國家、風俗、以及其它等等）一定比不上

我們的團體。所以所謂的**民族優越感**（ethnocentrism）就是指認定自己團體優於其它團體的一種信念。而偏見和刻板印象則和民族優越感有著密切的關係。**偏見**（prejudices）是指對某個人或某個狀況有先入為主的判定。如果有某個人問你：「你有偏見嗎？」你可能會回答：「沒有！」但是我們卻往往對某人或某事有所偏見。第一眼的印象就是最有力的一種偏見。如果你沒有仔細傾聽別人的談話，只因為你知道對方會說些什麼話，你就是有偏見。**刻板印象**（stereotypes）則是一些正面或負面的評價，或者是對某些人或某種狀況的屬性認定。以下這些措辭「所有的____（請填空）都是廉價的；____都是懶惰的；____都是罪犯；____並不真正地想工作；____都太情緒化了；而____又不能跳」都是屬於負面的刻板印象。可是問題就在於人們總是在不瞭解對方的情況下，就根據既定的刻板印象來評斷他人，造成自己的偏見。依照民族優越感的觀點來看，我們往往在不知道對方是誰的情況下，就刻板地認定自己團體中的成員一定優於另一個團體的成員。

民族優越感
認定自己團體優於其它團體的一種信念。

偏見
對某個人或某個狀況有先入為主的判定。

刻板印象
一些正面或負面的評價，或者是對某些人或某種狀況的屬性認定。

對某人有偏見或有既定的刻板印象並不會產生傷害，我們常常都是這樣做的。但是我們必須認清自己的偏見和刻板印象，並確定自己一定要好好認識對方這個人。如果你的歧視是因為自己的民族優越感或偏見和刻板印象所造成的，你就會對自己和他人造成傷害。所謂**歧視**（discrimination）是指因敵視某個人或某個狀況而產生的不當行為。我們都曾有過一兩次被人歧視的經驗，只因為在團體中，我們有某些地方就是和其他人不盡相同。

工作運用

1.請舉出實例，是你本人或某個你認識的人在工作崗位上因為某種理由而遭到歧視的案例。

歧視
因敵視某個人或某個狀況而產生的不當行為。

在企業組織上所用到的歧視會對平等就業機會造成阻礙。歧視是不道德的，也是不合法的。從歷史的觀點來看，最常見的五種就業歧視分別是：招募、選才、報酬（白種男性所賺的錢還是比其它族群要來得多）、升遷和評鑑。

概念運用

AC3-1 偏見／刻板印象 VS. 歧視

請確認以下由某位白種男性所作出的每項聲明是：

a.偏見／刻板印象　b.歧視

__ 1.「Jamal 來了（很高的非裔美人），我猜他一定會談到有關籃球的事。」

__ 2.「我選擇Pete作為我的夥伴。Karen，你和Betty分在一組好了。」

__ 3.「Sue，我今天沒辦法和你繼續共事下去，是不是你的生理期來了？」

__ 4.「我不想值晚班，你可以強迫我改變嗎？」

__ 5.「老闆新雇用了一名金髮美女級的秘書，我賭她一定不太聰明。」

為了要描繪偏見、刻板印象和歧視之間的不同差異，我們將以Carl這名經理人正在雇用新進員工的過程為例。有兩名合格的候選人：Pete （Carl 族群的成員）和Ted（其它族群的成員）。Carl 的民族優越感很強，而且刻板地認定像Ted這種族群的人，在工作上的生產力表現一向不如自己族群的成員。Carl 也深知自己有民族優越感和刻板印象等壞毛病，而且相信應該給Ted這樣的族群成員一次機會，況且公司方面也對多樣化差異的政策深感興趣。所以Carl 便有了幾種選擇。

Carl可以根據自己對Pete（是自己族群的成員之一）或Ted（是某個值得給予一次機會的族群成員，而且管理階層也想讓勞力多樣化）的偏見，選定一名候選人，歧視另一名。其實若是針對族群類型來評選員工，便是一種不合法的歧視行為。Carl 明白自己的偏見心理，可是卻試著不讓它影響自己的決策。事實上，Carl 可以再約見這兩名候選人，從中評選出最符合資格條件的其中一人。如果這兩人之間沒有明顯的優劣好壞，Carl就應該雇用Ted，那麼就不會有所謂的歧視問題。這種選擇是合法又有道德的，而且最常被人推薦使用。

多樣化的族群以及他們想要什麼

人們在很多方面都不盡相同。就拿勞力來說吧！圖3-1所描繪的幾個主要族群，其中就有民族／種族、宗教、性別、年齡、能力以及其它等等不同的分別。

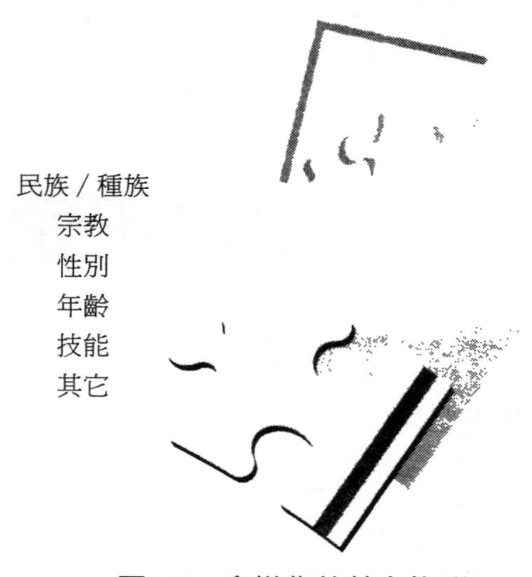

圖3-1　多樣化的勞力族群

你也知道企業組織是不能歧視少數族群的。但是有誰可以被合法地稱之為少數族群呢？只要是非白種男性，非歐洲後裔，或非受過適當教育者，都可被稱之為少數族群。平等就業機會委員會（The Equal Employment Opportunity Commission，簡稱EEOC）對少數族群的含括範圍表明如下：拉丁民族、亞裔人口、非裔美人、美國原住民和阿拉斯加原住民等。此外法律也明文保護婦女同胞有免於受到就業歧視的權利，可是EEOC卻不認定她們是合法的少數族群。除此之外，法律也保障青少年、殘障勞工、以及40歲以上的人等免於受到傷害。EEOC在全國各地共有47個辦公室，它為那些認定自己沒有得到公平對待的員工們提供了研究講座的機會。此外它也有一支WATTS電話專線（1-800-USA-EEOC），專門提供有關員工權益的相關資訊事宜。

Ben and Jerry公司的最高執行長Robert Holland是冰淇淋事業中的新人，可是他具備了營運上的專業才能，可以帶領公司達成更高的成就目標。

就管理的觀點來看，我們將以不同於法律的定義，把多數族群和少數族群作一界定。所謂多數族群是指那些掌有決策權和資源的人，卻可能不一定是擁有最大多數的人。少數族群缺乏權力，但也可能是擁有最大多數的人。舉例來說，多數的健康醫療機構都雇用為數眾多的女性員工，人數遠遠超過男性員工，但是握有權力的卻都是那些白種男性醫師和行政主管。此外，有些公司也雇用有色人種的員工，且人數多過於白種人，可是白種人卻掌控了權力核心所在的管理階層。當然也有一些企業是被有色人種所持有，雇用的白種員工則屬於少數族群。在另一方面來說，Ben and Jerry公司則聘雇一名非裔美人來當該公司的最高執行長。

身為一名經理人，你最希望的是擁有不同民族／種族、宗教、性別、年齡、技能等各種不同的人等來成為你了員工。

民族／種族

根據Hudson機構的研究，在它的*Workforce 2000*報告中指出，非裔美人和拉丁裔的族群需要被完整地融合到整個經濟體系當中，這一件事從現在起到西元兩千年之間，算得上是一個非常重要的當務之急：[14]

1.有色人種想要被人視作是一個獨一無二的個體、是擁有多樣種族族群的成員、是不同民族下的各種人等、也是和一般人一樣平等的貢獻者，並且要贏得他人的尊重。他們想要和其它民族或種族的人們建立起更開放坦率的工作關係。而且他們需要得到白人的積極支持，好迎戰種族主義。

2.白種人則想要他們的種族被認可。他們想要在和有色人種打交道的時候，能降低不安、混亂和欺瞞的程度。他們想要和有色人種基於共同的目標以及對彼此差異的尊重，共同建立良好的關係。[15]

宗教

一名經理人應該為員工的宗教信仰作出合理的安排。舉例來說，員工應該有權享受宗教性的假期。在某些國家，員工會在固定時間放下手邊的工作，進行禱告。因此，經理人必須作些適應調整。

性別

在你學到有關性別的事宜前，請先完成自我評估練習3-1，判定一下自己對職業婦女的態度看法是什麼。

傳統的家庭都是男主外、女主內，可是這種情況已經不再是大多數家庭的寫照了。[16]現在是雙薪家庭當道的時候。但是平均來看，男性從事家務和照顧

自我評估練習3-1　職業婦女

請就以下十道問題，選出一個最能描述你對職業婦女的看法的答案。請在每道問題前的空格上填入1、2、3、4、或5的數字。

5 - 非常同意　4 - 同意　3 - 不太確定　2 - 不同意　1 - 非常不同意

___ 1. 女性總是缺乏必要的學歷條件，以利職務上的爬升。

___ 2. 女性的就業已經造成了男性失業人口的攀升。

___ 3. 就高度壓力性的工作來說，女性往往不夠堅強或者在情緒上不夠穩定。

___ 4. 女性因為太情緒化了，所以無法成為一名實際有效的經理人。

___ 5. 女性經理人在面對必須作出明快準確的決策時，往往有其困難。

___ 6. 女性之所以投入職場往往是為了賺取一些家用貼補，而不是整個家庭的主要經濟來源。

___ 7. 女性比男性更常失業。

___ 8. 當女性有了孩子時，她們就會辭職不幹，再不然就是請很長一段時間的產假。

___ 9. 女性比較不能像男性一樣對工作全力以赴。

___ 10. 女性缺乏向上爬升的動機。

___ 總計

為了要知道你的看法，請將你十個答案的分數加總起來，然後再和下面的連續分數比對。

10 --------- 20 ----------30 -----------40 ------------50

正面的看法　　　　　　　　　　負面的看法

每一道問題都是他人對職業婦女的最常見看法。但是透過研究之後，我們發現到以上這些描述都是不正確的，或者也可以被稱之為對職業婦女的一種迷思。它們描述非常不公地對女性進行刻板的描述，阻礙了女性獲取加薪和升遷的機會。

小孩的時間卻不及女性所投入的一半。[17]根據美國勞工統計局（U.S. Bureau of Labor Statistics）的數據顯示，到了西元兩千年左右，有80%的女性工作人口會投入到職場當中，而且屆時，女性會佔據掉將近50%的總勞動人口。

當今的女性在工作上有得到平等的對待嗎？根據審計局（Census Bureau）的調查，不管平等薪資法案（Equal Pay Act）是如何的明文規定相同的工作應付給相同的薪資待遇，事實上，女性的平均時薪只有有男性時薪的七成。[18]儘管在對少數族群和女性的職務提升上有明顯的進步，但是所謂的玻璃頂篷仍然存在著。**玻璃頂篷**（glass ceiling）是指阻礙少數族群和女性在組織體中向上進階發展的無形障礙。女性佔了美國所有國內企業37%的管理職務。[19]但是在大

玻璃頂篷
阻礙少數族群和女性在組織體中向上進階發展的無形障礙。

型企業裏，高階管理職務中只有5%是由女性主管擔任，而海外的國際性管理職務[20]也只有3%是由女性來擔綱。就女性的國際性管理職務來說，最困難的部分就是一旦跨過國界成為海外企業的時候，她們就很難擁有這份工作，除非妳是該公司的繼承人。此外，[21]女性在工作上也比男性更容易受到他人的性騷擾。所謂**性騷擾**（sexual harassment）就是任何和性有關的不受歡迎行為。

性騷擾
任何和性有關的不受歡迎行為。

1.女性想要被認定為平等的夥伴，可積極主動地支援男性同事。她們想要組織體能在事前採取行動，好讓她們能兼顧工作和家庭。

2.男性想要擁有和女性一樣的情緒發洩自由。他們想要被人視作為盟友，而不是敵人。他們願意搭起橋樑，處理女性對事業和家庭的兼顧議題。[22]身為一名經理人，你應該瞭解不管是男性或女性，都想在家庭和工作上取得一個平衡點。

年齡

你將來一定會和年紀比較大的顧客或同仁共事。中年人是成長最快速的族群人口，而年輕人的人口數目卻逐年下降中。[23]根據審計局的預估，到西元兩千年以前，有36%的人口將會超過45歲以上。而7,700萬的嬰兒潮人士也正逐步邁向他們的50歲大關。像AlliedSignal這樣的公司，就被以前的員工控以年齡歧視的罪名[24]。這類法律案件的代價可能會相當地高昂。

究其實，年輕人和老年人想要別人對他們的人生經驗有更多的尊重，並且要正經以對，不要隨意地開玩笑。他們想要接受挑戰，而不是被同儕或組織體所保護。[25]

概念運用

AC3-2　性騷擾

請確認以下幾種行為是否為性騷擾：

a.是性騷擾　b.不是性騷擾

__ 6.Ted告訴Claire她很性感，他想要和她約會。

__ 7. Sue告訴Josh，如果他想要在職務的升遷上被推薦的話，就得和她一起去汽車旅館。

__ 8.在靠近Joel 和Kathy辦公桌的牆面上，他們各自貼了裸男和裸女的圖片，凡是經過的其它員工都可以看得到。

__ 9.在禮貌性地告知不要再開這種玩笑之後，這是第三次Pat又向Chris露骨地說出黃色笑話。

__ 10.當Ray在和他的秘書Lisa說話的時候，總是把手放在她的肩膀上。

技能

多數組織對上自專業下自最低階層的技能程度要求各不相同。教育程度的要求也可能有很大的差異。可是大學院校的畢業生人數一向多過於工作機會的數目，而目不識丁的人口也持續增加中。身為經理人，你可能會有各種不同技能和不同教育程度的員工在你手下做事。

美國人有一個殘障法案（Disabilities Act，簡稱ADA），強迫企業界改變一些就業上的運作。法律要求擁有25名以上員工的雇主，必須為資格符合的勞工和殘障應徵者做好「合理的安排」，並避免對他們有所歧視。[26]根據平等就業機會委員會的規定，只要是因生理或心智的損傷，而限制了基本生活能力的人士，就可被稱之為**殘障者**（disability）。EEOC後來又界定了損傷的定義，亦即是生理學上的一種錯亂，這種錯亂會影響到至少一個以上的人體系統或者心智或精神上的錯亂。[27]而disabled這樣的專用術語也取代了以往常用的handicapped字眼，因為後者多少有些負面的聯想。

殘障者
因生理或心智的損傷，而限制了基本生活能力。

即使有80%的殘障人士想要工作，可是大約每三名殘障人士當中就有兩名在工作上沒有著落。而就業中的許多殘障人士也都表示，他們的同事並不想和自己來往。[28]在許多個案裏，身有殘疾的工作者表現的就和一般正常的員工一樣地好，甚至還要優秀傑出。事實上，一份調查報告指出，88%的企業部門主管以及91%在921家公司服務的就業主事官都表示 ，身有殘疾的員工其工作表現都在「良好」或「優秀」的水準以上。[29]Marriott 公司每年的員工流動率高達105%，可是殘障員工的流動率卻只有8%。麥當勞在1981年的時候，推出了McJobs活動，專門招募、訓練和留住那些殘障員工。有超過9,000名以上的殘障人士受過此活動的訓練。

你要看的應該是某個人的技能，而不是他或她的殘疾是什麼。身為一名經理人，你可能會因為違反了ADA的規定而必須負起個人的責任：[30]

1.殘障人士想要得到他人對自己在技能上而非殘疾上的認定和重視。他們想要接受同事和組織的挑戰，進而把事情做得更好。他們想要被人接納，而不是排拒。

2.生理上沒有缺陷的人士則希望能和殘障人士在相處時，可以有更自在的感覺。他們除了想要體諒對方的殘疾之外，也想要欣賞讚美對方的技能。他們想要誠實坦率地回饋對方，並給予適當的支援，而不是過度的施惠和保護。[31]

其它

人們有無數方面的不同之處。其中常見的差異包括服役與否、性別傾向、

> **工作運用**
> 2.請就你曾經從事過的工作或目前正在服務的組織／部門中，找出各式各樣的不同人等。

價值觀、生活形態、社會經濟階級、工作形態、以及組織裏的功能和／或職位等。身兼員工和經理人的雙重角色，你應該以道德和合法的態度來處理面對所有人等。

在本單元裏，儘管你已經學習到不同族群的人想要什麼東西，可是請記住，這些都是概括性說法而已，並不是這些族群裏的所有成員都想要相同的東西。小心不要利用那些一覽表來把這些族群人士刻板化，你必須將他們視作為一個個獨立的個體。

多樣化差異的好處和挑戰

在本單元裏，你將會學習到多樣化差異的好處和挑戰是什麼，請參考圖3-2的一覽表。[32]

多樣化差異的好處

道德和社會責任

正如你在第二章所學到的，道德和社會責任都會讓你得到某些代價。

2.描述增加的市場和較低廉的勞工成本為何會成為多樣化差異的好處

增加的市場

當公司的勞力多樣化時，員工就會提供有關少數族群市場的價值性資訊，因為他們正是該市場中的其中一員。少數族群也可以為新產品提供點子，為這些新市場創造出顧客價值。舉例來說，只為白種顧客提供產品的化妝品公司，

好處	挑戰
道德和社會責任	歧視
增加的市場	懷疑和張力
較低廉的雇用成本	較低的凝聚力
改進決策的作成	溝通問題
較佳品質的管理小組	
彈性	

圖3-2　多樣化差異的挑戰和好處

在少數族群的市場上，表現必定不好。擁有少數族群員工的公司，一般而言都比只具備有白種勞力的公司，更能創造出較佳的顧客價值。

較低廉的雇用成本

吸引、留住和激發員工，基本上都是很費成本的一件事。招募、雇用、和訓練一名員工，可能會因為該名員工的程度要求，而花上幾千美元的成本支出。當這些人認定他們族群裏的成員得不到平等的對待或是遭到歧視時，好的員工就會辭職不幹，到有發展機會和報酬比較高的地方謀事。而那些覺得自己沒有被平等對待的員工，也不會在工作上有好的績效表現。

改進決策的作成

一群白種男性在一起共事，他們的所思所想大抵相同。但多樣化的族群成員卻往往會有不同的觀點角度，並為問題提供比較多的解決之道。多樣化的族群通常能貢獻出比較有創意的點子，因為他們可以跳脫傳統白種男性的思考運作。當決策攸關對少數族群的影響層面時，這一點更是格外的真確。政府在這一方面就屢遭批評，因為他們在過去總是放手讓白種男性族群來解決少數族群的問題。

較佳的品質管理小組

正如你在第二章所學到的，龍頭老大級的多國企業都有多樣化的管理小組，因為他們要提供更高的管理品質。

彈性

和不同族群一起共事的人，往往比較能夠作些調適來配合其他人。正如你在第二章所學到的，彈性是成功的必要條件，因為你必須持續改進，才能提供更好的顧客價值。彈性極佳的勞動力可以即刻調整工作的步調作法，比那些沒有彈性的勞動力要來得好處多多。

多樣化差異的挑戰

歧視

對我們所有人而言，最主要的挑戰就是認清自己的偏見和刻板印象，而不是歧視和我們有著相同或不同民族／種族、宗教、性別、年齡、技能以及其它人們。

懷疑和張力

物與類聚是很自然的一種傾向。人們要是不瞭解那些和自己族群不大相同的人士，就往往會不太相信對方。在一個互不信任的環境裏，壓力和張力是很常見的，而要彼此雙方達成某種協定也是很困難的一件事。傳統的管理VS.工會心理正是一種典型。對我們所有人而言，最重要的挑戰就是親身去瞭解其它族群的成員，如此一來，我們的恐懼、懷疑和張力也就不會在多樣化的族群裏製造出什麼問題來了。

較低的凝聚力

所謂凝聚力是指族群成員可以團結在一起的程度如何，或是可以彼此相處和順應族群期望的能力如何。一般而言，同質性的團體比多樣化的團體要來得有凝聚力。所以對我們所有人而言，親身去瞭解自己工作團體中的各個成員，才能讓我們凝聚在一起。你將會在第十三章的時候，學到更多有關凝聚力的事宜。

溝通問題

當某個團體中的所有成員都沒有相同共通的語言時，或者是需要額外的時間來翻譯溝通內容時，就免不了要浪費掉許多時間。這其中的困難包括誤解、語焉不詳、以及資訊使用上的沒有效率。對我們所有人而言，最大的挑戰就是要有耐心，在第一次的時候多花點時間進行精確的溝通，不要等到問題之後，再來尋求解決之道。

要求旗下員工只准以英文交談的企業組織，只會在公司內部製造出緊張的情勢或法律訴訟而已。EEOC明文指出，只准講英文的規定可能會違反人權法案，除非員工能夠表示因為商業運作的關係，所以這些規定有其必要。[33]在美國的某些地方，特別是全球性企業，若是硬性規定只能使用英文，可能就找不到勞力了。不管是美國還是全球市場，如果你想要創造出顧客價值的話，你就一定要用當地的語言和人們溝通，而不是你的語言。

請記住，雖然多樣化差異下處處是挑戰，它的好處還是多過負面的部分，這一點從迪吉多公司的身上就可以看得出來。

工作運用

3.請描述某個你曾遭逢過的工作狀況，該狀況是屬於多樣化差異下的好處或挑戰。請確定說出究竟它是一種好處還是挑戰。

多樣化差異的尊重和管理

在本單元裏，你將會學習到尊重多樣化差異和管理多樣化差異這兩者之間的不同差異。你也會學到多樣化差異的管理政策和作業、多樣化差異的訓練、以及管理功能和管理上的多樣化等事宜。

尊重多樣化差異VS.管理多樣化差異

3.對多樣化差異的尊重和對多樣化差異的管理，請就這兩者的不同差異進行討論

尊重多樣化差異強調的是瞭解和尊重員工（心智活動）之間的差異，而管理多樣化差異則建立在尊重彼此差異性的基礎上。兩者都需要高階管理階層的（支持行為活動）。[34]尊重多樣化差異重視的是人與人之間的特質，例如民族、性別和年齡等；而管理多樣化差異則著重於員工之間的多樣性需求，而不是員工之間的多樣性文化。管理多樣化差異也需要設定一些政策以及程序，好方便員工之間的多樣性需求。就本書的目的來看，[35]**尊重多樣化差異**（valuing diversity）強調的是對不同民族／種族、宗教、性別、年齡、技能和其它不同差異下的員工展開訓練，使其能一起有效地發揮工作上的功能。**管理多樣化差異**（managing diversity）則強調透過能符合全體員工需求的組織行動來全面地利用人力資源。尊重多樣化差異是管理多樣化差異中的重要部分。但是管理多樣化差異又更高於尊重多樣化差異的層次之上，因為它著重的是員工在工作生活需求的多樣性特質，例如，幼兒照顧、照料家人的特許假和彈性的工作與假期安排等。[36]接下來，你將會學習到更多有關管理多樣化差異的事宜，以及企業組織用來配合多樣化員工需求的各種方法。

尊重多樣化差異
強調的是對不同民族／種族、宗教、性別、年齡、技能和其它不同差異下的員工展開訓練，使其能一起有效地發揮工作上的功能。

管理多樣化差異
強調透過可以符合全體員工需求的組織行動來全面地利用人力資源。

管理多樣化差異

管理多樣化差異有四個部分，可參考圖3-3。

高階管理階層的支持和承諾

管理多樣化差異必須要有高階管理階層的支持和承諾，才能有效的展開。承諾以管理多樣化差異為目標的公司團體可以遵循非營利機構的指導方向來行事，因為它們多半擁有多樣化的管理小組。[37]針對員工和外在環境（第二章）

圖3-3　管理多樣化差異

的多樣化，有一個方法可以傳達出管理階層的承諾和支持，那就是把它和任務宗旨合併起來並定下目標。若是能把管理階層的報酬多寡和多樣化差異目標的達成作成直接的連帶關係，那麼就可以算是一種非常實際的承諾辦法了。Baxter健康醫療機構、可口可樂、Federal National Mortgage Association和Merck等，都將經理人的報酬和他們在多樣化差異上的表現連成一氣。多樣化差異應配有適當的儲備基金，而領導權威也應該及早地樹立起來。

多樣性的領導

承諾要對多樣化差異全力以赴的組織也都會設立辦公室或委員會來協調公司上下對多樣化差異所作的努力，並提供回饋意見給高階管理階層。舉例來說，迪吉多公司就設有尊重差異化的經理一職。Honeywell也有一名總監專責勞力的多樣化事宜。而雅芳（Avon）公司則有專門處理多重文化的規劃和設計總監。

除了管理多樣化差異的總監以外，委員會通常會授與多樣性團體一些權力，讓他們找出政策、作業和看法上的問題所在，並建議有哪些地方需要更改。迪吉多公司使用的是核心小組； Equitable 壽險公司則採用事業資源小組（Business Resource Groups），並定期和最高執行長開會討論；而美國的西部（West）公司則有一個由33人所組成的兼職性質委員會。另外。在Honeywell的殘障員工也組成了一個委員會。為了讓多樣化的員工有向上攀升的機會，美孚機油（Mobil Oil）公司設置了一個特殊的執行主管委員會，他們會評選出一些潛力十足的女性和少數族群，給他們高薪，並讓他們擔任最有挑戰性的工作任務。Honeywell還有一個小組專門評鑑女性員工、少數族群和殘障員工的事業進展，並設計一些管道讓他們往上爬升。

多樣化的政策和作業

為了管理多樣化的勞力，組織應該要發展出一些能夠直接影響員工待遇的政策才是。對那些能真正提供平等就業機會的組織來說，它必須積極地招募、訓練和在沒有歧視的情況下，提倡多樣化的勞力。此外也要發展政策和程序來處理多樣化差異下所可能衍生出來的問題。舉例來說，如果一名非裔美國女性員工抱怨因為種族上的歧視，使得她無法升遷。而針對這個抱怨的處理方法也可能會傳遍公司上下。要是可以證明該名非裔女性員工的確有過度的工作負擔，她就可能不會再抱怨了。萬一對有歧視事實的有罪當事者處罰太輕的話，員工就會認定歧視非裔女性員工是可以接受的事情。本章稍後，你將會學到如何處理各種抱怨。

組織會提供各式各樣的作業程序，來配合員工的多樣化需求。這些運作包括了以下幾點：

1.多樣化的訓練計畫——可幫助員工尊重彼此的差異，你將會在本單元裏學到更多有關訓練的事宜。

2.訓練和培養——可為多樣化的員工預作現在和未來工作的準備。

3.彈性，通常還包括自助餐廳和福利活動等——可以讓員工自行選擇他們所想要的福利。

4.彈性的工作進度——可讓員工在某些限制下，自行設定他們上工和下工時間。

5.利用電腦終端機在家上班——可讓員工在家工作。

6.托兒中心——可以讓員工把孩子帶到工作場所中。

7.照料家人的特許假——休假照料小孩或其它親屬。

8.諮商輔導——協助處理工作和家庭的壓力，以及一些實質的傷害個案。

9.行為典範和貴人計畫——可協助低階員工預作晉升的準備。所謂貴人（mentors）就是指提升潛力性員工的高階經理人。

貴人
提升潛力性員工的高階經理人。

10.健康計畫——透過運動和飲食控制，維護員工的健康，並協助他們戒煙。

不幸的是，許多正在進行精簡化或重新改造的組織企業都忽略了這些有助於員工取得家庭和工作平衡的作業程序。為了重新改造成功，組織體不能只是要求旗下的員工重新設計自己的工作而已，卻不從他們的立場為他們想一想。Merck和First Tennessee National 的經理人在成功完成重新改造計畫之後，都瞭解到工作和家庭之間的問題並不只是雞毛蒜皮的小事而已，而是改進工作品質的背後那股趨策力。Merck和First Tennessee在要求員工重新設計工作的時候，

工作運用

4.請舉出一個某家組織提倡多樣化差異的實例。

先詢問自己一個問題，那就是「這裏面對我來說有什麼好處」，他們要怎樣才能擁有一個可以作好自己份內工作的個人生活。員工們討論工作該如何進行，以及要怎樣做才能把工作表現得更好。接下來，員工會因為想要取得工做和家庭生活之間的平衡，而盡力把工作加以效率化。[38]這就是利害關係人為公司和員工同時創造雙贏局面的一種辦法（第二章）。

4.請提出多樣化差異訓練上的兩個重要部分

多樣化差異的訓練

提供多樣化差異訓練課程的企業組織愈來愈多。[39]各種類型的組織都在訓練他們的員工要尊重族群之間的差異。這些提供訓練課程的公司組織包括了Levi Strauss牛仔褲公司、麥當勞企業、雀巢飲料公司、雅芳公司、Prudential保險公司、惠普（Hewlett-Packard）公司和 LIMRA等。多樣化差異訓練的重要部分之一就是讓人們瞭解尊重勞力多樣化的意義和重要性，並要他們認清自己的偏見和刻板印象，如此一來，才不會濫用它們來歧視別人。多樣化的第二部分則是讓所有員工清楚知道，若想在公司裏向上爬升，需要花什麼樣的代價。儘管在多數公司裏，並沒有白紙黑字寫出來，也可能和書面的政策不盡相符，但成功的必要「條件」就是企圖心。尊重多樣化差異必須包括非書面規定的傳授，並在必要的時候，更改規則來迎合多樣化差異的工作。

工作運用

5.你是否知道有什麼人，或是你自己本身曾經參加過多樣化差異的訓練？如果答案是肯定的話，請描述一下那個課程。

接下來是一些多樣化差異訓練計畫的實例。LIMRA為員工發展了一個多樣化差異訓練研習會，其目標內容如下：（1）瞭解現有和變遷中的勞力人口架構；（2）把公司的企業視作為全球性勞力和經濟的一部分；（3）認清偏見和歧視會如何阻礙公司的成功發展；（4）在各當地市場招募人才和瞄準多重文化性的市場。[40]雅芳公司則將它的多樣化差異管理計畫視作為捨棄同化作用（試著要讓不同族群的人等變得都像白種男性一樣）上的一種努力，讓大家認清什麼是負面刻板印象，以及它們會如何地影響職場運作等。我們光是看看雅芳公司有多少女性員工被拔擢到管理要階，就可以知道這家公司有多成功了。[41]惠普公司則推出所有經理人都要參加的管理發展課程，其中有一部分就是管理多樣化差異的活動計畫。這個活動強調的是把多樣化差異視作為一種競爭上的優勢。[42]

多樣化差異的訓練的確很有效。曾有調查專門評估各公司的多樣化差異計畫效果如何，這些公司包括了全國運輸系統（National Transportation Systems）、通用電腦（General Computer）和聯合電信（United Communications）。結果調查報告指出，多樣化差異訓練對工作職場上的態度影響甚大。有關文化差異的討論和消除負面刻板印象的嘗試努力，都對員工頗有好處，而且也可能會增加他們彼此的溝通和道德感。[43]本章最後的練習3-1就是有關多樣化差異訓練的練習。

管理的功能和多樣化

為了成功地管理多樣化差異，你需要具備技術、人性和溝通，以及概念和決策上的技巧。這也是四項基本管理功能的根基所在。

規劃

規劃是設定目標和事先決定該如何完成目標的一個過程（第一章）。尊重和管理多樣化差異並不是憑空發生的事情，它們也需要規劃。而規劃始於目標的設定。多樣化差異的目標可能是招募和／或拔擢一些少數族群份子，來從事某些特定工作，並且讓所有的員工都完成多樣化差異的訓練課程。有了多樣化差異的訓練目標之後，還必須透過小心的規劃，決定好訓練的目標為何；該使用何種教材；何時何地舉辦訓練；以及由誰來執行這個訓練等之後，才能發展出完整的訓練課程。一旦目標確定，計畫也作成，接下來就是組織、領導和控制等執行的階段了。

組織

組織是指派和協調任務與資源來完成目標的一個過程（第一章）。多樣化差異訓練需要彼此之間的協調，如此一來員工才會在不妨礙顧客服務的前提

概念運用

AC3-3　管理功能和多樣化差異

請確認以下幾種狀況的管理功能是什麼：

a.規劃　b.組織　c.領導　d.控制

__11.「我對你在工作上的進度感到很滿意，也很高興你和別人相處得還不錯。」一經理人對多樣化族群份子的談話。

__12.「我們的目標是讓經理人的拉丁裔人數比例同於員工的拉丁裔人數比例。」

__13.「到目前為止，我們的拉丁裔管理階層比例已經從3%升到了8%，而拉丁裔的就業比例也達到了28%。」

__14.「Ted，Wonita，Jose，Betty，和Carl，我要你們一起合作，找出一個辦法來解決這名顧客的問題。」

__15.「OK，我同意我們應該在訓練營當中放映B影帶，執行X、Y、和Z練習。」

下，來參加訓練課程。就組織來看，人員調度對多樣化差異的達成來說也是很重要的，因為經理人必須慎重評選和訓練多樣化差異下的各式員工。

領導

領導是影響員工齊心努力達成工作目標的一個過程（第一章）。員工會以管理階層馬首是瞻，特別是高階管理階層（第二章）。為了要讓多樣化差異訓練有所成效，經理人必須如同員工一樣地參加訓練和親自督導。經理人應該要以身作則，影響員工去尊重工作上的多樣化差異。

控制

控制是設定和執行一些技巧來確保目標達成的一個過程（第一章）。管理階層應該要評估多樣化差異訓練課程下的成效如何。此外，部門經理也要確保訓練所學能落實到工作上。經理人要時時監督旗下的部門究竟達成了多少程度的多樣化差異目標，並在必要的時候採取行動來完成目標。

為了要和各式人等建立起實際有效的人際關係，你必須容忍他們與你之間的不同差異，並試著瞭解他們為什麼有這些差異性特點，並同情他們的處境，以開放的胸襟和他們溝通。請認清自己在偏見和刻板印象上的可能傾向，千萬不要有歧視的心理。

人際關係技巧

請回想一下你所碰過的最好經理和最差經理。你為什麼認定他們是最好或最差的經理人呢？其實這中間的優劣差別是很大的，你之所以選定某人是最好的經理，其理由之一是因為他或她對你有些私人性的情誼存在，而那些被畫歸為最差經理人的先生女士則把你當作是達成工作任務的手段機器而已。根據James Champy的說法，這名仁兄也是《重新改造企業》（*Re-Engineering the Corporation*）一書的作者之一，他說道：「多數企業都曾引以為傲地撒過一個大謊話，那就是『人是我們最大的資產』，這根本就是天大的謊言。他們對待人就像對待原料一樣。」[44]我們都想要別人接受我們這個人，而不是只接受我們的利用價值而已。也希望你以對待人的方式來對待你的人力資源。

人際關係的黃金定律和利害關係人的人際關係辦法

人際關係就是人與人之間的互動關係。為了要有成功的事業，你必須能夠和各式不同的人等相處良好才行。道德行為的使用（第二章）有助於你發展良好的人際關係。讓我們稍微改變一下黃金定律和利害關係人的道德辦法，以便能維繫住更佳的人際關係。

人際關係的黃金定律

人際關係的黃金定律（golden rule of human relations）如下所示：

人際關係的黃金定律
以你想要被對待的方式來對待他人，或以他人想要被對待的方式來對待他人。

> 以你想要被對待的方式來對待他人，或以他人想要被對待的方式來對待他人。

換句話說，請記住這條黃金定律，就是「己所不欲，勿施與人」，此外再增加一條，那就是「你想要別人怎麼對待你，你就怎麼對待別人；或者是別人想要你怎麼對待他，你就怎麼對待他」。當你和一些與你互有差異的人們一起互動時，請記住，他們也許不喜歡你對待人的一些方式，所以拋開你的方式，以他們所想要被對待的方式來對待他們。舉例來說，你和你的朋友使用的某些語言（或做的某些事情）是其他族群人等所不喜歡聽到（看到）的。所以千萬不要在他們周遭附近說／做這些事情。

利害關係人的人際關係辦法

5.解釋利害關係人的道德辦法和人性技巧辦法間的關係

利害關係人的人際辦法
試著去創造雙贏的局面，讓所有的當事人都受惠於你與他們之間的互動關係下。

在**利害關係人的人際辦法**（stakeholders' approach to human relations）之下，你可以試著去創造雙贏的局面，讓所有的當事人都受惠於你和他們之間的互動關係下。一旦你參與了人際之間的關係，自問一下：「我只是為我自己嗎？還是在為別人？抑或是兩者皆有？」換句話說，不要自私，也不要完全無私，可能的話，最好兩者都能受惠。

不管是發展任何技巧，都需要自覺性的不斷努力。如果你想要把網球打得很好，就不能只是一個月才練習一次，你要常常練習才行。人際關係技巧也是如此，它需要你不斷地耕耘。人際關係之美就在於你獲得了許多機會來練習你的技巧。如果你很努力的去遵循人際關係的黃金定律和利害關係人的人際關係辦法，你就可以改善自己的人際關係技巧了。迪吉多在多樣化差異訓練的部分課程上還提供了有關技巧訓練的課程，著重的就是人性技巧。接下來，你將會

概念運用

AC 3-4　人際關係上的該與不該

請確認以下狀況是你該或不該做的事：

a.該做　b.不該做

__ 16.在指派任務時，忽略人員的差異性。

__ 17.當別人做事冒犯到你的時候，大聲說出來。

__ 18.若是沒有人有問題，就表示溝通已經產生效用了。

__ 19.藉由對同質性的重視來縮小差異性。

__ 20.假定某些人很擅於做某些事，也很喜歡做某些事。

學到一些更明確的說明，有助於你在和各群族人等相處時，發展出一些人性技巧。

人際關係的指導方針——該做和不該做

圖3-4的該做與不該做一覽表並不表示完全沒有例外的時候。當你在讀這個一覽表的時候，請瞭解你對這些概念的看法乃是從你自己的文化觀點切入的。警告：所有該做與不該做的一覽表都鼓勵刻板印象，也就是假定來自於相同族群的各份子，他們都大抵相似。這一點是不正確的。

處理人際關係的問題

即便你遵循人際關係的指導方針，你也可能在公司裏遇到和自己不合的人。你可能被指派和某個你並不欣賞的人一起共事。當你遇到這類人際關係上的問題時，你必須決定是否要避開這個問題，或是勇敢面對這個人，積極尋求解決之道。就多數個案來看，一般都比較傾向鼓勵解決人際關係上的問題，而不是忽略這個問題。因為如果不解決掉的話，問題可能會變得愈來愈嚴重。當你決定要解決某個人際關係上的問題時，你至少可以有三種選擇：

工作運用

6.選定至少兩項該做或不該做的事，來改善你的人際關係。請解釋你為何要選擇他們。

改變另外一個人

只要是發生了人際關係的問題，把責任都怪罪到對方的頭上，希望對方能夠在行為上作些改變來符合我們的標準，似乎是最簡單的一種作法。事實上，一個銅板敲不響，雙方都要負點責任。一味怪罪對方卻不反省自己，通常會造

該做

你應該做的某些事情，它們有助於你人際關係的培養，這些事情包括：

・認清自己的偏見和刻板印象，不要以此來歧視他人。
・利用人際關係的黃金定律和利害關係人的人際關係辦法。
・在和與你有所差異的族群份子交往時，對可能的不安要有心理準備。一旦你漸漸瞭解對方，不安的心態就會減輕。也希望它能徹底地消除。
・對其它人要建立私人性的情誼，試著瞭解對方，而不是整個族群。當你和他們交談時，請以名字稱呼。要瞭解他們所扮演的角色不是只有勞工而已，還包括了父母、運動選手／運動迷、教練、童子軍隊長、以及其他等等。
・要以你自己為榮，也要鼓勵他人以自己的歷史文化和其它差異為榮。可是不要幸災樂禍地認定自己仍然是凌駕於其他人的。
・自問是否說過或做過任何令人混淆或沮喪的事，究竟該做些什麼才可以降低傷害的程度呢？
・當某人冒犯你的時候，就大聲地說出來。如果你不以為意，你就是明白地告訴對方你同意這樣的行為。舉例來說，「我不喜歡這類種族式的玩笑，請不要在我面前開這種玩笑。」「你碰我的時候，我覺得很不舒服，請你不要再碰我，否則我會向公司檢舉你性騷擾。」在第十四章的時候，你將學到有關衝突的處理技巧。
・當別人告訴你，你可能做了什麼冒犯他人的事情時，要心存感謝。
・三思而後行。如果不知道是否可能冒犯到對方，就不要說出來或做出來。
・讓別人以他們的方式來做事，因為要達成某個工作，任務永遠不只有一種方法而已。
・信任別人。

不該做

你不應該做的某些事情，它們可能會傷害到你的人際關係，這些事情包括：

・自認為別人應該以你的思考模式和行為模式來做事。
・評斷別人的價值、看法、或行為都是錯的，因為他們和你不同。
・因為沒有問題發生，所以就假定溝通已經達成。你將會在第十 章的時候，學到有關有效溝通的事宜。
・在指派工作和小組的時候，忽略掉個別的差異；應好好利用多 樣化差異，才能從中受惠。
・事先認定某人最適合做某件事；應該讓每個人都有機會去做它。
・代他人思考和發言；應讓他們為自己說話。
・假定某人的情況／行為一定和該族群的其它份子相同。
・把差異性稱之為個性上的衝突；其實應該要解決彼此的衝突才是。在第十四章的時候，你將會學到解決衝突的各項技巧。
・藉著對同質性的注重來降低差異性。
・假定每個人在某個情況下，都會和你一樣選擇同樣的作法。
・把每件事都視作為個人的權利。
・要別人信任你，可是卻無法贏得他人信任

圖3-4　人際關係指導方針：該做與不該做

成更糟的局面。我們愈是要求別人來符合我們的標準，就愈困難去維繫好的人際關係。

改變情勢

如果你在和別人的相處上或共事上遭遇到困難，你可以和對方或者是其他人合作，來試著改變情勢。你也許可以告訴上司，你無法和此人合作，因為你們兩個人之間有人格上的衝突存在，所以你要求在工作上作些改變。這也可能是某些個案的唯一解決之道。但是，當你向上司抱怨的時候，你的上司往往會暗地裏盤算是否你才是問題的所在，而不是對方的錯。怪罪對方和試著改變情勢都會讓我們忽略了自己的行為，而我們的行為也可能正是問題的關鍵。

改變你自己

透過此書，你將可以反省自己的行為。就許多狀況來說，只有自己的行為才是自己可以掌控的部分。在多數的人際關係問題裏，最佳的選擇作法就是審視一下對方的行為，試著了解他或她為什麼要這麼做或這麼說的原因何在。然後再反省自己的行為，找出自己為什麼有這樣的行為出現。但這並不表示只要照著別人的標準行事就可以了。事實上，你也可以很自我堅持的。沒有人可以強迫你改變自己，是你在改變自己，因為這是你自己的選擇。當你改變了自己的行為時，對方也可能會因此而改變。人際關係的技巧不外乎就是有彈性罷了。

全球性的多樣化差異

採用傳統美國式管理風格的美國經理人在面對海外事業時，往往會慘遭滑鐵盧，因為管理多樣化差異不僅僅是商業禮節就可以應付得了的。公司需要訓練員工有關語言、當地文化和當地的生意手法等多種資訊，如此才能在全球市場上所向無敵。[45]當你在一個外國的公司拓展事業的時候，特別是指外國的當地公司，你就要小心那些文化上的差異。若想要有成功的人際關係，你必須有點彈性，讓自己去適應其它人的行為作法。要記住，在這裏你是一個外國人，所以別想冀望其他人為你而改變。

在本單元裏，你將會學習到各種多樣化的風俗、時間、工作倫理、薪資、法律和政治、道德、以及參與式管理等。**圖3-5**為全球性的多樣化差異，在你

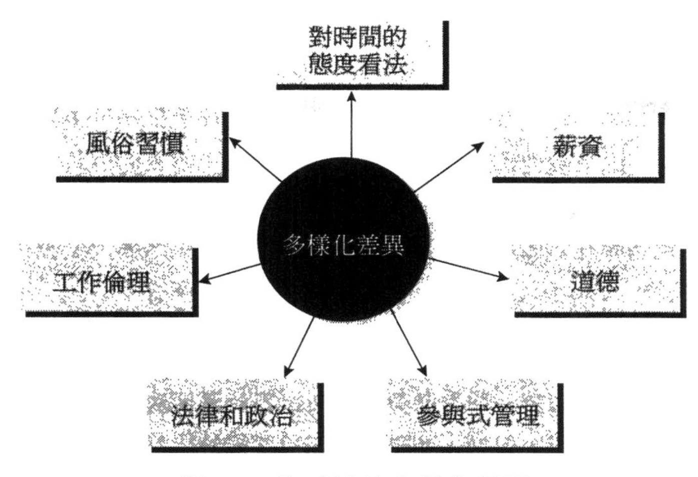

圖3-5　全球性的多樣化差異

閱讀本文的時候，你所看到的大多是概要性的說法，其中當然也有例外的時候。此外，這些實例也並沒有什麼「對」與「錯」的判定標準，它們只是在試著描述出影響人際關係層面的各種跨文化性差異而已。

多樣化的風俗習慣

所謂**風俗習慣**（customs）是指作生意的可行之道。日本人非常重視人際關係、參與式管理和團隊分工。[46]如果你試著要成為一顆獨自發光的明星，你就無法在日本社會裏成功。如果你非常的坦率，就會被日本人認定是沒有禮貌。如果你拒絕收送禮物，你就會冒犯了日本當地的人。許多日本公司一天的開始是從晨操和呼口號開始的，如果你不想參加，你就會變成一個局外人。

風俗習慣
作生意的可行之道。

在歐洲，管理上比較著重的是文化的觀點甚過於技術上的觀點。它處理的是價值系統和宗教背景，而且以語言而非技巧來作為組織架構。在美國，[47]權力和政治是很重要的，可是在法國，這兩者尤其更重要。法國的經理人必須讓人知道他有權力在握，這一點非常的重要。在法國，每天早上許多男性的例行工作之一就是親吻多數和他階級相當的女性。[48]不在預期內的親吻舉動可能會讓你感到很尷尬。

美國人在面對面交談時，比較喜歡保持一定的距離，這一點對多數其它國家的民眾來說則不然。如果你背向對方或者是轉向別的方向不正面迎著對方，他們可能也會依樣畫葫蘆，和你保持距離，並認為你是個冷漠不友善的人。在面對面的溝通當中，拉丁民族比起美國人，要來得喜歡和對方有身體上的接觸。若是你在沒有預期的心理下，因為對方的身體接觸而嚇得跳了起來，這就很尷尬了。

每一個國家的手勢表情也不盡相同。舉例來說，美國人傾向於眼神的接觸。但是如果你和年輕的波多黎各人交談，他們往往會把頭低下以示尊重年齡較長的成年人，因為對他們而言，眼神接觸是十分不禮貌的行為。在澳洲，要是你作出V字型的手勢，人們會以為這是一種猥褻的意思，而不是勝利的代表。前任總統布希在1992年向澳洲群眾揮舞他的V字手勢後，才發現犯下了這個錯誤的禁忌。

對時間的多樣化看法

美國人往往視時間為一種有價資源，所以不能隨便浪費，而社交則常被認為是一種時間上的浪費。但是，如果你在和拉丁裔的族群分子作生意之前，沒有先輕鬆地私下聊天打屁一番，就會被認為是很不禮貌的行為。如果你想趕緊推展業務，卻沒能和日本經理人慢慢地培養私人性的情誼，就沒有機會獲得這位客戶的青睞。

美國和瑞士的生意人通常希望你在約會上非常的準時。但是，如果你在其它國家太遵守約會的準時性，你就可能會被迫枯等一個小時。如果你在某些國家召開會議，多數的與會人士都會遲到，有些人甚至從頭至尾都沒現身。當他們真的出現的時候，卻可能會表示準時並不是他們的優先考量點之一。他們可能預期你會等候一個小時左右，如果你生氣了，甚至開始咆哮，十之八九就會傷害到你的人際關係。

工作倫理上的多樣化

世界各地的工作倫理（把工作視作為人生中的中心興趣和追求目標）互有差異。一般而言，日本人對工作倫理的重視程度遠甚過於美國人和歐洲人。有了高度的工作倫理和全面自動化，難怪日本人的工廠會成為全世界最有生產力的工廠。儘管美國人和歐洲人對工作倫理的態度看法相差不大，而歐洲人的訓練有素也是眾所皆知的事情，可是美國人的生產力卻略勝過於歐洲人。

美國人很擅於從訓練不佳的員工身上萃取僅有的利用價值，當你在和來自於全球各地目不識丁的工人們一起共事的時候，這一點格外的重要。但是在某些國家。經理人和員工都對生產力不是那麼地感到興趣。這種懶散的態度對那些一心想要改進工作倫理的全球性企業來說，可不是件好事。

薪資的多樣化

籠統而言，美國人不再是世界上薪資最高的員工了。日本人和歐洲人已經趕上美國人，賺得和他們一樣多。根據美國勞工部U. S. Department of Labor的統計，單單是工廠的勞工，就有12個國家勞工的時薪高過於美國人。第三世界的員工所領取的薪資則低於已開發國家的員工。圖3-6描繪了某些國家的時薪狀況。

支薪系統在某些國家也必須改變，以符合員工的價值觀。美國支薪的趨勢一度以業績為取向，但在某些文化價值觀裡，卻是以忠誠度及服從命令為準則。[49]支薪在某些國家運作良好，在某些國家則否。

法律和政治的多樣化

隨著多國企業的向外擴張，法律和政治環境也變得愈形複雜了起來。已開發國家對員工健康和安全的保障優於第三世界的國家。而各國的勞工法也互有差異。西歐各國的福利較佳，其中包括四或六週不等的休假、放假日照樣付薪、以及病假和事假等。在比較這些國家之下，德國的汽車廠員工一年工作1,600個小時；美國人則工作2,000兩千個小時；日本人則需工作2,300個小時。這類差異多少會對實際的勞工成本發生影響。所以很容易就發生把某些國家的員工裁撤掉，但保留其它國家員工的事件。

某些國家的政府架構和政治體要比其它國家來得安定。政權的改變也意味著商業運作會在一夜之間有了變化。有些國家會奪走美國人的工廠和設備，然後再把美國人遣送回國，卻沒有任何的賠償。

道德的多樣化

拓展全球事業時，你必須重新思考一下商業道德方面的問題。[50]在美國和

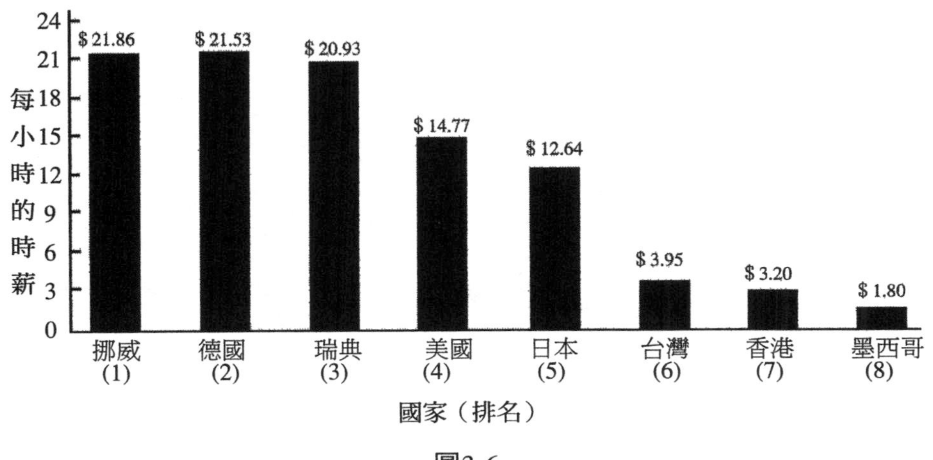

圖3-6

其它國家，以賄賂的手段來達到生意的目的是不合法的行為。但是就在某些國家而言，這卻是生意上的標準程序。一名美國生意人向當地的電話公司經理抱怨對方公司的服務人員向他要求賄款，可是他拒絕了，沒想到那個人竟然電話也沒裝，就一走了之了。電話公司的經理告訴這名生意人，如果他可以給點錢的話，他就幫忙調查此事。

工作運用

7.你或你認識的人是否曾經在這七種全球性多樣化領域上有過一或多項的經驗，請舉出實例。

參與式管理的多樣化

在第三世界的國家裏，員工需要接受基本技能的訓練，可是在沒有受訓以前，是無法參與管理決策的。有些文化尊重在管理上的參與權，有些文化則不然。事實上，某些文化下的員工只需要被告知該如何上工就可以了。

在全球各地的管理階層／勞工關係互有差異。就法國而言，管理階層和勞工之間的壁壘分明，遠甚過於美國。而在日本，他們之間的關係卻比較傾向於合作關係。你應該瞭解到，隨著各國管理風格的互有差異，管理和人際關係也會變得愈形地複雜。

6.描述全球性的多樣化差異會如何影響管理功能的執行

全球性的多樣化差異和管理功能

在美國有效的東西，可不一定在其它國家也管用。為了有成功的全球性管理，國際經理人必須根據各國文化的特性，進行不同程度的規劃、組織、領導和控制。先有一個大致性的原則方向並無可厚非，但是全球性公司絕對不能將

麥當勞於1992年在中國大陸的北京市開了一家規模最大的分店。它代表了中國大陸的對外開放和富裕生活的全新開始。

所有事情都加以細節化。麥當勞在全球73個國家都設有分店，它的聘雇作業和理念基本上是全球相通的。但是這並不表示麥當勞在每個國家的作業執行都一樣。這其中還要顧慮到各國的文化習慣。麥當勞的經理人必須具備優良的領導風格。可是各地對領導風格的特質要求也不盡相同。麥當勞並不會明確地說出某人該如何做事。若是這樣的話，就對各文化太不公平了。[51]迪吉多很擅於在72個國家進行多樣化差異的管理，而且光是在波士頓就有來自44個國家的員工集中在一個工廠，接受多樣化差異的管理。

抱怨的處理

身為一名經理人，你應該設法利用利害關係人的道德辦法來為所有的利害關係人創造雙贏的局面，如此一來，所有的人都會因為我們的決策而受惠（第二章）。傳統的管理辦法是同等地對待所有的員工，以確保管理的品質。可是現在的多樣化管理辦法卻是依個人的個別差異來對待。舉例來說，在傳統管理辦法下，所有的工人必須同時開工和完工，絲毫沒有例外。可是多樣化的管理卻可以因為一些好的理由而網開一面，例如：早一點／晚一點開工，以便配合幼兒的照顧，或者是為了參加大學課程等。

在傳統辦法下（事實上目前運用傳統辦法的公司還是多過於運用現代辦法的公司），不管管理階層做的多賣力，想要滿足所有員工的需求，還是會有抱怨產生。所謂**抱怨**（complaint）是指當員工不滿意某個情況，想要尋求改變時所發生的動作。許多員工都會抱怨工作，可是卻不會向經理人提起。我們很鼓勵使用大門敞開式的作法，讓員工可以自由地來到你的面前向你抱怨。再怎麼說，公開接受抱怨，並設法解決它，總比讓員工私下到處向人抱怨你要來得好多了。在本單元裏，你將會學習到如何處理抱怨，**技巧建構練習2-1**會幫助你培養這項技巧。

抱怨
當員工不滿意某個情況，想要尋求改變時所發生的動作。

抱怨處理模式

7.列出和解釋抱怨處理模式的各個步驟

當某個員工來到你面前向你抱怨時，不要把它當作是對你個人的不滿或是對你的管理能力的懷疑。即使是最優秀的經理人也都必須處理各種抱怨。千萬不要自我防禦過當，或是設法轉移話題。當員工找你抱怨時，你可以利用抱怨

抱怨處理模式
(1)傾聽抱怨和解述抱怨的意義;(2)讓抱怨者建議解決之道;(3)排定時間,收集所有真相資料和/或作成決策;(4)擬定計畫;以及(5)執行該計畫,並做後續動作。

處理模式來協助自己解決抱怨。**抱怨處理模式**(complaint-handling model)如下:(1)傾聽抱怨和解述抱怨的意義;(2)讓抱怨者建議解決之道;(3)排定時間,收集所有真相資料和/或作成決策;(4)擬定計畫;以及(5)執行該計畫,並做後續動作。以下就是各個步驟的詳細討論內容。

步驟1 傾聽抱怨和解述抱怨的意義

這是一個非常重要的步驟。完整的聽完整個抱怨的來龍去脈,不要打斷對方,而且解述一遍(以你自己的話語向抱怨者重述一遍),以確保內容無誤。傾聽和解述是很必要的,因為如果你不能精準地說出抱怨的內容,你就無法解決它。而解述尤其重要,因為員工往往不知道該如何精確地描述他的抱怨內容,他們常常談的是一碼事,問題的所在卻是另一回事。你的解述有助於他們瞭解這中間的差異,進而作一些自我調整。身為一名經理人,你的工作就是去判定抱怨的真正成因是什麼。

在傾聽抱怨的時候,要分清楚事實真相和個人意見這兩者之的不同。有些時候員工以為自己知道真相是什麼,但是實際上並不然。舉例來說,資歷比較深的員工可能會聽到別人說資淺員工和他拿一樣高的薪水,這時前者往往就會心生抱怨。要是經理人能夠澄清事實,說明資深員工的薪資的確比較高(最好不要明確指出究竟是高多少),就可能可以馬上平息抱怨了。

找出當事人對抱怨的感覺是什麼,也會很有幫助。因為你可以據此判定員工的抱怨動機是什麼。

步驟2 讓抱怨者建議解決之道

在你解述對方的抱怨,員工也同意你的解述內容之後,這時你就可以要求抱怨者自己想想看有沒有什麼解決的辦法。因為抱怨者所可能想出的辦法,也許比你所能想到的還要有效。要求當事者想出解決之道,並不表示你就一定會照著實行。在某些個案裏,抱怨者所推薦的辦法可能無法真的解決問題。此外,對另一方的當事人來說,也不見得公平。有些辦法甚至是完全不可能做到的。在這類個案中,你應該讓員工瞭解他的辦法不可行,並解釋其中的原因是什麼。

步驟3 排定時間收集所有真相資料,和/或作成決策

因為員工的抱怨往往涉及到另一名當事人,所以你可能發現很有必要核對一下記錄,或是和另一名當事人談談。若是能和你的老闆或同儕聊一聊那就更好了,因為他們也可能遇到過相同的抱怨,所以也許能夠給你一些好的建議來

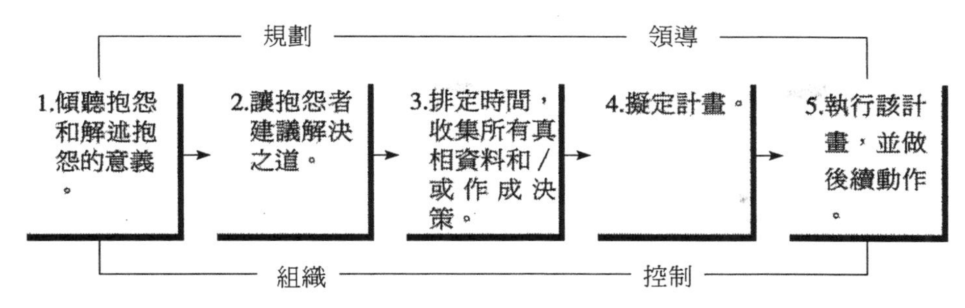

模式3-1　抱怨模式

解決它。即使你已掌握了所有事實根據，也最好還是花點時間衡量一下辦法，然後再作成最後的決定。

排定一段特定的時間。就某些個案來看，處理抱怨的所花時間並不長。一般而言，愈快解決抱怨，所產生的負面作用就愈少。最差的抱怨處理方式就是簡短的說：「有關這一點，我會再答覆你。」卻沒有定下明確的日期，這種作法往往讓員工感到挫折。因為有這種說法的經理人常常希望員工能淡忘此事，或者放棄抱怨。這種手法也許真的可以讓員工停止抱怨，但是卻可能造成員工生產力和流動率的問題。

步驟4　擬定計畫

在收集了所有必要的真相資料和建議之後，你就可以進行計畫的擬定了。該計畫也許只要根據抱怨者所提出的辦法來發展就可以了。但是要是你不同意抱怨者的解決辦法，就該向對方解釋為什麼，然後再和對方一起合作想想看別的出路，或者是提出你自己的辦法。員工參與計畫的程度多寡，應視對方的能力而定。

若是你決定不採取任何行動來解決抱怨，就應該明白地向對方解釋，為什麼你選擇如此做。並向對方聲明，要是他不滿意，也可以向其它管理階層申訴。抱怨者應被告知該如何申訴。在非工會化的企業組織裏，最常見的步驟就是向經理人的上司申訴。而在工會化的企業組織裏，第一步就是找工會的代表談談，他會陪同員工一起出席和上級面談的會議。

> **工作運用**
>
> 8.請確認出一個你曾向經理人抱怨過的話題。請說明這個抱怨內容是什麼，以及找出該經理人所採用過或沒有採用到的抱怨處理模式步驟有哪些？如果你不曾抱怨過，請訪問一名有過抱怨經驗的人。

步驟5 執行計畫並做後續動作

最重要的就是確定計畫能透過各種後續動作有效地落實執行。最好能安排一場後續會議，也最好能將所有的會議和行動內容，作成書面的記錄。

目前的管理議題

在此章，我們討論了多樣化和全球化的勞力。而道德則是和多樣化差異有著密切關係的另一個重要概念。如果你採用有道德的行為，就能改進你的人際關係。如果你採用的是不道德的行為，比如說欺騙他人，你就無法贏得他人的信任，當然也就不會有好的人際關係了。

當你在多樣化的市場拓展生意時，主事員工最好是該市場的族群份子，如此才能改善產品的品質和顧客價值。除此之外，多樣化的勞動力比較有彈性，比同質化的勞動力更能快速地改變產品的品質。多樣化差異也比同質化勞力要來得有生產力。有了多樣化差異，員工的成本就可降低，當然生產力也就提高了。

多樣化差異下的團隊分工，往往可以透過參與式的管理，來達成更好的決策作成。有了多樣化差異，你就可以擁有較好品質的管理小組。不管是小型企業還是大型企業，多樣化差異都是很重要的。

摘要與辭彙

經過組織後的本章摘要是為了解答第三章所提出的八大學習目標：

1. 解釋偏見、刻板印象和歧視之間的不同差異

偏見對某個人或某個狀況有先入為主的判定。刻板印象則是一些正面或負面的評價，或者是對某些人或某種狀況的屬性認定。而歧視則是因敵視某個人或某個狀況而產生的不當行為。這其中的主要差別就在於人們的心中往往會有偏見和刻板印象，可是卻不見得會以歧視的行為來表現出來。

2. 描述市場的增加和較低廉的勞工成本為何會成為多樣化差異的好處

有了多樣化差異，就可以提供一些有關潛在顧客方面的資訊，以及新產品的點子，以便為全新的事業找出一些顧客價值。能為多樣化差異提供真正全面性平等機會的公司行號，在人材的招募、保留和激勵上，所花成本絕對要比無多樣化差異的公司來得低。

3. 對多樣化差異的尊重和對多樣化差異的管理，請就這兩者的不同差異進行討論

尊重多樣化差異強調的是對不同民族／種族、宗教、性別、年齡、技能和其它不同差異下的員工展開訓練，使其能一起有效地發揮工作上的功能。管理多樣化差異則是強調透過可以符合全體員工需求的組織行動來全面地利用人力資源。管理多樣化差異也涵蓋了對多樣化差異的尊重，可是卻更高一層，因為它必須採取行動來確保勞力的多樣化。

4. 請提出多樣化差異訓練上的兩個重要部分

多樣化訓練的第一個部分就是讓員工認清尊重多樣化差異的意義和重要性是什麼。第二部分則是讓所有員工都清楚地知道，需要在組織中採取什麼樣的行動才能達成此目標。

5. 解釋利害關係人的道德辦法和人性技巧辦法之間的關係

有了利害關係人的辦法，你就可以設法創造出雙贏的局面，讓所有的利害關係人都因此而受惠。以道德行為來將焦點集中在道德性決策的作成上，並以人際關係來將重點放在人與人之間的互動上。

6. 描述全球性的多樣化差異會如何影響管理功能的執行

在全球性的多樣化差異下，某個國家成效不錯的管理運作不見得也能在其它國家發揮同樣的功效。因此，在施展規劃、組織、領導和控制等管理功能時，經理人應該根據各國風俗文化的特性來見機行事。

7. 列出和解釋抱怨處理模式的各個步驟

（1）傾聽抱怨和解述抱怨的意義；先傾聽，然後再向抱怨者重述一遍內容；（2）讓抱怨者建議解決之道；詢問抱怨者想如何解決這個問題，但並不保證一定會採納他的意見；（3）排定時間，收集所有真相資料和／或作成決策；和另一方當事者談談，瞭解詳情和聽取建議也是很必要的；（4）擬定計畫；將解決抱怨的方式明確定下來，或者釐清為什麼不採取行動來處理這個抱怨的原因是什麼；（5）執行該計畫，並做後續動作；確定落實該計畫的每個步驟。

8. 界定下列幾個主要名詞（依照本章的出現順序而排列）

請選擇下列一或多種方法來進行：（1）靠自己的記憶，把填空題中 的專有名詞補上；（2）從結尾的回顧單元以及下頭的定義來為這些專有名詞進行配對；或者（3）從本章一開頭的名單上，依序把各專有名詞照抄一遍。

____ 指的是某團體或組織裏的成員，他們之間不同程度的差異。

____ 係認定自己團體優於其它團體的一種信念。
____ 是對某個人或某個狀況有先入為主的判定。
____ 是指一些正面或負面的評價，或者是對某些人或某種狀況的屬性認定。
____ 是指因敵視某個人或某個狀況而產生的不當行為。
____ 是指阻礙少數族群和女性在組織體中向上進階發展的無形障礙。
____ 是指任何和性有關的不受歡迎行為。
某些人因生理或心智的損傷，而限制了基本生活能力，就被 稱之 ____ 為。
____ 強調的是對不同民族／種族、宗教、性別、年齡、技能和其它不同差異下的員工展開訓練，使其能一起有效地發揮工作上的功能。
____ 強調透過可以符合全體員工需求的組織行動來全面地利用人力資源。
____ 是指提拔潛力性員工的高階經理人。
所謂____就是「以你想要被對待的方式來對待他人，或以他人想要被對待的方式來對待他人。」
在____ 之下，你會試著去創造雙贏的局面，讓所有的當事人都受惠於你與他們之間的互動關係下。
____ 就是指作生意的可行之道。
____ 是指當員工不滿意某個情況，想要尋求改變時所發生的動作。
____ 涵蓋了：（1）傾聽抱怨和解述抱怨的意義；（2）讓抱怨者建議解決之道；（3）排定時間，收集所有真相資料或作成決策；（4）擬定計畫；以及（5）執行該計畫，並做後續動作。

回顧與討論

1.你相信在今天的企業當中，還需要用到AA的配額方式嗎？

2.你同意少數種族、女性、貧家小孩、殘障者、以及年齡在四十歲以上的公民，應該擁有免於遭受歧視的法律保障條文嗎？

3.請翻到多樣化族群以及他們想要什麼的單元裏，找找看這些人所想要的東西和你以及你的族群有什麼連帶關係？你也想要這些東西嗎？你會刪減或加添這些內容嗎？

4.你自己或你認識的人，曾遭受過性騷擾嗎？如果有的話，請以大家可以接受的用語，來描述該情形。

5.你曾和殘障者一起共事過嗎？如果有的話，他的殘疾是什麼，你又是如何和他相處的？如果你也是殘障者的話，請向班上同學解釋你的工作經歷。

6.你同意多樣化差異下的各種好處和挑戰嗎？你會做哪些刪減或加添？

7.你知道有誰目前是或曾經是事業上的貴人？如果有的話，請解釋該狀況。

8.請列出四種管理功能。在管理多樣化差異下，有哪一個功能特別的重要？

9.你對人際關係的黃金定律以及利害關係人的人際關係辦法有什麼意見？

10.你可以舉出全球性勞力多樣化的其它實例嗎？

個案

多樣化差異的成功

James G. Kaiser於1968年畢業於UCLA，接著就擔任Corning公司的業務代表。他靠著自己的努力爬上了Corning技術產品部門和拉丁美洲與亞太地區出口部門的資深副總裁暨總經理一職。Kaiser經營著總值2億美元的事業單位，負責開發、生產和販售4萬種產品與技術。Kaiser 相信他的成功歸功於以人為導向的管理辦法，也就是把決策權完全授予屬下。Kaiser非常幫忙非裔同事，不僅讓他們在公司裏能夠相處融洽，對他們的訓練也是絲毫不馬虎，並設法讓整套系統體制能符合他們的需求。他和充任臨時雇員的非裔員工一起合作，並率先提倡Corning的多樣性文化，而且還擔任執行主管領導委員會（Executive Leadership Council）的主席，該委員會是一個全國性的組織，總部就設在華盛頓特區，是由60位資深階級的非裔經理人所組成，這個組織已經幫助過上百名以上的黑人執行主管了。

Julie Stasch於1976年加入了Stein & Company，這是一家位在芝加哥的不動產開發公司。在1991年的時候，她當上了該公司的總裁。很少有女性會擔任高薪且以技術為取向的建築工作，而Stasch對這個現象並不滿意。不管是包商還是工會都宣稱他們希望能有更多的女性加入這個行列。可是包商們卻不雇用女性員工，因為工會並沒有女性的會員；而工會之所以沒有女性的會員，是因為包商不想雇用她們。所以Stasch就設立了女性聘雇自救會（Female Employment Initiative，簡稱FEI），這個自救會裏有10位極具影響力的女性，都是來自於芝加哥的締約性團體或非營利團體。身為Stein & Company的領薪顧問，她們都鼓勵女性尋求一些技術性的建築工作，並提供訓練課程的協助，也和雇主一起合作，讓工作場所的安排規劃更適合女性員工。結果，在完成30層樓高的Ralph H. Metcalfe 聯邦大樓工程裏，有85名女性員工參與其中；美國Gypsum的總部大樓工程，也有75名女性員工參與；而芝加哥會議中心和運動場的建設，更有高達200名的女性員工參與共事。

Harland Sanders上校（1890-1980）於1952年創立了肯德基炸雞店（Kentucky Fried Chicken）。可是一直到他66歲的時候，因為州際政府規避了他苦心經營25年的地方，使得他被迫賣掉自己的餐廳，這才正式開始了他的加盟企業。他的旅程長達25萬英哩，只是為了要確定自己的加盟店經營得法，因為他的名字就冠在店的上頭。他熱愛傳授年輕人一些所長，但是店裏要是有點差錯，他也會發點脾氣。他稱自己為一人消費者的保護代理人。

Sanders極力鼓吹就業法中的老年歧視條例。早在美國國會老年議題委員會（U. S. Congressional Committee on Aging）於1977年5月25日成立以前，他就身先士卒，為大家作了一個典範。他聲稱絕不會在65歲的強制退休年齡之前死亡。「只要人們想工作多久，並有能力做得下去，就應該讓他們繼續工作。我們這些老年人的貢獻可是很大的。」Sanders舉出了幾個年過65歲卻仍對社會有著極大貢獻的例子，像是Benjamin Franklin在70歲的時候才被指派到委員會，負責獨立宣言（Declaration of Independence）的起草。當Franklin 81歲的時候，他扮演了一個很重要的角色，使得此宣言得以通過。如果Franklin曾被迫退休的話，我們就可能沒有一部完整的憲法或是一個獨立的國家了。Thomas Jefferson在67歲的時候才創立了維吉尼亞大學（The University of Virginia）。Thomas Edison在他65歲生日以後，仍然持續不斷地發明。George Marshall在設計歐洲重建計畫（European Recovery program）的時候，也已經高齡67了，為此他還得到了諾貝爾獎。上校聲稱這些都是非常戲劇化的案例，但是也有許多像他一樣的老年人，以更平常的方式在對社會作貢獻。工作是他的嗜好。他喜歡讓自己充滿活力，並積極面對來自於事業上的真實挑戰。

PepsiCo公司在1986年買下了KFC。現在的KFC在全球各地有超過9,500家以上的分店。每一天所服務的顧客超過60億人次以上。它雇用了將近20萬名左右的員工，每年營業額更高達70多億美元。

請為下列題目找出最佳的答案選擇。請確定你能夠解釋自己的答案：

____ 1.Kaiser、Stasch和Sanders比較不重視以下哪一項？

a.平等就業機會　b.具體行動　c.多樣化差異

____ 2.在這三個族群中，你認為哪一個的刻板印象最難被克服？

a.非裔美人　b.女性　c.老年人

____ 3.歧視的問題很常見於以下哪個族群？

a.非裔美人　c.老年人　b.女性　d.以上三種團體

____4.Julie Stasch發展出FEI來打破玻璃頂篷。

a.正確　b.錯誤

____5.多樣化差異的哪些好處和Stasch以及FEI沒有關聯？

a.道德和社會責任　b.增加的市場　c.比較低的員工成本　d.改進決策的作成

e.比較好的管理品質　f.有彈性

____ 6.在個案研究中的三個團體，和以下哪一個挑戰比較不相關？

a.歧視　b.懷疑和張力　c.較低的凝聚力　d.溝通問題

____7.Kaiser、Stasch和Sanders比較關切以下的哪一點？

a.尊重多樣化差異　b.管理多樣化差異

____8.有哪一個人可以很明確地被歸類為貴人的一種？

a.Kaiser　b.Stasch　c.Sanders

____9.哪一個人比較關切全球性多樣化差異的議題？

a.Kaiser　b.Stasch　c.Sanders

____ 10.哪一個人比較在乎多樣化差異的薪資問題？

a.Kaiser　b.Stasch　c.Sanders

11.你可以從Kaiser、Stasch和Sanders的身上學到什麼？

12.你認為哪一位的貢獻最重要？

技巧建構練習3-1　抱怨處理[52]

為技巧建構練習3-1作準備

在課堂上，你將有機會扮演處理抱怨的角色。請選定某個抱怨，它可能是你對經理談起的抱怨，也可能是別人向你談起的抱怨，或者是你聽到的抱怨，也或者是你自己所造成的抱怨。請在下面空格描述那個要扮演抱怨者角色的人。請解釋整個情況和抱怨內容。請列出另一方當事人的相關資料，好讓扮演抱怨者的人選可以更瞭解自己的角色（和經理的關係、專業知識、服務年資、背景、年齡、價值觀等）。請複習模式3-1，想想看當你在處理這個抱怨的時候，你會說什麼和做什麼。

抱怨旁觀者的格式

在角色扮演當中，觀察抱怨的處理。判定一下該經理人是否有遵照此練習的每個步驟進行，遵守的程度又是如何。請試著為抱怨模式裏的每個步驟給予正面的肯定和改善的建議。請務必精確，且描述清楚。請針對改善建議，另行提出正面性的替代行為是什麼，應該怎樣做或是怎樣說才對呢？

步驟1. 該經理人的傾聽舉動作得如何？該經理人對抱怨的接受態度很開放嗎？該經理人試著要勸阻員工的抱怨嗎？該經理人的防禦心很強嗎？該經理人是否在沒有打斷對方的情況下，聽完整個故事？該經理人是否將抱怨內容有解述了一遍？

正面的肯定：________________

改善之處：________________

步驟2. 該經理人有讓抱怨者提出解決之道嗎？該經理人對此解決辦法的反應表現如何？如果無法使用抱怨者的辦法，經理人有解　釋其中原因嗎？

正面的肯定：________________

改善之處：________________

步驟3. 該經理人有排定時間來收集所有真相資料，和／或作成決策嗎？有指定哪一天嗎？時間長度合不合理？

正面的肯定：________________

改善之處：________________

步驟4. 該經理人和員工一起擬定計畫嗎？

正面的肯定：________________

改善之處：________________

步驟5. 落實計畫和進行後續動作(對課堂練習來說，此步驟並不　恰當)。

正面的肯定：________________

改善之處：________________

在課堂上進行技巧建構練習3-1

目標

經歷和培養解決抱怨的技巧。

準備

你應該做好處理抱怨的準備。

經歷

你將會自行創造、回應、和觀察某個抱怨的角色演出，然後再評估它的解決辦法效應性如何。

程序1（2-3分鐘）

請分成三人小組，愈多愈好。如果湊不滿三人，有一到兩組是由兩人組成也無妨。每一個小組成員都要從1、2、3的數字中各選擇一個號碼。1號成員將會是第一個設定抱怨內容的人，然後是2號成員，最後是3號成員。

程序2（5-12分鐘）

A. 1號(經理人）告訴2號（抱怨者）有關整個抱怨內容。一旦2號瞭解了之後，就開始演出（程序B)。3號則是旁觀者。

B. 演出整個抱怨的過程，把你自己假想是劇中。旁觀者3號則在抱怨旁觀者格式中（請參考前一頁）寫下他對此抱怨的觀察。

C. 整合。當演出結束之後，觀察者帶領討論，評估解決衝突的效應性如何。三名小組成員都應參與討論。3號成員並不是擔任講師的角色，所以在沒有告知前，不用繼續下去。

程序3（5-12分鐘）

同程序2，只是現在是由2號成員扮演經理人，3號成員扮演抱怨者，1號成員則是旁觀者。

程序4（5-12分鐘）

同程序2，只是現在是由3號成員扮演經理人，1號成員扮演抱怨者，2號成員則是旁觀者。

結論

講師帶領全班同學展開討論，並作成總結講評。

運用（2-4分鐘）

我從此經驗中學到了什麼？在未來日子裏，我將如何運用此所學？

分享

自願者提供他們對此運用單元的答案。

練習3-1　多樣化差異的訓練

為練習3-1作準備

請為此練習預作準備，請寫出以下問題的答案。

民族和種族

1. 我是屬於____民族和種族。
2. 我的名字是____。這個名字是有意義的，意思是____，而且／或我是根據____而命名的。
3. 身為一名____，其正面好處是____。
4. 身為一名____，其困難和窘境是____。

宗教

1. 我是信____教的。
2. 身為一名____教徒，其正面好處是____。
3. 身為一名____教徒，其困難和窘境是____。

性別

1. 我的性別是____性。
2. 身為一名____性，其正面好處是____。
3. 身為一名____性，其困難和窘境是____。
4. 男性和女性其主要的差異在於____，這是因為____。

年齡

1. 我的年齡是____歲。
2. 這個年齡的正面好處是____。
3. 這個年齡所遇到的困難和窘境是____。

技能

1. 我在大學和工作上的能力屬於____（優等、普通、低下）的程度。我身有／無殘疾。
2. ____能力的正面好處是____。
3. ____能力的困難和窘境是____。

其它

1. 我和其他人的主要不同之處在於____。
2. 這種____不同之處，其正面好處是____。
3. 這種____不同之處，其困難和窘境是____。

偏見、刻板印象、歧視

1. 請確認自己曾經所有過的偏見、刻板印象和歧視經驗。

在課堂上進行練習3-1

目標

增進你對尊重多樣化差異和個別差異性的瞭解程度。你愈能尊重多樣化差異，你就愈能和多樣化的人等發展出好的人際關係。

準備

你應該已經為此練習回答了一些預備性的問題了。

經歷

你將和別人一起分享預備性問題中的各種答案。

程序1（2-3分鐘）

請以四到六人為一小組，小組各成員的差異性愈大愈好。講師可符以檢查一下各組的多樣差異化程度，如果必要的話，可以再重新分派同學，以改善各小組的差異性。各組請選出一名發言人，針對偏見、刻板印象、和歧視等問題，提出各組一或兩個最佳的實例來解答。沒有必要在其它方面進行報告。

程序2（10-30分鐘）

由講師設定時間，選定預備性問題裏的幾個主題來討論。一開始先討論差異性的問題，可是只能有五分鐘的時間來完成偏見、刻板印象、和歧視等問題的討論。如果你在預定時間終了以前，完成報告，請繼續進行講師並未指定的其它差異性問題。

程序3（5-20分鐘）

各組選出的發言人請舉出有關偏見、刻板印象、歧視等實例。

結論

講師帶領全班同學展開討論，並作成總結講評。

運用（2-4分鐘）

我從此經驗中學到了什麼？在未來日子裏。

分享

自願者提供他們對此運用單元的答案。

第四章
有創意的解決問題技巧與決策作成技巧

學習目標

在讀完這章之後，你將能夠：

1.解釋目標、解決問題和決策作成這三者之間的關係。

2.解釋管理功能、決策作成和解決問題這三者之間的關係。

3.列出決策作成模式的六個步驟。

4.描述程式化決策和非程式化決策之間的差異，以及確定條件、非確定條件和風險條件這三者之間的差異。

5.描述何時該使用決策作成模式VS.合理範圍內的模式，以及何時該使用群體決策VS.個人決策。

6.說明目標和「必備」與「需求」標準之間的差異。

7.說明創意和創新之間的不同差異。

8.列出並解釋創意過程中的三大階段。

9.計量法、Kepner-Tregoe法和成本效益法這三種分析技巧可用來進行方案的分析和選定，請描述這三者之間的差異。

10.界定下列幾個主要名詞：

問題
問題解決
決策作成
決策作成模式
程式化決策
非程式化決策
決策下的狀況條件
標準
創新
創意
創意過程
反對論調
腦力激盪
記名分類
一致性繪圖

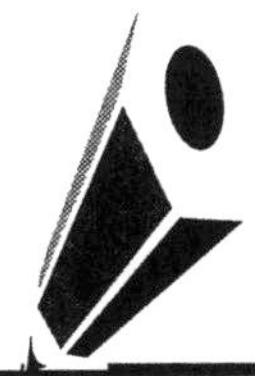

技巧的發展

技巧建構者

1. **你可以藉著學習決策作成模式來培養你的問題解決技巧和決策作成技巧**（技巧建構練習4-1）

   這個技巧是概念性和決策性管理技巧的一部分。當你在施展四種管理功能和五種SCANS能力的時候，就需要使用到決策。此技巧是決策性管理角色以及SCANS思考能力的一部分。

2. **你可以培養你的技巧，知道自己在某種既定決策狀況下，究竟該利用到什麼樣的參與層級**

■迪吉多公司的員工學會了尊重他人的差異性，這名電腦裝配線上的盲人技師就是最佳的佐證。

可口可樂是在1886年的5月8日，以當地藥房的礦泉蘇打飲料開始起家的，現在則成了全球最受歡迎的軟性飲料。可口可樂的廣告詞眾所皆知，而且擁有商業歷史上最受人推崇的註冊商標，幾乎全球各定的所有人口都認同這個品牌。可口可樂公司明顯觸動了世界各地每個人的基本欲求，那就是休息一下、清涼的補充和盡情的享受。滿足這個需求是可口可樂全球性成功的核心所在—不管是昨天、今天、或者是明天，都是如此。

可口可樂公司是全世界最大的軟性飲料糖漿和濃縮汁製造商與經銷商。可口可樂透過世界各地超過195個國家的裝瓶商、礦泉水批發商和經銷商，來出售它的產品。在1994年的時候，該公司的產品大約佔了全世界加味碳酸軟性飲料消耗量的46%。此外，可口可樂也成為果汁和果汁飲料產品界中最大的行銷商和經銷商（其中產品有Minute Maid、Hi-C、Bright & Early和 Bacardi 熱帶水果調酒飲料）。然而，該公司的軟性飲料產品淨佔了全部收益的89%，和全部營收的97%。

管理上的首要目標就是增加股份持有人的股票價值，這也是它已經做到的事實。如果你在1919年的時候買到價值40美元的可口可樂股票，到了1994年，它的市價已高達135美元。如果你當初購買了800股，經過分股之後，現在就會有2,304股。在過去五年來，每一股在持續交易下的所賺利潤以平均每年18%的複利利率在成長，而共同產權（common equity）也從39.4%上漲到52%。該成長的主要因素乃是肇因於全球性業績的擴張結果。事實上，美國和加拿大的軟性飲料業績只佔了所有業績的32%，另外的68%則是得自於國際市場的貢獻。該公司的董事會主席和最高執行長

Roberto Goizueta是在古巴誕生的，在他的領導下，該公司的1990年代目標就是把它的全球性企業系統向外擴張，以便觸及到更多數量的消費者。

決定要向全球市場進軍，並以加拿大作為全球市場的第一站，此決策始自於二十世紀初。在1906年的時候，古巴和巴拿馬等地就設立了裝瓶工廠。但是到了1923年，要讓可口可樂能夠在世界各地都隨手可得，這件事早已成為該企業急需組織整合的一部分了。這項創意性十足的決策奠定了可口可樂今天的世界級領導地位。這一路上，它曾經有過許多問題等待解決，而這些解決之道也奠定了今日的成功。但是，即使可口可樂曾作過一些差勁的決策，例如推出全新配方的新可樂（New Coke），它的動力衝勁仍然十足，因為可口可樂一直遵守著遊戲規則，而且不管外在環境如何變化，它的執著依舊。[1]

欲知可口可樂的現況詳情，請多利用以下網址：http://www.cocacola.com的網址。若想瞭解如何使用網際網路，請參考附錄。

縱覽問題的解決和決策的作成

以創新的方法來解決問題，這種能力就是雇主所最想要的四種特質之一。[2]經理人之所以受到聘用，其中一個主要理由就是要他來解決問題和作成決策。[3]做出不好的決策會讓事業和公司毀之一旦。[4]有些決策則會影響到消費者、員工和社區的健康、安全和福利。有些作者聲稱一名經理人每天平均要作80個決策左右，或者是每五到六分鐘就得做出一個決策，其他人則宣稱總計所做決策可能高達數百個。[5]沒有人可以肯定的說，身為一名經理人，究竟要做多少決策，可是你應該可以瞭解到，解決問題和決策作成的技巧一定會對你的事業成功與否造成影響。就如同所有管理技巧一樣，解決問題和決策作成技巧是可以培養出來的。

此單元將會談到什麼是問題，以及目標、解決問題和決策作成之間的關係；還有管理功能、決策作成和解決問題的三者關係；問題解決模式和決策作成模式；以及你所偏好的決策風格等。

1.解釋目標、解決問題和決策作成這三者之間的關係

目標、解決問題、決策作成這三者之間的關係

身為一名經理人，你和你的老闆可能會一起設定目要，或者也可能是由你的老闆來擬定目標，要你達成。當你不能完成自己的目標時，你就有了問題。在你遇到問題的時候，你必須做一些決定。比較好的作法是在問題產生前先擬定好計畫來預防問題的發生，因為碰到的問題愈少，你就愈有時間來掌握機會。尋求機會，好不斷地增加產品的顧客價值，這就如同解決問題一樣，也需要有相同的考量點。

問題
不管什麼時候，只要目標沒有達成，就會出現的一種狀況。

解決問題
採取更正行動來達成目標的一個過程。

決策作成
為了解決某個問題而選定行動方案的一個過程。

不管什麼時候，只要目標沒有達成，**問題**（problem）就出現了。換句話說，不管在什麼時候，若是實際發生的情況和你與老闆所預期發生的情況互有差異時，你就遇到問題了。如果目標是每天生產1,500個單位量，可是貴部門一天只能達到1,490個單位量，這中間就存在了一個問題。還記第二章談到，系統上所造成的問題（非人為問題）佔了組織內部問題的85%嗎？**解決問題**（problem-solving）就是採取更正行動來達成目標的一個過程。而**決策作成**（decision-making）則是為了解決某個問題，選定行動方案的一個過程。當你遇到問題的時候，必須作些決策。而第一個相關決策就是應否採取更正的行動。

問題和決策之間並沒有立即的關聯性。有些問題無法解決，有些問題則需要一段時間和努力才能獲得解決。但是，你的工作就是需要你來完成組織所交付的目標。因此，你必須設法解決大多數的問題。接下來是本章的幾點建議，可以幫助你培養自己的解決問題技巧和決策作成技巧。

工作運用

1.請舉出工作目標無法達成時的例子。請確認它所造成的問題是什麼，以及為了達成未完成的目標，所下達的決策又是什麼。

2.解釋管理功能、決策作成和解決問題這三者之間的關係

管理功能、決策作成和解決問題這三者之間的關係

所有的經理人都在施展相同的四種功能：規劃、組織、領導和控制。在施展這些功能之際，經理人也必須做成些決策。還記得（第二章）概念和決策技巧是成功管理所必備的三種技巧之一嗎？事實上，行動之前，必須先有決策。舉例來說，在作規劃的時候，經理人就應該作下有關目標的決策，並決定好何時何地和如何達成。在進行組織的時候，經理人應決定好指派的內容和部門資源的協調方式。在作人員調度的時候，經理人則要決定該雇用誰，如何訓練，以及如何評估員工等。而在領導上，經理人也必須決定自己應以什麼方法來影響底下的員工。而就控制來看，經理人則必須選定辦法，以確保目標的達成。當經理人以技巧性的決策來施展管理功能時，他們就不會遇到那麼多有待解決

可口可樂的忠實顧客認為新可樂的上市並不能增加可口可樂的顧客價值，反倒減低了顧客價值。該公司同意這種看法，於是又重新推出傳統的可口可樂。

的問題了。

百事可樂想要增加顧客價值好為自己創造出事業契機。它設定的目標就是讓可口可樂的消費者轉而飲用百事可樂，進而增加自己的市場佔有率。為了達成這個目標，百事可樂成功地創造出「百事挑戰」（Pepsi challenge）。它在廣告中指明人們比較偏愛百事可樂，而不是可口可樂。百事可樂並沒有為了增加顧客價值而改變自己的產品，相反地，該公司利用廣告來讓大眾瞭解，它是一個較為卓越的產品，而這種認知也塑造出產品的顧客價值。可口可樂則面臨了一個問題，那就是它的業績被百事可樂奪去了不少。為了解決這個問題，可口可樂推出了新可樂（New Coke），而這個新可樂的點子卻造成了另一個問題，那就是可口可樂的忠實顧客認為此決策並不能增加可口可樂的顧客價值，反倒減少了顧客價值。幾個月之後，可口可樂承認自己的決策錯誤，於是又作出另一項決策，再重新推出傳統的可口可樂（Coca-Cola Classic）。當我們在談到決策作成模式的各個步驟時，會更詳細地討論有關新可樂的決策議題。

你應該要瞭解，如果你不能完成組織的目標，你就面臨到一些有待決策作成的各項問題。如果你的決策作得很糟，或者你的管理功能施展得不具成效，那麼你自己就有問題了。你可以透過本書，培養自己的管理功能技巧，並在本章裏，發展出解決問題和決策作成的技巧。

工作運用

2.請舉出經理人施展管理功能，作出錯誤決策的工作實例，請解釋該管理功能和因錯誤決策所造成的問題是什麼。

3.列出決策作成模式的六個步驟

決策作成模式

決策作成模式
步驟如下：（1）把問題點或機會點分類和界定清楚；（2）擬定目標和標準；（3）想出有創意和創新的各種選擇方案；（4）分析這些方案，選出最有可能施行的方案；（5）規劃和落實決策；以及（6）控制。

決策作成模式（decision-making model）的步驟如下：（1）把問題點或機會點分類和界定清楚；（2）擬定目標和標準；（3）想出有創意和創新的各種選擇方案；（4）分析這些方案，選出最有可能施行的方案；（5）規劃和落實決策；以及（6）控制。模式4-1將這些步驟全部列了出來。請注意這些步驟並不只是從頭到尾走過一遍就可以。因為很有可能在任何一個步驟上，都需要你回到前面的步驟，再做些修正。舉例來說，如果你正處於第六個步驟：控制，可是政策的落實卻不如當初所預期的那麼理想（步驟5），所以你就得回到原先幾個步驟當中來作些更正，也許是想出或選出新的方案或是改變目標等。要是你無法精確地界定出問題所在，就可能得回到最初始的階段了。

照著模式裏的步驟進行，並不保證你一定就能作出正確的決策。但是使用該模式卻可以增加你在解決問題和決策作成時的成功機率。你可以在自己的日常生活中多加利用此模式，如此一來，就能漸漸改進自己的決策能力。本章的其餘部分會提供該模式的控制細節說明，好讓你能夠培養創意性的解決問題技巧與決策作成技巧。但是在你開始進行前，請先從自我評估練習4-1當中瞭解自己所偏好的決策風格是什麼。

把問題點或機會點分類和界定清楚

決策作成模式的第一個步驟就是先把問題點和機會點分類和界定清楚。在本單元裏，你將會學習到如何為問題分類，如何選出適當的參與層級，以及如

概念運用

AC 4-1　決策作成的各個步驟

請為以下的各種狀況找出其決策模式中的步驟：

a.步驟1　b.步驟2　c.步驟3　d.步驟4　e.步驟5　f.步驟6

__ 1.「我們會利用腦力激盪的技巧來解決這個問題。」

__ 2.「Betty，這個機器是不是仍舊無法按照程序進行，或者它已經停用了？」

__ 3.「我不瞭解我們想要達成什麼？」

__ 4.「你曾觀察到什麼徵兆，使你確定其中必有問題？」

__ 5.「在這種情況下，應該用線性程式規劃來幫忙。」

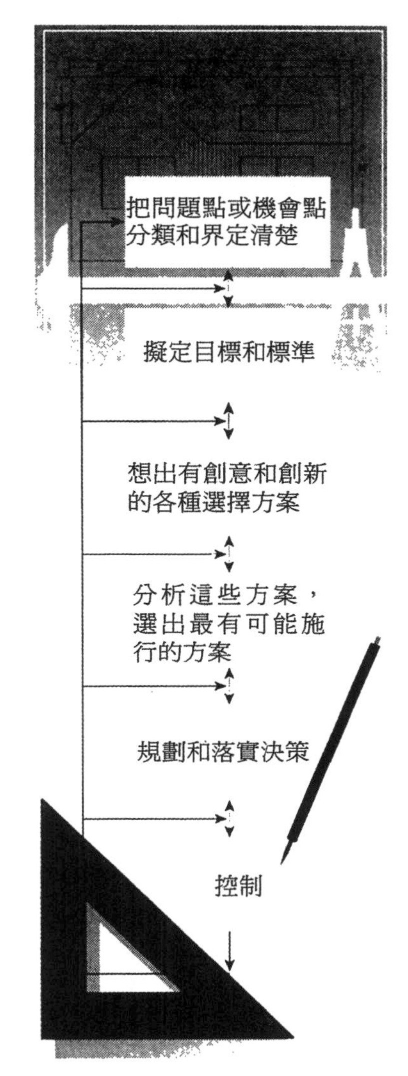

模式4-1　決策作成模式

何判定問題背後的成因。

為問題分類

4.描述程式化決策和非程式化決策之間的差異，以及確實條件、非確實條件和風險這三者之間的差異

你可以依據所涉入的決策架構、在什麼條件下來作成決策、以及所使用的決策模式等，來為各種問題進行分類。

自我評估練習4-1　決策風格

每個人的決定方法各有不同。為了判定你的決策風格究竟是反射性的？深思熟慮型的？抑或是協調一致型的？請就下面這八道問題，選出最能描述你作決策的方式。請在每個問題的前面，填上1到5的其中一個分數。

此行為對我來說很常見。　　此行為對我來說很不常見。

1 ________ 2 ________　3 ________ 4 ________ 5

____ 1.總而言之，我作決定是很快的。
____ 2.在作決定的時候，我會根據我腦袋中所出現的第一個念頭或預感來行事。
____ 3.在作決定的時候，我才不會多此一舉地重新檢查自己的工作。
____ 4.在作決定的時候，我收集的資料很少，甚至沒有資料。
____ 5.在作決定的時候，我所考慮的選擇性方案並不多。
____ 6.在作決定的時候，我通常會在期限以前，就把它作好。
____ 7.在作決定的時候，我並不會尋求他人的意見。
____ 8.作完決定之後，我不會再尋求其它的替代方案，或者懊 惱自己為什麼不再等久一點再下決定。
____ 總分

為了判定你的風格，請將所有的分數加總起來。總分會在8到40分之間。請在最接近自己總分落點的位置上打上X的記號。

反射性　　協調一致性　　經過深思熟慮的

8 ________ 20 __________ 30 __________ 40

接下來是對各種風格的詮釋。族群團體也有自我偏好的決策風格，全看其中的份子是如何作決策的。你可以把問題中的「我」改成「我們」，然後再回答那些問題，如此一來，就可以找出你自己族群團體的決策風格了。

反射性的風格

反射性決策者喜歡很快地拿定主意，絕不會花時間來收集必要的資料和考慮各種可行方案。就好的一面來說，反射性決策者很有魄力，他們不會延誤事機。可是從負面來看，決定作得太快往往會因為忽略了最佳的選擇方案，而造成浪費和重複。員工們往往因為經理人常常作出錯誤的決策，而認定反射性決策者並不是一名好的經理人。如果你使用反射性風格來為重大的決策作決定，最好還是放慢腳步，多花點時間收集一些資料，再分析一下各種可行的方案吧。

深思熟慮型的風格

深思熟慮型的決策者在作決定前喜歡花上很多時間，他們要收集相當多的資料，並分析各種可行方案。從好的一面來看，深思熟慮型的風格不會倉促亂下決定，可是就壞的一面來看，卻可能延誤事機，浪費寶貴的時間和其它資源。深思熟慮型的決策者被人認為軟弱又沒有魄力。如果你使用的是深思熟慮型的風格，最好還是加快自己的決策腳步。正如Andrew Jackson曾經說過的：「花點時間好好想想，但是當行動的時刻到來的時候，就不要再想了，趕快行動吧。」

協調一致性的風格

協調一致性的決策者往往不會倉促下決定，也不會久久不作決定。他們知道何時會有足夠的資料和選擇方案，讓他們作出最明智的決定。就記錄來看，協調一致性的決策者所作的決定往往相當不錯。他們也比較能遵守模式4-1的步驟。接下來的單元將會告訴你何時該捨棄模式，立刻下決定；何時又該多花點時間，利用模式的步驟來進行決策的作成。

決策架構

所謂**程式化決策**（programmed decisions）就是在面對不斷重複發生的狀況或是例行性的狀況時，決策者應該採用決策規章或是組織上的政策與程序來作成決定。舉例來說，當存貨累積到一定數量的時候，存貨目錄就會重新作一次記錄。而**非程式化決策**（nonprogrammed decisions）則是指在非重複性和非例行性的重要狀況下，決策者就應該採用決策作成模式。所謂重要狀況是指該決策會讓部門或組織付出很高的代價（購買主要的資產）或者是造成一些嚴重的後果（新產品或員工數量的減少）。非程式化決策所花的時間要比程式化決策來得長。

你必須能夠區分這兩種不同類型的決策架構，[6]因為它們可以大致告訴你該花多少時間和努力來做成一個有效的決策。可口可樂在發展新可樂的時候，就是作了一個非程式化的決策。比較高階的經理人大多在下達非程式化的決策，而低階經理人則多數在作程式化的決策。

程式化決策
在面對不斷重複發生的狀況或是例行性的狀況時，決策者應該採用決策規章或是組織上的政策與程序來作成決定。

非程式化決策
在非重複性和非例行性的重要狀況下，決策者就應該採用決策作成模式。

決策下的狀況條件

有三個**決策下的狀況條件**（decision-making conditions），它們分別是確定條件、風險條件和非確定條件。在確定條件下作決策時，經理人事先非常清楚

決策下的狀況條件
確定條件、風險條件和非確定條件。

非程式化決策
（不會重複發生和非例行性的重要狀況）
（需要比較長的時間來作決策）

程式化決策
（重複發生和例行性的一般狀況）
（只要比較短的時間來做決策）

圖4-1　決策架構圖

工作運用

3.請就你曾工作過或目前正在服務的組織單位裏，舉出程式化和非程式化決策的實例，以及它們決策下的狀況條件又是如何。

每一種方案下的可能結果會是什麼。在風險條件下作決策時，經理人則事先完全不知會有什麼後果，可是卻能指出每一種結果的或然率是多少。在非確定條件下，因為缺乏資料和相關資訊，所以使得每一種選擇方案下的結果都變得不可預期，所以經理人無法判定其中的或然率。

舉個例子來說吧！假定你正在考慮作某項投資。其中的投資項目包括了債券、貨幣市場帳戶和定期存款等，因為你知道每一種方案下的收益如何，所以可以說你是在確定條件下做出決策的。如果你考慮的是獲利還不錯的幾種股票，像可口可樂、美孚石油和通用汽車。那麼透過調查，你也大概可以知道每一檔股票上揚的或然率如何（比如說40%、35%和25%），並大致瞭解分股下的收益又如何。但是如果你考慮的是另外兩家擁有創新產品的全新上市公司，你就無法確定報酬會有多少，更別提或然率了。當可口可樂推出新可樂的時候，風險條件就產生了。如果該公司可以篤定這個決策下的結果是什麼，它就不會推出新可樂了。這是屬於一種風險下的狀況條件，因為該公司在190,000名消費者身上作過口味測試，而得到了一個最終的調查結果。這些受訪者以絕大多數的領先比例表示新可樂的口味勝過原來的可口可樂口味。

管理階層的大多數決策都是在風險條件下作成的。但是，較高階的經理人往往比低階經理人更常在非確定的狀況條件下，作出一些決策。在這種情況下，往往很難決定究竟該用哪些資源來解決問題或是創造契機。[7]雖然風險和非確定條件並無法被消除，但是卻可以降低。圖4-2就描繪了決策下的各種狀況條件，其整體關係是如何。

5.描述何時該使用決策作成模式VS.合理範圍內的模式，以及何時該使用群體決策VS.個人決策

決策作成模式

有兩個主要的決策作成模式：合理模式和合理範圍內的模式。在合理模式（rational model）下，決策者會力求完美，選出最佳的可行辦法。而在合理範圍模式（bounded rationality model）下，決策者則可以最低要求的作法選出第

圖4-2　決策下的狀況條件圖

一個能符合最低下限標準的方案。模式4-1所描繪的決策作成模式正是合理模式。若是只是以盡其在我的方式進行，則只需採用部分的模式或者完全不需用到決策作成模式。

你要記住該使用哪一種模式以及何時該使用它。愈是沒有架構的決策，所碰到的風險和非確定狀況條件就愈多，當然為了決策模式的完成，也就更需要花上一些時間來作調查研究。當你在做非程式化又高風險或非確定條件下的決策時，請務必要力求完美（選出最佳的可行方案）。當你在作程式化、低風險、或確定條件下的決策時，則可以最低要求的方式（選出第一個能符合最低下限標準的方案）來達成任務。

選出適當的參與層級

當問題出現時，經理人必須決定由誰來參與問題的解決。大家都知道，[8] 只有和問題有所牽連的主要關鍵人等，才需要參與其中。但是管理上的最新趨勢卻是增加員工的參與度。因此，問題就在於經理人是否應該讓員工參與問題的解決和決策的作成，可是這種作法又是何時進行和如何來進行呢。在解決問題和作成決策時，你所使用的管理風格必須配合當時的情況（獨裁式、諮商式、參與式、或授權式）。你已經在第一章的內文中學到了有關情境管理的事宜。而在技巧建構練習4-2當中，情境管理模式會擴大內容含蓋到決策作成的部分。所以現在，你要學習的是兩種層級的決策參與：個人決策和群體決策。但是你也必須瞭解，即便現在的趨勢是走向群體決策，有些人的確很想參與群體決策，但是有些人則不然。

圖4-3列出了群體決策的潛在性好處和壞處。在使用群體決策時，成功的主要關鍵就在於儘量極大化它的好處和儘可能降低它的壞處。

由群體解決問題和作成決策的潛在性好處

當團體中的成員份子有所貢獻時，就會有五點潛在性的好處：

概念運用

AC 4-2　為問題分類

請根據決策作成下的架構和狀況條件，來分類以下這五個問題：

a.程式化、確定條件下　b.程式化、非確定條件下　c.程式化、風險條件下　d.非程式化、確定條件下
e.非程式化、非確定條件下　f.非程式化、風險條件下

__ 6.「當我從學校畢業的時候，我要買下屬於我自己的公司，才不要幫別人賣命。」

__ 7.Sondra是一家小型企業的老闆，他已經讓公司作了一些 轉變，現在算得上是非常有利可圖的事業。她 想要讓多出來的資金保持流動的狀態，如此一來，才能在有需要的時候，立刻就能展開運用，她該怎麼投資呢

__ 8.某位採購代理人為了生意上的緣故必須選購一些新車子· 這是六年來他所必須作出的第六次決定了。

__ 9.在1970年代早期，投資客必須決定是否該開打世界足球聯盟賽。

__ 10.某經理人的部門流動率甚高，所以必須雇用新進員工。

1.品質較佳的決策：有句老話說：「三個臭皮匠勝過一個諸葛亮。」這是真的。在面對複雜的問題時，團體合作下的結果絕對勝於團體中單一精英份子的成績。所以在面對非程式化，和風險條件或非確定條件下的重要決策時，最好採用群體決策模式來解決問題和作成決策。

2.更多的資訊、選擇方案、創意和創新：團體成員通常比個別份子更能擁有較多的資訊。多樣化的族群則可以提供各種不同的觀點，以及各式各樣的解決方案。而創意與創新（或產品）通常不是來自於個人的貢獻，而是由一群人彼此交換構想，通力合作下的結果。

3.對決策有更多的瞭解：當人們參與了決策，他們就會對各種提出的方案有透徹的瞭解，知道為什麼捨其它而就其一。這對決策的落實性有很大的幫

潛在性好處	潛在性的壞處
1.品質較佳的決策。	1.浪費時間，決策腳步緩慢。
2.更多的資訊、選擇方案、創意點子和創新發明	2.最低標準的作法
3.對決策有更多的瞭解。	3.主控權和目標的錯置。
4.對決策比較能全力以赴。	4.服從性和群體思考。
5.改善團隊的士氣和動機。	
6.優良的訓練。	

圖4-3　使用群體決策的潛在性好處和壞處

助。

4.對決策比較能全力以赴：研究專家已經表明，參與決策的人等，比較願意全力以赴，為決策的落實而努力。

5.改善團隊的士氣和動機：對那些參加人士來說，參與問題的解決和決策的作成，是一件很有價值而且能滿足自我的事情。他們可以大聲地說「我是參與和落實那個決策的其中一份子。」比起那些沒有參加的人來說，更能提高大家的士氣和相互鼓勵。

6.優良的訓練：團隊性的參與可以讓員工更瞭解組織所面對的問題是什麼。在這種利用團隊的趨勢潮流下，決策參與可以訓練員工發展團隊程序的技巧，讓他們知道如何在團體裏共事。

由群體解決問題和作成決策的潛在性壞處

各團體需要小心避免以下幾點壞處：

1.浪費時間，決策腳步緩慢：由團體來作決定，所花時間當然比較長。參與解決問題和決策的員工並沒有從事生產，所以群體性的參與會讓組織花上很多的時間和金錢。若是群體決策的品質好過於個人決策的品質，所花的時間就沒有白費。此外，會議的長度也要控制得宜，才不會浪費時間。你將會在第十三章的時候，學到如何進行一場會議。對確定和低風險條件下的程式化決策來說，個人決策可能比群體決策要來得划算多了。

2.最低標準的作法：團體往往比個人更容易採用最低標準的低空掠過作法，特別是當團體會議開得不是那麼順利的時候，成員們可能會採取一種心態，那就是「讓我們把它結束了，好離開這裏吧！」群體之所以比個人更容易採行最低標準的作法，是因為責任承擔的緣故。若是只有一個人負責，不管決策是好或壞，都由一個人來擔當。但是在群體中，沒有人會為決策的後果來承擔錯誤或接受榮耀，所以出席率和全力以赴的決心也就沒有那麼高昂了。

3.主控權和目標的錯置：團體中的某個成員或其中的小團體，可能會主宰整個群體決策，使得決策的作成變得毫無意義。也有可能會產生很多個小團體，矛盾衝突因而不斷。目標上的錯置（goal displacemen）則是因為團體中的個別份子或小團體想要讓自己的決策過關，就會為了個人的理由而掌控全局，完全忘了當初的原始目標是什麼。

4.服從性和群體思考：團體中的成員可能礙於壓力而盲目附和群體的決策，卻不質疑其中的問題，只因為他們害怕不被別人所接受或是不想引起太大的衝突。當成員們為了呈現出表面性的協調一致，而壓抑住自己不同於旁人的觀點時，就會產生所謂的群體思考（groupthink）。這種現象對多樣化差異的好處多少有所折損。對有高度凝聚力的團體來說，有關服從性的問題尤其嚴重，因為團體中的成員都想要彼此相處融洽。若是團體中的成員，各有不同的價值觀，這個問題就比較小，因為他們會尋求彼此之間的差異性。

工作運用

4.舉出你曾經工作過或目前正在服務的組織中，所作過的群體決策和個別決策實例。請針對群體決策，找出該團體所面臨到的潛在性好處以及壞處。

一般而言，當你在高度風險或非確定條件下，面臨到重要性的非程式化決策時，最好還是採用群體決策比較妥當。若是面對的是低風險或確定條件下的程式化決策，則無妨採用個人決策。**自我評估練習4-1個人VS.群體決策**可以幫助你比較相同的決策在兩種辦法下會有什麼不同。

有關新可樂的決策不會單單是由一個人所作成的。但是可口可樂公司可能沒有善用到群體決策中的好處，卻因其中的某些壞處而受害了。

為了能夠成功地作成決策，你需要找出問題的類型以及參與決策的層級。在**技巧建構練習4-2**的情境管理：決策作成中，你將可以培養出這類技巧。**圖4-4**將本單元裏的所有概念都集中了起來，有助於你瞭解如何將問題分類。但是這只是一般性的方針，在這個方針下也是有例外的時候。

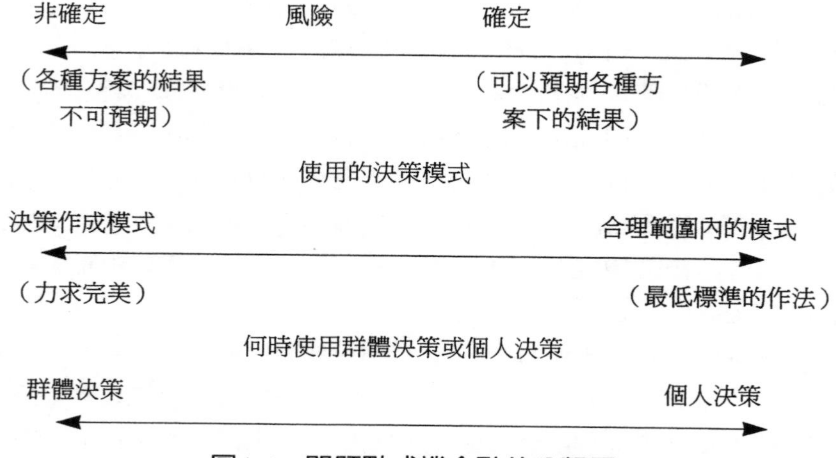

圖4-4　問題點或機會點的分類圖

界定問題點或機會點

在你為問題點或機會點完成分類之後，現在要做的就是清楚地界定它。精確地界定問題需要概念上的技巧。

由於工作時間的壓力，特別是在精簡化的公司組織裏，經理人往往必須匆忙地解決問題和作成決定。在匆忙之間，他們可能忽略了解決問題的第一個步驟。因為若是太過急促，就無法正確的找出問題的真正意義，因此所下的決策也往往不能有效地解決問題，所謂忙中有錯就是這個道理。界定問題的最重要部分就是把問題的徵狀和問題背後的成因給分清楚。

分清楚問題的徵狀和問題背後的成因

要達到這個目的，請先列出所有可觀察得到和可描寫出來的發生情況（徵狀），因為這代表了其中必有問題。一旦完成之後，再來判定背後的原因是什麼。如果你把背後的原因給消除掉了，徵狀自然 就會消失不見。舉例來說，Sam的工作年資 有六年了，一直以來都是一名優秀的生產者。但是就在上個月，Sam請的病假和遲到記錄多過於過去兩年來的所有加總。問題是什麼呢？如果你說「缺席大王」和「遲到大王」，那就是把徵狀和成因給混淆了。它們只能算是問題的徵狀，可是卻不能告訴你為什麼會發生這些問題。如果你不能消除掉最初和後續的原因，這些問題徵狀還是會重複出現的。

當可口可樂的市場佔有率不斷地拱手讓給百事可樂，這也正代表了問題徵狀的發生，於是可口可樂界定了該問題的背後成因是口味的緣故，百事可樂比可口可樂甜一點。就機會點來看，百事可樂界定了自己的機會點，於是推出Crystal Pepsi產品，可是在這個非程式化的風險決策下，Crystal 並沒有一炮而紅。

微軟公司做下了決策，想要藉著控制軟體和作業系統（個人電腦的核心所在—DOS磁碟作業系統和視窗軟體）來尋求機會出路。而這其中最令人深思不解的就是：創造出個人電腦的全世界最大電腦製造商IBM，怎麼會錯估了軟體和作業系統的機會點呢？這個錯誤造成微軟公司的乘隙而入，進而掌控了市場全局。因為早期機會的錯估，使得IBM的後期成長也遇到了問題。而現在微軟公司的規模比IBM還要大。為了試著創造出新的契機，IBM在軟體和它的OS／2作業系統上所面臨的失敗遠比成功還要來得多，光是OS／2 就花了它將近20億美元的成本。因為無法靠自己的力量來成功，IBM於1995年的6月決定以33億美元的代價買下Lotus公司（Lotus Development Corporation）。[9]Lotus則同意

工作運用

5.請從你曾經工作過或目前正在服務的組織單位中，界定其中的問題。請分清楚徵狀和問題背後的成因。

以35億2,000萬美元的代價讓IBM購得。[10]現在只有時間能證明IBM是否能在這些領域當中再創契機了。

請記住，身為一名決策者，你必須正確地界定出問題所在，如此才能解決它。在進行高風險或非確定條件下的非程式化決策時，你需要花點時間，分清楚問題的徵狀和問題的成因各是什麼。

6.說明目標以及「必備」與「需求」標準之間的差異

擬定目標和標準

一般而言，在程式化決策下，目標和標準都已擬定妥當。因此，你並不需要遵守決策作成模式裏的第2到第4步驟。但是若是碰到非程式化決策，你就需要遵照決策作成模式裏的所有步驟。因此，不管是個人決策或是群體決策，模式裏的第二步驟都會要你擬定目標和標準。

擬定目標有助於經理人做出較佳的決策。[11]在擬定目標和標準時，群體要比個人需要花上更多的時間，可是設定好自己目標的群體小組在表現上要比那些未擬定目標的團體來得好多了。[12]而制定多重性的標準也有助於決策的完美性。[13]

擬定目標

目標必須言明該決策應達成什麼目的，它可能是解決某個問題，也可能是利用某個機會點。

擬定標準

標準
選擇上的規格標準，好決定由哪個方案來作為最後的決策，以便達成既定的目標。

你應該要明確定下完成目標的各種標準。**標準**（criteria）是指選擇上的規格標準，好決定由哪個方案來作為最後的決策，以便達成既定的目標。你也必須分清楚「必備」和「需求」標準之間的不同。「必備」標準是一定要依序符合的一些標準，如此一來，該方案才能被接受。而「需求」標準則是很想達到的一些標準，可是卻不一定要具備，才能讓該方案被大家所接受。在最低標準的作法下，你只要找到了第一個可行方案就會停止繼續再找下去。可是對力求完美化的作法來說，你會試著找出有著最佳可能的選擇性方案。

以下案例正是聘雇一名經理人的目標和標準。首先問題是分店經理離職了，所以必須聘雇新的經理人。其目標是要在19XX年6月30日以前聘到一名分店經理。「必備」條件是大學畢業，至少有五年以上的分店經理經驗。而所偏好的「需求」標準則是該人士最好是少數族群的成員份子。人事經理想要聘用一名少數族群裏的員工，可是絕對不會聘用不符「必備」標準下的其它人等。除此之外，如果有一名非常符合資格的白人來應徵工作，也不會被公司拒絕。在這個情況下，你也許可以力求決定上的完美，而不用以最低標準的作法來帶過。我們會在本章稍後的地方再行討論標準的議題。

對可口可樂公司而言，它的目標是贏回那些向百事可樂靠攏的顧客群。而用來完成此目標的所需標準則還沒想到。

為了決策的緣故來發展目標和標準，需要花上一些時間，可是這樣做卻對決策的好壞有非常重要的影響。

工作運用

6.請就你曾經工作過或目前正在服務的組織單位，找出它們所要求的資格標準（大學學歷、工作資歷，以及其它等等）是什麼。請分清楚「必備」標準和「需求」標準。

想出有創意的選擇方案

在界定完問題和擬定好目標與標準之後，決策者也許可以想出一些可行方案（決策作成模式的第三步驟）來解決某個問題或創造出某種機會。通常解決問題往往有很多種方法可以做到，事實上，如果你沒有兩個以上的選擇方案，你是不會下決定的。豐田汽車公司有一種以組為單位的機械工程辦法，也就是說該公司在作車款設計時，是以好多組的設計方案為主，而不是只追求單一款式設計而已。[14]

在程式化的決策下，選擇方案通常早就被預定了。但是在非程式化的決策下，你需要花上比較多的時間和心力，來想出新的創意和發明。在本單元裏，你將會瞭解什麼是創新？什麼是創意？並學到如何使用資訊和技術來擬想出一些方案，以及利用團隊分工的方式來想出各種創意性的方案。

創新和創意

7.說明創意和創新之間的不同差異

創新

創新（innovation）是指新構想的落實履行。創新有兩種重要類型：一是產品的創新（新事物）；一是過程的創新（新的做事方法）。產品的創新就是輸出上（貨品或服務）有些改變，以便增加消費者的價值，或者是全新的輸出。過程的創新則是在輸入轉換成輸出的過程上作一些改變。可口可樂公司推出新可樂、健怡可樂和其它產品，並且一直力求降低過程上的成本支出。創新產品

創新
新構想的落實履行。

的成功來自於公司對顧客的瞭解，所以每一筆交易都是來自於滿意顧客的貢獻。[15]經理人可以在組織中提高創新的水準，只要藉由鼓勵員工想出各種不同辦法來解決問題和創造契機就可以了。[16]

創意

創意
想出新點子的一種思考方法。

創意（creativity）則是想出新點子的一種思考方法。Adelphii大學的例子，就是屬於創意性的解決辦法，爾後卻成了一種創新作法。該大學想要擴張它的研究所計畫，可是許多有潛力的學生卻認為他們沒有時間來繼續接受進一步的教育。於是Adelphi便想出一種方案，叫做「輪上教室」，也就是一個禮拜有四天在往返紐約的通勤火車上提供課程。有些有創意的構想從來不曾在產品或過程上成功地實現過。RJR香煙公司曾經有過一個創意性的點子，想要以Premier的品牌名來販售無煙香煙。RJR在一些地區試銷過Premier，可是最後卻決定撤出這個市場，而損失預估則超過了3億美元。[17]

8.列出並解釋創意過程中的三大階段

創意過程

創意過程
其三個步驟分別是：（1）預作準備；（2）孕育和靈光一現；以及（3）評估。

聰明才智與創意之間並沒有絕對的關聯性，每個人都有創意的能力。**創意過程**（creativity process）的三個步驟分別是：（1）預作準備；（2）孕育和靈光一現；以及（3）評估。圖4-5摘要了這幾個步驟，若是能遵守它們，將有助於你改進自己的創意。而在決策作成的模式裏，你也可能要回到前面的幾個步驟。

1.預作準備：經理人必須聽取其他人的意見和點子，瞭解其他人的感覺，並收集事實，以便熟悉問題的所在。在解決問題或是尋求契機的時候，最好從新的角度切入，用點想像力和新發明，不要把自己設限在以前的思考範疇中。儘可能地想出各種可能辦法，而且在思考的時候，先不要下任何的判定。

2.孕育和靈光一現：在想出各種可能方案之後，喘口氣休息一下，先把問題擱下不管。不要急著解決問題。在孕育階段裏，你可以趁著自己的潛意識正在忙著解決問題時，透徹地洞察一番你對整件事的看法，最後才會靈光一現，有了點子。你是否曾經非常努力於某件事，可是卻屢遭挫折，但是一旦你想要放棄或喘口氣休息一下時，點子就來了。靈光一現的機會可能出現在絞盡腦汁，設想解決辦法時，也可能出現在孕育階段時。當某人說：「啊哈！我有了！」就表示了靈光一現的結果。

反對論調
把支持此方法的成員集中在一起，而由其他人試著找出理由來攻擊該方法的不可

3.評估：在落實某個解決辦法前，你應該評估一下該項作法，以確保點子的實際有效性。在評估某個決策時（不是評估之後），有一個好的辦法可以運用，那就是反對論調法。所謂**反對論調**（devil's advocate）法就是把支持此方

圖4-5 創意過程的各個步驟

法的成員集中在一起，而由其他人試著找出理由來攻擊該方法的不可行。反對論調的評估作法通常可以在改進點子的同時，激盪出更多的創意。

組織體一向很鼓勵創意，因此類似像Pitney Bowes這樣的公司都在訓練他們的員工發展解決問題和決策作成的技巧。[18] Fuji、Omron、Shimizu和Shiseldo等公司，也都在展開訓練計畫來強調創意的重要性。

利用資訊和技術來擬想可行的方案

可口可樂公司的最高執行長Gonizueta描述了二十一世紀的理想經理人，是一個具備了多重語言和多重文化能力的國際人，能夠利用事實、資訊和專業知識來作決策。要有充份的資訊，才能下達決策，[19]絕對不能只憑自己的直覺。但是，在擬想可行方案的時候，問題就來了：「我需要有多少資訊和多少方案

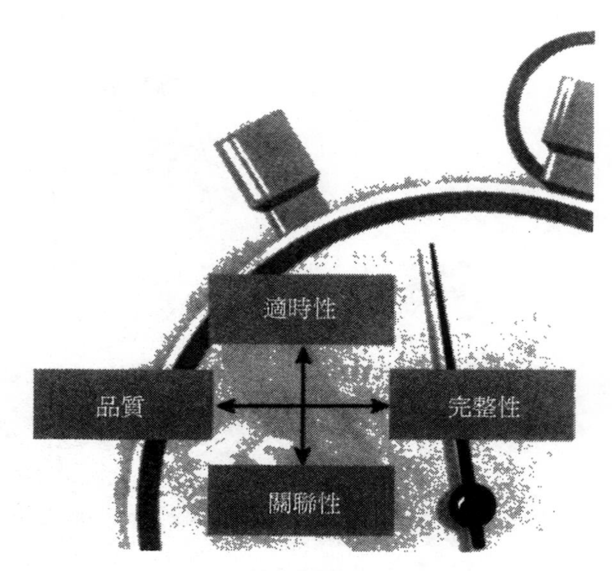

圖4-6　有用資訊的特性

呢？又是從何處得到它們呢？」它的答案可不簡單。一般來說，決策愈重要，所需的資訊和方案就愈多。為了要力求完美，你要選出最佳的可行方案。但是如果你的資訊太多了，決策就變得棘手又複雜，到時也就可能選不到什麼最佳方案了。[20]

有用的資訊有以下四個特點：（1）適時性；（2）品質：（3）完整性；和（4）關聯性。適時性（timeliness）是指不管怎麼樣你都可以及時取得此資訊來作決策。品質則是指資訊的精確性。若是有了錯誤的資訊，就會誤導人們的判定，特別是當這些資訊是由團體中的成員所提供的時候。[21]當團體中的成員面對不只一項的可行方案時，若是心態十分的封閉，就有可能提供錯誤的資訊來讓他們達成心中所想要的決策，或者也可能拒絕給予完整的資訊。[22]所謂完整性則是指收集資料的數量多寡。而關聯性則是指此資訊所包含的內容或者和決策目標之間的關係，到底有多密切和多重要。好的標準可以幫助你在各種資訊和方案之間作取捨。

工作運用

7.請舉出實例，你或某人是如何利用創意過程的步驟來解決某個問題。請確實列出所有的步驟，並說明靈光一現究竟出現於孕育期或是解決問題的時候。

科技，通訊與電腦早已顯示出其解決問題與做決策的潛力。[23]研究顯示，使用電腦確實幫助人們發展出更具創意的解決方法。[24]視訊會議讓來自世界各地的人，不用聚在一起也能同時進行討論。第十七章我們將有更進一步的說明。

視訊會議使得來自於世界各地的人不需聚在一起，就可以碰面會談。

利用團隊合作的方式來產生有創意的各種方案

當某個團體正在擬想方案和作分析的時候，也就是最容易碰到最低標準作法、主控權和群體思考等困境的時候，特別是對那些成立已久的工作小組而言。為了避免這類問題，你要很小心，別讓團體中的成員只是列出有限的幾個方案，然後立刻取其中之一就算交差了事了。[25]

當問題已被分類成某個團體所必須解決的事情時，就可以利用團體參與的方式來想出各種有創意的解決辦法。圖4-7描繪了五種很受歡迎的技巧，以下就是有關這些技巧的討論。

腦力激盪

所謂**腦力激盪**（brainstoming）就是在沒有評估下，盡可能提出各種可行方案的一個過程。腦力激盪小組在面對某個問題時，必須盡可能地找出各種可行的解決之道。你可以鼓勵小組中的成員不受拘束地提出任何極端性的建議，也可以根據別人所提出來的建議，再行發揮。但是，成員們絕對不能對其他人所提出的點子有任何偏好性或非偏好性的意見表達，當然也包括他自己的點子。在選擇腦力激盪小組成員的時候，最好將成員份子的多樣差異性也考慮進去。

腦力激盪
在沒有評估下，盡可能提出各種可行方案的一個過程。

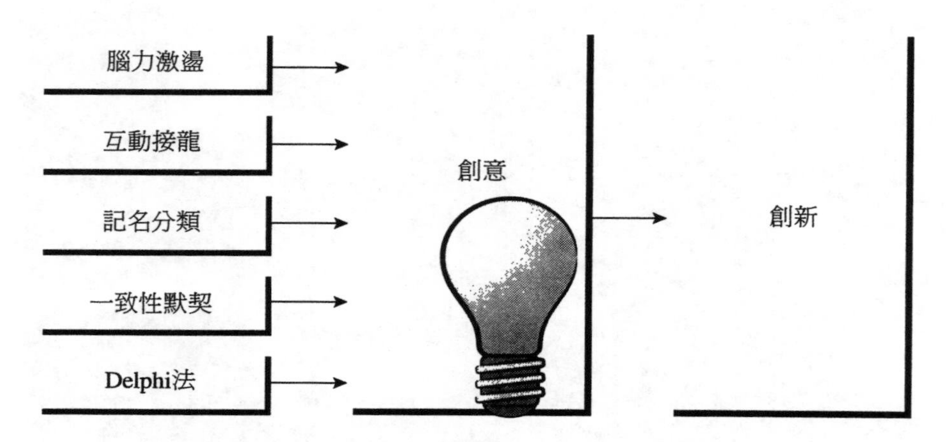

圖4-7　可以有創意和創新結果的各種決策技巧

5到12名就可以組成一個小組。[26]不要考慮各成員的社經地位，[27]每一個人都有同等的發言權。只有在所有可行方案都已提出之後，才能開始進行評估。當需要用到[28]一些創意性的點子來解決問題或者是為某項新產品或新服務命名時，最常用的方式就是腦力激盪，各公司也都在訓練員工來使用它。

電子腦力激盪（electronic brainstorming，簡稱EBS）則是使用點腦來擬想各種可行方案。參加者不用聚在一起開會就可以同步輸入點子。有了EBS，人們即使咫尺天涯，也可以不必碰面就進行討論，參加人數也不用設限。[29]

互動接龍

互動接龍（synectics）是指透過角色扮演和想像力，擬想各種新奇方案的過程。互動接龍著重的是各種稀奇古怪點子的發想，比較不在乎的是點子數量的多寡。一開始的時候，主持人甚至不用說明確實的問題是什麼，這樣子，參加者才不會有先入為主的觀念。舉例來說，若是Nolan Bushnell 想要為家庭晚餐發展出一種新的概念，一開始他會先以休閒活動的主題來切入，然後會再轉移到和外食有關的休閒活動上，最後電子遊戲複合式餐廳的主題就會出現在這個互動接龍的過程上。這種餐廳可以讓一家人在吃披薩或漢堡的同時，還能自娛娛人。這種複合式餐廳就叫做Chuck E. Cheese Showbiz/Pizza Time Inc.。

記名分類

記名分類
以架構好的投票方式來發想和評估各種方案的過程。

記名分類（nominal grouping）是以架構好的投票方式來發想和評估各種方案的過程。這個過程通常會牽涉到六個步驟：

1.造表：每一個參加者把發想出來的點子白紙黑字寫下來。

2.記錄：每一個員工一次提出一個點子，由主持人把它們記錄在所有參與者都可以看得到的地方。此方式將以依次輪流發言的方式，直到所有的點子都已提出為止。

3.澄清：透過討論，將所有方案作一澄清，若是有額外的點子也可列入。

4.排名：每一個員工在這些方案當中選出前三名自己認定最好的點子，把擠不上排名的方案捨棄掉。

5.討論：討論這些排名，討論的目的是為了澄清其中的內容，而不是說服對方來選擇某些方案。在此同時，參加者可以說明各自的選擇是什麼，以及他們的選擇理由又是什麼。

6. 投票：秘密投票，選出最佳的方案。

若是碰到某些團體很有可能受到主控權、目標錯置、服從性和群體思考等影響時，就最好採行記名分類的作法，因為它可以降低上述各種因素的影響程度。

一致性的默契

所謂**一致性的默契**（consensus mapping）是指在某個問題的解決辦法上發展出群體一致呼應的過程。如果無法在團體中達成默契，該團體就不能下決定進行任何改變。一致性默契和記名分類不同，因為這其中不需要投票來較勁，不會強行要團體中的一些成員接受某個辦法。日本人稱它為Ringi。[30]一致性的默契可用在腦力激盪會議之後，這中間的主要差異在於一致性默契可以讓小組成員將各種點子分類收好，而不是只取其中之一而已。一致性默契的最大好處是，因為這個解決辦法是全體默契下的結果，所以他們就比較願意全力以赴地落實它。

一致性的默契
在某個問題的解決辦法上發展出群體一致呼應的過程。

概念運用

AC 4-3　利用團隊合作來擬想方案

請就以下五種情況，找出最適合用來理想方案的群體技巧是什麼?

a.腦力激盪　b.互動接龍　c.記名分類　d.一致性默契　e.Delphi

__ 11.高階管理階層想要開發一些新玩具，他們找了一位顧問，由他來帶領一群員工和小孩，一同發想新的點子。

__ 12.某個部門正面臨了嚴重的士氣問題，該部門經理不知如何是好。

__ 13.某經理必須為辦公室裏的10名員工選出適合他們的新辦公桌。

__ 14.某經理要求生產部門減少浪費，以便刪減成本和增加生產力。

__ 15.高階經理人想要完成銀行業未來趨勢的計畫書，以便作為他們長程規劃的其中一部分。

- 根本就做不到。
- 我們從來沒做過。
- 有別人試過嗎？
- 這在我們部門／公司／產業是行不通的。
- 它的成本太大了。
- 它不在我們的預算以內。
- 讓我們組成一個委員會吧。

圖4-8　會扼殺創意的一些回應說法

工作運用

8.請舉出你曾工作過或目前正在服務的組織單位經驗，它的經理人在某個決策上所採用的方法是什麼（腦力激盪、記名分類、或一致性默契等）？

Delphi 技巧

Delphi技巧（Delphi technique）就是使用一系列的秘密問卷，來琢磨推敲出一個解決辦法。第一份問卷的答案在經過分析之後，會在第二份問卷中重新提出，讓參加者作答。這樣的過程可能得持續五次以上，直到默契的產生。經理人在作工程技術上的預估時，往往會用到Delphi技巧，例如為下一波的電腦籌劃新的突破點，以及它對某個產業的效應等。[31]若能知道未來會發生什麼，經理人就可以針對未來，好好計畫，下達一些有創意的決策。

高階經理人通常使用互動接龍和Delphi技巧來作某些特定的決策。腦力激盪、記名分類和一致性默契通常用在部門裏的工作團體中。身為經理人，你要擔任一名防止扼殺創意的守門員。圖4-8列出了一些說法。如果你的員工有這類的說法，就表示他的態度看法是負面的且沒有什麼建設性可言。

決策樹

有了可行方案和後補方案之後，你就可以製作一棵決策樹了。所謂決策樹（decision tree）是指各種方案的圖解表。圖解表上清楚描繪出每一個方案內容，讓瀏覽的人們可以輕易地分析它們。本章最後會有一棵決策樹出現在個案裏頭。

可口可樂公司為了要防止顧客流失到百事可樂的手上，發想出了幾種方案，其中包括：以不變應萬變；推出廣告活動來迎戰「百事挑戰」；推出新可樂，同時保留原來的可口可樂；以及以新可樂來取代可口可樂。

9.計量法、Kepner-Tregoe法和成本效益法這三種分析技巧可用來進行方案的分析和選定，請描述這三者之間的差異

分析各種方案並選出最具可行性的方案

請注意決策作成模式的第三步驟：擬想各種可行方案，和第四步驟：分析各種方案和選出最具可行性的方案，這兩者是分屬於不同步驟的。這是因為若

是讓可行方案的擬想和評估同步進行的話，就往往會以最低標準的作法就此帶過，或者是在一些不太好的方案上頭浪費了太多討論的時間。

在評估各種方案的時候，你應該向前看，試著找出每個方案的可能結果是什麼。請務必把每個方案拿來和第二步驟中的目標[32]若能知道未來會發生什麼，經理人就可以針對未來，好好計畫，下達一些有創意的決策。與標準比較一番。除此之外，也要把每個方案進行互相彼此的比較。[33]若能知道未來會發生什麼，經理人就可以針對未來，好好計畫，下達一些有創意的決策。本單元會提出三種廣受歡迎的方案分析技巧，它們分別是：計量法（quantitative）、Kepner-Tregoe法和成本效益法（cost-benefit）。

計量法

五個管理辦法當中，有一項是管理科學（第一章），它使用數學方法來解決問題和作成決策。計量法也是以客觀的方式，利用數學來分析各種可行方案。接下來我們會介紹五種計量法，到第十七章的時候，也還會提出其它的計量法。我們的目的是要讓你瞭解什麼是計量法，而不是讓你成為一名數學家。如果你對實際的計算有興趣的話，可以再選修量化分析方面的課程。

沒有人要求經理人必須能夠以數學為各種計量法作計算。但是，如果你知道何時該使用這些分析方法，你就可以向組織以內或以外的專家人士請益。你可以去找老闆，建議他使用其中一種計量法，當然也可以適時地展現出你的主動能力。

工作運用

9.請舉出你曾工作過或目前正在服務的組織單位經驗，它的經理人在某個決策上所採用的量化分析方法是什麼（損益兩平法、資本預算法、線性程式法、排隊理論以及或然率理論等）？請舉出兩個實例。

損益兩平法

損益兩平法（break-even analysis）可以計算出收入額或銷售量應該達到多少，才能算是有收益。其中的步驟包括了預估銷售量和生產成本。當收益和損失兩造相等的時候，就是所謂收益兩平點出現的時候。舉例來說，可口可樂應該可以計算得出它要賣出多少瓶的新可樂，才能讓損益打平。

資本預算法

這些方法是用來分析各種投資方案的。償還法（payback approach）可以計算出要花多少年才能讓最初投入的資金還本回來。而人們當然會選擇還本時間比較短的方案。另一種方法則可以計算出平均報酬率，因為每一年的報酬都會不太相同，這是理所當然的一件事。另一種比較複雜的方法是現金流量折現法（discounted cash flow），它的考慮點是現金的時間價值。假定說今天的1美元到了未來，它的價值就可能不只1美元了。AMF、家樂氏（Kellogg）、寶鹼（Procter & Gamble）以及3M等公司，都是使用現金流向折現法。當可口可樂公司決定買下Minute Maid和Hi-C等品牌的果汁和果汁飲料時，利用的就是資本預算法。你將會在第十五章的時候，學到更多有關資本預算法的內容。

線性程式法

使用線性程式法（linear programming，簡稱LP）可以作出最好的資源分配。資源經理人所分配的資源通常包括時間、金錢、空間、材料、設備和員工等。公司一開始在面對低風險或確定條件下的程式化決策時，通常會使用LP的方式。LP也一直被廣泛運用在產品組合之類的決策上。Lear Siegler公司在決定工作流程時，就採用LP來力求設備用途和生產用途上的完美性。Bendix企業也利用LP來盡可能降低它的貨運運輸成本。

排隊理論

這個方法是專門針對等待時間而研發出來的。對組織而言，它可以自行決定要讓多少員工來為顧客提供服務。如果組織內有太多員工同時都在工作的話，一下子就把所有顧客都服務完了，剩下時間也不會再有顧客上門，那麼付給他們的薪水也就白費了。但是如果組織內同時工作的員工數量太少，就可能會丟了客戶，因為客戶可不願意久久等不到你的服務，結果當然是收益上的損失。排隊理論（queuing theory）有助於組織平衡這兩種成本。零售店利用排隊理論來決定目前應該有多少收銀員上陣服務顧客，才能達到最佳的效果。機場也是根據這個理論來決定飛機在滑行道上的升降起落數量；而生產部門則依照此理論來排定設備的維修保養進度。

概念運用

AC 4-4　選出計量法

請就下列五種情形，選出最適用的計量法。

a.損益兩平法　b.資本預算法　c.線性程式法　d.排隊理論　e.或然率理論

__ 16.某家小型服飾店的經理，想要決定放在貨架上拍賣的貨品數量。

__ 17.Claude必須決定是否該修理他最鍾愛的老機器，抑或是買一台新的來取代它。

__ 18.Bentley想要投資來獲利。

__ 19.某家速食店的經理想要把店裏的工作量作一番平均的分擔。因為有些時候，店員們實在是無所事事；有些時候，則忙了好幾個小時，也無法休息。

__ 20.錄影帶店的老闆想要知道，一個錄影帶究竟要出租多少次，才算划算。

必備條件		汽車1	汽車2	汽車3	汽車4
$9,000以下的成本		是	是	是	是
可在一週以內取得		是	是	是	否
需求條件			符合標準		
	重要性*	1WS**	2WS**	3WS**	4WS**
每公升燃料里程數	7x	5=35	6=42	8=56	
時髦	8x	5=40	7=56	4=32	
藍色	3x	10=30	0=0	0=0	
AM/FM立體聲	5x	7=35	8=40	3=15	
巡邏控制	2x	1=2	0=0	0=0	
車況良好	10x	5=50	6=60	8=80	
低里程數	6x	6=36	4=24	5=30	
車齡	7x	3=21	5=35	5=35	
總計加重分數		249	257	248	

*代表品質的每一項標準的重要性〔分數從1（低）到10（高）分不等〕，可作為加重計分。
** 是加重分數

圖4-9　Kepner-Tregoe法用來分析各種方案的

或然率理論

或然率理論（probability theory）可以讓使用者在風險條件下作成決策。使用者可以指出每一種方案的成功或然率或失敗或然率各是多少。然候再計算出預期的價值，也就是在每一個方案下的結果收益是多少。它的計算通常是以結果的或然率乘上利潤或成本，然後再描繪在收益矩陣或決策樹上。或然率理論可用來判定是否該擴張設備，以及擴張到什麼規模；也可以為你選出最有利可圖的投資方案；以及判定存貨的數量等。另外，你也可以把它用在工作的選擇上。

Kepner-Tregoe法

Kepner-Tregoe法在客觀的計量法中又加入了一些主觀條件，而這些主觀條件來自於對「必備」標準和「需求」標準的判定，同時在這些標準之中又加入了一些價值份量的認定。這個方法是讓你使用步驟2（解決問題和決策作成模式）裏的選用標準來比較這些方案。在比較一些採買上的選擇方案時（例如，機器、電腦和貨車等的採購），以及在評選新進員工和升遷人等時，這個方法尤其的好用。圖4-9舉出了它的用途實例，你可以參考該圖來釐清自己對此方法的瞭解程度。

步驟 1　把各個方案拿來和「必備」條件比較

若是有任何方案沒能滿足「必備」條件，就將它刪除掉。為了讓你更清楚，讓我們作個假設，假設我們的目標是要在兩個禮拜內購買一部汽車，這算是一個非程式化的決策，所以你必須自己作決定。圖4-9列出了每一個方案的「必備」條件和「需求」條件。（這些條件也可和決策作成模式4-1裏的步驟2和步驟3相呼應）正如你所看到的，第四方案的車子並不能符合所有的「必備」標準，所以就被刪除掉了。

步驟 2　為每一個「需求」標準評分，分數從1到10分不等（10代表最重要的意思）

圖4-9將分數列在「重要性」的一欄上，從2到10分都有。請注意，這其中並沒有一到八的排名順序出現，剛是7就出現了兩次。

步驟3　以1到10分的價值分數（10代表有最高價值）

以1到10分的價值分數來表示每一個方案在「需求」標準上的符合程度有多少。這些價值分數可以在每部車之間作比較，它們就放在標明汽車1到汽車4的各個垂直欄上。同樣的，許多因素都可能得到相等的分數，例如5分。

步驟4　計算每一個方案的加重分數（WS）

加重分數的計算方法是把「重要性」分數乘以每部車在「符合標準」欄下的的各個價值分數。接下來，再把每一部車的加重分數合計出來（垂直加總）。

步驟5　選出擁有最高加重分數的方案來作為問題的解決方案

汽車2因為擁有最高的加重分數257分（勝過其它汽車的248和249分），所以獲選。作出汽車2的選擇完全是靠你的決策模式而來的，並不是靠你的直覺或自我判定而獲得的結果。

成本效益（正反面）法

管理科學法、計量法和Kepner-Tregoe法，全都是用來比較各種方案的客觀性數學計算法。但是有時候，也會發生無從確定成本代價下的效益究竟如何的情況，所以使得管理科學毫無著力點。成本效益法使用的是主觀性的直覺和判定，再加上數學的計算，用來比較每一個方案下的成本與效益。有了這種正反面的分析作法，你就可以知道每個方案的優點（也就是所得效益）和缺點（也

圖4-10　各種分析技巧的集合圖

就是付出成本）各是什麼了。圖4-10比較了三種用來分析和選擇方案的辦法。

成本效益法比起管理科學來說，要更具主觀性。因此，在和小組團體一起使用成本效益法的時候，應該要對所有的方案先做一番關鍵性的評估才行。[34] 使用像反對論調之類的辦法，有助於團體成員避開所謂的最低標準作法、主控權和[35]群體思考等潛在性問題。而團體成員也要小心方案評估的提出方式，因為提出的順序可能會影響到最後的決策。以負面方式提出的方案往往不會被團體成員所接受，而且人們最記得住的通常是第一個提出和最後一個提出的方案。

曾經有研究調查過，在當事人作下最後決策之前，先向其他人請教意見，這樣的個人決策品質是如何。調查結果顯示請益過別人意見之後會增加自己的信心，但是卻不見得對決策的準確性有什麼幫助。這可能是因為在人們向其他人請益的時候，往往尋求的是對自己決策上的肯定，而不是讓對方扮演反對論調的角色。[36]

社會責任就是一種無法估算成本效益的非確定條件狀況。如果你碰到了三家非營利組織向你募款要求贊助，你可以比較每一家所要求的成本代價，可是究竟哪一家會帶給貴公司和所有利害關係人最大的效益呢？這就很難判定了。成本效益法不像管理科學、計量法和Kepner-Trigoe法，它是沒有最低利潤線可以拿來作客觀比較的。

據說Ben Franklin就曾使用過正反面的分析作法。他拿出一張紙，在中間畫上一條線，然後在中線的那一邊寫下每一個方案的正面好處；另一邊則寫下反面壞處，最後再從中選出最佳的方案。許多人不斷思考一些成本／效益問題或者是正反面等事情，可是卻不會把它們寫下來。事實上，你可以把它們寫下來，好比較這些方案，作成最佳的決策。

不管用來分析方案的方法是什麼，中選的方案理應是最完美的選擇，而且能夠符合決策作成模式第二步驟裏的所設標準。如果完全沒有一個方案可以吻合標準，你還有兩個基本選擇：（1）回到步驟2，改變最佳方案的選擇標準；和（2）回到步驟3，想出更多的選擇方案。

工作運用

10.請舉出經理人施展管理功能，作出錯誤決策的工作實例，請解釋該管理功能和因錯誤決策所造成的問題是什麼。

可口可樂公司選出的方案是以新可樂替代舊可口可樂，而不是為那些比較喜愛較甜口味的消費者，推出另一種可樂飲料。畢竟，經過口味測試的結果，受訪者普遍認定新口樂的口味勝過原來的可口可樂。

決策的規劃、落實和控制

決策作成模式中的最後兩個步驟分別是第五步驟，決策的規劃和落實；以及第六步驟——控制。

規劃

在做成決策之後，你必須發展出一個行動計畫，以及一份執行時間表。你會在下面兩章，學到有關規劃方面的詳細內容。

計畫的落實

在決策完成，計畫也發展好之後，就到了落實執行的階段了。把計畫和所有員工溝通清楚，這對計畫的落實與否，有非常關鍵性的重要影響。你將會在第十章的時候，學到有關溝通方面的事宜。另外把任務指派給適當的人選也是很重要的，第七章的課文將會談到有關指派任務方面的議題。可口可樂公司發展出計畫，其中清楚地說明了如何製造新可樂，如何對外宣傳，以及如何鋪貨等。

控制

在作規劃的同時，也可以發展出控制的方法。你應該設定好檢查站，以便時時判定所選出的方案有否解決時下的問題。如果沒有，就可能需要採取一些更正行動。經理人絕不應該固執於一定的政策決定，不管好壞，把錢通通砸下去。若是經理人無法承認自己作出了錯誤的決策，他就面臨了所謂擴大承諾（escalation of commitment）的問題。當你做出了不好的決策，你應該承認錯誤，試著回到決策作成模式中的前面步驟，以便做些改正。可口可樂公司在推出新可樂的三個禮拜之後，管理階層就承認了決策上的錯誤，於是以原來的可口可樂冠上「傳統」的新名稱，重新推出上市，以便區別它和新可樂之間的不同。到了1992年，可口可樂公司把新可樂的名稱重新命名為可口可樂第二代，現在在世界各地已看不到新可樂這個名字了。

現有的管理議題

全球化

經理人面臨了一個很重要的決策，那就是是否該全球化。是否該邁向全球市場、該如何進行全球擴張化、或者至少該如何和全球市場競爭等，經理人若是漠視了這些決策性議題，就一定會面臨到整個市場競爭的問題。

參與式管理、團隊分工和多樣化差異

現在的流行趨勢就是透過團隊分工的方式，增加參與管理的層面。員工想要參與決策的作成，若是問題類型很適合以群體決策的方式來解決的話，參與者的多樣化就變得非常的重要，因為這樣一來，才能增進決策的品質。管理階層應該訓練員工尊重多樣化差異，並且以團隊合作的方式一起共事，多加利用多樣化差異和群體決策的好處，並盡量降低可能的壞處。

品質和TQM

想要在事業上成功，就需要持續不斷地改進品質和顧客價值。持續的改進並不是表示每幾年就要作出幾個重大的決策。它的真正意義是在於持續想出一些有創意的點子，讓它們成為產業中的創新作法。TQM很鼓勵使用決策作成模式以及類似統計過程控制的一些數學辦法來進行。以TQM作成的決策會有所謂的系統效應法（systems effect approach），也就是說，決策的作成絕不是孤立隔絕的，在考慮如何作成決策時，一定會影響到其它的領域，並在所有必要領域上造成一些改變。

生產力

就在員工發想輸入轉換成輸出的各種創意性辦法時，生產力也就隨之而增加了。一般而言，做成不好的決策時，問題並不會消失，機會點也無法被善加地利用。因此，不好的決策往往會導致生產力的降低。

道德和社會責任

道德（第二章）應該是決策和人際關係（第三章）的核心所在。在做決策的時候，也可以使用到黃金定律、四方法的測試、以及利害關係人的道德辦法等。在評估各種方案時，個人或團體也要考慮他們可能會如何影響到所有的利

害關係人。就社會責任的角度來看，重要的決策必須有公司在背後作一定程度承諾的支持，以及明確的行動內容來支撐才行。可口可樂公司相信，無論在什麼地方作生意，都應該把自己所收取到的好處回饋給當地的人們。為了達到這個目的，於是設立了可口可樂基金會（Coca-Cola Foundation），其任務就是要為事業的成長奠定良好的環境基礎，所以它贊助各項教育計畫，並因應各社區的不同需求作出回應。

小型企業

很難說解決問題和決策作成這兩者究竟是對大型企業還是對小型企業來說比較重要。但是，若是大型公司（像可口可樂）做出了錯誤的決策（比如說以新可樂取代原來的可口可樂），儘管在金錢的損失上要付出很大的代價，它們卻往往能夠負擔得起。即使是新可樂推出的那幾年，可口可樂公司仍然是賺錢的。但是如果小型公司做出了一個錯誤的重大決策，那可就沒辦法負擔下去了，這也表示公司得關門大吉。Tom Wentworth開了一家三明治店，而且做得還不錯，所以他做了一個重大的決策：開設第二家分店。結果第二家店一敗塗地，因此債權人迫使Tom賣掉兩家店的資產，好付清所有的債務。

摘要與詞彙

經過組織後的本章摘要是為了解答第四章所提出的十大學習目標。

1.解釋目標、解決問題和決策作成這三者之間的關係

這三者的相互關係如下：經理人負責組織目標的擬定和完成；當經理人無法完成目標時，問題就產生了；當問題產生的時候，就要作成決策，好決定在必要的情況下，應該採取什麼行動。

2.解釋管理功能、決策作成和解決問題這三者之間的關係

這三者的相互關係如下：當經理人在施展規劃、組織、領導和控制的管理功能時，他們需要做出一些決策。如果經理人缺乏效率來施展這些管理功能，就會碰到許多問題。

3.列出決策作成模式的六個步驟

決策作成模式的步驟分別是：（1）把問題點或機會點分類和界定清楚；（2）擬定目標和標準；（3）想出有創意和創新的各種選擇方案；（4）分析這些方案，選出最有可能施行的方案；（5）規劃和落實決策；以及（6）控制。

4.描述程式化決策和非程式化決策之間的差異，以及確定條件、非確定條件和風險條件這三者之間的差異

程式化和非程式化決策之間的差異就是於待作決策的重複發生性、例行性和重要性。非程式化決策包括了一些不會重複發生、非例行性以及很重要的決策。而經常重複發生、例行性、且不太重要的決策，則屬於程式化決策。

決策下狀況條件的不同差異在於決策結果的確定程度。在確定條件下，你會知道各種方案下的結果是什麼；在風險條件下，你可以知道結果的或然率是多少；但在非確定條件下，你就無法得知各種方案的結果會是什麼了。

5.描述何時該使用決策作成模式VS.合理範圍內的模式，以及何時該使用群體決策VS.個人決策

在遇到高風險或非確定條件狀況下的非程式化決策時，請採用群體決策的決策作成模式。若是低風險或確定條件下的程式化決策，就可採用個人決策的合理範圍決策模式。但是，這只能算是一個大致的方向，規則之中還是會有例外的時候。

6.說明目標和「必備」與「需求」標準之間的差異：

所謂目標是指你想因某個決策所得到的一個最終結果。「必備」標準是指選定某個方案成為最後決策時的條件要求。而「需求」標準則是指選定某個方案成為最後決策時，可希求但卻不一定得具備的條件要求。

7.說明創意和創新之間的不同差異

創意是指想出新點子的一種思考方法；創新則是新產品構想或新過程構想的落實履行。

8.列出並解釋創意過程中的三大階段

其三個步驟分別是：（1）預作準備，熟悉問題；（2）孕育和靈光一現，所謂孕育就是在問題的思索當中，喘口氣休息一下，而靈光一現則是想到解決辦法的點子；以及（3）評估，在點子成為一種創新手法之前，先確定它的可行性。

9.計量法、Kepner-Tregoe法和成本效益法這三種分析技巧可用來進行方案的分析和選定，請描述這三者之間的差異

計量法和Kepner-Tregoe法都是管理科學法；成本效益法則不然。計量法使用數學方法來選出最有價值的方案。Kepner-Tregoe法使用的是客觀的數學方法，再加上主觀的選擇和衡量標準，最後才選出有著最高價值的方案。成本效益法主要是根據一些主觀性的分析，再加上一些數學計算，可是各方案之間並沒有可供比較的分數價值。

10.界定下列幾個主要名詞（依照本章的出現順序而排列）

請選擇下列一或多種方法來進行：（1）靠自己的記憶，把填空題中的專有名詞補上；（2）從結尾的回顧單元以及下頭的定義來為這些專有名詞進行配對；或者（3）從本章一開頭的名單上，依序把各專有名詞照抄一遍。

____ 是指不管什麼時候，只要目標沒有達成，就會出現的一種狀況。

____ 是指採取更正行動來達成目標的一個過程。

____ 是指為了解決某個問題而選定行動方案的一個過程。

____ 的步驟如下：（1）把問題點或機會點分類和界定清楚；（2）擬定目標和標準；（3）想出有創意和創新的各種選擇方案；（4）分析這些方案，選出最有可能施行的方案；（5）規劃和落實決策；以及（6）控制。

____ 是指在面對不斷重複發生的狀況或是例行性的狀況時，決策者應該採用決策規章或是組織上的政策與程序來作成決定。

____ 是指在非重複性和非例行性的重要狀況下，決策者就應該採 用決策作成模式。

____ 三個狀況條件分別是確定條件、風險條件和非確定條件。

____ 是指選擇上的規格標準，好決定由哪個方案來作為最後的決策，以便達成既定的目標。

____ 是指新構想的落實履行。

____ 是指想出新點子的一種思考方法。

在 ____的三個步驟分別是：（1）預作準備；（2）孕育和靈光一現；以及（3）評估。

____ 是指把支持此方法的成員集中在一起，而由其他人試著找出理由來攻擊該方法的不可行。

____ 是指在沒有評估下，盡可能提出各種可行方案的一個過程。

____ 是指以架構好的投票方式來發想和評估各種方案的過程。

____ 是指在某個問題的解決辦法上發展出群體一致呼應的過程。

回顧與討論

1.解決問題和決策作成真的很重要嗎？請解釋原因。

2.為什麼判定決策架構和決策下的條件狀況是很必要的事？

3.利用群體解決問題和作成決策的最新趨勢是什麼？

4.你認為以群體來解決問題和作成決策的最常見可能壞處是什麼？

5.銷售量或利潤的滑落代表的是問題的徵狀或背後成因？

6.購買立體音響，最多不超過1,000美元的支出花費，這算是一個目標還是一個標準？

7.對任何一種企業來說，創意和創新都是很重要的嗎。在創意成為創新之前，先作評估，這個動作很重要嗎？

8.你曾經在資料不合時？資料非常有品質時？資料很完整時？抑或是有相關資料的情況下，作定決策嗎？答案若是肯定的，請解釋當時的理由。

9.記名分類和一致性默契之間的主要差異是什麼？

10.為什麼在決策作成模式中，發想方案和分析方案的步驟要分開呢？

11.你曾經使用過任何一種技巧來分析和選擇某個方案嗎？如果有的話，是哪一個技巧？

12.你知道有誰曾是擴大承諾（escalation of commitment）的犧牲者嗎？如果有的話，請解釋詳情。

個案

Carolyn Blakeslee的《藝術月曆》（此個案以練習4-1和練習4-2的基礎起點）

在1986年的時候，Carolyn Blakeslee創刊了《藝術月曆》（*Art Calendar*），這是一本專為視覺藝術家所出版的月刊。《藝術月曆》提供了有關授權、展覽、以及藝術工作者可提出作品的會所資料等（大約有15頁），還有一些話題性十足的自由藝術家專欄。《藝術月曆》在外觀上非常平易近人，是以新聞紙類的郵寄方式在寄發。

Carolyn一開始是把藝術月曆當作一份兼差事業，就在自己家裏的小房間裏做了起來。她相信第一次收到此刊物的讀者，約有一半會想向她訂閱。可是結果卻只有3%的訂閱率，她簡直傷心透了。後來，當她瞭解到3%的訂閱率對出版界來說，還算不錯的時候，她又覺得開心了起來。且不管她的失望程度如何，創刊後的第一個十年裏，有八年的時間，發行量的收入是呈現雙倍成長的局面。《藝術月曆》終於逐漸成為藝術家們必備的資料來源。

Carolyn原先並沒有預期到這份事業會變得如此成功。經過幾年之後，這份事業變得愈來愈複雜，所花時間也愈來愈長。要是沒有員工的幫忙，她根本就不可能在每天固定的5英哩自行車程上，讀完所有的郵件。兼差變成了全職，而Carolyn 就像多數婦女一樣，什麼都想兼顧。她想要完成財務上的目標，可是也不吝於為家庭奉獻自己的時間（她喜歡當媽媽，也喜歡和先生在一起），還有她自己的藝術工作以及休閒活動。Carolyn爬到了小型企業的成功顛峰處，而她在此必須根據三個主要方案，作出一項重大的決策，這三個方案分別是：（1）維持現狀；（2）擴張事業；和（3）出售這家公司。

維持該刊物平易近人的原來風格

在這個方案下，還有兩個子方案：（1）繼續以全職的工作方式進行，凡事自己來；（2）雇用一些人手，好讓自己回到以前那種兼職的工作方式。

擴張事業，讓此刊物變得更專業化

這個方案下至少還有三個子方案：（1）繼續以全職的工作方式進行，並且親身出馬處理大多數的事情，在秘書助手的協助下，努力提升此刊物的專業水準；（2）繼續以全職的工作方式進行，有關專業化走向的決策由自己來決定，但是要雇用有經驗的員工來一起合作；或者（3） 回到以前那種兼職的工作方式，只在需要作出專業化走向的決策時，再行出面，雇請有經驗的員工來做事。如果選擇此方案的話，擴張之路就勢在必行了。

出售此公司

如果Carolyn出售此公司的話，她就必須為未來的就業問題做出決策，在這個決策下有四個子方案可供她選擇：（1）在這個公司裏以員工的身份為新的老闆工作，不管是全職或兼職；（2）展開全新的事業；（3） 找尋另一份職業，為別的老闆工作，不管是全職或兼職；或者是（4）不再工作，多花點時間給自己的家人和一些休閒活動上。

這三個方案和這些子方案是以決策樹的方式在下面呈現出來。在決策樹中，你要先寫下可能決策下的所有方案是什麼。你還能想出什麼方案是這裏所沒有列到的嗎？在列出所有方案之後，你就可以著手分析，選出其中的方案和子方案，來作成最後的決策。

決策樹

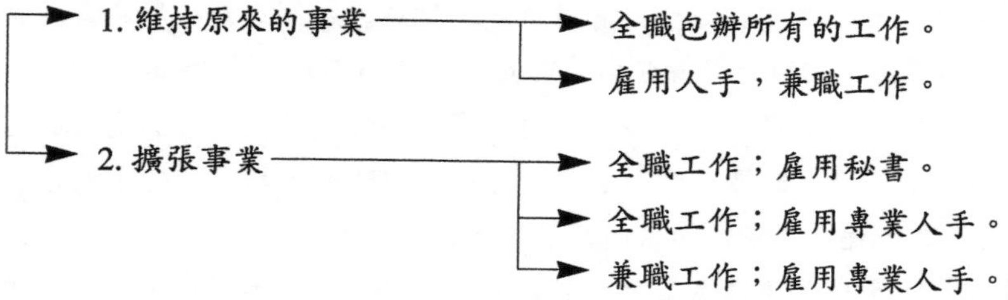

1. 維持原來的事業
   - 全職包辦所有的工作。
   - 雇用人手，兼職工作。
2. 擴張事業
   - 全職工作；雇用秘書。
   - 全職工作；雇用專業人手。
   - 兼職工作；雇用專業人手。

→ 3. 出售此事業 → 為新的老闆工作—全職或兼職。
→ 展開全新的事業。
→ 為別人工作—全職或尖職。
→ 停止工作。

請為下列問題選出最佳的方案，請確定你能解釋自己的答案理由：

____ 1.Carolyn Blakeslee並沒有施展什麼管理功能？

a.規劃　b.組織　c.領導　d.控制

____ 2.Carolyn所面臨的決策作成架構是：

a.程式化決策　b.非程式化決策

____ 3.Carolyn所面臨的決策下條件狀況是：

a.確定條件　b.風險條件　c.非確定條件

____ 4.在作此決策時，什麼模式比較適合？

a.合理模式　b.合理範圍內的模式

____ 5.Carolyn應該為此決策設下目標和取決標準嗎？

a.應該　b.不應該

____ 6.在決定維持、擴張、或出售的時候，創意和創新並沒有什麼重要性：

a.對　b.錯

____ 7.此個案缺乏什麼樣的資訊，可供Carolyn來下決策？

a.適時性的資訊　b.有品質的資訊　c.完整性的資訊　d.相關性的資訊

____ 8.對Carolyn的決策而言，最適合用什麼技巧方法？

a.腦力激盪法　b.互動接龍法　c.記名分類法　d.一致性默契法　e.Delphi法　f.沒有什麼適合的方法

____ 9.對Carolyn的決策而言，哪一個方法最適合用來分析和選擇方案？

a.計量法　b. Kepner-Tregoe法　c.成本效益法

____ 10.在規劃、執行和控制上，哪一個方案是最複雜的？

a.維持現狀案　b.擴張案　c.出售案

11.請從Carolyn的角度，列出每一個方案的優缺點，當然她的角度可能和你完全不同。請務必說明擴張案和非擴張案的風險各是什麼。

12.如果你身處於Carolyn的處境，你會維持？擴張？抑或是出售此事業？假定你可能會因為出售此事業而得到一張支票，其面額相當於十年來的全職薪資加總。

技巧建構練習4-1　使用決策作成模式來下決策

為技巧建構練習4-1預作準備

選出你目前所面臨的某個重要問題點或機會點。請記住，只有在目標無法達成的情況下，才會有問題的存在。換句話說，目前正在發生的事情和你想要它發生的事情，這中間絕對會有不同。問題點或機會點可能源自於你生活中的任何一個層面—也許是工作、學校、運動、人際關係、最近要進行的購買行為、不知到哪裏去約會以及其它等等。使用下面的決策模式綱要來寫下一些問題點或機會點，然後再解決你的問題或好好利用這個機會。

步驟1　把問題點或機會點分類和界定清楚

決策架構：你需要作出程式化或非程式化的決策？

決策下的狀況條件：它是確定？風險？抑或是非確定條件？

決策作成模式：合理模式？抑或是合理範圍內模式？哪一個比較適合？（即使是合理範圍內的模式比較適合，也請繼續進行決策作成模式的所有步驟。）

選出適當的參與層級：應該使用個人決策？或群體決策？（如果是群體決策比較適當，請在模式中的下列步驟上採用群體的方式。可是請記住，在作決策時，要好好利用群體決策的好處，並盡量降低它的壞處。）

界定問題點或機會點：列出徵狀或背後的成因，然後寫下該問題點或機會點的清楚說明。

步驟2　擬定目標和標準

寫出此決策想要完成的事項，以及當選方案所必備的標準條件。（請區分清楚「必備」標準和「需求」標準）

目標：＿＿＿＿＿＿＿＿＿＿＿＿＿＿＿＿＿＿

＿＿＿＿＿＿＿＿＿＿＿＿＿＿＿＿＿＿＿＿＿＿

標準：（必備）＿＿＿＿＿＿＿＿＿＿＿＿＿＿＿＿＿＿

（需求）＿＿＿＿＿＿＿＿＿＿＿＿＿＿＿＿＿＿

步驟3　想出有創意和創新的各種選擇方案

你需要什麼樣的資訊？（請記住該資訊必須要適時性、有品質、很完整、而且有相關性，如此才有用。）你會使用什麼技巧方法？

如果你採用的是群體決策的方式，你會使用腦力激盪法？記名分類法？或者是一致性默契法？

請於下方列出你的各種方案（至少三個），為它們編號。如果決策樹有效的話，請繪製出來。

步驟4　分析這些方案，選出最有可能施行的方案

適合使用計量法？Kepner-Tregoe法？或成本效益法？請在下面空格中使用這些分析方法。

步驟5 規劃和落實決策

寫出你的決策落實計畫是什麼。請務必說清楚你將會採用什麼樣的控制手法，好確保決策的落實性。你會如何讓自己避免掉擴大承諾？

步驟6 控制

在執行完決策之後，開始為解決問題的進度過程或是為事業的契機發展過程作下完整的記錄。並指出其中需要進行哪些更正行動，如果需要的話，請回到決策模式中的前面幾個步驟。

在課堂上進行技巧建構練習4-1

目標

藉由學習如何使用決策作成模式，來培養你的解決問題和決策作成技巧。

預作準備

你應該利用此練習中這幾頁的準備模式，做出屬於你自己個人的決策。

經驗

你將會和一小組學生共同分享你的決策內容，他們會給你一些意見回饋。

程序（10到20分鐘）

1.三到五人分成一小組。每個人都有一次機會回顧決策上的每個步驟。在回顧每一個步驟時，小組成員可以給予意見回饋，比如說告知有哪些錯誤；提供改善的建議；提供額外的選擇方案；列出一些你不曾想到過的正反面看法；或者是說說看別人可能會選擇的方案是什麼等等。

2.同1，但是由小組選出其中最佳的決策，好向班上所有的同學說明。

結論

由講師帶領全班進行討論，並作成總結講評。

運用（2到4分鐘）

我從此經驗中學到了什麼？我會在未來的日子裏，如何運用此所學？

分享

由自願者提供他在此運用單元裏的答案。

技巧建構練習4-2　情境管理：決策作成[37]

為技巧建構練習4-2預作準備

今天的經理人都體認到在決策上有愈來愈走向群體參與的趨勢，所以他們都對參與式的管理風格抱持著開放的態度。但是對經理人來說，何時該使用參與式管理，何時不該使用，以及應該採用什麼樣的參與層級，這種種的決定往往很令人感到挫折。你將會在這裏學習到如何使用某個模式來培養你對適當管理風格的選擇技巧，以便符合當時的情境。首先，讓我們先檢查一下有哪些方法可以用來擬想解決的辦法。

選出適當的情境管理決策風格

除了情境管理模式裏的能力程度以外，你也必須考慮時間、資訊和接受程度等。身為一名經理人，若是想解決問題或作成決策時，就必須選出適當的情境管理決策風格，這時一定要遵循兩個步驟：為該情境作診斷；並選出適當的風格。

步驟1 為該情境做診斷

第一個步驟就是診斷該情境中的可能變數，其中包括時間、資訊、接受度和員工的能力程度等。

1.時間：你必須決定自己是否有足夠的時間來讓員工參與決策的作成。把時間視作為一種是非題（你有時間使用參與式管理或你沒有時間使用參與式管理）。如果你沒有時間，不管你喜不喜歡，你都得採用獨裁式管理風格（S1A）。要是你沒有時間讓員工參與問題的解決或決策的作成，你就可以忽略其它三個變數，因為沒有了時間，這三個變數也就沒有什麼相關性了。

時間是有相對性的。在某個情境下，幾分鐘可能會被認定是很短的時間；但是在其它情境下，一個月也可能被認為太短了。若是能夠瞭解使用參與式管理的潛在好處，時間就不算浪費。

2.資訊：你必須決定自己是否有足夠的資訊來獨自作出一個有品質的決策。資訊愈多，就愈不需要其他人的參與。資訊愈少，他人的參與就愈形地重要。如果你具備了所有必要的資訊，你就不需要員工的參與，因此理所當然可以採用獨裁式管理（S1A）。若是你擁有一些資訊，但是可以透過詢問來獲取更多的資訊，諮商式管理風格（S2C）可能會很適合。如果你只有一點資訊，最適當的管理風格就莫過參與式管理（S3P — 群體討論）或授權式管理（S4R — 由群體來作決策）。

3.接受度：你必須知道員工對決策的接受程度是否正是落實決策的關鍵所在。員工愈喜歡某個決策，就愈不需要參與式管理。員工愈不喜歡某個決策，參與式管理就愈形地重要。如果你獨自做出某個決策，你的員工或團體成員會願意落實它嗎？如果員工或團體成員都願意接受的話，最適當的風格就是獨裁式管理風格（S1A）。要是員工或團體成員不願意接受，最適當的風格可能就是諮商式（S2C）或參與式（S3P）風格。如果他們可能會拒絕此決策，那麼最好還是採用參與式（S3P）或授權式（S4E）管理風格。還記得我們曾提到過，當群體一起做決策時，他們往往比較瞭解和接受決策的內容，並對決策的落實執行比較能夠全力以赴。

4.能力：你必須瞭解員工或團體成員是否有足夠的能力或動機來解決問題和作成決策。你的員工或成員有這類的經驗或資訊嗎？員工們能將組織或部門的目標置於個人的目標之上嗎？他們會想參與問題的解決或決策的作成嗎？若是決策的內容會影響到員工個人，他們就可能積極地想要參與。如果員工或團體成員的能力程度太低（C1），獨裁式風格（S1A）可能會比較適合。若是能力程度中等（C2），諮商式風格（S2C）就比較適當。萬一能力程度很高（C3），你大可以採用參與式管理（S3P）。若是能力程度在水準之上（C4），授權式管理（S4E）當然是最適當的。請注意，你只有在遇到有超乎水準能力以上的員工時，才可以不管資訊的多寡或接受度等因素，直接採用授權式的管理風格。要記住，員工或群體的能力程度是隨著情境的不同而有不同的。

步驟 2 選出適當的管理風格

在考慮過四個變數之後，你就可以選出適當的管理風格了。對某些情境來說，所有的變數都可能指向同一種管理風格。但在某些情境下，可適用的管理風格並不明確。舉例來說，你可能身處的情境是：你有充份的時間可以讓你選用任何一種管理風格；你擁有所有必要的資訊（獨裁式）；員工們不願意接受你的最後決策（諮商式或參與式）；而他們的能力可能只是中等而已（諮商式）。在這種不同變數指向不同管理風格的情況下，最好的方式就是看看其中哪個變數最具重要性。在上述例子中，假設接受度對決策的落實性具有非常重要的關鍵性，接受度就必須被優先考慮，也因為員工的能力程度只有中等，所以諮商式管理就成了最適當的選擇。模式4-2摘要了決策作成中四種情境管理風格的用途。

使用情境管理：決策作成模式

我們將會把此模式運用在下列情境中，本練習的稍後部分還會提出更多不同的假設情境？

____ 經理人Ben只能選定一名員工給予考績獎金，他有一個禮拜的時間可以決定。Ben知道過去這一年來每一位員工的表現如何。事實上這些員工並沒有選擇的權利，他們只能被動地拿到考績獎金或拿不到考績獎金。可是他們可以向較高階的管理階層抱怨此遴選的不公。各員工的能力程度互有差異，但是身為一個團隊小組，他們的整體表現卻是超乎水準的。

____ 時間 ____ 資訊

____ 接受度 ____ 能力

步驟 1 為該情境作診斷

Ben有足夠的時間來選用任何一種參與層級（請在情境描述下的時間空格上，填入代表「是」的Y字母）。他擁有所有必要資訊來作這個決定（請在資訊空格上填入S1A的字樣）。員工沒有選擇權，只能接受來自於上面的決定（在接受度的空格上填入S1A）。該團隊的能力程度非常的高（請在能力空格上，填入S3P）。

步驟 2 為該情境選定適當的管理風格

在選擇風格時（獨裁式和參與式），會有一些矛盾產生：yes時間S1A資訊S1A接受度S3P能力。在這些變數當中，最具優先權的是資訊。這些員工都還算有能力，但是在這種情況下，他們可能不會把部門的目標置於自己的目標之上。換句話說，即使員工們心知肚明誰才有資格領取這份考績獎金，他們也可能會上演你爭我奪的全武行戲碼。這類衝突可能會造成日後的問題。所以針對這個決策，有以下幾種可行辦法：

1.獨裁式（S1A）：由經理人自己選定一名員工來接受這份考績獎金，事先不用和其它員工討論商量。Ben可以在向薪資部門提出人選名單之後，再行宣佈此決定。

2.諮商式（S2C）：經理人可從員工處瞭解誰應獲此考績獎金，然後再決定誰是最後的得獎人。他可以在宣佈決定的同時，解釋其中的理由。他也可以接受員工的質詢和討論。

3.參與式（S3P）：經理人可以先對獲獎人選有一個腹案，但是如果團隊成員可以說服他，某人更適合得獎的話，他也不排除改變的可能。或者Ben也可以向整個小組解釋這個情況，並引導小組成員進行討論，誰才有資格獲得此獎金。在考量過小組成員的意見看法之後，Ben會作成最後決定，並向大家解釋原由。請注意，諮商式風格並不像參與式風格，後者才會有使用到討論的方式。

4.授權式（S4E）：經理人可以解釋整個情況，並讓小組成員自己決定誰才有資格獲獎。Ben也會是小組成員中的一名。請注意這是唯一一個可以讓小組成員自己作出決策的管理風格。

就這個情境來說，獨裁式風格是最適當的；諮商式風格也算是個還不錯的選擇。但是參與式與授權式風格就這個情境來看，所運用到的參與層面實在是太大了。你將會透過以下十種情境模式的運用，來改善自己對決策風格的選擇能力。

在不同情境管理中使用的決策作成型態

下列10種狀況選出最適當的問題解決與決策型態。在決定使用何種型態時先確定是使用模型4-2。首先先將答案填入每一狀況後變數前的線上。再將使用的型態填入每一題號之前的線上。

S1A ____ 獨裁式 S2C____ 諮商式 S3P____ 參與式 S4E ____ 授權式

____ 1.你已經發展出一種全新的工作程序，可以增加整體的生產力。你的老闆很喜歡這個點子，想要你試用幾個禮拜。你認為你的屬下相當有能力，而且確信他們一定會接受此改變。

____ 時間 ____ 資訊

____ 接受度 ____ 能力

____ 2.你的產業有了新的競爭對手，你的組織收益也已經呈現出滑落的趨勢。你被上頭的人要求在兩個禮拜之內，從底下十五名員工當中裁撤掉其中的三名。你已經作這個監督職務有三年之久了，就正常情況來說，你手下員工的能力都相當地不錯。

____ 時間　____ 資訊

____ 接受度　____ 能力

____ 3.你的部門所面臨的問題已經好幾個月了。試過了許多辦法，可是都解決不了。最後你終於想出了一個辦法，但是你不太確定這種改變下的可能結果會是什麼，或者這個辦法是否能被你那些能力水準相當不錯的員工所接受。

____ 時間　____ 資訊

____ 接受度　____ 能力

____ 4.彈性時間在你的組織當中非常地受到歡迎。有些部門讓個別員工隨心所欲決定自己的上下工時間。但是，因為你的員工需要一起合作才能完成交代任務，所以他們必須在相同的八個小時內一起工作。所以你並不太確定他們對上下工時間的改變，會有什麼樣的反應。你的員工非常的有能力，喜歡自己做決策。

____ 時間　____ 資訊

____ 接受度　____ 能力

____ 5.貴產業的技術日日更新，速度之快連你組織裏的成員都不得不加快腳步，以免落後。高階管理階層聘用了一名顧問專門為公司推舉建議。現在你有兩個禮拜的時間可以考慮要如何來運用顧問所提出的建議。你的員工蠻有能力的，他們喜歡參與決策的過程。

____ 時間　____ 資訊

____ 接受度　____ 能力

____ 6.高階管理階層交代要進行某項改變。如何執行它就成了你的決定。這項改變會在一個月內產生效應，而且會影響到你部門中的所有人等。他們的接受與否對這項改變的成功落實有決定性的影響。而你手下的員工通常對例行性的決策作成不甚有興趣。

____ 時間　____ 資訊

____ 接受度　____ 能力

____ 7.你的老闆打電話告訴你，某人要求向你的部門訂購產品，而且交貨期限相當地短。她要求你在十五分鐘內答覆是否能接下此訂單。你看了一下工作進度表，知道要準時完成這個交貨要求非常困難。你的員工必須非常賣力才能完成這個任務，而他們也都很合作，能力也不錯，而且很願意參與決策的作成。

____ 時間　____ 資訊

____ 接受度　____ 能力

____ 8.高階管理階層已經決定作出某項改變，此舉勢必會影響到你手下所有的員工。你知道他們會很沮喪，因為它會讓他們在工作上更辛苦。其中有一兩人甚至會因此而離職。這項改變將在三十天內生效使用。而你的員工又都非常的能幹。

____ 時間　____ 資訊

____ 接受度　____ 能力

____ 9. 你相信你部門的生產力應該可以提升。你已經想過很多種方法了，可是你無法確定下來。你的員工都很有經驗，幾乎該部門所有員工的年資都比你久。

____ 時間　____ 資訊

____ 接受度　____ 能力

____ 10. 某位顧客提供了一張合約，要求產品必須在最快的交貨期限內完成。該合約提案只有兩天的緩衝商議期。為了要達成此合約的規定期限，員工必須連續六個禮拜，晚上和週末都得加班。你不能要求他們逾時工作。可是若是能達成這份合約，就可以幫助自己拿到所想要的加薪額度，並且讓你覺得自己對公司很有貢獻。但是如果你接受了這份合約，卻做不到它的要求，就會讓你達不到加薪的目的。當然，你的員工是非常有能力的。

____ 時間　____ 資訊

____ 接受度　____ 能力

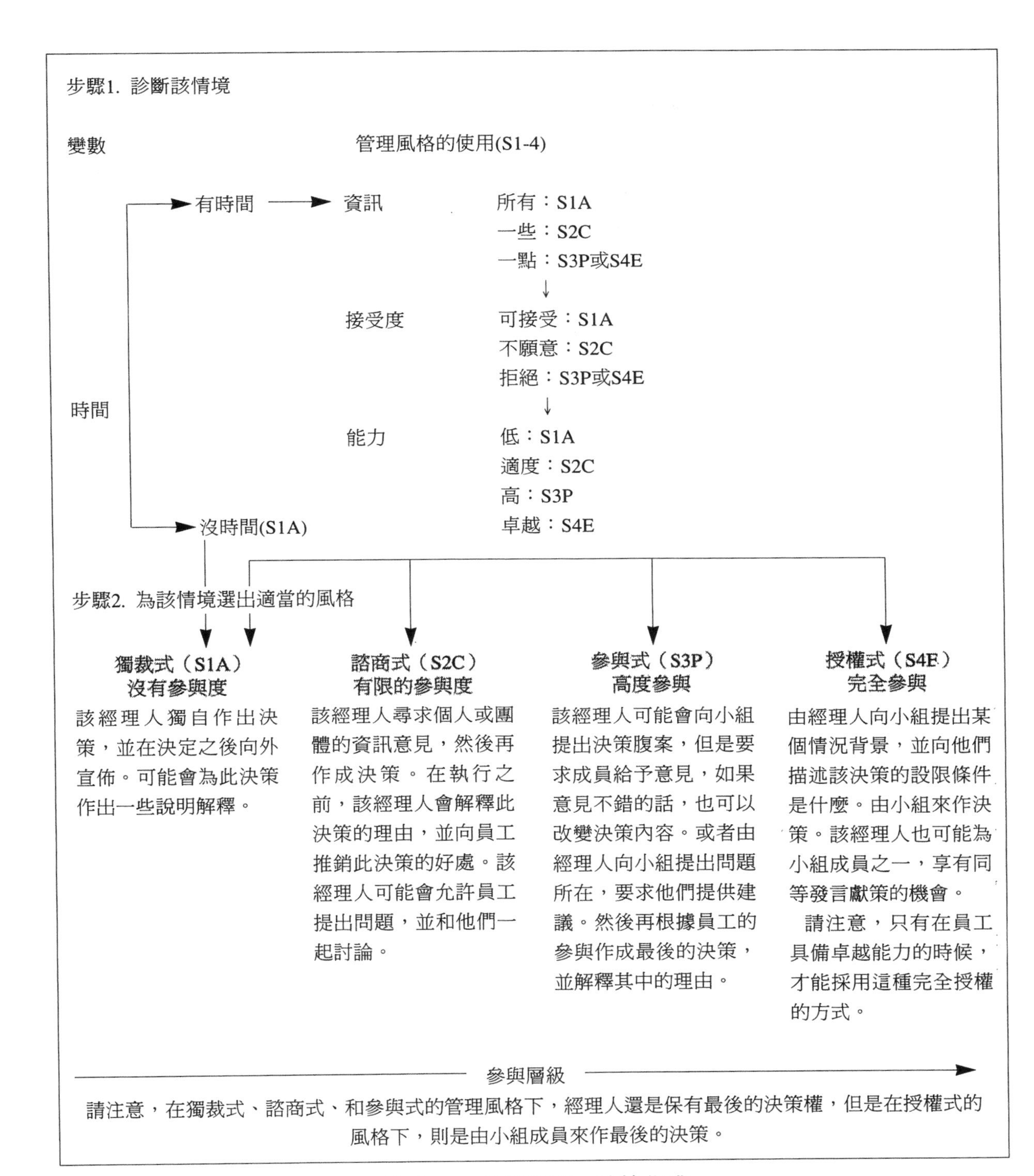

模式4-2　情境管理：決策作成

練習4-1　個人VS.群體決策

為練習4-1預作準備

為了完成此練習，你必須熟讀本章個案並回答回顧與討論的十道問題。

在課堂上進行練習4-1

目標

比較個人和群體決策，以便更瞭解使用群體決策的時機。

準備

你應該已經回答過個案裏的十道問題了。

經驗

你會被編入到小組當中，一起合作回答相同個案的十道問題，然後再分析其結果，好判定是小組還是其中成員的分數比較高。

程序 1（1到2分鐘）

請把你對這十道問題的答案填在第程序4的表格中的「個人答案」欄上。

程序 2（15到20分鐘）

請分成五個小組，大小視必要情形而定。身為一個小組，必須對各問題的答案取得一致性的同意才行。把小組的答案填在「群體答案」 欄上。請試著使用一致性默契的方法，而不是記名分類的方法，來取得最終的答案。

程序 3（4到6分鐘）

評分：由講師講述答案。再判定個人得分和小組得分各是多少。並分別加總個人和小組的得分。

把所有的個人得分加總起來，再除以小組的成員數，就可計算出個人的平均得分。把該分數寫在這裏：____平均分數。

現在計算平均個人分數和小組分數之間的差異。如果小組分數高於平均個人分數，你就可以獲得（＋）正分；若是小組分數低於平均個人分數，你就損失掉（—）負分。請把它寫在這個空格上：____，並圈出（＋或—)。

找出最高的個人得分，把它寫在這裡：____。

看看有幾個個人的分數高過小組的分數 ____。

程序4（5到10分鐘）——整合

分組討論在此練習中群體決策的利弊各是什麼。

問題號碼	個人答案	小組答案	建議答案	個人分數	小組分數
1.	____	____	____	____	____
2.	____	____	____	____	____
3.	____	____	____	____	____
4.	____	____	____	____	____
5.	____	____	____	____	____
6.	____	____	____	____	____
7.	____	____	____	____	____
8.	____	____	____	____	____
9.	____	____	____	____	____
10.	____	____	____	____	____
總分		____	____	____	____

潛在好處

1.更佳品質的決策：你的小組所作的決策是否比較好？該小組的分數高於最高的個人分數嗎？如果沒有的話，是什麼原因呢？是不是知識比較淵博的成員不夠有自信呢？別人願意聽他們的意見嗎？

2.更多的資訊、選擇、創意、和創新：該小組有讓成員們想出個人所無法考慮到的選擇方案嗎？你的小組有使用反對論調的辦法嗎？

3.可以讓人們瞭解該決策：小組成員們瞭解小組答案背後的理由嗎？

4.人們願意為該決策全力以赴：小組成員能接受小組的答案嗎？

5.改善士氣和動機 成員們比較滿意於小組決策抑或是個人決策？

潛在壞處

1.時間上的浪費：該小組浪費了很多時間嗎？所浪費掉的時間對效益上來說是值得的嗎？（也就是比較高的小組得分）

2.最低標準：小組在答案上只求最低標準還是力求完美？因為沒有人可以為整個小組的作答結

果負責，會不會因此而造成成員的「不在乎」心態。

3.主控權和目標錯置：有任何人或小團體主導整個作答結果嗎？每個人都有參與嗎？其中是否有任何一個人特別在乎自己的答案有否被小組所接納，而不是只為了讓小組有最好的答案表現。

4.服從和群體思考：成員在提出自己的答案時，是否不夠有自信？該小組會強迫這些人同意多數人的意見嗎？

改進

總而言之，小組的好處大過於壞處嗎？如果你的小組想要繼續合作下去，在決策的能力上該作些什麼改善呢？請把你的答案寫下來。

結論

由講師帶領全班進行討論，並作成總結講評。

運用（2到4分鐘）

我從此經驗中學到了什麼？我會在未來的日子裏，如何運用此所學？

分享

由自願者提供他在此運用單元裏的答案。

練習4-2　腦力激盪

為練習4-2預作準備

為了完成此練習，你必須先行讀過本章個案內容。

在課堂上進行練習4-2

目標和經驗

參與腦力激盪的動腦會

程序 1（8 到12分鐘）

假定Carolyn已經做了決定，要擴張藝術月曆，她請求你的協助，給她一些點子來進行事業的擴充。

當班上同學提出點子的時候，由講師或同學將各點子記錄在全班同學都可以看得到的地方。遵照下列的腦力激盪規則而行事：

1.請腦中出現點子時，不要經過評估就提出來，因為瘋狂的點子也不是一件什麼壞事。

2.不要評估眼前已被提出的任何一個點子（批評或讚賞）。

3.不要質疑或討論其中任何一個點子，只要作腦力激盪就可以了。

4.不要試著改善或結合一些已提出的點子——沒有經過審慎的評估。

程序 2（10到20分鐘）

請就腦力激盪當中所提出的每一個點子，進行質疑和討論，以便對各點子的使用與否，獲得一致性的同意看法。請試著找出（投票）Carolyn 可以優先使用的三大點子，其它點子則可以稍後再行運用。

結論

由講師帶領全班進行討論，並作成總結講評。

運用（2到4分鐘）

我從此經驗中學到了什麼？我會在未來的日子裏，如何運用此所學？

分享

由自願者提供他在此運用單元裏的答案。

第五章
策略性與作業性規劃過程

學習目標

在讀完這章之後，你將能夠：

1.描述策略性計畫和作業性計畫之間的差異。

2.說明三種策略階段之間的差異：企業性策略、事業性策略和功能性策略。

3.解釋產業和競爭狀況分析的執行理由。

4.解釋公司狀況分析的執行理由。

5.說明競爭優勢和基本標竿化之間的關係。

6.討論總目標（goals）和目標（objectives）之間有什麼相同和相異處。

7.列出目標（objective）擬定模式中的各個步驟。

8.描述四個大策略：成長性策略、穩定性策略、轉變和節流性策略以及綜合性策略。

9.描述三個成長性策略：集中、擴展和分散。

10.討論事業性階段下的三種適應性策略：試探、防禦和分析。

11.列出四個主要的功能性作業策略範圍。

12.界定下列幾個主要名詞：

策略性規劃	SWOT分析	合併
作業性規劃	競爭優勢	收購
策略性過程	基本標竿化	公司業務組合分析
策略	總目標	適應性策略
三種策略性階段	目標	功能性策略
企業性階段的策略	目標擬定模式	
事業性階段的策略	目標管理（簡稱MBO）	
功能性階段的策略	大策略	
狀況分析	企業性成長策略	

技巧的發展

技巧建構者

1. 你可以學習擬定有效的目標（技巧建構練習5-1）
2. 你可以學習為某個事業發展出策略性計畫（技巧建構練習5-2）

這些技巧是概念性和決策性管理技巧的一部分。這些練習可培養你的規劃和決策性角色技巧。此外，這些練習也可以培養出資源、資訊和系統使用方面的SCANS能力，以及一些基本性和思考性的基礎能力。

■Pete Clark和他的合夥人，擁有六家Jiffy Lube廠，並雇用了70名員工。

猶它州的Jiffy Lube公司在猶它州和科羅拉多州兩地開始營運。James Hindman在1979年買下了這家公司，並把名稱更改為Jiffy Lube國際公司（Jiffy Lube Inter-national）。Hindman是西馬里蘭大學（Western Maryland College）的新任足球教練。Peter Clark在完成了碩士學位之後，就開始擔任足球訓練的助教工作，和Hindman共事了兩年，另外兩年則擔任教練和講師的工作。Hindman要求Pete到Jiffy Lube公司為他工作，Hindman派遣Pete到猶它州接受了為期三個月的訓練，學習如何運作Jiffy Lube公司。然後Pete以訓練總監的身分回到巴爾的摩（Baltimore），開始教授那些加盟Jiffy Lube公司的人們如何營運管理。Pete開發出一種程序手冊，後來又成了營運經理。在設立了數百家的Jiffy Lube加盟店之後，Pete終於決定離開Jiffy Lube公司，也成為加盟商之一。

Pete在麻州的西部和Steve Spinelli各佔50%的股份，擁有兩家Jiffy Lube服務中心。他們一起開發了很多種服務中心，後來又各投資25%的股份，和Rich Heritage（50%的股份）在康乃狄克州的Hartford設立了一些服務中心。接下來，Pete、Steve和Rich又和John Sasser聯合起來，買下了位在紐約經營不善的九家服務中心，然後又設立了更多的分店。這些結合加總下來的Jiffy Lube事業稱之為American Oil Change，共有47家服務中心分佈在新英格蘭和紐約各地，雇用人數高達700人左右。但是Pennzoil買下了Jiffy Lube國際公司之後，就開始積極地買回所有成功經營的加盟店。到了1991年，Pete和他的合夥人終於決定把47家服務中心賣給Pennzoil的Jiffy Lube公司。

同時，Pete與他兩個在麻州的Pittsfield建立兩個中心的哥哥James與Paul Clark變成擁有33%又三分之一股權的股東及與他太太的姊姊Gail Bowman在麻州的Worcester共同擁有50%的股權。1994年Pete 與他哥哥們賣掉在Pittsfield的Jiff Lubes的給Pennzoil的Jiff Lube。而今Pete與他太太Korby在

Worcester擁有6間Jiff Lubes佔50%的股權，其中包括Korby的姊姊Gail佔25%的股權。Gail後來賣掉她一半的股份搬到伊利諾州。讓一位新的擁有25%股份的股東Dave Macchia來擔任營運經理。

自1991年以來，37歲的Pete就不再全職性地管理Jiffy Lube公司的運作了。他現在只是協助Dave經營事業而已，而把大多數的時間都花在社區服務、教練工作和家人的身上。Pete在Jimmy基金會裏工作了很多個小時。他也在Trinity學院和Agawam高中裏擔任過足球教練以及棒球教練，現在則是為他孩子所加入的Agawam棒球隊、足球隊和軟式棒球隊進行訓練。

透過本章，你將會學到更多有關Pennzoil之類的大型企業和Bowman-Clark公司之類的小型企業（Pete和他的合夥人現在擁有六家Jiffy Lube公司，共雇用了大約70個員工）。[1]

欲知Jiffy Lube公司的現況詳情，請利用以下網址：http://www.jiffylube.com。若想瞭解如何使用網際網路，請參考附錄。

策略性和作業性的規劃

第一章把規劃界定為設定目標和事先判定該如何達成目標的一個過程。在第五章和第六章的時候，我們則會擴張規劃的定義，好涵蓋住各種不同類型的計畫。在本單元裏，你將會學到有關規劃的過程以及策略性規劃的各種階段。但是一開始，你必須先瞭解規劃的重要性。

在第四章的時候，你學會了創意的重要性，因為它會引導出產品的創新。只是有了很棒的點子並不見得就能保證成功，事實上，每十個新上市的產品就有八個會失敗（70%的失敗率）。而失敗的主要原因就在於不良的規劃，[2]其中的例子包括，Weyerhaeuser的超軟嬰兒紙尿褲、R. J. Reynolds的Premier無煙香煙、General Mill的Benefit穀類食品以及Anheuser-Busch的LA啤酒。[3]即便是在市面上賣得很成功的產品也會因不良的規劃而前功盡棄。Harvey Harris開創一家名叫「祖母月曆」（Grandmother Calendar）的公司，專門以優待價格出售個人化的月曆。可是下訂單的速度卻遠超過Harvey交貨完成的速度，所以他只好把每日支出的現金釋出，用來擴充產量，使得每天的產量可高達300個月曆，但是平均每天仍有1,000份左右的訂單蜂擁進來。等到耶誕節愈來愈靠近的時候，還有數萬張的訂單沒有交貨。因為很多訂單都是以信用付款的方式來付帳，所以除非Harvey完成交貨，否則就收不到現金。結果包括用來支付100名員工的薪資等各種支票紛紛跳票，成了各銀行的拒絕往來戶，Harvey才不得不終止他的生意。Harvey承認，他的生意之所以失敗，全是由於錯誤的決策和不良的規劃所導致。[4]

1.描述策略性計畫和作業性計畫之間的差異

策略性過程

策略性規劃
發展宗旨和長程目標，並事先判定該如何達成此目標和宗旨的一個過程。

作業性規劃
擬定短程目標和事先判定該如何達成此目標的一個過程。

工作運用

1.請就你曾服務過的公司或目前正在工作的組織單位，舉策略性和作業性目標的實例。

所謂**策略性規劃**（strategic planning）是指發展宗旨和長程目標，並事先判定該如何達成此目標和宗旨的一個過程。而**作業性規劃**（operational planning）則是指擬定短程目標和事先判定該如何達成此目標的一個過程。規劃、策略性規劃和作業性規劃這三者之間的差異就在於所牽涉到的不同時間架構和管理階層。規劃並不會明確地定出時間範圍。策略性規劃則包括宗旨說明和長程目標的發展。所謂長程（long-term）通常是指需要一年以上的時間來達成某個目標。策略性計畫通常每五年發展一次，每年都需要回顧成果並修訂之，又稱之為五年計畫，是由高階經理人來發展的。作業性計畫則具備了短程目標，必須在一年以內達成。中階經理人和第一線經理人專門發展作業性計畫。有些組織會把戰術性計畫（tactical plans）從策略性計畫和作業性計畫裏頭再行分出。戰術性計畫介於策略性和作業性計畫之間，許多公司都把戰術性計畫和作業性計畫合而為一，並以原來的戰術性和作業性計畫名稱來統稱之。我們也是把這兩者結合在一起，統稱它們為作業性計畫。

透過策略性過程，高階經理人發展出長程計畫，再由中階或低階經理人來發展作業性計畫，以便達成長程的目標。根據方法－結果論的連鎖關係來看（第二章），先由高階經理人來判定結果，再由中階或低階經理人來決定該以何種方法完成預定下的結果。所以策略性過程的成功要素就在於策略性計畫和作業性計畫的彼此協調，也就是在兩個層級之間搭起互通的橋樑。[5]

策略性過程
其步驟包括：（1）發展宗旨；（2）分析環境；（3）擬定目標；（4）發展策略；和（5）執行與控制策略。

策略性過程（strategic process）的各個步驟包括：（1）發展宗旨；（2）分析環境；（3）擬定目標；（4）發展策略；和（5）執行與控制策略。策略的發展有三個階段，本單元會提出策略的發展，然後是宗旨的發展，本章的其它單元則會涵蓋其它的步驟。請參考圖5-1對策略性過程的一個描繪。請注意這個過程並不只是單純地從步驟一走到步驟五就了事。正如箭頭所指，你需要回到前面的步驟作些改正，然後才能繼續走下去。你也應該瞭解到策略性過程還包括了四種管理功能。在完成了計畫之後，也需要組織（指派責任來完成目標）、領導（透過溝通和鼓勵，影響員工達成目標）和控制（採取行動監控進度，並在必要的時候，進行更正）等來繼續整個過程。最後請注意一點，那就

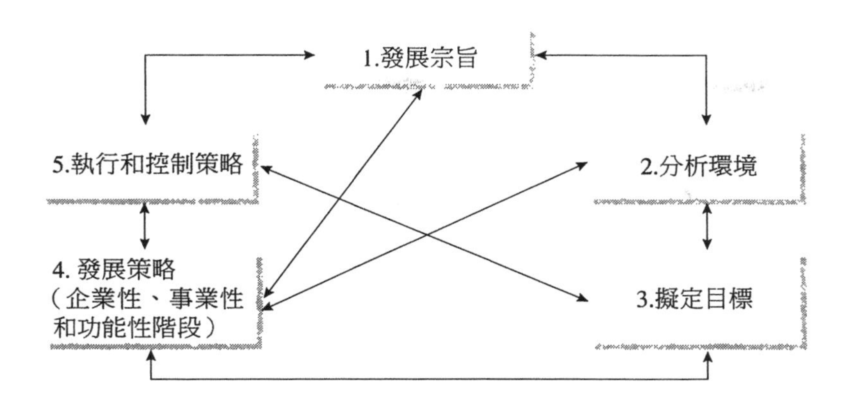

圖5-1　策略性過程

是普天之下，沒有什麼所謂放諸四海皆準的過程步驟可言。

策略的各個階段

2.說明三種策略階段之間的差異：企業性策略、事業性策略和功能性策略

所謂**策略**（strategy）是指追求宗旨和完成目標的某種計畫。而**三種策略性階段**（three levels of strategies）分別是企業性、事業性和功能性。這三者之間的主要差異在於規劃重點的不同（會隨著策略下放到組織當中，而漸漸縮減範圍）以及由不同的管理階層來參與策略的發展。你將會在本章稍後的個別單元裏學到更多有關三種策略性階段的事宜。在這裏，我們只是簡單地為每一個階段作定義上的說明，如此一來，你才能瞭解這三種階段之間的不同差異究竟是什麼。

策略
指追求宗旨和完成目標的某種計畫。

三種策略性階段
分別是企業性、事業性和功能性。

企業性階段的策略（corporate-level strategy）是指專為管理多重事業單位所發展出來的計畫。很多公司，特別是大型公司都是由數個事業單位所組成的。比如說，Philip Morris公司旗下有Philip Morris香煙事業、美樂（Miller）啤酒事業和Kraft General 食品事業。通用汽車公司（General Motors）則擁有GM汽車事業、Electronic Data Systems電腦事業和Hughes Electronics電器事業。Jiffy Lube則是Pennzoil旗下事業之一。但是大多數公司，尤其是小型企業，往往只經營一條事業線，Pete Clark的公司就是一個典型的例子。因此，他們並不需要企業性策略。

企業性階段的策略
專為管理多重事業單位所發展出來的計畫。

事業性階段的策略（business-level strategy）是指專為管理單一事業線所發展出來的計畫。Philip Morris公司和通用汽車公司旗下的各事業都有屬於它們自己的策略，以便它們在個別產業中和他人競爭。1906年，Keith Kellogg在

事業性階段的策略
專為管理單一事業線所發展出來的計畫。

誤打誤撞的情況下發現了製作即食穀類的方法，於是開創了Kellogg公司。一直到今天為止，Kellogg還是專注在這單一事業線上。而Pete Clark和他的合夥人也是專注在一條事業線上而已。

功能性階段的策略
專為管理某事業體的單一領域所發展出來的計畫。

功能性階段的策略（functional-level strategy）是指專為管理某事業體的單一領域所發展出來的計畫。這些功能領域正如前面幾章所談到過，包括了，行銷、財務和會計一營運／生產、人力資源以及事業體中的其它單位。Pete的六位Jiffy Lube經理人就必須參與這些功能性領域。請參考圖5-2對策略性和作業性階段的描繪。

工作運用

2.你曾服務過的公司或你目前正在工作的所在，它有多重的事業單位嗎？答案若是肯定的話，請列舉出來。

發展宗旨

發展宗旨是策略性過程中的第一個步驟。但是在分析完周遭環境之後，你還是必須重新檢查一下原來的宗旨，看看是否有修正的必要。宗旨之所以重要，是因為它是策略性過程中其它四個步驟的基礎所在。對那些營運當中的事業體來說，它們都已經發展出自己的宗旨內容，所以其任務要點就是回顧過去設定好的宗旨內容，並在必要的時候，作些修訂。[6]企業的宗旨就是它存在的目的和理由（第二章）。宗旨上要說明該公司目前為什麼要從事某事業，以及將來的事業走向是什麼。宗旨會塑造出一個遠景，驅使公司不斷地向前邁進，它內含了對組織體努力達成目標的一種期待。[7]你可能會想要回顧一下第二章

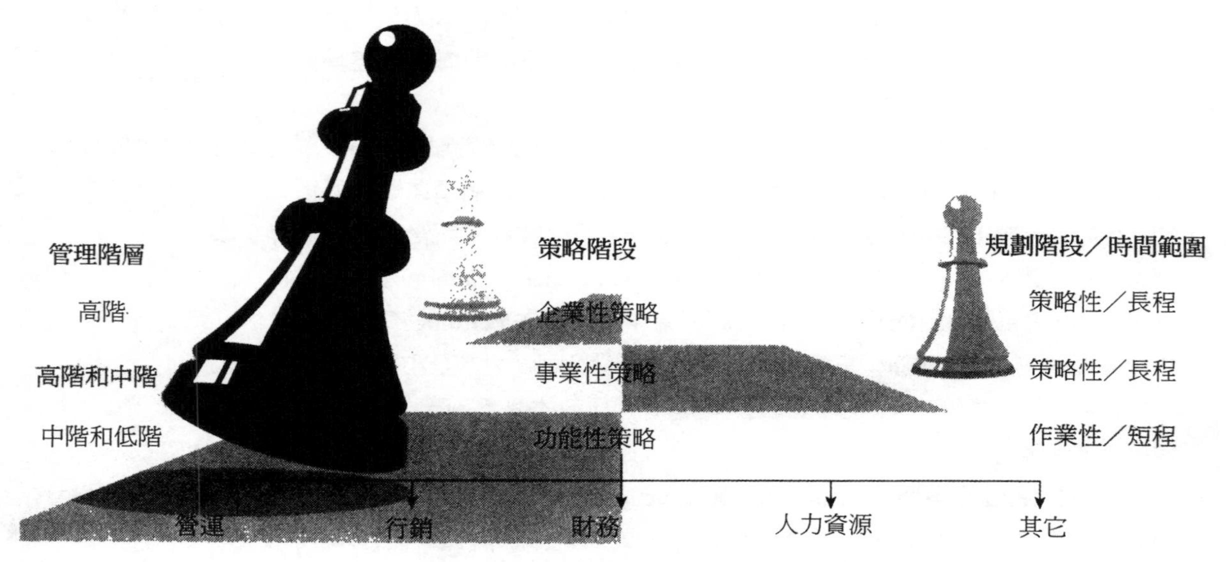

圖5-2　策略性和作業性階段

的圖2-1：聯邦快遞公司的宗旨說明。Pete把他的Jiffy Lube宗旨定義為：「我們的事業就是汽車油料更換服務的事業。我們提供即時又高品質的服務，來滿足我們的顧客。」

Pete和其他人[8]非常瞭解必須從顧客的角度來著眼和發展策略性的過程，這一點十分的重要。很多最高執行長都努力想要藉由產品的改善和送貨時間的縮短來提高顧客的滿意度（以時間為主的競爭）。[9] Pete對品質的定義倒是沒有明確的說明，因為必須由顧客來決定品質的好壞（第二章）。當顧客來到店裏要求服務的時候，被接待的感覺只有顧客自己心裏才明白。如果顧客覺得自己被招呼得很好，下次需要換油料的時候，自然就會再度上門。顧客滿意度是這麼的重要，以致於許多公司都把它當作是企業性策略的重點之一。而且對那些針對顧客滿意度另行做出策略的公司來說，它們的表現也的確優於其它公司。[10]

發展策略性計畫的公司數目正與日俱增。這些增加的數量都是來自於那些收益表現不佳的公司，因為它們想要仿效企業界的成功作法。市面上也有很多不同軟體，可以協助發展策略性規劃。[11]

分析環境

策略性規劃的過程必須由外來調整集中。[12]事業體的策略必須配合公司的能力和其外在環境。[13]內在和外在環境因素（第二章）必須在策略性過程中的第二步驟裏被分析清楚，[14]好判定其中的配合程度如何。分析環境的另一種說法是**狀況分析**（situation analysis）。所謂狀況分析就是挑出公司內部環境的一些特點，這些特點最能直接架構出策略性窗口下的各種選擇和契機。狀況分析有三個部分：產業和競爭分析、公司狀況分析（簡稱SWOT）以及競爭優勢等。請牢記，擁有多條事業線的公司組織一定要為每一條事業線執行環境分析才行。

狀況分析
挑出公司內部環境的一些特點，這些特點最能直接架構出策略性窗口下的各種選擇和契機。

產業和競爭分析

3.解釋產業和競爭狀況分析的執行理由

各產業因其商業架構、競爭狀況、以及成長潛力的不同而有很大的差異。為了判定某產業是否有投入的價值，需要先回答類似下述的幾個問題：該市場有多大？成長率如何？其中有多少競爭對手？Pete說他所身處的產業是汽車服務業，整個市場量大約有25萬人。因為Worcester地區的競爭廠商已趨飽和，所以成長的空間很小。Pete（六家服務廠）的主要競爭對手是Ready Rube（四家服務廠，還有一家正在建造當中）、Oil Doctor（兩家服務廠）以及許多獨立經營的加油站、服務廠（Firestone, Goodyear等）、和一些也提供油料更換服務的經銷商。Michael Porter發展出五種競爭力的說法，用來分析整個競爭環境。[15]

五種競爭力

產業中的競爭是由五種競爭力所混合組成的：

1.產業當中各賣方之間的一較高低：Portor稱這種情況為位置的爭奪和變換。各事業體是如何地爭取顧客呢（價格、品質、速度以及其它等等）？產業之中的競爭究竟是如何呢？可口可樂對上百事可樂、AT&T對上MCI和Sprint，這些都是在市場上彼此競爭的對手。因此公司必須對整個競爭態勢有心理上的事先準備。

2.替代產品和服務的威脅：其它產業的公司也可能奪走你的顧客群。Very Fine Juice、Snapple、Gatorade以及其它飲料，就已經跟在蘇打飲料之後，奪走了許多果汁飲料的顧客群。

3.潛力十足的新加入者：新的事業體投入產業中成為新的競爭對手，這種作法究竟有多困難？花的成本代價很高嗎？而公司需要為了這個新的競爭對手再擬定對策嗎？可口可樂和百事可樂可能不需要太在乎新的競爭對手，但是當地的小型錄影帶出租店，可就得小心百事達（Blockbuster）錄影帶連鎖店的入侵了。

4.供應商的力量：事業體對供應商的依賴程度有多少？如果某事業體只擁有一家供應商來維持供貨，又沒有其它的供應商可取代，那麼這家獨一坐大的供應商就有談判價格的本錢了。可口可樂公司對那些獨資的可口可樂瓶裝廠就擁有無上的權力，因為它是唯一的供應商。可是小型影帶出租店卻可以隨心所欲從各個供應商那兒買到貨源。

5.買方的力量：事業體對買方的依賴程度有多少？如果某事業體只有單一買主，或是少數幾個買主，完全沒有其它的替代買主可言，那麼買方就理所當然地擁有殺價的本錢了。通用汽車公司告訴它的供應商，若是不降價，生意就甭談了。許多和通用汽車公司有生意往來的供應商，完全沒有談價的權力，只有任對方宰割。

公司多是在企業性策略階段的時候，使用產業和競爭狀況分析來決定應加入或刪減掉哪一條事業線，以及如何在各事業線之間分配資源。有關這一點，我們將會在本章稍後的地方再詳加解釋。Pennzoil買下了Jiffy Lube公司，是因為它覺得這是個值得投入的產業。Pete也運用了產業和競爭分析來決定把Jiffy Lube事業留在Worcester地區，而不賣給Pennzoil（當然這也仍是一個懸而未決的選擇）。但是他不同於Pennzoil，因為他不需要持續不斷地進行產業和競爭的分析。請參考圖5-3，該圖對Pete位在Worcester地區的Jiffy Lube事業，做了一番競爭態勢上的分析。總而言之，Pete認為這個產業的吸引力並不足以吸引新進的加入者，可是對他來說，這樣的吸引力已經足夠他願意待在這個地區繼續做下去了。

工作運用

3.請就你曾工作過的公司或目前正在服務的所在，進行簡單的五種競爭力分析。請利用圖5-3作為參考案例。

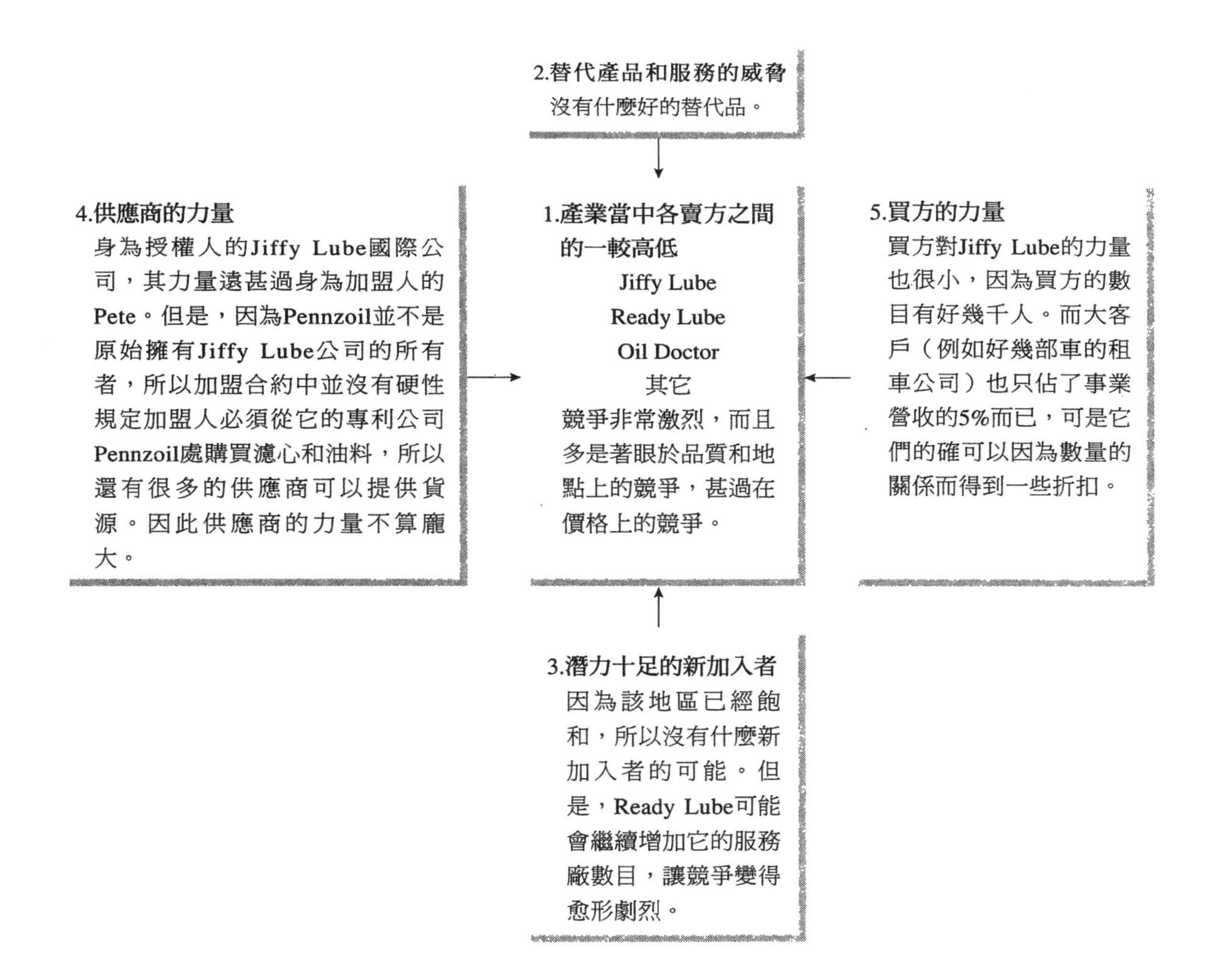

圖5-3　Pete的Jiffy Lube廠：針對五個競爭力的分析

圖5-4　公司狀況分析的各個步驟

4.解釋公司狀況分析的執行理由

公司狀況分析（SWOT）

公司的狀況分析是用在事業性策略的階段上，以便判定在策略性過程中的下面三個步驟裏，需要提出哪些策略議題和問題點。完整的公司狀況分析有五個主要部分，請參考**圖5-4**的所列內容：

1.根據績效表現對現有的策略所作的評估這可能只是一份很簡單的說明，也可能是一份過去五年來的績效指標比較圖（市場佔有率、銷售量、淨利、資產回收以及其它等等）。

SWOT分析
透過SWOT分析，就可以判定某個組織內在環境的優缺點以及外在環境的機會點和威脅點。

2.SWOT分析：透過**SWOT分析**（SWOT analysis）就可以判定某個組織內在環境的優缺點以及外在環境的機會點和威脅點。類似像SWOT這類的策略性工具，[16]很常被人推薦使用。Wal-Mart就要求它的寵物食品供應商必須進行SWOT分析。它寄給這些供應商一份長達33頁的賣主規劃袋（Vendor Planning Packet）。因為Wal-Mart的購買力高達490億美元，所以大多數的供應商都會完成那份SWOT分析。[17]SWOT分析是根據第二章所含蓋到的環境細節而定的。我們可以快速地回顧一下，專為優缺點而分析的內在環境因素包括了，管理、宗旨、資源、系統過程、和架構；而專為機會點和威脅點所分析的外在環境因素則包括了，顧客、競爭對手、供應商、勞工、利害關係人、社會、技術、政府以及經濟等。**圖5-4**就是專為Pete的Jiffy Lube所作的SWOT分析。就是因為Hindman瞭解到當地小型加油站正面臨到某個威脅，所以才有Jiffy Lube的機會點出現。在1973年石油禁運的時候，石油非常短缺，許多兼作換油服務的小型加油站都沒有生意可作。Hindman知道車子每跑3,000英哩就該換一次機油，可是很少人會換得如此頻繁，因為在加油站的排隊等候時間實在太久了。所以Hindman利用了那次的機會點，買下猶它州的Jiffy Lube，順勢推出了非常具有顧客價值的服務內容。

3.競爭上的優勢評估（是競爭優勢嗎？）：若是想讓策略發揮效果，就必須對競爭對手有一番透澈的瞭解才行。[18]關係事業體成功與否的要素可拿來和各主要對手作比較。所謂關鍵性成功要素（critical success factors）就是事業體為了要成功所必須好好完成的少數幾件重要事情。透過對競爭上的優勢評估，組織體也許可以從中選出一個最具競爭潛力的優點，我們會在本單元的最後部分進行個別的介紹。組織體最常運用兩種辦法，第一個辦法是把每個要素冠上1（弱）到10（強）的評分點，再把這些點數加總起來，排出各競爭對手的優劣名次。第二個辦法也是採用相同的評分點，可是卻加重關鍵性成功要素的計分比重。加重計分的總合是1.00。加重計分乘以評分就是每一個公司在各個要素上的分數。然後再把所有分數合計起來就可以算出各競爭對手的排名了。圖5-5正是以Pete的Jiffy Lube廠來作為加重計分的例子。

4.有關競爭位置的結論：和競爭對手比起來，事業體的表現如何？事情有改善嗎？或者還是岌岌可危？

5.透過策略性過程，判定需要特別注意的策略議題和問題點：根據第一到第四部分，還有哪些東西需要在未來改進，以便改善競爭態勢。

工作運用

4.請就你曾工作過的公司或目前正在服務的組織為例，列出它的幾個主要優缺點。

競爭優勢

5.說明競爭優勢和基本標竿化之間的關係

還記得競爭優勢的發展是公司狀況分析中的第三步驟嗎？透過策略性規劃，就可以創造出競爭優勢。[19]許多組織都以高品質和時間上的優勢來進行競爭優勢的發展。[20]**競爭優勢**（competitive advantage）會明確地說出組織體是如何地提供獨特的顧客價值。它可以回答以下幾個問題：我們和競爭對手之間有什麼不同？人們為什麼捨競爭對手而來購買我們的產品或服務？一個可以持續維持下去的競爭優勢必須：（1）能夠分得出自己組織和其它競爭對手之間的不同是什麼；（2）可以提供正面性的經濟利益；（3）沒辦法被對方輕易地複製下來。而有效的管理人才正是製造競爭優勢的主要關鍵。[21]

競爭優勢
此分析可明確地說出組織體是如何地提供獨特的顧客價值。

在Domino's 搶灘餐飲業之前，必勝客（Pizza Hut）一向擁有非常好的競爭優勢。因此Domino's決計不在餐廳這方面和必勝客正面交鋒，改以外賣外送服務來作為它的競爭優勢。有些競爭優勢無法維持下去，因為它們太容易被人複製仿效了。好幾年前，必勝客和其它許多當地的披薩店也都開始提供外賣和外送的服務，而Little Caesar也於1995年開始它的外送外賣服務。但是Domino's和Jiffy Lube之類的創始者卻博得了其它競爭對手所無法分享到的大眾認同和名聲。如果你隨便抓個人來問，哪裏有披薩的外送外賣服務？哪裏可以為汽車快速地換油？大多數人的回答都是Domino's 和Jiffy Lube。Jiffy Lube國際公司在1994年的廣告中強調Jiffy Lube和Pennzoil機油的品質，它的廣告主題是：「如

1.根據績效表現對現有的策略所作的評估

我們目前的策略做得相當不錯，我們的績效表現在收益上也相當的傑出，即使是在1980年代晚期到1990至1991年之間的經濟衰退期，也還有不錯的表現。自1992年起，表現成果更是傑出。

2.SWOT分析

優點 我們的主要優點在於我們長期下來所建立起來的聲譽，因為我們是第一家以快速換油起家的公司。因為是第一家，所以我們選擇了最佳的地點來作為服務廠的所在地。我們有堅強的的管理陣容，還有清楚明確的宗旨任務。最主要的長處就是我們對資源有非常嚴格的預算控制。我們的資訊資源電腦讓我們能夠瞭解每部車的進廠歷史。我們對成本的刪減也很注重。我們的系統過程和架構非常堅固，可以讓我們在十到十五分鐘之內就換好一部車的油料。

缺點 我們的缺點之一就是提供服務和與顧客進行接觸的員工。因為換油料並不是什麼高技術的高薪工作，所以我們必須小心謹慎找到有責任感的員工，讓他們願意運用我們所傳授的方法來接待顧客。不負責任的員工，若是犯了錯誤（例如沒有把油栓放回去，造成駕駛人開車的時候車體不斷地漏油），往往會造成財務上的損失，並讓公司丟了客戶。

機會點 在Worcester地區，我們可以設立一家以上的服務廠，而且可以擴充到其它地區。我認為我們的機會點就在於提供全新的服務，這也正是我們這幾年來已經做到的事情。除了更換油料 之外，我們也提供空調、冷卻器、PVC以及車燈等各項服務。Jiffy Lube國際公司正持續測試新的服務項目，並會讓加盟商知道有哪些服務是可行的。只要外在經濟環境良好，我們就有機會為更多的車主服務。

威脅點 我們的主要立即威脅來自於政府單位。環保單位要求我們要符合環保標準。舉例來說，新的空調系統不得使用二氯二氟代甲烷，所以我們必須購買新的機器來為新車種服務。這種機器很貴，而且所佔空間是原來機器的兩倍。職業安全健康局（簡稱OSHA）也要求我們符合規定。因為政府干涉的關係，所以我們現在正面臨了一個長期性的未來威脅，那就是電動汽車。因為電動車是不需要更換油料的。

3.競爭上的優勢評估

評分點：每一家公司都可得到1（低）到10（高）的分數；然後再把評分點乘上加重計分

關鍵性成功要素	加重計分	JiffyLube	Ready Lube	Oil Doctor
訓練	.60	10 - 6.0	8 - 4.8	2 - 1.2
品質 認知	.20	9 - 1.8	7 - 1.4	2 - 0.4
即時 服務	20	8 - 1.6	8 - 1.6	3 - 0.6
總計	1.00	9.4	7.8	2.2

注意事項：這些關鍵性成功要素彼此之間是有連帶關係的。訓練是最重要的要素，因為有了訓練，員工可以學會如何透過與顧客之間的專業性互動關係來傳達品質的認定概念。而且也學習到如何以即時快速的工作態度來作好事情，因為服務若是太慢往往會影響顧客對品質的認定。

競爭優勢

我們的競爭優勢就是我們在各主要地點上的名稱和品質形象。身為該產業中的領導者，Jiffy Lube在各服務廠都達到了多數的基本標準要求。授權公司也提供了各種數據，可讓我們和其它的事業體進行比較。

4.有關競爭位置的結論

我們是市場上最領先和最強壯的競爭對手，而且會持續改善服品質來維持這樣的局面。

5.透過策略性過程，判定需要特別注意的策略議題和問題點

我們Jiffy Lube服務廠有三個主要部分有待加強，它們分別是：（1）和Jiffy Lube國際公司的研究調查時時保持密切的合作關係，並利用最新的點子來改善我的事業；（2）跟上環保等各議題的腳步；（3）持續監控Ready Lube，因為它一直很積極地想奪去我們的顧客。舉例來說，他們的新廠位址就在我們的對街上。

圖5-5　Pete的Jiffy Lube公司狀況分析

果不是Jiffy Lube，就肯定不是Jiffy Lube」，其用意就是在維繫品牌名稱上的競爭優勢。

若是某家成功企業體擁有某項競爭優勢的話，競爭對手往往會把它複製下來而不是另謀其它的競爭優勢。Ready Lube和Oil Doctor並沒有什麼真正的競爭優勢，只不過是在不同的地點給某些顧客帶來更方便的服務罷了。其實要區分兩個非常類似的產品真的很困難的。Pennzoil的競爭優勢和其它品牌的油料有什麼不同呢？或者是Texaco的汽油和其它品牌的汽油又有什麼不同呢？

企業體有時也會利用低成本或低價格來作為自己的競爭優勢。如果你走進一家超市想要買一瓶可樂，往往會發現到某些當地品牌的可樂標價低於可口可樂和百事可樂，為的就是要提供顧客價值。和Mobil、Exxon以及其它全國性加油站互相競爭的當地加油站，多以較低的價格出售汽油。而在Pete經營區域內的其它快速換油服務廠，則是以相同的價格來和Pete競爭。

競爭優勢有時也稱之為比較性優勢（comparative advantage），它已經被發展成一個理論，稱之為競爭上的比較性優勢理論（comparative advantage theory of competition）。[22]有一家顧問公司叫做The Competitive Business Advantage Business，就是專門為各公司發展競爭優勢。[23]如果你曾考慮要開創屬於你自己的事業，請務必能夠回答下列問題：是什麼讓我的事業和其它競爭對手有所不同？人們為什麼捨其它競爭對手而來購買我的產品或服務？如果你沒有答案，那麼你就不具備什麼競爭優勢，而且也可能沒有足夠的顧客群來支撐你的事業。**技巧建構練習5-2**會要求你為自己未來可能感興趣的事業，發展一份策略性計畫。

工作運用

5.你曾工作過或目前正在服務的公司，它有什麼競爭優勢嗎？如果有的話，請說明內容。如果沒有的話，請說出它和其它的競爭對手有什麼相同之處？

競爭優勢的兩個相關概念分別是核心能力（core competency）和基本標竿化（benchmarking）。所謂核心能力是指公司表現甚佳的所在。核心能力是一項優點。[24]找出核心能力，才能利用公司的優點來創造出全新的產品和服務。舉例來說，本田公司（Honda）的核心能力就在於引擎，所以在良好的引擎技術下，該公司開發出汽車、摩托車、耕耘機、除草機、鏟雪機、摩托雪車、發電機、和船尾引擎等多項產品。**基本標竿化**（benchmarking）則是組織體比較各產品的過程，以及和其它公司互相比較的過程。基本標竿化的構想是想合法且有道德地多多瞭解其它產品和它的過程，以便複製它們或進行改良。基本標竿化多出現於各產業當中，為的就是要消除競爭優勢。舉例來說，Ready Lube和Oil Doctor基本上就是在模倣Jiffy Lube；而必勝客和Little Caesar則仿效Domino's的外送服務。但是，看看非競爭對手的長處，也可能可以找出好的點子，讓它成為你自己的競爭優勢。比如說，在曼哈頓中區的麥當勞就複製了外

基本標竿化
組織體比較各產品的過程，以及和其它公司互相比較的過程。

送服務的點子。[25]根據其它競爭對手的點子進行仿效和改良，往往有助於競爭優勢的發展或消除，也可能是兩者兼具。舉例來說，漢堡王複製了麥當勞的速食程序以及它的坐落地點，但是卻讓自己仍有些不同之處，它要求顧客「隨己喜好」，並聲稱自己的漢堡肉是溫火烘烤而成的，不像麥當勞是油炸的。

在完成了狀況分析之後，可再回到宗旨的部分，看看它是否需要作些修正。請記住，狀況分析是一個持續進行的過程，也被稱之為環境掃瞄（scanning the environment）。它會告訴你外在環境的走向如何，可能會需要你作些調整，以便持續改進顧客價值。請參考圖5-5的公司狀況分析。

擬定目標

成功的策略性管理需要管理階層抱持著對目標全力以赴的決心。[26]在發展完宗旨和作完狀況分析之後，你就可以準備進行策略性過程中的第三步驟：擬定目標。經理人的目標內容必須是多重性的，並依照優先順序進行排列，以便能夠專注在比較重要的目標上。[27]在第七章的時候，你將會學到如何排定目標的優先順序。

所謂目標就是最終的結果，其中並不需要說明該如何達成？在策略性過程中，達成目標是下一個步驟的事情。本單元裏，你將會學到總目標（goals）和目標（objectives）之間的不同；如何擬定目標；有效目標的標準何在；以及目標管理（簡稱MBO）等。

6.討論總目標和目標之間有什麼相同和相異處

總目標和目標

總目標
有待完成的總括性目標。

目標
在某目標期限下，以單一明確且可測度的術語，來說出有待完成的內容是什麼。

有些人把總目標和目標當作同義字在用。其實你應該要學會區分這兩者之間的不同。**總目標**（goals）是指有待完成的總括性目標。而**目標**（objectives）則是指在某目標日期下，以單一明確且可測度的術語，來說出有待完成的內容是什麼。我們很常用到總目標的說法，而且覺得它很管用。可是若是談到目標，就需要你來發展計畫，並瞭解有否達成最終的結果。舉例來說，Jiffy Lube的總目標是為每一位顧客提供完美的服務。這樣的總目標很管用，因為它可以為員工的行為舉止提供一個方針，但是要如何來測量呢？你又如何知道自己是否提供了完美的服務？這時就需要把總目標轉換成目標了。請參考圖5-6的案例。

總目標

・提升我們的表現，成為同儕中的佼佼者。
　為了成為產業中的個中翹楚，我們必須擬定明確的目標。

目標

・每年180%的替換準備。
・每一桶油等值於$4.30的替換成本。
・每一桶油等值於$4.25的營運成本(包括一般運作和行政管理)。
・稅後資產報酬達10%。

圖5-6　Pennzoil為它的油料和汽油部門所定下的總目標和目標

寫下目標

7.列出目標擬定模式中的各個步驟

為了確保目標達成，應該要把它們寫下來，放在可以看到的地方，例如你的桌上或牆上，而不是擱在政策手冊裏。[28]為了幫助你寫出符合標準的有效目標，請使用目標擬定模式。**目標擬定模式**（writing objectives model）的各個部分包括了（1）不定詞 +（2）動詞 +（3）有待完成的單一明確和可測量的結果 +（4）目標期限。模式5-1就描繪了此模式，它是根據Max E. Douglas的模式而來的。其它的目標例子還會附帶提出它的標準所在。

目標擬定模式
（1）不定詞 +（2）動詞 +（3）有待完成的單一明確和可測量的結果 +（4）目標期限。

工作運用

6.就你現在或過去的工作組織中舉出一個或多個目標。

組織

模式的四大部分：
(1) 不定詞 +
(2) 動詞 +
(3) 單一明確和可測量的有待完成結果 +
(4) 目標期限

來自於Wal-Mart商場的例子：[29]
在1996年12月以前，把每平方英呎的銷售量從$325增加到$400。
(1) + (2)+ (3)+　　(4)

規劃　控制　領導

模式 5-1　目標擬定模式

目標的標準所在

有效的目標包括了四個「必備」標準，這些標準就列在目標擬定模式中的步驟3和步驟4裏頭。我們會就每一個標準，提出無效目標的案例，然後再提出更正後的目標供你參考。

單一結果

為了避免混淆，每一個目標都必須只有單一結果才行，若是把太多目標放在一起，就可能產生掛一漏萬的情形。以下的例子取自於Wal-Mart商場。

無效目標：寵物食品的銷售量增加25%；市場佔有率增加5.4%。

有效目標：在1996年12月以前，增加25%的寵物食品銷售量。[30]

於1996年期間，完成5.4%的市場佔有率。

明確

目標內容必須說明績效表現的確實預期水準是什麼。第一個例子是很籠統的說法；第二個例子則是取自於美國紙業公司（American Paper Institute）。[31]

無效目標：極大化1988年的利潤收益。（究竟多少才算是極大化？）
在1995年年終以前，回收40%。（40%的什麼？—玻璃？紙張？什麼類型的紙張？）

有效目標：於1998年，達成100萬美元的淨利收入。於1995年年終，回收40%的所有紙類。

可測量的

如果人們想要達成某些目標，就必須要能定期地觀察和衡量自己的進度如何，如此一來才能判定目標有否達成。以下就是Jiffy Lube的總目標個案。

無效目標：為每一位顧客提供完美的服務（你要如何來衡量服務的完美性呢？）

有效目標：於1999年，在「非常」滿意的顧客評分上，達到90%的成績。

期限目標

目標的完成應該設定一個明確的日期。人們若是有期限上的壓力，就會努力想要讓事情在預定時間內完成。不用等到迫在眉梢的時候，才來趕工。以下例子是取自於Logical Water（這是一家軟體公司，它所開發出來的Quesheet程式，協助了許多企業找到更好的辦法來達成自己的目標）。[32]

無效目標：成為一名億萬富翁。（何時呢？）

有效目標：在1997年12月以前，成為一名億萬富翁。

若是能明確地定下某個日期，將比設下某個時間範圍要來得更為有效，因為後者的作法可能會讓你忘了何時開始？和何時結束？以下個案是取自於GTE：[33]

還算有效的目標：在五年內，每年都要讓國際事業有雙倍的成長，以達成50億美元的預定成長目標。

有效目標：在西元兩千年以前，每年都要讓國際事業有雙倍的成長，以達成50億美元的預定成長目標。

有些目標是不斷持續進行的，並不需要設定明確的日期。所以它的目標期限是無限的，除非它需要作些修正。以下的有名案例取自於3M公司和奇異電器（General Electric）：

有效目標：增加25%的產品銷售量，這些產品必須是五年前還不曾存在於市面上的產品。

讓所有的事業線都成為世界銷售量中的屬一屬二排名。

奇異電器要在任何一條有潛力的事業線上，成為世界上屬一屬二的佼佼者。

除了四個「必備」標準之外，還有三個「需求」標準。

很困難但是可以達成（寫實的）

有一些研究調查顯示，任務若是很困難，但是卻仍然可以達成的話，個人就會有更好的表現；相形之下，任務若是太簡單或太困難，或者只是要你「盡力而為」，個人的表現就可能不甚理想。[34]你將會在第十一章的時候，學到有關這方面的詳細內容。寫實（realistic）是一種主觀概念，所以它應該算是「需

工作運用

7.利用目標擬定模式，為你曾工作過的或目前正在服務的組織，寫下一個或多個符合標準的目標。

求」標準，而非「必備」標準。

共同擬定

參與目標擬定的團體要比那些被指定完成目標的團體來得更有表現（第四章）。經理人應該根據員工的能力，選用適當的參與層級。因為並不一定總是要讓團體參與目標的擬定，所以它只能算是「需求」標準，而非「必備」標準。

接受度和承諾度

為了達成目標，必須讓員工願意接受才行。如果員工不願承諾去完成目標，即使你的目標都很合乎標準要求，也是徒勞無益的。參與度可以提升員工對目標的接受度（第四章）。因為每個人的接受度和承諾度互有差異，而且有時候也會發生經理人設下的目標並不為員工們所認同，所以接受度和承諾度就成了 「需求」標準，而非「必備」標準。若想回顧一下目標的標準所在，請參考圖5-7。

目標管理

目標管理
由經理人和員工共同為員工設定目標，然後再定期評估表現，根據成果給予獎賞的一種過程。

經理人需要學習如何要求員工來完成整體目標。MBO的功能正是如此。所謂**目標管理**（management by objectives，簡稱MBO）就是由經理人和員工共同為員工設定目標，然後再定期評估表現，根據成果給予獎賞的一種過程。MBO的別稱還包括工作規劃和檢討、目標與控制和成果管理等。

若是想讓某個計畫全然的MBO化，就必須動員到整個組織。MBO需由高階管理階層率先作起，從上至下，一直到最基層的員工。每一個管理階層的目

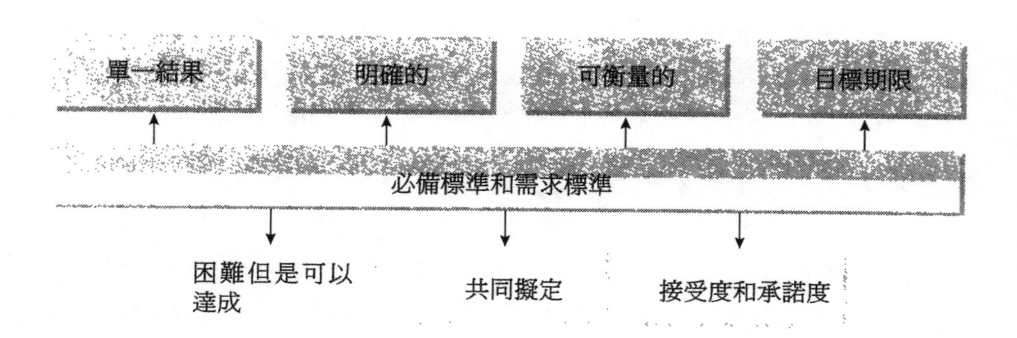

圖5-7　各目標所應該符合的標準

標都要落實到下一層管理階層的目標裏頭。這個過程就是大家所熟知的分階目標（hierarchy of objectives）。為了要成功，MBO必須花上很大的心力與時間。

有成功的MBO，也有失敗的MBO[35]。最主要的原因就在於承諾的缺乏和管理階層的不能貫徹。員工認定管理階層缺乏誠意，不讓員工一起參與決策的過程，這一點往往是MBO的致命傷。員工們覺得管理階層早就在告知他們之前事先擬定好目標，也做好了執行計畫。管理階層充其量不過是在利用MBO作為一種表面公關，並不是真的在評估員工們的意見看法。如果你誠心誠意地讓員工參與決策，而不是設法讓他們相信你的目標是取自於他們的意見看法，那麼你就可以成功地活用MBO的過程好處了。

MBO的三大步驟包括：（1）擬定個別目標和計畫；（2）給予回饋和評估；（3）根據表現給予獎勵。

步驟1 擬定個別目標和計畫

經理人要和個別屬下共同擬定目標。目標正是MBO計畫裏的核心所在，所以應該要能符合稍早所談到過的各種標準。

步驟2 給予回饋和評估表現

全錄學習系統公司（Xerox Learning Systems）認為，回饋是最重要的管理技巧。員工必須知道他們的目標進展如何。[36]溝通是決定MBO成功與否的關鍵

Mary Kay化妝品公司以頒獎典禮、免費旅遊、甚至是粉紅色的凱迪拉克轎車來獎勵那些表現不錯的員工們。

要素，因此經理人和員工應該常常碰面討論進度。評估的頻率因個人和工作的表現而定。但是，多數經理人對檢討會的舉辦次數，可能還略顯不足。

步驟3 根據表現給予獎勵

員工的表現結果應該可以對照目標而得以衡量出來。並透過公司的鼓勵、獎賞、加薪、職位升遷等來肯定那些達成目標的員工們。

企業性階段的策略

8.描述四個大策略：成長性策略、穩定性策略、轉變和節流性策略以及結合性策略

在完成宗旨、狀況分析以及目標擬定之後，策略性過程的第四步驟就是企業性、事業性、和功能性階段的策略發展了。在本單元裏，你將會學習到有關企業性階段策略的各個部分：大策略、企業性成長策略、公司業務組合分析以及產品生命週期等。

大策略

大策略
成長性、穩定性、轉變和節流性、或綜合性的整體企業性階段策略。

大策略（grand strategy）就是成長性、穩定性、轉變和節流性、或結合性的整體企業性階段策略。每一個大策略都會反映不同的目標。現在就讓我們個別討論之。

成長性

有了成長性策略，公司就可以透過提升的銷量，來積極擴大自己的規模。你將會在「企業性策略」底下學到更多有關成長性策略的事宜。

穩定性

有了穩定性策略，公司就可以試著維持住它現有的規模，或者逐步慢慢的成長。許多公司都對現狀很滿意，舉例來說，WD-40公司的產品出現在全美75%的家庭當中。Pete的Jiffy Lube也是採用穩定性策略。

轉變性和節流性

轉變性策略就是試著盡快扭轉某個衰退中的事業。節流性策略則是指資產的清除和脫手。它們兩個之所以集中在一起是因為多數的轉變性策略也會涵蓋一些節流性作法在裏頭。轉變性策略通常會藉著增加收益、降低成本、減少資

產、或綜合這些作法，來改進現金的流通情況。Texaco公司就曾執行過全美有史以來最成功的轉變性策略之一，它賣掉了將近70億美元的資產，裁掉的勞工人數高達11,000人。而通用汽車公司曾經擁有美國汽車市場40%的佔有率，那是因為它改進了旗下車款的品質，又推出了全新的鈦星（Saturn）車系，把失掉的市場又贏回來的緣故。

Pennzoil公司幾乎賣掉了旗下硫磺部門的所有國內資產。Pete 和他的合夥人把50%的Jiffy Lube事業出售給Pennzoil公司。轉投資（spinoff）也是一種節流性的作法，是指公司把旗下事業單位之一賣給員工，由該員工另行成立個別獨立的公司。ITT把自己分成三個公共事業公司，這是美國有史以來最大宗的企業分家個案之一。[37]James River則轉投資了它多數的非消費性紙業和包裝事業。[38]

工作運用

8.請以你曾經工作過或目前正在服務的公司為例，說明它的大策略是什麼。

綜合性

企業體可能透過不同的事業線，分頭進行成長、穩定以及轉變和節流等作法。Pennzoil就像其它許多公司一樣，也擁有一個大策略，專責各種事業線的購買與出售。你將會在「公司業務組合分析」的單元底下，學到更多有關綜合性策略作法的事宜。

企業性成長策略

9.描述三個成長性策略：集中、擴展和分散

想要有所成長的公司都可以有三種主要的選擇。**企業性成長策略**（corporate growth strategies）包括了集中（concentration）、前後向的擴展（integration）和相關性與非相關性的分散（diversification）等。

企業性成長策略
包括集中、前後向的擴展和相關性與非相關性的分散等。

集中

有了集中策略，組織體就可以在現有的事業線上展開積極的成長。Wal-Mart商場持續不斷地開設新店。Pennzoil 則計畫開設更多家的Jiffy Lube服務廠（1994年共達1,150家）來服務更多的顧客（1994年約可服務1,800萬人次）。Juffy Lube 公司預計在全美各地的Sears汽車服務中心內設立456個服務點。[39]

擴展

有了擴展策略，組織體就可以在事業線上向前或向後地擴展了。當組織體進入的事業線比較接近最終消費者時，它就是在執行前向擴展的策略（forward integration）。後向擴展（backward integration）則是指組織體所進入的事業線

離最終消費者的距離非常遠。Pennzoil在1886年的時候開始它的煉油事業，1989年則開始後向擴展，進入到原油事業當中。當Pennzoil收購Jiffy Lube時，它是以控制汽車服務廠來出售自己旗下的機油，來達成前向擴展的目的。這種作法讓Pennzoil有了三條事業線：（1）提煉原油（原料）；（2）煉製機油；（3）以及在Jiffy Lube廠為最終消費者進行汽車引擎的保養維修。有些製造商，像Bass皮鞋，也設置了工廠直營店來進行前向擴展，為的就是要略過傳統的零售商，直接把產品出售到顧客的手上。

分散

有了分散策略，組織體就可以進入一些相關性或非相關性的產品線了。Pennzoil透過它的Gumout機械產品線，在市面上提供和機油有關的各類新產品，進而達到相關性分散（concentric）的目的。當耐吉公司（Nike）從運動鞋的事業分散到運動服的事業時，也是在利用相關性分散的策略。Sears則利用了非相關性的分散（conglo- merate）作法，透過Allstate保險公司的經營把它的零售商品事業分散到保險事業上。Pennzoil之所以賣掉了硫磺事業，就是不想從事非相關性的分散事業，這種作法可以讓它更集中注意力於自己的核心事業上。請參考圖5-8，回顧一下企業性階段的各個策略。

概念運用

AC 5-1　企業性成長策略

請確認每一個狀況下所使用的成長性策略類型：

a.集中　b.前向擴展　c.後向擴展　d.相關性分散　e.非相關性分散

__ 1.Sears買下了五金工具公司，來製造它的Craftsman工具。

__ 2.通用汽車買下了海洋世界（the Sea World）主題公園。

__ 3.The Gap 在購物中心裏開了一家新的零售店。

__ 4.Lee開了一些新店來販售它的服飾。

__ 5.Gateway 2000是一家電腦製造商，它也生產印表機。

常見的成長性策略辦法

合併
兩家公司合而為一，成為一家企業體。

常見的企業成長性作法包括，合併、收購、接收、合資和策略性聯盟等。所謂**合併**（merger）是指兩家公司合而為一，成為一家企業體。**收購**（acquisition）則是由一家事業體買下其它家事業體的全部或部分，使得某家事業體成為另一家事業體的部分。合併和收購的動作通常發生在互相較勁的公司之間，其目的就是要減少競爭；和大型企業一較長短；瞭解經濟的規模；合併

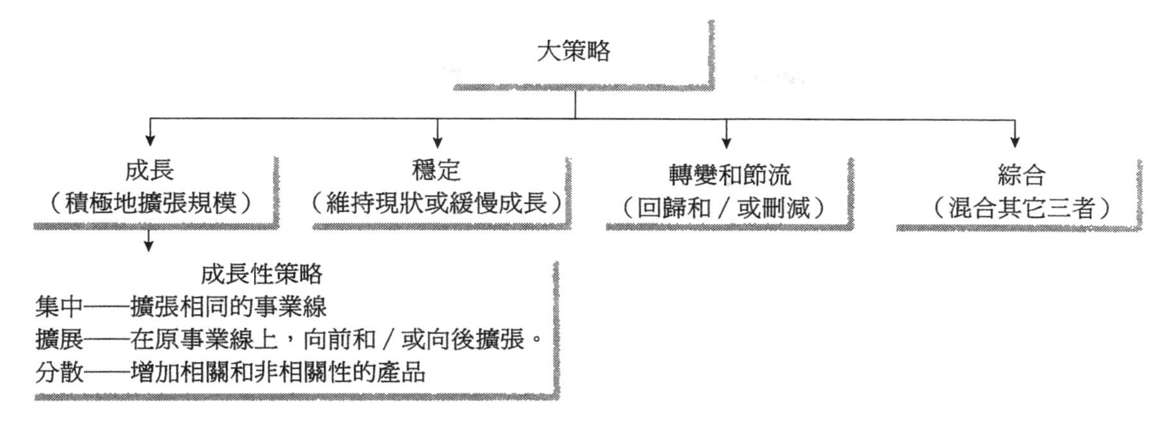

圖5-8　企業的大策略和成長性策略

所有的支出；以及取得某些市場、產品、技術、資源和管理人才等。企業體通常利用收購的方式來進入新的產品線，所以它們會買下市面上現有的事業體，而不是另起新的爐灶。若是被收購公司裏的管理階層反對被收購的提議，收購公司就會向被收購公司裏的股東們進行出價，透過接收的方式來取得此公司。

收購
一家事業體買下其它家事業體的全部或部分。

你已經學過合資（合夥人）和策略性聯盟（在沒有共同持有的情況下，一起共事），這兩者對事業的成長有非常重要的影響（第二章）。[40]有關成長性作法的最近個案包括：Price Club和Costco倉儲會員俱樂部合而為一家公司，叫做Price Costco；Nellcor and Puritan-Bennett[41]和First Data and First Financial Management[42]合併在一起；Vencor收購了Hillhaven；而Crown Cork & Seal 則以40億美元的代價收購了CarnaudMetalbox，成為全球中傲視群倫的包裝事業體。[43]Pennzoil則收購了Jiffy Lube和Coenerco，後者是一家加拿大的石油公司。此外，Pennzoil也曾和Brooklyn Union Gas公司（經銷天然瓦斯）、Conoco（Excel Paralubes——生產合成油料）以及Petrolite企業（Bareco Products——行銷蠟製用品）等一起合資作生意。

工作運用

9.請就你曾工作過或目前正在服務的組織為例，找出它曾使用過哪些成長性策略？請務必確認出成長性策略的類型及是否使用過合併、收購、接收、合資或策略性聯盟等作法？

公司業務組合分析

所謂**公司業務組合分析**（business portfolio analysis）是指一種企業性整體過程，在這個過程中來判定該公司可以進入哪些事業線，以及該如何為它們分配資源。所謂事業線（business line）又稱之為策略性事業單位（strategic business unit，簡稱SBU），是指企業體內個別經營的事業體，它擁有自己的顧

公司業務組合分析
一種企業性整體過程，在這個過程中來判定該公司可以進入哪些事業線以及該如何為它們分配資源。

客群，在管理上獨立於其它的事業體之外。各公司的SBU構造組織各不相同，可能是部門、子公司、或單一的產品線。Pennzoil擁有下列主要事業體：天然石油和瓦斯、機油和其它煉油產品、以及加盟事業等（Jiffy Lube）。百事可公司（PepsiCo）則擁有軟性飲料、肯德基炸雞、Frito-Lay點心、必勝客、Taco Bell餐廳以及7Up國際公司等。在進行公司業務組合分析時，會用到策略性過程中的第二步驟：產業和競爭狀況分析（五項競爭力）來審視每一條事業線。BCG矩陣（BCG Matrix）則是另一種辦法，它可將每一條事業線放進矩陣當中進行分析。

BCG矩陣

最廣受歡迎的公司業務組合分析方法是波士頓諮詢小組成長—佔有率矩陣〔Boston Consulting Group（BCG）Growth-Share Matrix〕。本書作者為Pennzoil發展了專屬它的BCG矩陣，如圖5-9所示，該矩陣中有四個小組織：

金牛

金牛（cash cows）所生產的資源多過於該公司的需求，成長率雖然很低，但是市場佔有率卻很高。金牛的例子包括了可口可樂和Crest牙膏。金牛所採用的策略往往是穩定性策略。

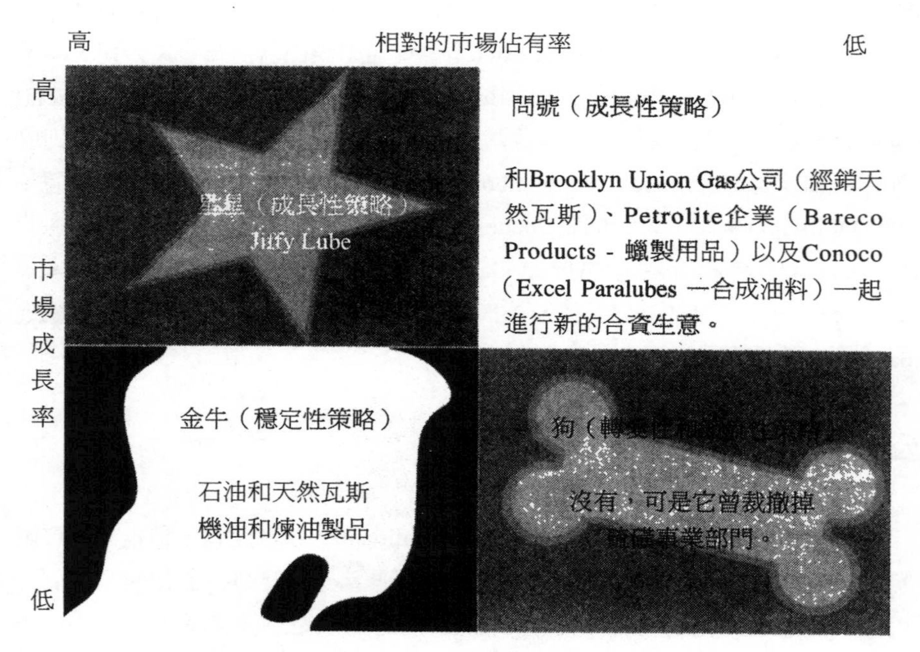

圖5-9　Pennzoil 的BCG矩陣（綜合性策略）

星星

星星（stars）才正開始嶄露事業的頭角，成長率很高，佔有率也不錯。星星不會和「問號」一起使用儲備金，因為前者需要把收入不斷地投資在產品身上，以便保持其成長速度，直到它成為金牛為止。迷你車正是克萊斯勒汽車公司的星星；健怡可樂也是可口可樂公司的一顆星星。星星的策略通常是成長性策略。

問號

進入到低報酬和高成長的全新市場中，問號（question marks）在一開始的市場佔有率往往很低。它需要從其它的事業線那邊拿些錢過來投資，好培養它成為一顆星星。可是它們也可能成為狗。Maytag收購了Hoover的歐洲事業單位，希望把它塑造成一顆星星，但是沒料到五年之後就因為虧損了1,700萬美元[44]，而把Hoover 又轉手脫售了。問號通常採用的是成長性策略。

狗

狗（dogs）處身於低度成長的市場，報酬率很低，市場佔有率也不高。若是它們不再有利可圖的話，就會被裁撤或清償掉。黑白電視和唱片就是這類產品，錄音機也因為光碟片的推出而漸漸退出市場。狗的策略通常是轉變性和節流性策略。

公司業務組合分析（使用綜合性策略）為經理人提供了如何在這些事業線當中配置現金和資源的點子（以及應採用何種企業性策略）。一般而言，經理人會從金牛身上（穩定性策略）取得資源，配置到問號，也可能是星星的身上（成長性策略）。來自於狗的現金資源也可能流向問號和星星（節流性策略）。

星星和問號的數量應該和金牛之間取得平衡才行。狗則應該盡量避免碰到，或者可以脫手出售和沖銷抵稅。一旦SBU成為金牛，就應該發展出新的問號。新事業線的選定入駐必須根據你在第二章所學到的產業和競爭分析而定。這種新的事業線正是擴展性質或分散性質的成長性策略。

只有單一事業線的公司並無法執行公司業務組合分析，但是，它卻可以進行產品組合分析（product portfolio analysis）。BCG公司業務組合分析矩陣也可以用來分析單一產品線。舉例來說，麥當勞一開始只有一種簡式的漢堡和薯條，經過了多年之後，麥當勞推出新產品，例如麥香堡。麥香堡一開始的時候也只是個問號，後來成為星星，最後又加入了金牛群的產品之中。麥當勞也曾推出過披薩，可是這個問號卻沒成為星星，反倒成了狗，在多數分店裏都慘遭滑鐵盧的命運。類似像Levi Strauss這樣擁有各類產品的公司，也可以為每個產品分類，取得產品之間的平衡，從金牛身上的收益再帶進一些新的產品（像是

501牛仔褲），同時還可逐步淘汰掉一些狗。

事業性階段的策略

還記得策略性過程中的第四步驟：發展策略。組織體在作完企業性階段的前三個步驟之後，接下來也必須為每一條事業線進行相同的動作。每一條事業線都要發展它自己的宗旨內容；分析自己的環境（圖5-5描繪了專為單一事業線所準備的公司狀況分析）；擬定目標；和發展自己的策略。擁有單一產品線的公司，例如Pete的Jiffy Lube服務廠，它的企業性和事業性階段策略都是一樣的。但對那些擁有多重事業線的組織體來說，能否把企業性策略和事業單位的作業系統連結起來，就成了成功與否的關鍵性要素了。[45]在本單元裏，你將會學到有關適應性策略、競爭性策略以及如何隨著產品的生命週期改變策略等各種事宜。

10.討論事業性階段下的三種適應性策略：試探、防禦和分析

適應性策略

每一條事業線都需要有自己的策略。但是，如果企業性和事業性階段的策略名稱相同的話，往往會令人感到混淆。所以事業性階段最常使用適應性策略的說法，而且又可和公司的大策略互相呼應。但是這種策略強調的是讓自己適應外在環境的改變，並以進入新市場來作為增加銷售量的一種手段。請參考圖5-10，其中描繪如何根據變遷中的環境和成長率，來選定適應性策略，同時還要能呼應公司的大策略。每一個適應性策略都反映出不同的目標。事業性階段的**適應性策略**（adaptive strategies）包括了試探、防禦和分析。

適應性策略
試探、防禦和分析。

試探性策略

試探性策略就是積極地推出新產品和／或進入新市場。Wal-Mart商場持續

環境變遷的速度	成長潛力的速度	適應性策略	類似的大策略
快速	高度	試探性	成長性
適度	適度	分析性	綜合性
緩慢	低度	防禦性	穩定性

圖5-10　適應性策略的評選

開設新店，進入新的市場。Pete的Jiffy Lube公司也和合夥人一起合作，設立了50家以上的服務廠。但是，還記得我們說過成長必須是集中化或是相關性的分散作法嗎？如果這種成長是屬於擴展化或是非相關性的分散作法，你就需要有全新的事業線，而不再只是擁有單一事業線而已。試探性策略很類似於成長性策略，非常適用於快速變遷和高度成長潛力的環境。

防禦性策略

防禦性策略會要求你留在原有的產品線上和原有的市場上進行顧客群的維繫或增加你的顧客群。Pete就是使用防禦性策略來保護他的六家Jiffy Lube服務廠。防禦性策略很類似於穩定性策略，非常適用於變遷緩慢和低度成長潛力的環境。

工作運用

10.請就你曾工作過的地方或目前正在服務的組織為例，找出它們曾運用過的適應性策略。請務必描述清楚，它是如何運用該策略的。

分析性策略

分析性策略是一種中庸策略，介於試探和防禦之間，分析性策略會以小心謹慎的步伐來進入某個新的市場，也或者是提供核心產品群和尋求新的契機。寶鹼公司（Procter & Gamble）就擁有幾個既存的消費性產品，其中包括幫寶適紙尿褲、Crest牙膏，此外也不定期地推出一些創新產品，例如Aleve止痛藥，以便和市面上的Bayer、Tylenol和Advil等止痛藥一較長短。麥當勞從產品分析組合裏推出麥香堡和披薩，就是在運用分析性策略。分析性策略很類似於綜合性策略，非常適用於適度變遷和適度成長潛力的環境。

儘管適應性策略當中並沒有任何一個策略類似於轉變性和節流性策略，策略性事業單位也還是可能需要用到此策略來刪減或停售這些歸類在於狗矩陣之內的產品。如果該公司無法以新的產品來取代這些狗，就很有可能會被市場淘汰出局。

概念運用

AC 5-2　適應性策略

請找出下列每個狀況所代表的適應性策略類型：

a.試探性　b.防禦性　c.分析性

__ 6. 產業領導者：可口可樂公司在飽和的美國可樂市場，所採用的主要策略。

__ 7. Nabisco推出了全新的“umum”餅乾，來對抗Keebler的“umum”餅乾。

__ 8. Friendly冰淇淋在華盛頓州開設了好幾家分店。

__ 9. IBM率先推出可以折疊並置於掌心中的一種電腦。

__ 10. 必勝客複製了Domino's的策略，也開始提供披薩的外送服務。

競爭性策略

Michael Porter 確認了事業性階段的三個有效競爭性策略，它們分別是：（1）差異化（differentiation）；（2）成本領導（cost leadership）和（3）焦點（focus）。[46]

差異化策略

有了差異化策略，公司就可以強調它優於競爭對手的競爭優勢是什麼。Nike運動精品、Ralph Lauren Polo精品、Calvin Klein精品以及其它公司等，都將它們的名稱冠在產品的上頭，為的就是要創造出自己有別於其它對手的差異點，亦即是它們高人一等的名聲。差異化策略有點類似試探性策略。

成本領導性策略

在低成本領導的策略下，公司可以拿低價為號召來吸引顧客的上門。為了要保持這樣的低價水準，它必須緊縮成本控制和系統過程的效率性。Wal-Mart商場就是以此策略而成功起家的。成本領導性策略有些類似於防禦性策略。

焦點性策略

有了焦點性策略，公司就可以集中在某一特定地區的市場、或者是某一產品線或買方團體身上。有了特定的目標區隔市場或市場利基（market niche），公司方面就可以大大施展差異化策略或成本領導性策略。*Ebony and Jet* 雜誌就是將目標鎖定在非裔美人的身上；MTV則是瞄準於年輕人的市場；而勞力士手錶的利基市場是一群收入極為豐渥的族群；Right Guardt止汗除臭劑的對象是男性；Secret的對象則是女性。焦點性策略有些類似於分析性策略。

工作運用

11.請以你曾工作或目前正在服務的組織為例，確認該組織所身處的產品生命週期。你在工作運用10所找出的策略對該產品生命週期的策略來說適當嗎？請解釋你的理由。

產品生命週期

產品生命週期指的是產品在時間的洗禮下所經過的一連串階段。產品生命週期的四個階段分別是導入期、成長期、成熟期和衰退期。各產品在通過這些階段的速度互有差異。許多產品，像是汰漬洗衣粉（Tide detergent）就停留在某個階段長達好幾年。而一些流行性的產品，如寵物石、呼拉圈等，都只是維持幾個月的風潮而已。圖5-11為Pennzoil描繪了產品生命週期中每一個階段裏最適用的組合分析、企業性大策略以及事業性階段的適應性策略等。

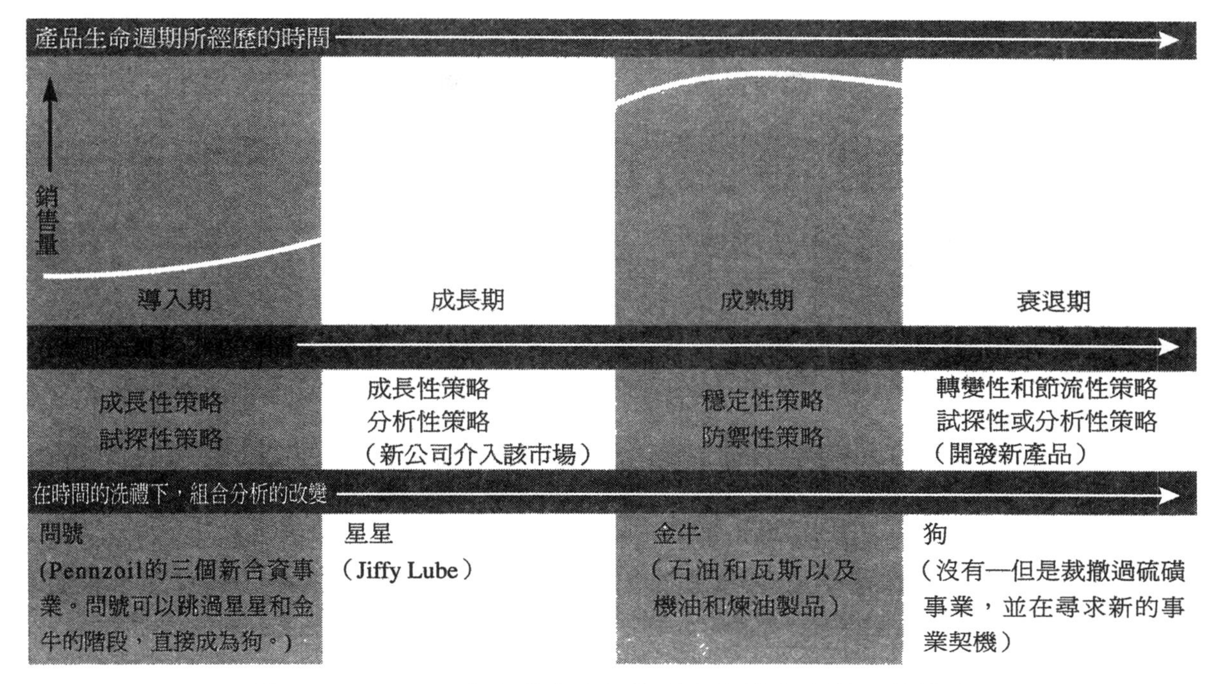

圖5-11　Pennzoil在產品生命週期的各個階段所執行的策略

導入期

因為是成長性策略，所以試探者會推出具備有差異化策略的新產品，因為它是全新的，所以也可以運用焦點性策略。它強調的是讓產品被大眾所接受，所以會運用到一些資源來促銷（廣告）該產品，好讓生產持續下去。最常見的方式就是以高價手法來回收投資。Jiffy Lube推出了快速的換油服務。導入期的產品通常在公司的業務組合當中佔著問號的角色。Pennzoil的三項合資事業就是處於導入期的階段。

成長期

因為是持續的成長性策略，所以出現的是快速的銷售成長。當分析者眼見試探者做得有聲有色時，它們就會透過基本標竿化的方式，競相仿效該產品，再紛紛投入市場之中。分析者可能會使用差異化、焦點性、或低成本的策略，來爭取銷售量。資源的焦點所在是品質和系統過程的改進，好早日達成規模經濟的地步。這時候的價格往往降低，各單位的利潤也下降，為的就是要攻佔市場佔有率。U.S. HealthCare調低價格來鞏固自己的市場佔有率。蘋果電腦（Apple Computer）在對IBM相容性電腦的配合策略上，晚了一步，因為它選擇

概念運用

AC 5-3　產品生命週期

請為下列各產品選出它的產品生命週期階段：

a.導入期　b.成長期　c.成熟期　d.衰退期

__ 11.Mobil 石油。

__ 12.具備五個軟式磁碟機的電腦。

__ 13.家用地毯。

__ 14.行動電話。

__ 15.可放入口袋裏的折疊式電腦。

維持原有的高利潤政策，而不是降價以配合。蘋果公司沒能及時掌握住IBM相容性電腦的成長速度，也因為蘋果系統的銷售量低迷，使得軟體製造商不太願意發展蘋果軟體，當然其成長也就受到了限制。[47]分析者（如Ready Lube、Oil Doctor和其它公司）都曾模仿過Jiffy Lube，所以往往會在一些地區性市場運用焦點性策略。業務組合中的星星，像Jiffy Lube，通常都處於成長期的階段。

成熟期

在成熟期的時候，銷售成長會持續地變緩下來，甚至是停滯不前，或是往下滑落。就一個飽和市場來說，成長性策略會慢慢變成為穩定性策略（防禦者）。低成本將變得愈來愈重要，所以必須努力刪減成本。快速換油服務（Jiffy Lube）仍屬於成長期階段，可是因為它已經逐步接近成熟期，所以成長空間非常有限。成熟期產品（如Pennzoil的石油和瓦斯，以及機油和其它煉油產品）通常是業務組合中的金牛。

衰退期

在衰退期的階段裏，銷售量向下滑落的。其策略也從穩定性—防禦性策略換成了轉變性和節流性策略以及試探性或分析性的作法。寶鹼公司在它的個人保養用品上運用轉變性策略，例如汰漬洗衣粉，以全新和改良的配方來讓銷售起死回生，為的就是要防止衰退。位在衰退期的產品也可以維持許多年的有利可圖局面，例如黑白電視。在業務組合當中，處於衰退期的產品就是矩陣中的狗，很有可能被裁撤掉。於是試探性和分析性策略又會回過頭來，發展新的產品。

還記得各種不同的大策略和適應性策略互補的情形嗎？你需要根據宗旨內容、狀況分析（包括產業和競爭分析、業務組合分析以及產品生命週期分析）

以及目標等來選出最適當的策略。

功能性階段的作業策略

11.列出四個主要的功能性作業策略範圍

在前面幾個單元裏，你已經學到了長程的策略性規劃。現在你將會學到有關作業性階段的各種規劃。功能性部門必須發展出很多策略來完成事業性階段的宗旨和目標。**功能性策略**（functional strategies）包括了行銷、營運、財務、人力資源和其它等。功能性階段也需要用到狀況分析，以便找出其中的優缺點。功能性部門必須發展策略和目標來達成使命。事業性階段策略、競爭環境以及產品生命週期的所在階段等，都對功能性領域的策略有非常重大的影響。在這個急速變遷的環境當中，常有人批評大型企業體將事業性階段策略轉換成作業策略的這個動作，往往過於緩慢。[48]我們將會簡單地逐一討論這些功能。你也可能會主修到這些功能的課程。

功能性策略
行銷、營運、財務、人力資源和其它等。

行銷策略

行銷部門的主要職責就是瞭解顧客想要什麼；如何增加顧客價值以及界定目標市場。行銷必須對四個P負責，它們分別是：產品（product）、促銷（promotion）、地點（place）和價格（price）。換句話說，行銷部門必須決定應推出什麼產品？如何包裝這些產品？如何為它們打廣告？該在何處出售？如何把它們運到那個地方？應該以多少錢來出售？

如果使用的是成長性大策略下事業性階段的試探性策略，行銷部門就應該進行新產品和新市場的規劃與執行。如果選擇的是穩定性大策略下的防禦性策略，行銷部門就不會把新產品、新市場、或新廣告列入考慮當中。如果使用的是分析性策略，行銷部門就會在試探和防禦這兩者之間找出中程性的辦法。萬一使用的是轉變性和節流性策略，行銷部門就不得不挑出被淘汰的產品或應退隱的市場來因應策略上的要求了。

營運策略

營運（或稱生產）部門肩負了把輸入轉換成輸出的系統過程責任。營運著重的是產品製造的品質和效率，而究竟是哪一種產品可以提供顧客價值則是由行銷部門來判定。你將會在第十七章的時候，學到更多有關營運的事項。

如果使用的是成長性大策略下事業性階段的試探性策略，營運部門就要參與新產品的規劃和製造。若是對成長的要求企圖很大，也可能需要添加新的設施。若是使用的是穩定性大策略下的防禦性策略，營運部門就得傾其所能地改善品質和效率，並刪減成本的支出。若是使用的是分析性策略，營運部門就要在試探和防禦這兩者之間採取中程性的作法。萬一使用的是轉變性和節流性策略，營運部門也只好參與系統過程的刪減了。

人力資源策略

人力資源部門必須負責和各個功能部門密切地合作，為它們招募、評選、訓練、評估和獎勵員工。你將會在第九章的時候，學到更多有關人力資源的事宜。

如果使用的是成長性大策略下事業性階段的試探性策略，人力資源部門就要參與員工數量的規劃和擴展。若是使用的是穩定性大策略下的防禦性策略，人力資源部門就得傾其所能地改善品質和效率，並刪減成本的支出。若是使用的是分析性策略，人力資源部門就要採取中程性的作法。萬一使用的是轉變性和節流性策略，營運部門也只好進行裁員了。

財務策略

財務策略至少有兩個部分：（1）透過股票（權益）或公債／借款（債務）的出售來募集現金，以便負擔各種商業活動的經費支出；決定債務的權益比例；以及清償債務和發放股利（如果有股利的話）給股份持有人；（2）保存交易記錄、開發預算和報告財務結果（損益表和資產負債表）。另外，在許多公司裏的財務部門還牽涉了第三種領域，那就是準備金的善加利用，或者是以投資的方式來達到開源的目的。有些組織，例如德州儀器公司（Texas Instruments）和3M公司，都正在開發個別的策略性和作業性預算。你將會在第十五章的時候學到更多有關財務方面的事宜。

工作運用

12.請確認出你曾工作過或目前正在服務的功能部門領域，它的作業性策略是什麼？

如果使用的是成長性大策略下事業性階段的試探性策略，財務部門就要參與資金的規劃和募集，以便支付各功能領域的預算要求，當然，發放的股利也就相形地變低。若是使用的是穩定性大策略下的防禦性策略，財務部門就得著重於債務的清償，同時也會發出股利。若是使用的是分析性策略，就得採取中程性的作法。萬一使用的是轉變性和節流性策略，財務部門也只好參與資產的拍賣，股利當然也就發不出來，就算發放出來，也是很低的。

其它功能性策略

企業體的類型會決定其它部門的數量多寡。有一個部門領域，它的重要性對各個公司來說沒有一定，那就是研發部門（簡稱R&D）。以出售貨物為主的企業體，通常比服務業更需要把許多資源（預算）放在R&D上。試探性策略就比分析性策略更需要R&D方面的資源，因為試探者必須提供新產品（如IBM），而分析者只是複製試探者的東西而已（就像同源細胞一樣）。

Pete擁有的是小型企業，因此，他並不需要設立個別獨立的功能性部門，例如Jiffy Lube 國際公司。Pete使用的是穩定性大策略下的防禦性策略，他可以從Jiffy Lube總公司那兒獲得廣告輔助，可是他也擁有自己的廣告活動，是由當地的廣告代理商所策劃的。Pete的Jiffy Lube廠很注重品質的控制，而且嚴格訓練員工要遵守規定下的系統過程。大半的人力資源事宜多由服務廠的經理來負責。因為已經付清了六家Jiffy Lube廠的資產，所以Pete正在借錢購買不動產，好設置服務廠來作生意。Pete對收益和支出方面也是採取緊縮的預算控制方式。

概念運用

AC 5-4　功能性策略

請找出以下狀況的功能性策略類型：

a.行銷　b.營運　c.財務　d.人力資源　e.其它

__ 16.此部門負責的是事物的清理和修繕。

__ 17.此部門專門寄出帳單。

__ 18.這是個將輸入轉為輸出的主要部門。

__ 19.此部門會決定該在何處出售此商品。

__ 20.此部門負責和勞工之間的關係。

策略的落實與控制

策略性過程中的前四個步驟就是規劃。第五個和最後一個步驟則是策略的執行和控制，以確保宗旨、目標的達成。高階和中階經理人比較需要牽涉到規劃的事宜，低階功能性的經理人和員工則是依照每日的進度要求，執行各個策略。策略的成功落實需要整個組織體系的有效貫徹和支持。因為策略必須配合環境的需求，所以也必須符合執行動作的構成要素。從第六章到第十四章的課文當中，你將會學習到這些要素，並學會如何善用它們來進行策略的執行。

在執行策略時，也需要受到一些控制。所謂控制就是設置和執行某些技巧手法來確保目標務必達成的一個過程。控制的重要部分之一就是衡量目標達成率的進度，並在必要的時候採取更正的行動。控制的另一個重要部分則是掌握預算，靈活運用預算，並在必要的時候作些改變，以因應環境的變遷。你將會在第十五到十七章的時候，學到這類的控制技巧。

Pete為每一家Jiffy Lube廠設下了未來五年的個別財務目標。這些目標每一年都要進行修正，然後再細分成每一年的每週平均數。他的收入預算是根據每一週進廠服務的車輛數目而定；然後再根據進廠服務的車輛數目來決定支出預算。收入和支出之間的差異透過電腦的計算，就可以算出每週的利潤多寡，然後再據此準備一份正式的每月財務報告。Pete和Dave會監看每週的利潤營收報告，如果實際利潤和預算下的數字出入太大，Dave就會造訪該服務廠，試著去瞭解為什麼它無法達成目標，並採取必要的補救行動。另外，每一個月都會安排每一家服務廠的員工碰面，在聚會的前幾個小時或後幾個小時，則用來宣佈下一個月的目標內容。他們也會利用週會的時間來反省進度，並討論出改善的辦法來讓服務更有顧客價值。

Pete的Jiffy Lube廠採用了另一種非常重要的品質控制手法，就叫做神秘購物客（mystery shopper）。Dave和Pete會親自選定神秘購物客的人選，一定要是Jiffy Lube廠所不認識的人，然後再派遣這個人到服務廠裏接受廠內的服務。服務完成之後，神秘購物客會和Dave或Pete碰面，並填寫一份評估服務品質的表格。在評估之後，Dave或Pete會和各服務廠的經理人討論評估報告的內容，讓他或她知道廠內的優缺點各是什麼。然後服務廠的經理人再和手下員工共同看過這份評估報告。經理們都明瞭這種偶爾上門的神秘購物客，他所寫的評估報告對自己的加薪與否有很重大的影響。而Pete則覺得神秘客會從顧客的角度來

工作運用

13.請以你曾工作過或目前正在服務的組織為例，說出它所採用的控制辦法是什麼？

審視Jiffy Lube廠所提供的服務品質。

現有的管理議題

全球性議題

全球化商業的趨勢為各種類型的企業組織造就了許多成長的契機。Pennzoil的主要策略性目標就是成為全球化的石油和天然氣公司；低成本且效益極高的煉油事業；並讓Pennzoil機油與其它高品質產品的行銷網遍佈全球。想要全球化就需要有策略性的計畫，再加上深思熟慮過的成長性策略。有待決定的重要決策包括了該在哪個國家推展生意（環境分析是非常具關鍵的）；以及該用哪個方法來展開全球化的腳步（全球資源化、進口和出口、授權、締約、合資和策略性聯盟、或直接投資等）。請參考第二章，回顧一下如何全球化以及龍頭老大級的全球性公司，它的策略性運作內容是什麼。

多樣化差異

在不同文化差異的各個國家裏作生意，一定需要用到全球性的策略，其中還包括了對多樣化差異的尊重和管理（第三章）。在美國和日本的跨國公司裏，不管是對產業全球化潛力的認定、預期下的全球性策略反應、推出全球性策略的組織性能力、或者是結果表現等，一定都會存在著一些多樣化的差異。日本公司的全球性策略一向多過於美國公司。[49]驅使日本公司進行策略性規劃的組織原則在於他們想要建立起鞏固的市場地位。反觀美國經理人，則是想要創造出不同差異下的競爭優勢。[50]

道德與社會責任

道德無法獨立於策略性管理之外，因為經理人應該透過策略性過程達到道德性決策的運用目的。經理人在發展道德性決策時，[51]必須把利害關係人也考慮在內。為利害關係人創造雙贏的局面可以為決策的落實性發展出信任和全力以赴的決心。[52]Pete是很有道德和社會責任的，他把自己多數的時間都放在Jimmy基金會身上，而不是自己的Jiffy Lube事業上，特別是逢到高爾夫錦標賽的策略性規劃和執行期間時，而這項競賽可以為Jimmy基金會一年募集到175,000美元的基金。根據經驗調查的結果，運用試探性策略的公司有很大的比例比那些使用防禦性策略的公司，要來得更有社會責任感。[53]

品質和TQM

基本上，每一個策略都會考慮到組織體是使用何種方法來利用資源去創造具有顧客價值的產品和服務，這一點正是TQM的基礎所在。善用TQM的工具和技巧，可以幫你持續不斷地改進系統和過程，最後才會有顧客價值的最終結果。世界各地的公司都在運用TQM來發展它的競爭優勢。[54]福特汽車公司發展出一種極為精心複雜的策略，並將它成功地落實，來改進汽車的品質，它的口號正是：「品質第一」(Quality is Job 1)。

生產力

許多組織都在精簡化，利用重新改造的策略來增進生產力和獲得競爭優勢。[55]精簡化正是一種節流性的策略作法。但是策略專家C. K. Prahalad認為，企業界太常運用精簡化的策略，創意性十足的策略反倒不常見。[56]

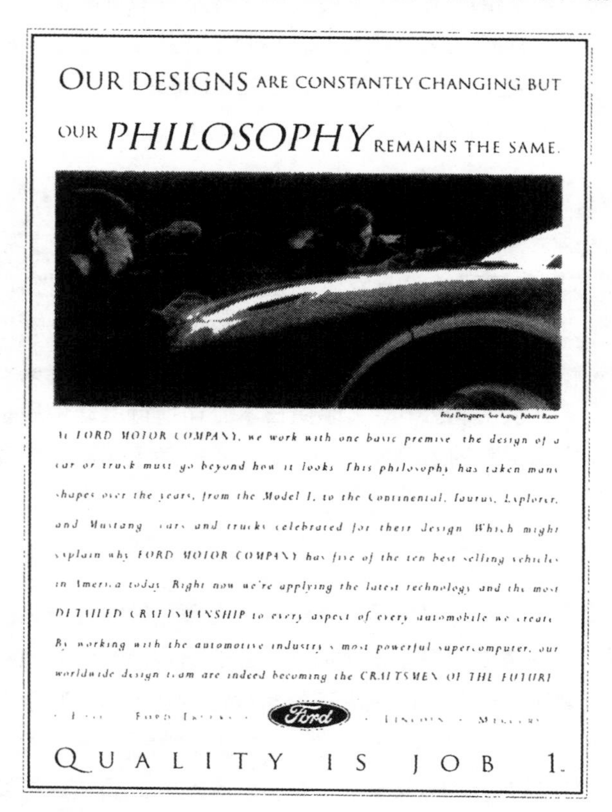

廣告

福特汽車公司發展出一種極為精心複雜的策略，並將它成功地落實，來改進汽車的品質。

參與式管理和團隊合作　在參與式管理和團隊合作的趨勢潮流下，有愈來愈多的組織都授權給員工，只要員工能夠達成目標，就讓他們自己決定策略的執行辦法。[57]所以現在愈來愈常見到各小組為自己設定目標和發展計畫來完成目標。TQM 並沒有用到MBO的作法，因為後者提倡的是個人主義而不是團隊合作的方式。

小型企業

儘管策略性規劃對小型企業的價值一直被人所質疑，但研究專家已經證實擁有明確策略性計畫的小型公司，其績效表現遠勝過於那些沒有策略性計畫的小型公司。[58]但是小型企業的策略性計畫並不需要太冗長和太複雜。[59]本章提過Pete的策略，正好符合我們的說法。為了成長，策略尤其應該經過精心的規劃和發展，這一點非常重要。[60]因為成長太過快速而反遭失敗命運的公司比比皆是，本章一開頭所提到的祖母月曆（Grandmother Calendar）正是如此。既存事業的策略性計畫（本章已提過這類計畫的例子）和新興事業的策略性計畫，這兩者之間有非常大的不同。所謂事業性計畫（business plan）是指某個創業家為創立某個新事業所進行的策略。事業性計畫不僅對事業的經營來說很重要，也對決定是否參與此事業的貸方和投資客來說，非常的重要。因此，事業性計畫的主要部分就是針對該事業的開創和經營，就其所需要用到的資金部分，進行詳細的說明。預定收支下的未來五年現金流量報告也正是事業性計畫裏的基礎所在。[61]你將會在**技巧建構練習5-2**：創業家的策略性規劃當中學會如何發展基本的創業策略，此策略也正是事業性計畫的一部分。

摘要與辭彙

經過組織後的本章摘要是為了解答第五章所提出的十二大學習目標：

1.描述策略性計畫和作業性計畫之間的差異

主要的差異就在於時間架構和所牽涉到的管理階層。策略性規劃往往需要進行宗旨、長程性目標和計畫等的發展。作業性計畫則只有短程性目標和計畫。高階經理人發展的是策略性計畫；低階經理人發展的則是作業性計畫。

2.說明三種策略階段之間的差異：企業性策略、事業性策略和功能性策略

主要差異就在於規劃重點的不同（會隨著策略下放到組織當中，而漸漸縮減範圍）以及由不同的管理階層來參與策略的發展。企業性階段的策略著重的是多重事業體的管理；事業性階段的策略著重的則是單一事業線的管理。而功能性階段的策略則專心於單一事業線裏的單一領域管理。高階經理人會發展企業性和事業性階段的策略；而低階經理人則發展功能性策略。

3.解釋產業和競爭狀況分析的執行理由

產業和競爭狀況分析是用來判定某產業是否有投入的價值。主要是用在企業性策略階段上，以便決定究竟應進入哪些事業線和該撤出哪些事業線，以及如何在這些事業線之間進行資源的分配。

4.解釋公司狀況分析的執行理由

公司的狀況分析是用在事業性策略的階段上，以便判定在策略性過程中，需要提出哪些策略議題和問題點。

5.說明競爭優勢和基本標竿化之間的關係

競爭優勢和基本標竿化是有相關的，因為如果公司想要擁有某項競爭優勢，它就會把非競爭對手的基本標竿拿來來作為自己的點子，以便和競爭對手有所區分。如果該公司不打算找出什麼競爭優勢，它就會以龍頭級競爭對手的基本標竿為師，把它複製下來。除此之外，許多公司也都會仿效競爭對手的各種點子，同時也試著讓自己在某些方面有別於其它的公司。

6.討論總目標和目標之間有什麼相同和相異處

總目標和目標很類似，因為它們都是在闡述想要達成什麼事。總目標也常常會解讀為目標，可是在細節上卻不盡相同。總目標說明的是總括性的目標；而目標則是在某目標期限下，以單一明確且可測度的術語，來說出有待完成的內容是什麼。

7.列出目標擬定模式中的各個步驟

目標擬定模式的各個部分包括了（1）不定詞 + （2）動詞 + （3）有待完成的單一明確和可測量的結果 + （4）目標期限。

8.描述四個大策略：成長性策略、穩定性策略、轉變和節流性策略、以及綜合性策略

有了成長性策略，公司就可以積極地尋求規模上的擴大。有了穩定性策略，公司就可以維持一定的規模或保持緩慢的成長速度。有了轉變性策略，公司可以試著進行情勢的扭轉；而節流性策略則可以讓公司縮減其規模。綜合性策略則根據不同的事業線來善加利用以上三種策略。

9.描述三個成長性策略：集中、擴展和分散

有了集中性策略，公司就可以在現有的事業線上積極的成長；有了擴展性策略，則公司可以透過事業線的前向或後向延伸，來達到成長的目的；而有了分散性策略，公司就能利用相關或非相關性產品的加添，來讓自己成長。

10.討論事業性階段下的三種適應性策略

試探、防禦和分析：有了試探性策略，公司可以積極地提供新產品或服務，或者是進入新的市場。試探性策略是一種成長性的策略，非常適用於快速變遷且具高度成長潛力的環境。防禦性策略則會讓公司停留在原有的產品線和市場上。防禦性策略是一種穩定性的策略，適用於變遷緩慢且具低度成長潛力的環境。分析性策略可以讓公司以小心謹慎的態度進入到新的市場當中，或者是提供核心產品群和尋求新的市場契機。分析性策略是一種綜合性的策略，適用於適度變遷且具適度成長潛力的環境。

11.列出四個主要的功能性作業策略範圍

四個主要的功能性作業策略範圍包括行銷、營運、人力資源和財務等。另外根據各組織的不同需求，也會有其它的功能性部門策略。

12.界定下列幾個主要名詞（依照本章的出現順序而排列）

請選擇下列一或多種方法來進行：（1） 靠自己的記憶，把填空題中的專有名詞補上；（2）從結尾的回顧單元以及下頭的定義來為這些專有名詞進行配對；或者（3）從本章一開頭的名單上，依序把各專有名詞照抄一遍。

____ 是指發展宗旨和長程目標，並事先判定該如何達成此目標和宗旨的一個過程。

____ 是指擬定短程目標和事先判定該如何達成此目標的一個過程。

____ 的步驟包括：（1）發展宗旨；（2）分析環境；（3）擬定目標；（4）發展策略；和（5）執行和控制策略。

____ 是指追求宗旨和完成目標的某種計畫。

____ 包括企業性、事業性、和功能性。

____ 是指專為管理多重事業單位所發展出來的計畫。

____ 是指專為管理單一事業線所發展出來的計畫。

____ 是指專為管理某事業體的單一領域所發展出來的計畫。

____ 是指挑出公司內部環境的一些特點，這些特點最能直接架構出策略性窗口下的各種選擇和契機。

透過 ____ ，就可以判定某個組織內在環境的優缺點以及外在環境的機會點和威脅點。

____ 可明確地說出組織體是如何地提供獨特的顧客價值。

____ 是指組織體比較各產品的過程，以及和其它公司互相比較的過程。

____ 是指有待完成的總括性目標。

____ 是指在某目標期限下，以單一明確且可測度的術語，來說出有待完成的內容是什麼。

____ 的各部分包括了（1）不定詞＋（2）動詞＋（3）有待完成的單一明確和可測量的結果＋（4）目標期限。

____ 是指由經理人和員工共同為員工設定目標，然後再定期評估表現，根據成果給予獎賞的一種過程。

____ 是指成長性、穩定性、轉變和節流性、或綜合性的整體企業性階段策略。

____ 包括集中、前後向的擴展和相關性與非相關性的分散策略等。

____ 是指兩家公司合而為一，成為一家企業體。

____ 是指由一家事業體買下其它家事業體的全部或部分。

____ 是一種企業性整體過程，在這個過程中來判定該公司可以進入哪些事業線，以及該如何為它們分配資源。

____ 包括了試探、防禦和分析。

____ 包括了行銷、營運、財務、人力資源和其它等。

回顧與討論

1.請以你自己的方式說出策略性規劃和作業性規劃的重要性。
2.計畫和策略之間有什麼差異？
3.所有的企業體都該有企業性、事業性和功能性階段的策略嗎？
4.宗旨說明應該要以顧客為導向嗎？
5.為什麼狀況分析是策略性過程中的一部分？
6.所有的事業體都具備了某項競爭優勢嗎？
7.透過基本標竿化，複製其它公司的點子，這種行為有道德嗎？
8.對事業體來說，總目標和目標都是很必要的嗎？
9.把目標寫下來，這很重要嗎？
10.身為一名經理人，你會運用MBO的作法嗎？
11.你認為哪一種成長性策略是最成功的？
12.合併和收購之間有什麼不同？
13.大策略和適應性策略之間有什麼不同？
14. 為什麼企業體不想吸引所有的顧客，而是以焦點性策略為主呢？
15.請舉出「其它」功能性部門的實例。

個案

美泰兒玩具公司

美泰兒企業是全球最大的玩具公司，它的競爭對手包括了Hasbro、Tyco玩具以及其它公司等等。為了讓玩具項目的範圍擴大，好讓自己能在全球市場上和他人一較長短，玩具產業已經經歷過許多次的整合行動了。舉例來說，美泰兒買下Fisher-Price，可是還是讓這些學齡前玩具和嬰兒玩具的產品系列，保有原來的Fisher-Price名稱。除此之外，零售通路的整合行動也對玩具產業造成了很大的影響。大型的玩具專賣店和折價零售店，包括美國玩具反斗城、Wal-Mart商場、Kmart商場以及Target商場等，都在市場佔有率上略有斬獲。因此這些零售商都增加了和大型玩具公司之間的生意往來，因為大型玩具公司擁有穩定的財務基礎，不僅能為玩具打廣告，在全球各地也都有出售。

大型零售商也對標準化的玩具產品略有挑剔，因為它們都想讓自己店裏所出售的玩具產品和別家比起來稍有不同。它們要求在色澤上、產品包裝上和標籤上作些改變。零售商不僅在時間上有所要求，在數量上也不馬虎，這又叫做及時快遞服務。所以要協調製造和零售之間的需求，實在是有點困難。

美泰兒公司就正在改變自己作生意的方式，好配合零售商的改變。美泰兒已經重新改造了主要的交易過程，它設置了一家公司，從外延聘了幾個人來進行一項計畫，該計畫就叫做訂單改造管理過程（Reengineering the Order Management Process，簡稱ROMP）。ROMP會判定出每個顧客對每項產品的分配數量多寡。而大型零售商和美泰兒之間的資訊傳輸也非常重要，因為必須讓零售商們知道「什麼是熱門的產品和什麼是冷門的產品」。美泰兒現在必須和大型零售商密切配合，透過店內的電子資料交換系統來監控和瞭解消費者對各特定產品的接受度如何。這種作法可以讓美泰兒更快地回應各零售店在快速訂貨上的需求。

美泰兒的辦法就是把焦點集中在幾個核心產品線上，這些核心產品線佔了它營收利潤的大半部分。其中包括：芭比娃娃、服飾和配件；Hot Wheels陸上交通工具和配件；迪士尼產品；以及Fisher-Price產品等。有了可帶進豐厚利潤的核心產品群，美泰兒就能降低它在新產品（問號）上頭的依賴程度，因為這些新產品不僅成本昂貴，風險性也很高。

美泰兒的核心產品群在成長期和成熟期都已經待了很長一段時間了，而其它多數新產品的生命週期則往往很短。美泰兒的作法就是從知名公司那兒取得授權同意，以確保新產品的上市成功。美泰兒將授權合約協調好，為迪士尼的動畫電影如，風中奇緣、阿拉丁以及白雪公主等，創造出一系列的娃娃和玩具。1996年的時候，美泰兒贏得了迪士尼電視和電影財產權的獨佔性合約，將它們之間重要且有些難纏的合夥關係給擴展了開來，這份合約也代表了12%的利潤營收。和美泰兒公司有授權合約關係的還有二十一世紀福斯公司（Twentieth Century Fox）、Turner娛樂事業公司（Turner Entertainment CO）、以及Viacom。

美泰兒深深瞭解到，買下Fisher-Price和積極地拓產全球配銷通路是最有利於競爭的兩種辦法。全球化提高了核心產品的銷售量，還可以延長新產品的生命週期。此外美泰兒也持續地把某些基本的事業性功能外包出去。它從一些獨立的玩具發明家那兒買下一些設計，然後又和獨立的製造商締約，請它們進行生產。美泰兒和Fisher-Price所擁有的國內和國際性作業資源，真是多的不勝枚舉。

美泰兒也因NAFTA而受惠，當然它也是遊說者之一，因為這個法案可以降低自己在墨西哥和加拿大的成本支出。NAFTA降低了美國當地製造玩具售往墨西哥的20%關稅。這些關稅預定在十年內會被逐漸地淘汰掉。因此在墨西哥製造的生產成本將可降低，因為從美國公司那兒所帶進來的材料和零件，在進入墨西哥的時候都不用上稅了。

美泰兒也因為港口交易的電子化而降低了進口的成本。電子系統加快了海關通行的速度，同時也降低了錯誤和犯規的可能機率。此外，此系統還減短了船運進口到貨物上架的時間長度（時效性的競爭）。因為美泰兒多數的產品都靠進口，所以時間和成本對它來說非常的重要。美泰兒也承諾要不斷地改進產品和過程，來達到創造顧客價值的最終目的。

請為下列問題選出最佳的方案。請務必確定你能解釋自己的選擇理由：

____1.此個案的內容主要是在談：

a.策略性規劃　b.作業性規劃

____2.對美泰兒而言，下列哪一種競爭力是它的重心所在？

a.產業當中各賣方之間的一較高低　b.替代產品和服務的威脅

c.潛力十足的新加入者　d.供應商的力量　e.買方的力量

____3.美泰兒對它的競爭對手來說，並沒有什麼競爭優勢：

a.對　b.錯

____4.美泰兒的全球性大策略就是：

a.成長性策略　b.穩定性策略　c.轉變性和節流性策略　d.綜合性策略

____5.美泰兒的企業性成長策略是：

a.集中　b.前向擴展　c.後向擴展　d.相關性分散　e.非相關性分散

____6.美泰兒和Fisher-Price的策略性辦法是：

a.合併　b.收購　c.合資　d.策略性聯盟

____ 7.對美泰兒來說，最適當的組合分析是：

a.公司業務組合分析　b.產品組合分析

____ 8.美泰兒為產品而非市場所進行的事業階段適應性策略是屬於：

a. 試探性　b.防禦性　c.分析性

____ 9.美泰兒的主要競爭策略是：

a.差異化策略　b.成本領導性策略　c.焦點性策略

____ 10.在美國，玩具是處於產品生命週期的什麼階段？

a.導入期　b.成長期　c.成熟期　d.衰退期

11.不管是針對市場或產品，美泰兒都應該有相同的適應性策略嗎？請解釋理由。

12.不管是全球作業或國內作業，美泰兒都應該有相同的適應性策略嗎？請解釋理由。

13.請利用五種競爭力分析來進行產業和競爭狀況的分析，請參考圖5-3為例。

14.請為美泰兒執行SWOT分析。

15.請為美泰兒寫下幾個可行的總目標和目標。

技巧建構練習5-1　目標的撰寫

為技巧建構練習5-1預作準備

在這個練習中，首先你必須改進那些不符合標準要求的目標，然後再為你自己寫下九項目標。

第一部分

請就下列目標，寫出它所漏失的標準是什麼，並為它重寫一 遍，好讓它符合所有的「必備」標準。請在撰寫目標的時候，利用以下這個模式：

不定詞+動詞+單一明確且可衡量的結果+期限日期

1.在西元兩千年以前，改進我們公司的形象。

遺漏標準________

改進後的目標________

2.增加10%的顧客數量

遺漏標準________

改進後的目標________

3.在1999年之間，增加營收利潤。

遺漏標準________

改進後的目標________

4.於1998年6月13日的星期天，在棒球賽中多售出5%的熱狗和蘇打飲料。

遺漏標準________

改進後的目標________

第二部分

寫下你想要達成的教育、個人和事業目標。你的目標可以短到只要在今天完成就可以；或者是長到二十年以後的事情。請務必確定你的目標要符合有效目標的標準要求。

教育目標	個人目標	事業目標
1. ________________	1. ________________	1. ________________
2. ________________	2. ________________	2. ________________
3. ________________	3. ________________	3. ________________

在課堂上進行練習5-1

目標

培養你撰寫目標的技巧。

準備

你應該在課前就先做好預作準備的部分。

經歷

你將會知道你在四個目標的更正動作上做得如何，並和其他人分享你所寫出的目標內容。

選擇（8-20分鐘）

1.講師會講解第一部分裏預作準備的四個修正後目標，然後再點名同學和全班同學分享他所寫出的目標（第二部分）。

2.講師會講解第一部分裏預作準備的四個修正後目標，然後再把全班分成四到六人的幾個小組，分享他們所撰寫的目標內容。

3.把全班分成四到六人的幾個小組，小組成員一起分享討論第一部分裏的四個修正目標。完成之後告知講師，然後再到第二部分，分享彼此的目標直到所有的小組都已完成四個目標的修正工作為止。講師會講解修正的部分，也可能會留點時間讓大家一起分享彼此的目標。請在第二部分的時候彼此溝通對方的目標，以利改進。

結論

由講師帶領全班進行討論，並作成總結講評。

運用（2到4分鐘）

我從此經驗中學到了什麼？我會在未來的日子裏，如何運用此所學？

分享

由自願者提供他在此運用單元裏的答案。

技巧建構練習5-2　創業家的策略性規劃

為技巧建構練習5-2預作準備

你想成為自己的老闆嗎？你曾經想過要如何擁有你自己的事業嗎？在此練習中，你將被要求選出一項你未來想從事的事業。為了評估你在十個層面中的創業家特質，請在繼續本練習之前，先完成自我評估練習5-1。不要害怕在班上和他人分享你的答案，請誠實地作答。

自我評估練習5-1　創業家的特質

請在最能描繪你個性的等級上，作上記號。

1. 我有強烈的欲望想要獨立。　　我沒有什麼欲望想要獨立。

____ ____ ____ ____ ____ ____
6　5　4　3　2　1

2. 我喜歡進行合理範圍內的冒險。　　我會避免有任何冒險的行動。

____ ____ ____ ____ ____ ____
6　5　4　3　2　1

3. 我會避免犯下相同的錯誤。　　我總是重複地犯錯。

____ ____ ____ ____ ____ ____
6　5　4　3　2　1

4. 我不需要任何督導就能做得很好。　　我需要有人督導來激勵我做事。

____ ____ ____ ____ ____ ____
6　5　4　3　2　1

5. 我喜歡競爭。　　我會避免和人競爭。

____ ____ ____ ____ ____ ____

6 5 4 3 2 1

6. 我喜歡從事賣力且耗時地 我喜歡輕鬆地做事，最

工作。 好能有很多個人的時間。

____ ____ ____ ____ ____ ____

6 5 4 3 2 1

7. 我對自己的能力很有信心。 我很缺乏自信。

____ ____ ____ ____ ____ ____

6 5 4 3 2 1

8. 我一定要做得最好／最成功。 我很滿意於一般的情形。

____ ____ ____ ____ ____ ____

6 5 4 3 2 1

9. 我的精力充沛。 我的精力不佳。

____ ____ ____ ____ ____ ____

6 5 4 3 2 1

10. 我會為我的權益而戰。 我會任由別人佔我便宜。

____ ____ ____ ____ ____ ____

6 5 4 3 2 1

計分____把十道問題的等級分數加總起來。

創業家的特質

強烈60 --- 50 --- 40 --- 30 --- 20 ---10 微弱

一般而言，你的創業家分數愈高，就愈有機會成為一名成功的創業家。但是只是簡單的紙上作業調查並不見得就是百分之百的保證。如果你的分數很低，但是卻真的很想自行創業，你也可能會成功。但是，你要瞭解自己並沒有具備所有典型的創業家特質。

任何一個事業性計畫，最重要的部分就是判定它需要多少成本才能展開這份事業，並為前五年的財務狀況，計畫一下現金流量表。事實上有關財務的問題並不在本練習的討論範圍內，所以

只要準備一份不含財務報告的策略性計畫就可以了。假定資金不是問題，因為你剛得了5,000萬的樂透獎。只要選定一個你想從事的單一事業類型，給它一個名稱，以及一個你很熟悉的地點位置就可以了。為了要發展你的策略，請利用下列的策略性過程報告表格為範本。如果你真的沒興趣發展屬於你自己的事業，也可以選定一個市面上的既存事業來進行。

在你開始進行策略性過程之前，請先寫下你事業的名稱和它提供的主要產品或服務。

公司名稱：＿＿＿＿＿＿＿＿＿＿

產　　品：＿＿＿＿＿＿＿＿＿＿

步驟1 發展宗旨

為你的事業寫下宗旨。你可能想在心中先擬定一個大致性的宗旨，等到完成步驟2之後，再把宗旨寫下來。

步驟2 分析環境

利用圖5-3作為例子，發展出五種競爭力的分析報告，然後再做公司狀況分析。

五種競爭力分析

2.替代產品和服務的威脅

4.供應商的力量　　1.產業當中各賣方之間的一較高低　　5.買方的力量

3.潛力十足的新加入者

公司狀況分析

1. SWOT分析

優點　　機會點

＿＿＿＿＿＿＿＿＿＿　＿＿＿＿＿＿＿＿＿＿

＿＿＿＿＿＿＿＿＿＿　＿＿＿＿＿＿＿＿＿＿

缺點　　威脅點

＿＿＿＿＿＿＿＿＿＿　＿＿＿＿＿＿＿＿＿＿

＿＿＿＿＿＿＿＿＿＿　＿＿＿＿＿＿＿＿＿＿

2. 競爭優勢（如果有的話）。你可能需要對競爭性的優點作些評估，可是並不是一定要做。

＿＿＿＿＿＿＿＿＿＿＿＿＿＿＿＿＿＿＿＿＿＿＿＿＿＿＿＿＿＿

＿＿＿＿＿＿＿＿＿＿＿＿＿＿＿＿＿＿＿＿＿＿＿＿＿＿＿＿＿＿

3. 有關競爭地位的結稐。

4. 判定有哪些策略性議題和問題點，需要透過策略性過程來提出。

步驟3. 擬定目標

列出三個總目標或目標。

步驟4. 發展策略

若是只用有單一事業線，你就不需要擬定大策略或是執行所謂的公司業務組合分析。但是，你應該根據產品生命週期，發展出一份適應性策略和競爭性策略。

產品生命週期的所處階段：

適應性和競爭性策略（為每一個進行簡單的解釋說明）：

步驟5. 策略的落實和執行

列出幾個你會用來落實策略的主要控制手法。

在課堂上進行技巧建構練習5-2

目標

發展你的策略性規劃技巧。

準備

你應該先完成創業策略計畫的準備部分。

經歷

你將會在班上分享你的創業策略計畫。

選擇（8-20分鐘）

1.由學生向全班提出他們的策略性計畫。

2.把全班分成三到五人的幾個小組，分享彼此的策略性計畫。本練習並不包括分享自我評估練習裏的答案。

3.同於選擇1，可是各小組必須選出最好的策略性計畫，再向班上同學提出。

結論

由講師帶領全班進行討論，並作成總結講評。

運用（2到4分鐘）

我從此經驗中學到了什麼？我會在未來的日子裏，如何運用此所學？

____

____

____

____

分享

由自願者提供他在此運用單元裏的答案。

第六章
計畫與規劃的工具

學習目標

在讀完這章之後，你將能夠：

1. 說明常備性計畫和單一用途性計畫，這兩者之間的不同。
2. 解釋為什麼常常需要用到應變性計畫？
3. 討論策略性過程和銷售預測這兩者之間的關係。
4. 描述計質性和計量性銷售預測法這兩者之間的差異。
5. 請就集合主管意見的裁定作法和三種集成式的銷售預測法，討論它們之間的差異。
6. 解釋過去銷售預測法和連續時間銷售預測法的不同差異。
7. 描述規劃表、Gantt圖表和PERT網之間的不同。
8. 解釋時間日誌的用途。
9. 列出並扼要說出時間管理系統裏的三大步驟。
10. 界定下列幾個主要名詞：

常備性計畫　計量性銷售預測法
政策　連續時間法
程序　進度安排
規定　規劃表
單一用途性的計畫　Gantt圖表
應變性計畫　要徑表
銷售預測　關鍵性路徑
市場佔有率　時間管理
計質性銷售預測法　時間管理系統

技巧建構者

技巧的發展

1. 你可以培養自己對Gantt圖表和PERT網的運用技巧（技巧建構練習6-1）
2. 你可以培養自己的時間管理技巧，這個技巧可以讓你獲得事半功倍的效果（技巧建構練習6-2）

這些技巧是概念性和決策作成技巧的一部分。這些練習可培養你的規劃技巧和資源分配者的決策性角色技巧。此外，這些練習也可以培養出資源、資訊和系統使用方面的SCANS能力；基本性和思考性的基礎能力；以及自我管理的個人特質。

■Latoya發展了一套標準辦法，專門為商業經理人提供技巧的培養，並製作了一本手冊來促銷她的服務內容。

Latoya Washington擁有商業博士的學位，畢業之後就在中西部的一所大學裏任教。Latoya對她所受的教育有些失望，因為她覺得它太理論化，又不夠活用，缺乏實際的價值，也可以說是不夠技能化。於是她開始發展屬於自己的教材，並在班上實地運用，當然學生也非常喜歡她的教材。就在她執起教鞭的第二年，Latoya創立了一家顧問公司，名字就叫做華盛頓訓練和開發服務公司（Washington Training and Development Services，簡稱WT&DS）。Latoya發展了一套標準辦法，專門為商業經理人提供技巧的培養。她所提供的辦法，其中包括目標擬定和計畫發展、解決問題和決策作成、決策參與、時間管理、進度安排、面談技巧、績效評鑑技巧、情境領導、溝通技巧、衝突技巧以及女性管理人才等。

Latoya製作了一本手冊來促銷她的服務項目。WT&DS的宗旨說明就在該手冊的封面內頁，上頭寫著：「我們全心奉獻於人員的訓練和技巧的培養，為的是要力求工作上的績效表現和生產力的源源不斷，同時增進個人的事業前途。」手冊的第一頁有一則目錄表，被分成了三大部分：（1）為什麼選擇 WS&DS？—— 答案中說明了企業組織採用該服務的理由是什麼，手冊的內文也闡述了她的資格條件和競爭優勢；（2）有關 WT&DS的種種訓練和開發 ——此部分的內文說明了她執行訓練課程的辦法，以及公司員工應如何利用工作上所培養出來的技巧來增加自己的表現和生產力；（3）各種訓練和開發的模式辦法 —— 此部分提供了所有模式辦法的一覽表，並在內文中解釋每一個模式的內容和所需時間。儘管這種模式辦法讓人覺得Latoya好像提供的是一組非常僵硬的課程，但是實際上，她會將每個模式的教材仔細修正，以便迎合不同顧客的需求，當然這也是要額外收費的。

Latoya一開始作生意的時候，只是打電話給幾個可能的客戶而已。在電話中，她會簡短地描述自己的事業，並試著和對方約定時間，和主掌人員訓練與開發的主事者碰面，以便詳細討論她所提供的服務內容，最後再留下一份手冊。在每一次會面之後，Latoya都會後續跟進式地寄出一封感謝函，上頭再一次聲明對方組織會從她的服務中得到什麼好處，當然這封信會根據上次碰面時對方所告訴她的問題來發揮。而這封感謝信函的目的，也是要讓對方首肯訓練課程的安排。此外，信上還說道Latoya會隨信來電，回答對方心中可能有的一些疑惑，以便將此案作個總結。

在獲得了幾個客戶之後，Latoya開始積極推銷自己的事業，每個月都寄出信函給當地的潛在客戶（大約有300家）。這些信函的部分內容是取自於各種刊物上有關訓練的最新資訊，而且信中一定會提到如果對方需要的話，WT&DS會立刻奉上一本手冊以供參考，此外，要是對方想要瞭解更多的資訊，她很樂意親自登門拜訪。Latoya終於不必再一一致電給每位客戶了，因為她總算有了客戶基礎，每天都讓她忙不過來。事實上，Latoya實在是太忙了，以致於正在慎重考慮是否該放棄掉學校裏的教職，而以顧問工作為全職的事業。[1]

研究專家曾經指出，經理人利用各種不同的管理工具，費心地想要改善績效表現。但是財務上的表現和工具數目、工具選擇、或者使用工具的滿意度之間，並沒有什麼真正的關聯性。但是有一點很重要，那就是財務結果的滿意與否和公司有否具備服務顧客的能力，這兩者之間絕對有著成正比的關係。換句話說，重要的並不是你使用了多少工具，而是正確地使用它們來發展出顧客價值。[2]

儘管第五章的篇名是「策略性和作業性規劃」，但是其中的內容還是比較強調策略性規劃的部分。本章則是將重點擺在作業性規劃的上頭。你將會從本章裏，學到有關銷售預測、進度安排以及時間管理等工具事宜，可以用來改善你的作業性規劃技巧。

計畫

在本單元裏，你將會學到規劃層面、常備性計畫VS.單一用途性計畫、應變性計畫、經理人不用計畫的理由、以及不良規劃的指標等事宜。

規劃層面

計畫至少有五種層面的特徵：（1）負責發展計畫的管理階層；（2）計畫的類型－策略性或作業性；（3）計畫涵蓋的範圍，此計畫可以有極大的層面，例如整個組織，或是某個事業單位，但也可以是很狹窄的範圍，例如某個功能性部門、或是某部門的一部分、甚至是為某個員工所作的計畫；（4）時間－長程或短程；（5）重複性－單一用途或常備性的計畫。在最後一章的內文中，將會談到前四種層面。接下來，你所讀到是有關計畫的重複性議題。可是在你開始進入之前，請先參考圖6-1對規劃層面的描繪。請注意，高階經理人做的大多是單一用途性的計畫，低階經理人則大半以常備性計畫為主。但是這並不表示低階經理人就不用製作單一用途性的計畫。

1.說明常備性計畫和單一用途性計畫，這兩者之間的不同

常備性VS.單一用途性計畫

根據計畫的重複層面，可能被歸類為常備性計畫（standing plans），也就是制定之後，會被一再重複使用的計畫；或者被歸類為單一用途性的計畫，也就是制定後只需要運用一次的計畫。圖6-2描繪了常備性計畫和單一用途性計畫的不同類型。

管理階層	計畫類型	範圍	時間	重複性
高階和中階	策略性	廣泛	長程	單一用途性
中階和低階	作業性	狹隘	短程	常備性

圖6-1　規劃層面

圖6-2　常備性VS.單一用途性計畫

常備性計畫

作業性策略會判定目標該如何地達成。因此可能需要透過常備性計畫的發展才能得以完成使命，如此一來，就能節省未來規劃和決策作成的時間。**常備性計畫**（standing plan）包括了用來處理一些重複性狀況的政策、程序和規定。它的目的是要指導員工在決策上的行動方向。工會的合約協定就是一種常備性計畫。

常備性計畫
用來處理一些重複性狀況的政策、程序和規定。

政策（policies）提供了決策作成時的一般性遵循方向。組織體內的各個階層都有政策的存在。董事會根據高階管理階層的意見看法，為整體組織發展出政策方針。再由經理人來執行公司的這些政策。為了要達成使命，經理人通常會為自己的屬下員工制定一些政策。公司以外的團體，如政府、工會和各式認可團體也會下達一些政策，例如政府可能會要求企業組織對所有人等提供平等的機會；工會則會進行集體式的交涉議價行動。

政策
決策作成時的一般性遵循方向。

政策口號的例子包括：「顧客永遠是對的」；「我們講究品質至上」；「我們一向由內拔擢優秀的員工」；「員工可從適當的管道宣洩不滿的情緒」。請注意，這些政策都只是大方向的說明，再由員工花腦筋來決定如何執行這些政策。換句話說，必須由你來向自己的屬下員工詮釋、運用、和解釋這些公司政策。要是碰到某些情況沒有明確的政策可以參考，就該要求你的老闆制定一個，或者是自己先行制定，免得又碰到同樣情形。Latoya的政策方向就是「培養技巧，以力求工作上的績效表現和生產力的源源不斷」。但是要如何達到這個目的，可能會因不同的訓練課程而有不同。不過這個政策卻有助於Latoya專注在這項重要的議題上。

程序（procedures）是指可供遵循的行動順序，以利目標的達成。它們也被稱之為標準作業程序（standard operating procedures，簡稱SOPs）和程序辦法。程序要比政策來得明確多了，它們會對一系列的決策作成裁定，而不是只針對單一決策而已，而且所牽涉的功能性領域也不只一個。舉例來說，業務、會計、生產、運輸人事等，可能全都得遵循同一組程序辦法，如此一來，才能符合客戶的需求。程序可以保證所有的復發性或例行性狀況都能以一致且事先裁定好的態度方法來妥善處理。許多組織都有採買、存貨、申訴處理等種種固定程序。小型公司則通常沒有什麼固定程序。Latoya會教導員工一些程序方面的事情，例如決策作成的各個步驟（第四章），來作為她的訓練課程之一。

程序
可供遵循的行動順序，以利目標的達成。

規定（rules）則會明確說出應該做什麼和不應該做什麼。員工並無法謹慎地判斷該如何來執行某些規定條例。多數規定都沒有什麼詮釋的空間。其中例子包括：「禁止吸煙或在工作場所中進食」、「每個人在進入建築工地時，請

規定
明確說出應該做什麼和不應該做什麼。

務必戴上安全帽」、「紅燈時請停止前進」等。要是違反規定就必須接受處罰，而處罰的大小則視違規的輕重程度以及罪行數量而定。身為一名經理人，你必須以一貫制式化的態度來負責規定的設置和強制執行。Latoya在訓練時就設定了一個禁止吸煙的強制規定。

工作運用

1.請舉出你曾工作過或目前正在服務的組織單位，它們在政策、程序和規定方面的實例。

政策、程序和規定全都是常備性的計畫。但是也會因為定義和目的的不同而有不同。政策提供的是大致性的方向；程序則設定了各種活動的順序；而規定則管理各種明確的行動。其細節數量上的差異會因常備性計畫的類型不同而有不同，而常備性計畫的確能為復發性的狀況指引出該有的行為方向。但是若是想將政策、程序和規定這三者區分開來，往往不是一件輕鬆的事情。雖說如此，你還是要區分它們之間的不同，因為這樣一來，你才知道什麼時候你可以有些彈性，用你自己的方法來做事；什麼時候則不能有彈性。若是能適當地運用常備性計畫，將有助於組織達成設定下的目標。

單一用途性計畫

單一用途性的計畫
為處理非重複性的狀況，所發展出來的一些規劃和預算。

單一用途性的計畫（singe-use plans）包括了為處理非重複性的狀況，所發展出來的一些規劃和預算。單一用途性計畫不像常備性計畫，前者是為了某個特定目的而發展出來的，以後也許不會以同樣的形式再運用一遍。但是也有可能這種單一用途性計畫會被當作是未來規劃或預算的既定模式。策略就是一種單一用途性計畫。

工作運用

2.請舉出你在工作中曾參與過的規劃實例。

規劃（program）會把一組活動內容描述出來，它的設計是為了在某特定期限內，完成某個目標。規劃並不能支配統治整個組織。規劃可能擁有它自己的政策、程序、預算等等，也許要花上好幾年或是不到一天的時間來完成某個既定規劃。其中例子包括新產品的開發、設施的擴充、或者是對某項疾病治療的研發。Latoya就會她的客戶發展了許多的規劃內容。

在發展某個規劃的時候，你會發現以下的這些程序方針可能還蠻有幫助的：（1）擬定計畫的目標；（2）把計畫打散為數個步驟順序；（3）為每一個步驟指派責任；（4）為每一個步驟設下起始和結束的時間；（5）為每一個步驟判定所需用到的資源。如果你使用的是作業性規劃，請參考的圖6-4，你就會知道該如何遵循上述的方針了。

預算（budget）是指一些被分配的資金，以便在某固定期間內運作某個部門。許多人都害怕碰到預算方面的問題，因為他們數學不好或者並不擅於會計方面的事情。事實上，多數的預算只需要用到規劃技巧，數學技巧反倒不是那麼地必要。在發展的時候，預算稱得上是一種規劃工具；但是在執行的時候，它又成了一種控制的工具。你將會在第十五章的時候，學到有關預算制定的細

概念運用

AC 6-1　計畫的確認

請確認下列計畫的類別：

目標

a.目標

常備性計畫

b.政策　c.程序　d.規定

單一用途性計畫

e.規劃　f.預算

__ 1.「品質第一」。（福特汽車公司）

__ 2. 甘迺迪總統計畫要讓某人登陸月球。

__ 3. 在下個年度，增加我們的市場佔有率達10%。

__ 4. 剛生下娃娃的員工可以有兩個月的育嬰假。

__ 5. 在下個月運作你的部門，大概要花掉多少成本？

__ 6. 在參觀工廠時，請戴上安全眼鏡。

__ 7. 事假必須經過經理的同意，並要在生效日期一個月以前呈交給人事部門。

__ 8. 將釘書機的退回率維持在5%左右。

__ 9.「絕對不要不當地利用和公司有生意往來的顧客」。（J. C. Penny 百貨公司）

__ 10. 你也許可以支出1,000美元來舉辦這場研討會。

節事宜。Latoya也是使用預算的。

應變性計畫

2.試解釋為何我們常需要應變性計畫

不管你的計畫多周詳，總是會碰到事情出錯，讓你無法達成目標的時候。通常儘管事情出了差錯，仍然可以在你的控制之下。（舉例來說，機器可能會故障，員工也可能會請病假。但是若是碰到無法控制的事情時，你就需要準備一份備案或是一份應變性的計畫。所謂**應變性計畫**（contingency plans）就是在發生無法控制的情況下時，可用來執行的替代性計畫。如果某個主要員工請了病假，就要有另一個員工替補上陣。建築工程往往要看天吃飯。如果天氣不錯，就可以在戶外工作；要是天氣不好的話，就得在室內工作。運輸業者也有準備一些應變性的計畫，以防Teamster卡車司機工會鬧罷工。[3]微軟公司發展出一套辦法來為視窗九五解開軟體，這也是一種應變性計畫，萬一司法單位向它採取反托拉斯行動時，就可以立刻付諸實行。[4]

應變性計畫
在發生無法控制的情況下時，可用來執行的替代性計畫。

為了幫你的部門發展出一套應變性計畫，你應該要回答下列三個問題：

1.我的部門可能會發生什麼樣的差錯？

2.我要如何預防它的發生？

3.如果它真的發生了，我該如何做，才能將效應降至最低？

工作運用

3.請描述很適用於某應變性計畫的某個狀況，請解釋其計畫。

你的應變性計畫就是回答上述三個問題。在發展單一用途性計畫時，請教一下那些參與計畫者，可能會發生什麼樣的差錯？如果有了差錯，該怎麼辦？此外，也問問那些組織以內和組織以外曾經執行過類似計畫的人們，他們也許曾經碰過一些你不曾想到過的問題，而且可能有還不錯的應變性計畫可以提供給你知道。

為什麼經理人不作計畫呢？

在為經理人執行訓練課程時，Latoya發現到直至目前為止，不作計畫的最常見理由就是沒有時間。「我老是忙著幫人處理善後，所以沒有時間進行任何計畫」這是最典型的託辭。所以這也是本章要你學習時間管理的理由。Latoya的回應方式是要這類經理人想想看，部門裏最近發生的幾次危機或「善後救火」行動，它們是因為該經理做了某些事或者是沒有做某些事嗎？其實如果該經理曾經作過計畫的話，這類危機或許可以避免掉。為什麼經理人總是可以找到時間來把工作做完，卻找不出時間在一開始的時候就先把工作規劃妥當呢？成功的規劃者比較遇不到什麼危機，他們總是能把旗下部門掌握得很好。沒有規劃的人則無法掌握全局，總是一個危機又一個危機地接踵而來。規劃是一種持續性的活動。計畫也不需要很複雜或佔去很多的時間。本章稍後，將會教你有關規劃工具的事宜。

經理人不作計畫的第二個理由是因為他們是行動派。當危機發生時，許多經理人覺得若是停下來思索或計畫如何處理，好像不太妥當。他們比較喜歡立即採取行動，可是此舉卻往往造成更進一步的危機。舉例來說，Jed是一名經理人，老闆給了他一張需求極為匆促的訂單。Jed立刻停止所有的生產工作，全力配合這張訂單的要求，加緊趕工。一個小時之後，Jed的員工告訴他，雖然訂單已經完成了一半，但是卻已經用完了製造所需的所有紅色原料了。因為這名顧客要求的是紅色，所以他們只好再度拿起綠色原料，開始先前停滯下來的其它生產工作，當然綠色原料的供應是十分充足的。結果因為匆忙趕工的緣故，另外兩份原本已接近完成的訂單也遲交了，其實這兩份訂單也都是為了還不錯的顧客所生產的。如果Jed花點時間作好計畫的話，也許就能同時為這三名顧客提供更好的服務，另外也可以省下一些勞力時間和原料的支出。有句老話說：「要是漏了計畫，就等著失敗吧！」

不良規劃的指標

工作運用

4.你為現在或以前老闆的規劃能力評多少分？請舉出任何一個不良規劃實例。

不良規劃的徵兆包括：

1.無法達成的目標：錯過了期限、交貨日期和進度，或者是工作沒有準時完成。

2.危機：以趕工或超時加班來完成工作。

3.閒置的資源：物質、財務、或人力資源擱在那裏，等著該名經理的任務指派。

4.資源的缺乏：在有需要的時候，得不到必要的資源。

5.重複：相同的工作做了一次以上。

銷售預測工具

3.討論策略性過程和銷售預測這兩者之間的關係

預測（forecasting）就是預言未來會發生什麼事情的一個過程。組織體會在分析環境時，進行各種不同的預測，其中包括經濟預測、技術預測和政府法令預測等（第二章）。但是，一般認為銷售預測是組織體中最重要的預測項目。銷售預測或銷售預算都應該要把過去經驗、目前狀況、未來趨勢和形態等因素列入考慮當中。[5]換句話說，應該要根據環境分析來進行預測才行。銷售預測是策略性規劃過程中的最重要部分之一。在改進了銷售預測之後，[6]Broadway百貨公司一年內就增加了35%的銷售量，貨物的流通率也增加了18%。[7]

銷售預測（sales forecast）可以預估某段特定期間內，售出的產品單位量和／或金額量。銷售預測之所以很重要是因為系統制度的影響。最常讓行銷部門執行貫徹的短期性預測就是一年的銷售預測，它是由業務經理所擬定的，再經過高階管理階層的通過和修正。[8]但是這份銷售預測會影響到行銷部門，因為它是每位業務代表銷售配額的根據所在。營運部門則會利用這份銷售預測來排定生產進度。而行銷人員則要同時監控作業存貨以及顧客存貨的多寡，以便在必要的時候調整預測。銷售預測也會影響財務部門，因為它必須從中判定公司可以有多少營收，然後才能決定它必須編列多少支出預算。[9]所以銷售預測

銷售預測

預估某段特定期間內，售出的產品單位量和／或金額量。

是現金流量計畫的根本所在，可用來決定是否有借貸的必要。人力資源部門也會受到影響，因為它必須增減人事來符合銷售預測上的要求。

在預測銷售量時，產品生命週期的所處階段也要考慮到，因為它事關未來的成長潛力。[10]銷售預測通常是根據產業界的銷售預測而來的，當然產業界的銷售預測也會將產品生命週期的所處階段列入考慮當中。舉例來說，噴射機製造商美國波音公司（Boeing）和歐洲空中巴士（Airbus）就各自執行了二十年銷售預測的計畫，預估在西元2014年之前，飛機的整體銷售量將高達1兆美元。波音預估全球的需求量將高達15,400架飛機；空中巴士則預測有15,000架。兩家公司都是根據三大成長性環境理由的預估而來的，分別是：乘客流量的成長；老舊飛機的替換；和整體航空事業的回收報酬率。[11]

市場佔有率
單一企業組織佔產業銷售量的比例多寡。

有了單一產業的產品總銷售量，許多大型公司就可以據此預估自己可佔整體產業銷售量的比例多寡，也就是市場佔有率。所謂**市場佔有率**（market share）是指單一企業組織佔產業銷售量的比例多寡。舉例來說，微軟公司擁有軟體產業30%以上的市場佔有率，比它三大競爭對手加總起來的佔有率還要多。[12]專業性刊物和產業性刊物上頭都會有產業銷售量的預估，你可以利用這個數據來分析環境和作成銷售預測。在預估自己公司的銷售量時，要記得將當地狀況、特別是競爭情勢等列入考慮之中。

4.描述計質性和計量性銷售預測法這兩者之間的差異

你也應該要瞭解，銷售預測可以是事業性階段策略的一部分。若是使用試探性的成長性策略，銷售量的預估推算就會在未來的幾年內以很快的速度向上攀升。但是如果使用的是分析性、防禦性、或節流性策略，銷售量就會緩緩地成長；維持原狀；或者是向下滑落。

計質性銷售預測法
對銷售量的預估主要是以主觀性的判定、直覺、經驗和意見為主。

計量性銷售預測法
是以客觀的、數學的和過去的銷售資料來作銷售量的預估。

銷售預測技巧可以被分成計質性或計量性兩種方法。所謂**計質性銷售預測法**（qualitative sales forecasting techniques）對銷售量的預估主要是以主觀性的判定、直覺、經驗和意見為主，其中也可能會運用到一些數學。**計量性銷售預測法**（quantitative sales forecasting techniques）則是以客觀的、數學的和過去的銷售資料來作銷售量的預估。但是企業組織往往結合計量和計質兩種方法，來增加銷售預測的準確性。在本單元裏，你將會學到有關銷售預測技巧方面的事宜，請參考圖6-3的描繪。

計質性銷售預測法

計質性銷售預測法包括了個人的意見、集合主管意見的裁定、業務主力的集成預測、顧客的集成預測、作業單位的集成預測以及研究調查等等。你應該

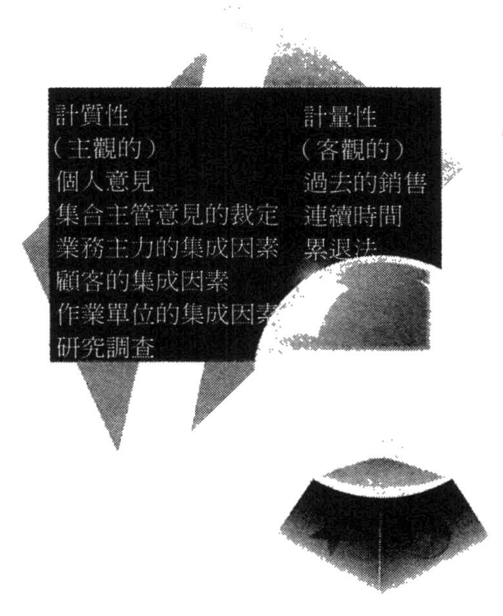

圖6-3 銷售預測法

知道，新產品或新公司只能利用計質性銷售預測法，因為它們沒有過去的計量基礎可供預估。

個人意見

你可以根據你個人的經驗或過去的事件來預估未來可能發生的事情。人們往往喜歡靠直覺來作出有關未來的判定，因此就產生了所謂的個人意見（individual opinion）。一個人在獨自開創一份全新事業的時候，往往沒有其它選擇，只能根據自己的所受教育（根據環境分析），來作出個人的意見判定。Latoya在開創自己的事業時，就是利用這類銷售預測的技巧。

集合主管意見的裁定

5.請就集合主管意見的裁定作法和三種集成式的銷售預測法，討論它們之間的差異。說明競爭優勢和基本標竿化之間的關係

在集合主管意見的裁定之下，經理們和／或專家們就可以利用這些共同意見來預測銷售量了。最常見的形式就是舉辦會議，彼此分享觀點，並試著從中達成有關銷售量的一致性協議看法。但是也可以利用Delphi法（第四章）。你必須從群體決策風格或個人決策風格當中選出一個比較適當的辦法（第四章）。這種集合主管意見的裁定作法會比較適用於有合夥關係的公司組織。Pete和Dave就對六家Jiffy Lube服務廠的銷售預測達成一致性的看法。一向與顧客有所

互動的零售服務應該在1994年達成2億4,000萬美元的銷售量，到西元2000年的時候，則可以達到69億美元。[13]

業務主力的集成預測

業務主力的集成預測結合了每一位業務代表的銷售預測。也就是每一位業務代表都要預估自己未來時間內的銷售量多寡，然後再加總起來，成為該公司的集成式銷售預測。因為業務代表通常很瞭解自己的顧客，所以會是一個還不錯的資料來源。但是，許多公司的經理人都認為他們的業務代表太過樂觀了，所以他們會把這項集成式因素和其它銷售預測法平衡以對。[14]若是能由專業性的業務代表來推銷昂貴的產品，再加上清楚的顧客和地域層面基礎（例如IBM），這種業務主力式的集成因素就往往蠻可靠的。

顧客的集成預測

所謂顧客的集成預測就是每一位主要顧客的總預測。你可以請教這些主要顧客，他們在未來年度裏的採買量，然後再全部加總起來，就成了公司的集成式銷售預測。顧客們通常知道自己的購買需求。若是組織體所擁有的顧客數不算多，但是每位顧客的購買量都相當大的話，這種顧客集成式的預測法就蠻有效的，例如美泰兒玩具擁有幾家大型的零售商顧客：玩具反斗城、Wal-Mart商場、Kmart商場和Target商場。

作業單位的集成預測

作業單位的集成預測就是同時為好幾個單位作出總銷售預測。擁有多重運作單位的事業體，例如The Gap連鎖店和Edwards超市，通常會為每一家作業單位預估銷售量，然後再全部加總起來，就成了公司的整體銷售預測。Pete和Dave就是這樣為他們的六家Jiffy Lube服務廠進行銷售預測的。

作業單位的集成預測還有另一種變化就是部門的集成預測。擁有多重營收部門（例如超級市場旗下有肉品部、奶品部、雜貨部等）的事業體可以把每個部門視作為一個作業單位，由每一個部門來預估自己的營業額，然後再使用集成方式來算出總銷售量。Edwards超級市場就可以利用部門集成式預測法來取得每家店的銷售預測，再加總起來變成總作業單位的銷售預測。

作業單位集成預測的另一種分支作法是產品的集成預測，也就是由擁有多項產品的事業體來判定每個產品／服務的銷售量，然後再加總起來，作成總作業單位的銷售預測。

工作運用

5.你曾工作過或目前正在服務的公司，它有什麼競爭優勢嗎？如果有的話，請說明內容。如果沒有的話，請說出它和其它的競爭對手有什麼相同之處？

研究調查

研究調查可以利用郵寄問卷、電話訪談、或個人訪談的方式來預估出未來的購買情形。先挑定好樣本人口進行調查，然後再根據受訪結果推衍出總人口的預測性結果。事業體每個月都可利用調查來預估出某項新產品或服務的銷售量。舉例來說，全新的Downy衣物柔軟精樣品被大量寄發到某個特定區域的所有人口手上。一週之後，再選出一組樣本人口接受電話調查，看看他們是否使用過這個產品？喜不喜歡這個產品？以及如果需要添購柔軟精的話，會不會在下次選購的時候進行購買？這種調查也很適用於新產品的開發，以便在新產品正式上市前，先行改善自己的品質。

計量性銷售預測法

6.解釋過去銷售預測法和連續時間銷售預測法的不同差異

計量法包括了過去銷售、連續時間以及累退法。上述所談到的任何一種計質法都可以拿來和計量法結合運用，只要該產品或公司在市面上已有一段不算短的銷售歷史就可以了。對銷售歷史來說，沒有什麼絕對性的時間限制。但是連續時間法和累退法而言，則至少需要一年的時間，當然年數愈多，預測結果就愈好。可口可樂公司就是依過去十年來的銷售記錄來預估下一年度的銷售量。

過去銷售

過去銷售（past sales）法假定過去的銷售紀錄會再重複出現，也或者可以因環境因素而作些主觀性的調整。舉例來說，一家當地的披薩店老闆可以當之無愧地說，只要是禮拜五的晚上，就可以賣出100份的披薩。因此，他必須在那天準備好100份的披薩進行出售。但是，如果天氣不好的話，他的預測就會被主觀地打上七五折。萬一碰上了連續假期，人們多不願在家打理食物的話，銷售預測就可以高達125份披薩。

連續時間

連續時間法（time series）是將經年累月下來的過去銷售量走勢再行推衍，做成對未來銷售量的預測。有了連續時間法，你就可以排定出每週、每月、每季、每年的銷售預測，然後再根據走勢，繼續投射做出未來的銷售預測。銷售走勢可以利用人工的方式來推衍，做出未來的銷售預估（如果走勢向上的話，你就增加銷售量的預測結果；如果走勢持平，則保持原來的預測；要

連續時間法
將經年累月下來的過去銷售量走勢再行推衍，作成對未來銷售量的預測。

概念運用

AC 6-2　銷售預測法

為下列組織找出最適當的銷售預測法。第11到13題是計質法；第14到15題則是計量法：

計質法

a.個人意見　b.主管意見的裁定　c.業務主力的集成預測　d.顧客的集成預測　e.作業單位的集成預測　f.研究調查

計量法

g.過去銷售　h.連續時間　i.累退法

__ 11.Pick n' Pay 超市連鎖店。

__ 12.Hall賀卡公司的業務人員會拜訪出售地區的各個零售店。

__ 13.Tyson開創了自己的獨資事業，專門出售全新且非常與眾不同的各式香水。

__ 14.Jim和Betty開了一家舊式的雜貨店。

__ 15.通用汽車公司的汽車。

是走勢下滑的話，則降低銷售量的預測結果），但是若能利用電腦上的時間連續程式，效果將會更精確。舉例來說，當地的披薩店可以做出每年的銷售量走勢圖，然後再根據走勢繼續推衍，也許就能改變100份披薩的銷售標準了。

> **工作運用**
>
> 6.你過去工作過或目前正在服務的公司組織，是否曾用過任何一種計量性的銷售預測法，它們是如何被運用的？

連續時間法也可以用來排出每天或每月的銷售走勢，以便判定出季節性銷售的趨勢何在。儘管用的是連續時間法，仍然可以根據環境因素來做些調整，使得預測更客觀。因此，典型的禮拜一只賣60份披薩；禮拜五則可售出100份披薩；而6月的禮拜五晚上則可賣出110份披薩；但4月卻可能只有90份披薩。利用連續時間法可以讓預測更精確，店裏貨源的準備就不會太多或太少，進而加大了利潤值。位在Cod海岬的Chatham藥房就採用連續時間法來預估每個月的銷售量。Bernie和Carolyn Young也是將存貨量和需求量保持在一致平衡的局面，可是會因環境中的天氣因素來進行數值的調整，好加大銷售量的可能。Latoya則利用連續時間法來預估她的第二年業績。她知道7月和8月是淡季，而9月和1月則是旺季。

累退法

累退法是一種數學上的模式運用法，可根據其它的變數來預估銷售。累退法不在本書的涵蓋範圍之內，但你可以在統計學的課程中學到累退法。

進度安排工具

7.描述規劃表、Gantt圖表和PERT網之間的不同

當行銷部門完成了它的銷售預測，並接到來自於顧客的產品訂單之後，營運部門就會將輸入轉為輸出，進而創造出顧客價值。你會在第十七章的時候，學到更多有關營運管理的事宜。為了確保顧客價值，許多公司都將顧客的輸入也排定到進度當中。[15]這一點對及時作業來說尤其地重要。進度表是作業性計畫的一部分，上頭會明確記載輸入轉換成輸出的種種細節。有效的進度安排通常需要各個部門的協調，也就是輸入透過各個部門逐步轉變成最後成品的輸出。還記得我們前面提到過，[16]所有員工都要參與輸入變為輸出的轉換過程，並不只有營運部門參與而已。

進度安排（scheduling）就是將各種需要進行的活動列出來，好達成某個目標的一種過程，並會根據各活動所需完成的時間，來依序列出所有的活動。進度上的細節可以回答有關內容、時間、地點、辦法、以及參與者等多項問題。在排定進度的時候，你必須將工作界定清楚，[17]並確保可以取得所有必要的資源。經理人應該要參與各資源的進度安排，其中包括時間上的排定，你將會在下一個單元裏學到更多有關時間管理的事宜。

進度安排
將各種需要進行的活動列出來，好達成某個目標的一種過程，並會根據各活動所需完成的時間，來依序列出所有的活動。

現在有愈來愈多的組織體都利用電腦來排定資源。[18]市面上也有各式各樣的進度安排軟體可供利用。[19]但是教你如何利用電腦來排定時間進度，並不在本書的涵蓋範圍之內。可是你在這裏以紙和筆的方式學到簡式的規劃表、Gantt圖表以及PERT網等。如果你必須作出一份很精細複雜的時間進度表（例如：Westhoff Tool and Die所製作的那種時間進度表），你就需要有電腦的協助。Westhoff所使用的電腦可以追蹤記錄80種工程計畫，它會為廠內的每一台機器在圖表上安排出進度，然後再複印給六位經理人，以供監控60名作業人員之用。

在學會三種時間進度安排法之前，讓我們先討論一下你可能已經使用過的兩種簡式辦法：日曆和待做事項表。所謂日曆就是在特定日期上或一天當中的某個時段上，寫下你必須完成的事項，因此你可能會買一本特殊用途性的行事曆。而待作事項表最常見的方式就是拿一張紙，寫下所有必須在今天或儘快完成的事項。這種進度安排式的日曆和待作事項表，在許多價廉的電腦軟體上也可以找得到。你將會在下個章節裏，學到比較複雜的待作事項表，其中還包括了優先順序的排定。

規劃表

規劃表
說明目標並列出各種活動的順序；各活動的起始和結束時間；由誰來完成肩負著目標使命的各個活動。

規劃表（planning sheets）會說明目標並列出各種活動的順序；各活動的起始和結束時間；由誰來完成肩負著目標使命的各個活動。圖6-4的規劃表就描繪了每月行銷信函的轉換過程，是Latoya為WT&DS所發展的，這份信函會寄給三百名潛在顧客。現在我們先來看看圖6-4，確認一下這個計畫若根據五種規劃層面（圖6-1）來看，究竟是什麼類型。答案就在圖的最下角。規劃表所適用的計畫都是獨立性質的計畫，其中有各個活動的連續性步驟必須完成，以便達成最後的目標。

目標：在每個月的十五日以前，寄出一份親筆信函給所有的目標客戶。
負責專人：Joel　　起始日期：每個月的第一天
完成日期：每個月的第十五天。　　優先權：高度優先
監測時間：每個月的第七天和第十二天

活動（內容步驟、地點、辦法、所需資源、以及其它等等）	時間 起始		結束	負責人
1. 在文字處理機上進行打字	第一天		第二天	Latoya
2. 把信件傳送到印表機裏	第三天	或	第四天	Joel
3. 以WT&DS的信紙印出信件	第五天		第六天	印表機
4. 從印表機上取回信件	第六天	或	第七天	Joel
5. 在信紙和信封上打上姓名和住址	第七天		第九天	Joel
6. 由Latoya在每封信上簽名，再折好放入信封內	第十天		第十一天	Joel
7. 將所有信件打包好，做成大宗郵件	第十二天		第十三天	Joel
8. 拿到美國郵政局投遞	第十三天			Joel
9. 郵寄信件	第十四天	或	第十五天	郵局

根據五種規劃層面來看：（1）這個計畫是由Latoya發展出來的，她是唯一的經理，所以沒有什麼真正的階層可言；（2）這個計畫的類型是作業性的；（3）其範圍很狹窄；（4）時間是屬於短程的；（5）就重複性來說，是屬於常備性計畫。

圖6-4　WT&DS的作業性計畫

擬定目標

在你可以判定該如何做某件事之前，你應該先決定你想要完成什麼。所以規劃中的第一個步驟就是清楚地說出你想要達成的最終結果，利用第五章的目標擬定模式也無妨。在設定好目標之後，再寫下由誰來負責完成目標，起始和結束的日期、優先順序以及用來監控進度的檢測時間。

計畫和進度

在第一行就列出各個步驟的順序，包括內容、地點、辦法以及必要資源等。在「時間」的欄別上可註明每一個步驟的起始和結束時間。第三欄則寫出負責該步驟的當事者是誰。

如果Latoya讓所有的信函都以文字處理機來印製，而不是以印表機來印製；並且是以第一類郵件取代大宗郵件的方式來寄送的話，就可以省略掉第二步驟裏的第四到第七項工作內容。她之所以沒有省略掉這些步驟，其理由是為了省錢（第一類郵件的成本是大宗郵件的兩倍）和為了營造親筆信函的感覺。Latoya想要讓潛在顧客覺得他們好像收到一份親筆函，而不是一封制式化的信件。把顧客的姓名寫在信上，並簽上自己的名字，可以讓整封信變得人性化起來，如此一來就可大大降低大宗郵件的粗糙感覺。Latoya的最初計畫是以文字處理機來處理所有的信件，再以大宗郵件來寄送。可是美國郵政局告訴她，親筆性質的文字處理信函並不能以大宗郵件的方式寄出。可是Latoya卻想同時兼顧個人親筆信函的感覺和大宗郵件的省錢作法。於是Latoya和負責大宗郵件的經理達成協議，可將受信人的姓名、住址和發信人的簽名置於印製的信函上，但是該信函絕不能進行文字處理，以便符合大宗郵件的規定要求。

這個計畫花了好久時間才完成，可是得到的代價卻是值得的，因為有兩個理由：首先，她準時地寄出這些信函。若是Latoya在一開始的時候抱定的心態是「我們有時間再來做它」，那麼信件一定會延遲許久才寄出去，而且不會在一個月內寄出。第二，列在圖6-4「負責人」一欄上的Joel是WT&DS的工讀生。Latoya公司裏的工讀生流動率大約是一年一換，所以這個計畫省下了新進工讀生的訓練時間。Latoya 給了新工讀生該份計畫的影印本，上頭寫明了所有工作過程和工讀生的角色以及職責等。

你可以以手寫或打字的方式把格式樣本作出來，再輕鬆地影印幾份自己專用的作業性計畫表。

> **工作運用**
>
> 7.你曾工作過的地方或目前正在服務的單位，其中是否有某項計畫很適於用規劃表的方式來排定進度，請舉出實例。

Gantt圖表
以條棒式的圖形來描繪出某段期間內正向某個目標邁進中的時間進度表。

Gantt圖表

Gantt圖表（Gantt charts）是以條棒式的圖形來描繪出某段期間內正向某

個目標邁進中的時間進度表。各種不同的進行活動會垂直排列在圖表裏，時間則是以水平方向陳列。資源的分配，如人員或機器，則放在垂直軸上。同一個部門裏所需完成的各種工程計畫都可以在相同的圖表上列載出來。Gantt圖表就像規劃表一樣，很適用於為了達成目標，而有著獨立連續性步驟的計畫。Gantt圖表優於規劃表的地方在於它把邁向目標的進度都放在圖表上了，所以很好控制。換句話說，Gantt圖表同時是規劃工具也是控制工具。

在建造埃及的巨大金字塔時，就有了圖像化的生產進度描繪。Henry Gantt則在這個世紀初才將它們發揚光大（第一章）。今天，這類條棒式的圖表廣泛地運用在各種資源的分配計畫上。WT&DS的規劃表也可以轉換成Gantt圖表，只要把「時間」欄換成一到十五天的天數，取代原先的起始和結束時間，而每一排的條棒代表的是每個步驟的所需天數。雖然我們沒有在圖6-5的Gantt圖表上顯示出來，其實這種圖表也可以列出主事的人員、部門、或機器等，就像規劃表中的「負責人」欄一樣。這種寫明「負責人」的作法對需要有多重人員、部門、或機器等來完成目標的工程計畫來說，是非常有幫助的。

工作運用

8.你曾工作過的地方或目前正在服務的單位，其中是否有某項計畫很適於用Gantt圖表的方式來排定進度，請舉出實例。

圖6-5描繪了某個營運部門各種訂單的Gantt圖表。每一個條棒代表的是時間的起始和結束，而顏色比較深的部分則代表目前為止所完成的進度。有了這個圖表，你就可以一眼看出來每份訂單的進度如何。如果你知道某個工程計畫

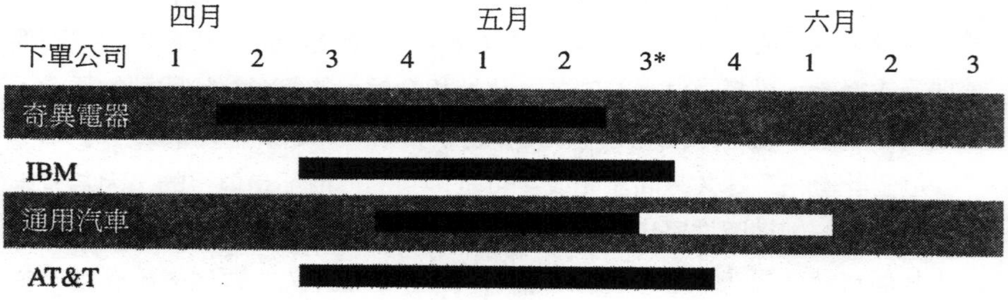

四月 五月 六月

下單公司 1 2 3 4 1 2 3* 4 1 2 3

奇異電器

IBM

通用汽車

AT&T

*是指今天的日期，也就是五月第三個禮拜的第一天。
條棒指的是計畫排定的起始和結束。
▬ 指的是到目前為止，計畫的完成部分；條棒的尾端空白處則是指仍有待完成的工作。

奇異電器的工程計畫已經完成；IBM完全符合進度要求，將會在本週內完成所有的工作；通用汽車的進度落後，預定將在五月的第四個禮拜完成所有工作；AT&T的進度超前，應該會在六月的第一個禮拜完成所有工作。

圖6-5 多重工程計畫的Gannt圖

的進度落後，就可以採取一些補救行動來加快進度。假定今天是5月第三週的第一天（暗色條棒的最後位置應該在進度表上的數字3底下），那麼圖6-5當中的四個工程進度各是如何呢？答案就在圖表的最下面。

績效的評估和檢查（PERT）（要徑表）

各種不同的活動若是可以同時進行，就是屬於獨立性質的。若是必須完成一個活動之後，才能開始另一個活動，它們就屬於非獨立性的活動。規劃表和Gantt圖表都可以適用於非獨立性的連續活動。但是若是有些活動有的時候是獨立的，有的時候又是非獨立的，這時就要利用到PERT（要徑表）了。**要徑表**（PERT）就是為彼此依賴的各式活動進行描繪，所呈現出來的一個網狀進度表。

要徑表
為彼此依賴的各式活動進行描繪，所呈現出來的一個網狀進度表。

要徑表的主要因素就是各種活動、事件、時間、關鍵性路徑和可能的成本。規劃若是極為複雜，通常都會利用數個活動來代表一個事件。舉例來說，在生產汽車的時候，引擎的建造可以是單獨一個事件，因為它在過程中需要進行許多活動才能達成最後的目的。時間則可以用任何一種單位來計算（秒、分、小時、天數、週數、月份和年度等），以便確認清楚哪裏才是關鍵性路徑。關鍵性路徑是很重要的，因為它可以判定出每個活動的所花時間，然後再決定出工程計畫的時間長度。[20]所謂**關鍵性路徑**（critical path）就是指在PERT網當中，最耗時間的系列活動。我們在圖6-6中以雙線的方式來表示它的位置所在。在關鍵性路徑上要是有任何耽擱，就會對整個工程計畫造成拖延。許多組織體都把重點擺在每個活動的時間縮減上，為的就是要節省時間（以時間為主的競爭）。[21]而每個活動的成本也可以和時間放在一起。

關鍵性路徑
在PERT網當中，最耗時間的系列活動。

PERT網的發展

以下步驟解釋了圖6-6的PERT網是如何完成的：

步驟1 列出所有需要完成以達成目標的活動／事件

找出一個字母來代表。在本例中，我們有十種活動，代表字母從A到J。

步驟2 判定出完成每個活動／事件的所花時間

在圖6-6當中，時間是以如下的天數來計算：A-2、B-6、C-4、D-10、E-7、F-5、G-7、H-4、I-6、和J-1。

步驟3 依完成順序把各任務排成圖表上

在圖6-6裏頭，A必須在E開始之前完成；E則必須在H開始之前完成；而H

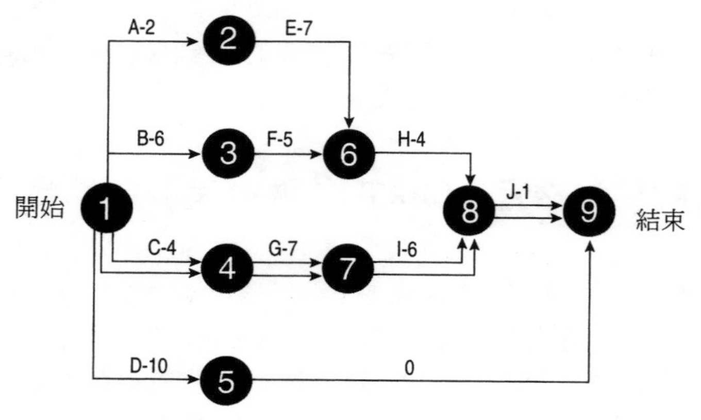

圈圈 = 事件
箭頭和字母 = 活動
數目 = 天數
雙箭頭 = 關鍵性路徑或，或者是完成計畫的所花時間。

圖6-6　PERT網

> **工作運用**
>
> 9.你曾工作過的地方或目前正在服務的單位，其中是否有某項計畫很適於用PERT網的方式來排定進度，請舉出實例。

則必須趕在J之前完成。舉例來說，在你把一盒穀類食品放上貨架出售之前（J），你必須先訂貨（A）、收貨（E）和貼上價格（H）。請注意活動D是屬於獨立性質的。箭頭和字母正代表了每一個活動。內有號碼的圈圈則表示各個事件的完成都會牽引出預定的結果。所有的活動都在圈圈內標明了開始和結束。就圖6-6的例子來看，1代表的是工程計畫的開始；9則是它的完成和結束。

步驟4　判定關鍵性路徑

要想作出判定，就必須先算出從（1）到（9）每一條路徑的總花時間。路徑1-2-6-8-9的加總天數2+7+4+1是14天；路徑1-3-6-8-9的加總天數6+5+4+1是16天；路徑1-4-7-8-9的加總天數4+7+6+1是18天；路徑1-5-9的加總天數10+0是10天。所以我們在1-4-7-8-9路徑上劃上雙箭頭，表示這是關鍵性路徑，這個工程計畫應該會花十八天的時間來完成。但是如果這份工作必須在兩週內完成，早在你開始動工之前，就知道這是不可能的。所以，若不是得更改完成期限，就是放棄這項工程。

現在我們來為這個單元概要說明一下。作業性規劃表和Gantt圖表通常是用來為例行性的常備性計畫發展程序之用的。而PERT則往往用於比較複雜且彼此依存的單一用途性工程計畫。雖說如此，這三種類型的進度表也還是可以適用於常備性或單一用途性的計畫。你將透過**技巧建構練習**6-1，培養出你自己的進度安排能力。

概念運用

AC 6-3　進度排定工具

請為以下的狀況，選出最適當的進度排定工具：

a.規劃表　b.Gantt　c.PERT

__ 16.某生產部門有六台不同類型的機器和八種不同的產品。

__ 17.Ted將為新房舍的建造，發展工程計畫。

__ 18.Karen將會某項服務的全新提供方式，發展出一些程序。

__ 19.最近將發展建造新潛艇的計畫。

__ 20.訓練部門想要為會議室和課程排定時間表。

時間管理工具

時間也已經成為各公司在競爭優勢上的重要考量了。[22]快速地送交產品和服務，正是一種顧客價值。[23]舉例來說，摩托羅拉（Motorola）、凱迪拉克（Cadillac）和德州儀器（Texas Instruments）現在都很重視時間的議題。而聯邦快遞和Jiffy Lube也都是著眼於時間的考量，而發展出旗下的事業體。摩托羅拉和其它公司都發現到，不振的生產力和差勁的顧客服務，往往都和不良的時間管理有關。[24]時間管理技巧對你的生產力以及事業的成功與否，有著非常直接重大的影響關係。[25]

時間管理（time management）是指讓人們在最短的時間內達成事半功倍效果的技巧方法。時間是經理人最有價值的資源之一，浪費掉的時間是永遠也無法挽回的。但是許多經理人並不能有效地利用自己的時間，因為沒有人教過他們使用時間管理系統，也不瞭解排定活動優先順序的重要性。[26]對那些有提供訓練課程的公司來說，時間管理往往是熱門課程之一。[27] Franklin Quest公司因為舉辦了時間管理研討會，營收遂在一年之內達到了3,500萬美元。[28] Latoya為客戶傳授時間管理技巧。參謀次長Bowles和柯林頓（Clinton）總統一起合作，發展出他的時間管理技巧。[29]不幸的是，許多經理人並沒有把他們所學到的時間管理技巧在日常的工作上發揮出來。[30]

時間管理
讓人們在最短的時間內達成事半功倍效果的技巧方法。

在本單元裏，你將會學到各種方法來分析你目前對時間的使用情況如何；也會學到如何利用時間管理系統以及一些時間管理上的技巧。另外，發展時間管理技巧也是一種很有效的辦法，可以降低壓力（第十四章）；增加個人生產力；並能讓你對內在的心平氣和有另一番的體驗。[31]

8.解釋時間日誌的用途

分析時間用途

成功的時間管理，第一個步驟就是瞭解時間的支出和浪費情形。[32]工時太長通常是不良時間管理的徵兆之一，因為長時間和賣力的工作並不能代表一切，只有最後的成果才是真的。[33]人們往往不瞭解自己是如何把時間浪費掉了？一直等到他們分析時間用途之後，才恍然大悟。舉例來說，經理人每天都要浪費十五分鐘的時間在電話的等待上，這樣算下來，等於一個人一年要花上兩個禮拜的時間在等待中的電話線上無所事事。[34]瞭解了這種情況的經理人就會開始在等待的空檔中計畫作些其它事情，例如閱讀郵件。這種瞭解自己是如何利用時間的分析方法，可以告訴你有哪些改善的地方。你所要做的只是打破自己在時間浪費上的習慣而已。[35]

時間日誌

時間日誌就是每天都要做的日記，可以追蹤你的活動，並能夠讓你決定如何來支出自己的時間。你可以每一天使用一張時間日誌，**圖6-7**就是一個例子。你應該利用一到兩個禮拜，來每天記錄追蹤自己的時間。不要忘了一整天都要和時間日誌如影隨形。可能的話，每十五分鐘寫一次你所剛完成的事情。在第一章，**圖1-1**的時候，你已經看過The Gap分店經理Bonnie所使用的時間日

每日時間 日誌：天數 ______ 日期 ______	
開始時間	時間用途的評估
8：00	
8：15	
8：30	
8：45	
9：00	
9：15	
9：30	
9：45	
10:00	
依此類推	

圖6-7　每天的時間日誌

誌了。現在你也可以利用圖6-7作為一個樣板，來發展出屬於你自己的時間日誌。

分析時間日誌

做完5到10天的時間日誌之後，你就可以根據下列的內容來進行分析。利用下一頁所提出的縮寫符號在評估欄上作些註明：

1.檢查一下時間日誌，看看你花了多少時間在有高度優先性（HP）主要責任上和低度優先性的責任上（LP）。你的大部分時間都是如何支出的？

2.確認自己在哪裏花得時間最多？（TT）

3.確認自己在哪裏花得時間不夠？（NT）

4.找出主要的打斷干擾（I）是什麼？害你無法把你想要做的事情做完。你要如何排除它們呢？

5.看看有哪些你正在進行的工作是可以由別人代勞的（D）。找找看一些非管理性的工作，你可以把這些任務派給誰呢？（你將會在第七章的時候，學到有關分派的技巧。）

6.你老闆可以自己控制多久時間（B）？你屬下又可以自己控制多久時間（E）？你部門以外的其它人可以控制多久時間（O）？而你自己又實際可以控制多久時間（M）？你要如何擁有更多自己的控制時間呢？

7.找找看危機所在（C）。它們是因為你做了什麼或沒做什麼的緣故嗎？你遇到復發性的危機嗎？你要如何計畫消除這些復發性的危機？你手中有非常有效的應變性計畫嗎？

8.找找看有沒有一些習慣、模式和傾向？它們對你的辦事有利還是有害？你要如何改變它們，使其成為一種優勢？

9.列出三到五個最大的時間殺手（W），你要怎麼做才能消除它們？

10.問問你自己，「我該如何更有效地管理自己的時間？」

Bowles 在分析完柯林頓總統是如何利用自己的時間之後，就從行事曆上把一些無關緊要的活動給剔除掉。[36]本單元的剩下部分，將會讓你學到一些構想，有助於你回答上述的十道問題。

工作運用

10.找出你自己的三大時間殺手，最好在時間日誌的幫忙下找出來。你要如何消除掉這些時間殺手？

一套時間管理系統

9.列出並扼要說出時間管理系統裏的三大步驟

對處身於非傳統工作環境下的人們來說，[37]時間管理仍然是最令人感到棘手的挑戰之一。你所要學到的時間管理系統已經被數千名經理人士證實過它的有效性了。經理人應該試用三週看看，三週之後，就可以針對自己的需求來作些調整。

經理人所面對的問題不是缺乏時間，而是有效地運用他們的時間。你可以每天多出兩個鐘頭的額外時間嗎？專家們說，大多數的人每天至少會浪費掉兩個小時的時間。而一般經理人應該能夠在時間的利用上，改善20%。

時間管理系統的四個主要要素分別是：

1.優先順序：即使有的話，我們也很少有足夠的時間來做每一件我們所想要做的事。但是，總是可以找到時間去做真正重要的事情。優先順序會判定出哪一件事比較重要，而且應該從主要責任的角度來決定其重要性。把時間花在高度優先性的任務上可以節省下來你花在一些瑣碎末節上的時間。[38]

2.目標：經理人應該發展出總目標。[39]你則應該根據第五章所教過的內容，發展每週的目標。[40]

3.計畫：你應該發展出作業性計畫來配合你的目標。

4.進度：你可以利用規劃表、Gantt圖表和PERT來進行進度的排定。你必須為每個禮拜和每個工作天排定進度。

時間管理系統
為每個禮拜進行規劃，為每個禮拜和每一天排定進度。

時間管理系統要求你發展計畫，並且要盡可能地照計畫行事。[41]**時間管理系統**（time management system）牽涉到每個禮拜的規劃以及每個禮拜和每一天的進度排定。

步驟1 為每個禮拜作規劃

每週的最後一天，都應為下個禮拜作規劃。你也可以在每週一開始的時候，先進行規劃。要記得每個禮拜都不能省略。利用你上週的計畫表和部門目標，在每週計畫表上填好你這一週的計畫內容，你可以圖6-8作為參考。[42]一開始先把你想要在當週完成的目標列出來，最好是非例行性的工作任務，而不是每天或每週都必須要做的事情。比如說，某位員工的年度評鑑即將展開，你就可以為這件事設下一個目標。

擬定好幾項主要目標之後，再把用來完成這些目標的必要活動列在第一欄的位置上。如果該目標需要有很多活動的配合才能達成，請利用三種進度排定工具的其中之一來進行。優先順序必須分成高度優先性、中度優先性和低度優先性三種。所有具備高度優先性的工作任務都必須在當週內完成，其它事項則在必要的時候可以延到下個禮拜來完成。就我們剛剛所談到的例子來看，你需要在計畫下作好評鑑表的格式；和該名員工碰面談談；並完成績效評估。績效評鑑有高度的優先性，你將會在第十五章的時候，學到有關績效評鑑技巧的事宜。

當週計畫：＿＿＿＿＿＿＿＿＿＿ 目標：			
活動	優先順序	所需時間	排定日期
     當週所需時間			

圖6-8　每週計畫

最後兩欄則需要填上「所需時間」和「排定日期」。再以上述的個案為例，假定績效表現的準備工作會花上二十分鐘；填寫完成則需要半個小時。而排定日期當然是找你比較有空的那一天。把這些時間加總起來就是你在當週應完成這項目標的所需時間。這個時間能符合實際需要嗎？因為你還必須把時間花在一些例行性和偶發性的事件上。經驗的累積會告訴你自己對此計畫的完成是否太過樂觀。計畫太多也不是件好事，因為會造成心理上的壓力，擔心沒辦法全部完成。[43]但從另一方面來看，如果你計畫做得不夠多，則可能會浪費掉許多時間。

步驟2 為每個禮拜排定進度

排定工作的進度可以讓你有條理地在當週完成自己的目標。[44]你可能在會在作計畫的同時或之後，就開始排定那個禮拜的進度。為當週作規劃和排定進度可能要花上三十分鐘。圖6-9是一個每週進度表的樣板模式。舉例來說，一開始的時候，請把一些不在你控制範圍內的時間空檔排上去，並把每週的參加會議也排上去。然後再把可控制的各個事件，例如績效評鑑等排上去。多數經理人應該留下50%的空白時間不作任何安排，好隨時處理突發性的事件。你的工作可能需要留下比50%更多或更少的時間來作應變。經過不斷的練習之後，你就會愈來愈擅長每週的規劃和進度安排了。[45]

當週進度表：___________

	週一	週二	週三	週四	週五
開始時間 8:00 8:15 8:30 8:45					
9:00 9:15 9:30 9:45					
10:00 依此類推					

圖6-9　每週進度表

步驟3 為每天安排進度

每天終了時，你應該要為第二天排定時間表。或者你可以在每天早上一開始工作的時候，就先為自己排定進度。[46]它可能會花上十五分鐘左右的時間。你的每日行程表應根據每週的計畫表和進度表而定。請利用圖6-10作為你的樣板。從每週計畫表進入到每日行程表可以讓你在時間上為一些突發性的事件作調整。一開始，請先把不在你控制範圍內的各項活動排上去，例如你必須列席

當日的行程表：____月____日

開始時間
8:00 8:15 8:30
8:45 9:00 9:15 9:30 9:45
10:00 依此類推

圖6-10　每日進度表

參加的會議等。請讓你的每日行程表保持彈性。正如前面所談到的，多數經理人應預留50%的空白時間不作任何安排，以便應變突發性的事件。以下是幾個排定進度的小訣竅：

1.不要太樂觀；每一份工作都要排定足夠的時間。許多經理人，包括作者本身，都發現到估算出完成某件事的時間，再乘以兩倍，才能把工作的內容做到最完善的境地。經過了不斷練習之後，你就會知道如何改進了。

2.一旦你排定好各任務的優先順序，就一定要一次只專注在一個任務上。[47]根據Peter Drucker的說法，有些人好像能做很多事情，其實他們之所以能夠這麼多產，是因為他們一次只專注一件事。[48]

3.「黃金時段」，最能發揮所長的時候，排定這些有著高度優先性的事件項目。對大多數人而言，黃金時段通常是一天的早上。但是有些人可能並非如此，他們要在稍晚的時候，才開始「活躍」 起來。找出你的黃金時段，並在你能全神貫注的時候排定進度。例行性工作，例如拆閱郵件，則可在其它時段裏進行。

4.試著為偶發性的事件排定時間。告訴你的屬下，可在某段特定時間內來見你，例如下午三點鐘。可要求別人在這個時段打電話給你，或在這個時段打電話給別人。

5.請勿在優先順序決定之前，就先行開始展開任務。如果你正在處理高度優先性的工作，可是中途卻插進一件中度優先性的任務，不妨讓後者等一下。有時候，即便號稱最急件，也是可以放在一邊，等會兒再辦的。

對需要為各種非復發性任務排定計畫的經理人來說，時間管理系統算是非常管用的。對那些以處理例行性工作為主的經理人和員工來說，時間管理系統則可能不太必要。對處於例行性狀況下的人們來說，一份優先順序排定清楚的待作事項表就足夠所需了。在下一章裏，你將會學到有關待作事項表的事宜。**技巧建構練習**6-2會利用時間管理系統來協助你發展自己的時間管理技巧。你可以在市面上買到類似於圖6-8到6-10的活頁簿、書籍以及軟體等。[49]但是，你也可以利用這些例圖裏的格式，自行作出專屬於自己的全頁日誌。

工作運用

11.從列在自我評估練習6-1的50條時間管理技巧上，選出你「應該」要利用的三個最重要技巧。請解釋你會如何地落實這些技巧？

時間管理技巧

自我評估練習6-1內含五十種時間管理技巧。規劃和控制被擱在一起，因為它們彼此之間的關係十分緊密。組織和領導則被個別分開。

在你完成了自我評估練習之後，請務必落實那些你圈選為「應該要做」的

自我評估練習6-1　時間管理技巧

下列這五十個點子可以用來改善你的時間管理技巧。請為每一道題目圈出最適當的答案。

規劃和控制管理功能	應該要做	可能會做	現在就做	不適合我
1.使用時間管理系統。	☐	☐	☐	☐
2.使用待作事項表，在上頭排定優先順序。先做重要的事，而不是先做緊急的事。	☐	☐	☐	☐
3.早點動工那些最有優先性的事項上，以便有所成果。	☐	☐	☐	☐
4.只在你最具工作精力的時刻（黃金時段），進行具有高度優先性的工作項目；把一些令人不悅或困難的工作排定在黃金時段來做。	☐	☐	☐	☐
5.為了避免產生工作焦慮，不要在一些不具生產力的活動上花上太多的時間。因為實在沒有什麼用，把事情做完就好了。	☐	☐	☐	☐
6. 經過一天之後，問問自己：「我現在應該做這件事嗎？」	☐	☐	☐	☐
7. 在你行動之前，先作計畫。	☐	☐	☐	☐
8. 為一些復發性的危機事先作好計畫安排，以便消除危機（應變性規劃）。	☐	☐	☐	☐
9. 作下決策。作出了錯誤的決策總比什麼決策都沒作要來得好。				
10.排定足夠的時間，以便讓事情在一開始的時候就能做對。不要對工作的預定時間，抱持太樂觀的態度。	☐	☐	☐	☐
11.排定一段只處理緊急事件的時間，請別人代為留話，或是要求對方另外擇時回電。	☐	☐	☐	☐
12.針對整個組織或部門，特定排定一段時間，最好是在一天當中的第一個小時。	☐	☐	☐	☐
13. 排定一段不受干擾的空檔（緊急事件例外），專門用來從事計畫工程的進行。如果不管用的話，找個地方躲起來吧！	☐	☐	☐	☐
14.把大型（耗時）的計畫，分成幾個部分（時間段落）。	☐	☐	☐	☐
15.在你放棄某個排定下的事項，而去從事另一項未經排定的事項前，請先問問自己：「這個未經排定的事項比那個排定下的事項要來得重要嗎？」	☐	☐	☐	☐
16.排定時間，專門處理例行性的事情(比如說，打電話或回電話，寫信和寫備忘錄等)。	☐	☐	☐	☐

組織管理功能

17. 排定專門處理偶發性事件的時間，並讓大家知道這個時段。要求別人在這段時間裏（教授也有待在辦公室裏的時間）打電話給你或是和你碰面，除非事情十分緊急，否則不要在這個時段以外的時間來找你。若是正在等候別人和你聯絡，則可以回信或作一些例行性的工作。如果人們要求見你─有時間嗎？ 問問對方可否等到你把處理偶發性事件的時間排定出來再說。	□	□	□	□
18.排定一個時間表、議程、或某個時段，專門用來接見訪客，並保持話題的單一性。	□	□	□	□
19.請保持工作場所／辦公桌的整潔和井然有序。	□	□	□	□
20.所有和工作無關或令人分神的物件，都應該排除在你的工作場所／辦公桌以外。	□	□	□	□
21.一次只做一件事。	□	□	□	□
22.在進行文件工作時，當下就要下決定，不要稍後再讀一遍，然後才下決定。	□	□	□	□
23. 把檔案井然有序地保管好，並標明清楚「處理中」和「非處理中」兩大部分。當你把某項事件歸檔的時候，請標明歸檔的日期。	□	□	□	□
24. 若是可以的話，請用電話聯絡取代書信和親身拜訪。	□	□	□	□
25. 指派別人為你起草信件、備忘錄以及其它等等。	□	□	□	□
26. 在文字處理機上，使用格式化的書信和文句。	□	□	□	□
27. 在來函信件上，直接回信（備忘錄）。	□	□	□	□
28. 請某人為你讀信或概要說出信的內容。	□	□	□	□
29. 和別人一起分擔閱讀上的責任，再彼此分享內容。	□	□	□	□
30. 請人過濾電話，並由合適的人來擔任這個工作。	□	□	□	□
31. 在致電之前，先打好草稿，準備好應辦事項內容和必要的資訊，在紙上寫下筆記。	□	□	□	□
32. 請別人在你排定的偶發性事件處理時間內，打電話進來，並請教對方，什麼時候致電給他們比較適當？	□	□	□	□
33. 為你所舉辦的每一場會議，定下特定的目標或目的。如果你想不出任何目標，就不用舉辦那場會議了。	□	□	□	□
34. 針對每場會議，只請必要的人員參加即可，並視需要，將這些人員留得久一點。	□	□	□	□

35. 每場會議都要安排議程，並照議程行事。同時，不管開始或結束都要按預定時間進行。	☐	☐	☐	☐
36. 為出差旅行定下目標，略出你在旅行中所要面見的人等。寄給他們一份議事表或致電告知，為每一場的會議，準備專屬的檔案資料夾，內含所有必備的資料。	☐	☐	☐	☐
37. 把一些活動結合起來和修正某些活動的內容，以利時間的節省。領導管理功能。	☐	☐	☐	☐
38. 為可靠的屬下擬定清楚的目標；給他們一些意見，並常常評估結果。	☐	☐	☐	☐
39. 不要浪費其它人的時間，不要讓屬下耗時間等候你的決定或指示，或是等候你來參加會議。等候適當的時機，不要干擾屬下／對方的工作，浪費他們的時間。	☐	☐	☐	☐
40. 訓練你的屬下，不要為他們代勞分工。	☐	☐	☐	☐
41. 把那些不需要你親身參與的活動分派出去，特別是一些非管理性功能的工作。	☐	☐	☐	☐
42. 所設下的期限要略早於實際的期限日期。	☐	☐	☐	☐
43.多多利用你屬下的意見看法，不用另尋它法。	☐	☐	☐	☐
44. 教導你的屬下使用時間管理技巧。	☐	☐	☐	☐
45. 不要耽擱；說做就做。	☐	☐	☐	☐
46. 不要做一個完美主義者。把「可接受的程度範圍」界定出來，做到這樣的程度就可以了。	☐	☐	☐	☐
47. 學會冷靜，太感情用事只會造成更多的問題。	☐	☐	☐	☐
48. 在不會造成反社會的問題下，降低交際應酬的機會。	☐	☐	☐	☐
49. 好好溝通，不要混淆員工的視聽。	☐	☐	☐	☐
50. 如果你有其它的點子，是上述沒有顧及到的，請寫 在這裏。	☐	☐	☐	☐

項目。一旦你開始進行所有「應該要做」的項目時，也請你試著在「可能會做」的項目上多作努力，以便持續改進你的時間管理技巧。落實了所有「應該要做」和「可能會做」的項目之後，再重新瀏覽那些「不適合」的項目，看看是否有哪一個項目現在已經可適用了。

現有的管理議題

全球化

為了在全球市場和人一較長短，各事業體必須透過功能性的作業階段來落實它們的策略性計畫才行。隨著全球競爭的愈趨激烈，舉凡對環境預測、[50]銷售預測、以及時間安排的精準性，都有非常嚴格的要求，這一點也變得愈來愈重要。因此，規劃工具也就成了一種非常必要的工具。

多樣化差異、道德和社會責任

為了讓組織體能尊重並管理多樣化的差異，他們必須預測出員工的需求，並發展計畫，排定時表來執行專為多樣化差異所舉辦的各式計畫活動。好的時間管理技巧也可以讓員工有更多的時間專注在同仁之間的人際關係培養上。利用規劃工具來為所有的利害關係人創造出雙贏的局面，正可稱得上是一種道德和社會責任。

品質和TQM

顧客一直不斷要求產品和服務的送交速度愈快愈好。組織體也都明瞭，唯有符合顧客在時間上的要求，才能讓自己贏得某種程度上的競爭優勢。[51]因此，時間成了競爭上的武器，也成了許多TQM系統中的一部分。[52]強調TQM的公司都很注重顧客價值，並持續改善系統過程，而且為了要做到前述的要求，唯有利用規劃工具才能達成。及時（just-in-time）也是TQM的重要部分之一，時間進度表則對準時與否有非常關鍵性的影響。[53]所以時間管理再加上TQM，絕對能加深員工對顧客價值的重視程度。[54]

生產力

隨著企業的精簡化，員工往往必須在一天之內完成更多的工作才行。時間管理有助於生產力的提升。重新改造的重要部分之一就是發展出全新的過程，這個過程不僅要能省時，還要能節省其它資源才行。規劃工具正是為了這個目的而設的。

參與式管理和團隊分工

參與式管理的趨勢之一，就是讓組織體的基層員工和小組能夠接受訓練，教他們如何使用規劃工具，授予他們權利，讓他們在功能性作業策略的發展和落實上，擔負起更多的責任。並且由員工，而不是管理階層，來自行排定工作的進度，管理自己的時間。

小型企業

不管是大型或小型企業都能受惠於規劃工具的好處。而這兩者之間的主要差異就在於規劃工具的複雜程度。大型公司往往擁有訓練預算，還有專業的訓練人才來為員工們授課。再不然也會聘用專業級的顧問，如Latoya Washington之類的人物來開課。小型企業通常沒有訓練預算或專業的訓練講師，所以員工往往得在工作上邊做邊學一些比較簡單的規劃工具，或者是自己發展。

組織體的基層員工和小組接受規劃工具的使用訓練，因為他們將被授權賦與更多的責任。

摘要與辭彙

經過組織後的本章摘要是為了解答第六章所提出的十大學習目標：

1.說明常備性計畫和單一用途性計畫，這兩者之間的不同

主要的差異就在於其重複性。常備性計畫包括了用來處理重複性狀況的一些政策、程序和規定等。單一用途性計畫則包括用來處理非重複性的計劃和預算等。

2.解釋為什麼常常需要用到應變性計畫？

應變性計畫是指在發生無法控制的情況下時，可用來執行的替代性計畫。有許多事件是經理人所無法控制的，因此可能會阻礙目標的達成。先預測可能會有哪些差錯出現，並事先規劃差錯出現時，應該如何處理等，經理人就可以增加自己達成目標的成功機率了。

3.討論策略性過程和銷售預測這兩者之間的關係

銷售預測屬於策略性過程的一部分。短程（一年）的銷售預測是在功能性的作業階段當中所準備出來的，通常是由行銷部門來負責。而它的根據則來自於環境分析和事業階段性的策略。

4.描述計質性和計量性銷售預測法這兩者之間的差異

計質性和計量性銷售預測法這兩者之間的差異就在於數學上的客觀利用。計質性銷售預測法根據的是主觀的判定、直覺、經驗和意見看法等，再加上些許的數學運算。計量性銷售預測法則是根據客觀的過去銷售資料來預測出未來的銷售。但是，也可將這兩種方法合併使用，很適用於市面上的現存產品和組織，以便改進銷售預測的準確性。

5.請就集合主管意見的裁定作法和三種集成式的銷售預測法，討論它們之間的差異

集合主管意見的裁定作法就是在經理人和／或專家之間，尋求一致性的協調看法。而集成式辦法則結合了業務人員、顧客、或作業單位的各種預測，來作成該公司的整體銷售預測，彼此之間並不需要一致性的協調。集成式的辦法比較客觀，因為它們比較偏重於數學的計算，而不是主管意見的裁定。

6.解釋過去銷售預測法和連續時間銷售預測法的不同差異

依照過去銷售預測法，你可以作出相同的預測，或是根據環境因素做些主觀性的調整。而連續時間預測法，則是根據經年累月下來的銷售量走向來對未來作預估。然後再根據環境因素做些調整，使整個預測結果更客觀。

7.描述規劃表、Gantt圖表和PERT網之間的不同

相同處在於它們都是一種進度排定法，需要把目標有待完成的各個活動明列出來。各活動會依照完成的時間順序排列分明。而它們之間的最主要差異就在於格式和用途上的不同。

規劃表會說明目標，並列出所有活動的起始和結束順序，以及由誰來負責活動的進行。Gantt圖表則利用條棒圖案來描繪時間進度和目標下的進展如何。Gantt圖表就像規劃表一樣，很適用於獨立性質、有著連續性步驟以及目標有待達成的活動類型。Gantt圖表優於規劃表的地方在於它可以把進展顯示出來，成為一種控制的工具。PERT是一種網狀進度表，可描繪出互有依賴的各個活動進度。若是同時擁有獨立性質和非獨立性質的各種活動，最好還是採用PERT的方法。

8.解釋時間日誌的用途

時間日誌就是每天都要寫下來的日記簿，可用來分析時間是如何被支出和浪費掉的。透過時間日誌的分析，你就可以知道該在什麼地方改進時間的使用方式。

9.列出並扼要說出時間管理系統裏的三大步驟

時間管理系統上的步驟分別是：（1）為每個禮拜作計畫，也就是把該週的目標和活動決定好，作成計畫；（2）為每個禮拜排定進度時間表，也就是選出執行活動的日期和時間，以便達成預定的目標；（3）為每一天排定進度，找出當天的時間來執行活動，好達成該週的預定目標。從一週進度規劃到一天的進度，這種作法可以讓你騰出一些時間來因應一些突發性的事件。

10. 界定下列幾個主要名詞（依照本章的出現順序而排列）

請選擇下列一或多種方法來進行：（1） 靠自己的記憶，把填空題中的專有名詞補上；（2）從結尾的回顧單元以及下頭的定義來為這些專有名詞進行配對；或者（3）從本章一開頭的名單上，依序把各專有名詞照抄一遍。

____ 是指用來處理一些重複性狀況的政策、程序和規定。

____ 是指決策作成時的一般性遵循方向。

____ 是指可供遵循的行動順序，以利目標的達成。

____ 是指明確說出應該做什麼和不應該做什麼。

____ 是為處理非重複性的狀況，所發展出來的一些規劃和預算。

____ 是指在發生無法控制的情況下時，可用來執行的替代性計畫。

____ 是指預估某段特定期間內，售出的產品單位量和／或金額量。

____ 是指單一企業組織佔產業銷售量的比例多寡。

____ 是指將經年累月下來的過去銷售量走勢再行推衍，做成對未來銷售量的預測。

____ 是指將各種需要進行的活動列出來，好達成某個目標的一種過程，並會根據各活動所需完成的時間，來依序列出所有的活動。

____ 可說明目標並列出各種活動的順序；各活動的起始和結束時間；由誰來完成肩負著目標使命的各個活動。

____ 是以條棒式的圖形來描繪出某段期間內正向某個目標邁進中的時間進度表。

____ 是指為彼此依賴的各式活動進行描繪，所呈現出來的一個網狀進度表。

____ 是在PERT網當中，最耗時間的系列活動。

____ 可讓人們在最短的時間內達成事半功倍效果的技巧方法。

____ 是指為每個禮拜進行規劃，為每個禮拜和每一天排定進度。

回顧與討論

1. 什麼是五種規劃層面？
2. 政策、程序和規定這三者之間有什麼不同？
3. 為什麼有些經理人沒有做計畫？
4. 為什麼銷售預測這麼重要？
5. 什麼時候不能使用計量性銷售預測法？
6. 為什麼進度安排這麼重要？
7. Gantt圖表上有什麼是規劃表和PERT所沒有具備的？
8. 什麼時候可以使用PERT，而不應使用Gantt圖表？
9. 為什麼時間管理技巧這麼的重要？
10. 時間日誌顯示出什麼？
11. 時間管理系統的四個主要因素是什麼？
12. 如果你每週都排定進度，為什麼每天也還要排定進度？
13. 你能想到什麼其它的重要管理議題，是我們所沒有顧及到的？

個案

西南航空公司（Southwest Airlines）於1971年創立的時候，只有四架飛機。可是該公司的主席、總裁、暨最高執行長Herb Kelleher卻將它轉變為全美第五大的航空公司，共計有226架飛機，營收超過27億美元。其實西南公司除了最初開始的那兩年以外，每年都是很賺錢的，其利潤早已超過7,500萬美元。但是讓這則成功故事更顯得傳奇性的理由是在於其它公司如TWA、達美航空（Delta）、美國航空（American）和聯合航空（United）等，據稱都有巨大的虧損，目前都正在採取節流性的作法，可是西南航空卻獨領風騷，以成長性的試探策略在市面上運作著。

西南航空是以焦點策略和低成本策略起家的，它並不正面迎擊龍頭級的航空公司，而是選定一個利基市場，將重點擺在短距離、點對點的航班上。它的平均飛行時數只要五十五分鐘。因此，基本上它並不需要什麼輻輳中心，也不用接運或轉運行李到其它的航班上。西南航空公司只在少數幾座大城市之間飛行，可是其航次卻比其它競爭對手要來得多。舉例來說，它在達拉斯和休士頓之間，每日提供39班的來回航次；在鳳凰城和洛杉磯之間則提供23班的來回航次；而拉斯維加斯和鳳凰城之間則有20班的來回航次。

西南航空的人／哩數成本是6.5分；美國航空則是9分；而USAir的成本則高達15分。西南航空的入會（工會）員工平均年薪和福利是$43,707；達美航空則是$58,816。而航空產業的平均年薪則是$45,692。西南航空擁有美國航空產業中最低債務的權益比例（49%）和最高的史坦普爾信用評分（Standard & Poor's credit rating）。西南航空各航班之間的平均機門時間只要20分鐘；而業界的平均值則是60分鐘。因此，西南航空每天花在空中飛行的時間大約是11個小時，而產業中的平均值則只有8個小時。除此之外，更別提該公司的航班密集和短程飛行等，在在不同於其它競爭對手的各項事實。

西南航空的宗旨在於提供價廉、樸實和集中式的航空服務。因為成本較低，所以它的票價很低。西南航空的平均票價在60美元以下。在某些區域裏，有些競爭對手的票價高達300美元，所以可想而知，若想和西南航空一較長短，勢必得大幅降價才行。因此有些航空公司乾脆決定退出西南航空公司的市場，因為自己實在是沒有什麼條件和它競爭。西南航空在多數市場裏的成本甚至比來往大城市之間的巴士價格還要便宜。難怪該公司的最高執行長Kelleher曾說道：「西南航空已經創造出一個非常紮實的利基市場，這使得汽車反而成了我們的主要競爭對手。」

為了達成它那價廉又樸實的服務宗旨，西南航空只有一種飛機機型，也就是燃油效率極高的波音七三七。這種標準化的作法降低了備用零件的儲藏成本，不僅讓飛行訓練和維修人員得以專門化，也降低了這方面的支出成本。西南航空擁有產業中最低的員工流動率，大約是7%而已。

為了保持低成本和低票價的水平，西南航空使用的是「無額外服務」式的作業辦法。它沒有頭等艙或商業客艙，也沒有電腦化的訂位系統，因為它不提供訂位服務。票務代理人發出可重複使用的編號塑膠卡，依照誰先來就誰先登機的慣例登記機位。西南航空也不提供餐點或播放電影。但是，低成本和無額外服務並不表示品質就很低。事實上，西南航空是唯一一家獲得美國運輸部每月褒揚的「三冠王」(triple crown) 航空公司，因為和同業比起來，它的航班最準點、行李遺失率最低、整體抱怨率也最低，而且不只一次，是連續四年都得到同樣的褒揚獎項哩。

請為下列題目找出最佳的答案選擇。請確定你能夠解釋自己的答案：

___ 1.西南航空之所以這麼有效率，乃是得自於它的：
a.常備性計畫　b.單一用途性計畫。

___ 2.成為航空業界中的低成本作業者是屬於：
a.目標　b.政策　c.程序　d.規定　e.計畫　f.預算

___ 3.身為一家「無額外服務」的航空公司，算是公司的
a.目標　b.政策　c.程序　d.規定　e.計畫　f.預算

___ 4.讓班機在十五分鐘左右又回到空中飛行，使得一天飛行次數可達到十一次，西南航空靠的是：
a.目標　b.政策　c.程序　d.規定　e.計畫　f.預算

___ 5.西南航空比較可能使用___的計質性銷售預測法。
a.業務主力的集成預測　b.顧客的集成預測　c.作業單位的集成預測　d.研究調查

___ 6.西南航空比較可能使用___的計量性銷售預測法。
a.過去銷售法　b.連續時間法

___ 7.為了排定班機表，___進度安排工具可能最適合西南航空的使用。
a.規劃表　b. Gantt圖表　c.PERT

___ 8.根據西南航空的成長性策略來看，___進度排定工具可能最適合用來進入新的市場。
a.規劃表　b.Gantt圖表　c.PERT

___ 9.時間是西南航空的競爭優勢之一：
a.對　b.錯

___ 10.時間管理技巧對西南航空的成功有很重要的影響：
a.對　b.錯

11.西南航空是以顧客為重心焦點嗎？

12.如果西南航空也提供長程飛行服務的話，它有可能在很短（十五分鐘）的時間內，就

讓班機再度在空中飛行嗎？

13.西南航空會因為推出長程飛行服務，而獲得成長的機會嗎？

欲知西南航空的現況詳情，請利用以下網址：http://www.iflyswa.com。若想瞭解如何使用網際網路，請參考附錄。

技巧建構練習6-1　發展計畫開設一家唱片行[55]

為技巧建構練習預作準備

你已經決定要在4月1日開一家屬於你自己的唱片行（以你名字為名）。現在已是12月底了，你計畫要在開店前的一個月內搬進去，以便作好各項準備。在3月的時候，你的助理會協助你各項開張事宜，而你也會訓練他或她。你將自1月2日起開始執行此計畫。

假定你已經決定採用（1）Gantt圖表和（2）PERT要徑表。請發展這兩種進度表，可根據你的喜好依序進行，但請依照課文中的指示方向進行，同時也假定你已經知道了以下列出的各項活動和完成時間。（這些活動可能並沒有依照順序排列）

a.租用店內的固定裝置來展示你的CD、唱片和錄音帶。可能要花兩週的時間來收貨和進行安排。

b.為CD、唱片和錄音帶訂貨並收貨。這可能要花上一個禮拜的時間。

c.召募和選定助理（三週以內）。

d.把裝置、圖畫、裝飾物、以及其它等等裝好（兩週）。

e.申請公司行號的設立(四週）。

f.為錄音帶／唱片／CD的信用購買事宜作安排（一週）。

g.找到設店的地點(六週以內）。

h.拆裝唱片和錄音帶，並進行陳列展示（一週）。

i.訓練助理（一週）。

j.選定你所想要進行存貨的CD、唱片和錄音帶（一週）。

k.決定開幕成本和每個月的現金流量。你的有錢叔叔會借你這筆錢（一週）。

1.Gantt圖表：在發展Gantt圖表的時候，請利用下一頁的每週格式來進行。你可能需要變動字母的排定順序，以便配合開店的日期。

Gantt圖表

活動	一月				二月				三月				四月
(字母)	1	2	3	4	1	2	3	4	1	2	3	4	1
____													
____													
____													
____													
____													
____													
____													
____													
____													
____													
____													

2. PERT要徑表：在發展以下要徑表的時候，請在一開始就為圈圈內的獨立性活動畫上箭頭標誌，圈圈內則寫出各活動的字母代號，並標明它所需的完成週數，然後再畫上箭頭接到終點處。此外，一開始的時候，第一個非獨立性的活動後面必須接著另一個非獨立性質的活動，依此類推，直到最後一個完成為止，然後再畫上箭頭接到終點處。請確定把週數和活動／事件的字母代號寫在你的網狀表中。寫完所有的活動之後，再找出關鍵性要徑，並畫上第二個箭頭來標示清楚。提示：你應該從起點開始就有五道箭頭接到活動上頭；你應該以獨立性地選定音樂或是尋找開店地點為過程的起點。

PERT
（加上關鍵性要徑）

開始　　　　　　　　　　　　　　　　　　　　結束

在課堂上進行技巧建構練習6-1

目標

使用Gantt圖表和PERT要徑表來發展你的規劃技巧。

準備

你應該已經完成唱片行的Gantt圖表和PERT要徑表工作了。

經歷

別人會對你的計畫回饋一些意見看法。

程序（10到20分鐘）

講師會告訴大家，他對Gantt圖表和PERT要徑表的建議作法是什麼。

討論和結論

Gantt圖表和PERT要徑表，哪一個比較適合這類的計畫？

運用（2到4分鐘）

我從此經驗中學到了什麼？我會在未來的日子裏，如何運用此所學？

分享

由自願者提供他在此運用單元裏的答案。

技巧建構練習6-2　時間管理系統[56]

為技巧建構練習6-2預作準備

為了這個練習，你必須把圖6-8到6-10影印下來，作為你的樣板模式。在我們使用時間管理系統之前，若能把時間日誌保存一到兩週，將會很有幫助。

步驟1. 作出你一週的計畫　利用圖6-8，為本週剩下的幾天時間，發展出一個計畫，今天就開始做。

步驟2. 安排每週的時間進度　利用圖6-9，為本週剩下的幾天時排定時間進度。請務必以三十分鐘為一個段落單位，也請為下週排定進度，最好是在這一週的最後一天進行。

步驟3. 安排每天的時間進度　利用圖6-10為每一天安排時間進度。每天都要做，至少在本課程結束之前都不能停止。

請記得把你的計畫和時間進度表帶到課堂中。

在課堂上進行技巧建構練習6-2

目標

發展你的時間管理技巧，使你能夠以最少的時間完成更多的事情，並發揮出最大的效果。

準備

你需要完成時間管理計畫和進度表。

經歷

你將和其它人一起分享你的每週計畫、每週進度表、以及每日進度表。

程序（5到10分鐘）

四到六人為一組，彼此分享和討論你們的計畫和進度表。彼此傳閱，如此一來才能作比較。這樣的比較將成為改進未來計畫和進度表的方向指南。

結論

由講師帶領全班進行討論，並作成總結講評。

運用（2到4分鐘）

我從此經驗中學到了什麼？我會在未來的日子裏，如何運用此所學？

分享

由自願者提供他在此運用單元裏的答案。

第七章
組織概念與委派工作

學習目標

在讀完這章之後，你將能夠：

1.解釋平式組織和高式組織之間的不同差異。
2.描述聯絡人、整合者和邊界角色，這三者之間的同異處。
3.討論合法權力和非合法權力，以及集權和分權這之間的差異。
4.列出四種權力程度，並扼要解釋之。
5.描述縱向性權力和幕僚性權力之間的關係。
6.解釋組織表是什麼，並列出其中的四件事項。
7.討論內部分組化和外部分組化這之間的差異。
8.說明矩陣式分組和部門性分組這之間的同異處。
9.解釋工作的簡化和工作的擴展這兩者之間的不同。
10.描述工作特性模式和它的用途。
11.解釋如何藉著三項優先問題的提出來擬定優先順序，以及你要如何指定和委派高度、中度和低度優先性的工作。
12.列出委派模式中的四個步驟。
13.界定下列幾個主要名詞：

管理面	組織表
職責	分組化
職權	部門性架構
委派代表	工作設計
權力程度	工作強化
縱向性權力	工作特徵模式
幕僚性權力	優先權的判定性問題
集權	委派模式
分權	

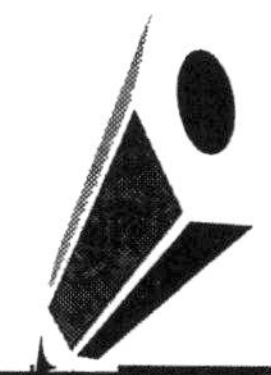

技巧的發展

技巧建構者

1.你可以培養自己擬定優先順序的技巧（技巧建構練習7-1）

優先順序的擬定是一種組織性的技巧，需要利用到概念和決策技巧。本章練習可以培養你身為資源分配者的決策角色技巧。此外，這些練習也可以培養出資源、資訊和系統使用方面的SCANS能力；以及基本性、思考性和個人特質的基礎能力。

2.你可以培養你的委派代表技巧

委派是一種組織性的技巧，需要利用到人性和溝通技巧。本章練習可以培養你在人與人互動之間的領導技巧以及身為監控者的資訊技巧和資源分配者的決策技巧。此外，這些練習也可以培養出資源、資訊和系統使用方面的SCANS能力；及基本性、思考性和個人特質的基礎能力。

■ Gerry和Lilo Leeds於1971年共創了CMP出版公司。

Chandler確定了可配合組織體策略和架構的需求究竟是什麼lfred（第一章）。換句話說，若想讓策略成功地落實組織體就必須具備可相容的架構才行。當策略變動的時候，架構也隨之變動（格式會隨著功能而變動）。若是公司有所改變，組織體的架構當然也會有所變化。本章會以CMP出版公司（CMP Publications）的整合性案例來詳加描繪這種變動上的需求。

Gerry和Lilo Leeds是一對夫妻檔，他們在1971年的時候共創了CMP出版公司。在他們20%的成長率目標下，該公司已從單一刊物出版發展到14種商業報紙和雜誌的大型出版局面，並在個別市場上分佔鰲頭地位。該公司一年的營業額超過3億8,000萬美元，所處身的競爭市場是高度成長和高度技術性的市場。

Leeds氏夫妻的最初架構是以集權方式為主，所有重要決策都由Gerry和Lilo來作成。隨著CMP的日益茁壯，員工們若想見到Leeds氏夫妻本人，已愈來愈困難了。他們必須在早上八點的時候就在辦公室外面排好隊伍，長時間的等待對員工們來說是家常便飯的事情。可是因為環境的快速變遷，重要決策往往需要有快速的回應才能跟得上時代的脈動，結果卻因為舊有的習慣而造成了耽擱。於是Leeds決定重組CMP。

Leeds把公司分成了好幾個部門，基本上算是公司內部具有半自治權的幾個單位。每一個部門都有一位經理，他被授予的職權包括部門的經營和部門的成長。各部門經理必須向出版社委員會進行報告，委員會的職責為監督各部門，以確保這些部門在CMP的宗旨和成長策略下運作執行。該委員會由Leeds氏夫妻和各部門經理組織而成，他們定期開會，在會中討論目前的事業議題。

在本章裏，你將會學到組織體和有關職權方面的若干原則，接下來，還為學到如何組織整個公司以及你的工作和你自己。

欲知CMP出版公司的現況詳情，請利用以下網址：http://www.techweb.com/techweb。若想瞭解如何使用網際網路，請參考附錄。

組織體的原則

組織是第二種管理功能，被界定為委派和協調任務與資源來完成目標的一個過程。你可以進行組織的四種資源分別是人力、物質、財務和資訊（第一章）。就整個組織體的層面來看，組織指的是活動和資源的分類。身為一名經理人，你必須組織你的部門資源來達成功能性的作業目標。[1]

Henri Fayol在管理行政的理論上作了一些開疆闢土的工作（第一章），他所發展出來的許多組織體原則，現在仍被廣泛地運用著。在本單元裏，你將會學到十項原則裏的八項原則，它們分別是：指揮和方向的一致性、指揮鏈、管理面、分工、協調、平衡的職責和職權、委派代表以及靈活彈性等。圖7-1描繪的正是組織體的原則。本章稍後，將會讓你學到有關部門化和整合方面的議題。

・指揮和方向的一致性	・平衡的職責和職權
・指揮鏈	・委派代表
・管理面（平式和高式組織）	・靈活彈性
・分工（專業化）	・分組
・協調	・整合

圖7-1　組織體的原則

指揮和方向的一致性

指揮的一致性（unity of command）是指每位員工都應直屬於單一老闆之下。而方向的一致性（unity of direction）則是指所有的活動都應以相同的目標為方向。一般性的目標應用來創造顧客價值。方向的一致性通常是以組織體的宗旨為開啟，然後再透過策略性過程來逐步達成。Gerry 和Lilo Leeds重組了CMP，把它分成了由各經理人所管轄的數個部門，以便達成指揮上的一致性。但是，各部門需要向委員會提出報告，而委員會的功能正是為各部門提供一致性的指揮。

指揮鏈

工作運用

1.請在你過去或現在的職務上，找出你和組織中最高階層之間的指揮鏈關係。一開始先找出誰是向你報告的人，然後再列出你老闆的頭銜、你老闆的老闆的頭銜、一直到最高經理人的頭銜。

指揮鏈（chain of command）也就是大家所熟知的Scalar原理（Scalar Principle），是指組織體內從上至下的職權分明線。公司內部的所有人等都知道自己應向誰來進行報告，同時（如果有的話），又是誰該向他進行報告。指揮鏈形成了一層層的階級，也是組織表當中所描繪的內容，你將會在本章中學到這些議題。而這也是一個垂直性的壁壘分野處，主要是根據職權和職責之間的不同差異而來的。

指揮鏈也可以讓你找出溝通上的正式管道路徑。若想處理你的事情，最明智的作法就是透過指揮鏈來進行。但是，有時候也不免發生你必須直接找上更高權力單位的時候，比如說，自己的直屬上司不在的時候。在多數組織裏，很常見到來自於各部門的人們在指揮鏈以外進行溝通討論。其實最好還是遵守組織的運作規章，不要洩漏秘密。如果你在別人的背後談論是非，他們總會發現到的。Reliance Steel and Aluminum公司也改變了它的指揮鏈。[2] CMP公司在各部門裏面都設定好清楚的指揮鏈，Leeds氏夫妻現在就正密切地和各部門經理一起合作共事。

1.解釋平式組織和高式組織之間的不同差異

管理面

管理面
向某經理人報告的員工數目。

管理面（span of management）是指向某經理人報告的員工數目。所受監督的員工數目愈少，管理面就愈小或愈狹窄。管理面也稱之為控制面（span of control）。換句話說，所受監督的員工數目愈多，管理面就愈廣闊。其實並沒有所謂的最佳員工數目。但是，一般相信，低階經理人的控制面可以比高階經理人的控制面還要大。Leeds藉著部門的組成，縮小了他們的控制面。現在，他們只要和部門經理合作即可，不用再像以前一樣，和各個階層的員工一起共事。

負責向經理人進行報告的員工數量最好限制在能被有效監督的數量以內。管理面大小的適當性取決於工作的性質、管理辦法、屬下的能力、個性、目標的相容性、組織的規模、自我控制和經理人對員工的監督能力等。比較大的管理面，其中的正面要素包括了職權的委派、清楚的政策和對員工的正面行為影響等。而狹窄的管理面，其正面要素則包括：密切的監督、控制和快速的溝通等。[3]

V. A. Graicunas發展了一套公式，可以讓你在知道經理人和屬下之間的可能關係數量下，確定出管理面的大小。舉例來說，經理人Juan和兩名屬下Collen與Rick，光是這三人就可以發展出六種可能關係。Juan可以個別與Colleen和Rick對談（2）；Juan也可以與Colleen和Rick一起碰面，並和他們兩個有互動關係（2）；當Colleen和Rick談話的時候，或是Rick找Colleen談話的時候，Juan可能會不在場（2）。所以可能關係的增加數量是呈幾何成長的局面，請看下文所示。

部屬的數量	可能關係的數量
3	18
6	222
9	2,376
12	24,708
18	2,359,602

隨著管理面而來的是組織層級的高度。若是層級不多，管理面卻很大的時候，就是所謂的平式組織（flat organization）。而高式組織（tall organization）則是指其中有許多層級，而各層級的管理面都很狹窄。圖7-2描繪了平式VS.高式兩種組織。請注意，平式組織只有兩級管理階層，而高式組織則有四級。

工作運用

2.確認你老闆的管理面，如果你曾經或目前擔任經理職務的話，則請確認出你的管理面。該組織裏的管理階層有幾層？它是平式組織或是高式組織。

分工

有了分工，員工可以各司其長。相關性的功能會被歸類在一個老板之下。員工們往往在某個功能領域下各自發揮所長，例如會計、生產、或業務等。經

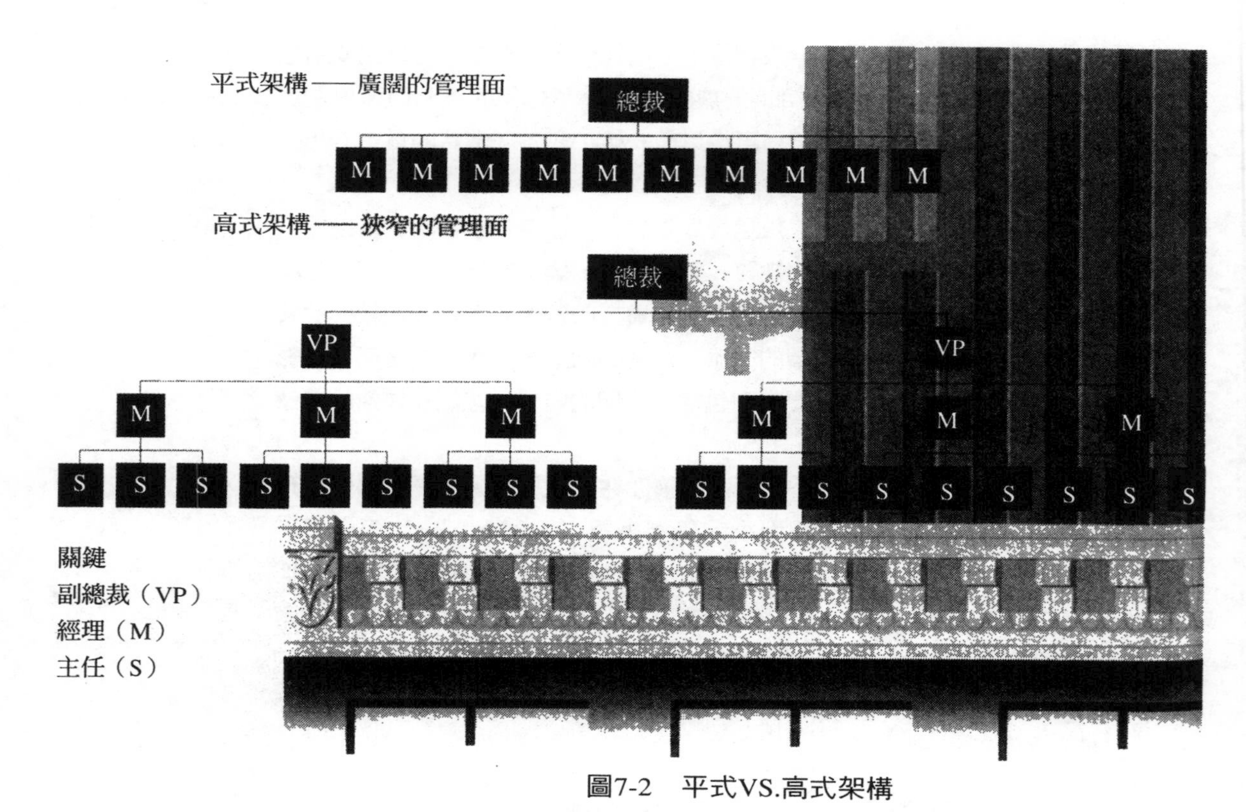

圖7-2　平式VS.高式架構

理人愈往上層攀升，所職司的專業性功能色彩往往愈淡。在管理學上，有關經理人究竟應該是博學或專精，這類爭論到現在也還沒有定論。Leeds在進行部門的重組時，就發展出清楚的部門分工方式了。

Lawrence和Lorsch創造了兩個名詞：分化（differentiation）和整合（integration）。[4]所謂分化是指把組織分成好幾個部門的一種需求；而整合則是指協調各部門的活動。組織體的八項原則就是用來達成這兩個目的的。

2.描述聯絡人、整合者和邊界角色，這三者之間的同異處

協調

所謂協調的意思是指在某組織體內的所有部門和個人應該要通力合作，完成策略性和作業性的目標與計畫。協調就是整合組織／部門的任務與資源來完成目標的一個過程。協調需要概念上的技巧。協調好自己部門的所有資源，這一點對你來說非常重要。

指揮和方向的一致性、指揮鏈、管理面、平衡的職責與職權以及常備性計

畫等，都是用來協調活動的。其它的協調方法還包括：

1.人們在部門裏或部門之間的彼此直接聯絡。

2.在某個部門裏工作的聯絡人（liaisons），會和其它部門協調資訊和活動。

3.委員會是由來自於各部門的人所組成的，也是協調下的結果，例如CMP的委員會。

4.比如說產品經理或計畫經理們，他們都是所謂的「整合者」（integrators），並不為特定部門工作，可是卻必須協調各部門的活動，以便達成目標。

5.邊界角色（boundary roles）是指那些和外在環境進行協調努力的員工。在業務部、顧客服務部、採購部、以公共關係部等部門任職的員工就是所謂的邊界角色。組織以外的人對該組織的印象多是取自於邊界角色，因為多數人可能從來不曾和組織裏的經理人碰過面或談過話。擔任邊界角色的員工也會獲取有關環境的資訊，這類資訊可以用來進行持續性的環境分析。

平衡的職責和職權

平衡的職責和職權是指組織裏每個人的責任都被界定得很清楚，而且每個人都被賦予權力來配合各自的責任。就職權上的容許理論來看，當你委派職責和職權出去的時候，並不代表你放棄了這些責任或權力，而是和他人一起分享。

職責（responsibility）是指一種肩負的義務，必須透過活動的施展來達成目標。在擬定策略性和作業性的目標時，負責完成這些目標的人選必須被清楚地確定。經理人肩負了組織／部門的最後成敗結果，即使並沒有實際地製造產品或提供服務，也不能免掉其責。

職責
一種肩負的義務，必須透過活動的施展來達成目標。

職權（authority）則是指決策作成、發佈命令和利用資源的各項權利。身為一名經理人，你會被賦予職責去完成部門的各項目標。此外，也會擁有職權讓工作得以完成。職權是被委派的。最高執行長（簡稱CEO）負責的是整個組織的最後成敗結果，他會透過指揮鏈，把權力委派下去，分給基層的經理人，而這些基層經理人則要負責作業性目標的達成。為了要擁有實質的權力，你必須獲得屬下、同儕、以及老闆的信任才行。[5]

職權
決策作成、發佈命令、和利用資源的各項權利。

責任義務（accountability）是指對人們在責任的承擔程度上作評估。組織體內的所有人等都需定期地接受評估，並負起完成各自目標的責任。為了做到這個地步，有些公司甚至會記下製造產品的員工姓名和製造號碼。如果產品有瑕疵的話，就可以追蹤得知該由哪位員工負責。醫生究竟該對誰負責？這一點也一向是大眾的爭議所在。醫生應該對病人負責？對醫院負責？還是對保險公司或政府負責？[6]

經理人要為部門裏所發生的任何一件事情負責。身為一名經理人，你應該要把職責和職權委派出去，好在任務上有所作為，可是你也必須明瞭，你永遠不能把你的責任推諉掉。舉例來說，Jamal是一名中階經理人，他把職責和職權委派給督察員Dave，要他如期完成某位特定客戶的訂單。身為一名督察員，Dave則把職責委派給員工Chris，而Chris必須對Dave負責。結果訂單並沒能如期地完成，使得該組織丟了這名客戶。於是順著指揮鏈，Jamal找到Dave質問

身為Tyson食品的最高執行長，Don Tyson負責的是整個組織體的最後成敗結果。

結果，因為Dave必須直接對他負責，而且Dave必須承擔結果，因為他得為屬下的表現負責。當然，Dave也會找上Chris質問，因為Chris必須直接對他負責。

委派代表

委派代表（delegation）是指定職責和職權來完成目標的一種過程。職責和職權會透過指揮鏈分派下去。在前述例子裏，Jamal和Dave就進行了委派的工作。委派代表對經理人來說是一項很重要的技巧，[7]因此，我們會在本章稍後的地方再作詳細的說明。

委派代表
指定職責和職權來完成目標的一種過程。

靈活彈性

靈活彈性是指規定下永遠有例外的時候。依照管理訓練的課程，許多員工都把重點擺在公司的規定上，而不思索該如何創造顧客價值。舉例來說，規定上說顧客要是沒有發票收據，就不得退還貨品、取回現金。這個規定是為了防止店內的顧客偷取貨品，再拿回來退貨求現。可是有一位知名且經常光顧生意的顧客來到店內要求退貨換錢，可是他身上並沒有帶收據。在瞭解了實際情況之下，這名員工知道該店的規定很有可能會得罪顧客，甚至丟了這名顧客。所以這位員工究竟應該遵守規定，損失掉這位顧客？還是有點彈性，把這位顧客留住呢？

工作運用

3.你曾經工作或目前正在服務的組織所在，是否鼓勵下列的常備性計畫或靈活彈性？請解釋你的答案。

職權

在本單元裏，你將會學到有關合法權力和非合法權力、職權類型、縱向權和幕僚權、以及集權式和分權式組織權力等事宜。

合法與非合法權力

3.討論合法權力和非合法權力，以及集權與分權這之間的差異

合法權力

合法權力（或架構）包括了員工之間的明載關係。它是一種可促使工作完

AC 7-1　組織的各項原則

請找出下列各種情況的組織原則：

a.指揮和方向的一致性　b.指揮鏈　c.管理面　d.分工　e.協調　f.平衡的職責和職權　g.委派代表　h.靈活彈性

__ 1.「Karl要我去拿那份郵件，等我到了郵局的時候，我才發現自己沒有鑰匙，所以那裏的人不讓我拿郵件。」

__ 2.足球隊的球員現在擺出的是防守或攻擊的陣式。

__ 3.「我的工作有時候很令人感到挫折，因為我處在一個矩陣架構當中，有時候，我的部門經理要我做某件事，可是我的工程計畫經理卻在同時要我去做另外一件事。」

__ 4.中階經理人說：「我要一名員工去送這個包裹，可是我不能直接命令他去做，我必須要求我旗下的某位督察員去發落這個命令。」

__ 5.「發生車禍了，救護車正在路上，Juan，打電話給Rodriguez醫生，要她在十分鐘之內到急診室C 房。Pat，把文件處理好。Karen，把急診室C房清理出來。」

成的約束制裁方法。合法權力始自於組織體內的最高階級，並透過指揮鏈層層地委派下來。組織表描繪了合法權力的架構，並顯示出各種權力線和溝通線。工作描述可以說明員工的合法權力是什麼，可是合法權力卻沒有完整描述出組織體究竟是如何實際運作，把事情做好。

非合法權力

非合法權力（或架構）是指為了讓事情圓滿達成，員工之間相互牽引的各種互動和溝通關係。它在促使工作的完成上，並不具有任何約束和制裁的力量。非合法權力可用來克服合法權力加諸於員工身上的各種負擔或限制。透過非正式的運作，員工往往可以讓事情早日完成，甚至把一些不可能的任務給達成。電子郵件（電腦傳送訊息）和語音郵件（電話答錄機）這兩項科技產物更是促進了企業組織體內，人與人之間在沒有透過指揮鏈的情況下，就逕行非正式溝通的機會頻率。非合法權力不會消失，重要的是如何讓它成為組織體內確保宗旨和目標達成的背後支援力量。

權力範圍

當權力範圍在組織體內愈往下行的時候，就會變得愈來愈狹窄。總裁比副總裁擁有更大的權力範圍，可是後者又比一名經理人擁有比較大的權力範圍。再依此類推，經理人的權力範圍則比主任的權力範圍要來得大。職責和職權在組織體內經過層層的委派，往下推衍，而組織體內各階層的責任義務則是愈往

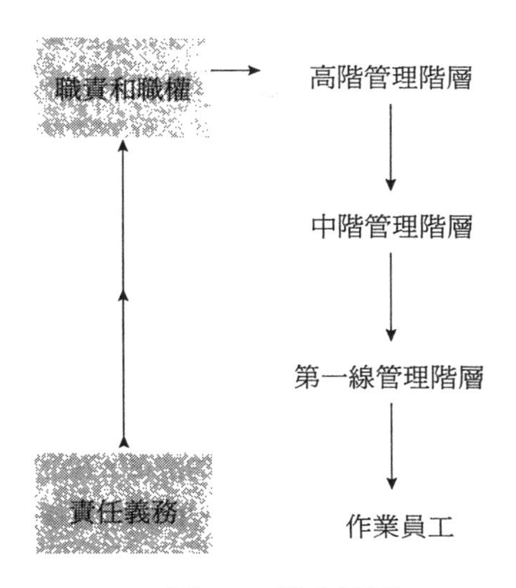

圖7-3　權力範圍

上行就愈重大，請參考圖7-3。

身為一名經理人，你會被授予一些合法權力，但是一些非合法權力則需要靠你自己的苦心經營。來自於職權上的真正考驗在於員工是否會接受你的命令，照你的吩咐行事。要想獲得非合法的權力，你必須讓別人信賴你。[8]就像所有的組織體一樣，CMP也同時具備了合法和非合法權力。身為CMP的持有人和最高管理階層，Leeds擁有的是最大的權力範圍。

權力程度

4.列出四種權力程度，並扼要解釋之

你應該知道自己的合法權力是什麼。[9]舉例來說，一名護士擁有什麼樣的權力程度，可以讓她變更有誤的病歷呢？事實上，權力程度會因工作性質的不同而有不同。

權力程度（levels of authority）包括了通報、推薦、報告、以及完整等四種權力。

權力程度
通報、推薦、報告、以及完整等四種權力。

1.通報權力：由他來通報老闆有哪些可行的替代性方案，可是老闆卻擁有最後的決策權。秘書人員通常只擁有通報權，因為他的工作就是為其他人收集資料。

2.推薦權力：由他來列出各種替代性的行動方案，進行分析和作成推薦，但是在沒有老闆的首肯之下，是不能將方案執行落實的。要是老闆不同意他的推薦內容，就可能會採取不同的執行方案。委員會通常被賦予了推薦權。

3.報告權力：他也許可以自由地選擇某項行動方案並落實執行。但是到了最後，卻必須把採取的行動向上級報告。護士在必要的情況下，有變動病歷的權力，可是負責最初撰寫的醫生卻必須知道被變更的內容是什麼。[10]

4.完整權力：他也許可以自由地做成決策，並在沒有告知老闆的情形下就自行採取行動。大部分的時候，Leeds會授與各部門經理完整的權力去經營他們的半自治部門。但是即使擁有完整的權力，許多人還是會找老闆商量一下。

工作運用

4.列出並解釋你在某組織體內的某一任務上所具備的權力程度。

為了讓你們更清楚狀況，我們可以假設經理人Tania需要一台全新的機器。如果Tania沒有權力的話，就必須由老闆來決定是否可以購置一台機器。有了通報權，Tania會給她老闆一張列有各種可能機器的清單，在上頭試著描述清楚每一台機器的特點、價格等。若是具備了推薦權，Tania就會接著分析每一台機器的特點，並做成選購哪一台機器的建議。有了報告權，Tania則會自己決定購買哪一台機器，可是會告訴老闆這件事。要是有了完整權力，Tania就可以在不告知老闆的情況下，直接選購一台機器了。

5.描述縱向性權力和幕僚性權力之間的關係

縱向性權力和幕僚性權力

縱向性權力
其責任是透過指揮鏈的向下貫徹，作成決策和發佈命令。

幕僚性權力
其責任是為其它人事提供協助和意見。

縱向性權力（line authority）的責任是透過指揮鏈的向下貫徹，作成決策和發佈命令。縱向經理人主要負責的是組織目標的達成，而幕僚人員則為他們從旁提供協助。[11]**幕僚性權力**（staff authority）的責任是為其它人事提供協助和意見。營運和行銷通常屬於縱向部門，可是有些組織也把財務活動歸納在縱向部門當中。而人力資源管理、公共關係、以及資料處理等，則屬於幕僚部門。

縱向部門要是沒有幕僚部門的支持，可能就無法做得那麼有聲有色，[12]因為每一條縱向目標都需要人力、財務和資料等各種／重要的背後支援。因此，縱向和幕僚部門應該要心無間隙地一同合作才行。[13]

以下例子將可以讓縱向和幕僚之間的關係更清楚可辨。Maurice是一位生產（縱向）經理，他需要有新的工作人手。於是人力資源（幕僚）部門會協助他招募可能的人選。人力資源部門可以舉辦面談和考試，然後再通知Maurice最後的結果，並將面談中的最佳人選推薦給Maurice，再由縱向經理參考幕僚部門的意見做成最後的決定。營運部門也需要採購和維修部門的服務，在某些組織裏，例如IBM和Bechtel，員工們會在縱向部門和幕僚部門之間輪替當差。

功能性職權

幕僚的主要功能就是提供意見和協助，可是也會有他們直接對縱向人事發佈命令的情況產生。功能性職權是指幕僚人事在既定的職責範圍內向縱向人事直接發佈命令的權利。舉例來說，維修部門協助生產部門保持機器良好的運作狀態。如果維修部門判定某部機器有安全上的顧慮，就可以發佈命令給縱向經理，要求停用該機器。或者人事經理可以命令縱向經理，要他的旗下員工遵守打卡的規定。

兼具縱向性和幕僚性的職權

幕僚經理可能同時擁有幕僚和縱向方面的權力。舉例來說，Ted是公關（幕僚）經理，他必須為組織內的所有部門提供意見和協助。但是，Ted在自己的部門內也擁有縱向性權力，可以對他的員工發佈命令（縱向功能）。

工作運用

5.請在你曾工作過或目前正在服務的組織體內，找出一或多項縱向性和幕僚性職務。此外，也請確認它是屬於一般性幕僚抑或是專業性幕僚。

一般性和專業性幕僚

一般性幕僚只為一名經理人做事，通常被稱之為助理，他們會施展各種必要的方法來協助經理。專業性幕僚則可協助組織內任何有所需求的人。人力資源、財務、會計、公關以及維修等，提供的都是專業性的意見和協助。

Leeds和各部門經理都是屬於縱向性經理人。各部門經理可能都得利用到印刷、財務和人力資源等部門的服務。

集權和分權

集權或分權之間的主要差異就在於由誰來作成重要的決策。在**集權**（centralized authority）的作法下，重要決策都由高階經理人來決定。而在**分權**（decentralized authority）的作法下，重要決策則由中階和第一線經理人來決定。

集權
重要決策由高階經理人來決定。

分權
重要決策由中階和第一線經理人來決定。

集權的主要好處就在於控制得宜（制式化的程序比較好掌控，風險也比較小）和可以降低重複性的工作（只有少數員工必須進行重複性的工作，專業性幕僚則可能可以獲得充份的發揮）。而分權的好處則在於效率性和靈活彈性（決策都是由那些熟知情況的人來快速地作成），以及人才的培養發展（經理人必須接受挑戰，以便作出決策，解決眼前的問題）。究竟哪一種權力類型比較有效呢？其實答案並不單純。Sears百貨、奇異電器、和通用汽車都曾成功地運用過分權式的作法；而General Dynamics軍品製造商、麥當勞和Kmart商場則曾成功地施展過集權式的作法。

權力是一個閉聯集，分權和集權分處於這個閉聯集的兩端。

集權 ———————————————— 分權

迷你小型公司算是例外，因為這種公司通常都是採集權式的作法。而多數公司都界乎於這兩者之間，所以可以被歸類為綜合型。其實成功的關鍵是要在這兩個極端之間取得一個平衡點。舉例來說，通用汽車主要是以分權的作法為主，可是它在策略性規劃和資源的分配上仍保有集權式的控制。而生產和銷售則採取分權式的作法。另外，財務和勞資關係則以集權為主，為的是要在組織內達成統一性[14]和貫徹性的目的。高階經理人把權力分散到各事業單位的經理人身上，然後再由各經理人授權給各小組成員。[15]

工作運用

6.請描述你曾經工作過或目前正在服務的組織，他們所使用的權力類型（集權或分權）。

Leeds在創立CMP的時候是採取集權式的作法。可是一旦公司開始坐大，若想負責所有決策的作成，就實在是太耗時間了。因此，Leeds把權力分散到各部門經理的身上。請參考圖7-4，回顧一下職權的種種。

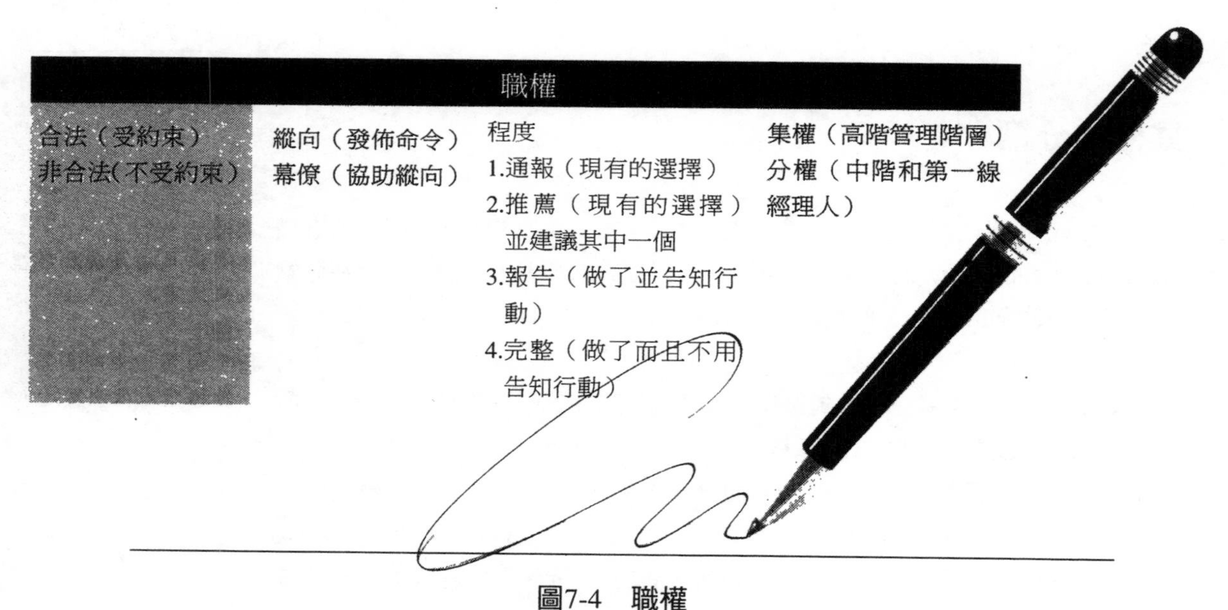

圖7-4　職權

組織上的設計

既然你已經知道了組織的各項基礎所在，現在你要學的就是組織整個公司。組織上的設計（organizational design）指的是工作單位／部門內的職位安排以及它們在組織內的彼此互動關係。透過組織表和分組化類型，就可以描繪出整個組織上的設計了。

組織表

6.解釋組織表是什麼，並列出其中的四件事項

組織表
組織體內管理層級、部門、以及他們彼此之間工作關係的圖形描繪。

合法的組織權力／架構會界定組織內成員之間的工作關係以及他們的工作各是什麼，並透過組織表描繪出來。所謂**組織表**（organization chart）就是組織體內管理層級、部門、以及他們彼此之間工作關係的圖型描繪。每一個方塊代表的是組織體內的一項職位，而每一條線代表的則是各職務之間的提報關係和溝通方向。

取材於通用汽車組織的圖7-5，描繪出這家公司的四個主要層面：

1.管理層級：最高執行長和總裁是屬於高階管理階層；副總裁和經理人則屬於中階管理階層；而主任則屬於第一線管理階層。

2.指揮鏈：當你跟著垂直線在走的時候，你就會發現到各部門總裁必須向最高執行長報告；經理則須向副總裁報告；而主任則須向經理報告。

概念運用

AC 7-2 職權

找出以下各種情況的職權類型。

a.合法 b.非合法 c.程度 d.縱向 e.幕僚 f.集權 g.分權

__ 6.「我的工作很有趣，可是如果我推薦人選給生產經理和行銷經理，卻不獲他們採用的時候，就感到很沮喪。」

__ 7.「在一個很鼓勵員工和大家一同分享資訊的組織體內工作，是一件很棒的事情。」

__ 8.「這裏的經理人在自己部門的經營上擁有各自的自主權。」

__ 9.「我不確定自己是不是應該為Wendy準備一份公司車的選擇清單，還是向她推薦其中一部。」

__ 10.「 這是一個很棒的點子，我會和我的老闆Pete談談，如果他喜歡的話，他就會讓我們向他的老闆Jean提案。」

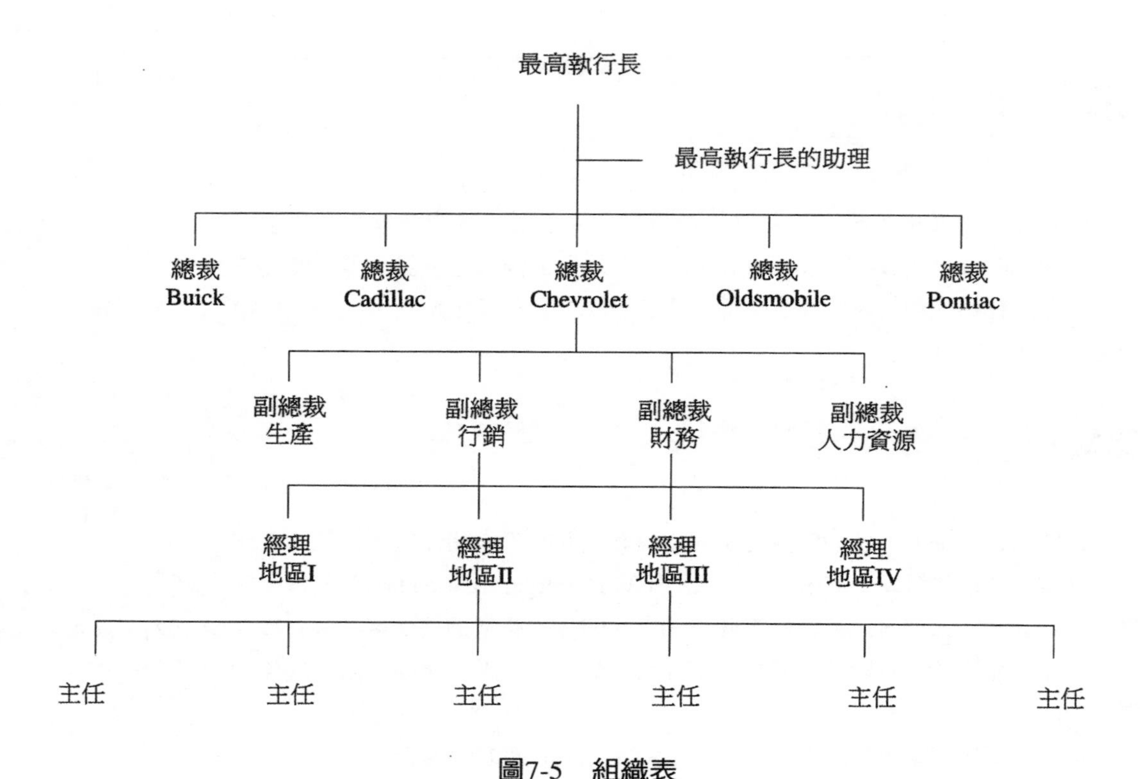

圖7-5　組織表

3.部門和工作類型：通用汽車是根據汽車的類型來分工的：Buick、Chevrolet、Oldsmobile和Pontiac。部門內的每一位副總裁都有自己必須負責的功能或工作類型，例如行銷、生產、或財務等。而生產部的中階經理人則各自負責特定的車款，例如Corvette或Camaro。督察員必須負責生產過程中的特定階段：引擎、車架、車體、烤漆、以及其它等等。

4.分組化：從組織表上，我們可以看出公司是如何地被分成幾個永久性的工作單位。通用汽車主要是以產品來進行組織。透過本單元，你就可以學會利用組織表來為各種不同的分組化作法進行描繪了。

請注意Chevrolet部門裏的每位副總裁都有中階經理人負責向他或她報告。而每一位經理人也都有主任負責向他或她報告。另外四個部門——Buick、Cadillac、Oldsmobile和Pontiac——也都像Chevrolet部門一樣，各自擁有自己的副總裁、中階經理人和主任。最高執行長的助理是屬於一般性的幕僚人員，而財務、人力資源部門等則屬於專業性的幕僚人員。

可是組織表並不能顯示出每日的活動內容或者是非正式組織下的架構等。

在大型組織體內使用組織表是一件很困難的事情，因為職務太多，而提報關係也非常的複雜。此外，你也很難保有最新現況的組織表，因為公司會不斷地成長，而提報關係也不斷地在改變。

分組化

7.討論內部分組化和外部分組化這之間的差異

分組化
把各相關性活動分門別類成為各個單位。

所謂**分組化**（departmentalization）就是把各相關性活動分門別類成為各個單位。部門可因內部或外部的焦點不同，而被創立出來。我們可依內部的運作功能來進行分組；或是依照員工所施展的功能來進行分組；再不然也可依任務所需用到的各種資源來進行分組，這些都被稱之為功能性分組。外部或輸出的分組化則是根據組織以外各種因素的各類活動而來的，又稱之為產品別、顧客別和區域性的分組。

功能性分組

功能性分組就是把一些基本的輸入性活動，例如生產、銷售、和財務等組織起來成為個別的部門，讓它們各具管理或技術性的功能。圖7-6描繪的正是功能性的分組方式。

小型企業最常用的就是這種功能性的分組方式。這類著重於內部因素的分組好處包括了：（1）它非常有成本效益；（2）管理上比較容易，因為各部門所牽涉的技術領域非常狹隘；（3）因為專業化的關係，比較不會有重複分工的情況發生。而它的主要壞處則有：（1）比較無法顧及到單一產品或顧客，因為你必須全面性的兼顧；（2）這種辦法比較沒有彈性，決策的作成也比較緩慢。

擁有各式產品或各種顧客的大型公司，或者是涵蓋領域非常廣泛的公司組織就不太能根據功能別來進行部門的分組。相反地，它們著重的是公司以外的各項因素。外部分組化（產品、顧客、區域）的好處有：（1）可以針對個別顧客的需求，給予適度的關切和注意力；（2）可以有效快速地進行變更。主要壞處則包括：（1）會有重複分工的情況發生，舉例來說，這種組織可能會為每一種產品都設置自己專屬的生產和銷售部門；（2）管理上會變得愈加困難，因為這其中所需要用到的技巧範圍很大（一般性VS.專業性）。

以產品別（服務別）來分組

所謂以產品別（服務別）來分組，就是依照產品或服務的不同來組織各個部門。擁有多重產品的公司往往是依產品別來作分組。每一個部門都可能成為一個自給自足的公司，自製和自售它的產品或服務。像Sears這樣的零售百貨公司就擁有不同的產品部門。Sears現在正在擴充它的服裝部門，並把傢俱和電器轉移到個別的Homelife和Brand Central店當中。[16] Deloitte & Touche公司也在進行重組，方法就是把諮商事務從它的審計和稅務事務中抽離出來，再行創立一個新的部門。[17]圖7-6的第二份組織圖呈現的正是以產品別為主的分組方式。

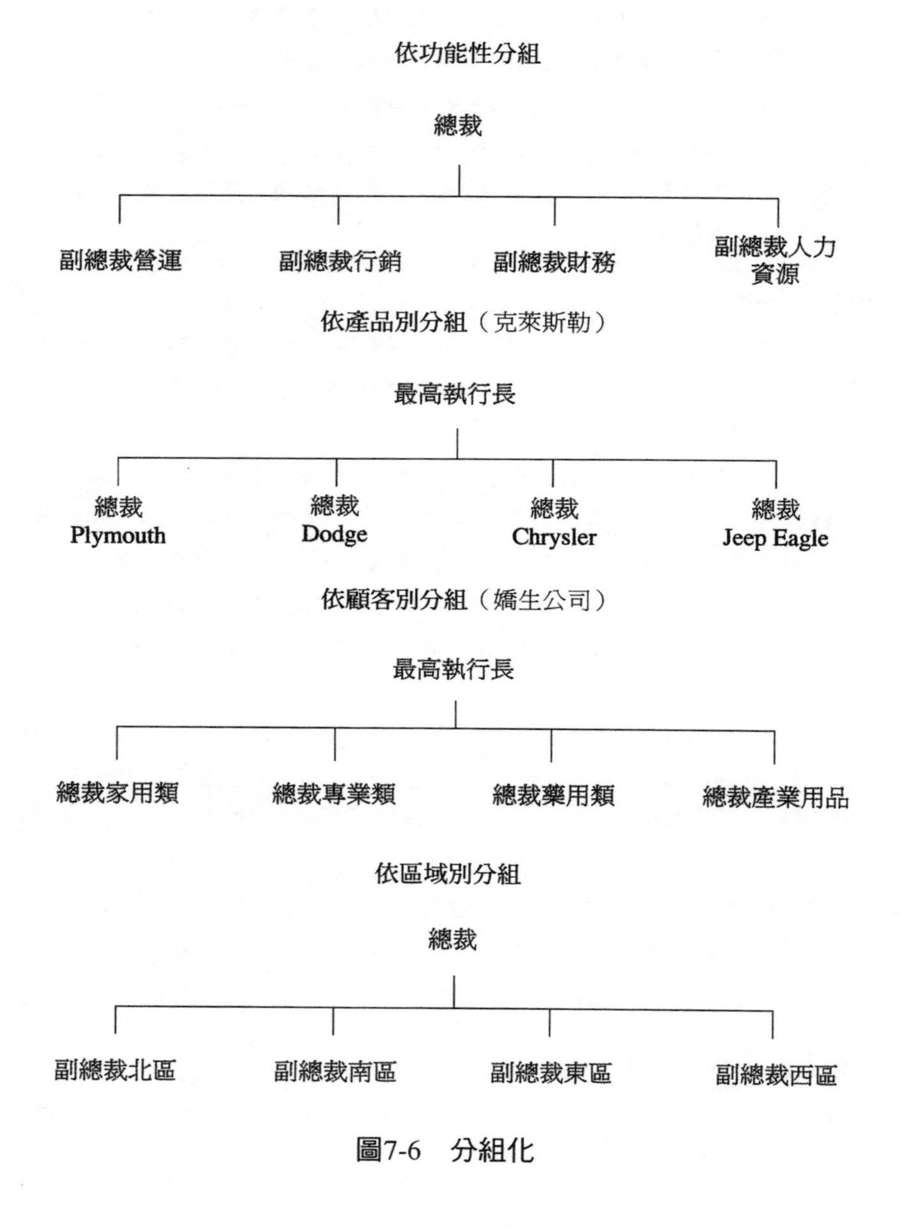

圖7-6　分組化

以顧客別來分組

所謂以顧客別來分組，就是依照不同顧客類型的需求來組織各個部門。因為每一組顧客的需求不同，所以產品組合可以跟著作些變動，銷售小組的成員也可以有不同的變化組合。舉例來說，IBM著眼於各產業的需求不同，不同規模的公司也有不同的需求，所以依照顧客別進行了部門的重組。[18]就像許多採用顧客別來進行分組的公司一樣，IBM賣了許多相同或稍有不同的產品／電腦給不同的顧客。但是，這個市場不斷地在改變。所以擁有多樣化產品的公司通常得依顧客別來進行部門的分組，就像許多非營利性組織的作法一樣。舉例來說，一家諮詢中心可能提供的項目包括戒毒諮詢、家庭諮詢、以及其它等等。但是，這些通常不能算是自給自足的單位。圖7-6的第三份組織表描繪的正是以顧客別為主的分組方式。

以區域別（地理位置）來分組

所謂以區域別（地理位置）來分組，就是依照各企業作生意的所在位置來組織各個部門。聯邦政府就是採用這種作法。舉例來說，聯邦儲備系統（Federal Reserve System）被分成了十二個地理性單位，集中於幾個大城市當中，如波士頓、紐約和舊金山等。許多大型的零售商（Wal-Mart商場和Kmart商場）也都是依照區域別來進行分組。可口可樂公司擁有美國事業部和國際事業部。McDonnell Douglas公司也根據地理位置的不同，進行了軍品事業的重整。[19]通常不同區域內的顧客都有各自不同的需求，舉例來說，東部和南部對冬天衣物的需求就各不相同。圖7-6的第四份組織表描繪的正是以區域別為主的分組方式。

多重性的分組化

8.說明矩陣式分組和部門性分組這之間的同異處

許多組織，特別是大型複式的組織體，都會同時採用數種不同的部門架構方式，結果反成了混血式的組織體。其實任何一種混合性的架構都能派得上用場。有些組織具備了專職製造生產的功能性部門，可是銷售部門卻是採區域別的分組方式，也就是不同的地區由不同的銷售經理和銷售人員來負責。

通用汽車（圖7-6）使用的正是多重性的分組方式。它是依照汽車的品牌（產品）來進行分組，可是各部門之中又依不同的功能別來作進一步的分組，所以每一個車種都有自己的生產線、行銷部、財務部和人力資源部。此外，通用汽車也採納了區域別的分組方式，地區I到地區IV都各自有不同的經理人在負責銷售事宜。

矩陣式分組

矩陣式分組結合了功能性和產品別的部門架構。在矩陣式的分組作法之下，員工在某一功能性部門底下做事，但是卻可被指派負責一或多項的產品和計畫。矩陣式分組的好處就在於它的靈活彈性。它可以讓企業體為了某項計畫，進行暫時性的分組。在這樣的架構之下，功能性部門就不再因個別的產品或工程計畫而有重複性分工的情況發生。但是它的壞處卻在於每一個員工都有兩個老闆——功能性部門的老闆和工程計畫的老闆——這一點明顯違反了指揮一致性的原則。當兩個老闆同時下達命令的時候，就可能產生角色上的衝突，協調上也不是很輕鬆。Rank Xerox和Boeing兩家公司採用的正是非常正式的矩陣式架構。請參考圖7-7。

部門性分組

部門性架構
根據半自治性的各個策略性事業單位而進行的分組。

部門性架構（divisional structure）的分組是根據半自治性的各個策略性事業單位（第五章）而來的。基本上，你必須在公司裏面進行許多單位的協調。有了部門性（或稱M-形式）（M-Form）架構，公司就可以在各部門裏採用任何

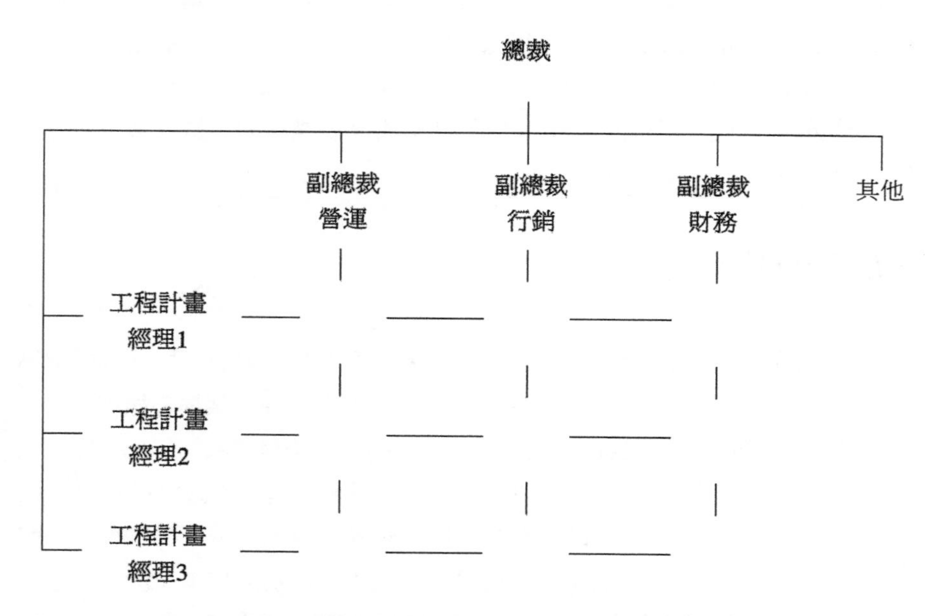

註：　代表的是功能性的員工小組正在進行某件工程計畫。

圖7-7　部門性架構

一種混合形式的分組作法。部門性架構最常見於一些大型複式的全球性組織，這種組織的產品和服務眾多，對管理業務組合分析（第五章）來說很有幫助西屋。西屋公司（Westinghouse）就是採用部門性分組作法來組織旗下的數十個部門。

部門的數量也是很重要的考量因素之一。部門愈多，經理人數就愈多，成本也愈高，但是各部門卻可以更專業化地處理各個特定市場。[20] Philip Morris公司就把Kraft食品和通用食品（General Foods）兩者合併成為一個公司單位，完成了它的重組作業。[21]現在它有三個主要部門單位（香煙、美樂啤酒和Kraft General 食品），而不再是以前的四個主要單位。Leeds也把CMP重組為幾個部門單位。

聚集式（conglomerate）架構是根據自治性的各個利潤中心而來進行分組。公司旗下的各事業單位若是不太有關聯性，就多會採用這類聚集式架構的作法。高階管理階層注重的是事業單位的買進和賣出，不太在乎各部門之間的協調工作。ITT和Newell公司就是採用聚集式架構。嬌生公司（Johnson & Johnson）擁有166家子公司，也是採用各自獨立運作的模式。有些總裁一年裏頭只能在公司總部見到大老闆四次面而已。

其它的設計

其它種設計包括應變性理論、網狀系統、新的投資和高度參與等。

應變性理論有機械性VS.有機性；工業技術；和策略與架構等。請參考第一章的內容。

網狀系統（network structures）描述的是不同組織之間的相互關係。網狀系統往往是供應商、顧客、和／或競爭對手之間一種暫時性的安排措施。利用策略性聯盟和採外包形式的公司行號，都是靠合約來相互約束管制的。舉例來說，蘋果電腦無法自行生產整個系列的PowerBook電腦，於是和新力公司締約，共同生產最便宜的機型。等到新力公司在第一年內製造完10,000台的單位產量之後，就終止了彼此之間的合作關係。

新投資的單位（new venture units）又稱之為「秘密行動小組」（skunkworks），是由一組志願參與開發新產品或投資新公司的員工所組成的。他們採用的是矩陣式架構。新產品發展成功之後，就可以成立為新的部門或成為另一個新的分處。波音公司、基因工程公司（Genentech）、惠普公司（Hewlett-Packard）、IBM、Monsanto化學公司、NCR、西屋公司、以及3M都曾使用過這種辦法。

AC 7-3 分組化

請為以下五種組織表找出它們的分組方法：

a.功能性分組　b.依產品別／服務別分組　c.依顧客別分組　d.依區域別分組　e.矩陣式分組　f.部門性分組

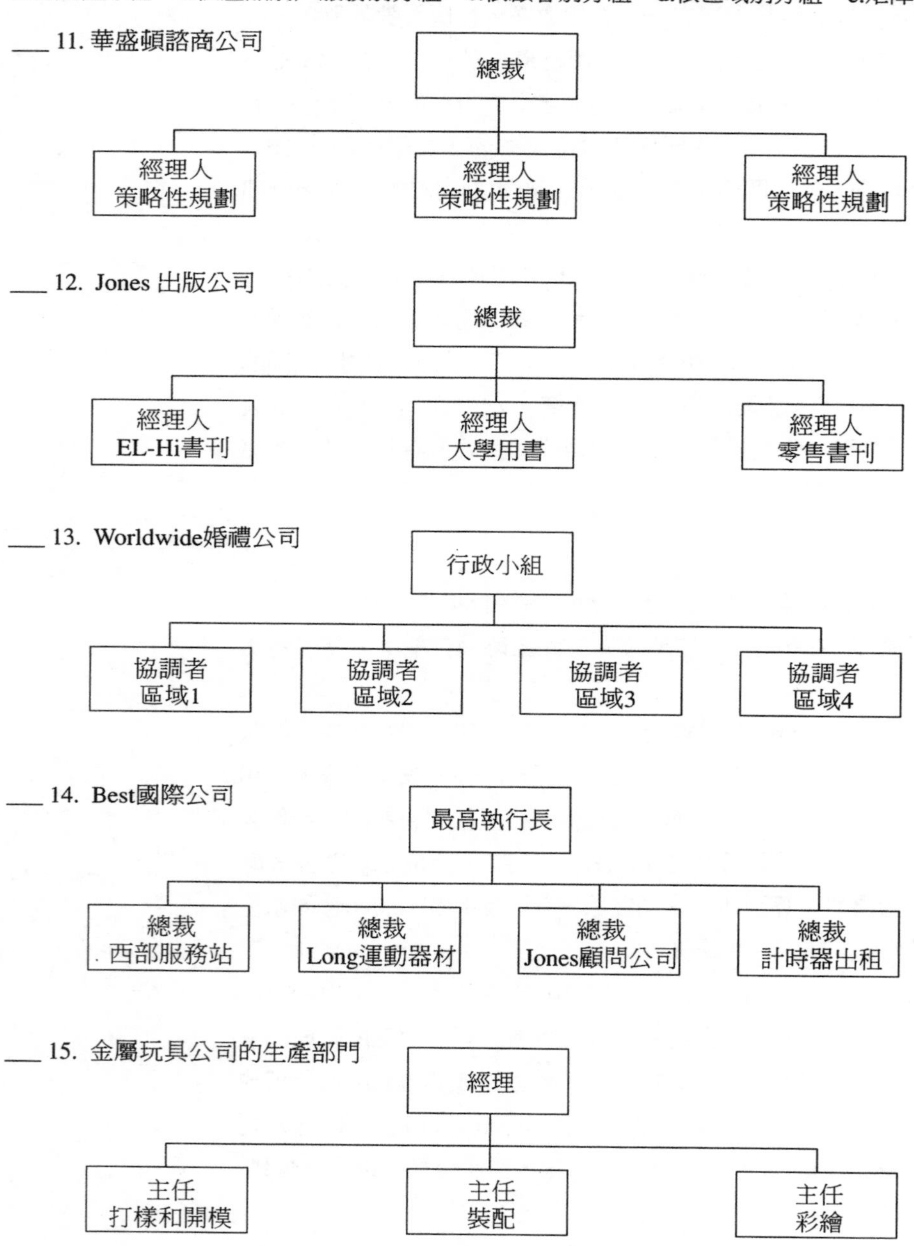

高度參與（high involvement）或處女領域的開發（greenfields）是採用小組團隊的辦法來組成全新的設施。許多組織並不在傳統的設施上作改變，而是創造出全新的小型設施，大約只需要一到200名左右的員工，主要是取各員工的專長。採用高度參與法的組織都是平式組織，員工們以小組分工的方式進行，一同作成決策。你將會下一個單元裏學到更多有關這類的事宜。Cummins Engine公司、通用食品、Mead公司、寶鹼公司、Sherwin-Williams公司和TRW都曾採用過這種方法。

工作運用

7.請為你曾經工作過或目前正在服務的組織繪製組織表。請確認它的分組類型以及所使用的幕僚職務。

工作設計

組織所要施展進行的各項任務會被分門別類成為各種功能性的部門。然後再把其中的任務進一步地分類成為每一位員工所必須負責的工作內容。**工作設計（job design）**就是把每一位員工所負責達成的任務結合在一起的一個過程。工作設計很重要，因為它會影響到工作的滿意度和生產力。[22]因此，工作必須經過小心的設計，如此一來才能增加生產力、工作品質、工作滿意度、和激勵的效果。[23]為了達到這個目的，工作必須結合社交上和技術上等各種特點[24]（第一章）。

工作設計
把每一位員工所負責達成的任務結合在一起的一個過程。

工作可以由以下三個主要團體的其中之一來進行設計：（1）時間和行動分析專家，他可以分析工作內容，找出其中的最佳辦法和各項任務的所需時間；（2）監督這些工作的經理人；以及（3）負責這項工作的員工。其實最瞭解工作內容的莫過於員工本人，所以他們往往可以在工作上進行很有效的變更內容。授權員工來參與自己工作的設計，可以激勵出他們的生產力。[25]許多組織，包括奇異電器和必勝客，都在要求旗下員工提出一些有關工作設計上的建議看法。[26]

正如你即將在本單元裏學到的，工作可以只有少數幾個任務，稱之為工作的簡化；也可以涵蓋許多的任務，稱之為工作的擴展。你可以利用工作的特性模式表來設計工作。此外也可以專為工作小組進行工作的設計，所以會有工作時間安排上的各種選擇。

9.解釋工作的簡化和工作的擴展這兩者之間的不同

工作的簡化

工作的簡化是讓工作變得更專業化。它是根據分工下的組織原則和Taylor的科學管理（第一章）而來的。工作簡化背後的構想就是有智慧地工作，而不是賣力地工作。所謂工作的簡化（job simplification）就是工作的消除和結合，以及改變工作順序來增加績效表現的一種過程。先讓員工把工作分成好幾個步驟（流程表），然後再看看是否能：

1.消除：這份任務全部都得完成嗎？如果不用的話，就不要浪費時間去全部做完它。

2.結合：在同一個時間內，做好更多的事情，往往可以省下許多時間。每天工作終了之前，走一趟郵件室，不要一天來回好幾趟。

3.改變順序：在做某件事的時候，改變其中的處理順序，往往可以省下很多的時間。

工作運用

8.請描述你曾經服務過或目前正在服務的組織當中，其中的工作可以如何地被簡化。請務必確認是消除、結合、抑或是改變工作的順序。

太簡單或太無聊的工作往往會造成很低的生產力。但是若能妥善運用，工作的簡化也能成為激勵員工的有效辦法。事實上，人們並不憎恨工作，只是討厭工作的某些部分而已。他們可以改變這些令人厭惡的部分，而不是忽略它或是耽擱下來不去作它。英代爾公司（Intel）決定，100美元以下的公司支出不再需要填寫收據，結果工作量在30天之內就下降了14%。奇異電器則發展出一個Work Out計畫，專門用來進行工作的改善和消除。而必勝客也因為工作的簡化而創造出40%的店內營收。[27]當Leeds為CMP建立起各司專職的部門分處時，就把工作給簡化了。

工作的擴展

工作的擴展（job expansion）就是讓工作不要太專門化的一種過程。工作可以透過輪班、擴大、和強化等方式來達到擴展的目的。

工作輪班

工作輪班就是在固定的時段中，進行不同的工作內容。舉例來說，在裝配線上製造汽車的員工可以採輪班的方式，如此一來，就可以在不同的時段從事不同的零件裝配工作。有些員工在這一週的工作內容是建造底盤；下一週則是在底盤上放置車身；到了第三週則是把引擎放入車體內；第四週的工作是進行內裝工程；等到第五週的時候，他們又回到了底盤的裝配工作上。許多組織在訓練管理人才的概念性技巧時，也是讓他們到各部門輪流當差。這些採用輪班作法的公司包括Bethlehem鋼鐵公司、Dayton Hudson零售連鎖公司、福特汽車公司、摩托羅拉公司、全國鋼鐵公司（National Steel）和Prudential保險公司。不幸的是，一旦員工熟悉了各種類型的工作，他們可能又會覺得這些工作太簡單又太無聊了。

工作擴大

工作擴大就是增加任務，來擴大工作的多樣性。舉例來說，汽車工人不是採輪班的方式，而是把所有的任務結合在一起成為一份工作。所以四份工作就變成了兩份工作。AT&T、克萊斯勒、通用汽車、IBM和Maytag公司等，就是幾家採用工作擴大制的組織體。不幸的是，即使在一份簡單的工作任務上加添更多的簡單任務，也往往無法激勵出員工的工作鬥志。

工作強化

工作強化（job enrichment）就是為工作建立起動機誘因的一種過程，讓工作變得更有趣和更具挑戰性。對那些誘因動機不高，但員工卻想讓它更具內涵的工作來說，[28]工作強化是個還不錯的方法。有些員工會對自己的工作方式感到十分地滿意。AT&T、通用汽車、IBM、Maytag、Monsanto、摩托羅拉、Polaroid以及Traveler's保險公司等，都曾成功地採行過這種作法。Leeds為各部門的經理人強化了工作內容，因為他授權各部門經理可以依自己的方法來經營旗下的部門。

工作強化
為工作建立起動機誘因的一種過程，讓工作變得更有趣和更具挑戰性。

工作運用

9.請描述你曾經服務過或目前正在服務的組織當中，其中的工作可以如何地被擴展。請務必確認它使用的是工作輪班、擴大、抑或是工作強化的方法？該份工作如何被改變？

強化工作的簡式辦法就是讓經理人指派更多樣化的職責任務給員工來擔綱。你將會在本章稍後的地方，學會有關委派的內容和方法。另外，強化工作還有另一個比較複雜的辦法，會在本章稍後所提到的工作特性模式中提出。

工作小組

傳統的工作設計都是把重點放在個別的工作上。可是現在的趨勢卻是為工作小組設計工作。[29]工作小組的發展算得上另一種形式的工作強化。最常見的兩種工作小組分別是整合式工作小組和自我管理式的工作。

整合式的工作小組

整合式的管理小組是由經理來指派任務，再由小組自行分派各成員的工作，並負責工作上的輪替。舉例來說，清潔公司的工頭把一組人員載到工作地

在自我管理小組當中，小組成員身兼經理和員工的雙重責任。

點，讓他們共同進行既定的任務。然後這組人員會決定誰該做什麼以及如何進行等。工頭則會到各個工作現場，監督各小組的工作進度，並把已完成任務的小組人員再載到下一個工作地點。

自我管理式的工作小組

自我管理式的工作小組會接受上級所指派的目標，再由小組成員自行進行規劃、組織、領導和控制等事宜，來達成上級所指派的目標。通常，這種自我管理式的小組在運作上並不需要經理人的督導，他們本身就身兼經理人和員工的雙重角色。小組成員會自行選出他們的合作夥伴，並各自評估對方的表現。清潔公司也可以採用自我管理式的工作方式，只要先指定好目標（當週或當天有待完成清潔工作的地點數目），然後再由小組人員（而不是工頭）自行安排工作地點的順序。小組成員（不是工頭）會自己監督工作進度。高度參與法就是以自我管理式的小組作法見長。[30]克萊斯勒汽車公司利用自我管理式的辦法，開發出Viper跑車。位在新澤西州海底系統工廠的AT&T也是利用這個辦法，在兩年多的時間內降低了30%以上的成本支出，讓工廠免於被關門的命運。

工作運用

10.請描述你曾工作過或目前正在服務的組織當中，是如何運用工作小組的？請務必確認該工作小組是屬於整合式或自我管理式？

工作小組的作法一直以來都很管用。[31]以小組為基礎的工作系統遂逐漸浮出檯面，成為維繫競爭優勢的一股主力。[32]但是，成員需要接受訓練，才能成

工作的簡化	工作的擴展	工作小組	工作特性模式
消除	工作輪班；交換工作	整合式	核心面
結合	工作的擴大，增加更多的任務	自我管理式	關鍵性心理
改變順序	工作的強化；委派		績效表現和工作成果
			員工的成長需求力

圖7-8　工作設計

為一個合作無間的小組。在第十三章的時候，你會學到有關團隊分工的事宜。請參考圖7-8，回顧一下各種工作設計的類型，以及下一章所要談論到的工作特性模式。

工作特性模式

10.描述工作特性模式和它的用途

工作特性模式為工作強化的設計提供了一個概念性的架構。不管是個人或小組都可利用此模式來強化工作的內容。所謂**工作特性模式**（job characteristics model）的組成內容包括核心工作面、關鍵性心理狀況和員工的成長——需求力，這些設計都是為了改進員工的工作生活品質以及組織體的生產力。這個模式是由Hackman和Oldham[33]所發展出來的。

工作特性模式
組成內容包括核心工作面、關鍵性心理狀況、和員工的成長需求力，其設計是為了改進員工的工作生活品質以及組織體的生產力。

核心工作面

核心工作面包括了以下五種層面，可用來判定某份工作對個人（對員工的工作生活品質）以及工作本身（組織體的生產力）的各自影響結果是什麼。

1.工作內容的多樣性：指的是構成工作的各式任務數量，以及用來施展該工作的手段數量。只要增加了工作內容的多樣性，就可以提升個人和工作上的成果。

2.對工作任務的認同：是指員工在表現整個工作任務時的自我認同程度。讓員工把整台電視裝起來，一定比只要他裝上電視螢幕來得對工作更有認同感，當然也就可以提升個人和工作上的成果。

3.工作任務的意義：這是指該任務在他人（組織體、部門、同事以及顧客）心目中的重要性。為工作塑造出深具意義的價值，可以提升個人和工作上的成果。

4.自治權：是指員工享有多少自由可以自行規劃、組織和控制任務的本身。自治權愈高，個人和工作上的成果就可能愈好。

5.回饋：是指員工究竟能知道多少有關自己在工作上的表現成績，要是能從工作上或經由其它方法很快又很準確地得知自己的工作成績，就可以提升個人和工作上的成果。

關鍵性心理狀況

透過核心工作面的發展，有三種關鍵性的心理狀況可以用來判定個人和工作上的結果如何：

1.工作上的體驗意義：這是根據：（1）工作內容的多樣性；（2）對工作任務的認同；和（3）工作任務的意義而來的。這些核心面愈廣大，工作上的體驗意義就愈深遠，當然個人和工作上的成果也就愈好。

2.從工作成果上所體驗到的責任：這是根據層面四而來的。自治權的範圍愈廣大，在工作上所體驗到的責任也就愈重大，當然個人和工作上的成果也就愈好。

3.對工作活動下實際成效的瞭解認識：這是根據層面五而來的。回饋愈大，就愈能瞭解工作活動下的實際成效，當然，個人和工作上的成果也就愈好。

績效表現和工作成果

績效表現和工作成果是關鍵性心理狀況下的四種受惠結果，是由五種核心工作面所促成的：

1.在工作上擁有很高的內在動機。

2.高品質的工作表現。

3.對工作非常的滿意。

4.低缺席率和低流動率。

員工的成長——需求力

員工的成長——需求力可以用來判定員工對五項核心面的改善興趣有多少，然後再據此看出關鍵性心理狀況以及個人和工作的成果如何。一般而言，員工的成長——需求愈強，就愈有興趣想要改善這五項核心面和關鍵性心理狀況，當然個人和工作上的成果也就愈好。你將會在第十一章的時候，學到更多有關需求和動機方面的事宜。圖7-9描繪的正是這個過程。請注意，員工的成長——需求力位在模式的最底層，因為它是該模式中其它部份的基礎所在。換句話說，如果員工沒有興趣強化自己的工作，工作特性模式也就無用武之地了。

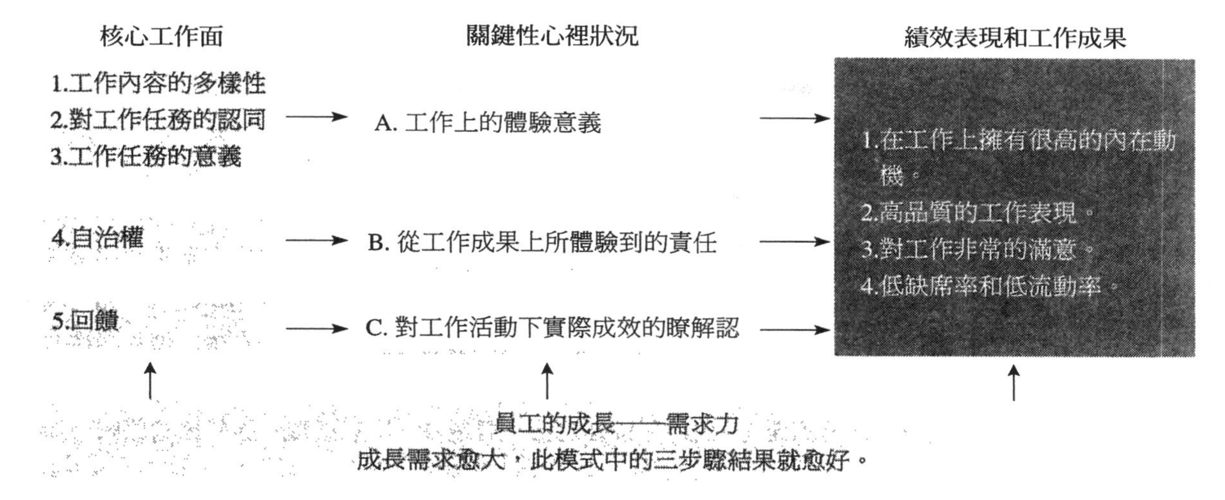

圖7-9　工作特性模式

概念運用

AC 7-4　工作設計

請找以下工作的設計方法：

a.工作簡化　b.工作輪班　c.工作擴大　d.工作強化　e.工作小組　f.工作特性模式

__ 16.「Jill，我要委派一個新的任務給你，讓你有更多的挑戰。」

__ 17.「和客戶共進午餐的業務代表，餐費若是在20美元以下，就不需要呈報收據了。」

__ 18.「我們想要改變你的工作，好讓你培養新的技能，由你自己來完成所有的工作，這樣子，工作就會變得比較有意義，也可以依照你自己的方式來做事，而且還可以瞭解自己做得如何。」

__ 19.「為了讓你的工作不要那麼重複性，我們想要在你的工作責任上再加添三項新的任務。」

__ 20.「我想要你學會如何使用交換機，那麼在Ted用午餐的時候，你就可以代替他的職務了。」

組織你自己和進行委派

成功的經理人很會排定優先順序[34]和委派工作。[35]哈佛大學的校長Rudenstine 博士留在家裏兩個禮拜，因為他的工作實在是太累了。他的親近人士告訴他，若想繼續擔任校長一職，就得改變自己的管理風格，他必須學會如何排定事情的優先順序和委派工作。

了解如何設計組織運作後，現在該是由你自己來設定先後順序與分配工作。[36]

11.解釋如何藉著三項優先問題的提出來擬定優先順序，以及你要如何指定和委派高度、中度和低度優先性的工作

設定優先順序[37]

不管是組織部門、工作、或你自己，最重要的一點就是排定優先順序。其實，任何時候，你的手邊都有好幾件任務有待完成。身為一名經理人，如何決定這些任務的優先次序，對你事業的成功與否有非常重要的影響。優先順序若想排得好，[38]就要把你手邊的任務先列在待做事項表當中，[39,40]然後再一一指定每件任務的優先順序。[41]排好之後，再秉持一次只處理一件任務的原則來進行。[42]

優先權的判定性問題

優先權的判定性問題 我需要親自上陣嗎？這個任務是我的責任嗎？或是它會影響我部門的績效或財務表現嗎？期限是什麼時候？需要立即採取行動嗎？

為了決定任務的重要性，你要先問問自己三個問題，就是所謂的**優先權的判定性問題**（priority determination questions）：我需要親自上陣嗎？這個任務是我的責任嗎？或是它會影響我部門的績效或財務表現嗎？期限是什麼時候？需要立即採取行動嗎？圖7-10就列出了這些問題。

1.因為我獨有的專業技能，所以需要我親自上陣嗎？（是或不是）有些時候，因為你是唯一有能力擔任此任務的人，所以必須自己親自上陣。

2.這個任務是我的責任嗎？或是它會影響我部門的績效或財務表現嗎？（是或不是）你必須督導部門的績效表現，讓財務表現符合預算目標。

3.期限是什麼時候？需要立刻採取行動嗎？（是或不是）你必須立刻展開這個活動嗎？或者可以緩一緩？時間是個相對性的東西。重點就在於儘早展開作業任務，以便在預定期限內達成。人們往往因為不能儘早展開任務，而錯失了期限規定。

優先權的判定性問題

1.因為我獨有的專業技能，所以需要我親自上陣嗎？

2.這個任務是我的責任嗎？或是它會影響我部門的績效或財務表現嗎？

3.期限是什麼時候？需要立刻採取行動嗎？

圖7-10

優先順序的指定

回答完三個問題之後，就要為每一個活動指定它的優先程度（高度、中度、或低度）：

1.委派（D）：如果問題1（我需要親自上陣嗎？）的答案是否定的，任務就可以委派出去。要是答案是否定的，就沒有必要回答問題2和問題3，因為這份任務並不需要指定優先順序。但是，委派代表的規劃工作和任務的委派分發，卻需要優先進行。

2.高度（H）優先：如果三個問題的答案都是肯定的，這就是一個高度優先性的任務。你需要親自上陣參與，因為這是你的主要責任，而且也需要立即採取行動。

3.中度（M）優先：如果問題1（我需要親自上陣嗎？）的答案是肯定的，可是對問題2或問題3的答案是否定的（這不是我的主要責任）（不需要採取立刻的行動，可以先緩一緩），那麼它就算是一個中度優先性的任務。

4.低度（L）優先：如果問題1（我需要親自上陣嗎？）的答案是肯定的，可是對問題2和問題3的答案都是否定的（這不是我的主要責任）（不需要採取立刻的行動），那麼它就算是一個低度優先性的任務。

依優先順序排定的待作事項表

請參考模式7-1，這是一份依優先順序排定的待作事項表，其中的步驟如下：

1.寫下你在任務欄上所必須完成的所有任務。

2.回答優先權的三個判定性問題，把（是）或（不是）填在欄框裏。此外，也把該任務的期限和所需時間寫在它們各自的欄框上。這些低度優先性的任務會隨著期限的逼近，而逐漸轉變成高度優先性的工作任務，這時，期限和時間就變得緊迫了起來。所以你最好也把任務的起始日期先寫上去，不要只光填上完成日期。

3.指定任務的優先順序，把字母D（委派）、H（高度）、M（中度）、或L（低度）填在優先順序的欄框上。可參考本表左上角方塊中所提供的內容，也就是依照優先權判定性問題的肯定／否定答案來決定各任務的優先順序。如果你寫的是D，就在指派任務的時候，再來設定它的優先順序。

4.決定現在應完成的任務是什麼。高度優先性的工作任務可能不只一項，所以你必須選出最重要的一個。完成了所有高度優先性的工作之後，再依序完成中度優先性和低度優先性的工作。

指定優先順序	優先權的判定性問題			優先順序
	#1	#2	#3	
D 委派優先順序 (N)問題1的答案是否定的 H 高度優先性 (YYY)三個問題的答案都是肯定的 M 中度優先性 (YNY 或YYN)問題1和問題2或3的答案是肯定的 L 低度優先性 (YNN)問題1 的答案是肯定的，問題2和3的答案是否定的	需要我親自上陣嗎？	這個任務是我的責任嗎？或是它會影響我部門的績效或財務表現嗎？	期限是什麼時候？需要立刻採取行動嗎？	優先順序
任務				

模式 7-1　優先順序性的待作事項表

工作運用

11.利用模式7-1，列出三到五項你必須在最近完成的任務，並排定其優先順序。

在待作事項表上更新任務的最新現況，並添上新的任務。隨著時間的流逝，中度和低度優先性的工作會變得愈來愈急迫。其實並沒有明文規定多久應該更新現況一次，可是最好還是每天進行一次現況更新比較好。只要有新任務出現，你也必須把它們填入待作事項表當中，來排定優先順序。如果你能照著我們說的方式來做，就可以避免掉捨本逐末的事情發生。

正如第六章所談到的，如果你的管理工作內含各式各樣的變換性任務，需要你作比較長程性的時間規劃時，你就可能需要用到時間管理系統。你可以利用這種優先順序性的待作事項表，再加上時間管理系統來排定你每日的行程。如果你的工作沒有什麼太大的變換性任務，而且只需要作短程性的時間規劃時，就只要利用優先順序性的待作事項表來組織自己的行程和專注在高度優先性的工作任務上就可以了。

你可以利用**技巧建構練習**7-1來發展自己對優先順序性待作事項表的運用技巧。它的待作事項表內含了十項任務，要你為它們排出優先順序。但是最重要的，是你自己必須把這些待作事項表影印下來，活用到你的日常工作上。

委派代表

委派代表就是指定職責和職權去完成某些目標的一個過程。告訴員工去進行工作設計下的份內之事，這只能算是發佈命令，不算是委派代表。所謂委派代表必須要給員工全新的任務才行。這份新的任務可能會成為重新設計下的工作部分，或者也可能是僅此一次，下不為例的工作任務。

委派代表的好處

當經理人進行委派之後，才會有更多的時間來進行高度優先性的工作。[43]委派代表可以讓任務完成，也可以提高生產力。[44]委派代表可以訓練員工，並改善他們的自我尊重心態。此外，也可以舒緩經理人的壓力和減輕他的負擔。[45]委派是強化工作的一種手段，可以改進工作的績效表現和成果。

委派代表的幾個阻礙

經理人習慣凡事自己來；[46]經理人擔心屬下辦事不力；[47]或者是擔心屬下會變得趾高氣昂。還記得嗎？你可以委派職責和職權，但是不能把你的責任義務也一併委送出去。經理人相信自己可以做得比其它人好。[48]有些經理人不瞭解委派這個動作對他們的工作來說，也是很重要的一部分；有些則不知道該委派什麼；甚至有些人連如何進行委派都不知道。如果你讓這些理由阻礙了你的委派行動，你的下場就會和哈佛大學校長Rudenstine博士一樣。讓我們再來看看Leeds的例子，Leeds設定了部門架構之後，就把各部門的職責委派下去給各部門的經理。

委派太少的徵兆

委派太少的徵兆包括：（1）把工作帶回家；（2）做的是一些屬下員工應該做的事；（3）工作進度落後；（4）持續性的壓力和緊張；（5）匆促趕在期限前完成；（6）無法在期限內完成；以及（7）員工在行動之前，總是先尋求上級的同意，才敢進行。

工作運用

12.請描述出你曾觀察到什麼現象和阻礙委派或委派太少有關？

委派的決策

委派代表的重要部分之一就是知道要知道委派的任務是什麼。[49]成功的委派通常有兩個基本條件，一是選定委派的任務，二是委派的人選。[50]

委派什麼

就如同一般法則一樣，你可以利用你的優先順序性待作事項表，把其中任何一項不需要你親身上陣參與的任務委派出來。以下是幾種可能：

1.文件工作：讓你的員工幫你寫報告、備忘錄、信件以及其它等等。

2.例行性任務：讓你的員工幫你清查存貨、進度表、訂單以及其它等等。

3.技術性事項：讓高階員工來處理一些技術性的疑難雜症。

4.擁有發展潛力的任務 給你員工學習新事物的機會，讓他們有機會強化自己的工作內容，好預作升遷的準備。

5.解決員工的問題：訓練他們自己解決問題，除非他們缺乏足夠的能力，否則不要代他們解決問題。

不委派什麼

就如同一般法則一樣，不要把你必須親自上陣的任務委派出去，因為這些任務需要用到你獨有的知識或技能才能完成。以下是幾個典型的例子：

1.人事要件：表現評鑑、諮商、處罰、免職、衝突解決以及其它等等。

2.機密性活動：除非你得到允許可以進行委派。

3.危機：沒有時間可以讓你進行委派。

4.特定委派給你的任務：舉例來說，如果你被委派到委員會裏任職，你就不能在沒有得到上級允許之前，把這件事再指派給別人去做。

決定委派的人選

一但你決定委派的內容之後，接下來，就必須找出人選來進行任務。在選定員工人選時，請務必確定他或她有足夠的能力在期限之內把事情做好。請在選擇的時候，考慮一下你員工的天份、興趣和動機。必要的話，先和數名員工商量一下，瞭解他們的興趣如何，再下最後的決定。

12.列出委派模式中的四個步驟

利用模式來進行委派

決定好委派的內容和人選之後，你就可以開始計畫並進行委派。**委派模式**

（delegation model）的步驟包括：（1）解釋委派代表的需求性和委派人選的理由；（2）擬定可界定職責、職權和期限的各個目標；（3）發展計畫；（4）建立監控關卡，掌握員工的責任進度。要是你能明確遵循這四項步驟，就一定可以增加你委派代表的成功機率。當你繼續往下讀的時候，你還會發現到，委派模式該如何和工作特性模式、核心工作面以及關鍵性心理狀況一起運用，進而影響整體的績效表現和工作成果。

委派模式
（1）解釋委派代表的需求性和委派人選的理由；（2）擬定可界定職責、職權、和期限的各項目標；（3）發展計畫；（4）建立監控關卡，掌握員工的責任進度。

步驟1　解釋委派代表的需求性和委派人選的理由

讓員工瞭解為什麼必須完成某些指定作業，這是很重要的。換句話說，組織部門可以獲得什麼樣的好處？把這些好處告訴員工，可以幫助他們瞭解任務的重要性（工作上的體驗意義）。告訴員工為什麼選擇他或她來擔任此重責大任，可以讓對方覺得受到應有的尊重。不要說「這是一份爛差事，可是總得有人做它」之類的話，要積極正面一點，讓員工知道他們將如何受惠於此任務。[51]如果步驟1可以順利地完成的話，員工就擁有了做事的動機誘因，或者至少願意為你完成這件差事。

步驟2　擬定可界定職責、職權和期限的各項目標

目標中必須明確地說出該員工在期限之內所應該負責達成的結果是什麼。你應該界定清楚該員工的職權程度，請參考下列幾種選擇性作法：

1.列出一份明細表，記載手邊所有的貨源，並在每個禮拜五的下午兩點提交給我。（通報職權）

2.填好貨品的訂購單，並在每個禮拜五的下午兩點提交給我。（推薦職權）

3.填好並簽好貨品的訂購單，把它送到採購部那兒，並在每個禮拜五的下午兩點以前，把一份影印本放在我的桌上。（報告職權）

4.填好並簽好貨品的訂購單，並在每個禮拜五的下午兩點以前把它送到採購部那兒，記得自己留一份影印本。（完整職權）

步驟3　發展計畫

一旦設定好目標，接下來就需要一份計畫來完成這些目標。最好是把目標、職權程度以及計畫以白紙黑字寫在一份作業性的規劃表上比較好（第六章，圖6-4）。

在發展計畫的時候，請務必確定找出各目標所需用到的資源，並賦與員工必要的職權來利用這些資源。通知所有的有關單位，必須和該員工密切配合。舉例來說，如果某員工正在作一份人事報告，你就應該聯絡人事部門，告訴他

們該員工有權可以調閱必要的資料。

用來發展計畫的自主權程度多寡是根據員工的能力而定的。計畫的其中一部分可能是訓練員工，並培養員工的自主權和他們在工作上的歷練。舉例來說，員工一開始可能只具有通報職權，然後再不斷地提升，經年累月之後，就擁有完整的職權來負更大的工作責任。

步驟4　建立監控關卡，掌握員工的責任進度

對一份簡短的任務來說，期限上若是沒有監控關卡的設定並沒有什麼關係。但是對那些步驟繁瑣，時間拖得很長的任務來說，最好還是在預定的時間內（監控關卡）按時檢查進度比較穩當。你應該在一開始的時候就在委派系統上建立好資訊流程。你和你的員工必須事先同意檢查的形式（電話、拜訪、備忘錄、或是詳細的報告）以及預定的時間（每日、每週、或是在完成每個步驟，並展開下個步驟之前）。在設定監控的細節時，請先考量一下該員工的能力程度。能力愈低，檢查的頻率就愈高；而能力愈高，檢查的頻率就愈低。

工作運用

13.選定某個你曾共事過或目前正在共事的經理，分析他或她在執行委派的四個步驟時，做得如何？有哪個步驟是該名經理不曾用到的和常常用到的？

最好是把監控關卡的細節寫在一份作業性的規劃表上，然後作成幾份影印本，讓參與其事的當事者，人人手中都一份可以參考。除此之外，所有參與其事的人員都應該把監控關卡的時間記錄在行事曆上。如果被委派的員工沒有依照進度向你報告，你就必須立刻追蹤瞭解其中的理由，並取得最新的進度報告。你應該要在每次的監控關卡上評估其績效表現，並在完成時，提供你的意見回饋，好讓對方知道他的成果如何。在任務進行中或任務完成時，給予肯定的評鑑，可以激勵員工努力地工作。[52]你將會在第十一章的時候學會如何給予評鑑。

模式7-2摘要了委派過程的四個步驟。

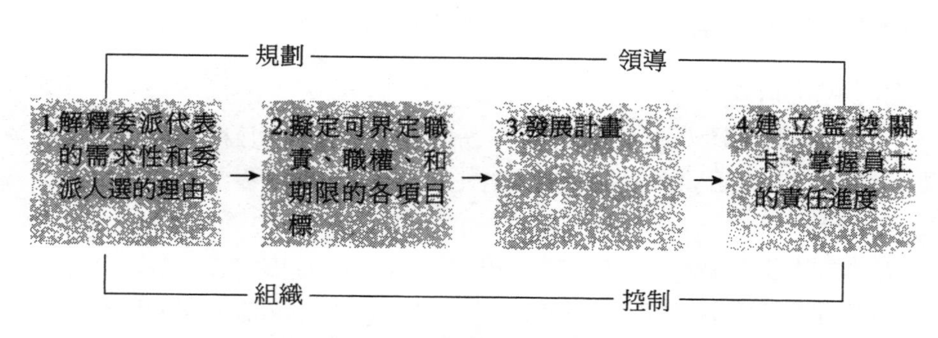

模式 7-2　委派模式的各個步驟

現有的管理議題

全球化

在全球化的趨勢之下，多國性組織（簡稱MNCs）需要發展制式化的設計，並依靠科技來進行各策略性事業單位的協調工作。[53] MNCs需要讓自己更具靈活彈性的理由如下：

1.指揮方向的一致性對MNCs來說很重要。

2.為了在這個競爭激烈的環境和人一較長短，常常會發生忽略指揮鏈的情形。

3.透過平式組織架構的使用，幕僚人數並不多，管理的層面也隨之增加。

4.分工上愈來愈不求專精化。

5.因為跨國界的關係，協調變得愈來愈重要，也愈來愈困難。

6.職責和職權愈往組織的下層委派出去，就愈有分權的意味。

MNCs使用的是多重分組化的方式，而且通常採用部門性架構的作法。

多樣化差異和小組分工

工作上的不同設計需要根據全球員工的多樣化差異而定。舉例來說，工作強化和工作小組在美國進行的效果就還算不錯。但是，對不同的發展中國家來說，員工比較關心的是基本需求的滿足，所以簡化的工作可能對他們來說比較有效。

道德和社會責任

採用策略性事業單位（第五章）的公司在執行分權式的部門性架構時，要特別地小心，因為它可能會讓該組織變得反應遲鈍，甚至更糟的是完全沒有反應。[54]當員工遠離了指揮鏈，在非合法架構下工作的時候，更要遵守道德和社會責任。經理人必須奉行道德和社會責任，來進行工作的設計和任務的委派，如此一來，員工才會上行下效地也負起道德社會責任。

品質、TQM和參與度

TQM強調的是靈活彈性和各系統部門的協調合作來傳達顧客價值。TQM組織的協調不是透過指揮鏈，而是透過資訊技術和開放性的溝通（非合法權力）

來達成的。TQM的作法是要想消除掉無附加價值（工作簡化）的任務和層層的管理（平式組織），它想要簡化溝通的流程，加快決策的作成，並鼓勵員工的參與。

TQM也強調持續改善系統和過程的重要性，並透過跨功能性小組的作法來大力砍掉組織內各部門自掃門前雪的心態作法。工作小組的運用就是為了要增加員工在決策上的參與度；改進活動、規劃、以及和其它小組的溝通等。各小組被賦予職權來進行工作強化的設計（工作擴展）。

因為TQM很重視顧客，所以有些公司就進行了重組。舉例來說，為了回應顧客對服務效率的不滿，柯達伊士曼公司重組了它的專業和印刷影像部門。[55]有些組織，包括Dana企業、聯邦快遞、Nordstrom公司和Wal-Mart商場，都提出了一種完全上下顛倒的組織表，顧客就放在表中的最上層，管理階層則置於最下層。這種上下顛倒的組織表是想要提醒公司內部的所有人，他們的工作是提供顧客價值；也讓經理們瞭解，他們的角色是要在背後支援自己的員工，共同為顧客價值而努力。圖7-11就出示了一份上下顛倒的組織表。

生產力

為了增加生產力，許多組織都進行精簡化和重新改造的工作。這兩種作法都在組織架構上進行了設計上的改變。精簡化和重新改造會擴大管理的範圍，把整個架構改為平式架構，並除去了員工的地位階級。[56]重新改造的工程計畫

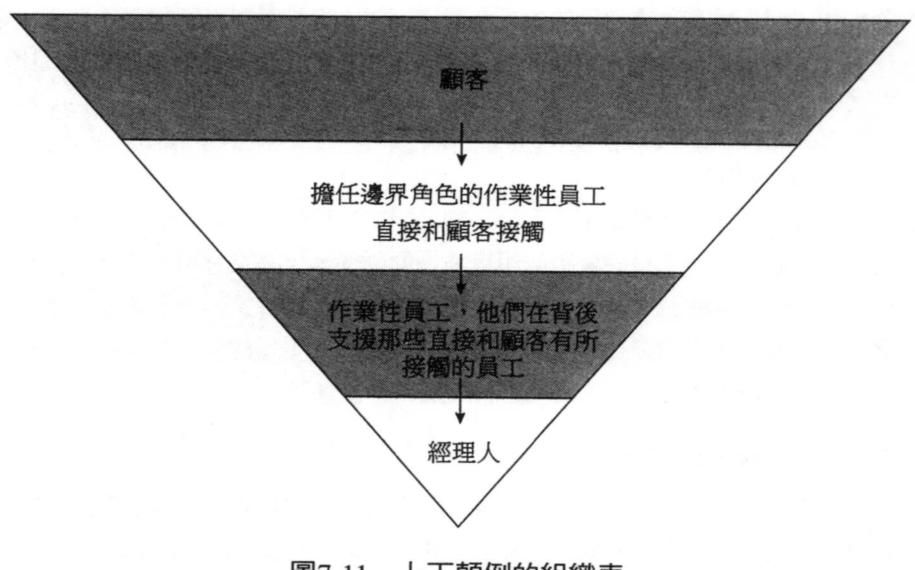

圖7-11　上下顛倒的組織表

通常包括工作強化和工作小組的利用，這兩者都是可用來增加生產力的手段之一。高度參與處女領域的開發也是一種重新改造的辦法。經驗調查顯示，彼此無所關聯、差別互異、且各自握有自主權的分組化部門，這種結構下所聚集而成的組織形式，其生產力並不理想。但是對那些已經採用節流性策略，並為了集中火力在核心主力部門而裁撤掉非相關性事業單位的公司組織來說，它們的績效表現往往甚佳。[57]

小型企業

小型企業通常沒有所謂的指揮一致性，它們會擴展工作，但並不遵循指揮鏈的作法，而是利用非合法權力來進行。就算有的話，幕僚數目也不多。舉例來說，採購對小型公司來說，可能只是某人工作的一部分而已，可是對大型公司而言，卻是一份完整的工作。小型公司通常採用集權式作法和功能性的部門分組方式。靈活彈性和快速改變的能力是小型公司的優點。許多大型公司都想讓自己小型企業化，所以使用部門性架構來創造出許多具有半自治權的小型公司。高度參與處女領域的開發，這種作法也造就出許多的小型事業部門。

摘要與辭彙

經過組織後的本章摘要是為了解答第七章所提出的十三大學習目標：

1.解釋平式組織和高式組織之間的不同差異

平式組織的管理階層比較少，可是管理範圍卻比較大。高式組織的管理階層比較多，各階層的管理範圍也比較狹隘。

2.描述聯絡人、整合者和邊界角色，這三者之間的異同處

他們的相同處在於他們全都是協調工作的角色。聯絡人和整合者很相似是因為他們都是進行內部協調的工作；而邊界角色則需要和顧客、供應商、以及外在環境的其它人等進行協調。聯絡人和整合者之所以不同，是因為聯絡人只為某一部門工作，可是卻負責和其它部門的協調工作；整合者則不專屬於任何一個部門，他直接負責各部門之間的活動協調。

3.討論合法權力和非合法權力，以及集權和分權這之間的差異

合法權力就是可接受制裁約束的一些關係和做事方法；而非合法權力則是不受制裁約束的一些關係和做事方法。集權制度下的高階經理人會作重要的決策；而分權制度下的中階和第一線經理人則會作重要的決策。

4.列出四種權力程度，並扼要解釋之

（1）通報權力──該員工只要提報某個方案即可；（2）推薦權力──該員工提出數個方案，並建議其中一個；（3）報告權力──該員工採取行動，然後再知會老闆；（4）完整權力──該員工採取行動，也不需要知會老闆。

5.描述縱向性權力和幕僚性權力之間的關係

幕僚人員可以提供意見和協助給縱向人員，後者可透過指揮鏈，來負責決策的作成和命令的發佈。

6.解釋組織表是什麼，並列出其中的四件事項

組織表就是組織體內管理層級、部門、以及彼此之間工作關係的一種圖型描繪。它可以顯示出管理階層的各個層級、指揮鏈、各部門和其工作類型、以及分組化等內容。

7.討論內部分組化和外部分組化這之間的差異

內部（或稱輸入）分組化著重的是組織內部的各功能表現。外部（或稱輸出）分組化強調的則是和組織事業進行有關的產品、顧客、以及區域等。

8.說明矩陣式分組和部門性分組這之間的異同處

它們之所以相同是因為它們都是多重性的部門分組作法。矩陣式分組結合了功能別部門和產品別部門這兩種架構，以個別工程計畫為強調的重點。而部門性架構的分組則是依照各個策略性事業單位而定，這些事業單位都擁有半自治權，強調的是業務組合的管理。

9.解釋工作的簡化和工作的擴展這兩者之間的不同

工作的簡化是讓工作變得更專業化，它會消除和結合一些工作，並改變工作順序來增加績效表現。工作的擴展則是讓工作不要太專門化，可以透過輪班、擴大和強化等方式來達到讓工作更有趣和更具挑戰性的目的。

10.描述工作特性模式和它的用途

工作特性模式為工作強化的設計提供了一個概念性的架構。其組成內容包括核心工作面、關鍵性心理狀況和員工的成長一需求力，這些設計都是為了改進員工的工作生活品質以及組織體的生產力。

11.解釋如何藉著三項優先問題的提出來擬定優先順序，以及你要如何指定和委派高度、中度和低度優先性的工作

（1）因為我獨有的專業技能，所以需要我親自上陣嗎？（2）這個任務是我的責任嗎？或是它會影響我部門的績效或財務表現嗎？（3）期限是什麼時候？需要立刻採取行動嗎？如果問題1的答案是否定的（N），任務就可以優先委派出去。如果三個問題的答案都是肯定的（YYY），這就是一個高度優先性的任務。如果問題1的答案是肯定的，可是對問題2或問題3的答案是否定的（YNY或YYN），那麼它就算是一個中度優先性的任務。如果問題1的答案是肯定的，可是對問題2和問題3的答案都是否定的（YNN），那麼它就算是一個低度優先性的任務。

12.列出委派模式中的四個步驟

委派模式的步驟分別是：（1）解釋委派代表的需求性和委派人選的理由；（2）擬定可界定職責、職權和期限的各個目標；（3）發展計畫；（4）建立監控關卡，掌握員工的責任進度。

13.界定下列幾個主要名詞（依照本章的出現順序而排列）

請選擇下列一或多種方法來進行：（1） 靠自己的記憶，把填空題中的專有名詞補上；（2）從結尾的回顧單元以及下頭的定義來為這些專有名詞進行配對；或者（3）從本章一開頭的名單上，依序把各專有名詞照抄一遍：

____ 是指向某經理人報告的員工數目。
____ 是指一種肩負的義務，必須透過活動的施展來達成目標。
____ 是指決策作成、發佈命令和利用資源的各項權利。
____ 指的是指定職責和職權來完成目標的一種過程。
____ 是指通報、推薦、報告、以及完整等四種權力。
____ 的責任是透過指揮鏈的向下貫徹，作成決策和發佈命令。
____ 的責任是為其它人事提供協助和意見。
____ 是指重要決策由高階經理人來決定。
____ 是指重要決策由中階和第一線經理人來決定。
____ 是指組織體內管理層級、部門、以及他們彼此之間工作關係的圖型描繪。
____ 是把各相關性活動分門別類成為各個單位。
____ 是根據半自治性的各個策略性事業單位而進行的分組。
____ 是指把每一位員工所負責達成的任務結合在一起的過程。
____ 是指為工作建立起激勵誘因的一種過程，讓工作變得更有趣和更具挑戰性。
____ 的組成內容包括核心工作面、關鍵性心理狀況和員工的成長需求力，其設計是為了改進員工的工作生活品質以及組織體的生產力。
____ 會問：我需要親自上陣嗎？這個任務是我的責任嗎？或是它會影響我部門的績效或財務表現嗎？期限是什麼時候？需要立即採取行動嗎？
____ 的步驟包括：（1）解釋委派代表的需求性和委派人選的理由；（2）擬定

可界定職責、職權和期限的各個目標；（3）發展計畫；（4）建立監控關卡，掌握員工的責任進度。

回顧與討論

1.指揮和方向的一致性，這兩者之間有什麼差異？

2.指揮鏈和管理面這兩者之間的關係是什麼？

3.差異化和整合這兩個名詞的意義是什麼？

4.職責和職權之間的差異是什麼？

5.責任義務可以委派出去嗎？

6.權力範圍會透過組織體如何改變？職責、職權和責任義務的流程又是什麼？

7.一般性和專業性幕僚之間的差異是什麼？

8.組織表顯示的內容是什麼？它不能顯示出什麼東西？

9.產品別分組和顧客別分組之間的差異是什麼？

10.網狀架構、秘密行動小組、和高度參與法，這三者之間的差異是什麼？

11.工作設計是什麼？它為什麼很必要？

12.整合式和自我管理式的工作小組，這兩者之間的差異是什麼？

13.員工的成長——需求力對工作特性模式來說，為什麼很重要？

14.為什麼在待作事項表上更新優先順序，是非常重要的一件事？

15.就好像一個簡單的法則一樣，你究竟該問自己什麼問題，以便決定是否委派的內容？

16. 為什麼委派模式中的四個步驟，每個都很有必要呢？

General Motors and Saturn

個案

Alfred Sloan從MIT那兒取得了機械工程的學位，然後就到新澤西州紐渥克（Newark）的Hyatt Roller Bearing公司任職，月薪是50美元。Sloan眼看自己在Hyatt沒有什麼前途，於是就把工作給辭了。幾年後，Sloan聽說Hyatt公司陷入了財務危機，可能會遭受到變賣清償的命運。Sloan的父親和一名同事投資了500美元，條件是Alfred 必須以轉變性策略來經營這家公司。Sloan在他40歲那年，把Hyatt以1,350萬美元的代價賣給了William Durant，也就是通用汽車（簡稱GM）的創始人。然後Sloan以他自己的方式在通用公司裏努力地往上爬，終於在1923年那一年，當上了該公司的總裁。

1920年年底的時候，正逢GM的危機之際，未來的一切，根本就無從把握。該公司的成功衍生出無法控制的局面。Sloan也是小組中的成員之一，這個小組根據GM的重新組織發展出一套轉變性策略。Sloan的重組作法是設計來解決該公司在作業上所面臨到的多頭單位問題，這些問題都是起源於各部門之間各自為政的結果。

Sloan的重組作法是根據他的分權作業概念而來的，其中再加入協調性的控制運作。分權是他所強調的重點，因為它可以促進人員的自動自發精神和責任感；培養管理人才；決策作成不悖離實際行動；以及靈活彈性等。這些都是變遷中環境所需要的東西。

Sloan開發出一種高式組織架構。每一個自給自足式的部門都設有各種功能別的單位小組，並有一名行政主管來負責管理此部門，當然各單位小組也都有其小組領導人。企業總部備有諮商幕僚和財務幕僚，可是並不具備縱向性權力。換句話說，Sloan是分權化部門性分組架構之父。經過了數十年的成功經驗之後，Sloan在1956年光榮地退休了。把克萊斯勒公司從近乎破產的邊緣轉虧為盈的Lee Iacocca就稱Sloan是「汽車產業中有史以來最偉大的天才」。MIT商學院和它所發行的日誌都冠上了他的名字以示尊崇——Sloan管理學院和Sloan管理回顧。

在1980年代，甚至更早的時候，GM又一次地面臨到問題。GM對消費者不斷變化的口味，總是無法儘快地回應。愈來愈多的美國人開始購買日本車，因為他們喜歡日本車的設計和品質。在1990年代早期的時候，GM每年都會損失數十億美元的生意，這使得它的董事會不得不聘用新的管理階層。後來GM在新總裁John Smith二世的領導之下，才又化險為夷，轉虧為盈。

GM在過去十年內，損失掉了許多的市場佔有率，在此同時，它的國內主要競爭對手福特汽車公司卻不斷地在市場佔有率上屢有斬獲。GM的市場佔有率從1985年的40%幾掉到了1995年年中的最低點：32%。同期間內，福特的市場佔有率則從7%攀升到27%。而市場佔有率的每一個百分點都代表著25億的銷售人口。1994年1月甫行上任的新主席Alex Trotman，他的目標是要把福特公司推向世界第一銷售量的寶座上。Trotman曾經讓福特公司歷經了兩次的重組，砍掉了高達三個階層的管理制度，並結合了北美和歐洲這兩條事業線，成為一個每年營收高達920億美元的事業單位。GM說它已經放棄了這種成本不菲的市場佔有率策略作法，改以利潤導向的策略，所以並不擔心福特公司取代第一名的市場地位。市場分析家對福特公司的這種市場佔有率策略也不表認同，認為這種策略已經傷害到它的邊際利潤。克萊斯勒公司儘管是最小型的美國汽車製造公司，可是它的利潤導向作法卻已為該產業塑立了典型的標準。

再回到早期的1980年代，GM擬定目標要製造出品質上一絲一毫都不遜於日本車種，但價格卻不高的汽車。但是GM本身並不想擁有這樣的形象，也不想在那個時候提出任何事業系統和流程來影響目標的達成。於是它設立了一個全新的部門，叫作釷星車系（Saturn）。GM在釷星於1990年秋天賣出第一部汽車之前，就已經投資了35億美元。

全新的釷星車廠建造於田納西州的Spring Hill。來自於聯合汽車工作者協會（United Auto Workers）和GM的99名小組成員，從草圖開始，一點一滴地設計出整座公司。小組成員採用基本標竿化（benchmarking）的作法，創造出一部品質卓越的汽車。他們在全球各地搜索，找出最成功的製造營運案例，瞭解他們是如何改進品質和降低成本的。該廠的設計是以靈活彈性的設備為主，如此一來，才能讓一條裝配線可製造出各種不同的車款，好因應不斷變化的市場需求。該工廠不像傳統的裝配線，只能讓員工在線上裝上零件，然後車體再繼續往前行。Saturn的裝配成員可以騎在車體上，跟著平台緩慢往前移動，所以他們可以一直留在正在進行裝配的車體上，而此平台也可以升降自如。

Saturn的4,500名員工可參與各種階層的決策作成，因為工會成員是委員會裏的主要成員。Saturn的經理人數比一般典型的GM工廠要來得少，而且他們的角色也不大相同。在Saturn，員工以15人為一小組，而他們就是這些小組的諮商顧問，所以這些員工都擁有完整的職責和職權，可以用自己的方式來做事。各小組成員也可以和組織內的任何一個人合作，來把事情做好。小組成員要接受技術上的訓練，並學習如何成為有效率的工作小組。舉例來說，他們要學習分工合作的辦法、衝突管理等。參與草創的員工都接受過700個小時的訓練，新進員工則要接受大約175個小時的訓練。

Saturn算是設計上和銷售上的一大成功個案。顧客喜歡它的可靠性、低價位、和多禮的經銷商服務。購買者在顧客的滿意度上將Saturn排在第六名的位置。這個排名算得上是史無前例，因為享有更高名次的都是一些售價是它五到六倍的高級車款，其中包括Lincoln和Mercedes。而Saturn的平均標籤價卻只11,000美元。但是Saturn在利潤上卻沒能大獲成功。

Saturn所生產的高品質汽車，必須大量生產才能有利可圖。該公司在生產目標上就遇到了問題。第一年的時候，它的目標是製造15萬輛汽車，可是實際上卻只生產了5萬輛。為了滿足顧客的需求，並達到有利可圖的地步，管理階層在線上增加了第二班和第三班來提高產能，以達到31萬輛的生產量。但是因為產量的增加，使得品質受到了影響。員工們就曾說過，管理階層願意犧牲品質來換取數量，可是如果品質降低了，公司就可能會丟了顧客，而他們也可能像GM其它廠一樣遭到裁撤的命運。員工們都說，管理階層和勞工之間的合作精神正受到嚴重的威脅。

請為下列題目找出最佳的答案選擇。請確定你能夠解釋自己的答案：

____ 1.Saturn廠比起其它GM廠來說，更堅持於方向的一致性：

a.對　b.錯

____ 2.Saturn借助 ____ 來作為協調上的主要手段方法。

a.直接聯絡　b. 聯絡人　c. 委員會　d.整合者　e.邊界角色

____ 3.Saturn廠比起其它GM廠來說，是 ____ 的架構。

a.比較平式　b.比較高式

____ 4.在Saturn廠裏，職權是採什麼方式？

a. 集權　b.分權

____ 5.今天，GM使用的是 ____ 的分組方式。

a.功能別　b.產品別　c.顧客別　d.區域別　e.矩陣式　f.部門性

____ 6.Saturn主要是根據____的設計。

a.網狀　b.秘密行動小組　c.開發處女領域

____ 7.Saturn廠主要使用的是工作：

a.簡化　b.輪班　c.擴大　d.強化

____ 8.Saturn使用的是____工作小組。

a.整合式　b.自我管理式

____ 9.根據工作特性模式，在Saturn的工作擁有的是____程度的核心工作面和關鍵性心理狀況：

a.高　b.低

____ 10.Saturn廠的經理人不願意進行委派：

a.對　b.錯

11.Saturn使用的是何種TQM的概念？

12.產量和品質是兩個無法相容的目標嗎？

13.你認為Saturn成為GM當中利潤頗高的成功個案嗎？最好的方式是到圖書館查閱，或利用網路的搜索功能查查看。

欲知Saturn的現況詳情，請利用以下網址：http://www.Saturncars.com。若想瞭解如何使用網際網路，請參考附錄。

技巧建構練習7-1　排定優先順序[58]

為技巧建構練習7-1預作準備

在這個練習中，假定你是某家大型公司生產部門的第一線經理。下一頁有一份列著十項任務的待作事項表，請根據以下的步驟來指定這些任務的優先順序：

1.把你所必須進行的各項任務寫在任務欄上。這裏已為你寫好了十項任務。可是我們建議你，當你自己使用待作事項表的時候，最好不要為各項任務編號。這份待作事項表中的任務之所以被編號，是為了方便班上同學知道，哪一項任務已經討論過了。

2.回答三個優先權判定性問題，把答案Y（代表肯定）或N（代表否定）填在編有1、2、和3的欄上。因為你不是這個部門的真正經理，所以請勿在期限／時間的欄別上填入任何內容。

3.為各個任務指定優先順序，在優先順序的欄別上填入字母D（代表委派）、H（高度優先）、M（中度優先）、或L（低度優先）。利用左上角方框中對優先權問題的答案模式來判定各任務的優先性。

4.決定現在該完成哪一個任務。高度優先性的任務可能不只一個，所以你必須選出最重要的一個。

在課堂中進行技巧建構練習7-1

目標

發展你排定優先順序的技巧。

準備

你應該已經為預作準備部分的待作事項表，排定好了十項任務的優先順序了。

經驗

你將知道別人對你的優先順序排定，有些什麼看法。

程序（10到30分鐘）

選擇1　四人或六人為一小組，和成員分享你的優先排定內容。試著達成小組成員對這十項任務優先順序上的一致性看法。當小組達成協議時，由一人記下內容，並向全班出示你們的協定看法。等到所有小組都完成之後，再由講師講評所有的答案。

選擇2　講師隨意指定學生，由該學生提出他對十項任務優先順序的排定結果，等到學生說完，再由講師講述正確的答案。

選擇3　講師直接講述答案，學生不用提出他們的答案。

結論

由講師帶領全班進行討論，並作成總結講評。

運用（2到4分鐘）

我從此經驗中學到了什麼？我會在未來的日子裏，如何運用此所學？

分享

由自願者提供他在此運用單元裏的答案。

指定優先順序	優先權的判定性問題				
D 委派優先順序（N）問題1的答案是否定的 H 高度優先性（YYY）三個問題的答案都是肯定的 M 中度優先性（YNY 或YYN）問題1和問題2或3的答案是肯定的 L 低度優先性（YNN）問題1 的答案是肯定的，問題2和3的答案是否定的	截止期限	#1 需要我親自上陣嗎？	#2 績效或財務表現嗎？或是它會影響我部門的這個任務是我的責任嗎？	#3 期限是什麼時候？需要立刻採取行動嗎？	優先順序
任務					
1.業務經理Tom告訴你，有三名顧客不再和公司往來生意，因為你的產品品質變差了。					
2.你的秘書Michele告訴你，有一名業務人員等著見你。他並沒有事先約定，而你也不是負責採購事項的人。					
3.副總裁Molly要見你，他要和你討論這一個月內要上市的某項新產品。					
4.業務經理Tom交給你一份備忘錄，上頭指出銷售預估並不正確。銷售量預計從下個月起增加 20%，目前沒有存貨可以因應這樣的銷售預估。					
5.人事總監Dan交給你一份備忘錄，通知你旗下一名員工已經辭職了。你部門的人員流動率是公司裏擁有最高流動率的部門其中之一。					
6.Michele告訴你，在你外出的時候，Bob Furry來電。他要你回電，可是並沒有聲明究竟是什麼事。你不知道他是誰或他想要什麼。					
7.你最棒的員工之一，Phil想要和你約定會面時間，告訴你有關店內發生的某個狀況。					
8.Tom來電要你和他以及一名潛在顧客碰面，這名顧客想要買你的產品，而且也想要見你。					
9.你的老闆John來電說要見你，談談有關產品品質下降的事情。					
10.在郵件裏，你拿到一封來自於Randolf（公司總裁）的通知，以及一篇取自於《華爾街日報》的標題文章，通知上頭註明著：FYI（for your information，意思是作為你的資料參考）。					

第八章
對轉變的管理：文化、創新、品質與多樣化差異

學習目標

在讀完這章之後，你將能夠：

1. 找出轉變力量起始於何處。
2. 列出四種類型的轉變。
3. 說出真相、信念和價值觀這三者之間的差異。
4. 描述三種階段的組織文化和它們之間的關係。
5. 解釋利潤中心制和它的三種角色。
6. 說出TQM的核心價值。
7. 描述學習組織的文化。
8. 討論多樣化差異、創新和品質這三者之間的關係。
9. 說出力量領域分析法和調查反饋法之間的不同。
10. 解釋小組建立法和過程諮商法之間的不同。
11. 界定下列幾個主要名詞：

轉變類型	OD介入行動
管理資訊系統（簡稱MIS）	力量領域分析法
轉變過程的各個階段	調查反饋法
組織文化	團隊建立法
文化的各個階段	過程協議法
TQM的核心價值	組織的再活化
學習組織	
組織發展（簡稱OD）	

技巧建構者

技巧的發展

1.你可以學著找出抗拒轉變的各種力量，來培養自己在這方面的確認技巧（技巧建構練習8-1）

克服對轉變的抗拒是屬於一種組織上的技巧，需要利用到概念性和決策性技巧，以及人性和溝通上的技巧。本章練習可以發展你人際之間的領導性角色和身為創業家的決策性角色。此外，這些練習也可以培養出資源、人際關係、資訊和系統使用方面的SCANS能力；以及基本性、思考性和個人特質的基礎能力。

■IBM全公司上下一心力行的運動就是把冰冷的科技轉換成顧客所需要的價值。

IBM有兩個基本宗旨，一是公司必須竭盡全力在該產業中最先進資訊科技的創造、開發和製造上取得領先地位，這其中包括電腦系統、軟體、網路系統、儲存裝置和微電子等；第二是IBM必須為全球的顧客把這些先進科技悉數轉換成顧客的需求價值一也就是透過北美、歐洲／中東／非洲、亞太地區以及拉丁美洲的各地銷售和專業服務來達成轉換的任務。該公司努力地提供產品和服務來改善顧客的競爭地位，提高顧客的服務品質，增進生產力，並豐富了他們的個人生活。IBM讓科技變得更容易操作和管理。IBM全公司上下一心力行的運動就是把冰冷的科技轉換成顧客所需要的價值。

IBM有六點策略性使命：（1）持續開拓科技事業；（2）增加它在客戶電腦市場的佔有率；（3）在初竄起的網路電腦中，建立起領導地位；（4）重新組合它對顧客的價值傳達方法；（5）快速擴展它在幾個主要地理市場的領導地位；（6）平衡它的規模來達成成本和市場利益的目標。

為了增加它在軟體和網路上的營運作業，IBM於1995年6月以35億2,000萬美元的代價買下了Lotus Development企業，換句話說，就是以每股64美元的代價買下了這家公司，這是有史以來最大宗的軟體生意。IBM的主要事業包括電腦硬體、軟體、和電腦諮詢服務。Lotus的主要產品則包括1-2-3、Freelance、Ami Pro、Notes和cc：Mail。在接收Lotus的5,550名員工之前，IBM就擁有215,000位工作人員了。

Notes可以讓個人電腦的使用者在不同的用地共同分享文件內容，它將會取代OS/2成為個人電腦軟體的策略中心。IBM把Notes視作為未來市場戰役中對抗微軟公司的策略基石，這是一場雙方

互爭市場 "groupware" 控制權的戰役，而 "groupware" 的作用就是用來連結各電腦之間的網路關係。IBM計畫要在行銷工作上做得有聲有色。Notes透過解釋讓大家知道，Notes可以協助大型公司輕鬆地把資訊傳達給各員工。可是IBM的動作得快點，因為微軟公司計畫要在1995年底的時候，推出一個強勁對手來對付Notes，就叫做Exchange。Notes的價格在1995年的時候被砍掉了一半。

IBM希望藉著這次的購買行動可以讓自己成為軟體界的明日之星，進而和微軟公司在市場上一較長短。IBM和Lotus都將會進行改變，而且只有時間能告訴我們，這次的收購是否會造就出未來的成功。[1]

> 欲知IBM出版公司的現況詳情，請利用以下網址：http://www.ibm.com。若想瞭解如何使用網際網路，請參考附錄。

對轉變的管理

柏拉圖曾說過：「不管有什麼阻礙，變化都是無所不在的。」對事業組織體來說，管理這些不斷轉變的人事物是最困難的挑戰之一。[2]經理人必須不斷進行革命性的變化來因應全球市場的需求。[3]在這個詭譎多變的全球商業環境下，改變是一種生存之道。你是不是有能力來管理這些不斷轉變中的人事物，[4]這對你的成功與否來說關係甚鉅。[5]美國商業領袖都對這類的管理有些不安。[6]你是否有能力隨著多樣化的全球環境作出靈活彈性的改變，這絕對關係著你事業未來的成功與否。[7]

擁有過時技術的人們通常需要再接受訓練；不然就是失業中或者是從事學非所用的工作。你的大學學歷應該能夠協助你在這段人生旅途上不斷地接受學習和挑戰。在本單元裏，你將會學到有關轉變的促使力量、轉變類型、對轉變的抗拒力、克服對轉變的抗拒以及變化模式等多項事宜。

轉變的促使力量

1.找出轉變力量起始於何處？

環境

不斷變化的商業環境會產生各式各樣的挑戰。組織體一定要和它的外在環境和內在環境有所互動。[8]我們將再一次提及各種環境要素，你也可以複習第二章的內容，其中詳載了這些要素如何要求組織體進行改變，以及組織體應如何主動的事先預防和相互影響，不只是被動地回應環境的需求而已。外在環境力量包括了競爭環境、消費者、政府法令、經濟狀況、供應商、勞工、股東、社會以及先進技術等。

促使轉變的內在組織力量包括了管理階層、重新界定的宗旨和策略、資源、系統過程以及架構等。當組織體進行重新架構的時候，它就會改變。IBM在很多原因的促使之下收購了Lotus，其中一個就是它的宗旨和策略對軟體開發的要求。因為收購了Lotus，IBM才擁有了Notes和其它軟體。主要的外在力量則包括消費者的需求、來自於微軟公司的競爭壓力以及網路電腦的技術轉變等。IBM想要在最新竄起的groupware市場中競爭，而Lotus則賜給它一把利劍來對抗微軟公司。但是在1996年2月29日的時候，AT&T卻扯了Lotus Notes的後腿，不再提供Notes使用者可透過AT&T電話線進行來網路連結的線上服務。這個來自於外在環境的可怕宣告給了Lotus重重的一擊。AT&T推出了自己的網際網路服務，第一年的所有長途電話使用者都可獲贈五個小時的免費上網時數。

各種管理功能和轉變

經理人所發展出來的多數計畫都會要求作些改變。當經理人組織和委派任務時，他們通常會要求員工在例行性的工作上作些改變。當經理人聘雇、導引、訓練和評估績效表現的時候，也會要求改變。領導統御是為了影響員工，而且往往會造成某些方面的改變；而控制當然也可能需要用到新的辦法或技巧。收購Lotus是IBM為了達成它在軟體界領導權的鞏固目標上所採用的部分計畫之一。多了Lotus之後，IBM也需要在公司方面進行一些重組工作。而IBM也會要求Lotus作些改變，最可能的要求改變部分就是它的領導權，當然它對Lotus也具備了某種形式上的控制權。

工作運用

1.請試舉某個轉變力量的例子，它曾對你以前工作過或目前正在服務的組織造成過一些改變。

轉變的類型

2.請列出四種類型的轉變

轉變類型
策略、架構、技術和人員。

轉變類型是指組織體將會實際改變成什麼樣子。四種**轉變類型**（types of change）分別是策略、架構、技術和人員。圖8-1提出了四種類型的轉變。許多公司因為只著重於某個單項性的變化，[9]而不是整個系統過程的轉變，進而宣告失敗。有一個很適當的比喻可以讓我們知道對轉變的管理絕對會影響到整個系統，那就是汽車，因為只要汽車的其中一個可變性零件改變了，就會影響到

策略	架構	技術	人員
企業性 成長性、穩定性和轉變性與節流性 事業性階段 試探性、防禦性和分析性 功能性 行銷、營運、財務、和人力資源	原則 指揮和方向的一致性、管理面、分工、協調、平衡的職責和職權、委派代表以及靈活彈性 權力 合法和非合法、程度、縱向和幕僚以及集權和分權 組織設計 分組化 工作設計 工作簡化、輪班、擴大、強化和工作小組	機器 系統過程 資訊過程 自動化	技能 表現 態度 行為

圖8-1　組織改變的類型

其它零件的運作。[10]正因為系統效應的關係，所以你必須考慮某項變動性因素的改變對其它因素和計畫所可能造成的反彈影響。

策略

組織體可以在企業性階段、事業性階段和／或功能性階段進行策略上的改變。企業性階段時，IBM從1991年到1993年損失掉不少的金錢。就在那個時候，IBM作出了轉變性和節流性策略，它出售了Federal Systems公司，在兩年多的時間裏砍掉了63億美元的成本支出。到了1995年，IBM開始穩定下來，並改變它的策略以成長為著眼目標，於是收購了Lotus。在事業性階段的時候，IBM擁有很多部門分處，其中有些使用的是試探性、防禦性和分析性策略。總而言之，IBM比較傾向於焦點性策略和差異化策略的使用，而不是成本領導性策略的運用。IBM的個人電腦單位一直面臨到一些問題，於是該公司積極地進行整個運作的檢修和重點上的重新調整。它特別需要在營運功能性階段進行一些改變，但是財務、行銷和人力資源也不免需要作些變動。因為這是個策略性的變動，所以IBM和Toshiba計畫要共同投資12億美元，在維吉尼亞州建立一座工廠，來製造最新一代的記憶體。[11]

架構

架構通常是跟著策略走。換句話說，策略上的改變一定會造成架構上的變動。當IBM買下Lotus的時候，它的組織設計也需要跟著作些改變。隨著時間的流逝，組織體通常會在自己的架構上作些變動。上一章的時候，你已經學到了組織架構的各種事宜，圖8-1就是一個摘要說明。此外，隨著全球環境的趨勢走向，各組織體也在進行重新架構的動作。[12]平式組織架構再加上工作中心的運用，這種方式愈來愈普遍。同時，[13]自我管理式工作小組的運用方式也持續發燒中。

> **工作運用**
>
> 2.請就你曾工作過或目前正在服務的單位組織為例，舉出你在該組織中所經歷到了某種轉變實例（請確認這個變化是屬策略上、架構上、技術上、抑或是人員上的變化）。

技術

技術的轉變（例如電腦）更加速了各種變化的腳程速度。先進的技術已經促使了企業界以迅雷不及掩耳的速度作出各種改變。技術也是用來增加生產力，[14]獲取競爭優勢的最常見方法。[15]Wal-Mart商場是全美最大的零售商，它對各種技術都是採全力以赴的態度在進行。Wal-Mart商場的作業成本比起它最近的競爭對手來說還要少上5%，當然，這種較低的成本架構受惠最大的自然是來店購物的顧客們，因為他們可以買到比較便宜的商品。[16]

技術通常也會造成策略或架構上的改變。Lotus的全新groupware就是一個主要因素，促使了IBM透過收購的舉動在策略上和架構上進行改變。技術改變的主要領域範圍包括：

MIS會試著集中和整合組織的各項資訊，例如財務、產量、庫存和銷量等。

1.機器：新的機型或設備不斷地推陳出新。電腦是一種非常複雜的機器，也是許多其它機器當中的重要部分。傳真機已經增加了生意往來的速度。而人們也透過訓練和不斷地使用克服了他們對機器的恐懼。機器終於卸下了神秘的面紗，而人們也將機器視作為用來達成目標的一種工具。

2.系統過程：系統過程是指組織如何將輸入轉換成輸出。系統過程上的改變，例如工作順序等，也都算是一種技術上的改變。

3.資訊過程：有了電腦的協助，組織體也都改變了自己處理資訊的方法。**管理資訊系統**（management information systems，簡稱MIS）就是收集、處理和傳播必要資訊來幫助經理人作成決策的一種正式系統。MIS會試著集中和整合組織的所有或多數資訊，例如財務、產量、庫存和銷量等。如此一來，部門才能彼此協調，一起在系統上共同合作。企業界也要對某些轉變預作準備，如此一來才能成功地適應新的技術。[17]IBM正是身處於是資訊技術產業中，其作用就是協助各組織對資訊技術的多所運用。

管理資訊系統
收集、處理和傳播必要資訊來幫助經理人作成決策的一種正式系統。

4.自動化：自動化是指工作人力上的一種簡化或減少。電腦和其它機器都可以讓機器人來取代工作上的一些人力，例如檢查、清潔、防衛和零件的裝配等。自動化並不能完全取代工作本身，只能改變工作的形態。未來對訓練和高級技術的需求將會愈來愈盛，但對不需任何技術的工作來說，需求則會愈來愈少。你的大學教育會讓你成為一個很有彈性的人物，能夠隨著技術的改變而持續提升自己的技能。如果你想要調薪或升遷，千萬要做第一個志願接受新技術的人員。

人員

任務指的是員工每天都要在工作上進行的各種事項。而任務會隨著技術和

概念運用

AC 8-1　變遷類型

請確認以下的變遷類型：

a.策略　b.架構　c.技術　d.人員

__ 1.「我們購買了一個新的電腦系統，來加快寄出顧客帳單的速度。」

__ 2.「隨著競爭對手的愈來愈多，我們將要做些改變，要花更多的時間和心力來保有我們現有的顧客。」

__ 3.「Jamie，如果你真的想要進階到管理階層的話，我希望你能好好地考慮一下攻取大學學位的事情。」

__ 4.「我們正在更換供應商，這樣子我們才能為我們的產品爭 取到品質更好的組成零件。」

__ 5.「我們正在裁撤掉一些經理人員，如此一來，可直接向老闆報告的人數就會增加了。」

架構的改變而改變。一旦任務有了變化，人員的技術和表現也要跟著改變。組織體通常會試著改變員工的態度和行為。而組織文化的改變也通常被視作為人員的改變。你將會在下面四個主要單元裏學到有關文化的事宜。

策略和架構的發展和執行是由人員來進行的。人可以創造、管理和使用技術，因此，人是公司組織中最重要的資源。[18]其實人們所抗拒的是技術改變下所帶來的社會性變化。企業之所以成功，乃是肇因於人員和技術兩者的完美結。當架構和技術起了變化，千萬不要忽略了它對人員所可能造成的影響。這些變數要是缺乏了人，自然也無法有效地運作。所以最重要的就是讓拿些會受到改變影響的人們提出自己的想法和有所參與。

聘雇和重新訓練人員或者是裁員等，都會造成人員的改變。因為IBM的表現不彰，所以Louis Gerstner取代了John Akers成為該公司的主席兼最高執行長。前者完全沒有電腦方面的經歷，可是卻著手開始進行IBM的轉變性策略。IBM裁撤了數以千名的員工，此外也持續對員工展開訓練，好讓他們跟得上各種技術轉變。

轉變過程的各個階段
否定、抗拒、探索和承諾。

轉變過程的各個階段

人們會在轉變過程中經歷四個明顯的階段，這四個階段（stages of the change process）分別是否定、抗拒、探索和承諾。[19]

1.否定：當人們第一次聽到謠傳說有某種變動即將來臨時，他們一開始都會完全否認，再不然就是說：「這個變動只會影響到其它人，我絕不會受到任何影響。」最初的時候，Lotus的經理人都很反對公司被出售給IBM的這項買賣。Lotus的主席暨最高執行長Jim Manzi告訴IBM，Lotus是不會接受這項收購提議的。

2.抗拒：一旦人們克服了最初的打擊，並明瞭改變是既定的事實之後，就會開始有抗拒的心理。你必須知道一個真相，那就是抗拒改變原本就是人的天性。[20]許多組織的改變之所以失敗，就是因為員工的抗拒所造成的。[21]在本單元裏，你將會學到有關抗拒改變和如何克服抗拒心理的各種細節。Lotus開始採取各種行動來阻止IBM的收購，市面上有人謠傳如果IBM買下Lotus的話，Manzi就會辭職。結果就在IBM買下Lotus的99天之後，Manzi就辭職了。

3.探索：當改變已付諸行動的時候，員工就會對此變化進行一下試探，通常是透過訓練來進行，瞭解這個改變對他們的影響程度究竟如何。在和最高執行長Gerstner談過，並仔細考慮過IBM 要他繼續留下來擔任Lotus主席暨最高執行長的提議之後，Manzi終於接受了這項交易。

4.承諾：透過探索，員工可以判定出自己究竟可以承諾多少，好讓這項改變得以成功。承諾的程度也可以有所改變。比如說，一開始的時候可能很低，然後維持原狀或著慢慢增加；也可能一開始的時候很高，後來卻逐漸下滑。Manzi的辭職舉動證明了他無法繼續承諾Lotus成為IBM一部分的這項事實。

你愈能克服抗拒改變的心理，就愈有機會成功地落實改變的內容。不管是IBM或Lotus的員工都經歷過轉變過程中的各個階段。轉變過程的落實程度關係著兩個合而為一的事業體，它們的行為、人際關係、和績效表現等。圖8-2描繪的正是這個轉變過程。請注意，這幾個階段是呈循環方式在銜接，因為改變是一個不斷持續的過程，所以絕不是線性的格局。而人們則可以如箭頭所示的那樣逆行退回。

對改變的抗拒以及如何克服

如果你想要改變策略、架構、技術、或者人員，你就必須面對抗拒的力量。多數的改革性計畫之所以失敗就是因為員工的抗拒所造成的。[22]你現在將會瞭解人們為什麼要抗拒改變，以及如何克服這種抗拒的心理。請參考圖8-3。

對改變的抗拒心理

員工有五個抗拒改變的理由：

1.不確定感：對改變下的未知結果感到恐懼，這是人之常情。人們為了要應付自己的感覺，所以往往會產生焦慮和緊張的心情來抗拒改變。Lotus的員工不確定自己的公司在被IBM 買下之後會產生什麼樣的改變。他們的工作會有變動嗎？會變得更糟嗎？甚至被裁撤掉嗎？

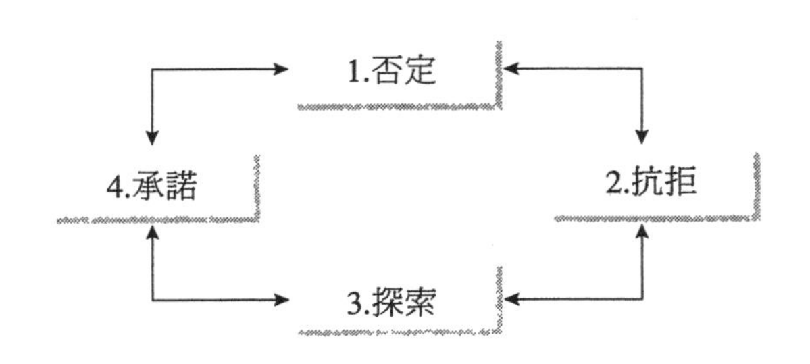

圖8-2 變遷過程的各個階段

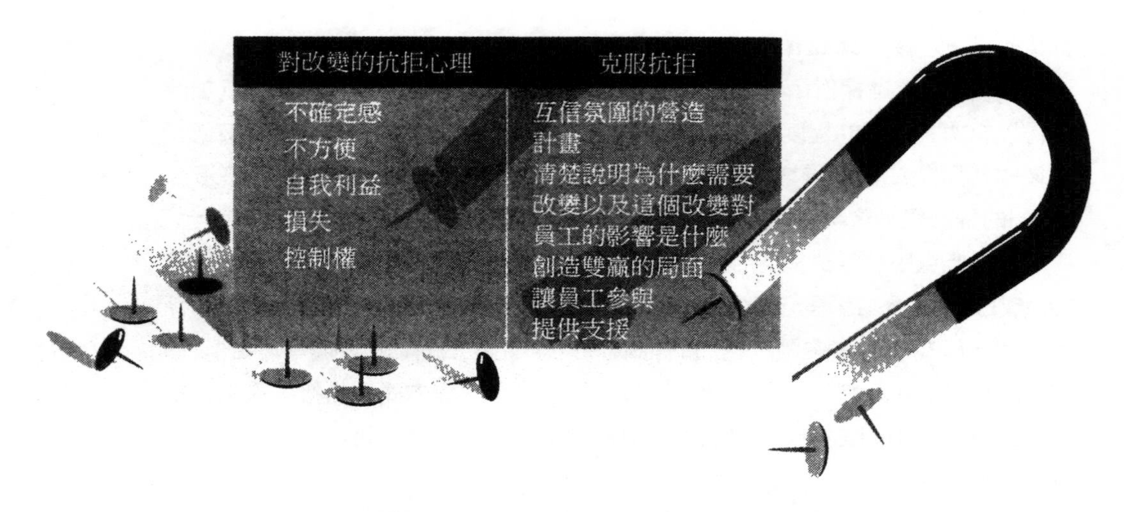

圖8-3　對改變的抗拒心理和克服抗拒的各種辦法

2.不方便：人們通常不喜歡瓦解原本覺得很安定穩當的事情。最起碼，這些員工得接受訓練，再學習新的技術。Lotus的員工將因IBM的介入而感到不方便。

3.自我利益：人們會抗拒改變是因為它可能會威脅到自我的利益。員工對自我利益的關切程度遠勝過於他們對組織利益的關切。如果Lotus的最高執行長Manzi知道IBM在買下Lotus之後，一定會把他撤職，也許他就會抗拒這樁買賣到底。

> **工作運用**
>
> 3.舉出實例，說明你曾在何時抗拒過改變以及你的抗拒方法。請務必說出是五種理由中的哪一個理由影響到你對改變的抗拒心理。

4.損失：因為改變，工作可能沒了。改變會因為薪資的刪減而造成經濟上的損失，就如同航空業所發生過的事情一樣。工作任務或工作進度上的改變都可能造成社會關係上的某種損失。

5.控制權：改變也可能造成權力、地位、安全感、尤其是控制權的實際喪失或自以為喪失。人們可能都很憎恨那種自己命運被其它人掌控的感覺。Lotus的員工很在乎IBM加諸在他們身上的控制。究竟IBM的控制程度會有多深，以及會採用什麼樣的控制手法？

克服對改變的抗拒心理

有六種辦法可以克服你對改變的抗拒心理，IBM就利用這些方法在Lotus進行克服抗拒的工作。

1.為改變營造出正面互信的氛圍：培養和維持良好的人際關係。讓員工們知道你已經瞭解有利於他們的究竟是什麼。因為改變的落實與否和信任的態度非常地息息相關，所以最重要的一點，就是先培養彼此之間的互信態度。儘量找出做事的最佳方法，讓員工以正面的角度來審視這場改變，鼓勵員工提出改變的方法，傾聽他們的意見並落實他們的構想，這些都是改善抗拒心理的重要方法之一。

2.計畫：為了成功地落實改變，必須要有好的規劃才行。你需要找出可能的抗拒力量，並作出計畫來克服它。自己將心比心站在員工的立場想一想。不要以經理人的立場來擬想可能的反應，因為經理人對事情的反應往往不大相同。對你而言可能是簡單且合邏輯性的事情，不見得也能適用在員工的身上。設定明確的目標，讓員工知道這個改變究竟是怎麼一回事以及它會如何地影響到他們本身。接下來的四個方法就是你計畫中的一部分了。

3.清楚說明為什麼需要改變以及這個改變對員工的影響是什麼：溝通是改變的主要關鍵所在。[23]員工們想要也需要知道改變的必要理由是什麼，以及它會對自己造成什麼正面和負面的影響。對員工開誠佈公。如果員工瞭解了改變的必要性，而且覺得很合理的話，就會願意接受它。[24]記得要把改變的必要性和員工的價值觀連結起來，並以員工的利益為出發點來說明改變的必要性。儘可能事先告訴員工一些真相事實，這有助於他們克服對未知的恐懼心理。如果有某個謠言是不正確的，一定要儘快地闢清才行。

4.創造雙贏的局面：還記得我們前面說過，人際關係的目的就是要滿足員工的需求，同時達成部門／組織的目標。為了克服對改變的抗拒心理，請務必確定回答其它團體所不曾提到的問題：「這對我來說有什麼好處？」當人們看到自己的可能受惠結果時，就會比較願意接受改變的事實。如果組織體能因為改變而受惠，員工們當然也希望自己是如此。[25]願意協商，許多組織都曾保證過員工不會因為某項改變而丟了工作飯碗、薪水，或任何肇因於改變而有的損失。

5.讓員工參與：為了創造雙贏的局面，把員工一起帶進來，讓他們參與其中。全力以赴的承諾往往是改變得以落實成功的關鍵所在。參與轉變計畫的員工比那些被動接受改變的員工要來得更有全力以赴的決心。[26]這是克服抗拒心理的最有效方法之一。

6.提供支援：允許員工以正面的方法表達自己的感覺。因為訓練對改變的成功與否來說很重要，所以一定要在改變開始之前，就儘可能地事先通知和展開訓練。給予完整的訓練可降低員工的挫折感，並幫助他們瞭解他們絕對可以成功地完成改變。請記住，在改變的過程中，錯誤是不可避免的。所以要把錯誤當作是改變中的學習經驗。[27]

3.說出真相、信念和價值觀這三者之間的差異

用來確認和克服抗拒心理的一種模式

在作改變之前，你應該先預期員工對這個改變的反應和抗拒會如何。[28]對改變的抗拒心理包括了強度、來源和焦點等多種不同的變數，此外，也可以解釋為什麼人們不願意改變。Ken Hultman就確認出三種抗拒改變的變數。[29]

強度

人們對改變的看法態度各有不同。有些人會因為改變而煥然一新；有些人則感到十分沮喪。許多人在一開始的時候都會有抗拒的心理，可是卻會逐步地接受它。身為改革計畫的執行經理人，你必須預期員工對此項改變的抗拒心理。這種抗拒力很強？很弱？還是介於中間值呢？如果你利用上述的六種方法來克服抗拒力的話，強度就會變得比較低。

來源

抗拒力有三個主要的來源：

1.真相：改變的真相往往會因為謠傳的關係，而被曲解掉。人們常常選擇性地利用部分真相來證明自己的觀點。正確地使用真相有助於克服對未知的恐懼。

2.信念：真相可以證明，可是信念卻無從證明。信念是一種主觀的意見，可以被別人所左右成形。我們的信念會引導我們認定和感覺某項改變是正確或不正確的；是好的或不好的。認知的不同會造成抗拒的心理。我們往往利用自己的過去和現在經驗來為未來的改變進行投射預測。如果員工曾在改變上遭遇過不好的經驗，他就可能會認定新的改變一定也是「不好的」。

3.價值觀：價值觀就是人們相信什麼是值得追求和值得去做的事情。價值觀關係到是非觀念以及優先順序等看法。我們的價值觀會配合自己的需求，並影響自身的行為。因為改變通常需要學習新的做事方法，所以對那些認為改變很麻煩的人們來說，就會一口咬定它一定沒有什麼價值。人們會試著從各個來源處去分析真相，進而判定自己究竟應不應該相信這個改變對他們來說是有價值的一也就是自我利益。要是真相很明確，而且完全符合邏輯的話，他們就會相信改變是有價值的，所以就比較不會去抗拒改變了。

焦點

有三個主要的抗拒焦點：

1.自我：人們往往想要知道：「這其中對我有什麼好處？我會有所得還是

有所失？」當改變的真相是對員工有負面的影響時，他們就會產生自我損失的認定想法，進而抗拒改變。

2.其他人：在考慮過改變對自己有什麼好處或者當他們發現到改變並不會影響到自己之後，接下來，他們就會開始考慮改變會如何地影響自己的朋友、同儕和同事。如果員工在分析過真相之後，相信這項改變會對其它人造成負面的影響，他們也可能會抗拒改變。

3.工作環境：工作環境包括了物質環境和氣候。人們喜歡控制左右自己的環境，而且會對任何剝奪此控制權的改變有所抗拒。員工會分析目前以及改變後的工作環境，其分析結果當然會影響他們對改變的抗拒心理。如果員工相信改變後的環境對他們來說沒什麼價值，他們就會抗拒改變。舉例來說，如果某位業務人員被派有一部福特Thunderbird的公司車，可是最近卻被人提議要換成福特的Escort車，這名業務人員一定會有抗拒的心理。但是若是反過來能把Escort換成Thunderburd，我想多數的業務人員都會很樂意的。技術上的改變也是工作環境上的改變。

模式8-1是Ken Hultman抗拒力矩陣的改編版，其中試舉了每一種抗拒力的實例。比如說，方格1：「有關自我的真相」就說出了抗拒理由之一：「我從來沒擔任過這種任務。」若是能瞭解人們抗拒改變的理由是什麼，就能讓你更容易預期和處理這些心理。但是，抗拒力的焦點和來源（方格）可能不只出自一處。你可以利用這個矩陣，來找出抗拒力的強度、來源、和焦點所在。一旦你瞭解了可能的抗拒心理之後，你就可以開始進行克服的工作。請注意，強度並不在矩陣的涵蓋範圍內，因為矩陣內的九個方格有可能很強、很弱、或者適中而已。在**技巧建構練習8-1**裡，你將可以利用這個抗拒力矩陣來找出改變的來源和焦點所在。

工作運用

4.請確認你在工作運用3裡頭對改變所產生的抗拒心理。你可利用抗拒力矩陣，找出方格號碼、來源和焦點。

組織文化

組織文化（organizational culture）是由共同的價值觀、信念以及對其中成員應如何行為舉止的假設看法所組成的。組織文化可以讓你瞭解組織體是如何發揮作用的；或者說它賦予了組織體在各種行事方法上的意義。你可以把組織文化想成是這個組織體的個性，所以組織裏的成員絕對需要瞭解自己組織的文化。[30]在本單元裏，你將會學到有關文化的三種階段、強勢文化和弱勢文化以及轉變中的文化等事宜。

組織文化
共同的價值觀、信念以及對其中成員應如何行為舉止的假設看法。

抗拒力的來源（真相→信念→價值觀）

抗拒的焦點（自我→其它人→工作）

1.有關自我的真相	4.有關自我的信念	7.屬於自我的價值觀
・我從來沒擔任過這種任務。 ・我在上次嘗試的時候就失敗過了。	・我太忙了，所以沒有時間學習。 ・我會做的，但是不要怪我做得不對。	・我喜歡我現在的工作方式，為什麼要改變呢？ ・我喜歡在團體中做事。
2. 有關其他人的真相	**5. 有關其他人的信念**	**8. 屬於其他人的價值觀**
・她在部門裏擁有最佳的表現紀錄。 ・其他人告訴我，這件事很難做。	・他只是假裝自己很忙，好避掉額外的工作任務。 ・她比我內行多了，讓她做吧！	・讓別人做吧！我不想和她合作。 ・我喜歡和他合作，不要把他調離開我們的部門。
3. 有關工作環境的真相	**6. 有關工作環境的信念**	**9. 屬於工作環境的價值觀**
・為什麼不能多付我一點薪水來做它。 ・已經超過100度了，我們不能再等一下嗎？	・這是一份很爛的工作。 ・這個薪水實在太低了。	・我不在乎我們是否有達成目標。 ・新任務需要我做內勤的工作，可是我情願擔任外勤的工作。

強度（每一個方格都有高、中、低的可能）

Source: Adapted fromKen Hultman, *Resistance Matrix*: *The Path of Least Resistance* (Austin, Tex.: Learning Concepts, 1979).

模式 8-1　抗拒力矩陣

4.描述三種階段的組織文化和它們之間的關係

文化的各個階段
行為、價值觀和信念以及假定看法。

文化的三種階段

文化的各個階段（levels of culture）分別是行為、價值觀和信念以及假定看法。圖8-4[31]描繪的正是文化的三種階段。

階段1　行為

行為是可以被觀察得到的，包括人們的作法和說法，或者是員工所採取的

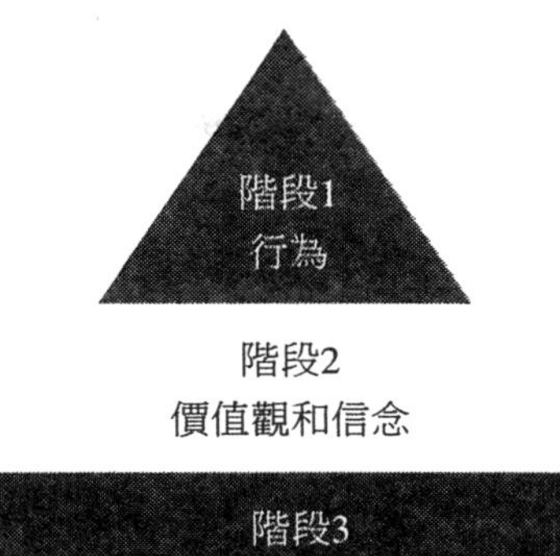

圖8-4　文化的三種階段

行動。加工後的假象（artifacts）出自於行為的表現，包括寫下來和說出來的話、衣著、外在物質等等。其它可用來描述「階段1　行為」的用語還包括儀式、慶祝、典禮、英雄人物、術語、神話和傳說等。

經理人，特別是創立該組織的高階經理人，對文化往往有強烈的影響力。Wal-Mart商場的創始人Sam Walton；IBM的創始人Tom Watson；以及麥當勞的創始人Ray Kroc等，都是公司員工心目中的英雄人物，彼此口耳相傳有關他的傳奇故事。Mary Kay化妝品公司的創始人Mary Kay就精心設計了一些慶祝活動和典禮，以皇冠、徽章、珠寶、免費旅遊、和粉紅色的凱迪拉克車來獎勵那些業績卓越的員工們。

階段2　價值觀和信念

價值觀代表的是我們應該有的行為舉止；而信念則代表「如果——就會」的說法：如果我做了X，就會發生Y。價值觀和信念提供了各種作業上的原則，進而引導出決策的作成和造成文化階段1的各種行為。我們可以觀察到行為，可是卻無法觀察出價值觀和信念。價值觀和信念通常可從宗旨說明中看得出來。有些組織對自己的價值觀和信念提出了非常正式的說明，這種說明通常稱之為理念或觀念。價值觀可以澄清組織為了成功所願意付出的代價是什麼。舉例來說，麥當勞提出「品質、服務、乾淨、價值。」(Q, S, C, V——Quality, Service, Cleanliness, and Value）的自我要求理念。以Cleveland為根據地的珠寶連鎖店，其所有人Larry Robinson說，黃金守則「己所不欲，勿施與人」正是該公司的企業文化，也是促使該公司能從兩家分店擴展為72家分店的背後推手。

Tom Watson發展出三種原則，說明：（1）所有員工都應該受到尊重的對待；（2）公司應以最卓越的方法來努力完成每一項任務；（3）顧客應該得到最佳的服務。新任最高執行長Gerstner 則以八點目標取代了舊有的三原則，強調重點擺在顧客的服務和公司的行事效率上。Watson的原則1成了Gerstner的目標8。此外，組織體也會利用口號標語來傳達它們的價值觀，例如福特公司的"Quality Is Job 1"。

階段3　假定看法

假定看法（assumptions）是一種根深蒂固的價值觀和信念，就像是真理一樣無庸置疑。員工們根本無從懷疑地就能瞭解事情是怎麼一回事。因為這種假定看法是彼此分享的，幾乎不用經過任何討論。它就像是一個自動的領航員，帶領著大家的行為作法。事實上，當假定看法被挑戰的時候，人們就會有被威脅的感覺。如果你質疑員工為什麼要做這樣的事情，或者建議他改變一下，他們很有可能會回你一句：「本來就是這樣做的啊！」假定看法通常是最穩定和最耐久的組織文化，很難加以改變。請注意，行為是位在圖8-4的最上層，但是假定看法、價值觀和信念卻會對行為造成影響，反之則不然。事實上，在圖8-4的金字塔當中，因果關係是由下往上產生的。

強勢和弱勢文化

組織文化的力量是一個由強到弱的閉聯集。擁有強勢文化的組織通常會讓員工不知不覺地認清彼此共享的假定看法；而且自覺性地瞭解價值觀和信念是什麼；他們不僅同意這些共同的假定看法、價值觀、和信念，其行為舉止也在預料之中。組織內的員工若是不同意這些假定看法、價值觀、和信念；或者其中有許多人的行為舉止出乎預料之外，就表示這個組織擁有的是弱勢文化。若是員工不同意一般大眾所接受的共同價值觀，他們很有可能會成為背叛者和此文化下的對抗者。擁有強勢文化的公司包括Amdahl電腦公司、波音公司、Dana公司、迪吉多（Digital）、Emerson電器、Fluor工程公司、嬌生公司、Marriott企業、寶鹼公司和3M等。

工作運用

5.請以你曾工作過或目前正在服務的組織為例，描述該組織在這三種階段的文化是什麼。又該組織擁有的是強勢或弱勢文化？

強勢文化的主要好處是比較好溝通和合作。指揮的一致性在這種公司裏頭是稀鬆平常的，而且一致性的默契也很容易達成。但是最主要的壞處卻是有可能變得冥頑不化。若想跟著環境的腳步轉變，絕對需要你不斷地對假定看法、價值觀和信念等提出質疑，並且在必要的時候作出改變。Gerstner之所以被聘為 IBM最高執行長的主要理由之一，就是因為他是一位局外人，不會受到原來文化的偏見所影響。

研究顯示，幽默感可以增進人員的創作力，以及彼此互信的意願，並降低他們的壓力。在一個有趣的環境裏做事的員工，往往能提供比較好的顧客服務。[32]西南航空公司的最高執行長Kelleher就很努力地想要維持一種以幽默感為基礎出發點的強勢文化，員工們都很珍惜自己可以擁有這樣一個有趣的工作環境。[33]

管理文化和改變文化

組織文化可以被管理和被改變。[34]曾經改變和管理文化的組織體包括了聖地牙哥市、飛雅特汽車、福特汽車、通用汽車、亞太共同公司（Pacific Mutual）、美國電報電話公司（Pacific Telsis）、拍立得公司、寶鹼公司、Tektronix公司以及TRW等。當Gerstner被聘為IBM的最高執行長時，他的工作之一就是改變IBM的文化。成功的組織都知道管理文化並不是一項工程計畫，你無法為它設定起始日期和結束日期，它是一個持續進行的全体動員過程，又稱之為組織的發展（organizational development，簡稱OD）。[35]你將會在本章稍後的單元裏，學到有關OD的事宜。

文化上的改變被認為是一種人員類型 （people-type）的改變。調查顯示，經理人都不太滿意已存在於組織文化中的一些價值觀和態度看法。[36]在改變文化的時候，你也必須改變文化的三種階段。文化的成功轉型不是一朝一夕日即可辦到的事情，在文化轉型上慘遭滑鐵盧的事業體，往往也會喪失掉自己的競爭優勢。[37]

改變文化的第一步就是先評估既有的文化，並決定該組織想要擁有什麼樣的文化。[38]Bull Information Systems公司以合夥人的共同價值觀、相互尊重、所有權、幽默趣味、創新精神以及互信態度為出發點，成功地將自己的文化轉型。此改變轉型包括了透過訓練傳授將權力下放給中階和資深的管理階層；委派代表；以及反饋系統的建立等。[39]

在合併或收購某家事業體的時候，文化也是一個需要慎重考量的因素。文化上的不搭調很有可能會導致行動上的失敗。我們常常見到大型公司收購小型公司，並試著改變後者的文化來配合前者，可是卻往往無法成功。IBM就在收購上遇到過一連串的問題。[40]IBM和Lotus擁有各自不同的文化。IBM是一個較大型的組織，比起一向慣於隨心所欲的Lotus來說，要技術官僚多了。IBM計畫

概念運用

AC 8-2　強勢和弱勢文化

請確認下列各組織特性的說法，究竟是：

a.強勢文化　b.弱勢文化

__ 6.「當我來這裏進行工作面談的時候，在這個部門繞了一圈，這才深深感到原來我每天都應該要穿西裝打領帶。」

__ 7.「我實在煩透了一而再、再而三地聽到別人談到我們公司的創始人是如何創辦公司的一個過程。我們都非常清楚這個故事，所以為什麼還是有人要一再地說它呢？」

__ 8.「我從不參加那些和我有著不同舉止的人所參與的會議。我想我大概只能作我自己吧，而不是試著去迎合其他人的品味。」

__ 9.「雖然管理階層曾經說過品質很重要這樣的話，可是還是很難說究竟什麼事情真的很重要。他們強迫我們儘快地趕工，可是他們也知道為了達成訂單上的期限要求，我們所送出的成品一定會有瑕疵的。」

__ 10.「當我開始說一個有關種族的笑話時，其它員工全都鄙視地看著我。」

要保留Lotus這種獨立自主型的公司體模式。可是在此同時，IBM卻必須把Lotus的產品整合入它自己的產品線當中，如此才能讓IBM有全面性的成功機會。[41]

在你發展或改變文化的時候，請記住，並不是你一名經理人說了什麼就可以要大家把它奉為圭臬；而是你拿什麼來衡量、獎勵、和控制員工，才能影響員工的行為。舉例來說，如果管理階層說道德是很重要的，可是卻不處罰不道德的行為，也不對道德行為作出什麼獎勵，那麼員工一定不會在乎道不道德這碼事的。

文化有三個廣受歡迎的層面，它們分別是創新、品質和多樣化差異。你將會在下面三個單元裏，學到有關組織體如何創造組織的文化，來管理創新、品質、和多樣化差異等事宜。

創新

還記得第四章談到了所謂創意就是構思新點子的方法；而創新則是新點子的落實執行。創新有兩種重要類型，分別是產品的創新（新事物）和過程的創新（新的做事方法）。產品的創新（product innovations）是在輸出上（貨品和

／或服務）作些改變來增加消費者的價值，或新的輸出。過程的創新（process innovations）則是在輸入變為輸出的轉換過程上作些改變。創新通常是指技術類型的改變。新產品的創新會經過產品生命週期的各個階段（第五章）。大型公司通常會在試銷市場上推出新的產品，如果成功的話，再進行全國性或跨國性的新上市活動。Domino's在試銷市場上推出的buffalo wings產品空前的成功，於是該公司便積極展開在其它創新產品上的研發動作。

組織需要創新技術才能保持自己的領先地位，或者至少讓自己和其它競爭對手並駕齊驅才行。[42]成功的公司會利用創新來作為一種競爭優勢。[43]在本單元裏，你將會學到能刺激出創意和創舉的各種組織架構和文化。

工作運用

6.請以你曾工作過或目前正在服務的組織為例，告訴我們該組織曾有過什麼樣的創新作法。請確認它究竟是屬於產品的創新抑或是過程的創新。

創新的組織架構

5.解釋利潤中心制和它的三種角色

能夠刺激出創新作法的組織架構最常見於平式組織，因為它不會很官僚，屬於通才性的分工制度，需要各個跨功能性小組的彼此協調，而且比較彈性靈活。這樣的組織常常可見到非合法系統的運用以及分權式的權力制度。工作設計包括了工作強化和工作小組，這兩者都是根據社會技術制度而來的。

大型公司通常採用部門性架構來創造出幾個小型單位，以便達到創新的目的。創新的組織常常為了一些創新團體而設置出個別獨立的系統，[44]例如新投資單位（秘密行動小組）等。為了開發Macintosh電腦，Steve Jobs結合幾位工程師和程式設計師，共同成立一個小組，其小組運作有別於工廠的其中組織運作。高露潔棕櫚公司（Colgate-Palmolive）則創設了高露潔創業公司這樣的獨立單位；而通用食品則開發了Culinova集團，其中的員工可以自行構思點子付諸實行。

在人力資源的功能運作下，組織可招募到許多有創意的員工，然後讓他們接受訓練，並創設出一個獎勵制度來鼓勵員工的創意點子和創新作法。[45]許多組織都為員工提供了金錢上和非金錢上的獎勵辦法，鼓勵個別員工或小組有所創舉。組織體常用現金、獎品（例如旅遊）、評鑑和認定等各種方法來鼓勵員工的創意。許多公司更提撥了第一年儲備金或收益中的某個百分比作為員工的獎勵金。Monsanto公司每年都會提撥五萬美元給那些在商業突破上有功的個別人員或小組。

惠普公司擁有強烈的創新文化。

創新的組織文化

好的企業文化非常鼓勵創意和創舉。[46]換句話說，公司若能尊重創舉，並發展出適當的環境氛圍讓旗下員工相信創舉的可行性，也讓他們認定創新是自己責無旁貸的工作，那麼該公司必定能擁有創新的員工行為。向來以強烈的創新文化聞名於世的公司包括了康寧（Corning）、惠普（Hewlett-Packard）、英代爾（Intel）、嬌生、Merck醫療用品製造商、Monsanto化學品製造商、寶鹼、Rubbermaid辦公用品製造商、德州儀器和3M。這類組織會發展出各種架構來配合或成為一種創新文化。

工作運用

7.請以你曾工作過或目前正在服務的組織為例，告訴我們該組織是否具備了創新文化的六個特性，並解釋它所具備的特性是什麼。就整體而言，該組織是否擁有創新的文化？

創新的組織有一點很相同，那就是它們都很鼓勵實驗。它們也正如上述所談到的一樣，通常都擁有很強勢的文化和很創新的組織架構。創新的文化往往具備了下述六點特徵：

1.鼓勵冒險：他們鼓勵員工要有創意，不要害怕因失敗而可能有的處罰。錯誤和失敗是不可免的，除非因為疏忽大意而招致失敗的命運，否則是不會被處罰的。這些錯誤和失敗都可被視作為一種學習上的經驗。在3M公司裏，大約有60%的創新產品都會在市場上鎩羽而歸。

2.利潤中心制（intrapreneurship）：利潤中心制鼓勵新產品和新服務的開

發，因為它們都有可能會成為獨立的事業單位。在大型的組織裏，利潤中心制通常擁有三個角色。發明者（inventor）就是構思出新點子的人。但是發明者往往缺乏技術來把點子轉換成一種創舉。冠軍勇士（champion）就是那個負責把點子轉換成創舉的人。冠軍勇士通常是中階經理人，他深信這個點子的可行性，於是尋找贊助者提供必要的資源來達到提倡的目的。贊助者（sponsor）則通常是高階經理人，他支持這個創舉，於是提供必要的資源和架構來完成這個創舉。贊助者會施展必要的政治手腕來獲取資源。在德州儀器公司裏，只要深具創意的點子，它的背後有發明者、冠軍勇士和贊助者這，就能夠正式地轉換成一種創舉。

3.開放性的系統：組織員工可以時時掃瞄環境，找出創意的點子。最常用的就是基本標竿法（第五章）。

4.著重的是結果而不是手段：他們會告訴員工目標是什麼（結果），但是由員工來決定用哪些手段方法來達成這些目標。

5.可以接受點子的模糊不清和不切實際：要求點子必須明確和實際可行，往往會扼殺了點子本身。他們鼓勵員工在點子還無法對經理人明朗化之前，就先展開作業，而且他們也不要求這個點子必須有立即的實際性價值。有時候看來模糊不清和不切實際的東西卻往往能成為一種偉大的創舉。

6.對矛盾的容忍：他們鼓勵不同意見的提出，來作為發想點子的一種手段，進而在這些點子意見上進行改良。

3M公司被公認為最有創舉的領導者。它使用的是六點守則，就列在圖8-5

- 擬定創新的目標：3M的目標就是要讓每年的銷售量當中擁有25%到30%的新產品銷量，這些新產品都是最近五年內所開發出來的。而且3M的三分之一收益必須來自於新產品。
- 對研發的承諾：3M投資在研發上的金額是一般美國公司的兩倍。3M的目標是把推出新產品的所花時間砍掉一半左右。
- 對利潤中心制的鼓舞：冠軍勇士可以管理自己的產品，就好像在管理自己的部門一樣。3M的員工可以把工作時間的15%花在個人的研究興趣上，即使和目前的工作無關也無妨。
- 促進而不是阻礙：各部門都是小型規模，而且擁有絕對的自主權，有權取得公司上下的任何資料和技術上的資源。擁有好點子的研究人員可以得到50,000美元的天才獎金，可用來發展自己的點子成為創新的產品。
- 顧客是我們的焦點所在：品質的好壞由顧客來界定。
- 容許失敗：經理人都知道錯誤一定會發生，而破壞性的批評只會扼殺創意。員工們也都知道，如果點子失敗了，他們所得到的必定是鼓勵，因為他們可以再追求其它的點子。

圖8-5　革新文化的原則[47]

概念運用

AC 8-3　創新和非創新的文化

以下的說法都代表了某組織的特性之一，請確認這些說法是屬於：

a.創新的文化　b.非創新的文化

__ 11.「我們擁有一個非常高式的組織架構。」

__ 12.「我曾試著開發某種可快速循環的扇葉，可是沒有成功，儘管如此，我老闆還是很感謝我的嘗試舉動。」

__ 13.「我真的快瘋了，我被委派某項任務，可是我的老闆卻不斷地叮嚀我工作上的各種細節。我為什麼不能照自己的方法來達成目標呢？」

__ 14.「這家公司很注重各種政策、程序和規定。」

__ 15.「我們的工作層面很廣泛，而且擁有很大的自主權可以照小組的方式來做事。」

當中，為的是刺激創意。這六點守則常被其它公司拿來仿效，並已經深植在3M的公司文化當中了。

IBM在創新上也曾有過不錯的成績記錄。但是，最近卻碰到一些個人電腦的問題。1993年的時候，儘管IBM個人電腦公司的業績高達100億美元，但結餘下來仍舊損失了10億美元。到了1994年，IBM拱手讓出它的全球市場寶座地位給康柏電腦公司（Compaq），在美國市場的銷售排名也掉到了第四位（排在康柏電腦、蘋果電腦和Packard-Bell電腦之後）。所以IBM需要一些創舉來重振它在電腦市場上的雄風。Lotus的創意架構和文化遠勝於IBM，對IBM來說，現在最重要的就是為它的傳統部門激發出一點創意，特別是要借助全新Lotus部門的力量。

品質

組織文化可以同時重視創新和品質這兩方面要求。事實上，創新的架構在基本上和整體的品質文化是相通的。因為每一個組織都有不同的文化，可是它們通常不會說自己擁有的是創新的文化，而是說創新的品質。其實不管是創新還是品質，這兩者著重的都是顧客價值的創造，其中的些許差異就在於對創新的強調多寡。完全以創新為主要焦點的組織，例如3M，往往會把重點擺在新產品的開發上。但是對那些強調TQM的公司來說，重點則是擺在產品和服務的持續改進上。所以說，TQM也是因為不斷的創新而產生的。

TQM的核心價值

6.說出TQM的核心價值

TQM的核心價值（core values of TQM）包括：（1）把焦點放在組織中的每一個人身上，好讓他們傳達出顧客價值；（2）持續改進系統和過程。TQM文化的價值所在就在於它很重視信賴、開放性溝通、面對和解決問題的意願、改革的胸襟、合作關係以及對環境的適應力等。TQM認定人是最重要的組織資源。員工需要接受良好的訓練，然後透過團隊小組的方式進行分工合作。而員工也會收集資料，借助於科技的幫忙來改善顧客的價值。TQM文化是一種強勢文化，在這個文化裏，價值觀順著策略性目標的走向而前進，整合人員、過程和資源等，共同為顧客創造出顧客價值。

TQM的核心價值
（1）把焦點放在組織中的每一個人身上，好讓他們傳達出顧客價值；（2）持續改進系統和過程。

IBM一向享有品質方面的卓越聲譽，其中包括它的貨品和服務。因為品質上的聲譽保證，使得IBM擁有許多很忠誠的顧客。高品質的產品和優良的服務一向是在背後驅使經理人作出決策的最佳動力來源。

W. Edwards Deming針對TQM文化的創造，發展出十四條重點要求。研究調查和訪談結果都顯示出，Deming的重點要求可以改進員工對自己工作的滿意度；並改善員工對組織、品質、生產力、整體組織效率和組織競爭力的看法。[48]圖8-6的內容完整呈現出這十四點重點要求。

工作運用

8.請以你曾工作過或目前正在服務的組織為例，告訴我們該組織文化當中是否有TQM價值，並解釋之。

學習組織

7.描述學習組織的文化

經驗調查顯示，文化和品質之間以及文化和員工表現之間，都存在著某種關係。[49]儘管90%的美國公司都有制定某種形式的品質改進計畫，可是其中約有三分之二沒能成功。[50]TQM不是一項計畫。許多組織都在TQM上失敗了，因為它們把TQM視作為一項計畫而不是一種文化。[51]抗拒改變的心理一向是品質落實化的最大障礙。[52]即使是那些已成功執行過TQM系統的組織，在面對組織文化的改變時，也是顯得有些不情不願。[53]真正的品質文化是指組織很願意透過持續的品質改進來達到改變文化的目的。[54]一個學習組織絕對可以在必要的時候著手進行文化的改變。

TQM是根據系統在進行品質文化的發展。學習組織的概念乃是源自於組織的系統觀點。在一個學習組織裏，組織中的每個人都能瞭解這是一個快速轉變的世界，所以他們必須知道究竟有哪些變化，並適應這些變化；更重要的是，

1.創造出改善產品和服務的持續性目標，以求競爭力的茁壯，使能繼續在產業中提供更多的工作機會。
2.採用全新的理念。我們處在一個由日本創造出來的新經濟年代裏，我們不能再以美式管理的傳統作法來生存下去，也不能再容忍耽擱、錯誤、或者是瑕疵品等這類常見的問題。
3.減少我們對品質檢查的依賴程度。應該在一開始製造產品的時候就著重品質的掌握，不要在生產完後再耗費精力進行大規模的篩檢。
4.不再根據價格標籤來進行獎勵事業的作業方式，而是儘量降低整體的成本。
5.持續不斷地改進生產和服務的系統，以達成改進品質和生產力的目的，進而降低成本。
6.實施在職訓練。
7.設置督察系統。督察的目的是要協助人員、機器和裝置發揮出最大的工作效益。管理階層的督察行動需要對生產員工進行徹底的檢查和監督。
8.趕走恐懼，讓每個人都能為公司好好賣力。
9.打破部門之間的障礙，研究、設計、銷售和生產部門都要像小組一樣地一起合作共事，找出生產的問題所在以及產品或服務所可能面臨到的問題，並合力解決。
10.除去那些要求勞工零缺點或提高生產力的各式標語、誡令和目標。因為這類誡令只會製造對立關係。而生產力不彰的諸多成因都是因為系統關係，所以並不在勞工的力量範圍以內。
11.除掉一大堆的工作標準規定，這些規定只是描述當天的數字配額而已，應以援助和助益性的督察行為來取代。
12.除去那些會剝奪勞工尊嚴權的各種障礙。主任的職責應該從對數量的／監督變更為對品質的監督。除去那些會剝奪管理階層和工程技術人員尊嚴權的各種障礙，這表示應廢除年度評分或功過評分以及目標管理等。
13.設置各式各樣的教育和再訓練計畫。
14.讓公司的每個人一起投入轉型的工作中。

圖8-6　Deming對創造整體品質文化的十四點要求

學習組織
該組織所擁有的文化，充滿了學習、適應和隨著環境而變的各種活力，最終目的就是要增進顧客的價值。

為了要達到改變的目的而團結起來一起出力。**學習組織**（learning organization）所擁有的文化，充滿了學習、適應和隨著環境而變的各種活力，最終目的就是要增進顧客的價值。學習組織很尊重改變，但不是為了改變而改變，而是把它當作一種手段方法來有效地改進顧客的價值。它會不斷地培養員工的技能和知識，讓他們能持續地為組織提出創意和創舉。最高執行長Gerstner似乎正在驅策IBM，讓它往學習組織的目標前進。

多樣化差異

8.討論多樣化差異、創新和品質這三者之間的關係

組織文化可以同時尊重創新、品質和多樣化差異這三者。事實上，相同的組織架構可以同時支援以上這三種價值。根據全國表現檢討報告（National Performance Review report）指出，品質和多樣化差異之間，的確存在著某種關聯性。該報告說，在組織可以改進服務品質之前，它們首先應該要做的就是瞭解旗下的員工和他們的需求。因此多樣化差異的計畫必須和TQM目標一起整合。[55]除此之外，多樣化的勞力在面對快速轉變的環境時，也會比較能發揮創意和提出創新之舉。

因為所有的組織都有各自不同的文化，所以它們可以發展出尊重多樣化差異的文化。尊重多樣化差異的文化，它的發展之道就是找出全新勞動力的現實面，並瞭解這樣的勞動力會對組織的整體系統在效率上造成什麼影響。尊重多樣化差異強調的是對不同種族、宗教信仰、性別、年齡、能力以及其它差異的員工展開訓練，使他們能有效地共同發揮作用。為了有創意、有創舉、也為了持續改善顧客的價值，員工必須在被尊重和被信任的工作氛圍下，團隊一起合作。不良的工作氣氛會危害到員工在工作上的合作能力。多樣化差異對公司的盈虧也有一些影響。[56]換句話說，如果員工之間無法合作，組織的運作成效當然也就不太理想。

管理多樣化差異強調的是透過組織行動來全面性地運用人力資源。只要在文化上作些改變，對多樣化差異的管理就一定能成功。[57]管理多樣化差異是一個過程，需要透過組織的行動來進行管理，並把基礎建立在組織文化和核心價值系統上。[58]管理多樣化差異所需要的組織文化，是必須能尊重多樣化差異，並滿足形形色色各種員工需求的組織文化。[59]為了貫徹此文化，所有員工從上至下都要尊重多樣化差異。員工所表現出來的尊重方式也是管理階層所應表彰的所在。因此，如果多樣化差異已成為組織文化中的一部分時，管理階層就必須施展政治手腕和進行各種運作來獎勵多樣化的差異。

員工的多樣化差異也可能造成弱勢文化，因為人們不想依照標準的方式來表現行為。所以讓大家把焦點集中在一些比較重要的價值上，如顧客價值和團隊分工等，一定比只在衣著打扮、做事方法等打轉，要來得實際有效多了。

回顧一下第三章有關多樣化差異的好處，還有如何透過高階管理階層的支持和承諾、以及多樣化領導、多樣化政策和運作、多樣化訓練等，來進行多樣

化差異的管理事宜。因為我們對多樣化差異的尊重和管理，使得多樣化差異逐漸成為組織文化中的一部分。就像任何一家成功的組織體一樣，IBM對多樣化差異也是本著尊重和管理的原則態度。

組織發展

組織發展
是指一種持續進行的計畫改變過程，算是一種手段辦法，可透過各種介入來改進績效表現。

在本章的第一個單元裏，你已經學到了有關轉變的四種類型：策略、架構、技術和人員／文化。組織發展（簡稱OD）就是用來管理轉變的最常見方法。所謂**組織發展**（organizational development）是指一種持續進行的計畫改變過程，算是一種手段辦法，可透過各種介入來改進績效表現。各種介入來改進績效表現。下一章所要討論到的人力資源管理部門，通常就是負責OD的部門。變動推動者（change agent）就是由人力資源管理階層所選出的人員，專責OD計畫。變動推動者可能是組織裏的某位成員，也可能是某位被延聘而來的顧問。在本單元裏，你將會學到有關轉變模式、介入行動、以及組織的再活化等事宜。

改變模式

Lewin的改變模式

在1950年代早期的時候，Kurt Lewin發展出一種技巧，仍舊延用至今，它可用來改變人們的行為、技能、和態度。Lewin把改變視作為某些力量的變更修正，這些力量是用來保持某個系統的行為穩定局面（維持現狀）。兩種存在的力量分別是：（1）努力想要維持現狀的力量；和（2）積極推動改變的力量。為了創造變化，你可以增加這些積極推動改變的力量，並降低維持現狀的力量；或者是結合這兩者也可以。Lewin辯稱若是能讓維持現狀的力量緩和下來，而不是增加積極推動改變的力量，那麼前者所製造出來的緊張壓力和抗拒心理絕對少過於後者。因此，前者是比較有效的改變策略。Lewin的改變模式是由三個步驟所組成，就列在圖8-7裏。

1.解除管制：這個步驟通常需要你降低維持現狀的力量。組織有時候可以藉著新資訊的推出，顯示預期表現和實際表現之間的差距，來達到解除管制的目的。

2.行動：這個步驟會把行為轉變到某種新階段上。這算是一種改變過程，員工可從這個改變過程中學到全新所願的行為、價值觀和態度等。策略、架構、技術和人員／文化等的改變，都可能因為想要達成這些表現階段，進而產生出來。

3.再管制：當所願表現已成為永久性的做事方式時，或者成為新的現狀時，就可以透過新行為的強化和支持來達到再管制的目的。

綜合性的改變模式

Lewin的改變模式需要有一套新的公式來因應現今快速轉變的商業環境。[60]他的這套模式提供了一個大致性的架構，讓我們瞭解組織的改變過程。但是因為改變步驟的範圍牽涉很廣，所以本書作者發展出一種更精細的模式，此模式由五個步驟所組成，就列在圖8-7裡。

1.體認到改變的必要性：變動推動者可以利用各種不同的技巧來診斷出這些需要用到改變才能有效解決的問題。其中技巧包括回顧記錄、觀察和個人／團體訪談、主持會議以及使用問卷等。一定要清楚地說出究竟需要什麼樣的改變—擬定目標。同時不要忘了系統效應這回事。如何讓改變的內容影響該組織體的其它領域？

2.找出對改變可能有的抗拒力，並計畫如何來克服它：請遵循步驟1的指導方向。

3.作出有關改變的各種介入計畫：根據問題的診斷結果，再選出適當的介入行動。你將在本單元裏學到一些介入行動的內容。

4.介入行動的落實：變動推動者或是某位被選出的人選，開始執行介入行動，好引出預期中的改變結果。

5.控制變化：展開後續動作，確保改變行動有所落實並能持續下去。請務必確定達成目標，如果沒能達成目標，就要採取必要的更正行動。

Lewin的改變模式	綜合性的改變模式
步驟1. 解除管制	步驟1. 體認到改變的必要性
步驟2. 行動	步驟2. 找出對改變可能有的抗拒力，並計畫如何來克服它
步驟3. 再管制	步驟3. 作出有關改變的各種介入計畫
	步驟4. 介入行動的落實
	步驟5. 控制變化

圖8-7　改變模式

組織發展的介入行動

組織發展的介入行動
用來落實變動的各種明確行動。

所謂**組織發展的介入行動**（OD interventions）是指用來落實變動的各種明確行動。現在，你將會學到九種OD介入行動，請參考圖8-8。

訓練和培養

首先提出的是訓練和培養，因為其它介入行動通常會涵蓋某種形式上的訓練。訓練就是培養技能、行為和態度的過程，這些技能、行為和態度都會被運用在工作上。你將會在下一章的時候學到有關訓練的事宜。還記得我們說過，訓練是尊重多樣化差異的重要部分之一嗎？Levi Strauss & Company擁有一個年度預算高達500萬美元的尊重多樣化差異教育計畫，該計畫的設計就是要訓練員工尊重個人之間的彼此差異。[61]

發展TQM文化的組織會選定一些特定技巧，例如統計過程的控制，讓員工透過訓練課程來學習。IBM就是一個極度重視訓練和培養的公司。

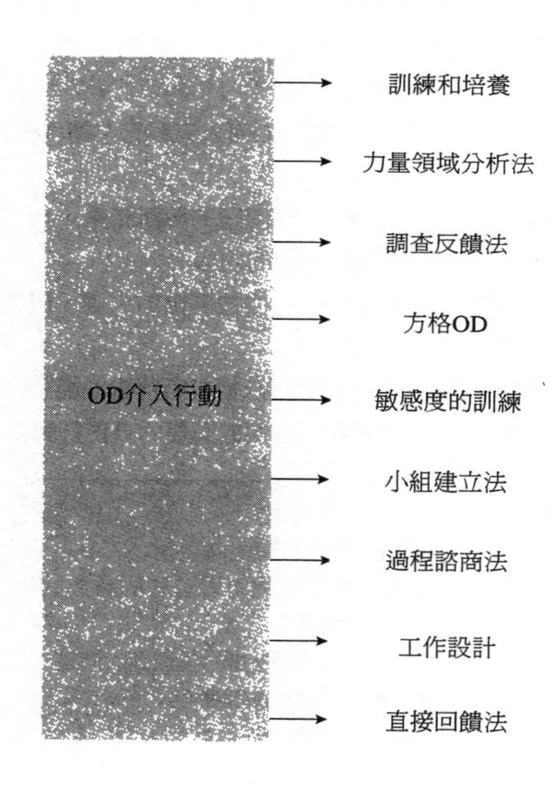

圖8-8　OD介入行動

力量領域分析法

9.說出力量領域分析法和調查反饋法之間的不同

力量領域分析法
一種OD介入法，以圖解來表示現有的表現程度、改變的阻礙力量以及改變的驅使力量等。

力量領域分析法最適用於解決小型團體（4到18人）的問題。所謂**力量領域分析法**（forcefield analysis）就是一種OD 介入法，以圖解來表示現有的表現程度、改變的阻礙力量以及改變的驅使力量等。該過程一開始的時候是先評鑑現有的表現，而現有表現的成果會出現圖解的中間位置上。壓抑表現的阻礙力會列在圖解的左邊或上層；維持表現的驅動力則會列在圖解的右邊或下層。在審視過這份圖解之後，你就可以找出策略來維持或增加驅動力，並同時降低阻礙力。舉例來說，位在下一頁的**圖8-9**就是針對市場佔有率滑落甚多的**IBM**個人電腦所發展出來的力量領域分析法。它的解決之道著重在生產問題和行銷單位所作的銷售預估上。小組成員同意此圖解之後，解決辦法就變得很清楚，因此就可以開始發展計畫來改變現有的問題。

調查反饋法

調查反饋法
一種OD介入法，它利用問卷來收集各種資料，好作為改變的基礎根據。

調查反饋法是最老式但也最廣受歡迎的一種OD技巧。所謂**調查反饋法**（survey feedback）也是一種OD介入法，它利用問卷來收集各種資料，好作為改變的基礎根據。調查反饋法通常用在改變模式的第一個階段。不同的變動推

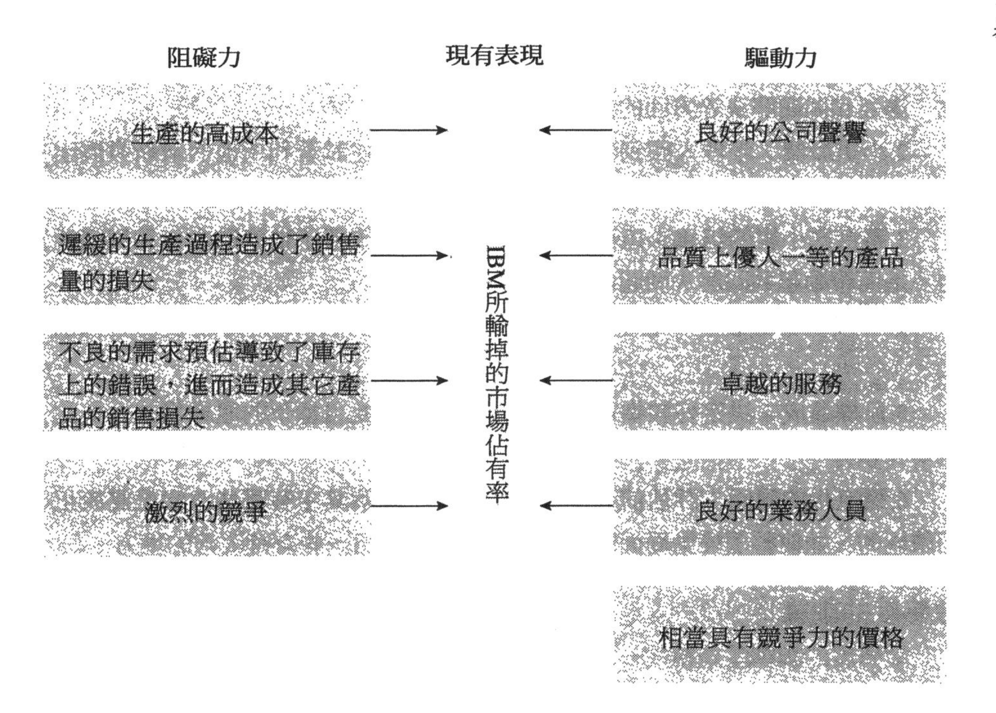

圖8-9　力量領域分析法

動者所使用的辦法都略有差異，可是最常見的調查反饋法卻含有六個步驟：

1.管理階層和變動推動者先進行一些初步的規劃，好發展出一份適當的調查問卷。

2.問卷必須經過所有組織成員的認可。

3.調查資料要經過分析，以便找出問題的癥結，以利改進。

4.變動推動者把調查結果向管理階層提報。

5.經理人評估回饋內容，並和屬下針對結果進行討論。

6.發展更正性的介入行動計畫，並落實執行。

方格OD

Robert Blake和Jane Mouton開發出一種經過「包裝」的OD辦法。[62]他們發展出一套標準化的格式、程序和固定的目標。由Blake和Mouton來為各組織執行這個計畫。方格OD是一個六階段式的計畫，可用來改善管理和組織的效益性。這六個階段分別是：

1.訓練：小組是由五到九位經理人所組成，這些經理人最好來自於不同的功能領域。在長達一週的研討會裏，每一個小組成員都要藉著判定自己是位在方格上的哪個位置來評估自己的領導風格。（你將會在第十二章的時候，學到這個方格的內容。）他們一起合作，成為所謂的9,9經理人，共同培養小組建立、溝通和問題解決等方面的技能。

2.小組發展：經理人回到各自的工作崗位上，並試著利用他們最新發展出來的9,9經理人新技巧，對生產和人員等各項事宜進行關切瞭解。

3.整合式小組的培養：這種工作小組式的作法改善了他們的合作和協調能力，進而帶動起共同解決問題的合作能力。

4.組織的目標設定：管理階層發展出一套應由大家來努力達成的組織模式。

5.目標達成：決定好該進行哪些改變才能達成此目標下的組織模式，並開始落實執行。

6.穩定化的局面：評估前五個階段的表現，瞭解其中有哪些改變是屬於正面積極的，並使整個變動局面穩定下來，最後再找出一些有待改善的地方。

敏感度的訓練

敏感度的訓練就是組成一個十到十五人的訓練小組（或稱T小組），其中的訓練研討會沒有什麼議程可言，只是由小組成員從中學習自己的行為將會如何影響到其他人，以及其他人的行為又會如何影響到自己。T小組的作法在1970

年代達到了最巔峰的地步，因為在當時，各組織體都很質疑透過訓練所能得到的在職價值究竟有多少。儘管現在仍有人使用T小組的訓練法，可是絕大多數已被小組建立法和過程諮商法給取代了。

小組建立法

10.解釋小組建立法和過程諮商法之間的不同

小組建立法可能是當今最被廣泛運用的一種OD手法，而且它受歡迎的程度隨著市面上有愈來愈多的公司採用工作小組的模式而更加地炙手可熱。它是由在各部門或各單位工作的個別人員，以及在工作上緊密相連或互依共存的不同功能別成員，共同來組成。不管是由個別小組來單打獨拼，還是由所有小組一起共同合作，它們的成效結果都會直接影響到整個組織體的最後目標。因為有關小組的議題非常地重要，所以我們會在稍後的地方，詳加解釋其細節。

小組建立法
一種OD介入法，其設計是為了要協助工作小組來增加架構上和小組動力上的績效表現。

小組建立法（team-building）是一種OD介入法，其設計是為了要協助工作小組來增加架構上和小組動力上的績效表現。小組建立法可以被當作為一種綜合式的OD手法來運用，由最高執行長自己來審查整個計畫；然後再和他的中階經理人一起審查經歷整個計畫；接著再由中階經理人和旗下的督察們一起審查經歷整個計畫；最後再由督察來和手下員工一起審查經歷整個計畫。其中的議程將隨著每一個階層團體的需求不同而作改變。但是小組建立法也可以用來協助一些有待改進效益性的新成立或已成立小組，稱得上是一種被廣泛運用的手段辦法。舉例來說，Miriam Hirsch博士被某家醫學中心延攬為顧問，並要求他負責某種行政架構的重整工作。該醫學中心已將傳統的管理作法變更為三人小組式的管理辦法，醫師們不用再向單一決策中心進行提報，他們必須和一名管理護士和一名行政人員合作共事。因為這些經理人並不習慣於這種小組作業模式，所以顧問必須提出小組建立計畫來協助他們培養這方面的技巧。

變動推動者的職責

一般而言，變動推動者一開始就和要經理人先行會商，討論為什麼要執行小組建立計畫。他們會討論計畫的目標，然後再由變動推動者評估經理人的意願，並瞭解該小組對經理人的風格和運作方式有些什麼意見反應。因為經理人對該計畫的接納度將會直接影響到小組建立法的成效結果。

接著，變動推動者和經理人一起和小組碰面會商，變動推動者一開始就要營造出開放和互信的氣氛，由變動經理人描繪整個小組建立計畫的目標、議程和程序。然後再說明他和經理人所達成的協議內容是什麼。

通常變動推動者會觀察小組的工作情形，也可能會在秘密隱私的情況下訪談小組中的各個成員，以便瞭解小組的問題是什麼。除了訪談之外，還會使用調查反饋法的問卷辦法。你可以在**技巧建構練習**12-2的預作準備部分中看到一份問卷樣本。變動推動者會利用一到數天的時間來執行小組建立計畫，天數長短全視問題的程度和成員人數而定。

小組建立法的目標

小組建立計畫的目標，差異頗大，全視小組的需求和變動推動者的技巧能力而定。其中一些典型常見的目標如下：

1.澄清小組的目標和小組中每位成員的份內職責。

2.找出阻礙小組達成目標的各種問題。

3.培養小組解決問題、決策作成、目標擬定以及規劃的技巧能力？

4.判定出最偏好小組合作風格是什麼，並促使小組往該風格的方向前進。

5.充份瞭解每一位成員的資源。

6.根據成員之間的互信與相知，來培養出開放誠實的工作關係。

小組建立計畫、

小組建立法的議程隨著小組需求和變動推動者的技能不同而有不同。典型的計畫會經歷下面六個步驟：

1.氣氛的建立和目標：該計畫一開始的時候，會由變動推動者試著去營造某種互信、開放、又互相扶持的氣氛。然後再由變動推動者根據所收集到的資料來討論該計畫的目標。小組成員會知道更多有關對方彼此的事情，而且透過小組的建立，分享他們之間共同的目標。

2.架構和小組動力的評估：小組建立法是一種介入法，它的設計是用來改善工作的方法（架構）和小組成員之間的合作模式（小組動力）。由小組自己來評估自己在這兩方面的優點和缺點。我們會在過程諮商法當中詳加解釋有關小組動力方面的事宜，這也是你將在下一個OD介入法當中所要學到的東西。

3.問題的確認：由小組自己來確認自己的優點，然後是缺點或者是該改進的地方。另外，也可以從變動推動者的訪談和回饋調查當中，找出問題的癥結點。首先由小組列出數個有待改善的缺失所在，然後再根據它們對績效表現的影響大小，來排定優先順序。

4.問題解決：小組先針對最優先的問題，尋求解決的對策。然後再處理第二優先的問題，接著是第三優先、第四優先等，依此類推。你可利用力量領域分析法來解決這些問題。

5.訓練：小組建立法通常會涵括某些形式的訓練，用來釐清該小組所面臨到的一些問題。

6.終止：這個計畫會利用已完成的目標來作為摘要結語。小組成員也會承諾在績效表現上作出一定的改善。接著就要指派各項後續責任，並預定未來會商的時間好進行結果的評估。

小組建立法的另一種分枝作法就是團隊合作訓練法（teamwork training），其設計目的是要建立小組成員的自信心，同時也讓每一個成員對其他組員深具信心。它使用的是外界領域式的經驗法來讓員工知道，唯有透過彼此之間的相互合作，才能通過重重的阻礙，例如攀登峭壁、激流泛舟、拔河比賽以及其它活動等。

小組建立法的第二種旁支作法是聯合小組建立法（intergroup team-building），其目的是要幫助不同的工作小組也能一起合作共事。讓組員們更瞭解其它小組的處境立場，並處理小組之間的衝突矛盾。

過程諮商法

過程諮商法通常是小組建立法的第二個步驟，可是也常運用在一些焦點比較狹隘的個別性介入辦法當中。**過程諮商法**（process consultation）是一種OD介入法，其設計目的是要來改善小組的動力。小組建立法著重的是做事的過程；而過程諮商法著重的則是人與人之間在做事的同時，所產生的一些互動行為。小組動力（或稱過程）包括了小組如何溝通；如何分配工作；如何解決衝突；如何處理領導事宜；以及如何解決問題和作成決策等。變動推動者觀察小組成員的工作情形，然後再對他們的小組過程提出建議看法。在進行過程諮商的時候，小組成員可以自行討論其中的過程，並提出一些改善辦法。此外，也需要舉辦訓練課程來改善小組的過程技巧。其實，它的最終目標是要訓練小組成員把過程諮商當成一種不斷持續進行的小組活動。你將會在第十三章的時候，學到更多有關小組動力的事宜。

過程諮商法
是一種OD介入法，其設計目的是要來改善小組的動力。

工作設計

你已經在第七章的時候，學到了有關工作設計的事宜，其實，它也是一種OD介入法，工作強化正是一種很常運用的介入法。

直接反饋法

當技術發生變化的時候，由外延聘而來的變動推動者進駐到組織體，並直接作出某項解決對策的建議。舉例來說，IBM的顧問群和組織體一起合作，共同作出資訊系統的推薦。一旦裝置完成之後，IBM就要訓練員工來操作這些新系統。

工作運用

9.請以你曾工作過或目前正在服務的組織為例，告訴我們該組織所使用的OD介入法有哪些？

組織的再活化

組織的再活化
一種計畫下的改變，讓組織和其環境進行重新的結盟組合。

所謂**組織的再活化**（organizational revitalization）是指一種計畫下的改變，讓組織和其環境進行重新的結盟組合。許多組織都曾有過這種跟不上環境轉變的腳步經驗。這對那些一向對自己成就沾沾自喜，以為從此就是太平歲月的公司行號來說，尤其有深刻的感受。事實上，這樣的情況就活生生地應驗在1970年代的美國汽車製造商上，因為它們一向生產耗油，品質又不甚理想的大型汽車。日本汽車製造商迫使它們不得不進行組織的再活化，以因應環境的轉變，這些轉變包括了石油的禁運和日本車的崛起等。美國航空業、迪士尼以及許多其它的組織都曾利用過這樣的當口，重新振作起來。Gerstner被聘來為IBM進行組織的再活化，他做到了。組織的再活化是轉變性和節流性策略的一部分，需要在組織文化上作些改變。

再活化的各個階段

組織體並不需要經過一連串的階段，來達到再活化的目的。但是，許多組織還是得經歷再活化的五種階段，如圖8-10所示。在成長期（growth stage）的時候，每件事都很順利，整個公司上下變得沾沾自喜，自得自滿，結果和環境脫了節，造成了停滯或衰退期（plateau or decline stage）。就在這個時候，公司恍然大悟問題的所在，所以可能會延聘新的經理人來進行大刀闊斧的重整，就如IBM的Gerstner一樣。這時，公司必須經歷收縮陣痛期（contraction stage），因為它會砍掉一些營運作業，除去一些不必要的設施等，來度過這個關卡。然後才學會如何以一種求新求變的精神繼續在這個市場上生存下去，這時它的營

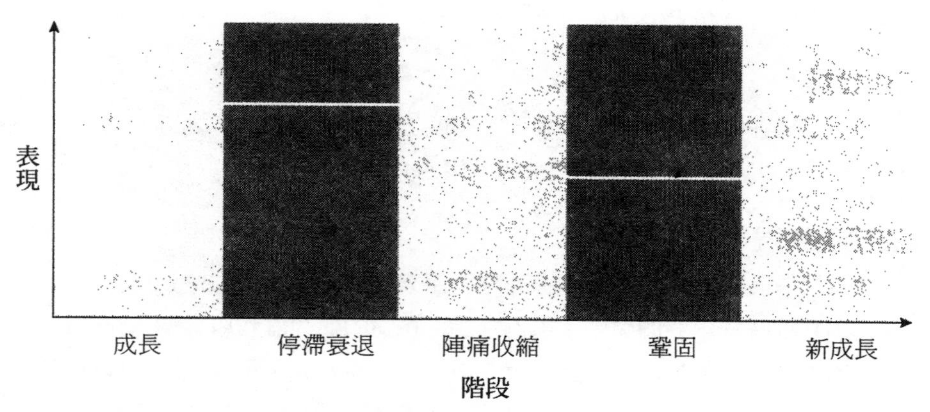

圖8-10　組織的各個再活化階段

概念運用

AC 8-4　OD介入法

請為下列狀況的改變，找出適當的OD介入法：

a.訓練和發展　b.力量領域分析法　c.調查反饋法　d.方格OD　e.敏感度的訓練　f.小組建立法　g.過程諮商法　h.工作設計　i.直接反饋法

__ 16.「事情進行得很順利，可是我認為我們可以從組織的介入法當中受惠很多，讓它來改進管理和組織上的一 些有效性。」

__ 17.「這幾個月，整個分部的工作士氣和動機明顯地滑落下來，我們需要一些介入法來找出問題的所在，如此才能扭轉積勢。」

__ 18.「我們的成長已經超過了現有存貨系統的負荷，究竟應該採用什麼樣的介入法來發展新的存貨系統。

__ 19.「新的平版印刷機器已經裝置妥當了，我們要傳授誰來操作這些機器呢？究竟該用什麼樣的介入法？」

__ 20.「我們該利用什麼樣的介入法，好讓我們的員工能以小組分工的方式裝配好整個產品，而不是每一個人負責裝上部分的零件而已。」

運作業會變得十分有成本效益，也就是所謂的鞏固期（consolidation stage）。Gerstner裁掉了數千名的員工，並在兩年內，刪減了63億美元的成本支出。在站穩鞏固期之後，該公司才又開始展開全新的成長期。公司通常會注入新的資本到組織裏頭，或者是從事新的投資。IBM收購Lotus作為它的成長性策略之一。有些公司的再活化過程非常驚天動地，歷時很久，甚至連自己的名稱改掉了。International Harvester公司現在的名稱變成了Navistar International；而U.S. Steel公司則變成了USX。

現有的管理議題

全球化

一旦公司進入全球化的境地，周遭環境也會跟著擴大，無論是策略、架構、技術和人員／文化等的轉變速度也都會跟著加快。多國性組織都在發展全球性商業文化，而它們也視多樣性的全球文化為一種競爭優勢。[63]MNCs所積極培養的公司文化，內容包括尊重創新、品質和多樣化差異等。許多大型的MNCs利用合併、收購、合資以及聯盟等手段來達成文化交流的目的，這對事業的成功來說也是極為重要的。通用汽車和日本的Fanuc公司就共同合資，創造出全新的GMF Robotics企業，該公司是美國市場上重型機器的市場領導者。兩家公司的文化各不相同，可是它們卻很賣力，投資相當多的時間和心力培養互信和相知的精神。它們就是利用OD介入法在進行文化的交流。

多樣化差異

雖然全球化公司立定志向要在工作場所中向多重文化主義看齊，可是實際上，它們的內部文化在本質上並不是那麼地有國際觀。[64]MNCs非常想要培養出一種對多樣化差異極為尊重的公司文化，但是也要小心謹慎一點，千萬不要把那些很成功的尊重差異性計畫直接輸往一些有著不同文化價值觀的國家裏頭。舉例來說，在美國，提倡女性主義的尊重差異性計畫非常成功，可是到了日本，卻可能會引發問題，因為日本女性並不喜歡這種和男性一樣的平等對待方式。[65]

道德和社會責任

儘管本章並沒有全篇幅地談論到這個主題，道德和社會責任仍然算是組織文化中的部分產物。各公司對道德和社會責任都有不同的重視程度。一般而言，如果組織裏的人員對道德行為有口徑一致的共同期許，那麼他們就做得到那樣的標準。對道德行為的共同期許來自於我們在第二章所談到的遵循方向。許多公司，如Levi Strauss和嬌生公司，都很注重道德觀和社會責任。有許多美國公司因為南非的種族隔離政策而停止當地的事業經營，等到種族隔離政策廢止了以後，才又再回到該市場中。Levi Strauss也因為中國在人權上的記錄不佳，而不願繼續在中國大陸市場上經營Dockers這個品牌。[66]

生產力

重新改造，可被視作為增加生產力的一種手段，但是卻常常失敗，原因就在於缺乏對改變公司文化的整體承諾。文化沒有改變，任何一種想要增加顧客價值的嘗試舉動都無法成功。因為重新改造應被視作為事先預防的過程，它是一種手段辦法，絕不是文化改變下的最終結果。[67]

品質、TQM和生產力

有關重新改造和TQM之間的相容性，長久以來一直存在著某些爭議。有些人認為重新改造可以取代TQM成為最新的一種管理工具。但是重新改造在層面上遠比TQM要來得狹隘，只能稱得上是 TQM的局部而已。然而，結合這兩個過程卻能產生最佳的效果，讓整個發展不僅有重心焦點，也能達到成本效益的目標要求。TQM為重新改造設置了一個活動舞台，因為它在組織中植下了文化改變的深根，所以也就間接地為重新改造的這項行動鋪好了一條康莊大道。[68]

要求增加生產力對公司文化來說，可能會有不同的效應產生。因為TQM強調的是持續不斷的改進，所以生產力會跟著增加不少。但是，要求生產力增加的重點若是落在成本的刪減上，就可能會造成負面的效應。舉例來說，Bell & Howell著重的是成本的刪減，於是它成為公司文化中的一部分。該公司一年所達成的營業利潤成長是15%，可是一年的總收益成長卻只有3%。五年之後，高階管理階層終於瞭解到，不能只靠節流來達到賺錢的目的，於是，Bell & Howell不得不轉變自己的文化，開始以收益上的成長來作為主要的目標。經理人很賣力地想要改變公司文化，於是鼓吹大家不要害怕風險，對那些能加速公司成長的產品和人員，也開始下注資本。為了達到這樣的目標，該公司撤換了五分之四鼓吹成本刪減的高級主管，以那些強力推行成長性策略的主管來取而代之。只要業績有所增加，該主管就可以獲得30%的紅利。當然，以前那種執迷於成本刪減的心理是很難在一朝一夕就打破的。但是Bell & Howell卻做到了，它增加了7%的總收益，在營業收入上也上揚了23%。[69]

參與式管理

除了強勢和弱勢文化之外，有些人也認為文化可以被分為參與式和非參與式這兩種。參與式的公司文化使用的是自我管理小組，它是屬於開放性的文化，擁有互信、溝通明朗化、資訊分享、工作自主以及面對問題時，團體共同尋求解決對策的各項特點。TQM文化就是一種開放性、參與式的文化。Rensis Likert發展出一套系統，可以利用四個等級來衡量出參與的程度多寡：

沒有參與感---高度參與

系統 I	系統 II	系統 III	系統 IV
剝削的	慈善的	諮商的	參與小組
獨裁的	獨裁的		

Likert建議各組織利用他所開發出來的調查反饋式問卷，來判定它現有的參與程度，然後再進行文化的改變。Likert會以顧問的身分來和各公司合作，將公司轉型為參與式的小組作業模式。

小型企業

小型企業通常轉變得比較快，而且比大型企業要來得有創新力。研究專家都發現到，小型企業的創舉是大型企業的2.4倍。[70]根據美國管理預算局（U.S. Office of Management and Budget）的資料顯示，屬於個人的發明者和創業家，他們在二十世紀先進技術的開發上佔了一半以上的名額。許多大型公司，包括蘋果電腦、麥當勞、拍立得、寶鹼、Levi Strauss和全錄等，一開始都是以身懷創舉的小型企業起家的，然後再逐步成長為數十億美元的大型企業體。小型公司通常比大型公司更能提供高品質的產品和服務，許多大型公司都喜歡將生意發包給小型公司，因為後者能以較低的成本提供更高的品質。大型企業也喜歡利用部門性的分組作法來創造一些小型的分處單位，如此一來就能以小型企業的活動方式來進行事業的打拼。大型企業體的OD變動推動者往往利用制式化的介入法來管理整個變動過程，可是小型企業的老闆／持有人卻是一位不使用制式化OD介入法的變動推動者。

摘要與辭彙

經過組織後的本章摘要是為了解答第八章所提出的十一大學習目標：

1.找出轉變力量起始於何處

轉變力主要來自於外在和內在的環境。

2.列出四種類型的轉變

四種類型的轉變分別是策略、架構、技術和人員／文化。

3.說出真相、信念和價值觀這三者之間的差異

真相是可以被證明的說法，能夠確認出事實。信念則是無法被證明的，因為它只是一種意見。而價值觀則是對人們來說很重要的一些事情，價值觀是可以排出優先順序的。

4.描述三種階段的組織文化和它們之間的關係

階段1是行為——也就是員工所採取的行動。階段2則是價值觀和信念，價值觀代表的是我們應該有的行為舉止；而信念則是一種「如果—就會」的說法。階段3是假定看法—也就是根深蒂固，無庸置疑的價值觀和信念。不管是價值觀、信念和假定看法，他們都提供了一些作業性原則，可以用來引導決策的作成和行為舉止。

5.解釋利潤中心制和它的三種角色

利潤中心制是對新產品的開發，可能會在日後成為個別的事業單位。發明者想出了深具創意的點子；冠軍優勝者則負責把點子轉換成一種創舉；再由冠軍優勝者找到贊助者來提供必要的資源，以利創新腳步的進行。

6.說出TQM的核心價值

TQM的核心價值就是：（1）把焦點放在組織中的每一個人身上，好讓他們傳達出顧客價值；和（2）持續改進系統和過程。

7.描述學習組織的文化

學習組織所擁有的文化，充滿了學習、適應和隨著環境而變的各種活力，最終目的就是要增進顧客的價值。

8.討論多樣化差異、創新和品質這三者之間的關係

多樣化差異對創新和品質有非常直接的影響。具有多樣化差異的組織體往往比那些無多樣化差異的組織體要來得有創新力，並比較能生產高品質的產品。

9.說出力量領域分析法和調查反饋法之間的不同

力量領域分析法可被小團體所利用，能診斷和解決某個特定問題。調查反饋法使用的是問卷，由一個很大的團體來填寫，以便找出其中的問題，可是這個團體不會一起共同合作來解決某個問題。事實上可以透過調查反饋法找出問題的所在，再利用力量領域分析法來解決該問題。

10.解釋小組建立法和過程諮商法之間的不同

小組建立法遠比過程諮商法的層面要來得廣。小組建立法是一種介入法，其設計目的是要改善做事的方法以及小組成員在做事時所用到的合作方法（小組動力）。而過程諮商法其設計目的則是用來改善小組的動力。

11.界定下列幾個主要名詞（依照本章的出現順序而排列）

請選擇下列一或多種方法來進行：（1）靠自己的記憶，把填空題中的專有名詞補上；（2）從結尾的回顧單元以及下頭的定義來為這些專有名詞進行配對；或者（3）從本章一開頭的名單上，依序把各專有名詞照抄一遍。

____ 是指策略、架構、技術和人員。

____ 是指收集、處理和傳播必要資訊來幫助經理人作成決策的一種正式系統。

____ 是指否定、抗拒、探索和承諾。

____ 包括了共同的價值觀、信念以及對其中成員應如何行為舉止的假設看法。

____ 是指行為、價值觀和信念以及假定看法。

____ 是指：（1）把焦點放在組織中的每一個人身上，好讓他們傳達出顧客價值；（2）持續改進系統和過程。

____ 所擁有的文化，充滿了學習、適應和隨著環境而變的各種活力，最終目的就是要增進顧客的價值。

____ 是指一種持續進行的計畫改變過程，算是一種手段辦法，可透過各種干預介入來改進績效表現。

____ 是指用來落實變動的各種明確行動。

____ 是一種OD 介入法，以圖解來表示現有的表現程度、改變的阻礙力量以及改變的驅使力量等。

____ 是一種OD介入法，它利用問卷來收集各種資料，好作為改變的基礎根據。

____ 是一種OD介入法，其設計是為了要協助工作小組來增加架構上和小組動力上的績效表現。

____ 是一種OD介入法，其設計目的是要來改善小組的動力。

____ 是一種計畫下的改變，讓組織和其環境進行重新的結盟組合。

回顧與討論

1.管理功能和轉變之間的關聯性如何？

2.系統效應和四種類型的轉變，其中的關聯性如何？

3.列出轉變過程中的四個階段。

4.你認為抗拒轉變的五種最常見理由是什麼。

5.你認為克服這種抗拒心理的六種最重要方法是什麼。

6.強勢和弱勢組織文化之間的差異是什麼？

7.什麼是創新的兩種類型？

8.列出創新文化的六種特性。

9.你同意TQM的核心價值說法嗎？或者你會建議在上頭作些改變？如果答案是肯定的，請說出你對TQM的核心價值法。

10.你偏好哪一種改變模式？為什麼？

11.你過去工作的所在組織體，曾經歷過再活化的改革運動嗎？如果是的話，請解釋其中的原委。

個案

伊士曼柯達公司在1970年代曾是美國市場中的龍頭老大。柯達利用外銷全球的策略，在數家美國工廠製造產品，再輸到國內和國外的顧客手中。可是隨著競爭對手的與日俱增，柯達終於逐漸喪失了市場上的領導地位。大家都知道，它的問題之一就出在攝影產品上。當時，日本人在市面上推出35釐米的相機，可是柯達公司卻有很長一段時間都對這樣的市場置之不理，結果讓日本公司有機可趁，在該市場中坐大壯盛。此外，柯達公司還有一項敗筆，就是花了好幾年的時間，投注數百萬美元來發展即可拍相機，為的是要和拍立得一較長短，可是後來卻在過程中遭到對方控告違反專利權。在軟片的市場上，富士軟片和其它公司奪走了它許多的佔有率。就在競爭最激烈的當口，銀原料的價格突飛猛漲。這時的柯達面臨到危機關卡，因為銀原料是攝影產品中最具關鍵性的原始材料。

為轉變進行規劃

高階經理人找出了造成問題的三個主要因素。首先是成本過高；再來是位在作業基層的各項資訊無法被公司上下所共同分享，而且經理人也不用承擔績效表現的責任；第三則是專業幕僚所發展出來的策略性規劃並沒有被縱向性經理所落實執行。換句話說，整個規劃過程無法發揮它應有的功效。根據以上這些因素，部門分組化被認定是柯達的問題癥結所在。

柯達的各功能部門分別是製造部、行銷部、研發部和財務部。但是高階經理人全都認為為了因應全球性的市場環境，公司應該以事業別取代功能別的分組方式。在以功能為導向的部門作業下，沒有人可以為最後的績效表現負起責任。於是他們作成決策，把以功能為主的分組作法改為部門性的分組方式，接下來就是如何規劃和執行這些部門的轉變。最常見的辦法是集合四到五位經理人，由他們秘密進行全新的組織表，然後再下達整個政策指令。

可是經理們都很在乎這次的組織整建能否一舉成功，於是他們決定要採參與式管理，依照下列的步驟來執行這次的轉變行動：首先由三名高階經理人發展全新的組織，然後再和九位縱向性經理人會商，這些縱向性經理人都會受到這次轉變行動的直接影響，所以高階經理人向他們解釋新組織的必要性，以及其背後的理由是什麼。其中部分理由是為了要以更快的速度來開發新產品，讓自己更具競爭力。高階經理人只是告訴這九位縱向性經理人回去好好考慮這次的重整行動，下次開會的時候，再提出來討論。縱向性經理人必須挑戰、質疑、瞭解、改進這個全新的組織計畫，更重要的是，必須讓他們覺得這是「我們自己」計畫下的新組織。經過四個月之後，這個12人小組終於有了新組織的全盤計畫。

這個12人小組再經過同樣的過程，逐步擴展到另外50名經理人的身上。到了第五個月的月底時，62名經理人也都有了新組織的全盤計畫。這62位經理人再擴大效應到150名經理人的身上，可是他們的工作不是重新進行分組化，而是為部門性架構的落實進行個別計畫的發展。

下一個步驟則是為新組織指派各高階職位的接手人員。指派的取決標準是根據人員的才能評估，年資深淺則是第二個考量的重點。曾參與過此次重整過程的150名經理人，大多有新的職位等著他們接手。但是更重要的是，不管新職位的工作性質如何，絕大多數經理人都全力支持這項重整計畫。而光是轉變前的預作準備部分就花了將近十四個月的光景時間。

執行轉變

柯達的組織重建工作在一開始的時候，就在兩年的時間內，裁掉12%的員工數量。多數都是志願離職，另尋他職；有些人則是辦理退休。過了一段時間之後，經理人的人數也下降了25%。而且柯達也停止了過去一向由內拔擢經理人才的習慣。在五年的時間內，就有將近70%的主要經理人是屬於部門裏的空降部隊。

接下來，又成立了將近三十個獨立性質的事業單位，每一個事業單位都有責任來發展執行自己的策略，並全權負責自己在全球市場上的績效表現。根據各事業單位的作法，外銷策略也有了從頭至腳的轉變，就連直接投資也不例外。各事業單位被逐步地分門別類成為傳統顯像事業、影像加強資訊技術事業以及塑膠聚合體事業等。柯達更收購了Sterling製藥公司，跨足到製藥界中，成立了另一支事業單位。

為了將焦點更集中在顧客、市場和技術上，製造和研發部門也分家了，它們被分配到各事業單位當中。各事業單位和不同地理區域之間的關係也更清楚可辨，簡單的說，各事業單位負責的是各種事業的策略發展，再由各地理區域的單位來負責策略行動的落實。

每個事業單位都要定期接受收入盈虧和顧客價值的評估檢定。各事業單位所產生的報酬一定要超過權益的既定成本，並反映出它的風險程度和市場狀況。不能達到報酬比例要求的事業單位，則列在「留校察看」的名單上，如果還是無法達成目標，就會遭到裁撤的命運。

從多數的評估角度來看，柯達的組織重整行動算是相當成功的。它改善了財務、生產力、和市場佔有率等各方面的表現。事實上，柯達的改善成效是美國數年來平均值的四倍。

請為下列題目找出最佳的答案選擇。請確定你能夠解釋自己的答案：

____ 1.促使柯達轉變的力量始自於 ____ 的環境。

a.外在　b.內在　c.兩者

____ 2.柯達所進行的轉變類型主要是是 ____ 的轉變。

a.策略　b. 架構　c.技術　d.人員

____3.柯達的高階管理階層花了十四個月的時間來進行轉變的計畫，因為它很在乎轉變過程中的____階段。

a.否定 b.抗拒 c.探索 d.承諾

____4.柯達的經理人可能為了____理由而抗拒這項轉變。

a.不確定感 b.不方便 c.自我利益 d.損失 e.控制 f.以上都有

____5.柯達用來克服抗拒轉變的主要方法是

a.營造互信的氛圍 b.計畫 c.說明為什麼需要轉變，以及此轉變會如何地影響員工 d.創造雙贏的局面 e.讓員工一起參與 f.提供背後的支持

____6.柯達在分組上的轉變，其部分理由是為了要發展出一個比較創新的公司文化。

a.對 b.錯

____7.柯達轉變為一個TQM的文化。

a.對 b.錯

____8.柯達在它的轉變過程中利用到OD介入法。

a.對 b.錯

____9.柯達是遵照綜合性改變模式的步驟在進行。

a.對 b.錯

____10.柯達的轉變可以被視作為組織的再活化。

a.對 b.錯

11.討論會影響柯達組織重整行動的系統是什麼？

12.它花了十四個月計畫此項轉變，可是該組織設計並沒有離當初三名高階經理人的原始設計太遠。所以若是能在當初直接下達組織重整的命令，是不是會更快一點？請根據你的看法，告訴我們如果是你的話，是否會在一開始就下達組織重整的命令？還是會像柯達一樣採用參與漸進的方式？

欲知柯達的現況詳情，請利用以下網址：http://www.kodak.com。若想瞭解如何使用網際網路，請參考附錄。

技巧建構練習8-1　找出對改變的抗拒力

為技巧建構練習8-1預作準備

以下是一些在工作上被要求有所改變的員工，所說出來的話。請利用模式8-1找出這些談話內容的來源和焦點。因為我們很難從紙上作業看出抗拒力的強度，所以可跳過強度這個因素不談。但是，當你真正在處理工作上的員工問題時，就需要把強度的因素列入考慮當中。請找出最能代表和描述其中抗拒力的方框號碼（1-9），填在空格上：

____ 1.「可是我們從來沒有照那種方式做過，難道我們不可以照老方法來做嗎？」

____ 2. 網球教練要求明星球員Jill讓Louise成為她的雙打夥伴，Jill卻說：「算了吧！Louise是個很差的球員，Betty比她好多了，不要讓我們拆夥嘛！」可是教練不同意，一定要Jill接受Louise。

____ 3. 經理人Winny告訴Mike，不要再讓部門的人佔他的便宜，所以特別指派他做些額外的事情。可是Mike說：「可是我喜歡我的同事們，也想要讓他們喜歡我。如果我不幫他們的話，他們可能會不喜歡我。」

____ 4.「我學不會操作這台新電腦，我不夠聰明，所以沒辦法使用它。」

____ 5. 警官要求巡警Chris和一位菜鳥合作共事，Chris回答道：「我一定得照辦嗎？我接手的上一個菜鳥Wayne，現在才剛剛培養出默契而已。」

____ 6. 員工走向經理Chuck，問他是否可以改變工作訂單的格式，可是Chuck說：「那很浪費時間的，現在的格式蠻好的嘛！」

____ 7. 員工Diane的工作很忙，可是經理要她停止現在的工作，開始進行另一個全新的計畫，Diane卻說：「可是我現在在做的工作比較重要啊！」

____ 8.「我不想和那個工作小組一起共事，他們是部門裏績效表現最低的一組人員。」

____ 9.「讓我在餐廳的廚房裏做事，我做不來酒吧的工作，因為它違背了我的宗教信仰。」

____ 10.「可是我不瞭解為什麼不能展示人們被火燒死的照片，這樣才能讓顧客買我們的煙霧偵測系統啊！我不認為這是一種不道德的行為，我們的競爭對手也是這麼做的！」

在課堂上進行技巧建構練習8-1

目標

培養你的能力，使你能夠找出人們對轉變的抗拒心理，如此一來，才能改善你克服抗拒力的技巧，並有效地執行任何一項轉變計畫。

準備

你應該已經做好前述的十道有關抗拒力的問題。

經歷

你會知道別人對你在抗拒力確認上的程度看法。

程序（10-30分鐘）

選擇1. 四到六人分成一小組，分享彼此對前十道問題的選擇答案，試著達成全體一致的認同。等到完成之後，再由其中一位成員向班上所有同學提出該組的看法。等到所有小組都提出之後，再由講師說出答案。

選擇2. 由講師指定同學回答上述問題的答案，然後再由講師在每位同學回答之後，給予正確的答案解釋。

選擇3. 由講師講評每一個答案，不需同學的參與作答。

結論

由講師帶領全班進行討論，並作成總結講評。

運用 （2到4分鐘）

我從此經驗中學到了什麼？我會在未來的日子裏，如何運用此所學？

分享

由自願者提供他在此運用單元裏的答案。

練習8-1　小組建立法

為練習8-1預作準備

注意事項：這個練習是為班上的常態小組（會定期一起合作共事的小組）所設計的。以下是一份調查反饋問卷，其中並沒有什麼對與錯的正確答案，只要據實回答每一個問題就可以了。並在問題的前面空格上列出數字（1-5），表示你對每一道問題的同意程度。

非常同意	有些同意	無所謂同不同意	不太同意	非常不同意
1	2	3	4	5

矛盾或衝突

____ 1. 我們小組的氣氛很融洽友善。

____ 2. 我們小組的氣氛很自在（而不是很緊張）。

____ 3. 我們小組很合作（而不是互相競爭）。

____ 4. 組員們想說什麼就可以說什麼。

____ 5. 我們小組當中有很多爭論。

____ 6. 我們小組有一些問題成員（在討論時不說話的人—沉默的人；主控整個討論的人—愛說話的人；不參與的人—孤僻的人；改變話題的人—三心二意的人；以及喜歡衝突的人—愛爭論的人）。

冷淡

____ 7. 我們小組對所賦予之任務往往會全力以赴（所有成員都很積極地參與）。

____ 8. 我們小組成員的出席率很高。

____ 9. 我們小組的成員在上課前都已先作過充份的預習。（所有作業都已完成）

____ 10. 所有成員都會把自己的份內工作做好。

____ 11. 我們小組應該考慮把某個成員撤換掉，因為他不出席會議，也不做好自己份內的事。

決策作成

____ 12. 我們小組的決策作成能力相當好。

____ 13. 所有成員都會參與決策的作成。

____ 14. 會有一或兩個成員影響多數的決策。

____ 15. 我們小組會遵循決策作成模式的六個步驟（第四章）：（1）界定問題；（2）擬定目標和標準；（3））作成選擇方案；（4）分析選擇方案；（5）計畫和執行決策；（6）控制。

小組技巧

____ 16. 我們小組在開會的時候會圍成一個圓圈。

____ 17. 在開始做事之前，我們會先決定任務的作法。

____ 18. 一次只有一名組員說話，而且每個人都是針對相同的問題進行討論。

____ 19. 在選擇答案的時候，每個人都要對自己的答案有明確的解釋理由。

____ 20. 我們會在提出答案的時候，輪流發言的順序，如此才不會發生由一人來掌控所有局面的情形。

____ 21. 當別人在談話的時候，我們會專心地傾聽。

____ 22. 所有成員都可以為自己的答案辯解（當他們相信自己的答案才是最正確的），而不是改變答案，只為了避開討論、衝突，或者讓事情趕快結束。

23. 請列出貴小組的其它相關問題。

在課堂中進行練習8-1

此練習是為那些合作已有一段時間的小組所設計的。

目標

讓你經歷小組建立法的訓練課程，並改進貴小組的成效性。

準備

你應該已經回答了調查反饋問卷裏的所有問題

經歷

這個練習是以討論為主，整個程序是依照課文中小組建立法的六個步驟而來的。

氣氛的營造和目標

程序1a（5到30分鐘）

為了培養出互相信任、互相扶持、和開放的小組氣氛，組員們將會透過提出問題的討論方式，對彼此組員有更多的瞭解。

規定

1. 輪流提出問題。
2. 只要你不問，也許就可以拒絕回答某項問題。
3. 你並不需要照著列表的順序來提問題。
4. 你也可以提出你自己的問題。（把它們加上去）

在和小組會商之前，請先以個人的身分看看以下幾個問題，你想向哪些組員請教這些問題，請記下他們的名字。如果你想向全組人員提出問題，則請在問題的旁邊註明「全體」的記號。等到所有的人都準備好，就可以開始提問題了。

1. 你對這個課程有什麼感覺？
2. 你對這個小組有什麼感覺？
3. 你對我有什麼感覺？
4. 你認為我對你有什麼感覺？
5. 請描述你對我的第一印象是什麼？
6. 你喜歡做什麼？
7. 你對這個小組的承諾是什麼？
8. 對於這個課程，你最喜歡的是什麼？
9. 你畢業之後，要計畫做什麼？
10. 你想從這個課程中得到些什麼？
11. 你對規定期限的反應如何？
12. 你在小組中和誰最親近？
13. 你在小組中和誰最不熟稔？

其它：＿＿＿＿＿＿＿＿＿＿＿＿＿＿＿＿

當講師告訴你可以進行的時候，就集合小組成員，開始互相提出問題。

程序1b（2到4分鐘）

由參加者自行決定他們想要在小組建立的訓練課程上完成什麼樣的目標。接下來是課文中所談到六大目標，也許你可以多補充一點。請根據你的喜好，排定它們的順序。

釐清小組目標。

找出可改善小組表現的領域所在。

發展小組技巧。

判定和利用你所偏好的小組風格。

大加利用每位組員的資源。

根據互相信任、瞭解和坦誠以對的精神，培養彼此的的工作關係。

你自己的目標（請列出來）：

＿＿＿＿＿＿＿＿＿＿＿＿＿＿＿＿＿＿＿＿＿＿＿＿＿＿＿＿＿＿＿＿

程序 1c（3到6分鐘）

參加者彼此分享程序1b的答案。如果必要的話，也可以讓小組設法在答案上取得共同一致性的看法。

架構和過程

程序2（3到8分鐘）

請討論小組在架構上和過程上的優點和缺點。

問題和驗證

程序3a（10到15分鐘）

請以小組身分，回答調查反饋問卷裏的問題（練習8-1的預作準備部分）。在空格上填上G的字樣，代表這是由小組來作答的。不要匆促行事，請詳加討論這些議題，它們會如何影響你們小組？以及會影響什麼？

程序3b（3到7分鐘）

根據前述的資訊，請列出三到五種可改進小組表現的方法。

程序3c（3到6分鐘）

排出前述方法的優先順序（1代表最重要）。

問題解決

程序4（6到10分鐘）

找出最具優先性的項目，然後列出小組的共同價值觀（該做和不該做的事）讓大家來遵循，如此一來，才能讓小組在行動上更具成效性。此外，也請列出其它有待改善處的共同價值觀，直到時間到了才打住。至少要完成三個項目。

訓練

程序5（1分鐘）

小組建立法通常還包括訓練的部分，好克服小組所面臨的問題。可是因為訓練需要佔掉練習的大半時間，所以我們現在不打算進行。請記住，小組建立法的各種議程互不相同，通常需要一或好幾天的時間才能完成，並不是只花一個小時就能做到的。

終止

程序6a（3分鐘）

1. 我打算要讓小組的解決辦法落實執行。為什麼？______

2. 我從此經驗中學到了什麼？________________________

3. 我要如何將此所學運用到我的日常生活中？_________

4. 我要如何將此所學運用在經理人的生涯之中？________

程序6b（1到3分鐘）

小組成員概要說明他們學到了什麼，以及他們會做什麼（承諾）來改善自己小組。

結論

由講師帶領全班進行討論，並作成總結講評。

分享（4到7分鐘）

由來自於各小組的發言人告訴班上同學，各小組的三大改善點是什麼，由講師在黑板上記錄下他們的內容。

第九章
人力資源管理：人員調度

學習目標

在讀完這章之後，你將能夠：

1. 列出人力資源管理過程中的四大部分。
2. 解釋工作內容和工作條件之間的差異性以及它們的必要性。
3. 說出招募員工的兩大部分和它們之間的差異所在。
4. 描述集體面談和陪審小組面談，以及假定性問題和深究性問題的不同差異。
5. 討論新進人員的工作介紹以及員工的培訓這兩者之間的不同差異。
6. 列出在職教育訓練的各個步驟。
7. 說出報酬的要素內容。
8. 描述工作分析的用途和工作評估的用途，這兩者之間的差異。
9. 解釋為什麼多數組織都沒有勞工關係。
10. 界定下列幾個主要名詞：

人力資源管理過程
真正的職業資格
策略性人力資源規劃
工作內容
工作條件
求才
評選
評鑑中心
新進人員的工作介紹
訓練
培養
新進人員的工作訓練
績效評鑑
報酬
工作評估
勞工關係
集體交涉

技巧的發展

技巧建構者

1. 你可以培養自己在選才面談方面的技巧
2. 你可以培養自己訓練員工的技巧能力

選才和訓練是一種組織性／人員調度性的技巧，需要利用到人　　性、溝通、概念和決策作成方面的技巧。本章可以學習你的人與人互動技巧以及資訊技巧和決策管理角色的技巧。此外，也可以學習到資源——幕僚、人際互動、傳授他人資訊和系統使用方面的SCANS能力；以及基本性、思考性和個人特質的基礎能力。

■ Gene Priestman（CIO）、Petrzelka（總裁）以及Roger Meade（CEO）都認為Scitor的員工是最重要的資產。

加州陽光谷（Sunnyvale）的Scitor公司所生產的產品和服務，包括了程式管理、系統工程以及應顧客不同需求而製作的電腦資訊系統。該公司的創始人兼最高執行長Roger Meade，根據他對人力資源管理的研究，為Scitor本身發展出一種非常獨特的組織文化。Meade把員工視作為非常珍貴的資產：「Scitor代表的就是我們的人員；我們的成功全靠他們的功勞。」他相信生產力的關鍵就在於照顧員工的需求，而且他真的做到了。Meade視Scitor的人力資源計畫為一種投資，而不是成本支出。

人力資源的投資已經因為這十五年來的利潤成長而得到了報酬。但是，Meade並沒有設下任何有關成長率或獲利能力的目標。他的理論是：只要把事情做對和做好，並著重顧客的滿意度，成長和利潤就會跟著而來。因為滿足了顧客，又讓顧客在事業上很成功，所以Scitor這家公司也就跟著成功了。Meade清楚知道，人力資源的運作要是沒有能夠提供顧客價值的產品和服務，根本就不可能成功。因此，Scitor努力營造出一種環境，讓員工無法置身於顧客滿意度的目標之外。其結果當然是讓員工持續不斷地增進顧客價值。

人力資源管理過程就是要讓工作生活儘可能變得輕鬆愉快。Scitor在這方面的運作，其中包括讓每週工作至少達17.5個小時的員工得以享受一些福利。Scitor的病假日數沒有上限，而且絕不扣薪，也不會追蹤員工究竟請了多少天的病假。此外，Scitor還提供一套由公司負擔的健康醫療計畫，每位員工有1,400美元的公積金，可以用來支付口腔、視力以及一些無補償性的醫療支出。剛生產完的員工可以享有十二個禮拜的支薪產假，當她們回來上班的時候，也可以自由選擇全天班或半天班的工作方式。除此之外，Scitor還提供工作分擔（由兩名員工來負責完成一件整份的工作）

和彈性時間（由員工選擇任務的起始和結束時間）這兩種工作方式。

Scitor送給每位員工入場券去看一場49人的足球家鄉賽。該公司也會舉辦野餐、墨西哥美食烹飪比賽、滑雪之旅、釣魚之旅、品酒之旅和長途賽車等各種活動。此外，Scitor每個會計年度都會在五星級的大飯店裏舉辦年度盛會，所有員工都要參加。而Scitor也會為每一位員工和邀請來的客人支付交通、餐飲、住宿等為期三天的費用。

Meade並不認為他的人力資源政策太過慷慨或是太過自由，它只是符合經濟原理而已。Scitor所做的每一件事都是為了增加競爭力和生產力。該公司之所以擁有這麼多的福利政策，乃是因為他們認為企業體對員工若是有吸引力的話，才會有人才願意留下來為公司打拼。該公司的人員流動率只有2.1%，這和16.5%的產業平均值比起來，簡直有天壤之別。因為低流動率的緣故，使得他們可以把徵人和訓練新進員工的成本支出節省下來，轉而運用在員工的福利身上。舉例來說，Scitor 決定要為員工支付生病看護的服務費用，這項支出一年大約要花上2,400美元，可是根據該公司的估算，它在營業額的損失上，一年約可省下17,000美元。

人力資源管理過程

1.列出人力資源管理過程中的四大部分

人力資源管理（human resources management process）的組成內容包括對員工的規劃、招募、培養和留用。這也是大家所熟知的人員調度過程。圖9-1描繪的正是這樣一個過程，而這個過程中的每個部分都會佔掉本章個別單元的整個篇幅來進行討論。請注意，圖中的箭頭是用來描繪系統之間的影響關係。舉例來說，規劃和報酬會影響到對員工的招募力；勞工關係會影響規劃；而工作分析則會影響訓練。在本單元裏，你將會學到有關法律環境和人力資源部門等議題。

人力資源管理
其組成內容包括對員工的規劃、招募、培養和留用。

合法環境

外在環境，特別是競爭環境和法律環境，對人力資源的運作有非常重要的影響。若是某組織體所提供的報酬和福利比不上其它競爭對手所提供的內容，員工就可能跳槽另謀它職。事實上，組織體在人才的留用上並不是那麼地隨心所欲。人力資源管理部門通常有責任要監督自己的組織是否有遵守法律上的規定。以下是某些法律上的考量點：

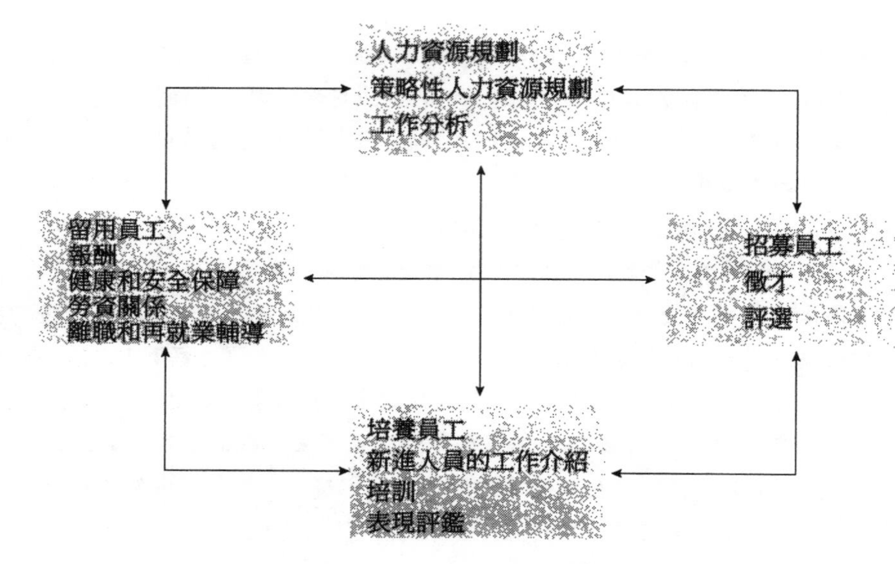

圖9-1　人力資源管理過程

在美國影響聘雇就業的主要法律條文有平等就業機會法（Equal Employment Opportunity，簡稱EEO）以及肯定法案（Affirmative Action，簡稱AA）的實施命令。1972年所通過的EEO是修訂1964年人權法案下的結果產物，它禁止因為性別、宗教、種族、或原始國籍的不同而衍生出來的就業歧視。它所適用的範圍包括任何一家民營或公營的事業，只要雇用人數在15人以上，就必須遵守這項規定。那麼，誰是法律上所界定的少數人口呢？只要不是白種男性、歐洲後裔、或已接受過適當教育者，都可稱之為少數人口。EEO對少數人口的界定方向包括拉丁裔、亞裔、非裔、美國原住民以及阿拉斯加原住民。此外，EEO也保護年輕的貧民、殘障工作者、和年齡超過40歲以上的公民。儘管這項法律也明文保護女性免於受到就業上的歧視，可是她們卻不被認定為法律上所稱呼的少數人口，因為她們佔了一半的人口數量，甚至在有些地區，還稱得上是多數人口。

性騷擾

性騷擾是歧視問題裏頭最敏感的話題之一，因為它通常涉及到個人的判斷性問題。為了讓人們知道自己是否被其他人性騷擾，平等就業機會委員會（簡稱EEOC）界定了以下的條文：

不受歡迎的兩性接觸、對性服務的要求和其它口語上或肢體上的黃色行為，這些行為在以下情況出現時，都可被界定為性騷擾：（1）這類行為的服從被當作是個人工作上的明顯性或暗示性條件；（2）對這類行為的服從或拒絕會被用來作為是工作上的裁決根據，而此裁決對當事人的影響很大；或者（3）這類行為會對當事人的工作表現或敵意性環境的製造，有不近情理的效應和影響結果。

透過EEO，每年都有1,500多個人從雇主身上贏回共達2,500萬美元的賠償金。[1]

EEOC必須負責為所有勞工強制執行就業平等機會，它在全美各地共設有四十七個辦公室，並全天候開放WATTS專線（1-800-USA-EEOC），提供有關勞工權益的各項資訊。如果你不確定你該做什麼才算合法或正在做的事情是否合法？都可以打電話來洽詢。除此之外，EEOC也會為那些覺得自己沒有受到公平對待的勞工們舉辦研討會。

其它影響員工調度事宜的法律條文包括1963年的平等薪資法（Equal Pay Act），此法案要求不管性別是什麼，只要工作內容相同，就應該得到相同的薪資對待；1967年就業法的年齡歧視條例（Age Discrimination），該條例禁止對年滿40歲以上的人有不公平的就業對待；1973年的職業重建法（Vocational Rehabilitation Act），它要求各聯邦的承包商必須雇用和晉升殘障人士；而1972

1990年的美國殘障法，禁止企業界對殘障人士和一些需要「合理安排」才能工作的人士，有任何的歧視行為。

> **工作運用**
>
> 1.你是否有認識的人在就業前的過程中遭受到性騷擾，或被詢問到一些歧視性的話題？如果有的話，請以語言能接受的範圍內，描述一下當時的情形。

年和1974年（在1980年完成修訂）的越戰老兵重新適應協助法案（Vietnam-Era Veterans' Readjustment Assistance Act）則要求承包商必須採取積極行動來雇用殘障人士和越戰時代的退伍老兵；1978年的懷孕歧視法（Pregnancy Discrimination Act），它禁止企業界對懷孕、生子、或相關就醫狀況下的女性有任何歧視的行為，特別是在福利行政等方面；以及1990年的美國殘障法（Americans with Disabilities Act，簡稱ADA），它禁止企業界對殘障人士和一些需要「合理安排」才能工作的人士，有任何的歧視行為。此外， ADA也明文保護戒酒者、戒毒者、癌症患者和愛滋患者。1993年的家人醫療假法案（The Family Medical Leave Act）則准許員工最多可以請六個禮拜的事假，以留職的方式來照顧生病的家人。[2]

就業前的過程

在應徵和面談時，任何組織的任何一名成員都沒有法律上的權利來詢問一些歧視性的問題。基本上，問題內容必須遵循兩大原則：（1）每一個提出的問題都要和工作本身有關才行。當你在蘊釀問題的時候，所使用的資料一定要有實質性的用途，只准問一些在評選過程中有所幫助的合法問題；（2）任何你所提到的一般性問題，所有候選人都要作答。

圖9-2列出了一些在評選過程中，你可以問（你可用來篩選候選人的一些合法資訊）和不可以問（你不能用來篩選候選人的禁止性問題）的各種問題。不管是什麼情況，前提就是不要詢問一些非真正職業資格的其它問題。**真正的職業資格**（bona fide occupational qualification）可以准許一些特定機構為了正常的運作，有一些合理且必要性的差別待遇。讓我們看看最高法院贊成BFOQ的一個例子。阿拉巴馬州要求看管戒護院的警衛必須要是男性，可是認為此舉有性別歧視的人士卻一狀告到法院裏。但是最高法院卻贊成這項措施，因為在戒護院裏被看守的犯人，20%都有被控性侵犯的記錄，所以對女性警衛來說，不能不算是一種威脅。

真正的職業資格
准許一些特定機構為了正常的運作，可以有一些合理且必要性的差別待遇。

人力資源部門

正如前一章所提到的，人力資源是組織體內四種功能性部門的其中之一。它是一個幕僚性的部門，專門協助和提供意見給其它部門。人力資源部門負責的正是人力資源管理過程。

組織的規模（通常是員工人數在100人以上）若是大到足以獨立出個別的

姓名

可以問：目前在法律上登記的姓名以及是否曾以其它姓名從事過任何工作。

不可以問：未婚前的姓名，或者當事者是否曾改名換姓過。

地址

可以問：現在的居所所在和距離長短。

不可以問：該應徵者的房子是租的或自己持有的，除非在BFOQ的情況下。

年齡

可以問：應徵者的年齡是否符合工作條件要求下的某個年齡層內，比如說21歲到70歲。如果雇用的話，能否進一步提出有關年齡的證明文件？舉例來說，員工必須年滿21歲，才能從事酒類產品的工作。

不可以問：你幾歲？或者要求看出生證明。千萬不要問一名年長者，究竟打算在退休前幹多久？

性別

可以問：如果有BFOQ的考量，就可以問。

不可以問：如果沒有 BFOQ的考量，就不能提起。請記住，不要違反性騷擾的相關法令。不要輕描淡寫地問到或談論到任何輕佻的話題。不要詢問對方的性傾向。

婚姻狀況和家庭狀況

可以問：可以問該應徵者是否可以配合工作時間，及是否有其它活動、責任或承諾，可能影響到工作上的出席率。兩性都應被詢問到相同的問題。

不可以問：不可以因已婚或未婚的狀況來作為人員的評選標準，也不可問到任何有關孩子和其它家人方面的事情。

國籍、公民身分、種族、或膚色

可以問：該應徵者是否可以合法地在美國工作，如果雇用的話，是否能提出相關證明。

不可以問：想要驗明應徵者的國籍、公民身分、種族、或膚色（或其父母和親戚的以上身分）。

語言

可以問：為了要記下應徵者可以流利地說寫幾種語言，就可以詢問。如果有 BFOQ的情況，也可以詢問應徵者是否會說和／或寫某種特定的語言。

不可以問：離職後說的語言或應徵者如何習得這種語言。

判罪記錄

可以問：可以詢問應徵者是否曾被判過重大罪行，以及該罪行是否和工作有關等其它資料。

不可以問：不可以問應徵者是否被逮捕過。（逮捕並不代表就是犯罪）。也不能問一些和工作無關的其它罪行。

身高和體重

可以問：應徵者是否符合或超過BFOQ的身高和體重要求。如果雇用的話，可否提出證明。

不可以問：如果沒有BFOQ的設限要求，就不能詢問應徵者的身高和體重。

宗教信仰

可以問：在BFOQ的情況下，就可以詢問應徵者是否信奉某一特定宗教。應徵者是否可以配合工作時間，或者會為了宗教上的理由而必須缺席。

不可以問：宗教傾向、宗教關係、或宗教派別。

信用考核或扣押

可以問：如果是BFOQ的情況，就可以問。

不可以問：如果沒有 BFOQ的情況，就不可以問。

學歷和工作經驗

可以問：和工作有關的相關資料。

不可以問：和工作無關的其它資料。

身分保證人

可以問：願意提供資料參考的保證人姓名。建議應徵者來此應徵的推薦人姓名。

不可以問：來自於某宗教領袖的資料參考。

服役

可以問：在軍中所獲得的學歷和經驗，這些都要和工作有關才行。

不可以問：不可以問退役的日期和當時狀況。也不可以為應徵者的軍旅生涯進行分級或評定其適任資格。也不能問應徵者是屬於國家防衛部隊還是後勤單位及他在海外服役的經驗等。

組織

可以問：為了要記錄應徵者是否有參加任何和工作有關的組織體，如工會、專業或貿易協會等，就可以詢問此話題。

不可以問：不可以詢問應徵者是否參加任何和工作無關，但和種族、宗教等有關的組織體。

殘疾

可以問：是否應徵者有什麼殘疾，不能讓他或她從事於某特定工作。

不可以問：和工作無關的其它資料。要集中焦點在對方能做的事情上，而不是不能做的事情上。

圖9-2 就業前的詢問調查

概念運用

AC9-1　合法或非合法的問題

請確認以下十道問題是：

a. 合法問題（可以問的問題）　b. 非合法問題（在雇用前不可以問 的問題）

__ 1.你會說哪些語言？

__ 2.你是已婚或未婚？

__ 3.你有幾個人需要靠你撫養？

__ 4.所以你想成為一名卡車司機，你是Teamsters的工會成員嗎？

__ 5.你幾歲？

__ 6.你曾因工作上的偷竊行為而被逮捕嗎？

__ 7.你擁有自己的車嗎？

__ 8.你有什麼樣的肢體殘障？

__ 9.你從軍隊退伍的時候，是以什麼形式退伍的？

__10.你可以證明自己有合法的工作權利嗎？

工作運用

2.請就你曾工作過或目前正在服務的單位組織為例，舉出你在該組織中所經歷到了某種轉變實例（請確認這個變化是屬於策略上、架構上、技術上、抑或是人員上的變化）。

人力資源部門，該部門就會為整個組織發展出人力資源計畫：

1.它會招募員工，好讓縱向性經理可以從中選出他所要雇用的人才。

2.它會指導和訓練員工如何進行份內的工作。

3.它通常會發展出績效評鑑制度和格式讓組織體內的經理人使用。

4.它可以決定員工的報酬多寡。

5.它通常要負責員工的健康和安全保障計畫以及勞工關係的維護，此外，它也必須處理員工的離職事宜。就業記錄必須由人力資源部門來保管，而且它必須經常處理法律上的事宜。

人力資源規劃

策略性人力資源規劃
調度組織來完成目標的一個過程。

在本單元裏，你將會學到有關人力資源規劃和工作分析等相關事宜。**策略性人力資源規劃**（strategic human resources planning）是調度組織來完成目標的一個過程。人力資源部門的工作就是在適當的時機，提供適當數量的適任人員。人力資源的計畫必須照著組織的策略而走。如果策略是成長性的，就需要多雇用一些員工；如果策略是節流性的，當然就得裁員。但是如果策略是穩定性的，維持目前的人員調度局面就成了必要的條件。可是，即使是穩定性的策略，在這個詭譎多變的環境裏，各種所需的技能類型還是會持續不斷地改變。

所以，策略性的人力資源管理就成了90年代愈來愈重要的一件事。[3]

人力資源經理會根據組織的策略，再依照當時的環境和銷售預測來分析目前的人力資源情況。接下來，則是預估一些特定人力資源的需求。最後則是發展計畫，提供需求下的人員來達成組織的目標。舉例來說，對Lands' End郵購公司來說，它所需求的人力在耶誕季節期間會達到最高峰，所以必須早在每年的一月就開始為那個時期的人員調度作準備。基本上，他們是根據訂單的預估數量和預期工作量來作人數的預估。[4]因為Scitor持續延用成長性策略，所以它必須不斷地計畫自己的人力資源需求。

工作分析

2.解釋工作內容和工作條件之間的差異性及其必要性

策略性人力資源規劃可以決定人員的數量和所需的人員技術，可是卻無法明確指出各項工作的施展方法是什麼。人力資源規劃的一個重要部分就是檢查各項工作的有關資料。[5]工作設計是把各個員工負責完成的任務結合起來的一個過程（第七章）。為了設計工作，它們必須先被分析。工作分析（job analysis）也是一種過程，此過程是用來決定各職務的負擔內容以及擔任此工作的所需資格是什麼。正如定義中所談到的，工作分析是工作內容和工作條件的基礎所在。

工作內容（job description）會確認某項職務的任務和職責是什麼。換句話說，它確認的是員工該做些什麼，才能賺到該有的報酬。現在的趨勢是把工作內容描繪得廣泛一點，好用來強化工作的本身。[6]圖9-3就列出了一些常用來說明工作內容的相關資料。圖9-4則是一個書面的工作內容例子。

工作內容
確認某項職務的任務和職責是什麼。

實際工作的預告

工作分析的其中一部分就是發展一份實際工作的預告（簡稱RJP）。RJP可以讓應徵者正確且客觀地瞭解這項工作的性質。根據研究指出，員工要是覺得事前對工作內容有非常清楚的認識，事後對該組織就比較能有滿意的心態。並且普遍認定背後的雇主是個值得信賴的人，而且他們也比較不像那些覺得自己沒有得到正確訊息的人一樣，老是想要再換一份工作。[7]

根據工作內容，工作分析的第二部分就是決定工作條件。所謂**工作條件**（job specifications）就是確認某項職務的所需資格條件是什麼。工作條件可以找出你所需要的人員類型。圖9-3提供了一份條件名單，也許可以被視作為工作分析的一部分。

工作條件
確認某項職務的所需資格條件是什麼。

工作分析

工作內容

工作職稱（店員、圖書管理員、技師等）
監督指導（你要向誰報告？如果有的話，又是誰該向你報告？）
工作地點（工作要在哪裏進行—店裏、辦公室等）
任務、責任、活動內容等（你實際的工作是什麼？）
表現標準（表現可接受的程度是什麼？
例如一年業績要做到十萬美元）
工作狀況（明確說出是否有什麼危險、噪音、或酷熱等）
工具、設備、材料等（打字機、電腦、推高機等）

工作條件

技術和能力（每分鐘英打六十個字）
學歷（大學畢業、教師資格證明）
訓練（需要受過XYZ機器的操作訓練）
經驗（曾有一段時間從事過類似的工作，通常會註明經驗的年資）
個人特質（良好的判斷力、主動進取心、個性、企圖心）
體力負荷（能夠扛起五十磅的袋子）
感官上的要求（對視力、聽力、嗅覺力的明確規定）

圖9-3　工作分析

部門：工廠工程部

工作職稱：金屬版首席專家

工作內容：
在建築工程上負責金屬版部門人事的領導和指揮，以及各種金屬版設備的修繕。此外，多數時間必也須從事類似的相關工作或更複雜的工作內容。必須接受監工以口語或書面方式所傳達出來的工作順序和類型，或者是必須利用到的一些特殊方法。根據草圖或繪圖的方式，把工作分配給小組裏的成員，明確指出平面佈局、材質、裝配、以及金屬版的移動事宜等，並說明可接受的交易程序是什麼。根據標準程序，取得工作所需的材料或供應品。訓練新進人員，指導他們有關的工作程序和安全操作方式。檢查小組的績效表現。此外，通常會為了整個小組的需要，而必須和上層單位或工程人事單位進行接觸。也可能要不定期地向高層單位進行報告，但是沒有權力去雇用、解雇、或懲戒其它員工。

圖9-4　工作內容

工作分析可以由專家來負責；也可以由該份工作的直屬經理來全權處理；或是由擔任這份工作的員工來直接處理；當然也可以結合三者一起來進行。工作分析可以觀察員工在工作上的表現；約談員工；要求員工填寫工作問卷；或者是讓員工把他們確實的工作內容以日誌的方式記錄下來。此外，也可以結合以上各項作法，一起運用。

職務分析問卷（Position Analysis Questionnaire，簡稱PAQ）是一種很受歡迎的工作分析法。該問卷內含194道問題，需要作答者給予明確的答案。然後答案內容會被拿來做為工作內容和工作條件的基礎根本。職稱字典（Dictionary of Occupational Titles，簡稱DOT）是由美國聯邦政府所出版，也可以被善加地利用。它內含了兩萬種以上的工作項目，每一份工作都有編碼，可以讓分析家描述其「功能」。而這些功能也會就人、事、物合作共事上的角度來判定各工作的複雜性。DOT的資料通常會隨著特定工作的不同而作些修正，它的格式很符合組織體的需求。

工作分析是人力資源規劃裏頭很重要的一部分，因為它可以用來招募、培養、和留用人員。舉例來說，在不瞭解這份工作的情況下：你要如何評選員工來擔任這份工作？你要如何訓練他們來做事呢？你要如何評估他們的績效表現？你又該如何決定薪資的多少呢？

工作運用

3.請為你目前正在從事或以前做過的工作，進行一份工作分析；寫下一份簡單的工作內容。

4.你有看過實際工作的預告嗎？請解釋一下。

招募員工

3.說出招募員工的兩大部分和它們之間的差異所在

決定好雇用需求，也作好工作分析之後，人力資源部門通常會進行公開求才的活動，再由縱向性經理人選定人員來填補職位上的空缺。在本單元裏，你將會學到有關招募和評選的過程，以及如何進行面談的工作。

求才

求才（recruiting）是吸引合乎條件的候選人來應徵工作的一個過程。要找到可能的應徵者，首先要做的就是讓大家知道該組織正在尋找員工。然後再說服他們來應徵這份工作。求才活動可以在內部執行，也可以在外部執行。**圖9-5**列出了一些可能的求才管道。

求才
吸引合乎條件的候選人來應徵工作的一個過程。

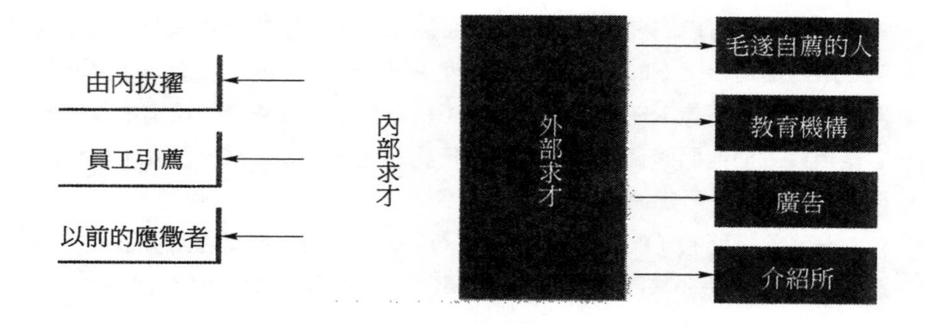

圖9-5　求才的管道

對內的求才

對內求才通常包括向現有員工或他們所知道的人，公開一些工作機會。對內求才的好處包括：在許多情況下的成本都比較低；它對那些想要有所升遷的人有促進績效表現的催化作用；可以降低人員的流動率。除此之外，組織體往往知道該名員工的優缺點，而且員工也很熟悉組織的環境。可是對內求才的缺點就是會產生「漣漪效應」(ripple effect)，被升職的人員，他原先的位置一定要有人取代。這當然必須視各工作的性質和階層而定，但也許可能會造成人事上的大搬風也說不定。某家組織就為了要填補195份職務上的空缺，而必須經歷545份工作的大搬風。另一個壞處是對內求才可能造成那些得不到升遷的人士心生埋怨，特別是他們的新主管竟然是自己以前的老同事。另外，這種「近親交配」的結果也可能造成創意的缺乏，因此，訓練成本也會跟著增加。由內拔擢和由員工引薦是兩種最常見的對內求才方式。其它還包括和以前離職的員工或以前來應徵的人士聯絡看看：

工作運用

5.你以前被人雇用時，是經過什麼樣的求才管道。

1.由內拔擢：許多組織都會在佈告欄、公司的時事通訊欄、以及其它公開場所中，公佈新的工作機會，現有的員工可以透過申請或是經過競爭淘汰的過程來取得此工作機會。

2.員工引薦：當工作機會向內部公佈的時候，員工也可能會受到鼓勵，推薦自己的朋友或親戚來爭取這份工作。一般而言，員工引薦的通常都是還不錯的人才。研究調查顯示，不管是介紹人或被介紹人，他們在工作上的留任時間都相當地長。但是，政府卻明文規定，若是現有員工絕大多數都是白種人或男性，就不能採用引薦的方法，因為這種方法可能會造成工作場所中永久勢力的存在，進而產生歧視的問題。

概念運用

AC 9-2　求才的管道

請為以下的工作機會選出可以利用的求才管道：

內部管道

a.由內拔擢　b.員工引薦

外部管道

c.毛遂自薦的人　d.教育機構　e. 廣告　f.職業介紹所　g.獵人公司

__ 11.你的員工之一在工作上受了傷，需要請一個月的病假。

__ 12.有一名第一線的督察員將在兩個月內退休。

__ 13.你需要一名有著特殊資格的工程師，很少有人有能力做這份工作。

__ 14.你的業務經理喜歡雇用沒有經驗的年輕人，為的是要訓 練他們以一種獨特的方法來銷售產品。

__ 15.你的維修部門需要一名人員來處理例行性的清潔工作。

對外的求才

對外求才的主要好處包括：可以有更多的可能應徵者；雇用有經驗的員工可以降低訓練的成本；可以帶進一些新點子和不同的看法；以及比較容易達成企業轉型的目的。而它的主要壞處則有：高成本；可能會打擊到現有員工的士氣；需要花上一段時間才能讓新人適應該組織；以及不瞭解該名應徵者的真正能力，所以可能會有風險。以下是對外求才的若干管道：

1.毛遂自薦的人：有些應徵者並沒有透過什麼求才的活　動，就直接找上門來。根據某些預估數字來看，每三個毛遂自薦的人，就有一名會獲得採用。但是，真正學有專長的人，會先寄一封履歷表和自我推薦函，請求對方安排面談的機會。

2.教育機構：不管是高中、技術學校、和大學校園裏都會舉辦一些徵才活動。許多學校也提供生涯規劃和工作介紹等服務，來協助學生和雇主。教育機構是一個徵求社會新鮮人的不錯場所。

3.廣告：利用適當的管道來接觸一些資格相當的人才，這是很重要的一件事。貼在窗戶上的徵人啟事就是一則廣告。報紙也是一個不錯的管道，但是對某些專業人才的的徵人廣告來說，登在專業雜誌或業界雜誌上可能效果更好。

4.職業介紹所：職業介紹所有三種主要類型：（1）臨時工職業介紹所，例如，Kelly Services，專門提供短期間內的全職或兼職服務，很適合用來替代一些短期間內無法上陣工作的人力，或者可在生意的尖峰期，輔助正常人力的不足；（2）公營的職業介紹所是全國性的就業服務中心，他們是以不收費、收費非常低廉、或直接收費的方式為雇主提供工作上的應徵者；（3）民營的職業介紹所是私人所擁有的介紹所，所有服務都要收費。職業介紹所非常擅於找到有工作經驗的各類人才。主管級的徵才公司是民營職業介紹所的其中一種類型，也是俗稱的獵人公司（headhunters），它們最擅於徵求經理級的人才以及一些有著技術專才的專業人士，例如工程師和電腦專家。它們往往要向雇主收取一大筆的介紹費用。

評選過程

評選
在角逐此工作的應徵者當中，選出最合乎條件的人。

所謂**評選**（selection）就是在角逐此工作的應徵者當中，選出最合乎條件的人。事實上，評選並沒有什麼既定的遊戲規則可言。組織體可能會因為各種工作的不同，而有不同的評選方法。評選是很重要的，因為錯誤的用人決策可能會對組織本身造成傷害。[8]因為每一位員工的離職都會造成數千美元的員工流動成本支出。現在，你將在本單元裏學到工作申請表格、過濾性面談、測驗、對背景和保證人的調查、展開面談、以及聘雇等多項事宜。

工作申請表格

工作申請表格是評選過程中的一部分，前來應徵的人士都要填寫該份表格。可是組織體也可能要求不同的工作應徵者應使用不同的申請表格。例如專業性的工作就可能會以履歷表來替代工作申請表格。工作申請表格通常涵蓋下列這些資料：

個人資料：姓名、地址、電話號碼
教育程度：就學的日期、主修課程、和證明文件或學歷證件
經驗：以前的雇主、工作職稱、就業日期、薪資、直屬上司、離職原因、以及其它等等
技能：會操作的機型、技術證明、以及其它等等。
保證人：可以擔保該名應徵者的三名人士，以及他們的地址、電話、以及和應徵者的關係是什麼

因為技術的突飛猛進，現在就連白宮、迪士尼樂園和福特汽車公司，都開始利用電腦來讀取和掃瞄工作申請表格和履歷表。[9]在你寄出履歷表之前，最

好先查清楚，該組織是否有使用電腦。如果有的話，人力資源部門就會給你一些明確的指示步驟，好確保你的履歷資料能被正確地掃瞄入檔。

評選過程可以被視作為應徵者所必須克服的一連串障礙，通過考驗者才能獲得此工作。第一個障礙通常是工作申請表格。應徵者所提供的資料會被拿來和工作內容相互比較，如果兩者吻合的話，應徵者就可以過到下一關；如果不吻合的話，當然就被淘汰出局了。

過濾性面談

人力資源部門的專家通常會主持過濾性面談，以便篩選出幾位最佳的應徵者來繼續參加評選。此舉特別有助於節省縱向性經理人的時間，免得他們要面談一大票的應徵者。有些組織也會利用電腦來進行過濾性面談。舉例來說，在大西部銀行裏（Great Western Bank），應徵櫃檯人員的各路人馬必須坐在電腦的前面，現場並配有一支麥克風，會要求他們進行變更、應對一名難纏的顧客、還要推銷一種顧客不會主動要求購買的產品。除此之外，電腦也會為應徵者播出實際工作內容的預告，讓應徵者從螢光幕上知道自己的工作內容是什麼。表現良好的應徵者會被立刻帶到經理的辦公室裏，參加面談。[10]

測驗

若是符合EEO 的有效標準（測驗分數高的人，在工作上的表現必定不錯；分數低的人工作表現也不太理想）和可靠標準（即使人們在不同的日期接受相同的測驗，每一次的分數結果也都會大致相同），測驗也可以被用來預估應徵者在工作上的可能表現。不合法的測驗可能會引起法律訴訟。以下是幾種主要的測驗：

1.成就測驗可以測出實際表現。成就測驗包括打字測驗、程式設計測驗和駕駛測驗。無法在這類測驗上過關的人，也應該無法勝任該項工作。一項最近的調查指出，現在大約有三分之一的公司都會舉辦基礎性的閱讀和數學測驗。[11]

2.才能測驗可以測出工作潛力。智商（IQ）測驗就是一種才能測驗。The Dallas Cowboys和其它國家級的足球聯盟隊伍都會利用才能測驗來預估球員的球技學習能力和他在聯盟隊伍中的成功潛力。

3.人格測驗可以測出和描繪出一些人格層面，例如，感情的成熟度、自信心、客觀公正性和主觀判斷力。其中例子包括墨跡測驗（Rorschach inkblot tests）和Edwards個人偏好測驗（Ewards Personal Preference test）等。

4.性向測驗可以測出你在不同活動上的興趣程度。其假定原理是，人們若是能在屬於自己興趣範圍內的工作上做事，績效表現往往最好。其中例子包括Strong-Campbell清單測驗（Strong-Campbell Interest Inventory）和Kuder 偏好記錄（Kuder Preference Record）。若是電腦可以執行測驗的進行，就可以立即得到測驗的結果。

5.生理測驗可以測出工作上的表現能力。生理測驗可能包括藥物測驗和愛滋測驗。在使用生理測驗的時候，組織必須小心不要冒犯了殘障的應徵者。事實上，美國殘障法明文規應，只有在工作錄取之後，才能進行生理測驗。

不管是內部或外部，只要應徵管理階層的人士都要經過評鑑中心的測驗。所謂**評鑑中心**（assessment centers）是指工作應徵者必須經歷一連串測驗、面談和模擬經驗的地點所在，以便判定他的管理潛能。表現良好的應徵者就可以被選用擔任管理性的職務。

評鑑中心
工作應徵者必須經歷一連串測驗、面談和模擬經驗的地點所在，以便判定他的管理潛能。

對背景和保證人的調查

組織應該避免作出錯誤的用人決策，所以要靠保證人的調查制度來澄清應徵者在申請表格或履歷表上所寫的資料是否屬實。[12]根據估計，約有一半左右的申請表格填寫不實或有筆誤。舉例來說，人們可能宣稱自己是大學畢業，可是實際上卻從來沒有上過大學。

組織之所以利用這類參考資料，是因為它們假定過去的表現可以對未來的成功與否作出正確的預估。不幸的是，因為保護隱私權的法律規定，使得許多組織只能查對以前就業的年資、職稱、和薪資多寡而已，至於應徵者以往在工作上的績效表現則無從得知。人們也傾向於口頭告知一些參考管道，而不願白紙黑字地寫下來。所以打電話查詢也許可以讓你知道手邊資料的正確與否。

展開面談

面談是最具份量的評選標準。全錄公司的一名人力資源經理告訴本書作者，全錄在評選過程中的分配比重分別是履歷表佔了30%；而面談則佔了60%。面談往往是評選過程中的最後一關。等到人力資源部門審核完申請表格，也執行過過濾性面談、測驗、和保證人的查驗之後，名列優先考慮的幾名應徵者就會被帶到縱向性經理面前，進行面談。面談的用意是給應徵者和雇主一個機會，讓他們各自判定彼此是否契合。面談可以讓應徵者多瞭解一點有關工作和組織方面的事情；此外也給了經理人一個機會，讓他認識應徵者本身，而這種認識是無法從申請表格、測驗、或保證人那裏取得的，其中包括了溝通的技巧、個性、外貌和動機等。因為工作面談是如此的重要，所以你將在本單元裏，學到有關如何為面談預作準備和如何進行面談等相關事宜。

聘雇

使用過各種評選方法之後，就可獲得許多資料，經理人必須在沒有偏見的情況下比較這些應徵者的資料，然後再選出最佳人選。在評選應徵者的時候，也要將多樣化差異列入考慮當中。最後再聯絡中選的應徵者，提供工作的機會。如果中選人不接受這份工作，或者願意接受，可是短期間內無法立刻前來上班，這時只好讓第二順位的應徵者遞補上來，提供他這份工作。如果所有合格中選的應徵者都不願接受這份工作，組織本身就應自我檢討究竟是什麼原因。是薪水太低？或者是對工作內容的期許太高？該組織也許需要重新招募人才，或者借助職業介紹所或獵人公司的幫忙。

Scitor採用的是成長性策略，所以必須持續不斷地招募員工。但是因為它在工作環境上的聲譽頗佳，所以招募好的人材對它來說，不是什麼大問題。

工作運用

6.請確認用來提供你工作機會的評選方法是什麼。請列出評選過程中的各種方法，並逐一說明是否曾被使用過。如果使用過測驗的話，也請註明是哪一類型的測驗。

評選面談

少數經理人有受過工作面談的訓練，[13]在讀完本章之後，你就會知道該如何進行工作面談。

圖9-6列出了各種面談和問題的類型。

面談

4.描述三種階段的組織文化和它們之間的關係

根據架構和參與人員的不同，面談可以有兩種分類方式。若是從架構的角度來看，面談有三種類型，分別是：（1）架構式的面談（structured interview），其中準備好一些問題，詢問所有的應徵者；（2）非架構式面談（unstructured interview）並沒有準備什麼問題，也沒有什麼主題順序可言；（3）

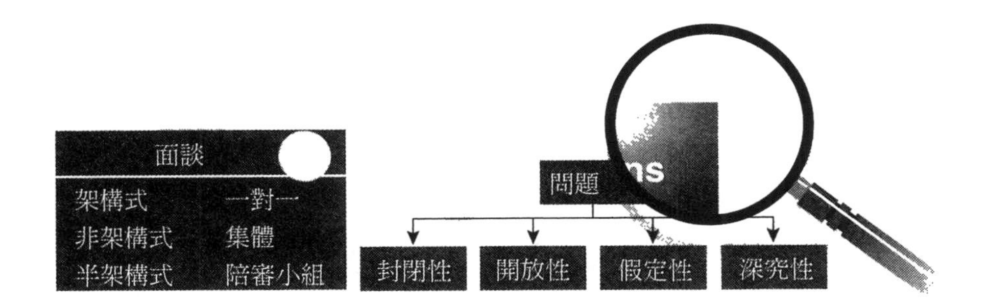

圖9-6　面談和問題的類型

半架構式面談（semistructured interview）則是有一些問題要問，可是主考官也可以詢問一些計畫以外的問題。半架構式的面談最常被使用，因為它不僅內含了一些不涉及任何歧視的問題在裏頭，也可以讓主考官因應個別情況的不同，來詢問個別的應徵者。主考官可以在適當時機離開預定的架構，請教應徵者其它的問題。在此同時，標準化的問題也可以讓主考官輕鬆地比較出這些應徵者之間的不同之處。架構式的問題被認為是比較合法有效的評選方式。究竟要用到多少比重的架構在其中，就視你的經驗而定了。你的經驗愈少，就愈需要比較多比重的架構存在。等你發展出屬於你自己的面談技巧之後，架構比重就可以降低。但是，架構式的面談通常比較不會有非法歧視的問題產生。

另外根據參與人員的不同，所分類出來的三種面談方式分別是：（1）一對一面談（one-on-one interview）是最常見的方式；（2）集體面談（the group interview）則是在同一時間內一起面談數位應徵者；（3）陪審小組面談（the panel interview）則是由一名應徵者接受一名以上的主考官面談。集體面談可以讓主考官直接迎面比較一群應徵者；陪審小組面談則可以讓所有的主考官一起合作，評選出最佳的人選，降低個人偏見的可能性。

工作運用

7.你曾經歷過什麼樣的工作面談類型？

問題

你所提出的問題可以讓你主控整個面談過程，它們可以給你所需的資訊，以便讓你下決策。這些問題應該不重複申請表格中所提到的一些內容，但是你可以利用申請表格上的問題來要求對方作進一步的澄清和說明。所有問題都要有一定的目的，而且要和工作有關才行，此外，也必須以相同的模式來詢問所有應徵者。你可以在面談當中提到以下四種類型的問題：（1）封閉性問題（closed-ended question）所需要的答案內容是被限的，通常就是是非題，很適合用來詢問一些有關工作上的固定問題，例如：「從下午三點到晚上十一點之間，你可以工作嗎？」；（2）開放性問題（open-ended question）的答案沒有設限，很適合用來瞭解對方的能力和動機，例如：「你為什麼想成為敝公司的程式設計師？」、「你認為你的加入，可以為敝公司注入什麼樣的力量？」；（3）假定性問題（hypothetical question）則會要求應徵者描述自己在某個假定情況下，會採取什麼樣的舉動，此法很適合用來評估對方的工作能力，例如：「如果機器發出了XYZ的聲音，你認為是什麼問題呢？」大西部銀行的電腦面談，採用的正是假定性問題；[14]（4）深究性問題（probing question）會要求對方作進一步的澄清說明，很適合用來對應徵者作更進一步的瞭解。深究性問題是不經過事先計畫的，通常可澄清應徵者在開放性問題或假定性問題上的作答

工作運用

8.請確認你在工作面談上所被問到的一些問題類型。請寫下這些問題，確認出它們的類型。

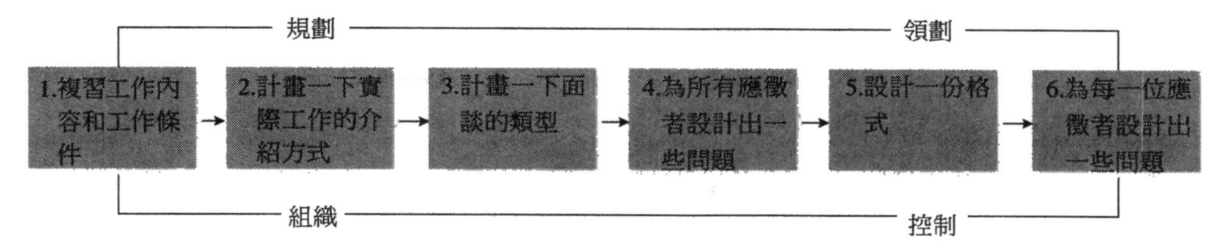

模式 9-1　面談的預作準備步驟

內容。舉例來說：「你所謂的『那很困難』是什麼意思？」或者是「你在業績上所增加的金額量究竟是多少？」

為面談預作準備

完成以下的準備步驟，將有助於你改善自己的面談技巧，**模式9-1**就列出了這些步驟。[15]

步驟1　複習工作內容和工作條件

如果你不能透徹瞭解這份工作，就無法有效地看出應徵者和這份工作之間的吻合性。把工作內容和工作條件讀一遍，並熟悉其中內容。如果這些資料都過時的話，或者根本沒有這類資料的存在，最好先進行工作分析。

步驟2　計畫一下實際工作的介紹方式

應徵者應該有權知道工作性質是什麼，以及他們的份內工作是什麼。他們也應該知道該份工作有什麼樣的優缺點。所以最好計畫一下你要如何利用工作內容來提出RJP。通常讓應徵者到工作場所走一遭，往往幫助很大。

步驟3　計畫一下面談的類型

你會使用哪一種架構？面談應採一對一、集體、或是陪審小組的面談方式？面談必須在隱密安靜的地方舉行，免得受到他人的干擾。比較適當的作法是先在辦公室裏進行面談，然後再參觀設施，順道提出問題。此外也必須計畫一下參觀的場所和問題的內容。如果你打算問好幾道問題，最好帶張小抄。

步驟4　為所有應徵者設計出一些問題

你的問題一定要和工作有關，沒有歧視意味在裏頭，而且每位應徵者都要被問到。利用工作內容和工作條件來發展出一些和工作任務以及職責有關的問題。也可以混合採用封閉性、開放性、和假定性的問題。不要擔心問題的順序，在這個關頭，只要把它們寫出來就好。

步驟5　設計一份格式

一旦你寫出所有的問題之後，再來就是決定其中的順序。一開始的問題要簡單一點，有一種辦法是在一開頭的時候以封閉性問題打頭陣，然後再以開放性問題來接續，接著是假定性問題，最後才是深究性問題。另一種辦法則是繞著工作內容和工作條件來架構出所有的問題，也就是一邊解釋逐條的內容，一邊詢問和此內容有相關的各式問題。

請依序寫下所有的問題，留點空間可以註明封閉性的是非答案和開放性、假定性與後續性問題的回應內容。若是在深究性問題上得到更多的答案內容時，也可以再添加上去。[16]當你在表格上記錄應徵者的答案時，你也正在循序漸進地進行著整個面談。你可以為每一位應徵者準備一份問卷的副本，並多作幾份影印本，免得未來又要徵求同一種職務的員工時，還得再重新做一遍。或者也可以把它留下來，作為其它工作的格式參考。

步驟6　為每一位應徵者設計出一些問題

在檢查過所有應徵者的申請表格／履歷表之後，你可能會想利用面談的機會，要求應徵者對其中內容的若干資料作些澄清解釋。其中例子包括：「我注意到在1985年這段期間，你並沒有寫下任何的就業記錄，那時你正處於失業的狀況嗎？」；「在申請表格中，你註明自己接受過電腦訓練的課程，你接受的究竟是什麼樣的電腦操作訓練？」請務必確定，你針對個別應徵者所提出來的問題，千萬不要有任何的歧視性質。舉例來說，不要只問女性應徵者是否能舉起50磅的重物，每位應徵者，不管是男性或女性，都要被一視同仁地問到此問題。

你可以在標準格式上增加這些個別性的問題，寫在適當的位置就可以了；或者，你可以在格式的最後面，再增加一個問題列表。

面談的執行

以下列出的幾個步驟將有助於進行你對各應徵者的面談工作。**模式9-2**也列出了這些面談步驟。[17]

步驟1　面談的開場白

你可試著營造出一種和諧的氣氛，先談一些和工作無關的主題，好讓應徵者自在一點。也許可以在適當的時候加入一點幽默感。根據Adia人事服務（Adia Personal Services）的調查指出，受訪的人事主管當中，有63%都認為，在工作面談中適時地加入一點幽默感是必要的。[18]可是你也要千萬小心，不要開黃腔，或是談到有關種族的玩笑話，或者有任何人身攻擊和歧視性的語言出現。保持眼神的接觸，不管對你或應徵者而言，都會令人覺得舒服自在。

步驟2　提出實際工作的介紹內容

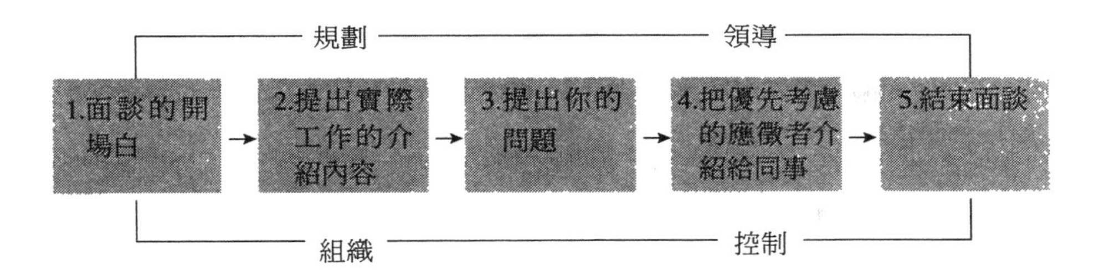

模式 9-2　面談的各個步驟

請務必確定應徵者瞭解工作的需求是什麼。面對應徵者所提到有關工作上和組織上的問題，都要據實以告。如果該份工作不是眼前應徵者所期待的那種工作，也可以准許應徵者在這個關卡上就此打住，並結束面談。

步驟3　提出你的問題

如果你願意的話，步驟2和步驟3也可以結合在一起運用。為了要從面談中挖到最多的資料，你一定要把應徵者的答案記錄下來。[19]告訴應徵者，你已經準備好一些問題要問他，而且你會記下答案的部分內容。

在面談中，最好讓應徵者多說話，給他一點思考作答的時間。如果應徵者無法給你所有你想要知道的資料內容，最好再提出一些深究性問題。但是，如果應徵者很明白的表示他不想回答這樣的問題，也不要勉強他。提出下個問題或者是結束面談。結束問話的結語方式最好像這樣：「我已經問完了，還有什麼事你想告訴我，或是想問我呢？」

步驟4　把優先考慮的應徵者介紹給同事

把優先列入考慮的應徵者介紹給未來會一起合作共事的公司同仁，看看他們之間的互動關係和整體性的態度表現。[20]這種介紹法可以讓你大約知道，這個人是否適合團隊工作。[21]也許也可以使用比較正式的陪審小組面談法。

步驟5　結束面談

不要嘲弄應徵者，要坦白，不要在面談中驟下決策。感謝應徵者撥冗前來參加面談，如果必要的話，可告訴他們面談後的下一個步驟是什麼。也請告知應徵者何時會通知結果。舉例來說：「謝謝你參加這次的面談，我會在接下來的這兩天內繼續一些其它的面談，並會在這個禮拜五打電話告訴你，我們的最後決定是什麼。」面談過後，請記得寫下你對這位應徵者的大致印象是什麼。

> **工作運用**
>
> 9.利用模式9-2，找出你在接受面談時，所經歷過或不曾經歷過的一些步驟。

選定最後的人選

在完成所有面談之後，比較一下這些應徵者的資格條件，再決定誰是這份工作的最佳人選。請務必取得公司同事對每位應徵者的印象資料。如果你採用的是陪審小組面談法，則需由該小組作成最後的用人決策。也許你可以利用Kepner-Tregoe的決策分析法（第四章）。接下來就是聘雇，這也是評選過程中的最後一個步驟。

應避免的問題

避免在評選過程中，發生下列這些問題：

1.匆忙：試著不要在壓力下，匆忙作出任何用人的決策，一定要找出最適任的人選。

2.刻板印象化：不要有偏見，或直接作成結論。一定要全盤瞭解工作內容和工作條件，然後再根據分析而不是直覺，找出最適合這項工作的人選。

3.「我的類型」症候群：不要試著尋找一名你的翻版。不像你的人也許在工作上更能勝任愉快。請記住，多樣化差異的好處。

4.兩極效應：不要因為一或兩點你非常喜歡或非常討厭的特點，就作出對這名應徵者的全然判定。一定要根據應徵者的所有資格標準，來作出評選。

5.時機未熟的評選：不要只根據申請表格／履歷表的內容，或是面談 後某位應徵者令人記憶深刻的印象，就驟下決定。也不要在每一場面談過後，就試著比較這些應徵者。因為面談的順序也會影響到你的看法。不管是任何一場面談，都要保持開放的胸襟，只在作完所有面談之後，才進行選擇。根據工作條件來比較每一位應徵者。

培養員工

員工在經過求才和評選（招募）之後，就必須接受為新進人員所準備的工作介紹，也要接受公司方面的訓練和評鑑（培養）。

5.討論新進人員的工作介紹以及員工的培訓這兩者之間的不同差異

新進人員的工作介紹

新進人員的工作介紹
向新進員工介紹組織和工作的一個過程。

所謂**新進人員的工作介紹**（orientation）就是向新進員工介紹組織和工作的一個過程。新進人員的工作介紹也就是學習遊戲的規則內容。有效的介紹，它的好處包括降低新進人員達到標準表現要求的所需時間；降低新進人員力求表現和極力想拉攏同儕的焦慮心理；以及讓他們知道公司對員工的期許是什麼。員工們也會因此而想在這份工作上待得久一點（降低流動率），而且會因

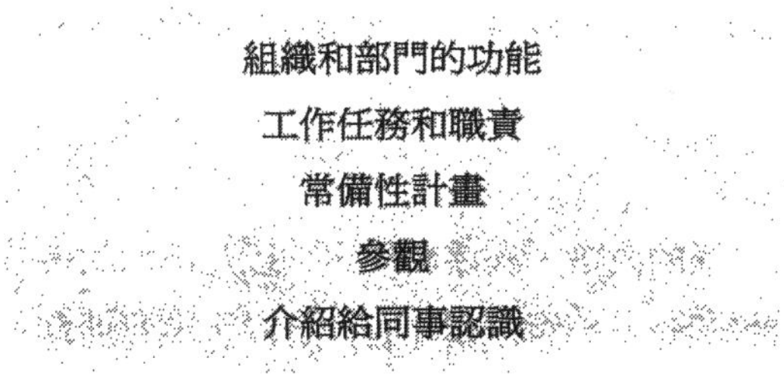

組織和部門的功能

工作任務和職責

常備性計畫

參觀

介紹給同事認識

圖9-7　新進人員的工作介紹

為接受過新進人員的工作介紹，而改善自己的態度和表現。

工作介紹的策劃

它所花的時間和內容會因各組織的不同而有不同。在迪士尼世界裏，所有新進人員都要接受八個小時的介紹課程，然後是四十個小時的實習訓練。它的目的是要讓他們熟悉迪士尼的歷史、傳統、政策、期許以及做事的方法等。Starbucks咖啡則鼓勵員工要對自己的工作引以為傲，並培養他們對工作和公司的向心力與工作熱忱。[22]

雖然新進人員的工作介紹在正式性和內容上不盡相同，可是其中必定包含了五個重要的元素，這些元素就列在圖9-7裏。你可以根據新進員工的差異性和不同部門的需求，個別規劃專屬的工作介紹。可是一定要熟悉人力資源部門所策劃下的工作介紹，並和它互相協調銜接。為了避免資訊的重複性，最好是把這份工作介紹分好幾個工作天來進行，並實驗看看，找出最好的辦法。

組織和部門的功能

你可以談談組織的歷史、文化和產品或服務。解釋一下你的部門在做什麼，以及這份工作和部門之間的關係是什麼。描述一下部門和其它部門之間的互動關係，並說明部門的目標和價值觀。培養出新進人員的使命感。

工作任務和職責

請務必確定在新進員工到來之前，他的辦公所在是乾淨且設備完善的。給這名新進人員一份工作內容的副本，並一起和他複習其中列載的各項任務和職責。也請描述未來的訓練內容，並告知舉行的時間日期。解釋他的權限範圍是什麼，有哪些支援可以取得，以及他要如何取得他人的協助。此外，也要解釋何處和如何申請必要的文具用品、材料、工具等。清楚地說明工作的標準，告訴他要花多久時間才能達到表現上的要求標準。然後再說明工作時數、時薪多寡、薪資系統和一些福利政策。若有任何加班的需要和額外的任務指派，也請一併提出。

常態性計畫

解釋一下組織的政策、程序和規定，以及部門的各項規定。另外也請說休息時間、午餐時間和各項安全程序和需求等；還有進食、飲酒、抽煙、嚼口香糖等各項規定；打卡鐘的使用或時間進度表的填寫等；以及一些有關請假或遲到的相關事宜。

參觀

新進員工應該參觀一下組織內部和部門環境。參觀的路線可以包括供應品、工具、設備和檔案的所在地點；還有員工的工作場所；洗手間和更衣間；飲水區；休息區和自助用餐區；該員工未來工作的部門所在；以及安全設備的裝置地點等（例如火災警報器、滅火器等）。

工作運用

10.請回憶一下你所經歷過的新進人員工作介紹。該份介紹中包括和不包括了哪些部分？請描述一下那一整場的工作介紹內容。

向同事介紹新進人員

在帶領新進人員參觀他們的工作場所時，也應順便向同事們介紹這位新人。在介紹時，一定要用很熱忱的語氣，讓他覺得自己很重要，而且很受到公司的重視。你可以說：「這位是Surgeo Wagner，他的條件非常好，我們很高興有他加入我們的行列。」事實上，要一次就記住所有人的姓名，這是很困難的。所以可以利用好幾次的場合，為新進人員再作一次介紹，直到他們記住彼此為止。

培訓

訓練
獲取必要技能，以便在工作上有所施展的一種過程。

培養
一種持續進行的教育訓練，目的是用來改善現有工作上和未來工作上的技能。

公司必須教導員工如何從事一份新的工作。所以可能會同時舉辦新進人員的工作介紹和訓練課程。所謂**訓練**（training）就是獲取必要技能，以便在工作上有所施展的一種過程。訓練通常是為了教導員工一些非管理性的技術能力。而**培養**（development）則是一種持續進行的教育訓練，目的是用來改善現有工作上和未來工作上的技能。培養比較不是那麼地技術化，而且著重的是管理性和專業性人員在人力、溝通、概念和決策作成上的技巧能力。

培訓是一種非常好的投資，因為個人、組織以及整個經濟體都會因此而受惠。[23]員工訓練可以增加產品的品質。[24]IBM就聲稱自己一年花在企業教育的金額，已超過7億5,000萬美元，比哈佛大學的總預算還要多。在通用汽車的卡車工廠中，裝配線上的員工必須接受400到500個小時的訓練。身懷一技之長的員工則要在六個月內，接受1,000個小時的訓練。摩托羅拉、德州儀器和全錄，也都大量斥資在員工的培訓上。但是，就整體而言，美國的公司組織對員工的培養還是稍顯不足。它們每一年花在正式培訓計畫上的金額，大約是300億美元，可是卻只有11%的員工接受過新進人員的訓練課程；10%的員工接受過升級訓練的課程。而且不到1%的美國公司會提供和工作有關的正式訓練。[25]

工作現場和非工作現場訓練

員工可以透過工作現場和非工作現場訓練來學習如何施展自己的工作技能。

非工作現場訓練（off-the-job training）正如名稱上所暗示的一樣，這種訓練是在工作場所以外的地方進行，通常是在類似教室的場所裏。最常見的就是新進人員的工作訓練，所謂**新進人員的工作訓練**（vestibule training）就是在模擬的情況下訓練員工的技能。它之所以會被普遍運用，是因為發現到，在工作場所中教導工作技能並不切實際。舉例來說，許多大型的零售商店都有訓練教室，可以讓新進人員在其中學會如何使用收銀機和其它設備。一旦他們達到了要求標準之後，就可以在店裏使用同樣類型的機器。這樣的訓練通常由訓練講師來執行。多數組織所執行的都是非工作現場的培養課程。

新進人員的工作訓練 在模擬的情況下發展一些技能。

工作現場訓練（on-the-job Training，簡稱OJT）這類訓練是在工作場所中進行，而且備有員工可利用的資源來協助施展其工作技能。通常是由經理或經理所挑選出來的資深員工來帶領這樣的訓練。

在職教育訓練（Job Instructional Training，簡稱JIT）JIT有四個步驟，就列在模式9-3當中，內容如下描述。但請記住，對那些我們耳熟能詳的事情，看起來似乎很簡單，但是對那些新的受訓人員來說，卻往往很困難。

6.列出在職教育訓練的各個步驟

步驟1　受訓人員的準備動作

若是你能讓受訓人員對這份工作感到有興趣，而且勇於發問的話，就能讓

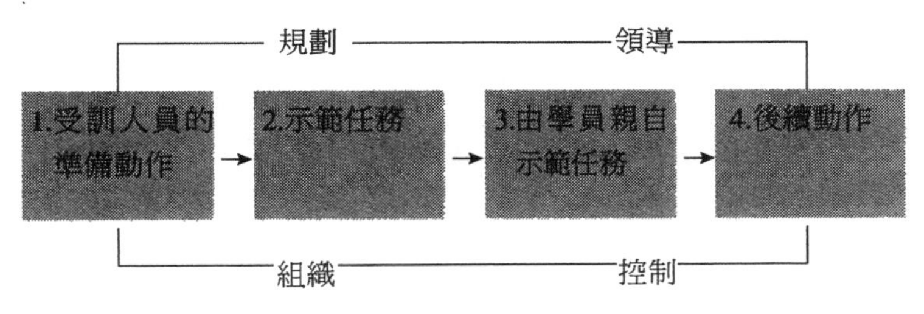

模式 9-3　決策作成模式

他們有自在輕鬆的感覺。所以請向他們解釋有關質與量的需求要件和它們的重要性。

工作運用

11.請確認你的訓練師用來訓練你的JIT步驟是什麼？該訓練是屬於工作現場訓練？抑或是非工作現場訓練？

步驟2　示範任務

以緩慢的節奏步調來親自示範一遍工作內容，並不斷地解釋每一個步驟。一旦學員們記住之後，再請他們隨著你的動作進行，說出每個步驟的內容。對於一些內容複雜又步驟繁瑣的工作任務，最好的方式是把它們寫下來，作成影本發送給學員。

步驟3　由學員親自示範任務

讓學員自己上場，慢慢地作一遍這項工作，並一邊做一邊說出每個步驟。如果有錯誤的話，立刻糾正，而且義不容辭地協助學員進行比較困難的步驟。一直不斷重複地進行，直到學員熟練為止。

步驟4　後續動作

告訴學員，若是遇到任何問題或困難，該向誰來求助。慢慢地放手讓學員自己去做。一開始一定要常常檢查其中的品質和數量，然後可以根據學員的進步程度，慢慢地降低檢查的次數。要小心監看學員在工作上的表現，並在一些錯誤和瑕疵性的工作流程變為習慣之前，趕緊糾正過來。當你進行這些後續動作的時候，千萬要有耐心，並以鼓勵代替斥責。首先，先稱讚員工的努力精神，然後再隨著他在技能上的精進，適時讚美他的工作表現。

訓練週期

若是能遵循訓練週期的各個步驟，將有助於完成系統性的完整訓練。以下就是有關系統性訓練週期五個步驟的討論內容，此外，請參考圖9-8。

步驟1　進行需求評估

在你開始訓練之前，必須先判定你旗下員工的訓練需求。一般的需求評估辦法包括觀察、訪談、和問卷調查。需求的不同取決於你訓練的是究竟是新進人員抑或是現有員工？為了訓練一名毫無經驗的新進人員，你必須複習一下工作內容和工作條件，再找出新進人員所需要的特定技能是什麼。對現有員工來說，你則需要比較他的實際表現和公司的標準要求，所以訓練可以用來改善一些不佳的工作表現，教導員工如何達到公司的要求標準。然後再進到訓練週期的下一個步驟。也許公司方面可以成立一個評鑑中心來進行訓練需求的判定工作。

步驟2　擬定目標

訓練計畫需要有界定清楚、以績效表現為判斷依據的目標內容。就像所有

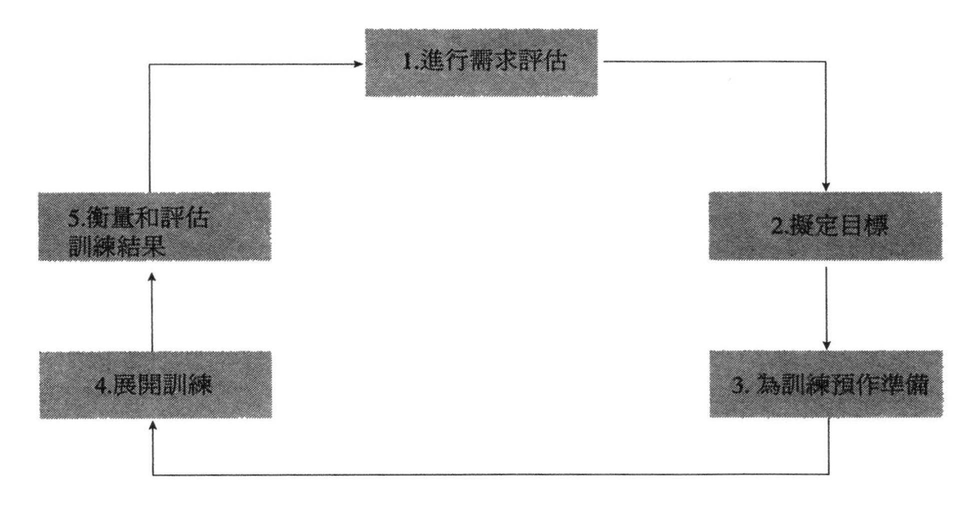

圖9-8　訓練週期

的計畫一樣，一開始的時候，你就要先決定好所欲達成的最終結果。這些目標的標準必須符合我們在第五章所談到的標準內容。以下三個例子就是非常符合標準的訓練目標：（1）參加學員必須在一週訓練結束時，達到每分鐘英打40個字的要求標準；（2）裝配員需要在一天訓練的終了之際，達到每小時裝配十組零件的要求標準；（3）顧客服務部的代表人員必須在為期一個月的訓練終了之際，達到每小時服務20名顧客的要求標準。

步驟3　為訓練預作準備

在展開訓練課程前，你應該先寫好計畫和準備好所有必要的教材。如果你曾經有過讓講師在毫無準備的情況下，前來授課的經驗，就會知道為什麼訓練前的準備工作是那麼的重要。就像所有其它的計畫一樣，訓練計畫也必須說明該訓練的舉辦時間、地點；由誰來進行；以及如何進行和進行什麼等各項細節。一般說來，一個小時的訓練課程可能需要用到三十個小時的準備動作。

準備過程中的重要部分就是選定訓練的辦法。你已經學過了JIT法。**圖9-9**還列出了一些其它訓練辦法。其實不管你用什麼樣的訓練辦法，都要把它的步驟一個個地寫下來。我們的例行性工作對我們自己來說，似乎再稀鬆平常不過，但是對一名新進人員來說，卻是繁瑣的很。所以你要把每個步驟都寫下來，讓他們知道每一個詳細步驟，以確保他們的得心應手。

步驟4　展開訓練

不管你使用的是什麼訓練辦法，都要照著你的計畫行事。請確定隨身攜帶著你的書面計畫以及其它必要的教材。現在的趨勢是由縱向性經理人而不是訓練講師來訓練自己的員工，或至少要讓縱向性經理人參與這些訓練工作。[26]

步驟5　衡量和評估訓練結果

在訓練工作中最重要的轉變之一就是訓練成果和事業成果之間的關聯性。[27]高階經理人會施壓給這些訓練講師，要他們從訓練究竟會如何影響盈虧的角度，來證明訓練的真正價值所在。[28]所以在訓練期間和訓練終了之際，你都應該衡量和評估最後的成果，才好判定究竟有沒有達成預定的目標。如果達成了，訓練就結束了；如果沒有，不是得繼續訓練下去，直到目標達成為止，就是撤換員工，因為他一直無法達到標準要求。此外，也要修改你的書面計畫，以利未來的使用。

訓練辦法

圖9-9列出了一些有資利用的訓練辦法，其中有許多可以被拿來作為 JIT的部分用法。第三欄的主題是培養的技能，其中列出的都是一些最首要被培養出來的技能。但是事實上，有些技術辦法還是可以結合在一起的。技術能力也包括可經得起測驗的各項知識內容。

工作運用

12.不管是現在或過去的工作經驗，請解釋用來訓練你施展工作的辦法是什麼。

在選擇訓練辦法的時候，要牢記住以下的數據：人們在閱讀時，只能記住其中內容的10%；聽的時候，則可以記住其中內容的20%；如果是用看的，則可以記住其中內容的30%；如果邊聽邊看，則增加到50%；和別人一起討論，則有70%；把它運用在實際生活上，則高達85%；要是讓他們傳授給其他人，則更可以高達到95%。

用在管理人才上的訓練辦法

經理人通常會利用閱讀、演講、影帶、問答、討論、程式化學習、示範、

概念運用

AC 9-3　訓練辦法

請為以下情況選出最適用的訓練辦法：

a.書面教材　b.演講　c.影帶　d.問答　e.討論　f.程式化學習　g.示範　h.工作輪班　i.工程計畫
j.角色扮演　k.行為模式　l.管理遊戲　m.資料架上的模擬練習　n.個案

___ 16.你的這個大型部門，員工流動率太高了。所以這個部門的員 工必須學會一些規定，好幫助他們在工作上的績效表現。

___ 17.你偶而會碰到一些新進人員，必須由你親身指導如何處理一些工作上可能面臨到的日常問題。

___ 18.你的老闆要求有一份特殊的報告。

___ 19.你想要確定如果有人請假的話，員工們可以互相支援幫忙。

___ 20.你需要教導員工如何處理顧客的抱怨。

辦法	定義	培養的技能
書面教材	手冊、書籍、以及其它等等。	技術能力
演講	說出來的話；課堂演說。	技術能力
影帶	電視；課堂影帶	技術能力
問答	在使用過上述辦法之後，訓練師和學員可以就他們所看到、聽到、和讀到的內容，提出問題。	技術能力
討論	可以提出某個主題，然後一起討論。	技術能力
程式化的學習	利用電腦或書籍來呈現教材，接著再提出問題。學員們必須選擇答案，然後再瞭解別人對你答案的意見看法是什麼。根據教材內容的不同，程式化學習也可以用來協助你培養人際和概念上的技巧。	技術能力
示範	訓練師在學員面前先表演一遍如何操作任務，這是在職教育訓練裏的第二步驟。示範的方法也可以用來培養人際和決策作成方面的技巧。	技術能力
工作輪班	員工學習進行繁瑣複雜的工作內容。	技術能力和概念上的技巧
工程計畫	特殊的指定任務，例如開發某個新產品或進行某項特殊的報告。工程計畫需要和其它人以及其它部門一起合作共事，所以也可能培養出人際和概念上的技巧。	技術能力
角色扮演	由學員自行演出某個可能的工作情境，例如處理顧客的抱怨，進而讓學員知道該如何處理工作上可能遇到的類似情況。	人際和溝通技巧
行為模式	它包含了四個步驟：（1）由學員來觀察如何正確地進行某項任務，這可以透過現場示範或影帶播放來完成；（2）學員利用觀察到的技巧來演出某個情境；（3）學員接受其它人的批評和指教；（4）學員就如何在工作上使用這些新技巧，來發展出一些計畫。行為模式也是本書的特點之一。	人際和溝通技巧
個案	向學員展示某種情境，並要求學員診斷和解決其中所發生的問題。通常會要求學員回答一些問題。本書的每一章結尾處也都有一則個案。	概念和決策作成技巧
資料架上的模擬練習	在受訓當中，學員會收到一些模擬的信函、備忘錄、報告、電話留言、以及其它通常會被放在資料架上的東西，然後再問學員該如何處理這些事情，並要求他們作出各事項的優先處理順序。	概念和決策作成技巧
管理遊戲	由學員來管理某個模擬公司，他們必須以小組的方式來作成決策，和取得成果，通常是以每一季來算。等到經過好幾次的遊戲「年度」之後，這些小組就會身處於一個四面楚歌，到處是競爭對手的產業當中。	概念和決策作成技巧
互動式的影帶	學員坐在電腦前面，根據螢光幕的指示作出回應。大西部銀行的工作面談就是採用互動式的影帶作法。該銀行也可以利用相同的技術來訓練櫃檯人員如何處理抱怨，此外也可以在面談中進行這方面的測驗。	以上任何一種技能

圖9-9　訓練辦法

工作輪班和工程計畫等方法來訓練員工。他們比較不常用到角色扮演和行為模範的方法來進行。但是，這些方法卻很適合讓經理人拿來訓練員工如何處理人際關係，例如顧客的抱怨等。此外，經理人也可以列舉實例來教導員工有關人際技巧方面的事情。

管理遊戲、個案以及資料架上的模擬訓練等，都常被用來訓練經理人才，而不是訓練一般的員工。因此，如果經理接受過某些訓練，就不會拿那些訓練辦法來訓練自己的員工。

績效評鑑

績效評鑑
評估員工績效的一種持續性過程。

當你聘雇和訓練好員工之後，接下來就需要評估他們在工作上的表現績效。**績效評鑑**（performance appraisal）就是評估員工績效的一種持續性過程。經理人應該根據績效評鑑的內容來培養員工的工作能力。多數員工都希望他們的老闆能在表現評估上表達一些建設性的意見。回饋意見有助於員工判定自己的進步程度，讓他們改正缺失，並協助他們找到辦法來改善自己的工作表現。[29]

評估表現是屬於一種組織性和控制性的技巧。你將會在第十六章學到有關如何執行績效評鑑的各項事宜。

Scitor有一個專為新進人員所準備的工作介紹課程，相當地正式。員工們都會接受良好的訓練，來展現他們的工作能力。此外，公司方面也允諾，隨著科技產業的快速變遷和公司的持續成長，一定全力以赴地培養員工，使他們具備足以因應未來工作的各項技能。因為該公司採用的成長性策略，所以訓練課程成了一種兵家常事，為的就是要達成組織的目標。績效評鑑對Scitor來說很重要，因為它是決定何人可以升遷的基礎根據。隨著公司的日益茁壯，人事的升遷是處處可見的。

留任員工

招募和培訓員工都要花出不少的成本，因此做完這些事情之後，組織就該讓人力資源系統來好好利用和保留這些員工。員工的流動率會降低整體的效率和利潤收益。根據美國勞工部的說法，它的代價大約相當於新進人員年度薪水的33%。[30]如果報酬比不過其它家公司，工作環境也不安全，對健康有不良的影響，而且勞工關係更是出奇的糟糕，我想員工一定會待不住，另謀他職，尋找另一片天空去了。還記得，Scitor的人力資源系統就是設計來留住人材的嗎？該公司的員工流動率只有2.1%，相對於產業平均值的16.5%，真的是很低。在本單元裏，你將會學到有關報酬、安全健康、勞工關係以及離職和再就業輔導等事宜。

報酬

7.說出報酬的要素內容

報酬
付給員工的薪水和福利，這些加起來的整成本。

所謂**報酬**（compensation）是指付給員工的薪水和福利，這些加起來的整體成本。報酬多寡會影響員工的招募和被留用的意願。舉例來說，當Salomon Brothers改變了它的報酬制度時，流動率就大幅地增加。因此該公司不得不採取妥協的行動，好降低流動率。[31]報酬決策中最重要的部分就是薪資標準。所謂薪資標準（pay level）是指成為高薪、一般薪資、或低薪組織的一種選擇。Scitor就是一家以高薪為號召的公司，結果當然是吸引和留住了許多好的人才。低薪公司也許可以在付薪水的時候，省下一些錢，可是所省下來的錢卻全部拿去付在人員流動率的高成本支出上。我們將會個別討論薪資和福利的問題。

薪資系統

一般常見的薪資辦法有三種，組織也可以綜合運用這三者，它們分別是：（1）根據工作時數所付出的時薪（wages）；（2）每週、每月和每年準時付出的薪水，不管工作的時數多寡，都要照付薪水（salary）；（3）根據績效表現所提供的獎勵（incentives），獎勵辦法有按件計酬（根據生產量來付錢）、佣金（根據業績多寡來付錢）、記功（生產力愈好的員工，記功愈大）和紅利等。其中兩種常見的紅利辦法分別是：因為達到一定的目標，而頒發獎金；或者是讓員工分到一部分的利潤，達到利潤分享的目的。[32]紅利的運用現在已經愈來愈普遍了。惠普、拍立得和West Bend等公司都創造了一些很創新的獎勵系統。[33]最近的趨勢則是以薪水和獎勵來取代舊有的時薪制。[34]

薪資的判定

8.描述工作分析的用途和工作評估的用途，這兩者之間的差異

究竟該付多少薪資給每位員工，這是一個很難作成的決定。有一種外求辦法就是去瞭解其它公司對相同或類似工作的付薪多寡，再根據薪資標準的決策

工作評估
判定組織內部和其它工作有關的各個工作，它的價值份量。

來設定自己公司的薪資多寡。而內求辦法則是利用工作評估。所謂**工作評估**（job evaluation）是指判定組織內部和其它工作有關的各個工作，它的價值份量。組織體通常會把各種工作以薪資級數來進行分類。工作價值／級數愈高，薪資也就愈高。許多經理人的薪水都很高。事實上，以上兩種辦法是可以一起運用的。

儘管平等薪資法（Equal Pay Act）要求從事相同工作的每一個人，都應得到相同的薪資對待。可是實際上，女性員工的平均時薪只有男性的70%。自從三十年前通過此法之後，這樣的薪資差距至今還是沒有什麼改善。[35]對工作評估來說，有一項相當重要的爭議點，那就是相似價值（comparable worth），所謂相似價值就是有些工作雖然明顯地不同，可是對能力、責任、技能和工作狀況等的要求程度非常類似，所以就造成了平等價值的工作，所以它們的薪資級數也應相同。

福利

福利也是雇主付出報酬的一部分，可以讓員工受惠，甚至及於他的家人。福利通常不是由金錢來計算，也不是什麼記功之類的事情。法律公定的福利包括職業傷害的賠償金、員工被裁員或離職時的失業救濟金、以及退休後的社會保險。政府會在你薪資上提撥一部分作為老年退休的社會保險預備金，雇主也提撥相同的金額來作此用途。此外，一般常見的選擇性福利還包括健康保險、病假不扣薪、假日和年休假、以及養老金計畫等。這些選擇性的福利可由雇主全額負擔，或是勞資各半，再不然就是由員工全額負擔。其它不常見的福利包括口腔險和壽險、諮詢課程、健身中心的會員、互助會的會員和學費補助等。

報酬當中的福利所佔比例正逐年地增加，首要原因是健康保險的成本居高不下。而福利在報酬當中的所佔比例，也因工作層級的不同而有不同，大約是在三分之一到三分之二之間。可是曾經有人預估，員工的平均福利所得，共佔了報酬的40%以上。[36]舉例來說，如果某位員工的薪水是25,000美元，他或她的福利成本就佔了10,000美元，所以該組織付出的報酬成本是35,000美元。Scitor在福利的付出上非常地慷慨，在本章一開始的時候，就有兩段文章談到Scitor為員工所提供的福利內容。

工作運用

13.請問你以前或現在的雇主，所提供給你的報酬內容是什麼。

健康和安全

1970年美國的職業安全健康法（The Occupational Safety and Health Act，簡

稱OSHA）就要求雇主必須保障工作場所的安全性。雇主必須符合OSHA的安全標準；並把因為工作場所的意外，而造成的職業傷害和死亡紀錄保存下來；此外，也要提出現場的檢查報告。人力資源部門通常有責任要確保員工的健康和安全。它必須和其它部門密切合作，並執行新進人員的訓練和持續性的訓練課程，此外也要為健康和安全紀錄備檔。身為一名經理人，你應該知道各種安全規定，並確保你的員工也同樣的瞭解，以免他們發生意外。

勞工關係

9.解釋為什麼多數組織都沒有勞工關係

勞工關係（labor relations）是指資方和工會化員工這兩者之間的互動關係。勞工關係又稱之為勞資關係（union-management relations）和產業關係（industrial relations）。事實上，沒有工會組織的公司數目多過於有工會組織的公司數目。因此，並不是所有公司都擁有勞工關係可以納入到它們的人力資源系統當中。所謂工會（union）就是代表員工和雇主進行集體交涉的組織體。工會也是招募員工的來源之一。因為全國勞工關係法（也就是大家所熟知的Wagner法案，此法案是依發起人的姓名來命名）的通過，而設置了全國勞工關係委員會（National Labor Relations Board，簡稱NLRB），它的職責就是監視所有的勞工關係，包括舉辦工會選舉、公聽勞工申訴、和發佈對抗雇主的禁止令。

勞工關係
資方和工會化員工這兩者之間的互動關係。

工會的組成過程

組織一個工會，必須有下列五個步驟，請參考圖9-10。

最初的組織性活動　這個過程在一開始的時候，可能只是一些員工聯絡某家工會，要求它派代表過來，協助他們組織起來；或者是工會直接到公司來拜訪。工會的發起者會協助發送一些提倡工會組織的資料，也會聯絡個別勞工，和舉辦大型的會議。

1.簽署授權卡：若想讓工會被大眾所承認，至少要有30%的員工必須簽署授權卡，聲明他們對工會代表的權益。

2.決定交涉單位：交涉單位就是代表工會進行集體交涉的特定小組。NLRB通常會利用一些標準來界定交涉單位。如果有一個以上的工會要求被承認，也必須由NLRB來解決這個問題。它可以利用投票的方式來解決。

3.選舉：NLRB通常會舉行代表大選。最近幾年，NLRB已經舉辦了八千場左右的年度大選。而且，工會也已經贏了45%左右的選舉，但遠比1969年的

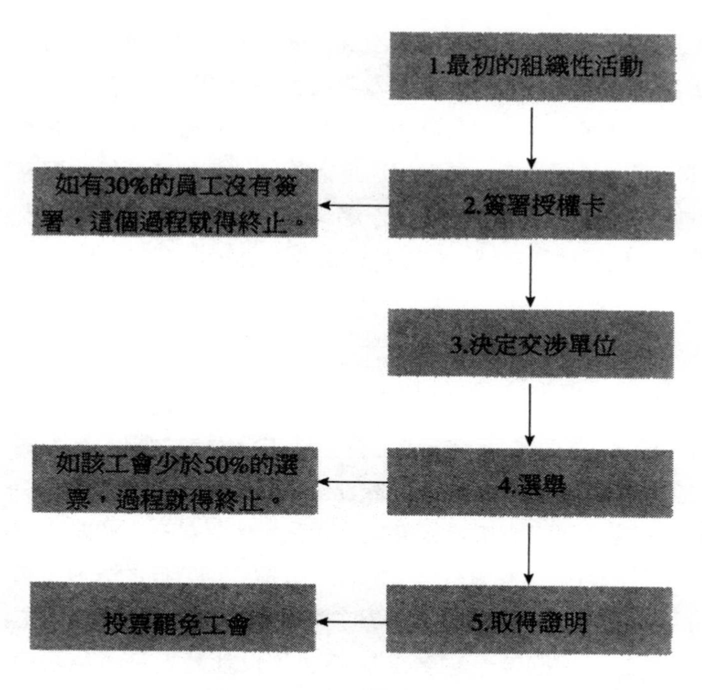

圖9-10　工會的組成過程

55%要滑落許多。此外，也常常運用到秘密投票的方式。投票只是用來決定工會代表權的贊成或反對而已。為了要贏得工會的代表權，必須有超過50%的投票員工進行投票。如果不只有一個工會在爭取代表權，員工就必須自己作出選擇。為了贏得大眾的認可，單一工會必須擁有絕大多數的選票才行，如果沒有一家工會贏得多數選票，就必須在擁有最高票的兩個工會之間，再舉辦一次決定性的選舉。要是多數員工都投票贊成「無工會」，那麼一年之內，就不得再舉辦任何的工會選舉。

4.取得證明：NLRB必須證明選舉的有效性。這表示這個工會被公認為是一個可代表員工的交涉性單位。此證明也會要求雇主必須誠實地和工會進行交涉，解決一些就業上的問題。如果員工投票決定改變工會或是捨棄這個工會，這類證明就會失效。這就叫做罷免選舉（decertification election）。最近幾年來，這種嘗試要罷免工會組織的行動，有慢慢增加的趨勢。[37]

集體交涉
達成某項約定來涵蓋一些就業條件的協調溝通過程。

集體交涉

所謂**集體交涉**（collective bargaining）就是達成某項約定來涵蓋一些就業條件的協調溝通過程。集體交涉是屬於民主過程中的一部分，讓員工在工作上也能發出一些自己的聲音。[38]合約上所涵蓋到的常見工作條件包括報酬、工作時數和工作狀況等。但是這種合約也可以把雙方都同意的任何議題納入其中。工作安全就是當今工會最重要的交涉主題之一。[39]在1980年代晚期和1990年代早期的時候，工會退了一步，為的是讓各公司團體能在全球市場上和人一較長短。但是，現在它們都正在尋找償還的機會。為了持續降低薪資成本，許多公司都以大量的紅利和其它的獎勵辦法來取代。[40]

為了避免罷工或停工（拒絕讓員工工作），也為了要處理雙方的抱怨申訴，集體交涉者有時候必須同意使用來自於聯邦調解委員會（Federal Mediation and Conciliation Service，簡稱FMCS）的中間第三人，也稱之為調停者（mediator）。調停者是一個中立性角色，可以協助資方和勞方處理他們之間的爭論。若是資方和勞方都不願意妥協，可是也不想造成罷工或停工，就可以要求仲裁者（arbitrator）出面。仲裁者和調停者不同，前者是為資方和勞方制定義務性的決策。仲裁者的決策必須被遵守。所以仲裁者的服務大多用在一些申訴抱怨的處理上，反而不太處理集體交涉中的某些僵局難題。

離職和再就業輔導

員工之所以離開公司可能有三個主要理由：（1）因為倦怠而造成員工的離職，他們不是另謀它職；就是選擇停止工作，休息一陣再出發；再不然只好辦理退休。因為倦怠而離職的員工通常都需要有人來取代他或她的工作。這些自願離職的員工往往會被約談，以便瞭解其中的原委是什麼。離職約談（exit interview）通常是由人力資源部門來進行，以便找出問題所在，才能避免流動率的增加；（2）因為解雇所造成的離職，這些員工可能破壞了公司的規定，或是在工作上沒有達到公司的要求標準。在第十六章的時候，你會學到如何處理問題員工的有關事宜；（3）因裁員所造成的離職，裁員之所以發生，往往是因為經濟體和組織體的問題，或者是兼併或收購的關係。蘋果電腦、波音公司、通用軍用品製造商、通用汽車、IBM、McDonnell Douglas和Sears百貨，都曾在1990年代，裁撤掉幾萬名的員工。

當公司發生裁員的時候，它們可能會提供所謂的再就業服務。再就業輔導服務（outplacement services）會協助員工找到新的工作。舉例來說，當通用電器必須裁掉900名員工時，它設置了一個再就業中心，來協助員工尋找新的工作，或者是學習新的技能。它還提供一些諮詢服務，教導他們如何撰寫履歷表，並為他們搜尋工作機會。此外，也在當地報紙刊登廣告，大力推薦目前有許多員工正可派上用場。因為Scitor人力資源的運作，所以它在員工的招募和留任上並沒有遇到什麼太大的困難。它沒有勞工關係，離職率也很低，而且更不需要設立再就業輔導的服務。

現有的管理議題

傳統的人事說法現在已被人力資源管理所取代。有些組織則採用更新潮的作法，像是西南航空公司、ValuJet 航空公司以及Herman Miller企業都設有人力副總裁一職（vice president for people）。而通用汽車的鈦星工廠則為人員系統（people system）專門設置了一名副總裁。[41]

全球化

對那些全球化的公司來說，人力資源管理過程可能會變得更為複雜。不管是法律環境，還是人力資源規劃的辦法（人員的招募、培養和留用），它們都會因國情的不同而有所不同。另一個問題則是經理人轉任各個國家的問題。把美國當地的經理人轉調到海外市場去，這比要歐洲經理人或日本經理人轉調到其它國家去，要來得麻煩多了。不管是監督國際性經理人的行為和國際性的活動，績效評鑑制度都被公認是很有效的一種辦法。[42]

儘管美國公司花了數十億美元的成本進行訓練課程，美國人的訓練支出仍只佔了薪資總額的1.5%而已，相對於歐洲人和日本人的5%以上，實在差了太多。[43]根據勞力品質和勞工市場效率考察團（Commission on Workforce Quality and Labor Market Efficiency）的看法指出，美國政府和企業界都應在人力資源上進行大舉的投資才行，這樣子，才有辦法在全球市場上和人一較長短。[44]

多樣化差異

尊重多樣化差異必須在傳統的人力資源作業上作些改變才行。對外的招募必須擴大範圍，把女性網路組織、50歲以上的俱樂部、都會工作庫、殘障者的職訓中心、民族性報章雜誌等全部一網打盡才行。此外，還要小心應對，不要讓人有被歧視的感覺。少數族群應該接受新工作的介紹和訓練，以確保他們瞭解組織體的文化，而且也要讓他們知道，公司很欣賞重視他們的差異性特質。許多組織都在努力地訓練少數族群的員工，讓他們提升自己的能力，以便擔綱更重要的工作。此外，還有良師益友之類的計畫，用來協助少數族群提升工作

女性現在也有機會進入一些原本是由男性來擔綱的工作領域。

程度。[45]多樣化差異的訓練也在持續地進行當中。

為了支持相似價值的論調，許多組織都在提升一些工作的工作價值，這些工作傳統上是由女性來擔綱，現在也把它們交給男性來做；除此之外，女性也有機會進入一些原本是由男性來擔綱的工作領域。許多組織都在轉變自己的人力資源作業模式，好協助打破為女性和少數族群所設下的玻璃頂篷（晉升的障礙）。這在中階和低階管理階層的突破上，有相當大的進展。但是晉升到高階管理階層的這條路還是十分的漫長。全美前一千五百大公司的資深經理人，有97%都是白種男性。[46]

多樣化差異的最後一個領域就是為組織體的多樣化勞力創造出更具彈性、和自助式福利的各種計畫，來滿足這些多樣化勞力的不同需求。所謂自助式福利（cafeteria benefits）就是讓員工從各式各樣的福利當中，自行選出最適合自己的項目。組織也試著想讓員工平衡自己的工作和個人生活，所以提供了一些雙薪家庭的福利辦法，例如幼兒照顧或彈性的上班時間等。[47]

道德和社會責任

社會和道德責任也屬於人力資源部門的工作之一。它通常要進行這類政策的發展，例如行為標準，以便進行道德行為的管理。舉發者會被告知該到何處去揭發一些不道德的行為，而這個地方通常就是人力資源部門。社會責任的進展報告也多由人力資源部門來承辦。為了負起社會責任，許多組織都派遣員工到學校去擔任教導的工作，而員工對學生而言，就成了他們在生活上的良師益友。[48]

組織體肩負了社會責任，它必須為員工提供一個健康且安全的工作環境。裁員；過長的工時；以較少的人力來完成更多的工作，因而造成了員工的壓力；媒體對暴力的推波助瀾；武器的隨手可得；以及其它許多因素等，都是工作場所中愈來愈多暴力傾向的背後推手。[49]雇主應該瞭解問題，尋出可能暴力的蛛絲馬跡，免得造成日後的問題，但又不會侵犯到美國殘障法案。[50]

品質和TQM

有品質的人員會製造出有品質的產品和服務。為了確保品質，組織體應該招募、培養和留用一些有品質的員工，他們都是有彈性而且願意不斷學習和自我修正的人才。在TQM的文化中，人力資源部門若是得不到員工的意見看法，就無法執行工作分析。因為轉變是用來改善品質的，所以員工的工作也會跟著有所轉變，這使得工作分析必須不斷持續地進行才行。TQM的重要關鍵就在於訓練和培養。[51]傳統公司著重的是訓練，而TQM強調的則是培養，目的是確保顧客品質能有持續性的改善。訓練和培養通常會用來刺激某些轉變。獎勵上的誘因動機則可用來提升品質。[52]

參與式管理和團隊分工

參與式管理授權員工參與決策的作成。團隊分工的使用則需要招募和選用到一些有團隊精神的人員才行。小組成員必須接受過訓練之後，才能組成一個效率很高的工作小組。[53]自我管理式的工作小組通常要負責為自己的成員選定和執行績效評鑑。為了提供一個能尊重小組分工的組織文化，[54]就需要設置一個以獎勵為基準的報酬制度才行，而這個獎勵應該以小組而非個人表現為主。[55]團隊分工是TQM哲學能否成功的關鍵所在。NLRB卻明文規定，員工委員會的設置和使用都是不公平的勞動模式。[56]換句話說，工會有權對團隊分工的作法提出拒絕，這對TQM來說是有負面影響的。

生產力

生產力是根據人力資源而來。招募評選出來的員工對生產力當然有直接絕對性的影響。訓練和培養以及績效評鑑都是用來增加生產力的。[57]獎勵性的報酬辦法也可以誘使員工有更好的績效表現。[58]勞工關係也會影響生產力，許多組織都試著要把資方和工會的舊有對立關係，轉變成比較密切性的合夥關係。[59]舉例來說，在通用汽車的釷星工廠中，工廠的管理階層就和工會彼此緊密地合作。[60]請參考第七章結尾處的個案說明。

為了要增加生產力，許多組織都曾有過刪減員工數量和培訓資源的經驗。不幸的是，每當有預算需要被砍掉的時候，培訓預算往往第一個被砍掉。有關精簡化的盈虧效應究竟如何，沒有人敢作出真正的保證。市場上有實際證明顯示，精簡化並不能降低一些所欲支出，有時候這些支出反倒會增加。[61]美國管理協會（American Management Association）就指出精簡化並不能成功地提升員工的生產力，反倒對員工的士氣造成了很負面的影響。[62]請參考圖9-11的內容。

在許多企業裏，重新改造的作法也沒能成功，因為管理階層著重的是成本的刪減，並沒有在人力資源上作出必要的投資。本書的作者之一，Hammer說道：「多數企業都撒了一個大謊，因為他們總是很自豪地說，人員是我們最重要的資產。這全是謊言，他們把員工當作原始材料一樣地使用。如果他們真的把員工當作資產的話，我們就應該看到他們在員工身上的投資。」[63]「我告訴企業界必須要在教育上進行五倍的投資。訓練只是有關技能這方面的事情而

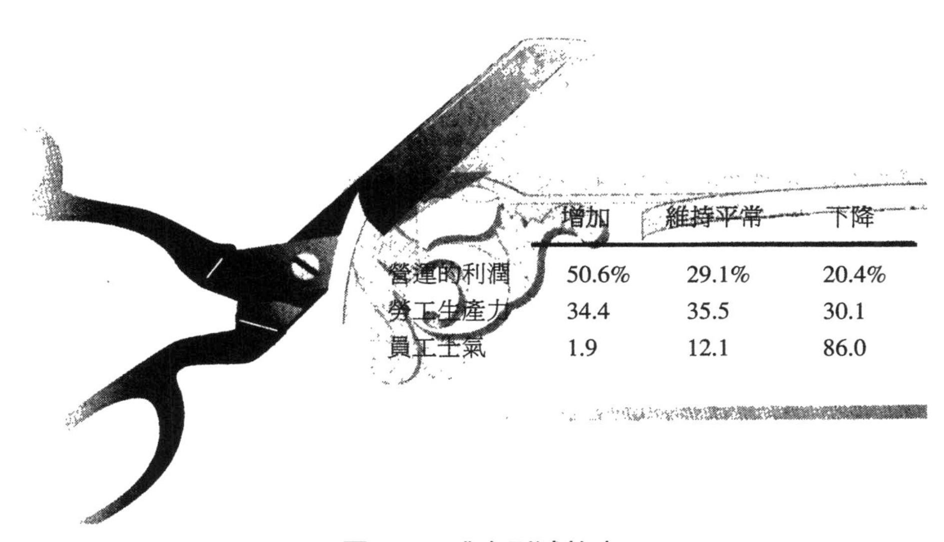

	增加	維持平常	下降
營運的利潤	50.6%	29.1%	20.4%
勞工生產力	34.4	35.5	30.1
員工士氣	1.9	12.1	86.0

圖9-11　成本刪減效應

已，教育則是讓員工有更廣泛的知識內容。公司裏的每一個人都需要瞭解他們所從事的事業內容才行。」這包括了對宗旨、目標和策略的完全瞭解（第五章）。[64]此外，這種投資也必須透過獎勵性的報酬制度來進行。

為了刪減成本，許多組織都採用暫時性勞工。所謂暫時性勞工（contingent workers）就是兼職、短期、且自由性質的工作者。組織之所以會採用暫時性勞工，主要原因是因為它不用提供福利。而且兩個兼職工人的成本還比一名全職性的員工要來得便宜。Wal-Mart商場之所以能壓低成本，其部分原因就是壓低報酬的成本。事實上，暫時性的勞工佔了整個勞動市場的25%，其總數還超過富比士前五百大公司的員工加總起來的數目。[65]暫時性勞工數量的增加對那些想要從事全職工作的勞工來說，可不見得是一件好消息。[66]

小型企業

小型企業通常沒有設置個別的人力資源部門。身負其它職責的縱向性經理人必須也兼任這方面的功能任務。小型企業通常在員工的招募上會遇到比較多的問題，因為他們的晉升潛力比較低，報酬也比大型公司所提供的要低，尤其是福利的部分更是比不過大型公司。但是，因為精簡化的緣故，招募和留用員工已經變得比較容易一點。沒有人力資源部門的運作，縱向性經理人必須自己包辦新進人員的工作介紹和員工訓練等事宜。因為員工人數少的關係，小型企業所付出的福利成本也就相對地比較昂貴。舉例來說，龐大的員工人數可以降低保險成本的支出。於是為了提供更好的福利，有些小公司會租用員工人頭。也就是透過人頭出租公司，把員工解雇，該員工再接受人頭出租公司的雇用，最後回租給原公司。人頭出租公司會接手薪資的功能運作，如此一來，就能節省部分的會計決算。技術上來說，員工是幫人頭出租公司做事，但是做的卻是相同的老工作，只是福利會更好一點。比如說，在Ceramic Devices公司工作的員工要求公司提供401（k）的養老金計畫。於是該公司透過人頭出租公司而達到了員工的福利要求。目前美國約有100萬以上的勞工是被人頭出租公司所出租的。[67]

摘要與辭彙

經過組織後的本章摘要是為了解答第九章所提出的十大學習目標：

1.列出人力資源管理過程中的四大部分

人力資源管理過程的四大部分分別是：（1）人力資源規劃；（2）招募員工；（3）培養員工；和（4）留用員工。

2.解釋工作內容和工作條件之間的差異性以及它們的必要性

工作內容是確認某項職務的任務和職責是什麼。而工作條件則是確認某項職務的所需資格條件是什麼。所以我們需要工作分析，好用來作為招募、培養和留用員工的基礎所在。

3.說出招募員工的兩大部分和它們之間的差異所在

招募員工的兩大部分分別是求才和評選。求才是吸引合乎條件的候選人來應徵工作的一個過程。評選則是在角逐此工作的應徵者當中，選出最合乎條件的人。

4.描述集體面談和陪審小組面談，及假定性問題和深究性問題的不同差異

在集體面談中，一名主考官要面談一人以上的多名應徵者。而在陪審小組面談中，則是由一名應徵者接受多名考官的面談。假定性問題是事先計畫下的問題，要求應徵者描述自己在某個既定情況下，會採取什麼樣的舉動和說詞。深究性問題則沒有經過事先的計畫，是用來澄清開放性問題或假定性問題的答案內容。

5.討論新進人員的工作介紹以及員工的培訓這兩者之間的不同差異

新進人員的工作介紹是向新進員工介紹組織和工作的一個過程。員工的培訓則是讓員工獲取必要的技能，以便在現在或未來的工作上有所施展。

6.列出在職教育訓練的各個步驟

在職教育訓練的各個步驟包括：（1）受訓人員的準備動作；（2）示範任務；（3）由學員親自示範任務；和（4）後續動作。

7.說出報酬的要素內容

報酬的兩大要素分別是薪資和福利。

8.描述工作分析的用途和工作評估的用途，這兩者之間的差異

工作分析是用來決定各職務的負擔內容以及擔任此工作的所需資格是什麼；而工作評估則是判定組織內部和其它工作有關的各個工作，它的價值份量。

9.解釋為什麼多數組織都沒有勞工關係

勞工關係是資方與工會化員工之間的互動關係。因為多數組織都沒有工會，所以就沒有所謂的勞工關係。

10.界定下列幾個主要名詞（依照本章的出現順序而排列）

____ 是指向新進員工介紹組織和工作的一個過程。
____ 准許一些特定機構為了正常的運作，可以有一些合理且必要性　　的差別待遇。
____ 是指調度組織來完成目標的一個過程。
____ 會確認某項職務的任務和職責是什麼。
____ 會確認某項職務的所需資格條件是什麼。
____ 是吸引合乎條件的候選人來應徵工作的一個過程。
____ 是指在角逐此工作的應徵者當中，選出最合乎條件的人。
____ 是指工作應徵者必須經歷一連串測驗、面談、和模擬經驗的地點所在，以便判定他的管理潛能。
____ 是向新進員工介紹組織和工作的一個過程。
____ 是指獲取必要技能，以便在工作上有所施展的一種過程。
____ 是一種持續進行的教育訓練，目的是用來改善現有工作上和未來工作上的技能。
____ 是在模擬的情況下發展一些技能。
____ 是指評估員工績效的一種持續性過程。
____ 是指付給員工的薪水和福利，這些加起來的整成本。
____ 會判定組織內部和其它工作有關的各項工作，它的價值份量。
____ 是指資方和工會化員工這兩者之間的互動關係。
____ 是指達成某項約定來涵蓋一些就業條件的協調溝通過程。

回顧與討論

1.你對法律上允許真正的職業資格這種事，有什麼意見？

2.工作分析的要素是什麼？

3.以由內拔擢來作為對內求才的來源，你對這件事有什麼看法？

4.你同意面談成績應是評選過程中的主要標準嗎？

5.在面談中，應避免什麼樣的常見問題？

6.如果你所服務的公司，內部設有人力資源部門，這是不是表示，身為一名經理人的你，就不用負責新進員工的工作介紹和一般員工的訓練事宜？請解釋其理由。

7.擬定目標會如何影響訓練週期中的衡量和評估結果？

8.報酬也算是人力資源過程中的招募和留用部分，為什麼？

9.為什麼多數員工都不瞭解福利的支出有多昂貴？他們對報酬成本的貢獻又有多少？

10.工會很貪心嗎？因為他們期待要求的遠比自己的身價還要多。或者資方很貪心？因為他們的薪水所佔比例比較高，而且又把利潤上的大半收益都付給了企業的持有人。

11.調停者和仲裁者之間的不同是什麼。

個案

Andrea Cunningham在加州的Santa Clara市創辦了屬於她自己的公關公司（或稱PR公司）。她堅信PR公司可以為任何一種資訊進行包裝和傳播的。Andrea所發展出來的宗旨，讓這家公司擁有了一項競爭優勢，因為該公司可以讓客戶們隨時知道，市場上對他們的認知情形究竟如何。為了達成任務，Cunningham會留意各種金融市場、新聞報導、顧問、顧客、甚至是公司內部員工所透露出來的種種訊息。PR公司的成功與否，其關鍵就在於員工的品質，因為客戶一定要對負責他們業務的PR人員有十足的信心。PR人員通常會把他們所收集到資料，提供給客戶，其中免不了常有壞消息。多數PR公司裏的客戶流動率往往很高，員工的跳槽風氣也很盛，因為PR人員總是想尋求更高薪水和更具挑戰的工作。

Cunningham接下了矽谷裏一些非常不錯的客戶，其中包括Borland International、Aldus Corporation這兩家軟體製造商；和惠普（Hewlett Packard）公司以及摩托羅拉（Motorola）公司。Cunningham傳播公司在24名員工的努力之下，每年收入都超過300萬美元。但是，Adnrea卻在創業當中犯下了一個常見的錯誤，那就是所有決策都由自己裁定，而不假手他人。結果，旗下的經理人時有爭吵，士氣也很低落，不管是客戶或自己員工的流動率都居高不下。結果造成Andrea必須面臨創業以來的第一次虧損威脅。

看到這樣的問題，Andrea知道自己需要作些轉變。她的第一個嘗試動作就是把客戶指派給個別的小組來負責，並根據收益多寡分配紅利。不幸的是，公司內部的競爭卻愈發地激烈。各種地盤開始出現，員工們拒絕彼此分享資訊，而且各小組之間，完全沒有合作精神可言。Andrea知道工作小組的作法是一個不錯的點子，但是小組的體系可能有些改變。

Andrea終於瞭解，如果她想要真的改變這個局勢的話，就得把權力下放出去。於是她決定發展出一種以目標為導向的體系，內含合作性的管理計畫，稱之為輸入小組（input teams）。Andrea為每個小組都設定了年度目標，以便發展必要的計畫和預算來達成這些目標。每位員工都至少隸屬於一個工作小組，小組成員每週至少要為該小組工作五個小時。Andrea也知道自己的人力資源運作必須要能支持Cunningham本身的宗旨和全新的管理系統才行。所以在人力資源經理和其他人的合作下，發展出以下幾個計畫活動：

為了招募和留用員工（又稱之為同仁），他們開發出一種事業生涯系統。所謂事業生涯就是工作任務的順序前行，愈走下去，職責愈重，薪水和位階也愈高。事業生涯系統的設計是為了培養各個同仁的能力程度，進而讓客戶對他們有信心。新的同仁必須接受組織文化方面的介紹，又稱之為Cunningham文化。他們會從中學習到這個組織下的各種不同部門，也會被傳授有關輸入小組的概念，並培養自己在小組中的所需技能和時間管理技巧。新進同仁必須加入Cunningham 傳播企業大學的正式訓練課程，為期三天左右。

報酬制度也有了轉變。所有同仁每年都有固定薪水，並根據目標的達成與否，發放紅利。每一位同仁都需各自判定自己的職責、目標和酬勞多寡。Andrea說，事實上，很少有同仁會提出不合自己身價的價碼。此外，也經常舉辦諮詢性質的研討會，目的是讓同仁們從研討會中瞭解主管對自己在工作表現上的看法如何。偶而碰到同仁們無法達成目標的情形，即使不付報酬，也不會有抱怨的產生。為了增加報酬，同仁們都必須努力地為公司增加更多的收入才行。

改變後的六個月內，只有三名資深員工自動請辭。看到他們離開公司，Andrea感到很難過，可是也覺得他們並不適合這種全新的管理制度。從好的一方面來看，該公司變得更有利潤，而且還在持續地成長當中。全公司的員工人數則在新制度的貫徹之下，從原來的24人擴充到了59人。

請為下列題目找出最佳的答案選擇。請確定你能夠解釋自己的答案：

___ 1.本篇個案並沒有談論到人力資源管理過程的哪一個要素？

a.人力資源規劃　b.招募　c.培養　d.留用員工

___ 2.不良的工作分析和不良的實際工作預告是造成Cunningham的員工流動率之所以居高不下的主因。

a.對　b.錯

___ 3.Cunningham的主要問題就在於：

a.員工的招募上　b.員工的培養　c.員工的留用

___ 4.Cunningham的主要求才來源應該算是：

a.內求式的求才　b.外求式的求才

___ 5.Cunningham的訓練比較著重在：

a.技能　b.人際和概念上的技巧

___ 6.諮詢式的研討會是一種___工具。

a.招募　b.訓練　c.績效評鑑　d.工作介紹　e.評選

___ 7.Cunningham的報酬制度並不包括：

a.時薪　b.薪水　c.獎勵

___ 8.Cunningham有很好的勞工關係：

a.對　b.錯

___ 9.Cunningham有提供再就業的服務：

a.對　b.錯

___ 10.Cunningham提升績效表現的主要轉變在於

a.全球化　b.多樣化差異　c.道德　d.品質和 TQM　e.參與式管理

11.Cunningham內部的人力資源問題很特別嗎？還是在其它公司裏頭也很常見？

12.Andrea從獨攬大權於一身的極端作法，轉變為分權給員工，讓他們自己經營事業的作法。如果是你的話，你會建議採用比較漸進式的作法？還是這種激進式的作法？

13.你願意讓同仁們去決定自己的酬勞多寡嗎？

14.你還會建議Cunningham做什麼來招募、培養和留用員工？

第十章
溝　通

學習目標

在讀完這章之後，你將能夠：

1. 描述在組織中流動的三種溝通方式。
2. 列出溝通過程中的四個步驟。
3. 說出口頭溝通凌駕於書面溝通的主要好處是什麼？以及書面溝通凌駕於口頭溝通的主要好處是什麼？
4. 說出管道選擇的大原則。
5. 列出面對面訊息傳送過程中的五個步驟。
6. 描述什麼叫作解述意義，並說明為什麼要使用到它。
7. 列出並解釋訊息接收過程中的三大部分。
8. 界定反省性回應，並說明何時應使用到它。
9. 在安定某位情緒激動的人員時，什麼是應該做和不應該做的事，請進行討論。
10. 界定下列幾個主要名詞：

溝通	非言語的溝通
垂直性溝通	反饋意見
水平性溝通	解述意義
消息網	訊息傳送過程
溝通過程	訊息接收過程
編碼	反映性回應
溝通管道	感同身受的傾聽
解碼	

技巧建構者

技巧的發展

1.你可以培養自己在傳授指示方面的技巧（技巧建構練習10-1）

傳授指示需要用到一些人際和溝通上的技巧。管理角色也需要具備溝通上的技巧。溝通是領導性管理功能的一部分。人際互動和資訊方面的SCANS能力也都需要用到一些溝通上的技巧。除此之外，基本性和個人特質性的基礎能力也都要肇基在溝通的能力技巧上。

2.你可以培養自己的情境溝通技巧（技巧建構練習10-2）

技巧建構練習10-2會培養你的能力，讓你知道在既定情況下，究竟適合運用四種管理風格中的哪一個，來對待你部門以外的其他人員。

■ Gene Priestman（CIO）、Petrzelka（總裁）以及Roger Meade（CEO）都認為Scitor的員工是最重要的資產。

達美航空（Delta Air-lines）決定設限旅行社在機票上的佣金抽取比例。在這次設限行動之前，佣金的抽取百分比是機票價格的10%，換句話說，如果一張機票售價1,000美元的話，佣金就高達100美元。但是這個設限行動卻為佣金制設定了上限，國內來回機票的佣金是50美元，單程機票則是25美元。結果在短短的時間內，其它主要的航空公司，包括美國航空、西北航空、聯合航空和USAir，全都跟進，採取相同的佣金抽取制。TWA也設定了佣金的上限，但是後來又廢除了，為的是要從競爭對手那兒搶到更多的生意。多數的旅行社都是從航空公司的傳真上得到這個通知。

機票佣金的設限作法的確傷害到一些旅行社。對那些以商業旅行市場為主的旅行社來說，受創最深，因為商業旅行永遠是最後一分鐘的決策，而且出差人士都是以高價來購買機票的。以休閒旅遊市場為主的旅行社則沒有什麼損失，因為旅遊人士總是早早就安排好行程，而且價格通常很低。除此之外，以旅遊為主的旅行社賣的是套裝式的旅遊行程，其中包括飯店、租車等，而這些業者的付佣比例多在13%到15%之間。

全國新聞媒體都報導了這次的佣金風波。全美旅行社聯會（The American Society of Travel Agents）是一家最主要的貿易商會，它在幾份主要報紙上，以全版的廣告抗議各航空公司的行徑。可是這則廣告卻不能傳達出旅行業者的穩定性。媒體已經給了旅行業者一個很好的機會向世人表達他們做的是什麼以及他們是如何掙錢的，可是他們卻沒能掌握好這個機會。

許多旅行社從來不向客戶解釋這種設限式的佣金政策，以及它會如何影響旅行業者。其實這種不和客戶溝通的作法在旅行業界來說，相當地常見。舉例來說，一個中型規模，頗有賺頭的客戶要是換了另一家旅行社，三到六個月之內，也不會接到以前那家旅行社的問候消息。[1]

> 欲知達美航空公司的現況詳情，請利用以下網址：http://www.delta-air.com。若想瞭解如何使用網際網路，請參考附錄。

不管是組織中的哪一個階層，他們的每個工作天至少有75%的時間都花在溝通上。可是我們所聽到的這些內容，有75%都很模糊。即使是那些聽得很清楚又很精確的內容，其中也有75%在三個禮拜之內就會被我們忘得一乾二淨。溝通是一項我們最需要用在工作上的技巧，也是我們最最缺乏的技巧。[2]傾聽和傳達資訊消息的能力是雇主們最想要旗下員工具備的四大特質之一。[3]有助於做好工作的資訊消息，則是員工心目中排名第一的動因。[4]擁有良好溝通系統的組織，才有可能會成功。[5]

溝通（communication）就是傳達消息和意義的一種過程。溝通的發生有兩種主要類型：組織溝通（organizational）和人際溝通（interpersonal）。所謂組織溝通是指組織之間發生溝通，或是組織內的單位／部門發生溝通。而人際溝通則是人與人之間的溝通。[6]不管是傳達消息或傳達意義，溝通不是有效就是無效。無效的組織溝通，它最主要的障礙就是其中的成員無法瞭解溝通的功能。[7]

溝通
傳達消息和意義的一種過程。

組織溝通

1.描述在組織中流動的三種溝通方式

經理人需要發展他們的溝通技巧。[8]溝通是經理人所必備的三種主要技巧之一（第一章）。而管理角色（人際互動性、資訊性和決策性）和管理功能（規劃、組織、領導和控制）也都對溝通技巧有所要求。組織的宗旨、策略、目標和[9]文化，[10]全都需要進行有效的溝通。Lee Iacocca是力挽克萊斯勒汽車免於遭到破產命運的前任最高執行長，他說：「我在學校中所學到的最重要一件事就是如何溝通。」[11]

組織溝通往往會以正式的垂直性和水平性方向進行流動，也會透過非正式的消息網進行流通。請參考圖10-1的組織溝通。

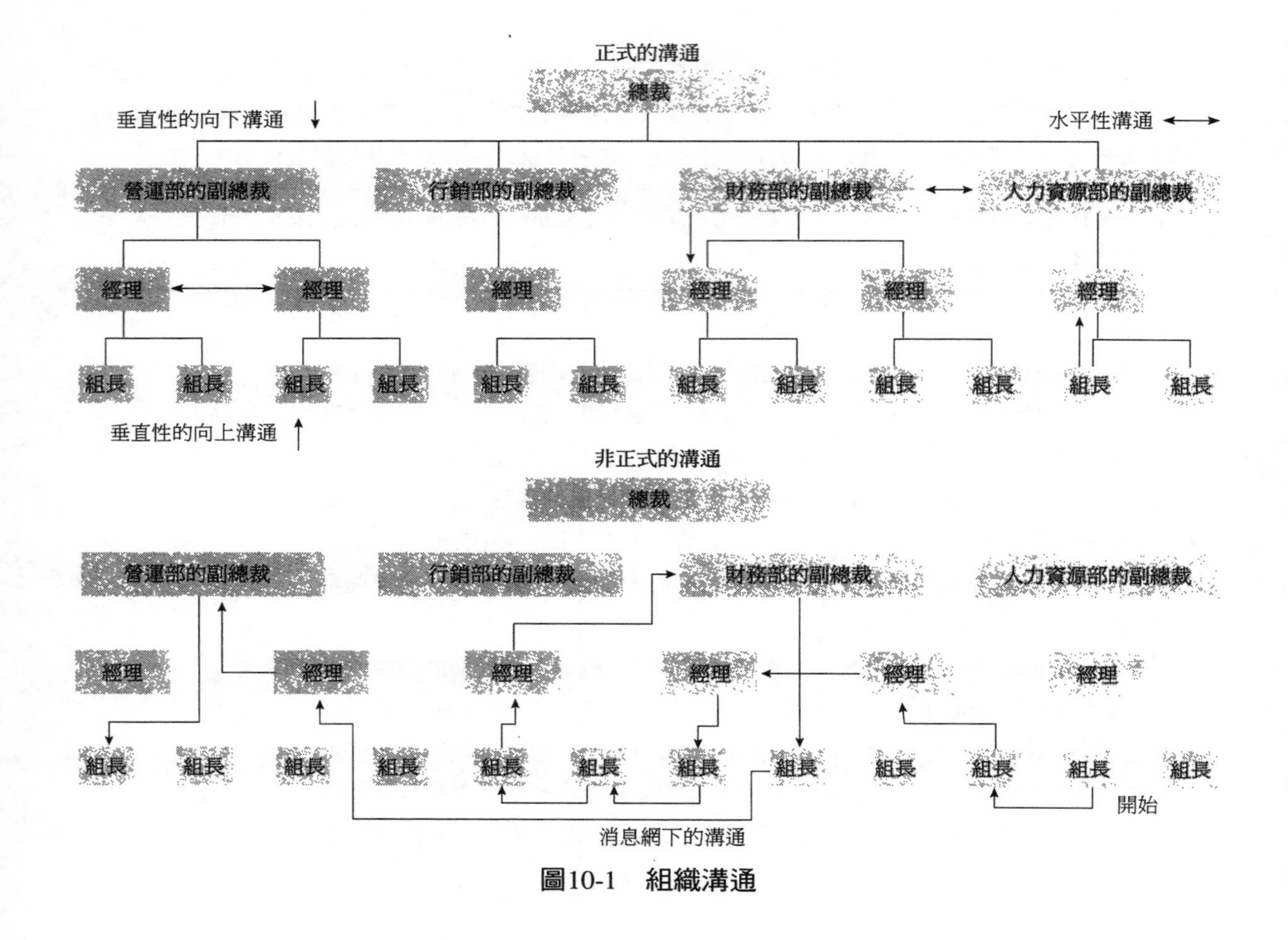

圖10-1　組織溝通

垂直性溝通

垂直性溝通
消息從上向下或從下往上地透過指揮鏈在進行流動。

垂直性溝通（vertical communication）就是消息從上向下或從下往上地透過指揮鏈在進行流動。它也被稱之為正式的溝通，因為大家公認它是官方所認可傳播出來的一些消息和意義。

從上向下的溝通

當高階管理人士作成裁決、政策、程序、以及其它事宜的時候，就會透過指揮鏈向下發佈消息，通知員工。這是高階經理人告知位階低於他們的人，該做什麼以及如何做事的一種過程。委派代表就是一種從上向下的溝通方式。

為了擁有有效的組織溝通，高階管理人士應該把足夠的資訊消息向下傳達給員工，特別是碰到危機或主要轉變時，更該如此。公司內部應該具備正式的溝通政策和程序，以確保消息可以準確有效地傳達出去。為了讓正式的資訊消息能在組織內部進行流通，許多公司都設有電腦資訊系統，並指派一名執行主管專門負責資訊技術，例如計算系統、辦公系統、以及電信等。最新的趨勢是賦予這名執行主管一個首席資訊官（chief information officer，簡稱CIO）的頭銜。[12]你將會在第十七章的時候，學到更多有關資訊系統的事宜。

由下往上的溝通

當員工把某項訊息向上面的主管報告時，就是在利用所謂由下往上的溝通方式。經理人可從這樣的溝通管道瞭解組織內部目前正在進行哪些事情，以及有關顧客的問題等。當員工在和他們的直屬主管討論事情，也會從這種由下往上的溝通方式當中獲益許多。只要保持專心的傾聽態度，高階管理人士就是在為員工塑立良好的溝通典範。

為了促進這種由下往上式的溝通，許多組織，包括Caterpillar拖引機製造商，也都利用敞開大門式的政策，歡迎員工們自在地走進各經理的辦公室。Connecticut Mutual Life保險公司就為那些和經理人坐在一起參加無限制問答研討會的員工們提供免費的早餐和午餐。福特汽車公司、Sears百貨、和其它組織，也都會定期地進行調查，評估一下員工的態度和意見看法。聯合航空的Ed Carlson就創造出一種新的辭彙，叫做走動式管理（management by wandering around，簡稱MBWA），意思是走出辦公室，經常和員工進行非正式的談話。

水平性溝通

水平性溝通
同事與同儕之間的消息流動。

水平性溝通（horizontal communication）是指同事與同儕之間的消息流通。它是一種正式的溝通方式，可是卻不需要透過指揮鏈來進行。部門內的協調和各部門之間的協調都需要用到水平性溝通。多數員工花在和同儕溝通的時間遠比和主管溝通的時間要多出很多。當行銷經理和生產經理溝通，或是和其它部門經理溝通的時候，就是在進行水平性的溝通。

為了達成有效的組織溝通，許多公司都有設立電腦系統，好讓組織內部的各個角落都能方便取得資訊。包括，Arco公司、Bell Laboratories研究室、Reliance 保險公司、以及Shell石油等公司，都曾利用過電傳會議來聯繫全國各地和全世界各地的與會者。經理人和來自於不同部門的人員開會，為的就是要協調他們之間的努力成果和解決彼此之間的紛爭矛盾。

工作運用

1. 請以你目前正在工作或曾經服務的組織為例，列舉其中所看到過的垂直性（由下往上以及由上向下）、水平性、和消息網等各類溝通方式。

消息網下的溝通

消息網
在組織內部到處流竄的各種消息。

消息網（grapevine）就是在組織內部到處流竄的各種消息。它是一種非正式的溝通，因為其內容並不是官方版，也沒有經過管理階層的認可。這種消息網，或稱為謠言和流言製造廠，可始於組織中的任何一個人，然後再往任何一個方向流動，員工抱怨他們的主管；高談闊論各種體育和新聞事件；或者私語一些同事的秘密，這些都會在消息網中到處流竄。隨著精簡化的風氣愈來愈盛，許多員工早在正式通知下達之前，就已經風聞有關裁員的消息了。

用來改善正式溝通的一些辦法，也很適用於非正式溝通的改善。如果經理人聽到一些不正確的消息在公司內部裏流竄，就該使用正式或非正式的手段來導正整個情勢。若是經理人有新的消息，也可以透過正式的管道和非正式的消息網散播出去，以協助遏止謠言的流竄。[13]

達美和其它航空公司透過傳真，正式通知旅行社有關佣金設限的決定。可是有很多旅行社卻是透過媒體和私底下的消息網，事先得知此事。

2.列出溝通過程中的四個步驟

溝通過程和溝通障礙

溝通過程
由傳送者為某項訊息編碼，再透過管道把它傳輸給接收者，然後接收者再進行解碼，也許事後還會反饋一些意見回去。

溝通過程（communication process）就是由傳送者為某項訊息編碼，再透過管道把它傳輸給接收者，然後接收者再進行解碼，也許事後還會反饋一些意見回去。溝通模式有助於人們看清楚溝通過程中各個元素之間的關係。[14]圖10-2就描繪了溝通過程，並解釋其中的每個步驟和各步驟中常見到的一些溝通障礙。

概念運用

AC 10-1　溝通流向

請確認以下各項情況的溝通流向是屬於：

a.垂直性向下　b.垂直性往上　c.水平性　d.消息網

__ 1.「嗨！Carl，你聽說到有人看到Paul 和Helen在……」

__ 2.「Quanita，你來這裏一下好嗎？把這個拿穩，我才能把它弄直，就像我以前幫你做得一樣。」

__ 3.「Tom，這是你要我幫你打的信，你檢查一下，我才好做些更正。」

__ 4.「Robbin，我有兩個新的顧客想要開立賒款帳戶，請趕緊幫我查一下信用狀態，那麼我才可以把許多貨品賣給他們，你也好寄帳單給他們。」

__ 5.「Ted, 請立刻把這封信交到郵件室裏。」

1.傳送者為訊息編碼，並選出管道

2.傳送者傳輸訊息

3.接收者會訊息解碼，並決定是否行意見反饋

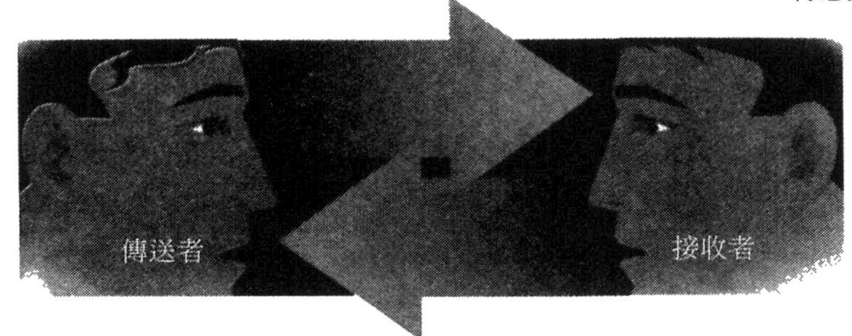

傳送者和接收者在溝通的時候，可能會不斷地互換角色

4.反饋、回應、或新的訊息可能會透過管道再傳輸出去

圖10-2　溝通過程

1.傳送者為訊息編碼，並選出管道

為訊息編碼

訊息的傳送者（sender）就是溝通的發起人。所謂訊息（message)是指一些有待溝通的消息和意義。溝通者應該對自己的訊息有明確的目標。[15]所謂**編碼**（encoding）就是傳送者把訊息放入接收者能懂的格式當中。傳送者應該考慮接收者的訊息，然後再決定出一種最好的方法來為訊息編碼，以確保消息和意義的傳輸不會有問題。

編碼
傳送者把訊息放入接收者能懂的格式當中。

認知上的溝通障礙

當訊息傳送給接收者的時候，他們通常會利用自己的認知角度來解讀訊息，進而瞭解其中的意義。請注意語義學（semantics）和行話（jargon）這兩者之間的不同，因為即便是相同的字，對不同的人就有不同的意義存在。比如說，“wicked good”這個字對那些不甚熟悉此字的人就很容易產生混淆，因為他們不知道它的真正意義是棒透了。有時候，當經理人交給秘書一封信打字的時候，會說道“Please type this and then burn it.”其實burn 的意思是影印，可是也有人會誤解是要一把火燒了這封信。

克服認知障礙

為了克服認知上的問題，你需要考慮一下其他人可能會以什麼樣的角度來看待此訊息，然後再試著進行適當的編碼，傳送出去。所以，字句的選擇就變

得很重要。小心不要使用到一些別人所不瞭解的行話。

資訊超載的溝通障礙

不管在什麼時候，我們所瞭解的資訊都是有限的。資訊超載通常發生在新人剛上班的那幾天之內，因為他們在那段期間內往往需要一下子吸收很多的資訊。隨著電腦使用的普及和各種資訊的隨手取得，更是讓經理人覺得目不暇給，不知該拿這麼一大堆資訊怎麼辦。[16]

克服資訊的超載

為了降低資訊超載的可能，傳送出去的訊息數量一定要在接收者能瞭解的範圍內。傳送訊息的時候，在沒有確定接收者一定能瞭解你所說的內容之前，千萬不要說得太冗長。如果你說得太多，只會讓接收者覺得無聊或是沒有頭緒而已。

選定管道

溝通管道
三個管道分別是口頭的溝通、非言語的溝通和書面的溝通。

訊息是透過管道傳送出去的。三種主要的**溝通管道**（communication channels）分別是口頭的溝通、非言語的溝通和書面的溝通。傳送者應決定好最適當的管道，以便配合情況的需要。你將會在下個單元裏學到有關這類的事宜。

管道選擇的溝通障礙

不適當管道的使用可能會造成溝通的遺漏。舉例來說，如果經理人抓到某位員工有破壞規定的行為，他就應該採用一對一、面對面的溝通方式。其它的管道可能不太適用。

克服管道選擇的障礙

在傳送訊息之前，先謹慎地考慮過最有效的管道是什麼。在下個主要單元裏，你將會學到有關各種不同管道的適當運用。

2.傳送者傳輸訊息

當傳送者為訊息編碼完成，也選定好管道之後，他或她就會把訊息透過管道傳輸給接收者。達美航空的經理人選定書面傳真作為溝通的管道，來告知旅行社有關佣金設限的事宜。

雜訊的溝通障礙

在傳輸訊息的過程中所碰到的一些雜訊，都可能對接收者造成干擾或混淆。所謂雜訊（noise）是指任何會干擾到訊息傳輸的東西。舉例來說，機器或人們可能會發出一些噪音讓訊息很難被接聽到；傳送者的音量可能不夠大，所以接收者聽得不太清楚；也或者是收音機或電視機轉移了接收者的注意，結果造成了訊息上的錯誤解讀。

克服雜訊的障礙

為了克服雜訊，我們需要在傳輸訊息之前，先考慮一些物質環境。設法讓雜訊降到最低的程度。如果可能的話，最好止住那些會分散注意力的雜訊源，或者是搬到某個安靜的場所中。

3.接收者會訊息解碼，並決定是否有必要進行意見反饋

解碼
接收者把訊息轉譯成為一種有意義的格式。

接收到訊息的人會進行解碼。所謂**解碼**（decoding）就是接收者把訊息轉譯成為一種有意義的格式。接收者會把收到的訊息和其它的點子結合在一起，再詮釋該訊息的意義。接收者也會決定是否該有反饋、回應、或傳送新訊息的必要。在口頭溝通中，反饋動作通常會立刻地進行。但是，若是採書面溝通，則通常沒有必要進行反饋的回函。當達美航空透過傳真告知佣金設限的決定時，旅行社並不需要進行任何反饋回應。

可信度的溝通障礙

在溝通中，接收者會把傳送者的可信度列入考慮當中。要是接收者不相信傳送者，[17]或者接收者不相信傳送者知道自己在說些什麼，接收者就不會願意接受這份訊息。[18]

克服可信度的障礙

為了改善你的可信度，平日就要對他人坦誠以對才行。如果別人抓到你撒謊的小辮子，就可能永遠不會再相信你。為了獲取和維持自己的可信度，在你溝通之前，務必先把真相找出來，然後再傳送出清楚正確的訊息。務必要在你的領域當中，成為一個受人尊重的專家。

沒有留神傾聽的溝通障礙

人們通常會聽到傳送者正在說話，可是卻往往沒能聽進訊息或是不瞭解傳輸的內容是什麼。有時候，沒有留神傾聽正是注意力不集中或雜訊干擾的結果所造成。

克服沒有留神傾聽的障礙

有一個辦法可以用來確保人們一定會專心傾聽你的訊息，那就是提出問題，或者要求對方為你解述意義。在傾聽時，你最好遵照本章稍後所提到的一些傾聽祕訣。

情緒上的溝通障礙

每一個人都有情緒，例如，忿怒、受傷、恐懼、悲傷、快樂以及其它等等。情緒化的人會發現自己很難保持客觀的心態或是專心地傾聽。

克服情緒上的障礙

在溝通的時候，你應該保持平靜的心情，小心不要因自己的行為，而造成別人情緒上的問題。本章稍後的地方，我們會教你如何穩定員工的情緒。

工作運用

2.請舉出實例，是你目前工作所在或以前工作過的地方，所傳輸過的訊息內容。請務必描繪清楚溝通過程中的四個步驟，並說出管道是什麼，並確認是否有進行反饋的動作。

3.請舉出兩個例子，是你在工作上所遭遇到的不同溝通障礙。請解釋這兩個障礙是如何被克服的。

4.反饋：可能會傳輸回應或新的訊息出去

當接收者為訊息解碼之後，就可以對傳送者作出一些反饋。你應該瞭解傳送者和接收者的角色是可以在溝通的過程中互換的。許多旅行社直接聯絡達美航空，抱怨有關佣金設限的政策。全美旅行社聯會也在許多報紙上刊登全頁的廣告，表達業者的不滿立場。

過濾內容的溝通障礙

過濾內容（filtering）就是修改或曲解資訊消息，以便投射出一個較令人喜歡的形象出來。舉例來說，當人們被要求提出目標計畫下的進展報告時，他們可能會強調好的一面，對那些負面的部分則輕描淡寫地一語帶過或不說實話。

克服過濾內容的障礙

為了有助於過濾內容的降低，你應該把錯誤當作是一種經驗學習，而不是用來指責和批評員工的機會。你將會在本章稍後的地方學到有關批評的事宜。事實上，利用門戶開放的政策，可以為公司營造出雙向溝通的氣氛。

摘要總結

根據前述溝通過程的各個步驟，以下是一個參考實例：（1）一名教授

概念運用

AC 10-2　溝通障礙

請確認以下的溝通障礙是屬於：

a.認知　b.資訊超載　c.管道選擇　d.雜訊　e.可信度　f.沒能留神傾聽　g.情緒　h.過濾內容

__ 6.「冷靜一點，你不應該這麼沮喪的。」

__ 7.「沒有問題。」（可是實際想法卻是：「我漏了第一個步驟，不知道該提出什麼問題。」）

__ 8.「我們的進度保持得很好。」（可是實際想法卻是：「事實上我們已經進度落後了，但是我們一定會趕上進度。」）

__ 9.「我說過我等一下就會做它，才過了十五分鐘而已，你為什麼要我現在就做它呢？」

__ 10.「你不知道你在說什麼，我會照我的方式來做它。」

（傳送者）正為某堂課預備教材，他透過講稿的準備來進行所謂的編碼工作；（2）該教授透過課堂上的演講，以口語把訊息傳輸出去；（3）學生(接收者)藉著專心聽講和勤作筆記，來為演講內容（訊息）解碼，進而瞭解其中的意義。學生通常會從演講當中選出一些內容寫在筆記上。這些筆記的內容往往需要被進一步地解碼，而不是逐字地翻譯；（4）學生們通常有機會可以在課堂中或課後向教授提出問題（反饋）。請參考圖10-3對各種溝通障礙的回顧。

訊息傳輸管道

3.說出口頭溝通凌駕於書面溝通的主要好處是什麼？以及書面溝通凌駕於口頭溝通的主要好處是什麼？

在為訊息編碼時，傳送者也要謹慎考慮管道的選擇。管道（傳輸訊息的型式）包括口頭式的管道、非言語式的管道、和書面式的管道。圖10-4列出了幾個主要的管道來源。本單元結尾處的概念運用可以讓你有個機會，試著選選看各種訊息管道。

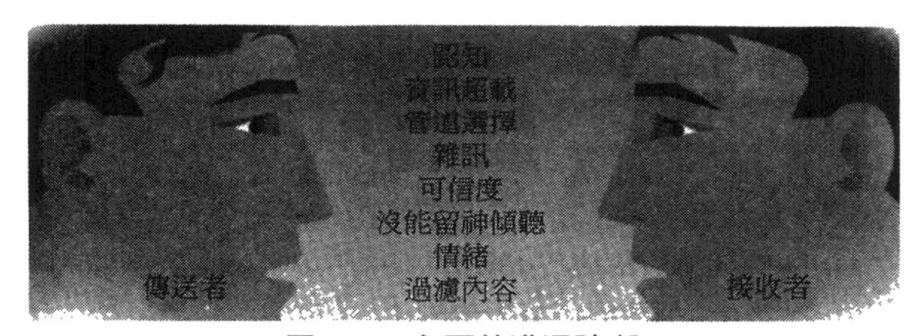

圖10-3　主要的溝通障礙

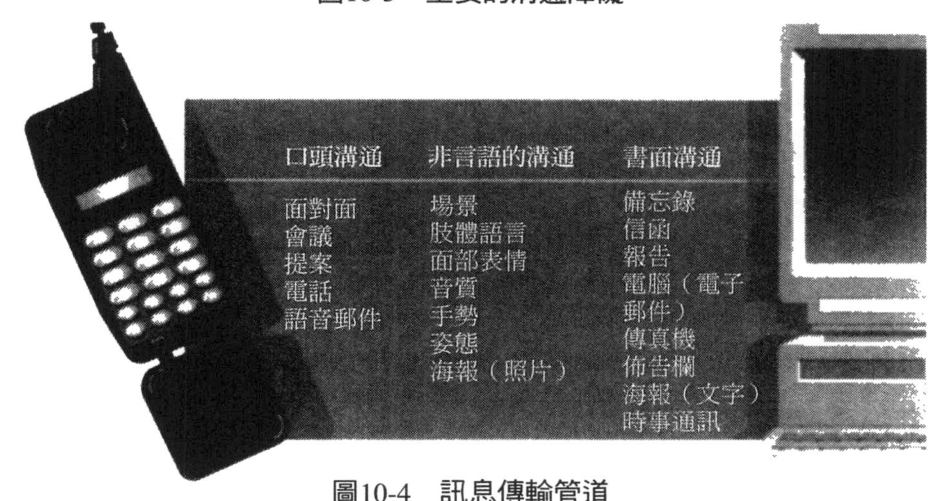

口頭溝通	非言語的溝通	書面溝通
面對面	場景	備忘錄
會議	肢體語言	信函
提案	面部表情	報告
電話	音質	電腦（電子郵件）
語音郵件	手勢	傳真機
	姿態	佈告欄
	海報（照片）	海報（文字）
		時事通訊

圖10-4　訊息傳輸管道

口頭溝通

多數經理人都偏好採用口頭溝通的方式（管道）來傳送訊息。[19]口頭溝通中最常見的五種媒介分別是面對面、會議、提案、電話和語音郵件。口頭溝通勝過於書面溝通的好處，就在於它是一種比較簡單且快速的方法，同時還可鼓勵對方有所回應反饋。它的壞處是口頭溝通比較不夠精確，而且沒有紀錄可循。

面對面的溝通

多數經理人都喜歡和員工採用一對一、面對面的溝通方式。Sam Walton是Wal-Mart商場前任的創始人和最高負責人，他就很重視面對面的溝通，並以此來維持公司的成長局面。這名最高執行長每週要拜訪6到12家分店。

面對面的溝通很適合用來委派任務、訓練學員、懲戒處罰、分享資訊、回

提案在會議中很常見，而且很適合用來解釋各種資訊。

答問題、檢查目標進度、以及培養和維繫人際關係。經理人也會利用一對一、面對面的溝通方式來和他們的老闆、同事、以及同儕們溝通。

會議

我們將會在第十三章的時候，討論會議的各種類型。經理人最常參加的會議就是和兩名以上的員工聚在一起，這種會議時間不僅簡短而且輕鬆自在。隨著小組分工的日益普及，有愈來愈多的工作時間都用在開會上。[20]

會議很適合用來協調員工工作內容、分派工作及排解員工間的衝突。如果你的部門時間上許可的話，每天應安排非正式且簡單的部門會議來交換資訊、協調資源，及建立相互瞭解與溝通的管道。

提案

偶爾，你也可能需要作一場正式的提案。準備你的提案內容，並確定以下三個部分：（1）開場——提案一開始就要先表明目的所在，以及大致預告一下所要涵蓋的重點內容有哪些；（2）中場——透過細節重點的討論，讓訊息傳達出去，進而在提案中支持前述所談到的目的內容；（3）結尾——摘要總結最後的目的、重點、以及觀眾所應採取的一些行動。

提案在會議中很常見，而且很適合用來解釋各種資訊。提案人可以允許觀眾提出問題，並給予答案說明。若是在小團體中進行提案，不妨在提案中就可直接進行問答的作業。但是若是屬於大型團體的提案，最好等到提案結束後，再提出問題。

電話

各種工作花在電話上的時間不盡相同。在你打電話之前，請先設定好目標，[21]並寫下你想要討論的內容。此外在電話溝通的時候，也可以利用一張紙來作筆記。接到電話，要判定這通電話的目的何在，並決定是否該由其他人來處理這通電話。若是不方便接電話，也可以告知對方等一下再回電。電話會議（三個人以上一起利用電話來開會）在目前則有愈來愈盛的趨勢。

電話這個管道很適合用來快速交換消息和核對事項。尤其可以節省時間上的往返。但是它很不適合拿來作為懲戒他人的管道。

語音郵件

語音郵件很常用來替代書面的備忘錄和為一些無法接電話的人留言。語音郵件式的備忘錄很適合拿來傳遞簡短的訊息，這些訊息都是一些不需以書面形式來讓員工參考的資料。此外，這種語音郵件對那些不管需不需要接收者回電的留言來說，也很理想。一項研究報告指出，員工每年平均要花上302個小時在聽取語音郵件和回電的時間上。[22]

現在，電視會議還不是那麼地普遍。但是，隨著科技的進步和成本的降低，電視會議的使用率預料會愈來愈普及。[23]

非言語的溝通

非言語的溝通
不須透過談話所傳送出去的訊息。

每一次我們使用口頭、面對面的溝通時，也會利用到一些非言語的溝通。所謂**非言語的溝通**（nonverbal communication）是指不須透過談話所傳送出去的訊息。非言語的溝通包括溝通場景（物質環境）和肢體語言。肢體語言包括：（1）面部表情（眼神接觸、眨眼、或者是微笑的眼神、不悅的眼神、不屑的眼神等）；（2）音質（它不是指說出的來的「話」，而是以什麼樣的方式說出這些話。比如說，可以用平靜／興奮／沮喪／緩慢／急速、柔軟／吼叫的語調來傳達類似像生氣、失望、快樂、或贊同的訊息）；（3）手勢（肢體動作的使用，例如用手來指、用手作信號和點頭等）；以及（4）姿態（坐直或懶懶地坐者；向後靠或向前靠；交叉雙臂或雙腿）。有一句老話說：「行動的音量大過於說話的音量」（Actions speak louder than words）。這是千真萬確的。舉例來說，如果某位經理對一名做錯事的員工給了嚴厲的一瞥，可能比說出來的話還要令人感到畏懼。要是經理Amy要求員工的工作一定要有品質，可是她自己的工作卻毫無品質可言，而且對那些在工作品質上表現良好的員工，也不給予任何的獎勵，員工們當然會對她的要求充耳不聞。

為了要讓非言語的溝通產生效果，你應該瞭解自己有哪些非言語溝通的習慣，並確定這些習慣能和你的口頭溝通與書面溝通相互協調一致才行。此外，也要認清或能夠解讀其它人所表達出來的非言語溝通內容，因為它可以告訴你對方的感覺和態度是什麼。好好安排一下你的辦公室，儘量營造出開放式的溝通氣氛。比如說，你不應該坐在辦公桌的後面，然後讓另一個人坐在辦公桌的對面。並肩坐在一起有助於營造更開放的和諧氣氛。當你在和別人談話的時候，最好利用一些非言語的溝通方式來傳達你對此訊息的開放態度。微笑、面對對方、利用眼神的接觸，這些都能讓對方感到自在；也可以向前傾一點，並常以一些手勢來表達你正在留心傾聽，而且很有興趣。千萬不要在胸前交叉你的雙臂（這暗示著溝通已經結束）。此外，也要以愉悅且平靜的聲調來進行談話。

書面溝通

也許再也沒有什麼可以比差勁的書面溝通更能洩漏出你的弱點。德州儀器公司副總裁，Mike Lockerd曾經說過：「一定要學會寫作。」[24]書面溝通勝過口頭溝通的好處在於前者比較精確，而且在事後可以有書面記錄可循。但它的壞處卻是耗時甚久，而且會阻礙一些意見的反饋。

一些常用到的書面溝通包括：

1.備忘錄——通常用來傳送一些組織之間的訊息。

2.信函——通常用來和組織以外的人員溝通。電腦——電子郵件（e-mail）可用來傳送備忘錄和信函，以達到節省時間和紙張的目的。[25]傳真機也常常用來傳送備忘錄和信函。請注意，不管是電子郵件或傳真都不會被編號，因為它們只是備忘錄和信函的一種使用格式而已。

3.報告——用來傳達資料消息。報告通常也包括呈送給管理階層和同事的各種書面評估、分析和建議等。報告也可以透過電子郵件或傳真的方式來傳送。

4.公佈欄上的通知——通常是其它溝通格式的一種補充。

5.海報（或招牌號誌）——通常是用來當作某種重要消息的提示物，例如宗旨說明、安全指示、品質、在你離開之前請清理完畢等等。海報也可以是一種非言語或圖解式的溝通。比如說「禁止」的標誌，就是把你不應該做的事情，圍在一個圓圈裏，再劃上一條斜線來表示。

6.時事通訊——用來向所有員工傳達一般的消息。

書面溝通的適合用途包括：傳達一般性的資訊內容；傳達需要未來有所動作的各式訊息；傳達正式、官方、或長期性的訊息（特別是那些內含有真相、數字的各種資料）；以及傳達對一干人等會造成某種影響的訊息。福特汽車公司有40,000名以上的使用者，在使用它的全球傳送系統，這表示電子郵件的使用率更勝過於越洋電話的使用。[26]

寫作的秘訣

缺乏組織力是寫作問題中的頭號殺手。[27]在你開始寫作時，先為你的溝通擬定好目標，牢牢記住你的讀者是誰，你想要他們做什麼？先擬好大綱，再利用字母、數字等來排列出你在文中所想表達出來的各個重點。然後再把大綱轉變為書面的格式。第一段的時候，先說明溝通的目的何在。中段部分則以真相、數字等內容來支持你的溝通目的。最後一段則摘要幾個主要重點，必要的話，請清楚說出你和接收者各自負責的行動內容是什麼。

寫作的目的是為了溝通，而不是感動人。所以儘量保持訊息內容的簡短。每一段內容都只能有一個主題，最好不超過五句話，每句話平均用十五個字就可以了。每個段落和每句話的長度最好不盡相同，但是一個段落千萬不要超過半頁篇幅以上。請以主動語態（比如說，我推薦……）取代被動語態（它被推薦……）。

必要的時候，校對或重謄一遍內容。要是有時間，等個一兩天再校對一遍。為了改善字句或段落的內容，可以增加一些東西來補充它的完整性；或者刪掉一些不必要的文字和片語；再不然也可以重新排列文句。請利用電腦的拼音和文法檢查來核對你的內容，或者請別人來幫你校對。

管道的結合

非言語溝通通常會和口頭溝通相結合。你也可以結合口頭溝通、非言語溝通以及書面溝通這三者。重複性動作通常很有必要，為的是要確保訊息已經傳達，而且雙方對此訊息都能夠達成共識。當訊息十分重要，而你又想讓員工參與，並讓他瞭解其中的意義時，就可以利用結合式的管道。舉例來說，經理人有時候會先發一份備忘錄，然後再親自造訪或來電詢問對方是否有什麼問題。

4.說出管道選擇的大原則

訊息傳輸管道的選擇

工作運用

4.你是否曾在工作上接到過口頭或書面的訊息，請舉出實例。請確定它是透過口頭溝通或書面溝通的管道。

在你傳收訊息之前，請確定選好最適當的傳輸管道。選擇管道的另一個考量因素是看媒介物的豐富性如何。

「媒介物的豐富性」（media richness）是指透過此管道所傳達出的消息和含意，其數量的多寡。消息和涵義的數量愈多，管道就愈豐富。面對面的溝通是一種最豐富的管道，因為它可以充份利用到口頭和非言語的溝通內容。電話溝通的豐富性則比不上面對面的溝通，因為如果你看不到面部表情和一些手勢，就會漏掉很多非言語溝通的內容。只要是口頭溝通，不管任何形式都要比書面溝通來得豐富多了，因為口頭溝通至少可以傳達出一些非言語溝通的內容，這是書面溝通所做不到的。

概念運用

AC 10-3　管道選擇

請為以下五種溝通情況，選出最適當的傳輸管道。如果你採用的是複合式的媒介物，請把你所選定第二種管道的代表字母，寫在每道題目的最後一個空格上：

口頭溝通

a.面對面　b.會議　c.提案　d.電話

書面溝通

e.備忘錄　f.信函　g.報告　h.公佈欄　i.海報　j.時事通訊

__ 11. 你正在等一封由聯邦快遞所傳遞的重要信函，你想知道它是否已被投遞到郵件室裏。______

__ 12. 當倉庫裏沒有人的時候，員工們總是忘了關燈，你想要他們不要忘記關燈。______

__ 13. Jóse、Jamal和Sam將會一起合作某個新的計畫，你需要向他們解釋這個計畫內容。______

__ 14. John又遲到了，你不希望再有這種行為出現。______

__ 15. 你已經達到並超越了部門的預定目標，所以想讓老闆知道這件事，因為它對你即將面臨的績效評鑑有非常重要的影響。______

管道選擇上的大致方向

選擇管道的大致方向是：利用豐富的口頭溝通來傳達一些比較困難且不尋常的訊息；而豐富性不夠的書面溝通則可用來傳達簡單且例行性的訊息給許多人；結合性的管道則是為了一些重要訊息而設，因為員工必須參與其中，並瞭解箇中的意義。

達美航空選擇傳真式的書面溝通管道來傳達佣金設限的消息。許多旅行社則利用各式不同的管道來表達它們的意見，全美旅行社聯會選擇採用報紙廣告來表達它們的不滿，順便通知其它會員有關此事的消息。

傳送訊息

你曾經聽過某位經理人說：「這不是我要的。」這樣的話嗎？如果聽過，通常都是這名經理的錯。因為經理人往往會作出錯誤的假定，而且又不能百分之百的保證這個訊息的傳達能夠取到雙方的共識。

溝通過程中的第二個步驟就是傳送訊息。在你傳送之前，應該要小心選定管道，並計畫一下要如何傳輸此訊息。然後，再利用訊息傳輸過程來傳送訊息。

規劃訊息

在傳送訊息之前，你應該計畫一下：

1.傳送什麼（what）：訊息的目標是什麼？它是要影響？通知？抑或是表達某種感覺？你想讓溝通的最後結果是什麼？擬定一個目標。必要的時候，可以徵詢其它人對此訊息的意見，或請他幫你界定目標。

2.傳送給誰（who）：決定誰是接收此訊息的人。

3.如何傳送（how）：決定接收者的人選之後，再計畫你要如何編碼，好讓對方瞭解其中內容。針對當時的觀眾和情況選擇適當的媒介物。究竟該說什麼，做什麼，和寫什麼？

4.什麼時候（when）：什麼時候傳送此訊息？時機很重要。舉例來說，如果要花十五分鐘來傳輸此訊息，就不要在下班前的五分鐘找員工來談話。等到明天再說，找到適當的時候再和他們談。

5.什麼地方（where）：決定在什麼地方（場景）傳輸此訊息一你的辦公室或是他或她的工作所在。請記住，要儘量降低被人干擾的程度。

5.列出面對面訊息傳送過程中的五個步驟

訊息傳送過程
（1）培養密切和諧密關係；（2）說出你的溝通目標；（3）傳輸你的訊息；（4）檢查接收者的瞭解程度；以及（5）取得承諾並進行後續動作。

訊息傳送的過程

在傳輸面對面的訊息時，請遵循**訊息傳送過程**（message-sending process）中的幾個步驟：（1）培養和諧密切的關係；（2）說出你的溝通目標；（3）傳輸你的訊息；（4）檢查接收者的瞭解程度；以及（5）取得承諾並進行後續動作。

步驟 1　培養密切和諧的關係

讓接收者自在一點一開始的時候，最好先閒聊一些和訊息有關的事情。這有助於員工準備好接收後面的訊息。

步驟 2　說出你的溝通目標

常見的商業溝通目標往往是去影響、通知、和表達某種感覺。事實上，這些目標也可以互相結合。目標有助於接收者在聽到所有細節之前，就能先瞭解此次溝通的最終結果。

步驟 3　傳輸你的訊息

如果溝通目標是影響別人，你就會告訴別人你想要他們做什麼，或者是你的指示是什麼。請記得要為這些任務設好完成日期。如果溝通目標是要通知別人，就要給對方一些消息內容。如果目標是表達感覺，也要這麼做。

步驟 4　檢查接收者的瞭解程度

唯一不想知道對方瞭解程度的時機，大概就是溝通目標設在表達感覺的時候。不管是影響或給予消息，你都應該提出直接的問題，和／或解述一下其中的意義。只是問：「你有什麼問題嗎？」這個方法並無法真正得知對方的理解程度。在步驟5之後，你將會學到如何檢查對方理解程度的相關事宜。

步驟 5　取得承諾並進行後續動作

當溝通的目的是在於通知或表達感覺的時候，就不需要取得什麼承諾。但是目的若是要影響對方，則必須取得對方願意行動的承諾。經理人應該先確定員工有能力擔任此重任，並可以在某個時間或某一天內完成此任務。若是遇到員工並不打算完成這個任務的時候，你最好在傳送訊息的當時就知道這個狀況，而不是等到期限到了的時候，才來發現。若是員工不願意承諾有所動作，經理人就可以在自己的權限以內再加入一些說服性的力量。若是溝通的目的是為了影響對方，還必須加上一些後續動作以確保整個行動的進展。

模式10-1就列出了訊息傳送過程中的五大步驟。

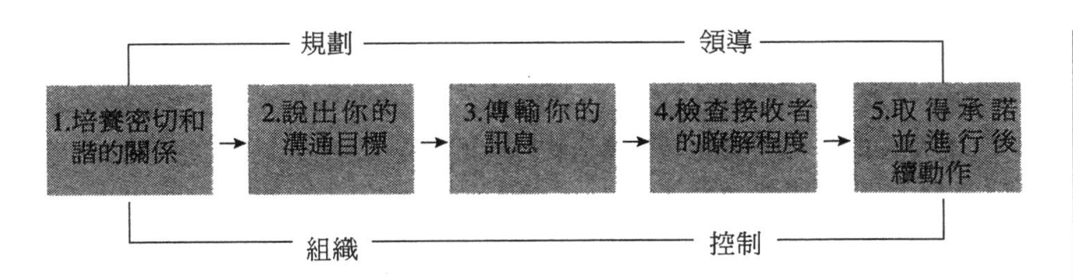

模式 10-1　面對面訊息傳送過程

工作運用

5.回想看看你的老闆交付給你的任務。證明他有或沒有使用面對面訊息傳送過程的步驟。

檢查瞭解程度：反饋意見

6.描述什麼叫作解述意義，並說明為什麼要使用到它

反饋意見
查清訊息的過程。

反饋意見（feedback）就是查清訊息的過程。提出問題、解述意義和給予一些評論和建議等，這些都是反饋意見的各種形式，可以用來檢查對方的瞭解程度。不管是給予訊息或接收訊息的反饋意見，都有助於工作的績效表現。[28] 反饋意見可以激勵員工，讓他們達成更高的績效目標。[29]

解述意義
讓接收者以他或她自己的話，重新說出訊息內容的一種過程。

雙方對訊息的涵義有一致性的共識，這對溝通來說是很必要的。要確定溝通無誤的最好辦法就是解述意義。所謂**解述意義**（paraphrasing）就是讓接收者以他或她自己的話，重新說出訊息內容的一種過程。

取得反饋意見的常見辦法，以及它為什麼不管用的原因

取得反饋意見的常見辦法就是傳送出完整的訊息之後，再接著問：「你有什麼問題嗎？」可是卻不見得能有反饋意見的產生，因為對方往往不喜歡提出問題。以下是人們不喜歡提問題的三個理由：

1.接收者覺得自己會給人一種無知的感覺：要是提出了問題，特別是在沒有其他人提出問題的情況下，通常會被認為是自己承認沒有專心的緣故，再不然就是自己不夠聰明，所以不瞭解其中的內容。

2.無知的接收者：有時候，人們對所聽到的訊息所知不多，所以不知道這個訊息究竟是否不完整或不正確。因為聽起來好像很對，所以也就沒有什麼問題可以問。事實上，接收者根本就不瞭解此訊息，或者不知道該問些什麼。

3.接收者不願意指出傳送者的無知：這個情況很常發生在傳送者是經理；而接收者是員工的情況下。員工通常很怕提出一些問題，讓經理覺得自己的準備工作做得很爛或是訊息傳送做得很差；甚至表示經理根本就做錯了。不管理由是什麼，結果都是一樣。一般而言，員工之所以不提問題，是因為他們不瞭解，學生們也是如此。

在經理人傳送出訊息，並詢問對方是否有什麼問題之後，接下來，他們還可能會犯下另一個常見的錯誤。那就是他們會以為沒有提出問題，就表示溝通已經完成，雙方的共識也已經產生。事實上，訊息並沒有被真正地瞭解。當「這不是我要的」 情況發生時，事情就得再重新做一遍了。結果當然是造成時間、物質、和心力上的浪費。

其實這種溝通不良的常見起因就在於沒有取得反饋意見，好確保雙方的共識。適當地使用詢問和解述意義的技巧將有助於你確保訊息的溝通完成。

如何取得訊息上的反饋意見

你應該多多利用以下四個指導方向來取得一些反饋意見。不管是經理人或非經理人都很適用。

1.對反饋意見保持開放的心態：沒有所謂的笨問題。當有人提出問題的時候，你都需要有所回應，並耐心地回答和解釋清楚。如果他們察覺到自己在提問題的時候，你給人的感覺很沮喪的話，他們就不會再提出任何問題了。所以一定要對問題的提出多加讚美。

2.要小心一些非言語的溝通內容：請務必確定自己的非言語溝通能對反饋意見造成一些鼓勵。舉例來說，如果你說：「我很鼓勵大家提出問題。」可是當人們提出問題的時候，你卻以一種懷疑的眼光看著他們，彷彿對方很笨似

的；或者是表現得很不耐煩，那麼人們就會知難而退，不再提出任何問題。你也必須學會去瞭解人們所表現出來的一些非言語溝通內容。舉例來說，如果你正在向Larry解釋，可是卻發現他一臉迷惑的樣子，就可能是他並不瞭解你的訊息，但是卻不願意說出來。這時候，你應該停下來，把事情解釋清楚，再繼續說下去。

3.提問題：當你在傳送訊息的時候，你必須知道在行動採取之前，這個訊息是否已被對方所明瞭，如此一來，行動本身才不會被更改或是需要再重新做一遍。因為訊息傳送者必須負起百分之百的溝通責任，所以你一定要提出問題，好查清楚對方的明瞭程度，而不是只問一句：「有什麼問題嗎？」就算了事。針對你所傳達的訊息內容，直接提出問題，這個方式可以知道接收者是否留心傾聽，或者對方是否真的瞭解，所以他或她才直接地應答。如果回答不算精確，你就需要再重複一遍內容，給對方更多的參考例子，或是在訊息內容上講得更詳細清楚一點。你也可以問一些間接性的問題來取得反饋意見，比如說對這個訊息，「你覺得怎麼樣？」也可以提一些「如果你是我」之類的問題，比如說：「如果你是我，你會怎麼解釋作法？」或者你也可以提出第三者的問題，例如：「員工們對這件事的感覺會是如何呢？」這類間接性問題的回答內容，都會告訴你對方的態度看法究竟是什麼。

4.利用解述意義：用來知道對方是否瞭解的最精確指標就是解述意義。你是如何要求接收者解述意義的，這絕對會影響到對方的態度看法。舉例來說，「Joan，告訴我，我剛剛說了什麼，這樣一來我才知道，你不會犯下像平常一樣的錯誤。」這種說法十之八九會引起對方的防禦心理。Joan也可能會真的又犯錯了。以下是要求解述意義的兩種適當作法案例：

> 「現在告訴我，你會做什麼，那樣子，我們才能確定彼此有一定的共識。」
>
> 「你願意告訴我，你要做什麼嗎？這樣子，我才可以確定自己已經把事情解釋得很清楚了。」

你應該注意到第二種說法會對員工造成一些壓力，因為傳送者想要檢查一下自己的能力，而不是員工的能力。這類要求對方解述意義的作法應該會正面影響接收者對訊息傳送者的看法。因為其中顯示的是對員工和溝通成效的關心。

工作運用

6.請回想一下以前或現任的老闆，這個人在取得反饋意見的成效性如何？他對反饋意見能抱持著開放的心態嗎？而且能瞭解一些非言語的溝通內容嗎？他會向你提出問題和要求你解述意義嗎？

達美航空的溝通目標是去通知旅行社有關它在佣金設限上的決定。達美選擇書面傳真來傳送此訊息，可是並沒有檢查對方究竟瞭解了多少，因為它知道反饋意見絕對是一些負面的看法。如果某個人告訴你，你做的事情不變，但是錢少了一點，可能是少了一半，在這樣的情況下，你會給對方什麼樣的反饋意見呢？達美之所以選擇書面傳真，就是因為它並不鼓勵對方有什麼反饋回應。許多以商業人士為目標市場的旅行社，都因為這個政策而驟然少了很多收入，所以它們需要把旅客安排到一些沒有採取佣金設限的航班上。但是，這畢竟不是長久之計。因此，為了減少收入上的虧損，它們需要把部分成本轉嫁到客戶的身上。許多旅行社會適當地採取面對面的溝通方式，和客戶解釋一下有關佣金設限的情況，並討論增加費用的可行性。

接收訊息

溝通過程中的第三步驟會要求接收者為訊息解碼，並決定是否有反饋的必要。在口頭溝通下，能否瞭解訊息的主要成功關鍵就在於接收者是否留心地傾聽。

傾聽技巧

請你完成**自我評估練習10-1**，以便判定自己究竟是不是一個好的傾聽者。然後再閱讀課文中所提到的一些改善訣竅。

有效管理的主要關鍵就在於高度敏感性的傾聽。傾聽的最大價值就在於它可以讓說話者覺得很值得。[30]人們都非常渴望有人願意聽自己的談話。[31]良好的人際關係首重的就是傾聽。[32]而且，你還可以因為傾聽而學到很多事情。

7.列出並解釋訊息接收過程中的三大部分

訊息接收過程
包括傾聽、分析、和檢查理解力。

訊息接收過程

訊息接收過程（message-receiving process）包括了傾聽、分析、和檢查理解力。為了改進自己的傾聽技巧，你可以花上一個禮拜的時間，專注在傾聽別人的談話內容，和留心他們在談話時所表達出來的非言語溝通內容。注意一下他們的口頭溝通和非言語溝通內容是否相符。非言語溝通內容是否加強了說話

自我評估練習10-1　傾聽技巧

請選出最能描述你實際行為次數頻率的答案。請將答案的代表字母A、U、F、O、或S填在每一題的前面空格上。

A：幾乎一直都是這樣　U：常常　F：很多次

O：偶爾　S：不常

____ 1.我喜歡聽別人說話，我會表現出很有興趣、或以微笑、點頭、以及其它方式等來鼓勵其他人的談話。

____ 2.我很注意那些和我很類似的人，對那些不同於我的人則不然。

____ 3.我會在別人談話的時候，評估對方的談話內容和非言語溝通的能力。

____ 4.我會避免一些干擾，如果很吵的話，我會建議換個比較安靜的地方。

____ 5.當人們來到我面前，並干擾到我手邊正在做的事情時，我會放下手邊的工作，專心聽他們說話。

____ 6.當人們在談話的時候，我會給他們一些時間讓他們講完，我不會干擾他們，也不會預期他們所要講的內容，或者是直接跳到結論的部分。

____ 7.對那些不同意我觀點的人們，我會岔開他們的話題。

____ 8.當其他人在談話的時候，或者是教授在演講的時候，我的腦袋總是在想一些自己的事情。

____ 9.當其他人在談話的時候，我會很注意一些非言語的溝通內容，好幫助我自己瞭解對方想要溝通什麼。

____ 10.當談話的主題對我來說很困難去瞭解時，我會閃開這個話題，或假裝自己很瞭解。

____ 11.當其他人在談話的時候，我會在心中思索，並準備自己接下來的回答內容應該是什麼。

____ 12.當我認為這其中有遺漏或矛盾的地方時，我會直接提出問題，讓對方更完整地解釋整個內容。

____ 13.當我不明瞭某件事的時候，我會對方知道我的疑惑。

____ 14.當我在傾聽其他人的談話時，我會試著設身處地從他們的角度來看這件事情。

____ 15.在交談的時候，我會以自己的話，來向對方重複剛剛所說到的內容，以便確定我知道他在說什麼。

如果要讓一些經常和你談話的人，也回答上述這些問題，他們會選擇你剛剛所選的答案嗎？若想知道答案，可以請你的朋友也回答上述同樣的問題，可是請把題目中的「我」改為「你」(你的名字)。然後再比較兩者的答案。

為了知道自己的分數，請給第1、4、5、6、9、12、13、14、和15題的A選擇5分；U選擇4分；F選擇3分；O選擇2分；S選擇1分。而第2、3、7、8、10、和11題的給分則完全相反，也就是S選擇5分、O選擇4分、F選擇3分、U選擇2分、A選擇1分。把這些得分寫在各字母答案的旁邊，然後把總分加起來。你的分數應該在15到75分之間。最後再把你的總分放在下面的閉聯集中。一般來說，你的分數愈高，就表示你的傾聽技巧愈好。

差勁的傾聽者　　　　　　　　　　　好的傾聽者

15 - 20 - 25 - 30 - 35 - 40 - 45 - 50 - 55 - 60 - 65 - 70 - 75

者的言詞本身？還是會讓聽者分神？你只在必要的時候才開口說話，因為這樣子你才可以留心傾聽，並看看其他人是怎麼說的？如果你能夠遵照下述的秘訣，就一定能改進自己的傾聽技巧。這些秘訣是根據訊息接收過程的內容而呈現出來的，也就是我們應該傾聽、分析、和檢查理解力，正如圖10-5所描繪的一樣。

傾聽

傾聽（listening）就是將你的注意力全神貫注於說話者的一種過程。當說話者傳送訊息的時候，你的傾聽應該要：

1.專心：當人們打斷你的工作和你談話時，你要放下手邊的事，全心留意

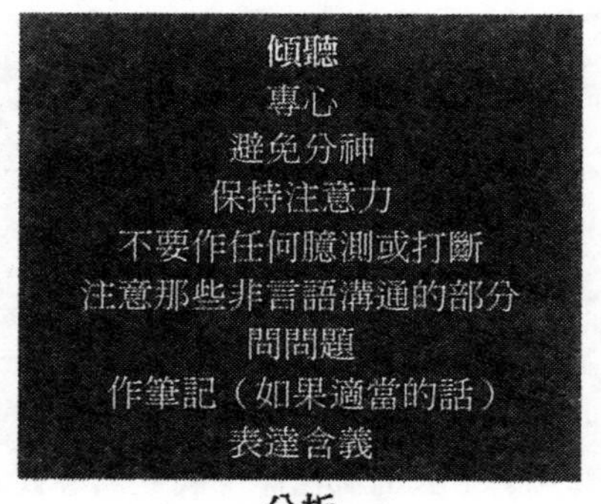

圖10-5　訊息接收過程

對方的談話。很快地放鬆自己，並空下你的心靈，那樣子，你才能接受對方的談話內容。這個動作有助於你有好的開始。如果你錯過了前面幾個字，很可能會錯過了整個訊息。

2.避免分神：把你的眼睛盯牢在說話者身上。不要順手玩你的筆、紙、或其它會你分神的東西。若是想接聽其它重要的訊息，可把你的電話答錄機打開。如果你是處在一個很吵或會令人分神的地方，最好換到一個比較安靜的場所。

3.保持注意力：當其他人正在說話，或是教授正在講課的時候，不要讓腦袋去想自己的事情。如果真的在想自己的事情，一定要慢慢地回過神來。不要因為你不喜歡對方這個人或是你不同意對方所說的話，就不理會他的談話。如果談話內容很艱深的話，也不能不加理會，你可以提出問題。不要一心只想著等一下在回答時要說些什麼，只要專心傾聽就行了。在你聽的時候，可以在心裏為其聽到的內容解述其意義，好讓自己的注意力集中。

4.不要作任何臆測或打斷：不要臆測自己知道談話者接下來的內容是什麼，或者只聽前面的部分，就逕行跳到後面為他下結論。多數的傾聽錯誤之所以造成，就是因為人們只聽前面幾句話，然後就在自己心裏為它們作成結論，進而錯失了後面還未談到的內容。請記得一定要傾聽整個訊息內容，不要打斷說話者。

5.注意那些非言語溝通的部分：對訊息的感覺和內容都要有所瞭解才行。人們有時候說的是一回事，真正意思卻是另一回事。所以在你傾聽的時候，要注意說話者的眼神、肢體、和臉部表情，看看它們和所傳達出來的口頭訊息是否一樣。如果你發現這之間有些不對勁，最好提出問題，好澄清訊息。

6.詢問問題：當你覺得漏聽了什麼，或是這中間有矛盾，或者你就是不太明瞭，最好直接提出問題，讓對方完整地解釋清楚。

7.作筆記（如果適當的話）：傾聽的另一部分動作是寫下一些重要的內容，好方便自己記住，或者是在必要的時候，作成書面的證明，特別是在接收一些指示內容的時候。你應該隨身攜帶紙筆，好方便自己的記錄。

8.表達含義：讓說話者知道你有在留心傾聽，其中辦法包括了使用一些口語上的提示內容，比如說：「你覺得……」、「嗯哼」、「我懂」、「我瞭解」等。[33]你也可以利用一些非言語的溝通內容，例如眼神接觸、適當的面部表情、點頭、或坐得前傾一點，來表示你對這個話題很有興趣或正在專心地傾聽。[34]

分析

分析（analyzing）就是考慮、解碼、和評估訊息的過程。造成不良傾聽的部分原因是因為人們的平均說話速度是每分鐘120個字，而聽力的平均速度則是每分鐘約500個字以上。所以理解文字的能力是說話能力的四倍，以致於常造成一些心不在焉的結果。為了要達到分析的目的，當說話者在傳送訊息的時候，你應該：

1.考慮：為了克服自己聽力和人們說話速度之間的差距，你可以好好利用自己腦袋的活動能力。也就是在聽的同時，心中也一邊為它解述意義、組織內容、摘要總結、複習、詮釋、和評論等。這些心智上的活動可以幫助你有效地進行解碼的工作。

2.等到聽完之後再作評估：當人們試著一邊傾聽又一邊評估的時候，往往會漏掉全部或部分的訊息。你應該專心聽完所有的訊息，再根據所提出的真相來作成結論，而不是憑自己的刻板印象或大致印象，就驟下定論。

檢查理解力

檢查理解力（checking understanding）就是給予反饋意見的一個過程。在你聽完訊息之後，或者在聽取訊息的當中（因為訊息很長），你都需要藉著以下的方法來檢查自己的理解力：

1.解述意義：一開始說話的時候，就要透過意義的解述來給予傳送者一些反饋意見。[35]當你可以正確地解述意義時，就表示你已經可以表達你所聽來的訊息，並瞭解對方的真正用意是什麼。所以現在你可以隨時準備提出自己的點子、意見、解決辦法、決策、或任何傳送者所傳輸給你的有關事項。[36]

2.注意非言語的部分：在你說話的時候，也要小心觀察對方非言語表達的部分。如果那個人看起來好像不懂你在說什麼，就要在結束談話之前，先澄清訊息的內容。

你說的內容是不是比你聽的內容要來得多？為了確保你的感覺是對的，問問你的老闆、同事、和朋友，他們一定會給你一個很坦白的答案。如果你花在說話的時間的確比聽的時間要來得多，你的溝通就可能失敗了，別人也會覺得很無聊。不管你聽了多少，如果你遵循的是上述的規定，保證你一定能改進自己的交談技巧，並成為一個別人很想傾聽你談話的人，而不是一個別人覺得自己一定得聽你談話的人。為了要成為一個活躍的傾聽者，千萬要百分之百地負起責任，讓雙方在訊息內容上達成共識。好好努力，改變自己的行為，成為一位好的傾聽者。並再複習一下自我評估練習10-1的十五道問題。要做到第1、

4、5、6、9、12、13、14、和15題的內容要求，不要像第2、3、7、8、10、和11題所說的內容一樣。傾聽也需要對訊息有所回應，才能確保雙方共識的產生。

當達美航空傳送佣金設限的訊息給旅行社的時候，旅行社所接到的訊息是它們最不想要得到的東西。因為達美是用傳真來傳送訊息，所以接收者並不需要用到什麼傾聽技巧。分析部分也相當地簡單一就是收入的減少。為了檢查自己的理解力，許多旅行社都聯絡過達美航空，想要證實此訊息的準確性，事實上，它們很希望這中間是有某種誤差的。

工作運用

7.你在傾聽技巧上的弱點是什麼？你要如何改進自己的傾聽能力？

對訊息的回應

溝通過程中的第四個步驟，也是最後一個步驟，就是對訊息的回應。但是，並不是所有的訊息都需要有回應。比如說，當達美航空傳真佣金設限的訊息給旅行社的時候，它就不希望對方和自己聯絡。達美航空的經理人尤其希望這些旅行社只要接受這個事實就好，千萬不要對這個壞消息有什麼太多的反應。

在口頭溝通中，傳送者通常希望接收者能對訊息有所回應。若是接收者真的回應了，角色就有了互換，也就是說，接收者會成為訊息的傳送者。在交談過程中，角色互換的動作會持續不斷地進行。在本單元裏，你將會學到五種不同的回應風格，以及如何對待情緒化的人們等相關事宜。

回應風格

當傳送者傳輸訊息的時候，身為接收者的你，要如何回應此訊息，這對溝通本身有很直接的影響。事實上，並沒有所謂最好的回應風格，回應必須視狀況而定。**圖10-6**有五種回應風格，分別是勸告性的、轉移性的、深究性的、安慰性的、和反省性的。每一種風格都會有一個例子用來回應這名員工的訊息：

「你對我的密切監督，對我造成了干擾，讓我無法工作。」

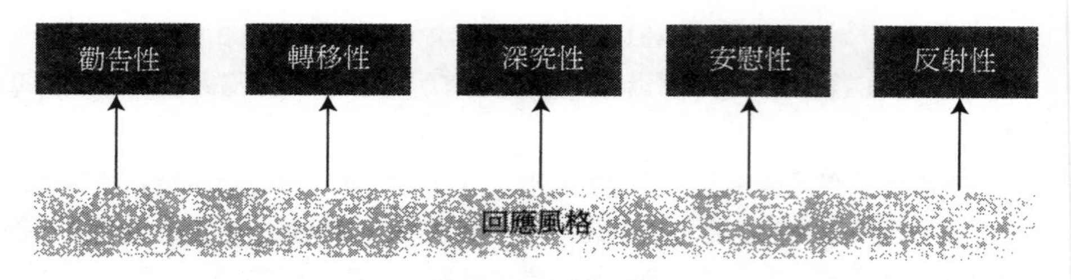

圖10-6　回應風格

勸告性的

勸告性（advising responses）的回應提供了一些評估、個人意見、和指導。員工通常會來到經理面前要求後者告知他該如何做某件事，或者要求後者作些裁決。勸告性的風格往往會封閉、限制、或指揮整個溝通方向，悖離了傳送者當初提供給接收者的溝通方向：

1.勸告性回應的適當用途：當別人直接要求你作些回應時，就是個很適合給予勸告性回應的時機。但是，若是太快給對方意見，往往會造成對方的依賴心理。經理人需要培養自己員工的思考和決策能力。所以當你的員工要求你給點意見，而你卻相信並沒有這個必要的時候，最好反問他：「你認為要怎麼處理這個情況，才算是最好辦法？」

2.勸告性回應的例子：經理人針對這名員工的訊息，所提出來的勸告性回應是：「你需要有我的指導，才能做好工作，因為你缺乏這方面的經驗。」；「我不同意，你需要有我的指導，而且我得檢查你的工作。」請注意，在這個情況下，該員工並沒有主動要求對方作出勸告性的回應，可是經理人卻不得不說出來。

轉移性的

轉移性的回應（diverting response）會把溝通的焦點轉移到別的新訊息上，通常稱之為轉移話題。轉移性的回應往往會改變溝通方向、或封閉和限制住溝通的方向。若是在接收訊息的早期階段採用轉移性的回應方式，會讓傳送者懷疑自己所傳送出去的訊息是否值得討論，或者對方所傳送回來的訊息可能更重要：

1.轉移性回應的適當用途：不管是傳送者或接收者，任何一方對某個主題感到不自在的時候，就很適合採用轉移性的回應方式。此外，轉移性回應也有助於用來分享一些和傳送者很類似的個人經驗或感覺，不過此舉往往會改變了訊息的主題。

2.轉移性回應的例子：針對上述員工的訊息，經理人所採用的轉移性回應是：「你讓我記起了我以前的一個經理……」

深究性的

深究性的回應（probing response）會要求傳送者多給予一些有關此訊息的資料。這對當時狀況的瞭解程度，可能很有幫助。在進行「深究」時，最好採用「什麼」（what）的疑問句；而不是「為什麼」（why）的疑問句：

1.深究性回應的適當用途：深究性回應很適合用在訊息的早期階段，以確保自己全然明瞭當時的狀況。在深究性回應之後，就會需要用到其它的回應風格：

2.深究性回應的例子：針對上述員工的訊息，經理人所採用的深究性回應是：「我做了什麼讓你有這樣的感覺？」

工作運用

8.請回想你在以前接收到某口頭訊息的兩種情況。請說出訊息內容，和你對該訊息的回應是什麼。請確認出你當時的回應風格。

安慰性的

安慰性的回應（reassuring response）是為了減緩因訊息而連帶產生的情緒性張力。特別是當你說道：「別擔心，不會有問題的。」或「你做得到。」這都表示你正在安撫傳送者：

1.安慰性回應的適當用途：當另一方很缺乏自信的時候，就很適合採用安慰性回應的方式。給予讚美的鼓勵性回應有助於員工培養出自信心。

2.安慰性回應的例子：針對上述員工的訊息，經理人所採用的安慰性回應

概念運用

AC 10-4　確認回應風格

請確認以下六種回應的風格是：

a.勸告性　b.轉移性　c.深究性　d.安慰性　e.反省性

秘書：「老闆，可以借一步說話嗎？」

老闆：「當然可以，什麼事？」

秘書：「你可不可以想想辦法，處理一下那些在營運部門工作的人他們講粗話的問題？我在自己的辦公桌那兒都可以透過薄薄的牆，聽到那些髒話。很噁心耶！我真驚訝你對這些事都不管。」

老闆：

__ 16.我不知道他們在講髒話，我會想辦法的。

__ 17.你別理他們，只要不要在乎這些粗話就好了。

__ 18.你今天覺得還好嗎？

__ 19.你覺得這些粗話很傷人？

__ 20.他們說了哪些粗話，讓你覺得有被冒犯的感覺？

是：「別擔心，再沒多久，我就不會這樣做了。」；「你的工作已經大有改善，所以再沒多久，我就不需要如此密切地指導你了。」

8.界定反省性回應，並說明何時應使用到它

反省性的回應

解述其訊息，並向傳送者溝通他對此訊息的理解力和接受度。

反省性的

反省性的回應（reflecting responses）會解述其訊息，並向傳送者溝通他對此訊息的理解力和接受度。在做反省性回應時，千萬不要照本宣科地逐字採用傳送者所用過的話語，這會讓他覺得你正在模仿他，不瞭解他，或沒有留神傾聽。以你自己的話來進行反省性的回應，往往可以達成最有效的溝通和人際關係。

1.反省性回應的適當用途：在進行訓練或諮商的時候，最適合採用反省性回應的方式。這可以讓傳送者覺得對方有留神傾聽並瞭解其中的內容，而且還可以深入地探討此訊息的主題。當溝通持續進展時，則往往很適合改用其它的回應方式。

2.反省性回應的例子：針對上述員工的訊息，經理人的反省性回應是：「我對你的監督檢查干擾到你了！」；「你認為我不需要這樣子監督你，這是你的意思嗎？」你注意到了嗎？這樣的回應可以讓員工進一步地表達他的感覺，並主導整個溝通內容。

情緒化人物的應付和處理

身為一名經理人，不管是員工或顧客都可能會傳送一些情緒化的訊息給你。情緒會對溝通造成傷害，可是也能帶來新的構想和新的做事方法。你應該要瞭解這些情緒，並知道該如何處理應付它們。[37]

瞭解感覺

你應該要明瞭：

1.感覺是很主觀的，它們會告訴我們，人們的態度看法和需求是什麼。

2.感覺通常會被表象說法所掩飾。舉例來說，當人們覺得很熱的時候，他們往往會說：「這裏真熱。」而不是「我覺得好熱。」當他們覺得很無聊的時候，通常會說：「這個主題真無聊。」而不是「我覺得這個主題很無聊。」沒有人會毫無來由地覺得熱或覺得無聊。

3.最重要的是，感覺是沒有什麼對錯可言的。

我們不能自由選擇自己的感覺，也不能控制它們。但是，我們可以控制自己表達感覺的方法。舉例來說，如果員工Rachel對經理Louise說：「你×××

×××！！」(隨便選一個會讓你生氣的髒話)，Louise就會受到它的影響。但是，Louise卻可以有不同的情緒表達方式，可能是以平靜的態度來表達她的感覺，也可能是吼回去、打他一拳、或是給Rachel一個白眼。其實，經理人應該鼓勵底下的員工以正面的方法來表達自己的感覺。可是絕不應該讓員工以吼叫、粗話、或打架的方式來宣洩情緒。你也要避免被別人的情緒所感染。在處理情緒化員工的時候，保持冷靜的心情，這樣的處理效果一定會比較好。

讓情緒激動的員工冷靜下來

9.在安定某位情緒激動的人員時，什麼是應該做和不應該做的事，請進行討論

當某位情緒正處於激動狀態的員工向你走來的時候，絕不要說出類似以下的這些話：「你不應該生氣的。」、「別沮喪。」、「你的舉止就像個小嬰兒一樣。」、「給我坐下來，安靜一下。」、或者是「我知道你的感受。」(沒有人會知道別人的感受如何，即使他們同時經歷了同樣的事情，也不會有一模一樣的相同感受。)這類說詞只會讓對方的感覺更強烈而已。你也許可以要你的員工閉嘴，讓他知道誰才是老闆，可是這種方法並不算溝通。問題仍舊存在，而你和這名員工的人際關係也會因為此舉而受到傷害；此外，你和其他人的關係則會因為他們聽到過或看到過你的作為，而有了負面的變化。當員工向同儕抱怨的時候，有些同儕可能會覺得你的對待方式太過嚴厲或是太過隨便。所以不管怎麼樣，你都是輸家。

反映式的感同身受回應

感同身受的傾聽
能夠瞭解對方的狀況和感覺，並能將心比心。

感同身受的傾聽(empathic listening)是指能夠瞭解對方的狀況和感覺，並能將心比心。感同身受的回應者會處理訊息中所流露出來的感覺、內容和箇中深意。在培養以信賴為基礎的人際關係時，尤其需要這類的移情作用。[38]若想讓情緒激動的人冷靜下來，就千萬不要和他起爭執。鼓勵他們以正面的方式來表達出自己的情緒。將心比心地讓對方知道你瞭解他的感受。因為人們最想要的就是有人聽他說話和有人瞭解他。所以如果你不專心傾聽或瞭解對方，他們就會避開你。[39]千萬不要貿然同意或不同意對方的感覺，只要簡單地口頭確定就可以了，並向對方重新解述一番他的感覺，比如說：「當你沒有得到這份指定任務時，你覺得自己受到了傷害。」；「你氣Charlie沒有把自己份內的工作做好，這是不是你的意思？」；或「你很懷疑工作能否準時完成，這是不是你想說的？」

工作運用

9.請回想一下你的經理處理某位情緒激動員工的實際情況是怎樣。這名經理是否有遵照上述的辦法來平靜那名員工的情緒？他是否有採用反映式的感同身受回應方式？

在你處理完情緒之後，就可以開始進行有關內容方面的處理事宜了(解決問題)。如果情緒還是很激動的話，最好還是等一陣子再說。你可能會發現到，光是瞭解對方的感覺，往往就是最好的解決之道。

批評

給予批評

即使是老闆自己要求，他們也不是很願意聽到一些有關個人的批評。在會議中，如果你的老闆要你說出究竟怎麼樣才是一名優秀的經理人？或者他該如何改進自己才能成為你心目中的優秀經理人，聽起來好像是個大好機會，可以把你的不滿大大地宣洩一番，其實不然，千萬不要有批評的舉動。在這種情況下，第一守則就是：不要在公開的場合批評你的上司，即使是他當面要求你這麼做，也不要輕舉妄動。最好是在私底下的情況再進行批評指教，[40]而且也不要在老闆的背後批評他，因為早晚都會被他知道。此外，批評自己的老闆可能會危害到你的人際關係和事業前途。

經理人的工作之一就是透過批評來改進員工的績效表現。第十六章將會告訴你這方面的相關事宜。

接受批評

如果你要求別人給你一些個人性的意見反饋，請記住，你可能會聽到一些令自己感到驚訝、沮喪、受傷、或被侮辱的內容。如果你因此而變得有戒心或是情緒激動，當然這些反應都是在你受到攻擊時所不能避免產生的，可是對方就會停止繼續反饋的動作。批評者也可能告訴其他人發生了什麼事，這使得別人也不會再對你提出任何真正的反饋意見。你應該要明瞭，不管批評是來自於你的上司、同儕、或員工等任何一個人，都是很痛苦的一件事。事實上，沒有人喜歡被批評，即使是建設性的批評也不例外。在接收批評的時候，最好記住一句話：「沒有痛苦，就沒有收獲」。如果你想要改進自己的表現；想要擁有事業上的成功機會，就要對這些有助於你改進自己表現的反饋意見坦然以對。當你接受批評的時候，不管是不是自己主動要求的，都要把它視作為一個改進自己的大好機會。保持冷靜的心態（即便對方的情緒很激動），也不用採取什麼防禦架式，只要利用這些意見來改進自己的表現就行了。

工作運用

10.接受批評，卻不會有情緒激動或防禦過當的行為出現，你對自己這方面的能耐有什麼樣的看法？你要如何改進自己對批評的接受雅量？改善你接受批評的能力？

現有的管理議題

全球化

在全球化的環境底下，溝通會變得愈來愈困難。因為不同文化的人對事情的認定看法不盡相同，[41]所以溝通障礙會跟著增加。他們可能無法信任彼此，也可能因為和外國人的溝通受到挫折，而有情緒激動的情況發生，此外也很容易會達到資訊超載的臨界點。語言上的障礙讓溝通變得愈形地困難。世界上有三千種以上的口語語言和大約一百種左右的官方國語。為了克服這個障礙，許多在跨國性企業（MNCs）上班的經理人，例如花旗集團（Citicorp）、都彭（du Pont）、柯達伊士曼（Eastman Kodak）、和奇異電器（General Electric）等，都需要學習其它的語言。非言語溝通上的差異更助長了溝通的複雜性。其實大原則是：當你和不同文化的人進行溝通的時候，要先知道他們的文化是什麼，只要使用簡單且清楚的訊息就可以了，不要濫用行話或俚語。

為了在全球化的環境底下和他人溝通，許多MNCs的經理人都正在學習其它的語言。

多樣化差異

在多樣化差異的人員當中進行溝通，也可能會複雜化訊息的傳送。溝通風格會因為性別、種族、和宗教的不同而有不同。[42]把所有的員工都一視同仁，這種作法可能無法達成預定下的結果。因此，溝通必須因人而異，並視各人的不同差異來作些調整。[43]在許多組織當中，例如迪吉多（Digital），備忘錄往往必須同時以多種語言來進行傳送。請回顧一下第三章的課文，就可以更瞭解有關多樣化差異的管理事宜了。

道德和社會責任

道德和溝通有很直接的關係。開放性的坦白溝通是有道德的。但是若是有過濾內容的行為則是對溝通內容的扭曲甚至編謊，這就是不道德的。和外部環境的利害關係人開誠佈公地溝通，這正是一個很重要的社會責任。

TQM

TQM環境提倡要開放和完成員工之間的資訊分享，因為它的系統辦法需要的正是這類的公開作法。TQM強調的是傳達顧客的價值和持續地改善系統與過程，所以需要有公開且完整的資訊消息。Deming十四點要求（第八章）的其中三點就和溝通有直接的關係：（1）創造出改善產品和服務的持續性目標；（2）趕走恐懼，讓每個人都能為公司好好賣力；（3）打破部門之間的障礙。讓人們進入並瞭解狀況，有助於打破在認知上、可信度上、和過濾內容方面的溝通障礙。有了開放性的溝通，就不會再有什麼閒言閒語在消息網中流竄了。

生產力

開放坦率的溝通對生產力有很正面的貢獻。當人們保留資訊，只留給自己用時，整個組織都會成為輸家。但是，對那些透過裁員來達到精簡化目的的某些公司組織來說，因為沒有開誠佈公地進行溝通，就展開裁員的行動，所以就會有各式各樣的流言在消息網中流竄。當員工們不再相信管理階層的時候，情緒不免會高漲，溝通障礙也就因而造成。這類溝通障礙對生產力來說，往往有長期性的不良影響。[44]

參與式管理和團隊分工

傳統上以上制下的獨裁性組織，在採行參與式管理的時候，往往會發現到，[45]他們必須好好培養一些人際之間的溝通技巧，因為這是授權式環境下所最需要的技巧。事實上，這種對溝通技巧的需求已經成了一種當務之急，因為團隊小組分工有愈來愈盛的趨勢。只有透過有效的溝通，[46]才能讓小組和組織中的每個成員都能向同一宗旨和目標邁進。

小型企業

在小型企業裏，溝通往往不是那麼地正式，因為這當中的指揮鏈並沒有太多的管理層級在其中，而且大概都是一些平式的組織架構。但是溝通過程和對有效溝通技巧的需求，並不會因為組織規模的改變而有任何的變化。不管是什麼組織，溝通都是透過相同的垂直性、水平性、或消息網的管道，在組織體當中進行流動。任何一種規模的組織都會發現到前述所談到的八種溝通障礙。

摘要與詞彙

經過組織後的本章摘要是為了解答第二章所提出的九大學習目標：

1.描述在組織中流動的三種溝通方式

首先，溝通會正式地從上向下和從下往上地透過指揮鏈進行垂直性的流動。再來，溝通也可以正式地在同事和同儕之間，呈現水平式的流動。第三種，則是溝通透過消息網，非正式地往各種方向流動。

2.列出溝通過程中的四個步驟

（1）傳送者為訊息編碼，並選出管道；（2）傳送者傳輸訊息；（3）接收者會訊息解碼，並決定是否進行意見反饋；（4）反饋、回應、或新的訊息可能會透過管道再傳輸出去。

3.說出口頭溝通凌駕於書面溝通的主要好處是什麼？以及書面溝通凌駕於口頭溝通的主要好處是什麼？

口頭溝通勝過於書面溝通的好處是前者通常比較容易和快速，而且可以鼓勵對方的反饋；壞處則是比較不精確，而且事後沒有書面紀錄可循。書面溝通勝過口頭溝通的好處是前者比較精確，而且事後有書面紀錄可循；主要壞處則是耗時甚久，而且會阻礙反饋意見的傳回。

4.說出管道選擇的大原則

大原則是：使用豐富的口頭溝通管道來傳達比較困難且不平常的訊息內容；若想對好幾個人傳達一些簡單且例行性的訊息，則可採用書面的溝通管道。若是訊息很重要，而且還需要員工的參與和瞭解，就可以採用結合式的溝通管道。

5.列出面對面訊息傳送過程中的五個步驟

面對面訊息傳送過程有五個步驟：（1）培養密切和諧的關係；（2）說出你的溝通目標；（3）傳輸你的訊息；（4）檢查接收者的瞭解程度；（5）取得承諾並進行後續動作。

6.描述什麼叫作解述意義，並說明為什麼要使用到它

所謂解述意義就是讓接收者以他或她自己的話，重新說出訊息內容的一種過程。接收者可利用解述意義來檢查自己對訊息的瞭解程度。如果接收者可以確實地解述訊息的意義，就表示溝通已經達成；反之則不然。

7.列出並解釋訊息接收過程中的三大部分

訊息接收過程中的三大部分分別是：傾聽、分析、和檢查理解力。傾聽就是把你的注意力全神貫注在說話者的身上。分析則是思索訊息，為訊息解碼和評估的過程。檢查理解力則是給予反饋意見的過程。

8.界定反省性回應，並說明何時應使用到它

反省性回應就是解述其訊息，並向傳送者溝通他對此訊息的理解力和接受度。在進行訓練和諮商工作時，就很適合採用反省性回應的作法。

9.在安定某位情緒激動的人員時，什麼是應該做和不應該做的事，請進行討論

若想安定情緒激動的人員，千萬不要說出什麼制止性的話語。只要以反映式的感同身受回應來讓對方知道，你瞭解他或她的感受，為對方重新解述意義即可。

10.界定下列幾個主要名詞（依照本章的出現順序而排列）

請選擇下列一或多種方法來進行：（1） 靠自己的記憶，把填空題中的專有名詞補上；（2）從結尾的回顧單元以及下頭的定義來為這些專有名詞進行配對；或者（3）從本章一開頭的名單上，依序把各專有名詞照抄一遍。

____ 是指傳達資料消息和意義的一種過程。

____ 是指消息從上向下或從下往上地透過指揮鏈在進行流動。

____ 是指同事與同儕之間的消息流動。

____ 是指在組織內部到處流竄的各種消息。

____ 就是由傳送者為某項訊息編碼，再透過管道把它傳輸給接收者，然後接收者再進行解碼，也許事後還會反饋一些意見回去。

____ 是指傳送者把訊息放入接收者能懂的格式當中。

____ 分別是口頭的溝通、非言語的溝通、和書面的溝通。

____ 是指接收者把訊息轉譯成為一種有意義的格式。

____ 是指不須透過談話所傳送出去的訊息。

____ 是指查清訊息的過程。

____ 是指讓接收者以他或她自己的話，重新說出訊息內容的一種過程。

____ 包括：（1）培養和諧密切的關係；（2）說出你的溝通目標；（3）傳輸你的訊息；（4）檢查接收者的瞭解程度；以及（5）取得承諾並進行後續動作。

____ 包括傾聽、分析、和檢查理解力。

____ 是指解述其訊息，並向傳送者溝通他對此訊息的理解力和接受度。

____ 是指能夠瞭解對方的狀況和感覺，並能將心比心。

回顧與討論

1.垂直性、水平性和消息網的溝通，這三者之間有什麼差異？

2.編碼和解碼之間，有什麼差異？

3.認知和編碼與解碼之間有什麼關係？

4.什麼是過濾內容？

5.非言語的場景和肢體語言，這兩者之間有什麼差異？

6.語音郵件和電子郵件之間有什麼差異？

7.書面大綱有哪三個部分？

8.平均來說，一句話裏內含了幾個字？一段話裏又內含了幾句話？

9.什麼是媒介物的豐富性？

10.為了傳送訊息，你的計畫應該包括什麼？

11.有哪四種方法可以讓你得到訊息的反饋意見？

12.你為什麼應該傾聽、分析、再檢查理解力？

13.你最常使用到哪一種的回應風格？

14.在讓一名情緒激動的員工穩定下來的時候，為什麼你不應該對他說些制止性的話？

Wal-Mart Stores

個案

讓我們回到1950年代，當時Sam Walton拜訪了全美各地的折價店，為的就是要瞭解這一行。Walton請教店內員工一些問題，並將答案寫在一個小筆記本上。到了1963年，Sam終於開了第一家Wal-Mart商店。早在Sam退休之前，好幾百家分店開張的目標就已經達成了，總部則設在阿肯色州的Bentonville。Sam每一年都至少會拜訪一次所有的分店，此外，也會繼續訪談一些競爭對手，尋求新的構想來改善營運狀況。Sam的辦法很簡單，他只是走進店裏，和店內的員工以及顧客聊聊。他還是保持著在筆記本中記錄要點的習慣。Sam也要求所有的執行主管都應該要店裏看看，至少每一天要拜訪一百家店。Sam希望店內所有的員工都要參與這種持續改善的計畫，所以所有的經理人都要詢問每一位同仁，究竟該如何來改善店裏的營運狀況。所有的員工都有權知道完整的財務結果，這樣子才能讓他們重視公司的盈虧所得。

Sam Walton逝世於1992年的4月。同年，Wal-Mart商場登上了全美最大型零售商的冠軍寶座，其業績高達550億美元，43個州都有Wal-Mart商場分店的蹤影。Sam's Warehouse Club、SuperCenters和Hypermarts現在也都歸Wal-Mart商場所擁有。這二十幾年來，Wal-Mart商場每年的成長率都高達30%以上，現在的分店已超過了1,900百家。它的目標仍然是每年開張150家分店，策略性計畫則是保持這樣的成長率，以便於西元2000年之前，在全美五十個州都可以看得到Wal-Mart商場的蹤跡。過去這十年來，各利害關係人的每年平均報酬率都是40%以上。如果你在1970年代買到過一張價值1,000美元的Wal-Mart商場股票，到了今天，它可能已經超過了500萬美元的價值了。

Sam的兒子Rob，現在是該公司董事會的主席；David Glass則是最高執行長，他們一同管理著Wal-Mart商場。但是Sam的原始溝通系統卻仍沿用至今，而且管理階層也都決定要保持這樣的溝通傳統。當Glass不能親身拜訪各分店的時候，就會透過一種六個管道的衛星系統來進行溝通聯繫。該公司的溝通目標是要讓所有的分店都能透過聲音和影像來進行「店與店」和「店與總部辦公室」之間的溝通聯繫。此外，衛星也可以為電腦主機收集各店的資料。

藉由衛星的幫忙，Glass和其它執行主管可以透過影像的傳輸同時和每一家店進行談話，而且任何時候都可以。當然他們也可以選擇只與幾家店連線溝通。當公司同仁們想到一些可改善營運狀況的好點子時（例如增加銷售量或降低成本），衛星系統就會快速地將此資訊傳送到所有的店裏。衛星的最主要好處就在於商品的推銷上。好比一句老話說：百聞不如一見。例如採購者可以利用影像，在上頭宣告：「這些是第十二部門的新進商品項目，它們的陳列展示方法是這樣的。」同仁們看到了貨品的展示辦法，只要照本宣科地跟著做就行了。

除了分店拜訪和衛星系統之外，溝通上的第三種主要辦法是公司所創辦的雜誌。Wal-Mart World被當作是一種結合性的管道，可用來傳送一些上述所談到的訊息。此外，Wal-Mart World也可用來為各式各樣的競賽活動，宣佈優勝者的名次，並展示照片。

請為下列題目找出最佳的答案選擇。請確定你能夠解釋自己的答案：

____ 1.當David透過衛星傳送某個訊息到所有分店的時候，他使用的正是___的溝通。

a.由上向下　b.由下往上　c.水平性　d.消息網

____ 2.當分店經理想從同仁身上尋求新的點子來改進營運狀況時，他們可以利用___的溝通。

a.由上向下　b.由下往上　c.水平性　d.消息網

____ 3.當Wal-Mart商場的執行主管和分店經理在店內走動，並和同仁以及顧客攀談的時候，他們就是在進行____的溝通。

a.正式　b.非正式

____ 4.使用衛星來傳送訊息的最大溝通障礙可能是：

a.看法　b.資訊超載　c.管道選擇　d.雜訊　e.可信度　f.不能留神傾聽　g.情緒　h.過濾內容

____ 5.衛星系統本身應該算是一種____的溝通。

a.編碼　b.解碼　c.管道　d.反饋

____ 6.在進行商品推銷的時候，Wal-Mart的衛星系統最強調的是____ 的溝通。

a.口頭　b.非言語　c.書面

____ 7.Wal-Mart商場對反饋意見的重視程度是：

a.很重視　b.一點點重視

____ 8.在Wal-Mart商場中，傾聽能力被認為是：

a.很重要　b.有些重要　c.重要　d.不太重要

____ 9.當Wal-Mart商場的執行主管在店內走動，並和員工以及顧客交談的時候，最適當的回應風格應該是：

a.勸告性　b. 轉移性　c.深究性　d.安慰性　e.反省性

____ 10.Wal-Mart商場對批評是採取什麼樣的態度？

a.公開尋求　b.願意傾聽　c.並不真正想要聽到什麼批評　d.避免

11.你認為當Wal-Mart商場的執行主管在拜訪分店的時候，他們所傳送給同仁們的訊息是什麼？

12.衛星對正式溝通有什麼樣的影響？

13.你認為溝通在Wal-Mart商場的成功故事上，扮演了一個什麼樣的角色？

欲知Wal-Mart的現況詳情，請利用以下網址：http://www.walmart.com若想瞭解如何使用網際網路，請參考附錄。

技巧建構練習10-1　給予指示

在課堂上進行技巧建構練習10-1

目標

培養你傳送和接收訊息的能力（溝通技巧）

經驗

你將會計畫、傳送和接收有關如何完成三個物件繪圖的指示。

準備

除了閱讀本章和融會貫通以外，你不需要再做任何的準備工作。講師會提供你最原始的繪圖。

程序1（3到7分鐘）

請把程序1.讀過兩遍。此任務是要由經理人向員工下達指示，要他們完成三個物件的繪圖。這些繪成的物件，必須拿來和最初的影印本比較外觀上和比例上的相似程度，你有十五分鐘的時間來完成這件事。此練習有四個各別的步驟：

1.經理作計畫。

2.經理給予指示。

3.員工進行繪圖。

4.評估結果。

規定 這些規定都經過編號，目的是要和此練習的四個步驟有所關聯。

1.規劃：在作規劃的時候，經理人可能會為員工寫出一些指示內容，可是並不需要去做任何繪圖的工作。

2.指示：在給予指示的時候，經理人不需要向員工出示原始的繪圖。（講師會給你繪圖） 可能只要給一些口頭指示或書面指示即可，但是絕不能出現任何非言語的手勢動作。當聽到指示內容的時候，員工可以記錄重點，但是不管有沒有筆，都不可以先進行任何的繪圖。在繪圖開始前，經理人必須為三個物件完成所有的指示說明。

3.繪圖：一旦員工開始繪圖。經理人就只能旁觀，絕不能有任何的溝通行為。

4.評估：當員工完成繪圖或是時間終了時，經理人要向員工出示原始的繪圖，並討論你們的成果如何。然後再翻到整合的單元，回答其中的問題，由經理人而非員工來填寫答案。這一次擔任員工角色的同學在輪到下一次扮演經理人的角色時，就可以填寫這些答案了。

程序2（2到5分鐘）

班上一半的同學第一次就需扮演經理人的角色，並給予指示。經理人要將他們的椅子移往四面牆的位置（散開來），面向教室的中心，背卻靠著牆。

員工們則坐在教室的中心，直到被經理叫到為止。被叫到名的時候，員工就要帶著自己的椅子坐到經理人那兒去。員工必須面對經理人而坐，這樣子才看不到經理人的繪圖。

程序3（繪圖和整合的部分，最多不超過15分鐘）

講師給每位經理人一份繪圖的影印本，要小心別讓員工看到。由經理人來作計畫，當經理人準備好的時候，他或她就可以點名一位員工，並給予對方指示內容。利用訊息傳送過程將會很有助益，請務必要遵守其中的規定。員工必須在一張8又1/2×11的紙張上面進行繪圖，千萬別畫在教科書上。如果你採用的是書面的指示，也許可以寫在畫圖紙的反面上或寫在另外一張紙上。員工有十五分鐘的時間來完成繪圖，並進行整合的部分（評估）。完成繪圖時，再翻到整合部分的評估問題上。

程序4（最多不超過15分鐘）

現在員工成了經理，他們要坐在面向教室中心的椅子上。新的員工則必須集中在教室中心，直到有人叫名為止。

以不同的繪圖在重複一遍程序3的內容。千萬不要和同一個人合作（交換合作夥伴）。

整合

評估問題　你可能會有複選。經理人和員工要一一討論每個問題，可是必須由經理人而非員工來回答這些問題。

1.此溝通的目標是要：

a.影響　b.通知　c.表達感受

2.此溝通是：

a.垂直性的由上向下　b.垂直性的由下往上　c.水平性的　d.消息網

3.此經理在訊息的編碼上做的____；此員工在訊息的解碼上做的____。

a.很有成效　b.很沒成效

4.此經理是透過____的溝通管道來傳輸訊息。

a.口頭　b.書面　c.非言語　d.綜合以上

5.此經理花了____的時間在作計畫。

a.很多　b.很少　c.適當長度

問題6到問題10則是有關訊息傳送過程中的各個步驟。

6.此經理已培養出和諧的關係（步驟1）：

a.對　b.錯

7.此經理已說出了溝通的目標（步驟2）：

a.對　b.錯

8.此經理在傳送訊息上（步驟3）：

a.很有成效　b.很沒成效

9.此經理利用____來檢查瞭解程度（步驟4）。

a.直接詢問　b.解述意義　c.兩者皆有　d.兩者皆無

檢查程度：

a.太頻繁　b.不夠頻繁　c.剛剛好

10.此經理取得了承諾，並進行後續動作（步驟5）：

a.對　b.錯

11.員工在接收訊息過程中的傾聽工作做的____；分析工作做的____；檢查理解力的工作做的____。

a.很有成效　b.很沒成效

12.員工所採用的主要回應風格是____；而此情況的兩種適當回應風格應該是____和____。

a.勸告性　b.轉移性　c.深究性　d.安慰性　e.反省性

13.此經理和／或此員工都很情緒化：

a.對　b.錯

14.在進行這個整合單元的時候，此經理對批評是採取____的態度；而此員工對批評是採取____的態度，來協助改善溝通技巧。

15.這些被繪成的物件在大小比例上差不多嗎？如果沒有的話，為什麼呢？

16.你有遵照規定嗎？如果沒有，為什麼？

17.如果你可以重新再做一遍這個練習，你會有什麼不一樣的舉動來改善整個溝通情形？

結論

由講師帶領全班進行討論，並作成總結講評。

運用（2到4分鐘）

我從此經驗中學到了什麼？我會在未來的日子裏，如何運用此所學？

分享

由自願者提供他在此運用單元裏的答案。

技巧建構練習10-2　情境溝通[47]

為技巧建構練習10-2預作準備

當你和部門以外的人員一起合作的時候，你就沒有權力來他們直接下達命令。因此你必須利用其它的手段來完成目標。情境溝通就是一個模式可用來協助你和部門或組織以外的各種人際溝通，以及你和同儕或階級高於你的經理人所進行的人際溝通。情境溝通會教你如何分析某個既定情況，並選出該狀況下最適當的溝通風格。

透過此技巧建構練習，你將會學到互動的過程系統、情境溝通風格、情境變數、以及在某個既定情況下，如何選出最適當的溝通風格等。一開始，請先進行自我評估練習10-2，以便知道自己最偏好的溝通風格是什麼。

自我評估練習10-2　判定你所偏好的風格

為了要知道自己所偏好的溝通風格是什麼，請針對以下十二種情況，選出最能恰當描述你可能行動的答案是什麼。千萬不要想試著選出所謂的正確答案，只要選出最符合你行事標準的答案即可。請圈選字母a、b、c、或d，但先不要管題目上的空格，稍後我們會再詳加解釋，因為它將會被拿來運用在此技巧練習的課堂演練部分。

____ 1.Wendy是一名來自於其它部門的博學多識人才，你則是一名機械工程主任，Wendy走向你，要求你根據她的規格要求，設計出一種很特別的產品，你會：

____ 時間____ 資訊____ 接受度

____ 能力____ 溝通風格

a.主控整個交談過程，並告訴Wendy，你會為她做些什麼。S____

b.要求Wendy描述一下產品。一旦你瞭解之後，就會提出自己的點子，讓她知道你很關心這件事，而且想要用自己的構想來協助她。S____

c.藉著表達你的瞭解和支持來回應Wendy的這番要求。協助澄清你需要做哪些動作。提供點子，可是會照她的要求方式來做。S____

d.找出你需要瞭解的部分，讓Wendy知道你會照她的要求方式來做。S____

____ 2.你的部門設計了一種產品，必須由Saul的部門來製造。Saul在公司的資歷比你久，他也非常清楚自己的部門。Saul來找你要求改變產品設計，你會決定：

____ 時間____ 資訊____ 接受度

____ 能力____ 溝通風格

a.傾聽一下變更的內容，以及這項變更的有利原因是什麼。如果你相信Saul的方法比較好，就會照著改變；否則，就會向他解釋為什麼原創設計比較好。如果必要的話，會堅持照你的方法來做。S____

b.告訴Saul以他的方法把它做出來。S____

c. 你很忙，所以會告訴Saul照你的方法來，你沒有時間聽他說話，並且和他爭論。

d.要支援他的看法，就像共事小組一樣，一起進行更改。S____

____ 3.高階管理階層要作成某個決策。他們要求你參加會議，在會中告訴他們某項問題的解決之道。

____ 時間____ 資訊____ 接受度

____ 能力____ 溝通風格

a.表態出你的個人性支持，並提供數個解決方案。S____

b.只要回答他們的問題即可。S____

c.想他們解釋該如何解決問題。S____

d.表現你的關切，所以會解釋該如何解決此問題，以及它為什麼是個有效的解決之道。S____

____ 4.你有一項例行性的工作訂單。這項工作訂單必須以口頭來傳達，並且要在三天內完成。Sue是訂單的接收者，她的經驗豐富，而且很願意為你服務。你決定：

____ 時間____ 資訊____ 接受度

____ 能力____ 溝通風格

a.解釋你的需求，可是讓Sue自行作成訂單決策。S____

b.告訴Sue你想要什麼以及你為什麼需要它。S____

c.一起決定如何來下達訂單。S____

d.只要把訂單交給Sue就好了。S____

____ 5.來自於幕僚部門的工作訂單通常需要耗時三天，但是你有一項很緊急的事情，需要在今天就開始展開工作。你的同事Jim是部門的主任，他的經驗很老到而且相當合作。你決定

____ 時間____ 資訊____ 接受度

____ 能力____ 溝通風格

a.告訴Jim你需要在下午三點以前拿到這個東西，而且會在那個時間回來拿。

b.解釋整個情況，並說明組織會因為訂單腳步的加速而怎樣地受惠。自願極盡所能地提供協助。S____

c. 解釋整個情況，詢問Jim什麼時候訂單才會準備好？

d. 解釋整個情況，並一起找出對策來解決你的問題。S____

____ 6. Danielle這名同儕是績效表現的紀錄保持人，最近他在生產力上有些敗退的趨勢。而她的問題也正影響到你的績效表現。你知道Danielle正面臨了家庭問題。你：

____ 時間____ 資訊____ 接受度

____ 能力____ 溝通風格

a.討論問題，協助Danielle瞭解她的問題正影響到你和她的工作本身，支持性地討論各種方法來改善整個情況。S____

b.告訴老闆這件事，讓他來決定該如何做。S____

c.告訴Danielle把注意力轉回到工作上頭。S____

d.討論問題，告訴Danielle如何解決此問題，在背後支持她。S____

____ 7.你是一位博學多聞的主任，你定期性地向Peter購買一些補充物料，後者是一位很優秀的業務人員，而且對你的情況非常瞭若指掌。你正在處理你的每週訂單，你決定：

____ 時間____ 資訊____ 接受度

____ 能力____ 溝通風格

a.解釋你要什麼和背後的理由。培養出互相支持的關係。S____

b.解釋你要什麼，並要求Peter建議一下產品。S____

c.把訂單交給Peter。S____

d.解釋你的情況，並允許Peter來製作訂單。S____

___ 8.Jean是一位來自於其它部門的優秀人才，她要求你針對她的規格要求施展某項例行性的幕僚功能，你決定：

___時間___資訊___接受度

___能力___溝通風格

a.不詢問她什麼問題，就照著她的規格要求來施展任務，S____

b.告訴她，你會依照平常的方法來進行。S____

c.解釋你要做什麼以及背後的理由。S____

d.呈現出你的協助意願；提供幾個選擇的方案。S____

____ 9.Tom是一名業務人員，他要求你部門的服務，必須在很短的時間內把訂單完成。就像平常一樣，Tom採用的是到底要不要接受訂單的姿態，需要你現在就下決定，或者是在幾分鐘內就下決定，因為他正在顧客的辦公室裏。你的行動是：

____ 時間____ 資訊____ 接受度

____ 能力____ 溝通風格

a.說服Tom一起合作，看看有沒有辦法可以緩個幾天。S____

b.直接告訴Tom接受或不接受。S____

c.解釋你的情況，讓Tom來決定是否你應該接受這份訂單。S____

d. 提供另一個交貨日的選擇方案，努力打關係，表現你的支持。S____

____ 10.身為一名時間和動作的專家，你被徵召去解決某項抱怨，是有關工作上的作業時間標準。當你分析整個工作的時候，你發現到抱怨當中的某項要素花得時間比較久；另一項要素則花得時間比較少。研究結果是可以縮短整個工作的作業時間標準。你決定：

____ 時間____ 資訊____ 接受度

____ 能力____ 溝通風格

a.告訴作業員和工頭整個時間可以縮短以及為什麼。S____

b.同意作業員的看法，並增加作業時間的標準。S____

c.解釋你的發現，處理作業員和工頭的關心所在，可是確保他們會順從你的新標準。S ____

d.和作業員一起合作，發展出標準的作業時間。S____

____ 11.你通過了某些計畫的預算分配。Mary是一位發展預算的能手，她帶著自己所計畫下的預算報告來找你。你：

____ 時間____ 資訊____ 接受度

____ 能力____ 溝通風格

a.再回顧一下預算內容，作些修正，並以支持性的態度來解釋這些預算內容。應付處理她的關切心態，可是堅持你的變更內容。S____

b.再回顧一下預算建議書，並提議可能可以有哪些變更。必要的話，一起和她進行變動。S____

c.再回顧整個預算建議書，作些變更，並解釋內容。S____

d.回答Mary所提出來的任何問題和考慮點，並堅持原來的預算分配。S____

____ 12.你是一位業務經理，一名顧客向你提出了一份產品合約，必須在很短的時間內完成交貨。這樁交易提案只有兩天的考慮期，你知道這份合約不管是對你或對組織而言都很有利可圖，可是一定要有生產部的密切配合才能達到期限上的要求。Tim是生產部的經理，你和他相處得不太融洽，因為你常常要求儘快地交貨，你的行動是：

____ 時間____ 資訊____ 接受度

____ 能力____ 溝通風格

a.聯絡Tim，試著和他一起合作，一同完成此合約的要求。S____

b.接受這份訂單，並以支持性的方法來試著說服Tim履行義務。S____

c.聯絡Tim，並向他解釋整個情況，詢問他是否你們應該接受此份訂單，可是讓他自己

決定。S____

d.接收此份訂單，聯絡Tim，告訴他必須履行義務，如果拒絕的話，就告訴他，會直接找他的老闆談談。S____

為了判定出自己所偏好的溝通風格，請圈選出你在狀況1到狀況12的選擇答案。下列的標題指的是你所選出的風格。

	獨裁式	諮商式	參與式	授權式
	S1A	S2C	S3P	S4E
1.	a	b	c	d
2.	c	a	d	b
3.	c	a	a	b
4.	d	b	c	a
5.	a	b	c	a
6.	c	d	a	b
7.	c	a	b	d
8.	b	c	d	a
9.	b	d	a	c
10.	a	c	d	b
11.	c	a	b	d
12.	d	b	a	c
總數				

把每一欄的圈選項目加總起來。四欄的加總應等於十二。擁有最高分數的欄別代表的正是你所偏好的溝通風格。在以上這些情況中，並沒有什麼所謂的最佳風格。各欄的分數愈平均，就表示你的溝通愈有彈性。不管任何一欄有0或1的總分出現，都表示你不太願意採用此風格，所以當你面對到需要展現這類風格的情況時，就可能會有一些問題。

互動的過程系統

根據Anderson和Erlandson的說法，溝通有下列五種層面，每一種層面都是一個閉聯集。[48]

主動發起 ———————————————————— 被動回應

主動發起　傳送者開始或發起溝通，傳送者可能會或可能不會預期這項發起訊息的後續回應。

被動回應　接收者針對傳送者的訊息進行回答或採取行動。在回應的時候，接收者就會成為一名發起人。當雙向溝通正在進行的時候，發起人（傳送者）和回應者（接收者）的角色可能會有互換的情形。

提出 —— 誘出

提出　傳送者的訊息是經過架構和指導性或告知性的。儘管可能會要求採取行動，可是不一定會有回應。（「我們聚在一起是為了發展下一年度的預算。」；「請開門！」）

誘出　傳送者要求對訊息作出回應，所以可能需要也可能不需要採取什麼行動。（「我們需要多大的預算？」；「你認為我們應該讓門打開嗎？」）

封閉 —— 開放

封閉　傳送者預期接收者會遵循訊息的內容。（「這是訂單的新格式，可讓我們填寫和交回。」）

開放　傳送者正在誘出對方的回應，好用來瞭解接收者的意見如何。（「我們應該在訂單上用到這種全新的格式嗎？」）

反對 —— 接受

反對　接收者並不接受傳送者的訊息。（「我不會為每一張訂單填寫這種新表格！」）

接受　同意傳送者的訊息。（「我會在每一張訂單上填寫新的表格。」）

強烈 —— 溫和

強烈　傳送者會利用權勢或權力來指揮訊息的接收。（「把這些表格填好，不然就炒你魷魚！」）

溫和　傳送者不會利用權勢或權力來指揮訊息的接收。（「請盡你所能，把這些表格填好。」）

情境溝通風格

互動過程也可以和情境管理一起運用。[49]舉例來說，在使用獨裁式風格的時候，傳送者會主動發起封閉性的有力提案；授權式風格則會利用開放性的溫和誘導方式。不管是任何一種風格都可能在溫和和強烈這兩種要素之間擺盪運用，可是對獨裁式和諮商式的風格來說，往往比較常看到強烈性的訊息。接受或反對也可能出現在任何一種風格當中，因為它並不在傳送者的控制之下。

接下來是運用在每一種情境管理風格下的互動性過程。

獨裁式溝通風格（S1A）所示範的是高度任務／低度關係的一種行為（HT-LR），它會主動發起封閉性的提案，可是對方並不具備很多資訊，而且能力也很低。

1.主動發起／被動回應：由你來主動發起和控制整個溝通，即使有回應的話，也是很少的回應。

2.提出／誘出：你會直接提議，讓對方知道他們必須順從你的訊息，即使有的話，有很少用到誘導的方式。

3.封閉／開放：你採用的是封閉性的提議作法，絕不考慮接收者的意見。

諮商式溝通風格（S2C）所示範的是高度任務／高度關係的一種行為（HT-HR），它會為了任務所需，採用封閉性的提案作法，可是卻以開放性的誘導方式來維持彼此的關係。對方擁有適中的資訊和能力。

1.主動發起／被動回應：你會主動進行溝通，可是會讓對方知道你希望他們能接受你的影響。你渴求對方能有回應。

2.提出／誘出：兩者都會運用到。你會利用誘導的方式來判定溝通的目的，舉例來說，你可能會請教某些問題，以便判定當時的處境如何，然後再以提案來後續跟進。在瞭解了溝通目標之後，就可能需要運用到一點誘導的方式。關係溝通的運用是為了知道對方的興趣程度和對訊息的接受度。開放性的誘導作法可以顯示出你對接收者看法角度的關心，並鼓勵他們接受你的影響。

3.封閉／開放：你在訊息的接受度上（任務）表現得很封閉，可是對當事人的感受（關係）卻保持開放性的心態。很能感同身受。

參與式溝通風格（S3P）所示範的是低度任務／高度關係的一種行為（LT-HR），行動上是採取開放性的誘導作法，再加進一些主動性的提議。對方則具備了高度的資訊和能力。

1.主動發起／被動回應：你會有些主動性的回應。你想要協助對方解決問題，或是請對方協助你來解決問題。你很有幫助，而且能表達出你的支持心理。

2.提出／誘出：誘導當中還加進了一點主動提議。你的角色是去誘出對方的點子，瞭解對方對目標的達成有什麼建議作法。

3.封閉／開放：採用的是開放性的溝通作法。如果你參與得還不錯的話，對方就會提出一個你能接收的解決辦法。反之，則可能必須否決掉對方的回應訊息。

授權式溝通風格（S4E）所示範的是低度任務／低度關係的一種行為（LT-LR），它會以必要的開放性提案來作回應。對方在資訊和能力上都有卓越的表現成績。

1.主動發起／被動回應：如果必要的話，你只要給對方一點點主動性看法即可。

2.提出／誘出：你只要給對方一點資訊上和架構上的提議看法即可。

3.封閉／開放：這絕對是一種開放性的作法，你會告知對方他擁有絕對的主控權，你會接受他的訊息。

情境變數

在選擇適當的溝通風格時，你應該要考慮四種變數，分別是時間、資訊、接受度和能力。請回答下述幾道和這些變數有關的問題，此舉有助於你選出各種情況下的最適切風格。事實上，這四個變數和模式4-2（第四章）所出現的變數是一樣的。

時間

我有足夠的時間來採用雙向溝通嗎？有時間或沒時間？若是沒有時間，就不需要再考慮其它的三個變數，只有獨裁式風格才是最適當的作法。若是有時間，則其它風格也可能很適合，全看變數來決定。時間是一種相對性的東西，在某些情況下，幾分鐘可能被認為是很短的時間；可是在另一些情況下，一個月也可能被認為是很短的時間。

資訊

我有足夠的資訊來溝通訊息？作成決策？或採取行動嗎？當你擁有足夠所需的資訊時，獨裁式溝通風格可能很適用。但是若只有一些訊息而已，則可能比較適合採用諮商式風格。若是你的資訊很少，那麼參與式風格或放任式風格也許就很適用。

接受度

對方會接受我的訊息嗎？如果接收者會接受訊息，那麼就可能很適合採用獨裁式風格。如果接收者不願意接受它，諮商式風格也許很適用。假若接收者反對此訊息，那麼就可能需要用到參與式或授權式風格來獲取接受度。但是也有一些情況是接受度正好是成功的關鍵所在，比如說在執行轉變性策略的時候。

能力

能力有兩個部分。（1）才能：對方有足夠的經驗或知識來參與雙向溝通嗎？接收者會把組織的目標置於個人目標之上嗎？（2）幹勁：對方想要參與嗎？若是對方的能力很低，就可能很適合採用獨裁式風格；如果能力適中，則諮商式風格也許很適合；要是對方的能力很高，則可能可以採用參與式風格；萬一對方的能力非常卓越，則授權式風格就成了比較適當的選擇。除此之外，能力程度會因為任務的不同而有不同的差異。舉例來說，教授可能擁有非常卓越的課堂授業能力；可是在為學生提供意見這方面，則能力很低。

選出溝通風格

成功的經理人會根據情況的不同，採用不同的溝通風格。在面對既定情況，選擇適當溝通風格的時候，有三個步驟必須遵循。

步驟1 為該情況作診斷

請回答四種情境變數的各項問題。在自我評估練習10-2當中，你必須選出十二種情況下的適當答案，而且我們還要求你在當時不要去管其它的答案空格。現在你可以利用在課堂上進行技巧建構練習10-2的部分來完成這些作答內容，只要把各風格的代表字母（S1A、S2C、S3P和S4E）填在十二道問題的空格上即可。

步驟2 為該情況選出適當的風格

分析完四種變數之後，你就可以為該情況選出最適當的風格了。在某些情況下，有些變數可能會需要不同矛盾的風格，這時你就應該找出該情況下的最重要變數，再找出最適合該變數的風格是什麼。舉例來說，對方的能力可能很卓越（C-4），可是你卻擁有所有必要的資訊（S1A）。所以若是資訊比較重要的話，儘管對方能力不錯，也應該採用獨裁式風格。當你在課堂中進行這部分的技巧建構練習時，請在S___的空格上填入最適當風格的代表字母（S1A、S2C、S3P、S4E）。

步驟3 執行適當的溝通風格

在課堂上進行此練習的時候，你會確認出每一種答案選擇的溝通風格是什麼，然後再於S___的空格上填入S1A 、S2C、S3P、或S4E。最後再就a、b、c、或d等答案，選出最適合這十二種情況下的個別風格是什麼，然後再把答案寫在每道題的前面空格上。

模式10-2摘要了此練習的各項準備素材，並利用它來判定出情況一的適當溝通風格，以及演練此練習的課堂部分。

為情況一判定最適當的溝通風格

步驟1 為該情況作診斷

從模式上回答四個變數的問題，並把字母填在下述四個變數空格上。

___ 1. Wendy是一名來自於其它部門的博學多識人才，你則是一名機械工程主任，Wendy走向你，要求你根據她的規格要求，設計出一種很特別的產品，你會：

___時間___資訊___接受度

___能力___溝通風格

a.主控整個交談過程，並告訴Wendy，你會為她做些什麼。S___

b.要求Wendy描述一下產品。一旦你瞭解之後，就會提出自己的點子，讓她知道你很關心這件事，而且想要用自己的構想來協助她。S___

c.藉著表達你的瞭解和支持來回應Wendy的這番要求。協助澄清你需要做哪些動作。提供點子，可是會照她的要求方式來做。S___

d. 找出你需要瞭解的部分，讓Wendy知道你會照她的要求方式來做。S___

步驟2 為該情況選出適當的溝通風格

回顧四個變數，如果它們彼此之間都很協調一致，就可以據此選出一種風格。萬一它們是互相矛盾的，則選出最重要的變數，然後再選出最適合的風格。把它的代表字母（S1A、S2C、S3P、S4E）填在溝通風格的空欄上。

步驟3 採取適當的行動

回顧這四種選擇。先找出每一種選擇的溝通風格，把它的代表字母填在S___當中，然後再找出最適切的選擇。

讓我們看看你是如何做的（1）時間　若是有時間，就可以採用任何一種溝通風格。資訊　你只有一點資訊，所以你需要利用參與式或授權式的風格來找到Wendy想要完成的事情：S3P或S4E。接受度　如果你試著想要用自己的方法而非Wendy的方法來做事的話，她就很有可能會持反對的意見，這時，你需要採用參與式或授權式的風格: S3P或S4E。能力Wendy的閱歷豐富，而且能力也很強：S3P；（2）回顧這四種變數，你會發現這中間有S3P和S4E的混合結果產生。可是既然你是一位機械工程師，所以最適合的方式還是和Wendy一起共事，給她所需要的東西。因此，最後

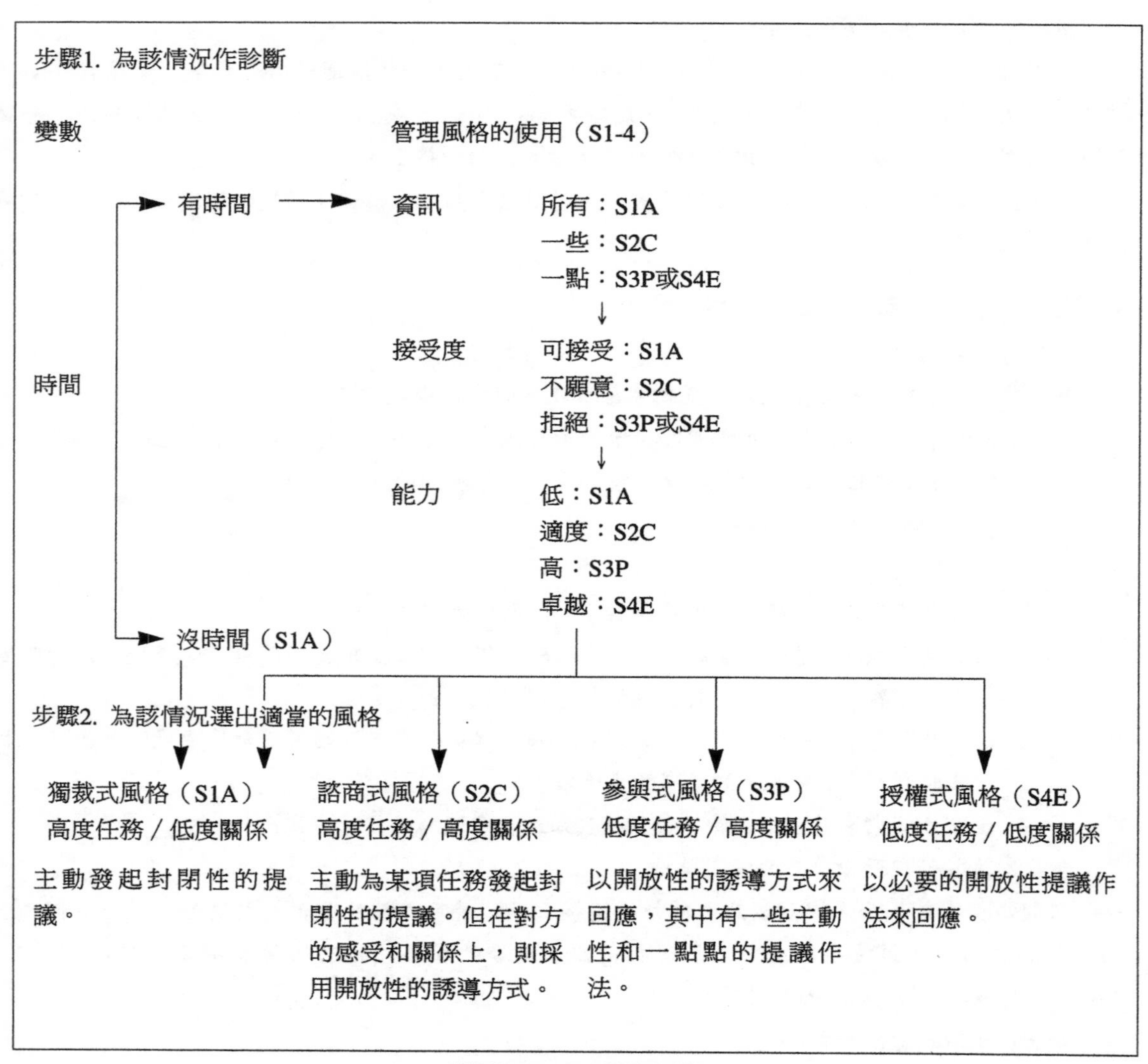

模式10-2　情境溝通

的選擇結果是S3P；（3）a選擇是S1A，也就是獨裁式風格，高度任務／低度關係；b選擇則是S2C，也就是諮商式風格，高度任務／高度關係；c選擇是S3P，也就是參與式風格，低度任務／高度關係；d選擇則是S4E，它是授權式風格，屬於一種低度任務／低度關係的行為。如果你選擇了c作為你的回應答案，那就是為該情況選出了最適當的溝通風格，分數是三分。如果你選擇d作為你的回應答案，也算是一個還不錯的選擇，可以得到兩分。如果你選擇了b，只能得到一分，因為你作出了一些過度指揮性的舉動。萬一你選的是a，那麼就沒有分數可拿，因為你的指揮干預太強了，很有可能會傷害你們之間的溝通關係。

你愈能配合情況所需，選出最匹配的溝通風格，就愈能有成效地進行溝通。在本練習的課堂部分，你需要把此模式運用在自我評估練習10-2的其它十一種情況下，以便培養出你的溝通能力。

在課堂上進行技巧建構練習10-2

目標

利用各情境所需的適切風格來培養出你的溝通能力。

準備

你應該已經完成了此練習的預作準備部分。

經驗

你將會為自我評估練習10-2的第二到第十二道情境題，選出最適合每一題情況下的溝通風格。若是時間欄上填的是Y（有時間），就請在資訊、接受度和能力的各欄上分別填入最適合該情況的風格代表字母：S1A、S2C、S3P、或S4E。並根據你的診斷，選出你會採用的風格是什麼，請把它的代表字母（S1A、S2C、S3P、或S4E）填在溝通風格的空欄中。並在四個S___空欄上填入風格的代表字母。最後在各題的編號前面填上最適合該情況的溝通風格（a、b、c、或d）。

程序1（15到20分鐘）

行為模式影帶10-1描繪了四種風格。請利用第349頁的格式來記錄答案。

程序2（5到10分鐘）

由講師來回顧情境溝通模式，並解釋如何運用它來判定第二道情境題的適當風格。

程序3（5到10分鐘）

讓學生利用此模式，來獨自完成自我評估練習10-2的第三道情境題。然後再由講師說明答案。

程序4（20到50分鐘）

1.兩到三人為一小組。以小組合作的方式將此模式運用在第四到第八道情境題。當所有小組都完成，或者時間到了，則由講師來說明每一道題的答案。

2.再以兩到三人成立新的小組，繼續進行第九到第十二道情境題。最後由講師說明每一道題的答案。

結論

由講師帶領全班進行討論，並作成總結講評。

運用（2到4分鐘）

我從此經驗中學到了什麼？我會在未來的日子裏，如何運用此所學？

分享

由自願者提供他在此運用單元裏的答案。

第十一章
激　勵

學習目標

在讀完這章之後，你將能夠：

1. 描繪激勵工作幹勁的過程。
2. 描述Pygmalion效應會對工作幹勁和績效表現造成什麼影響。
3. 解釋什麼是績效表現的公式，以及如何使用它？
4. 討論四種滿足性激勵理論，它們之間的主要同異處，這四種理論分別是：需求層級理論、ERG理論、兩係數理論和養成需求理論。
5. 討論三種過程性激勵理論之間的主要同異處：公平理論、目標擬定理論和預期理論。
6. 解釋強化性理論的四種榜樣類型：正面型、避免型、滅絕型和懲戒型。
7. 說出滿足性理論、過程性理論和強化性理論這三者之間的差異。
8. 日本和美國用來激發員工的辦法，兩者之間有什麼不同？
9. 界定下列幾個主要名詞：

工作幹勁	養成需求理論
激勵工作幹勁的過程	過程性激勵理論
Pygamlion效應	公平理論
績效表現的公式	目標擬定理論
滿足性激勵理論	預期理論
需求層級理論	強化性理論
ERG理論	給予讚美的模式
兩係數理論	

技巧的發展

技巧建構者

1. 你可以改進自己的激勵讚賞技巧（技巧建構練習11-1）

給予讚美是屬於領導上的管理功能，也是領導角色的一種人際性管理。

■ Donna Brogle很喜歡這種自己排定工作時間的靈活方式及在家工作的感覺。

onna Brogle自孩提時代就很喜歡縫縫補補。因為這樣的嗜好，使得Donna長大之後成為一家大醫院的女裁縫師。但是，結婚之後，Donna接連生下了四個小孩，她發現自己還是比較喜歡待在家裏和孩子們在一起。這時，醫院的行政主管決定要訂購新的窗帘，因此把這份差事交給了Donna。有了醫院裏的窗簾經驗之後，Donna決定辭去醫院的工作，開創一份屬於自己的事業：「Draperies bies Donna」（Donna的窗簾）。她為自己的事業擬定目標，並找到了一些已屆退休之齡的婦女來幫忙。1989年的時候，Donna在自己家裏的地下室把店開張了。她很喜歡這種自己排定工作時間的靈活方式以及在家工作的感覺。所有事情都很順遂，直到碰到1990至1991年的經濟蕭條期，她的事業也跟著開始走下坡。幸運的是，就在那個時候，醫院又找上她，要她回醫院工作，為他們製作窗簾。Donna不想喪失自己的獨立性，所以她向醫院提議，何不由她來外包製作這些窗簾。醫院同意讓Donna在家工作，同時也可以繼續經營自己的事業。隨著經驗的累積和整個經濟環境的日漸好轉，Donna的顧客數目與日俱增，現在的她已不再需要依靠醫院的生意了。

Donna有員工上的問題，這個問題來自於Susan。[1] Susan總是遲到，雖然她的工作能力不錯，可是卻無法保持自己該有的水準要求。Donna和Susan談過，想從其中找到問題背後的原因是什麼。Susan說錢不是問題，待遇上也沒有什麼不公平的地方，只是她覺得工作實在是太無聊了。Susan抱怨道，沒有人告訴過她該如何做她的工作，而Donna卻老是在查核她的工作狀況。如果你是Donna，你會怎麼激勵Susan？在本章裏，你將會學到一些激勵理論和技巧，可以用在Susan的身上和各種組織裏的成員身上。

還記得第一章裏的Bonnie說過，激勵員工是很重要的，但身為經理人，她最不喜歡做的份內工作就是處理員工的績效問題。事實上，你愈能激勵員工，就愈不需要花那麼多的時間來處理員工的績效問題。

工作幹勁和績效表現

在本單元裏，你將會學到什麼是工作幹勁及其重要性的理由是什麼；以及工作幹勁會如何影響績效表現；還有經理人應如何影響員工的工作幹勁和績效表現。你也可以概觀一下三種主要的激勵性理論。

什麼是工作幹勁？它為什麼這麼重要？

1.描繪激勵工作幹勁的過程

什麼是工作幹勁？

工作幹勁就是一種內在欲望，它想要滿足某種未被滿足的需求。工作幹勁的激勵可以帶引出某種程度的自動自發精神來達成組織的目標。就我們的角度來看，**工作幹勁**（motivation）就是願意完成組織目標的一種自動自發精神。你曾經很驚訝為什麼有些人會那麼地賣力做事？事實上，人們之所以這麼賣力地做事是為了想要達成自己的需求或欲求。

工作幹勁
願意完成組織目標的一種自動自發精神。

透過**激勵工作幹勁的過程**（motivation process），員工會因需求而有動機，然後才有行為，接著是結果，最後才有滿足或不滿足的感覺。舉例來說，你很渴（需求），所以有一種驅動力（動機）促使你想喝飲料。你喝了飲料（行為）就止渴了（結果和滿足的感覺）。但是，如果你喝不到飲料，或者喝不到你想要的飲料，你就不會感到滿足。滿足的心理通常為時甚短。喝到了那杯飲料會讓你很滿足，可是不久之後，你又會需要另一杯飲料。因為這個理由的緣故，激勵工作幹勁的過程就有了反饋的迴路：

激勵工作幹勁的過程
員工會因需求而有動機，然後才有行為，接著是結果，最後才有滿足或不滿足的感覺。

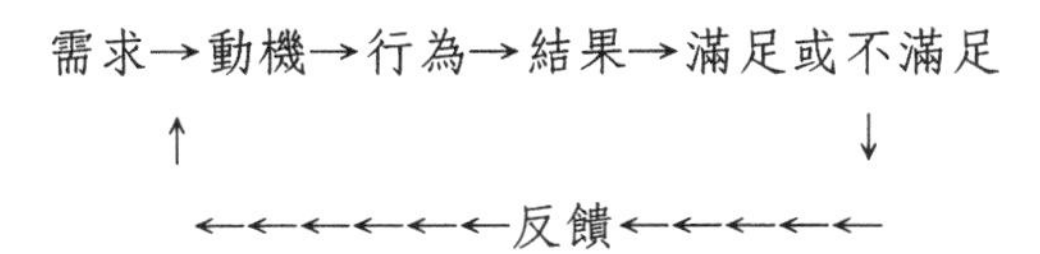

有些需求或欲求會對所有的行為造成激勵的作用。但是，也有些需求或欲求很複雜，以致於我們不見得知道自己的需求是什麼，或者我們為什麼要做某些事情。你曾經做過某些事情，可是卻又不知道自己為什麼要做它？瞭解需求有助於你瞭解自己的行為。此外，也有助於你瞭解別人為什麼這麼做的原因。

你無法觀察出動機，但是你可以觀察出行為，並從中推斷出這個人的動機是什麼。雖說如此，想要知道人們行為背後的理由也不是那麼簡單的一件事，因為同樣一件事，各人所持的理由也都不盡相同。除此之外，人們往往喜歡試著一次就滿足各種不同的需求。

為什麼工作幹勁這麼地重要？

工作幹勁是企業界當今所要面對的頭號問題。[2]現在的員工對加班、工作上的奉獻精神、出席率、以及準時上班等都不再那麼地在意了。[3]所以，瞭解該如何來激勵他們將有助於你消除或減少這方面的表現問題。在啟文案例中，Donna很憂慮，因為Susan並不想太賣力的工作，以致於無法完成組織的目標。

因為工作上的時間浪費，企業界每年都要損失掉1,600億美元。這個數字還不包括缺席、酗酒與藥物濫用、或者個人問題等所造成的損失。許多員工只是把工作能力發揮到剛好不會被炒魷魚的標準而已。他們只發揮了60%的工作效率。若是有了適當的鼓勵，他們的效率可能可以提高到80%，或者更高也說不定。[4]

經理人已經逐漸明瞭，擁有幹勁十足且能被滿足的勞工，才能達成最大的收益目標。一項研究指出，[5]自我激勵是公司在聘雇員工時，所尋求的三大特質之一。工作幹勁的激勵是經理人的份內工作之一。Charles Shipley是SL Industries的副總裁，他認為經理人應該多多學習有關激勵和引導員工這方面的事宜。能否激勵自己的屬下，這對經理人的事業晉升有很重大的關鍵性影響。

在這個全球化的環境當中，美國的生產力一直節節敗退，拱手讓給了日本、法國、德國、以及義大利等這些國家。其實，影響生產力的最大障礙來自於工作幹勁本身。[6]傳統的看法是如果你錢付得夠多，員工們就愈有工作幹勁。可是現在我們知道，許多美國人不再為了錢而工作。錢不再是主要的誘因；工作上的滿足感才是。現今的研究專家都發現到，適用於北美各地的激勵理論並不適用於其它國家。[7]因為文化的多樣化差異，使得工作幹勁的激勵方式也變得愈來愈複雜。

隨著整體品質管理和自我導向小組的趨勢走向，大家也都愈來愈強調影響式的管理，而不是控制式的管理。[8]各種企業組織也都開始藉著授權員工的方式來達成激勵員工的目的。

在工作幹勁和績效表現中，預期心理所扮演的角色是什麼

2.描述Pygmalion效應會對工作幹勁和績效表現造成什麼影響

Pygmalion效應（Pygmalion effect）說明了經理人對員工的態度和期許，以及前者對待後者的方式絕對會影響後者的工作幹勁和績效表現。由J. Sterling Livingston和其他人所執行的研究調查，也都支持這個Pygmalion效應理論。學生們在實習焊接技術時，作了某項研究，在這個研究中，故意告訴工作領班有哪幾個學生特別聰明，而且做得還不錯。事實上，這些學生都是抽樣選出來的，唯一的差別只是領班對他們的期許而已。結果這些所謂「聰明」的學生的確在表現上優於其它學生。為什麼會發生這種事呢？其實它背後的理由正好解釋了Pagmalion效應。就某個層面來看，Hawthorne效應（第一章）和Pygmalion效應有些相關聯，因為這兩者都會對工作幹勁和績效表現造成影響。在Hawthorne研究當中，經理人所給予員工的特別注意和待遇，會造成好的績效表現。我們都需要有高度的期許心理，把員工當作是將來一定會獲得成功的人，如此這般地對待他們，才會從他們身上得到最好的工作成果。

Pygmalion效應
經理人對員工的態度和期許，以及前者對待後者的方式絕對會影響後者的工作幹勁和績效表現。

根據Douglas McGregor的看法，經理人對員工的激勵是取決於他們對員工的假定看法和期許心理。奉行X理論的經理人往往會壓制員工，並密切地控制他們，以便達到激勵的目的。而奉行Y理論的經理人則很信賴自己的員工，並允許他們採用自我控制的方式。經過幾年之後，研究專家發現到，奉行Y理論的經理人，其手下員工的工作幹勁高過於那些在X理論下工作的員工們。而且，奉行Y理論的經理人，他的部門通常（可是並不是永遠）擁有比較高程度的生產力。就如同我們在有關情境管理的技巧建構練習中（第一章）所談到的，你需要使用適當的管理風格來引導你的員工。激勵式的Y理論現在已經成了一種風尚，因為經理人都開始漸漸採用參與式管理的作風了。

工作運用

1請回想是否有人（父母、朋友、老師、教練、老闆）對你抱著很高的期望，而且對待你的方式就好像你日後一定會出頭似的，進而影響了你未來的成功。或者是回想過去的某個情況，在那個情況下，你實踐了自己的期許，或是期許完全落空。請描述一下當時的情況。

除了經理人的期許之外，員工的自我期許也會影響績效表現。和Pygmalion效應很有密切關聯性的正是自我實現的預言（self-fulfilling prophecy）。Henry Ford曾經說過，不管你相信自己做得到，還是相信自己無法辦到，你都沒有錯。如果你認為你會成功，你就會成功。如果你認為自己會失敗，就一定會失敗，因為你在實現自己的預期心理。願望的實踐與否全在於你對自己的期許，所以一定要積極、自信、而且樂觀。

3.解釋什麼是績效表現的公式，以及如何使用它呢？

工作幹勁如何影響績效表現

一般而言，有工作幹勁的員工在工作上會比那些沒有工作幹勁的員工要來得賣力許多。但是績效表現並不只是靠工作幹勁的激勵就可以成事。事實上，有三個相互依存的要素可以決定績效表現的最後結果：才能、工作幹勁和資源。也就是所謂的**績效表現的公式**（performance formula）：績效表現=才能×工作幹勁×資源。

績效表現的公式
績效表現=才能×工作幹勁×資源。

若想求得最大的績效表現，以上三種要素的程度都要很高才行。如果其中有一個要素很低落或是缺乏，整個績效表現都會受到影響。身為一名經理人，如果你想有好的績效表現，就必須確保你和你的員工都具備了足夠的才能、工作幹勁、和資源，這樣子才可以達到目標上的要求。當績效表現不在應有的標準以上，你就該檢討一下，究竟是哪個要素出了差錯，並且立即進行改善。在啟文案例中，Susan具備了才能和資源，可是卻缺乏工作幹勁。為了增加Susan的表現，Donna需要想辦法激勵她。

縱覽激勵理論的三種主要類別

這世界上並沒有什麼單一的激勵理論可以被放諸於四海，暢行無阻。在本單元裏，你將會學到激勵理論的三種主要類別，再加上一些附屬理論，以及你該如何利用它們來激勵自己和其他人等。圖11-1列出了幾個主要的激勵理論。在你研讀完所有理論之後，你可以選定其中一種來親身試用；也可以採擷各家

概念運用

AC11-1　績效表現的公式

請找出造成下列五種情況績效不佳的背後成因是什麼：

a.才能　b.工作幹勁　c.資源

__ 1.Latoya因為客戶的電召而趕赴前往，可是當她伸手在公事箱裏搜尋的時候，才發現自己忘了帶產品的展示目錄。試著解釋產品，卻沒有產品目錄可看，當然無法作成生意。

__ 2.Frank的生產量明顯比不上部門裏的其他成員，因為他在工作上的努力程度不夠。

__ 3.「我比其他徑賽隊友要練習得久，也比他們努力，可是不瞭解為什麼他們會在賽跑中打敗我呢？」

__ 4.「在學校，如果我想要的話，我的學業成績應該可以全部得到A，可是當時我卻相當地懶散，而且日子過得輕鬆愉快。」

__ 5.如果政府可以減少一些浪費支出的話，就會變得更有效率。

激勵理論的類別	個別的激勵理論
1.滿足性激勵理論著重的是認清和瞭解員工的需求。	a.需求層級理論認為激勵員工必須透過五種層面的需求，分別是：生理上的需求、安全上的需求、社會上的需求、評價上的需求、以及自我發揮潛力的需求。 b.ERG理論認為員工必須在三種需求上進行激勵，它們分別是：存在、共事關係和成長。 c.兩係數理論認為激勵員工必須透過行為動因的係數，而非扶養的係數。 d.養成需求理論認為必須對員工在成就感、權力和聯繫關係的需求上有所激勵。
2.過程性激勵理論強調的是瞭解員工如何選擇行為來實踐他們的需求。	a.公平理論認為當員工們可以感覺到付出相當於收穫時，就會被激勵而產生工作幹勁。 b.目標擬定目標認為做得到可是又有點艱難的目標，才能對員工造成激勵的作用。 c.預期理論認為當員工相信他們可以完成此任務，而且所得報酬很值得的話，就會得到激勵，而有工作幹勁。
3.強化性理論	強化性理論認為唯有透過行為下的結果，才能激勵員工的行為朝預定的方向前進。

圖11-1　主要的激勵理論

理論的精華，自成一家；或者是視各種情況的不同，運用最適當的理論來應變。既然本書已提出所有各家理論，想來你應可以為Donna找出適當的方法來激勵Susan和其他人了。

滿足性激勵理論

7.說出滿足性理論、過程性理論和強化性理論這三者之間的差異

4.討論四種滿足性激勵理論，它們之間的主要同異處，這四種理論分別是：需求層級理論、ERG理論、兩係數理論和養成需求理論

滿足性激勵理論
著重的是認清和瞭解員工的需求。

一個滿足的員工通常會有比較高的工作幹勁，而且比起那些不滿足的員工來說，也有比較高的生產力。[9]根據滿足性激勵理論的說法，如果你想要擁有滿足的員工，就必須先完成他們的需求。當員工被要求去達成某些目標的時候，他們會想（但通常不會說出口）：「這其中對我有什麼好處？」所以企業組織的成功關鍵就在於達成組織目標的同時，也能顧及到員工需求的滿足。

滿足性激勵理論（content motivation theories）著重的是認清和瞭解員工的需求。在本單元裏，你將學到四種滿足性激勵理論，它們分別是：需求層級理論、ERG理論、兩係數理論和養成需求理論；以及經理人該如何利用它們來激勵員工等事宜。

需求層級

需求層級理論
此理論認為激勵員工必須透過五種層面的需求，分別是：生理上的需求、安全上的需求、社會上的需求、評價上的需求、以及自我發揮潛力的需求。

需求層級理論（hierarchy of needs theory）認為激勵員工必須透過五種層面的需求，分別是：生理上的需求、安全上的需求、社會上的需求、評價上的需求、以及自我發揮潛力的需求。在1940年代的時候，Abraham Maslow根據四大假設，[10]發展出這個理論，這四大假設分別是：（1）只有未被滿足的需求才需要激勵；（2）人們的需求是依照重要性（從簡單到複雜）（層級）來進行次序排列的；（3）至少要先滿足人們的較低層級需求，才需要進一步滿足較高層級的需求；（4）Maslow假定人們擁有五種需求類別，以下內容正是各個需求由低往高的排列次序：

生理上的需求　這些需求都是人們的基本需求：空氣、食物、遮蔽場所、性和解除或免除痛苦的需求。

安全上的需求`一旦他們滿足於生理上的需求之後，就會開始關心安全性和保障性的需求。

社會上的需求　穩固好安全之後，人們開始尋求愛、友誼、接納和親情。

評價上的需求　當他們達成社會上的需求之後，就會把重點擺在自我、地位、自尊心、成就感、自信、以及個人的聲望上。

自我發揮潛力的需求　最高層級的需求是去充份發展個人的潛力，為了達到這個目的，人們會尋求成長、成就、以及晉升等機會。

Maslow並沒有考慮到人在一生中的不同階段可能會有不同層面的需求。他也沒有提到，人們也可以退回到最低層級的需求。此外，我們的需求時時都在變化，而且通常會混合出現。所以很難根據Maslow的層級理論去設定單一的激勵計畫來滿足所有的需求。

以需求層級理論來激勵員工

現在的人都明瞭，需求並不只是簡單的五步驟層級而已。經理人應該要滿足員工的最低層級需求。所以你應該要對人們的需求有所認識，並把滿足這些需求當作為增加績效表現的一種手段。圖11-2列出了經理人試著要滿足這五種需求的幾個辦法。

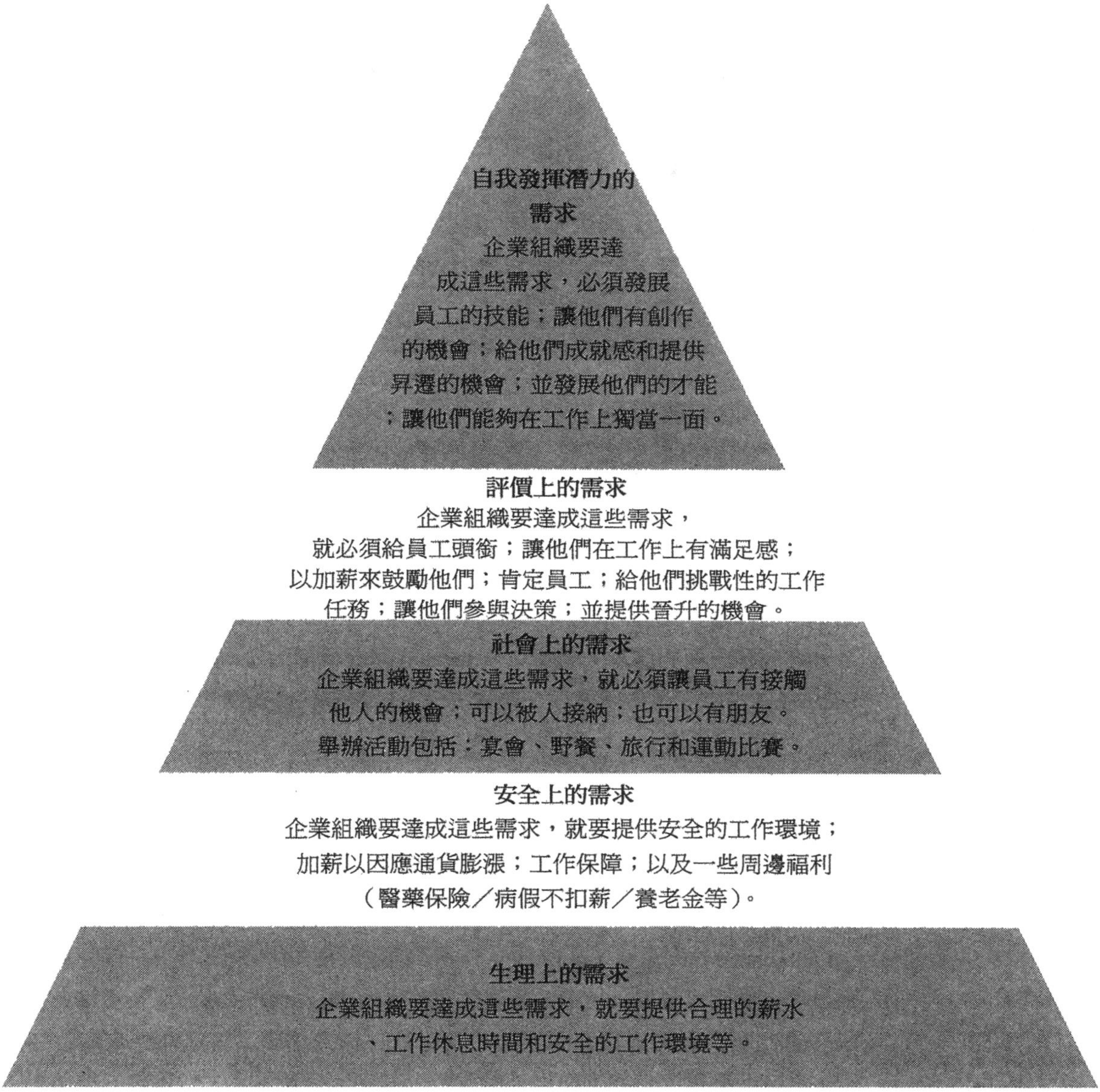

自我發揮潛力的需求

企業組織要達成這些需求，必須發展員工的技能；讓他們有創作的機會；給他們成就感和提供昇遷的機會；並發展他們的才能；讓他們能夠在工作上獨當一面。

評價上的需求

企業組織要達成這些需求，就必須給員工頭銜；讓他們在工作上有滿足感；以加薪來鼓勵他們；肯定員工；給他們挑戰性的工作任務；讓他們參與決策；並提供晉升的機會。

社會上的需求

企業組織要達成這些需求，就必須讓員工有接觸他人的機會；可以被人接納；也可以有朋友。舉辦活動包括：宴會、野餐、旅行和運動比賽。

安全上的需求

企業組織要達成這些需求，就要提供安全的工作環境；加薪以因應通貨膨漲；工作保障；以及一些周邊福利（醫藥保險／病假不扣薪／養老金等）。

生理上的需求

企業組織要達成這些需求，就要提供合理的薪水、工作休息時間和安全的工作環境等。

圖11-2　經理人如何以需求層級理論來進行激勵

ERG理論

圖11-1顯示出幾個激勵理論。ERG就是一個很有名的簡式需求層級理論。**ERG理論**（ERG theory）認為員工必須在三種需求上進行激勵，它們分別是：存在、共事關係和成長。Clayton Alderfer重組了Maslow的需求層級，把它們轉變成三種層級需求：存在（生理上和安全上的需求）、共事關係（社會上的需求）和成長（評價上和自我發揮潛力的需求）。Alderfer仍然保持了較高和較低的需求，他也同意Maslow的看法之一，那就是未被滿足的需求可以對個人造成激勵的效果。但是他不同意一次只有一種需求出現的說法。[11]

ERG理論
此理論認為員工必須在三種需求上進行激勵，它們分別是：存在、共事關係和成長。

工作運用

2.就你此生的這個階段而言（職業上或個人上），你是處於什麼層級的需求？請務必說出層級的名稱，並解釋你為什麼正處於此層級。

以ERG理論來激勵員工

為了利用ERG理論，你必須先判定有哪些需求已被滿足？哪些需求還沒有？或者遭到挫敗？以及該如何來達成這些未被滿足的需求。你需要在滿足員工需求的同時，也完成組織所交付的目標。Donna觀察到Susan的異狀，並花了一點時間和她談談，以便找出她的需求。Susan的存在和共事關係需求已經被滿足了，可是在成長方面的需求卻受到了挫敗。為了激勵Susan，Donna必須滿足她在成長方面的需求。其實只要Susan能達成預期的績效表現，Donna就該讓Susan多談談自己是如何進行工作的，而不是沒事就檢查她的工作進展。

兩係數理論

在1950年代的時候，Frederick Herzberg分類了兩組需求，稱之為係數（factors）。[12]Herzberg把較低層級的需求結合成一個類別，統稱為扶養（maintenance）或保健（hygiene）；較高層級的需求則劃歸為另一個類別，統稱為行為動因（motivators）。**兩係數理論**（two-factor theory）認為激勵員工必須透過行為動因的係數，而非扶養的係數。扶養係數又稱之為外來的行為動因，因為此激勵來自於工作以外的東西，其中包括薪水、工作保障、與頭銜；工作狀況；周邊福利；以及人際關係等。行為動因又稱之為內在的行為動因，因為此激勵是來自於工作本身，其中包括成就感、肯定、挑戰和晉升等。

兩係數理論
此理論認為激勵員工必須透過行為動因的係數，而非扶養的係數。

Herzberg和他的同事在作過研究調查之後，並不同意傳統上的看法：也就是把滿足和不滿足視作為兩種不同的極端。他們認為實際上應該有兩種閉聯集的存在：對環境沒有什麼不滿意（扶養）一直到不滿意；很滿意於工作本身（行為動因）一直到不滿意。

員工所處身的閉聯集，其中一端對環境不滿；另一端則對環境沒有什麼不滿。Herzberg認為若是只提供扶養係數，充其量只能讓員工免於不滿而已，可是卻不能讓他們達到滿足的程度，或者是激勵他們。換句話說，扶養係數並不能滿足或激勵員工，只能讓他們免於不滿而已。舉例來說，如果員工不滿意自己的薪水，只要加薪，就不會再有不滿。但是，等到人們又達到了新的生活水準，不滿的情緒又會再度出現。所以員工會再需要另一次的調薪來免於這種不滿，因此惡性循環會不斷地重複發生。如果你被加薪了，你會更有工作幹勁和更具生產力嗎？Herzberg說，你必須先確定有合理的扶養係數才行，因為只要員工不再對自己的環境不滿，才可能在工作上受到激勵。

員工所處身的閉聯集，其中一端對工作本身很滿意；另一端則對工作本身不滿意。為了激勵員工，你需要讓工作變得更有趣，和更具挑戰性才行；給員工更多的責任；提供機會讓他們成長；當工作完成，成效也不錯的時候，一定要給予員工適度的肯定。不要期待你可以從這些事情當中得到什麼外來的報酬。若想滿足，就必須把內在的報酬視作為自我的一種激勵。[13]圖11-3描繪的正是兩係數理論。

以兩係數理論來激勵員工

激勵員工的最好辦法就是確保他們不會對扶養係數有什麼不滿，然後再把重點擺在工作幹勁的激勵上。其中一個很有效的激勵辦法就是在工作上創造一些挑戰和機會，讓員工擁有工作上的成就感。為了增加員工的工作幹勁，

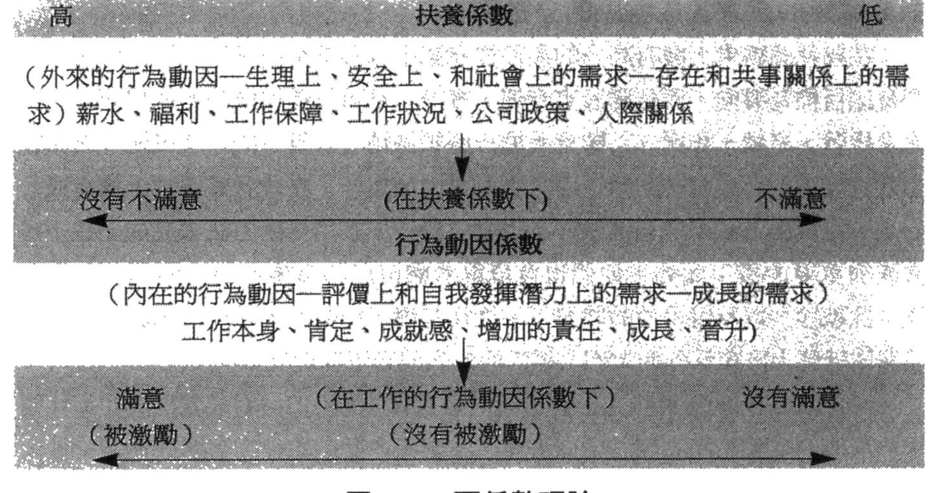

圖11-3　兩係數理論

工作運用

3.請回想一下目前的工作或以前的工作，你是否對扶養係數有不滿意或沒有什麼不滿意的地方？你對行為動因滿意還是不滿意？請務必認清和詳細解釋你對各個扶養係數和行為動因係數的滿意理由是什麼。

Herzberg發展出一個方法，稱之為「工作強化」(job enrichment)，這也是你在第七章所讀到過的內容。

在啟文案例中，Susan說她沒有不滿意扶養係數。可是既然Susan覺得工作很無聊，那麼加薪或更好的工作環境會增加她滿意的程度嗎？如果Donna打算要激勵Susan，她就該把焦點放在內在的工作動因，而不是扶養係數上。Donna需要給Susan更多的輸入意見，來瞭解她是如何進行工作的。

養成需求理論

養成需求理論
此理論認為必須對員工在成就感、權力和聯繫關係的需求上有所激勵。

養成需求理論(acquired needs theory)認為必須對員工在成就感、權力和聯繫關係的需求上有所激勵。Henry Murray發展的是一般性需求的理論，[14]後來又被John Atkinson所修正，[15]最後再由David McClelland衍生發展出養成需求理論。[16]McClelland對較低層級的需求並沒有進行什麼分類的動作，他的聯繫關係需求相當於社會上的需求以及共事關係的需求。而權力和成就感的需求則和評價上的需求以及自我發揮潛力的需求有所關聯。

McClelland不像Maslow，前者相信需求是緣於個性而來的，再經過人們與環境的互動而逐漸發展出來。所有人都需要擁有成就感、權力和聯繫關係，但是所需程度卻因人而異。這些需求的其中之一會主宰著我們，並對我們的行為造成激勵。在你認識這三種需求之前，請先完成**自我評估練習11-1**，瞭解一下你的主宰性需求究竟是什麼。

對成就感的需求(成就感的分數)

在成就感需求上擁有高分的人往往被認定為喜歡承擔責任，解決問題。他們會以目標為導向，而且會設定合理、實際、且可具體達成的各種目標。他們追求挑戰，卓越、和獨立；願意承擔一些經過精心計算下的合理風險；希望在績效表現下能有具體的回饋；而且願意賣力地工作。在成就感需求上擁有高分的人，會找出方法來把事情做好；也會思考一下該用什麼方法來完成一些不尋常或很重要的事；此外，他們也會慎重考慮自己的事業進展。他們在非例行性、挑戰性、以及競爭性的狀況下，往往有很不錯的表現成果；相對地，對那些在成就感上擁有低分的人們，這方面的表現則不甚理想。

McClelland's的研究指出，美國境內只有10%的人口擁有成就感的主宰性需求。高度的成就感和高度的績效表現，這兩者之間的確存在著明確的關聯性。在成就感上擁有高分的人們，比較喜歡從事業務或創業性質的工作。經理人的

自我評估練習11-1　養成需求

請看清楚下列15道題目，其中的內容是否能確實描述出你的心態。請在每一題的前面填上1-5的代表數字。

像我一樣　　　　有些像我　　　　一點也不像我

5 ---------------- 4 ---------------- 3---------------- 2--------------------1

___ 1. 我可以賣力的工作中得到許多樂趣。

___ 2. 我喜歡競爭和獲勝。

___ 3. 我喜歡有許多的朋友。

___ 4. 我喜歡接受困難的挑戰。

___ 5. 我喜歡擔任領導者的角色。

___ 6. 我想要別人都喜歡我。

___ 7. 我想要知道當我展開任務的時候，自己的進展如何。

___ 8. 我會當面挑戰那些做事方法不合我意的人。

___ 9. 我喜歡常常和人們聚在一起，比如說宴會。

___ 10. 我喜歡擬定和完成具體的目標。

___ 11. 我試著要影響其他人，讓他們照著我的方法行事。

___ 12. 我喜歡那種隸屬於許多團體和組織的感覺。

___ 13. 我喜歡那種完成某項艱困任務之後的滿足感。

___ 14. 在群龍無首的情況下，我會試著走上前去，取得主導權。

___ 15. 我喜歡和其他人一起工作，甚過於獨自一人工作。

為了要找出你的主宰性需求，請把你在各題上所填的分數寫在下面格式中。每一欄都代表了某個特定的需求。

	成就感	權力	聯繫關係
	___ 1.	___ 2.	___ 3.
	___ 4.	___ 5.	___ 6.
	___ 7.	___ 8.	___ 9.
	___ 10.	___11.	___12.
	___ 13.	___14.	___15.
總計	___	___	___

將每一欄的總分加總起來，各欄的分數應在5到25分之間。擁有最高總分的那一欄就代表了你的主宰性需求。

成就感得分通常很高，可是卻還不到主宰性的地步。

激勵那些在成就感需求上享有高分的員工，給他們一些非例行性、且有挑戰性的任務，並為他們設定可明確達成的目標。對他們的績效表現，要經常且迅速地給予回饋。持續性地增加他們的責任程度，讓他們有新的事情可做。不要阻礙他們的前進。

對權力的需求（權力的分數）

在權力需求上擁有高分的人，往往想要控制整個局面；也想要影響或控制其他人；而且很喜歡競爭，因為他們可以從中贏得勝利（他們不喜歡被打敗）；此外，也願意直接迎戰其他人。在權力需求上擁有高分的人會認真思索如何去控制整個局面或他人，同時，也會積極爭取代表權威的地位身分。他們在聯繫關係上的需求往往很低。經理人往往具備了權力上的主宰性需求，因為他們瞭解權力是成功管理的基石所在。

激勵那些在權力需求上享有高分的員工，儘可能讓他們自己計畫和控制自己的工作進展。試著讓他們參與決策的作成，特別是當決策內容會影響到他們本身時，更應如此做。他們獨自工作的成效往往比在團隊中工作的成效要好得

在聯繫關係的需求上擁有高分的人，他們喜歡從事可以培養、幫助、和教導其他人的職業。

多，所以可以指派整個任務給他，而不是只讓他參與其中部分而已。

在啟文案例中，Susan的首要需求似乎是權力本身，Susan想要多談談自己是如何施展工作的，而不是老由Donna來檢查她的工作進展。如果Donna授權給Susan，讓她負起更多的工作責任，可能就會滿足Susan的需求，進而提高她的績效表現。

工作運用

4.請解釋你的成就感、權力和聯繫關係需求，曾經怎樣地影響過你的行為動機，或者是你目前的同事或以前的同事，他們在這方面的例子。

對聯繫關係的需求（聯繫關係的分數）

在聯繫關係上擁有高分的人，往往想要建立起和其他人之間的密切關係；也希望別人喜歡他；而且很喜歡參加許多的社交活動；尋找相知相契的朋友。他們很喜歡團體和組織，而且會考慮到朋友和彼此之間的關係。他們也喜歡培養、幫助和教導其他人，但是在權力需求上卻不是很高。在聯繫關係上享有高分的人，多半會從事教職、社會工作、人力資源管理、以及其它協助性質的職業。他們不太想從事管理工作，因為他們喜歡成為團體中的一員，而不是高高在上的領導者。

激勵那些在聯繫關係上享有高分的人，請務必讓他們在團隊中工作，因為他們可以從工作夥伴的相處中得到滿足，這種滿足絕不是得自於工作本身。而且要不吝於讚美和肯定他們。最好把訓練新進員工的職責交給他們，他們會非常樂於傳授自己的所學。

Donna就像所有的人一樣，都擁有成就感、權力和聯繫關係上的需求。冒險開創了一家屬於自己的公司，這個舉動正好可以證明她在成就感和權力上的需求份量；而她想要在家工作，以便能有更多的時間和家人相處在一起，這個念頭則是源自於她對聯繫關係上的需求。

圖11-4比較了四種滿足性激勵理論。

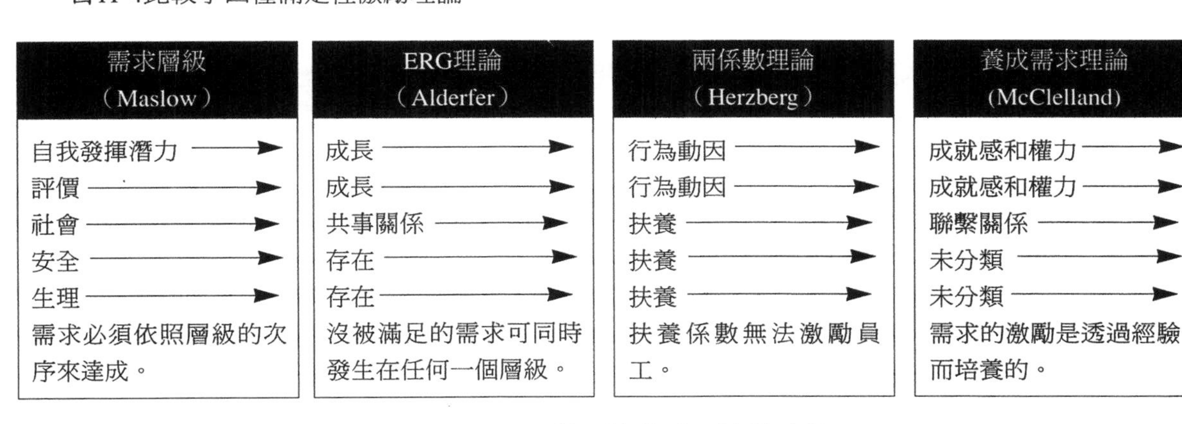

圖11-4　四種滿足性激勵理論的比較

5.討論三種過程性激勵理論之間的主要同異處：公平理論、目標擬定理論和預期理論

過程性激勵理論
強調的是瞭解員工如何選擇行為來實踐他們的需求。

過程性激勵理論

過程性激勵理論（process motivation theories）強調的是瞭解員工如何選擇行為來實踐他們的需求。過程性激勵理論要比滿足性激勵理論來得複雜。滿足性激勵理論只是著重在認清和瞭解員工的需求而已。而過程性激勵理論則進一步地想要去瞭解員工為什麼會有不同的需求；他們的需求為什麼會改變；員工是如何選擇不同的方法來滿足他們的需求以及理由是什麼；當員工們在瞭解情況的同時，他們的心理過程究竟如何；以及他們是如何評估自己在需求上的滿意度。在本單元裏，你將會學到三種過程性激勵理論，它們分別是：公平理論、目標擬定理論和預期理論。

公平理論

公平理論
此理論認為當員工們可以感覺到付出相當於收穫時，就會被激勵而產生工作幹勁。

公平理論一開始只是J. Stacy Adams的激勵理論而已，此理論認為人們的行為動機是要為了要在自己的表現（付出）報酬（收穫）上，尋求社會的公平性。**公平理論**（equity theory）認為，[17]當員工們可以感覺到付出相當於收穫時，就會被激勵而產生工作幹勁。因此根據公平理論的說法，你也許可以預測行為本身。

根據公平理論，人們會比較他們的付出（努力、經驗、年資、地位、聰明才智、以及其它等等）和收穫（讚美、肯定、薪水、福利、升遷、被提升的地位、上司的贊同，以及其它等等）與其他相關人等的差別是什麼。這些相關人等可能是同事，也可能是相同組織或不同組織底下的其他員工，或甚至是自己的假設情況。請注意我們說的是「感覺」，而不是實際的付出和收穫。所以公平也許確實存在，但是如果員工相信這其中有不公平的地方，就會改變自己的行為來創造出心中所認定的公平狀況。員工必須感覺到自己和其他相關人士比起來，有受到公平的對待才行。[18]

不幸的是，許多員工在和其他人比較彼此的努力程度和績效表現時，往往會膨脹自我。他們也常常會估計過高對方的所得。所以員工們也許很滿足，也很有工作幹勁，直到他們發現到某位相關人士的工作雖然與他相同，所得卻比較高；或者是對方做得比較少，所得卻相當於他的所得。當員工們覺得不公

時，他們會試著降低這種不公的情況，所以就會減少付出或者要求收穫的增加。和其他相關人士進行比較，只會產生三種結論：這名員工的報酬過低；報酬過高；或報酬很公平。

報酬過低

當員工覺得自己報酬過低時，他們可能會試著降低這種不公平的情況，方法包括：增加收穫（加薪）、減少付出（做事做得少一點、缺席、休息時間長一點等）、自己找藉口（為這種不公平的現象找出一個邏輯性的解釋）、改變其他人的付出或收穫（讓其他人多做點，少拿點）、離開當時的狀況（申請調職或離職他就）、或者是改變比較的對象（他們做得／拿得比我少）。

報酬過高

報酬過高對多數員工來說，並不會有什麼困擾。但是，研究調查也顯示，員工會藉著下列的方式，來降低自己在不公平這方面的感覺能力：增加付出（工作得賣力一點或久一點）、減少收穫（接受薪水的刪減）、自己找藉口（我值得這個價碼）、或是試著增加別人的收穫（給他們和我一樣多的報酬）。

公平的報酬

當付出和收穫被認為是相等時，就會有工作幹勁。員工可能相信其他相關人士的經驗愈多、教育程度愈高，所得到的收穫就應該愈多。

以公平理論來激勵員工

支持公平理論的研究調查，它的結論很是繁雜。有一派的說法認為它就像Herzberg的扶養係數一樣，當員工沒有什麼不滿意的時候，他們就沒有什麼很活躍的工作幹勁；但是若是員工不滿意的話，扶養係數的確會造成員工在工作上的意興闌珊。所以同樣情況應用在公平理論上：當員工相信自己的報酬很公平的時候，他們就沒有什麼活躍的工作幹勁；但是萬一員工相信自己的報酬過低，卻會缺乏工作的意願。

在實際情況下運用公平理論可能很困難，因為你不知道員工心中的比較參考對象是誰，以及他們對付出或不公平的看法角度究竟是什麼。但是，公平理論卻能夠給我們一些很有用的建議事項：

1.經理人應該知道，公平只是來自於感覺，不管它的正確性究竟如何。所以可能的話，經理人可以塑造出公平或不公平的假象。有些經理人擁有自己偏愛的屬下，他們往往會得到一特殊的待遇，這是其他人所得不到的。

工作運用

5.請舉例說明，公平理論曾經如何影響你或同事的工作幹勁。請說清楚究竟這是因為報酬過低、報酬過高、或是報酬很公平才發生的？

2.報酬應該要公平。當員工感覺到自己沒有受到公平的對待時，就會產生一些士氣上和績效表現上的問題。生產量相當的員工都應該得到同樣的報酬對待。

3.好的績效表現應該有所報酬，但是員工必須瞭解，所需要的付出是為了得到某種收穫的。在利用獎勵金的時候，應該設定明確的獎勵標準。身為經理人，你應該要能客觀地告訴其他人，為什麼某人的薪水可以比他人高。

在啟文案例中，Susan說她的待遇很公平。因此，Donna不要去考慮公平理論的事情。但是，它卻可能是其它員工的問題。

目標擬定理論

目標擬定理論
此理論認為做得到可是又有點艱難的目標，才能對員工造成激勵的作用。

由E. A. Locke和其他人所執行的研究調查顯示出，擬定目標對工作幹勁的激勵和績效表現來說，都有相當正面的影響。**目標擬定理論**（goal-setting theory）認為，[19]做得到可是又有點艱難的目標，才能對員工造成激勵的作用。第五章曾經提到過目標的擬定和MBO等細節。我們的行為都有一個目的，通常都是為了要滿足某種需求。目標給了我們一個目的——那就是我們為什麼要努力完成所交付的任務。擬定目標有助於員工認清各種滿足需求的方法，目標的達成正可以強化需求的滿足。根據柏金森法則（Parkinson's Law）的說法，工作的進行一定會在有效期限內完成。如果你訂下的目標很艱難但是一定可以做得到，人們通常不會利用自己的私人時間來趕工，而是在預定工作時間內加把勁完成所交付的任務。

利用目標擬定理論來激勵員工

在擬定目標的時候，要確定這些目標夠艱難；有挑戰性；可以做得到；很明確；可以事後評量；有完成的期限；而且可能的話，最好是共同擬定（請參考第五章的細節）。Domino's Pizza曾經定下一個非常有名的目標，那就是在三十分鐘以內把披薩外送到顧客的手上。但是因為外送車輛出了車禍所導致出一場法律訴訟（因為員工太重視時間性而忽略了安全性），而不得不取消掉這種三十分鐘的時效性服務。但是，快速的外送服務仍然是很重要的目標，而且員工之間也會互相比較績效表現，所以整體平均的外送時間可以保持在二十三分鐘左右。在啟文案例中，Donna也許可以利用MBO來找出可能激勵Susan的各種目標。

工作運用

6.請舉例說明，目標會如何影響你或同事的工作幹勁和績效表現。

預期理論

預期理論是根據Victor Vroom的公式而來的：工作幹勁=預期心理×原子價（valence）。[20]**預期理論**（expectancy theory）認為，當員工相信他們可以完成此任務，而且所得報酬很值得的話，就會得到激勵而有工作幹勁。這個理論是根據以下幾點假設而來的：（1）不管是內在（需求）和外在（環境）因素都會影響行為本身；（2）行為是屬於個人的決策；（3）人們都有不同的需求、欲望和目標；以及(4）人們會根據自己對成果的認定來作出行為上的決策。

預期理論
此理論認為當員工相信他們可以完成此任務，而且所得報酬很值得的話，就會得到激勵，而有工作幹勁。

Vroom的公式中有兩個變數必須在激勵工作幹勁時被滿足。

預期心理

預期心理指的是當事人對自己完成某個目標的能力認定（或然率）。一般而言，預期心理愈高，就愈有機會提高自己的工作幹勁。當員工不相信自己可以完成目標的時候，他們就沒有什麼工作幹勁來嘗試看看。還有一件事很重要，那就是績效表現與成果或報酬之間的關係認定。一般來說，對成果或報酬的預期心理愈高，就愈有機會提高自己的工作幹勁。如果員工確定自己一定可以取得報酬，他就可能被激勵，進而賣力地施展表現。若是無法確定，那麼就不可能會有什麼工作幹勁了。舉例來說，Dan相信自己是個優秀的經理人才，而且想要有所晉升。但是Dan認為這是一種外在的控制位置（external locus of control）（有些類似中國人所說的聽天由命），他相信即使自己做得多賣力，也不可能得到什麼晉升的機會。因此，就不會為了晉升一事，提高自己的工作幹勁。控制位置(locus of control）是指對人生大事擁有主控權的一種信念。內在的控制位置（internal locus of control）是指不管發生什麼事都在自己的控制之下。

原子價

原子價是指當事人放在成果或報酬上的價值是什麼。一般來說，成果或報酬的價值愈高（重要性），就愈有機會提高自己的工作幹勁。舉例來說，Jean是名主任，他想要Sim這名員工工作得賣力一點。 Jean對Sim說，努力工作就會有升遷的機會。如果Sim想要升遷，他就可能會提高自己的工作幹勁。但是，萬一Sim對升遷沒興趣，他就還是不會提高自己的工作幹勁。

以預期理論來激勵員工

預期理論可以準確地預估出一個人的努力程度、滿意度和績效表現，[21]但

工作運用

7.請舉例說明，預期理論曾經如何影響你或同事的工作幹勁。請明確指出其中的預期心理和原子價各是什麼。

是只有你在公式中放進正確的原子價，才可能保證無誤。因此，這個理論在某種背景下可以有相當不錯的效果，其他背景則不然。下列的狀況應該被執行貫徹，以確保此理論能夠激勵出員工的工作幹勁：

1.清楚界定目標和用來完成這些目標的必要性可行表現。

2.績效表現和報酬一定要有緊密的關係。好的績效表現應該要有報酬。當某位員工工作得比其他人賣力，生產量也勝過其他人，可是卻沒有得到該有的報酬，該員工就可能會降低自己的生產力。

3.請務必確定報酬對員工來說是有價值的。經理人應該把員工當作是不同的獨立個體，要和他們發展出良好的人際關係（第三章）。

4.請確保你的員工相信你言出必行。舉例來說，員工必須相信如果他們努力工作的話，你就會為他們記功。而且你說到就一定做到，這樣子員工才會信賴你。

對那些具備內在控制位置（internal locus of control）的員工來說，預期理論也蠻有效的，因為他們相信他們可以控制自己的命運，所以只要努力，未來一定能成功。相反地，預期理論並不適用於那些相信外在控制位置（external locus of control）的員工，因為他們並不相信努力的結果就一定會是成功。他們只相信成功是來自於命中註定或者機緣碰上的，所以他們為什麼要在工作上這麼拼命？

在啟文案例中，如果Donna能夠發現到帶有預期心理和原子價的需求，也許就可以激勵Susan施展出她的能力，為兩人共同創造出雙贏的局面。就像MBO一樣，也許Susan願意為了更多的錢，提高自己的生產量。

強化性理論

B. F. Skinner是強化性激勵理論的理論學家，他認為：為了要激勵員工的工作幹勁，經理人不需要去認清或瞭解員工的需求（滿足性激勵理論），也不用去瞭解員工是如何選擇行為來實踐這些需求（過程性激勵理論）。相反地，經理人需要去瞭解行為和結果之間的關係，然後再安排一些可能情況去強化某些令人滿意的行為，阻擋某些令人討厭的行為。**強化性理論**（reinforcement theory）認為，唯有透過行為下的結果，才能激勵員工的行為朝預定的方向前進。強化性理論利用的是行為改變（運用強化性理論，讓員工做你想要他們做

強化性理論
此理論認為唯有透過行為下的結果，才能激勵員工的行為朝預定的方向前進。

的事）和有效的薰陶（榜樣類型的強化和強化的時間安排）。Skinner認為行為是可以透過正面結果和負面結果的學習經驗而得來。因此Skinner提出三個構成要素：[22]

刺激 ──► 回應的行為 ──► 行為結果——強化（法律上的時速限制）（速度）（警察給了超速者一個負面的結果——罰單—來阻擋超速者的再一次表現行為）

因為某特定行為的結果，使得員工學會什麼是和什麼不是令人滿意的行為。用來修正改變行為的兩個重要概念分別是：強化的榜樣類型和強化的時間安排。

強化的榜樣類型

6.解釋強化性理論的四種榜樣類型：正面型、避免型、滅絕型和懲戒型

這四種強化的榜樣類型分別是：正面型、避免型、滅絕型和懲戒型。

正面型的強化

鼓勵持續性行為的方法就是為令人滿意的表現提供一些很誘人的結果（報酬）。舉例來說，某名員工準時出席會議，該上司就會向他或她致謝，這個讚美就是用來強化準時的行為。其它的強化劑還包括薪水、升遷、休假、地位的提升、以及其它等等。正面型的強化是提高生產力的最佳激勵動因。

避免型的強化

避免型又稱之為負面型的強化。如同正面型的強化一樣，你被鼓勵要持續進行某種令人滿意的行為，當然員工就會因此而避免掉負面型的結果。舉例來說，某位員工準時出席會議，為的是要避免負面型的強化，例如斥責等。常備性的計畫，特別是一些規定，都是被設計來讓員工避免出現某種行為的。但是，規定本身並不代表處罰，只有在規定打破的時候，才需要給予處罰。

滅絕型的強化

滅絕型（和懲戒型）的強化並不是用來鼓勵令人滿意的行為，而是當行為發生的時候，卻不使出強化手段，目的是要減少或消除這種行為。舉例來說，如果某位員工開會遲到，他就不會得到別人的讚許。或者你保留某項價值報酬或不予加薪，直到員工回復到原有的標準，這才鬆手。從另一個角度來看，經

理人要是不能對好的績效表現回以報酬，就可能會造成滅絕型的強化結果。換句話說，如果你忽略了優良員工的表現，員工可能就會停止這些表現，因為他想：「如果我在某些方面沒有得到報酬的話，為什麼我要表現得很好？」

懲戒型的強化

懲戒本身可以用來為一些令人不快的行為提供不好的結果。舉例來說，某位員工開會遲到，就會被斥責。請注意，避免型裏頭並沒有實際的處罰發生，只是有處罰的威脅陰影存在，促使行為所有人控制自己的行為。懲戒型的其它辦法還包括：騷擾、剝奪特權、緩刑觀察、罰錢、降職、開除、以及其它等等。懲戒型的強化也許可以降低某種令人不快的行為，可是卻也可能造成其它不良行為的產生，例如低落的士氣、較低的生產力和偷竊或破壞的行為等。懲戒型的強化辦法有很大的爭議性，而且在激勵員工上，也是效果最小的辦法。圖11-5描繪了四種強化的榜樣類型。

請記住，員工會做他們認為有報酬的事。在TQM當中，如果經理人說生產力的品質很重要，可是若是有員工的生產品質一向不錯，卻得不到什麼報酬；而那些生產品質很差的員工也沒有發生什麼事（滅絕型或懲戒型強化），那麼所有員工都會提不起工作幹勁，為經理人所宣稱的品質來打拼了。如果有位教授要求學生閱讀本教科書，可是卻不根據此教科書的內容來進行測驗（報酬或懲戒都要根據測驗的表現結果而產生），而是以課堂上的講課內容來進行測驗，你想會有多少比例的學生肯去研讀教科書呢？又有多少比例的學生會只作課堂筆記，以便考前的複習呢？

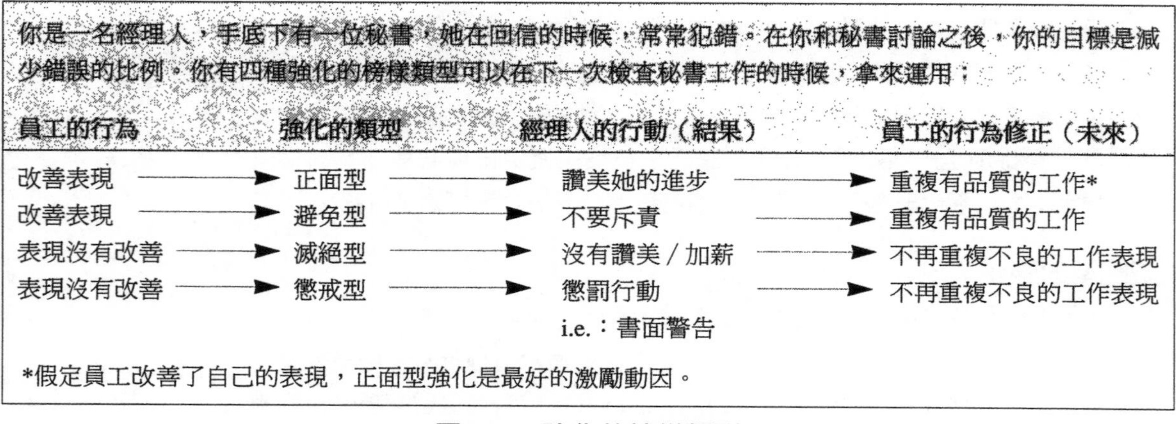

你是一名經理人，手底下有一位秘書，她在回信的時候，常常犯錯。在你和秘書討論之後，你的目標是減少錯誤的比例。你有四種強化的榜樣類型可以在下一次檢查秘書工作的時候，拿來運用：

員工的行為	強化的類型	經理人的行動（結果）	員工的行為修正（未來）
改善表現 →	正面型 →	讚美她的進步 →	重複有品質的工作*
改善表現 →	避免型 →	不要斥責 →	重複有品質的工作
表現沒有改善 →	滅絕型 →	沒有讚美／加薪 →	不再重複不良的工作表現
表現沒有改善 →	懲戒型 →	懲罰行動 i.e.：書面警告 →	不再重複不良的工作表現

*假定員工改善了自己的表現，正面型強化是最好的激勵動因。

圖11-5　強化的榜樣類型

強化的時間安排

控制行為的第二種強化考量就是何時該強化表現。其中有兩種主要類別：持續性的強化和間歇性的強化。

持續性的強化

有了持續性的強化辦法，就可以強化每一個良好的行為。這類辦法的例子包括：配有自動計算功能的機器，讓每一位員工在不管任何時候，都可以知道自己究竟已生產出多少單位量，因為這是採按件計酬方式，一個單位量代表一美元的報酬。或者是經理人要對每一份顧客報告，都進行意見評論。

間歇性的強化

間歇性的強化辦法就是根據時間的推移或輸出的結果來給予報酬。報酬若是根據時間的推移來給予的話，就稱之為間隔性時間安排；若是依照輸出結果，則稱之為比例性時間安排。在採用間歇性強化辦法時，你可以有四種選擇：

1.固定的間隔性時間安排（每一週結算薪資；每一天的同一時間提供休息和用餐時間）。

2.可變的間隔性時間安排（只在偶爾的時候，才給予讚美；突擊檢查；突擊測驗）。

3.固定的比例性時間安排（在達到標準生產量之後，給予按件計酬或紅利的報酬）。

4.可變的比例性時間安排（只要做得很好就給予讚美；只要員工有一段時間都沒有遲到的記錄，就送他一張彩券）。

就激勵的角度來看，比例性時間安排要比間隔性時間安排的效果來得好。可變的比例性時間安排對行為的維繫持續上，也比較來得有效。

以強化性理論來激勵員工

3M、Frito-Lay和B. F. Goodrich等多家公司都已採用強化性理論來增加生產力。Michigan Bell公司也因此而增加了50%的出席率，並在生產力和效率程度上有超乎標準以上的表現。Emery Air Freight公司在使用過強化性理論之後，達成公司標準的員工數從30%提升到90%。Emery估計它的強化計畫每年可以為公司省下65萬美元。

一般而言，正面型的強化辦法是最好的激勵動因。持續性的強化辦法則比較適合用來維繫良好行為的繼續保持，但是也不保證一定可行。以下是一些大致性的方針：

1.請確保員工明白清楚別人對他的期待是什麼，所以請擬定明確的目標。

2.選出最適當的報酬。對某個人的報酬也可能被視作為對另一個人的處罰。所以一定要知道你員工的需求是什麼。

3.選出最適當的強化性時間安排。

4.千萬不要對普通或不良的表現，提出任何報酬。

5.找出正面性的讚美語句，而不是以負面批評為主。讓人們覺得自己很棒（Pygmalion 效應）。

6.每一天都不要忘了讚美別人。

7.請幫忙你的部屬，而不是指使他們，這樣子，你才會提升生產力。

在啟文案例中，Susan的表現是在預期水準之下。如果Donna告訴Susan更換工作的內容，來滿足她的需求，也就是依照MBO的作法，這樣子，就可能成為是一種正面型的強化辦法了。MBO會議的時間安排可能是採固定的間隔性方式，比如說一個禮拜一次或是兩次，會中可快速地回顧一下Susan的績效表現。如果正面型的強化辦法仍然無法改變Susan的表現，Donna也許可以改用避免型的強化辦法。Donna大可以利用自己的權威告訴Susan，如果下次的表現仍在水準以下的話，就會受到處罰，例如扣掉部分薪水。如果Susan仍然不能改掉這種行為，Donna就一定要言出必行，使出懲戒的強化辦法。身為一名經理人，剛開始一定要採正面型的強化方式。正面型的強化才算是一個真正的激勵動因，因為它可以同時滿足員工和經理人／組織的需求，創造出雙贏的局面。從員工的角度來看，避免型和懲戒型所創造出的局面是屬於一輸一贏的。組織／經理人雖然贏了，可是卻強迫他們去做自己所不想做的事。

工作運用

8.請舉幾個工作上的實例，說明強化的榜樣類型，以及用到過的時間安排有哪些？

強化辦法讓員工好好工作和準時上班

傳統上用來促使員工好好工作和準時上班的方法通常都是避免型和懲戒型的強化作法。如果員工有幾天沒來上班，就會被扣薪水。如果某位員工遲到了，打卡上也會出現遲到的記錄，這名員工當然就會收到懲戒。今天有許多經理人都使用正面型的強化辦法，他們提供報酬給員工，鼓勵他們好好工作，準時上班。舉例來說，位在康州Stamford的ADV行銷集團就採用持續性的強化作法，只要員工準時來上班，就有獎品可拿：連續十三個禮拜上班準時，可領到價值100美元的餐券；一年之內都沒有遲到的記錄，則可以參加價值800美元的旅遊和兩天的額外休假。Mediatech這家芝加哥公司則利用可變的比例性時間安排來舉辦彩券活動。每一週Mediatech都會加注250美元，在禮拜五的時候，他們會旋轉輪盤來決定是否要在這一週抽籤。如果不抽籤的話，這筆錢就會保留到下個禮拜去。即使抽籤，也是由擁有準時記錄的員工來參與。

最受到許多企業組織歡迎的，就是彈性的工作時間（flextime），它絕對可以徹底消除上班遲到的問題。彈性的工作時間就是在一些規定下，讓員工自行決定什麼時間開始工作，什麼時間結束工作，只要他們做滿工作時數即可。典型的時間安排是開工時間在早上六點到九點之間，下班時間則在下午三點到六點之間。彈性的工作時間有助於達成良好人際關係的目標，因為它可以讓員工配合自己的個人需求和工作需要來排定時間。

給予讚美

在1940年代，Lawrence Lindahl進行了一項研究調查，在調查中發現到員工最想要從工作中獲得到的東西，就是在工作完成時得到老板的讚賞。相同的研究持續了好幾年，結果都很類似，只有一點點小改變而已。另一項研究則顯示經理人最想得到的是個人的肯定，勝過於薪水，比例約是四比一。[23]此外還有另一項調查也結論道，27%的勞工願意離職，到向來以擅於給予員工讚美和肯定的公司上班；38%的勞工聲稱他們很少或從來沒有得到過來自於老闆方面的讚美。[24]你最近一次聽到老闆對你說謝謝或因為工作的關係而給予某種讚賞，是在什麼時候？老闆對你的最近一次批評又是在什麼時候？如果你是一位經理人，你最近一次讚美或批評員工是在什麼時候？讚美和批評的比例究竟如何？

給予讚美會在員工當中培養出一種正面性的自我概念，引導他們施展出更好的表現—Pygmalion效應和自我實踐的預言。讚美是一種行為動因（不是扶養係數），因為它滿足了員工在自我發揮潛力、成長和成就感方面的需求。給予讚美可以創造出雙贏的局面。它可能是最有力量、最簡單、又最省成本的激勵方法，可是也是最少用到的激勵方法。

Ken Blanchard和Spencer Johnson透過他們的最暢銷書籍《一分鐘經理人》（*The One-Minute Manager*），大力宣揚給予讚美的這個概念。[25]他們發展出一種

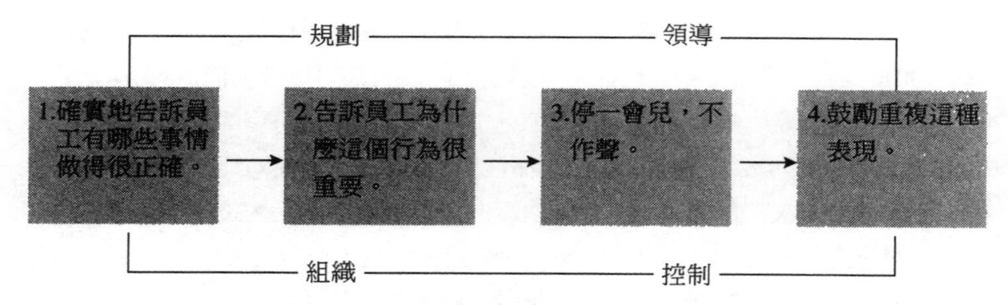

模式11-1　給予讚美

給予讚美的模式
(1)確實地告訴員工有哪些事情做得很正確；(2)告訴員工為什麼這個行為很重要；(3)停一會兒，不作聲；(4)鼓勵重複這種表現。

技巧，其中內含了給予對方一分鐘的讚美回饋。**給予讚美的模式**（giving praise model）步驟包括：（1）確實地告訴員工有哪些事情做得很正確；（2）告訴員工為什麼這個行為很重要；（3）停一會兒，不作聲；（4）鼓勵重複這種表現。Blanchard叫它為一分鐘的讚美，因為讚美根本就花不到一分鐘的時間。員工則根本不需要說什麼。模式11-1會提出這四個步驟，我們先在這裏討論一下。

步驟1　確實地告訴員工有哪些事情做得很正確

給予讚美的時候，要看著對方的眼睛。眼神的接觸可以表示你的真誠和關切。要很明確而且描述清楚。類似像「你是個好員工」這樣的籠統說詞並沒有什麼效果。從另一方面來看，說詞也不要太冗長，否則也會失掉讚美的本意。

Donna：Susan，我剛剛聽到你處理顧客抱怨的方式，你做得沒有讓顧客覺得你很冷漠，而且很有禮貌。那個人來勢洶洶，可是卻開心的離開。

步驟2　告訴員工為什麼這個行為很重要

簡短地說明組織或個人是如何地從這個行為中受惠。此外，也要告訴員工你覺得這個行為如何。要明確地描述清楚。

Donna：沒有顧客，我們就沒有生意。只要有一個不滿意的顧客，就會讓我們的業績損失數百美元。我真得覺得很驕傲，能夠看到你以自己的方式來處理掉這麼棘手的場面。

步驟3　停一會兒，不作聲

對許多經理人來說，沉默不作聲是一件相當困難的事。[26]其實沉默不作聲的理由是要讓員工有機會「感受」一下這種讚美的影響力。這就好像是「暫停一下，享受清涼的感覺」道理一樣。當你很口渴的時候，你會大口喝下清涼的飲料，可是除非你停下來，很滿足地吐出一聲：「哇！」否則你還是會覺得喝得不過癮。

Donna：（沉默地數到五。）

步驟 4　鼓勵重複這種表現

這種強化作用可以激勵員工繼續保持這種好的行為。Blanchard建議經理人可在此時碰觸員工。碰觸的動作具有很強的影響力。但是他建議只有在雙方都感到自在的情況下才可以這麼做。有些人則認為最好不要碰觸員工，免得不小心觸犯了性騷擾的罪行。

Donna：謝謝你，Susan，好好做哦！（同時，拍拍她的肩膀或握握手。）

正如你所看到的，給予讚美是一件很容易的事，而且一毛錢都不用花。接受過如何給予讚美訓練的經理人都覺得這一招真是非常管用。它比加薪或其它紀念性質的獎勵都要來的有效多了。有一名經理人說道，有一名員工在展示場

概念運用

AC11-2　激勵理論

請找出每一位主管在激勵說詞上的背後理論根據：

a.需求層級　b.ERG理論　c.兩係數　d.養成需求　e.公平　f.目標擬定　g.預期　h.強化

__ 6.我激勵員工的方法是讓他們的工作變得有趣和具有挑戰性。

__ 7.我確定我是以平等對待每個人的方式來激勵他們的工作幹勁。

__ 8.我知道Kate喜歡人們，所以我給她的工作是讓她能和其他員工一起共事。

__ 9.Carl會在走廊裏大叫，他知道這個舉動會干擾到我，所以我決定不予理會，結果他就自動停止了。

__ 10.我必須瞭解我手下所有員工的價值觀，現在當他們完成某種表現的時候，我就可以提供某種獎勵來鼓勵他們。

__ 11.我們的公司現在已經可以提供很好的工作條件、薪水和福利，所以我們現在正致力於發展第三種社會上的需求。

__ 12.當我的員工在工作上表現不錯的時候，我會利用四個步驟的模式來向他們致謝。

__ 13.我曾經試著去改善工作條件來激勵我的員工。可是我不再這麼做了，現在的作法則是賦予員工更多的責任，好讓他們成長和發展新的技能。

__ 14.我告訴員工我究竟要他們做什麼，同時設下明確的期限要他們完成。

__ 15.我現在瞭解我有點傾向於獨裁式的經理人，因為它有助於滿足我的需求。未來我將儘量放手給我的員工，讓他們在工作上擁有較多的自主權。

__ 16.我曾經試著滿足五種步驟結果上的需求。後來我聽說了這種新的技巧，現在我只把重點擺在三個需求上， 並瞭解到需求是無法在許多層級上，一次就被滿足的。

上疊放罐頭來排遣自己的時間，他經過的時候讚美了這名員工堆得好直，結果這位員工開心透了，竟然因而提高了展示場中百分之百的生產力。請注意，這位經理人採用的是正面型的強化手法，而不是懲戒型的手法。其實他大可以斥責這名員工：「不要再玩了，快點把展示場整理好。」但是這樣的斥責說法可能就無法激勵這位員工發揮自己的生產力了，它只會傷害人際關係而已，而且還可能造成爭吵。罐頭堆得好直哦！這名員工並不是因為緩慢的工作腳步而被稱讚。但是如果讚美還是不管用的話，這位經理人只好使出其它的強化辦法了。[27]

在啟文案例中，Donna應該針對Susan的改進表現給予一些讚美，以鼓勵她繼續保持這樣的行為。當你在採用可變的間隔性時間安排作法時，讚美算得上是一個很有效的正面型強化方式。

把所有的激勵理論放在激勵工作幹勁的過程中

工作幹勁很重要，因為它有助於解釋員工行為背後的理由是什麼。在這個關口，你可能會好奇：「這些理論要如何配合在一起呢？哪一個才是最好的？我應該試著針對不同的情況，選用最適當正確的理論來運用嗎？」其實，這些理論都是互補的，每一組理論都代表了激勵過程中的不同階段；每一組理論也都回答了不同的問題。滿足性激勵理論回答的問題是：「員工有什麼需求，應該在工作上被滿足？」過程性激勵理論回答的問題則是：「員工是如何選擇行為來實踐他們的需求？」強化性理論回答的問題是：「經理人要做什麼才能讓員工的行為符合組織目標下的方向要求？」

在本章的第一個單元裏，你發現到工作幹勁的激勵過程是始自於需求，然候是動機、行為、結果，最後才有滿足或不滿足的感覺。現在讓我們在激勵過程中融入這些激勵理論，或者是回答前述的問題，以便把激勵過程弄得再複雜一點。請參考圖11-6的描繪。你注意到第四步驟會再跳回到第三步驟嗎？這是因為根據強化性理論，行為是透過結果而學習得來的。步驟4並不會跳回到步驟1或步驟2，因為強化性理論並不在乎需求、動機、或滿足感等議題，它著重的只是透過經理人所提供的結果，讓員工照著預定的方向表現行為。此外也請注意第五步驟，它也會跳回到第一步驟，那是因為需求的滿足是不斷持續進行的，滿足我們的需求是一個永遠無止盡的過程。最後要小心，依照兩係數理論的說法，步驟5的滿足或沒有什麼不滿足，並不是處在一個閉聯集之中，而是

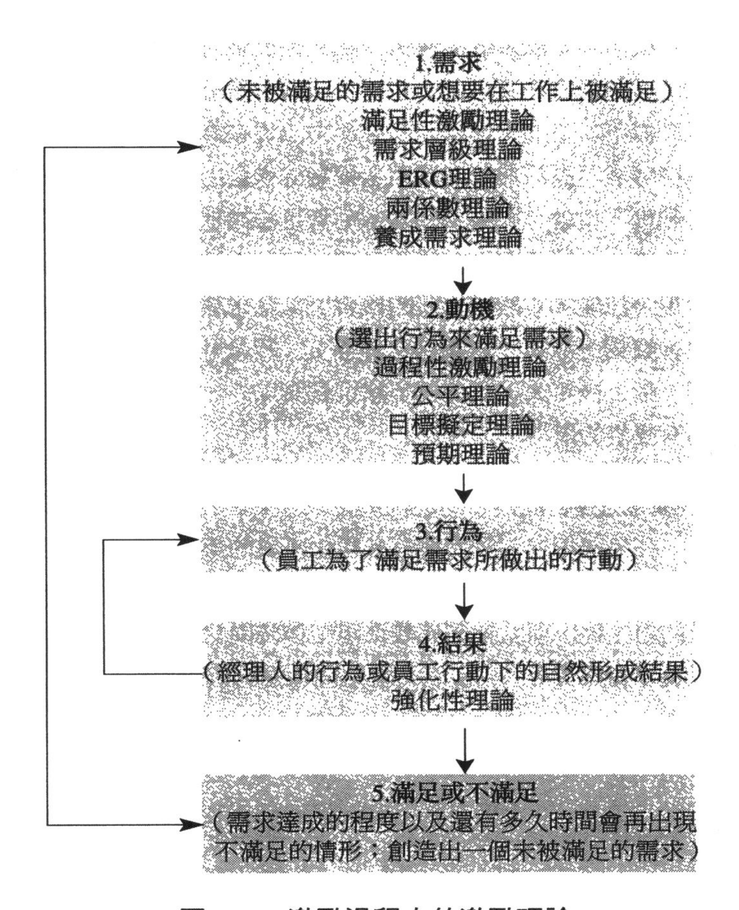

圖11-6　激勵過程中的激勵理論

根據需求被滿足的程度（行為動因或扶養），分處於兩個不同的閉聯集（滿意到不滿意，或不滿意到沒有什麼不滿意）。

現有的管理議題

組織的報酬系統（薪水、福利、以及其它等等，請參考第九章）必須好好地設計，以便用來激勵員工的工作幹勁。如果報酬系統可以吸引到新人來應徵；也可以激勵員工完成組織的目標；並留住這些員工繼續為組織效命的話，那就表示這個報酬系統很有效。根據公平理論的說法，人們會和其他人比較各自企業組織報酬系統的優劣。如果他們覺得自己可以到別的地方得到更好的報酬，就可能會離職他就。包括Du Pont 等組織，都曾開發出全新的報酬系統來提升旗下員工的工作幹勁和生產力。現在最新的報酬趨勢包括以高薪來獎勵那些績效表現高的員工；採用全薪制的勞動力（不再有打卡鐘）；以技術為導向的制度，也就是說員工的薪水高低是根據他具備多少技能而定（採用這種作法的組織包括通用食品和德州儀器公司，它們也會提供訓練的機會，好讓員工習得更多技能，才能有加薪的機會）；為求績效改進而提供各種不同的紅利（現金、禮物、旅遊、以及其它等等）；以及利潤分享計畫（在Lincoln Electric公司，最近幾年來，員工每年除了薪資以外，還可以因為利潤分享計畫的支出，而有雙倍的所得。）

多樣化差異

在美國境內，我們擁有多樣化差異的勞動力，所以能夠激勵某個人員的作法，並不見得就能適用於其他人員的身上。舉例來說，男性往往比較重視工作上的自主權，而女性則比較重視工作時間的方便性、工作上的良好人際關係、以及學習機會等。[28]當然，這中間也會有例外出現的時候，所以千萬不要一概

女性比較重視的是工作時間的方便性、工作上的良好人際關係、以及學習機會等。

而論。學生的需求是想要兼職工作；身為父母的員工，他們的需求是要全職上班；未婚的人也想要全職的工作；退休人士則傾向於兼職性質的工作，這種種需求都不盡相同。

全球化

當你擴展事業到其它國家的時候，多樣化差異會變得更複雜。你所學到的激勵理論大多是在美國境內發展出來的。一旦企業組織變得全球化，經理人就必須小心文化差異在這些歸納理論下的不同之處。1980年的時候，大家都公認有關工作幹勁的激勵會因世界各地的民情不同而有不同。[29]某項調查顯示，美國的業務人員和日本與韓國的業務人員有非常明顯的不同差異；可是這兩個亞洲國家的業務人員，彼此之間卻沒有太明顯的差異。[30]有一個來自於北美自由貿易協定國的例子正好可以說明：位在墨西哥境內的某家美國公司特地為員工加薪，目的是要激勵員工，讓他們多增加一些工作時數來趕工。結果那次的加薪確實激勵到員工，只不過是激勵他們縮短工作時數而已，因為他們只要工作幾個小時就可以賺到足夠的錢來生活和享受人生（這是他們主要的價值觀之一），所以幹嘛一天工作得那麼久呢？在瑞典，加班費的稅率很高，所以很難要員工因為錢的關係來多加一點班。

8.日本和美國用來激發員工的辦法，兩者之間有什麼不同？

較高層級的內在需求動機比較常見於已開發的國家當中，甚於第三世界的國家，因為後者大多數的人民仍處於較低的層級需求當中。自我發揮潛力（self-actualization）這個字眼在中文上的詮釋並無法像原文那麼傳神，即使在一些已開發國家當中，需求層級也是互有差異。在美國，人們往往會因自我發揮潛力和評價上的的需求層級（做你自己的事）而被激發出一些工作幹勁；在希臘和日本，安全仍是比較重要的需求層級；而在瑞典、挪威和丹麥，人們比較關心的是社會上的需求層級。McClelland的養成需求在美國境內比較流行。成就感（achievement）這個字眼對其它語言來說，很難詮釋。因此，養成需求下的成就感就很難在美國和加拿大以外的地方施展開來，除非經理人願意訓練員工追求這種成就感的養成需求。

最主要的文化差異就在於企業組織中個人主義VS.團隊主義這之間的不同。個人主義盛行的社會（美國、加拿大、英國、澳洲）往往比較尊重自我的成就。集體社會（日本、墨西哥、新加坡、委內瑞拉、巴基斯坦）則傾向於重視團隊的成就和忠誠度。[31]文化上的差異暗示了我們，自我發揮潛力、成就感和評價等需求在日本這種國家，往往必須透過團隊合作來完成；而在美國這種國家，則可以從個人主義當中來獲取。

預期理論在跨越文化的差異上，則有相當不錯的表現，因為它相當有彈性。這個理論認為預期心理和原子價在各個文化當中多少都有不同的差異。舉例來說，對集體社會來說，社會接受度的價值可能高過於個人的肯定。[32]

參與式管理和團隊分工

W. Edwards Deming博士在一次接受華爾街日報的訪問時說道：[33]

> 我們與生具備了一種內在的幹勁、自我的尊嚴、還有對學習的渴望。我們現在的管理系統卻粉碎了這一切。人們不是為公司賣命，而是互相競爭，彼此勾心鬥角。日本之所以比美國成功，是因為他們依靠合作為生，而不是靠競爭為生。美國公司必須學會如何彼此支援，而不再是個人特立獨行，各自為政。這也正是企業界所該做到的事。

Deming說，如果美國人想在全球化的經濟體下繼續生存下去，就必須從個人主義的社會轉變為集體式的社會。事實上，他對美國社會能否轉變成功的看法顯得很悲觀。但是，美國企業界的確已經開始大量採用團隊分工和參與式管理的作法了。[34]TQM的趨勢走向正適合這種作法。[35]

生產力

公平理論鼓吹的是看績效表現來付薪。這種視個人表現而給薪的作法似乎很適合個人主義盛行的國家，甚於集體主義盛行的國家。因為後者比較偏好齊頭式的平等，不管成果如何，所有的人都應領取相同的薪水。即使在美國，工會也比較贊同平等付薪的作法。在集體主義盛行的國家裏，依表現來付薪的作法應該以團隊小組為準，而不是以個人為主。當員工領到較少的薪水，可是卻認定自己的表現優於領薪較高的同事時，就會產生工作幹勁上的問題。因此，若是要看績效表現來付薪，就必須設定好目標的衡量辦法，以避免遇上誰比較好的認知性問題。

TQM

現在的趨勢走向是透過TQM來改善品質。透過TQM的原則，經理人可以營造出一種文化（第八章），在這個文化當中，員工們會透過小組分工來進行工作流程的設計和執行；也會利用各種資料來改善工作流程；同時儘可能擴大個人在付出上的價值，並降低工作中的重作部分和資源浪費等，進而達到自我激勵工作幹勁和導正行為的目的，並朝向顧客滿意的目標邁進。員工需要有資訊、訓練、工具和職權來施展他們的能力，如此一來才能做出有品質的服務和

概念運用

AC 11-3　日本人VS.美國人的激勵手法

請為下列各種說法，找出和它最有密切關聯的國家：

a.美國　b.日本

__ 17.著重於群體的激勵。

__ 18. 這個國家可能可以讓你利用養成需求理論來達到最好的成效。

__ 19.這是一個經理人可以提供較佳工作保障的國家。

__ 20.這個國家可以讓經理人發展出一套系統，在這套系統下以徽章／星星等來作為高成效表現的成就感象徵。

產品。TQM的普遍運用，創造出一種文化和各種管理行動來導正員工的動機，並完成組織的目標。TQM支持目標擬定理論，因為它可以給員工一個目標，並告訴員工他們在完成組織目標上所扮演的角色是什麼。員工應該牢牢記住，顧客的滿意永遠都是他們的終極目標。正如伊士曼柯達的海報所標明的：「整體品質不僅僅是一個目標而已，它是一種執著。」但是，也請你記住，TQM是不支持MBO（第五章）作法的。

道德

道德和公平理論在某種層面上是很相關的，因為經理人必須公平對待所有的員工。但是，當你和多樣化差異的勞動力一起共事的時候，最好還是把員工當作是不同的獨立個體。這和公平理論好像有些互相矛盾，因為當經理人把每位員工都視作為不同的個體來對待時，又往往可能遇上所謂偏見上的風險，理由是因為他對待某些人比較好。身為經理人，你可能會發現即使你想把每位員工視作為不同的個體，也很難有公平的對待方式（這也是所有員工的感覺認定）。如果員工真的有所抱怨，你就應該好好利用抱怨處理模式（第三章）了。

小型企業家對成就感往往有很高的需求，它也是促使這些小型企業家成功的背後驅動力。不管是小型或大型企業，激勵過程和激勵理論都很適用。本章所提到的例子都是有關經理人如何在大、小型企業中，激勵自己員工的故事。

摘要與辭彙

經過組織後的本章摘要是為了解答第十一章所提出的八大學習目標：

1.描繪激勵工作幹勁的過程

員工會經過五個步驟的過程來達成自己的需求。請注意這是一個循環性的過程，因為需求會不斷地重複發生。

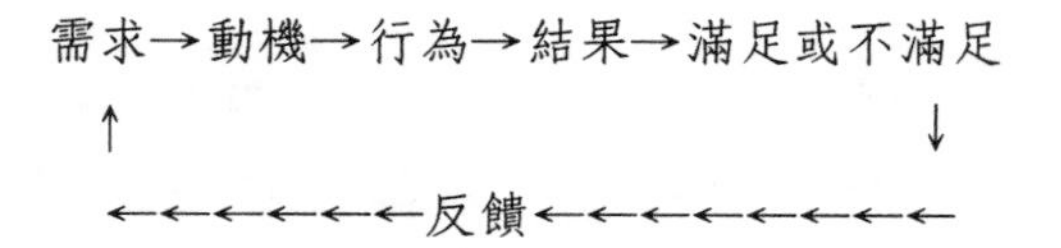

2. 描述Pygmalion效應會對工作幹勁和績效表現造成什麼影響

Pygmalion效應認為經理人對員工的工作幹勁和績效表現絕對會有正面或負面的影響，因為員工會實踐經理人對他們的期望心理，而這種期望心理可以透過經理人的態度看法而表露出來。

3.解釋什麼是績效表現的公式，以及如何使用它

績效表現的公司認為績效表現是根據才能、工作幹勁和資源而來的。如果其中有一個要素很低落，整個績效表現都會受到負面的影響。當績效表現發生問題時，經理人應檢討一下，究竟是哪個要素出了差錯，並且立即採取適當的行動來改善問題。

4.討論四種滿足性激勵理論，它們之間的主要同異處，這四種理論分別是：需求層級理論、ERG理論、兩係數理論和養成需求理論

這四種滿足性激勵理論的相同點就在於它們都很強調要認清和瞭解員工的需求。這些理論也都找到了一些相同的需求，只是在分類方法上有些不同。需求層級理論包含了生理上、安全上、社會上、評價上和自我發揮潛力上的需求。ERG理論則包含了存在、共事關係和成長方面的需求。兩係數理論包括的是行為動因和扶養係數。養成需求理論則包括有成就感、權力和聯繫關係等需求。（請參考圖11-1和圖11-4，可比較這四種滿足性激勵理論。）

5.討論三種過程性激勵理論之間的主要同異處

公平理論、目標擬定理論和預期理論：這四種過程性激勵理論的相同點就在於它們都很著重瞭解員工是選擇行為來實踐自己的需求。但是對員工是如何被激勵的認定看法卻各不相同。公平理論認為當員工們可以感覺到付出相當於收穫時，就會被激勵而產生工作幹勁。目標擬定理論則認為做得到可是又有點艱難的目標，才能對員工造成激勵的作用。預期理論則認為當員工相信他們可以完成此任務，而且所得報酬很值得的話，就會得到激勵，而有工作幹勁。

6. 解釋強化性理論的四種榜樣類型：正面型、避免型、滅絕型和懲戒型

在正面型的強化下，你會提供員工一個報酬性的結果，來鼓勵他表現出良好的行為。在避免型的強化下，你會為了避免某種負面結果，而鼓勵員工表現出良好的行為。在滅絕型的強化下，你會拒絕給予正面性的結果，為的是要讓員工停止某種不好的行為。在懲戒型的強化下，你會給員工某個負面的結果，讓他或她停止某種不好的行為。

7.說出滿足性理論、過程性理論和強化性理論這三者之間的差異

滿足性激勵理論強調的是認清和瞭解員工的需求。過程性激勵理論則進一步地想要瞭解員工究竟是如何選擇行為來實踐他們的需求。強化性理論並不在乎員工的需求，它只強調如何透過經理人所提供的結果來讓員工去做經理人想要他做的事情。報酬的運用正是激勵員工的一種手段。

8.日本和美國用來激發員工的辦法，兩者之間有什麼不同

日本人往往把激勵工作幹勁的系統焦點擺在團體的身上；美國人則擺在個人的身上。

9. 界定下列幾個主要名詞（依照本章的出現順序而排列）

請選擇下列一或多種方法來進行：（1）靠自己的記憶，把填空題中的專有名詞補上；（2）從結尾的回顧單元以及下頭的定義來為這些專有名詞進行配對；或者（3）從本章一開頭的名單上，依序把各專有名詞照抄一遍。

____ 是指願意完成組織目標的一種自動自發精神。

____ 是指員工會因需求而有動機，然後才有行為，接著是結果，最後才有滿足或不滿足的感覺。

____ 是指經理人對員工的態度和期許，以及前者對待後者的方式絕對會影響後者的工作幹勁和績效表現。

在____ 中，績效表現＝才能×工作幹勁×資源。

____ 著重的是認清和瞭解員工的需求。

____ 認為激勵員工必須透過五種層面的需求，分別是：生理上的需求、安全上的需求、社會上的需求、評價上的需求、以及自我發揮潛力的需求。

____ 認為員工必須在三種需求上進行激勵，它們分別是：存在、共事關係和成長。

____ 認為激勵員工必須透過行為動因的係數，而非扶養的係數。

____ 認為必須對員工在成就感、權力和聯繫關係的需求上有所激勵。

____ 強調的是瞭解員工如何選擇行為來實踐他們的需求。

____ 認為當員工們可以感覺到付出相當於收穫時，就會被激勵而產生工作幹勁。

____ 認為做得到可是又有點艱難的目標，才能對員工造成激勵的作用。

____ 認為當員工相信他們可以完成此任務，而且所得報酬很值得的話，就會得到激勵，而有工作幹勁。

____ 認為唯有透過行為下的結果，才能激勵員工的行為朝預定的方向前進。

____ 的步驟包括：（1）確實地告訴員工有哪些事情做得很正確；（2）告訴員工為什麼這個行為很重要；（3）停一會兒，不作聲；（4）鼓勵重複這種表現。

回顧與討論

1.什麼是工作幹勁，瞭解如何激勵員工的工作幹勁為什麼那麼地重要？

2.你同意經理人的態度看法和預期心理會影響員工的工作幹勁和績效表現嗎？請解釋你的看法。

3.你同意績效表現的公式嗎？你會在工作上使用它嗎？

4.人們真的有不同的需求嗎？

5.這四種滿足性激勵理論，你比較偏好哪一個？為什麼？

6.這三種過程性激勵理論，你比較偏好哪一個？為什麼？

7.曾使用過什麼強化性辦法讓你好好工作，並準時上班？

8.強化性理論是不道德的，因為它是用來操控員工的。你同意這種看法嗎？請解釋你的理由。

9.你覺得哪一種激勵理論最好？請解釋理由。

10.你的激勵理論是什麼？你打算在工作上運用什麼辦法和技巧？

11.你同意Deming的說法嗎？也就是美國人需要轉型為群體式作法才能在全球經濟體上和其它國家一較長短。

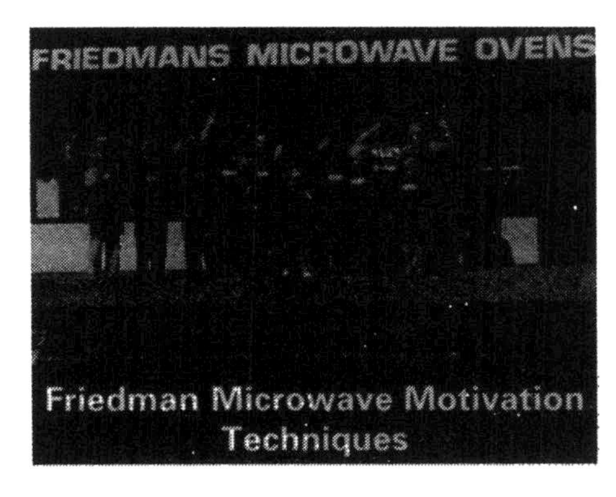

個案

Friedman微波爐電器公司的激勵方法

以下是Art Friedman和Bob Lussier之間的對話。在1970年的時候，Art Friedman施展了新的事業手法，在當時，它被稱之為Friedman的電器（Friedman's Appliances）。它在加州的Oakland雇用了15名員工。而Frieman's這家公司所使用的方法正是下文中你所要讀到的內容。

Bob：你事業成功的原因是什麼？

Art：我的生意手法。

Bob：究竟是什麼？你是如何實行它的？

Art：我召集了我的15名員工，告訴他們：「從現在起，我要你們覺得這家公司就像是你們的，而不是我的。我們全都是老板。從現在起，由你們自己來決定你們值多少價碼，然後告訴會計，把這個金額放進你們各自的薪水袋中。你們自己來決定哪幾天上班和你們的上下班時間。我們還會設有一個開放式的零用錢箱，可以讓任何人在需要的時候，支出借錢。」

Bob：你是在開玩笑吧！對不對？

Art：不是，這是真的！我真的做到了這些事。

Bob：有沒有人要求加薪？

Art：有啊！有些人的確要求加薪。Charlie就要求要加薪，所以拿到100元的週薪。

Bob：為了得到這樣的高薪，他和其他人提高了生產力嗎？

Art：有啊！他們都做到了。

Bob：在員工這種自由來去的情況下，你是如何經營一家電器行的？

Art：由員工自行排定他們滿意的時間，所以我們沒有所謂的人手不足或人手過多的情況。

Bob：有任何人從零錢箱裏偷錢嗎？

Art：沒有。

Bob：這套方法在其它企業體身上也管用嗎？

Art：當然可以用，它現在很管用，未來也會一直很管用！

在1976年的時候，Art Friedman改變了他的策略。Art的目前事業是Friedman's Microwave Ovens（Friedman's微波爐），這是一個加盟經銷店，它也是採用那套老方法，讓所有員工都成為店老闆。

在它新開張的三年內，Art的生意從Oakland的一家店擴展到二十家店，總共賣出了15,000台微波爐。到了1988年，Art在全國已擁有一百家以上的分店。現在，Friedman每年都要售出125,000台的微波爐。

請為下列題目找出最佳的答案選擇。請確定你能夠解釋自己的答案：

___ 1.Art的新方法著重的是工作幹勁和績效表現。

a.對　b.錯

___ 2.Art在績效表現的公式中，著重的是哪個因素？

a.才能　b.工作幹勁　c.資源

___ 3.Art的員工就工作上的需求層級來說，剛好是在哪一個層級？

a.生理　b.安全　c.社會　d.評價　e.自我發揮潛力

___ 4.Art強調的是ERG理論的哪一個層級？

a.存在　b.共事關係　c.成長

___ 5.Art的辦法比較不著重在什麼方面的需求？

a.成就感　b.權力　c.聯繫關係

___ 6.Herzberg可以說Art使用的是：

a.扶養係數　b.行為動因

___ 7.Vroom同意Art使用的是預期理論。

a.對　b.錯

___ 8.Adams會說Art的報酬：

a.很公平　b.過低　c.過高

___ 9.Art利用的是目標擬定理論。

a.對　b.錯

___ 10.Art利用的是哪一種榜樣類型的強化方法？

a.正面型　b.避免型　c.滅絕型　d.懲戒型

11.你知道有哪家企業組織也採用Art的方法或任何一種不尋常的方法？如果知道的話，請告訴我們這家組織的名稱，它做了什麼？

12.Art的辦法可適用於所有的企業組織嗎？請解釋你的理由。

13.你若處於位高權重的管理階層，也會採用Art的辦法嗎？請解釋你的理由。

練習11-1　工作上的行為動因和扶養係數

為練習11-1預作準備（自我評估）是什麼在激勵你？

接下來有十二種工作要素，它們對工作的滿意度都有一些貢獻。請根據它們對你的重要性來給分，並將1到5分的數字填在每一個要素的前面空格上。

非常重要　　　　　有些重要　　　　　不重要

5----------------4------------------3-------------------2--------------------1

___ 1. 我喜歡做有趣的工作。
___ 2. 對待員工很公平的好老板。
___ 3. 在工作上可以得到讚美和肯定。
___ 4. 在工作上有令人滿意的個人生活。
___ 5. 有晉升的機會。
___ 6. 有高聲望或高評價的工作。
___ 7. 在工作責任上有很大的自由可以讓我照自己的方式行事
___ 8. 良好的工作條件（安全的環境、良好的辦公室、自助餐廳、以及其它等等）。
___ 9. 學習新事物的機會。
___ 10. 合乎情理的公司規定、條例、程序和政策。
___ 11. 一個我能勝任又能夠成功的工作。
___ 12. 工作保障。

請把代表你答案的1到5數字填在下列空格上：

行為動因係數分數	扶養係數分數
1.___	2.___
3.___	4.___
5.___	6.___
7.___	8.___
9.___	10.___
11.___	12.___

_____ 總分

把這兩欄的分數各自垂直加總起來。你重視的究竟是行為動因係數或扶養係數呢？

在課堂上進行練習11-1

目標

為了幫助你更瞭解工作係數是如何影響工作幹勁的。為了幫助你瞭解人們的工作幹勁會受到不同係數要因的影響。能夠激勵你的係數對別人來說，不見得有效。

準備

你應該已經完成了這個練習的預作準備部份。

經驗

你將會討論到工作係數的重要性。

程序1（8到20分鐘）

四或六人為一小組，各組討論各小組成員在本練習預作準備部份所選出的工作係數。各小組需找出三個最重要的係數，並獲得全組一致性的同意。這三個係數可能是扶養係數；也可能是行為動因。如果有小組提到其它以外的工作係數，例如薪水等，你也可以把它加進去。

程序2（3到6分鐘）

來自於各組的代表到黑板上，寫下該組所認定的最三個重要工作係數。

結論

由講師帶領全班進行討論，並作成總結講評。

運用（2到4分鐘）

我從此經驗中學到了什麼？我會在未來的日子裏，如何運用此所學？

分享

由自願者提供他在此運用單元裏的答案。

第十二章
領　導

學習目標

在讀完這章之後，你將能夠：

1.列出特質、行為和情境等三種領導理論學家之間的不同。

2.解釋管理和領導這兩個專有名詞為什麼不可交換使用。

3.描述領導特質理論，並根據Ghiselli，描述出最重要的領導特質。

4.討論兩層面領導風格和領導格陣之間的同異處。

5.確認魅力型領導、轉換型領導、交易型領導和象徵型領導等重視的管理階層是什麼。

6.說出應變性領導模式和其它情境式領導模式之間的主要差異。

7.討論閉聯集領導模式和路徑——目標領導模式，這兩者被共同批評的地方。

8.描述基準領導模式和情境領導模式所共同擁有的主要特徵。

9.界定下列幾個主要名詞：

領導統御
領導特質理論學家
行為領導理論學家
領導風格
兩層面領導風格
領導格陣模式
魅力型領導
轉換型領導
交易型領導
象徵型領導
情境領導理論學家
應變性領導模式
領導閉聯集模式
路徑——目標模式
基準領導模式
情境領導模式
領導替代品

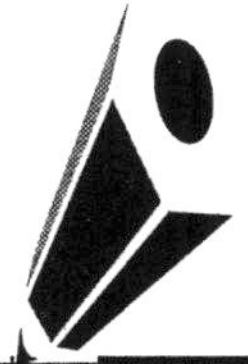

技巧建構者

技巧的發展

1. 你可以培養自己的能力，利用領導閉聯集模式，為既定情況選出最適當的領導風格（技巧建構練習12-1）
2. 你可以培養自己的能力，利用情境領導模式，為既定情況選出最適當的領導風格（技巧建構練習12-2）

領導技巧是四種管理功能的其中之一，需要用到一些人際和溝通上的技巧，也常要用到決策作成的技巧。領導需要具備領導者和聯絡者這樣的人際互動性管理角色；監督者、傳播者和發言人的資訊性角色；以及混亂安定者和協調者的決策性角色。此外也可以透過這些練習，培養出人際互動和資訊方面的SCANS能力，而一些基本思考性能力和個人特質性的基礎能力也可以培養出來。

■ 透過Liz的訓練式領導風格，Liz和員工之間因而有了正面積極性的合作關係。

Liz Claiborne在服裝界工作多年，早在這一行建立起頂尖女性服飾設計師的名號了。1970年代，隨著職業婦女人數的日漸增多，Liz一眼就看出了寬鬆的休閒服與牛仔味道的服裝，它們和會議室中打領帶的職場服飾有非常大的差距。她相信女性想要的是可以帶出自己風格，又不失其品質和價值感的合宜服飾。這其中存在著一個很大的市場，這個市場的服飾是屬於有些休閒可是又不失其功能性和協調性的單件式服飾市場，它可以讓職業婦女自行搭配穿著。

在1976年1月的時候，Liz和她的先生Arthur Ortenberg拿出自己5萬美元的存款，並向家人和朋友借了20萬美元，開創了Liz Claiborne公司。結果第一年，他們的業績就高達2億美元。服裝界的人士都稱呼Liz是「夢想家」和「最偉大的探險家」。不過短短的11年，Liz就晉升到Fortune雜誌的前五百大公司排名當中。Liz Claiborne是其中年資最淺的公司，而且這五百大公司裏頭也只有兩家公司是由女性開創的。Liz Claiborne逐漸成長為全世界最大的女性服飾公司，可是它卻不具備任何一項製造設施，也沒有任何業務主力為它推動業務。Claiborne把製造的部分外包給獨立的海外廠商。早在Liz顛覆領導地位，轉交到該公司的最初合夥人Jerome Chazen手上時，就已經把自己的事業建造成一個總值200億以上的服飾王國了。

Liz Claiborne之所以能成長為最暢銷的女性服飾公司，全是因為兩個理由。第一，Liz和她的員工很認真地傾聽顧客的意見，再設計服飾來配合他們的生活風格，營造出一個女性顧客非常想要的全服飾系列。Liz Claiborne提供了顧客的價值。公司內部有150位專家，他們的職責是拜訪各服飾店，和顧客聊天，並為業務人員舉辦座談會。零售商都說Liz Claiborne對顧客的回應服務比其它服飾廠商要好得太多了。這一點對全球化市場來說尤其地重要，因為世界各地的女性顧客都有不同的偏好。Liz Claiborne在1980年代，正式登陸歐洲大陸市場。

第二，公司的成功肇因於Liz的領導風格。Liz想要讓員工感覺到自己是公司的一份子，並要他們不忘小組式的團隊精神。所以Liz每天會花部分時間和各小組的設計師聚在一起。Liz 並不親自上陣設計，而是和小組成員一同培養他們的設計技能。Liz把職責委派到各小組當中，如果成功了，就有報酬。透過她的訓練式領導風格，Liz和員工之間因而有了正面積極性的合作關係。

領導統御和特質理論

1.列出特質、行為和情境等三種領導理論學家之間的不同

在本單元裏，你將會學到領導統御和它在組織當中的重要性；領導和管理之間的不同差異；以及特質理論等。

領導統御

領導統御（leadership）就是影響員工，要他們好好工作，努力完成組織目標的一個過程。領導統御是被談論最多、研究最廣、又擁有最多書面文獻的管理主題之一。Ralph Stogdill所著的領導手冊（Hand-book of Leadership），大家都很熟悉，其中就內含了三千多種有關這個主題的參考資料。而Bass的修訂本也涵蓋了有關領導統御的五千種參考書冊。[1]調查結果已經顯示出，不管是學院派或實踐派，雙方都同意領導統御是組織行為／人際關係領域當中最重要的主題。[2]根據一項在25,000名員工身上所作的領導統御調查發現到，69%的員工，他們對工作滿意度乃是衍自於他們對上司領導技巧的滿意度。[3]員工之所以失敗，其主要原因也是因為不良的領導統御。[4]若是想要人們在工作上有所成效，領導統御可能算得上最需要具備的重要特質。[5]管理方面的專家也都相信，領導統御將可能成為未來二十一世紀排名第一的策略性考量點。[6]

領導統御
影響員工，要他們好好工作，努力完成組織目標的一個過程。

2.解釋管理和領導這兩個專有名詞為什麼不可交換使用

領導和管理並不相同

人們往往交替使用經理人和領導者這兩個名詞，其實，經理人和領導者這兩者是完全不同的。[7]領導是四種管理功能（規劃、組織、領導和控制）的其中之一。管理的定義範圍比領導要來得廣遠，因為領導只是管理功能的其中之一而已。經理人可能處在一個不具實際領導的地位上。有一些經理人，我想你也可能知道，他們並不算是真正的領導者，因為他們並沒有具備影響他人的能力。可是也有一些優秀的領導者並不具經理人的身分，像非正式的領導者，比如說他只是員工團體中的一名成員而已，就是一個代表。你所工作的地方可能也有一名同事，他在部門裏的影響力遠超過部門經理的影響力。還有種說法，那就是某組織稍嫌「過度管理」（over-managed）或「領導不足」（underled）。[8]而Liz Claiborne卻是個天生的管理和領導人才。

3.描述領導特質理論，並根據Ghiselli，描述出最重要的領導特質

領導特質理論

領導特質理論學家
他們試著想要找出各種足以代表說明領導能力的明顯特質。

有組織性地研究領導統御這門學問，始於二十世紀初。最早的研究都假定領導者是天生的，而非後天培養的。研究學者想要找出領導者不同於追隨者的某些特質，也想知道真正的領導者和無能的領導者之間的不同差別在哪裏。**領導特質理論學家**（leadership trait theorists）試著想要找出各種足以代表說明領導能力的明顯特質。研究學者分析了生理和心理上的各種特性，比如說外貌、企圖心、自力更生、說服力和主宰能力等，他們竭盡所能地想要確認每一位成功領導者身上所具備有的特性是什麼。若有人想要進階到領導職位上，這份特質清單正好被充當為領導人物必備條件的參考資料。只有具備清單上所有特質的人員，才能得到領導性的職位。

不確定的調查結果

在短短的七十年內，有超過三百種以上的特質理論出現在市面上。[9]但是卻沒有人能夠編輯出一份整體性的清單，普遍涵蓋住所有成功領袖人物都具備有的特質。因為不管是哪一樁個案，都會有例外出現的時候。比如說，許多特質清單都認定成功的領導者，他的個頭應該很高，可是拿破崙卻很矮。從另一方面來看，有些組織自行準備了一份特質清單，可是所找到的人才雖然具備了清單上的每一項特質，卻不見得是位成功的領導者。除此之外，有些人在某種領導職位上做得相當出色成功，可是在其它領導職位上，則不盡然。有人也質

疑，像魄力、自信等這類的特質，究竟是在成為領導者之前或成為領導者之後才培養出來的？Peter Drucker就說，世界上並沒有所謂「領導特質或領導性格」這樣的東西。[10]事實上，如果領導者是天生而非後天培養的（換句話說，如果領導技巧無法經培養而獲得），那麼就沒有必要設立管理這門課了。

Ghiselli 學說

Edwin Ghiselli所從事的特質理論研究，可能是有史以來最廣泛公開化的一項研究。他研究了美國境內90家不同企業裏的300多名經理人，並在1971年出版了這項研究的調查結果。[11]他結論道，儘管並不是所有的特質都是成功的必要條件，但是的確有一些特質對成功的領導統御來說非常的重要。Ghiselli認為以下這六點特質是有效領導的重要特質（依其重要性而排列）：（1）監督能力，透過其他人來把工作做好。基本上，這個能力正是四種管理功能的施展能力，也是你在本課程中所要學習到的東西；（2）對職場成就的需求。尋求責任。努力工作想要出人頭地的一股幹勁；（3）智慧。利用良好判斷力以及推理和思考的能力；（4）果斷力。解決問題和決策的能力；（5）自信。認定自己具有應付難題的能力。所表現出來的行事態度讓人覺得你非常地有自信心；（6）主動性。自動自發把工作做好，根本不用上司的監督。Liz Claiborne就證明了自己的監督能力，其實她也可能具備了其它所有的特質。

工作運用

1.請告訴我們，你現在或以前的老闆是否具備了Ghiselli所說的六點特質？

即使一般人都同意，這世界上並沒有所謂一般公認性的領導特質，可是還是有人繼續研究和著作有關這方面的議題。舉例來說，在第一章的時候，你就已經完成**自我評估練習**1-1，回答了其中許多問題。若想要成為一名成功的經理人，最重要的特質是什麼？其中答案包括了正直、誠實、勤勞和與他人相處的能力。

行為領導理論

1940年代末期的時候，大多數有關領導統御方面的研究，都已從特質理論轉移到領導者究竟做了什麼的焦點上頭。為了持續探索各種情況下的最佳領導方式，研究學者於是努力找出成功領導者和無能領導者之間的不同行為。**行為領導理論學家**（behavioral leadership theorists）試著想要找出每位成功領導者所使用過的明顯行事風格。還記得Douglas McGregor這名行為理論學家嗎？他發展出X理論和Y理論（第一章和第十一章）。現在，請先完成**自我評估練習**12-

行為領導理論學家
他們試著想要找出每位成功領導者所使用過的明顯行事風格

1，以便根據X理論和Y理論，知道你自己的領導行為是什麼。

自我評估練習12-1　McGregor的X理論和Y理論行為

請針對下面十種說法，找出最能代表你身為一名經理人的描述看法，把其代表字母（U、F、O、S）填在各題的前面空格上。這裏的答案並沒有什麼對錯之分。

常常（U）　還算很常（F）　偶爾（O）　很少（S）

___ 1.我會自己為部門設定目標，不會採納員工的意見。

___ 2.我會讓員工發展自己的計畫，而不是由我自己來發展。

___ 3.我會把幾個我很喜歡做的事情指派給員工來做，而不是凡事親力親為。

___ 4.我會讓員工自己作決策來解決問題，而不是由我自己作決策。

___ 5.我會自己招募和選用新人，而不採納員工的意見。

___ 6.我會親自帶領和訓練新進員工，而不是由老員工來做這件事。

___ 7.我只告訴員工他們該知道的事，而不是讓他們想知道什麼就可以知道什麼。

___ 8.我會花點時間讚美和肯定旗下員工的努力成果，而不只是批評而已。

___ 9.我會對旗下員工設下一些限制，以確保目標可以達成，而不是讓員工自行控制。

___ 10.我會經常觀察我的員工，以確保他們的工作狀況和期限上的要求，不會不管他們。

為了更瞭解你對員工的行事作法，請為你的答案計分。第1、5、6、7、9和10題，答案若是U就有一分；F則有兩分；O則有三分；S則有四分。第2、3、4和8題，答案若是S就有一分；O有兩分；F有三分；U則有四分。然後把所有分數加總起來，你的總分應該在10到40分之間。請把你的總分填在____這個空格上。X理論和Y理論是位在一個閉聯集的兩個極端上。有些人的行為可能剛好落在兩個極端的中間位置。請在下面這個閉聯集裏最靠近自己總分的位置上作一個記號。

X理論的行為 10 -------20------30--------40 Y理論的行為
（獨裁型）　　　　　　　　　　　　　　　　（參與型）

你的分數愈低（10分），就表示X理論的行為愈強；分數愈高（40分），則表示Y理論的行為愈強。你的分數可能和你在工作上的實際表現不盡完全相同，但是它還是可以幫助你瞭解自己對員

在本單元裏，你將會學到基本領導風格、兩層面領導風格、領導格陣、以及從現代的角度來看行為領導。

基本領導風格

領導風格
就是經理人在特質、技巧和行為上的結合作法，是用來和員工產生互動的。

領導風格（leadership style）就是經理人在特質、技巧和行為上的結合作法，是用來和員工產生互動的。請注意，行為學派的理論學家著重的是領導者的行為，但是領導者的行為卻是根據他們的特質和技巧而來的。

1930年代，早在行為理論開始盛行之前，Kurt Lewin、Ronald Lippitt和Ralph White等人都在愛荷華大學（University of Iowa）進行一些研究，重點就擺在經理人的領導風格上。他們的研究確定出三種基本的領導風格，分別是：（1）獨裁型：領導者自行作成決策，告訴員工該做什麼，並密切地監督員工，這和X理論的行為很類似；（2）民主型：領導者鼓勵員工參與決策的作成，他會和員工一起合作，共同決定該做些什麼事，而且不會密切監視員工的作為，這和Y理論的行為很類似；（3）放任式：領導者採行的是放任員工的作法，讓他們自己作決策，決定自己要做什麼，而且不會採取任何後續的跟進動作。愛荷華研究對行為學派的運動有很大的貢獻（第一章），而且創造出屬於行為學派的另一世代，取代了特質方面的研究。

Liz Claiborne在和設計小組一起合作的時候，就是採行民主式的風格，她不是自己設計，也不是放任員工，隨他們設計。但是Liz Claiborne在採用放任型的領導風格時，也會放手讓設計小組自行作決定。

兩層面領導風格

4.討論兩層面領導風格和領導格陣之間的同異處

兩層面領導風格
是根據工作的架構和對員工的考量而來的，進而造就出四種可行性的領導風格。

兩層面領導風格（two-dimensional leadership styles）是根據工作的架構和對員工的考量，進而造就出四種可行性的領導風格。兩層面就是指架構（以工作為中心）和量（以員工為中心）。

架構式和考量式風格

在1945年的時候，俄亥俄州立大學的人事研究委員會（the Personnel Research Board of Ohio State University）在Ralph Stogdill的首席指導下，展開了一項研究，這項研究是為了判定有效的領導風格究竟是什麼。在衡量領導風格的嘗試行動中，他們發展出一種很有名的工具，就叫做領導者行為描述問卷（Leader Behavior Description Questionnaire，簡稱LBDQ）。做過此問卷的受訪者可以覺察到，就兩種明顯層面來看，他們的上司對待他們的行為作法是什麼。

1.創始架構：這指的是當員工施展任務時，領導者在計畫、組織、領導和控制等各方面的主控程度。它著重的是把工作做完。

2.考量：這指的是領導者為了培養信任、友誼、支持和尊重的氛圍而進行的溝通程度。它著重的是和員工關係的培養。

以工作為中心和以員工為中心的風格

大約在俄亥俄州立大學開始研究之際，密西根大學（University of Michigan）的研究調查中心（Survey Research Center）也在Rensis Likert的首席領導下，展開了一系列有關領導方面的研究。他們的研究也確定了相同的兩種層面，亦即領導行為的風格。但是，他們卻稱呼這兩種風格為以工作為中心（同於創始架構）的風格和以員工為中心（同於考量）的風格。

工作運用

2.請回想現在的老闆或以前的老闆，根據兩層面的領導風格，這四種領導風格當中有哪一種是哪位老闆最常採用的作法。請描述你老闆的行為。

利用兩層面的領導風格

當經理人在和員工互動的時候，可以透過指導（創始架構、以工作為中心的行為）和／或支持性關係的培養（考量、以員工為中心的行為）來把事情做好。這兩種領導層面的結合，會造就出四種領導風格，請參考圖12-1的內容。俄亥俄州立大學（簡稱OSU）和密西根大學（簡稱UM）的領導模式互不相同，因為UM把這兩個層面放在同一閉聯集的兩端位置上；而OSU則認為這兩個層面是互相獨立的個體。

和設計小組在一起工作的時候，Liz Claiborne往往採用高架構（以工作為中心）和高考量（以員工為中心）的領導風格。但是，有時候她也會放任設計小組，採用低架構（以工作為中心）和低考量（以員工為中心）的作法。

領導格陣

領導格陣模式
此模式認為理想的領導風格就是對生產和人員這兩方面都有高度的關切。

Robert Blake和Jane Mouton發展出管理格陣（Managerial Grid），[12]稍後Robert和Anne Adams McCanse又將它演變成領導格陣（Leadership Grid）。[13]領導格陣是根據相同的兩種層面而來的，被稱之為「對生產的關心」和「對人員的關心」。**領導格陣模式**（leadership grid model）認為理想的領導風格就是對生產和人員這兩方面都有高度的關切。他們利用問卷來測量受訪者在生產和人員這兩方面的關切程度，分成1到9共九個等級。因此，整個格陣共有81種的可能性結合。圖12-2就是改編自領導格陣。但是，他們只找出五種主要風格：

（1,1）無力型的領導者不管是對生產或對人員，都無太多的關心考量在其中。這種領導者做事做得最少，只求能保住自己的位子就足夠了。

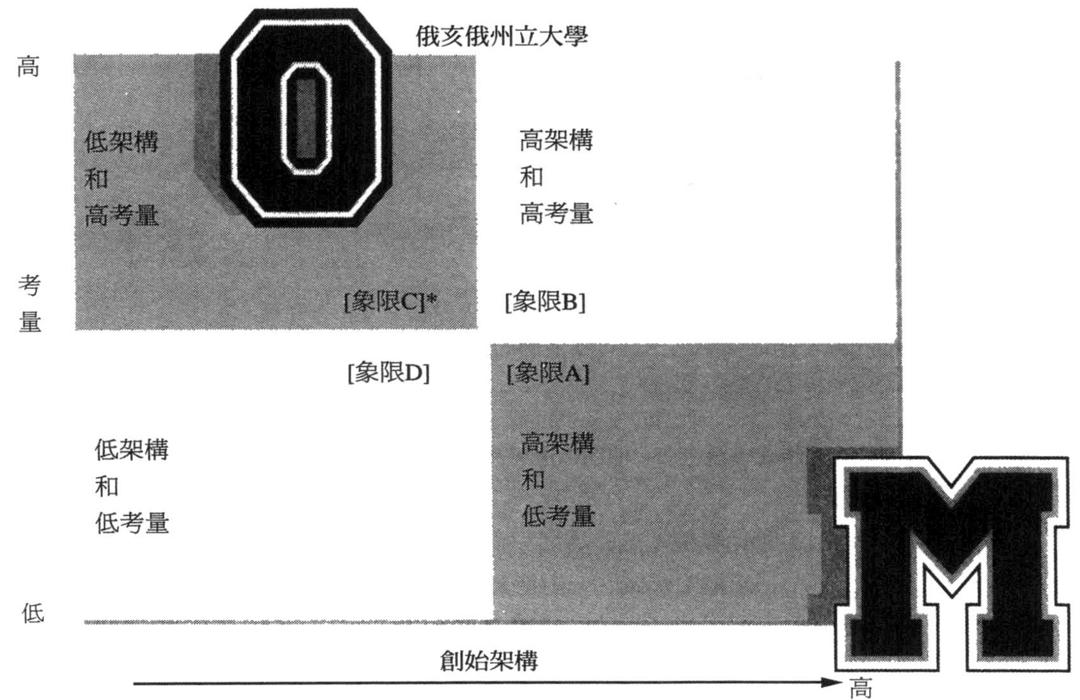

註：*象限A、B、C、D是本文作者所增加的。

圖12-1　俄亥俄州立大學和密西根大學的兩層面領導風格

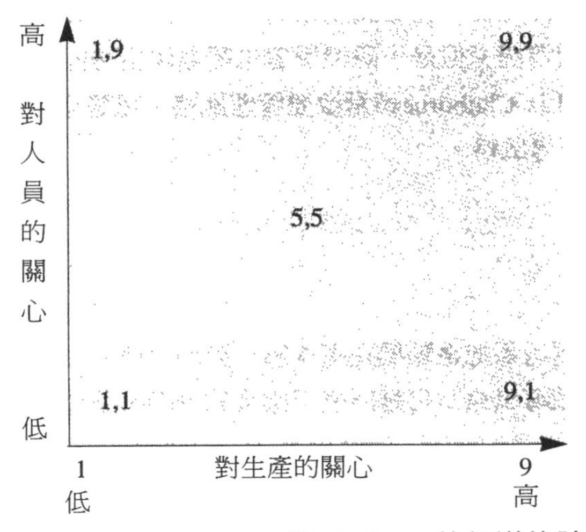

圖12-2　Blake、Mouton和McCanse的領導格陣

概念運用

AC 12-1 領導格陣

請確認以下五種情況下的領導者風格：

a. 1,1（無力型） b. 1,9（鄉村俱樂部型） c. 9,1（服從職權型） d. 5,5（中間路線型）
e. 9,9（團隊小組型）

__ 1.這個小組有非常高的士氣，其中成員都很喜歡自己的工作。該部門的生產力是公司當中最低的，他們的領導者很關心員工，但對生產一事卻不甚在乎。

__ 2.這個小組士氣尚可，他們的生產力表現平平，其領導者對人員和生產都有點關心。

__ 3.這個小組是擁有最低士氣小組的其中之一，可是他們的績效表現卻最好。他們的領導者很高度關切生產的事情，但卻不在乎員工的一切。

__ 4.這個小組是生產力最低的小組之一，他們的士氣也很低，其領導人根本就不在乎人員或生產的事。

__ 5.這個小組是擁有最高績效表現的小組之一，他們的士氣高昂，其領導人非常關心人員和生產的事。

（9,1）順從職權型的領導者只關心生產，對人員則並不在乎。這種領導者只求把工作做好，對待員工就像對待機器一樣。

（1,9）鄉村俱樂部型的領導者很高度關切員工，對生產一事則不太關心。這類領導者努力想要維持友善的氣氛，完全不管生產。

（5,5）中間路線型的領導者不管是對生產或人員都有平衡適中的關切程度。這類領導者努力想要維持住最低滿意限度的績效表現和工作士氣。

（9,9）團隊小組型的領導者不管是對生產或人員，都保持高度的關切程度。這類領導者努力想要達成最好的績效表現和最好的員工滿意度。根據行為學派理論學家的說法，團隊小組型的領導風格最適用於各種情況。但是，研究學者也都發現這可能只不過是一則神話而已。[14]Liz Claiborne經常改變管理風格，可是最常用的還是團隊小組型的領導風格。

工作運用

3.請回想一下現在或以前的老闆，五種領導格陣風格中，哪一種是哪位老闆最常採用的風格？請描述你老闆的行為。

現代的眼光

現在的研究學者都把重點擺在那些第一流的經理人身上，這些經理人儘管各自擁有不同的領導風格，可是所表現出來的行為卻讓他們顯得傑出不同於一般人。[15]時下有些行為學派的研究專家，也都開始將焦點轉移到魅力型領導、轉換型領導、交易型領導和象徵型領導的身上。

魅力型領導

魅力型領導（charismatic leadership）所根據的領導風格可以對忠誠度、熱忱和高度的績效表現造成鼓舞。領袖魅力這個字眼常常運用在許多領導人物的身上，[16]例如教宗保若二世（Pope John Paul II）、泰瑞莎修女（Mother Theresa）（天主教的領導者）、馬丁路德金二世（Martin Luther King, Jr.）（人權領導者）、麥可喬丹（Michael Jordan)（籃球明星）、Mary Kay Ashe（Mary Kay化妝品公司）、 Liz Claiborne（Liz Claiborne服飾企業）、艾科卡（Lee Iacocca）（克萊斯勒汽車）和比爾蓋茲（Bill Gates）（微軟公司）。魅力型的領導者擁有遠大的目標和眼光，他們對自己設定的目標有非常強烈的使命感，並會將此目標傳達給別人知道，他們全身散發自信，而且大家都認定他一定能夠徹頭徹尾地改變情況，來達成眼前的目標。相形之下，[17]追隨者毫不懷疑領導者的信念，並完全接納這些信念，他們對領導者有很深的好感，不僅遵從領導者的命令，還全心全意地全程參與整個目標的達成，進而能有高度的績效表現。研究學者都推薦，第一流的經理人應該試著去培養自己的領導魅力，使其成為組織文化中的一部分。[18]

5.確認魅力型領導、轉換型領導、交易型領導和象徵型領導等重視的管理階層是什麼

魅力型領導
所根據的領導風格可以對忠誠度、熱忱和高度的績效表現造成鼓舞。

魅力型領導者，如馬丁路德金二世，可以對忠誠度、熱忱、和高度的績效表現造成鼓舞。

轉換型領導

轉換型領導
當高階經理人透過三種行動繼續主掌企業組織時，就會以轉變、創新和企業家精神等作為基礎根據。

轉換型領導（transformational leadership）是指當高階經理人透過三種行動繼續主掌企業組織時，就會以轉變、創新和企業家精神等作為基礎根據。轉換型領導著重的是高階經理人，特別是大型企業裏的最高執行長（CEO），這些人一般都被認定是魅力型的領袖人物。轉換型領導者是以連續方式，透過三種行動來施展能力或接掌企業組織的：[19]

行動一：承認組織有重生的必要　轉換型領導者要承認，為了跟上環境的變遷，並保持組織的全球競爭力，的確有改變組織的必要。

行動二：創造出新的遠景　轉換型領導者能將眼光放遠，看出改變後的組織會是什麼樣的景況，並激勵旗下的人員讓夢想具體實現。

行動三：制度上的轉變　轉換型領導者在具體實現夢想的時候，會帶領旗下員工一同打拼。最近一項研究發現到，轉換型領導對組織的使命感、員工的滿意度和社會性行為等，都有非常正面的影響，當然對績效表現也會有某種程度上的影響。[20]Liz Claiborne就是一位成功的轉換型領導者，因為她不斷地審視整個大環境，並作出必要的變動來保持公司充沛的競爭力。

交易型領導

交易型領導
根據的是領導風格和交易。

交易型領導和轉換型領導恰好相反。**交易型領導**（transactional leadership）根據的是領導風格和交易。[21]所謂交易就是你為我做這份工作，我就給你這樣的報酬。經理人在交易中，可能會同時參與任務，又必須對員工有所考量關切。交易型領導的焦點比較擺在中階和第一線管理的身上。但是，高階經理人通常會核准一些財務上的報酬，讓低階經理人在交易型領導的過程中運用。

象徵型領導
根據的是強大組織文化（第八章）的建立和維持。

象徵型領導

象徵型領導（symbolic leadership）根據的是強大組織文化（第八章）的建立和維持。員工透過領導，學習到組織文化（針對他們為什麼要在組織中表現出某種行為，進行彼此價值觀、信念和假定看法的分享）。Liz Claiborne設計女性服飾時，在領導上採用的就是團隊小組的作法。她強調點子的分享和開放性的溝通。所以，公司上下的員工都能體認到這些價值觀。象徵型領導應始自於高階經理人，再貫徹到中階和第一線經理人的身上。

工作運用

4.請回想一下你曾服務過或目前正在工作的組織當中，其中的最高執行長究竟算不算是魅力型和轉換型的領導者？為什麼是或為什麼不是？

情境領導理論

不管是特質理論或行為理論，兩者都試著想要找出各種情況下最佳的領導風格。在1960年代晚期的時候，整個情勢開始愈發地明朗，那就是這個世界上並沒有什麼所謂最佳的領導風格可以適用在任何一種情況下。經理人必須針對不同的情況，採用不同的管理風格才行。[22]

情境領導理論學家（situational leadership theorists）試著想要為各種不同情況，找出不同的適當領導風格。在本單元裏，你將會學到一些最受人歡迎的情境或應變性領導理論，其中包括應變性領導理論、領導閉聯集、基準領導理論、情境領導和路徑——目標理論。你也會學到有關領導替代品和領導中和劑等有關議題。

情境領導理論學家
他們試著想要為各種不同情況，找出不同的適當領導風格。

應變性領導模式

6.說出應變性領導模式和其它情境式領導模式之間的主要差異

在1951年，Fred E. Fiedler開始發展第一種情境領導理論，他稱呼這個理論為「領導者成效的應變性理論」(Contingency Theory of Leader Effectiveness)。[23]Fiedler相信，個人的領導風格會反映在個人的人格身上（特質理論導向），並留存下來。領導者並不會改變屬於他自己的個人風格。**應變性領導模式**（contingency leadership model）是用來判定某個人的領導風格究竟是以任務為導向或以關係為導向，而且該情境是否能配合這名領導者的風格。

應變性領導模式
此模式是用來判定某個人的領導風格究竟是以任務為導向或以關係為導向，而且該情境是否能配合這名領導者的風格。

領導風格

第一個要素就是判定當事人的領導風格究竟是以任務為導向或是以關係為導向。為了達到這個目的，領導人必須填好一張等級表：最不想共事的對象(the Least Preferred Coworker，簡稱LPC)。基本上，LPC會解答這個疑問：你在和其他人合作的時候，究竟是以任務為導向？還是以關係為導向？這兩種領導風格分別是任務型和關係型。請注意它們和兩層面領導不同，前者只有兩種風格；後者則共有四種領導風格。

有利的情勢

在找出自己的領導風格之後，接下來就需要找出最有利的情勢。所謂有利

概念運用

AC 12-2　應變性領導理論

利用圖12-3，將情勢的編號和相呼應的適當領導風格進行配對，請選擇兩個答案。

a.1　b.2　c.3　d.4　e.5　f.6　g.7　h.8

a. 以任務為導向　b. 以關係為導向

__ 6.經理人Saul正在監看大量生產的容器裝配線。他擁有權力進行獎勵和懲戒。他被視作為頑固的老闆。

__ 7.經理人Karen來自於整體規劃幕僚單位，她會協助其它部門進行規劃。大家都認為Karen是個夢想家。她對各種不同的部門瞭解不多，員工也常常很無禮地對待Karen。

__ 8.經理人Juan正監看著銀行支票被註銷的手續流程。員工都很喜歡他。Juan的老闆也很喜歡雇用和評估Juan手下員工的績效表現。

__ 9.學校校長Sonia的職責是為各班指派教師以及其它許多事情。她負責教師的聘用和終身職的決策作成。整個學校的氣氛是很緊張的。

__ 10.委員會的主席Louis受到各部門志工成員的高度尊崇。委員會成員的職責就是推薦方法來增加該企業組織的績效表現。

的情勢就是指在某種情勢程度下，能夠讓領導者將自己對追隨者的影響力發揮到極至。其中有三種變數，依重要性的次序排列如下：

1.領導者——成員之間的關係：這個關係好不好？追隨者相信、尊敬、接納這名領導者？並對他有信心嗎？這個情勢是友善又完全沒有張力的嗎？擁有良好關係的領導者，所具備的影響力比較大。關係愈好，情勢上就愈有利。

2.任務架構：這個任務是經過架構或未經架構的？員工所從事的任務是重複、例行、交待清楚、標準化、又很容易瞭解的任務嗎？在架構情勢下的領導者擁有較多的影響力。工作上的重複性質愈高，情勢上就愈有利。

3.地位權力：該地位權力究竟是強還是弱？這名領導者擁有權力去進行工作的指派；員工的獎勵和懲戒、雇用和解雇、以及加薪和晉升等事宜嗎？擁有權力的領導者具備比較多的影響力。權力愈大，情勢上就愈有利。

找出適當的領導風格

為了判定究竟是任務領導比較適合？抑或是關係領導比較適合？Fiedler應變性理論模式的使用者必須回答三個有關有利情勢的問題。圖12-3就是一份經過改編的模式。使用者一開始先回答問題1，然後再根據關係的好壞，依照決策樹的走向，取「良好」或「不良」其中之一為選擇路徑。接著回答問題2，再順著決策樹的走向，在「架構」或「未經架構」這兩條路上選擇其中之一。當你回答第三題的時候，就會面臨到八種可能情勢，這裏的答案就是最後的總

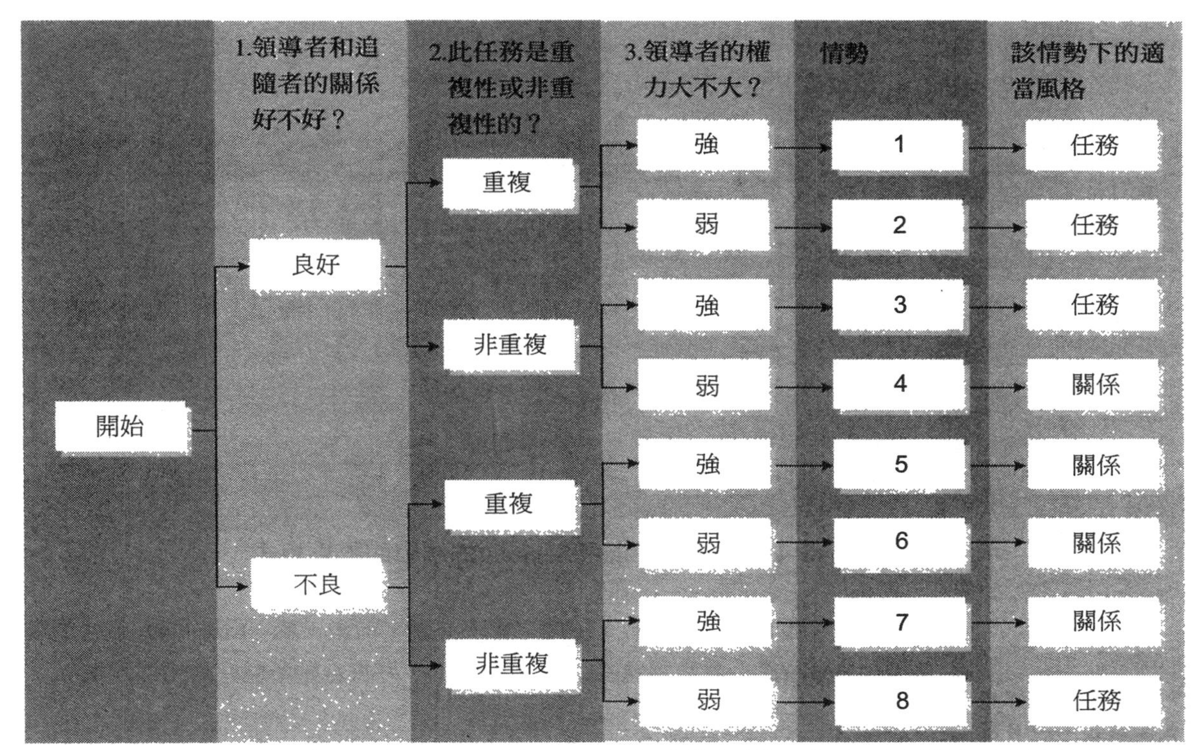

圖12-3　Fiedler的應變性領導模式

結。情勢的範圍分佈，從有利於領導者（1）一直到不利於領導者（8）。如果LPC所偏好的領導風格並不適用於該情勢的話，Fiedler就會建議（和訓練）他去改變整個情勢，而不是改變自己的領導風格。

即使Fiedler的理論是根據十多年來各種不同情況下的八十種研究調查而來的，還是不免遭到許多批評。其中最主要的批評觀點就是應該由領導者來改變自己的風格而不是改變外在的情勢。本章其它的情境理論作者也有相同的看法。Fiedler對其它的應變性理論也作出了一些貢獻。最近，Fiedler完成了一本著作，其主題是有關領導者應知道何時該挺身領導？何時又該退居幕後的事宜。[24]

Liz Claiborne和設計小組有相當不錯的關係，而其任務則是未經架構又沒有重複性的。Liz身為一名最高執行長，其地位權力相當的大。所以測驗結果是情勢3，最適當的領導風格是任務型的領導風格。如果Liz的偏好風格正是任

工作運用

5.請分清楚你的現任或前任老闆所偏好的風格究竟是任務型抑或是關係型？請利用應變性模式來找出你老闆的情勢編號是多少，以及適用於此情勢的風格是什麼。你老闆所偏好的風格能配合該情勢嗎？換句話說，你老闆用的是適當的風格嗎？

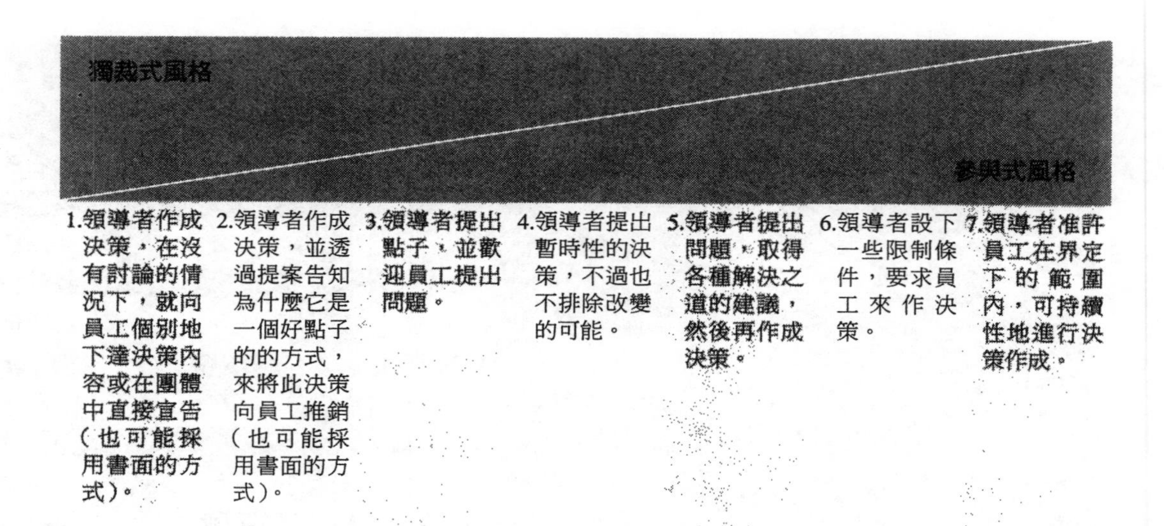

圖12-4 Tannenbaum和Schmidt的領導閉聯集模式

務型的，那麼Fiedler就會說，什麼事都不必做。但是，萬一Liz的偏好風格是關係型，Fiedler馬上會建議應由Liz來改變情勢，好符合她所偏好的領導風格。

7.討論閉聯集領導模式和路徑——目標領導模式，這兩者被共同批評的地方

領導閉聯集模式

Robert Tannenbaum和Warren Schmidt認為，領導行為是發生在一個閉聯集裏頭，閉聯集的一端是以老闆為中心；另一端則以員工為中心。此模式焦點就在於由誰來下決策。他們找出了領導者可以從中選用的七種主要風格。[25]**領導閉聯集模式**（leadership continuum model）是根據個人究竟使用的是老闆為中心或以員工為中心的作法，來判定出當事者該選擇七種風格中的哪一種。

領導閉聯集模式
它是根據個人究竟使用的是老闆為中心或以員工為中心的作法，來判定出當事者該選擇七種風格中的哪一種。

在選擇七種領導風格的其中之一之前，領導者必須先考慮下面三個要素或變數：

1.經理人：在選定領導風格時，應根據經驗、預期心理、價值觀、背景、知識、安全感和對屬下的信心等，來考慮領導者所偏好風格是什麼。

2.屬下：在選定領導風格時，應根據經驗、預期心理以及其它等等來考慮屬下所偏好領導者風格是什麼。一般而言，屬下越願意和越能夠親身參與，就愈該採用參與式的作法。

3.情勢：在選定領導風格時，有關環境上的考量，例如組織規模、架構、氣候、目標和技術等，也應列入考慮之中。較高階的經理人也會對領導風格造

概念運用

AC 12-3　領導閉聯集

利用圖12-4，為以下五種情境進行風格的配對：

a.1　b.2　c.3　d.4　e.5　f.6　g.7

__ 11.「Chunk，我要你調到新部門去，可是如果你不想去的話，也可以。」

__ 12.「Sam，現在立刻把桌子清理好。」

__ 13.「從現在起，這就是做事的方法。還有誰對這個程序不清楚？」

__ 14.「這是我們能休假的兩個禮拜，你選出其中之一吧！」

__ 15.「我喜歡你那個如何停止生產瓶頸的點子，可是我還沒決定最後的執行辦法。」

成影響。舉例來說，如果某位中階經理人採用的是獨裁式的領導風格，下面的主任可能就會跟著採用。時間期限的長短也該列入考慮當中。

在完成1973年的最初論說之後，Tannenbaum 和Schmidt又接著提出幾個看法：領導者在准許團體成員可自行作出決策時，自己也應成為團體中的一份子；領導者應清楚道出使用的風格是什麼（屬下的職權）；領導者不應該玩弄追隨者，讓他們自以為自己作成了決策，實際上卻是領導者所下達的決策；重點並不在於追隨者作了多少個決策，其中的意義才是真正的重點所在。[26]

即使閉聯集領導模式很受到大家的歡迎，還是不免會受到批評，最主要的批評就在於選定領導風格時所要考慮到的這三個要素，都是非常主觀的。也就是說，你必須在困難的時刻，選定應使用的風格。儘管Liz Claiborne常常改變領導風格來配合不同情勢上的需求，她最常用的還是參與式風格。

工作運用

6.請利用領導閉聯集模式，找出你老闆最常運用的領導風格是什麼。你認為依照經理人、屬下和情勢這三種角度來看，它算得上是最適當的領導風格嗎？請解釋你的理由。

路徑——目標模式

Robert House發展的是路徑——目標領導模式。[27]**路徑——目標模式**（path-goal model）是利用四種風格之一，來判定員工的目標，並說明如何完成這些目標。它強調的是領導者該如何影響員工的目標認定，以及他們所應遵循的方向路徑，好達成目標使命。正如圖12-5（改編的模式）所示，此模式利用的是情境上的要素，它透過績效表現和滿意度，來判定會影響目標達成的領導風格究竟是什麼。

路徑——目標模式
它是利用四種風格之一，來判定員工的目標，並說明如何完成這些目標。

情境上的要素

屬下的處境特徵包括：（1）獨裁主義——員工聽從的程度，以及想要知

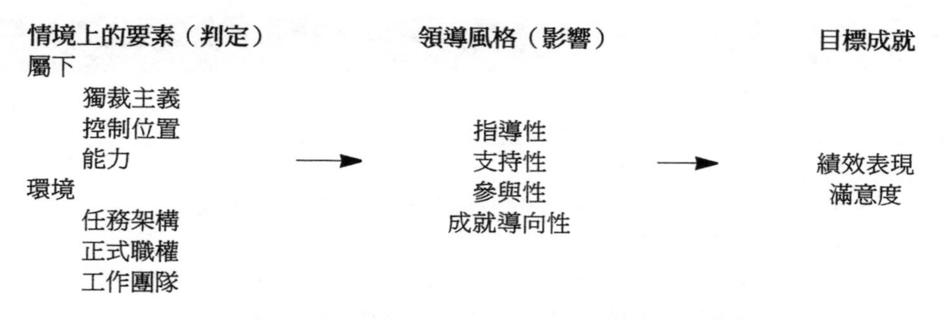

圖12-5　House的路徑——目標領導模式

道自己該如何做事和做什麼事；（2）控制位置——員工相信自己可以控制目標的達成（內在的信念），或者相信目標的達成是由其它因素所控制（外在的力量）；（3）能力——員工施展任務來達成目標的能力程度。有關環境的處境要素則包括：（1）任務架構——工作的重複程度；（2）正式的職權——領導者的權力程度；（3）工作團隊——同事們對工作滿意度的貢獻程度。

領導風格

根據情境上的要素，領導者就可以遵照下列的大致方針，選出最適當的領導風格：

1.指導性：這類領導者提供高度的架構辦法。當屬下想要權威式領導；而且相信外在的控制位置；其能力又普遍不高的情況下，就很適用指導性的領導方式。當環境任務很複雜或者曖昧不明；正式職權又很大；而且工作團隊也能提供滿意度時，就很適合採用指導性的領導方式。

2.支持性：這類領導者提供的是高度的關切考量。當屬下不想要獨裁式的領導；而且相信內在的控制位置；其能力也不錯的情況下，就很適合採用支持性的領導方式。當環境任務很單純；正式職權又很小；而且工作團隊也無法提供任何滿意度時，就很適合採用支持性的領導方式。

3.參與性：這類領導者會採納員工的意見，作為決策上的參考。當屬下想要親身參與；而且相信內在的控制位置；其能力也不錯的情況下，就很適合採用參與性的領導方式。當環境任務很複雜，不管職權是大是小，也不管工作團隊能否對工作滿意度有所貢獻，都很適用參與性的領導作法。

4.成就導向性：這類領導者所設定的目標雖然艱難，但是可以達成，所以會預期屬下施展出他們的最大能力，並對最後的成效進行報酬獎勵。基本上，這類領導者會提供高度的架構和高度的關切。當屬下對獨裁式領導持開放的態度；而且相信外在的控制位置；其能力也很高的情況下，就很適合採用成就導向性的領導方式。當環境任務很單純；職權也很大；不管來自於同事之間的工作滿意度是否很高，都很適合採用成就導向性的領導方式。

儘管路徑——目標理論比起領導閉聯集來說，要來得更複雜和更精確，可是也不免會遭到批評，因為實在很難知道何時該使用何種風格。正如你所看到的，許多狀況的發生就如同這六種情境要素在方針內容中所提到的一樣。這時就需要當事者自我判定該選用哪一種風格。Liz Claiborne在和設計小組共事的時候，最常採用便是參與性領導風格。

工作運用

7.請確認你的老闆最常採用的路徑——目標領導風格是什麼（指導性、支持性、參與性、成就導向性）？你認為根據情境要素來看，它是最適當的領導風格嗎？請解釋你的理由。

基準領導模式

根據經驗上的研究調查，再深入到管理決策上，Victor Vroom和Philip Yetton兩人試著想要發展出一種模式，以便在領導理論和管理的實踐運用之間搭起一座橋樑。[28]**基準領導模式**（normative leadership model）是一個決策樹，它可以讓使用者在五種領導風格當中，選出最適用於某種情況下的領導風格。後來Vroom和Arthur Jago一起合作，對此模式進行再度的推敲琢磨，進而衍生出四種模式，[29]這四種模式都是根據兩因素而來的，它們分別是個人決策VS.團體決策，以及時間驅動下的決策VS發展驅策下的決策。

8.描述基準領導模式和情境領導模式所共同擁有的主要特徵

基準領導模式
這是一個決策樹，它可以讓使用者在五種領導風格當中，選出最適用於某種情況下的領導風格。

領導風格

Vroom和Yetton找出了五種領導風格，其中兩種是獨裁式（AI和 AII）；兩種是諮商式（CI和CII）；一種是團體導向式（GII）：

1.AI.：這類領導者利用手邊的資料，獨自作成決策。

2.AII.：這類領導者從屬下那兒獲取參考資料，可是卻自己作下決策。屬下可能會也可能不會被告知問題究竟是什麼。他們不會被徵詢有關決策方面的意見看法。

3.CI.：這類領導者會個別和屬下碰面會商，解釋整個情況，並取得他們的資料和點子來瞭解自己該如何解決問題。這類領導者會獨自作成決策，可能會或可能不會採納員工的意見。

4.CII.：這類領導者會和屬下會商，形成一個小組，向他們解釋整個情況，並取得他們的資料和點子，以便知道該如何解決問題。在會商之後，領導者會獨自作出決策。這類領導者可能會也可能不會採用屬下的意見。

5.GII.：這類領導者會和屬下會商，形成一個小組，向他們解釋整個情況。決策的作成則在領導者的協助（而不是影響）之下，由小組成員一起完成。

判定適當的領導風格

為了要幫某個特定情況，找出適當的風格，你必須回答八個問題，其中有些問題可以因為前一題的答案而省略跳過。這些都是連續性的問題，而且是以決策樹的格式呈現出來，很類似Fiedler的模式。這八個問題分別是：

1.是否有什麼品質上的要求？比如說某個解決辦法比其它的辦法要來的合理。

2. 我有足夠的資料來作成一個有品質的決策嗎？

3. 這個問題是經過架構的嗎？

4. 屬下對此決策的接納程度會影響此決策的執行嗎？

5. 如果我必須自己作決策，我有把握屬下一定能接受嗎？

6. 在解決問題時，這些有待完成的目標是否也由屬下分擔？

7. 屬下之間是否對各自偏好的解決辦法，有矛盾衝突的情況產生？

8. 屬下有足夠的資訊來作出一個有品質的決策嗎？

工作運用

8.請確認你老闆最常用的基準領導決策風格（AI、AII、CI、GII）。你認為依照右邊這八點問題的角度來看，你老闆所採用的風格是最適當的風格嗎？

Vroom和Yetton的模式在學術界中很受到歡迎，因為它是根據研究而來的。Vroom的研究結論道，經理人若採用此模式所推薦的風格，在成果上就會有65%的成功或然率。若是不採用的話，成果上的成功或然率則只有29%。[30]但是，這個模式在經理人之間卻不受到歡迎，因為他們覺得每次要作決策前，得先從四種模式當中選出一種，再回答八個問題，實在很麻煩。

Liz Claiborne常常改變領導風格，可是最常用的還是GII的團隊式辦法來從事領導和決策的作成。

情境領導模式

情境領導模式
此模式可以讓使用者在某個既定情況下，從四種領導風格中選出一種最能配合員工成熟度的風格。

Paul Hersey和Ken Blanchard共同發展出情境領導模式。[31]**情境領導模式**（situational leadership model）可以讓使用者在某個既定情況下，從四種領導風格中選出一種最能配合員工成熟度的風格。情境領導取材自俄亥俄州立大學模式的兩層面領導風格（四象限，請參考圖12-1），它還給了這四種領導風格各自的名稱：

告知性（右邊較低的象限A — 高度架構；低度考量）

推銷性（右邊較高的象限B — 高度架構；高度考量）
參與性（左邊較高的象限C — 高度考量；低度架構）
委派性（左邊較低的象限D — 低度考量；低度架構）

Hersey和Blanchard所發展出來的模式遠在行為理論的範圍以外，他們的模式可以告知領導者，在既定情況下，該採用何種風格。為了判定領導風格，領導者得先確定追隨者的成熟度。成熟度並不是指員工在行為上是否已經長大。而是指員工的發展程度（根據的是資格能力和使命感）和在工作進行上的準備程度（根據的是才能和意願）。如果領導風格是：

低（M1），領導者就會採用告知性的風格。
適中到低（M2），領導者就會採用推銷性的風格。
適中到高（M3），領導者就會採用參與性的風格。
高（M4），領導者就會採用委派性的風格。

Hersey和Blanchard的模式在許多方面，也不同於俄亥俄州立大學的辦法。他們在四個象限裏放進了一個鐘形的曲線，並在四個象限的下方，列出自左

概念運用

AC 12-4　情境領導

請你以經理人的角度，針對以下各種情況，利用圖12-6的象限圖來確認員工的成熟度和適當的領導風格：
a.低成熟度（M1），經理人應採用告知性風格（高度架構／低度考量）
b.低到適中的成熟度（M2），經理人應採用推銷性風格（高度架構／高度考量）
c.適中到高成熟度（M3），經理人應採用參與性風格（低度架構／高度考量）
d.高成熟度（M4），經理人應採用委派性風格（低度架構／低度考量）

__ 16.Mary Ann從來沒有做過一份報告，可是你知道，只要你給她一點協助，她就能做得到。
__ 17.你告訴John要照你的規格來填寫顧客訂單。但是，他卻故意忽略你的指示，結果顧客氣沖沖地把訂單退還給你。
__ 18.Tina是一位很熱心的員工，你已經決定要加重她的職責，讓她做負責一些比較困難且從來沒做過的事。
__ 19.Pete的工作之一，也是他向來做得還不錯的事，那就是把你辦公室裏的已經滿的垃圾拿出去倒，現在它已經滿了。
__ 20.Carl是個很優秀的員工，而且和同事相處得很好。過去這兩天你注意到他的工作品質有些低落，也看到他和某些同事吵架。你想要Carl回到以前的表現水準。

工作運用

9.請確認你老闆最常用的情境領導風格是什麼（告知性、推銷性、參與性和委派性）？你認為以員工的成熟度角度來看，它是最適當的風格嗎？請解釋你的理由。

（成熟）到右（不成熟）的四種成熟程度。圖12-6即是此模式的改編。

技巧建構練習4-2的情境決策；**技巧建構練習**10-2的情境溝通；以及**自我評估練習**13-1的情境團隊領導等，也都是取材自Hersey和Blanchard以及Vroom和Yetton的辦法。另外，還有其他人也曾修正過情境領導。[32]

經理人通常比較喜歡情境領導，因為它的用法很簡單。但是，學術界還是比較偏好基準領導理論，因為情境領導在工具和模式上，都缺乏研究的支持和一貫性。[33]可是，情境領導和基準領導理論之間的共同特徵就在於這兩者都可以在既定情況下，提供一個明確的領導風格來使用。Liz Claiborne時常改變風格，但她最常用的卻是參與性領導風格。

領導替代理論

這裏所提過的領導理論都假定有些領導風格在每一種情況下都很適用Steven Kerr和John Jermier則辯稱某些情境變數會阻礙領導者影響屬下的看法和行為。[34]所謂的**領導替代品**（substitutes for leadership）就是指三種特性，這些特性可以取代對領導者的需求。任務、屬下、或組織的三種特性也會產生抵銷的作用，或是對領導行為的成效產生中和作用。[35]

領導替代品
三種特性，這些特性可以取代對領導者的需求。

以下這幾個特性也許能取代或抵銷掉一些領導作用，它們提供的是方向和

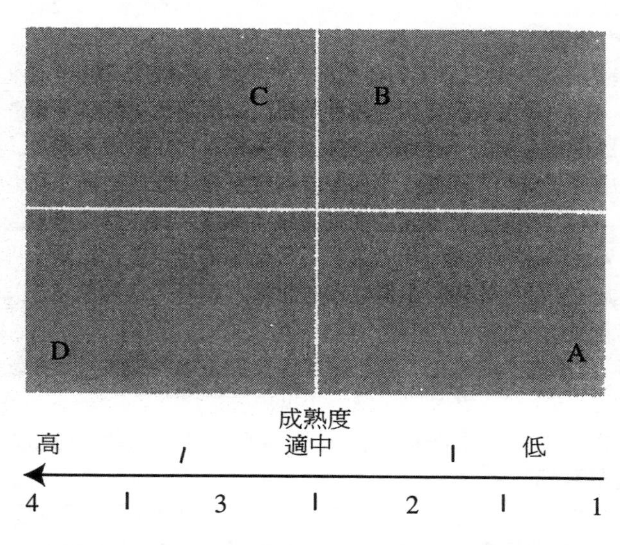

圖12-6　Hersey和Blanchard的情境領導模式

／或支持，而不是領導者。

1.屬下的特性：能力、知識、經驗、訓練；對獨立作業的要求；專業導向；對組織的報酬不感興趣。

2.任務的特性：明白清楚又具例行性；一成不變的方法論；本質上的滿足。

3.組織的特性：制式化（明白宣示的計畫、目標和職責範圍）；無彈性（僵硬、無法變通的規定和程序）。積極主動又高度分工的顧問和幕僚功能單位；緊密合作且非常有凝聚力的工作團隊；來自於組織的報酬不在該領導者的控制之下；上司和屬下之間的空間距離過大。

一項有關護理工作的研究調查指出，護理人員的教育程度、團結性、以及工作技術等，這些特性都可以取代護理長左右護理人員績效表現的領導行為。[36]換句話說，並沒有必要再加上一位可提供指導和支持的領導者。

儘管Liz Claiborne在和設計小組一起共事的時候，能提供很強大的領導力量，但還是有許多設計小組的事情是Liz所無暇管理的。基本上，這些小組本身就能提供領導的替代品。

工作運用

10.提一位你現任或以前的老闆。我們所談到的屬下、任務或組織的特性，是否能取代這位領導者？換句話說，你的老闆有存在的必要嗎？請解釋你的理由。

把這些領導理論放在一起

直到目前為止，你已經學到了領導理論（特質理論、行為理論、情境理論）的三種分類辦法；再加上七種行為領導理論（基本、兩層面、領導格陣、魅力型、轉換型、交易型和象徵型領導）；六種情境領導理論（應變性、領導閉聯集、路徑—目標、基準、情境和領導替代品）；以及你在第一章所學到的情境管理。圖12-7把這些領導理論全部擺在一起。這份圖表有助於你更加瞭解這些理論之間的同異處。這些模式使用的是領導統御的兩種層面，因此，這些理論都有明白指出四種可能的領導風格。因為不同的作者使用不同的名稱來代表相同的兩種層面，所以我們會採用指導性和支持性行為來作為統一的代表。

工作運用

11.請找出你偏好的領導理論／模式請說明理由。

12.請描述一下你所想要成為的領導者類型。

	兩層面的領導風格			
	$H^{+}D^{*}/L^{++}S^{**}$	HD/HS	LD/HS	LD/LS
I.特質領導	X	X	X	X
II.行為領導				
基本領導風格	獨裁型	民主型		放任型
兩層面（象限）	A	B	C	D
	9,1順從權威型	9,9團隊小組型；適度的D&S 5,5中	1,9鄉村俱樂部型	1,1無力型
領導格陣		間路線型		
魅力型領導	X	X	X	X
轉換型領導	X	X	X	X
交易型領導	X	X	X	X
象徵型領導	X	X	X	X
III.情境領導				
應變性領導	任務		關係	
領導閉聯集	1	2&3	4&5	6&7
路徑——目標	指導性	成就感	支持性	
			參與性	
基準領導	AI&AII	CI&CII		GII
情境領導	告知性	推銷性	參與性	委派性
情境管理	獨裁式	諮商式	參與式	授權式
領導替代品	X	X	X	X

註：$^{+}$高；$^{++}$低；*指導性；**支持性；X：此理論沒有用到兩層面的領導風格。

圖12-7　把所有領導理論擺在一起

目前的管理議題

全球化

全球化的公司像麥當勞，它的分店遍佈在全球73個國家裏，所以它瞭解成功的領導風格應隨地域的不同而有不同的表現。[37]在歐洲，當經理人面對不同的價值系統和宗教背景的時候，往往會從文化的角度而不是技術的觀點來看待這些事。管理的組成重心也多擺在語言上，而非技術上。公司在尋求新進人員時，也多希望能延攬到一些擁有國際觀，並對複雜的全球經濟體具備掌控能力

女性比較不那麼具競爭性，她們比較合作，會尋求一致性的默契，而且比男性更像是參與性的領導者。

的人才。[38]

在1970年代的時候，日本以快過於美國的腳步，大大提升了自己的生產力。William Ouchi發現到，日本公司的管理和領導方式明顯不同於美國公司。Ouchi找出了七種不同的主要差異，它們分別是：日本人（1）的就業年限比較長；（2）多採用集體性的決策方式；（3）多採行集體責任制；（4）在員工的評估和晉升上，比較緩慢；（5）多採用比較含蓄的控制手法；（6）擁有比較多的非專業化事業途徑；（7）對員工的關注比較全面性。[39]Ouchi把美國公司和日本公司兩者的實際運作結合在一起，稱它為Z理論。經過了這麼多年，現在有許多美國公司也都開始採行集體性決策和集體責任制的作法了。

多樣化

未來的經理人一定要能夠面對處理多樣化差異的人員。[40]市面上有許多研究都想找出領導者在性別和種族上的不同差異。有些研究發現這之間並沒有什麼不同；[41]有些研究結果則聲稱的確有所不同。發現這中間有所不同的研究認為，女性比較偏向是轉換型的領導者；而男性則偏向於交易型的領導者。[42]另外還有其它報告指出，女性比較不那麼具競爭性，她們比較合作，會尋求一致性的默契，而且比男性更像是參與性的領導者。[43]但是，各種研究對經理人在性別和種族之間的不同差異，並沒有產生任何一致性的看法結論。即使這當中真的有差異，根據情境理論來說，也沒有人可以驟下結論，有哪一種性別或種族的人才算得上是比較優秀的經理人。

人們對女性的刻板印象一向是追隨者（而不是領導者）的角色，因而衍生出「玻璃頂篷」的說法。組織內部的資深女性經理人，人數若是過少，往往會產生一些刻板印象的情況。[44]老闆要求女性證明自己的個人實力，可是就相等的職位來說，老闆對男性的要求往往要寬大的多。[45]但是，性別角色對緊急性的領導來說，也會產生比較強烈的效應。在談到領導者時，男性主題往往比女性主題更容易浮現出來。[46]其實，在組織中有效領導的成功關鍵是在於情境領導辦法的採行。不管是白種或其它有色人種的男性或女性領導人，都有好與不好的存在。在選擇領導者時，經理人應該尊重和管理多樣化差異（第三章）。女性推薦的是那些正在計畫自己成功之路的女性經理候選人，[47]男性也是如此。

道德和社會責任

人們（不是組織）必須肩負起道德和社會上的責任。經理人的領導行為往往會被下屬所仿效。魅力型的領導可適用於許多事業領導者的身上，可是卻無法區分出這是有道德或無道德的領導。[48]舉例來說，Adolph Hitler（希特勒）和Charles Manson被認為是非常有魅力的領導者，可是卻非常沒有道德。在最近一項有關領導者令人滿意的特質調查當中，排名第一的誠實被認為是最重要的。[49]另一項有關女性是否比男性更有道德的研究調查，發現到男性和女性的道德程度是相等的。[50]

TQM

TQM著重的是顧客價值的創造和系統與過程的持續改進。透過領導統御所傳達出來的整體品質文化（第八章），對TQM的成功與否有相當大的影響力。[51]因此，象徵性的領導就成為TQM的一部分。經理人透過員工完成高品質的工作，而各種不同的領導模式正可以提供方法讓經理人來帶領員工，達成組織的宗旨和目標。

生產力

多年來，大家都已體認到，提升生產力的主要關鍵不僅僅在於單一的技術層面而已，而是在於人員的身上。人會想出有創意的點子來達成創新的局面。為了培育創意，經理人必須授權給員工，讓他們以自己的方式來完成工作。[52]

未來的領導者需要能夠看出組織的遠景和價值。[53]這些也正是魅力型、轉換型、和象徵型領導者所具備的特性和行為。

參與式管理和團隊分工

現在的經理人都正在改變自己獨裁式的作風，改採參與式的領導和團隊分工的作法。[54]不然他們就很有可能會丟了差事。[55]團隊領導者的功效性對團隊的成功與否有很重要的關鍵性影響。不幸的是，改變行為是很困難的事，而且團隊領導者對自己的評價也往往高過於組員對他的評價。團隊領導者的角色不同於傳統的管理角色，前者的角色是協助團隊來解決問題；發展組員的技能；並引導出組員的創意點子。[56]有了以參與式團隊為主的重新改造辦法之後，經理人的工作就起了很大的變化，其中變化包括三個部分：（1）領導者考慮的是如何填寫工作訂單和設計產品；（2）領導者有點像是一名教練，必須教導和培養人員；（3）領導者的激勵作法是為旗下人員創造出一個可以工作的環境。[57]

小型企業

有些經營小型企業的創業家，比大型組織裏的經理人，更擅於利用不同的領導風格。有些創業家對他們所想要得到的東西和得到的方法，有非常明確的獨到眼光。當他們想要員工以他們的方式來完成工作的時候，就往往會採用獨裁式的作法。創業家若想擴展事業，常會遇到問題，因為他們想要維持這種獨裁式的控制手法，獨攬所有的重大決策權，又不把權力委派下放出去，而權力的委派卻是大型企業的必備作法。創業家也許是魅力型的領導者，可是他們卻十分地以工作為中心，而忽略了其他人的需求。

摘要與辭彙

經過組織後的本章摘要是為了解答第二章所提出的九大學習目標。

1. 列出特質、行為和情境等三種領導理論學家之間的不同

領導特質理論學家試著想要找出各種足以代表說明領導能力的明顯特質。行為領導理論學家則試著想要找出每位成功領導者所使用過的明顯行事風格，而且也想找出最適用於所有情況的最佳領導風格。而情境領導理論學家則試著想要為各種不同情況，找出不同的適當領導風格，他們相信，最好的領導風格會隨著不同的情況而有不同的轉變。

2. 解釋管理和領導這兩個專有名詞為什麼不可交換使用

管理的定義範圍比較廣泛，其中包括規劃、組織、領導和控制。領導統御則是指影響員工，要他們好好工作，努力完成組織目標的一個過程。某個人可能是一位經理人，可是在領導上卻做得很差勁。某個人也可能是一位優秀的領導者，可是卻不是一位經理人。

3. 描述領導特質理論，並根據Ghiselli，描述出最重要的領導特質

領導特質理論假定有效的領導都有一些明顯的特質。根據Ghi sellli的說法，監督能力是最重要的領導特質。監督能力就是施展四種管理功能（規劃、組織、領導和控制）的能力。

4. 討論兩層面領導風格和領導格陣之間的同異處

這兩種理論都採用相同的兩層面領導作法，可是卻使用不同的名稱來稱呼層面。其中最主要不同的地方在於兩層面領導理論擁有四種主要的領導風格（高架構／低考量；高架構／高考量；低架構／高考量；低架構／低考量）；而領導格陣則有五種領導風格（1,1無力型；9,1服從職權型；1,9鄉村俱樂部型；5,5中間路線型；和9,9團隊分工型）。

5. 確認魅力型領導、轉換型領導、交易型領導和象徵型領導等重視的管理階層是什麼

魅力型和轉換型領導著重的是高階管理階層；交易型領導著重的是中階和第一線的管理階層；象徵型領導一開始強調的是高階管理階層，然後再貫徹到中階和第一線的管理階層。

6. 說出應變性領導模式和其它情境式領導模式之間的主要差異

應變性領導模式認為應改變情況，而不是領導風格；其它的情境領導模式則認為應改變領導風格，而不是情況本身。

7. 討論閉聯集領導模式和路徑一目標領導模式，這兩者被共同批評的地方

閉聯集領導模式和路徑一目標模式都是很主觀的，因為它們都必須在正值困難或未明朗化的時候，就必須決定該使用哪一種領導風格。

8. 描述基準領導模式和情境領導模式所共同擁有的主要特徵

基準領導和情境領導理論所共同擁有的主要特徵是它們都會在某個既定的情況下，提供一明確的領導風格。

9. 界定下列幾個主要名詞（依照本章的出現順序而排列）

請選擇下列一或多種方法來進行：（1） 靠自己的記憶，把填空題中的專有名詞補上；（2）從結尾的回顧單元以及下頭的定義來為這些專有名詞進行配對；或者（3）從本章一開頭的名單上，依序把各專有名詞照抄一遍。

____ 會影響員工，要他們好好工作，努力完成組織目標的一個過程。

____ 試著想要找出各種足以代表說明領導能力的明顯特質。

____ 試著想要找出每位成功領導者所使用過的明顯行事風格。

____ 是指經理人在特質、技巧和行為上的結合作法，是用來和員工產生互動的。

____ 是根據工作的架構和員工的考量而來的，進而造就出四種可行性的領導風格。

____ 認為理想的領導風格就是對生產和人員這兩方面都有高度的關切。

____ 所根據的領導風格可以對忠誠度、熱忱和高度的績效表現造成鼓舞。

____ 是指當高階經理人透過三種行動繼續主掌企業組織時，就會以轉變、創新和企業家精神等作為基礎根據。

____ 根據的是領導風格和交易。

____ 根據的是強大組織文化（第八章）的建立和維持。

____ 試著想要為各種不同情況，找出不同的適當領導風格。

____ 是用來判定某個人的領導風格究竟是以任務為導向或以關係為導向，而且該情境是否能配合這名領導者的風格。

____ 是根據個人究竟使用的是老闆為中心或以員工為中心的作法，來判定出當事者該選擇七種風格中的哪一種。

____ 是利用四種風格之一，來判定員工的目標，並說明如何完成這些目標。

____ 是一個決策樹，它可以讓使用者在五種領導風格當中，選出最適用於某種情況下的領導風格。

____ 可以讓使用者在某個既定情況下，從四種領導風格中選出一種最能配合員工成熟度的風格。

____ 是指三種特性，這些特性可以取代對領導者的需求。

回顧與討論

1. 什麼是領導統御？為什麼它很重要？
2. 你認為什麼特質對領導者來說很重要？
3. 根據自我評估練習12-1，你的行為是偏向X理論或Y理論？
4. 領導風格的三個部分是什麼？
5. 領導的兩個層面是什麼？四種可行的領導風格又是什麼？
6. 什麼是領導格陣的五種領導風格？
7. 轉換型領導和交易型領導之間的不同差異是什麼？
8. 應變性領導模式的兩種領導風格是什麼？
9. 領導閉聯集兩端的兩層面分別是什麼？
10. 路徑——目標領導模式的四種領導風格是什麼？
11. 基準領導模式的五種領導風格是什麼？
12. 情境領導模式的四種領導風格是什麼？
13. 領導的三種替代品是什麼？
14. 你相信男性和女性的領導有不同的地方嗎？

個案

田納西州的Humboldt，這裏的工廠設施被認為是Wilson運動品企業裏頭，最缺乏效率的。它生產的高爾夫球年復一年地處於虧損狀態。造成Humboldt廠無利可圖的主要原因，是因為下面的幾點問題：生產力、品質、成本、安全性、士氣和內部管理等。資方和勞方對彼此的態度是成對立的局面。工廠經理Al Scott想要解決上述幾個問題，進而改變整個局面。他想要讓Humboldt廠製造出最優良的高爾夫球，並且具備世界上最有效率的生產設施。在這樣的遠景之下，Al發展出以下的宗旨說明：「我們的宗旨是要被大家公認為……最頂級的高爾夫球製造廠。」為了達成這個目標，Al接著發展出以下五點導引方針，這些方針也是他想要和員工們一同分享的價值觀：員工的參與、整體品質管理、持續性的改進、最低的整體製造成本和及時製造等。

Al和各員工團體聚會協商，告訴他們什麼是遠景、宗旨、以及AL想要與他們共享的價值觀是什麼。他要求每一個人都要大幅地改變自己的作事方法。Al強調他們必須從老舊的獨裁式管理當中走出來，改採由員工共同參與的全新風格。員工們都是工作夥伴，而且被授權去找出辦法來解決一些老問題。經理人必須接受訓練，學會如何讓員工參與各種事項，也要培養員工的技能，讓他們得以參與各項決策。此外，經理人還要在訓練中，學會如何發展團隊分工和培養人際關係；如何訓練員工，做好時間管理，和整體品質的管理（統計過程控制、成效分析等）。那種「我們不會做或我們根本做不到」之類的話，已經慢慢地改變為「我們可以做得到」的豪語 。Humboldt的領導風格徹頭徹尾地改頭換面。當然，不管是員工的忠誠度、士氣、熱忱和績效表現，也都大大地有了提升。

為了解決Humboldt's的問題，Al創辦了一種自願性質的員工參與計畫活動，就叫做Wilson小組（Team Wilson）。Humboldt讓員工組成各式小組，參與以下各種問題的解決：生產力、品質、成本、安全性、士氣和內部管理等。各小組把重點擺在運作支出的降低、現金流量的增加、存貨的降低、和安全與內部管理的改善上。為了確保小組的成功，Humboldt讓各小組在一開始的時候，就接受相當於經理人訓練的各種訓練課程。

許多小組領導者都只是工作上的同事而已，甚至教練（經理人）都成了小組裏的成員。但是決策並不是由領導者來下達，而是由小組成員共同決定。每一個小組都擁有500美元的支出預算，可以用在各自的計畫上，不需要上級的核准即可動用這筆錢。比較昂貴的工程計畫則需由小組提報給管理階層知道，如果後者通過的話，就會授權預算的支出；否則也會向小組成員解釋不核准的理由是什麼。

在全新改變的遠景、宗旨和管理風格之下，不出短短的幾年時間，有66%的同仁夥伴都加入了自願小組當中，最後竟奇蹟式地改變了Humboldt。每一個小組都代表工廠中不同的特定領域，各小組甚至還創造出屬於自己的獨特標誌、T恤和掛在工廠中的海報等。Wilson每年都要舉辦好多次的餐會、野餐和宴會等，來表達它對所有同仁的感謝之意。為了肯定各小組的成就，Humboldt每一季都會選出三個小組接受公司的公開表揚。

這些小組的成就包括了把市場佔有率從2%擴展到17%；存貨流通率從6.5%，上升到85%；減少了三分之二的存貨；降低了因刮傷或重做而產生的製造虧損，降低率達67%；並增加了120%的生產力。現在Humboldt廠每年都要生產十億個以上的高爾夫球，而且這個生產量還在持續增加之中。《產業周刊》(*Industry Week*) 稱它為「美國境內最優良的工廠」。

請為下列題目找出最佳的答案選擇。請確定你能夠解釋自己的答案：

____ 1.Al Smith要求改變基本的管理風格，是從____ 改成為____ 。

a民主式到放任式　b.獨裁式到放任式　c.放任式到民主式　d.獨裁式到民主式

____ 2.根據Wilson小組中的兩層面領導（圖12-1）和情境領導（圖12-6）來看，小組領導者首要採用的是什麼領導風格？

a.告知性——高架構／低考量　b.推銷性——高架構／高考量

c.參與性——低架構／高考量　d. 委派性——低架構／低考量

____ 3.Al Smith ____ 是魅力型的領導者。

a.應該　b.不應該

____ 4.Al Smith應該是 ____ 的領導者。

a.轉換型　b.交易型

____ 5.Al Smith的重點 ____ 擺在象徵型的領導上。

a.有　b.沒有

____ 6.請利用圖12-3，根據Humboldt的最初情況，確認出Al's當時的處境和適當的風格。

a.1, 任務　b.2, 任務　c.3, 任務　d.4, 關係　e.5, 關係　f.6, 關係　g.7, 關係

h.8, 任務

____ 7.請根據圖12-4的閉聯集模式，確認領導風格是____：

a.1　b.2　c.3　d.4　e.5　f.6　g.7

____ 8.Humboldt的管理風格被改成了____ 的路徑一目標領導風格。

a.指導性　b.支持性　c.參與性　d.成就感導向

____ 9.小組所用的基準領導風格是：

a.AI　b.AII　c.CI　d.CII　e.GII

____ 10.Al有沒有為Humboldt廠創造出領導的替代品：

a.有　b.沒有

11.在Wilson的Humboldt廠中，領導在改善過程中所扮演的角色是什麼？

12.Al Scott所採用的方法，適用於你所工作的組織嗎？請解釋你的理由。

練習12-1　領導閉聯集的角色扮演[58]

為技巧建構練習12-1預作準備

你是一名辦公室的經理，有四名屬下都是擔任打字員的工作，他們使用的都是一般的打字機。你將會收到一台文字處理機，來替換掉目前的打字機。每一個人都知道這件事，因為有好幾位推銷員已經來過了辦公室。現在你必須決定由誰來使用這台最新型的文字處理機。有關各屬下的資料如下所示：

Pat在此企業組織中已有二十年的資歷了，她已經五50歲，目前所使用的打字機，已有兩年的年限。

Chris在此企業組織中已有十年的資歷了，她31歲，目前所使用的打字機，已有一年的年限。

Fran在此企業組織中只有五年的資歷了，她已經40歲，目前所使用的打字機，已有三年的年限。

Sandy在此企業組織中只有二年的資歷了，她只有23歲，目前所使用的打字機，已有五年的年限。

利用領導閉聯集模式，圖12-4， 選出一到七號的其中一種領導風格。你不必選出會得到文字處理機的人員，只要選出你在作選擇時所採用的風格即可。請把你的選擇寫在這裏___。

在課堂中進行技巧建構練習12-1

目標

實際體驗領導的經驗；確認領導風格並瞭解使用適當或不適當的領導風格，會對組織造成什麼樣的影響。

經驗

在進行有關文字處理機的決策時，你可能需要扮演其中一名員工或經理的角色。你也可能觀察整個角色扮演的過程，並確認演出中的經理採用的是什麼風格。

準備

你應該已經在前述的預作準備單元裏，選出了某種領導風格。

程序（5到10分鐘）

請以三到六人分成一小組，最好能有六個小組。請以小組的身份，選出該小組在作文字處理機決策時，會採用的閉聯集領導模式風格（1-7）。

程序2（5到10分鐘）

1.來自於各小組的四名自願者，走到班上的前方位置，請取出一張8X11的白紙，寫下你所扮演的角色是誰（請以黑色的粗體字寫出來），然後對折，放在班上同學看得到的地方。當經理人在進行規劃的時候，請翻到本練習的最後部分，讀一讀你自己的角色，以及同事角色的部分。試著把你自己放在當事者的角度上，並依照他或她的角色個性，做出和說出他或她可能會有的行為和言語。只有扮演打字員角色的人，才需閱讀有關屬下角色的資料內容。

2.講師會告訴每一組同學，他們的經理會扮演出什麼樣的領導風格，該風格可能是也可能不是貴小組所選出的風格。請務必要複習一下圖12-4的閉聯集模式，以便充份明瞭各種風格。

3.各小組選出一名組員來擔任清理人的角色，再由小組一同計畫此經理人該如何演出講師所指定的風格。

程序3（1-10分鐘）

由自願者扮演經理，或由講師挑選出一名同學來扮演經理，他或她要走到班上同學的面前，演出這個領導角色。

程序4（1到5分鐘）

班上同學（不包含演出的小組同學）進行投票，就各自的認定，選出這名經理人所扮演的風格是什麼。然後再由經理人自行揭曉答案。如果有好幾個人投票認定的風格不同於真正的答案，請展開討論。

程序5（25到40分鐘）

繼續重複程序3到程序4的過程，直到所有的經理人都演過，或時間終了為止。

程序6（2到3分鐘）

由全班同學各自判定自己作決策時會採用的風格是什麼。然後再為各風格進行投票。最後由講師說出他或她的看法。

結論

由講師帶領全班進行討論，並作成總結講評。

運用（2到4分鐘）

我從此經驗中學到了什麼？我會在未來的日子裏，如何運用此所學？

分享

由自願者提供他在此運用單元裏的答案。

屬下的角色

這個部分只是提供額外的資料給扮演屬下角色的同學知道。

Pat—你很滿意目前的做事方法。你並不想要學習如何使用文字處理機。請在你的角色扮演中表現的很堅定和獨斷。

Chris—你覺得現在的工作很無聊，你真的想要學習如何運作一台文字處理機。身為一名次高年資的員工，你決定要全力爭取這台文字處理機。你很擔心其他人會抱怨，因為你的打字機是全辦公室裏最新的打字機，所以你有一個很棒的點子。你決定拿到這台文字處理機，並把你的打字機給Sandy使用。

Fran—你對擁有一台文字處理機的興趣很高，你每天花在打字的時間比其他人多出很多，所以你確信，自己可以得到這台文字處理機。

Sandy—你想要那台文字處理機，你相信自己可以得到，因為你是打字最快的打字員，而你的打字機卻是最舊的。你不想要一台別人用剩的打字機。

練習12-2　領導閉聯集的角色扮演

為技巧建構練習12-2預作準備

請設想某個領導情境，最好是目前或以前工作上的例子。請描述一下當時的處境，好讓別人瞭解，並判定當事員工的成熟度。請把當時的情境寫在下面空格上。如果你沒辦法舉出一個實例，可以參考第一章的技巧建構練習1-1：情境管理中的十二個例子。

請就你所描述的情境，決定追隨者的成熟度，並選出最適用於該情境的情境領導風格（M1，低度告知性；M2，適中到低度推銷性；M3，適中到高度參與性；M4，高度委派性）。

在課堂上進行技巧建構練習12-2

目標

培養出你的技巧，讓你在面對某個既定情況下，能夠判定出最適當的領導風格。

經驗

你可以向其他人告知你的領導情境，讓他們判定最適當的領導風格是什麼，你也可以聽聽別人的領導情境，再由自己判定最適當的領導風格是什麼。

準備

你應該已經寫下其他人的領導情境，以作為分析之用。

程序（10到50分鐘）

選擇A　一次一個自願者或由講師所選出來的同學，到全班同學面前，說出他的情境故事。說完之後，同學可以提出問題，以便進一步瞭解其中的內容。再由班上同學花一分鐘的時間來為該情境判定出適當的領導風格（告知性、推銷性、參與性、或委派性）。由講述情境故事的學生或講師來統計各種風格的票選人數。這名學生也許會或也許不會說出自己所選定的風格。再由講師帶領全班討論，為該情境找出最適當的領導風格。

選擇B　以五到六人組成一個小組，一次由一個組員向小組提出你的情境故事。每一個小組成員須判定出自己會使用的領導風格是什麼。然後再由小組成員一起分享彼此選出的風格，討論出最適當的管理風格。小組成員並不需要達成任何一致性的看法。

選擇C　如同選擇B，可是小組必須從中選出一個實例，以選選擇A的格式來向全班同學報告。小組成員不需要投票決定最適當的風格。

結論

由講師帶領全班進行討論，並作成總結講評。

運用（2到4分鐘）

我從此經驗中學到了什麼？我會在未來的日子裏，如何運用此所學？

分享

由自願者提供他在此運用單元裏的答案。

第十三章
團體和團隊小組的培養

學習目標

在讀完這章之後，你將能夠：

1.描述團體和團隊小組之間的不同差異。
2.說明團體表現模式。
3.列出和解釋團體類型的三種層面。
4.界定在團體裏所扮演的三種主要角色。
5.解釋規定和規範的不同。
6.描述什麼是凝聚力，以及它對團隊小組來說為什麼很重要？
7.列出團體發展的四個主要階段，並說明承諾度和能力程度，以及適當的領導風格。
8.解釋團體的經理人和團隊小組領導人這兩者的不同。
9.討論會議的三個部分。
10.界定下列幾個主要名詞：

團體
團隊小組
團體表現模式
團體架構層面
團體類型
指揮團體
任務團體
團體的組成因子
團體過程
團體過程層面
團體角色
規範
團體的凝聚力
身分地位
團體發展的各個階段
團隊小組領導人

技巧建構者

技巧的發展

1. 你可以培養自己分析團體發展階段的技巧，也可以培養自己選擇適當領導風格的技巧（技巧建構練習13-1）

團體技巧是管理當中領導功能的重要部分。團體技巧非常要求人際互動性的角色扮演，特別是領導和聯絡的角色；監看者、傳播者和發言人等資訊性角色；以及紛爭處理者、資源分配者和協商者等決策性角色的掌握。此外也可以透過這些練習，培養出人際互動、資訊和系統方面的SCANS能力，而一些基本思考性能力和個人特質性的基礎能力也可以培養出來。

■ 透過Liz的訓練式領導風格，Liz和員工之間因而有了正面積極性的合作關係。

位在田納西州Oak Ridge的衛理公會醫學中心（Methodist Medical Center，簡稱MMC）是一家受人信賴的非營利組織，現在的它已成長為一間大型院所，擁有300張病床；24個專科部門；140位醫生；1,280名員工；和200名志願義工。MMC的首要目標就是提供有品質的醫療照顧。

在1980年代中期的時候，健康醫療市場的競爭變得與日俱增。總裁兼最高執行長Marshall Whisnant旋即展開行動，試圖改善醫院的績效表現。但在嘗試過幾次失敗的經驗之後，他終於決定要為MMC引進一套系統辦法。這套新辦法涵括了員工參與、長程思考、以工作品質為榮和強調團隊小組分工等作法。於是MMC在來自於QualPro的諮商協助之下，正式展開了「合力品質」（Quality Together）的計畫活動。

合力品質有四點原則：（1）由員工來負責品質評估，程序是由員工組成幾個團隊小組，這些團隊小組會持續性地利用統計方法來監視過程並進行改善；（2）第一條規定就是滿足顧客，不管顧客是病人、醫生、公司客戶、或第三團體的付費者都一樣。對績效表現的衡量就是以顧客為重心；（3）改善績效表現的重心應放在整體顧客滿意制度和程序功能上，而不是員工的管理或某些具體事件上；（4）高階管理階層應把重點擺在整體系統的互動關係上；其它管理階層則需負責降低因特殊事件和問題而造成的變異情形。

為了落實合力品質的價值觀，QualPro的顧問群帶領MMC逐步走過四個階段：（1）對承諾的全力以赴：以需求評估來找出MMC有待改進的地方。高階管理小組接受團隊小組訓練，再由管理小組選出幾個需要進行改善的程序計畫；（2）早期的成功：各自形成管理小組和員工小組，著手進行階段1所選出來的改善計畫。小組成員需要接受團隊小組分工的訓練，再由QualPro的顧問群帶領他們把改善程序運用在各計畫上頭。這些團隊小組在這方面都做得相當成功；（3）落實　許多新的團隊小組也紛紛地成立，它們的重心是擺在系統內部跨部門之間的程序改進上。組員們還是要接受小組訓練，並建立跨部門的工作團隊小組；（4）自給自足：在最後階段的時候，QualPro的顧問群會教育MMC的員工（又稱之為促進者）自己進行團隊小組分工的訓練；也會教導小組領導人如何主持小組會議；此外這些顧問群會在日後為團隊小組扮演資源者的角色。

經理人在各自管轄的部門裏培養工作小組，並藉著參加小組的會議來瞭解各團隊小組的工作進展。由經理人提供資源和協助，來落實各團隊小組所推薦的方法。此外，MMC也鼓勵經理人要廣設跨部門的工作小組，好解決一些特定的程序問題。透過這樣的過程，MMC得以在整個組織內部落實小組分工的作法，進而讓所有員工都參與其中。

雁的啟示

在冬天的時候，當你看到一群雁以V字型的排列行伍向南飛去，你可能會很想知道，科學家們究竟曉不曉得它們為什麼要以這種排列方式來飛行？就我們所知道的，每一隻雁在拍打翅膀的時候，都會鼓舞另一隻雁立即起而效尤。這種V字型的飛行隊伍要比獨自飛行的一隻雁增加至少71%的飛行幅度。

1.基本真理#1：擁有共同方向和共同感的人們，可以更快且更容易地達到所欲的目地的，因為他們的旅程是以互信為基礎……任何一隻雁不管在什麼時候脫離了隊伍，都會感受到一股對獨自飛行的排拒力，所以它會儘快回到隊伍當中，好好利用前面那隻雁所帶給它的振奮力量。

2.基本真理#2：當我們和其他人擁有共同的目標，往同一方向展開旅程的時候，就會產生力量和安全感……當為首的那隻雁覺得累的時候，它會飛到後面去，讓別隻雁取而代之。

3.基本真理#3：困難的事，大家輪流做，這是很划算的……後方的雁會不斷地鳴叫，鼓勵前面的雁保持飛行的速度。

4.基本真理#4：我們都需要別人以主動的支持和讚美來記住我們……最後，若是有一隻雁受傷或生病而脫離了隊伍，就會有另外兩隻雁飛離隊伍，來協助它和保護它。它們會陪著這隻有難的雁，直到它完全脫離危機為止。然後它們再自行組成隊伍向南飛，或是加入其它的飛行隊伍。

5.基本真理#5：我們必須在有需要的時候，互相幫忙。

團體和團隊小組以及績效表現

團體是組織的脊柱，因為在系統效應中，各團體／部門都會受到其它至少一個團體或部門的影響，進而影響到整體組織的績效表現。研究專家已經證實，當組織體採用系統辦法的時候，它的表現就會獲得改善。[1]

對經理人的評估，看的往往是他旗下部門的整體成果表現，而不是手下員工的個別表現。據報，經理人有50%到90%的時間都是花在某些形式的團體活動上。管理表現靠的是團隊小組的表現，而領導行為對團隊小組表現有非常大的影響。你愈瞭解這些團體和他們的表現，就愈能有效地成為團體中的一員和他們的領導者。[2]所以我們建議你，在履歷表上最好有一些團隊小組方面的經驗，這樣才能協助你找到好的工作。[3]

你將在本單元裏學會有關團體和團隊小組之間的不同之處；影響團體表現的因素有哪些；以及組織背景會如何地影響績效表現。

團體和團隊小組

1.描述團體和團隊小組之間的不同差異

儘管團體和團隊小組這兩個專有名詞常常交替使用，可是最近幾年，[4]這兩個名詞卻有了明顯的區分。圖13-1提出了這兩者的區別和它們各自的自主程度。所有的團隊小組都是團體，可是並不是所有的團體都是團隊小組。所以，當我們在本章內文中提到團體的字眼時，也可能是指團隊小組的意思。

團體
兩個以上的成員，其中有明確的領導者來施展獨立的工作，指定個別成員的職責，並進行成員的評估和報酬給付。

團隊小組
是指一小群成員，他們共同分擔領導統御的責任，在工作上必須互相依存，不管是個人和團體的責任，評估和報酬都是共同分享。

為了摘要這兩者的不同，它們的定義分別如下。**團體**（group）是指兩個以上的成員，其中有明確的領導者來施展獨立的工作，指定個別成員的職責，並進行成員的評估和報酬給付。**團隊小組**（team）則是一小群成員，他們共同分擔領導的責任，在工作上必須互相依存，不管是個人和團體的責任，評估和報酬，都是共同分享。

正如圖13-1的底部所示，團體和團隊小組是處在同一個閉聯集裏面，可是要明確地分清楚它們並不是一件簡單的事情。管理導向（management directed）、半自主性（semi-autonomous）和自我管理（self-managed）（或自我導向）（self-directed）等都常用在此閉聯集當中，以作為區分之用。美國國會、傳統裝配線上的工人和傳統的銷售人員等，都是所謂的團體而非團隊小組。國會可能永遠也成不了一個團隊小組，但是有些公司卻正在設法擺脫裝配

團體和團隊小組之間的差異

特性	團體	團隊小組
規模	兩人以上；可以是很大型的團體	人數少，通常是五到十二個
領導	有一明確的領導者在作決策	共同分擔領導統御
工作	每位成員都有明確的份內工作；每位成員各自獨立進行過程中的某個部分（製作產品的某個部份，再讓下一個人接受繼續完成另一個部分）	成員共享工作責任，所以必須以互補性的技巧來完成許多互助性的任務；由小組來完成整個過程（製作整個產品）
評估	由領導者來評估員工的個別表現	由成員互相評估對方的個別表現和團隊小組的表現
報酬	根據成員的個別表現來給予報酬	成員可得到個別性的報酬和團隊小組性的報酬
目標	組織的目標	組織的目標和一些由團隊小組自行擬定的目標

自主程度

團體 管理導向	半自主性	團隊小組 自我導向

圖13-1　團體VS.團隊小組

線的生產制度，例如富豪汽車 （Volvo），就是以團隊小組來製造整個產品。Saturn也在汽車的製造上採用比較多的團隊小組作法。在某些組織裏，業務人員也可能因為把重心擺在顧客的滿意度而不是售出的產品數量上，而組成個別的團隊小組。向南飛的雁群儘管飛行數量有時候很龐大，可是它們比較像是一個團隊小組而不是一個團體。[5]衛理公會醫療中心比較傾向於是一個團體而不是一個團隊小組，因為他們是一個在某種領域上專門解決問題的團體，而不是一個每天都要實際把工作完成的工作小組。

雖然區分上不是那麼地容易，可是還是要好好區別這兩者的不同。此外，也要明瞭現在的趨勢就是團隊小組的培養和發展。[6]David Packard和William Hewlett利用團隊小組的作法創立了惠普（Hewlett-Packard）公司的電腦王國。有了團隊小組，Pitney Bowes降低了60%的存貨，所需空間也減少了25%，單一區域的週期循環時間也改進了94%。[7]AES是一家動力製造商，自它於1990年採用團隊小組的作法之後，平均收入就增加了23%，淨利所得則是以前的六倍。[8]

工作運用

1.請回想一下目前或以前的工作，你是在團體裏或在團隊小組中工作？請利用圖13-1的六點特性來加以解釋。注意事項：你可能需要選出一項工作，利用它來回答本章各種工作運用上的問題。

概念運用

AC 13-1 團體或團隊小組

請根據以下狀況，判定它的特性是屬於：

a.團體 b.團隊小組

__ 1.我的老闆為我做了一份績效評鑑，我的分數還不錯哩。

__ 2.我們並沒有什麼部門性的目標，我們只是盡我們所能地完成這項任務。

__ 3.我的報酬主要是根據我部門的表現好壞而定的。

__ 4. 我從Jean那兒拿到這個裝配產品，等我上好色之後，就要轉交給Tony來進行包裝的工作。

__ 5.在我的部門裏大約有三十個人左右。

2.說明團體表現模式

團體表現模式

團體表現模式
團體表現是屬於組織背景、團體架構、團體過程和團體發展階段的一種功能目的。

團體的表現是得自於四個主要因素，可以被當作為一種公式。在**團體表現模式**（group performance model）中，團體表現是屬於組織背景、團體架構、團體過程和團體發展階段的一種功能目的。請參考圖13-2的描繪。組織背景在前幾章已經談過了，所以在本單元裏只會簡略地帶過去。但是，其它影響團體表現的三個因素則會以個別的單元來詳加描述。

組織背景

有一些整體性的組織和環境因素會影響團體的功能和它們的表現程度。這些組織背景因素曾在前幾章裏詳加討論過，但是，其中一些因素還是會被拿出來說明，因為它們和團體或團隊小組的使用以及它們的績效表現有非常直接的關係。

團體表現	(f)	組織背景	團體架構	團體過程	團體發展階段
高度至低度		環境	類型	角色	導向
		宗旨	規模	規範	不滿意
		策略	組成分子	凝聚力	解決之道
		文化	領導	身分地位	生產
		架構	目標	決策作成	終止
		系統和過程		矛盾解決	

圖13-2 團體表現模式

為了因應全球性的大環境，許多組織都在改變宗旨和策略，以便讓自己更具競爭力。為了面對生產力方面的挑戰，許多組織也都從團體作業的方式改變為團隊小組的作業模式，目的是要增加自己的績效表現。而比較重視團隊精神的組織文化也往往會採用團隊小組的作法。

在組織架構中（第七章），集權化VS.分權化的職權作法也對團體或團隊小組的使用產生了影響。正如圖13-1所示，集權化管理導向的自治體會要求採用團體作業的方式；而自我導向的分權化架構則會要求採用團隊小組的作業模式。委派工作的方法也會對團體或團隊小組的使用產生影響。獨立簡化的工作，要求的是團體式的作業方法；互助且強化的工作則要求團隊小組的作法。圖13-1對團體和團隊小組在工作設計上的不同差異提出了一些建議。人們在工作上的實質性佈局也會影響團體或團隊小組的使用。團隊小組的成員必須在開放的區域裏緊密地合作共事。但是，像電傳會議和電腦之類的科技卻有助於團體的作業而不是團隊小組的作業。這一點我們會在第十七章的時候再詳加討論。

輸入轉換成輸出的系統制度和過程，也會影響團體或團隊小組的使用，以及它們的表現。個別性的評估和報酬制度，對團隊小組來說，算不上是一種誘因。不管是團體或團隊小組都需要有良好的回饋系統，才能用來評估團隊的表現，並持續地改進過程。

團體架構

團體架構層面（group structure dimensions）包括團體類型、規模、組成份子、領導和目標等。我們將在本單元裏陸續地討論這些組成因素。

團體架構層面
包括團體類型、規模、組成份子、領導和目標等。

團體類型

3.列出和解釋團體類型的三種層面

團體類型（group types）的層面包括正式或非正式、功能或跨功能、以及指揮或任務。

團體類型
包括正式或非正式、功能或跨功能、以及指揮或任務。

正式或非正式的團體

正式團體如部門和較小型的附屬單位等，都是由組織所創造，以成為正式架構中的一部分。這些團體通常也擁有自己的正式架構來執行事業的運作。非正式團體並不是由組織所創立的正式架構，它們是自發性的團體，成員們因為相同的興趣而志願地結合在一起。來自於組織內部各單位的人們可以聚在一起休息、用餐、或在下工後，另行組成一個非正式的團體，也被稱之為黨派。非正式團體裏的會員制往往是公開的，而且其轉變速度也比一些正式團體要來的快。本章的內容著重的是正式團體和團隊小組的介紹。

功能性或跨功能性的團體

功能性或垂直性的團體，它的成員是在受限的領域上施展份內的工作。工作單位／部門所組成的就是功能性的團體。舉例來說，行銷部、財務部、營運部和人力資源部等，都是功能性團體。跨功能性或水平性的團體，它的成員來自於不同的領域，也可能是不同階層。一般而言，管理階層愈高，職責範圍就愈跨功能性。

組織中的每一位經理人都要充當各團體之間的連結器。理想上，所有的功能性團體會透過經理人的協助來協調彼此的活動。Rensis Likert稱呼經理人為穿針引線的角色（linking-pin role）。圖13-3所描繪的正是經理人在穿針引線的行動下，所展現出來的功能性和跨功能性團體。現在的趨勢是採用跨功能性團體，來協調組織當中的各個功能領域。

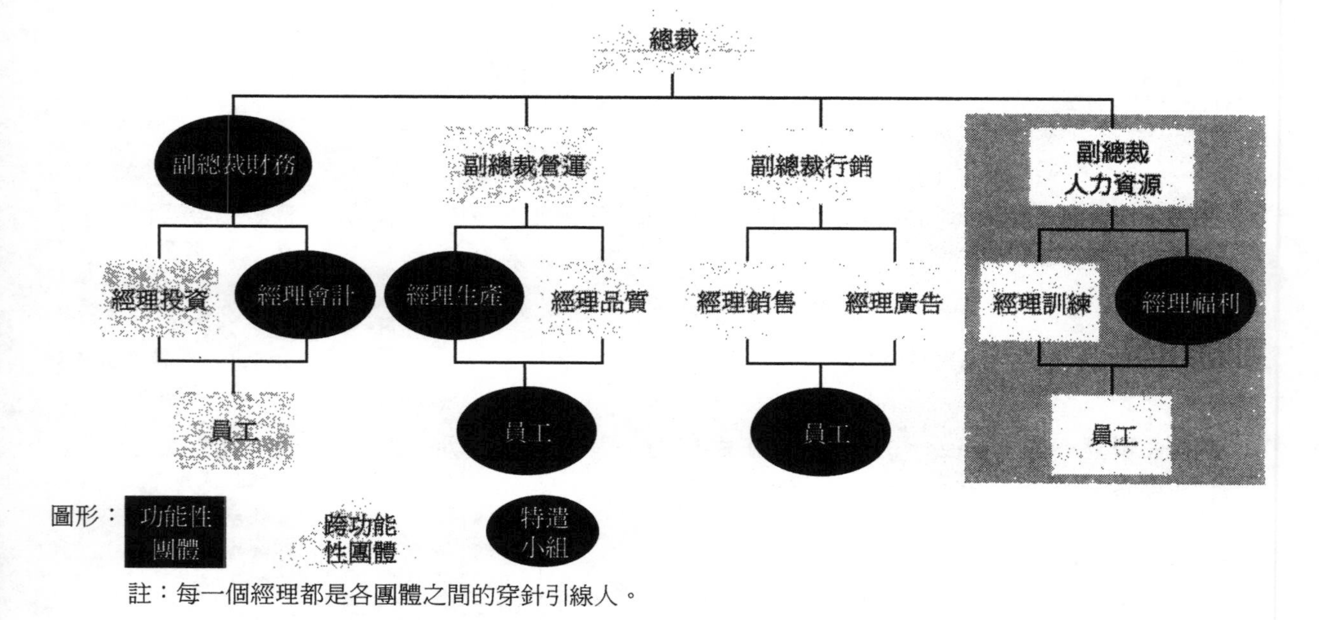

圖13-3　功能性和跨功能性的團體

指揮或任務團體

指揮團體（command groups）是由經理人和他們的員工所組成。人們受雇成為指揮團體中的一個部份。指揮團體可因部門成員的不同而被區分為功能性或跨功能性的指揮團體。在圖13-3當中，總裁和副總裁是跨功能性的指揮團體；副總裁和他的經理們則是功能性的指揮小組。

指揮團體
由經理人和他們的員工所組成。

任務團體（task groups）是由被甄選出來共同完成某個特定目標的員工們所組成的。任務團體通常被稱之為委員會（committees），任務團體有兩種主要類型：特遣小組（task force）和常備性委員會（standing committees）。

任務團體
是由被甄選出來共同完成某個特定目標的員工們所組成的。

特遣小組或稱特別委員會，它是一種臨時性的團體，專為某種特定目的而組成。舉例來說，在MMC階段1的時候，曾組成一個團體來確認幾個有待改善的程序計畫。一旦完成了這份清單，該委員會就會被解散。經理人也可以組成跨功能性的任務小組，專門處理一些跨部會的問題。工程計畫小組（project teams）利用的是矩陣架構（第七章），它也是一種任務團體的形式，其中的組成員工要對一名功能性的主管負責，同時又需要在必要的時候，和跨功能性的各部門共事。在圖13-3裏頭，該特遣小組的任務目的是為六個月後行將退休的現任總裁預作繼任人選的準備工作，所以他們要選出三名候選人向董事會提出。來自於每一個功能性單位的員工都是由他們的同儕所推舉而出的，然後再加入這個任務特遣小組執行工作。

常備性委員會則是一種永久性質的團體，所從事的都是一些持續性的組織議題。舉例來說，MMC的功能性小組必需持續性地碰面會商，其目的就是要不斷地提供改善之道。而且MMC也一直設有一個預算委員會，因為它每年都要創立出一筆新的預算。常備性委員會裏的成員通常每年都要輪替，這樣子才會因新血的加入而有新的點子出現。舉例來說，委員會的會員可能是三年一任，其中有三分之一的會員，每年都會被更新替換掉。

許多組織都有各式各樣的常備性委員會。舉例來說，環境掃瞄常備委員會負責的是持續性的SWOT分析（第五章）；而預算委員會則需負責資源的分配，這些委員會都是很常見的。有些組織包括Dow、GE、Monsanto、Westinghouse和Union Carbide等，都有企業小組專職新產品和新事業的開發。3M甚至擁有二十四個企業小組專門開發全新的事業線，現在該公司有六個全新的部門就是出自於這些企業小組之手。在MMC也有一個跨功能性的操舵委員會，專責審查預算在500美元以上的計畫決策。

工作運用

2.請確認你以前或現在正在工作的組織當中，所用到的任務團體是什麼。請分清楚這些團體是特遣小組或是常備性委員會。

指揮團體和任務團體之間的確存在著一些明顯的差異。其中之一就是會員制：指揮團體通常是功能性的，而任務團體則多是跨功能性的。另一個差異則是究竟是誰歸屬於哪一種團體類型。組織中的每一個人都歸屬在一個指揮團體之下。可是有些員工可能為某個組織賣命許多年，卻從來不曾是某個跨功能性任務團體下的成員。一般而言，管理階層愈高，才愈有可能花很多時間加入各種不同的任務團體和會議之中。

團體的規模

是否有所謂完美的團體規模？

就完美的團體規模來說，各方並沒什麼一致性的看法。有些人說是三到九人；有些人則說五、六人到八人左右；也有些人說最多可以到二十個人。其實人數是因目標而異的。團體的規模通常比小組要來的大。在Titeflex的小組裏頭，有六到十人負責製造液態和氣態的保存系統。EDS的工程計畫小組則是由八到十二人所組成。Johnsonville Foods所採用的自我管理小組是由十四到十五人所組成。在平式組織架構當中，一名老闆加上三十名以上的員工組成一個團體，這是司空見慣的一件事。

任務團體／小組通常要比指揮團體在規模上要來的小。負責發現真相的團體，其規模往往大於專責解決之道的團體。這些較大型的團體必須製造出很多的選擇方案和有品質的點子構想，因為他們的參與人員是來自各方的英雄好漢，所以理當能夠作出這些貢獻。[9]

如果團體中的人數過少，點子和創意的產生就會有所限制。因為成員們會變得小心謹慎，而每個人所分配到的工作量也會太大。從另一方面來看，如果團體人數太多，腳步則會變得遲緩，而且也不是每個成員都可以參與其事。成員人數若是在二十個人以上，這時就成了一個團體，而不是一個小組，因為有許多成員都必須在決策上取得一致性的看法，而這些成員也往往會各自結黨組成小團體。在大型團體中，假手代勞是個問題。所謂假手代勞就是團體中的成員會依靠其他人來幫他們分擔工作量。

規模會如何影響領導

團體規模會影響到領導、成員和團體的工作過程。[10]適當的領導風格因團體規模的不同而有不同。規模愈大，就愈需要正式或獨裁式的領導，以便提供指導方向。當經理人擁有較小規模的團體時，就會變得不那麼的正式，也會傾向採用參與式的領導風格。成員們處在比較大型的團體當中時，也會對獨裁式的領導作風比較見諒。而大型團體並不太能提供平等參與的機會。一般而言，在一個平均只有五人的小團體當中，參與度通常比較平均。這也是為什麼團隊小組都是採小規模的形態。團體規模愈大，就愈有需要採用正式架構化的計畫、政策、程序和規定。[11]

領導上的啟示

通常，經理人對旗下指揮團體的規模大小，並沒有什麼可以挑剔的。但是，如果部門太過龐大，你還是可以把它分成幾個團隊小組。身為委員會的主席，你也許有權可以選定團體的規模大小。若是可以這麼做，請務必根據任務的內容來決定團體的適當規模，並選出最具資格的團體成員。

團體的組成分子

什麼是團體的組成因子？

團體的組成因子（group composition）是指成員們的技巧和能力。不管類型和規模究竟如何，團體和小組的表現絕對會受到組成因子的影響。沒有技巧上和能力上的正確組合，任何團體都無法有水準以上的表現。

團體的組成因子
成員們技巧和能力的混合。

對夥伴關係比較有需求的人們，往往比那些對權力有高度需求的人更容易成為優秀的團隊小組成員，後者則比較適合在團體中做事。經理人通常比較有權力上的需求，對夥伴關係則不太在意，所以會造成他們傾向於採用團體的作

在選用團體或團隊小組成員時，一定要含括多樣化的人才。

法，對團隊小組的作業模式則有所抗拒。

領導上的啟示

團體領導最重要的功能之一就是去吸引、選用和留住最好的人才來從事工作。在選用團體或團隊小組成員時，一定要含括多樣化的人才。還記得第三章談到過，多樣化差異的團體往往比同質性的團體能有更傑出的表現。如果是團隊小組，你一定希望其中成員各自擁有互補性的長才，而不是通通都只會相同一種技術而已。跨功能性的小組提供的正是多樣化且互補性的各項技能。

團體的領導和目標

領導

就大層面來看，領導者會提供和判定團體的架構。在圖13-1裏頭，你學到了不同的團體和團隊小組會有不同的領導風格，在第十二章的時候，你也瞭解了團體表現是會受到領導者的影響，[12]而且從團體領導到團隊小組領導，這個角色會因為參與程度的不同而有一些變化。[13]在本單元裏，你又學到了團體規模會影響領導風格類型。接下來，你還會學到更多有關團體和團隊小組領導的事宜。

目標

在第五章的時候，你學到了擬定目標的好處，其實這些好處也同時適用於個人和團體。研究專家已經證實，接受一些艱難但明確的目標，而且全力以赴地達成此目標，可以改善表現的成果。[14]在團體中，目標的擬定往往很廣泛，通常是為了滿足某項宗旨而設定的。但是，團隊小組卻可以自行設定目標。團隊小組之所以成果表現高於團體的原因之一，就是因為他們可以設定自己的目標。目標有助於提供架構，可用來確認完成目標的組織性需求是什麼。

工作運用

3.請回想現在或以前的工作，請說出你所歸屬的團體或團隊小組，並描述它的規模、組成因子、領導和目標等。

領導上的啟示

富比世（Forbes）排名前二十五名的公司，都把重點擺在團隊小組領導和目標擬定技巧的發展上。[15]身為一名經理人，你需要為各種情況提供適當的領導風格。領導的責任之一就是確保團體的規模和組成因子都很適用於當下的狀況。身為一名團體或團隊小組的領導人，或者身為一名具備領導技能的成員，一定要確定該團體或該小組擁有很明確的目標。在擬定目標時，請遵循第五章所談到的方向原則。

MMC擁有三種層面類型的團體。它從團體逐步移向團隊小組的作法。合力品質計畫包括了各種規模的指揮團體和任務團體。MMC的團隊小組裏頭有領導人，可是組員們卻彼此分擔著領導的責任。當經理人發展團隊小組的時候，他們的確考慮到其中的組成因子，然後再由團隊小組自行發展自己的目標。

總而言之，團體架構的層面包括團體類型、規模、組成因子、領導和目標。請參考圖13-4對團體架構層面的回顧。

團體過程

當團隊小組成員一起合作想把工作完成時，他們之間的互動情形絕對會影響到他們個人和團隊的表現。**團體過程**（group process）是指當成員們施展工作時，所浮現出來的互動形態。團體過程也稱之為「團體動力」（group dynamics），[16]而且此過程是可以隨著時間的流逝而不斷地轉變。員工們知道自己處在某個團體當中，可是鮮少有人實際接受過有關團體過程技巧的訓練。[17]但是，團隊小組成員卻一定得接受團體過程的訓練，才可能有成功的機會。[18]多多留意團體過程，絕對可以改善團體的表現，特別是在溝通和決策這一方

團體過程
當成員們施展工作時，所浮現出來的互動形態。

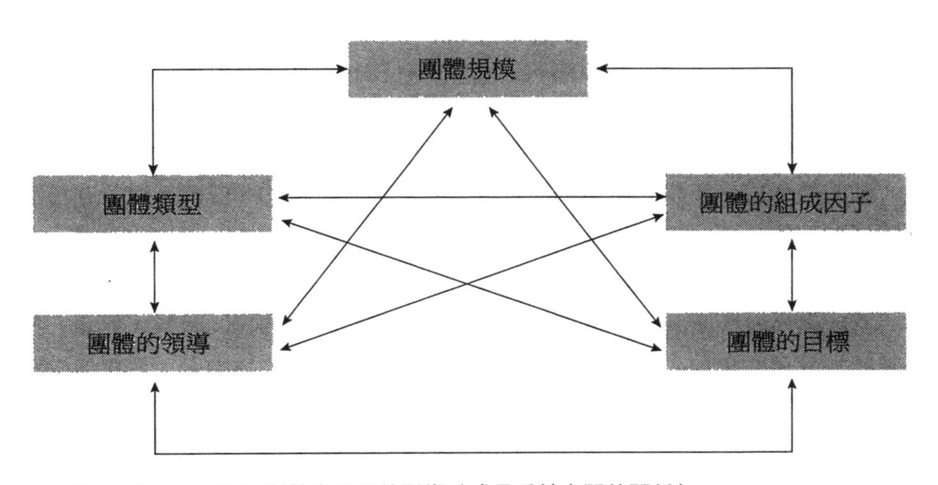

註：箭頭是指每一個層面對其它層面的影響（或是系統之間的關係）。

圖13-4 團體架構的層面

面。不管你所加入的團體類型是什麼，[19]你是否有能力可以瞭解團體過程和發展這方面的技能，這對你的績效表現、團體的績效表現、或對全體成員的滿意度來說，都會有很大的影響。

團體過程層面
包括角色、規範、凝聚力、身分地位、決策作成和矛盾解決等。

團體過程層面（group process dimensions）包括，角色、規範、凝聚力、身分地位、決策作成和衝突解決等。我們將在下一個單元裏，詳加討論這些因素。

4.界定在團體裏所扮演的三種主要角色

團體角色

當團體一起通力合作往目標邁進的時候，就必須施展出某些功能。因為功能是需要被施展的，所以人們必須發展出一些角色來施展這些功能。工作角色（job roles）是指對團體成員如何履行職位要求的一些共同期待。員工們各自擁有明確的角色，這一點是很重要的，因為唯有這樣，人們才知道自己的責任何在。工作內容有助於澄清這些功能性的角色。事實上，人們在同一個職位上，往往具備了多重性的角色。舉例來說，教授的角色可能是教師、研究專家、作家、顧問、指導教授和委員會的成員等。工作角色的變化很多，但是團體角色卻只有三種類型。

團體角色的分類

團體角色層面
分別是任務型、扶養型和自我興趣型。

三個主要**團體角色**（group roles）分別是任務型、扶養型和自我興趣型。在第十二章的時候，你學到了當經理人在和員工互動的時候，他們可以利用任務型行為或扶養型行為，除此之外，這兩種行為也可以用來發展出四種領導風格。[20]事實上，同樣的兩種層面也可以在團體成員有所互動的時候，被施展出來。

當成員所做或所說的事情都能直接有助於團體目標的達成時，就是在扮演團體任務型的角色。任務型角色的各種描繪用語包括架構性、以工作為中心、生產、以任務為導向和指導性等。

當成員所做或所說的事情都是為了發展和維持團體過程的時候，就是在扮演團體扶養型的角色。這類的描繪用語包括考量、以員工為中心、關係導向和支持性等。

當成員所做或所說的事情都對個人有利，可是卻會傷害到團體的時候，就是在扮演自我興趣型的角色。當團體成員把自己的需求，置於團體需求之上，團體的表現就會受到影響。舉例來說，如果某個成員所支持的解決方案，並不是最好的辦法，因為他在乎的只是有沒有照著他的方法來做，這就是所謂的自我興趣型。

身為團隊小組的成員，一旦你學會如何區分可讓個人和組織都受惠（雙贏的局面）的自我興趣型人物，以及只有個人受惠，組織卻受到傷害（一輸一贏的局面）的另一種自我興趣型人物之後，不管在進行什麼目標任務的時候，一定要小心謹慎一點才行。據說，唯有團體中的成員不計較採用誰的點子，該團體的表現才能夠提升。

角色如何影響團體的表現

為了有所成效，團體中一定要有一些成員扮演任務型和扶養型的角色，自我興趣型角色則是愈少愈好。團體中若是一味充斥任務型角色，也會傷害到團體的表現，因為他們並無法有效地處理矛盾衝突，而且要是沒有扶養型角色，工作上也會顯得枯燥乏味。而該團體的團體過程也一定會傷害到最後的表現成果。從另一方面來看，團體中的成員要是都過得很快樂，可是卻沒有成員來扮演任務型的角色，工作還是無法完成。此外，任何團體當中，自我興趣型的角色是絕對無法發揮出團體的最大潛力。

工作運用

4.請回想現在或以前的工作，請確認某位團體／團隊小組的成員，包括你自己，說明他們所扮演的角色是什麼。

領導上的啟示

處在一個團體中時，領導人應該知道各成員扮演的角色是什麼。如果成員們並沒有在既定的時間內扮演所需的任務型或扶養型角色，領導人就應該挺身而出，扮演這個角色。如果團體中的領導者並不能在成員做不到的時後，挺身扮演這些角色，團體中的任何一名成員都可以採取必要性的領導行動。此外，領導者也應讓團體成員知道這些角色扮演的必要性，和自我興趣型角色的不受歡迎。在下面單元裏，你將會學到有關團體發展和領導者該如何利用任務型角色和扶養型角色來協助團體發展等事宜。MMC的團隊小組成員以及其它許多組織，都曾接受過一些訓練，以便明瞭團體的角色是什麼。

團體規範

5.解釋規定和規範的不同

指揮團體通常都有政策、程序和規定來協助提供一些行為上的必要守則；任務團體則不然。但是常備性計畫的涵蓋內容並無法兼顧所有的情況。因此，團體中常有一些心照不宣的做事規範。所謂**規範**（norms）就是團體對成員在行為上的共同期待。規範可以判定出什麼應該做或什麼必須做，以便讓團體維

規範
團體對成員在行為上的共同期待。

概念運用

AC 13-2 角色

請確認以下說法中的角色扮演：

a.任務型 b.扶養型 c.自我興趣型

__ 6.等一下，我們不能驟下決定，因為我們還沒聽聽看Rodney的意見。

__ 7.我不瞭解，你能重新解釋一下我們為什麼要這麼做呢？

__ 8.我們早在你來這裏工作之前就試過了，可是還是不管用，我的點子可能更好。

__ 9.這和我們的問題有什麼相關？我們已經偏離正題了。

__ 10.我喜歡Ted的點子，勝過於我自己的。讓我們採用他的點子看看。

持住一貫有的良好行為。

規範如何發展

當成員們透過團體的例行事件而有所互動的時候，規範就會被自動地發展出來。每一位團體成員都有文化上的價值觀和一些過去的經驗。團體的信念、態度和知識也都會影響所發展出來的規範形態。舉例來說，在沒有實際談論和同意這可能會成為一種規定的情況下，團體就會心照不宣地決定出什麼才算是工作上可接受的程度。如果團體成員所發展出來的共同期待心理，認定這個程度還算不錯的話，成員們就會照著做。某個用語或某個玩笑話的使用，像詛咒或開開種族之間的玩笑，都會被成員們考量認定能否接受。如果某位成員講了一句詛咒性的話，或是開了一個種族上的玩笑，結果其它成員都瞪著他，好像他是個陌生人似的，或者是出言抵制，保證以後就沒有人敢再說出相同的話了。從另一方面來看，如果每個人都是時而詛咒，時而開開玩笑，其他成員也會起而效尤。規範會隨著時間的流逝而起變化，以符合團體的需求。多樣化差異的訓練往往能制止住這類種族性的玩笑話。

團體如何推行規範

如果某位團體成員並沒有遵守規範，其它成員就會試著要他服從。團體推行規範的最常見方法是訕笑、排斥、蓄意破壞和實質上的辱罵虐待。舉例來說，如果Sal 這位成員在績效表現上超出可接受的範圍，其它成員就可能開他玩笑或訕笑他。如果Sal持續打破這種規範的話，成員們可能會在言語上辱罵他或對他有排斥性的舉動產生，來迫使Sal服從規範。成員們也可能會破壞他的工作或是拿走工具和供應品，來企圖減緩他的生產速度。

領導上的啟示

團體規範可以是正面的，這對團體的目標來說，很有幫助；或者也可能是負面的，進而阻礙團體目標的達成。舉例來說，如果公司的生產標準是一天110個單位量，那麼團體規範若是設在100個，就算是一個負面性的規範。但是如果標準是90個，此規範就成了正面性的。領導者應該知道旗下團體的規範是什麼，也應該盡力去維持和發展正面性的良好規範，並試著減少一些負面性的規範。領導者應該勇於對抗那些有著負面規範的團體，試著找出合理的辦法來矯正它。

工作運用

5.請回想現在或以前的工作，請找出至少兩個團體／團隊小組規範。請解釋你為什麼知道它們是一種規範，團體又是如何推行它們的。

團體凝聚力

6.描述什麼是凝聚力，以及它對團隊小組來說為什麼很重要？

團體的凝聚力
成員們堅持在一起的程度範圍。

團體對規範的遵守程度和推行程度究竟如何，完全取決於團體的凝聚力。**團體的凝聚力**（group cohesiveness）是指成員們堅持在一起的程度範圍。團體的凝聚力愈強，就愈能像團隊小組一樣堅持在一起。團體中的會員資格愈是令人想要得到，其中成員的行為舉止就愈願意符合團體的規範。舉例來說，在一個有高度凝聚力的團體當中，所有成員生產的工作量大抵相同。但是在一個凝聚力適中或低下的團體當中，因為規範沒有被強制推行，所以各自的生產量也不一定。此外，如果某些團體成員有濫用藥物的情況，該團體就會發展出一種集體用藥的規範，被凝聚的成員有時候所做出的行為也不是他們自己所真正認同的。

影響凝聚力的因素

有六點因素會對凝聚力造成影響：

1.目標：對達成團體目標的承諾愈強，凝聚力就愈高。

2.規模：一般來說，團體的規模愈小，凝聚力就愈高。團體規模愈大，就愈難在目標上或規範上取得一致性的默契認同。產生凝聚力的 適當人數是在三到九人之間。

3.同質性：一般來說，團體成員愈相似，凝聚力就愈高。可是多樣化差異的團體往往可以作出比較好的決策。此外，人們多有物以類聚的傾向。

4.參與度：一般來說，成員之間的參與度愈平均，凝聚力就愈高。由一人或少數人所主宰的團體，往往比較缺乏凝聚力。

5.競爭：競爭的焦點所在也會影響凝聚力。如果團體的重心是擺在內部的競爭上，成員們就會試著想要凌駕於彼此之上，進而降低了凝聚力。如果成員們把焦點擺在對外的競爭上，其成員就會結合在一起，矛頭一致對外。

6.成功：團體在目標的達成率上愈成功，就愈能產生凝聚力。成功會孕育出凝聚力，進而帶來更多的成功果實。人們總是想加入屬於常勝軍的團隊小組裏。你是否注意到，常有敗績的團隊小組總是比常打勝仗的團隊小組要來得多有齟齬。成員們總是互相地抱怨和責怪。

凝聚力如何影響團體的表現

許多專家的研究調查都曾比較過擁有凝聚力的團體和沒有凝聚力的團體。結果發現到，有凝聚力的團體在完成目標上擁有比較高度機率的成功結果，滿意度也比較大。有凝聚力的團體成員在工作的錯失率上比較低，而且能彼此互相信賴和合作，緊張的壓力和敵意也會降低。S. E. Seashore曾經在幾年前執行過這類主題的研究，而且得到相當高度的肯定，該研究的結果指出凝聚力和表現之間的關係會有下列幾種方式，這項結果也得到了Robert Keller最近研究的證實。[21]

1.擁有高生產力的團體，具備有很高的凝聚力，而且能接受經理人對生產力的要求標準。

2.擁有低生產力的團體，也具備有很高的凝聚力，可是卻會拒絕經理人對生產力的要求標準，他們會自行設定和推行低於管理標準的規範。這個情況通常發生在工會化的組織裏頭，這些工會多半有 「你我絕不兩立」（us against them）的言論態度。

3.擁有適度生產力的團體，其凝聚力比較低，對管理階層的生產力要求標準，也不太重視。個別成員在表現上所產生的巨幅差異多半發生在那些凝聚力很低的團體裏頭。他們往往比較能容忍成員們對團體規範的不遵從。

領導上的啟示

身為一名領導者，你應該努力培養出具有凝聚力且能接受高生產力標準的團體。[22]參與度的使用有助於團體在許下承諾，努力完成目標時，共同培養出凝聚力。教練式的運用作法也有助於凝聚力的鼓勵和培養。[23]儘管某些內部性的競爭可能會有幫助，但是領導者還是應該把重點擺在和外面團體的競爭上。[24]這將有助於發展出一個具有凝聚力的常勝團隊，進而激勵該團體往更高的成功目標邁進。但是，你應該還沒忘記管理多樣化團體的眾多好處是什麼，所以在為多樣化差異的團體發展凝聚力時，千萬不要畏懼迎面而來的許多挑戰。

工作運用

6.請回想現在或以前的工作，請確認該團體的凝聚力是屬於高度、適中、或低度的凝聚力？請解釋其程度。

團體中的身分地位

當團體成員產生互動時，他們會對彼此衍生出各種層面性的尊重心理。團體成員所得到的尊重、聲譽、影響力和權力愈多，他或她在團體中的身分地位也就愈高。**身分地位**（status）是指某位成員在團體中其它成員心目中的認定排名。

身分地位
某位成員在團體中其它成員心目中的認定排名。

身分地位的發展

身分地位取決於幾點因素，其中包括成員的表現、工作職銜、薪資、年資、知識或經驗、人際互動上的技巧、外觀長相、教育程度、種族、年齡、性別、以及其它等等。團體的身分地位取決於團體的目標、規範和凝聚力。成員們若能一心向著團體的目標，往往就比那些不一心向著團體目標的成員們要來得有身分地位。團體也比較願意去傾聽一名打破團體規範的高地位成員，他的理由是什麼，或者是對他的挑釁行為採視而不見的容忍作法。享有高身分地位的成員對團體規範發展和決策的作成，擁有比較大的影響力。低身分地位的成員，他們的點子往往會被忽略，而且他們也比較喜歡仿效高身分地位成員的行為，對後者的建議通常採取接受的態度。

工作運用

7.請回想現在或以前的工作，列出每一位成員，包括你自己，確認每一個人在該團體中的身分地位是高、低、還是適中。並解釋這些成員為什麼擁有你所稱的身分地位？

地位身分如何影響團體的表現

高身分地位的成員對團體表現往往有很重要的影響。在一個指揮團體中，老闆通常是擁有最高身分地位的成員。領導者的管理能力對團體的表現也會造成影響。除了領導者之外，指揮團體中身分地位高的成員也會影響團體的表現。如果高身分地位的成員支持正面性的規範和高度的生產力，整個團體也會

概念運用

AC 13-3　團體過程

請確認以下說法中的團體過程層面：

a.角色　b.規範　c.凝聚力　d.身分地位　e.決策作成　f.衝突解決

__ 11.儘管我們在意見上時有歧見，我們的相處還是很融洽，而且很喜歡一起共事。

__ 12.當你需要做事上的意見時，請去見Shirley，她比任何一個人都熟悉這裏的事情。

__ 13.我必須承認，Carlos是這裏的和平使者，每一次有紛爭發生的時候，他總是設法讓成員們找出問題的解決之道。

__ 14.Kenady，你開會遲到了，每個人都很準時，所以我們決定不等你就先開始了。

__ 15.這和解決問題有什麼關聯？我們已經偏離主題了。

跟進仿效。

另一個影響團體表現的重要因素是身分地位的相合性。所謂身分地位的相合性（status congruence）是指成員對他們在團體中所得到的身分地位，其接受度和滿意度如何。不滿意自己身分地位的成員可能不會積極參與團體事務。甚至還會在精神上或物質上遠離這個團體，不願施展出自己的全部潛力。或者他們也可能會點燃團體中的衝突火花，以便自己爭取到更高的身分地位。有關領導的卡位之爭可能會持續很長一段時間，也或者永遠無法擺平。不滿意身分地位的團體成員可能會拉垮團體的整體表現。

領導上的啟示

為了有所成效，領導者必須在指揮團體中擁有很高的身分地位才行。領導者必須在團體中維持良好的人際關係，特別是和那些具有高身分地位的非正式領導人打好關係，以便確保他們會在一些正面性規範和目標上為你幫腔背書。除此之外，領導者也應該知道矛盾衝突可能是因缺乏身分地位的相合性而造成的。理想上，團體中各成員的身分地位最好是一律平等。

決策作成和衝突解決

團體和團隊小組所作成的決策對表現往往有很直接的影響。在團體當中，決策權通常掌握在經理人的手上。但是在團隊小組當中，決策權卻是由所有成員所擁有。創意性的解決之道和決策作成已經在第四章的時候說明過了，你也許可以複習看看有關團體的部分。

當團體成員無法達成一致性看法時，就會產生衝突。不管是團體或團隊小組，衝突都是司空見慣的事。懸而未決的衝突對表現會造成負面的效應。在下一章裏，你將可以發展你的衝突解決技巧。

MMC的經理人、團隊小組領導人和團隊小組成員都曾接受過訓練來發展他們的團體過程技巧。MMC的領導人試著要為所有成員提供明確的角色；發展正面性的規範；建立高凝聚力的團隊小組；讓團體中的成員都享有同等的身分地位；採納所有人的意見來作成參與式的決策；並解決矛盾衝突等。如果你瞭解並能發展出團體過程的技巧，你就能成為一個比較有成效的團體／團隊小組成員和領導者。圖13-5摘要了團體過程／動力的六種層面。

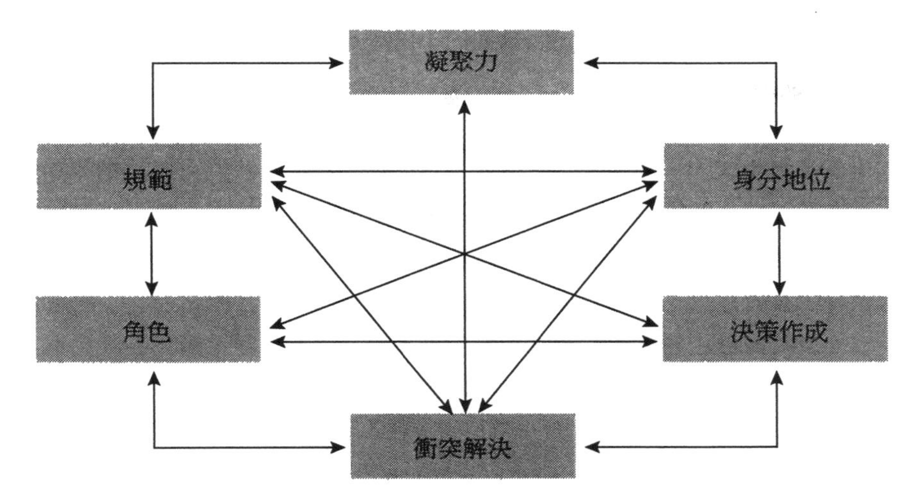

註：箭頭是指每一個層面，對其它層面的影響（或是系統之間的關係）。

圖13-5　團體過程的層面

團體的發展階段和領導風格

7.列出團體發展的四個主要階段，並說明承諾度和能力程度，以及適當的領導風格

所有團體都有獨特的組織背景、團體架構和團體過程，這些都會隨著時間的改變而有變化。但是，大家也都公認所有團體都會在他們從個體的聚集到平順運作，最後到成為有效的團體或團隊小組的過程中，經歷過相同的幾個階段。**團體發展的各個階段**[25]（stages of group development）分別是定向、不滿、解答、生產和終止。[26]

團體發展的各個階段
定向、不滿、解答、生產和終止。

情境領導可以適用在團體發展的任一階段上。[27]換句話說，適當的領導風格會隨著團體發展的程度而產生變化。在本單元裏，你將會學到有關團體發展的五個階段和每一個階段所適用的領導風格。

階段1　定向

定向階段就是大家所熟知的成形階段，它的特性是發展程度很低（D1）一也就是高承諾度和低競爭力。當人們剛開始組成團體時，往往懷抱著很高或適

中的承諾感來到團體中。但是，因為他們不曾一起合作過，所以並沒有什麼團隊競爭力可以運用。

在定向期，成員對團體架構的關注更甚過於對領導和團體目標的注意。團體的規模及其組成因子都需要好好拿捏。至於團體類型，我們可以說指揮團體是很難在全新成員的組合下而展開，所以這個階段的團體比較具有任務團體的特質。團體過程方面的議題，則包括成員該如何各就其位（身分地位）；可以從成員身上獲得什麼（角色和規範）；這個團體會像什麼（凝聚力）；決策如何作成；以及成員之間將如何相處（衝突）等等。這些團體架構和團體過程上的議題必須被一一解決，以便進展到團體發展中的下一個階段。

領導風格

對定向階段來說，適當的領導風格是獨裁型（高度任務／低度扶養）。當某個團體第一次聚在一起的時候，領導者需要花點時間協助他們澄清團體的目標是什麼，同時對各成員有明確的期許。領導者也應該花點時間讓成員們彼此互相瞭解。

階段2　不滿

不滿階段也是大家所熟知的風暴期，它的特性是發展程度很適中（D2）—也就是較低的承諾度和某種程度的競爭力。當人們合作一段時間之後，就會開始對該團體有不滿的心態出現，成員們開始質疑：為什麼我是這裏的成員？這個團體能成就什麼事呢？為什麼其它團體的成員不用照他們的吩附來做事？……通常任務會比預期中的要來得複雜和艱難，所以成員會受到挫折，甚至覺得力不從心。但是，這個團體的確已經發展出某種程度的競爭力來施展他們的任務。

在不滿期，團體需要合力解決團體架構和團體過程方面的議題。對這個團體究竟能有什麼期許？這一點應該會愈來愈清楚。規範、身分地位、和凝聚力都正在發展，決策也需要作成，衝突已慢慢浮出檯面。這些團體架構和過程議題必須在該團體進展到下個發展階段前，先逐一被解決掉才行。有可能團體會受困於此階段，再也無法發展下去。

領導風格

對不滿階段來說，適當的領導風格是諮商型（高度任務／高度扶養）。當不滿心態逐漸消退之後，領導者需要把重點擺在扶養型角色的扮演上，好鼓勵成員繼續努力往目標邁進。當成員們發展出適當的團體架構和過程時，領導者也應該幫助成員們滿足需求。在此同時，領導者還需要繼續提供必要性的任務行為來協助團體發展出自己的競爭力。

階段3　解決

解決階段也稱之為模範階段，它的特性是很高的發展程度（D3）—可變的承諾度和高度的競爭力。在時間的催化下，成員們通常已能克服預期心理（和目標、任務、技巧等有關）和現實之間的不同差異了。他們也變得比較能滿足於團體的現狀。成員彼此之間的關係也已發展完畢，所以可以滿足成員們對人際關係上的需求。當成員們在發展團隊架構和過程時，以及發展可接受的領導、規範、身分地位、凝聚力和決策作成時，他們也開始學會如何一起合作共事。在衝突或轉變期出現的時候，該團體也需要解決這些議題。

承諾度會隨著團體的互動，時而產生一些變化。如果團體不能有效地處理團體過程方面的議題，該團體就可能退化到階段2的地步，或者停滯不前，在承諾度和競爭力上也有了些許的動搖。如果該團體對正面性團體架構和過程的發展，處理得相當成功，就會進展到下個階段。

領導風格

對解決階段來說，適當的領導風格是參與型（低度任務／高度扶養）。一旦團體成員知道該做什麼和做事的方法，就不再需要提供什麼任務型行為了。該團體需要的是領導者來扮演扶養型的角色。

當承諾度起伏有變化時，通常是因為團體過程中的某些問題沒有解決，例如某種衝突。領導人需要專注在扶養型行為的扮演上，好讓團體能逐一通過它所面臨到的問題。如果領導者持續提供一些不必要的任務指導，該團體就會產生不滿的心態，並開始退化，或在此階段上停滯不前。

階段4　生產

生產階段也被稱之為施展階段，它的特性是卓越的發展程度（D4）—高度承諾和高度競爭力。在此階段，承諾度和競爭力不會波動太大。該團體以團隊小組的方式，一起合作共事，而且滿意度都很高。他們可以維持正面性的團體架構和過程。因為其中成員都很有生產力，所以很能帶動起正面性的情緒反應。該團體的架構和過程可能會隨著時間的改變而起變化，但是任何議題都可以快速且輕易地解決。成員們彼此之間也很能坦誠以對。

領導風格

對生產階段來說，適當的領導風格是授權型（低度任務／低度扶養）。到了這個階段的團體，他們的成員都能很恰如其份地扮演好任務型和扶養型的角色，所以領導者不需在這兩個角色上費力演出，因為該團體成員都能有效地分擔領導責任，除非這中間有問題產生。

階段5　終止

終止階段也稱之為懇求階段，這在指揮團體中不會見到，除非有大幅度的重組動作產生，但是任務團體卻需要面臨這個階段的到來。在這個階段裏，成員們會感受到離別的情緒。對那些經歷過前面四種階段的團體來說，成員們通常會覺得很感傷；但是對那些在前面階段上毫無進展的團體來說，成員們反而會有如釋重負的感覺。該團體可能會有好長一段時間都在談論有關終止這個團體的話題，也或者會在最後一次聚會中才談論到此話題。在團體宣告終止之後，成員之間是否會再見面，往往會隨著關係上的意義深淺而有不同局面的產生。

MMC也有各式各樣的團體。不同的團體有不同的發展程度。但是為了確保這些團體有所發展，MMC的員工都接受過訓練，知道該如何發展團體過程的技巧。團隊小組比團體更能有高度的發展程度。身為團體／團隊小組的領導者或成員，一定要知道該團體的發展階段是什麼，並利用適當的領導風格來協助它進展到生產的階段。

工作運用

8.請回想現在或以前的工作，確認該團體的發展階段和領導者的情境管理風格是什麼。該領導人所採用的是適當的領導風格嗎？請解釋還可以做什麼來改善該團體的架構和過程？

團體發展和領導風格的變化

有兩個變數一定會出現在團體發展的每個階段上，一個是任務上的各種工作（競爭力）；另一個則是社會性情緒或士氣（承諾度）。這兩個變數在進展上不會保持相同的模式，競爭力往往會在前四個階段上維持不斷增加的態勢，而承諾度在階段1的時候很高昂，到了階段2就滑落下來，等到階段3和階段4的時候，又往上揚。整個變化就如圖13-6所描繪的一樣，其中還在底部加上了各發展階段所適用的領導風格。在**技巧建構練習13-1**：團隊小組的情境管理當中，你將可以培養自己對團體發展階段的確認能力，以及適用於該團體／團隊小組的領導風格。

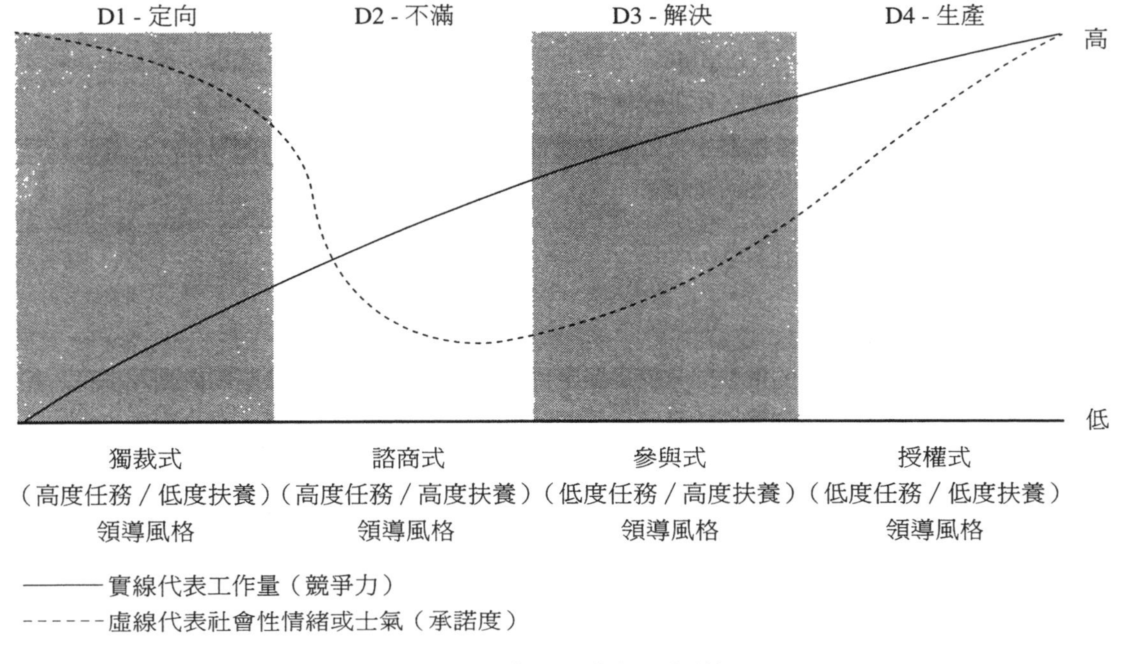

圖13-6　團體發展階段和領導

從團體發展到團隊小組

8.解釋團體的經理人和團隊小組領導人這兩者的不同

正如圖13-1所示，團體和團隊小組是不同的。現在的趨勢是授權給團隊小組，因為團隊小組比團體要來得有生產力。[28]為了把團體轉變為團隊小組，首先要考慮的就是部門／團體的規模。如果你底下的成員在二十個人以上，最好把他們分成兩到三個團隊小組。在本單元裏，你將學會有關訓練、規劃、組織和調度、領導和控制團隊小組的事宜，以及團體經理人和團隊小組領導人這兩者之間的不同差異。

訓練

如果你期待一個團體能像團隊小組一樣地發揮功能，其中的成員就要接受有關團體過程技巧的訓練，這樣子，他們才能有決策能力和處理衝突的能力。

正如第八章所討論的，團隊小組的建立計畫對團體轉型為團隊小組來說，是相當有助益的。[29]在MMC，管理階層並不只是把人員分配到團隊小組當中，就要他們拿出成績來，而是讓他們接受訓練，如此才能有好的成績表現。

在組織或團體中，管理功能有不同的處理方式，在這個單元，你將學到管理人的工作是如何變化著。

規劃

規劃中的重要部分就是擬定目標和作成決策。不管是團體或團隊小組，都需要有明確的目標；發展良好的計畫來完成目標；以及有效的決策作成來施展比較高層次的功能。團體和團隊小組這兩者之間的主要差異就在於由誰來發展目標和計畫，以及由誰來作決策。若是想從團體形態轉變為團隊小組，經理人應該讓成員們在他的從旁協助之下，一起擬定目標、發展計畫和作成決策。經理人的角色轉變是為了融入成員之中，確保他們知道目標是什麼，而且願意接受這些目標，並承諾要全力以赴地達成它們。

組織和調度

組織和調度的重要部分就是為成員指派工作和職權，並選用、評估和報酬這些成員。在團體中，經理人都已經為成員們指派好非常清楚明確的工作，而且在工作過程上是一個個獨立運行的個體。可是對團隊小組而言，彼此工作可以互相交換，而且是由成員們自己指派。

不管是團體或團隊小組，成員們都應清楚明瞭自己在各種情況下所具有的職權程度（正式、推薦、報告、完整）是什麼。在團體中，權力是由經理人所掌控；在團隊小組中，成員們則擁有比較高的權力。MMC的團隊小組對預算500美元以下的支出，可以擁有完整的撥用權力。若是想花更多的錢，則需請示指導委員會。

在團體中，經理人可以自己決定要雇用誰；而在團隊小組中，則是由成員們來作選擇。在團體中，經理人會評估個別成員的表現；在團隊小組中，則是由成員們互相評估彼此的表現和小組的整體表現。透過人力資源部門，報酬制度可以完整地貫徹在組織內部，小組的報酬是根據整體表現而定的；團體的報酬則是因個別成員的表現而定。

領導

工作運用

9.請回想現在或以前的老闆，並請確認該老闆是屬於團體的經理人？抑或是團隊小組的領導人？請解釋你為什麼這樣分類的理由。

在團體中，只有一個明確的領導人；在團隊小組中，領導是由所有成員一起分擔。但是，多數的小組也會指定一個成員來擔任領導人的角色。但是，領導人必須要分擔小組的責任，他的工作重心並不是告訴成員該做什麼，或指定成員的工作內容。有效的團隊小組領導人在團體過程和小組建立上，擁有高度的技巧能力。所以他的工作重點是發展團體架構和過程。領導人的多數時間都花在溝通上，以確保各個角色都很清楚明確；規範也很正面性；整個團隊有很高的凝聚力；身分地位不是問題的根源所在；決策可以因全體成員在意見上的協調一致而獲取；而矛盾衝突的解決也能令雙方滿意。有效的領導人會努力帶領成員一同邁向生產的發展階段，而且會隨著團體發展階段的不同，改變自己的領導風格。

控制

在團體中，經理人要負責監控目標的進展，並在必要的時候，採取更正的行動。有特定的成員負責製作產品或服務；其他人則負責進行品管。在團隊小組中，成員們則要自行負責進度的控制；行動上的更正；和品管的實施。

團隊的經理人VS.團隊小組的領導人

簡而言之，團體的經理人和團隊小組領導人是完全不同的。團體的經理人必須施展四種管理功能。**團隊小組領導人**（team leaders）則授權給成員來施展各種管理功能，而自己則專心發展團體架構、團體過程和團體發展等事宜。MMC的經理人角色已逐步轉變為團隊小組領導人的角色。事實上，在某些團隊小組裏，經理人甚至不是正式的領導者。因為現在的趨勢是團隊小組領導，所以你一定要瞭解團體架構、過程和發展，並具備發展團隊技巧的能力才行。

團隊小組領導人
團隊小組領導人會授權給成員來施展各種管理功能，而自己則專心發展團體架構、團體過程和團體發展等事宜。

會議的領導技巧

在團體架構中，經理人要花很多時間參加一些管理性的會議。一般而言，很少有會議需要員工的參與。但是，多數的團隊小組在開會時會要求員工的加入，而且團隊小組每天都有例行性的會議要開。在團隊小組的趨勢之下，舉辦會議的次數愈來愈多。因此，對會議的管理技巧有更甚以往的需求。事實上，[30]會議的成功與否取決於領導者對團體過程的管理技巧如何。[31]有關會議的常見抱怨包括：開不完的會、會議時間太過冗長、會議中一點生產效率也沒有等等。會議的領導技巧可以成就出非常有生產效率的會議。福特汽車花了50萬美元，派遣280名員工去參加一個為期三天的會議以及三個為期一天的後續會議，目的就是要改善他們的績效表現。[32]在本單元裏，你將會學到如何規劃和執行一個會議，以及如何處理有問題的團體成員。

規劃會議

領導者和成員們對會議的準備工作，對會議來說有非常直接的影響關係。未經準備的領導者所舉辦的會議往往非常沒有生產效率。事實上，至少有五個地方需要用到規劃：目標、參加者的選定和指派作業、議程、會議的時間和地點、以及領導等。舉辦會議之前，籌辦人應事先發給每位參加者一份書面的計畫影本（請參考圖13-7）。

目標

也許對會議籌辦人來說，最大的敗筆就是他們沒能事先搞清楚會議的目的是什麼。早在你召開會議之前，就應該清楚界定會議的目的，並擬定會議中有待完成的目標是什麼。唯一的例外是那些定期舉辦的資訊傳播會議或動腦會議。

參加者和指派作業

早在會議被召開之前，你就應該決定好有哪些人應該參加會議。若是參加人數過多，可能會拖緩議程的進展。需要讓全體成員參加嗎？應該邀請團體以外的一些專家來與會嗎？對一些爭議性的議題，領導者最好事先就和幾個關鍵

內容

- 時間：列出日期、地點（如果有改變的話）和時間（開始時間和結束時間）。
- 目標：說出會議的目標和目的何在。目標可以隨著議程項目一起列出，如下所示，而不是成為個別的獨立單元。指定作業也可以列在議程當中，如同下面Ted和Karen的例子。
- 參與及指派任務：若所有成員的指派任務皆相同，則將它列出。若不同的成員，其指派任亦不同，則列出他們的姓名及指派任務。指派任務可列成議程項目，如下列Ted和Karen的議程所述。
- 議程：依優先順序列出每一個涵蓋的項目，並說明大概所花的時間長度。上次會議的總結備忘錄也可以成為其中一項議程。

實例

黃金團隊小組會議

199X年11月22日，黃金會議室，早上九點到十點

參加者和作業指派

所有成員都應參加，而且需在會議召開之前，讀完所附的六本電腦手冊。會議中要討論你們的偏好選擇。

議程

1. 由PC代表向成員介紹兩種PC的討論和選擇事項——需時45分鐘。（請注意，這是最主要的目標；實際的選擇稍後才會進行）
2. 由Ted提出Venus的計畫報告——需時5分鐘。
3. 由Karen提出有關改變產品過程的點子——需時5分鐘。有關此點子的討論將挪到下次會議再行展開。

圖13-7　會議計畫

性成員討論過。參加者也應該事先知道自己在會議中有什麼需要出力的地方。如果需要參加者做好事先的準備動作（閱讀教材、作些研究、進行報告、以及其它等等），也要早點告知才行。

議程

早在召開會議之前，你就應該知道要進行哪些活動，才能達成會議的目標。議程可以告訴成員，會議當中有什麼內容，以及會議是如何進展的。因為不必要的討論和各種偏離主題的事情在會議中很常見，所以有必要為每一項議

程的所需時間設定限制。若是議程真的超出了時間，就該有人起身發言，把現場拉回到主題上。但是你也需要有些彈性，在真正有需要的時候，不吝多花點時間。成員們也可以提出一些議程。如果你的議程需要事後展開後續的行動，也需要訂下明確的目標。

議程必須依優先次序而排列。如果該團體沒有時間涵蓋所有的項目，就可以把一些不太要緊的議程跳過去。本書作者曾經參加過無數次大大小小的會議，在這些會議中，領導人總是把所謂可以快速帶過的議程項目放在最前面，結果反而讓整個團體陷於這些芝麻蒜皮的小議程當中，再不然就是連那些重要的議程也不小心地一併帶過，或是拖到最後才討論到它們。

日期、時間和地點

為了決定當週最有利於會議的時間和地點，最好參考一下成員們的意見。成員們的注意力在早上時間往往比較能夠集中。當成員們彼此住得很近時，就可以經常性地舉辦一些需時較短的會議，只著重在少數幾個議程上就可以了；若是成員之間有人需要旅行往返，才能參加會議，這時就只能減少舉辦的次數，會議的時間則可以拉長。但是會議的地點很重要，一定要讓成員們在物質上覺得很舒適。請務必確定小團體的討論會議，其座位的安排必須讓與會人士有眼神上的接觸，並有充裕的討論時間，這樣才不會讓與會者匆忙結束討論。如果會議地點需要預約，也要早點展開預約作業，才不致於到時沒有適當的會議室。

隨著科技的進步，電話會議變得愈來愈普遍，影像會議也廣受到大家的歡迎。這些技術可以省下旅行的成本和時間，但是卻可能產生更好更快速的決策結果。使用影像會議的公司包括安泰保險（Atena）、Arco、波音（Boeing）、福特汽車、IBM、TRW和全錄（Xerox）。個人電腦據稱是用來舉辦會議的最有效工具。個人電腦可以轉接到大型螢幕上，成為一種「智慧黑板」（intelligent chalkboard），它可以大幅地改變會議的結果。個人電腦也可以記錄有關會議的內容，會議終了時，還可以立即致贈每位與會者一份記錄影本。

領導

領導人應該為所舉辦的會議判定適當的領導風格。每一項議程都應有不同的處理手法，比如說，有些項目只是資料訊息的傳播；有些項目則需要與會人士的討論、投票、或一致性默契的產生；還有些項目則要求某位成員進行簡短的報告，諸如此類等等。培養團體成員能力的有效方法就是讓成員們輪替擔任會議中的主持人和領導者角色。

會議的執行

9.討論會議的三個部分

第一次會議

在第一次會議中，團體是處在定向階段上。領導者必須好好扮演高任務型的角色。但是，成員們也應該要有機會去認識與會中的各個人士。自我介紹可以為後續的各種互動先做鋪路，所以最簡單的方法就是在一開始的時候，要求每位與會者簡單地自我介紹，然後再談到該團體的成立目的、目標、以及各成員所扮演的工作角色。當這個部分告一段落之後，就可以休會幾分鐘，讓成員們有互相閒話家常的機會。如果成員們發現自己不能達到社交上的目的需求，不滿的心態就可能油然而生。

會議的三個部分

會議應該有以下三個部分：

1.目標的確認：會議的開始要準時，若是一定要等候那些姍姍來遲的成員才開會，就好像在處罰那些準時前來的會員一樣，不免會造成不良的示範，以後大家也都會跟著遲到。會議一開始的時候，要先回顧一下最新的進展、該團體的目標和此會議的召開目的。如果有會議記錄的話，則會在下次會議開始的時候，就先讓會員審核通過。對多數會議來說，一般都有一位秘書人員來擔任會議記錄的工作。

2.涵蓋所有的議程項目：請務必依照優先順序來涵蓋所有議程項目。試著維持時間上的設限規定，可是也要有彈性。如果討論內容很有建設性，而且會員們也需要有更多的時間來進行討論，就大方地給吧！但是，如果討論內容都是一些破壞性的爭論議題，最好就此打住，改談下一個議題。

3.摘要總結和回顧各項作業：準時結束會議。領導人應該摘要說明會議中所談到過的議題；會議的目標有否達成？並回顧會議中所指定到的未來作業。此外，也要取得成員們對各指派任務的承諾，或者是他們對下次會議的參加意願。秘書人員或領導人需要把這些作業全部記錄下來。如果在指派作業上沒有任何後續動作或責任的劃分，成員們就可能不會做它。

領導

團隊小組領導者需要把重點擺在團體架構、過程和發展上。正如前面所談到的，領導風格需要隨著團體的發展程度而改變。領導者一定要在需要的時候，提供適當的任務型或扶養型行為。

處理問題成員

隨著成員們的共事，各種人格類型也會慢慢地浮現。有些人格類型可能會造成團體的缺乏效率。團體中所常碰到的問題成員有以下幾種：沉默型、嘮叨型、迷路徘徊型、無聊型和爭論型。

沉默型

為了將效率發揮到極致，所有團體成員都應參與。如果有人慣於保持沉默，該團體就無法受惠於他們的意見貢獻。

領導者的責任就是鼓勵那些沉默以對的成員積極參與會議。有一個技巧可供領導者採用，那就是輪派的作法，也就是說所有成員都要輪流貢獻己見。這種方法比起直接點名要來得比較沒有威脅性。但是，這種輪派法也不是每次都很管用。為了建立沉默型成員的自信心，最好以一些他們能夠處理回答的問題來詢問他們的意見。當你確定這些人有自己的想法時，一定得要求他們表達出來。此外，也要注意他們在非言語上的一些溝通內容，好決定何時點召，要求他們表達意見。

如果你也是一個沉默型的人物，請試著多多參與。在適當的時機站起來表達自己的看法，而且在態度上要篤定而有自信。

嘮叨型

嘮叨型人物對每件事都有話說。他們喜歡主宰整個討論。但是，如果他們真的主宰了，其他成員就無從插手。嘮叨型人物很容易引起內部問題，比如說低凝聚力和衝突矛盾等。

領導者的責任就是要減少嘮叨型人物的說話次數，可是不是要他們閉嘴不談，只要讓他們不能主控整個團體就可以了。輪派作法也有點效，因為他們必須等到輪到自己的時候，才能發表談話。若是不採用輪派的作法，則可以溫和有禮地打斷他的談話，提出你自己的看法，或者要求其他成員提出他們的看法。你可以藉著提出以下類似的說法：「讓我們給那些還沒有回答問題的人，一些機會好嗎？」這樣子也許可以讓嘮叨型的人說得少一點。團體中要是有嘮叨型的成員，領導者可能要在會外先和他打聲招呼，讓他對自己的行為有自知之明，以及為什麼行為改變是有必要的。

如果你也是個嘮叨型的人物，請試著控制一下自己。給別人一點為自己說話的機會和做事的機會。好的領導人會培養其他人在這些方面的能力。

迷路徘徊型

迷路徘徊型的人物往往會偏離團體議程的主題，他們常常會改變主題，有喜歡多所抱怨。領導人必須負責讓整個團體不偏離主題。如果迷路徘徊型的成員想要進行交誼，請對他敬謝不敏。要有禮貌地謝謝這位成員的貢獻，然後再丟一個問題給眼前的成員們，讓整個方向回到原來的主軸上。但是，如果迷路徘徊型的成員擁有合法且可以解決的問題，就不要拒絕他，可讓團體一起討論。團體架構的問題應該先提出來，並解決掉。但是如果不能解決，也要讓整個團體回到主軸上。緊緊抓住某項議題，卻無力解決，這樣絕對降低成員士氣和對任務的使命感。如果迷路徘徊型的成員一直在抱怨一些無力可解決的議題，請以類似下面的說法來招架：「我們的薪水也許不夠高，可是我們對它並沒有主控權，抱怨也不會讓我們加薪，還是讓我們回到手邊的議題上吧！」

如果你正是一個迷路徘徊型的人物，請試著瞭解自己的行為，並以手邊的主題為重。

無聊型

你的團體可能會有一或多名成員，對這些工作任務不甚有興趣。無聊型的成員可能會分神在其它的議題上，而且對團體的會議不甚留意，甚至不出席會議。無聊型的成員也可能認為自己高人一等，覺得這個團體幹嘛花這麼多的時間來開會？

領導者有責任要讓成員們保持高昂的工作幹勁。你可以指派這些無聊型的成員在黑板上記錄各種構想的提出，或者進行會議記錄。點名詢問這些無聊型

概念運用

AC13-4　團體裏的問題成員

請確認這些問題類型是：

a.沉默型　b.嘮叨型　c.迷路徘徊型　d.無聊型　e.爭論型

__ 16.Charlie總是最先提出他的點子。他一向在點子的描述上，非常地仔細清楚。因為Charlie的反應很快，所以其他人有時候會批評他。

__ 17.平常一位極為活躍的成員，此刻正遠遠地坐在後方。 其他成員則熱絡地進行所有討論，並志願擔任各種作業任務。

__ 18.當團體在討論某個問題時，Billy反倒在問團體成員是否有聽說過公司的持有人和郵件室的人員。

__ 19.Eunice通常很不願意提出她的看法，當有人要她表明自己的立場時，她往往會改變自己的看法去附合其他人。

__ 20.Dwayne很喜歡挑戰成員們的點子構想。他喜歡別人採納他的辦法。當成員們不同意他的看法時，他會對成員們以前犯過的錯誤加以置評。

成員的意見看法，把他們帶進團體中。如果你放任他們，事情可能會愈來愈糟，最後其他成員也受到影響，全都不參加會議了。

如果你是屬於無聊型的人物，請試著找出辦法激勵你自己。努力讓自己更有耐心，並控制自己這種對其他成員可能有的不良示範。[33]

爭論型

就像嘮叨型的人物一樣，爭論型的成員喜歡成為大眾注目的焦點。當你採用反調法（devil's advocate approach）為尤其會出現。但是，爭論者喜歡為爭論而爭論，出發點並不是為了協助整個團體。他們把整件事情搞得只有輸或贏的局面，而且還不願意成為輸的那一方哦！

領導人應該要解決衝突，可是不能以爭論的方式進行。千萬不要被爭論者拖下水，也成為他們的其中一員，這正是爭論者所樂於見到的。如果不幸展開了爭論，請將其它人帶進討論之中。如果是屬於個人性質的爭論，則最好就此打住。個人性的攻擊只會對團體帶來傷害。請務必讓整個討論不背離主題。就像和嘮叨型人物相處一樣，領導者可能需要在會外，先和爭論型的成員打聲招呼，以便改善他的行為。

如果你正是一個爭論型的人物，請試著以自信的方式提出你的看法，而不是企圖挑起爭論。請傾聽一下別人的看法如何，如果他們的點子更好，說不定你會願意改變自己的觀點。

工作運用

10.請回想你曾參加過的會議。你有在會議召開之前，接到過議程通知嗎？該領導者主持會議的能力如何？請告訴我們，你認為該會議可以有什麼改進的地方？其中是否有任何問題成員的存在？領導者是如何處理他們的？

和團體成員一起共事

不管何時你在團體中展開工作，都不要覺得不好意思；不管對方是如何地令人討厭，也不可以恐嚇或和其他成員爭吵。如果你做不到，就會使自己成為一名欺凌弱小的人，而對方卻成了受難者。如果你團體中的成員有非常嚴重的問題，是上述那些辦法所無法解決的，最好找機會在團體以外的地方和他們個別談談，請他們同意以合作的態度來參與團體的事情。

現有的管理議題

全球化

團隊小組的全球化趨勢始自於日本。日本公司之所以這麼有生產效率，大半是因為他們擁有以團體為主的團隊工作文化。儘管文化對團隊工作VS.個人

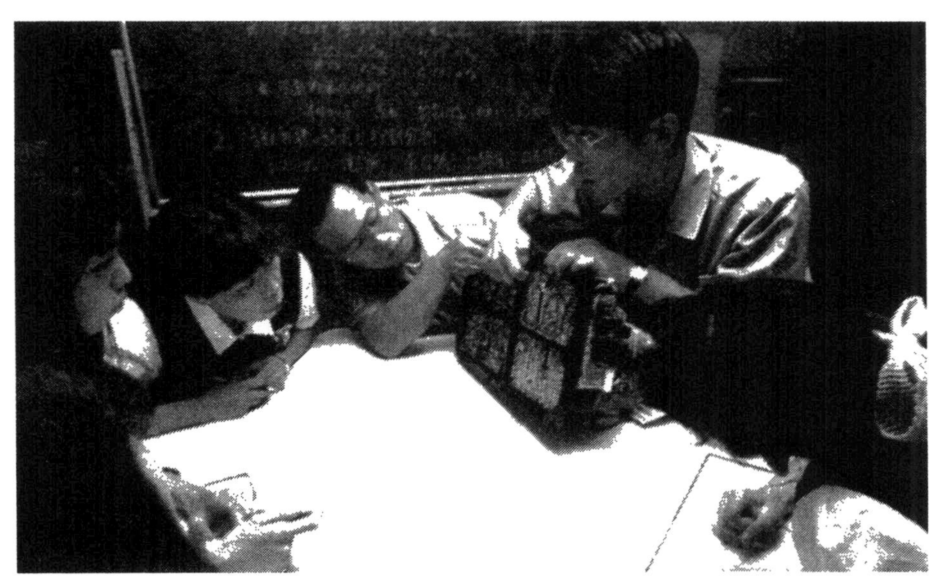

日本公司因為團隊分工的作法而變得非常有生產效率，他們還將團隊小組的作法成功地落實到其它幾個國家裏。

主義來說，有非常直接的影響關係，日本人卻很成功地將團隊小組的作法落實到其它的幾個國家裏。日本的馬自達汽車公司（Mazda）在密西根州的Flat Rock建立了一座廠，它就是根據團隊小組的作法而來的。但是，經理人在挑選和培養該公司的美國員工時，都非常地小心翼翼。這些經理人知道，並不是每一個人都很適用於團隊的作法，所以應徵者必須接受人際互動技巧、工作幹勁、學習精神和再學習精神的評估觀察，好決定這些應徵者是否對團隊小組的作法有興趣，究竟能不能加入其中。被雇用的員工會接受一個為期三週的訓練課程，課程重點就是協助他們如何以個人的方式來作出最好的功能表現，更重要的是，如何以團隊小組的方式來發揮最大的貢獻成果。這個訓練之後，還有一個為期十週的技術訓練，結業之後，才能成為正式的馬自達團隊小組成員。馬自達公司投資了4,000萬美元，平均在每位員工的身上得花掉13,000美元。

多樣化差異

正如我們在第三章所談到的，多樣化差異對團隊小組的成功與否有非常關鍵性的影響。一般而言，多樣化的工作小組在表現上會優於同質化的工作小組。[34]身為小組的成員，將有助於發揮個人的承諾使命來達成組織的目標。[35]

道德

坦然誠實以對是一種有道德的行為。團隊小組中的信賴程度往往高過於團體中的信賴程度。當團隊小組能遵守道德時，組織也會變得比較能負起社會上的責任。

TQM、參與式的管理和團隊分工

TQM的第四點原則就是團隊小組的利用，以便將重點放在系統和過程上，並進行持續性的改善工作，以確保顧客的價值。在TQM裏頭，團隊小組有權可以採用參與式的管理辦法來施展管理功能。品質圈（quality circles）就是參與上的一個起點。[36]品質圈是一些小團體，他們會碰面討論在功能部份有待改進的地方。品質圈已經不再受到大家的歡迎，因為他們是所謂的特遣小組或委員會。今天，持續性的改進是團隊小組所一直在做的事情。福特汽車在1980年代就有了品質問題的解決小組（所謂的品質圈）。到了1995年，福特公司的密西根廠正式改為團隊小組的製作方法。[37]

生產力

重新改造是最主要的重組辦法，它會把整個組織轉變為幾個團體，再轉變為幾個團隊小組，以增加生產力。重新改造再加上適當的小組技巧訓練，絕對可以成功地施展在許多組織的身上。但是為了增加生產力而採用的精簡化作法，卻不是把重點擺在團體轉型為團隊小組的作法上。比較常見的辦法是減少團體成員的數量，要求剩下的成員維持住以前的團體生產標準。但是這種精簡化並不管用。大量的裁員只會帶來短期性的效果，後續一定會有一些不好的結果，如低士氣、工作量過大、或者是由不滿員工所造成的蓄意破壞。[38]

小型企業

小型企業比較能佔到好處，因為它們擁有的員工人數多半很少，所以比較容易以較少的成員展開團隊小組的工作。但是，許多小型企業並沒有資源來訓練他們的員工和發展他們的團隊技巧。除此之外，許多創業家有獨裁式的傾向，換句話說，這些創業家都是團體的經理人，而非好的團隊小組領導人。

摘要與辭彙

經過組織後的本章摘要是為了解答第十三章所提出的十大學習目標：

1.描述團體和團隊小組之間的不同差異

這兩者的主要不同差異就在於規模、領導、工作、肩負責任與評估、報酬和目標上。團體是由兩個以上的成員所組成，其中有明確的領導者來施展獨立的工作，指定個別成員的職責，並進行成員的評估和報酬給付。團隊小組則是指一小群成員，他們共同分擔領導統御的責任，在工作上必須互相依存，不管是個人和團體的責任，評估和報酬，都是共同分享。

2.說明團體表現模式

團體表現是屬於組織背景、團體架構、團體過程和團體發展階段的一種功能目的。

3.列出和解釋團體類型的三種層面

三種團體類型層面分別是正式或非正式、功能或跨功能、以及指揮或任務。正式團體被創造為組織架構中的一部分；非正式團體則不然。功能性團體成員來自於同一個領域；跨功能性成員則來自於不同的領域單位。指揮團體包括經理人和他們的員工；而任務團體則涵蓋一些被選出的員工，他們是為某個特定目標而一起共事合作的。特遣小組是暫時性的；常備性委員會則是持續永久性的。

4.界定在團體裏所扮演的三種主要角色

當成員所做或所說的事情都能直接有助於團體目標的達成時，就是在扮演團體任務型的角色。當成員所做或所說的事情都是為了發展和維持團體過程的時候，就是在扮演團體扶養型的角色。當成員所做或所說的事情都對個人有利，可是卻會傷害到團體的時候，就是在扮演自我興趣型的角色。

5.解釋規定和規範的不同

規定是由管理階層或團體本身所正式設定的。規範則是團體對成員在行為上的共同期待。規範並不是由管理階層所發展出來，也不需要經過團體成員的同意，它是因成員之間的互動而產生的。

6.描述什麼是凝聚力，以及它對團隊小組來說為什麼很重要？

團體的凝聚力是指成員們堅持在一起的程度範圍。團體的凝聚力很重要，因為具有高度凝聚力的團體，可以比低凝聚力的團體更能接受管理階層的生產標準。

7.列出團體發展的四個主要階段，並說明承諾度和能力程度，以及適當的領導風格：團體發展階段分別是

（1）定向期，它的特性是很低的發展程度（D1）—高度承諾和低度能力，適當的領導風格則是獨裁式；（2）不滿期，它的特性是發展程度很適中（D2）—也就是較低的承諾度和某種程度的競爭力，適當的領導風格則是諮商型）；（3）解決期，它的特性是很高的發展程度（D3）—可變的承諾度和高度的競爭力，適當的領導風格是參與型；（4）生產期，它的特性是卓越的發展程度（D4）—高度承諾和高度競爭力。適當的領導風格是授權型。

8.解釋團體的經理人和團隊小組領導人這兩者的不同

團體的經理人必須負責施展四種管理功能。團隊小組領導人則會授權給成員來施展各種管理功能，而自己則專心發展團體架構、團體過程和團體發展等事宜。

9.討論會議的三個部分

會議一開始應先說出會議的目標。在會議中，議程的安排應依照優先順序而排列。會議結束時，則應摘要說明會議中所談到過的議題；並回顧會議中所指定到的各項未來作業。

10.界定下列幾個主要名詞（依照本章的出現順序而排列）

請選擇下列一或多種方法來進行：（1） 靠自己的記憶，把填空題中的專有名詞補上；（2）從結尾的回顧單元以及下頭的定義來為這些專有名詞進行配對；或者（3）從本章一開頭的名單上，依序把各專有名詞照抄一遍。

____ 是指兩個以上的成員，其中有明確的領導者來施展獨立的工作，指定個別成員的職責，並進行成員的評估和報酬給付。

____ 是指一小群成員，他們共同分擔領導統御的責任，在工作上必須互相依存，不管是個人和團體的責任，評估和報酬，都是共同分享。

____ 就是團體表現是屬於組織背景、團體架構、團體過程和團體發展階段的一種功能目的。

____ 包括團體類型、規模、組成份子、領導和目標等。

____ 包括正式或非正式、功能或跨功能、以及指揮或任務。

____ 是由經理人和他們的員工所組成。

____ 是由被甄選出來共同完成某個特定目標的員工們所組成的。

____ 是成員們技巧和能力的混合。

____ 是指當成員們施展工作時，所浮現出來的互動形態。
____ 包括角色、規範、凝聚力、身分地位、決策作成和矛盾解決等。
____ 分別是任務型、扶養型和自我興趣型。
____ 是指團體對成員在行為上的共同期待。
____ 是指成員們堅持在一起的程度範圍。
____ 是指某位成員在團體中其它成員心目中的認定排名。
____ 包括定向、不滿、解答、生產和終止。
____ 會授權給成員來施展各種管理功能，而自己則專心發展團體架構、團體過程和團體發展等事宜。

回顧與討論

1. 哪一個的規模比較大？團體或團隊小組？
2. 哪一個管理階層對組織背景有比較大的影響力？
3. 有所謂理想的團體規模嗎？
4. 多樣化差異對團體組成因子有什麼重要性？
5. 目標對團體來說，為什麼很重要？
6. 團體是如何推行規範的？
7. 哪一類型的團體通常走到終止的地步？哪一類型則不會？
8. 團體的承諾度會隨著團體發展的四個階段而持續地增加嗎？
9. 管理的四個功能對團體和團隊小組來說，都很重要嗎？
10. 保存會議作業的紀錄，為什麼很重要？
11. 請描述會議中五種類型的問題成員。他們對團體所造成的各自問題是什麼？

個案

Saul Fine所任職的公司是佛蒙特州（State of Vermont）的高速公路部門。可是他在閒暇時間卻喜歡製作木製的傢具，大部分都是桌子和椅子，然後再把這些製品賣給當地的傢俱店。結果沒想到Saul所得到的訂單數量，讓他原本只利用晚上和週末才製作傢具的時間，也無法應付得過來。這時，正逢他對白天的正職也有些厭倦。所以儘管他已為州政府服務了20年，還是在42歲那一年，就早早辦理了退休，他只領到了一點退休金，就著手創立了這家Fine傢具店。即使創業之後，全天候的工作仍舊無法應付各方而來的傢具需求。幾年之後，隨著事業的成長，他把公司的原址從自己的地下室移到了一間店裏，還雇用了幾名人手來幫忙。Saul有三個個別的單位或部門，專門進行傢具的製作。每一個部門都有七或八名成員，還有一位小組長。這三個部門所要製作的傢具都有一定的標準尺寸，除此之外，這些部門也可以各自製作其它不同的產品。小組長分別是Joel、Samantha和Carl。

Saul對自己的營運規模相當滿意，所以並不打算再有什麼成長擴大的計畫。但是，他不太滿意生產的速率。Saul和幾名小組長分頭開過會，可是他們並沒有被告知其它部門的生產速率是如何。小組長和員工們一起共事，他們所要負的管理責任就是人員的調度和領導。Saul則負責這三個小組的規劃、組織和控制事宜。Saul擬定獨立的工作讓員工擔任，並依照個別員工的表現來進行評估和報酬的給予。但是，每個人的薪水都差不多。小組長訓練其他的員工，在他們有問題的時候提供協助。這三名小組長都是很優秀的傢具製造者。所以隨著Fine傢具的成長，Saul自然而然地就指派他們擔任小組長的工作，也沒有讓他們接受過什麼管理方面的訓練。Saul對每一個小組的觀察如下：

Samantha的小組有很高的生產速率。成員之間會彼此幫助，而且相處融洽。他們常常一起休息用餐。Samantha和其他成員所做的工作量幾乎完全一樣。

Joel這個小組只有適中的生產速率，成員之間似乎有些間隙。Joel和其中三名員工相處得很好，而且生產速率也相當地高。其他四名成員則有些個人主義導向，有一個做得相當快；另一個的生產速率則和該小組另外三個人相當；其他兩個人則很慢。這兩個人似乎是採很輕鬆自在的步調在慢慢地製作，Joel和其他人則不曾對他們的生產速率有過任何催促。

Carl這個小組的生產速率最低，除了其中一名成員之外，幾乎所有組員的工作速率都很慢。Carl和做事很快的這名組員相處得很不錯，可是和其他組員則不然，因為這些組員似乎想要其他人也像他們一樣放緩工作速率。

Saul召開了一個會議，參加成員有Joel、Samantha和Carl，共同討論他的觀察心得以及一些提高生產力的方法。

請為下列題目找出最佳的答案選擇。請確定你能夠解釋自己的答案：

1. 在Fine傢俱裏，這三個小組算是：

   a. 團體　b. 團隊小組

2. Saul、Joel、Samantha和Carl組成的是什麼樣的團體／團隊小組：

   a. 指揮團體　b. 特遣小組　c. 常備性委員會

3. 領導對小組的生產力有____的影響。

   a. 主要　b. 較小

4. 誰的小組有最負面的規範：

   a. Samantha　b. Joel　c. Carl

5. 哪一個小組長的組員沒有很高的凝聚力？

   a. Samantha　b. Joel　c. Carl

6. 凝聚力對生產力有____的影響。

   a. 主要　b. 適度　c. 較小

7. 哪一個小組的成員在小組當中擁有最低的身分地位？

   a. Samantha　b. Joel　c. Carl

8. Samantha的小組似乎正處於____的發展階段，所以適當的領導風格應是____（請選出兩個答案）：

   a. 定向　b. 不滿　c. 解決　d. 生產

   a. 獨裁　b. 諮商　c. 參與　d. 授權

9. Joel的小組似乎正處於____的發展階段，所以適當的領導風格應是____（請選出兩個答案）。

   a. 定向　b. 不滿　c. 解決　d. 生產

   a. 獨裁　b. 諮商　c. 參與　d. 授權

10. Carl的小組似乎正處於____的發展階段，所以適當的領導風格應是____（請選出兩個答案）：

    a. 定向　b. 不滿　c. 解決　d. 生產

    a. 獨裁　b. 諮商　c. 參與　d. 授權

11. 你認為不須管理訓練便將員工晉升至管理位置，對現狀有何影響？試解釋之。

12. 若要提高這三個團隊中每隊的生產力，你建議該怎麼做？

技巧建構練習13-1　團體的情境管理[39]

為技巧健構練習13-1預作準備

為了要判定你所偏好的團體領導風格，請完成自我評估練習13-1。

自我評估練習13-1　判定你所偏好的團體領導風格

請就下列狀況，假定你是一名團體領導人，選出最能代表你實際可能會做的回應內容是什麼。不要管答案中的D和S空格，我們將在技巧建構練習13-1的課堂部分裏頭用到它們：

1.你的團體合作得很好，成員們都有正面性的規範，所以相當有凝聚力。他們一貫保持著一定的生產水準，是在組織的平均值之上，而且你也不斷地提供扶養型的行為。你現在有一個新的作業任務要指派給他們，為了達成這個目的，你會：D ____

a.解釋有哪些需求必須做到，並告訴他們該如何做。在他們施展工作的時候，監督他們。S ____

b.告訴該團體你對他們以往的表現很滿意，向他們解釋新的任務，可是由他們自己決定該如何完成它。如果他們需要協助的話，你隨時都在。S ____

c.告訴該團體有哪些需求必須做到，鼓勵他們對工作的方式提出一些意見。監看他們的工作表現。S ____

d.向該團體解釋有哪些需求必須做到。S ____

2.你已經被提升擔任新組長一職。你旗下的團體在做事上好像只有一點天份，可是他們很在乎手中工作的品質。上一名組長之所以下台，是因為該部門的生產力過低。為了提升生產力，你會：D ____

a.讓該團體知道你瞭解生產力過低這檔事，可是讓他們自己決定要如何改進。S ____

b.把自己大部分的時間都花在工作的監督上，如果必要的話，也會訓練他們。S ____

c.向該團體解釋你願意和他們一起合作共事，來改進生產力，所以會向團隊小組一樣和他們一起工作。S ____

d.告訴該團體如何改進生產力。再取得他們的點子，發展出方法，並確定他們一定會照著貫徹實行。S ____

3.你的部門一直是組織裏表現最好的單位之一。成員們在團隊小組的作法之下都很勝任愉快。過去，你總是讓他們自己管自己的工作，現在你決定：D ____

a.要常常到成員裏頭走動，不時為他們打氣。S ____

b.界定各成員的角色，並多花點時間來監督他們。S ____

c.持續以往的做法，讓他們各管各的。S ____

d.舉辦一個會議，會中推薦一些改進的辦法，並取得他們的的點子。當成員們都同意改變後，要監督他們的表現，以確保新點子的落實和改善。S ____

4.過去一年，你花了很多時間訓練你的員工。但是，他們並不需要你像以往一樣地監督他們的生產工作。有好幾個成員在相處上一如以往地並不融洽。最近你一直在扮演調停者的角色，你會：D ____

a.舉辦一個會議，會中討論一些改進表現的方法。讓該團體來決定究竟該作些什麼改變。S ____

b.繼續他們現在的做法，可是密切地監督他們，在必要的時候，擔任調停者的角色。S ____

c.讓該團體自己找出解決的辦法。S ____

d.在必要的時候，持續密切地監督，可是會花多數的時間來扮演扶養性的角色，培養團隊的精神。S ____

5.你的部門做得很棒，所以規模愈來愈大。你很驚訝新成員竟然可以這麼快就融入其中。該小組一直提出方法來自我改進績效表現。因為成長過速的關係，你的部門會被遷到一個空間更大的全新辦公室裏，你決定：D ____

a.設計出全新的空間佈局，向你的組員提出，看看他們有什麼更好的點子可以修正你所設計的佈局。

b.在實質上成為該團體的成員之一，讓成員們自己設計全新的空間佈局。

c.設計出全新的空間佈局，作成影印本貼在佈告欄上，以便讓成員們知道，在搬遷之後，工作上若是有需要的話，該向何處進行報告。S ____

d.舉辦一個會議，會中取得員工對空間佈局的點子構想。會議之後，再就他們的點子進行考慮思索，最後再定案整個佈局。S ____

6.你被指派去領導一隊特遣小組。因為某位親戚過世的關係，所以你沒能參加小組的第一場會議。在第二次會議中，該團體似乎已經發展出目標和某些基本規定，成員們也已志願擔任一些有待完成的作業任務，這時你會：D ____

a.接手成為一名有力的領導人，改變某些基本規定和作業任務。S ____

b.檢查目前為止已經做了什麼，保持原來的狀態，但是從現在起由你接管，並提供明確的指導方向。S ____

c.接管領導權，可是准允該團體自行作決策，對他們採支持的態度，並鼓勵他們。S ____

d.既然該團體自己做得還不錯，就放手讓他們去做，不再參與其中的事情。S ____

7.你的團體在做事的績效表現上只有點低於標準，或維持標準。但是，此團體中明顯存在

著某種衝突，結果當然會造成生產落於進度之後，你會：D ____

a.告訴該團體如何解決此衝突，並密切地監督，以確保他們／會照著你的方法做，進而提升生產力。S ____

b.讓該團體自行解決。S ____

c.舉辦一個會議，向團隊小組一樣地合作，共同找出解決辦法，鼓勵該團體一起共事。

8.組織絕對要採用彈性時間的作法。你手下有兩名員工問你是否可以改變他們的上工時間。你有點擔心，因為逢到工作量大的時候，所有人手都需派上用場。該部門有相當高的凝聚力，而且也有正面性的規範，因此，你決定：D ____

a.告訴他們目前一切事情都很順利，我們還是照著現在的方式進行。S ____

b.舉辦一個部門會議，讓每個人發表自己的看法，然後再排定他們的工作時間表。S ____

c.舉辦一個部門會議，讓每個人發表自己的看法，再排定他們的工作時間表，以試驗性質執行看看，並告訴他們，如果生產力滑落的話，就要再採用原來的老辦法。S ____

d.要他們舉辦部門會議，如果整個部門都同意在工作最忙的時候，留下至少三個人來當班，就可以如他們所願地自行作些調整，可是必須給你一份全新時間表的影本。S ____

9.你參加部門會議已經遲到十分鐘了。你的員工正在討論最新的作業議題，這一點讓你很驚訝，因為在以前，你必須提供明確的指導方向，而且員工也很少在會議中表達己見。你會：D ____

a.立刻接過控制權，提供你一貫有的指導方向。S ____

b.什麼話都不說，只是坐到後面去。S ____

c.鼓勵成員們繼續下去，可是還是會提供一些指導方向。S ____

d.感謝成員們在你還沒到之前，就已先開始了，鼓勵他們繼續下去，並支持他們所做的努力。S ____

10.你的部門一向很有生產力，但是，有時候成員們會摸摸魚，結果就會碰到一些意外事件，可是從來不會太嚴重。這次你聽到一些吵雜的聲音，於是你走過去看看究竟發生了什麼事。從遠距離的角度來看，你看到Sue坐在地板上，一邊大笑，手裏還握著一只用公司材料所製成的球。你會：D ____

a.什麼話也不說或什麼事也不做，畢竟她沒有出什麼事，而且整個部門也很有生產力，你不想製造什麼其它的波瀾出來。S ____

b.把整個團體召集起來，要求他們作出建議，如何才能避免意外重複的發生。告訴他們，你會常常監督他們，以確保這類行為不會再發生。S___

c.把整個團體召集起來，討論剛剛的情況。鼓勵他們要在日後更加地小心。S___

d.告訴整個團體，這是最後一次，從現在起，你會定期地檢查他們，要Sue到你的辦公

室，好好訓誡她一番。S___

11.你是第一次和某個你所領導的特別委員會碰面開會，其中大部份的成員都是來自於行銷和財務領域的中階或低階經理人，你則是一名來自於生產部門的主管。所以你決定：D___

a.和他們培養關係，在你談到主題前，先讓每個人熟悉彼此對方。S___

b.提出團體的目標和它所具備的權限。提供清楚的指導方向。S___

c.要求該團體界定自己的目標，因為其中成員多是經理階級，讓他們來領導自己。S___

d.一開始就先提出指導方向，並鼓勵所有的成員。在給予指導的同時，不忘感謝他們的配合。

12.你的部門在過去有過一些輝煌的成績。現在該部門得到了一台全新的電腦，它和以前的舊電腦有些不同。你曾接受過新電腦的操作訓練，現在你希望能訓練你的員工來操作它。為了訓練他們，你會：D___

a.指導該團體，並個別和他們共事合作，給予指導和鼓勵。S___

b.把該團體聚集在一起，好知道他們究竟想如何地接受指導，對他們的學習努力表示支持之意。S___

c.告訴他們這只是一個簡單的系統，給他們一人一份操作手冊，要他們自己學習。S___

d.指導該團體，然後再到處走動，密切地監督他們的工作，在必要的時候，給予一些指導。S___

記分

為了要知道你所偏好的團體領導風格，圈出你在情境1到情境12的所選答案。各欄的標題表示的正是你所選出的風格。

	獨裁式 (S1A)	諮商式 (S2C)	參與式 (S3P)	授權式 (S4E)
1.	a	c	b	d
2.	b	d	c	a
3.	b	d	a	c
4.	b	d	a	c
5.	c	a	d	b
6.	a	b	c	d
7.	a	d	c	b
8.	a	c	b	d
9.	d	c	d	b
10.	b	b	c	a

11.	b	d	a	c
12.	d	a	b	c
總計	___	___	___	___

把各欄的圈選答案加總起來，四個欄加在一起的總分應是12分。擁有最高分數的欄別正代表了你所偏好的團體領導風格。就這十二種情境來說，並沒有什麼所謂最好的領導風格。

四個欄別所分配到的分數愈接近，就表示你在團體領導上愈有彈性可言。若是任何一個欄別出現1或0的分數，就表示你不是很願意使用該欄所代表的領導風格。若是碰到需要用上此風格的情境時，你可能會有點問題。

你所偏好的團體領導風格和你所偏好的情境管理風格（第一章）以及你所偏好的情境溝通風格（第十章）相同嗎？

正如我們在本章討論過團體發展階段和領導風格一樣，首先該決定發展階段是什麼，然後再使用適當的領導風格。為了複習和本練習的課堂部分之用，你可以參考一下模式13-1。

在課堂上進行技巧建構練習13-1

目標

為了協助你瞭解團體發展的各個階段，並學會利用適當的團體情境管理風格。

準備

你應該懂得什麼是團體發展階段，並已完成自我評估練習13-1。

經驗

你將會就你從十二道情境題所選出來的管理風格進行討論，而且會得到別人對你在風格選擇上的看法。

程序1（3到10分鐘）

由講師來複習模式13-1，並解釋如何將它運用在情境1上。由講師來講述該團體的發展階段，以及每道選擇的領導風格各是什麼，並為各種選擇進行計分。請依照下面三個步驟，為這十二道情境題選出最適當的答案。

步驟1. 請為每一道情境題，判定它的團體發展階段，請在D的空格上填入1、2、3、或4的數字。

步驟2. 請確認每一個選擇答案的管理風格各是什麼，請在S的空格上填入A、C、P、或E的字母。

步驟3. 請為該團體的發展階段，選出最適當的管理風格，請圈選它的字母a、b、c、或d。

程序2

選擇A（3到5分鐘） 由講師告訴班上同學，情境2到情境12的建議答案是什麼，如同程序1的方式一樣，不用解釋其理由。

選擇B（15到45分鐘） 兩或三人分成一小組，然後照講師所說的一一看過所有情境題，再由講師如同選擇A一樣地說明它們的建議答案。

結論

由講師帶領全班進行討論，並作成總結講評。

運用（2到4分鐘）

我從此經驗中學到了什麼？我會在未來的日子裏，如何運用此所學？

分享

由自願者提供他在此運用單元裏的答案。

發展階段 →

定向期 （D1）低 高度承諾／ 低競爭力	不滿期 （D2）適中 較低的承諾度／ 有些競爭力	解決期 （D3）高 可變的承諾度／很高的競爭力	生產期 （D4）卓越 高度承諾／ 高度競爭力
成員們對整個團體都懷抱著很高的承諾，可是因為沒有一起共事過，所以還沒發展出什麼競爭力。	當成員們開始發展出競爭力時，也開始對該團體感到不滿。	當競爭力保持穩定的時後，承諾度卻時有改變。	承諾度和競爭力都維持很高的狀況。

↓ 適用於各發展階段的領導風格 ↓

（S1A）獨裁式 高度任務／ 低度扶養	（S2C）諮商式 高度任務／ 高度扶養	（S3P）參與式 低度任務／ 高度扶養	（S4E）授權式 低度任務／ 低度扶養
澄清該團體的目標和各成員的角色。	持續提供指導方向，以便進一步培養競爭力，在此同時，你也要執行扶養性的行為，好獲取大家的承諾。	停止指導，著重在扶養性行為上。	由該團體自行提供任務性行為和扶養性行為。

模式13-1　團體情境管理

練習13-1　團體表現

為練習13-1預作準備

注意事項：此練習是專為合作已有一段時日的班上團體所設計的。（最好已有五個小時以上的合作經驗）

請針對你班上的團體或團隊小組，回答以下問題。

1.根據圖13-1，你會將你的成員分類為一個團體或一個團隊小組？為什麼？

團體架構

2.你們是屬於什麼類型的團體／團隊小組？（正式／非正式；功能性／跨功能性（根據主修課程而定）；（指揮／任務）

3.你們團體／團隊小組的規模如何？你們的規模（太大／太小／剛好）。

4.該團體／團隊小組的組成因子是什麼？

5.有明確的領導人嗎？（誰是領導人？）

6.你們的團體有明確的目標嗎？

7.列出幾個可改進團體架構，並增進團體表現的方法。

團體過程

8. 列出每一位團體成員，包括你自己，以及每位成員所扮演的角色。

1. ____　4. ____

2. ____　5. ____

3. ____　6. ____

9. 至少確認出五種團體規範，它們是正面性抑或是負面性的？貴團體是如何推行它們的？

10. 你們團體的凝聚力如何？（高、適中、或低）？

11. 依照身分地位，列出團體中的每位成員，包括你自己。

1. ____　4. ____

2. ____　5. ____

3. ____　6. ____

12. 你們團體的決策是如何作成的？

13. 你們團體的衝突是如何解決的？

14. 列出幾個可改進團體架構，並增進團體表現的方法。

團體發展階段

15. 你的團體是位在哪一個發展階段？請解釋。

16. 列出幾個可培養更高發展階段，並增進團體表現的方法。

會議

17. 列出幾個可改進會議，並增進團體表現的方法。

18. 你的團體有什麼問題成員嗎？有什麼辦法可以讓他們變得更有效率一點？

在課堂上進行練習13-1

注意事項：此練習是專為合作已有一段時日的班上團體所設計的。（最好已有五個小時以上的合作經驗）

目標

讓你更瞭解團體架構、過程、發展和會議、以及它們會如何地影響團體的表現，並改進團體的表現。

經驗

你將針對你們團體的表現進行討論，並發展計畫來改善團體的表現。

準備

你應該已經回答過前面十八個問題了。

程序1（10到20分鐘）

成員們可以聚在一起，討論他們對前面十八個問題的答案各是什麼。請務必解釋清楚你的答案，並進行討論。試著想出一些特定的點子來改善自己團體的架構、過程、發展和會議。

結論

由講師帶領全班進行討論，並作成總結講評。

運用（2到4分鐘）

我從此經驗中學到了什麼？我會在未來的日子裏，如何運用此所學？

分享

由自願者提供他在此運用單元裏的答案。

第十四章
權力、權術、衝突與壓力

學習目標

在讀完這章之後，你將能夠：

1. 界定權力，並界定職務性和個人性權力之間的不同差異。
2. 解釋報酬性權力、正式權力和指示性權力這三者之間的差異。
3. 討論權力和權術之間的關係如何。
4. 描述金錢和權力這兩者為何有相同的用途。
5. 解釋活動網的建立、互惠行為、以及暫時性結盟等，有什麼相同之處。
6. 列出和界定五種衝突管理風格。
7. 列出起始性衝突解決模式的各個步驟。
8. 解釋壓力拉鋸戰的類推作用。
9. 界定下列幾個主要名詞：

權力	起始性衝突解決模式
政治權術	BCF模式
活動網的建立	調停者
互惠行為	仲裁者
暫時性結盟	壓力
衝突	壓力區
機能性衝突	

技巧建構者

技巧的發展

1. 你可以培養自己利用權力和協調的能力（技巧建構練習14-1）

權力也是一種領導管理功能。權力非常要求人際互動性的角色扮演，以及資訊性和決策性的角色扮演。此外也可以透過練習，培養出人際互動和資訊方面的SCANS能力，而一些基本思考性能力和個人特質性的基礎能力也可以培養出來。

2. 你可以培養自己的衝突管理技巧（技巧建構練習14-2）

衝突管理也是一種領導管理功能。衝突管理非常要求人際互動性的角色扮演，以及資訊性和決策性的角色扮演。此外也可以透過練習，培養出人際互動和資訊方面的SCANS能力，而一些基本思考性能力和個人特質性的基礎能力也可以培養出來。

■Ross Perot的座右銘是「絕不讓步！絕不！」。

就像一則傳奇一樣，Ross Perot一開始在德州的Texarkana，只是一名送報的小弟，後來卻成了IBM公司裏頭最成功的年輕業務員，因為他在第一個月就達成了全年的銷售配額。根據不調合的差異：Ross相對於《通用汽車》（*Irreconcilable Differences: Ross Perot VS General Motors*）一書的作者，Doron Levin的說法，Ross Perot的動機是金錢、注意力和權力。他對注意力和權力的需求促使他下定決心，花了數百萬美元競選美國總統，儘管他後來還是正式退出，並全力開始經營有別於共和黨和民主黨以外的第三個政黨。

Perot這種以權力為基礎的人格特質，可以從他的座右銘中一覽無遺，他引用邱吉爾的名言：「絕不讓步！絕不！」當Perot決定要做什麼事的時候，他相信自己一定是對的，而那些不同意的人就成了他的敵人。他大玩權力和權術，並在其他人之間製造衝突和壓力，為的就是要獲得他所想要的東西。他向以敗壞對手名聲而出名，並喜歡利用政治腕力的較勁手法來贏取生意。當他位在加州的旗下企業之一，想要組成工會時，Perot斷然採取關閉該企業的措施，為的就是不願容忍工會的存在。但是Perot對那些忠心耿耿的員工們倒是十分地支持。那些曾為他工作過的人，都透露他們的確有點怕他、畏懼他、有時候甚至很氣他，可是他們還是在為他賣命。

Perot開創了Electronic Data Systems公司（簡稱EDS），而且成了一名很有權力、白手起家的億萬富翁。EDS專門協助企業客戶發展電腦資訊系統，這些系統可用來找出客戶的商業問題並從而解決之。後來他又把EDS售給通用汽車（簡稱GM），成為GM董事會裏頭的一員以及GM的股東之一。Perot很敢發言抵制GM的管理作業，並施壓要求進行重大的改變。他的所作所為令人望之生畏，而他所經營建立的政治關係也非常的成功，這使得GM高層不得不決定以高價買回他所握有的所有GM股票，為的就是想早日擺脫他。於是他從GM那裏帶走了原來的EDS班底，開創了另一家與GM抗衡的公司：Perot Systems。儘管Ross Perot是一位獨裁式的領導者，他卻很反對技術官僚和層層包圍的階級架構，他舉雙手贊成非正式的溝通作法。

今天，EDS旗下共有三十八個策略性事業單位（依產業別而設置），總共雇用了72,000名以上的員工，每年收入高達80億美元以上。EDS擁有全世界最大型的工程計畫組織架構，它和所有的工程計畫小組都維持著「黏度適中」的關係。這類的自我管理小組內含八到十二名程式設計師和系統專家，他們的平均共事時間是九到十八個月。這樣的小組架構是由個別執行者、附屬計畫小組領導人和正式指派的領導人所一起組成的，這些人必須負責向彼此報告。員工們可根據各工程計畫的需求而自由地出入各小組當中。如果有必要的話，工程計畫經理人也會從其它小組調度人手進來。所有小組都秉持著「和顧客保持親近」的原則，親身實地的在客戶組織裏為他們工作。

欲知EDS的現況詳情，請利用以下網址：http://www.eds.com ，若想瞭解如何使用網際網路，請參考附錄。

除了卓越的工作能力之外，還需要什麼才能躋身於組織之首？為了攀上各企業組織裏頭那條步步高升的階梯，你必須學會如何獲取權力、知道怎麼運用政治權術，以及經營管理你所面臨到的衝突和壓力。

權力

為了在組織中有所成效，你必須瞭解權力是如何獲取和利用的。你將會學到組織中權力的重要性，權力的基礎、以及如何增加你自己的權力等事宜。

組織的權力

1.界定權力，並界定地位性和個人性權力之間的不同差異

有些人認為權力就是一種可以讓別人依他所願來行事的能力，或者是可以對別人或為別人做些事情的能力。這些定義可能都沒有錯，只是它們給了權力

權力
一種影響其他人行為的能力。

一種人為性的負面聯想，就像柏拉圖說過的：「權力讓人腐敗，絕對的權力也會帶來絕對的腐敗。」就本書的角度來看，**權力**（power）是一種影響其他人行為的能力。Ross Perot就被認定是一個很有權力的人，因為他擁有足以影響其他人的能力。

在組織當中，權力應該有其正面性的意義。沒有了權力，經理人就不可能完成組織的目標。領導和權力是手牽手的兩個好朋友。員工不可會毫無理由地就受到影響，而這個理由正是經理人對他們所掌控的一種權力。事實上，你並不需要利用權力來影響他人，影響他人只是對權力的一種認定，而不是權力本身。

權力始自於組織的最高階層。當今社會的最高經理人已經讓許多權力下放出來，交給了員工（授權）。包括AT&T、Corning、奇異電器和摩托羅拉等各企業組織，都設有一個最高執行長的辦公室，其中有一個團隊小組，取代了以往那種獨裁式單一領導人的局面。這些執行長不問我應該做什麼，而是問我們應該做什麼。團隊小組會作出決策，然後再由最高執行長們將這種團隊小組的作法推廣到組織當中。[1]

權力有兩種類型：職務性權力和個人性權力。職務性權力（position power）源自於最高管理階層，然後再透過指揮鏈，層層地委派下去。個人性權力（personal power）則得自於追隨者的個人性行為。魅力型領導者多擁有個人性權力。所以說，你可以獲取個人性權力；也可能會失去它。最好的方式是職務性權力和個人性權力兼有。事實上，這世界並沒有任何定論可以指出，究竟哪一種權力比較重要。但是，隨著授權式團隊小組的盛行，個人性權力將會變得比職務性權力要來得更舉足輕重。

2.解釋報酬性權力、正式權力和指示性權力這三者之間的差異

權力的基礎和如何增加你的權力

圖14-1列出了七種權力基礎以及它們各自的來源。接著我們會探討如何增加這些權力基礎。你也可以建立屬於自己的權力基礎，[2]可是卻不用從別人身上奪走任何權力。一般而言，權力是給那些能夠獲勝且擁有良好人際關係技巧的人。

地位性權力 →						← 個人性權力
高壓性	關係性	報酬性	合法性	指示性	資訊性	專家性

圖14-1　權力的來源和基礎

高壓性權力

高壓性權力就是利用威脅和懲戒去讓對方順從。因為怕被斥責、試用、停職、或解雇，所以員工通常會照著老闆的要求來做事。其它高壓性權力的例子還包括言語上的辱罵、羞辱和排斥等。團體中的成員也可能會利用高壓性權力來促使規範的建立。Ross Perot向來是以高壓性權力來取得他所想要的東西而著稱。

高壓性權力的適當用途

當你在推行某些規定，就很適合採用高壓性權力來維持紀律。當員工不願意照著吩咐辦事的時候，高壓性權力也可能是唯一能讓對方順從的方法。但是，員工們很憎恨經理人使用高壓性權力。[3]所以最好不是輕易使出這一招，因為它對人際關係和生產力都會造成很大的傷害。

如何增加自己的高壓性權力

一般而言，為了擁有高壓性的職務性權力，你必須先擔任一管理性的工作，而這份管理性工作必須讓你擁有雇用、訓誡和解雇員工的能力。但是，也有些人即使沒有職務性權力，也會向別人施壓，要對方照著他的方法行事。

關係性權力

關係性權力的使用者，他們和一些深具影響力的人士多有一些連帶關係。

不管柏拉圖的警告是什麼，若能使用得法，權力在組織當中，仍可以有其正面性的意義。

一些舊識或朋友對某個你正在應付處理的人有非常大的影響力，於是你便利用這些舊識或朋友來影響那個人。關係性權力的得體使用可以讓你獲得某些權力，或者讓人以為你很有權力。如果人們知道你和某些權力級人士非常友好，他們可能會照著你的吩咐行事。舉例來說，如果老闆的兒子沒有職務性權力，可是卻很想辦些事情，他可能只要和他的父親或母親談談，表達自己的看法，事情就會有了著落。

關係性權力的適當使用

當你在求職或尋求升遷機會的時候，這類裙帶關係就很管用。有一句話很實在：「你知道什麼並不重要，重要的是你認識誰。」關係性權力也可以協助你取得所需的資源和生意。

如何增加自己的關係性權力

為了增加你的關係性權力，請擴大你和重量級經理人士打交道的範圍。請加入一些「同好」或「得體」的俱樂部當中。類似向高爾夫球這樣的運動也許能讓你多認識一些有影響力的人士。當你想要某個東西的時候，先想想看有哪些人可以幫助你得到它，和他們建立聯盟，讓他們站在你這邊。儘量讓別人知道你的名字。儘可能利用所有公共宣傳的機會。把你的成就讓那些權力級人士知曉，讓他們注意到你。事實上，這種裙帶關係也可以透過政治性的打通關方式來養成。這也正是我們在下一個單元裏所要討論到的主題。當Ross Perot進入到政治圈的時候，他就立刻注意到關係性權力是何等的重要。

報酬性權力

報酬性權力的使用者，是以對他人有利的東西來影響對方。它有點類似交易性領導。在管理性的職務上，利用一些誘因來進行正面的強化，例如讚美、肯定、加薪和升職等，進而影響其他人的行為。在同儕之間，你也可以交換彼此喜好的東西來作為一種報酬，或是給對方一些他們認為很有價值的東西來當作報酬。報酬性權力會影響績效的預期和成就。[4]在EDS的員工們就可以因為把工作做好，而得到各種不同的報酬。

報酬性權力的適當使用

讓人們知道其中的牛肉是什麼。如果你有一些東西可以吸引他們，不妨好好地利用它。舉例來說，當Jones教授在招募學生的時候，他告訴這些慕名而來學生，如果被他選上，研究工作又做得不錯的話，他就會推薦他們取得Suffolk大學的MBA獎學金，因為他在那裏擁有一些關係性權力。結果，他得到了一些最合乎資格的優秀學生，願意以極低的待遇和他一起從事研究，此舉不僅對學生有利，對他的母校也有好處。

如何增加自己的報酬性權力

任職一管理性職務，並取得對旗下員工績效表現的評估權，以及加薪和升職等控制權。找出其他人在乎的是什麼，並試著以那個東西來獎勵他們。讚美的利用也有助於你權力的增加。被人賞識的員工，絕對比那些自認為受到利用的員工，更來得願意服膺在經理人的權力之下。

合法性權力

合法性權力的使用者所利用的權力，是自己被組織所賦予的職務性權力。員工們往往覺得他們應該在工作範圍內照著老闆的吩咐來做事。舉例來說，經理人要求某位員工把垃圾拿出去倒，這名員工可能很不願意，可是他會想：「老闆的要求是合法的，我還是照辦吧！」最後還是把垃圾拿了出去。

合法性權力的適當使用

當你要求別人做一些合乎工作範圍內的事情時，就是適當地使用你的合法性權力。在EDS以及其它組織裏，經理人和員工之間每天的互動，就是依照合法性權力來進行的。

如何增加你的合法性權力

取得一管理性工作，讓人們知道你所擁有的權力是什麼，然後不管做什麼事，都要讓別人對你所擁有的權力有一認定的印象。請記住，人們對你所擁有權力的認定，絕對會給你很大的權力。

指示性權力

指示性權力的使用者所利用的是他和其他人在關係上的個人性權力。基本上，個人特質的因素佔了很大的影響比例。舉例來說，「請你為我做這件事好嗎？」而不是「這是一個命令。」事實上，認同感源自於權力使用者對員工的吸引力，以及個人對「喜歡」的感覺定義或者是想要被權力擁有者喜歡的欲求程度是多少。

指示性權力的適當使用

當你的權力很小，或是完全沒有職務性權力時，就是採用指示性權力的適當時機。指示性權力就自我管理性小組來說，相當有必要，因為小組裏頭的領導是彼此共享的。

如何增加你的指示性權力

為了取得指示性權力，一定要好好培養你的人際關係技巧（第三章）。請記住，老闆的成功與否，完全掌握在你的手上。要取得他或她對你的信心，以利你獲取更多的權力，所以要好好經營你和老闆之間的關係。

資訊性權力

資訊性權力是根據別人對資料的欲求而來的。經理人必須從他人身上取得資訊。各企業組織的主考官也都在尋求能夠成功傳達資訊的人才。[5]這些資訊通常和工作本身有很大的關聯，但是並不是一成不變。有些秘書比他們的經理人擁有更多的資訊，在回答問題上，有相當大的幫助。

資訊性權力的適當使用

經理人的工作之一，就是傳達資訊。員工們常常會到經理人的面前尋求資訊的提供，如此一來，他們才知道該做些什麼以及做事的方法。身為一家顧問公司，EDS爭取顧客的方式，多是靠自己在電腦資訊系統建立上的豐富資訊而來的，因為這套系統可以幫助企業客戶解決商業方面的問題。EDS讓組織成員擁有資訊性權力。在EDS裏頭，各種資訊可以透過非正式管道自由地流動。

如何增加自己的資訊性權力

讓你自己充滿各種資訊。要曉得組織裏有什麼事情正在進行。多多為其它部門提供一些服務和資訊。最好到委員會裏做事，因為它會帶給你許多的資訊，也會增加你的關係性權力。保持溝通門戶的暢通，不管是好、壞、或不好不壞的消息，都要以相同的方法來對待別人。[6]

工作運用

1. 請確認現在或以前的老闆，他最常用的權力基礎是什麼？請解釋原因，此外，也請提出老闆所曾用過的另一種權力基礎，並是你曾親眼目睹到的。
2. 有關增加自己權力基礎的各項建議，有哪一兩點和你最切身有關？請解釋理由。

專家性權力

專家性權力的使用者利用的是他自己的技能和所學知識。身為一名專家，許多人都會很依賴你。擁有專家性權力的員工往往會被升等為管理性的職務。專家性權力需要技術上和概念上的管理技巧。人們通常很尊敬專家，而且擁有某項專門技術的人愈少，他所擁有的權力就愈高。舉例來說，因為頂尖運動員的門檻很高，所以很少有人可以獲得此榮銜，就像籃球明星麥可喬丹（Michael Jordan），他們動輒都是數百萬美元的合約。這就是所謂的供需問題。

專家性權力的適當使用

經理人通常（並不表示永遠）都是部門裏的專家。對那些必須和來自於其它部門或其它組織人員一起共事的人來說，專家性權力是很必要基本的。因為他們並沒有直接的職務性權力可以使用，所以必須被視作為專家，才能被他人所信賴。EDS在爭取客戶上，也是以自己的專業才能見長，因為它知道如何設立客戶所需的電腦系統。

如何增加自己的專家性權力

為了成為一名專家，一定要接受組織所提供的各種訓練和教育課程。在最

AC 14-1 **權力的利用**

請找出適用於以下狀況的權力：

a.高壓性　b.關係性　c.報酬性或合法性　d.指示性　e.資訊性或專家性

__ 1.Bridget是你最棒的員工之一，他需要一點來自於你的指導。但是，最近她的表現有些失常，你很確定是因為一些個人性因素才造成她在工作上的失常表現。

__ 2.你想要一個全新的個人電腦來幫助你做好工作。但PC的取得與否是由委員會來決定，而這個委員會在本質上是很會耍政治權術的。

__ 3.你最棒的員工之一，Jean，想要升職，Jean已經和你談過有關升職的事情，而且要求你在有適當機會出現的時候，幫她一把。

__ 4.John是你旗下表現最差的員工之一，他再一次地忽略你對他的指示內容。

__ 5.Whitney需要來自於你的某些指導和鼓勵，好維持住她的生產力，因為今天的她，在工作上並沒有達到標準。就像她偶而發生這種事情的時候一樣，她說她覺得不舒服，可是她請不起病假。但是今天你一定得把一份重要的顧客訂單給送出去。

新的技術上千萬不要落後。永遠要做學習新東西的第一位志願者。不要老做一些一成不變的例行性任務，要接受比較複雜，且難以評估衡量的各項任務。要為自己創造出正面形象。

總而言之，權力通常會和應變性理論一起相提並論。究竟使用哪種權力類型才能發揮最大的績效表現，這完全要視情況而定。別忘了，你已經讀過了七種權力基礎的適當使用時機。

為什麼有些人喜歡權力，而且積極地尋求權力；但也有些人即使把權力送上門給他，也沒有興趣呢？McClelland的養成需求理論（第十一章）就曾說過，這是因個人對權力的需求而定。有效的經理人對權力擁有很高的需求，而且不只是想要個人性權力而已。他們很在乎自己可以代表公司對別人的影響力有多少，以利所有的利害關係人。在自我評估練習裏頭，你對權力的需求分數是高還是低？你想要影響其他人嗎？你計畫要依照課文中的建議增加你的權力基礎嗎？

企業組織的政治權術

在本單元裏，你將會學到政治權術的本質、權術性行為、以及培養權術性技巧的大致方針。一開始，請先完成自我評估練習14-1，瞭解一下你對權術性行為的使用情形。

自我評估練習14-1　權術性行為的使用

請就下列狀況，選出最能代表你在工作上，實際或計畫會採用的行為是什麼。請在每一題前面，填上1到5的選擇號碼。

（1）幾乎沒有　（2）不常　（3）偶爾　（4）屢次　（5）慣常

___ 1. 我和每個人都相處得還不錯，即使是那些被別人認為很難相處的人，我也和他們相處得很好。

___ 2. 我會避免在爭論性的議題上發表我的個人看法，特別是當我知道其他人不會同意我的意見時，我更是不會發表出來。

___ 3. 我試著以恭維的方式讓別人覺得他很重要。

___ 4. 當我和其他人共事時，我會試著妥協，不會告訴對方，他們錯了。

___ 5. 我會試著想要認識主要的經理人，並想知道組織內所有的部門發生了什麼事。

___ 6. 我的穿著打扮就如同那些權力級人士一般，而且和他們有一樣的興趣（觀看或從事的運動，參加相同的俱樂部等）。

___ 7. 我會故意找機會認識較高階的經理人，和他們打好關係，這樣一來，他們就會知道我的名字，也認得我這個人。

___ 8. 我會為自己的成就尋求肯定和彰顯的機會。

___ 9. 我會要別人來幫助我，得到我所想要的東西。

___ 10. 我會施點小惠給其他人，也會利用他們對我的回報。

為了判定你的權術性行為，請把你選出十個答案號碼加總起來。總分大約在10到50分之間。總分愈高，就表示你愈會利用權術性行為。請把你的總分填在這裏___，以及下面的閉聯集當中。

非權術10 ------ 20 ------ 30 ----- 40 ----- 50 很有權術

組織權術的本質

3.討論權力和權術之間的關係如何
4.描述金錢和權力這兩者為何有相同的用途

政治權術
獲取權力和利用權力的一個過程。

政治權術的技巧也是權力的其中部分之一。[7]所謂**政治權術**（politics）是指獲取權力和利用權力1的一個過程。政治權術是組織生活中最現實的一面。[8]當今的各種趨勢裏頭—不管是全球化、多樣化差異、整體品質管理、團隊分工等—全都逃不開政治權術。[9]

就像權力一樣，政治權術通常會給人一種負面的聯想，因為我們常常看到人們在濫用政治權力。若是從好的一面來看政治權術，我們就會明瞭，其實它不過就是一種交易的媒介而已。就像錢一樣，政治權術本身並沒有所謂的好壞之分，它只是一個方法，可以讓我們得到自己所想要的東西。在我們的經濟體當中，金錢也是一種交易的媒介；而在組織裏，交易的媒介則是政治權術。

經理人沒有其他人和其它部門的協助幫忙，是無法達成目標的，而這些人和部門其實並不在該經理人的職權或職務性權力範圍以內。舉例來說，Chris是一名生產部經理，他需要材料和供應品來製作產品，可是必須依靠採購部來得到這些東西。如果Chris和採購部沒有維持良好的工作關係，就可能無法在需要的時候，得到可供製作的材料。若是逢到旺季趕工，這種利害關係尤其地明顯。

政治權術到底有多重要，還有它次數的多寡究竟如何拿捏，這些全視各個組織的不同而有不同。但是，我們可以說，愈大的組織就愈權術化；而且階層愈高，政治權術的利用也就愈重要。一項針對執行主管所作的調查報告指出，受訪的執行主管們有20%的時間是花在政治權術上。[10]

政治權術需要溝通，而且就像溝通一樣，你的政治權術也需要有垂直性、水平性和消息網狀的各種流動方向。不管是你的老闆還是你的員工，也不管是你的同儕或者同事，你都需要在組織體的上上下下維持住良好的工作關係，甚至和組織體以外的其他人員也要有良好的關係。

權術性行為

5.解釋活動網的建立、互惠行為、以及暫時性結盟等，有什麼相同之處

活動網的建立
為了社交和政治活動的目的，而進行關係發展的一種過程。

活動網的建立、互惠行為、以及暫時性結盟等，這些都是一些很重要的權術性行為。

活動網的建立

所謂**活動網的建立**（networking）是指為了社交和政治活動的目的，而進

行關係發展的一種過程。管理階層所進行的許多活動，以及他們花在各個領域中的時間，這些都曾被拿來仔細研究過，結果可以將它們分成四大領域：傳統管理、溝通、人力資源管理和活動網的建立。在這四大類活動當中，活動網的建立對管理的成功與否有最直接的影響貢獻，因為它有助於工作的完成。成功的經理人會比一般經理人多花兩倍的時間來打好關係。[11]

互惠行為

互惠行為
包括責任義務的創造和聯盟的發展，並利用它們來完成目標。

所謂**互惠行為**（reciprocity）包括責任義務的創造和聯盟的發展，並利用它們來完成目標。當有人為你做了一些事，你就肩負某種責任義務，因為對方可能期望你日後要償還他。當你為別人做了一些事，別人也就欠了你一筆債，也許在日後你需要幫助的時候，可以要他們還你一個人情。你也應該積極發展出一個聯盟性的活動網，以便在自己需要達成某種目標的時候，登高一呼，就會很多人伸出援手，助你一臂之力。

暫時性結盟

暫時性結盟
一種結盟性質的活動網，有助於經理人達成目標。

所謂**暫時性結盟**（coalition）是指一種結盟性質的活動網，有助於經理人達成目標。互惠行為可用來完成持續性的目標，而暫時性結盟則可以用來達成某項特定目標。舉例來說，小組成員之一Pete有一個服務的新點子，可以讓EDS提供給客戶。但是若是只靠他自己，是絕對沒有力量來提供這項全新的服務，因此，我們的建議程序是要建立一個暫時性的結盟關係，讓Pete先去見自己的老闆。Pete可以向他的老闆提出這個點子，得到上級的同意，以獲取更大層面的支持。然後再結合有志一同的其它同事，成為一個結盟性團體。請記住，一定要和有助於你的權力級人士互相結盟，這一點很重要。[12]Pete可以藉由收益上的報酬提供來換取其他同事對這個新點子在人力、物力和時間上的支出。重點是一定要告訴其他人，如果點子成功的話，他們會有什麼好處。有了這樣的結盟，Pete就可以去見那位實際握有核准權的權力級人士，這時通常需要作一場正式的提案說明。當較高階層的權力級人士知道下層人員都很贊同這個點子，而且點子也相當不錯，他們就會很輕易地批准下來。如果這項點子被核准了，Pete可能會成為團隊小組的領導人，負責進行這項服務點子的提供，而他的結盟性夥伴也都會在這個小組當中。

培養權術性技巧的各項方針

如果你想要攀上企業組織內的升遷階梯，你就一定得培養自己的權術性技

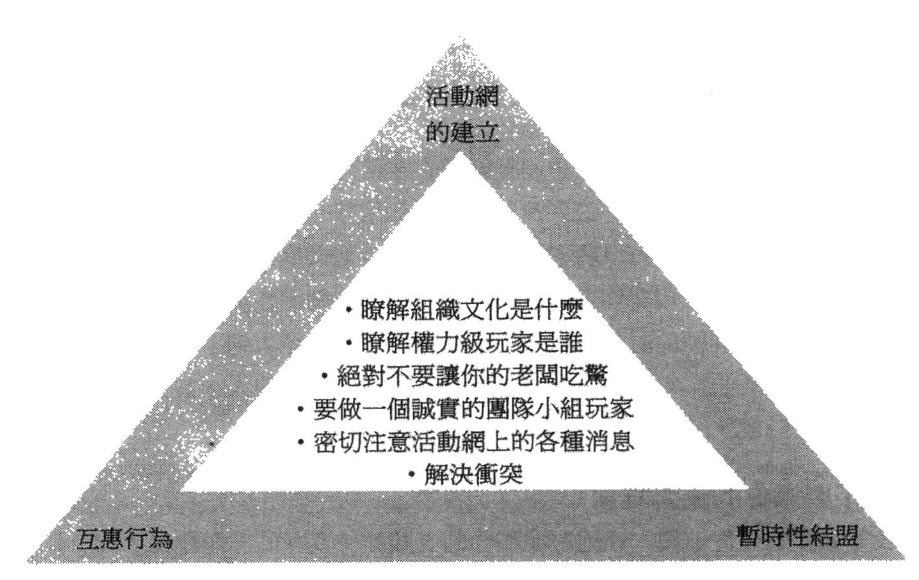

圖14-2　技術性行為和培養權術性技巧的各項方針

巧。說得更明白一點，就是應該複習一下**自我評估練習14-1**裏的十種狀況，也要練習三種權術性行為，並自覺性地增加自己在這些行為上的使用次數。成功地落實這些行為，一定會增加你的權術性技巧。但是，如果你不同意其中任何一種行為，就不要勉強去做。事實上，你並不需要全部採用就能成功。當你跟著圖14-2的方針在進行的時候，也必須知道在你所工作的組織裏，這些作法會要你花上什麼樣的代價。

瞭解組織文化是什麼

瞭解組織文化上所共同分享的價值觀和信念（第八章）是什麼，以及日常工作和政治權術是如何在你所工作的地方運作經營的。舉例來說，一名老闆要求某位新進員工在兩個計畫小組當中選出一個，加入其中。這名員工選完之後，告訴老闆他的選擇是什麼。結果老闆要他重新考慮一下。這名新進員工和別人談過之後，才發現他所選的團隊小組，其中的領導人並不受到新任最高執行長的青睞。不管這個小組做得多好，都不會有什麼好的下場，小組中的成員也是如此。

> **工作運用**
>
> 3.請舉工作上的實例，告訴我們活動網的建立、互惠行為、或暫時性結盟是如何被利用來達成組織目標的？
>
> 4.對你而言，有哪一兩個政治權術上的發展技巧，是你最有相關需要的。請解釋理由。

瞭解權力玩家是誰

年輕人在找工作的時候，往往採用很理性的態度辦法，他們不會考慮到政治權術之類的事情。但是，因為許多企業所下達的決策都不是那麼地理性，它們著眼的常常是一些權力上和政治權術上的考量，所以此時千萬不要以單純且理性的眼光來看待這些事情。[13]比如說，新公司的地點可能會設在權力級人士居家比較近的地方。

在所有的組織裏，都會一些握有實權的關鍵性玩家（key players），不要只是知道他們是誰而已，最好還要瞭解究竟是什麼才能讓他們這樣大搖大擺。因為唯有瞭解他們，你才可以將自己的點子以迎合他們風格和需求的提案方式向他們提出來。你的上司對你來說，也可能算是一位關鍵性玩家。舉例來說，有些經理人想知道詳細的財務數字和統計數字；有些經理人則不然。有些經理人希望你有後續報告；有些經理人則認為你的後續報告很煩人。當你在要發展暫時性結盟的時候，一定要找到關鍵性的玩家才行。

絕對不要讓你的老闆吃驚

如果你想要往上爬，就絕對要和你的老闆維持良好的工作關係才行。你一定要知道，你的上司對你的期望是什麼，然後努力朝著這方面去做。我們總是儘量拖延壞消息，不想讓老闆太早知道。但是，如果你有工作上的問題，還是儘早讓老闆知道比較好。假定你在某個重要工程期限上有進度落後的情形發生，而你的老闆卻是從別人的口中才得知此事，這就很尷尬了，萬一你的老闆是由自己的頂頭上司那兒得知此事，那就更加難堪了。所以千萬不要在公開場合中讓你的老闆出糗，比如說會議等。如果你真的讓老闆下不了台的話，那就別怪下次開會的時候，你的老闆當眾給你難堪了。當你在發展暫時性結盟的時候，別忘了把你的老闆也算進去。

概念運用

AC 14-2　權術性行為

請確認以下情況的各種行為是有效或無效的權術性行為：

a.有效　b.無效

__ 6.Jill正在上高爾夫球課，以便自己日後加入週末的高爾夫球團體，好認識一些高階的經理人。

__ 7.Paul告訴他老闆的老闆，這些錯是他老闆所造成的。

__ 8. Sally逃開一些社交的機會，好讓自己可以更專注在工作的生產力上。

__ 9.John寄了一份非常正面性的績效報告給三位他不需要負責報告的高階層主管，事實上，他們並沒有要求John給他們一份影本。

__ 10.Carlos在中午以前必須把日報表送出去。他會在星期二和星期四的早上十點以前把報告帶進來，這樣子他就可以在送交報告的辦公室附近，偶爾遇到一些高階主管。除了這兩天以外的其他時間，Carlos都是在去吃午餐的途中，把報告交出去的。

要做一個誠實的團隊小組玩家

有些人喜歡在人家背後閒言閒語，他們可能在短期間內會得到一些好處，可是就長期來看，卻不見得，因為終究會有其它的閒語纏上他們作為回報。不管是在哪一家組織，你都應該要贏取別人的尊重、信心和信賴。一旦被別人抓到說謊的小辮子，就很難再取得別人的信任。即使有些工作沒有團體／團隊小組在背後支持，也能達成組織的目標，可是也是為數甚少。就算是單打獨鬥的業務員也會受制於系統效應，需要生產部門製造產品；運輸部門運送成品；和服務部門來提供維修服務。整個趨勢都是走向團隊小組的模式，所以如果你不是團隊小組的玩家，最好想想辦法吧！

密切注意活動網上的各種消息

透過消息網，瞭解目前有哪些事情發生。消息網有助於你知曉組織文化是什麼，以及關鍵性玩家究竟是誰，以便含括到你的暫時性結盟行動中。你的消息網應包括組織內外活動網中的一干人等。也可以加入貿易協會或專業協會，或是積極參加一些會議。你將會很驚訝地發現到，別人對你的組織竟然這麼地深入瞭解。其實，從不相干人士口中得知自己公司的現況，這種事情很常見。但是，在你使用消息網的時候，也別忘了要分清楚謠言和事實這兩者的不同，千萬不要再把謠言散播出去。

解決衝突

在你往上爬的時候，最好小心不要被人甩下來。小心遵守上述的各項方針，有助於你避開一些政治權術上的鬥爭。但是，如果突然之間，你的消息不靈通了，你所說的任何一件事都會遭到別人的反對或忽略，或者你的老闆和同事對待你的態度有了一百八十度的大轉變，最好趕緊把原因找出來。利用你的活動消息網，找出是否有人在暗中破壞你，以及背後的原因是什麼。你一定要知道自己的敵人是何方神聖；他們是如何運作的；誰是他們的幕後老闆；以及他們可能採用的武器是什麼？勇敢面對那些教唆衝突的嫌疑人士。[14]如果你敢去攻擊敵人，一句抱歉也許就能把所有的低氣壓都給趕跑。無論如何，你都可以利用下面單元所要討論到的點子來面對你的敵人，解決衝突。

衝突的處理

衝突
不管何時，只要有人彼此不同意和反對對方，就有它的存在。

不管何時，只要有人彼此不同意和反對對方，就有**衝突**（conflict）的存在。在工作場所中，衝突是不可避免的，[15]你絕對無法避開衝突的發生。如果經理人想要成功的話，就需要具備有力的衝突解決和協調技巧。[16]建設性的衝突管理是你應該好好學習的最重要技巧之一。[17]在衝突處理上，你的處理技巧究竟有多好，這關係到你的工作滿意度和日後的成功與否。為了這個目的，許多組織都有提供解決衝突的各種相關課程。[18]

在本單元裏，你將會學到衝突可能是機能性的衝突、也可能是非正常性的衝突；衝突的類型和來源；以及五種衝突管理風格。

衝突可能是非正常性；也可能是機能性

人們一想到衝突，就想到打架，並視它為一種破壞。當衝突阻礙組織目標的達成時，就是一種負面性或非正常性的衝突（dysfunctional conflict）。但是，它也可能是正面性的。若是爭論和反對可以支持組織目標的達成時，就是出現了所謂的**機能性衝突**（functional conflict）。機能性衝突會增加團體決策的品質。[19]其實，一直到今天為止，問題的重點並不在於為衝突的正面性或負面性下達定論，而在於如何以有利組織的情況下來處理衝突。

機能性衝突
當爭論和反對可以支持組織目標的達成時，就有它的出現。

衝突太小或太大，通常都是非正常性的。如果人們對事件衝突不願意意見不合或是太過樂見其結果；或者因為爭吵太過激烈，以致於找不到任何解決的辦法，目標就可能無法達成，績效表現也會在預期的水準之下。太大的衝突，不知道該如何收場解決，往往會進一步地造成暴力事件。[20]有平衡點的衝突對組織來說是機能性的，因為它可以擴大表現的成果。挑戰現有的方法，提出創新的改變之道，這些作法都會引起衝突，可是也會帶來表現上的改進成果。圖14-3描繪的正是衝突在績效表現上所呈現出來的效應。EDS之所以成功的原因之一，就是其中的員工能夠將衝突加以理想平衡化，因而成為一種機能性的衝突。

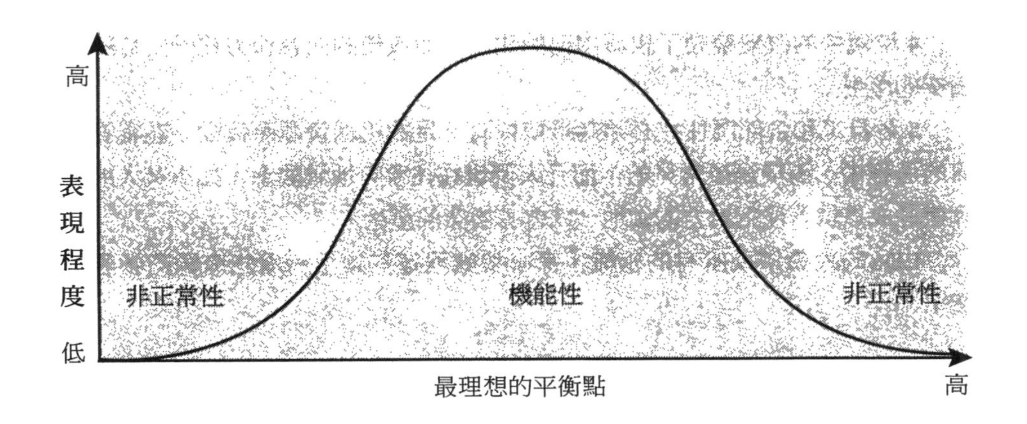

圖14-3　衝突和表現

衝突的類型和來源

衝突的類型

衝突可以依參與人的類型來作分類。以下就是五種衝突類型：（1）個人心中的衝突：當某個人面臨衝突性的優先次序問題時，就會有這個情形發生。如果你被要求加班趕工，可是卻有另一項承諾等待你去做，這時你會怎麼辦？（2）人與人之間的衝突：當兩個人以上互有爭論的時候，就有衝突的產生；（3）個人和團體之間的衝突：當團體成員之一破壞團體的規範時，就會發生衝突；（4）團體與團體之間的衝突：這是發生在相同組織裏不同團體／部門之間的衝突；（5）組織與組織之間的衝突：當各組織在自由的企業系統下彼此競爭的時候，就會因為對立而造成衝突。

衝突的來源

至少有五種主要衝突來源或理由：

1.因為人們的多樣化差異而產生的衝突。

2.人們往往會利用不同來源的資訊，有時候，這些資訊管道所提供的內容並不一致，或者相同的資訊卻有不同的解讀。所以你的溝通技巧愈好，就愈不太可能遇到衝突。[21]

3.個人和團體有時候在不相容的角色扮演下，會有不同的目標。舉例來說，業務員的目標是賣得愈多愈好；而信用部人員的目標則是只能把信用貸款撥給有良好信用記錄的買主。這兩個團體向來都會有衝突發生。

4.環境中的改變帶動了組織內部的改變，而改變的內容和方法一定會造成衝突的產生。

5.各員工和各部門往往必須為爭取稀有不足的組織資源而較勁。在審查預算的過程中，衝突是很常見的。而且人們也往往會有地域觀念，如果某人或某團體的成員試著侵犯對方的領地，就會有衝突的產生。

EDS的人員以及所有的組織，都必須處理這些類型和這些來源的各項衝突。

6.列出和界定五種衝突管理風格

衝突的管理風格

當你處於衝突之中時，你有五種衝突管理風格可以選擇。這五種風格是根據兩個考量層面而來的：對其它人需求的考量；和對你自己需求的考量。這兩種考量會衍生出三種類型的行為。對你自己需求的低度考量和對他人需求的高度考量，可以造就出所謂的消極行為。對你自己需求的高度考量和對他人需求的低度考量，則會造就出所謂的積極行為。而對自己需求和他人需求的適度或高度考量，則會造就出所謂的獨斷行為。每一種衝突下的行為風格都會造成輸贏局面的各種不同結合。這五種風格、對需求的考量、以及各種輸贏的結合等，都已一一呈現在圖14-4當中，而且會在下面的單元裏依照消極、積極和獨斷行為的個別次序，詳加地討論。

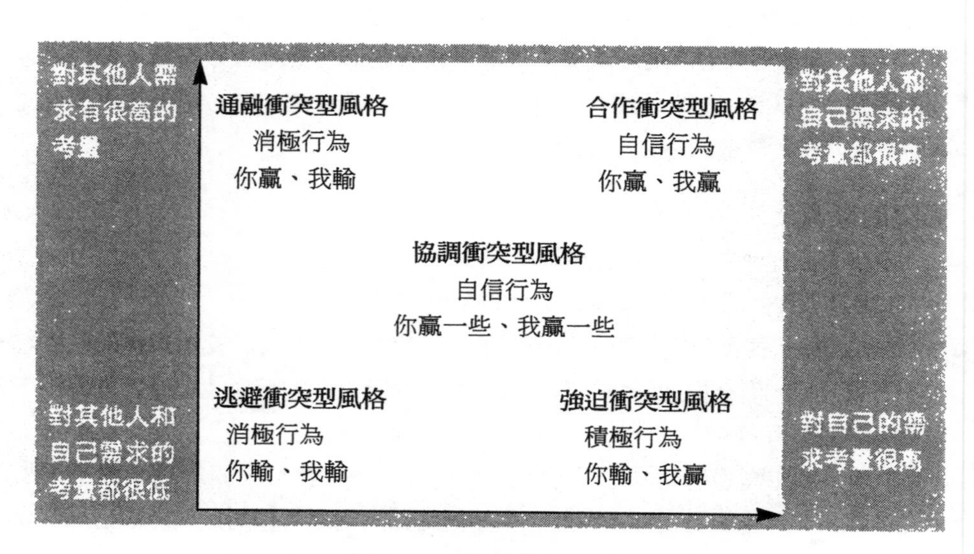

圖14-4　衝突管理風格

逃避衝突型的風格

逃避衝突型風格的使用者會試著去消極地忽視衝突所在，而不願解決它。當你想要避開衝突的時候，就是沒有自信，不願配合。人們逃避衝突的方法，包括不願表態、精神上的逃避和身體上的實質逃開。因為衝突沒有解決，所以所得到的結果是雙方皆輸的局面。

逃避衝突型風格的利與弊

逃避型風格的好處是仍然可維持住彼此的關係，不會因衝突的解決而傷害到這層關係。但是壞處卻是衝突仍然沒有解決。這類風格若是過度使用，一定會造成個人心理上的衝突，人們往往也會對逃避者視而不見，逐漸在聲勢上凌駕過他。有些經理人眼見旗下員工破壞規定，卻不糾舉，這種逃避問題的作法並不會讓破壞的行為適時打住，反而會助長它，進而愈演愈烈。而且拖的時間愈長，就愈難對抗它。

逃避衝突型風格的適當用途

逃避衝突型風格很適用於以下情況：（1）當衝突是很瑣碎的小事，且不太重要的時候；（2）當你對這個議題，並沒有很大把握的時候；（3）當對抗會危害到某個重要關係的時候；（4）當你沒有時間去解決衝突的時候；（5）當情緒很高張激動的時候。當你沒有時間去解決某個衝突，或是大家的情緒都很激動的時候，最好還是等一下再來處理。但是，一直採取逃避的方式，直到你覺得煩了，才以咆哮彼此的方式來收場，這也是很不恰當的。這種消極一積極式的行為往往因為傷害到人際關係，而使情況變得更糟。通常，人們並不瞭解他們正在做一些讓你很煩的事情（造成你處於衝突的心態），所以如果能夠適當告知的話，他們還是很願意改變的。我們會透過合作衝突型的風格來解釋適當的辦法是什麼。

通融衝突型的風格

通融衝突型風格的使用者解決衝突的方法，就是消極地向對方讓步。當你使用通融型風格的時候，你就是一個沒有自信，可是願意合作的人。你會試著去滿足對方，但是卻忽略自己的需求，隨便對方想要什麼就有什麼。[22]最後產生的一定是一輸一贏的結果。

逃避型和通融型的常見差異就在於行為上。在逃避型風格之下，你不需要做任何你不想做的事，可是在通融型風格之下，你卻得做任何你所不想做的事。舉例來說，如果某人的說法，你並不贊同，當你在和他談話的時候，你可以什麼話也不提，以避免衝突的產生，或是改變話題，再不然就是停止談話。

再舉一個例子，如果你必須和某人一起搭建一個展示品，可是那個人想要以某種特別的方法來搭建。如果你不同意他，不想照他的方法來做，可是卻什麼話也不說，只是照著他的作法來進行，那麼，你就得做一些你原本並不想做的事情了。

通融衝突型風格的利與弊

通融型風格的好處是因為你照著對方的方法來行事，所以彼此的關係得以維繫下去。壞處則是讓步的作法可能會產生不良的後果。通融型的人可能有更好的解決辦法，比如說更好的辦法來搭建展示品。這類風格的過度使用往往會造成對方佔盡通融者的便宜，而通融者所設法維持的關係類型也可能會因此而喪失掉。

通融衝突型風格的適當用途

通融型風格很適用於以下情況：（1）當這個人很喜歡做一名追隨者的時候；（2）當關係的維持比其它考量都還重要的時候；（3）當彼此同意的改變內容對通融者來說，不是很重要，但對另一方來說，卻很重要的時候；（4）當解決衝突的時間受到限制的時候；（5）當你的上頭有一個獨裁型老闆，他很喜歡採用強迫風格的時候。

強迫衝突型的風格

強迫衝突型風格的使用者會利用積極的行為，照著自己的方式來解決衝突。當你採用強迫型風格的時候，你就是一個不願合作，但是很積極的人。只要能滿足你自己的需求，不管別人的代價有多高，你都會去做。強迫者如果知道自己一定得贏，就會不惜祭出職權、恐嚇、威脅等各種手法。強迫者最喜歡迎戰逃避者和通融者。如果你試著想要別人改變，自己卻絕不會有任何改變，而且不擇手段一定要達成，你就是在使用強迫型的風格。當然輸贏的局面也會立現。

強迫衝突型風格的利與弊

強迫型風格的好處是當強迫者是對的時候，就可以有比較好的組織決策，而不是在妥協的情況下所產生的低效性決策。壞處則是，若是過度使用強迫型風格，可能會讓別人對此風格的使用者產生敵意和憎恨的心理。強迫者的人際關係往往比較差。但是，這類型的人，有些並不在乎其他人。

強迫衝突型風格的適當用途

有些經理人常常利用自己的職務性權力來迫使其他人照他們的吩咐行事。強迫型風格很適用於以下的情況：（1）當你必須在某些重要議題上採取一些不受人歡迎的行動時；（2）當其他人在建議行動上的承諾，不足以對它的落實性造成關鍵性的影響時（換句話說，人們對你要他們做的事情，沒有太大的抵抗心態）；（3）當維繫的關係不是那麼要緊的時候；（4）當衝突的解決變得很急迫的時候。

協調衝突型的風格

協調衝突型風格的使用者會透過獨斷性的互讓行為來達成衝突的解決。它也被稱之為妥協型風格。當你在使用妥協型辦法時，不管在獨斷性或合作性上，你都是一個能夠適度拿捏的人。雙方輸贏各半的局面也會因此而造成。

協調衝突型風格的利與弊

協調型風格的好處是衝突可以盡快地解決，而且關係也得以繼續維持下去。壞處則是這種妥協往往造成不良的後果，比如說，所下決策不是最好的決策。而且這類風格的過度使用也會讓人們開始玩起心機，例如說，以自己真正需求量的兩倍來進行交涉，為的就是想在最後讓步的時候，可以得到他們所想要的真正需求量。這種作法在集體交涉裏十分常見。

協調衝突型風格的適當用途

協調型風格很適用於以下情況：（1）當議題很複雜又很具關鍵性，而且沒有什麼簡單清楚的解決辦法時；（2）當雙方的權力相當，而且對不同的解決之道都很有興趣的時候；（3）當解決辦法只是暫時性質的時候；（4）當時間很短的時候。

合作衝突型的風格

合作衝突型風格的使用者會很有自信地以各方都同意的最好解決辦法來一起解決衝突。它也被稱之為解決問題型風格。當你採用合作型的辦法時，就是一個很有自信，又很願意配合的人。儘管逃避者和通融者都很在乎對方的需求，而強迫者又只在乎自己的需求，但是為合作者來說，他們最在乎的卻是找出讓各方都滿意的最佳解決之道。他和強迫者不同，如果有更好的解決辦法，合作者絕對很願意跟著改變。協商者通常是根據秘密消息來進行運作，合作者則是採用公開坦白的溝通方式。這也是唯一可以製造雙贏局面的風格類型。

協商型和合作型的常見差異就在於解決辦法上。讓我們再以剛剛的搭建展示品為例：在協商型的作法之下，這兩個人可能會各讓一步，就是其中一個搭建的展示品採用其中一人的作法；另一個搭建的展示品則採用另一個人的作法，這種方法對他們來說是各自輸贏了一半。但在合作型的作法之下，這兩個人會一起共事，發展出一種雙方都很滿意的展示品作法，可能是兩人的精華綜

工作運用

5. 請選出一位現在或以前的老闆，這位老闆最常使用的是哪一種衝突管理風格？請透過一個實例來解釋。
6. 這五種衝突管理風格當中，你最常用的是哪一種？請解釋理由。

概念運用

AC 14-3　選出衝突管理風格

請為下列情況，在各答案中找出最適當的衝突管理風格：

a. 逃避型　b. 通融型　c. 強迫型　d. 協調型　e. 合作型

__ 11. 你已經加入了一個委員會，為了是要認識別人。你對委員會在做什麼的興趣很低。當你在委員會服務的時候，你提出一個建議，可是被其他成員所反對，你知道你的點子比較好，對方採用的是強迫型的風格。

__ 12. 你是特別小組中的其中一員，必須負責選購電腦。四種機型都有相同的功能，只是在品牌、價格和服務上，各方有不同的意見。

__ 13. 你是一位業務經理，Beth是你手下最得意的業務人員之一。她正在試著完成一筆大交易。你們兩個則正在討論她的下一筆生意，可是在使用策略上卻有不同的意見看法。

__ 14. 時間已經很晚了，而且你現在才正要出發前往開會。就在出發的時候，你看到辦公室裏遠遠的那一方，Chris正在打混，他是你的員工之一。

__ 15. 你在這個月的勞工預算上已經超支，於是你要求兼差人員Kent的工作時數再減少一點。可是Kent告訴你，他不願意，因為他需要這筆錢。

合；也可能是在溝通解釋之後，另一方同意對方的方法比較好，而完全採用對方的作法。所以合作型的關鍵所在，就在於彼此同意某個辦法是最好的解決之道。

合作衝突型風格的利與弊

合作型風格的好處是它往往可以找出解決衝突的最好辦法。壞處則是它比須比其他風格花上更多的技巧、心力、和時間，才能解決衝突。事實上，合作型風格對個人、團體和組織來說，所提供的好處是最多的。

合作衝突型風格的適當用途

以下情況很適用於合作型風格：（1）當你正在處理一項重要議題，這個議題需要的是最理想化的解決辦法，而妥協只可能帶來局部性的理想化而已；（2）當人們願意把團體目標置於個人利益之上；而成員們也都願意真心合作的時候；（3）當關係的維繫很重要的時候；（4）當你有充裕的時間可以利用的時候；（5）當這個衝突是屬於同儕間衝突的時候。

從情境理論的角度來看，並沒有什麼所謂最佳的風格可以用來解決所有的衝突。個人所偏好的風格往往是因應自己的需求而產生的。有些人喜歡強迫型；有些人則喜歡逃避型；依此類推等。就像所有的管理風格一樣，成功與否的決定關鍵在於你是否有能力採用最適當的風格來應對當時的情境。EDS的員工對五種風格全都照單全收。但是，他們的重點還是擺在團隊工作和共同的合作上。

在進行工作面談的時候，你可能會被問到，自己過去是如何解決衝突的。[23]在這五種風格當中，就複雜度和所需技巧程度來看，最難成功落實的風格就是合作型風格。而且儘管在適當的時機下，也最有可能會使用不當。世界各地的組織體，包括EDS在內，都在訓練員工如何利用合作型風格來解決衝突。[24]因此，合作型風格是我們在下一個單元裏，唯一要詳細討論的風格，為的就是要培養你在衝突方面的解決技巧。

合作衝突型的管理風格

儘管你可以協助預防衝突的發生，但是卻不見得能夠完全地消除它，況且你也不應該消除它，因為它可能是機能性的衝突。你在本單元裏學習發展出自己的技巧，讓你能夠有自信地迎面對抗和你有所衝突的人，你的立場舉止絕不會傷害到你的人際關係，而且能夠把衝突給解決掉。當你在起始、回應和調停某個衝突的解決辦法時，**模式14-1**可以為你提供幾個遵循的步驟。在我們開始討論這些步驟之前，請先確定自己已透徹瞭解強迫型和合作型之間的不同差異。

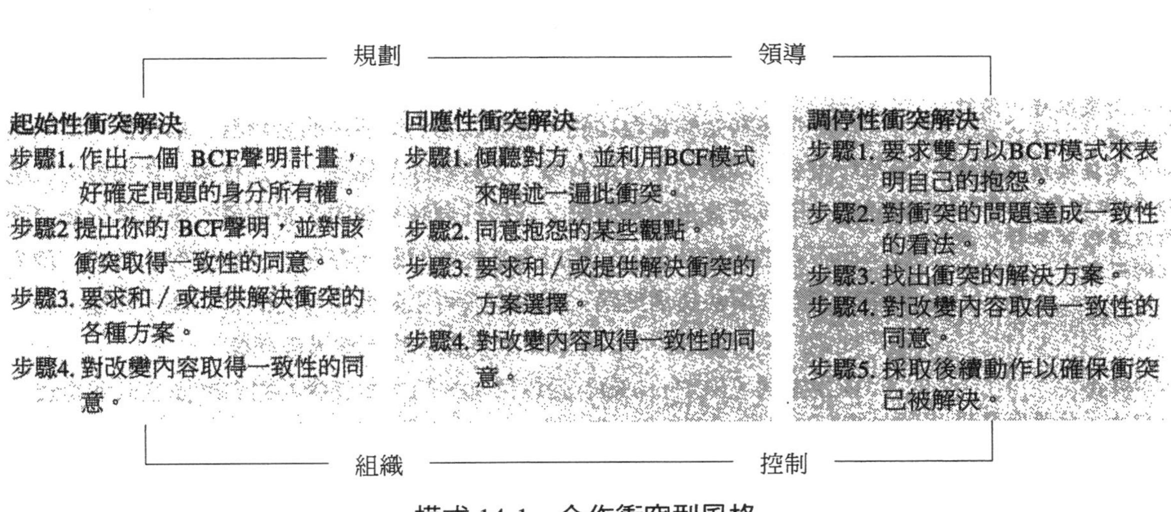

模式 14-1　合作衝突型風格

強迫型VS.合作型風格

當別人做了一些事情，真的很困擾你的時候（比如說，在你的空間裏抽煙；大談黃色笑話或種族笑話；以一些言語來挑釁你），千萬不要採用逃避型的風格。儘早利用合作型風格，冷靜地迎戰他們。如果你告訴一些人，他們所做的事情讓你很困擾，他們也可能會告訴你，你做的事情也讓他們很困擾。若是真的發生這種事，你必須有意願改變自己的行為來表達合作的態度。

當別人做的事情讓你很困擾；或者是做一些不同於你會做的事；抑或是不願照你的方式來做事，這時，請先檢查一下你自己的需求是什麼。如果你一心所想要的只是去改變別人，讓他們成為你要他們成為的樣子，或者是讓別人照你的方式來做事，而你卻不願意改變自己的行為，那麼，你就是在利用強迫型而不是合作型的風格。

7.列出起始性衝突解決模式的各個步驟

對衝突解決的起始

起始者（initiator）就是那個對抗其他人，解決衝突的人。當你在利用合作型風格，起始某個衝突解決辦法時，一定要採用以下的模式，也就是**起始性衝突解決模式**（initiating conflict resolution model），它的各個步驟是（1）做出一個BCF聲明計畫，好確定問題的身分所有權；（2）提出你的BCF聲明，並對該衝突取得一致性的同意；（3）要求和／或提供解決衝突的各種方案；（4）對改變內容取得一致性的同意。請參考模式14-1。

起始性衝突解決模式
各步驟是：（1）作出一個BCF聲明計畫，好確定問題的身分所有權；（2）提出你的BCF聲明，並對該衝突取得一致性的同意；（3）要求和／或提供解決衝突的各種方案；（4）對改變內容取得一致性的同意。

步驟1　作出一個BCF聲明計畫，好確定問題的身分所有權

規劃是最初始的管理功能，也是起始衝突解決的發想點。讓我們一開始先澄清什麼是「問題的身分所有權」？假設你不抽煙，可是有個正在抽煙的人來拜訪你，所以究竟是你有問題？或是抽煙者有問題？是香煙的煙霧讓你覺得困擾，而不是抽煙者這個人。所以這是你的問題。在你一開始面對的時候，請先要求對方幫你解決這個問題。這個方法可以降低對方的防禦心理，並建立出一種「問題一定可以解決」的氛圍，彼此關係也不會被破壞掉。

BCF模式
以行為、結果和感覺的觀點來描述某個衝突。

BCF模式（BCF model）是以行為、結果和感覺的觀點來描述某個衝突。當你做B的時候（行為），會有C的產生（結果），然後我就覺得F（感覺）。以下是一個BCF聲明的例子：「當你在我房裏抽煙的時候（行為），我呼吸變得很困難，而且很想吐（結果），我覺得不舒服，很難受（感覺）。」你也可以變換次序，視情況的不同，先提出感覺或結果。比如說：「我怕（感覺）這個廣告的效果不好（行為），可能會讓我們損失掉一筆錢（結果）。」

當你在發展自己的BCF開頭聲明時，就像前述的例子一樣，一定要採描述性的方式，其中不能有任何評估性的言語。[25]儘量讓整段啟頭聲明簡短扼要。聲明的時間愈久，花在衝突解決上的時間就愈久。通常人們等待發言的時間愈長，防禦的心理就愈強。所以應儘量避免把責任怪罪到誰的身上，或者誰是對的，誰又是錯的。事實上，雙方都可能是錯對各半。執著於誰對誰錯，只會讓當事者更有防禦心而已，對衝突的解決也會造成反效果。時間的掌握也很重要。如果別人很忙，可以晚一點再和他們討論。除此之外，不要一次提及許多彼此不相關的議題。

步驟2　提出你的BCF聲明，並對該衝突取得一致性的同意

在作出你簡短的BCF聲明之後，讓對方有回應的機會。如果對方不了解或是逃避問題，你一定要堅持下去。如果對方不願承認問題的存在，你就根本沒辦法解決衝突。以不同的解釋用語，多次重複你的聲明，直到對方願意承認衝突的存在為止。千萬不要輕易地放棄。

工作運用

7.請利用BCF模式，描述你現在或曾經面臨到的衝突。

步驟3　要求和／或提供解決衝突的各種方案

一開始先問對方，可以做什麼來解決這個衝突。如果你也同意他的做法，那就太棒了。如果不同意，提出你的辦法。但是，請記住，你採用的是合作型風格，所以不要只是想改變對方。當對方知道問題的所在，卻沒有對策時，你可以訴諸於共同的目標，讓對方知道有利於他和組織的好處是什麼。

步驟4　對改變內容取得一致性的同意

試著在雙方對解決衝突的特定行動上取得一致性的看法。清楚表明或白紙黑字寫下一些雙方為了解決衝突所必要採行的改變行為是什麼。再提醒你一次，請記住，你採用的是合作型風格，不是強迫型風格。

技巧建構練習14-2可以讓你培養自己對衝突解決的起始技巧。

對衝突解決的回應

身為一名被動回應者，起始者面對迎戰的人是你。這裏要討論的就是如何處理衝突中的這個回應者角色。大多數的起始者並不會遵守模式規定。因此，回應者必須負起責任，藉由遵守衝突解決模式的步驟來成功地解決衝突：（1）傾聽對方，並利用BCF模式來解述一遍此衝突；（2）對抱怨的某些觀點，表達同感；（3）要求和／或提供解決衝突的各種方案；（4）對改變內容取得一致性的同意。

步驟1　傾聽對方，並利用BCF模式來解述一遍此衝突

當你你沒空和別人談話或解釋自己立場的時候，卻有人跑來向你興師問罪，你最好和對方訂下時間，稍後再行討論。在討論衝突的時候，一定要專心地傾聽。不要在一開始，就表現得很有戒心或為自己的行為辯護。即便你並不同意，也要聽聽對方的立場。避免以誰是誰非的議題來進行討論。

讓別人發洩一下，只要對方不在言語上攻擊你就無所謂。如果他們真的在言語上冒犯到你，要冷靜地告訴對方，你願意討論這件事的問題所在，可是絕不能忍受個人性的攻擊或成為這件事的代罪羔羊。若是對方太過激動，最好等到雙方都能冷靜下來的時候，再來討論。你可以利用第十章所談到過的溝通指南，來處理情緒方面的事宜。

利用BCF模式

未經訓練過的起始者，他所作的聲明往往過於籠統，而且常常一昧地指責回應者。為了避免衝突的發生，你應該把這些籠統且個人性的指控轉換成行為上的明確描述。若想這麼做，你就必須利用BCF模式。

1.要求對方舉出一個明確的行為實例（當我做B的時候）「你可不可以舉一個實例，因為我做過什麼，而造成這樣的問題／衝突？」 你要不斷地使用這種說法，直到你搞清楚究竟是什麼樣的行為為止。

2.要求起始者描述行為的結果是什麼（發生了C）。「當我做了X的時候，結果是什麼？」你要不斷地使用這種說法，直到你搞清楚你行為後的結果究竟是什麼為止。

3.如果沒有把感覺表達出來的話（你覺得F），要詢問對方有什麼樣的感受。向起始者解述整個內容：「因為我回來得太晚（B），所以你必須幫我等客戶（C），因此你覺得很沮喪（F），是不是這個問題？」如果抱怨者同意你的說法，就可以進行到步驟2。如果不是，就還得不斷地進行解述，直到你瞭解問題的核心為止。解述意義並不代表你完全同意起始者的抱怨，只是證明你非常瞭解抱怨內容是什麼。

步驟2　同意抱怨的某些觀點

這個步驟很重要，可是卻蠻難的，特別是你並不同意該項抱怨的時候。它好像會誘使你從合作型風格轉變到逃避型、強迫型、通融型、或妥協型風格一樣，其實不然。把你的立場以肯定且合作的方式表明清楚，找出一個你可以認同的觀點。即便是最誇張的抱怨，也可以在其中找到一絲絲的真理。如果你實在無法苟同，也要對當事者的感覺有感同身受的回應，比如說：「我同意我的行為的確讓你覺得很沮喪。」

如果你完全不同意抱怨的內容，也不表示讓步的意願，至少在態度上要表現得和善一點，才有可能解決問題。一般而言，抱怨的人往往有一長串的論點可以支持他們的立場。他們會不斷地找你解決，直到你同意某些事情為止。在某些事情的同意上花得時間愈久，所涵蓋的爭論範圍就愈大，而解決問題的所花時間也就愈長。

步驟3　要求和／或提供解決衝突的方案選擇

在要求解決問題的時候，要表現出你對起始者的尊重，這樣才能把焦點從負面的過去轉變為正面的未來。你們要一起找出雙贏的解決之道，讓雙方都能滿意。除非絕對必要，否則千萬不要把衝突管理風格改變為妥協型或通融型的風格，你也絕不能採用強迫型或逃避型的風格。

步驟4　對改變內容取得一致性的同意

在問題的解決上取得一致性的看法，並發展一個計畫，詳載雙方在改變上的所負責任是什麼。如果可能的話，雙方都應解述一遍各自的同意內容，若是碰到比較複雜的衝突議題，最好採用白紙黑字的作法。

對衝突解決的調停

我們常常發現，產生衝突的雙方當事人很難自行解決他們的問題。碰到這種個案，最好還是有調停者的出面周旋比較好。所謂**調停者**（mediator）就是協助解決衝突的中立第三者。在非工會化的組織裏，通常是由經理人來擔任調停者的角色。可是也有些組織會專門訓練和指派一些員工來擔任這個角色。在工會化的組織裏，調停者通常是來自於組織以外的專業人士。但是，最好還是先從組織內部找出解決衝突的辦法比較穩當。

調停者
協助解決衝突的中立第三者。

身為調停者，在你要讓衝突的雙方當事者碰頭之前，應先決定是否究竟該舉辦聯合性的會議？抑或是個別性的會議？如果有一名員工前來抱怨，可是還沒向對方迎面挑戰過；或者在員工的認知上，彼此差距分歧相當地嚴重，這時最好還是在雙方碰面之前，先行和各當事者展開一對一的會商。從另一方面來看，若是雙方對問題有相同的認知和解決誠意，你就可以在雙方都能保持冷靜的狀態下，舉辦聯合性會議，讓雙方當事者碰面會商。經理人扮演的角色應是調停者，而不是裁決者的角色。要讓員工自己解決衝突，除非其中一方違反公司組織的政策，否則，一定要儘量保持公平的立場。此外，不要貶低雙方當事人，也不要作出一些評語，像是「我對你們兩個感到很失望」；或「你們兩個人的行為就像小孩一樣」等。

當你把雙方當事者湊在一起的時候，請遵循調停性衝突模式的步驟：（1）要求雙方以BCF模式來表明自己的抱怨；（2）對衝突的問題達成一致性的看法；（3）找出衝突的解決方案；（4）對改變內容取得一致性的同意；（5）採取後續動作以確保衝突已被解決。

步驟1　要求雙方以BCF模式來表明自己的抱怨

教導員工有關BCF模式的事宜，並要求他們利用此模式來表達自己的抱怨。若是能將抱怨內容寫下來，可能會更有幫助。

步驟2　對衝突的問題達成一致性的看法

不要試著怪罪任何一方。如果雙方都想怪罪對方的話，最好提出類似下面的聲明：「我們在這裏是為了解決衝突，怪罪別人是沒有用的。」把焦點擺在此衝突會如何影響雙方當事者的工作上。你可以藉由明確行為的提出（非人格性的問題）來進行個別議題的討論。如果某人說：「因為某種人格上的衝突，所以我們無法一起工作。」這時，就要請說話者澄清問題中的明確行為是什麼。別忘了，討論的目的要讓雙方當事者瞭解自己的行為和後果是什麼。調停者也許需要提出一些問題或聲明，來澄清剛剛雙方所談到過的內容。可能的話，調停者也可以針對問題的本身，發展出一份雙方都同意的聲明內容。就算行不通的話，也要取得個別的聲明內容才行。請記住，一定要在你展開解決辦法之前，先澄清衝突的內容才行。

步驟3　找出衝突的解決方案

要求雙方針對問題本身，提出各種可能的解決方案。把重點擺在行為的改變上，以便消除以前行為所帶來的負面結果和感受。點子的結合通常很有幫助。調停者可以建議一些解決方案，但是身為一名中立者，應該堅守合作型的風格，絕不能強迫當事人去接受你的方案。要確定最後所選出的解決之道能夠為所有當事人，包括組織本身，創造出雙贏的局面才行。

步驟4　對改變內容取得一致性的同意

找出一個讓各方都滿意的解決方案。要求各當事者說出自己在未來會做或不會做的事情有哪些。調停者應該為所有當事者解述話中的意義，以確保所有當事者都能取得一致性的看法，並共同承諾改變行為。「總而言之，Saul，你同意做X，而Whitney，你也同意去做X，所以你們雙方都同意這個行動囉？」

步驟5　採取後續動作以確保衝突已被解決

兩個後續行動分別是：（1）注意雙方的互動情形一段時間，以確保衝突已經解決；（2）設定後續會議，讓雙方坐下來好好討論，衝突是否已被完全解決。

如果衝突沒有被解決，這時就需要一名仲裁者。所謂**仲裁者**（arbitrator）是指可作出約束性決策來解決衝突的中立第三者。仲裁者就像是一名法官一樣，他所下達的決策一定要被遵守。但是，最好儘量不要使用到仲裁的作法，因為它不是一種合作型的風格。仲裁者通常會採用協調型風格，也就是讓雙方當事者各贏一點；各輸一點。當集體式交涉破裂，而合約期限又日漸逼近的時候，有關勞工管理的協商議題，就會採用調停和仲裁的方式。

仲裁者
可作出約束性決策來解決衝突的中立第三者。

不管你是處理權力、政治權術、或衝突，這些都是很有壓力的。因此，在下個單元，你將會學到壓力的成因和後果，以及如何管理壓力等事宜。

壓力

人們對外在環境的刺激，會產生內在的反應。**壓力**（stress）是指因環境需求所造成的身體反應。對外在環境活動和事件所造成的身體反應可能是情緒上的，也可能是生理上的。不管你是處理權力、政治權術、抑或是衝突，都會造成你很大的壓力。連同EDS在內的各種組織都提供了各種壓力管理課程，來協助員工處理自己的壓力。

壓力
因環境需求所造成的身體反應。

壓力可以是機能性的或非正常性的

當壓力能夠對人們造成挑戰或激勵，讓他們為了達成目標，而改善自己的表現時，就是屬於一種機能性的壓力。人們往往會因承受某種壓力，而讓自己的表現達到最完美的地步。當期限正逐步逼近，腎上腺素就會上升，人們也會因此而做出最高極限的表現成果。為了達成期限要求，經理人通常會給自己和旗下員工一些壓力。但是，壓力若是過大，就會變得非正常，因為不管是對個人或對組織來說，這種非正常性的壓力都是有害的。有些情況若是存在著過多的壓力，就成了所謂的壓力區。**壓力區**（stressor）是指人們在某些情況底下，會被焦慮、緊張、和壓迫等情緒完全征服。從另一方面來看，如果毫無壓力可言，人們則往往表現得不盡理想。

壓力區
人們在某些情況底下，會被焦慮、緊張和壓迫等情緒完全征服。

壓力是屬於個人的事情。在相同的情況下，有的人可能覺得很自在，完全感受不到壓力；有的人則覺得這是一個壓力區。換句話說，處理壓力的能力是因人而異的。

壓力的成因

普遍常見的工作壓力區有五種：人格類型、組織文化、管理行為、擔任的工作和人際關係。總結這幾個因素，就可以知道工作滿意度的結果如何。一般而言，工作滿意度愈低，壓力就愈大。請完成**自我評估練習14-2**，先瞭解一下自己和壓力有關的人格類型是什麼。

人格類型

壓力區對我們的影響程度，部分是源自於我們自己人格的關係。因為我們的身體會對外在的刺激產生內在的反應，所以我們做的事情會對自己造成壓力。類型A的人格特徵是動作很快；精力充沛；有時間觀念；好勝心強；沒有耐心；而且滿腦子都是工作。類型B的人格特徵則是類型A的反面。**自我評估練習14-2**裏頭的二十道問題都和人格類型有關。數字5（常常）代表的是類型A的行為，數字1（很少）則代表類型B的行為。擁有類型A特徵的人比擁有類型B特徵的人，要來得容易得到心血管方面的疾病。[26]如果你的分數很高，也就是偏向類型A的人格，你最好小心，不要因為壓力方面的問題，而造成自己的死亡。

組織文化

合作、工作幹勁和士氣等程度多寡，都會對壓力造成影響。組織文化愈是正面性，壓力程度就愈低。組織若是不斷地鞭策旗下員工要有更好表現，往往就會營造出充滿壓力的局面。從團體模式改變為團隊小組模式，可是卻沒有讓成員事先接受訓練，這也會造成很大的壓力。

管理行為

經理人對員工的監督做得愈好，壓力就愈小。冷靜且參與式的管理風格比較沒有壓力的存在。上司若是很差，下面的員工就會比一般人多出五倍的機會得到所謂壓力癥候群下的失眠、頭痛、和腸胃不適等毛病。[27]

擔任的工作

有些類型的工作的確比較有壓力。但是這些壓力的其中部分是來自於對工

自我評估練習14-2　壓力人格類型

請確認以下各項情況在你的工作上或學業上，所發生的頻率如何。請在各題的空格上填入1到5的數字。

（5）常常　（4）時常　（3）偶爾　（2）不常　（1）很少

____1. 我喜歡競爭，而且我在工作／遊戲上，一定要贏過別人。
____2. 當工作很多的時候，我會跳過用餐時間或吃得很快。
____3. 我總是匆匆忙忙的。
____4. 我會一次做很多的事情。
____5. 我會被激怒，而且很沮喪。
____6. 當我必須等人的時候，就會很憤怒或很焦慮。
____7. 我會根據時間和表現來衡量自己的進度。
____8. 我會催促自己工作，直到累了為止。
____9. 即便休假，我也在工作。
____10. 我給自己的期限很短。
____11. 我不會一直很滿意自己的表現成果。
____12. 我會試著在表現上勝過其他人。
____13. 當我的進度必須改變的時候，我會覺得很沮喪。
____14. 我會一直想要在最少的時間內，做完最多的事情。
____15. 即便我已經有很多事情要做，我還是會攬更多的事情來做。
____16. 我對工作／上課的喜愛程度，勝過於其它的活動。
____17. 我說話和走路都很快。
____18. 我對自己的標準設得很高，而且非常努力地想要達成這些標準。
____19. 別人認為我是一個工作很賣力的人。
____20. 我的工作步調很快。
____總分 把這二十題的所有分數(1到5）加總起來，你的分數將會在20到100分之間。請在閉聯集上頭代表你分數的位置上打一個X的記號。

類型A100----90----80----70----60----50----40----30----20類型B

你得到的分數愈高，就表示你的個性愈偏向類型A的壓力型人格。你的分數愈低，就表示你愈偏向類型B的壓力型人格。本單元將對此兩種人格類型作一詳細解釋。

作樂趣的認知本身。有些人對工作樂在其中，所以就會擁有比較高的工作滿意度，並比那些不能樂在其中的人更能對付壓力本身。就某些個案來看，改變工作，換一份有趣的事情來做，可能就能降低或擺脫掉壓力了。

人際關係

當人們彼此無法相處，衝突就會產生，因而造成壓力。人際關係對工作滿意度來說是個很重要的影響關鍵。儘管人們對工作本身不甚滿意，可是卻很喜歡那些一起工作的夥伴，這樣至少還是可以擁有一些工作滿意度。但是，要是人們不喜歡工作本身，或者面臨到高度壓力的局面，這時往往就會出現高缺席率的情形。

EDS的文化是屬於正面性的，而且小組架構也因為員工的高度參與，而少掉了許多管理性的行為。員工們所擔任的工作都是自己很有興趣的工作，而且可以自由選擇他們所想參加的小組，如此一來，好的人際關係和整體的工作滿意度都會因而提升。

壓力的後果

三個勞工裏頭就有兩個勞工認定他們對健康的首要考量就是有關壓力的問題，而且還認為來自於工作的壓力是造成他們健康問題的直接主因。最新的估計也顯示，工作壓力會讓員工們因缺席、拖延、低生產力、高流動率、勞工報酬和節節高升的健康醫療津貼等因素，每年要多付出2,000億美元的代價。[28]在壓力底下做事的員工，並無法發揮出自己的潛力，反而降低了表現，態度上也變得很不好。[29]壓力的增加也會造成了工作期限的失誤，並降低顧客服務的品質。[30]

壓力的徵兆

有關壓力的幾個溫和徵兆包括呼吸頻率和發汗量的增加等。當壓力持續一段時間之後，就會出現理想的破滅、易怒急躁、頭痛、和其它一些身體的不適、以及精疲力竭的感覺、或是胃部的問題等。光是頭痛這個問題就讓雇主們每年在醫療支出和缺席等問題上，得花掉500億美元。[31]當你持續性地覺得壓力過大，而且害怕自己無法在期限前完成工作，你就是正在承受壓力。若是人們花出比平常更多的時間在看電視／電影、喝酒、吃藥、吃東西、或者睡覺等，他們的舉止就是在逃避壓力。

再也提不起勁

持續性、長期性和嚴重的壓力，都會在一段時間之後，讓當事者筋疲力竭，再也提不起勁來。所謂提不起勁（burnout）是指因為壓力的緣故，使得某人不再有興趣和幹勁去施展工作。人們有時候會在最忙碌的時刻，暫時性地經歷到這種提不起勁的感覺，比如說，當學生正在努力讀書好應付考試的時候；或者是零售商正在應付著忙碌的聖誕季節時。但是，當事情可以緩和下來的時候，你的興趣和幹勁又會再度地回來。當興趣和幹勁不再回來的時候，就表示你永遠再也提不起勁了。

壓力管理

壓力管理（stress management）是消除或降低壓力的一種過程。經理人需要知道自己的工作壓力區是什麼；並在可能的時候，避開一些壓力性的事件；對壓力性情況的處理作好規劃（例如利用模式來起始衝突的解決）；以及利用壓力管理技巧等。[32]你可以藉著遵守三步驟的壓力管理計畫，來做好壓力的控制工作：（1）確認壓力區；（2）確認它們的成因和後果；（3）計畫消除或降低這些壓力。另外有六種壓力管理技巧可以讓你利用，分別是：時間管理、放鬆、營養、運動、正面思考和支持性的人際網。

時間管理

一般而言，擁有良好時間管理技巧的人們比較不會經歷到工作上的壓力。請參考第六章有關時間管理的內容。

放鬆

放鬆是一種絕佳的壓力管理技巧。[33]獲得充足的休息和睡眠；開懷地笑幾聲。如果你是屬於類型A的人，最好放慢你的腳步，享受一下人生。參加一些能讓你心情愉快和放鬆自己的活動。[34]找一些工作以外的興趣。要是人們不能在事業上和個人生活上取得平衡，往往都會面臨到在工作上再也提不起勁的窘況。[35]一些能幫助你放鬆自己的事情包括和朋友聚聚、禱告、冥想、音樂、閱讀、電視、電影、嗜好、以及其它等等。

放鬆的練習

當你覺得有壓力的時候，你可以做一些很簡單的放鬆練習。最受人歡迎又最簡單的就是深呼吸，因為它可以放鬆你整個身體。如果你覺得某塊肌肉很緊

花點時間和家人或朋友從事一些你喜歡的活動，這些都是絕佳的壓力管理技巧。

張，你也許可以針對那個部分，做一下放鬆運動；也或者可以從頭到腳都做一遍放鬆肌肉的運動。圖14-5列出了各種放鬆運動，在任何地方都可以進行。當你在做其它運動的時候，也可以同時進行深呼吸的放鬆練習。我們將在下個單元裏，詳細解釋該如何地深呼吸。

深呼吸

你只要慢慢吸一口氣，最好是透過你的鼻子，然後屏息幾秒鐘（你可以數到五），再緩緩透過你輕抿的嘴巴，把氣吐出來。為了要深呼吸，你一定得擴張你的腹部來吸進空氣，而不只是你的胸腔而已。在深呼吸的時候，不要提起肩膀，也不要擴張你的胸腔。把你的腹部想像成一個汽球，然後慢慢地灌飽它，再把它洩乾淨。當你吸氣的時候，想像自己正在吸進很多的能源，它會讓你覺得舒服、精力充沛、減輕疼痛、還有降低很多很多因壓力所引起的問題。當你呼氣的時候，則要想像你正在把一些壓力、痛苦和病痛等，全都吐了出來。這種正面性的思考技巧也可以運用在其它放鬆練習上。

能源

壓力會耗盡你的能源。即便只是感覺到有壓力或擔心壓力即將來臨，縱使在實質上你不用出什麼力，也會讓你的能源掏空殆盡。心理上的壓力比生理上的壓力更容易讓人精疲力竭。要記住，空氣（呼吸）、放鬆（特別是睡眠）和營養（食物一我們的下一個主題）等，都是你用來對抗壓力的所需能源。和其它說法不同的是，我們認為適當的運動（營養之後的另一個主題）也可以增加你的能源。

放鬆的肌肉	練習（儘可能地緊繃你的肌肉，而不是過度的拉緊，然後不斷地重複緊繃——放鬆的動作，直到你覺得身體已經放鬆，不再緊張為止。）
所有	深吸一口氣，屏息五秒鐘，然後在慢慢地呼出來。請參考課文中對深呼吸的詳細討論內容。在做其它運動的時候，也可以進行深呼吸的練習。
前額	皺起你的前額，讓你的眉毛向你的額頭上的髮線靠攏約五秒鐘，然後放鬆。
眼睛鼻子	緊閉眼睛五秒鐘，再放鬆。
嘴唇臉頰下巴	把你的嘴角緊緊地向後揚(做鬼臉)，維持五秒鐘，再放鬆。
頸子	頭低下來把你下巴儘量靠近你胸部，然後慢慢轉動你的頭部，再放鬆。
肩膀	舉起你的肩膀，盡量靠近耳朵，維持緊繃狀態五秒鐘，再放鬆。
上臂	彎曲你的手肘，緊繃你的上臂約五秒鐘，然後放鬆。
前臂	把你的雙臂向外張開，假設左右有兩面無形的牆，你要使力的向外推，約五秒鐘，再放鬆。
雙手	把你的手臂往前伸，握緊拳頭五秒鐘，再放鬆。
背部	躺在地板上或床上，把背往上提，彎起來，讓你的肩膀和臀部保持著地的姿態，五秒鐘後再放鬆。
胃部	縮緊你胃部的肌肉五秒鐘，再放鬆。一天之內重複這樣的練習好幾次，可以幫助你縮小腰圍的尺寸。
臀部	緊繃你臀部的肌肉五秒鐘，然後放鬆。
大腿	緊夾兩個大腿在一起五秒鐘，然後再放鬆。
腳部足踝	收縮你的雙腳，可是讓十個腳指儘可能地向上張開五秒鐘，然後再將十個腳指向下緊縮五秒鐘，再放鬆。
腳指	向下彎曲你的腳指五秒鐘，再擺動它們，然後放鬆。

圖14-5　放鬆練習

營養

有健康的身體才能有好的工作表現，而營養正是造就健康的主要因素。在壓力底下，可能會讓你大吃大喝或什麼都不想吃。過度肥胖，也會讓人備受壓力。[36]當你吃東西的時候，不要急，慢慢來，放鬆你的心情，因為太趕的話反而會增大壓力，進而造成你腸胃的毛病。此外，吃得慢的人，也往往吃得比較少。

早餐被認為是一天當中最重要的一餐。起床之後，什麼也不吃就去上班，一直到中午才進食，這也會增加你的壓力。一份營養的早餐，可以增進你對抗壓力的能力，而且早餐的內容應該含括一顆蛋。當今有許多醫學研究專家都指出，雞蛋並不會增加膽固醇。[37]

小心自己不要吃進太多的垃圾食物，因為它們會對你的身體造成壓力。油脂（油炸的肉類和蔬菜，包括炸薯條和炸薯片）、醣類（麵食、糖果、果汁、蘇打飲料—有許多罐裝蘇打飲料含有十茶匙的糖量）、咖啡因（咖啡、茶、蘇打飲料）和鹽份（加在各種食物裏的鹽份和從鹽罐裏撒下的份量）等的攝取都要適可而止。多吃一點天然食物，如水果、蔬菜和榨取出的果菜汁等。你要知道，營養不良和利用暴飲暴食、抽煙、喝酒、以及藥物來降低壓力的這些方法，通常都會在一段時間之後，造成另一種壓力性的問題。

運動

身體運動是改善健康的最好方法，而且還能減輕壓力。有氧運動會增加你的心跳速度，並維持這種心跳加快速度20到30分鐘，這種運動每週要作三次以上，大家也都公認有氧運動是最好的一種運動。類似像快走、慢跑、騎腳踏車、游泳和有氧舞蹈等，都是屬於這類型的運動。其他運動雖然也可以增加你的心跳速度，可是卻不能保持20到30分鐘的心跳加快速度，其中包括拍球、網球和棒球。它們不算是有氧運動，因為必須運動當中必須停停打打，可是也對身體非常有益。

在你開始展開運動課程之前，先請醫生檢查一下你的身體狀況，這樣子比較保險。要記住，運動的目的是要放鬆自己和減輕壓力，那種沒有耕耘就沒有收穫的說法，只適用於運動選手，並不適用在壓力管理上。要是你在運動中找不到樂趣可言，可能是因為你對自己的要求太高了，如果是這樣的話，最好還是停下來吧！

正面性的思考

人們若是有樂觀的想法，往往比那些悲觀者要來得沒有壓力。請記住，自我實踐的預言（第十章）。一旦你開始懷疑自己的辦事能力，你就會感受到壓力的存在。要以肯定的語氣對自己說：「這很簡單，」或是「我絕對可以做得到。」當你深呼吸的時候，不斷地重複這樣的想法，就會得到很正面的效果。可是也要實際一點，正面性的思考並不代表你絕對不會得到壓力性的頭痛毛病。

不要拖延；也不要做一個完美主義者

工作上的拖延只會讓你有更多時間去想還有哪些事應該做，而且會讓你在開始工作之前，就先感受到無形的壓力。工作成果只要達到品質良好的地步就可以了，但是完美主義卻會在心理上對你施壓，要你再把事情做一遍，直到盡善盡美的地步。

支持性的人際網

和自己人際網上的其他人談一談，也會有助於壓力的減輕。[38]發展出一個網羅家人和朋友的人際網，在你有問題需要幫助的時候，可以向他們請求協助。可是不要養成依靠他人的習慣，或者是利用壓力來引起他人的注意。政治性的互惠行為和暫時性結盟也都可以用來幫助你和發展你的人際網，進而降低彼此的壓力。

工作運用

8.請遵循壓力管理步驟：(1)確認壓力區；(2)確認它們的成因和後果；(3)計畫消除或降低這些壓力。確保自己很清楚每一個步驟的運用，以及你將會使用到的壓力管理技巧。

9.這六種時間管理技巧當中，你最擅長和最不擅長的分別是什麼？你能做些什麼來改善自己的壓力管理技巧？

壓力的拉鋸戰

8.試解釋壓力的拉鋸戰之相似處

把壓力想像成一場拔河，你就位在繩索的中央位置，如圖14-6所描繪。在你的左邊是壓力的成因（繩索），它們試著把你拉向左邊，讓你再也提不起勁來做事。在你的右邊則是壓力的管理技巧（繩索），你想要把自己拉回來，保持在正中央的位置上。還記得我們說過，壓力若是太高或太低，表現也會跟著降低。唯有在適當壓力的情況下，才能把表現發揮到最大的效果。如果壓力變得強大有力，以致於把你拉偏離了，也就是向左移，那麼你就會有精疲力竭再也提不起勁的感覺，這也代表你輸了這場拔河。這種壓力式的拉鋸戰是一場永不停止的遊戲。在輕鬆的日子裏，你會向右偏一點；在艱困的日子裏，則會向左偏一點。你的主要目標就是讓自己保持在中心位置上，避免自己的能源被壓力掏空殆盡。一般而言，身為一名經理人，如果你不能持續進行壓力管理，就會經歷到壓力區，進而降低你的表現水準。

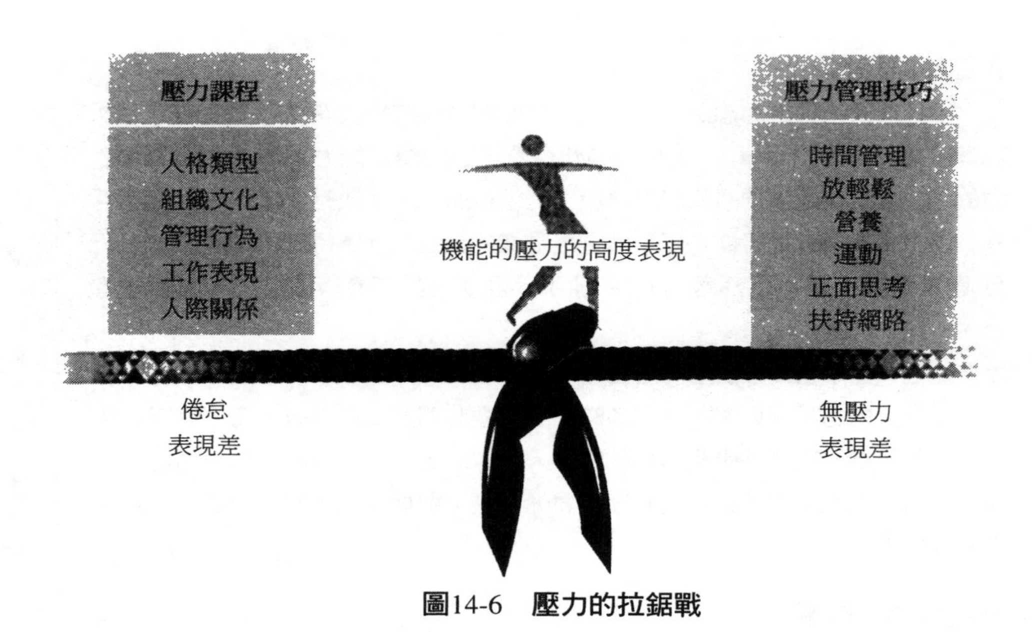

圖14-6　壓力的拉鋸戰

壓力管理並不需要用到所有六種技巧。只要找出最適用於你的技巧來用就可以了。如果你使用了壓力管理，卻仍感受到那種提不起勁的工作倦怠感時，最好慎重考慮一下，是否該改變一下整個情況，自問一下：「我的長期健康很重要嗎？」以及「這種情況值得我拿自己的健康來下賭注嗎？」如果你的答案分別是肯定和否定的，最好的方式就是改變情況或換一個工作。把繩子放下來，到別的地方去，參加一場全新的拔河賽吧！

現有的管理議題

全球化

當整個商業環境持續全球化的同時，解決衝突的需求也變得愈來愈重要了起來。權力和政治權術的使用因各國國情而異。[39]但是，權力和政治權術仍舊算得上是各種組織中最現實的一面。另外，和遍佈在世界各地的其他人種打交道，也逐漸成了一種壓力。

多樣化差異

人類對權力和政治權術的獲取與使用，有各種不同的差異類型。多樣化差

概念運用

AC 14-4　壓力管理技巧

下列情況依適當的技巧填入：

a.時間管理　b.放鬆　c.營養　d.運動　e.正面思考　f.扶持網路

__ 16.我不斷向自己說使自己樂觀的話。

__ 17.我已計畫好行程表。

__ 18.我早起並吃早餐。

__ 19.我與我的有人訴說我的問題。

__ 20.我每天禱告。

異的族群比起同質性的族群，更容易引起一些衝突矛盾。在處理衝突的時候，千萬不要過度反應，只想改變對方。千萬要把問題狀況分類清楚，確認個人的需求是什麼，找出新的方法來解決問題。[40]換句話說，你應該不只是利用強迫性的風格，要別人都變得跟你一樣，而是改用合作型風格才對。就不同的性別來看，曾有報導指出，很少有女性知道如何遵守「遊戲的合作規則（權力和政治權術）」。[41]在面對衝突的時候，女性往往比男性更願意採合作型風格而不是強迫型風格。但是就壓力程度來看，男女性所承受的工作壓力是相同的。[42]但是當女性有全職工作，同時還有家庭必須兼顧的時候，她們往往必須負擔比較多的家務工作，所以所承受的壓力也比男性要來得大。

道德

在權力和政治權術下，道德成了一個非常重要的議題。權力和政治權術的運用也可以很有道德。[43]當權力和權術行為能創造出雙贏局面，讓所有利害關係人與組織都能因此而受惠時，就是有道德的。當它們創造出來的是一輸一贏的局面，個人因犧牲其他人的利益或組織的利益來換取自己的好處時，就是不道德的。道德、多樣化差異、和衝突解決的技巧等，都是可以慢慢發展的。[44]

TQM、參與式管理和團隊分工

為了在參與式管理的前提下提升品質（TQM），團隊小組分工的作法已漸漸成為美國公司的主流。[45]在團隊分工下，權力是由團體成員所共享，所以也逐漸成為很重要的議題。理想上，權力應視需求的內容和小組成員的技能來作應變。但是，如果成員們只是一心想要獲得權力的話，也會造成小組成員因對自己身分地位的不滿而有衝突的產生。權力上的各項衝突對小組來說是很具殺傷性的，還記得我們說過，非正常性的衝突往往會造成低落的表現。所以如何管理衝突對 TQM [46]以及團隊小組[47]來說，就成了影響它們成功與否的關鍵所在。採用團隊小組作法的組織包括Corning和EDS，它們都在訓練小組成員如何解決衝突。[48]因此，本章的所有主題當中，特別是衝突解決這個主題，對那些採用團隊小組作法的公司組織來說，尤其格外的重要。

生產力

為了提升生產力，許多組織都曾經歷過精簡化或重新改造的運動。在這兩種方法下，員工都被寄予厚望，希望他們能在工作上發揮最大的功效，相對地，員工的工作壓力也增加了。[49]在精簡化和重新改造的規劃過程與執行過程當中，絕對免不了政治上的權力鬥爭，衝突和壓力程度也會大幅地提高。

小型企業

一般而言，在大型企業裏，權力和政治權術都是屢見不鮮的事情。在小型企業裏，則通常是由老闆來掌權。但是，萬一老闆指派其他經理人，並把權力平均的下放出去時，這種分配的過程往往就會造成權力上的爭奪。不管是任何一種企業，衝突和壓力都是很常見的。

摘要與辭彙

經過組織後的本章摘要是為了解答第十四章所提出的九大學習目標：

1. 界定權力，並界定職務性和個人性權力之間的不同差異

所謂權力就是影響其他人行為的一種能力。職務性權力源自於最高管理階層，然後再透過指揮鏈，層層地委派下去。個人性權力則得自於追隨者的個人性行為。

2. 解釋報酬性權力、正式權力和指示性權力這三者之間的差異

這三者的差異就在於擁有權力的人士是如何影響其他人的。報酬性權力的使用者，是以對他人有利的東西來影響對方。合法性權力的使用者所利用的權力，是自己被組織所賦予的職務性權力，員工們往往覺得他們應該在工作範圍內照著老闆的吩咐來做事。指示性權力的使用者所利用的則是他和其他人在關係上的個人性權力。

3. 討論權力和權術之間的關係如何

權力是影響其他人行為的一種能力。政治權術則是獲取權力和利用權力的一種過程。所以說，權術的技巧是權力的其中一部分。

4. 描述金錢和權力這兩者為何有相同的用途

金錢和權力之所以有相同的用途，是因為這兩者都是屬於交易的媒介。在我們的經濟體當中，金錢是一種交易媒介；在組織當中，權術也是一種交易媒介。

5. 解釋活動網的建立、互惠行為、以及暫時性結盟等，有什麼相同之處

活動網的建立、互惠行為、以及暫時性結盟等都是政治權術上的行為。活動網的建立是為了社交和政治活動的目的，而進行關係發展的一種過程。互惠行為則包括責任義務的創造和聯盟的發展，並利用它們來完成目標。而暫時性結盟則是指一種結盟性質的活動網，有助於經理人達成目標。

6. 列出和界定五種衝突管理風格

（1）逃避衝突型風格的使用者會試著去消極地忽視衝突所在，而不願解決它；（2）通融衝突型風格的使用者解決衝突的方法，就是消極地向對方讓步；（3）強迫衝突型風格的使用者會利用積極的行為，照著自己的方式來解決衝突；（4）協調衝突型風格的使用者會透過獨斷性的互讓行為來達成衝突的解決；（5）合作衝突型風格的使用者會很有自信地以各方都同意的最好解決辦法來一起解決衝突。

7. 列出起始性衝突解決模式的各個步驟

起始性衝突解決模式的各個步驟分別是：（1）做出一個 BCF聲明計畫，好確定問題的身分所有權；（2）提出你的BCF聲明，並對該衝突取得一致性的同意；（3）要求和／或提供解決衝突的各種方案；（4）對改變內容取得一致性的同意。

8. 解釋壓力拉鋸戰的類推作用

當你身在壓力的拉鋸戰時，你就處在中間的位置上，這時的壓力是機能性的，表現成果也很高。在你的左邊是壓力的成因，它們會想要把你拉離開中間的位置。在你的右邊是壓力管理技巧，可供你利用，以便自己穩坐在中間位置上。如果壓力的成因把你從中間位置拉開，你就會對工作感到提不起勁，表現也會跟著滑落。但是如果壓力不見了，表現也會跟著完全走樣。

9. 界定下列幾個主要名詞（依照本章的出現順序而排列）

請選擇下列一或多種方法來進行：（1） 靠自己的記憶，把填空題中的專有名詞補上；（2）從結尾的回顧單元以及下頭的定義來為這些專有名詞進行配對；或者（3）從本章一開頭的名單上，依序把各專有名詞照抄一遍。

____ 是指一種影響其他人行為的能力。

____ 是指獲取權力和利用權力的一種過程。

____ 是指為了社交和政治活動的目的，而進行關係發展的一種過程。
____ 包括責任義務的創造和聯盟的發展，並利用它們來完成目標。
____ 是指一種結盟性質的活動網，有助於經理人達成目標。
____ 是指不管何時，只要有人彼此不同意和反對對方，就有它的存在。
____ 當爭論和反對可以支持組織目標的達成時，就有它的出現。
____ 的各個步驟是：（1）做出一個 BCF聲明計畫，好確定問題的身分所有權；（2）提出你的BCF聲明，並對該衝突取得一致性的同意；（3）要求和／或提供解決衝突的各種方案；（4）對改變內容取得一致性的同意。
____ 是指以行為、結果、和感覺的觀點來描述某個衝突。
____ 是指協助解決衝突的中立第三者。
____ 是指可作出約束性決策來解決衝突的中立第三者。
____ 是指因環境需求所造成的身體反應。
____ 是指人們在某些情況底下，會被焦慮、緊張和壓迫等情緒完全征服。

回顧與討論

1.七種權力基礎是什麼？

2.管理階層可以命令組織裏的權力和權術終止運作嗎？如果可以的話，他們應該下達這個命令嗎？

3. 你為什麼應該學會組織文化，並確認出自己工作上的權力玩家是誰？

4.你要如何知道自己正身處於衝突之中？

5.機能性和非正常性的衝突，這兩者的差異是什麼？它們是如何影響表現的？

6.你衝突的主要理由是什麼？

7.「找出問題的所有權」，這是什麼意思？

8.該如何使用BCF聲明？

9.調停者和仲裁者之間的差異是什麼？

10.類型A的人格有哪些特徵？

11.什麼是六個壓力管理技巧？

個案

俄亥俄州互助公司是一家全國性的保險公司。該公司的其中一個坐落地點就位在俄亥俄州的Akron。[50]在這個地方，Debbie Townson是索賠部門的經理，她將在一個月內接受晉升，換到另一個新職務上。公司要求她推薦自己位置上的繼任人選，她把選擇的範圍縮小，鎖定在兩個最後人選上：Ted Shea和Libby Lee。Ted和Libby都知道他們是角逐此經理一職的候選人，因為Debbie告訴過他們，會從兩人當中選出其中一人，在她就任新職的前一天，來接替經理的職位。他們彼此的年資、工作品質和工作量都大抵相當。以下是這兩人所用到的政治權術，為的是要協助自己贏得這份新職。

Ted很擅長於運動，這一年來，他一直常和一些高階主管打高爾夫球和網球。在部門裏，特別是Debby也在的時候，Ted在提及一些他和其他經理級人士談話的內容時，總是不經意地把他們的名字說出來。當Ted為某人做了某些事的時候，對方便知道自己一定要做點別的事情來回報Ted。Ted真的很想得到這個晉升的機會，但是他很擔心因為有愈來愈多的少數族群和女性被公司所提拔，所以Libby也可能會因為自己兼具了女性和少數族群的雙重身分而受到青睞。為了增加自己的勝算，Ted總是不經意地在Debby面前提起Libby過去所曾犯過的錯，而且他也在Libby 的背後向每個人數落她的不是。

Libby一直在上夜校的課程，也參加公司所開的一些管理課程，目的就是為這次的晉升作熱身準備。她知道Debbie是全國保險從業女性組織的當地分會幹事，所以她也在六個月前加入了這個組織，現在就在委員會裏服務。在工作上，Libby常常告訴Debbie有關這個組織的事情。Libby很努力地去瞭解公司上下所發生的事情。她和每個人都相處得不錯。Libby是一個令人愉快的同事，而且她不吝於走出自己，對每個人都很好，常常讚美對方。

Ted和Libby一向合作愉快，直到他們聽說彼此將成為Debbie的接班人選之一。Libby的幾個朋友告訴她，Ted一直在背後說她壞話。其中一位朋友建議她也可以向Ted一樣，在他的背後說壞話，這樣才公平；另一位朋友則要她去找Ted談談，要求他立刻停止這種舉動；第三位朋友則建議Libby應該告訴Debbie有關Ted的這種行徑。Libby不確定自己該怎麼做。因為Libby太有禮貌了，所以絕對無法在別人的背後說別人的壞話，而且她也不想成為一名搬弄是非的人。從Libby的角度來看，她認為自己唯一的選擇就是勇敢面對Ted，質問他的行為。可是，她的亞洲文化背景和自小所受到家庭教養卻驅使她不得不採取低調合作的態度。只要一想到必須正面對抗任何一個人，尤其是Ted，就讓她覺得非常焦慮。Libby的壓力很大，可是她還是決定靜觀其變。

Debbie非常清楚整個情況，因為她的員工之一曾經告訴過她有關Ted的事，而且她也注意到，這兩人已經很久不合作了。在這個當口，Debbie也很猶豫，自己是否應該做些什麼。如果她真的做了自己該做的事情，又要如何處理整個善後呢？畢竟，只剩下兩個禮拜的時間，她就要離開這個部門了。

請為下列題目找出最佳的答案選擇。請確定你能夠解釋自己的答案：

____ 1.Debbie擁有____權力。

a.職務性　b.個人性

____ 2.為了達到升職的目的，Ted一直在發展自己的___權力基礎。請參考一開頭時對Ted的描述內容：

a.高壓性　b.關係性　c.報酬性　d.合法性　e.指示性　f.資訊性　g.專家性

____ 3.為了達到升職的目的，Libby一直在發展自己的___權力基礎，請參考一開頭時對Libby的描述內容：

a.高壓性　b.關係性　c.報酬性　d.合法性　e.指示性　f.資訊性　g.專家性

____ 4.這個案例告訴我們，Ted使用的是什麼樣的權術行為，可是Libby卻沒有採用這種行為：

a.活動網的建立　b.互惠行為　c.暫時性結盟

____ 5.Debbie和Libby都同屬於某一個保險專業協會，所以這是什麼樣的權術行為？

a.活動網的建立　b.互惠行為　c.暫時性結盟

____ 6.誰已經執行了最有效的權術行為，找出了「權力級玩家」來幫助自己的晉升：

a.Ted　b.Libby

____ 7.在Libby和Ted的衝突當中，她所採用的是什麼樣衝突管理風格？

a.逃避型　b.通融型　c.強迫型　d.協調型　e.合作型

____ 8.在Ted和Libby的衝突當中，誰才擁有問題的所有權？

a.Ted　b.Libby

____ 9.在Ted和Libby的衝突當中，Debbie所處身的位置是屬於什麼角色？

a.起始者　b.回應者　c.調停者

___ 10.Libby所受壓力的主要成因是：

a.人格類型　b.組織文化　c.管理行為　d.擔任的工作　e.人際關係

11.如果可以的話，Libby應該採取什麼行動？如果是你，你會採取什麼行動？

12.你對Ted這種在Libby背後說她壞話的行為有什麼看法？這是一種沒有道德的行為嗎？

13.如果可以的話，Debbie應該採取什麼行動來解決這場衝突？

14.Libby這種亞裔婦女的身分，會對升職決策造成影響嗎？Ted最近這種行為會影響決策的內容嗎？如果你是Debbie，你會選擇誰來接替你的工作？

15.Debbie可以更有效地處理這次升職的事件嗎？從Debbie的處境來看，你會如何處理這次接替人選的事件？

技巧建構練習14-1　汽車經銷商的協商[51]

為技巧建構練習14-1預作準備

你應該已經讀過並瞭解什麼是七種權力基礎。

在課堂中進行技巧建構練習14-1

目標

發展你對權力的瞭解程度，並培養你的協商技巧。

經驗

你會是一名二手車的買方或賣方。

程序1（1到2分鐘）

兩人一組，面對面地坐著，這樣子你才看不到對方的秘密文件。每一組都要離別組儘可能地遠一點，如此一來，才不會聽到別組的談話內容。如果編組之後，班上仍剩下一名學生，則可做一名觀察員，或和講師自行組成一個小組。然後決定誰是二手車的買方；誰又是二手車的賣方。

程序2（1到2分鐘）

由講師發給各組的買方和賣方，每人一份秘密文件，這是教科書所沒有列出的內容。

程序3（5到6分鐘）

買方和賣方要閱讀一下手中的秘密文件，並為這個午餐會議寫下一些計畫內容（你的基本方法是什麼，你要說些什麼）。

程序4（3到7分鐘）

開始協商車子的買賣。儘量不要聽到別組的對話。你不一定得買或賣這部車。當你做完交易，或交易失敗之後，再讀對方手中的秘密文件，並討論這次的經驗。

整合（5到7分鐘）

回答下列問題：

1.你對這次的買或賣，有設定客觀的底價嗎？你應該設定嗎？

a.應該　b.不應該

2.在買賣這部車的時候，你自己所想要的價碼，達成了多少？

a.多過於自己所想要的　b.比自己所想要的還要少　c.剛剛好

3.就這個情境來看，最適當的計畫類型是___？

a.一般單一用途型計畫　b.詳細的常備型政策計畫

4.能夠幫助你成功協商此次買賣的權力基礎是哪一種？

a.高壓性　b.關係性　c.報酬性　d.合法性　e.指示性　f.資訊性　g.專家性

5.這種情況是屬於一種衝突嗎？

a.是　b.不是

6.這個練習有製造出一些壓力嗎？（心跳加快、流汗、覺得焦慮、緊張、或有被壓迫的感覺）

a.有　b.沒有

7.在你協商的時候，最好表現自己擁有___權力來處理這次的交易。換句話說，你應該表現出自己還有其它的選擇，並不是一定得和這個人作生意。或者你應該表現出你很需要完成這筆交易：

a. 很大的　b.很小的

8.擁有威嚇對方的權力，對協商來說很管用嗎？

a.是　b.不是

9.當你在協商的時候，最好能要求對方付出比你預期中還要多的好處：

a.對　b.不對

10.當你在協商的時候，最好能成為___開價的人。

a.接受　b.給予

結論

由講師帶領全班進行討論，並作成總結講評。

運用（2到4分鐘）

我從此經驗中學到了什麼？我會在未來的日子裏，如何運用此所學？

分享

由自願者提供他在此運用單元裏的答案

技巧建構練習14-2　起始性的衝突解決[52]

為技巧建構練習14-2預作準備

在課堂中，你將有機會在自己正面臨到的衝突或以前面臨過的衝突當中擔任角色的扮演，目的是要培養你的衝突技巧。進行過此練習的學生和在職人員都認為，這個練習有助他們成功地處理和室友或同事之間的衝突解決。請填寫下面的資料：

對方當事人（你也可以用假名）______

描述衝突的情況 ________

列出一些有關對方當事人的相關資料（比如說和你之間的關係、對此情況的瞭解程度、年齡、背景、以及其他等等）：

____

確認對方因你的正面對抗，可能會有的反應是什麼。（他或她對合作意願的接受度如何？在討論到改變的時候，他或她可能會說或做什麼？）

____

你會如何克服自己對改變的抗拒心理？

____

根據起始性衝突解決模式的步驟，先寫出你計畫中的BCF聲明，好確定問題的身分所有權。

____

在課堂中進行技巧建構練習14-2

目標

經歷和培養解決衝突的技巧。

準備

你應該已經回答了本練習中預作準備的各項問題。

經驗

你將起始、回應、和觀察衝突中的角色扮演，然後再評估其解決之道的成效性。

程序1（2到3分鐘）

以三人為一小組，愈多小組愈好。如果剩下的人數無法湊成三人小組，也可以有一兩組是由兩人所組成。每一個組員都要選擇1、2、或3的代表號碼。1號組員是第一個扮演起始者的角色，然後是2號，最後是3號。

程序2（8到15分鐘）

A.1號起始者把自己所準備的資料交給2號（回應者），讓後者讀一遍。一旦2 號瞭解了全盤內容之後，就開始進行角色扮演（請參考B），3號則是觀察員。

B.演出整個衝突解決。扮演觀察員的3號要在紙上寫下自己對這場演出的看法。

C.整合。當角色扮演結束之後，由觀察員帶領組員討論衝突解決的成效性如何。三名組員都應參加討論。3號組員並不是講師，所以不要在還沒告知的情況下，就進行下一個程序。

程序3（8到15分鐘）

同程序2，只是2號現在成了起始者；3號成了回應者；1號成了觀察員。

程序4（8到15分鐘）

同程序2，只是3號現在成了起始者；1號成了回應者；2號成了觀察員。

結論

由講師帶領全班進行討論，並作成總結講評。

運用（2到4分鐘）

我從此經驗中學到了什麼？我會在未來的日子裏，如何運用此所學？

分享

由自願者提供他在此運用單元裏的答案。

回饋意見

請試著為起始性衝突解決的每一個步驟提出正面性的改善建議。請務必要描述得很清楚明確，而且所有改善方法都要有替代性的正面行為（alternative positive behavior, APB）（比如說，如果你說的／做的是……，也許就可以因為……而改善整個衝突的解決方式。）

起始性衝突解決模式的各個步驟

步驟1. 做出一個 BCF聲明計畫，好確定問題的身分所有權。（這位起始者所作的BCF聲明有經過良好的規劃，而且效果不錯嗎？）

步驟2. 提出你的BCF聲明，並對該衝突取得一致性的同意。（這名起始者能有效地提出 BCF聲明嗎？雙方對衝突有一致性的同意觀點嗎？）

步驟3. 要求和／或提供解決衝突的各種方案。（是誰建議各種解決方案的？它的提出有效嗎？）

步驟4. 對改變內容取得一致性的同意。（雙方對改變有一致性的同意看法嗎？）

第十五章
控制系統：財務控制與生產力

學習目標

在讀完這章之後，你將能夠：

1. 列出系統過程中的四個階段，並描述每一個階段所運用到的控制類型。
2. 描述功能性領域／部門當中的適當性回饋過程。
3. 列出控制系統過程中的四個步驟。
4. 描述三種控制頻率的不同差異。
5. 描述全額——項目預算VS.程序預算、靜態預算VS.彈性預算、增量預算VS.零基預算，這些預算之間的不同差異。
6. 界定資本支出預算的定義，並解釋它和支出預算有什麼不同。
7. 列出三種主要的財務報表，各報表所提出的內容是什麼。
8. 說明如何來衡量生產力，並列出三種可以增加生產力的方法。
9. 界定下列幾個主要名詞：

控制	管理性審核
初步控制	預算
同步控制	營業預算
重做控制	資本支出預算
損壞控制	財務報表
控制系統過程	生產力
標準	
關鍵性成功要素	
控制頻率	

技巧建構者

技巧的發展

1.你應該改善自己在控制系統方面的發展技巧，以利組織或部門（技巧建構練習15-1）

2.你應該改善自己在計算成本——數量利潤分析方面的技巧，其中也包括損益兩平的問題（技巧建構練習15-2）

這些練習著重的是控制管理功能，非常需要技術、概念和決策作成方面的技巧。控制要求的是人際互動性的角色扮演，特別是監督資訊角色和決策管理角色。此外也可以透過練習，培養出資源、資訊和系統方面，以及特別是數學方面的SCANS能力。

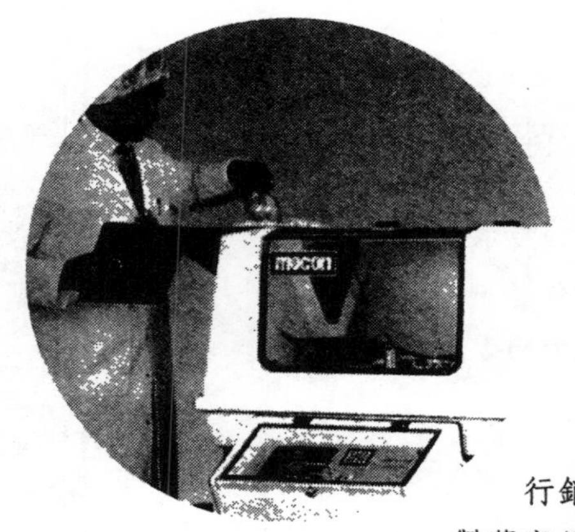

■ MOCON所經營的事業就是協助其它公司控制各自的運作。

現代控制法人組織(Modern Control, Inc.，簡稱MOCON®)是一家國際性的公司，總部就位在明尼蘇達州的明尼阿波理斯市（Minneapolis）。它的股票就在MASDAQ證券市場以MOCON的代號進行交易。以下資料以及本章稍後所提到的各種財務資料，都是取材自1994年的MOCON年度報告（*MOCON 1994 Annual Report*）。

MOCON是一家領先群倫的高科技儀器開發者、製造商和行銷商，所生產的各項儀器可用來測試包裝、包裝材料、膠膜和製藥產品等。該公司利用了各種專利性的技術來測定不同氣體的瀰漫性，以及在原料的生產過程中，其濃度和重量上的變化差異；此外也可以測試品質控制運用上的漏損量。MOCON的測試性儀器普遍用於食品業、塑膠業、醫藥業和製藥業的研究實驗室、生產環境、以及品管設施等。

MOCON有三條主要的事業線：（1）瀰漫性產品，可讓膠膜加工業者和食品包裝業者致力於開發更新、更優良的包裝；（2）包裝性產品，可用來測試食品和點心包裝的漏損度；（3）秤重和分類系統，則適用於製藥業中的膠囊和藥片製造商。

換句話說，MOCON所經營的事業就是協助其它公司控制各自的運作。但是，就像所有組織一樣，控制方面的管理功能對MOCON的成功與否來說，也有很關鍵性的影響力。

不幸的是，有些學生並不把會計和財務等方面的知識列在自己的優先所學當中。對那些不主修會計和財務的學生來說，他們大多相信，會計和財務並不是那麼地重要。這是一個很大的錯誤，因為如果他們想要在企業組織中往上攀爬的話，就必須知道如何發展預算，並根據財務資料作出重要的決策。會計可以算是一種商業語言，而且是事業成功與否的主要衡量依據。

組織上和功能領域上的控制系統

1.列出系統過程中的四個階段，並描述每一個階段所運用到的控制類型

正如我們在第一章所作的界定，**控制**（controlling）是指設定和執行技巧的過程，以確保目標可以達成。在本單元裏，你將會學到有關控制組織系統和其功能性領域的各項事宜。

控制
設定和執行技巧的過程，以確保目標可以達成。

組織系統的控制

組織的表現不只對經理人來說很重要，對那些必須評估表現，以便作成決策的所有利害關係人來說，也是很重要的。舉個例子，顧客在買東西的時候，會評估產品的表現和服務的內容；供應商（掛帳的供應商）和貸方也會評估組織是否有償還的能力；投資者則在購買股票之前，先評估組織的獲利潛力；競爭者則會互相比較，彼此抄襲對方的好點子；另外，不管是目前或未來的員工，也會在工作當中或接受工作之前，對組織有過一番評估。

判定表現好壞的重要部分就是衡量和控制它。因為組織類型是形形色色的，所以並沒有所謂通用的控制系統或衡量表現的方法。根據管理學的應變性辦法來看，控制本身必須視情況而定。但是，在本章有關控制的單元裏，重點仍然會擺在控制系統辦法中各種不同控制的整合上。

在第二章的時候，你學到了有關輸入、轉換和輸出的系統過程，現在則要將範圍擴大，涵蓋各個步驟中的控制類型。圖15-1所描繪的正是系統過程和它的各種控制類型。此外，還記得手段——目標過程法（means-ends process）嗎？顧客／利害關係人的滿意度是我們欲求的最終結果，而初始、同步、重做和損壞控制等，則都是其中的手段，為的就是要達成顧客的滿意度。圖15-1的向下箭頭代表的是透過適當的向上箭頭管道，把回饋意見傳送到系統過程中的稍早階段當中。

工作運用

1.利用圖15-1，找出你目前正在工作或以前服務過的公司，其中最基本的輸入、轉換過程、輸出和顧客群等。此外，也請確定顧客滿意度的程度是什麼。

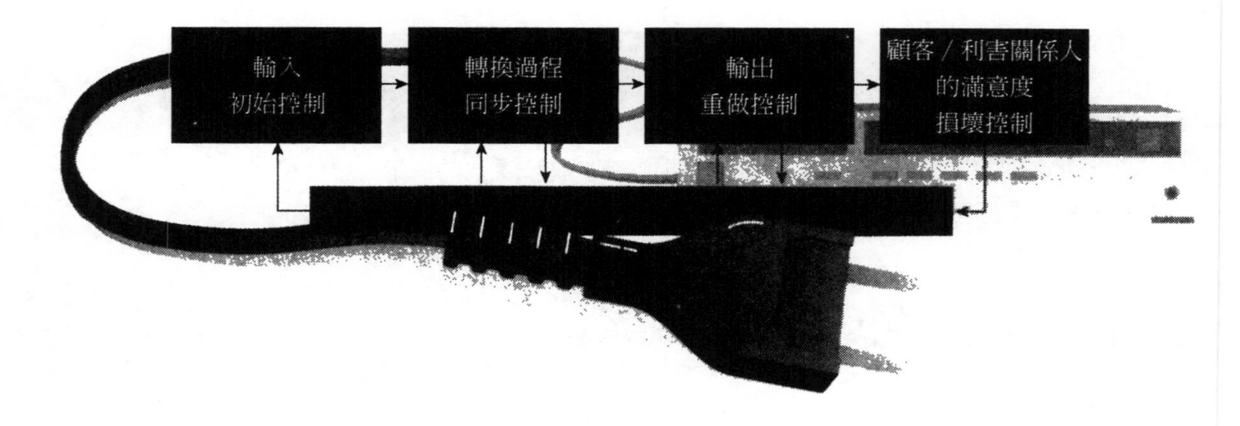

圖15-1　系統過程和它的控制類型

高階經理人利用控制系統來引導和實現組織裏的各種轉變。[1]控制始於組織裏的最高階層，他們有長程性的策略性規劃，然後再貫徹運用到組織體內，成為日常生活中的組織運作。系統過程中的不同階段有不同類型的控制，我們將在下個單元裏為你詳加解釋。

初始控制（輸入）

初始控制
設計來預期和防止可能問題的產生。

初始控制（preliminary control）是設計來預期和防止可能問題的產生。成功的經理人和失敗的經理人，這兩者之間的差異就在於他們預期和防止問題的能力如何，而不是碰到問題之後的解決能力如何。

規劃和組織都是初始控制的主要關鍵，也稱之為提前滿足式的控制（feedforward control）。組織的宗旨和目標是用來引導所有組織資源的用途，如此一來，才能如期達成宗旨和目標的內容。常備性計畫（第六章）是設計來控制員工的行為，好讓他們在面臨一些例行性的情況下時，知道要如何來防止問題的發生。而應變性計畫則會告訴員工，如果問題發生的話，要如何處置。但是，在這個快速變遷下的環境裏，還是需要有些彈性。若是一味執守於組織中的職權分級、常備性計畫、清楚的工作內容、以及預算等，就會被稱之為官僚味十足的控制（bureaucratic control）。

最常見的初始控制是預防性的保養措施。許多生產部門和運輸公司／部門都會例行性地調整自己的機器和引擎，以預防因故障而導致的種種問題。另一個重要的初始控制辦法則是從其它組織那裏，購買品質優良的輸入品，以預防日後製成品的瑕疵問題。舉例來說，如果嬌生公司為它的Tylenol藥品購入了一台MOCON所製造的秤重和分類系統設備，結果這台設備的功能品質很差，對嬌生公司的轉換過程和輸出結果就會造成不良的影響。

同步控制（轉換過程）

同步控制（concurrent control）就是當輸入轉換成輸出時，所採取的行動，以便確保標準的達成。成功的關鍵就是品質控制。MOCON賣給顧客的測試性儀器是為了生產時的檢測之用，以確保生產品質的標準。事實上，在一開始的時候，卻先去掉瑕疵性的輸入零件，這比等到輸出品完成之後，再來抓出其中的瑕疵品，要來得經濟多了。員工在轉換過程中花點時間檢查其中的品質；經理人也花點時間監督員工的工作。這種利用有效性的過程控制，才能確保部門目標的達成。

同步控制
當輸入轉換成輸出時，所採取的行動，以便確保標準的達成。

重做控制（輸出）

重做控制（rework control）就是為了修理輸出品所採取的行動。當初始和同步控制都宣告失敗時，重做就成了勢在必行的動作。多數企業會在輸出成品出售給顧客之前，或者被當成輸入品傳送給組織內的其它部門之前，都會再做一次最後的檢查。當輸出品不符標準時，它們就需要被重新地製作。有時候，重做並不符合成本效益或者根本不可能重做。這時，也只有採棄置的措施，再不然就是以廢棄物的名目來出售，這些作法都是很耗成本的。舉例來說，如果MOCON有一年經營不善，損失掉許多的錢（輸出品），這也只能算為時太晚，因為你並不能改變過去的一切。但是，過去的經驗可以被用來改善下一年度的初始控制。

重做控制
為了修理輸出品所採取的行動。

損壞控制（顧客／利害關係人的滿意度）

損壞控制（damage control）是為了降低因瑕疵輸出品對顧客／利害關係人所造成的負面影響，而採取的行動措施。當瑕疵輸出品被送到顧客的手上時，就需要展開損壞控制的行動。保證書就是損壞控制的一種形式，可以讓顧客以原價退回貨款；也可以修理產品或以重新服務（重做的一種形式）的方式來替代；再不然就是以全新的輸出品來取代原來的輸出品。向對方致歉和承諾未來會做得更好，這些作法也很重要，因為它也許可以幫助你留住顧客。

損壞控制
為了降低因瑕疵輸出品對顧客／利害關係人所造成的負面影響，而採取的行動措施。

回饋

系統過程中很重要的一個部分就是回饋環（feedback loop），特別是來自於顧客和其他利害關係人的回饋內容。唯一可以持續增進顧客滿意度的方法，就是利用來自於顧客方面的回饋意見，以便繼續改進在輸入、轉換和輸出階段上的各式成品。今天有太多的組織都把重點目標擺在輸出品上，而不是其中的手段上，此外，它們也不積極地尋求來自於外的回饋。在某些組織裏，不管是外部或內部的回饋意見，常常都被忽略或否定掉，完全不用來改進自己的系統。

在組織裏，輸出品應給轉換過程和輸入品一些回饋意見；轉換過程則應給輸入品一些回饋意見。這樣一來，才能透過整個系統過程持續地進行改善。

把重點擺在初始和同步控制的類型上

為什麼許多經理人不能找出時間來運用初始和同步的控制手法；反而有時間可以運用重做和損壞的控制方法呢？請記住，若是你能注重前面的兩種控制，後面那兩種控制的使用一定會大大的降低。

太依賴重做控制並不是有效的方法，因為同一件事情做兩遍才能做對，所花的成本實在太大，倒不如在第一次就以有效的初始控制和同步控制辦法來把它做對做好。利用重做的辦法來控制表現成果，這表示你浪費了很多資源；交貨進度無法預測；以及在安全存貨量上又多出了許多不必要的存貨。除此之外，若是太重視重做控制，瑕疵品將很容易從品管的過程中溜走，落到顧客的手上，這時，你又得付出損壞控制和保證書的代價了。這對服務業來說，尤其是一個問題。比如說修指甲、剪頭髮和汽車修理等，都是在生產的同時，也被顧客驗收成果。最好的辦法就是不要在一開始的時候，就出現不良品質的情形。這樣子，才能產生雙贏的局面，並降低因品質保證而必須付出的成本，並提高顧客的滿意度。

工作運用

2.繼續你在工作運用1的答案。請就你目前正在工作或過去曾工作過的組織為例，舉出一些有關初始控制、同步控制、重做控制和損壞控制方面的例子。

功能性領域／部門的控制系統

儘管多數組織中，只有像營運部門這樣的功能性領域才會實際發生把輸入轉換成貨品或服務的輸出（也稱之為產品），然後再賣給顧客的順序動作，但是事實上，所有的功能性部門都會利用到系統過程。圖15-2描繪的正是其中的作法。我們將在下個單元裏，詳加地解釋每一個功能性領域。請注意，針對顧客所做的損壞控制，通常來說，是屬於行銷部門的功能。其它部門的輸出品都留在公司內部，然後再轉到利害關係人的手上，而不是顧客的手上。所以當輸出品有瑕疵的時候，內部的損壞控制也很重要。

還記得我們在第一章和第七章裏頭提過，公司通常是由四大主要功能性部門所組成：營運部、行銷部、人力資源部和財務部。資訊部可能是第五個主要的功能性部門，它獨立於其它四個部門之外；也可能是在財務部門的管轄底

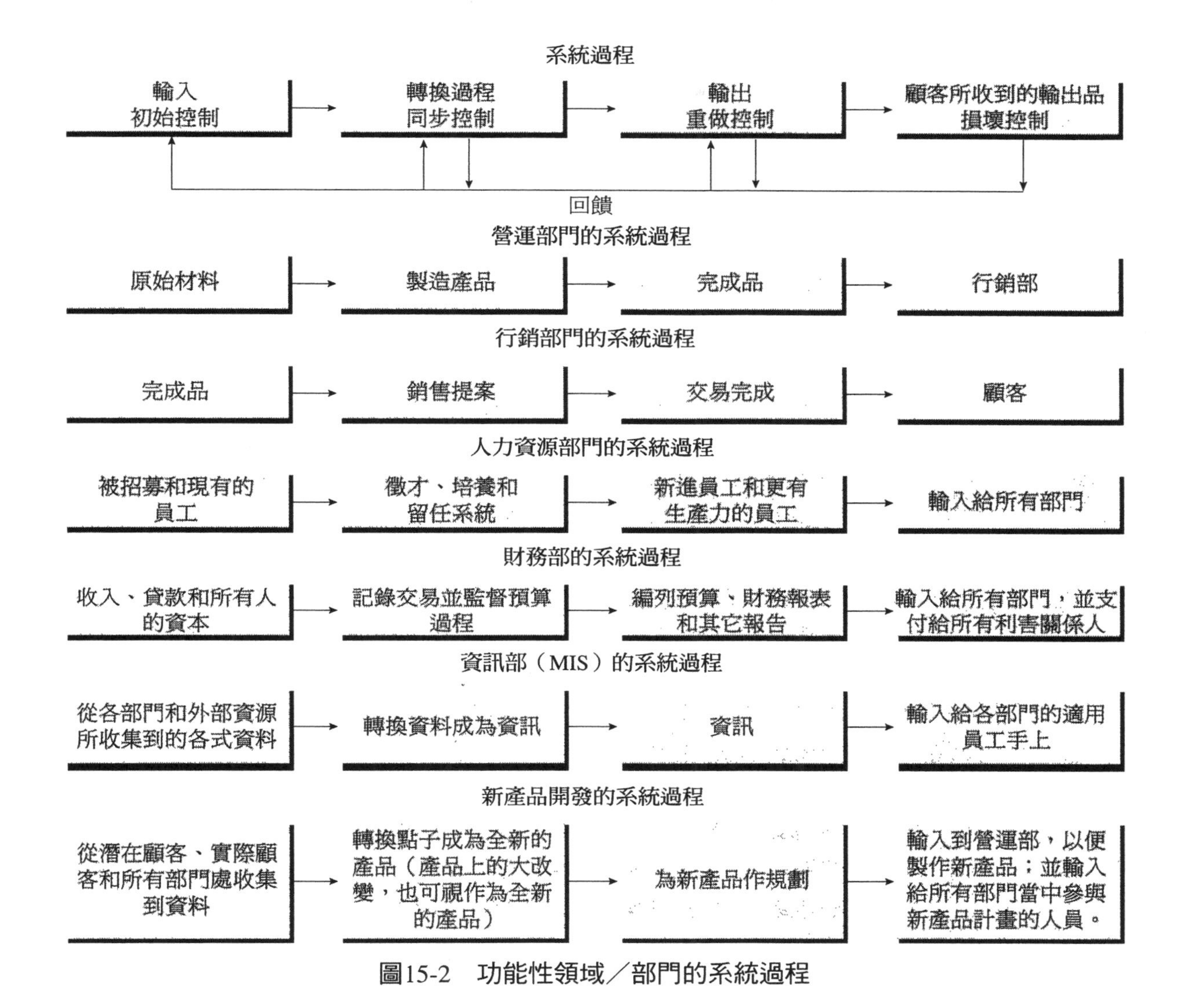

圖15-2　功能性領域／部門的系統過程

下。組織體也許還會設立其它的部門，但是在本單元裏，你只會讀到有關這五大部門的各項事宜。

營運功能

營運也稱之為生產和製造，這個部門的功能性領域就是專門負責製造產品或施展服務。圖15-1描繪了營運的整個過程。在第十七章裏頭，你將學到更多有關營運過程和控制的事宜。MOCON就將自己描述成一個在科技性儀器領域上領先群倫的開發者和製造者。

行銷功能

行銷部又稱之為業務部，這個部門的功能性領域是專門負責產品的銷售事宜。行銷上的四個關鍵性領域（俗稱4P）就是定價、促銷（個人銷售、廣告）、地點（銷售所在地）和被售出的產品（特性、包裝、品牌、裝置、指示用法）。行銷部也會為產品找出目標市場。MOCON就認為自己是測試性儀器的領導廠商，這些儀器是用在食品業、塑膠業、醫藥業和製藥業的研究實驗室、生產環境、以及品管設施等身上。

行銷部門的系統過程通常包括產品（輸入）、銷售提案（轉換過程）和交易的完成（輸出）。不管是面對顧客；或是在組織以外利用損壞控制，這些往往都是由行銷部來負責。而組織以內的損壞控制則是由其它部門來負責。

行銷部是直接面對處理顧客的部門。因此，該部門的重要工作之一就是提供來自於顧客方面的回饋意見給其它部門，以便作為持續增進顧客價值的基礎所在。除此之外，因為行銷人員必須直接在業績上和競爭對手一較長短，所以他們也必須提供有關競爭對手在行動上的各項資訊，比如說，降價活動、產品的發明創新、或是全新上市的產品等，讓其它部門作為策略性規劃的參考。

對那些身處於高度競爭性市場的組織來說，它們往往會利用到所謂的行銷控制。試銷（test marketing）可用來判定新產品在有限的地區領域內，其銷售潛力如何。如果該產品在有限的地區領域內有不錯的業績，就會被推廣到全國市場上或是國際市場中。舉例來說，麥當勞在向全國市場推出披薩之前，就先進行過試銷活動。但是，像Sara Lee、Ralston Purina和Frito-Lay等公司總是執行很快速的試銷活動，然後立刻推廣到全國市場或國際市場上。它們之所以動作這麼迅速是為了要搶到競爭市場上的先機（第五章）。正如我們前面所提到過的，製造廠商一定會報導這些試銷活動，然後競爭對手就會著手開發相同的產品，並儘可能地讓它同步上市，或者是在原製造廠商上市新產品沒多久之後，就立刻跟進，結果又造成了一個百家爭鳴的大眾市場。其實，儘管任何一種試銷市場都要冒點風險，甚至可能造成很大的損失，它還是有其主要的利潤潛力。此外，試銷也不能保證成功，麥當勞的許多分店最後還是停止了披薩的銷售。通常有關市場衡量或控制比例的用法包括了市場佔有率、銷售量的利潤百分比和銷售提案等，我們會在本章稍後的地方再作解釋。

人力資源功能

人力資源部以前被稱之為人事部，是專門負責員工的招募（徵才和選用）、培養（工作介紹、訓練和培養、以及績效評鑑）、以及留任等。若想知道有關人力資源過程的細節，而不是績效評鑑的話，請自行參考第九章的內容。因為績效評鑑其中包括了訓練輔導和紀律懲戒，這些對所有經理人來說都很重要，我們將在下一章裏頭進行詳細的介紹。本章稍後還會提到攸關人力資源的人員流動率、缺席率和勞力成份等。大多數的大型企業，包括MOCON，都有專業的人力資源幕僚在從事控制員工的工作。

人力資源部的系統過程通常是把招募而來的新進員工和現有的員工當作是一種輸入品；招募、培養和留任系統則被視作為轉換的過程。它的最後輸出品就是那些全新的新進人員和更具生產力的現有員工。而這些員工會輸入到所有部門裏頭。

財務功能

財務或會計部，它的功能性領域就是負責記錄所有的財務交易（主要是支付輸入品的款項和取得輸出品的售出款項）；取得必要的資金來支付輸入品的款項（貸款、公債和股票的出售）；以及從事剩餘資金的其它投資（各種不同形式的存款帳戶、或購買有價資產，比如說其它公司的股票等）。除此之外，它的部分職責還包括準備預算和財務報表，本章有很大的篇幅都在談有關財務控制的事宜，你將會從中學到預算編列、成本——數量——利潤分析、財務報表、以及比率等各種知識（取自於MOCON）。

財務／會計部的系統過程裏，通常是把集中的收入、借貸而來的資金和公司持有人的資金當作是輸入品；轉換過程則是記錄交易和監督預算編列的過程；輸出品則包括預算、財務報表和其它等各種報告（例如稅單、員工扣繳稅和年度報告等）。它的主要顧客則是預算過程中的其它部門，以及對利害關係人的各種支付，比如說，員工的薪資、以及支付供應商的積欠款項和貸方的利息等。

因為財務很重要，尤其是編列預算，所以許多組織都由高階經理人來出任主計官（controller）的職務，也可稱之為審計官。主計官會藉由資料的收集和報告的製作，以控制性的功能來負責協助其它經理人。因為主計官的工作涉及到資訊部分，所以資訊部的主管通常會向他提出報告。在過去，主計官只著重財務功能。但是包括像Coors、EDS、Hyundai和United Parcel Services等公司的主計官，現在也都開始在控制性的職權上有了更廣闊的管轄範圍。

資訊功能

管理資訊系統（簡稱MIS）部門負責集中處理控制所有的資訊。MIS部通常會利用電腦在組織上下進行運作。你將會在第十七章的時候，學到更多有關控制資訊的事宜。

MIS部會從各部門身上以及外界資源處，收集到各種資料來作為自己的輸入品。這些資料包括未經組織過的真相報導和數據。然後再把這些資料轉換成資訊。所謂資訊（information）就是以有意義的方式，把資料加以組織整理，以便協助員工作成決策。舉例來說，會計的交易（借方和貸方）就是一些資料。等你收集這些資料一段時間之後，就可以製作出損益表，這時你就有了一份資訊。資訊又可輸入到各部門當中的適當人員手上。隨著趨勢潮流愈來愈走向授權員工的作法，以前認為只應該交給經理人的一些資訊，現在也都開始下放到各員工的手上。MOCON就設有一個非常複雜的MIS部門，其中多數的資訊都可以分享給每一位員工知道。該公司的產品就是為其它公司提供資料和資訊。

工作運用

3.持續進行工作運用1和2的問題。請利用圖15-2，為你目前工作或以前工作過的部門，描繪出它的系統過程。請務必針對初始、同步、重做和損壞控制等，提出具體的實例。

新產品開發功能

所有組織都沒有新產品的開發部門或團隊小組。因此，它並不列在四種主要功能性部門的名單上。但是，它對許多公司來說，也算得上是一個很重要的功能。舉例來說，汽車製造商每幾年就要推出新的車款。正如圖15-2所描繪的，一些改善的點子或全新產品的點子都應該來自於外界資源，特別是一些潛在顧客，此外，也可以得自於參與新產品開發的所有部門領域。比如說，福特汽車公司為Taurus車款所進行的Sigma計畫當中，就透過行銷部門的資料收集，把原來車款改變為更能吸引新舊顧客的全新車款。營運小組成員則把一些輸入意見轉換成可製作新款車型的可行方案。財務小組則將輸入轉換成成本和新款車的定價。最後的生產計畫則要轉送到營運部門當中。行銷部門要策劃出促銷新車的整個銷售活動。財務部則致力於成本和Taurus的預算編列上，同時還要記錄整個活動的績效表現。人力資源部則可能需要作些人事上的轉變，或者必須招募一些有創意的機械工程師到該公司服務。

2.描述功能性領域／部門當中的適當性回饋過程

各功能性領域／部門裏頭或它們之間的回饋過程

在每一個部門裏頭，每位員工都可利用系統過程來將輸入轉換成輸出，所以其它部門成員也許收到正是別人所傳送過來的輸出品。舉例來說，在製造Taurus的生產線上，每一個人都負責汽車的某一部分。當那一部分完成之後，那個人的輸出品就移往下一個人，成為後者的輸入品，依此類推，直到一部Taurus完成為止。在這個過程中，每一個員工都可以利用到初始控制、同步控制、重做控制和損壞控制。

正如圖15-2所描繪的，在每一個功能性部門當中，回饋和初始、同步、以及重做控制等，都會被收集來作為持續改進內部系統的基礎所在。除此之外，當其它部門接收到別人的輸出品，成為自己的輸入品時，也可以運用到損壞控制的手法。

透過系統過程，回饋也可以在所有功能性領域／部門當中循環使用，以便改進組織輸入、轉換和輸出過程，同時也可增加顧客的滿意度。圖15-3描繪的正是各功能性部門之間的有效回饋過程。請注意，營運、行銷、財務和人力資源等，都可以互相回饋，也可以回饋給資訊部門。為了達到有效的目的，回饋可以傳送到所有部門的手中，並不只侷限於資訊部門。

工作運用

4.持續進行工作運用1、2和3的問題。請利用圖15-2，描繪你個人在部門當中所利用到的系統過程。請務必舉出你個人所用到的初始、同步、重做和損壞控制實例。

設立控制系統

在本單元裏，你將會學到控制系統過程中的四個步驟，以及可用在系統過程中的十種控制方法。

3.列出控制系統過程中的四個步驟

控制系統過程

控制系統過程（control systems process）的各個步驟包括：（1）設定目標和標準；（2）衡量績效表現；（3）比較績效表現和標準；（4）更正或加強。請參考模式15-1有關控制過程的描繪。不管是組織或各功能性領域，都應該遵守相同的控制系統過程步驟。

控制系統過程
（1）設定目標和標準；（2）衡量績效表現；（3）比較績效表現和標準；（4）更正或加強。

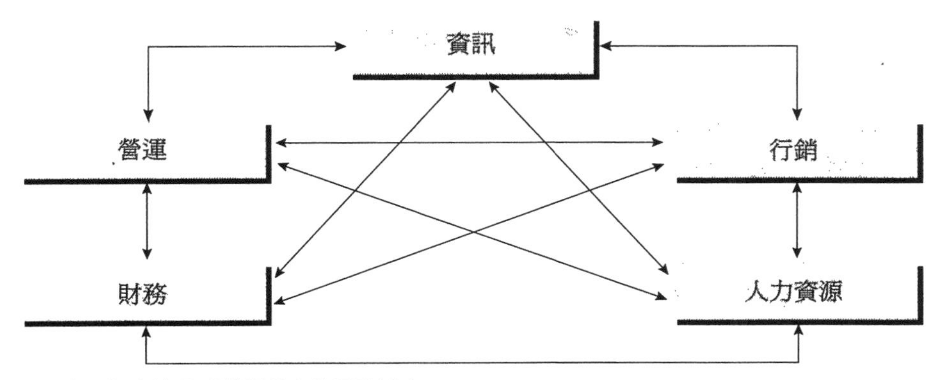

註：箭頭代表的是系統過程中的回饋流向。

圖15-3　功能性領域／部門之間的回饋過程

步驟1 設定目標和標準

規劃和控制是不可分的。規劃的其中部分應該包括控制的發展。設定目標（第五章）是規劃和控制的起始點。[2]設定目標和標準算得上是輸入過程中的一部分，也就是初始控制。

目標從某種層面來看，就是標準。但是，我們也會用到補充性標準來衡量自己是否有達成目標。舉例來說，如果MOCON營運部門的其中之一設定目標，要每天裝配200台儀器，它就必須為每一組成員設定補充性標準，以便達成前述的目標。在這五個小組當中，每一組的標準配額是每天至少裝配40台（200台除以五個小組）。39台以下就是低於標準；41台以上才算高於標準。以每個小時來看，每一組每個小時至少得裝配5台儀器（40台除以八個小時），才能達成標準的生產量。

身為一名經理人，有些標準在你接到工作之前，就已經設定好。其它的標準則可能是由你部門以外的人所設定的。舉例來說，產業工程師可能會進行時間和機械運轉的研究，以便判定出生產力的標準。成本會計師則可能早就算出，究竟該花多少成本，才能生產出你部門的輸出品。你的老闆也可能為你設下標準。但是不管如何，還是會有一些空間，等著你來設定標準。

標準
可以衡量出數量、品質、時間、成本和行為上的績效程度。

標準（standards）本身涵蓋了五項主要部分，因為它可以衡量出數量、品質、時間、成本和行為上的績效程度。不完善的標準往往會帶來負面的結果。舉例來說，如果員工只被要求在極短的時限內，達成最大數量的標準，他們就會把重心擺在生產的數量上，而忽略了品質本身。究竟衡量的標準是什麼，這對員工來說有很大的呼應效果，所以平衡發展下的標準才是能達成事業目標的關鍵性管理：

1.數量：員工應生產多少單位量，才能得到他們應得的報酬？有關數量標準的例子包括：秘書打字的字數；貸款部職員所能成交的貸款數量；教授的授課堂數等。要以數量標準來衡量表現，似乎是件相當簡單的事情。

2.品質：工作做得好不好？可接受的失誤數量究竟是多少？事實上，品質是一種相對性的字眼，因為成本和利益之間是可以交換的。但是，就某些產品而言，例如降落傘，絕不能有任何的瑕疵存在，因為人命的代價成本實在是太高了。但是就其它產品來說，如果你要做到零缺點的地步，相對付出的成本也太大了。不管在什麼情況底下，你都應該設定品質標準，並確保你手下員工會牢記遵守。因為如果你沒有設定品質標準，難保你手下員工可以做出什麼有品質的產品。有關品質標準的例子包括：秘書打錯字的數量；貸款部職員在呆帳上的比例是多少？講師授課下所能接受的不及格學生數量或比例是多少？事實上，品質標準很難設定也很難衡量。舉例來說，學校董事會如何判定教師的「好」「壞」程度？這是很難的，可是還是得做。

3.時間：什麼時候任務應該完成？或者究竟多快該完成？當你指派任務的時候，也要明確說出期限才行。期限就是以時間為主的一種標準。績效表現可以根據特定的期限標準來作衡量評估。其中例子包括：秘書一分鐘打幾個字；貸款部職員一個月內所能成交的貸款數量；以及教授在一個學期或一年內所能有的授課堂數是多少。

4.成本：該花多少成本來做這份工作？組織究竟應該擁有多精密的成本系統？這些問題的答案必須視情況而定。有些生產部門利用成本會計的方法來保障成本的準確性；而其它部門則有既定目標的預算可以支出。有關成本標準的例子包括：反應在薪水多寡上的秘書打字成本；貸款部職員的成本則可能包括宴請顧客的交際支出、以及辦公室的維持成本和文書成本等；或者也可以根據呆帳損失來判定成本究竟是多少。教授的成本則可能包括薪水和一些經常性費用等。

5.行為：員工應該做什麼，不應該做什麼？常備性計畫，特別是一些規定，都有助於行為的控制。[3]除此之外，也可能有一些事情或話題是你必須和顧客應對作答的，比如說，秘書可能需要在接到電話的時候，先向來電者問候；貸款部職員可能需要用到某種方法來進行貸款的過程；教授則可能被禁止和課堂上的學生有私底下的約會。你將會在下一個章節裏，學到更多有關控制行為的事宜。

在前面幾段內文中，我們曾就五種個別領域，討論過標準究竟是什麼。現在，我們將要綜合以上五點，為秘書、貸款部職員、以及講師這三種職業設定出有效的標準。秘書的標準是一分鐘（時間）英打50字（數量），錯字最多不超過兩個（數量），薪水最高可達每小時12塊美金（成本），而且在接聽電話的時候，要以特定的問候方式來作為開場白（行為）。貸款部職員的標準可能是每一季（時間）要成交100,000美元的貸款業績（數量），呆帳額度不得超過5,000美元（品質和成本），同時要遵守既定的貸款程序（行為）。講師的標準則是每一年（時間）要授滿二十四個學期時數（數量），並通過系主任的教學評估（品質），而且不能和現有學生進行任何私底下的約會（行為），薪水上限是50,000美元（成本）。以上這些工作也都還會有一些補充性的標準。

工作運用

5.請以你以前的工作或目前的工作為例，告訴我們其中的標準是什麼，該標準必須具備完善標準的五項特性。

步驟2　衡量績效表現

藉著衡量表現，組織就可以知道自己是否成功，而且成績怎樣，以及如何更上一層樓？如果你不衡量自己的表現，又該如何知道組織體的宗旨和目標是否有達成呢？在控制過程中的一個重要考量點就是究竟要衡量什麼，以及衡量的頻率又如何？[4]衡量的內容和頻率都是輸入品，所以需要初始性的控制。

儘管目標設定之後，標準可能還在設定當中，但是以下的步驟卻可以用來確認出關鍵性的成功要素（簡稱CSF）是什麼。所謂**關鍵性成功要素**（critical success factors）是指限量下的某些領域，而在這些領域中所得到的良好成果可以確保成功的績效表現，進而達成目標和標準。換句話說，你無法控制所有的事情，所以不管是組織、部門／團隊小組、或個人，都應該找出少數幾件最重要的事情來加以控制。舉例來說，就超級市場的組織層面來看（包括Edwards、Food Mart、Kroger、Safeway和Stop & Shop），在各地方分店裏，維持適當的產品組合；把產品放在貨架上；以有效的廣告吸引顧客上門；以及適當的定價等（因為這種產業的邊際利潤很低），這些都是關鍵性的成功要素。而就部門和個人層面來看，這些CFS一定得確實地執行和監控。

關鍵性成功要素
限量下的某些領域，而在這些領域中所得到的良好成果可以確保成功的績效表現，進而達成目標和標準。

若是想被當作成CFS，可以加以衡量的話，就必須符合以下的條件：

1.關鍵性：如果某個問題發生的位置正是處在CSF表現的領域上，它就會影響整個組織／部門和個人的績效表現。

2.適時性：它必須在嚴重後果發生以前，能夠先找出遠離CSF表現標準的誤差內容是什麼。這時可以採取同步控制的行動來確保標準的達成。重做控制並不令人滿意，損壞控制也太遲了。

工作運用

6.請就你現在或以前的工作為例，提出其中的關鍵性成功要素是什麼。請務必依照優先順序排列（第一個代表最重要），並解釋它們為什麼很具關鍵性？

超級市場的關鍵性成功要素就是：維持適當的產品組合、把產品放在貨架上、有效的廣告、以及適當的定價。

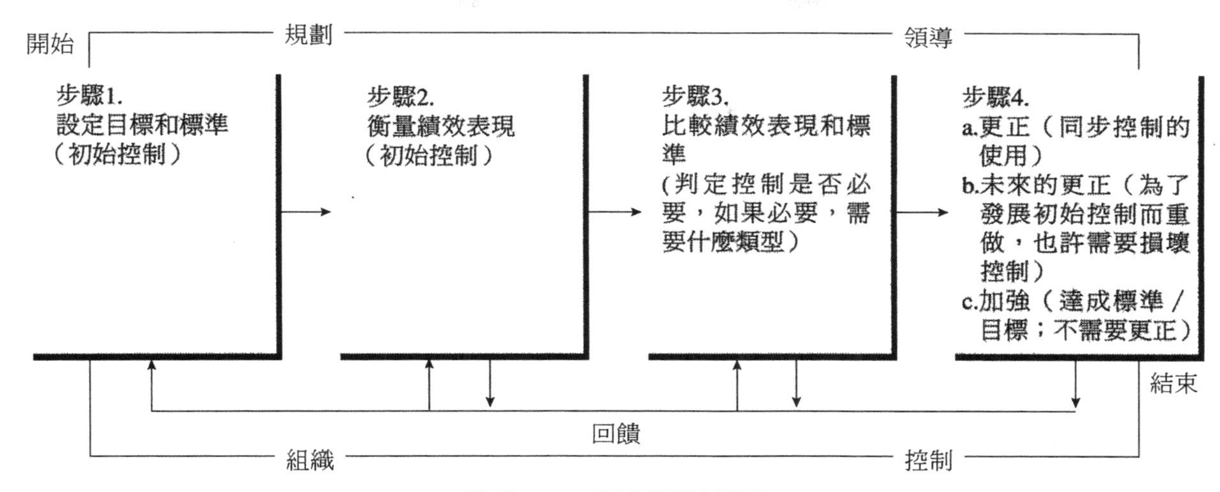

模式15-1　控制系統過程

3.經濟性：這種用來衡量和監控CSF表現領域的特定控制手法，其受惠利益必須要能大過於支出成本才行。所以零缺點和保全人員不一定就能保障這是一種很經濟的作法。

你注意到模式15-1裏頭，有一個回饋環嗎？究竟何時該判定CSF和進行衡量，並可能需要重新設定目標和標準，這一點非常的重要。

CSF會因工作的不同而有很大的差異。如果你想要攀爬企業組織中的晉升階梯，就必須先找出你工作上的CSF是什麼，並以初始和同步控制來監控它們。請記住，你的老闆是一個可以衡量你績效表現的首席人選，所以一定要知道你老闆用來評估你的CSF是什麼？

你衡量表現的頻率次數是如何？你應該使用什麼樣的控制方法？根據應變性理論的說法，這完全視情況而定。舉例來說，每一個昂貴的大型產品在轉換過程中，都要經過好幾次的監控測定。便宜的產品則可能只是在輸出階段時，才進行衡量測定。但是，如果你採用的是抽樣檢查的方法，就只能有一些產品接受檢驗，進而決定產品的接受或慘遭退貨的命運。MOCON擁有很精密的測量方法，它所製造出來的產品，就是要讓別家公司用來衡量自己表現的。

有三種表現衡量的方法是根據使用的頻率而來的：經常性、定期性和偶爾性。一旦我們完成控制過程的單元，你就可以學到如何透過特定控制方法來衡量績效表現。

步驟3　比較績效表現和標準

決定了衡量的內容、時間和頻率次數之後，現在接下來，就應該在實際成果和目標／標準之間進行比較，其目的是為了要知道自己是否照著進度，往目標邁進。如果你已經正確地施展過前面兩個步驟的話，這個步驟就會相當的容易。如果需要在步驟4當中，運用到任何一種控制類型的話，這次的比較可以為你判定出，究竟該使用何種類型的控制。本章的生產力單元重點就是擺在生產率的衡量，以及生產率和標準之間的比較上。

績效報告或變異報告，如圖15-4所示，通常都是用來衡量或評估績效表現的。績效報告會列出標準、實際表現、和兩者之間的差距。在圖15-4裏頭，儘管實際成果低於生產力，又高於成本，可是仍然算是十分傑出的表現。因為它們都在1%的差距之內（標準值除以差距值0）。當差距很大的時候，就需要有一番解釋。這個部分將會在本單元稍後有關偶爾性控制的議題中，再作討論說明。

步驟4　更正或加強

在轉換過程中，需要用到同步控制來糾正表現，以便達成標準。MOCON在內部著重的是初始和同步控制，就像它賣給顧客的產品一樣。

當成果表現已經完成，來不及再作任何更正性行動的時候，就必須採取其它的糾正行動，其中包括：（1）分析無法達成標準的理由是什麼；（2）利用資訊，發展初始控制；（3）對初始控制進行回饋，以便採取必要性的更正舉動，來達成下一次的目標／標準。當表現成果影響到其他人的時候，則須利用損壞控制，就如同下面所描述的例子一樣。

Bob打電話給Anthony的披薩店，要店裏送兩份披薩過來。他特別指明要在四點半以前送到。Anthony則保證一定會準時送到。結果到了四點四十分，Bob打電話去問為什麼還沒送到？Anthony說披薩已經在路上了。快到五點的時候，Bob又打電話給Anthony，要求取消披薩，因為他要出門了。Anthony向他

輸入和輸出	標準值／預算值	實際值	差異值
生產的單位量（輸出）	10,000	9,992	-8
生產成本（輸入）			
勞工，包括加班費	$70,000	$69,895	$+105
材料	95,500	95,763	-263
供應品	4,750	4,700	+50
總計	$170,250	$170,358	-108

圖15-4　營運表現報告1997年1月

致歉，並表示是因為送貨員迷路了，找不到送交的地點，所以才產生這樣的問題。Anthony再度致歉，並表示下一次再訂披薩的話，可以免費不用付錢。第二天晚上，Bob又打電話去，結果真的獲贈了免費的披薩，後來Bob還是繼續訂購Anthony的披薩。如果Anthony沒有採取有效的損壞控制，他就不僅只是要對兩個冷掉的披薩和錯失的時間大傷腦筋，還要面對顧客的可能流失問題。Anthony分析了免費披薩的成本支出和未來生意的受益性。

當目標／標準已經達成，就沒有必要再採取更正性的行動。但是，千萬不要像多數經理人一樣，在這裏就結束了控制過程。一定要透過獎勵來強化員工這種把工作做好的行為，比如說讚美。讓員工知道他們已經達成目標，而且你很感激他們的表現，這樣子才能激勵他們持續改進，求得更好的績效表現。請參考第十一章的內容，回顧一下如何激勵員工來達成標準。

工作運用

7.請確認出某種情況，它必須有更正性行動才能達成目標／標準。請描述你所採取的更正性行動內容是什麼。

對控制的抗拒

當你在設立控制系統，特別是設立標準的時候，考慮員工的反應以及他們對改變的抗拒力，這一點也很重要。當你在設立控制系統的時候，就應該採用管理轉變的各種方法（第八章）。讓員工參與其中，一起設立控制系統，這種方式也可以克服員工的抗拒心理

控制頻率和方法

4.描述三種控制頻率的不同差異

有十種特定的方法可以讓你用在績效表現的衡量和控制上。這些方法大致不出控制頻率範圍內的三種類型。所謂**控制頻率**（control frequency）就是經常性、定期性和偶爾性。

控制頻率

經常性、定期性和偶爾性。

經常性控制

經常性控制就是持續性地使用，其中含括自我控制、集體控制和常備性計畫。

1.自我控制：如果經理人不能監督表現，員工會好好工作嗎？不管是什麼工作，都有自我控制這樣的要素在其中。其中的問題只是員工的自我控制VS.來自於經理人的外力控制（常備性計畫），這兩者之間的比例多寡而已。過多或過少的外力控制，都會造成問題。你將在下一章裏頭學到有關自我控制VS.外力控制的有關事宜。

2.集體控制：集體或團體控制都是一種人力資源的控制，組織體必須靠自

己的文化和規範來確保一些特定的行為表現。採用團隊小組作法的公司往往依靠集體控制的手法。請參考第十三章的內容，複習一下有關團體控制的相關事宜。系統過程裏各個階段的四種控制類型都會採用到自我控制和集體控制的方式。

3.常備性計畫：政策、程序和規定的發展，都是為了影響員工的行為，好讓員工可以從容地因應一些可預測的重複性事件。當標準被發展的時候，它們和常備性計畫有些類似，因為它們都經常被使用。當你同時發展常備性計畫和標準的時候，就是屬於所謂的初始控制。等到落實這些常備性計畫和標準時，它們就演變為同步、重做、或損壞控制了。

定期性控制

定期性控制是在有規律的固定基礎上，進行使用，例如一天一次或一個小時一次；或者每週的最後一天、季末、或年底。定期性控制包括了定期報告、預算和審核。

1.定期報告：定期報告可以是口頭或書面報告。定期每日、每週、或每月召開會議，和一或多名員工一起討論進度或各組織中所常見的各式問題。定期的書面報告也很常用到。比如說，在MOCON，生產部經理可能會收到每日的書面報告，從中瞭解當天的生產數量。業務經理則會收到每週的銷售報告。副總裁則可能每個月都會收到損益表的報告。資訊部（MIS）的職責就是提供定期性的報告。定期報告可以被認定為一種初始控制，但是報告本身也可以被當作是同步、重做、或損壞控制來使用，全視情況而定。

2.預算：預算是很常見的控制工具之一。你將在本章的下面兩個單元裏，學到一些有關預算編列的事項。當你在準備新的預算時，就是屬於初始控制。隨著一年的進展，它會變成同步控制。到了年底，則需要重新製作新的預算。如果其中因為某些因素而發生類似像過度支出這樣的改變時，就可能需要用上損壞控制。

3.審核：審核有兩種主要類型：內部與外界的會計和管理。會計財務功能的其中部分是維持組織交易和有價資產的各項記錄。多數大型組織，包括MOCON在內，都有內部的審計人員或整個部門在做定期性的檢查工作，以確保資產報告的準確性。除了內部的審核之外，許多組織也會聘請公司以外的會計師以會計事務所的名義來為自己的財務報表證實背書，通常這種工作都是由持有執照的公營會計事務所（簡稱CPA）來執行。稽核員會查證所有報表是否能反映出真實的財務狀況，以及這些報表是否根據可接受的會計原則而作成的。對那些出售保護措施給其它大眾的公司來說（例如MOCON），也必須接受一年一度的檢查。稽核員一年來公司一次，可是很少人知道他們究竟是什麼時候會到公司來。最後，**管理性審核**（management audit）則是分析企業組織的規劃、組織、領導和控制等功能，以利未來的改進。分析著重的是過去、現在和未來。管理性審核可以在內部，也可以在外部執行。

管理性審核
分析企業組織的規劃、組織、領導和控制等功能，以利未來的改進。

當審核是偶一為之的話，就可以算作是偶而性的控制，舉例來說，稽核員可能會不定期地進行突檢。審核可以被當作是初始控制，但是它是用在確保記錄的準確性和控制盜竊上。

偶爾性控制

偶爾性控制是在需要的時候才被使用到。其中包括觀察、例外的原則、特別報告和工程計畫控制等。它不像定期報告，並不需要設定時間的間隔。

1.觀察：當員工在做事的時候，經理人親自監督員工，或和員工談談。還記得Sam Walton這個人嗎？他親自拜訪所有的Wal-Mart分店，而且他的這種個人性的拜訪作法已經成為所有經理人的必要工作之一。觀察也可以透過攝影機來進行。觀察可以用在任何一種控制類型上頭，走動管理（management by walking around，簡稱MBWA）則是一種可以增進績效表現的個人觀察辦法。[5]下一章將會談到有關MBWA的訓練技巧。

2.例外的原則：除非有什麼問題發生，否則在一般情況下，都是由員工自行來控制。當問題發生的時候，員工就會向經理人求助。於是經理人會採取更正性的行動措施，來挽回績效表現。舉例來說，Carolyn是一個生產部的工人，她的標準是每天都要生產一百個單位量，不管是什麼理由，只要她的生產量少於九十個單位量，比如說機器故障或者是必要性原料的短缺，她都會立刻向自己的主管Julio報告，以便後者採取必要的更正性措施來進行補救。如果使用得當的話，這種例外原則的作法是很管用的。但是，人們往往不太願意開口求助，或者是據實以告自己無法達成標準，以致於錯過了採取更正性行動的適當時機。因此，經理人和員工必須就例外的定義達成共識，這一點很重要。例外的原則通常被當作是初始控制，但是也可以運用在其它三種控制類型上。

3.特別報告：當問題被找出來的時候，管理階層通常會要求某位員工或部門／組織裏的委員會，提出一份特別報告；再不然就是請外界的顧問公司專責研究此一議題。這些報告在內容和本質上互有差異，可是其目的都是為了找出問題的成因，以及解決辦法，或者是可資利用的機會點。當MOCON開發新產品的時候，特別報告會在產品製造之前和售出給顧客之前，就先提出來。特別

工作運用

8.請以你目前正在工作或以前工作過的組織為例，提出它曾用過的經常性、定期性、和偶爾性控制方法。請確認例子中的頻率屬性，並解釋為什麼會被這樣地歸類？

報告通常被當作是初始控制，但是也可以運用在其它三種控制類型上。

4.工程計畫控制：在處理非例行性或單一性的工程計畫時，工程經理需要發展出一套控制系統來確保工程可以如期完工。因為規劃和控制有非常緊密的關係，所以類似像Gantt表和關鍵路徑法（第六章）等這些規劃性工具，都是屬於工程計畫的控制方法。工程計畫的控制也可以被當作是初始控制，但也能運用在其它三種控制類型上。

若想一窺系統過程、四種控制類型、以及不同頻率的控制方法，這三者之間的究竟，請參考圖15-5。圖中個別列出了控制的類型、頻率和方法，因為這四種控制類型可以和任何一種方法結合使用。還記得我們說過，預算會在時間的累積下，改變控制的類型；還有你可以一次使出多個控制方法。你需要知道你的工作正處於系統過程的何種階段，以及該階段中所用到的控制類型是什麼（圖15-1），然後再選出適用於該種控制類型的方法。

在技巧建構練習15-1裏頭，你將需要利用到控制系統過程中的四種階段，來為Bolton人力仲介所發展出一套控制系統。

預算編列

預算
為個別具體的活動在資源上所規畫好的數量分配。

為企業體好好準備一份周詳的預算，並確實遵守預算的規定，將確保你在財務管理上可以更得心應手。[6]所謂**預算**（budget）是指為個別具體的活動在資源上所規劃好的數量分配。請注意，預算這個字眼，並不只表示金錢而已。這是因為各種類型的資源都可以做分配。舉例來說，在圖15-4裏頭，輸入品的單位量就被作了預算分配。人力資源、機器、時間、空間等，也都可以做預算分配。但是，就本書而言，當我們在本章提到預算編列的時候，所指的仍舊是定義上比較狹窄的財務預算。

控制類型	控制的頻率和方法		
	經常性控制	定期性控制	偶爾性控制
初始（輸入）	自我	定期報告	觀察
同步（轉換過程）	集體	預算	例外的原則
重做（輸出）	常備性計畫	審核	特別報告
損壞（顧客滿意度）			工程計畫

圖15-5 控制方法的類型和頻率

總預算編列過程

總預算編列過程的各個步驟（the master budgeting process steps）是為了要發展：（1）收入和支出的營業預算；（2）資本支出預算；以及（3）財務預算編列下的現金流量、損益表、和資產負債表。這三個步驟及其子步驟會在圖15-6裏有詳細的描繪。請注意其中的回饋環可能會因為其它預算的發展，而造成前面預算的修正動作。本單元將會詳細解釋營業預算以及資本支出預算；下個單元則會談到財務性預算的內容。

1.營運預算

a.發展收入預算

b.發展支出預算

↓

2.資本開支預算

決定規劃下的所有主要資產投資

↓

3.財務預算

a.發展預算下的現金流量表

b.發展預算下的損益表

c.發展預算下的資產負債表

圖15-6　總預算編列過程的步驟

預算通常是以一年為限，再細分成各個月份。財務主計人員會負責預算的編列過程，為整個組織體完成總預算的編列。換句話說，它就是預算編列過程的最後結果。儘管對組織而言，遵守總預算編列過程的三個步驟是很平常的事，但是在權力和權術的角逐運用上（第十四章），以及個別預算的發展細節上，卻會因各公司的不同而有不同的差異。

在預算編列過程中，許多主計人員會採用預算委員會的作法，以便協助總預算的發展。不管是由上至下，或由下往上的方法都可以採用。總歸一句話，預算編列的重點所在就是要讓組織達成它的宗旨和目標。[7]換句話說，預算只是達成目的的手段而已，目標才是我們的最終目的地。主計人員／委員會可以要求各功能性部門的經理提出下一年度的預算計畫。若是預算因為現有和未來的績效表現，而有所增減的話，主計人員／委員會也應該要讓相關部門知道。

每一個部門向主計人員／委員會提出預算書，等候裁決通過。但是在預算編列的過程中，權力和權術的使用是很常見的。此外，當面臨少數資源的分配時，也會常用到協調性衝突管理風格（第十四章）。主計人員／委員會可能需要和部門經理協調一些修正內容，或者是利用職務性權力來要求預算的修正。

營業預算

營業預算
包括收入和支出預算。

營業預算（operating budget）包括收入和支出預算。正如從經驗中所學到的，你必須在決定如何花錢以前，先判定自己到底有多少錢，或者將會有多少錢。因此，總預算編列過程的第一個步驟就是先判定收入的多寡，再決定支出（營業）預算。

收入預算

收入預算是指當年度總收入的預估。儘管我們常以銷售額來代表收入，但是包括MOCON在內的許多組織，也會把投資所得當作是收入的一部分。非營利機構則必須把一些會費、捐贈金額、轉讓財產、以及資金籌集活動等，劃歸為收入當中。收入預算會推斷和加總所有的收入來源，比如說產品的出售或場所的出售等。一般而言，多半是由行銷／業務部門來負責提出整個公司的收入數字。

收入預算主要是根據業績預估而來的。請參考第六章有關銷售預估的內容。就某種意義來說，銷售預估下的收入預算是最重要的預算，因為其它預算都必須根據它來判定。

支出預算

支出預算是指當年度總營業開支的預估。各功能性部門的經理都要有一份支出預算，這是很司空見慣的。許多經理人都對預算抱有恐懼的心理，因為他們的數學不好，或是會計能力很差。事實上，預算編列需要的是規劃技巧，而不是數學或會計技巧。有了電腦的幫忙，你的工作也可以更輕鬆一點。因為系統效應的關係，所有部門的預算都會對彼此造成影響，所以經理人一定要共享資訊才行。比如說，營運部門需要銷售預估，以便決定究竟該有多少生產量。人力資源部門則需要判定組織上下的全體員工，究竟有什麼樣的需求，以便發展預算。

正如我們所提到的，預算過程互有不同。第一線經理人可能會把他們的預算呈交給他們的頂頭上司：中階經理人，後者再綜合各功能性部門的預算，把它呈交給高階經理人／主計官。現在，你將會在下面單元裏，學到有關經費預算的事情，但是，首先，先讓我們談一談利潤中心的議題。

利潤中心

組織體若想確認各單位的收入和支出，都會設有利潤中心。利潤中心很常用在部分性架構（第七章）當中，部分性架構下的公司有很多條事業線（公司裏頭還有許多子公司），而且各自擁有自己的預算。比如說，Philip Morris公司的旗下就有Philip Morris煙草公司、美樂啤酒公司、卡夫食品和通用食品。它們各自擁有利潤中心，會把收入減去開支，進而算出自己的利潤收益有多少。當處於企業階段時，經理人要評估利潤中心的表現，這時就會把各事業單位的收入和支出綜合起來計算，以便判定整體企業的表現如何。

支出預算的選擇方案

5.描述全額——項目預算VS.程序預算、靜態預算VS.彈性預算、增量預算VS.零基預算，這些預算之間的不同差異

支出預算的主要選擇方案包括全額——項目預算VS.程序預算、靜態預算VS.彈性預算、增量預算VS.零基預算等。在我們開始討論這些方案之前，最好先界定一下對支出預算來說非常重要的兩種成本類型。固定成本（fixed cost）是指在一連串活動之下，總數仍維持不變的成本。舉例來說，不管某項設施是如何地被使用，它的租用成本仍舊維持一樣。變動成本（variable costs）則會隨著活動的增加，而改變總數。比如說，銷售目錄和郵寄品的成本會隨者印刷和郵寄數量的增加而增加。你將會在本章後面的練習中學到更多有關成本的事宜。

全額──項目預算VS.程序預算

當你在籌劃支出經費的時候，通常會採這兩種格式的其中之一，或者也可以結合使用。全額──項目預算(line-item budget)可以確認出該部門／組織的主要重大開支，它是一種非常普遍的使用格式。在功能性組織的架構底下（第七章），每一個部門都是一個成本中心，擁有自己的全額──項目預算；然後再綜合所有部門，形成總預算下的支出預算部分。

程序預算（program budget）則會確認每一個特定組織活動或單位的支出預算。請參考圖15-7，其中列出了當年度（已採納）和下年度（提議中）的全額一項目預算和程序預算。這十個全額項目是幾項重大的學校系統支出，而該學校系統有六個主要程序計畫。請注意，這兩種形式下所個別合計出來的預算一定是相等的，只是開支上的提出方式有別而已。此外，也請注意，這些支出並不涵蓋主要資產的費用，比如說已負擔了好幾年的建築物和設備等。舉例來說，Milford有一個已招生兩年的學校，這間學校必須支付二十年的貸款，此外，它也正在清償另外兩間房子的貸款。雖然如此，這些費用並不會出現在支出預算上，因為它並不屬於學校系統營運中的一部分。主要資產的支出費用是屬於資本預算中的一部分，我們將在下個單元裏，詳加地解釋。

程序預算很類似於利潤中心，因為其支出是屬於某事業單位的。但是，來自於各單位的收入則不然。舉例來說，該學校系統並不會從它的程序計畫當中得到任何收入，它的收入乃是取自於市稅。

請參考圖15-7的最底下，有一個被綜合的預算，它把當年度的全額項目預算和程序預算全都列了出來。請注意看，最左邊的全額項目欄和最右邊的總計欄都還是一樣。你要做的只是看每一個程序計畫的數字而已。透過個別的程序／單位，你可以清楚得知錢究竟用到什麼地方去。在技巧建構練習15-2裏，你將會有一份全額──項目預算，自己必須把它作成全額一項目和程序預算的結合體。

靜態預算VS.彈性預算

靜態預算（static budget）只有一組支出預算；而彈性預算（flexible budget）則是為一連串活動所準備的一系列預算。靜態預算很適用於穩定的環境，也就是說產品在需求上並沒有太大的變化。彈性預算則適用於動盪的環境當中，也就是說產品的需求會隨著各式不同的活動和變動的成本而起變化。

在春田學院裏（Springfield college），有一名教授開始為該學院開辦了一個有關訓練和培養的諮詢性事業（SCT&DS）。SCT&DS一開始是以利潤中心的角

全額預算		
	1995-1996年採納之預算	1996-1997年提議預算
教師薪資	$980,000	$1,050,000
行政人員薪資	120,000	132,000
秘書人員薪資	70,000	75,000
保養人員薪資	80,000	85,000
學校補給用品	90,000	105,000
保養補給用品	20,000	26,000
水電等公用品	38,000	46,000
其它設施支出	28,000	30,000
雜項支出	24,000	25,000
運輸交通	150,000	176,000
總計	$1,600,000	$1,750,000

程序預算		
	1995-1996年採納之預算	1996-1997年提議預算
初級教育	$655,000	$712,000
中等教育	729,000	786,000
學生強化課程	90,000	98,000
成人教育	58,000	67,000
運動課程	53,000	62,000
社區服務課程	15,000	25,000
總計	$1,600,000	$1,750,000

綜和下的全額項目和程序預算

1995-1996年採納之預算

	初級教育	中等教育	學生強化課程	成人教育	運動課程	社區服務課程	總計
教師薪資	$392,000	$490,000	$58,000	$32,000	$6,000	$2,000	$980,000
行政人員薪資	65,000	40,000	6,000	3,000	4,000	2,000	120,000
秘書人員薪資	34,000	28,000	4,000	2,500	1,000	500	70,000
保養人員薪資	40,000	30,000	1,500	500	6,500	1,500	80,000
學校補給用品	38,000	43,000	3,000	4,000	1,000	1,000	90,000
保養補給用品	18,000	12,000	3,000	1,000	3,500	500	38,000
水電等公用品	8,000	6,000	700	500	4,500	300	20,000
其它設施支出	8,000	6,300	500	500	12,000	700	28,000
雜項支出	1,000	1,700	300	12,000	6,000	3,000	24,000
運輸交通	51,000	72,000	13,000	2,000	8,500	3,500	150,000
總計	$655,000	$729,000	$90,000	$58,000	$53,000	$15,000	$1,600,000

圖15-7　Milford市立學校系統在6月30日會計年度末的全額──項目、程序預算、以及綜合預算

色出現，該教授身兼總監的工作，同時也在學院裏繼續授課，因為他一個學期要授滿四堂課的學分，所以也沒有太多時間可以花在利潤中心的身上。第一年的時候，這名利潤中心的總監並沒有什麼前例可循，能夠拿來預估該中心的收入和支出。但是因為他是根據變動成本和服務上的不定需求而開創出這個利潤中心的，所以他就發展出如**圖15-8**的彈性預算。該筆彈性預算必須列在學院裏的全額一項目預算之中，它就位在該預算表的底部位置上。

增量預算VS.零基預算

增量預算和零基預算並不像全額——項目預算VS.程序預算和靜態VS彈性預算一樣，會隨著金額的提出方式不同而有不同。前兩者的重點是擺在如何根據正當的理由來衍生出預算下的數字。

在增量預算編列底下（incremental budgeting），過去的預算數字會再用一次，若是有新的支出費用，也必須具備正當理由或是已被核准通過，才有機會排在上頭。但是在零基預算編列下（zero-based budgeting，簡稱ZBB），所有的金額每年都要重新整理過。ZBB的假定前提是，前一年度的預算不應該作為下年度預算的基礎。零基預算著重的是宗旨和目標，你必須判定為了要達成這些宗旨和目標，所付出的代價成本究竟是多少。ZBB尤其適用於混亂動盪的環境，在這樣的環境裏，某些部門的活動／產品呈現急遽性的成長；而其它的活動／產品則急速地下降中。活動力呈現下降局面的部門也不應該只是拿到同於上一年度的預算金額而已，它的預算應該被刪減。在春田學院裏，**圖15-8**的前四個全額項目都是增量預算，第五個項目：設備則是零基預算。

工作運用

9.請以你現在或以前的工作為例，找出其中的主要收入和支出來源。請說明它是何種預算方案（全額——項目預算VS.程序預算、靜態預算VS.彈性預算、增量預算VS.零基預算）。如果你不確定，請向你以前或現在的老闆請益。

收入				
利潤	100%	$15,000	$20,000	$25,000
支出				
講師薪資	50%	7,500	10,000	12,000
經常費用	20%	3,000	4,000	5,000
開支	10%	1,500	2,000	2,500
學院盈餘	20%	3,000	4,000	5,000
S.C. 全額項目預算（帳戶號碼和名稱）				
1. 薪資（利潤的50%）			10,000	
2. 工資（開支的部分）			500	
3. 供應品（開支的部分）			1,100	
4. 旅行（開支的部分）			400	
5. 設備			0	

圖15-8　春田學院的訓練和發展服務機構彈性預算的內容（以及相對於全額——項目預算的換算）

資本支出預算

6.界定資本支出預算的定義，並解釋它和支出預算有什麼不同

資本支出預算
包括所有被規劃的主要資產投資。

發展總預算的第二步驟就是發展資本支出預算。**資本支出預算**（capital expenditures budget）包括了所有被規劃的主要資產投資。這些主要資產都是由組織所擁有、維持和支付，時間長達數年。這些預算編列下的資產涵蓋了土地、新建築物、全新的產品線或產品計畫、或者是收購而來的某家公司。就較基礎的層面來看，這些資產性決策還包括是否該為現有機器進行更新；購買或租賃資產；自己製造零件或是透過外包商來進貨；重做瑕疵品或是當作廢棄物一樣地賤賣出去。其實，無論如何，它的最終目標就是要在投資金上賺回令人滿意的利潤。籌資購買資本性資產，這是一項很重要的財務性功能。[8]

資本支出的決策是很難下達的，因為它們通常是在不確定的條件狀況下（第四章），根據長程性的預估而作出的決策。這些決策都很具關鍵性，因為：（1）所涉及的金額都很大；（2）必須長期性地投入資金；（3）一旦作成決策，展開計畫，就很難或不可能有回頭的機會。

當你在進行資本支出時，有不同的財務計算方式可以利用，來幫助你作成決策。三種最常用到的技巧分別是投資報酬率、現金收支貼現法和成本——數量——利潤分析法。簡單的說，現金收支貼現法（discounted cash flow）是指在你支付投資之後，所剩下的東西，或者是金錢的時間價值。成本——數量——利潤分析法(cost-volume-profit analysis)，其中包括了損益兩平分析法（break-even analysis）是根據不同的售價和成本來預估利潤的多寡。在**技巧建構練習15-2**裏頭，你將會利用到成本一數量一利潤分析法來判定自己是否應該開一堂有氧舞蹈課。該決策是根據你的目標和課程的收益性而定的。這三種方法可以個別使用，也可以綜合運用，以便你為各種投資進行排名，從中選出最有利於組織的投資機會。[9]

控制支出是很重要的，這一點絕對是千真萬確。但是若只是一昧地著重產品成本的控制，卻犧牲了顧客價值和業績，這只會讓組織體不斷地遭逢失敗的命運。資本預算和新產品開發的未來成功，這兩者之間似乎有著非常密切的關聯。[10]資本支出預算是最重要的預算，因為它是肇基於一些開發性的方法，可以透過新產品或改良產品為顧客所創造出來的顧客價值，而帶來一筆額外可觀的收入。MOCON和其它公司持續開發新的產品，並定下周詳的計畫要好好利用這些機會點。MOCON最近的資本支出預算包括新產品的推出（其中有現金收支貼現法和成本一數量一利潤分析法）；以及在賓州、新澤西州和紐約州等地設立新的業務辦公室（其中包括購買或租賃決策）。每一個新的產品和每一

工作運用

10.請確認你以前工作或現在工作的組織，它所投資的主要資本性資產支出有哪些？

間新的業務辦公室都需要一筆營業支出預算。因此，在總預算編列過程中，又需要從資本預算編列跳回到營業預算當中。

財務報表和預算

各種主要財務控制會以完成和編列的方式反覆出現在三種主要的財務報表中，這也正是本單元的主題。財務報表比率分析，會是本單元第一部分裏頭的主題，它是一種很容易瞭解的績效衡量法。[11]財務報表和其中的分析也會被其他人拿來使用，這些人包括供應商、債權人和投資人，他們是為了要評估該組織的整體財務狀況，好決定自己是否應繼續和這家公司來往生意。[12]

經理人也有義務要瞭解這些財務報表，以及各筆交易會如何影響報表的結果。[13]因此，在本單元裏，你將會學到三種財務報表和財務預算。同時，在概念運用15-2裏頭，你也會學著去判定在各種不同的商業交易情況下，所影響到的財務報表會是什麼。

7.列出三種主要的財務報表，各報表所提出的內容是什麼

財務報表
包括損益表、資產負債表和現金流量表。

財務報表

三種主要的**財務報表**（financial statements）分別是損益表、資產負債表和現金流量表。我們將依照它們在年度報告中的先後順序，分別地詳加解釋。

損益表

損益表（income statement）會提出在某特定時間內的各種收入和支出，以及利潤和損失。損益表大多一年作一次。但是也有每月和每季的損益表，其用途是為了衡量中途的績效表現，以便在必要的時候，展開同步控制的手段。當收入高過於支出時，就有淨所得。當支出超過收入時，則有淨虧損。圖15-9是MOCON在1994年年度報告中的損益表。括號裏頭代表的正是虧損數字。請注意，MOCON的投資收入裏，有虧損的出現。

增加淨所得的主要兩種方法分別是：（1）增加收入；（2）減少支出。這兩種方法的綜合運用可以加速收入的累積。資本支出預算著重的是收入的增加，而支出預算則是強調成本的降低。

收入	1994	1993
銷售額	$10,612,752	$10,404,555
銷售成本	3,941,933	3,911,938
毛利	6,670,819	6,492,617
支出		
推銷和一般行政支出	3,353,291	3,252,597
研發支出	897,729	814,402
投資所得	(366,178)	(394,625)
	3,884,842	3,672,374
稅前收入	2,785,977	2,820,243
所得稅	933,000	931,000
淨所得	$1,852,977	$1,889,243
每一普通股的淨所得	$.39	$.39

圖15-9　Income, Modern Controls公司年度至12月31日止的合併報表

資產負債表

資產負債表（balance sheet）會提出所有的資產和負債，以及所有人的權益淨值。資產是由組織所持有。負債則是積欠於其他人的債務。持有人／利害關係人的權益淨值就是把資產減去負債所得到的數值，或者是所持有的資產股份。它之所以稱之為資產負債表，是因為資產總值常常相當於負債總值加上持有人在某特定時間內的權益淨值。圖15-10正是MOCON在1994年年度報告中的資產負債表。

營業預算會提出現有的資產和負債。資本支出預算則會對主要資產造成影響，這些主要資產一般稱之為財產／工廠和設備、以及一些長期性的負債。長期性負債是指數年以來為一些主要資產所支付的費用，例如應支付的汽車貸款和債券等。請注意在圖15-10裏頭，MOCON擁有財產和設備等各種資產，而它唯一的長期性負債就是延付的所得稅。因此，它的主要資產是由MOCON所持有和支付。而這種不多的負債也使得它有能力從事資本支出性的投資活動。

現金流量表

現金流量表會提出某段時間內的所有現金收據和支付證明。其中通常有兩大部分：營業活動和財務活動。支票也被視作為現金。現金流量表通常一年作一次。但是也有每月和每季的現金流量表，其用途是為了衡量中途的績效表現，以便在必要的時候，展開同步控制的手段。營業預算和資本支出預算都會對現金流量表（如所收到的現金收入以及支付的現金費用）造成影響。

	12月31日	
	1994	1993
資產		
現有資產		
現金和暫時性的現金投資	$246,265	$846,079
現行有價債券	5,664,849	3,228,464
應收帳款		
營業額；1994年（$147,000）和1993年（$150,000）未定客戶的補貼性金額	1,511,700	935,920
其它應收帳款	151,480	171,135
存貨	1,733,760	1,812,736
預付支出	177,061	119,251
延付的所得稅	358,000	456,000
總計現有資產	9,843,115	7,569,765
非現有有價證券	2,367,003	5,464,182
財產和設備	1,827,421	1,730,246
累計折舊和分期償還	1,310,824	1,055,960
	516,597	674,286
其它資產	401,656	368,787
	$13,128,371	$14,077,020
負債和利害關係人之權益		
現有負債		
應支付之帳款	$347,121	$185,111
累計報酬	365,598	210,788
其它累計支出	246,457	242,970
預估的產品保證	140,000	161,000
累計所得稅	252,243	201,379
應支付之股息	233,905	241,929
總計現有負債	1,585,324	1,254,177
延付的所得稅	29,000	18,000
利害關係人之權益		
普通股等面值：$.10；核准10,000,000股；1994年發佈4,526,231股；1993年發佈4,819,925股	452,623	481,992
等面值的過剩資本	--	1,398,629
保留盈餘	11,171,424	10,935,222
在非現行有價權益證券上的非變現淨損失	(110,000)	--
總計利害關係人之權益	11,514,047	12,815,843
	$13,128,371	$14,077,020

圖15-10　Modern Control公司的具體資產負債表

現金流量可告訴我們，什麼時候該公司才會有多餘的現金可以進行投資，什麼時候又會現金不足的現象，需要向外借貸現金。精確的現金流量表對一些季節性的生意來說特別重要。比如，Head滑雪板多數都是在冬季時售出，因此，在冬季的時候，它會有多餘的現金出現；而到了夏季，現金流量則會出現赤字。所以Head會把冬季的多餘現金拿來作短期的投資，好賺取利潤，再用於夏季的費用支出上。如果Head 某年的預算編列不甚理想，也就是現金支付超過現金收入，它也可以借貸短期的現款來支付夏季的費用。現今流量表還可以告訴我們，該公司在資本支出上的融資能力如何，有助於投資者和利害關係人的選擇。[14]

工作運用

11.你以前工作過或現在正在工作的組織，有提出過可供大眾參考的財務報表嗎？如果有的話，請拿一份影印本，研究其中的內容。此外，該組織發展過營業預算、資本支出預算和財務預算嗎？如果有的話，請拿一份影本，研究其中的內容。如果你不確定，請聯絡請教你以前或現在的老闆。

比較

請注意，損益表和現金流量表通常都是一年作一次。但是，資產負債表顯示的則是自組織體開始營業，一直到製表日期為止，其中所有商業交易下的累積效應。一般來說，這三種財務報表都會提出兩年以上的數字證明，以供績效衡量的比較之用。

對經理人和投資者來說，損益表通常被視作為最重要的財務報告。現金流量表對那些被賒帳的供應商和出借人（例如銀行）來說，則顯得比較重要，因為它可以告訴他們這個組織的還錢能力如何。即便現金流量的預算表呈現出負面的現象，損益表仍可以展示獲利的結果，而將現金流量的真相隱瞞起來。[15]但是，若能同時看到這三種報表，就可以對整體的財務表現有全盤透徹的瞭解。

財務預算

總預算編列過程的第三步驟就是準備財務預算。換句話說，在當年度開始以前，主計官就要預測年底時的每一份報表的內容會是如何。財務預算之所以要最後準備，是因為需要先有營業預算和資本支出預算，才能開始。現金流量表是第一份準備妥當的財務報告，因為它是另兩份報告的準備基礎。損益表則是第二份準備妥當的報告，因為資產負債表需要靠它來進行。如果這三種財務報表都不如預期的內容，就需要修定資本支出預算或營業預算。

因此，也就需要用到圖15-6總預算編列過程中所見到的回饋環動作。當預見到淨虧損的可能時，也需要作些修正。

每一份報表在作年度報告的時候，也都會提出當年度各月和各季的報告。

概念運用

AC 15-1　財務報表

請確認這家零售店因各筆交易所受到影響的帳款是什麼。

（提示：這些交易會因為現金VS信用上的活動，而需要兩或三個答案。）

損益表

a.收入（銷售額）　b.支出（營業帳單）

資產負債表

c.現有資產（現金、應收帳款、待售存貨）　d.財產和設備　e.現有負債（應支付的帳單）

f.長期負債（應支付的抵押品）　g.持有人權益（股票、保留盈餘）

現金流量表

h.現金收據　i.現金付款

__ 1.你寄出一張支票來支付你旗下所擁有的建築物，這樣的支付還要持續十年左右。

__ 2.你把現金和索費單從收銀機裏拿出來，好記錄今天的銷售總額，總計是5,000美元。

__ 3.你寄了一張支票給Wrangler公司，支付你在30天前以信用方式所採購來的牛仔褲，這些牛仔褲是要出售給 顧客的。

__ 4.你需要現金來開設另一家新店，所以你賣掉了價值25,000美元的股票給你的朋友。

__ 5.你今天把週薪發給了員工。

__ 6.Chris是你的私人朋友，他在打烊後，到你的店裏來，而且買了價值500美元的服飾。Chris會在月底以前把錢付清。因為你的店已經關門了，所以你決定把它當作為一筆個別的交易，而不把它併入到今天或明天的業績當中。

__ 7.你以信用的方式下了訂單，並接到價值兩千美元的Nike運動鞋。

__ 8.你接到一張面額30,000美元的支票，是支付某位顧客透過VISA發卡銀行的購物刷卡費用。

__ 9.你以三年為限的每月分期付款方式，買進了一台全新的電腦現金登錄系統，可以讓你精確地記錄所有的售出貨品和存貨數量。

__ 10.你因為賣出了自己的舊收銀機，而收到一張面額35美元的支票。

預算報告（也稱之為預測性報告）之所以不同於實際報告，就在於它的每一份報表名稱之前，都有預算或預測性等字樣的出現。一份報告是道出過去的成果；另一份報告則是計畫未來的結果。預算是初始控制；實際報表則是重做控制。

根據控制系統過程，它是這樣運作的：（1）預算報表是一種標準，可被當作為初始控制；（2）和（3）每個月都要需衡量績效表現，並拿來和預算作比較，這時如有必要，也會採用更正或同步控制，以達成年度預算的目標；（4）到了年底，預算下的財務報表和實際的財務報表必須被拿來作為下年度預算的基礎，換句話說，該預算會經歷重做控制。在控制系統過程中，也可能需要用到損壞控制。

由股份持有人所共同擁有的企業組織，因為旗下的股票會透過紐約、美國、或NASDAQ的證券市場售出，所以必須製作年度報告，其中包括財務報表，公開在一般大眾的面前。但是，預算報告則無此必要。多數企業組織會為了競爭上的理由，而不便公開自己的預算。而且，也不是所有的企業組織都擁有內含營業預算、資本支出預算和財務預算等的總預算報告。

生產力

8.說明如何來衡量生產力，並列出三種可以增加生產力的方法

自從美國從工業強國轉變為一個在國際經濟體上和人一較長短的競爭國之一之後，生產力就成了首席的議題。[16]和1970以及1980年代比起來，1990年代的成長並不顯著。[17]員工們都想拿到多一點的工資，但是，如果他們只是想拿多一點的工資，卻沒有進行更多的生產，那麼最常見的方法就是提高產品的售價，以彌補因為工資成本上的支出所造成的利潤損失。簡單的說，這種綜合效應會導致通貨膨漲。其實，真正提高我們生活水準的唯一可行方法只有增加生產力。身為一名經理人，你應該要瞭解該如何衡量和增加生產力，並在自己的功能性領域上做到這一點。

衡量生產力

美國政府向來是以很廣泛的角度來為不同的產業衡量生產力的好壞，而且所採用的方法也屢遭各方的批評。[18]後來，美國經濟分析局（U. S. Bureau of Economic Analysis）才從善其流，提出了更精確的生產力衡量規定。[19]當你在判定成本的時候，生產力的衡量可以變得十分的複雜。老實說，這沒有什麼必要，我們會讓它變得簡單一點，而且實際一點，足夠你運用在自己的工作上。我們採用的是放大公司層面的方法來為你解釋生產力的衡量。

生產力
從輸入推衍到輸出的表現衡量。

生產力（productivity）就是從輸入推衍到輸出的表現衡量。換句話說，生產力的衡量就是把輸出除以輸入。舉例來說，卡車公司想要衡量某件送貨任務的生產力，該任務的卡車開了1,000英哩，用了100加侖的汽油，所以它的生產力是每1加侖10英哩：

$$\frac{\text{輸出：1,000英哩旅程}}{\text{輸入：100加侖汽油}} = \text{生產力：10mpg}$$

所選定的輸入可能是各形各色。在前述例子裏，輸入是汽油的加侖數。輸入也可以是勞動時數、機器運轉時數、工人數量和勞工成本等。

另一個簡單的例子是衡量應付帳款部的生產力，你可依照以下四個步驟來進行：（1）選出時間基數，比如說一小時、一天、一週、一個月、一季、或一年。我們這裏用的是一週；（2）判定在那一段時間內，究竟寄出了多少份的帳單（輸出），假定是800份——我們可以核對記錄；（3）判定寄出帳單（輸入）的成本。如果你是根據經常支出、貶值等來計算成本，這個方法就會變得非常複雜，所以我們只看直接的勞動成本。假定我們有三名員工，每一位員工的時薪是7塊美元，他們在那一週的工作時數都滿了四十個小時，所以一共是一百二十個小時，而每一個小時是7塊美元，所以總共是840美元；（4）把輸出的數量除以輸入的成本，算出生產力的比率，也就是.95（800 ÷ $840 = .95）。

.95的績效表現可以有不同的說法。通常被稱之為比率（在這個個案中是.95：1），或稱之為百分比（95%）。也可以說成是每單位量的勞動成本。為了判定出每單位量的勞動成本，你必須把過程顛倒過來，也就是輸入除以輸出，在這個例子裏，每一份帳單的成本是$1.05（$840÷800）。

計算生產力的百分比變化

.95的生產力比率可被設定為基礎標準。在下一週裏，會計部又寄出了八百份帳單，可是因為機器的問題，必須採取同步控制的行動，要求員工加班，才能達成標準的輸出量，結果成本多增加了100美元。所以生產力的比率下降為.85（800 ÷ $940）。而每單位量的勞動成本則上升為$1.175（$940 ÷800）。為了判定百分比的變化，請利用以下的格式：

現有的生產力比率	85
— 基礎標準的生產力比率	95
＝ 變化10	

變化÷基礎生產力比率（10÷95）=.1053或
生產力降低了10.53%

請注意，我們沒有必要採用.95或.85的小數。只要現有生產力比率低於標準，就表示你的生產力降低了，並不需要使用負數來表示。

生產VS.生產力

生產力的計算要比生產輸出量的計算來得重要多了。因為你可能在增加生產的同時，卻降低了自己的生產力。比如說，如果會計部寄出850份帳單（生產），可是卻花了十個小時的加班時數來完成（其成本相當於一般時數的一點五倍，所以每個小時的工資是美金十塊五毛，乘上十個小時就是一百零五美元），生產力就會從.95降到了.90（850÷945）。如果他們再多雇請一些全職或兼職的員工，而不是加班工作，同樣的結果也會發生。換句話說，如果你只是衡量輸出的生產量，而它也如你所願的增加了許多，也許你會以為自己做得很好，其實，你錯了。所以，千萬不要只是衡量生產量的多寡，完全不在乎生產力的好壞。要一直持續提升生產力，才能表現出最佳的顧客價值。

提升生產力

有三種方法可以提升生產力：

1.增加輸出品的價值，但輸入品卻維持一樣的價值（↑O⟷I）

2.維持輸出品的價值，同時降低輸入品的價值（⟷O↓I）

3.增加輸出品的價值，同時降低輸入品的價值（↑O↓I）

我們將利用會計部的例子來說明這三種方法。

（↑O⟷I）

經理人為員工舉辦一些訓練課程。因為經過了訓練，所以隔週的表現相當好，共寄出850份帳單（輸出量的增加），而且在薪資給付上也沒有提高（輸入維持一樣）。當然現在的生產力增加為：850÷$840=1.01。若是從比率的角度來看，就是1.01：1；從百分比來看，則是101%。百分比增加了6.32%（101-95=6÷95=.0632）。每單位量的勞動成本則下降到.9882分（$840÷850）或者是每一個單位量降低了6.18分（1.05-.9882）。

（⟷O↓I）

Bill是員工之一，他在星期四的那天請了病假。Bill是一名領薪的員工，但是因為他的病假天數已經用完，所以必須從薪水裏扣掉$56。結果成本就降低為$784（$840 - $56）。該部門的經理在禮拜五的時候幫了一點忙，並說服另兩名員工多加把勁，維持住以往寄出800份帳單的一般水準。所以現在的生產力就是1.02 （800÷$784）。從比率的角度來看，是1.02：1；從百分比來看，則是102%。百分比增加了7.37%（102-95=7÷95=.0737）。每單位量的勞動成本則下降到.98分（$784÷800）或者是每一個單位量降低了7分（1.05-.99）。

概念運用

AC 15-2　衡量生產力

貴部門的標準每月生產力比率是：

$$\frac{\text{輸出：6,000單位量}}{\text{輸入：\$9,000成本}} = .67$$

請就當年度的前五個月，計算出現有生產力比率，並寫出它的比率值和百分比值。此外，也請計算出和標準值比較下的百分比生產力變化，請註明它是增加或減少。

11. 一月：輸出5,900；輸入$9,000　___比率；___%；___%的變化；↑ ↓
12. 二月：輸出6,200；輸入$9,000　___比率；___%；___%的變化；↑ ↓
13. 三月：輸出6,000；輸入$9,300　___比率；___%；___%的變化；↑ ↓
14. 四月：輸出6,300；輸入$9,000　___比率；___%；___%的變化；↑ ↓
15. 五月：輸出6,300；輸入$8,800　___比率；___%；___%的變化；↑ ↓

（↑O↓I）

透過資本支出預算，該名經理人買進了一台新電腦，還有一份全新電腦軟體。這三名員工於是被調到別的部門擔任其它工作。原來的工作則由一名資深的電腦操作員以每小時12美元的代價來擔任，一週工作是四十個小時（每週$480）。在那一週，總共有900份帳單被寄出，所以現在的生產力是1.88（900÷$480）。從比率的角度來看，是1.88：1；從百分比來看，則是188%。百分比增加了97.89%（188-95=93÷95）。每單位量的勞動成本則下降到.5333分（$480÷900）或者是每一個單位量降低了.5167分（1.05-.5333），大約是以前成本的一半而已。

輸入成本

請注意，在前三個例子裏，前套系統中舊投資的資本支出成本和新電腦的成本，並沒有被計算在輸入的成本當中。還有一些其它成本，例如紙張和信封等，也沒有併入計算。

我們只用到直接勞動成本來作為輸入的成本。其實，勞動成本對多數產業來說都是一個很好的參考值，因為它佔了事業支出的三分之二左右。[20]

最重要的是我們要瞭解，在電腦上的資本支出可以大大提升生產力。因為新電腦的關係，新的標準值必須被設定出來，以便作為日後的比較之用。也就是說，在這個情況下，你沒有必要把新電腦的成本加進你的輸入來作為生產力的衡量之用。但是，它的確會對每單位量的總成本造成一些影響。直接勞動力通常佔了總成本的三分之二左右。在大型組織裏，會計部門會幫你判定出貴部門在輸入上的總成本是多少。你將會在技巧建構練習15-2裏頭學到更多有關成本（例如經常費用）方面的事宜。

生產力的比較

當生產力被拿來和其它生產力的比率衡量時，它的數值就變得很重要。[21] 舉例來說，你可以把你部門的生產力拿來和其它部門或其它組織的同一部門作比較。在技巧建構練習15-1裏頭，我們就是在做這樣的事情。更重要的是，你應該自行比較不同期間內的生產力。這樣的比較有助於你瞭解在長時間的累積下，生產力的好壞表現。此外，你也可以先設定出一個生產力的標準值，然後持續性地拿這個標準值來和當下的生產力進行比較，這也是我們在概念15-2裏頭所要做的事情。

生產力也可被視做為一種心境，因為每個人都應該時時思索增加生產力的方法。身為一名經理人，你應該要和你的員工一起合作，衡量出生產力，並繼續努力提升它，以便拿出更好的顧客價值。生產力的比較應該在功能性領域中進行，這也是我們下一個單元的主題。

在功能性領域中的生產力衡量

衡量生產力的基本概念可以運用在組織裏的所有功能性領域當中。生產力是屬於比率上的衡量，換句話說，它會把兩個數字之間的關係呈現出來。這種用在功能性領域中的衡量比率可以透過比較，告訴我們有哪些優點，和哪些需

概念運用

AAC 15-3　MOCON的財務比率

利用MOCON的損益表和資產負債表、圖15-9和圖15-10，以圖15-11的計算方式來算出1994年的各項比率。

__ % 16.淨利。（獲利率通常是以百分比的方式呈現。）

__ % 17.投資報酬率。

__:1 18. 現有比率。（流動比率通常是以和其它比較下的比率方式呈現。）

__:1 19.負債比率。（通常是以比率的方式呈現。可是你應該知道，MOCON擁有的資產大約在86%左右。）你需要把所有現有資產和延付的所得稅加總起來，以求得總負債額。

__ 時間 20.存貨流動率。（營運比率通常是以一年幾次的數字方式來表示。）MOCON並沒有提供資料可以讓你判定出平均的存貨，所以必須使用存貨數字。

你認為MOCON在這些比率上的財務作得如何？

要改進的缺點。[22]所有的生產力衡量比率都是一種指標，它可以告訴我們，該組織的營運管理做得如何。請參考圖15-11各功能性領域中的比率一覽表。儘管各功能的比率有別，但是因為系統效應的關係，它們還是會互相牽制影響。

資訊和財務生產力的衡量

資訊（MIS）部門的角色就是把資料當輸入品一樣的收集，再轉換成輸出的資訊，提供給組織內的其他員工。因此，圖15-11當中的個別數字就是資料，經過數學的轉換，成為資訊，列在最後一欄的位置上。你將會在第十七章的時候，學到有關控制資訊（MIS）的事宜。

這些用來計算財務比率的數字都是取自於損益表和資產負債表；現金流量表則不會被使用到。正如圖15-11所示，比率值很容易就可以算得出來，也很容易瞭解，而且常常用在控制系統中，以便作為衡量的手段。[23]某些廣為一般大眾所接受的流動財務比率標準值分別是現有比率2：1；速動比率1：1。[24]其它比率標準值則因產業的不同而互異。在概念運用15-3裏頭，你將可以為MOCON計算1994年的財務比率。除此之外，你也可以計算1993年的財務比率，作為1994年的比較之用。

儘管財務比率可以看出績效表現，但是卻不能衡量出財務部門本身的績效表現。舉例來說，獲利比率是肇基在銷售額上，也就是行銷功能。我們也會在後面討論其它部門的功能。但是，其它部門的表現會受到財務部門自己績效上的影響。比如說，財務部門必須控制預算，而這些預算都是用來協助其它部門運作的。此外，行銷部門會憑顧客的信用來出售產品，可是財務部門卻要負責收取付款，並支付組織體的採購。

工作運用

12.你以前工作過或現在工作的公司，是否計算過財務比率？如果你不確定，請和你以前或現在的老闆談談。如果有的話，請確認計算出來的是什麼，並告訴我們比率是多少？如果沒有計算比率或者你無法得到這些數據，可是卻有財務報表，不妨自己計算看看。

行銷和營運的生產力衡量

組織體內的行銷部和營運部就像是人體中的心肺一樣。事業的成功與否就靠這兩個部門，以及它們對其它部門所提供的協助，進而共同持續地創造出顧客價值。如果行銷部和營運部／心臟和肺臟不能一起共同合作，整個組織體／人體就無法運作／就會生病，進而破產／死亡。毛利上的獲利率和淨利這兩者也被視作為是一種行銷比率，因為它們是根據銷售額而來的。

市場佔有率和銷售提案比（sales to presentation），也列在圖15-11裏頭。但是，這兩個數字並不能從財務報表中獲得。市場佔有率是由政府當局以及專業／商業組織在好幾個產業中所計算出來的數字，然後再交給大型企業。若是沒有這個數字，則通常也會提出整體產業的銷售量，再由各公司像圖15-11一樣地把自己的佔有率算出來。增加市場佔有率，一向是很普遍常見的行銷目標。

領域	比率	計算	資訊
財務			
獲利能力	毛利	銷售額-COGS / 銷售額	顯示營運和產品定價上的效率。
	淨利	淨利／收入 / 銷售額	顯示產品的獲利能力。
	投資報酬率	淨利／收入 / 總資產	顯示總資本支出的報酬率，或資產的生產利潤能力。
清償能力	現有比率	現有資產 / 現有負債	顯示償還短期債務的能力。
	速動比率	現有資產一存貨 / 現有負債	顯示出帳單支付能力，因為存貨在出售求現的時間上可能拖得很久。
槓桿作用	負債比率	總負債 / 持有人之權益	顯示出組織所持有的資產比例。比率愈高，該公司就愈有償付能力，愈容易取得信用／籌到現款。
營運	存貨周轉率	售出貨品之成本 / 平均存貨	顯示出存貨投資的控制效率。數字愈大愈好，表示產品很快就能售出。
行銷	市場佔有率	公司銷售額 / 產業銷售額	顯示出組織的競爭地位，數字愈大愈好，表示它的業績凌駕他人，是個很好的競爭者。
	銷售提案比	成交業績 / 銷售提案次數	顯示出究竟要進行過多少次銷售提案，才能成交一筆生意。數字愈低好，表示不用花太多時間在沒有成效的銷售提案上。
人力資源	缺席率	缺席員工數 / 總員工數	顯示在某段時間內，究竟有多少比例的員工沒有上班。
	人員流動率	離職員工數 / 總員工數	顯示在某段時間內，通常是一年內，究竟有多少比例的員工需要被取代。
	勞力成份	特定團體的人數 / 總員工數	顯示出女性、拉丁裔、非洲裔等的所佔比例。

圖15-11　功能性領域的各種比率

當福特汽車增加市場佔有率的同時，通用汽車的市場佔有率就滑落了下來。福特公司的目標就是超越通用汽車，成為汽車業中的市場領導者。

當你在培養員工和比較員工的時候，銷售提案比也是很重要的。類似像電話行銷這樣的產業，業務人員通常都必須用到這個比率。比如說，你要讓業務人員知道，平均每二十通電話或每二十次的業務拜訪，才可能成交到一筆業績。所以相形之下，進行了三十次業務拜訪才成交到一筆業績的業務人員，成績並不算理想。銷售提案比是可以計算得出來的，它也是我們在**技巧建構練習15-1**裏頭的主題。

在圖15-11裏頭，並沒有個別的單元討論到營運功能，因為它用的往往是基本的生產力衡量方法，也就是說，它比其它部門還要注重輸入和輸出之間的關係。但是，圖15-11所列出的營運存貨周轉率也是營運部門的主要職責之

事業的成功與否就在於行銷部和營運部是否能持續地增加顧客價值。

一。只不過，必須靠行銷部預估銷售量，才能拿來預估出生產預算。如果銷售預估太過樂觀，營運部就會生產過量，造成存貨的屯積，進而降低周轉率。你將會在第十七章的時候，學到更多有關控制營運和品質的事項。

美國政府所提供的企業營運比率資訊，可讓一般大眾自行取得。舉例來說，美國運輸部的《空中旅遊消費者報告書》(*Air Travel Consumer Report*)就列出現在和過去在航班準點表現上榮登前十大排名的航空公司。西南航空在1995年的10月以87%的準點比例贏得了第一名，和1994年以82.5%贏得第一名的成績比起來，還要更上一層樓。[25]

工作運用

13. 請以你以前或現在工作的功能性部門為例，告訴我們該部門是如何衡量表現的。它衡量的是生產量或生產力？請解釋理由。身為一名經理人，你會如何衡量和增加生產力？

人力資源部的生產力衡量

圖15-11中用來計算人力資源比率的數字，並不是取自於財務報表。這些數字都是由人力資源部或資訊部所計算出來的，通常是以百分比的方式呈現。

因為並沒有特定的財務性人力資源比率數字可循，所以組織的整體表現全是根據它所招募、培養和留任的員工而來的。也就是說，人力資源部對所有部門來說，都會有系統效應上的影響。

在下一章裏頭，你將會學到一些用來衡量員工表現的評鑑系統和工具。除此之外，你也可以學到一些技巧，有助於你在碰到員工沒有達成表現標準時，採取必要的糾正行動。

現有的管理議題

全球化

為了因應全球化的競爭，有些組織開始採用較少的人力，以更好更快的工作品質來提升自己的生產力。舉例來說，全錄公司擁有足夠必要的員工數和時間來設計產品。哈雷機車降低了25%的廠房雇用人數，並在機車的製造時間上減少了一半左右。

多樣差異化

四個步驟的控制系統過程模式和一般性的生產力衡量，都可適用於全球各地的商業環境中，如果必要的話，也可以因為人種的多樣化差異而稍作修改。但是，會計標準是因地制宜的。所以，財務報表和預算上的改變必須作成，以便說明當地的會計運作，以及不同的稅制考量。

道德和社會責任

在理想的世界裏，利潤和道德守則是可以並存的。[26]但是在現實中，這並不容易做到。若是非道德的行為無法被完全消除，這時，控制的作法也許可以讓它降到最低的程度。在控制組織體的所有資源時，特別是人力資源，經理人尤其應當避免濫用權力和權術。若是有些經理人不能負起社會責任，在預算和財務報表上浮報數字，以便讓自己的績效表現看起來冠冕堂皇，這可是件非常糟糕的事情。所以我們需要用到經常性、定期性、和偶爾性的控制手法，特別是審核，來加以防範這類不道德的行為。

品質和TQM

控制品質是TQM的主要要素。現在的公司都在強調持續性的品質改進。[27]有了TQM對系統和過程的注重，組織體就可以根據過程和其相關成本來發展預算，不再像以前，必須利用到傳統上所詳列的各式成本了。而過程分析也可以讓我們有所評估，瞭解究竟何者有效；何者可以刪除，從而作出更好的長程性計畫。這種過程辦法就是大家所熟知的活動基礎預算編列法（activity-based budgeting，簡稱ABC）。[28]但是，ABC 應該被重新改造，融入到傳統的成本會計系統當中，而不是全盤皆收。因為，重新改造下的綜合體所產生系統比較集中，又不甚昂貴，不僅能夠讓你得知更精確的產品成本，也可以讓經理人控制手邊的成本。[29]

生產力

精簡化和重新改造都曾被用來提升生產力。精簡化強調的是降低成本。薪資是最主要的成本，大約佔了事業支出的三分之二左右。[30]另外兩個高成本的領域還有健康保險和勞工的撫卹保險。[31]為了在這些領域上刪減成本，這幾年來，許多大型公司都在裁員。但是就長遠來看，由於精簡化的緣故，整個經濟體所受到的損失遠比所獲得到的要來得大很多。因為這些丟了工作的勞工往往都沒有辦法再找到一個像以前一樣的工作。[32]在此同時，沒有健康保險或保險範圍不夠大的人數，也跟著節節上升。從好的一面來看，自1990年代中期以來，裁員的動作已趨緩和。[33]但是，有些公司因為把成本砍得太多，以致於許多經理人現在必須疲於應付成本過低的問題。[34]高階經理人若能把重點擺在外界的環境上，就比那些一心只著重於內在環境的經理人，要來得更能夠預測事業和管理公司。[35]換句話說，為了日後的成功，經理人的重點應該放在資本支出上，以便持續地增加顧客價值和公司的收入。

參與式管理和團隊分工

透過參與式管理和團隊分工的作法，員工可以慢慢參與預算編列的過程。還記得我們提到過預算委員會嗎？員工們所組成的團隊小組被授予權力來修正既存的控制系統，發展出屬於他們自己的全新控制方法，衡量自己的生產力，不用要求上級的核准，就可以落實方法，提升生產力。如果這套授權作法可以透過報酬獎勵的方式來達到激勵員工的目的（第九章和第十一章），相信生產力將會不斷地被提升。

小型企業

不管是大型或小型企業，都可以採用控制系統過程。但是，許多非常小型的企業甚至不用編列預算，也不衡量生產力，更別提比率的計算，它們往往採用很簡式的會計系統。大型企業則往往會遵守總預算過程；擁有非常精密的會計系統；不僅要以各種方法來計算比率、衡量生產力；還要和其它競爭者比較績效表現。其實，準備一份規劃良好的預算，並確實遵守之，不管是對任何一種規模的企業來說，都有助於穩定財務的管理。[36]事實上，多數銀行在借錢出去之前，都需要對方提出預算和財務報表。

大型企業和小型企業之間的不同差異還包括它們向外界籌資的能力。小型企業想要籌資，不僅困難，也很花成本。許多有承辦企業貸款的銀行，都不願把錢借給小型企業，若是碰到銀根緊縮的時候，第一個優先考慮的貸款對象便是比較大型的企業。這也是為什麼會有小型企業管理局（Small Business Administration，簡稱SBA）的出現和存在。SBA有各式各樣的小型企業貸款計畫。[37]如果你要開創屬於你自己的小型企業，別忘了利用你在本章所學到的知識和技巧以及其它各章所教到的內容，向SBA尋求資金上的援助。

摘要與辭彙

經過組織後的本章摘要是為了解答第十五章所提出的九大學習目標：

1.列出系統過程中的四個階段，並描述每一個階段所運用到的控制類型

系統過程中的第一步驟就是輸入。初始控制是設計來預期和防止可能問題的產生。第二步驟則是轉換過程，同步控制則是當輸入轉換成輸出時，所採取的行動，以便確保標準的達成。第三步驟是輸出，重做控制是為了修理輸出品所採取的行動。第四步驟則是顧客／利害關係人的滿意度，損壞控制是為了儘可能降低因瑕疵輸出品對顧客／利害關係人所造成的負面影響，而採取的行動措施。在這四個階段當中，回饋是用來改善過程，持續增進顧客滿意度的一種方法。

2.描述功能性領域／部門當中的適當性回饋過程

透過系統過程，回饋可以在所有功能性領域當中循環，目的是改善組織體在輸入、轉換和輸出過程中的績效表現，同時持續增進顧客滿意度。

3.列出控制系統過程中的四個步驟

控制系統過程的各個步驟分別是：（1）設定目標和標準；（2）衡量績效表現；（3）比較績效表現和標準；（4）更正或加強。再加上回饋環在其中進行持續的改善。

4.描述三種控制頻率的不同差異

經常性控制就是持續的使用；定期性控制是在有規律的固定基礎上，進行使用，例如一天一次或一週一次；偶爾性控制是在需要的時候才被使用到。

5.描述全額——項目預算VS.程序預算、靜態預算VS.彈性預算、增量預算VS.零基預算，這些預算之間的不同差異

全額一項目預算可以確認出該部門／組織的主要重大開支；而程序預算則會確認每一個特定組織活動或單位的支出預算。靜態預算只有一組支出預算；而彈性預算則是為一連串活動所準備的一系列預算。在增量預算編列底下，過去的預算數字會再用一次，若是有新的支出費用，也必須具備正當理由或是已被核准通過，才有機會排在上頭。但是在零基預算編列下，所有的金額每年都要重新整理過。

6.界定資本支出預算的定義，並解釋它和支出預算有什麼不同

資本支出預算包括所有被規劃的主要資產投資，它是由投資分配在各主要資產中的資金所組成的，這種情況的維持和支付可能需要好幾年的時間支付。支出預算則是指被編列預算的那個年度裏，分配用來支付營運成本的資金。支出預算的重點是擺在成本的控制上。而資本支出則比較重視另一個角色的扮演，那就是發展一些辦法帶入額外的收入，比如說新產品或改良產品的推出等。

7.列出三種主要的財務報表，各報表所提出的內容是什麼

損益表會提出在某特定時間內的各種收入和支出，以及利潤和損失。資產負債表會提出所有的資產和負債，以及所有人的權益淨值。現金流量表會提出某段時間內的所有現金收據和支付證明。

8.說明如何來衡量生產力，並列出三種可以增加生產力的方法

生產力的衡量就是把輸出除以輸入。增加生產力有三種方法，分別是：（1）增加輸出品的價值，但輸入品卻維持一樣的價值；（2）維持輸出品的價值，同時降低輸入品的價值；（3）增加輸出品的價值，同時降低輸入品的價值。

9.界定下列幾個主要名詞（依照本章的出現順序而排列）

請選擇下列一或多種方法來進行：（1）靠自己的記憶，把填空題中的專有名詞補上；（2）從結尾的回顧單元以及下頭的定義來為這些專有名詞進行配對；或者（3）從本章一開頭的名單上，依序把各專有名詞照抄一遍。

____ 是指設定和執行技巧的過程，以確保目標可以達成。

____ 是指設計來預期和防止可能問題的產生。

____ 是指當輸入轉換成輸出時，所採取的行動，以便確保標準的達成。

____ 是為了修理輸出品所採取的行動。

____ 是為了儘可能降低因瑕疵輸出品對顧客／利害關係人所造成的負面影響，

而採取的行動措施。

____ 包括：（1）設定目標和標準；（2）衡量績效表現；（3）比較績效表現和標準；（4）更正或加強。

____ 可以衡量出數量、品質、時間、成本和行為上的績效程度。

____ 是指限量下的某些領域，在這些領域中所得到的良好成果可以確保成功的績效表現，進而達成目標和標準。

____ 包括經常性、定期性和偶爾性控制。

____ 是指分析企業組織的規劃、組織、領導和控制等功能，以利未來的改進。

____ 是指為個別具體的活動在資源上所規劃好的數量分配。

____ 包括收入和支出預算。

____ 包括所有被規劃的主要資產投資。

____ 包括損益表、資產負債表和現金流量表。

____ 是指從輸入推衍到輸出的表現衡量。

回顧與討論

1.損壞控制為什麼很重要？

2.為什麼你應該比較注重初始和同步控制，而不是重做和損壞控制？

3.營運、行銷、人力資源、財務和資訊等這些功能性領域／部門的首要顧客／利害關係人是誰？

4.標準所要衡量的五大績效表現領域是什麼？

5.為什麼對組織而言，衡量績效表現是很重要的一件事？

6.績效報告裏的內容是什麼？

7.在控制系統過程中，強化的角色是什麼？

8.什麼是三種經常性的控制方法；三種定期性的控制方法；和四種偶爾性的控制方法？

9.在總預算編列過程中的三個步驟是什麼？

10.為什麼資本支出預算是最重要的預算？

11.財務報表和財務預算有什麼不同？

12.你為什麼應該衡量生產力？而不是生產量？

13.在財務、行銷和人力資源等各功能性領域當中，主要的比率衡量有哪些？

Rodriguez Clothes Manufacturing[38]

個案

十五年前，Carmen Rodriguez在紐約市的Garment區開了一家屬於自己的小型公司。他雇用了大約50名員工，分成五個不同的製作小組。其中一個小組以基本的裁縫機製作高品質的男性襯衫；裁剪小組則提供材料讓他們縫合，運送小組會在成品出貨以前，先行加上有公司名稱的標籤或包裝。所有五個小組都在一個大房間裏工作，在這裏，他們會製作出所有的襯衫。

Carmen是在他專屬的辦公室裏工作，他大多數的時間都花在行銷、財務和人力資源的管理上。反而沒有花什麼時間去和製作部的員工一起相處。因為每一個小組都有一名領導人，這些領導人也像其它員工一樣在生產線上做事。小組領導人必須負責小組的生產記錄和工作時數；還要訓練員工；有問題發生的時候，則要施以援手。這些小組領導人並不需要負責訓誡員工或解決其它的問題，他們會把這些事情報告給Carmen知道，由他來處理。

早在Carmen採行新的方法來增加員工的生產速度之前，員工們一天八個小時只能製作出48件襯衫。Carmen不像其它競爭者，因為他不想經營一家剝削勞工的工廠，所以他採用的是固定薪水制，而不是單價頗低的按件計酬制。但是，如果員工不能達到48件襯衫的生產標準，就會丟了差事。Carmen旗下的員工比其它競爭廠商的員工要來得有比較高的工作滿意度。而且，Rodriguez在商場上一向享有高品質的聲譽。

因為競爭者眾，所以Carmen的錢賺得不算多。Carmen想要讓員工生產出更多數量的襯衫，於是想到購買新的機器作為一種資本支出。可是他沒有現金，而且也不是很想這麼做，因為目前手邊的機器，功能狀況都還不錯。Carmen還想過，把固定薪水制改為按件計酬制。但是如果他付多一點給工人，只為了能讓他們生產得更多一點，這種方式只會產生抵銷作用，對他一點好處也沒有，除非他採取剝削勞工的作法，可是這卻不是他所樂見的事情。另一方面，他也擔心，如果真的採用按件計酬的作法，可能會產生品質的問題，Carmen 可不願意拿自己的聲譽去冒險。因為他一向對自己的道德觀和社會責任觀引以為榮。

於是，Carmen想到了一個點子，就是在48件襯衫的標準之外，再設定另外的全新配額。只要員工完成新的配額。53件襯衫，就可以收工回家。Carmen算過，這種作法不會讓員工工作得太辛苦，而且還能每天提早半個小時下班。其實該公司的多數員工都是有小孩的女性勞工，所以他決定要試試看這種全新的控制系統。他想先從襯衫小組這裏開始實施，如果可行的話，再推行到所有的員工身上。

Carmen和襯衫小組的員工碰面開會，告訴他們這個點子。「我想在下兩個禮拜，試試看一種全新的點子，我覺得這個點子對每個人來說都很公平。如果你們當天可以提早製作完成53件襯衫的話，就可以下班回家，而且還是可以拿到當天的全薪，我算過，你們應該會在四點半的時候就完成，不用做到五點，而且工作上也不會太趕。不過品質還是要維持以前的水準，而且也會像以前那樣地檢查其中的品質。但是你們也可以只生產48件襯衫，不過一定要做滿八個小時。不知道你們的看法如何？」這些員工討論過後，決定願意接受新的方法。他們同意提高工作速度，以便能早點回家。於是Carmen要他們試試看兩個禮拜，再評估結果，好修正其中的內容，以示公平。如果成效不佳，還是可以回到原來的老方法上。

第一週之後的那個禮拜一，Carmen就像往常一樣，看過每一個小組所提出的每週生產報告，上頭註明每一位員工的製作數量和工作時數，他先找到襯衫小組的報告，看看其中的結果如何。結果很開心地發現到，這些員工都在四點半以前就完成了53件襯衫。但是，在禮拜五那天的報告上，Maria完成了53件襯衫，不過在兩點半的時候就下班了。Carmen心想這怎麼可能？他決定和Maria好好談談，看看是怎麼一回事。

禮拜二的早上，Carmen找到了工作中的Maria，他問她怎麼可能在兩點半的時候就下班。Maria說：「我只是調整一下我的機器，把這個新玩意裝上去，就可以增加我的速度了。而且我也改變了我製作襯衫的順序，你看，我現在車得多快！特別是在釘紐釦上要快得多了。」Carmen一臉驚訝地看著她縫製，不知道該怎麼說。於是Carmen只能要她繼續努力，然後就回到了自己的辦公室。

當Carmen在回到辦公室的路上時，他想著：「我應該讓她這麼早下班嗎？其它員工會覺得公平嗎？這只是一個為期兩週的試驗，還是有變動的可能，這樣子對所有員工才算公平。可是要怎麼做才算公平呢？」

請為下列題目找出最佳的答案選擇。請確定你能夠解釋自己的答案：

___ 1.Carmen讓員工做完工作就可以提早下班，這是屬於___控制。

a.初始　b.同步　c.重做　d.損壞

___ 2.營運部產品的首要顧客是：

a.顧客　b.行銷部　c.財務部

___ 3.Carmen在___領域上，沒有把新的標準說清楚。

a.數量　b.品質　c.時間　d.成本　e.行為

___ 4.讓員工做完工作就可以早點下班，這種新的政策主要是採用___控制手法。

經常性

a.自我一　b.集體　c.常備性報告

定期性

d.定期報告　e.預算　f.審核

偶爾性

g.觀察　h.例外原則　i.特別報告報告　j.工程計畫報告

___ 5.Carmen在新點子上所採用的主要控制手法是：

經常性

a.自我一　b.集體　c.常備性報告

定期性

d.定期報告　e.預算　f.審核

偶爾性

g.觀察　h.例外原則　i.特別報告報告　j.工程計畫報告

___ 6.在這個案例中，Carmen著重的是：

a.營業預算　b.資本支出　c.財務預算　d.生產力

___ 7.Carmen的新點子對___的財務報表有直接的影響關係。

a.損益表　b.資產負債表　c.現金流量表　d.以上皆非

___ 8.Carmen的新方法著重的是

a.生產量　b.生產力

___ 9.Carmen的新方法著重的是：

a.增加輸出品的價值，但輸入品卻維持一樣的價值

b.維持輸出品的價值，同時降低輸入品的價值

c.增加輸出品的價值，同時降低輸入品的價值

___ 10.Carmen的新方法很有可能會影響到___比率，因為它衡量的是製作部門的績效表現。

a.獲利能力　b.清償能力　c.槓桿作用　d.營運　e.行銷　f.人力資源

11.在這個案例裏，Carmen有遵守控制系統過程中的四個步驟嗎？請解釋你的答案，並列出他有遵守和沒有遵守的步驟各是什麼？

12.請計算新方法施行前後，生產量／生產力的增加比例。

13.Maria 調整過她的機器，這個舉動會帶來什麼潛在問題嗎？

14.Carmen應該維持這種新方法，讓Maria比其他員工早下班嗎？如果不應該的話，他該怎麼做？

15.提升的生產力／生產量對員工來說，有什麼潛在的威脅？請解釋。

技巧建構練習15-1　Bolton控制系統

為技巧建構練習15-1預作準備

Marie Bolton是Bolton辦事員工作介紹所的持有人和經營者。正如該公司的名稱意義一樣，這家介紹所專門為小型企業仲介辦事員。它的服務就是透過報紙廣告和工作場所中的口耳相傳，來招募辦事員。公司裏有一個檔案，專門記載哪些辦事員正在等待就業，或者想換工作。當雇主把工作訂單交給這家介紹所之後，介紹所的徵才員就會從中找出最適合的人選。介紹所會派適任的人選到雇主那兒面談，如果受雇的話，介紹所則要酌收介紹費。介紹費是以受雇員工的第一年薪水為根據。雇主平均付出的介紹費大概是1,000美元，受雇員工則不需要負擔任何費用。

小型企業的客戶也可以招募員工，可是他們沒有自己的人力資源人員來做這樣的事，所以他們覺得1,000美元的仲介費還算值得。介紹所的徵才員可以從中抽取35%的佣金作為自己的薪水，而這些佣金收入就是他們的全部薪水。如果被仲介的辦事員在工作上無法待滿一段時間，仲介費就要退回給客戶。對Bolton來說，通常是以三個月為限。

Marie有兩名徵才員。因為只有兩名徵才員，所以Marie也擔任公司裏的全職徵才員。除了徵才之外，Marie還要做一些管理上的工作。Marie需要負責每個禮拜的廣告事宜，以便可以掌握一定數量的辦事員人選。若是某位辦事員眼前就有一份工作機會，徵才員會先進行面談。面談過後，徵才員還會請教這名人選是否知道有哪些人正在找工作。如果不太忙的話，Marie會根據辦事員的引薦，找這些人來談談，可是這種機會並不常有。Bolton和每一位雇主都維持著相當不錯的關係。可是這些雇主似乎都不只和一家介紹所合作，所以效率對他們來說就成了是否能仲介成功的主要關鍵。Marie（不是另兩名徵才員）也要負責帶進新的客戶。如果生意停緩下來，Marie就會打電話，開發新客戶。可是這種機會也不太常發生。

Marie並沒有什麼正式的控制方法，因為她的兩名徵才員都很專業，而且只靠佣金拿薪。她對這兩名員工幾乎沒有什麼限制要求。Marie對自己的事業經營手法還算滿意。但是透過某專業協會的介紹，Marie才發現到原來自己的事業並不如其它介紹所做得那般有聲有色。因為好勝心使然，Marie決定不想落在其他人之後。

Marie請你幫她設定一種控制系統，好協助她改進自己公司的績效表現。她提供了以下各種績效報告，其中比較了她的公司和其它介紹所。專業協會並預估該產業的下年度收入並不會增加。

去年度

績效表現報告

	Bolton	其它介紹所的平均值
仲介收入	$230,000	$250,000
（扣掉退款，而不是稅）		
付給徵才員的佣金	$80,500	$87,500
退款	$8,000	$10,000
仲介成交數	230	250
參加公司面談的次數	*	1,000
全職徵才員的數量	3	3
（包括也加入徵才員行列的老闆）		

* Bolton並沒有把送派到公司參加面談的辦事員人選數量記錄下來。

請為Bolton確認系統過程中的首要內容：

輸入	轉換過程	輸出	顧客／利害關係人

為了幫Bolton設定控制系統，請遵守控制系統過程。

初始	同步	重做	損壞

步驟1 設定目標和標準

Marie的目標是在下年度當中有$250,000的收入，這也是該產業的平均收入值。為下年度設定標準有助於Marie達成目標。

每一名徵才員的面談和仲介成交數量是____和____。

計算出每一位徵才員為達標準所應安排的額外面談數量是____，以及增加的百分比是____%。

品質：每一位徵才員的可接受退款金額和數量是：$____ ____。

時間：說明為達數量和品質上的標準，所花時間應是____。

成本：說明每一位徵才員的佣金成本是：$____。

行為：確認旗下員工為了達成標準，應該在行為上有哪些新的轉變：____________________

步驟2 衡量績效表現

人力介紹所的關鍵性成功要素是什麼？你已經在你的標準之中確認出關鍵性成功要素了嗎？如果沒有，請重新做一遍。

Marie應多久衡量一次績效表現？她應該使用什麼控制方法？

衡量績效表現的時間頻率：____

每一位徵才員在時限內所達成的面談數量和成交數量：____ ____。

使用的特定控制方法：______________________________

步驟3 比較績效表現和標準

Marie應如何進行自己介紹所和新標準之間的比較？__________________

____

步驟4 更正或加強

如果標準沒能達成的話，Marie應採取什麼類型的更正行動？或者達成標準的話，又該採取什麼樣的加強手法？

____

假定Bolton已確實達成了標準。

1. 請計算Bolton過去表現上的生產率，以及新表現標準的生產率（其它介紹所的平均值）。

   ____ ____生產力上會有改變嗎？____會____不會　如果會的話，它的增加或減少比例是多少？____請只根據徵才員的佣收輸入來看。

2. 請計算每一位員工的過去佣收和新佣收是多少（其它介紹所的平均值）。____ ____

3. 新標準達成的話，利潤會增加嗎？__________________________你認為員工對你所提議的控制系統會有什麼反應？你認為他們會抗拒這種控制嗎？為什麼會？或為什麼不會？

在課堂上進行技巧建構練習15-1

目標

改進你的技巧，為組織／部門發展控制系統。

準備和經驗

你應該已經在本練習的預作準備單元裏，為Bolton辦事員工作介紹所發展好一個控制系統。在課堂中，你將會和其他同學組成一個小組，一起發展控制系統。

程序（15到50分鐘）

選擇A　由講師說明Bolton公司的可行性控制系統。

選擇B　由講師點名一或多名學生來向班上同學提出他們的控制系統。

選擇C　四到六人分成一小組，為Bolton發展出最佳的控制系統。由其中一名成員擔任發言人，記錄下該組的答案，並向全班同學報告。講師會給各組10到15分鐘的時間進行控制系統的發展。

結論

由講師帶領全班進行討論，並作成總結講評。

運用（2到4分鐘）

我從此經驗中學到了什麼？我會在未來的日子裏，如何運用此所學？

分享

由自願者提供他在此運用單元裏的答案。

技巧建構練習15-2　預算編列和成本——數量——利潤分析法

為技巧建構練習15-2預作準備

在本章裏，你學到了預算編列，可是還沒學過成本——數量——利潤分析法（cost-volume-profit analysis，簡稱CVPA）。因此，我們要在這裏涵蓋CVPA的內容，先解決CVPA的問題，再解決預算編列問題。

成本——數量——利潤分析法可在定價、產品組合、成本等發生變化時，用來預測利潤會跟著發生什麼變化。CVPA利用的是損益兩平法，可是卻會進行細究，回答類似以下的問題：若是要賺取某個特定數額的利潤，究竟需要有多少銷售量才能達成？如果定價增加或減少的話，銷售量和利潤又會發生什麼變化？如果我們買進新的設備，利潤會是多少？新產品的售價應該是多少？如果我們改變產品組合，利潤會跟著發生什麼變化？

CVPA比損益兩平法更適合用來回答這些問題。利用CVPA所作成的決策就像銷售預估（第六章）和成本分配一樣的理想。CVPA比較適合用來說出一個近似值，而不是一個特定的預期值。

固定VS.變動成本，以及總成本

固定成本在一連串的活動下，其總額仍維持不變。舉例來說，不管設備使用有多頻繁，租賃成本仍然一樣。可是要注意的是，每單位量的固定成本會隨著活動程度的增加而下降。如果你每個月要付出1,000美元的租金，營業時間是兩百個小時，那麼每個小時的租金成本就是5美元；如果你營業時間是三百個小時，每小時租金成本就是3美元。其它例子還包括保險和薪資。

變動成本則會隨著活動的增加而改變總額。舉例來說，某家零售店賣得愈多（或愈少），其貨物成本就愈高（或愈低）。變動成本會隨著活動程度，呈正比地改變。比如說，每一單位量的貨品成本都是一樣（$20.00）；因此，如果你賣掉了一個單位，成本支出就是$20.00，要是你賣掉了十個單位量，總計成本就是$200。其它變動成本還包括原料和補充供應品。

並不是所有成本都可以被清楚地界定為固定或變動成本，因為有些成本多少都含有這兩者的因素在內。所以它們被稱之為半變動成本或混合成本。其中例子包括你租用的汽車，每天租金是$25.00，再加上每跑1英哩就必須額外加收是$0.10。

總成本（total cost，簡稱TC）就是所有固定成本和變動成本的加總。

直接成本VS.間接成本

直接成本（direct cost，簡稱DC）可以加在某個特定活動（產品、部門、課程活動等）上，一起確認。其中例子包括某個產品的直接勞動成本和材料成本。

間接成本，或稱經常費用，則無法和某特定活動直接聯想在一起。比如說間接勞動成本，其中包括那些協助生產線做事的人員，但是他們同時也正在幫其他人員做事。間接成本可能是高階經理人的薪水或人力資源以及其它幕僚單位，例如維修部的人員就必須為其它部門服務。

損益兩平法

損益兩平點是指沒有利潤也沒有損失的打平點。除了固定成本和變動成本之外，公式中還有其它要素必須確認，它們是：

售價（selling price，簡稱SP）是指每一個產品在銷售時的索取價格。

單位量（the number of units，簡稱NU）則是售出的產品數，亦即售出品的總計數字。

收入（revenue，簡稱R）就是售價乘以單位量。

分攤利潤（contribution margin，簡稱CM）是指每一個售出單位量分攤固定成本（FC）之後的收入額。它的計算就是從每個單位量的售價上（SP）減去每個單位量的變動成本（簡稱VC）

損益兩平法的公式是：

$$BE = \frac{TFC}{CM} \quad (SP\text{-}VC)$$

如果總固定成本是$1,000，售價是$2.50；變動成本是$0.50，那麼單位量和金額上的損益兩平點是多少呢？

$$BE=\frac{\$1{,}000}{\$2.50}-.50\ \frac{\$1{,}000}{\$2.00}$$

$$BE=\frac{500\text{單位量}}{500\text{單位量}}\times \$2.50=\$1{,}250$$

分攤成本

為了判定確實的成本，每一個活動都要分攤一些直接和間接成本。直接成本很容易分攤，因為它們可以和特定產品一起確認出來。但是間接成本（經常費用）就不是那麼地好分攤。當你在分攤間接成本時，你就是把一些支援性或服務性的費用分攤到有進帳的部門。

舉例來說，貴校的主要收入單位是教員們的授課課程。但是這些課程若是沒有一些支援性部門（間接成本）的協助，是很難提供給學生的，其中包括不用授課的行政人員、學生活動指導人員、註冊主任、事務辦公室、體育部、安全警衛、以及其他等等。所有這些服務的成本都要分攤在授課部門裏，以便算出授課的實際成本。春田學院（Springfield College）做的就是計算出總間接成本（經常費用），然後再把它除以總計的直接勞動成本（教員的薪水）。實際的百分比是50%。如果每個課程的每位教授平均成本是$7,312.50（一年$45,000的薪水加上30%的紅利，除以每年授課的八個課程），一個課程的直接勞動成本加上經常費用會是多少？

$7,312.50 + 50% = $10,968.75

若是每一個課程的學費是$900，究竟需要多少學生選修這門課才能打平損益？

$10,968.75 / $900 = 12.1875或13名學生。

正如你所知道的，有些教授的身價或高或低於這個數字，所以有些課程的學生數量就必須高一點或可以低一點。此外，大學院校也會從學費以外的其它來源籌措資金，為的就是要讓學費成本低於實際成本。春田學院就設法讓它的總收入相當於或大過於它的總成本。

分攤成本時，最受歡迎的兩種方法分別是特定成本和百分比的使用。特定成本法是為了那些可以確認出特定活動的成本項目而準備的。比如說，如果有兩個活動都使用同樣的影印機或郵件，那麼就要保存這些使用記錄，然後再根據它們在記錄上的確實用度來收費。這種方法很精確，可是要花很多的時間來保存記錄。

百分比使用法並不用記錄各部門對影印機或郵件之類物品的使用量。影印和郵件的總成本會先算出來，再根據預設值來分攤，比如說60%或40%。另一個例子則是租金，它可以根據所使用到的面積來進行分攤（百分比使用）。

根據直接勞力來計算經常費用成本

在勞力密集的組織裏，就可以根據直接的勞動成本來進行間接費用的分攤。公式如下：

$$\frac{\text{間接成本（經常費用）}}{\text{直接勞動成本}}=\text{運用在直接勞力上的經常費用百分比}$$

為了描繪出此計算，請翻到圖15-7：綜合下的全額項目和程序預算：初級教育那一欄上。第一步就是計算經常費用的成本。一開始先判定每一個全額項目究竟是直接或間接成本。唯一的直接成本只有教師的薪水（$392,000）和學校的補給供應品（$38,000）。其它成本都是間接的經常費用成本。不管你是把總成本$65,000減去直接成本$392,000；再減去$38,000；或是把經常費用成本$65,000、$34,000、$40,000、$18,000、$8,000、$1,000和$51,000加總起來，所得結果都是$225,000。所以經常費用的百分比應是

$$\frac{\text{經常費用}}{\text{直接勞力}}=\frac{\$225{,}000}{\$392{,}000}=57\%$$

問題1 把全額項目預算轉變為綜合預算，並判定經常費用成本

1997年東岸YMCA的預算

		青少年	成年人
___執行總監的津貼	$30,000		
___青少年活動的津貼（兩名員工）	40,000		
___成年人活動的津貼（兩名員工）	50,000		
___辦公室人員的津貼（兩名員工）	18,000		
___維修津貼	10,000		
___租金	10,000		
___公用費用	2,000		
___活動材料和支出—青少年	2,000		
___活動材料和支出—成年人	1,000		
___供應品、郵資、其它雜項	2,000		
總計支出	$165,000	$75,800	$89,200

1.請在每一個全額項目的左邊空格上填入F或V，以便確認它是固定成本或變動成本。然後各自加總起來：F___ V___。

2.再隨著各固定成本或變動成本，在每一個全額項目欄上填入I或D的字母，代表它是間接成

本或直接成本。最後各自加總起來：I___ D___。

3.請在全額項目預算的右邊欄上，為青少年和成年人的活動發展出程序預算。如果成本是屬於直接成本，就在其中一欄填入數字，另一欄則填零。若是間接成本，則在兩個活動的中間位置上填入數字。假定執行總監和辦公室幕僚花在每個活動的時間大抵相等。成年人活動佔了該建築物的40%空間；青少年活動則佔20%；剩下的40%則是兩個團體平分使用。等你把這些全額項目成本分攤給每一個活動之後，將它們加總起來。如果不等於這些總計支出，就表示你算錯了。

4.如果從成年人活動中的直接收入是 $60,000，青少年活動的直接收入則是$50,000，哪一個活動的表現績效比較好？你是怎麼決定的？

5.根據各自活動的直接勞力以及兩個活動的直接勞力，計算出經常費用比率。

青少年______________

成年人______________

綜合______________

6.青少年活動的工人津貼是$20,000；直接勞動經常費用又是多少？請利用第5題的青少年經常費用百分比。

____

問題2 成本——數量——利潤分析法

持續東岸YMCA的故事

東岸YMCA正考慮為那些非專任的會員推出一個有氧舞蹈課。

成本——數量——利潤分析法　為了決定究竟要不要推出有氧舞蹈課，你打算利用CVPA。其實，選項內容比這裏所提供的還要多，只是為了簡單起見，又為了要呈現出真實的一面，我們只提供了以下少許幾個選項。

電腦軟體試算程式，例如Lotus或Excel都可以讓預算編列和CVPA變得更容易和更快速。如果你有機會可以使用其中一種程式，請在電腦上演算這個問題。它可以幫你做大部分的計算工作，你只要把數字打進去就可以了。

1.假定以下情況，然後計算出用在舞蹈課的工作人員總時數和直接勞動成本：

- 這個課程會持續四個禮拜，每週三次，每次半個小時。（請注意：週數可以任你選擇）你也必須估算可能需要花到二十四個小時來進行CVPA，打廣告，準備課程。
- 你的全職舞蹈老師津貼是週薪$400，她一個禮拜要工作四十個小時，可能會有額外的責任要負，不過沒有額外的津貼補助。（請注意：你也可以雇用兼職的舞蹈老師，算作是額外的勞動成本。）

總時數____ ×$ ____每小時成本＝$ ____ 直接勞動成本（DLC）

2.假定以下情況，然後計算出總固定成本：

- 每一次廣告都要支出$150的成本，你計畫只打一次廣告就好了。舞蹈老師也要製作海報，好讓專任會員告知自己的朋友有關這個新的課程。海報成本在經常費用的額度以內。（請注意：不同尺寸的廣告，有不同的價格。你也可以使用其它的促銷活動，例如廣播電台、電視和直接郵件。）
- 經常費用成本在問題1就已計算出來，成年人活動是76%。

廣告成本____ +DLC____+經常費用____=$____FC

3.假定以下情況，計算出在損益兩平點上的參加學員數是多少：

- 售價（SP） 你想要讓學費低一點，所以每個學員的學費是$20。
- 變動成本（VC） 你預估製作每張會員卡的額外支出大約只有$0.25。
- 不要管小數位，直接進位，因為你至少可以知道推出一堂課，究竟要有多少學員參加，才不會虧本。

FC$___ FC___

___ - VC = CM___CM___=BE___

4.假定你因為要打兩次廣告，而改變了固定成本，而且又把售價提高到$30，請計算出在損益兩平點上的參加學員數是多少：

FC$___ FC___

SP___ - VC = CM___CM___=BE___

5.假定你因為要打三次廣告，而改變了固定成本，而且又把售價提高到$35，請計算出在損益兩平點上的參加學員數是多少：

FC$___ FC___

SP___ - VC = CM___CM___=BE___

（請注意：你可以使用任何一種假定狀況，只要你利用電腦程 式，這個工作就會變得很簡單。）

6.假定售價是$25，廣告次數是兩次，學員人數在15到45人之間（最大教室可以容納的人數），請計算出收入、固定成本、利潤或損失、現金支出成本（也就是要支出多少「現金」，請記住，經常費用並不是現金成本）和收回現金（如果你開這堂課的話，究竟會得到多少「現金」 —— 收入 — O/P/C）的各種數字。

學員人數	收入	- FC	- VC	=現金支出成本	收回現金

15 ___ ___ ___ ___ ___

25 ___ ___ ___ ___ ___

35 ___ ___ ___ ___ ___

45 ___ ___ ___ ___ ___

（請注意：你可以採用任何一種參加學員數，例如五個、五個的累計數字，或是其它的假定數字，只要你利用電腦軟體程式，就很容易算出結果。）

正如你所看到的，當你在進行成本—數量—利潤分析的時候。以不同的定價為該活動預估銷售需求（第六章）是很重要的。舉例來說，如果你決定只要有三十個學員報名參加，就準備開課，可是卻只有十五個學員報名，你將無法瞭解計畫下的利潤或收回現金是多少。

7.你的售價是多少___，以及你要打幾次廣告___？請記住供需和彈性供應的法則。售價愈低，參加的人就愈多；價格愈高，參加人數就愈少。你可以自由決定自己要打多少次廣告。

8.假定銷售預估是25人，售價是$25，而且廣告有兩次，然後決定你要不要推出這個課程。請利用步驟六的數字，你會推出這個活動嗎？會___不會___。還記得整篇文章中，我們一直在談目標的重要性。請根據以下兩個目標來決定是否要開這堂課：

目標

賺取利潤

你會開這堂課嗎？會___不會___

目標

在1997年提高百分之五的會員人數，有氧舞蹈課可以作為一種提高會員人數的方法。你的目標市場是家庭主婦和職業婦女。你認為如果可以讓這些女性報名參加，就可以讓其中一些人成為定期的會員。

9.根據這兩個目標，你的答案會了問題六而改變嗎？請說明你的理由和改變的內容。

在課堂上進行技巧建構練習15-2

目標

改進你對成本—數量—利潤分析法的運用技巧。

準備和經驗

你應該已經完成了本練習的預作準備部分。現在你要在課堂上和小組同學一起回答剛剛的那些問題。

程序（15到50分鐘）

選擇A　由講師說明每一個問題的答案。

選擇B　四到六人分成一小組，共同解答問題1和2，講師會給各組10到15分鐘的時間。

結論

由講師帶領全班進行討論，並作成總結講評。

運用（2到4分鐘）

我從此經驗中學到了什麼？我會在未來的日子裏，如何運用此所學？

分享

由自願者提供他在此運用單元裏的答案。

第十六章
人力資源控制系統

學習目標

在讀完這章之後，你將能夠：

1. 解釋兩種類型的績效評鑑。
2. 描述績效評鑑過程中非正式和正式步驟之間的差異。
3. 解釋「你只挑有報酬的事情來做」這個概念。
4. 說明裁定外力控制VS.自我控制的主要標準是什麼。
5. 解釋一下在訓練當中，正面性激勵回饋的重要性。
6. 列出在訓練模式中的四個步驟。
7. 解釋經理人在諮詢中的角色扮演，以及在員工援助計畫中的角色扮演。
8. 列出紀律模式中的五個步驟。
9. 列出評價性和發展性績效評鑑面談中所執行的各個步驟。
10. 界定下列幾個主要名詞：

績效評鑑	訓練
發展型績效評鑑	走動管理
評價型績效評鑑	紀律養成
關鍵性事件檔案	管理諮詢
評分等級	員工援助計畫
以行為為主的評分等級	

技巧的發展

技巧建構者

1.你應該改善自己訓練員工的技巧，以便改善績效表現（技巧建構練習16-1）

2.你應該改善自己在訓誡員工方面的技巧（技巧建構練習16-2）

確保人力資源的績效表現是屬於控制方面的管理功能，它非常需要人際關係和溝通技巧的運用。若想有效地控制績效表現，還需扮演好人際互動性的領導者、資訊性的監督者、以及決策性的管理角色。此外也可以透過這些練習，培養出資源、人際互動性技巧、資訊和系統方面的SCANS能力，以及一些基本思考性的技巧和個人性特質。

■ MOCON所經營的事業就是協助其它公司控制各自的運作。

W. K. Kellogg在早餐穀類食品業中是個成功的創業家，後來的他又成為一名有遠見的慈善家。他堅信花出去的錢，可以從人類的潛能上得到最大報酬。他對員工的能力深具信心，相信他們可以自己界定問題，並找出適當的解決辦法—只要你給他機會和鼓勵。

就是這種信念，再加上自己一心想要為這個快速成長的穀類資源貢獻一己之力，於是促使他在1930年成立了非營利性質的 W. K. Kellogg基金會。「我把我的錢投資在人的身上，」他這麼說道，決定要創造出一個史無前例的慈善基構，可以在世界各地為個人和組織提供協助與鼓勵。到了1995年，Kellogg先生當初所捐贈的6,600多萬美元，已成長為60億美元了。這些財產資源下所累積的收入讓基金會自成立以來共核發出27億美元以上的獎助金。

位在密西根州Battle Creek的Kellogg基金會一向提供大筆資金給深具潛力的國際級和國家級教育計畫和服務計畫，這些計畫都是強調知識的運用，目的是解決一些深具意義的人類問題。

以下的一覽表是根據地理位置和主題內容的不同所列出來的，這些活動計畫都得到了1995年的獎助金資助。[1]

身為一家專門出錢請人幫助別人的非營利組織，W. K. Kellogg基金會旗下大約有300名左右的員工在為它效命，其中的100名員工必須扮演正式的監督角色。這些經理人會利用到人力資源的績效控制系統，其中包括非正式的訓練和紀律訓練，以及正式的績效評鑑等。

主題範圍		
健康照顧	$ 63,218,175	27%
食品制度和鄉村發展[a]	23,468,153	10%
青少年發展和高等教育[b]	53,497,270	23%
慈善行為和志願服務	19,872,180	8%
領導統御	23,999,600	10%
特殊機會		
特別節目的編排機會	22,611,699	10%
新興的節目	9,984,893	4%
巴特克里市（Battle Creek）的節目編排	4,798,833	2%
其它[c]	1,240,978	1%
節目經營	11,351,309	5%
	$234,243,090	100%

包括：

[a] 在南非的農業和鄉村發展計畫。

[b] 南非的基礎教育和青少年／高等教育；拉丁美洲和加勒比海的基礎教育和青少年計畫。

[c] 發展計畫（拉丁美洲和加勒比海）、研究補助金和大學獎學金（南非）、研究生獎助金（拉丁美洲和加勒比海）等，以上均符合1995年所核定下的目標和策略。

地理位置		
美國	$173,008,682	74%
非洲（南部）	11,429,744	5%
拉丁美洲和加勒比海	29,156,241	12%
其它國際性計畫	20,648,423	9%
	$234,243,090	100%

在第一章的時候，你學到了管理功能之間的系統效應。對人力資源績效表現來說，領導和控制功能之間的相互關係很緊密。換句話說，我們需要用到領導技巧來控制員工的績效表現。在第九章的時候，你學到了有關招募、培養和留任員工的人力資源過程。對員工的培養來說，績效評鑑（簡稱PA）是一個相當重要的部分。它需要用到組織和控制功能，也需要用到領導技巧。在第十五

章的時候，我們討論過來自於人力資源部門的人力資源控制。在該部門裏，它是以組織功能為主。但是，對其它所有部門的經理人來說，控制人力資源的績效表現是屬於領導和控制功能。人力資源部門有責任組織統合整個企業體的績效評鑑系統，然後再由其它部門利用領導技巧來落實這個系統。人力資源部門可以協助經理人執行績效評鑑。[2]

人力資源控制的重點在於控制績效表現，而不是操控員工。也就是說，你要確保員工在工作上的表現能夠符合標準要求，並以報酬來獎勵他們。還記得你在第十一章的時候學到過，強化理論是如何利用早經決定好的行為結果來激勵行為本身。現在讓我們縮小強化理論的範圍，把重點擺在那些用來達成表現標準的行為結果。身為一名經理人，你應該獎勵那些達成表現標準的員工（正面強化），對那些無法達成標準的員工，則應採取糾正的行動（逃避、滅絕、和懲戒），你將會在本章裏頭學到如何進行這些事情。

績效評鑑過程

績效評鑑
是指評估員工績效表現的持續進行過程。

正如第九章所談到過的，**績效評鑑**（performance appraisal）是指評估員工績效表現的持續進行過程。績效評鑑（簡稱PA）也稱之為績效評估、績效檢查、功過評分和績效審核。[3]不管名稱是什麼，老闆一向都很討厭做這件事；員工也很不喜歡被人評鑑。績效評鑑對經理人來說是最重要又最難執行的功能之一，而且非常吃力不討好。[4]要是處理得當，不僅可以提升生產力、工作幹勁和士氣，還能降低缺席率和人員流動率。[5]萬一處理得不好，就會把整個績效表現拖垮下來。

在本單元裏，你將會學到兩種類型的績效評鑑、PA過程、以及包含在PA過程裏頭的控制系統過程。

1.解釋兩種類型的績效評鑑

績效評鑑的類型

績效評鑑的兩種類型分別是發展型和評價型。作成的決策究竟是發展型或行政型，它可以讓PA產生兩種不同但互有關聯的用途。它們之所以互有關聯，是因為發展型計畫通常是依評價型績效評鑑而定。但是PA的主要目的還是應該擺在員工的績效改善上。[6]

發展型績效評鑑（developmental performance appraisal）可用來作成決策和計畫，以便改善績效表現。為了改進未來的績效表現，評鑑內容必須回饋給員工知道，讓他們瞭解自己在工作上做得如何。優點和有待改善的地方也要表示清楚，此外還要發展一份改進計畫，讓員工知道究竟該做些什麼，才能在下一次的評鑑當中得到較高的評估分數。

發展型績效評鑑
可用來作成決策和計畫，以便改善績效表現。

評價型績效評鑑（evaluative performance appraisal）則是用來作成行政決策的，其中包括加薪、調職和升等、以及降職和解職。經理人在法律上負有責任，必須對自己所下達的行政決策有合理的解釋，因為他們必須遵守EEOC員工選用程序的統一方針（Uniform Guidelines on Employee Selection Procedures）（第九章）。經理人並不可以完全隨自己的高興，調升或解雇某人，行政決策是不能有歧視意味在裏頭的。所以有效的績效評鑑可以防止公司免於訴訟纏身。[7]決策的作成必須根據工作表現所被要求的目標而定。員工也有權知道自己的表現究竟有沒有達成標準；他們的責任是什麼；以及他們被要求達成的標準又是什麼。[8]

評價型績效評鑑
用來作成行政決策，其中包括加薪、調職和升等、以及降職和解職。

當你一同執行發展型和評價型績效評鑑時（事實上，也經常如此），發展型績效評鑑往往比較沒有什麼用，特別是碰到員工不同意評鑑內容的時候。多數經理人並不擅於進行績效評鑑，因為他們不知道該如何成為一名裁判和教練。[9]評價型PA著重的是過去；而發展型PA著重的則是未來。因此，個別召開的會議有助於澄清這兩者的用途，並協助經理人同時扮演好裁判和教練的角色。將在本章稍後的地方，學到如何執行這兩種正式的績效審核。

工作運用

1.請告訴我們，你現在或以前老闆曾對你的績效表現下達過什麼樣的發展型或行政型決策。

績效評鑑過程

2.描述績效評鑑過程中非正式和正式步驟之間的差異

績效評鑑過程的步驟分別是：（1）工作分析；（2)發展標準和衡量辦法；（3）非正式的PA——訓練和紀律養成；以及（4）為正式PA預作準備和落實執行。請參考圖16-1對績效評鑑過程的描繪。這四個步驟將會在下文中被簡略地描述一遍。特別是第二和第四步驟，將會在本章內文中有非常詳細的解釋說明。Kellogg基金會就是一個正式的績效評鑑系統，它訓練旗下經理人要有效地落實績效的評鑑。

在圖16-1裏頭，請注意組織的宗旨／目標和績效評鑑過程之間的關係。回饋環代表：為了達成宗旨和目標，PA有必要去控制人力資源的表現。根據組織的宗旨目標（第五章），員工的績效表現應該拿來和這些目標下的成就加以比較。[10]

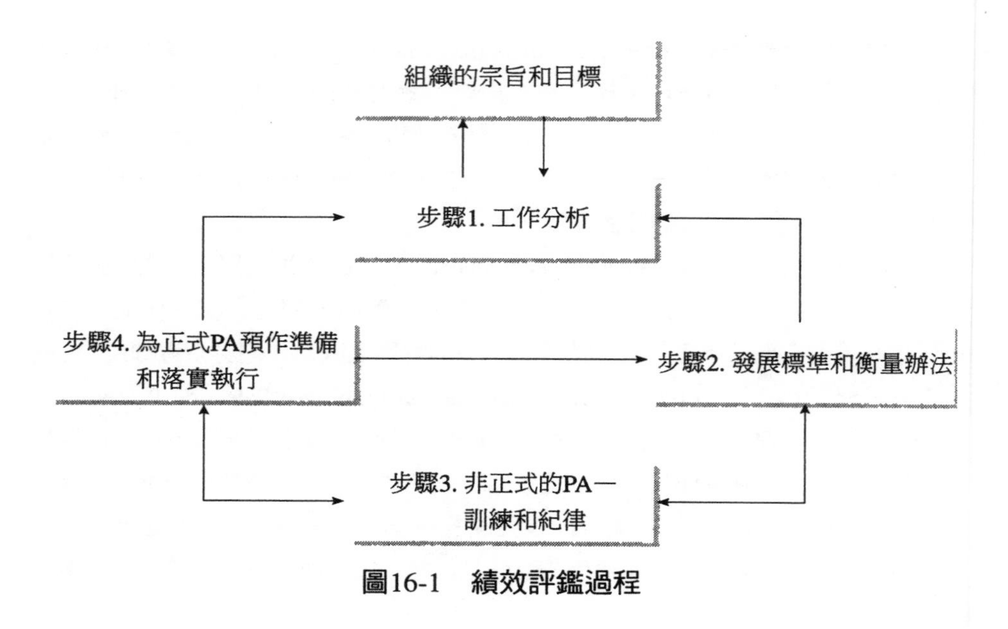

圖16-1　績效評鑑過程

步驟1　工作分析

工作分析（第九章）包括工作內容和工作條件的判定。工作內容應該依照重要次序和各種關鍵性成功要素（第十五章），來分層負責。請參考第九章的內容。

步驟2　發展標準和衡量辦法

決定好工作內容之後，接下來是發展標準和方法來衡量績效表現。在下一個單元裏，我們將會討論到標準的設定和幾種常見的績效評鑑。

步驟3　非正式的績效評鑑—訓練和紀律養成

正式的績效評鑑不應該只有一年一度的正式審核而已。[11]正如它的定義所界定的，PA是一種持續進行的過程。員工的表現需要定期性的回饋反省。訓練（coaching）則是指對做好的工作表達讚美之意，以便對方能持續下去，或者是在表現未達標準的時候，採取糾正的行動。員工的表現若是低於標準，就可能需要每天都進行訓練或紀律養成，直到他達成標準為止。在本章的第三和第四單元裏，我們將會討論到訓練和紀律養成等事宜。

步驟4 為正式的績效評鑑預作準備和落實執行

在圖15-1裏頭，你應該注意到第三到第二步驟之間以及第二到第一步驟之間，有一個回饋環的箭頭；但是從第四到第三步驟之間，卻沒有任何箭頭出現。理由是因為到了第四步驟，你想要改變什麼，都已經太晚了，而正式的績

概念運用

AC 16-1　績效評鑑過程

請確認以下情況所提出的是績效評鑑過程中的哪一個步驟？

a.步驟1　b.步驟2　c.步驟3　d.步驟4

__ 1.你把影印機修理得非常好，現在的它非常管用。

__ 2.請看一下工作內容，然後我們再一起讀一遍，以確定你瞭解自己的工作內容是什麼。

__ 3.請坐下，正如你所知道的，我們正要評估你在過去這一年來的表現。

__ 4.Pete，你上班又遲到了。我要給你一次口頭警告，下一次你再遲到，我就要採取行動了。

__ 5.我們會在績效評鑑當中採用這個表格的模式。

效評鑑則是用來影響未來的。在第四步驟的時候，你有三個選擇可以繼續進行。如果工作上沒有改變，你也許可以跳回當第一步驟裏；要是工作沒有改變，標準當然也就跟著沒變。若是你已經有一個發展型計畫，也許就可以略過步驟2，直接跳到第三步驟裏。

績效評鑑若是沒準備好，就等著失敗吧！在本章的第五單元裏，我們將會討論到如何為面談作準備，以及在執行面談時，所要避免的問題有哪些。在第五單元裏，我們還會討論到在執行正式的績效評鑑面談時，所需進行的後續步驟。

Kellogg基金會裏頭有一個績效管理系統。在基金會裏，績效管理是一個系統，可以用來協助員工作自我的管理，以便支撐住整個組織的宗旨、遠景和指導原則。經理人都相信員工和監督人員定期討論績效表現，這是一件非常重要的事。唯有透過定期性的訓練和回饋反省，才能讓小組成員知道他們的努力是否已達成表現標準和預期的水準。就這一點而言，績效管理系統的確能夠發揮了功效，讓相關人員得以討論問題、找出解決辦法，並找出能符合員工興趣和天份以及基金會目標的新契機。

控制系統過程是如何被含括在PA過程裏頭

你應該知道，績效評鑑過程的確包括了控制系統過程中的各個步驟。我們在這裏將會把控制系統過程裏的各項步驟（第十五章）與績效評鑑系統裏的各項步驟對應在一起。

步驟1　設定目標和標準

績效評鑑控制系統始於第二步驟：發展標準和衡量辦法。這些發展是屬於初始控制。

步驟2　衡量績效表現

表現的衡量是發生在績效評鑑過程的第三步驟：非正式的PA；和第四步驟：正式的PA。這個衡量過程也算是初始控制。

步驟3. 比較績效表現和標準

比較績效表現和標準也發生在PA的步驟3和步驟4。

步驟4　更正或加強

當員工的表現低於標準時，就要採取更正行動。更正行動會被當作是一種同步控制，它透過非正式PA的第三步驟：訓練和紀律養成來進行。到了第四步驟：正式PA的時候，若想採取什麼糾正行動，也嫌太遲了。因此，需要的是重做控制來進行計畫的發展，以便作為下一次正式績效評鑑時的初始控制。此外，也可能需要用到損壞控制。當員工達成或超過標準時，你應該在績效評鑑上給予高度的肯定，以便強化這種行為，或者也可以利用讚美、職責的加重、賦予更多的挑戰、加薪、升職等方法來強化他的良好行為。

標準和衡量辦法

績效評鑑過程中的第二步驟是發展標準和衡量方法，這也正是本單元的主題。

發展績效標準

標準是績效評鑑中的骨幹所在。員工需要知道他們的工作是根據什麼標準在作衡量。[12]很多學生告訴本書作者，他們並不知道自己在工作上的標準是什麼，這一點讓本書作者感到很驚訝。他問他們：「你和你的老闆是如何知道你的工作做得好不好？」他們都沒有答案，因為根本就不知道。

身為一名經理人，請務必確定你的員工知道標準是什麼。如果你給某位員工的評分是中等而不是優等，你應該要有辦法解釋其中的原因是什麼。該名員工應該瞭解在下次評鑑展開以前，自己需要做些什麼才能得到較高的分數。有了清楚的標準，在正式的績評鑑過程中，就不會發生有人不表同意的情形了。事實上，法院對意料之外的事情以及績效上的主觀性反對論點，都不表贊同。

工作運用

2.請以你現在或以前的工作為例，告訴我們它的績效標準是什麼。請說明你是如何改進自己的績效。

請參考第十五章所談到的：如何設定數量、品質、時間、成本和行為方面的標準。請確定你的標準已涵蓋了關鍵性成功要素（簡稱CSF）。除此之外，績效評鑑的標準應該有一定的範圍，以便激勵員工超越標準。舉例來說，打字的標準範圍如下：一分鐘70個字（簡稱WPM）是極優；60WPM表示很好；50WPM表示普通； 40 WPM表示尚可；30WPM表示不佳。請記住，常備性計畫就是標準。

標準和報酬獎勵

3.試解釋你只挑有報酬的事情來做的觀念

你只挑有報酬的事情來做

你在本課程中所學到的最重要事情之一，就是人們只會挑有報酬的事情來做。人們會打聽，有哪些活動是有報酬的，然後再去做它（或至少假裝在做它）。可是對那些沒有報酬的事情則敬謝不敏。涉入程度的多寡則視該報酬的吸引力大小而定。[13]

舉例來說，如果某位教授發給全班同學一份書單，可是卻告訴同學（或者不用告訴他們，他們就能意會瞭解）課堂中並不會教授這些書的內容，也不會拿這些書來測驗。那麼，你想會有多少學生想要讀這些指定書籍？或者教授說：「本章的A、B和C很重要，我要測驗你們這些內容，可是X、Y和Z則不在測驗範圍內。」你說學生們會花相同的時間來研讀這兩大部分嗎？

換到商業環境的場景下，若是經理人一再重複品質是很重要的，可是評估標準卻只含括數量和運送的時效性。你想有多少員工會把不良品質的產品運送出去，只為了達到時效標準？又有多少員工會不顧運送上的時效性，願意承受耽誤送貨的罪名，即使績效評鑑不佳也不在乎，只為了保持工作上的品質？只因為輸出品的數量很容易看得見，又很容易衡量得出來，所以就只衡量輸出品的數量而已，這種不完善的標準正是我們所常見到的問題。[14]

獎勵A，卻期待B的愚蠢行為

獎勵系統形形色色，其中也發生過某種行為類型接受獎勵，可是該行為本身卻不是獎勵者所樂見到的；而那些真正良好的行為卻沒有受到上位者的獎勵。Steven Kerr稱這種問題為「獎勵A，卻期待B的愚蠢行為」圖16-2描繪的正是這類愚行。[15]這些愚行究竟有多普遍呢？在某項調查中，我們發現到90%的受訪者聲稱這種愚行在當今的美國公司裏是很司空見慣的事情。有一半以上的受訪者結論道，這種愚行在他們就職的公司裏相當常見。圖16-2就舉出了其中一些實例。

當問到：「在處理這類愚行時，最難克服的障礙是什麼？」常見的答案包括：（1）沒有能力去擺脫掉對獎勵和肯定方面的舊有思考模式，特別是對一些無法量化的標準和那些著重在工作或功能本身的系統來說，更是無從理解；（2）對績效表現的成因和結果，缺乏全盤性的系統性看法；（3）經理人和股份持有人一直著眼在立竿見影的成果上。[16]所以「究竟錯在哪裏？」的答案是：「錯在獎勵系統上，因為它實在是太蠢了！」[17]

Deming對現有績效評鑑系統的批評

W. E. Deming認為，美國產業的績效評鑑運作正是其品質問題的根本成因。他舉出了四種一再重複可見的問題。[18]

經理人期待		可是經理人卻經常獎勵
長期性的成長和負起環保的社會責任	⟶	每季的盈餘
創新的思考和冒險精神	⟶	已用過的方法，保證不出錯的作法
團隊分工和合作精神	⟶	最具競爭力的個人表現者
對整體品質的全力以赴和承諾	⟶	遵守時效性的運送，即使有瑕疵也沒關係
員工的參與和授權	⟶	牢牢控制營運和資源
高度成就	⟶	另一年的努力成果
坦率誠實，比如說早一點告知問題或壞消息	⟶	報告好消息，不管真假如何；對老闆逢迎拍馬，不管老闆是對是錯

圖16-2　常見的管理獎勵愚行

1.不公平的績效評鑑作業

它們之所以不公平是因為組織體往往要工人來承擔錯誤，事實上，許多錯誤是源自於系統本身所造成的。Deming相信有90%的美國產業問題都是因為系統建立的錯誤所使然，而這些錯誤多半是因為先前的決策有誤、材料輸入上的瑕疵、系統設計上的缺失、或者是管理上的缺點所造成的，根本就不能算在工人的頭上。因此，根據輸出來評斷工人的表現，可能會失之偏頗。

舉例來說，德州某家飯店負責宴會事宜的員工很讓上位者頭痛。經理人想要知道為什麼員工有遲到的習慣，辦事效率也不高。結果發現原來是不良的工作限制、訓練的缺乏、毫無成效的做事程序、以及不良的績效評鑑所使然。只要改善了這個系統，即便是相同一批員工，績效表現也提升了不少。因為這個系統開始進行訓練課程；採用任務核對表的作法；定期告知員工績效成果；設定目標；和分發紅利等，結果就有了很大的轉變。[19]

2.績效評鑑作業提倡的是和品質妥協的行為作法

當經理人強調的是數量品質時，工人們就會把重點擺在數量配額的目標上，而忽略了品質上的要求。為了達成經理人的進度標準，員工們可能會把瑕疵品也送交出去。

3.績效評鑑作業會勸阻員工打消念頭，不願在工作上有所超越

當PA方法根據主觀性的等級劃分來作衡量時，比如說「中等」和「尚可」，一般人往往會把「中等」和「不佳」畫上等號關係。其實若是能有客觀明確的標準來說明何謂「中等」(比如說銷售量或輸出單位量)，那麼也許就沒什麼大礙。（但請記住，低於中等以下的績效表現可能是因為系統的問題，而不是人員的問題。）當標準很主觀時（這種情形常常發生)，優良的績效表現已經指定好，可是對團體成員來說，卻很難達成。相反地，不良的績效表現則被視作為可接受的程度，因為它剛剛好就界乎於中間的位置上。結果造成那些想要努力工作，而且知道自己做得還不錯的人，並不喜歡被人認定只有中等表現而已。所以他們往往士氣低落，心想反正怎麼做也不過是得到中等考績而已，既然如此，幹嘛這麼努力呢？

4. 績效評鑑作業剝奪了員工的工作尊嚴

你可能聽說過一種說法：「美國人並不像日本人一樣，以自己的工作為榮。」這句話可能有部分是真的，但不見得就能以偏概全。我們對「為什麼員工不能以自己的工作為榮？」這個問題的回答就是PA系統。就像我們在前面所提到的：「錯在獎勵系統上，因為它實在是太蠢了！」如果經理人設定了品質標準，並要員工做出有品質的工作，才能得到獎勵，他們就會做得很有品質，

而且也會以自己的工作為榮。

十年來的各項研究調查都支持Kerr和Deming對現有績效評鑑的批評論點，因為大家對PA系統的不滿積怨已久。許多員工認為評估不過是一種浮淺、表裏不一的事情，和實際工作或者薪水一點關係也沒有。[20]

衡量辦法

正式的績效評鑑通常會根據標準格式來進行，上頭會列出一般的評分等級或以行為為主的評分等級，它是人力資源部門所發展出來的，可用來衡量員工的績效表現。圖16-3就是一個常見的績效評鑑衡量辦法，它以閉聯集方式呈現出來，根據行政性決策和發展性決策的不同用途而定。

關鍵性事件檔案

關鍵性事件檔案
員工正面和負面的表現記錄。

所謂**關鍵性事件檔案**（critical incident file）是指某位員工正面和負面的表現記錄。因為正式的審核期通常會持續半年到一年的時間，所以很難記住員工在每一個評鑑上的表現如何。關鍵性事件檔案提供了最新的表現記錄，也提供了一些憑證，這些文件就法律的觀點而言，都是很必要的。

關鍵性事件檔案的內容並沒有什麼硬性規定。只要基本方向不悖離以下幾點就可以了：（1）對不常見到的良好表現或不良表現要作成記錄。多數的經理人只著重於負面的記錄，千萬不可如此；（2）正如「關鍵性」這個字眼所代表的意義一樣，要把重點放在關鍵性成功要素上；（3）事件發生不久之

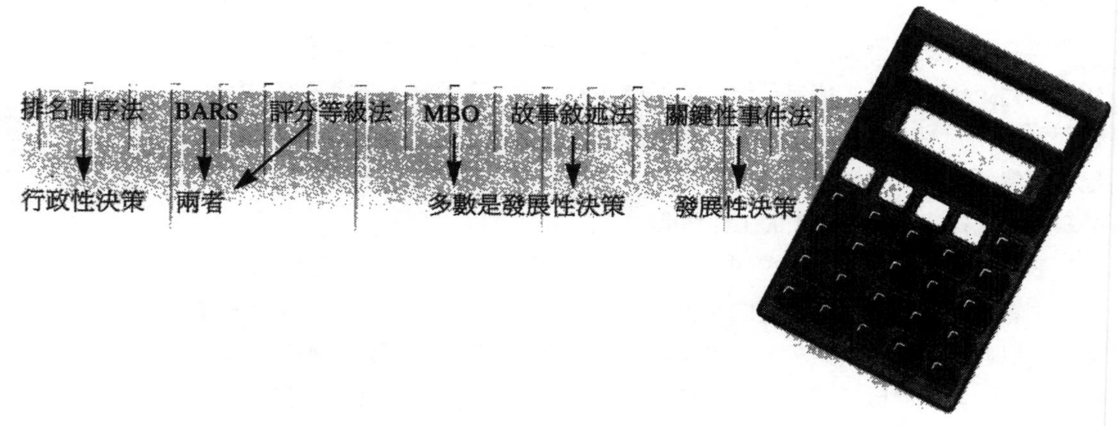

圖16-3　績效評鑑衡量辦法和它們的決策用途

後，就要把事實記錄下來，包括發生的日期；（4）比較簡單的系統就是讓每一位員工都有一份專屬的檔案，並在檔案夾裏頭為關鍵性事件作上記號，或者以一張紙或店內的績效表格在檔案夾裏頭註明這些事件；（5）有些經理人會在每週進行績效表現的摘要記錄；（6）Deming建議，最好只記錄那些能在員工控制範圍內的績效表現，或者是人為錯誤，而不是系統上的錯誤使然。即便經理人也不例外；（7）在內容上要描述得很明確，這樣子，其他人才能瞭解你寫的是什麼。請參考下面的例子：

1/10/9X：上班遲到十分鐘，理由是車子出了問題。
1/14/9X：缺席，理由是參加母親的葬禮。
1/18/9X：志願加班半個小時把工作完成。
1/23/9X：多花了十五分鐘進午餐。
2/03/9X：經過催促才趕上合約期限；製造出十個額外的單位量。
2/14/9X：低於標準量五個單位量。
2/19/9X：因瑕疵被退貨，重做之後再送回給顧客。

決策

關鍵性事件檔案很適用於發展性決策。可是並不適合拿來單獨用在行政性決策上，例如加薪或升職等。參考關鍵性事件檔案有助於改變員工的績效表現。舉例來說，如果你想要改善某位員工的遲到記錄，千萬不要說：「你老是遲到。」（這實在是太以偏概全了）因為員工可能會回答：「沒有，我才沒有呢！」你的說法最好改為：「在1月15日和17日的時候，你都遲到了。」（這樣子才夠明確）對方也很難和精確的事實抗辯。

關鍵性事件檔案可以在一開始的時候就先提出來，因為它可以拿來和任何一種績效評鑑的格式一起運用。單獨運用的機會並不常見。當你在填寫其它表格的時候，也可以用到關鍵性事件。

評分等級

所謂**評分等級**（rating scale）是指一種格式，經理人可以從中簡單地核對員工的表現程度。其中可供評估的地方包括工作數量、工作品質、可靠性、判斷性、言論態度、合作性、主動性、以及其它等等。以下就是核對表格的例子：

評分等級
一種格式，經理人可以從中簡單地核對員工的表現程度。

工作數量：____極優____中等以上____中等

____中等以下____很差

評分等級普遍存在著四種問題：（1）它們通常都是很主觀的評分，在前述例子裏，你怎麼知道極優的工作數量是什麼？中等以上、中等和中等以下這三者之間的差異又是什麼？什麼叫作很差？（2）因為評分等級對所有部門來說都是概括性的說法，所以無法著重在員工的關鍵性成功要素上；（3）評分等級的格式往往需要用到加重計分，可是這些項目卻不是依重要性來排名或計分。比如說，你可能在十個項目上都給予相同的比重計分，但是事實上其中只有一個是屬於關鍵性成功要素，其它九項則不然。就這個例子來看，那個關鍵性成功要素的計分比其它九個項目加總起來的計分還要來得重要；（4）員工的績效表現應該拿來和等級相比較，而不是和其它員工的績效表現相比較。但是，經理人卻往往會根據同儕之間的兩相比較來作評分，所以有些員工的分數都是處於中等之間，這也是Deming論點3的看法。

決策

針對特定工作所作出的客觀性評分等級，很適用於發展性和行政性的決策。這類評分等級可以告訴我們優點是什麼，以及一些有待改進的地方。它們可以用來發展目標和計畫，以便改進不良的績效表現。此外，也可以被當作是加薪、升職和其它行政性決策的根據所在。最後，員工們所得到的評分等級還可以拿來互作比較，進而找出表現優異的員工。

以行為為主的評分等級

以行為為主的評分等級

這種格式內含一些描述性的聲明，經理人可從這些聲明當中選出最適當的內容來衡量員工的表現。

以行為為主的評分等級（behaviorally anchored rating scale，簡稱BARS），這種格式內含一些描述性的聲明，經理人可從這些聲明當中選出最適當的內容來衡量員工的表現。它不會只記載優等、良好、中等之類的評分字眼而已，而是直接描述員工的表現行為。若是BARS的內容如同下面一樣描述得非常客觀仔細（員工對待顧客的態度），衡量標準當然也就會很清楚。

1. 總是能以有禮且冷靜的態度來對待顧客。
2. 幾乎總是能以有禮貌的態度來對待顧客，可是偶爾會出現不好的情緒。
3. 幾乎總是很冷靜，可是偶爾會有無禮的態度出現。
4. 偶爾有點無禮，可是卻常常情緒不好。
5. 偶爾有些情緒不好，可是卻常常很無禮。
6. 經常無禮又情緒不好。

這種評鑑方法愈來愈受到歡迎，因為它比起其它方法要來的更客觀和更精確。在法庭中，BARS比評分等級更受到重視。BARS可以依工作的不同而有明確的說明，不像一般的評分等級，各類型的工作都只能適用那一套。因此，BARS可以把重點放在關鍵性成功要素上，評分等級則不然。但是，就像評分等級一樣，BARS並無法為表現衡量進行排名或加重計分。BARS的主要缺點是它在工具的發展上很耗時。而且其中的字眼多少也有一點主觀性，比如說幾乎總是、偶爾、經常等字眼。

決策

就像評分等級一樣，BARS可以用來作成發展性決策和行政性決策。

目標管理

目標管理（簡稱MBO）或稱目標擬定，指定經理人和員工要一起為員工們設定目標，定期性地評估他們的表現，並根據結果來獎勵這些員工（請參考第五章有關這方面的細節）。目標管理比較受到專業性員工的歡迎，這類員工不需要做什麼例行性的工作。在例行性工作下，比如說裝配線工人，最好還是用標準來做事。

決策

不管是專業性或例行性的工作，目標管理都很適用於發展性決策。但若是只根據MBO來作成行政性決策，就有點困難。

故事敘述

故事敘述的方法可以讓經理人盡情寫下員工的績效表現。作法如何因人而異。經理人可以寫下任何他們想寫的內容，或者也可以針對有關員工績效表現的個別問題，把答案書寫出來。這種故事敘述性的自由格式往往會變得很主觀。若是能針對一系列的問題來作答，可能可以讓這種方法變得較客觀和較統一。

有些人比較偏好這種盡情揮灑式的作法，特別是對那些在工作上比較複雜，或者在職責上經常有所變動的經理人士或專業人士來說。其實這種寫作式的方法並不受到普遍性的歡迎，可能是因為它比較主觀，而且在使用上也比較困難。故事敘述的作法常常拿來和其它方法一起合用。除此之外，許多經理人也因為缺乏寫作技巧，而使得這種方法變得沒有什麼效果。

決策

故事敘述適用於發展性決策，因為目標和計畫都可以寫下來。就像目標管理一樣，故事敘述並不適用於行政性決策，因為若是有員工必須對不同的經理

AC 16-2　選出績效評鑑的方法

請為下列狀況，選出最適當的績效評鑑方法：

a.關鍵性事件　b.評分等級　c.BARS　d.排名順序　e.MBO　f.故事敘述

__ 6.你開了一間10人的小公司，你的工作過量，可是你想要發展出一種績效評鑑格式，可以運用在所有員工的身上。

__ 7.你已經被提升到中階管理當中的監督性工作上。上位者要求你提出替代自己原先位置的人選。

__ 8.Winnie在表現上無法達成標準，你已經決定要和她談談，以便改善她的表現。

__ 9.你想要創造出一種系統來發展每位員工。

__10.你的小型企業在人數上已經成長為50人。員工都在抱怨單一格式並不能適用於各種類型工作崗位上的員工。你已經決定要雇用一名專業人士來發展另一種績效評鑑系統，這種系統比較客觀，而且它的PA格式也比較能因應不同單位員工的需求。

人負責，就沒有統一性的衡量標準可言了。

排名順序

排名順序是用來比較員工的績效表現。它可以把員工們拿來進行互相的比較，而不是和單一標準進行比較。在評鑑中，員工往往被評分過高。為了彌補這一點，有些組織除了一般的評分等級和BARS之外，還要進行順序排名，因為可能所有的員工都表現得不錯，但是一定只有一個是表現最優的。排名順序的另一種旁枝作法是強迫性分配法（forced distribut-ion method），也就是把每一種表現等級都預先設定好固定比例的員工數。比如說，5%屬於優等；15%屬於中等以上；60%屬於中等；15%屬於中等以下；5%則屬於表現不良。

決策

排名順序的方法很適合用於行政性決策，例如用來獎勵表現的記功和升職等。當排名順序是根據評分等級或BARS的標準衡量而定時，就會變得更為精確。

排名順序並不適用於發展性決策。它會引起員工之間的彼此競爭，進而傷害到團隊小組的合作精神。[21]Deming的論點3也是一個問題，因為多數員工都知道自己不可能成為表現最佳的人，所以他們就不會去嘗試。最好的方式是讓所有員工都有機會成為贏家。千萬別為了發展性決策來進行他們之間的排名，只要把他們拿來和標準比就可以了。

哪一種績效評鑑的方法是最好的？

這個問題的答案是你要根據系統的目標和決策類型而定（第一章的應變性

管理理論）。綜合性方法往往勝過於單一方法的使用。對發展性目標來說，關鍵性事件檔案、MBO和故事敘述法最為理想；對行政性決策來說，根據評分等級或BARS而作出的排名順序法最為理想。要記住，關鍵性事件和故事敘述法很常拿來和其它方法一起運用。

在Kellogg基金會裏，績效審核的格式會結合評分等級法和故事敘述法，再加上MBO的觀點。但是，這種格式並不是該基金會績效審核系統中的單一要素而已。該基金會的績效管理過程是由三個階段所組成的：績效規劃、回饋反省和訓練、以及績效檢查。因此，年底正式審查的審核部分只能算是績效管理過程中的一部分而已。

績效評鑑的真正成功並不在於使用的方法或格式是什麼，而是在於經理人本身。有效的經理人不管用什麼方法都能很成功，因為他知道要把標準解釋得十分清楚。效率不佳的上位者即使擁有全世界最佳的格式，也無法做得好。

績效評鑑系統和衡量方法通常都是由人力資源部門所選出來的。如果你不喜歡某些程序或格式，最好提出建議，而不是一昧地抱怨或批評。為了更具體一點，你可以請求上位者核准，專門為你的部門發展一套績效評鑑系統，只要遵守四個步驟，避免愚行的發生，並採納旗下員工的意見就可以了。如果公司方面不允許你另行發展屬於自己部門的PA系統，至少還是可以利用目標管理的方式來間接地達成。

工作運用

3.請以你現在或以前的工作為例，說明用來評估績效表現的衡量方法是什麼。如果你從來不曾被正式評估過，可以請教老闆／同事，你所做的這份工作或同部門的這類工作是用什麼方法在作績效評估的。

外力控制VS.自我控制

4.說明裁定外力控制VS.自我控制的主要標準是什麼

正式的績效評鑑面談通常是一年或半年舉辦一次，包括Hoffman n-La Roche在內的有些組織，甚至每一季都舉辦一次訓練講習。因此，衡量與控制法的頻率和非正式評鑑的持續進行過程比較有關係。還記得我們在第十五章提到過，控制法共包括經常性控制、定期性控制和偶爾性控制。人力資源績效控制的主要議題就是外力控制VS.自我控制。

外力控制（imposed control）是指經理人依賴控制系統來控制員工的程度。控制系統需要一些裝置，例如說用來衡量績效表現的計數器可以算出輸出數量，特別是對那些需要透過直接觀察來親自核對員工表現的經理人來說，就顯得相當重要。自我控制（self-control）則是指經理人依賴員工控制自己績效表現的程度。在外力控制下，經理人會扮演主動性的角色：衡量表現（可能是透過系統），拿它來和標準作比較，並要員工在必要的時候有所更正。在自我控制下，員工則會在控制過程中扮演積極主動的角色。

外力控制VS.自我控制的程度多寡，可以算是人力資源控制系統的決定性成功要素。外力VS.自我控制程度多寡的決定，主要是看員工的能力而定，而這種能力必須由兩方面來切入：自我控制的能力和自我控制的背後動機。能力是一種由低到高的閉聯集。經理人會根據能力程度，選出最適當的外力VS.自我控制程度，這些程度多寡正好反映在四種管理風格的任一種當中。若想知道更詳細的內容，請回頭參考第一章的技巧建構練習1-1。模式16-1描繪的是被選出的外力VS.自我控制程度。Kellogg基金會的經理人會試著利用自我控制，而不是外力控制。

工作運用

4.請就你現在或以前的工作為例，告訴我們你在工作上的自我控制能力程度如何。你的經理有採用適當程度的外力VS.自我控制嗎？如果沒有的話，請解釋經理人對你的控制程度是過度控制或控制不足？

經理人過度控制或控制不足，都會碰到人力資源上的問題。舉例來說，如果某位經理人手下有一名非常優秀的員工，可是這名經理人卻不時突檢該名員工的工作績效，這名員工一定覺得很沮喪，提不起勁來工作。許多員工知道自己的工作必須接受監督檢查，還要被人糾正，就會覺得沒有什麼勁來把工作做好。換另一個角度來看，如果某位員工沒有辦法靠自己的力量達到工作上的要求標準，可是他的經理人卻不提供必要的控制，那麼，這位員工鐵定無法達成標準。有些認真的員工因為無法達成工作上的要求標準，又眼見自己得不到必要的支援（例如適當的訓練），就會變得很沮喪。理想上，經理人必須和員工一起合作來培養他們的能力，以便進行自我控制。當員工可以做到自我控制的程度時，經理人就可以多花點時間在其它的管理功能上了。

發展有效的績效標準和績效衡量辦法

為了發展有效的標準和衡量辦法來避免本單元所提出的各種問題，請遵照下列大致方針：

1.在過程當中要時時納入員工的意見看法。

2.判定關鍵性成功要素。

3.為數量、品質、時間、成本和行為等各方面關鍵性成功要素設定完整的標準。

4.a.依照重要性的先後順序來排定各關鍵性成功要素的次序，並加重計分。比如說CSF1佔了整體PA的50%；CSF2可能只有30%，CSF3則有10%，CSF4和5則只有5%。

b.如果你已經和員工一起合作，透過步驟1到3來發展各種標準，員工們就應該對這些標準知之甚詳，而且願意全力配合去達成它們。如果員工們不曾參與其中，或者不同意標準中的內容，這時你就應該告知清步驟1. 根據來自於C1-4的閉聯集來判定員工的能力程度；請跟著從左到右的箭頭繼續下去。

步驟2. 把管理風格（S-A、C、P、E）和員工的能力程度配在一起；再跟著向下指的箭頭，從能力程度的方框中往下走到管理風格的方框。

能力程度（c）

〔員工自我控制的能力和動機〕

C1 低 低能力／低動機	C2 適中 低能力／高動機	C3 高 高能力／低動機	C4 卓越 高能力／高動機
員工沒有能力作自我控制，或者完全缺蛤乏自我控制的動機意念。	員工有動機意念想要自我控制，可是卻缺乏能力來達成。	員工有能力來作自我控制，可是卻缺乏必要的動機意念來獨立完成。	員工有能力，也有動機來作自我的控制。

管理風格（s）

〔經理人需要用到外力VS自我控制的程度，好讓員工在表現上達到標準〕

S1A 獨裁型 高度外力／低度自我控制	S2C 諮商型 高度外力／高度自我控制	S3P 參與型 低度外力／高度自我控制	S4E 授權式 沒有外力／高度自我控制
經理人會告訴員工該做什麼，以及做事的方法，並且以經常性的控制方法來密切監督員工的表現。	經理人會把做事的方法推銷給員工知道，並監督其表現。當經理人在培養員工的能力，好讓他們未來能夠獨當一面時，會先和員工一起進行控制。	經理人會發展動機誘因，並讓員工不定期地向他報告績效表現，而且進行衡量，並和員工一起把表現拿來和標準比較。	經理人授權給員工，讓他們照自己的方法做事，只要向他報告最後結果就可以了。

模式 16-1　決策作成模式

楚，你要他們做什麼，在步驟1到3之間，把標準的內容溝通清楚。

5.對每一位員工都採用適當的外力VS.自我控制程度。

6.對那些會照你要求去做的員工（達成標準）要給予獎勵。千萬不要獎勵那些未達成標準的員工，或者是讓他們和那些達成標準的員工們一起享有相同的待遇。這也是大家都知道的同工不同酬（pay for performance）作法。否則要是那些工作賣力且表現傑出的員工知道了另一些輕鬆度日的員工拿到的薪水和自己一樣，這時就會禁不住捫心自問：「幹嘛做得那麼辛苦？」因而自動降低工作標準。中等程度的員工也會因此而不想超越自己。但是，也千萬別採用排名的方式，以免限制了那些想要超越自我的員工。多數員工無法超越自我來挑戰更高標準的績效成果，多半是沒有什麼好理由可以解釋的。

這五個步驟就摘要在圖16-4裏頭。

訓練

正如我們在定義上所說明的，績效評鑑是一種持續進行的過程。而績效評鑑過程中的第三步驟就是非正式的PA，其中包括訓練和紀律養成。在本單元裏，你將會學到有關訓練的事宜，下一單元則是諮詢，它也是訓練和紀律養成的另一種格式。Kellogg基金會的經理人被鼓勵去訓練員工，而訓練也是三階段績效管理過程中的第二個階段。經理人每天都會和員工會商，共同討論績效表現。然後再透過回饋，由員工來判定自己是否達成了績效標準和預期水準。訓練講習提供了討論問題和解決辦法的機會。基金會的經理人都受過訓練，以便他們在績效評鑑的三個階段上都能有所成效。

訓練
給予誘導性回饋，以便維持和改進績效表現的一種過程。

所謂**訓練**（coaching）是指給予誘導性回饋，以便維持和改進績效表現的一種過程。紀律養成（discipline）則是採取糾正行動來讓員工達成標準的一種

- 在過程當中要時時納入員工的意見看法。
- 判定關鍵性成功要素。
- 設定完整的標準。
- 依照重要性的先後順序來排定各關鍵性成功要素的次序，並加重計分。
- 對每一位員工都採用適當的外力VS.自我控制程度。
- 對那些會照你要求去做的員工（達成標準）要給予獎勵。

圖16-4　發展有效的績效標準和衡量辦法

下一次當你看到芝加哥公牛隊比賽的時候，多注意一下Phil Jackson，就會學到許多訓練員工的手法。

過程。換句話說，在訓練底下，你要好好調整績效表現，但在紀律養成下，則需要處理問題員工。因為正式的績效評鑑一年只舉辦一或兩次，所以訓練就可以成為一種日常的活動，而紀律養成則是在必要的時候隨時使用。

有些人聽到訓練這個字眼，就會想到運動員的集訓。事實上訓練（coaching）這個英文字眼，的確是取自於運動術語，因為就像運動集訓一樣，經理人必須尋求穩定的表現和不斷的改進。如果你曾經碰過一個好教練，想想看他是利用哪些行為來保持和改善你的表現，以及其他隊員的表現。下一次你在看到運動比賽的時候，多注意一下教練的舉動，就可以學到許多訓練的手法。

訓練可以提高績效表現。[22]接受過工作訓練的十個員工裏頭，就有九個員工認為它是一種很有效的發展工具。但是，只有38%的員工接受過訓練。[23]發展你的訓練技巧，這對提升員工表現是很重要的。在本單元裏，我們將涵蓋幾個主題：在訓練中用來維持和改進績效表現的回饋性角色；糾正性訓練行動的判定；走動管理；以及用訓練模式來提升績效表現。

5.解釋一下在訓練當中，正面性激勵回饋的重要性

在訓練中正面性回饋的重要性，以便維持和改進績效表現

在我們繼續讀下去之前，先回想一下你所碰到過的最棒老闆和最差勁老闆。這兩個老闆當中哪一個比較能激勵你的工作幹勁？為了維持或改進表現水準，員工需要回饋意見，以便知道自己做得如何。[24]正如我們對訓練所下達的定義一樣，回饋是訓練的重心所在，而且必須要有誘導性。換句話說，把重點放在正面的回饋內容上，儘量降低批評內容的程度比例。

所給的正面回饋要多過於負面回饋

身為一名經理人，有一種簡單的技巧可以用來判定回饋內容中的正負面比率如何，那就是在自己的口袋裏放著一張3×5的卡片。每一次你給了正面性的回饋意見，就在卡片上頭畫上一個加（＋）的記號。若是負面性的回饋意見，也要在卡片的另一面，畫上一個減（—）的記號。等到一週結束之後，再把加號和減號分別加總起來。典型的經理人通常會畫上比較多的減號。如果就你的例子來說，也是如此，最好還是改變一下，多給對方一些加號吧！

Jack Falvey則把正面 VS.負面回饋之間的比率逐步調整為只有正面性回饋：

> 不管是什麼代價，你都要避免批評別人（因為這世界上沒有所謂建設性的批評；所有的批評都是破壞性的）。如果你必須糾正對方，千萬不要在事情剛發生完之後就說出來。封緊你的嘴，直到下次他又要做同一件事情的時候，再以比較正面性的說法來向對方挑戰。[25]

這個聽起來似乎有點極端，可是在本單元稍後的地方，你將會學到如何在訓練模式中進行一些批評性的正面回饋。你心中的最佳老闆給你的正面性回饋多過於最差勁老闆給的嗎？那些回饋會影響你為這兩個老闆工作的衝勁嗎？

獎勵以維持和改進表現

金錢上的獎勵，例如加薪，通常是用在正式的績效評鑑上。事實上，獎勵是可以全年無休的。還記得在第十一章的時候，我們提到過工作上的讚美和肯定就是一種非常有力的獎勵作法，它不用花什麼錢，只需要幾分鐘就足夠了。

工作幹勁的被打擊

不幸的是，許多經理人花了很多的時間在作負面性的批評。負面性態度的經理人往往會想：「憑什麼我要為了工作上的完成來感謝這些員工？」他們通常只在員工犯錯的時候來傳達壞消息，進而打擊了員工的工作幹勁。許多員工也都會這麼想：「我的老闆根就不欣賞感激我為他做的事，經理會做的只有批評而已，所以我為什麼要這麼辛苦的工作來把事情做好？」這類員工多會玩弄「安全地帶」的把戲，就是絕不冒險，事情做得剛剛好就可以了，而且儘量不去犯錯，犯了錯，也會想盡辦法掩蓋起來，免得被人責備。而且這些員工也會避開這些老愛批評人的老闆，只要看到老闆走進，就覺得備受壓力。他們會想：「這次我又做錯了什麼？」

這些負面性態度的經理人把員工當作機器。如果你從來沒聽說過這類經理人，以下就是一個活生生的實例。有一名經理人的太太快要生了，他告訴自己的老闆想要參與接生的過程，所以要請幾天假，好在家裏預先準備。等他回來上班的時候，他的老闆走了過來，對他大吼大叫，問他這幾天跑到哪裏去了？他提醒老闆是自己的老婆生孩子，可是老闆卻說他不記得這回事，直接把話題轉到他之所以這麼急著找人的理由是什麼。幾天後，這名經理人和老闆又碰面了，經理向老闆談到自己的孩子，可是他的老闆卻回答：「為什麼你沒有告訴我，你生了個孩子？」你想要讓你的老闆對你很關心嗎？你想要在這種工作環境裏做事嗎？你所碰到過的最差勁老闆，是不是很接近這種類型？

激勵

你為什麼要很正面性的回饋員工，並感謝他們在工作上的所有奉獻？理由很簡單：它可以激勵員工維持和改進績效表現。我們都希望有人會感激我們所作的努力。我們往往會找到我們一直在尋求的東西，所以我們找到的人才絕對都是人中之龍。多肯定對方，絕對很有幫助。他們會認為自己像是贏家，而且會更願意把這樣的績效表現維持下去，甚至加以改進。如果你想要增加生產力，試著先說謝謝你。[26]謝謝你這句話就是在利用給予讚美的模式（第十一章）來激勵員工。你所遇到過的最棒老闆是不是也是如此呢？

工作運用

5.你現在或以前的老闆給你的正面性或負面性回饋，哪一種比較多？請估計正面性和負面性之間的比率多寡。

判定糾正性的訓練行動

根據應變性理論，世面上並沒有一套放諸四海皆準的糾正性訓練行動可適用於各種情況。當員工沒有施展出自己的潛能，即便已經達成了可接受的標準，第一步仍然必須先判定使用績效表現公式（第十一章）的理由是什麼：

績效表現＝能力×工作幹勁×資源

能力

如果員工的能力就是讓自己的表現達到最好的水準，那麼就應該接受糾正性訓練行動。就像運動員一樣，當員工不能在工作上有效施展能力的話，就要和員工一起想辦法來解決這個問題。你可以根據第九章的工作指示訓練模式，來指出效率不彰的地方在哪裏，然後示範正確的行為，再看著該名員工做一遍，最後若是真的有改善，則要回饋告知。

工作幹勁

如果員工有能力，可是卻缺乏工作幹勁來做事，訓練可能不是唯一的答案。先檢查一下報酬系統。你是不是有獎勵A，卻期待B的愚蠢行為發生？整個績效評鑑系統公平嗎？這個系統會讓員工打消超越自己的念頭或是剝奪了員工對工作的榮譽感嗎？如果系統OK的話，就可以採用第十一章所談到的激勵理論。激勵工作幹勁的重要部分之一就是以正面性的回饋來鼓勵對方。此外，和員工們談談，試著找出對方為什麼沒有工作幹勁，和他一起發展出一套計畫來激勵工作幹勁。

資源

包含獎勵在內的績效評鑑系統，事實上就是一種資源。但是，因為資源對工作幹勁有很具份量的影響，所以常被拿來和工作幹勁一起討論。其它和工作幹勁沒有直接關聯性的相關資源包括輸入、轉換和輸出等系統過程中的所有領域。Deming相信美國產業中有超過90%以上的品質問題，都是因為決策的錯誤所造成的系統瑕疵；材料輸入上有缺失；系統設計上的錯誤；或者是某些管理上的缺失，絕不是員工的錯誤所使然。還記得我們說過要把重點放在系統上，而不是一味地指責員工缺乏工作幹勁嗎？利用員工的輸入意見來改進系統，就可以確保持顧客價值的持續下去。

走動管理就是一種很有效的方法，可以在資源領域上提升績效表現，而訓練模式則是一種處理能力和工作幹勁等方面問題的有效辦法。

走動管理

走動管理
三種主要活動分別是：傾聽、教導和協助。

所謂**走動管理**（management by walking around, MBWA）共含有三種主要活動：傾聽、教導和協助。[27]

傾聽

為了瞭解現狀，經理人必須做很多傾聽的工作，而不是說話的工作，而且要對回饋意見有很開放的容納胸襟。因為員工說了真話而處罰他們，這種行為只會扼殺溝通而已。你要學著最後才說話，一開始只要提出一個簡單的問題，像是：「事情怎麼樣了？」然後再利用你從第十章裏頭所學到的溝通技巧。

教導

教導並不只是告訴員工做些什麼事，而是幫助他們解決問題，把事情做得更好。教導員工如何更有創意。你大可採用訓練上的說法：「你覺得應該怎麼做呢？」不要鼓勵員工去責怪他人。當你和員工互動的時候，你的價值觀就被直接或間接地傳達出去。如果品質很重要，經理人就應該身體力行，並因品質上的成就來獎勵員工。

協助

協助表示採取行動來幫助員工把事情做好。主要重點是擺在系統的改進上，以便增進績效表現。當你在傾聽的時候，先找出問題在哪裏？是什麼拖緩了員工的工作進度？這些通常都是一些小問題。因為大問題之所以產生，多半是源自於一些雞毛蒜皮的小事，可是員工又認為太瑣碎了，不便拿來讓經理傷腦筋。經理人的工作就是要把干擾除去，為員工改善系統。（還記得我們在第七章所提到的上下顛倒式的組織嗎？）員工若是能告訴經理人目前狀況是什麼，如果真的發生了問題，經理人也應該告訴他該如何解決。否則經理人若只是傾聽而已，卻不透過糾正性行動來協助員工，將會發現他旗下的員工慢慢地都不說話了。其最後結果就是經理人喪失了最寶貴的輸入資源來改進系統。

以訓練模式來改進績效表現

6.列出在訓練模式中的四個步驟

以下是訓練模式的四個步驟，並在圖16-2裏頭加以摘要。

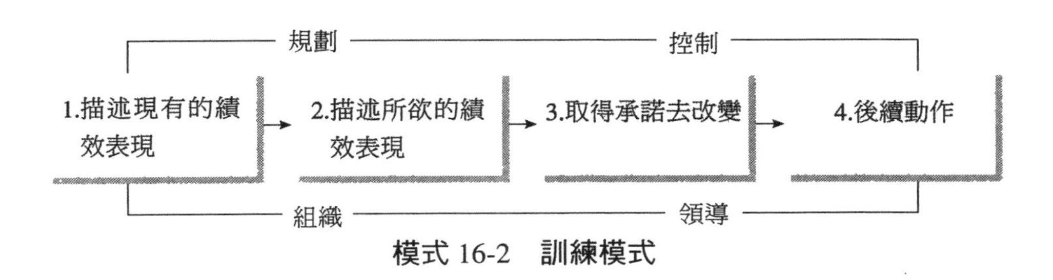

模式 16-2　訓練模式

步驟1　描述現有的績效表現

利用個別的例子來仔細說明，描述某個有待改變的現有行為是什麼。確實告訴員工有哪些地方他們沒有做到自己該有的能力水準。也要注意一些正面優點，不要只是告訴他們壞的一面。

舉例來說，不要說：「你抬箱子的方法做錯了。」而是說：「Billie，有一種更有效的方法可以抬箱子，可是卻不用老是彎腰去做。」

步驟2　描述所欲的績效表現

詳細地告訴員工，所欲的績效表現是什麼。如果績效表現和能力有關，請示範一下正確的方法。如果員工知道正確的方法是什麼，那麼就是工作幹勁的問題，所以你不用作示範。當你要求員工說明為什麼績效表現很重要的時候，也可以順便把所欲的績效表現描述清楚。

舉例來說：能力——「如果你把腿蹲下來抬箱子，而不是把你的背彎下來撿，就會比較輕鬆一點，而且也不會傷害到你自己。讓我為你示範一遍。」工作幹勁的激勵——「為什麼你應該把腿蹲下來抬箱子而不是彎腰來抬箱子呢？」

步驟3　取得承諾去改變

當你在處理能力上的績效議題時，如果員工看起來很願意照做的話，就沒有必要讓你的員工對改變作出口頭上的承諾。但是，要是員工有抗拒的心理，而且你知道並沒有什麼效果，這時你就該解釋為什麼你所提出的方案比較好。如果你無法讓員工瞭解和同意你的看法，這時就必須在口頭上取得他們對改變的承諾。這對工作幹勁上的績效議題很重要，因為如果員工不願意承諾改變，他們就不可能作出任何的改變動作。

舉例來說：能力——就箱子的例子來看，員工往往願意照著正確的方式來做，所以你可以省略掉這個步驟。工作幹勁的激勵——「你願意從現在起以蹲下的方式來取代彎腰的方式嗎？」

步驟4　後續動作

請記住，有些員工（在自我控制上，能力很低或適中的人員）會照著經理人的檢查尺度來做事，而不是照著經理人的預期尺度來做事。因此，你應該要有一些後續動作，以確保員工的行為是在你的預期之內。

當你在處理能力上的績效議題時，當事人往往很有雅量接受，所以你可以跳過步驟3，什麼話也不必說。但是，要小心確定未來也會照著你的話來做。如果必要的話，再訓練一遍。就工作幹勁上的激勵問題來看，先說明你會有後續動作，對方要是還不改過來的話，會有什麼樣的結果發生。

工作運用

6.你認為現在或以前的老闆，在訓練能力上的評分如何？請利用關鍵性事件來解釋你的答案。

舉例來說：能力一什麼話也不必說，只要觀察就好。工作幹勁的激勵一「Billie，彎腰抬箱子是一件很危險的事，如果我再看到你這麼做，我就要採取處罰的措施。」我們會在下個單元裏談到有關紀律養成方面的行動。

諮詢和紀律養成

訓練的時候，你就是在調整績效表現；而諮詢和養成紀律的時候，則是在處理一名無法達成標準或違反常備性計畫（政策、程序和規定）的問題員工。**紀律養成**（discipline）是一種糾正性的行動，以便讓員工達成標準和符合常備性計畫上的內容。兩種最常見的觸犯紀律議題分別是缺席和不良的績效表現。[28]在本單元裏，你將會學到問題員工、諮詢、有效紀律養成的大致方針、以及如何利用紀律模式等相關事宜。

紀律養成
一種糾正性的行動，以便讓員工達成標準和符合常備性計畫上的內容。

問題員工

你將會學到以下幾點：問題員工的四種類型；如何找出員工的問題所在；解決員工問題的重要性；以及問題員工和管理功能之間的關係。

問題員工的四種類型

有四種類型的問題員工，分別是：（1）沒有能力來達成工作表現標準的員工，這是一種很不幸的狀況，因為這類員工在訓練之後，仍然無法達成工作上的標準，於是不免遭到解雇的命運。許多員工必須先經過試用期，才能成為正式的員工，所以你必須在試用期的時候告訴對方：「對不起，我們無法任用你。」在試用期的階段，並不需要採取什麼紀律行動，過了試用期之後，就需要了；（2）沒有工作幹勁來達成績效標準的員工，這類人員通常很需要紀律上的養成。但願紀律養成可以激勵這類員工達成績上的標準；（3）有意違反常備性計畫的員工。身為一名經理人，你有責任透過紀律行動來實施公司的規定；（4）有問題的員工，這些員工可能具備了能力和工作幹勁，可是卻面臨了某種問題，以致於影響了工作上的表現，而且他們的問題可能和工作沒有什麼關係。最常見的就是一些個人性問題，比如說育兒問題和婚姻問題。這些有問題的員工在接受紀律養成之前，必須先接受諮詢輔導。

遲到的員工	該員工有家庭上的問題
缺席的員工	不順從的員工
不誠實的員工	偷竊的員工
暴力型或破壞型的員工	性騷擾者或種族歧視者
酗酒或濫用藥物的員工	違反規定的員工
不順從一般習慣的員工	生病的員工
喜歡交際應酬或處理私人事務的員工。	

圖16-5　問題員工

我們將會在這個單元裏的下一部分，討論諮詢方面的議題，並在稍後單元裏談到如何處理工作幹勁以及對那些有意違反常備性計畫的人員，該如何進行處置。一開始，我們在圖16-5上頭列出了一些你可能遭遇到的問題員工。當你在複習這個圖表的時候，你可能會發現到，要區分問題員工的類型其實不是那麼地容易。因此，我們建議你在剛開始的時候，最好先採取訓練／諮詢的作法，如果問題仍舊存在，再展開紀律養成的行動。

找出員工的問題

身為一名經理人，要小心注意員工行為上的改變，並試著在它日益嚴重之前，先把問題找出來。你要知道，行為就是問題存在的一種徵候，可是卻不代表問題本身。以下這幾種行為都意味著背後有問題的存在。

個性變了

該名員工不再是以前的樣子，他或她可能變得很喜怒無常或很煩躁。一向和同事們相處融洽的員工，現在變得喜歡和人吵架。

工作的品質或數量有了改變

一向不常在工作上犯錯的員工開始經常做錯事情。過去極具生產力的員工不再能達成輸出量的要求標準。

變得常常請假

一向擁有良好出席記錄的員工，現在常常不來上工。一向準時上班的員工則開始有遲到的記錄。員工的休息和用餐時間拉長了，而且總在上班的時候，找不到他的人。

酗酒或藥物濫用的徵候

員工不再像過去那樣可以協調。員工的身上有了酒味，或者身上灑了某種東西來掩蓋酒味。員工的外觀有了改變，他的眼神看起來不一樣了，對自己的外貌也變得不再那麼在乎。

為什麼解決員工問題是很重要的

經理人常常選擇對問題視而不見，希望在不用介入的情況下，問題可以自然地消失。也或者他們的態度是：「這又不是我的問題」。當員工的問題影響到工作績效時，就成為經理人的問題了。這幾年來，一名訓練顧問一直在請教經理人，如果忽略問題員工，事情會變得更好還是更糟？幾乎所有的人都同意，忽略問題只會讓事情變得更糟，而且你拖的時間愈久，就愈難處理善後。當員工無法再遵照績效要求時，就應該立即採取行動。[29]

問題員工的工作若是不經檢查，其結果不僅是負面地對他們自己的生產力造成影響，也會為經理人和其它員工帶來一堆問題。因為他們常常留下一堆爛攤子，讓別的員工為他們善後，所以其他員工都很憎恨這種人，進而降低了整個團體的士氣。要是員工看到其它人沒有達到工作上的要求標準，或者是違反常備性計畫，可是卻不見上位者採取紀律整治的行動，他們就會跟著同流合污。為了整體的好處，一定要妥善處理問題員工。

故意不服從，特別是某位員工當著其他員工的面前，故意挑戰經理人的權威，這種行為是紀律問題中非常嚴重的問題。在工作上不照指示進行，這是不可原諒的，而且應該受到嚴厲的處罰。我們很常看到有經驗的老鳥員工向年輕的新任經理作出挑釁的行為。如果你不採取任何紀律整治的行動，經理人的權威就會然無存，其他人也會起而效尤。最後還可能導致整個工作環境的混亂和毫無生產力可言，經理人得不到應有的尊重，地位性權力也跟著喪失。[30]

問題員工和管理功能

你是如何施展四種管理功能以及你的管理技巧，這絕對會影響你與員工之間的問題數量和問題強度。一般而言，經理人和系統制度愈優良（包括績效評鑑），問題就愈少。經理人所能用來防範問題員工的首要控制手法就是有效的人員調度。經理人千萬要小心，不要雇用到可能成為問題員工的人選。

工作運用

7.找出你在工作上所遇到過的問題員工。請描述該名員工對部門的影響如何。

管理諮詢

7.解釋經理人在諮詢中的角色扮演，以及在員工援助計畫中的角色扮演

正如我們所提到的，經理人在處理有問題的員工時，首先要做的就是試著先幫該名員工解決問題。這個作法通常可以透過諮詢的方式（也是訓練的另一種格式）來達成。

管理諮詢
給予員工回饋意見的一種過程，以便讓他們瞭解某個問題正在影響他們的工作表現，並且指點這些有問題的員工去加入一些協助性的課程。

大多數人聽到諮詢這個字眼的時候，就會想到心理諮商或是心理治療。其實那一類很複雜的協助方式並不應該由非專業人士，比如說經理人來負責。所謂**管理諮詢**（management counseling）是指給予員工回饋意見的一種過程，以便讓他們瞭解某個問題正在影響他們的工作表現，並且指點這些有問題的員工去加入一些協助性的課程。

多數經理人並不喜歡聽到私人性問題的一些細節。這並沒有必要。其實，經理人的角色是去幫助員工瞭解他們有了問題，而這些問題已經影響到他們的工作。經理人只是要讓員工回到工作的正軌上。管理諮詢包括一對一在想法—觀念和感覺上的溝通，它可以讓員工有機會一吐積壓在胸中的鬱悶。舉例來說，經理人可以說：「我注意到你不再像以前一樣了，你在這份報告上就犯了三個錯。是不是發生了什麼事情是我應該知道的？」

員工援助計畫
由一群工作人員所組成，專門協助員工取得專業性協助來解決他們的問題。

經理人不應該試著提出建議，想要解決私人問題，比如說婚姻的問題。若是需要專業性的協助時，經理人可以要求員工透過員工援助計畫，向人力資源部門請求協助。**員工援助計畫**（employee assistance program，簡稱EAP）是由一群工作人員所組成，專門協助員工取得專業性協助來解決他們的問題。員工援助計畫的工作人員都有一份名單，上頭列著各種顧問的資料和社區中可供利用的資源。有些大型企業甚至聘有全職性或兼職性的專業諮商人材。許多大型企業會支付諮商方面的成本，例如戒酒或戒毒等課程成本。

當經理人在建議專業性諮商時，可以這麼說：「你知道我們公司的員工援助計畫嗎？要不要我幫你和人力資源部的Jean訂個時間碰一下面，你可以得到一些專業性的協助來解決你的問題。」

但是如果工作表現還是無法回復水準，這時就可能需要用到紀律整治的行動，因為你必須讓他明瞭問題的嚴重性，以及維持工作水準的重要性。你可視情況而定，採用停薪或付薪的暫時性離職方法，它有助於員工把問題處理好。

Kellogg基金會就有一個很健全的員工援助計畫。該計畫的目的是要提供專業性的諮商協助，幫助員工及其家人解決足以影響自身福利或工作上的問題。EAP小組裏頭的專業諮商顧問會提供以下各方面的協助和服務：溝通和人際互動技巧、家庭／婚姻壓力、酗酒和藥物濫用問題、法律和財務問題、孩子的教養問題、沮喪和焦慮、年老父母的問題、生涯諮商、壓力、以及醫療需求等。為了得到服務，員工及其直屬家人可以直接聯絡EAP的工作人員。服務內容只有EAP人員和求助員工或家人才知道，一切都在保密作業中。初始的評估作業和短期性的諮商作業對基金會的員工及其直屬家人都是免費的。

紀律養成

包含諮詢在內的訓練，通常是用來處理問題員工的第一步驟。但是，員工可能不願意或無法改變，或者規定已經被人打破了。在這樣的情況下，紀律養成是很重要的一件事。紀律養成的主要目的是改變行為。第二個目的則是：（1）讓員工知道當常備性計畫或表現要求無法達成時，就會採取行動；（2）在面臨挑戰的時候，維持經理人的權威。

工作運用

8.請以你現在或以前工作的組織為例，說明其中的規定和違反規定下的懲戒內容是什麼。

人力資源部門可以處理許多紀律性問題，並提供書面的紀律守則。書面的政策程序通常會界定清楚制裁或解雇的權限定義。常見的過錯包括偷竊、性騷擾、或種族歧視、言語或實質的毀謗、以及違反安全規定等。[31]你將在下面單元裏，學到一些紀律守則、漸進式的紀律養成方法、以及不含懲戒的紀律養成方法。

Kellogg基金會並沒有正式的書面紀律守則。在基金會裏，他們相信監督的哲學比僵硬的政策更來得管用。這種哲學就是向他人闡述各種方法和手段，希望所有的互動都是因這些方法和手段所產生的，並向每個成員傳達重要的觀念。這種闡述的哲學讓監督者有了彈性空間可以回應個人的需求，並確保工作能夠及時、有效的完成。

紀律守則

圖16-6列出了有效紀律的八點守則，下面就是有關它們的解釋內容。

1.向所有員工清楚地溝通標準和常備性計畫：聽起來好像很平淡無奇，但是事實上，你會很驚訝地發現到，竟然有這麼多的員工都不知道他們不應該做的事情有哪些。這就是為什麼我們最好在一開始的時候就先以一些不為人知或

- 向所有員工清楚地溝通標準和常備性計畫。
- 處罰必須是罪有應得。
- 自己也要遵守常備性計畫。
- 當規定被打破的時候，要採取一致且公平的行動。
- 立刻進行紀律整治，可是要保持冷靜的態度，並在你展開紀律整治之前，取得所有必要的事實根據。
- 私下進行紀律整治。
- 用文件證明紀律整治行動。
- 當紀律整治完成之後，和該名員工恢復以往的關係。

圖16-6紀律守則

很容易被人忽略遺忘的瑣碎規定來訓練他們。

2.處罰必須是罪有應得：重大的犯錯者應該接受嚴厲的紀律懲誡，犯小錯的人則不應該。重大過錯，例如偷竊，通常會在第一次犯錯的時候，就遭到解雇的命運。遲到等這類小過失則會採漸進式的紀律養成方法，我們會在稍後的單元加以說明。

3.自己也要遵守常備性計畫：以身作則，如果你做不到，不要期望員工也能做到。

4.當規定被打破的時候，要採取一致且公平的行動：一致和公平這兩者之間是有差別的。經理人若是偶爾想到才強制員工遵守規定，勢必會造成挫折感和怨恨。員工們可能會有這樣的反彈說法：「Tom昨天也是這麼做，可是卻沒事。Betty可以打破規定，因為她是老闆眼中的紅人。」為了公平起見，經理人應該對事不對人。員工也要瞭解，紀律養成並不涉及私人攻擊，它只是要你在行為上作出改進。

5.立刻進行紀律整治，可是要保持冷靜的態度，並在你展開紀律整治之前，取得所有必要的事實根據：違反性行為一旦出現，就要立刻採取紀律整治的行動。但是，一定要保持冷靜。未經平息的憤怒只會阻礙你以理性的態度來施展自己的能力；阻斷有效的溝通；並負面影響你和員工之間的關係，進而讓你必須承受內外兼有的痛苦，更別提你的身心健康了。[32]如果你和／或員工都感到沮喪，最好先定下時間來討論問題，比如說一個小時，這樣子你才有從容的時間來理性地著手你的紀律養成計畫。此外，不要逕行跳到結論當中，也不要因道聽塗說的事情就來執行紀律的整治。如果某人告訴你有位員工違反了規定，最好是當場抓到才算數。當你當場抓到某人作出違反規定的事情，在你展開紀律整治之前，先給對方一個機會解釋。因為事情往往並不如他們表面所看到的那樣簡單。

6.私下進行紀律整治：一般來說，不應該讓別人看到你在訓誡員工。即使某人在公開場合中挑戰你的權威，也沒有必要吼叫回去。如果你這麼做，有些員工可能認為你贏了，也有些人會認為對方贏了。某些員工會覺得你對那位員工太兇了，而其它人則認為太軟弱了。不管怎樣，你都是輸的一方。所以一定要在私底下的場合來進行紀律整治。舉例來說，如果某位員工在眾人面前向你挑釁，你只要說：「十點鐘的時候到辦公室來見我，我們可以彼此冷靜下來，以理性的態度來討論這個問題。」這樣子，所有的員工都會相信，你一定會展開紀律整治行動。

7.用文件證明紀律整治行動：把違反事項和所採取的行動用文件紀錄下

概念運用

AC 16-3　有效紀律的守則

請確認以下情況遵守了哪些守則？未遵守哪些守則？

請利用圖16-6來作答。請在每一則守則前寫上A到H的字母編號，並將選出的答案字母填在每一題的空格上：

__ 11.老闆一定很後悔吼得這麼大聲。

__ 12.不公平，經理總是休息得很晚才回到辦公室來，為什麼我就不能。

__ 13.當我走的時候，把這裏搞得一團亂，經理就會罵我，可是Chris如果也搞得一團亂，就不會被挨罵。

__ 14.老闆因為我在禁煙的地方抽煙而給了我一次口頭警告，而且還在我的檔案裏加上註明。

__ 15.我要你到我辦公室來，我們可以討論一下這件事情。

來，這是很重要的一件事。關鍵性事件檔案就很適用於事件的紀錄。但是，最好讓當事員工在上頭簽名，並讓他也有一份書面影印，上頭說明已經給予的警告和背後理由是什麼。這份文件可以是手寫的，可是最好以公司的公文紙來書寫。而且應該清楚記載日期、時間和違反規定的各項細節。並簡單報告一下在紀律整治這段期間，發生了哪些事情，還要附上該名員工承諾改變行為的聲明文件，或者是拒絕改變的理由是什麼；也要描述未來若有違反規定的情事再度發生，會施以何種處罰。如果該名員工不服文件中的內容，最好設法取得他的同意，如果必要的話，可以作些細微的更正。如果他拒絕在文件上簽字，也必須讓公司的高級主管在場見證（比如說你的老闆），請他簽字證明該名員工已經被施以警告，並且拒絕在文件上簽署姓名。這類證明員工已經接到書面警告，並已被通知未來再犯，必須承擔什麼後果的書面文件，將使得組織和法院都很難駁回你的行動計畫。

8.當紀律整治完成之後，和該名員工恢復以往的關係：不要和有違反規定紀錄的人心生嫌隙，或是把他當成罪犯。在自我實現式的預言底下：如果你把員工當作是罪犯，他或她可能就會照著你的預期心理來行事，而成為一個一再觸犯規定的人。如果你把員工當作是一個只犯過一次錯的人，你不希望再看到他做出同樣的事情，整個事件可能就告結束，再也不會發生了。

工作運用

9.請複習紀律守則，找出任何一條守則是你現在或以前的老闆所不曾遵守的。

漸進式的紀律養成

許多組織都有一系列非常嚴厲的紀律整治行動。漸進式的紀律養成步驟包括：（1）口頭警告；（2）書面警告；（3）停職；（4）解雇。對一些不太嚴重的違反情事，比如說上班遲到，就可以循序漸進地採用這四種步驟。比較重大的問題，比如說偷竊，就會跳過這些步驟，直接解雇。請務必為每一個步驟作成書面記錄。不含懲戒的紀律養成就是一種漸進式的紀律養成。

不含懲戒紀律養成

三十多年以前，John·Huberman發展出不含懲戒的紀律養成方式，[33]到了今天，仍有人為文推廣，並且許多組織都運用得很成功，其中包括Bay Area Rapid Transit、General Electric、GTE、Pennzoil、Procter & Gamble、Tampa Electric和Texas Department of Mental Health。紀律被人視作為正面的；懲戒則被視作為負面的。[34]我們應該盡量避免處罰員工，因為它會製造出恐懼、焦慮、以及更多的處罰。紀律和懲戒之間有三種主要不同的差異：（1）責任 在紀律養成下，由員工來負責行為的改變；在懲戒下，經理人必須負責讓員工遵守規定；（2）重心所在 紀律養成著重的是改變未來的行為；懲戒著重的則是處罰過去的行為；（3）經理人的角色 當你在整治紀律的時候，就是扮演教練的角色；當你在處罰員工的時候，就是在扮演法官的角色。

不含懲戒的紀律養成包含以下四個步驟：

1.口頭警告員工：它著重的是要員工負責改變未來的行為。

2.書面提醒員工：如果員工還是沒有改變，在口頭警告之後，仍一再重複犯規，就要給予他或她書面的提醒，不要再犯同樣的錯。

3.要員工自行決定去留：若是有必要給予第三次警告，就會放員工一天假（照付薪水），要他或她想清楚，究竟是否還要留在公司裏服務。如果該名員工選擇繼續留下來，就要瞭解改變行為的必要性，因為如果又被警告的話，就要被解雇了。

4.解雇員工：第四次違反規定就要遭到解職的命運。

Kellogg基金會並沒有漸進式的紀律養成步驟，但是，卻可以透過監督哲學和有效訓練的運用來達到相同的結果。該基金會訓練它的經理人必須有效地養成員工紀律。但是，強調的重點卻是擺在溝通上。

8.列出紀律模式中的五個步驟

紀律模式

每一次整治員工的紀律時，都要遵守紀律模式中的步驟。究竟要改變什麼，完全視漸進式紀律養成中的程度和紀律內容而定。

以下是紀律模式中的五個步驟，並摘要在模式16-3裏頭。

步驟1 參考過去的回饋意見

面談一開始的時候，先恢復員工對過往的記憶。如果員工曾接受過這方面

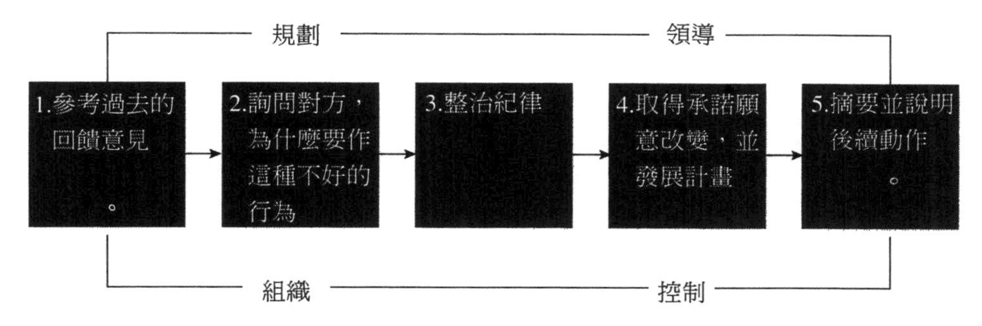

模式16-3　紀律模式

行為的訓練或諮商，或者是他打破的是一項眾人皆知的規定，先把這件事提出來。

舉例來說：先前的訓練——「Billie，還記得我告訴過你，使用正確的姿勢，屈腿抬箱子的事情嗎？」違規——「Billie，你知道有關屈腿抬箱子的安全規定嗎？」

步驟2　詢問對方，為什麼要作出這種不好的行為

正如守則中所談到的，你要給對方一個解釋的機會，以便你在施行紀律整治之前，收集齊全所有事實根據。如果你之前訓練過他，而且該名員工也承諾要改變，這時你一定要詢問他，為什麼沒有改變行為。如果行為已經改變，就不再需要施行紀律整治。也請別忘了描述清楚詳細的關鍵性事件，以便支持你對行為完全沒有改變或改變不夠的論點。

舉例來說：先前的訓練——「兩天以前你告訴我，你會屈腿而不是彎腰來抬箱子，為什麼你現在還是在彎腰呢？」違規——「你為什麼要違反安全規定，彎腰而不是屈腿抬箱子？」

步驟3　整治紀律

如果這些不良行為的後面沒有什麼好理由，就可以開始整治紀律了。紀律實施會依漸進式的不同階段而有不同。

舉例來說：先前的訓練——「 因為你沒有改變行為，所以我要給你一次口頭警告。」違規——「因為你已經違反了安全規定，所以我要給你一次口頭警告。」

步驟4　取得承諾願意改變，並發展計畫

試著取得願意改變的承諾。如果員工不願承諾，要在關鍵性事件檔案中註明清楚，或使用書面警告方式。此外，以前可能已經發展過計畫，如果是這樣的話，該名經理人就可以要求對方再承諾一次。必要時，也可以發展新的計畫。類似像「你以前的嘗試並沒有什麼用，一定有什麼更好的方法」這樣的說法往往很有幫助。若是有私人問題，則可提供專業性的協助。

舉例來說：先前的訓練——「你可以從現在起，屈腿抬箱子嗎？」「有什麼方法可以讓你記得要屈腿而不是彎腰抬箱子？」

步驟5　摘要並說明後續動作

摘要紀律內容，並說明將會採取的後續行動。後續行動中的其中一部分就是為紀律整治作成記錄。在口頭警告和停職階段，一定要取得員工的簽署。如果必要的話，可採取紀律模式的下一個步驟，直到解雇為止。

舉例來說：先前的訓練或違規——「你同意在抬箱子的時候，要屈腿而不是彎腰。如果我在抓到你違規的話，就要給你書面警告了，如果必要的話，可能會把你停職或解雇。」

正式的績效評鑑面談

Kellogg基金會有一個很正式的績效評鑑，所有的員工一年都要接受一次評估。經理人也要受訓瞭解如何進行績效評鑑的面談。還記得我們建議過應個別舉辦評價性和發展性的PA面談嗎。在本單元裏，你將會學到如何為個別舉辦的評價性和發展性PA面談預作準備和實行。但是首先，你將會學習到如何在執行績效評鑑面談時，避開一些常見到的問題。

執行績效評鑑時所要避免的問題

真正實際的績效評鑑並不只是講究道德而已，它還能讓公司免於官司纏身。[35]對不公平的抱怨指責，大多是指評鑑方法的不正確和錯誤所使然。[36]圖16-7列出了十種我們應當避免的錯誤，以下是詳細的解釋說明。

回憶和最近的事	中庸傾向
活動力的陷阱	寬大仁慈
偏見	嚴謹
光環效應	干擾打斷
警報效應	倉促匆忙

圖16-7　在執行績效評鑑時所應避免的問題

回憶和最近的事

我們很難去記住六個月到一年以前所發生的事。不記錄關鍵性事件的經理人往往比較偏重於評鑑期間所發生的最近表現。所以保持完整的關鍵性事件檔案記錄，將有助於你記得所有過去的表現。

活動力的陷阱

不要依據員工的活躍力或看起來很忙碌的樣子，來進行評估，要根據結果來評估。有的員工好像很忙，可是生產力卻不佳。

偏見

要評估實際表現，而不是你們之間的友誼、對方的個性、種族背景、宗教信仰、以及其它等等。經理人是根據工作上的互動關係而發展出對員工的感覺。所以要清楚知道你對每位員工的感覺是什麼。當你在作評估的時候，要把客觀的評斷從主觀的感覺裏抽離出來。

光環效應

所謂光環效應是指你只根據少數幾個標準，就把員工評價得很高。當你在評估績效的時候，應該兼顧所有的標準。有的員工在某方面可能很出色，在其它方面則顯得很差。

警報效應

警報效應和光環效應完全相反，意思是說你只根據幾個你很不喜歡的表

概念運用

AC 16-4　績效表現的問題

請確認以下狀況的績效評鑑問題或是經理人所造成的錯誤。請利用圖16-7的項目內容來作答。為每個項目依序排定A到J 的字母，然後在下面的每道題前，填上答案的代表字母：

__ 16.我連續五個月都沒犯過錯，可是這個月我卻犯了一次錯，所以只得到「良好」的評分，而不是「優等」的評分。

__ 17.我才不在乎自己的表現如何，反正每次的評分都一樣。幾乎所有的人分數都一樣。

__ 18.我打字打得不好，程度可能只有別人的20%而已，可是因為打字差的緣故，經理給我的其它項目評分也很低。

__ 19.我會掌握時間，調整自己的工作腳步，我做的工作比部門裏的其他人還要多，可是因為我不會在老闆在的時候，假裝很忙的樣子，結果我的評鑑分數就很低。

__ 20.儘管經理Chris沒有明說，可是她卻因為我的穿著打扮而給我很低的分數。Chris總是對我的穿著有意見。

現，就把該名員工評價得很低。

中庸傾向

中庸傾向是指你把多數的員工都評為中等，或者所有的評分都不出於一狹窄的範圍以外。其實評分高低應該分散很廣，因為員工的表現並不是永遠都很一致，或者是每一件任務都有相同的表現。

寬大仁慈

寬大仁慈是指你把每位員工的表現都評得比實際表現要來得高。直屬上司往往喜歡為自己旗下員工打很高的分數，甚過於他們的實際表現。這種膨脹式的評鑑方法並無法鼓勵員工有所改進，而且還可能被那些遭到解雇的員工拿來當作訴訟的武器。[37]

嚴謹

寬大仁慈的相反就是嚴謹。你把員工的表現都評得比實際表現要來得低。這也可能反映出經理人對員工的負面偏見。

干擾打斷

進行績效評鑑時，一定要避免被干擾打斷，這一點很重要。因為不管對經理人或員工來說，都會令人分心。在你開始面談之前，告訴其他人不要打擾你，除非有非常緊急的狀況發生。

工作運用

10.還記得你的績效評鑑結果嗎？你的經理有避開所有這十點問題嗎？如果沒有，那麼他的問題是什麼？

倉促匆忙

經理人通常低估了績效評鑑所要花的時間。結果當時間愈來愈緊迫的時候，就會倉促地結束整個評鑑。請務必留下足夠的時間。不要為時間計畫設限，直到你認為應該結束了，再自然輕鬆地劃下句點。也不要把評鑑面談的時間排到一天工作的終了之際。

9.列出評價性和發展性績效評鑑面談中所執行的各個步驟

評價性績效評鑑面談

我們建議你最好在執行績效評鑑面談前，先預作計畫準備。因此，本單元將分成PA面談的預作準備和執行兩部分。因為評價性面談是發展性面談的基礎所在，所以必須先完成。但是別忘了我們曾經提到過，PA的首要目的是幫助員工改善他們的績效表現。[38]

為評價性面談預作準備

當你在為這類面談作準備之前，一定要遵循評價性績效評鑑過程中的各個步驟（模式16-4），以下是其中的詳細內容。

步驟1　約定時間

在你計畫執行績效評鑑面談前的一個禮拜，就先和該名員工約定好會面的時間。雙方要確定好日期、時間和地點。最好讓員工選擇地點—你的辦公室或員工的工作所在，還是其它中立場所，比如說會議室（要先預定）。不要爽約，否則會讓員工覺得自己並不重要。

步驟2　讓員工先作自我評估

當你在約定時間的時候，把一份評鑑格式的影本順便交給該名員工。請他或她填好內容（如果必要的話，可以向對方解釋填寫的方法），下次開會的時候再帶過來。此外也可以要求你的員工把自己的優點和有待改進的地方寫出來。

步驟3　評估表現

收集你所需要用來評估的各種資料：員工的紀錄、關鍵性事件檔案、以及其它等等。把評鑑表填好，可是這並不代表最後的拍案結果。你可以在面談中隨時改變你的評鑑內容。請複習一下前面所談到的十點問題，請千萬避開它們。

步驟4　確認優點和有待改進的地方

請注意我並沒有提到缺點，因為這個字眼會給人一種負面的聯想。員工可

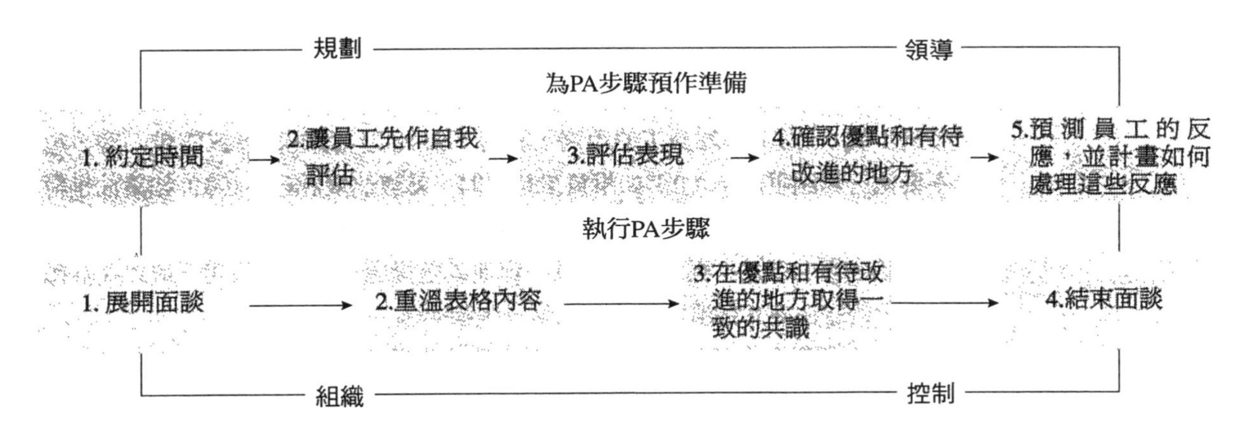

模式16-4　評價性績效評鑑

能會說：「我沒有缺點啊！」但是卻可能會有一些有待改進的地方。

步驟5 預測員工的反應，並計畫如何處理這些反應

對旗下員工知之甚詳的經理人，應該非常清楚他們對評估結果的反應會是如何。你要知道，員工通常會把自己的表現，評估得比經理人或同儕的看法還要來得高，這是很自然的。[39]所以最好準備一些明確的關鍵性事件紀錄來支持你的評鑑結果，以便克服雙方的歧見。先準備好要如何解釋該名員工為什麼沒有得到比較高的評分結果，以及他要如何改進才能得到高分。

執行評價性面談

鼓勵員工說話。整個評鑑應該是有來有往的面談方式，雙方的貢獻各佔50%。模式16-4列出了執行評價性績效評鑑面談時所應遵循的步驟，以下是其中的詳細內容。

步驟1 展開面談

讓員工自在一點。先討論一些員工有興趣的話題，讓氣氛和諧一點，比如說運動、嗜好等。不具攻擊力的幽默感也很適用於績效面談。一旦和諧氣氛建立好之後，再說出此次面談的目的。

步驟2 重溫表格內容

你可以先看第一個項目，再依序重溫表格中的所有其它項目。也可以一開始先瞭解員工的自我評估，以及其評分的背後理由是什麼。然後再提出你的評分，以及背後的理由。並利用關鍵性事件來支持你的論點。此外，你也可以利用關鍵性事件為主題來帶出你的評分及其理由。接著再詢問員工的評分多寡，及理由是什麼。

不管是哪一種方法，你都應該對好的表現提出讚美，並表達你的感謝之意。通常在面談中，多少會碰到雙方無法達成共識的時候，若是如此，請遵守下列步驟：（1）傾聽員工的說詞，絕對不要表現出你的敵意或防禦心理，也不要進行言詞爭辯；（2）如果員工是對的，就該改變評分；（3）如果你是對的，要堅持立場。如果你不同意，也不要被員工以虛張聲勢的假象來唬弄你。如果該名員工還是不同意你的論點，請他或她提出一份書面聲明。可以在評鑑表格上的空白處直接填寫，或是另附一張聲明函。

步驟3 在優點和有待改進的地方取得一致的共識

重溫過表格中的每個項目之後，請該名員工描述自己的優點。你也可以描述對方的優點是什麼，然後從中取得共識。再遵照這個模式確認出有待改進的地方有哪些。有待改進的地方最多不超過兩或三項。除非這名員工的能力真的很低，你也好趁這個機會要求對方發展目標和計畫，來改善這些部分。如果你握有權力可以為員工調薪，也可以在這個關頭討論一下調薪的幅度。此外，還可以約定時間進行發展性面談的討論。

步驟4 結束面談

以該名員工的績效總評分來摘要總結這次的會議。要以正面性的論點來結束會談，比如說：「很高興我們能有機會一起討論你的績效表現。」；「你做得很棒！」；「我確定如果我們一起合作，你一定能改善下次的評鑑。」。

發展性績效評鑑面談

有了評價性面談，現在你應該開始為發展性績效評鑑面談預作準備和執行。

為發展性面談預作準備

完成評估之後，現在你應該為發展面談預作準備。請遵照模式16-5的步驟來做，詳細內容如下文所示。

步驟1 約定時間

為發展性面談約定日期、時間和地點。可以在評價性面談的終了之際順便約定下次會面的時間或是改日再約時間。發展性面談大約定在評價性面談過後的一個禮拜。

步驟2 請員工為有待改進的績效表現發展目標和計畫

在評價性面談的時候，你和員工都已經在一些優點和有待改進的地方取得了共識，而那些有待改進的地方正好拿來作為發展性目標和計畫的基礎所在。

步驟3 針對如何改善員工的績效表現，發展目標和計畫

目標與計畫的發展細節視員工的能力程度而定。要根據情況的不同採用適當的管理風格（第一章）。員工的能力若是很低，就應該在細節上多所鋪陳。在目標管理底下，你們雙方都應該持有一份影本，定期檢查進度，並根據績效表現評估下一個項目。如果員工把計畫執行得非常好，就可以在下一次績效評鑑中，在此項目上取得較高的評分。

執行發展性面談

請遵照模式16-5的步驟來做，以下是其中的詳細內容。

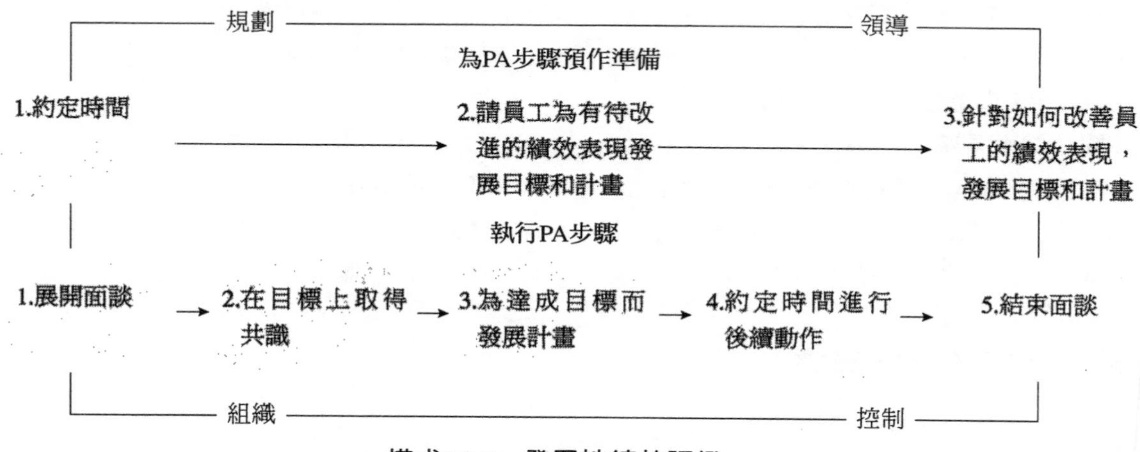

模式16-5　發展性績效評鑑

步驟1　展開面談

就像你在評價性面談中所做的一樣，在展開面談時，先打造出和諧的氣氛。

步驟2　在目標上取得共識

目標最多不超過兩或三個。討論內容必須視員工的能力程度而定。根據情況的不同，採用適當的管理風格（第一章）。無論如何，雙方都要把目標寫下來，最好是利用作業性規劃表（第六章）來書寫，目標內容必須遵照有效目標的標準（第五章）。

步驟3　為達成目標而發展計畫

為了達成目標，應該要發展出計畫。計畫中方針的多寡全視員工的能力程度而定。程度愈低，就愈需要多一點的指導方針；程度愈高，就不需要太多的指導方針。可是，一定要讓員工儘量地參與其中，讓他或她覺得這就好像是自己所完成的計畫一樣，而不是你做的計畫。無論如何，每一個目標和計畫都要寫下來，最好是寫在作業性規劃表上。此外，還要設定控制關卡來檢查進度如何，以確保目標的達成。

步驟4　約定時間進行後續動作

在第一次控制關卡的時候，就要排定碰面時間來檢查進度。

步驟5　結束面談

你和員工彼此都要有一份作業性計畫的影本。你們可以核對一下行動項目，並以正面性的聲明來結束這次的會談，比如說：「我有信心，你一定能完成這些目標。」

在談完訓練、紀律養成、和正式的績效評鑑系統步驟之後，有些人，特別是那些已經歷過正式評鑑面談的全職員工，他們都說自己的經理並沒有遵守上述的這些步驟。其實，本書的目的不是要教你使用一些常見的不良運作，而是透過模式的使用，發展你的技巧去採用一些業經試驗證實有效的方法。當你真的面臨到績效評鑑面談的時候，只要找出你的課本，遵照上面的指示而行，這一點也不困難。

現有的管理議題

全球化

全球化公司的經理人必須確定人力資源控制方法可以用在國際間。Deming相信他對績效評鑑系統的四點批評，正是全球都面臨到的問題，只是在日本這個國家問題比較不嚴重，因為他的方法已經被當地市場大量地運用。

多樣化差異

不管是在績效評鑑的哪一個階段，經理人都應該知道他們所領導的是多樣化差異的員工。就工作表現和責任感的角度來看，每位員工各有不同。[40]因此，根據每位員工的能力來採用適當程度的外力VS.自我控制，就成了一件非常重要的事。為了獎勵正面性的行為，有愈來愈多的組織都在執行「同工不同酬」的作法。[41]另一個現有議題則是組織究竟應否控制員工的穿著方式？許多組織現在都已經開始讓員工不用穿西裝打領帶也可以上班。很多經理人都相信，如果員工在穿著上比較自在的話，就會變得更有生產力。此外，因為科技的發達，現在有許多產業的員工根本就不必和組織以外的人員碰面。但是，還是有許多組織對休閒服的穿著設下了規定。[42]

道德和社會責任

整套績效評鑑系統都應該負起社會責任，道德一向是PA當中的議題。現實生活中的PA雖然有困難，可是還是值得這麼做。[43]沒有有效的衡量方法和回饋內容，員工是無法改進他們的績效表現。重要的道德性議題包括隱私權和外力控制的程度多寡。現在的科技很容易可以暗中監視員工的一舉一動。[44]工作場所中可以滿佈針孔攝影機，電話也可以被竊聽。電腦裝置則可以讀取所有的工作內容，還有軟體可以監督鍵盤敲擊的數量。你不用再費心猜測員工什麼時候工作或什麼偷懶。身為一名經理人，你有能力可以去暗中監視員工，但是問題卻是「這有道德嗎？」除此之外，很多人都批評美國是一個為了成功和利益所得，會不惜詆毀自己員工的國家，所以在這樣的氛圍下，整個工作環境變得很暴戾。事實上，員工的需求絕對和成功以及利益所得一樣的重要。[45]

整體品質管理

TQM對品質的重視，使得品質標準和衡量標準的設定變得非常重要。身為一名品質專家，Deming對現有績效評鑑系統的批評，著重的都是品質方面的問題。Deming也批評現有的PA只注重輸出品。為了和系統過程取得一致，Deming 呼籲應對輸入、轉換過程和輸出等同時作出績效評鑑。除此之外，他也建議控制的重點應擺在過程上，而不是控制員工的行為。[46]因為TQM強調的是團隊分工，所以團隊成員必須負起績效評鑑的責任。

參與式管理和團隊分工

如果你真的想要發展出可以避開前述各項問題的績效評鑑系統，你就需要用到參與式管理，並把那些受到PA影響的人都包含在內。參與式管理和團隊分工的目前趨勢之一就是增加執行PA的牽涉人數。[47]自我評估、同儕評估和同儕評估老闆的種種運用，都在與日俱增。即使這些評估方式可以增加PA過程中所用到的資訊，可是仍不免有些問題。自我評估的方式常常流於偏見和對自己過

在Lancaster實驗室所創新開辦的幼兒和老人日間看顧班，大大地降低了員工的缺席率。

於寬大。[48]朋友之間的同儕評分若是採用匿名方式，而且只針對發展性決策而不是行政性決策的話，就比較能發揮功效。對上司不滿的屬下員工在對上司評分時，也可能會流於偏見，並有警報效應和過於嚴謹等問題。為了協助克服這些問題，儘管我們還是得用到這些評估方式，但是最好設有一位直屬監督者，讓他握有績效評鑑的最終實權。[49]舉例來說，Abbott 實驗室的診斷部門就讓業務人員來評估業務經理，以便讓業務單位可以合作得更有效率。這些評估也可以讓不能每天都碰到業務經理的地區經理更清楚他們的管理風格和成效性如何。但是，老闆的評估只能算是地區經理對業務經理評估的部分而已。[50]

生產力

為了提升生產力，七年內共裁撤掉300萬份工作。[51]但是如果生產力的提升是為了轉變績效表現，那麼重新改造的作法效果可能比較好。[52]和生產力切身有關的就是缺席率，這個數字正逐年地上升當中。只有45%的缺席率是因為病假所使然，家庭因素則佔了27%。另外還有相當比例的請假人口不是因為生病而請假，而是為了躲避工作壓力。[53]在調查中，受訪的300家公司裏頭有72%表示，公司若能擁有附設性或支援性的日間看顧服務，將可「大大地」降低員工的缺席率。但是實際上卻只有6%的公司有提供這樣的服務。

小型企業

許多小型企業，特別是那些人數在100人以下的小型企業，都未設有人力資源部門，所以並沒有專業人士可為它們發展擁有明確標準、衡量辦法、員工援助計畫、以及紀律養成政策的績效評鑑系統。許多公司甚至無法每年都舉辦一次正式的績效評鑑。但是，這並不表示小型企業裏的PA並不重要。有些小型企業，比如說Kellogg基金會，儘管只有300名員工，還是設有本章所討論到的正式PA過程。

摘要與辭彙

經過組織後的本章摘要是為了解答第十六章所提出的十大學習目標：

1.解釋兩種類型的績效評鑑

績效評鑑的兩種類型分別是發展型和評價型。發展型績效評鑑可用來作成決策和計畫，以便改善績效表現。評價型績效評鑑則是用來作成行政決策的，其中包括加薪、調職和升等、以及降職和解職。

2.描述績效評鑑過程中非正式和正式步驟之間的差異

績效評鑑是評估員工績效表現的持續進行過程。非正式的績效評鑑是同步控制下的持續進行過程。正式的績效評鑑面談則是一年舉辦一或兩次，被當作是一種重做控制。

3.解釋「你只挑有報酬的事情來做」這個概念

人們會打聽，有哪些活動是有報酬的，然後再去做它（或至少假裝在做它）。可是對那些沒有報酬的事情則敬謝不敏。

4.說明裁定外力控制VS.自我控制的主要標準是什麼

外力VS.自我控制程度多寡的決定，主要是看員工利用自我控制來達成標準的能力而定。能力程度愈低，就愈需要用到外力控制；能力程度愈高，則愈需要用到自我控制。

5.解釋一下在訓練當中，正面性激勵回饋的重要性

訓練的目的是要改善績效表現。正面性的回饋，例如給予讚美，可用來激勵員工維持和改善他們的績效表現。

6.列出在訓練模式中的四個步驟

訓練模式中的四個步驟分別是：（1）描述現有的績效表現；（2）描述所欲的績效表現；（3）取得承諾去改變；（4）後續動作。

7.解釋經理人在諮詢中的角色扮演，以及在員工援助計畫中的角色扮演

經理人在諮詢中所扮演的角色是給予員工回饋意見，以便讓他們瞭解某個問題正在影響他們的工作表現，並且指點這些有問題的員工去參加員工援協計畫。經理人在員工援助性計畫當中所扮演的角色則是協助員工取得專業性的協助來解決他們的問題。

8.列出紀律模式中的五個步驟

紀律模式中的五個步驟分別是：（1）參考過去的回饋意見；（2）詢問對方，為什麼要作出這種不好的行為；（3）整治紀律；（4）取得承諾願意改變，並發展計畫；（5）摘要並說明後續動作。

9.列出評價性和發展性績效評鑑面談中所執行的各個步驟

執行評價性績效評鑑的四個步驟分別是：（1）展開面談；（2）重溫表格內容；（3）在優點和有待改進的地方取得一致的共識；（4）結束面談。執行發展性績效評鑑的五個步驟分別是：（1）展開面談；（2）在目標上取得共識；（3）為達成目標而發展計畫；（4）約定時間進行後續動作；（5）結束面談。

10.界定下列幾個主要名詞（依照本章的出現順序而排列）

請選擇下列一或多種方法來進行：（1） 靠自己的記憶，把填空題中的專有名詞補上；（2）從結尾的回顧單元以及下頭的定義來為這些專有名詞進行配對；或者（3）從本章一開頭的名單上，依序把各專有名詞照抄一遍：

____ 是指評估員工績效表現的持續進行過程。
____ 可用來作成決策和計畫，以便改善績效表現。
____ 可用來作成行政決策，其中包括加薪、調職和升等、以及降職和解職。
____ 是指員工正面和負面的表現紀錄。
____ 是指一種格式，經理人可以從中簡單地核對員工的表現程度。
____ 是指一種格式，內含一些描述性的聲明，經理人可從這些聲明當中選出最適當的內容來衡量員工的表現。
____ 是指給予誘導性回饋，以便維持和改進績效表現的一種過程。
____ 包括三種主要活動分別是：傾聽、教導和協助。
____ 是一種糾正性的行動，以便讓員工達成標準和符合常備性計畫上的內容。
____ 是指給予員工回饋意見的一種過程，以便讓他們瞭解某個問題正在影響他們的工作表現，並且指點這些有問題的員工去加入一些協助性的課程。
____ 是由一群工作人員所組成，專門協助員工取得專業性協助來解決他們的問題。

回顧與討論

1.績效評鑑過程中的步驟有哪些？
2.績效評鑑為什麼應該是持續進行的過程？
3.控制系統過程是如何被涵括在績效評鑑過程中的？
4.標準應該很確實絕對？或者可以有伸縮的範圍？為什麼？
5.什麼是期待B，卻獎勵A？
6.Deming對現有績效評鑑系統的四點批評是什麼？
7.評分等級和以行為為主的評分等級，這兩者之間的差別是什麼？
8.根據排名順序來看，適當和不適當的決策是什麼？
9.關鍵性成功要素對有效的績效標準和衡量辦法，所扮演的角色是什麼？
10.訓練的目標是什麼？

11.經理人有哪些作為，通常會讓員工感到士氣低落？

12.績效表現的公式是什麼，它是如何運用在訓練上？

13.走動管理的三種活動是什麼？協助性角色又是什麼？

14.訓練、諮詢和紀律養成之間的差異是什麼？

15.問題員工和管理功能之間的關係是什麼？

16.八種紀律守則當中，哪一個和你的個性最相關？為什麼？

17.紀律和懲戒之間的三種差異是什麼？

18.執行績效評鑑時有十點應避免的問題，哪一個問題和你個人最有關聯性？為什麼？

個案

Old Town銀行在內布拉斯加州的Fremont共有10家分行。它有一個正式的績效評鑑系統，所有的員工每年都要被分行經理評估一次。Steve Tomson是第十街分行的經理，以下就是他和行員Jean Jones（小名JJ）在績效評鑑面談中的對話，這是JJ的第一年績效評鑑。54

Steve：JJ我叫你來辦公室是因為要對你的第一年做績效評鑑。

JJ：時間過得真快！

Steve：這個兩頁的表格上頭打勾的地方是我對你的評估內容，我希望你看一遍，然後在上頭簽名。

JJ：（幾分鐘之後）你給我的平均總分只有4，為什麼？我比這個分行裏的多數員工都要做得好！

Steve：你是一個好行員，可是你知道嗎！？人力資源經理規定，雖然評分範圍是1到7分，可是經理不能給任何一個行員1的最高分數，因為沒有人可以這麼完美。他還規定只能有兩個人得到2的高分，有一個人必須得到7的低分。像你這樣的新進人員通常是得到5分，可是因為你做得很好，所以得到的分數是4分。

JJ：這對我來說沒有道理。我的工作做得很好，我應該得到比較高的評分，而不是中等的分數。

Steve：我可以瞭解你的感覺，可是這不在我的控制範圍內，況且，只要你的評估不是太差，就會和每個人都得到一樣的調薪幅度。只有在績效評鑑上得到不良評分的人，才會失去加薪的機會。

JJ：我瞭解你的意思，可是我還是覺得很奇怪。

Steve：你可以把意見寫在一張便條紙上，附在這個表格後面，我們會把它送交給人力資源總監，他會看到你的意見的。

JJ：我會簽上我的名字，可是我不想加上我的意見。

Steve：不管怎麼樣，你的工作做得非常好，你會得到標準的加薪額度。謝謝你參加這次的面談，我很高興我們分行能擁有一個像你這樣好的行員。

JJ：待會兒見囉！

請為下列題目找出最佳的答案選擇。請確定你能夠解釋自己的答案：

1. 這個面談是屬於___績效評鑑。

   a.發展性　b.評價性

2. Steve是處在績效評鑑中的第___步驟。

   a.一　b.二　c.三　d.四

3. 績效標準很清楚：

   a.對　b.錯

4. 該銀行的績效評鑑系統所犯的錯誤是「期待B，卻獎勵A」的愚行：

   a.對　b.錯

5. Deming會說這家銀行的績效評鑑作業是：

   a.不公平的　b.在品質上採取妥協的姿態　c.阻礙員工向上超越　d.剝奪了員工以工作為榮的心態　e.以上皆有

6. Steve所填寫和JJ所簽名的表格是屬於___的績效評鑑衡量法。

   a.關鍵性事件檔案　b.評分等級　c.BARS　d.排名順序　e.MBO　f.故事敘述

7. Steve向JJ所描述的PA作業，要求Steve要採用___的績效評鑑方法。

   a.關鍵性事件檔案　b.評分等級　c.BARS　d.排名順序　e.MBO　f.故事敘述

8. 在該銀行中，訓練似乎是績效評鑑系統中很重要的一部分：

   a.對　b.錯

9. 有一名員工必須得到最差的評鑑分數，這是屬於：

   a.訓練　b.諮詢　c.紀律養成

10. 該銀行績效評鑑系統中的主要問題是：

   a.干擾打斷　b.倉促匆忙　c.記憶／最近的事　d.活動力陷阱　e.偏見　f.光環效應　g.警報效應　h.中庸傾向　i.寬大仁慈　j.嚴謹

11. 請解釋你對問題5的回答。

12. 如果你是JJ，你會附上自己的意見來表達你對PA系統的感覺嗎？

13. 如果可以的話，你建議這個PA系統應該有什麼改變？

技巧建構練習16-1　訓練[55]

為技巧建構練習16-1預作準備

你應該已經讀過課文中有關訓練方面的事宜。你也可以複習影帶行為模式16-1，其中有描繪如何利用訓練模式來執行訓練講習。

在課堂中進行技巧建構練習16-1

目標

透過訓練，發展你的技巧來改善績效表現。

經驗

你將會利用到模式16-2來訓練別人、被別人訓練和被別人觀察。

程序1（2到4分鐘）

三個人為一小組。如果必要的話，也可以兩人為一小組。每一個成員都要選擇以下三種情況的其中之一，擔任經理人的角色，另一個情況則擔任員工的員工。不管是哪一種情況，扮演員工的人都要知道常備性計畫是什麼，這位員工並沒有什麼工作幹勁去遵守它。你們要輪流擔任訓練的角色和被訓練的角色。

三種問題員工的情況描述

1.員工1是一名辦事員，他就像部門中的其他十名員工一樣，必須利用到一些檔案。這些員工都知道用完檔案一定要物歸原處，這樣子，別人想要的時候，才能找得到它們，而且一次只能借用一個檔案。可是辦公室主管發現到，員工1的桌上有五份檔案，其他員工則在為了找不到其中一份檔案而焦頭爛額。這位主管想到，員工1一定會以工作量太大為藉口來作為自己沒有歸還檔案的理由。

2.員工2是冰淇淋店的服務員，這名員工知道顧客一離開，就要立刻清除桌面，這樣子新來的顧客才不會坐在骯髒的桌子旁邊等待服務。這是一個很忙碌的夜晚，主管發現這名員工所負責的桌面還有不乾淨的盤子等待收拾。這時，員工2正在和另一桌的朋友打交道。他們都知道，員工必須要保持友善的態度，所以員工2可能會拿這個理由來作為桌子不乾淨的藉口。

3.員工3是一名汽車技師。修車廠的所有員工都知道他們應該要在每一部車的裏面放上一張紙墊，才不會把車內的地毯弄髒。可是當服務部的主管進到員工3所負責修理的汽車裏頭時，卻發現車內並沒有墊上紙墊，而且地毯上也都沾了一些油污。員工3的修車工作做得相當好，所以可能在被訓練的時候，拿這一點來當擋箭牌。

程序2（3到7分鐘）

為改善績效表現的訓練預作準備。每一位小組成員都要在下面寫下自己在訓練員工1、2、3的時候，所會談到的內容大綱。請遵照下面的步驟進行：

1.描述現有的績效表現。__________

2.描述所欲的行為。（不要忘了請員工說明這種行為為什麼很重要？）

____

3.取得承諾去改變。______________________

4.後續動作。______________________

程序3.（5到8分鐘）

a.角色扮演：員工1辦事員的經理人要按照計畫來進行訓練。（請用扮演員工的同學本名來稱呼）請先開始說話，但不要只是讀你的書面計畫。扮演員工1的同學，請以他的立場來答辯，你的工作很辛苦，因為工作上分秒必爭，所以要承擔很大的壓力。若是手邊有一個以上的檔案，做起來比較順手。當你接受訓練的時候，要提及自己的工作量。經理和員工都可以任意發揮。

沒有扮演任何角色的成員必須擔任觀察員。他或她要在以下的表格上填寫意見。請儘量寫出正面性的建議看法，並指出有待改善的地方是什麼。此外，也請告訴經理人可以說些什麼來改善訓練講習的內容。

觀察員表格

1.經理人對現有行為的描述，說得如何？

____

2. 經理人對所欲行為的描述，說得如何？員工有說明這種行為為什麼很重要嗎？

____

3.經理人在承諾的取得上做得如何？你認為員工會改變嗎？

____

4.經理人在描述自己會如何地採取後續行動以確保員工真正做到所欲行為，這一點的表現如何？

b.回饋：由觀察員來帶領大家討論經理人的訓練工作做得如何。（這應該是一場討論，而不是個人的演講。）請把重點擺在經理人有哪些地方做得不錯，以及該如何改善。員工也要回饋自己的看法，說說他的感覺，並表明有什麼有效的辦法可以讓他去改變自己的行為。除非講師要你們進行下一個活動，否則請繼續討論。如果你們提前完成討論，請等一下別組。

程序4（5到8分鐘）

同程序3，只是改變角色，也就是擔任服務員的員工2來接受訓練。員工2應該表明，和顧客聊天是一件很重要的事，因為可以讓顧客覺得自己受到歡迎，並告知如果不能和朋友聊聊，這件工作實在是很無聊。

程序5（5到8分鐘）

同程序3，只是改變角色，也就是擔任汽車技師的員工3來接受訓練。員工3應該表明自己的修車能力有多棒。

結論

由講師帶領全班進行討論，並作成總結講評。

運用（2到4分鐘）

我從此經驗中學到了什麼？我會在未來的日子裏，如何運用此所學？

分享

由自願者提供他在此運用單元裏的答案。

技巧建構練習16-2　紀律養成[56]

為技巧建構練習16-2預作準備

你應該已經讀過課文中有關紀律養成方面的事宜。

在課堂中進行技巧建構練習16-2

目標

發展你的能力來為某名員工養成紀律

經驗

你將會利用到模式16-3來養成別人的紀律、被別人養成紀律、和被別人觀察。

程序1（2到4分鐘）

三個人為一小組。如果必要的話，也可以兩人為一小組。每一個成員都要從技巧建構練習16-1裏頭選擇三種情況的其中之一，決定由誰來養成員工1（辦事員）、員工2（冰淇淋店服務員）、或員工3（汽車技師）的紀律。此外，也要從中選出一名成員來擔任員工的角色。

程序2（3到7分鐘）

為紀律講習作準備。請寫下自己會對員工1、2、3所談到的內容大綱。請遵照紀律模式的步驟進行：

1.參考過去的回饋意見。（假定你們以前已經利用過訓練模式討論過這個情況）

____

2.詢問對方，為什麼要做出這種不好的行為。（該員工應該為自己的不想改變找藉口）

____

3.整治紀律。（假定口頭警告就可以了）

____

4.取得承諾願意改變，並發展計畫。

____

5.摘要並說明後續動作

____

程序3（5到8分鐘）

a.角色扮演：員工1（辦事員）的經理按照計畫在為對方整治紀律。（請用扮演員工的同學本名來稱呼）請先開始說話，但不要只是讀你的書面計畫。扮演員工1的同學，請以他的立場來答辯，你的工作很辛苦，因為工作上分秒必爭，所以要承擔很大的壓力。若是手邊有一個以上的檔案，做起來比較順手。經理和員工都可以任意發揮。

沒有扮演任何角色的成員必須擔任觀察員。他或她要在以下的表格上填寫意見。請儘量寫出正面性的建議看法，並指出經理人有待改善的地方是什麼。此外，也請告訴經理人可以說些什麼來改善紀律講習的內容。請記住，你的目標是要改變行為。

觀察員表格

1.經理人在參考過去回饋意見時，做得如何？

____

2. 經理人詢問對方，為什麼要作出這種不好行為，這方面做得如何？

____

3.經理人在整治紀律上做得如何。

____

4. 經理人有取得願意改變的承諾嗎？你認為該名員工會改變行為嗎？

____

5. 經理人在摘要和說明後續動作上，做得如何？後續動作的成效如何？

____

b.回饋：由觀察員來帶領大家討論經理人的紀律工作做得如何。員工也要回饋自己的看法，說說他的感覺，並表明有什麼有效的辦法可以讓他去改變自己的行為。除非講師要你們進行下一個活動，否則請繼續討論。如果你們提前完成討論，請等一下別組。

程序4（5到8分鐘）

同程序3，只是改變角色，也就是擔任服務員的員工2來接受紀律養成。員工2，請將自己放在員工的立場上，你喜歡和朋友聊天，而且本來就應該對顧客保持友善的態度。

程序5（5到8分鐘）

同程序3，只是改變角色，也就是擔任汽車技師的員工3來接受紀律養成。員工3，請將自己放在員工的立場上，你是一個很棒的修車人員，只是有時候會忘了把紙墊放進車內。

結論

由講師帶領全班進行討論，並作成總結講評。

運用（2到4分鐘）

我從此經驗中學到了什麼？我會在未來的日子裏，如何運用此所學？

分享

由自願者提供他在此運用單元裏的答案。

第十七章
營運、品質與資訊控制系統

學習目標

在讀完這章之後，你將能夠：

描述以時間為基礎的競爭是什麼，並說明它的重要性。

1.解釋產品在三種形體上的不向差異；三種顧客牽連度之間的差異；營運過程在四種作業彈性上的不向差異；以及三種資源強度之間的差異。

2.討論什麼叫做「品質是設計的美德」。

3.請就顧客牽連度和作業彈性的角度來解釋產品式、過程式、蜂窩式、以及固定位置式等各種類型的設施安排。

4.描述什麼是優先順序式的時間進度安排，並列出其中三種優先考慮的事情。

5.解釋存貨控制、及時存貨（JIT）和必要材料規劃（MRP）。

6.解釋統計性過程控制（SPC）表和例外原則是如何被運用在品質控制上。

7.描述資訊系統的三種主要類型，以及它們之間的關係。

8.列出資訊網上的構成要素。

9.界定下列幾個主要名詞：

以時間為基礎的競爭	存貨控制
營運	及時存貨
產品	必要材料規劃
顧客牽連度	品質控制
營運彈性	統計性過程控制
技術	資訊
設施安排	資訊系統的類型
容量	電腦網路
路線安排	資訊網
優先順序式的時間進度安排	國際標準局
存貨	

技巧建構者

1. 你應該培養自己對經濟訂購是的判定能力（技巧建構練習17-1）

材料和供應品的經濟訂購量是根據數學技巧而來的控制性管理功能。它非常需要你以資訊性角色為基礎來扮演決策性管理角色。此外也可以透過此練習，培養出資源、資訊和系統方而的SCANS能力，以及一些基本思考性的技巧。

■ MOCON所經營的事業就是協助其它公司控制各自的運作。

百事可公司（PepsiCo Inc.）旗下的事業單位包括飲料（百事可樂）、餐廳（肯德基、必勝客、Taco Bell）和點心食品（Frito-Lay）。無庸置疑地，Frito-Lay在170億美元的全球點心市場上，的確是一個龍頭老大。洋芋片是全球市場中以受歡迎的點心食品，擁有40億美元的銷售量，約佔點心食品市場的24%。Frito-Lay的首要產品線依照銷售金額的順序排名分則是：Doritos、Lays and Ruffles、Chee-tos、Fritos、Tostitos、RoldGold、SunChips和Santitas。這些加總起來共佔了全美市場的50%強。

百威啤酒（Bud）可能是啤酒中的國王，而Frito-Lay則是點心食品之王，而且還正在大嚼吞嚥其它競爭者的市場。在1995年年底的時候，Anheuser-Bush公司出售它旗下的Eagle點心事業，這個動作突顯了和Frito-Lay為敵的下場窘境。英國的United Biscuits Holdings公司也在1995年出售它的點心事業；Borden公司則在1994年賣掉了它許多地區性點心食品公司；此外還有一些地區性公司都在那幾年之間紛紛倒閉關門。這種從市場上退出的現象並不是因為市場量縮減的關係。事實上，美國平均每個人每年要吃掉20磅以上的鹹味點心，而國際市場上也因為沒有人人的競爭而顯得成長潛力無窮。可是卻似乎只有Frito-Lay是唯一可以受惠於此的點心行家。

Frito-Lay也以配銷手法扼殺了許多競爭者。這35年來，該公司的生產網已達42家工廠，另有九行輛以上的拖車和將近12,000的業務人員，以及高達400,000以上的零售客戶。這家公司是率先讓送貨司機配有手提電腦的公司之一，能方便司機把銷售記錄傳輸回總公司。

Frito-Lay大手筆的廣告預算也讓許多競爭者望塵莫及，它的廣告預算是6,000萬美元，而Eagle的廣告預算卻不到200萬美元，更遑論其它地區性公司，有的連廣告預算都沒有。可是也有許多競爭者說，是Frito-Lay在零售商身上所運用的戰略手段，才使得它變得那麼所向無敵。因為現在有許多零售商都在貨架空間上收取愈來愈高的費用，就某些例子來說，一平方英呎的貨架空間每年就要索價40,000美元。許多地區性公司都說，Frito-Lay付了很多錢給零售商，把那些沒有能力負擔貨架費用的競爭品牌給撤了下來。但是，不管是分析家還是產業專家，他們認為，Frito-Lay成功的關鍵足在於它在不斷創新的新產品以及產品／貨架的營運效率之間，找到了可以立足的平衡點。[1]

欲知Frito-Lay的現況詳情，請利用以下網址：http://www.pepsi.com，若想瞭解如何使用網際網路，請參考附錄。

以時間為基礎的競爭和營運

1.描述以時間為基礎的競爭是什麼，並說明它的重要性

在我們開始本章的細節之前，你應該先瞭解什麼叫做以時間為基礎的競爭和營運。

以時間為基礎的競爭

以時間為基礎的競爭（time-based competition）就是指一些策略，這些策略可提高創造到運送之間的速度。組織體先有一個創意點子，再把它轉為創新的發明（某種全新東西的上市，可能是產品－新的事物或服務；或者是過程－新的做事方法。請參考第四章），然後銷售，最後再運送出去，以便持續增加顧客價值，這樣的公司會不斷地持有競爭優勢（第五章）。在1996年的時候，Puma這家早在Nike和Reebok進入市場前就已經行之有年的公司，率先推出下一世代的運動鞋，把另外兩家公司在市場上徹底地打敗。[2]

以時間為基礎的競爭 一些策略，這些策略可提高創造到運送之間的速度。

不管是什麼形態的組織，包括Frito-Lay，都在設定目標來節省時間。[3]啤酒公司因為從貯藏啤酒轉變為快速釀製的啤酒而大大地受惠。[4]因為所有組織的宗旨都是繞著提供產品的主軸在轉，所以營運部門的速度問題就成了組織體能否成功的關鍵所在。為了在時間上競爭，營運部門必須和行銷部以及其它部門密切合作，才能持續不斷地創造出顧客價值。

營運
資源輸入轉換成產品輸出的功能

產品
一種貨品、服務、或是兩者的結合。

工作運用

1.你現在或過去所服務的公司，很注重以時間為基礎的競爭嗎？如果是的話，究竟是由什麼功能領域在負責速度的事宜？

營運

所謂**營運**（operations）就是資源輸入轉換成產品輸出的功能。而**產品**（product）則是指一種貨品、服務、或是兩者的結合。IBM製造電腦產品，可是它的服務對許多顧客來說也是同等的重要。過去，貨品的製作被稱之為製造和生產（manufacturing and production），服務的提供則被稱之為運作（operations）。現在，營運（operations）這個字眼可用來代表這兩者，因為它的基本概念可適用於貨品和服務這兩者的身上，這也是你在下個單元裏所要學到的東西。儘管所有的部門都有營運的事情產生，所有的員工也都要參與其事（正如第十五章所描繪的），可是本章的重點卻擺在營運部門的身上。圖17-1列出了管理營運約三種主要功能，它們也是本章所要討論到的主題。

2.解釋產品在三種形體上的不同差異、三種顧客牽連度之間的差異、營運過程在四種作業彈性上的不同差異、以及三種資源強度之間的差異

分類營運系統

營運可做產品的形體性；顧客牽連度；作業彈性；以及所用到的資源和技術來作分類。

產品的形體性

產品的形體性是指它們究竟是有形性、無形性、或混合性。

有形性的產品

有形性產品所包括的貨品，有Frito-Lay點心食品、Gateway2000電腦和這

1.分類營運系統	2.設計營運系統	3.管理營運系統
產品的形體性 顧客的牽連度 彈性 資源和技術	產品的組合和設計 設施佈局 設施地點 容量規劃	組織和領導 預估和進度排定 存貨控制 材料必需品的規劃 品質的規劃

圖17-1　營運

本教科書在內的各種貨品。

無形性的產品

無形性產品所包括的服務，有剪髮、乾洗、或法律顧問等在內的各種服務。

混合性的產品

混合性的產品涵括了有形性和無形性兩種特質，比如說，TWA飛機是有形性的，可是航空公司的班機卻是無形性的服務。今天，有許多組織都很注重產品，而不是貨品而已。舉例來說，大型的電器零售店，像Sears Brand Central，就不只出售電器而已，它們也提供長期的保證，並對所出售的貨品提供服務。即使像Frito-Lay這種直接出售產品的公司，它的服務對許多顧客來說，也是很重要的，因為送貨人員必須經常到店裏來排整貨架上的產品，而這些零售店也不曾往店內存放過多的貨源。

顧客牽連度

顧客牽連度（customer involvement）是指營運究竟是應存貨而製造、應訂購而製造、還是應訂購而裝配。

顧客牽連度
是指營運究竟是應存貨而製造、應訂購而製造、還是應訂購而裝配。

應存貨而製造

應存貨而製造（簡稱MTS）的營運是以一般的設計和價格，依需求的多寡來進行產品的生產。因此，顧客牽連度並不高。你在零售店中所見到的多數產品，包括Frito-Lay在內，都是來自於應存貨而製造的營運方式。零售店的營運主要也是採用這種方式。產品的設計是針對所有潛在顧客而做的，不是為了某一特定顧客而專門特製的。多數的服務業都不能採用這種應存貨而製造的營運方式，比如說美髮店。但是有些則可以，像時間已經排定好的運輸業，比如說航空公司的班機、火車、以及巴士等。

應訂購而製造

應訂購而製造（簡稱MTO）的營運只在收到某位顧客的訂單之後，才會開始製造。因此，會有很高的顧客牽連度。許多服務業，例如汽車修護、裁縫、會計師、法律訴訟和醫療服務等，都是應訂購而製造的服務性產品。而轉售貨品的零售商，像the Gap，也是利用應訂購而製造的營運方式。此外，應訂購而製造的貨品則包括訂製的服飾、窗簾和家庭肖像等。

應訂購而裝配

應訂購而裝配（簡稱ATO）的營運會生產標準化的產品，其中內含一些訂製上的特徵。有些貨品必須在接到訂單之後才能生產，或者是依不同的特徵來進行庫存。但是，服務性的產品卻只能在接到訂單之後才能進行裝配。因此，顧客牽連度只有適中程度而已。昂貴的貨品，比如說汽車、主機電腦系統和傢俱等，都是應訂單而裝配的產品。麥當勞的漢堡和其它產品是應訂購而存貨的產品；漢堡王強調的是「隨你喜好」，所以它會應訂購而提供標準化的漢堡，裏面的內餡則可以隨你的喜好來增減。

服務性產品也可以應訂購而裝配。比如說標準化的套裝訓練計畫、會計服務和法律服務等，都可以做組織的不同需求來作調整。本書中的模式都是標準化的，但是可以根據個別組織的不同來作不同的情況運用。會計師和律師也都有一些樣板格式，比如說納稅申報書和遺囑，它們都有待顧客資料的填入。

作業彈性

作業彈性

作業彈性
產品究竟是被持續生產；重複生產；整批生產；或是個別生產。

作業彈性（operations flexibility）是指產品究竟是被持續生產；重複生

昂貴的貨品，比如說汽車，都是應訂單而裝配的產品。

AC17-1　顧客牽連度

請確認每一種產品的顧客牽連度

a.應存貨而製造　b.應訂購而裝配　c.應訂購而製造

__ 1.由Pier提供的剪髮服務。

__ 2.7-Up的罐裝飲料。

__ 3.由Friendly冰淇淋店所提供的甜捲咖啡冰淇淋。

產；整批生產；或是個別生產。作業彈性是根據產品的數量和種類而定的。數量是指究竟要生產多少單位量的產品。種類則是指營運當中究竟要生產多少不同的產品。以下這四種營運作業是依彈性由小至大的順序排列。

持續性過程作業

持續性過程作業（簡稱CPO）所生產出來的輸出品並非一些個別分立的產品單位，比如說，瓦斯、汽油、電力、化學物和紙漿。它們生產的是貨品，不是服務。持續性過程作業下的產品沒有不同的種類或者種類極少，可是數量卻很龐大，這使得它們成為一種最沒有彈性可言的營運系統。因此，它們都是屬於應存貨而製造的產品。

重複性過程作業

重複性過程作業（簡稱RPO）是在裝配線之類的架構上進行輸出品的生產。不管是員工或設備都要專注於某種功能，並固定在某個位置地點上。而每一個生產出來的輸出品也都是遵照相同的途徑，透過勞力和設備的相互配合所產生的。所有消費性商品和產業性商品，例如汽車和餐具等，都是屬於重複性過程作業下的輸出品。有些服務性產品也可以透過裝配線來運作，例如洗車業或者是寵物美容業。在線上的第一個人為小狗洗澡；然後送到下一個人的手上，由他為小狗吹乾；再送到第三個人的手上，為它修剪毛髮。重複性過程作業下有一些不同種類的產品，而相似的產品也有相當大的數量。因此，它們都是用在應存貨而製造的產品或應訂購而裝配的產品上。Frito-Lay點心就是透過重複性過程作業系統所生產出來的產品。

整批性過程作業

整批性過程作業（簡稱BPO）是以相同的資源來製造不同的輸出品。數量和種類都很適中，所以也很需要作業上的彈性。組織體通常無法就單一產品的勞力或設備投入作出投資上的需求判定，所以這些勞力或設備必須有多重性的用途。舉例來說，木製傢俱的製造商可以利用相同的一批人和機器在這個禮拜製作餐桌，下個禮拜製作書桌，到了下下個禮拜則製作梳妝檯，依此類推。整批通常是依單位數量而製作。Frito-Lay的點心都是油炸的，所以油炸鍋可以在不同的時間用來油炸不同的點心。有一些服務業，比如說乾洗業，他們也有公司行號級的客戶，所以也可能利用到整批住過程作業的模式。舉例來說，一名乾洗店的員工每天要跑固定幾家公司收送衣物；指定收送衣物的公司

行號也可以每天都有不同。再不然，乾洗上的需求還可以依照公司種類的不同而有所不同。整批性過程作業下的產品有適度的不同種類，而相似產品的數量大小也很適中。因此，它們多用在應存貨而製造或應訂購而裝配的產品上。

在輸人品、轉換過程和輸出品的存貨上，整批性過程作業比持續性過程作業和重複性過程作業更需要控制技巧。一開始就要先決定究竟有多少批東西需要被製作。因為每一批都有不同的差異，所以在轉換過程中會各自擁有不同的流程順序。此外，這些整批性產品都是以相同的資源來生產的，所以，資源的安排必須經過協調，以避免一或多項資源被卡在生產瓶頸上，無法利用，而其它資源卻閒置不用的情形產生。你千萬不能只出售單一產品，或者是製作了太多單一產品庫存起來等待出售。

個別性過程作業

個別性過程作業（簡稱IPO）是依照顧客的要求規格而生產輸出品的。它們的種類很繁多，數量卻很低，因此是屬於應訂購而製造的產品。請參考前面所談到的應訂購而製造的貨品和服務例子，它們都是個別性過程作業下的產物。個別性作業過程是最有彈性的一種營運系統。在製造業中，用來描述這種個別性過程作業的字眼就是工作室（job shop)。因為大多數的零售商和服務業都是利用個別性過程作業的模式，所以它們往往不像製造業那般，必須為自己的彈性類型作分類。

就像整批性過程作業一樣，個別性過程作業也很需要控制手法，來協調輸入和轉換過程。此外，它也像整批住過程作業一樣，在控制上，必須面臨相同的下面幾點挑戰：（1）每一份訂單都不相同，因此，每一份訂單都需要在轉換過程中安排不同的流向順序；（2）所有訂單都是以相同的資源來進行生產，因此，需要協調資源的時間安排，以避免一或多項資源被卡在生產瓶頸上，無法利用，而其它資源卻閒置不用的情形產生。但是從另一方面來看，它不會有

概念運用

AC17-2
請確認生產該產品的營運作業系統：
a.CPO　b.RPO　c.BPO　d.IPO
__ 4.惠而浦電冰箱。
__ 5.由Teddy Bear Pools所裝置和出售的游泳池。
__ 6.由Juan's Asphalt公司所運送來的公路瀝青。
__ 7.Trident口香糖的包裝。

整批性過程作業所必須面臨到的下面幾個問題：（1）有待製造的整批規模——你是依顧客的規定要求來製造數量；（2）輸出品的庫存——你是把所製造完成的產品全都賣給顧客。

工程計畫型的過程作業

工程計畫型的過程作業（簡稱PPO）是另一種領域的過程作業，並不適用於數量或種類的彈性說法。工程計畫型的過程作業在輸出量上相當低，可是製造時間卻很長。工程計畫型的過程作業通常是把資源送到顧客所在處來進行製作，而不是在賣方的所在地完成整個作業。它可運用在建築業中，建造出辦公大樓和住家。其它例子還包括油輪或超級電腦的製造，這些都是以工程計畫的方式來處理。當客戶指定諮商顧問完成某一工程計畫時，這種諮商服務通常就會涵括個別住過程作業和工程計畫型過程作業這兩者，而工作內容也會在兩地分頭進行。

資源和技術

營運是指輸入轉換成產品輸出的功能，而**技術**（technology）則是指用來把輸入轉換成輸出的那個過程。重要決策包括用來製造產品的勞力和資本密度；如何服務顧客；以及如何管理製造性或服務性技術。

技術
是指用來把輸入轉換成輸出的那個過程。

資本密集的營運作業

在資本密集的營運作業底下，機器必須負擔多數的工作量。利用持續性和重複性過程作業的製造業者（例如石油、汽車和鋼鐵公司）都是屬於資本密集的產業，因為他們必須在機器上投入大筆資金來製造產品。這些公司往往也會採用由其它家公司所開發出來的高度科技，例如我們在第十五章所討論到的

Modern Controls產品。先進設計下的工具設備有助於惠普公司（Hewlett-Packard）在高度競爭性的市場上得以成功。[5]一般來說，製造業比服務業更偏向於資本密集的作業模式。Frito-Lay點心就是透過資本密集的重複性作業機器，所生產出來的產品。

勞力密集的營運作業

在勞力密集的營運作業下，人力資源必須負擔大部分的工作。利用個別性過程作業的組織體往往都是屬於勞力密集的產業。零售業和服務業比較偏向於勞力密集的作業模式，因為他們並不會使用到很高程度的科技設備。但是也不見得就是如此。教育界和諮商界，以及個人服務業，像剪髮、汽車修護、會計、以及法律服務等，都是屬於勞力非常密集的事業體。

平衡密度

製造業利用平衡下的勞力和資本來進行整批性和個別性的過程作業，因為它需要找到具有技能的勞工來使用這些很有彈性的機器。許多大型零售商都在資本上（因為商場租金成本很高，或者必須在好的地點上購店開張）和勞力上（他們有許多的員工）取得了平衡。Frito-Lay點心的配銷系統就是一種勞力密集的作業方式，其中內含了12,800名的送貨人員；可是也能算是一種資本密集作業，因為它配有900輛拖車，每個人也都配有一輛小型貨車。

服務顧客

顧客可以被人服務、被機器服務、或是同時被這兩者服務。Frito-Lay的多數點心都是出售給零售商，後者會雇用人員來銷售產品。可是，該公司也曾透過自動販賣機來出售點心食品。糖果、香煙和食品也可以在機器裏出售。有些小型銀行只能透過人員來服務他們的顧客；大型銀行則可以同時利用行員和自動櫃員機來服務顧客。如果你想要知道某部電影的資訊或是其它各種資訊，你可能曾透過電子錄音下的訊息來得知。此外，顧客是在哪裏接受服務的－他的家裏或者是辦公室裏？還是業者所在地？今天，有些銀行會派遣貸款行員到顧客的家裏或辦公室裏收取貸款表格；也有些銀行會透過電話來辦這些事。還有些銀行會讓顧客透過電話或電腦，直接辦理轉帳和付清帳單。

管理製造技術

組織中用來管理製造技術約兩大重要領域分別是：（1）自動化　出機器來進行設計性工作的一種過程；（2）電腦協助製造　利用電腦來設計或製造貨品的一種過程。電腦協助製造包括電腦輔助設計（computer-aided design，簡稱CAD）、電腦輔助製造（computer-aided manufacturing，簡稱CAM）和電腦整合製造（computer-integrated manufacturing，簡稱CIM）。CAD利用電腦來設計零件和完成製作，並模擬成品的表現，如此一來就不用再行製模。汽車製造商利用它來加速車體的設計；奇異電器公司利用它來修正斷路器的設計；而Benneton公司則利用它來設計新的式樣和產品。CAD通常會和CAM一起運用，以確保設計和生產能夠協調。當訂單下達時，CAM對個別性過程作業來說，格外有用，因為它可以很快地生產出所欲的產品，然後準備好標籤和訂單複本，馬上運送出去。CIM則將CAD和CAM連結在一起，所有的製造活動都可以出電腦來控制。有了CIM，電腦就可以進入公司的各種資訊系統，自動調整機器的配置和設定，以確保系統上的精密運作和增加時間安排上的彈性程度。以機器人取代一般人力去施展各項功能，這個想法已經被大眾所普遍接受，而且很常用在CIM當中。

電腦整合製造是一個很有力又很複雜的管理控制系統，它相當的昂貴，所以比較常用在數量龐大的持續性和重複性作業過程當中，對整批性或個別性作業過程來說，反而不常見。一般的建議是，作業彈性必須根據銷售量和技術變動而定。在高銷售量和低技術轉變下，持續性過程或重複住過程作業比較有效。在低銷售量和高技術轉變下，整批住過程作業則比較理想；而在高銷售量和高技術變動下，綜合式的重複性和整批住過程作業則有比較好的成效。[6]

管理服務性技術

製造商製作出創新的產品，比如說電腦硬體和軟體，這些都會被服務業拿來運用，為的是讓自己變得更有競爭力。舉例來說，VISA顧客的信用卡交易會經由電子來記錄和進行帳單的收發。飯店業則利用科技來進行訂房服務。健康醫療的提供者利用高科技來管理病歷、派送救護車和監控病人的生命跡象。

結合分類方法

圖17-2結合四種分類方法。請注意，左邊的重點是在於製造貨品；右邊的重點則在於提供服務；而中間的重點則是兩者的整合。但是，要在兩個看似緊密連結的作業之間清楚地分類也不是那麼簡單的一件事，因為這些過程都可被視作為同一個閉聯集當中的各個部分，[7]正如它們在圖17-2當中所顯示的一樣。舉例來說，就產品的形體性來說，你很難確定混合性產品的分野究竟在哪裏?或者資本密集和勞力密集資源之間的平衡點是什麼。而持續性過程和重複性過程作業；重複性過程和整批性過程作業；以及整批性過程和個別性過程作業之間的彈性程度，多少都有些重疊的情況發生。在這個急速變遷的環境裏，

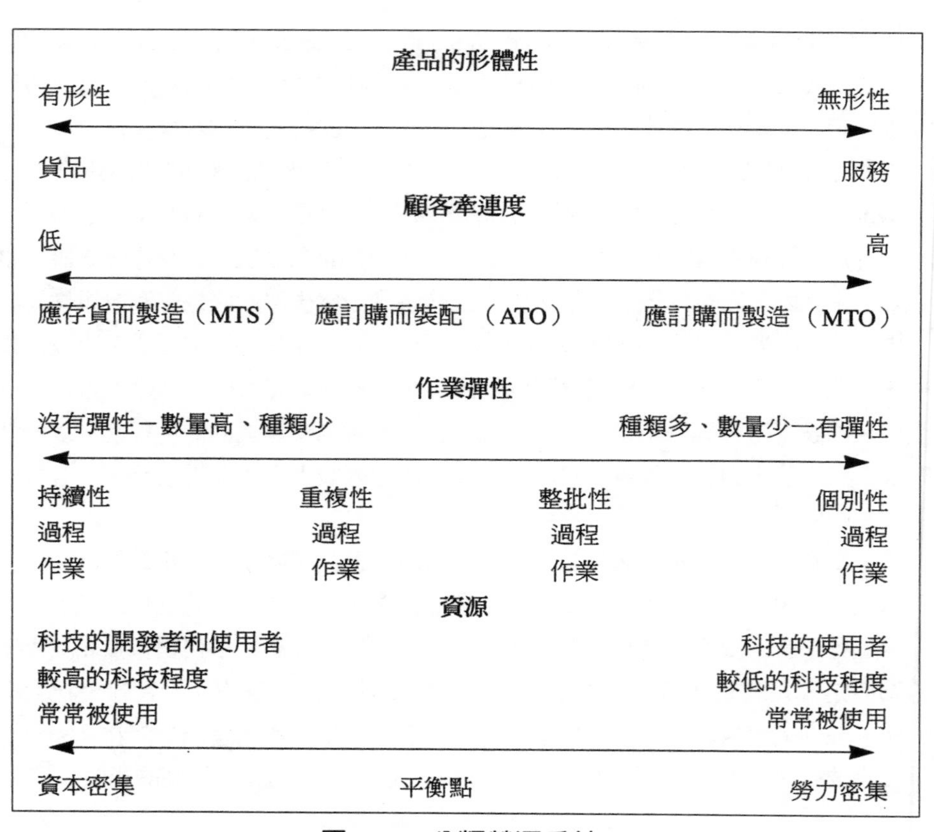

圖17-2　分類營運系統

現在的趨勢是愈來愈走向彈性作業系統。有些組織也正在設計重複性過程作業，為的就是想獲取整批性過程作業下的一些好處。[8]

有些組織在同一個系統下擁有不只一種的作業模式。舉例來說，Frito-Lay可能會為它旗下銷售最好的產品，採用重複性過程作業；銷售量較低的產品則採用整批性的過程作業。它也可能會有一條裝配線整天都製造洋芋片，另一條裝配線則輪班製造不同的產品。也可能利用個別性過程作業來為個別顧客製作產品，把它們全裝在一個袋子裏，上頭貼有顧客的名稱，就像Safeway食品店或Ewards食品店的做法一樣。

工作運用

2.利用圖17-2根據形體性、顧客牽連度、作業彈性和資源等，來確認你工作所在地的營運作業系統。請務必利用關聯集底下的各個名稱來分清楚這些作業模式。

設計營運系統

在營運系統分類下，必須作好營運作業的設計，因為它會接受輸入品（材料、工人、機器、技術、資訊等），把它們轉換為顧客所珍視的輸出產品。在一個不斷變動的環境底下，營運系統必須就產品的組合／設計；設施佈局；設施地點；以及容量規劃上，進行持續不斷的重新設計。惠普公司（Hewlett-Packard）就是一個不斷琢磨自己生產過程的公司。[9]

產品組合和設計

產品組合

根據組織的宗旨和目標，高階經理人必須選出產品組合。產品組合包括產品線的數量、每一條產品線裏的產品數量、以及每一條產品線裏頭的貨品和服務組合。在現有的產品當中，產品組合已經設定好，但是還是可以變動。舉例來說，電腦複製品製造商（例如，Dell和Gateway）一向都只著重於產品本身，現在則增加服務的份量。

Frito-Lay's 的產品線在本章開頭處已經列過一遍了。每一條產品線都有不同的口味、尺寸和包裝。Frito-Lay是以兩位數的增加速度在成長，其中一半來自於它傳統的產品線上，另一半則得自於全新的健康點心食品，例如Baked Lays、Baked Tostitos和Rold Gold Fat-Free Pretzels。起司味道比較濃的Doritos也從銷售不怎麼樣的產品，搖身一變成為10億身價的品牌，口味也變得更辛辣，其中還有酸奶油、洋蔥等口味，現在已是銷售第一的洋芋片了。

工作運用

3.為妳現在工作或以前工作的組織列出產品組合。請務必確認主要產品線的數量、單一產品線中的產品數量及單一產品線中的服務和貨品數量。

產品設計

產品設計指的是新產品的開發或產品的改良發展。大型製造商通常都有工程師，專門負責產品的設計，並有一個別的營運部門，專門負責產品的製造。在過去，會有人告知工程師該設計什麼，而且他們也不用在各部門之間進行協調就可以逕行設計。現在，成功的公司，包括Hewlett-Packard在內，都在進行設計和製造的整合，並不曾往產品的開發上把它們當作個別獨立的實體來對待。[10]

3.討論什麼叫做「品質是設計的美德」

品質是設計的美德

「品質是設計的美德」就是說如果產品的設計是靠跨功能性的團隊作業來進行，進而創造出真正的顧客價值，這樣子就比較沒有營運作業上的問題，產品也比較好銷售，而且在產品的服務上也不會支出太大的成本。相反地，若是產品不能被適當地設計，就會產生營運、銷售和服務上的問題。因此，由所有功能性部門一起合作新產品的設計，這是很重要的一件事。

設計和系統效應

現在的產品設計是由功能性團隊小組來進行。在這個團隊小組當中，行銷功能必須找出顧客的價值是什麼，預估新產品的銷售量，然後推銷產品。財務功能則要提供意見，以便判定新產品的利潤程度是否值得公司來進行投資，而且還要提供足以支付產品投資的資本預算編列。設計師則要做行銷部門的意見提供來進行產品的規格設計，以確保顧客價值的存在；還要依照營運部門的回饋看法來確保製造過程的平順穩定；最後也要參考服務部門的意見，來保證產品在售出之後，可以很容易就提供服務。最好還有真正的顧客來和設計、營運、以及服務人員談一談，而不是透過行銷人員傳話而已。營運部門的功能是生產可以提供顧客價值的產品。人力資源功能則是提供員工來製作或推銷新產品，以及進行其它支援性的服務，比如說送貨等。資訊部門要為其它所有部門提供資訊，以協助設計決策的作成。跨功能性團隊小組的成員必須實際共同合作，因為品質是設計的美德。

有需要在以時間為基礎的競爭和設計之間取得平衡

日本汽車製造商擁有以時間為基礎的競爭性優勢，它們的產品設計，從概念的發展到裝配的完成，都凌駕於美國公司之上。目前的平均值是32個月，而且所有的汽車製造商都設定目標來儘量縮減這個時間。[11]

但是，加速過程的真正答案並不在於倉促地完成設計。舉例來說，GM的Pontiac Fiero跑車就缺乏設計的美德。其中一個設計上的錯誤是行李箱中的備胎比較小，當車主的輪胎破了，補上了備胎，行李箱裏卻放不下正常尺寸的輪胎，因為這種兩人座的跑車內裝比較小，實在沒有多餘空間來放輪胎。各種形形色色的小問題讓這部車的服務成本大增，也因為這些問題，而使得這種車款很難賣得出去。對那些重複購買者來說，Fiero是他們所碰過最糟車種的其中之一。Pontiac終於不再繼續生產Fiero。Ford Edsel和Chrysler K等車種也不是很成功，因為它們都缺乏顧客價值。Ford、GM、和Chrysler等公司都在利用跨功能性團隊小組的作法來設計車款。Ford花了很多錢在產品的設計上，這使得

Taurus成為美國境內銷售第一的車種。[12]

設施佈局

設施就是在營運過程中所要用到的物質資源。建築物、機器、傢具等都是設施中的一部分。佈局則是指作業單位彼此之間的空間安排。所以**設施佈局**（facility layout）就是指營運作業究竟是採產品式、過程式、蜂窩式、抑或是固定位置式的佈局。設施佈局的選擇是根據營運系統的分類和產品設計而定。一般來說，轉換過程中的產品流向是我們在佈局上所必須慎重考量的。[13]

4.請就顧客牽連度和作業彈性的角度來解釋產品式、過程式、蜂窩式、以及固定位置式等各種類型的設施安排

設施佈局
營運作業究竟是採產品式、過程式、蜂窩式、抑或是固定位置式的佈局。

產品式佈局

產品式佈局的顧客牽連度是應存貨而製造和／或應訂購而裝配，它的作業彈性是重複住過程或持續性過程，而且傾向於資本密集。

產品數量高但種類少的組織必須決定裝配線的流向順序是什麼。Frito-Lay製造點心；IBM生產個人電腦，它們都是採用產品式佈局的方式。American、Southwest、TWA、以及其它航空公司也都利用產品式佈局來服務顧客。旅客先辦理報到，然後到登機區，再搭上飛機；到了目的地，旅客下機，到行李區提行李，最後搭乘地面交通工具離去。

過程式佈局

過程式，或稱功能式佈局採用的是應訂購而製造的顧客牽連度，作業彈性則是個別性過程作業，往往傾向於勞力密集或平衡密度的營運作業。

產品種類繁多但數量很少的組織，因為產品，顧客往往有不同需求，所以只需利用到某些過程，功能而已，因此這類組織必須費心思量該如何來安排這些過程／功能。多數的辦公室都是依照功能別而設定，例如人力資源部和財務部。零售店也要利用到過程式佈局，這樣子顧客才可以到各產品部找到自已想要買的產品。精緻的餐廳讓每一份餐點都要經過點菜的程序才能享用得到，並讓廚房隔離於用餐區之外，這樣子才可以安排整個烹調作業，讓廚師有足夠的空間能夠在同時間內烹調出好幾份餐點。在健康醫療設施裏，病人被送到各功能單位接受必要的治療，例如X光、化驗室、內科等。

蜂窩式佈局

蜂窩式佈局利用的是應存貨而製造和／或應訂購而裝配的整批性作業過程，而且傾向於平衡資本和勞力密度的作業模式。

產品種類和數量都很適中的組織，必須決定該如何進行技術分類（group techology），這樣子一來，涉及產品創造的各項活動才能被安排在鄰近彼此的位置上。將技術分類成各種蜂窩組織可以提高產品和過程式佈局的效率。複合式的蜂窩組織可以很輕鬆地讓具有不同技術的員工一起共同合作，完成產品任務。自我管理小組（第十三章）的方式就常用在這種蜂窩組織架構裏。Edy's Ice Cream所採用的就是自我管理式的蜂窩組織法，可以整批製造不同的口味。

彈性製造系統

彈性製造系統（flexible manufacturing systems）利用自動化技術來生產數量高且種類多的產品，所以它的分類技術可以讓我們利用到產品式佈局的好處，卻不用費心營造整批性的環境。[14]但是它們的生產還是屬於整批性的。舉例來說，馬自達汽車公司的日本Ujina廠可以在單一裝配線上製造出八種不同的車款。多數的美國裝配線只能製造出一種車款。如果該種車款的需求量急遽下降，這整條線／工廠就可能關門或者是得重新架設生產線。彈性製造也給了馬自達公司以時間為基礎的競爭優勢，因為它可以在一個禮拜內就製造出一部應訂購而裝配的汽車，這和三個禮拜的平均製造時間比起來，當然可以大大地提高效率，進而提升每一部車的利潤所得。彈性製造的利用率將隨著全球環境的快速變遷而逐步地增加。但是，請記得我們在整批性過程作業中所談到的控制議題。

固定位置式佈局

固定位置式佈局是採用應訂購而製造和／或應訂購而裝配的工程計畫性過

波音公司利用的是固定位置式佈局和應訂購而裝配的工程計畫型過程作業，因為飛機是屬於數量低，且必須花上相當久時間才能製作完成的產品。

程作業，在資本和勞力密度上往往很平衡。

產品數量少的組織，若是花上很長一段時間來完成每個產品單位，我必須決定參與建造的工人們，他們的步驟順序是什麼。建造建築物的承包商；製造飛機的波音公司；和製造輪船的Newport News，都利用固定位置式的佈局來進行生產。

圖17-3摘要和比較了四種類型的佈局，以及它們的顧客牽連程度和作業彈性類型，並提供了每一種系統過程的描繪。

工作運用

4.請確認你以前，或現在的工作地方，所採用的設施佈局是什麼。請繪製出大概的安排狀態。

產品佈局　利用應存貨而製造（MTS）和／或應訂購而裝配（ATO）的顧客牽連度，再加上重複性過程作業（RPO）或持續性過程作業（CPO）的彈性手法。

輸入 → 轉換過程 → 轉換過程 → 輸出

過程式或功能式佈局　利用應訂購而製造（MTO）的顧客牽連度，再加上個別性作業過程（IPO）的彈性手法。

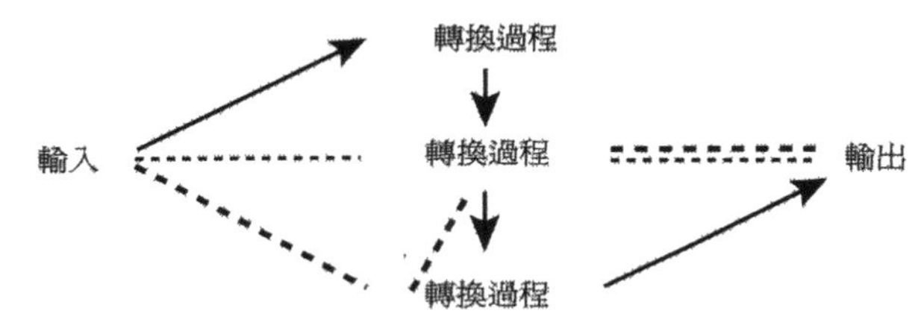

蜂窩式佈局　利用的是應存貨而製造（MTS）和／或應訂購而裝配（ATO）的顧客牽連度，再加上整批性作業過程（BPO）的彈性手法。

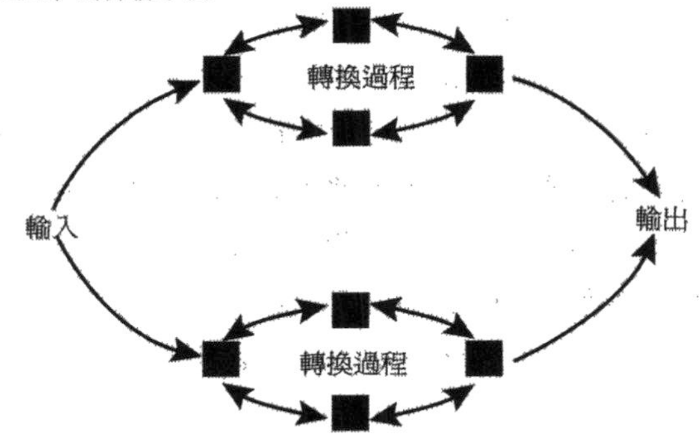

固定位置式佈局　採用的是應訂購而製造（MTO）和／或應訂購而裝配（ATO）的顧客牽連度，再加上工程計畫型過程作業（PPO）的彈性手法。

圖17-3　設施佈局

概念運用

AC17-3 設施佈局

請確認用來生產每一種產品的設施佈局：

a.產品式　b.過程式　c.蜂窩式　d.固定位置式

__ 8.Bonnie's Gourmet冰淇淋店的藍莓冰淇淋盒。

__ 9.RAC的卡式錄放影機。

__ 10.由Smith Contractors公司所承包建造的橋樑。

__ 11.由Jean's修指甲店所提供的一組指甲。

設施位址

位址是指設施在地理上的實際所在地。設施位址必須根據營運系統的分類、產品組合、佈局要求和容量規劃而定。在作成設施位址的決策時，所有考量到的一些重要因素還包括：

成本

成本包括土地和設施的成本（或是租金）、調度人員進駐的人力資源支出；和一些營運成本，比如說水電費、稅金和保險費等。

要靠近輸入品、顧客和／或競爭者的所在地

有些位址必須靠近輸入品的所在地。舉例來說，General Mills和Pillsbury這兩家公司都坐落在Minneapolis，以方便取得來自於中西部農民所供給的穀物，然後再加工成麵粉或其它產品，賣給零售商。從另一方面來看，有些位址最好愈靠近顧客愈理想。舉例來說，大型郊區裏的零售店都設在商場中；速食店則往往設在主要的大街上。有些事業體想要離競爭者遠一點，靠顧客近一點；但也有些事業體卻喜歡和競爭者靠得近一點。比如說，Joe's Burger不喜歡和競爭者靠得太近，但麥當勞和漢堡王則往往比鄰而居。

運輸

對製造商來說，運輸包括了空運、鐵路、卡車和海運的使用權，以便從中拿到輸入品，再將輸出品運送出去。對零售商來說，運輸的意義代表了待售貨品的運送取得，以及員工和顧客是否能很輕鬆地抵達店內。停車也是一個問題，因為它是造成市中心許多事業體失敗的主因。很多事業體都因為這個原因而不得不遷到大型購物商場中。

人力資源的取得

某些身懷技術的員工比較容易在某個區域內找到工作。比如說，高科技公司往往都坐落在波士頓Route128這條科技公路上和加州的矽谷裏。

社區的興趣

為了讓在地人獲得工作機會，許多社區都提供一些獎勵辦法，比如說低廉的土地和低額的稅負，來爭取各事業體到當地紮根開廠。外國汽車公司就是著眼於這些獎勵辦法才會到南部各州設廠。

生活品質

當地學校的品質、娛樂和文化設施的便利性、犯罪率、以及整體的社區環境等，這些地緣上的考量對該公司是否能爭取到高水準的員工，特別是好的經理人才，有非常重大的影響關係。根據這些因素，再加上其它理由，就可以做出一個用來選擇位址地點的成本利潤分析。Frito-Lay的總部設在德州的達拉斯，而它的母公司百事可公司就設在紐約州的Purchase。

另一個重要考量是設施的數量。Frito-Lay在這幾年來，已經把設施增加到42家廠，使得它的產品可以運送到全美各個角落。從另一個方向來看，許多公司也都實施了精簡化，所以一些設施陸續地被關閉。舉例來說，奇異電器就決定自己並不需要擁有大家工廠來製作斷路器，所以它投下重資把其中一間工廠加以自動化，另外五家工廠則關門大吉。

容量規劃

設施決策的另一部分是容量和規劃。**容量**（capacity）是指一個組織體所能生產的產品數量。新建造的設施平均每天應生產出2,000個單位量或5,000個單位量？超級市場或銀行應設立多少個出納櫃檯或服務櫃檯？餐廳應設有50張或100張餐桌？飯店應有多少間客房？

容量
一個組織體所能生產的產品數量。

就多數個案來看，容量規劃都是在不確定或高風險（第四章）的情況下所乍成的，因為它通常需要很大一筆數量的投資金額，而且這種決策多是根據長期銷售預估所作成的（第六章）。

容量不足

如果組織選擇要建造一個每日可生產2,000個單位量的設施，可是需求量卻是每日5,000個單位量，這時它的銷售、收入、和利潤都會有所損失。Modulate

企業作出了錯誤的容量需求預估，結果在七年內，總部辦公室就搬遷過六次，耗費了大量的成本。有些組織所選定的設施位址，完全沒有考慮到未來擴張的可能性。事實上，你可以購買一個比實際需求還要大一點的建築物，然後把其中部分分租出去，等到需要用的時候，再收回自用，這也是一種容量策略。

容量過剩

容量過剩最常見於有波動需求的事業體身上，比如說餐飲業。一般說來，禮拜五或禮拜六晚上的外出人口往往是平日夜晚約兩倍；或者飯店在旺季的時候通常都會遇到訂房客滿的情形，而淡季的訂房率則顯得不足。過剩容量的代價不低，因為它們都算是一種資產，即使不被使用，也是要支付費用的。

容量最佳化

許多組織都有必要把自己的容量最佳化。[15]理想上，擁有波動需求的事業體應該儘量把高峰期的一些生意轉移到滯緩期來，這樣子在滯緩期的時候，才不會有太多的過剩容量出現。舉例來說，在週末晚上可以坐滿80桌到100桌的餐廳，到了平日卻只能坐滿30桌，這時就應該儘量達成平日50桌到60桌的容量最佳化目標。飯店業是採用這種做法，這使得它們的住房率從1991年的63.5%上升到1996年的預估值71%。[16]

另一個達成容量最佳化的方法是提供可在其它時段用到的產品。比如說，麥當勞一開始只賣午餐和晚餐，結果它的餐廳在早上的時候總是沒幾個人，於是它又推出了早餐。Dunkin' Donuts甜甜圈店早上是最佳的，於是它又提供了湯類和可頌三明治，來增加下午的生意。

在效能設定之後，有一些預先安排的技巧會用來幫助調整此效能作最充分的發揮。但這只發生在管理的作業系統上，這是我們下一個主題。

工作運用

5.你以前或現在工作所在的組織，是否曾經歷過容量不足、容量過剩、或容量最佳化的情況？請解釋其中的原因。

管理營運

設計完營運系統之後，接下來就是管理。在本單元裏，你將會學到組織和領導、預估和時間進度安排、存貨控制、以及必要材料規劃等。

組織和領導

組織體中的各種原理構造－職權、委派、尤其是組織的設計和工作設計（第七章）都會在營運系統和控制中用到。領導理論（第十二章）以及所有功能性領域都可運用在營運作業裏。

營運作業和部門化

單一坐落位址的公司行號若是採用功能別部門化的作法，通常部會設有一營運部門。採用產品別部門化作法的公司，則至少每一個事業線底下都會設有一營運部門。Frito-lay是百事可公司旗下事業線之一，它的42家設施廠都各自設有一營運部門。百事可旗下的飲料公司和餐飲公司也都有各自的營運部門。分權下的產品別部門化作法，其領導權通常是採共享的方式。

設施佈局和工作設計

採產品式佈局的組織架構，多是根據重複性過程作業而來的，其工作設計也多是簡化的工作。採用過程式佈局的組織架構，是根據個別性過程作業而來，其工作設計則多半是擴張性的工作。採用蜂窩式佈局的組織架構，是根據整批性過程作業而來，其工作設計多採工作小組的作法。採固定位置式佈局的組織架構，則是根據工程計畫型的過程作業而來的，簡化的工作、擴張性的工作、或工作小組式的作法都可能被當作不同的輸入品，被運用在工作所在地的轉換過程中。必須利用到團隊小組作法的蜂窩式佈局，其領導權通常是由較基層的人員所分享，這一點是其它佈局裏頭所不常見到的。

規劃：預估和時間進度的安排

就像所有的計畫一樣，營運經理也必須針對誰做／做什麼／何時做／哪裏做／如何做等問題，規劃答案的內容。規劃作業中的第一步驟就是判定規劃的水平軸。規劃的水平軸是依輸入品的取得和輸入品轉換為輸出品這兩者需時多久而定的。建築物的承包商可能需要有一年的時間來作為規劃水平軸。零售店的經理人則可能有一個月的時間來作準備。餐廳經理則可能只需要事前幾天就可以規劃出整個作業。規劃約三個重要部分分別是：預估銷售需求；排定作業上的時間進度以達成需求；調整容量來達成營運作業的需求。

預估

對輸入轉換為輸出的預估作業多是根據銷售預估而來的，這也是一種行銷功能。若想詳知質化和量化的銷售預估技巧，請回頭參考第六章的內容。

如果銷售預估低於實際需求，營運作業所生產的產品數量就會不夠，而組織也曾在銷售上有所損失。如果銷售預估超過實際需求，營運作業則會生產過量，而組織也會有過多的庫存。如果銷售預估很精確，銷售量和庫存量就會達到最佳的狀態。營運作業可以根據銷售預估來進行時間進度的安排，以便生產所需的產品來滿足預定的需求。

時間進度的安排

時間進度的安排（scheduling）就是把有待施展以達成目標的各種活動明列出來的過程；各活動必須根據所需時間依序排列（第六章）。時間進度的安排可以回答一些規劃上的問題：由誰（哪一個員工）來製作哪一個產品？有什麼特定的產品要被生產出來？什麼時候生產？在哪裏被生產？如何被生產？以及每一種產品要生產多少數量？時間進度安排上的一個重要部分是路線安排。所謂**路線安排**（routing）是指一個產品要成為輸出品之前，所必須經過的路徑和轉換順序。圖17-3描繪了四種設施佈局的各自路線安排。請注意，在過程式和蜂窩式佈局不，路線安排比較複雜。路線安排和優先順序式的時間進度安排有很大的關聯性，所以這裏會有詳細的討論。

路線安排
一個產品要成為輸出品前，所必須經過的路徑和轉換順序。

三種最受歡迎的時間進度安排工具分別是Gantt表、PERT和規劃表。欲知這三者的其中詳情，請回頭參考第六章的內文。Gantt表和PERT通常會用在過程式和蜂窩式的佈局裏。PERT也可以運用在固定位置式的佈局裏，因為建造產品的時候，資源順序是很重要的一件事。應存貨而製造的產品式佈局，通常都不需要用到Gantt表和PERT，因為作業順序已經預先排定好，沒有什麼彈性可言。但是，由Gantt和PERT卻可以運用在應訂購而裝配的作法上，以便保持訂購的紀錄。規劃表則比較常被其它部門的員工拿來運用，營運部門則不太用得上。

5.描述什麼是優先順序式的時間進度安排，並列出其中三種優先考慮的事情

優先順序式的時間進度安排
依產品生產順序而持續進行的評估和再訂購。

優先順序式的時間進度安排

優先順序式的時間進度安排（priority scheduling）是指依產品生產順序而持續進行的評估和再訂購。在產品式佈局下，應存貨而製造的持續性和重複性過程作業，其優先順序和路線安排往往相當的容易。而在固定位置式的佈局下，問題重點卻在於排定資源的時間進度，以便依序展開工作。若是工作是多重性的，身懷其它資源的員工就無法同時出現在好幾個場所中。在過程式佈局的個別性過程作業和蜂窩式佈局的整批性過程作業底下，優先順序式的時間進度安排和路線安排都變得非常複雜，法且對管的需業作出，也是成功的關鍵所

在。有三種簡單的優先順序法可以用來排定營運作業的時間進度：

1.誰先來，就先服務誰：工作是依接到訂單的優先順序來安排。這在服務業中很常見。

2.最早的完成期限：哪個工作愈提早需要送交，就先排定哪個工作。

3.最短的作業時間：哪個工作所花時間最少，就先排定哪個工作。

4.綜合：許多組織都採用以上這三種的綜合作法。

工作運用

6.請確認你以前或現在工作的組織，它們是採用什麼樣優先順序式的時間進度安排方法？

為了調整容量而安排的時間進度

當妳把銷售預估和時間進度拿來和容量比較的時候，也可以依照下面的方法進行容量調整，以協調營運作業和需求：

1.波動性需求：當營運作業會隨著時間的不同而起變化時，你可以採取一些作法來保持容量和需求的穩定平順。你應該錯開工作時間好讓尖峰時段能有更多的資源可以利用。舉例來說，餐廳曾在週末夜晚的時候安排更多的人手，也會訂購比較多的食材。擁有波動性需求的事業體通常會利用一些兼職性、暫時性和隨叫隨到的雇員來幫忙。你也可以利用某些獎勵辦法，鼓勵人們在低需求的時期使用你的產品。其中例子包括較低價的午餐，夜晚或週末享有比較便宜的長途電話費；或者是淡季時到渡假村來渡假享有折扣優惠。美容院與餐廳還可以採用顧客預約的方式，這樣子不僅方便營運作業，也可以避免門外有太長的等候隊伍，以致於流失了一些生意。

2.有限的資源和規模經濟：為了在資源上發揮最大的效益，你可以限制產品的數量，把部分的營運過程外包出去，如果需營運是暫時地增加，你可以要營員再加。萬一增加的需營是長期性的，可以再加一輪。醫院和許多製造商都是採全天二十四小時三班制的作業，在某些情況裏，你可以多開放幾小時，而在整批性過程作業底下，你也可以儘量擴大整批性的規模，在某些事務上，你可以採用固定式的時間安排，例如，航空機或舞蹈課。

3.需營超過容量：如果某個業務正處於需營超過容量的當口，而其它方法也不見得有效的時候，經理可以決定保持原有的設施不變或擴張原有的設施，如果他們決議維持不變，就有些生意的資源被迫往外推，比如說作餐廳生意的，等候用餐的隊伍拖得很長，或都像牙醫一樣，預約時間必須排到很久以後，擴張現有的設施或是購買新的設施取而代之，新的設施可以是補充性的，也可以取代舊有的設施，對組織來說，設施位址多設幾家是很常見的一種策略，例如麥當勞和Frito-Lay。

分類營運系統；設計營運系統；和排定時程，這些都是屬於包初控制的手法，我們的下限主題是存貨控制，存貨控制使用的則是初始控制、同步控制、重做控制和損壞控制。

6.解釋存貨控制、及時存貨（JIT）和必要材料規劃（MRP）

存貨控制

存貨
庫存的材料，以供未來的使用。

存貨（inventory）是指庫存的材料，以供未來的使用。存貨是屬於閒置不用的資源，控制存貨又稱為材料控制，它是營運經理的重要職責，因為在許多組織裏，材料（其中包括採購、搬移、儲存、投保和控制）算是唯一的主要成本項目。美國商業部所提出的報告指出，在製造當中所持有的存貨價值，佔了銷售的13.4%。所以我們可以很清楚地得知。[17]有關營運是材料地向（路）的決定。是非常重要的。[18]

存貨控制

存貨控制
管理原料、半成品、製成品、因運送是貨品的過程。

存貨控制（inventory control）的重要管理原料、半成品、製成品、因運送是貨品的過程。**圖17-4**證明製造商統過程是存貨控制。以下是各種存貨類型的解釋。

1.原料：原料是制入的材料。業已在進貨但還未在營運部門進行任何轉換。例如說餐廳裏的雞蛋或者是汽車製造廠購進的鋼鐵。製造的一些重要初始

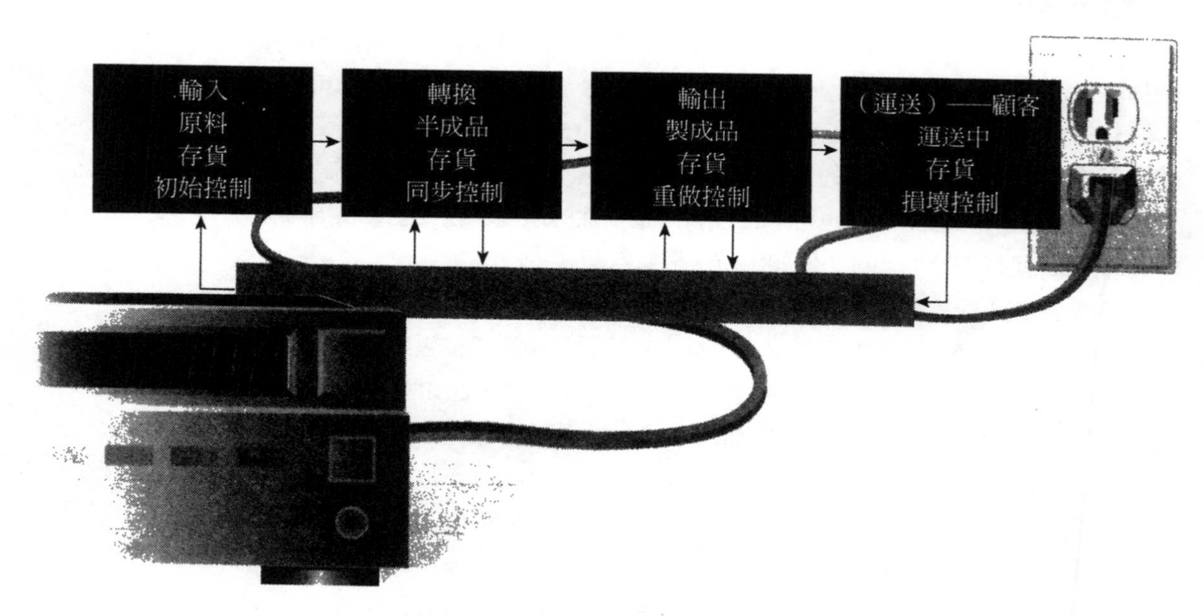

圖17-4　系統過程中的存貨控制

控制，包括食材的準備，是指原料的採購和進貨時間的排定。路線安排對原料和半成品來說，也是很重要的。

2.半成品：半成品就是一些已經過轉換，但還未成為輸出品的材料，比如說已被打散的雞蛋；或者是裝配線上已略具雛型的車子。在這個時候會利用到同步控制來確保它們在成為製成品之前，達到要求的標準。

3.製成品：製成品就是已轉換完成的輸出品，可是還沒運送到顧客的手上。例如放在盤中，已烹調好的炒蛋，等著要送到顧客的桌上。或者是已裝配完成的車子，等著送到經銷商的手中。這時可能需要用到重做控制，比如說如果侍者還沒把炒蛋端給顧客，蛋就冷掉了，這時你可能要再熱一下。或者車子還沒離開生產線前，就發現有些小瑕疵，也需要修理一下。

4.運送中的貨品：運送中的貨品就是被送到顧客手中的製成品，例如侍者端著一盤炒蛋走向顧客，或者是卡車運送新車到經銷商處。這時也可能用上損壞控制。比如說，如果侍者把蛋掉在途中，就得重新炒個蛋給顧客；或者新車在運送途中出了差錯，也可能需要送回原廠修理。運送業者往往會為產品投保，以免途中遭到意外事件，使得產品受損，而必須負擔成本。

零售業和服務業的存貨

原料和半成品的分類是用在貨品的製造上，包括食材的準備，可是卻不被零售業者或服務業者所採用。

零售業的存貨控制包括採購在內，幾乎部是以製成品為主。但是，也有許多零售業者的確具有一些運送中的存貨，比如說Home Shopping Network和郵購業者L. L. Bean，以及一些傢俱和電器行。存貨控制已經成為零售業者衡量自我生產力的一種基本辦法，它們可以透過電腦系統追蹤貨品的一舉一動，其中連結了採購、進貨、收銀機上的交易和送貨等。[19]

多數的服務業者並沒有存貨控制來採購製成品。服務的傳達都是在製成品創造出來的時候就直接提供了出去。但是也有一些服務業擁有運送中的存貨，比如說會計報表和法律文件都要送交到客戶的手上。

即時存貨

存貨控制的目的是擁有適當正確的四種類型存貨量，以便需要的時候，隨時隨地可取用，同時也儘可能地降低整體的成本。為了達成這樣的目標，許多組織現在都已採用JIT的作法。所謂**即時存貨**（just-in-time inventory，簡稱JIT）就是一種方法，它存有必要的零件和原料，可在發生需求的沒多久之前，就先行運送過來。這樣的時間架構隨產業的不同而有不同。舉例來說，許多汽車修

即時存貨
一種方法，它存有必要的零件和原料，可在需求發生的沒多久之前，就先行運送過來。

護廠包括Midas於Muffler在內，都庫存了少量低成本，但卻經常使用到的零件存貨。對那些成本比較大，且不常用到的零件，則採電話訂購的方式，汽車材料店會在二十到三十分鐘之內把材料送到。對製造商而言，所謂「沒多久之前」是指需要材料之前的二十四到四十八個小時。其實這要視店的規模大小而定，Frito-Lay。Frito-Lay的運送頻率很密集，這樣子店內的貨架才會填滿，也不會利用到太多的密室空間。對聯邦快遞或UPS來說，當天送達或隔夜送達的作法也讓JIT在控制上更加地得心應手。

JIT藉著準時送交產品和準確預估產品的需求，來為組織提供了一個控制存貨的更好辦法。[20]一般來說，銷售預估愈短，準確性就愈高。JIT的作法讓原料在需要的時候，可以隨時隨地取得。此外，也達成了降低整體成本的目標，因為它減少了原料和零件方面的投資，縮小了儲藏的空間，存貨的成本也有了保障。

工作運用

7.請確認你以前或現在工作地方的存貨類型，以及它是如何被控制的。

但是JIT也需要組織和供應商之間具有密切的工作關係，這樣子才方便協調時間。如果零件和原料抵達得太早，就要有多餘的空間來儲備它們。可是萬一送來得太晚，工廠內的設施就得停擺等候。所以把時間拿捏得剛剛好，是很重要的一件事。Johnson Control和Chrysler在JIT的作法上就運用得很成功。[21]Johnson製作座椅，並將製成品在有需要的兩個小時前送抵到75哩外的Chrysler公司裏。

必要材料規劃

必要材料規劃
一種系統，其中以複雜精細的訂購和時間安排方式，來整合營運作業和存貨控制。

必要材料規劃（materials requirement planning，簡稱MRP）是一種系統，其中以複雜精細的訂購和時間安排方式，來整合營運作業和存貨控制。MRP發展出一套訂購原料和零件的系統，原料和零件會在即將進行轉換之前的短時間內被送抵轉換的所在地，同時還可以把所需的半成品準備就緒。JIT是存貨控制的一部分，也是MRP的一部分。

擁有不同運送系統和交貨時間的公司通常都會使用到MRP。因為交貨時間若有誤差，就會造成相當大的成本損失。[22]包括Boise Cascade、Lockheed、Texas Instruments和Westinghouse在內的公司都使用MRP，因為它們所需的上百種零件，數量各不相同，送抵時間也差異頗大，從數小時到數個月都有可能。對任何經理人來說，要控制和協調這麼複雜的系統是根本不可能的事。但是，MRP卻可利用電腦軟體來輕鬆地管理這套系統。

必要材料規劃有四個步驟：

1.經理人要明確說明工程計畫所需的存貨，並計算出何時可以送抵。

2.經理人要判定現有的存貨。

3.然後MRP系統再為目前沒有庫存量的貨源進行訂購和確定送抵時間。

4.由軟體製作報告，告訴經理人每一筆訂單是何時下訂以及數量是多少。

經濟訂購量（簡稱EOQ）

EOQ是一種數學模式，當你在追加訂購的時候，可以為你判定最佳訂購量應是多少。追加訂購愈多次，訂購的成本就愈高。可是如果你訂購的次數過少，也會把成本提高。所以你必須使用EOQ來有效地進行訂購的動作，它可以為妳掌握好成本，而且又不會讓庫存殆盡。

EOQ也是MRP的一部分。但是有許多組織，特別是小型企業，並不需要MRP。因此，你可以利用以下的計算方式輕易地取得EOQ：

$$EOQ=\sqrt{\frac{2RS}{H}\quad\frac{2(5{,}000)(25)}{2}\quad = 5{,}000\times 25 = 125{,}000\times 2 = \frac{250{,}000}{2}}$$

$$=125{,}000\sqrt{\ }=353.55$$

EOQ=	追加訂購的最佳數量	354
R =	規劃水平軸下（通常是一年）的總需求量	5,000
S =	準備一筆訂單的成本	\$25.00
H =	規劃水平軸下一個單位量的掌握成本	\$ 2.00

EOQ能否最佳化必須看R、S、和H的值是否精確。EOQ的問題之一就是經理人的銷售預估能力以及數量必須和需求儘可能地吻合。此外，你也很難預估S和H的成本，而且經理人也往往低估了S和H的成本。會計部裏的人員通常會為線上經理人計算這些數字。與經理人切身有關的是持續降低成本，以便運用到此公式上。

品質控制

品質控制是管理營運系統的功能之一。但是，因為品質是很重要的，所以我們曾往本文中花很大的篇幅來加以介紹，而且現在，我們也要在本單元裏比較TQM和品質控制這兩種的不同，並說明品質導師在這方面的貢獻論點。

TQM和品質控制是不同的

我們在第二章、第八章和每一章現有管理議題的單元裏，都詳加介紹過TQM。為了快速地複習一遍，請看一下四點TQM的主要原則：（1）著重於傳送顧客的價值；（2）持續改進系統和過程；（3）著重於管理過程而不是管理人員；（4）利用團隊小組的方式來持續改善。TQM和品質管理之間的一些差異如下所示：

1.TQM在範圍上比較廣泛，因為它核心價值中的一部分是讓改善品質這件事成為組織裏每個人的工作。但在品質控制下，營運部門必須負責品質的控制。所以說，品質控制是屬於TQM的一部分。

2.在TQM底下，品質的決定是由顧客透過實際使用和要求條件之間的比較，來決定價值或購買好處。而在品質控制下，品質是由所設定的品質標準來決定。

3.在TQM底下，重點並不在於接受產品或拒絕產品。而在品質控制下，如果產品不符品質要求，就需要採取更正行動來讓它變得可以接受，或者直接否決掉該產品。

品質控制

品質控制
確保四種類型的存貨都能符合標準的一個過程。

品質控制（quality control）就是確保四種類型的存貨都能符合標準的一個過程。正如定義中所告訴妳的一樣，品質控制和存貨控制兩者有些重疊。在圖17-4裏頭，最上一排顯示的是系統過程步驟，中間那一排是四種存貨階段，最下面一排則是品質控制的四種類型。餐廳裏的雞蛋和汽車製造廠裏的鋼鐵都是可以映照在這四種類型存貨裏的品質控制例子。但是不管對貨品或對服務而

1.人甚過於事。
2.不管你有多忙，也要有好的態度。
3.和別人在一起的時候，不用太趕時間。
4.要有禮貌：要說「請、謝謝你和不客氣」。
5.不要讓自己的服務有差別待遇。
6.避免說一些別人不懂的行話。

圖17-5　顧客人際關係的六點守則

言，品質控制都是同等的重要。炒蛋也可以被視作為一種服務，汽車則是一種貨品。

品質保證表示你必須「鞏固」品質，而不能「檢查」品質。還記得我們在第十五章裏說過，品質重點應在於初始和同步控制，而不是重做和損壞控制。此外，也請記得品質是設計的美德。這就是品質保證的辦法。建立好品質保證計畫的公司，一定可以提升自己的表現。[23]

為TQM而努力並不表示一走就能成功。JIT在品質控制上可能會有負面效應，因為當交貨時間不夠的時候，績效品質就一定會打折。[24]以下是最近所發生的一些品質問題實例：Honda和Nissan因為安全帶的問題而召回賣出的車子。[25]Philip Morris售出了80億支香煙，裏頭的濾心都被污染了，收回成本估計要花2億美元。[26]Intel的Pentium電腦微晶片在計算複雜數學程式上有點問題，而且晶片的速度也被誇大了10%左右，所以也面臨了一些品質問題。[27]Compaq延遲了內裝有Intel Pentium Pro的電腦產品運送時間，因為這些晶片無法和網路伺服器中原有的界面卡連結作用。[28]

顧客品質控制

我們已經透過這整本書，不斷地強調創造顧客價值這件事的重要性。圖17-5列出了六點規定，有助於確保顧客服務的品質，[29]我們會住這裏詳加地解釋。如果你遵守這些規定，就可以增加自己的機會來發展有效的人際關係技巧。當你在讀這些規定的時候，請記住，它們並不適用於行銷人員，因為他們是負責對外應付的。其它部門的所有人，他們的輸出品都是流向於內部的顧客。（請參考第十五章，並複習圖15-2：功能領域中的系統過程）

換句話說，你所應付的每個人都是你的顧客。

這六點有助於確保顧客服務品質的規定如下所示：

1.人甚過於事：有多少次你必須等上很久的時間才能得到對方的注意，你喜歡這種對待方式嗎？立刻且迅速地和對方先打聲招呼；把手邊的事情先放在一邊，這樣子，你才能全神貫注於眼前的這個人身上。請記住，事情是不會跑掉的，可是人卻會哦。

2.不管你有多忙，也要有好的態度：我們都很忙，所以這不能拿來當作沒有禮貌的藉口。顧客想要你把注意力完全放在他的身上。如果你表現得很忙的樣子，顧客就會到別的地方去。下一次有人問你：「你好嗎？」要記得說：「很好啊！需要我的幫忙嗎？」想想看，如果每個人都這樣回答的話，那會是個什麼樣的光景呢？

3.和別人在一起的時候，不用太趕時間：讓我們正視這件事情吧！除非妳是在等顧客，否則只要有人來拜訪你或打電話給你，都是在干擾你的工作，因為你手邊一定正在做某件事。匆匆忙忙的行事態度只會讓那位需要你全神貫注的顧客備感威脅而已。所以千萬不要一邊打字或一邊和他人談話，除非這些事和對方也有關係。最好是讓對方瞭解，現在不是和你談話的適當時機，而不是催促他們趕快辦完。匆忙的態度只會讓人覺得你不大有興趣，而且也讓對方感到自己一點也不重要。在適當的時候，和對方預訂下次會面或致電的時間。一定要改變自己的心態，請記住，顧客不是一種干擾，他們是你的生意。現在你也許不需要他們，但是日後可能就需要了。

4.要有禮貌：要說「請、謝謝你和不客氣」有禮貌表示把注意力全部放在對方的身上。當你有求於對方的時候，即便你是老闆，也要說「請」這個字。當別人為你做了某件事，包括買東西，你要微笑地向對方說「謝謝你」，而不是咕噥著「又來了」。當有人謝謝你為他做了某件事，你要說「不客氣」，不要只是隨口帶過一句「嗯哼」。

5.不要讓自已的服務有差別待遇：所有的顧客都值得你給予全部的注意力和最好的對待方式，不能有差別待遇。這樣子你才不會因為自己不知道這位顧客很特別，沒有對待人家好一點，等到發現之後，才想道歉補救。請記住，你現在認為不重要的顧客，以後可能還是需要他們。

6.避免說一些別人不懂的行話：當你在面對顧客的時候，請記住，他們通常不懂你所用的一些技術性用語。為了把全部的注意力集中在顧客身上，你必須用他們懂的話語來談事情。當術語很重要的時候，花點時間向他們解釋其中的意義。請記住，你所傳達出來的訊息是要溝通而不是表達而已。此外，如果你用的是別人所不懂的知識內容，就不能表達出妳的意思。

7.解釋統計性過程控制（SPC）表和例外原則是如何被應用在品質控制上

統計性品質控制

在第一章的時候，你已經讀到過有關管理科學理論方面的事宜。管理科學理論是一種數學法，有助於決策的作成。統計性品質控制也是一種管理科學技巧，它所使用到的許多不同統計性試驗，都是根據或然率而來的，可透過決策的作成來改善品質。統計學能夠為品質問題的確認和消除，改善或然率。[30]最常用到的測驗就是統計性過程控制，它也是一種標準的TQM技巧。

統計性過程控制
有助於判定品質是否在可接受標準的範圍內。

統計性過程控制（statistical process control，簡稱SPC）有助於判定品質是否是在可接受標準的範圍內。它之所以被稱為過程控制，是因為品質的衡量和更正都是在轉換過程中進行，就像同步控制一樣。SPC可用來監控營運作業，並把產品品質的變動降到最低的程度。[31]麥當勞不遺餘力地想要讓Big Mac這個產品的品質在全國各地都保持一定的水準，也就是說，德州的漢堡嚐起來的味道就像緬因州的漢堡一樣。

以下是執行SPC的四個步驟，接下來則是圖17-6所描繪的例子。

步驟1　設定所欲品質標準和範圍

此範圍包括可接受品質的最高（較高的控制上限，UCL）和最低（較低的控制下限，LCL）以及位在中間位置的所欲標準，稱之為中間值，也就是平均值。範圍愈窄，產品之間的品質一致性就愈高。

步驟2　判定績效表現的衡量頻率和抽樣方法

抽樣方法是指有多少產品必須接受檢驗，範圍在0%到100%之間。市面上有統計模式可以協助你決定百分比的多寡。[32]一般的規定是，愈是講究品質的產品，衡量的頻率就愈高，抽樣的比例就愈大。

步驟3　衡量表現並繪製成表

你可以從每一個樣本值到所欲值來統計分析績效表現中的各種變動。[33]

步驟4　使用例外原則

如果績效表現在範圍以內，就不必採取任何行動，可是萬一超出控制範圍，就要採取更正性行動。

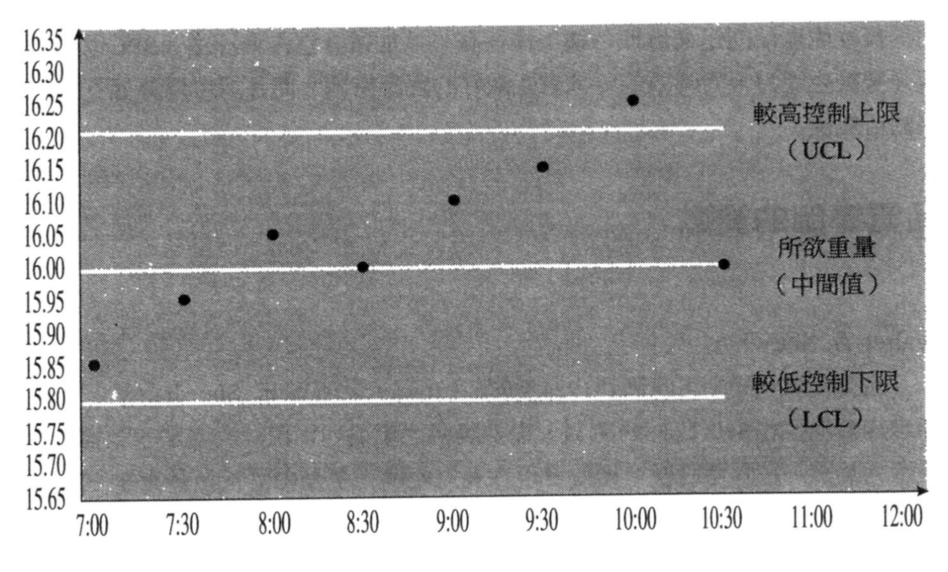

圖17-6　依盎斯和時間別而製作的統計性過程控制表

例子

Frito-Lay非常關切品質，所以它使用了SPC。但是，為了方便描繪的緣故，這裏採用的是一個杜撰的例子。在圖17-6的Lay洋芋片是採一磅裝的包裝。

（1）重量上的所欲品質是十六盎斯。但是每一句都拿去稱重實在是人耗成本，所以每包洋芋片或多或少在重量上都有些差異，假設可接受的範圍是0.4盎斯，所以你的高標是16.2盎斯；低標則是15.8盎斯。如果是在比較便宜的天平上衡量的話，兩者都可算是16盎斯。

（2&3）假設你每半個小時就要拿出五包，得出重量的平均值，以星號把它填在圖17-6裏頭。

（4）如果機器所生產出來的包裝重量不等，就表示已超過控制範圍內，這時就得停止生產，把問題解決掉。請注意這個情況是發生在早上十點鐘，到了十點三十分，重量又回到了標準範圍內。

包括Modern Control（第十五章）在內的公司，所製造的機器就是要能自動地生產出統計性過程控制表。有了電腦化的統計過程控制表，所有的員工只要看一眼表格，就知道何時該採取更正行動。[34]

服務業

工作運用

8.請解釋你以前工作或現在工作的組織，其品質控制如何。

服務業者也會利用到統計住過程控制。有一種SPC系統就是創造來協助借貸公司為自己的汽車貸款設定適時的目標，同時監控顧客的帳戶。SPC方法有助於貸款處理部門迅速處理各種工作任務，並加速其它作業程序。SPC也可以提升勞動生產力，對時效的要求有比較好的因應措施，而且還可以降低不良服務的可能性。

品質導師的貢獻

Walter A. Shewhart

品質革命一開始可回溯到1924年的5月16日，當時Walte Shewhart寫了一份備忘錄給他位在Bell Labs的老闆，文中說明地想要利用統計的方法來改善Bell電話的品質。在那個時候，即便是現在有些組織，都是由品管員負責抓出不良的製成品。Shewhart則開始把重點轉移到同步控制上，讓員工自己來擔任品管員的角色。

W. Edwards Deming

W. Edwards Deming於1938年和Shewhart碰面，並開始運用他的統計方法。他於1950年代到日本傳授有關品質的學問，同時大家也都公認，因為他的鼓吹才使得日本產業得以轉型為雄霸一方的經濟強國。日本最崇高的品質獎項就稱之為Deming獎。Deming說，改善品質也會自動地改善生產力。你可以捕捉到低價卻又高品質的市場。Deming要求大家把重點擺在顧客價值和持續的改進上。他讓經理人注意到90%以上的品質問題並不是員工的錯誤所使然，而是在於系統本身。請參考第八章的圖8-6，其中列有Deming最為世人所熟知的十四點改善品質的要求重點。

Joseph M. Juran

Joseph M. Juran也認識Shewhert。Joseph也隨Deming去了日本沒多久之後，跟著就到了日本。他比較不是統計性品質控制的擁護者。但是他發展出一種Pareto。表，可以把超過控制範圍的背後原因繪製下來。他認為有80%的品質問題是源自於20%的控制問題。他稱此為Pareto。原理，也就是大家所熟知的80-20原理。當表現不在控制範圍以內，你第一個要看的就是「最重要的少數」幾個原因（20%），以及你多半時間（80%）都會用到的一個常備性解決辦法。只有20%的機會是因為一些不可預期的變動所造成的問題。你是否注意到，有很多製造商常常會往產品手冊上寫著：「如果你有問題，請試試看1、2、3、4」？

Juran強調經理人應該從兩種角度來追求品質的改善：（1）公司的整體宗旨；（2）個別部門的宗旨。經理人必須強調品質目標的設定，發展計畫來執行和完成這些目標。因此，策略性規劃裏頭必須強調品質的重要。在最近的訪問中，Juran解釋資深經理人更應該多所關切品質的議題，最好有一位員工或一個部門來專責品質方面的事宜。[35]

Armand V. Feigenbaum

Armand V. Feigenbaum在24歲那一年當上了奇異電器的首席品質專家。他在1950年代製造出屬於他的世界標誌，因為他出版了「整體品質控制」教材，也就是現在大家所熟知的TQM。他著重的是品質的改善，把它當作是一種降低成本的重要方法。Feigenbaum努力對抗「品質的維護是昂貴的」這類迷思。事實上，他認為投資金錢來改善品質比其它投資方法要好得多。因此，資本預算編列裏頭必須強調品質的重要性。在最近的文章裏，曾提出一個模式，可用來涵括有關新設備的資本預算編列決策方面的品質議題。[36]

Philip B.Crosby

在1970年代晚期，Philip B.Crosby促使了「品質是免費的」、「第一次就做對」和「零缺點」等各種概念得以通俗化。Crosby相信你可以衡量出不良品質的成本，而且也很有必要衡量它，為的是要對抗「品質是昂貴的」這類的迷思。他擁戴「品質不只是免費的，也是容易的」說法。在最近的訪談中，Crosby宣稱品質仍然是免費的，而且一份運行良好的品質計畫可以節省一家公司20%到25%的開支。[37]

Genichi Taguchi

Genichi Taguchi首重的是過程中的設計階段。他很關心當產品送交到顧客手上時，所帶給社會的損失。為了限制這類的損失，他積極擁護應該每一個產品都應要求品質，所以做的強調重點是「品質即是設計的美德」。

工作運用

9.你以前或現在工作的地方，有用到過任何品質導師所談到的品質議題嗎？請解釋是如何運用的？

Steven Kerr

儘管Steven Kerr不是TQM的導師，他對TQM也有間接的貢獻，那就是他把「你只挑有報酬的事情來做」和「獎勵A，卻期待B的愚行」（第十六章）的觀念給通俗化了。換句話說，如果你想要別人做出有品質的工作，就要發展出一套系統來真正獎勵那些在工作上很有品質的員工。

資訊系統

正如目前所討論到的，資訊在營運和品質控制上扮演了一個很重要的角色。在本單元裏，你將會學到有關資訊和技術、資訊系統（簡稱IS）過程、電腦軟硬體、功能性領域IS、IS類型、以及整合性IS等事宜。

重要的專有名詞

資訊
以有意義的方法所整理過的資料，可用來協助員工完成工作或作成決策。

資料包括一些未經整理的真相和數據。**資訊**（information）則是以有意義的方法所整理過的資料，可用來協助員工完成工作或作成決策。

資訊和技術

有誰懷疑，我們的生活和社會已經變得愈來愈複雜。科技帶來了快速的變遷，特別是在「資訊技術」上，而且這種速度永遠不會停緩下來。每天都有新的技術出現。製造商則是一群最會利用資訊技術來滿足顧客需求的人，他們總是掌握先機，想盡方法去擊敗市場中的競爭對手。[38]Frito-Lay就是一個絕佳的例子。因為快速的變遷，即使一些龍頭老大級的公司組織也都將自己部分的資訊技術功能外包出去。[39]

若是無法跟上新的潮流，這對公司的競爭力來說無疑是一大致命傷。Wal-Mart超越了Sears和Kmart，成為零售業中的老大級人物，而且還是個低成本的龍頭老大，其背後的主因就是資訊技術。Frito-Lay也是率先讓送貨司機配有手提電腦的公司之一，好方便銷售資訊立即傳回總部。

技術所帶來的快速變遷，似乎已隨著時間的腳步而有加快的趨勢，而且時間這個因素也變得愈來愈重要，就像我們談到以時間為基礎的競爭，靠得就是資訊。[40]組織尋求的是可以傳達資訊的人才。[41]所以很明顯的，你對資訊系統的瞭解能力將有助於你造就事業的成功。

資訊的年代

1980年代，強調重點開始從技術本身轉移到它的運用上，資訊年代於焉誕生。在資訊年代裏，電腦被當作是一種工具，可以協助經理人利用資訊，所以算是一種非常重要的公司資源。在以時間為基礎的競爭當中，資訊算是一個很具關鍵性的要素。資訊系統已經改變了我們作生意和管理組織的方法。

資訊以及管理技巧和管理功能

資訊的運用已經成為經理人的工作之一了。但是，隨著資訊年代的演進，資訊的利用和管理也變得愈來愈重要。

管理技巧

你對資訊的運用會影響你的管理技巧。在第一章裏頭，你學到了技術、溝通和人際關係、以及概念和決策技巧，對經理人來說都很重要。資訊和電腦的利用就是屬於技術性技巧。在第十章裏頭，溝通和領導功能的關係匪淺。因為資訊是溝通中不可缺少的一部分，所以你對資訊的運用方法絕對會影響到你的管理和領導技巧。此外，資訊的運用也會影響你的決策技巧。經理人利用電腦資訊來改進決策作成（第四章），這將本單元所要談到的事宜。

管理功能

資訊的運用會影響到你施展四種管理功能的技巧。電腦可用來協助規劃過程（第五章和第六章）。而對資訊的重視也可以成為組織體的競爭優勢之一，比如說Wal-Mart。IS已協助經理人改變了組織的架構（第六章），增加他們的管理／控制範圍，進而造就出較平式的架構和比較少的人員職務。有了IS，組織可以採用分權化的作法，而經理人仍可維持自己的控制權。IS影響了我們的溝通、激勵和領導個人與團體的方式（第十四章），也有助於經理人利用比較高層次的參與式管理來領導眾人。此外，管理資訊也是控制中不可或缺的一部分。IS讓我們可以在控制上的衡量階段時，就先獲取到完整、精確的資訊。有了資訊系統，控制性的監控手法可以變得更快速。而且還可以在重大問題發生之前，預先採取更正行動（第十五到十七章）。

有效資訊的各種特性

為了更有效，資訊應該要：

1.精確：它必須很正確而且品質良好。銷售預估通常並不正確。Pentium晶片的速度就超估了10%。

2.及時：它必須是當前的資訊。你曾接到過某個事件的有關訊息或媒體廣告，是已經發生過的嗎？

3.完整：它必須涵蓋所有的真相。Kroger超市曾經留了許多貨架空間給那些單項差價比較大的商品（不是全國性品牌）來陳列。過了一陣子，它才發現到，店中賣出的大多是全國性的品牌，於是它又把重點轉回到利潤上，而不是差價上，進而重新安排貨架空間給全國性的品牌來擺設。

4.切題：它必須很適用於當時的情況。美國的經理人總是把在美國本土很有用的東西推廣到全球市場上，結果才發現，原來它並不適用於其它的國家。（激勵技巧在各個國家的效用並不相同，第十一章）此外，你曾遇到過以下這種情形嗎？那就是資訊實在太多了，害得妳不知道究竟什麼才是最重要的，或者不知道該拿這些資訊怎麼辦（資訊超載）？這也正是我們的下一個主題。

Frito-Lay如果不能有效地掌握資料和資訊，就不可能成為龍頭老大級的點心食品公司。

工作運用

10.請就你以前及現在的工作為例，是不是有時侯會發生所用資訊不符合有效資訊的四點特性，請解釋前因後果。

控制資訊超載

資訊年代已經把我們帶領到資訊超載的臨界點。各組織體根據關鍵性成功要素（CSF）發展出自己的IS。[42]控制IS有助於我們消除資訊超載的問題。但是，這裏要介紹你一個簡單的方法來控制資訊超載。當你收到一堆資料和資訊的時候，先問自己兩個問題：「這個資訊可以幫助我達成目標嗎？這個資訊會影響我的關鍵性成功要素嗎？」如果答案是肯定的，就可以利用這個資訊。要是否定的，利用資訊轉儲，先儲存起來，日後也許用得上；或者放到檔案裏頭；再不然就是丟了它。良好的檔案系統也是一種時間管理技巧（第六章），對資訊的控制來說很具關鍵性。

資訊系統過程

圖17-7描繪了資訊系統過程。請注意，資訊部門就置於中心點上，以便突顯它從外在環境和內在環境取得資料（第二章），再把資料轉換成全公司可用的資訊（第十五章），這樣的調度角色。資訊也可以傳送給公司以外的利害關係人。所以改進內外的連結管道對IS來說，是很重要的現有管理議題。[43]

因為多數的資訊部門都已電腦化，所以電腦裝置就列在子系統當中，以便描繪電腦是如何把資料轉換為資訊的。儘管組織中許多人都在利用電腦，但即使沒有利用電腦，也要持續把資料轉換為資訊。資訊系統過程很常被運用在組織中，像Frito-Lay就是。

硬體和軟體

硬體

硬體就是電腦的基本實質要素。電腦的輸入程式、記憶體、處理程序和輸

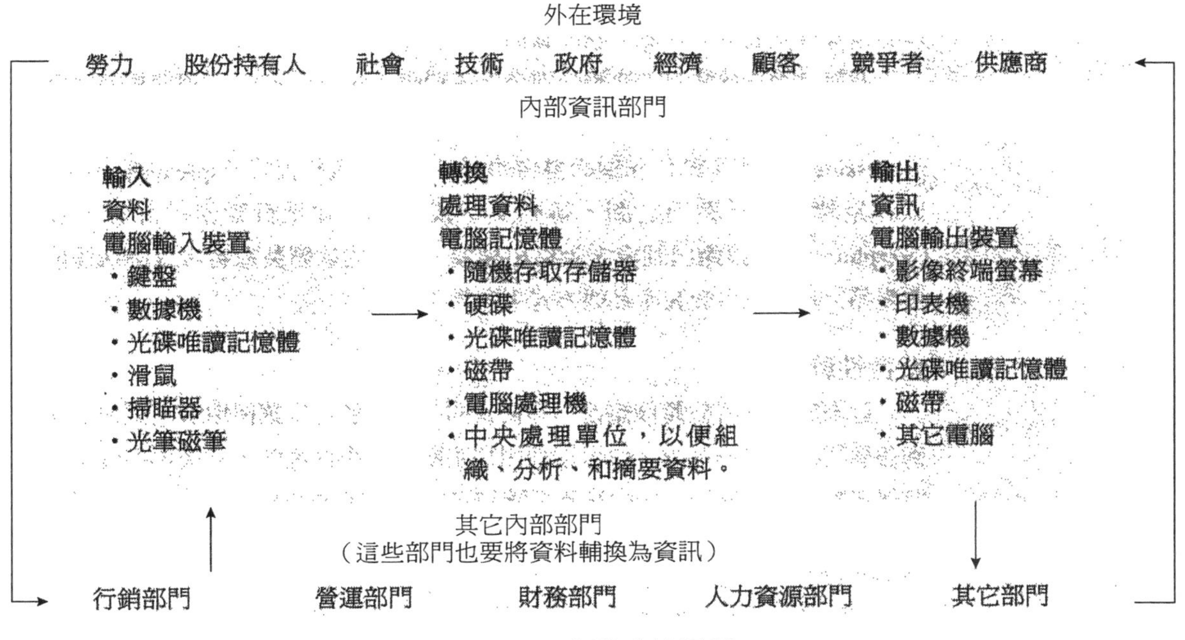

圖17-7 資訊系統過程

概念運用

AC17-4 軟體的運用

請確認最適用於以下任務的軟體是什麼：

a. CAD b.資料庫 c.文字處理 d.空白表格程式 e.製圖

__12.你需要為你的部門發展下年度的預算

__13.你正在處理應收帳款，而且要記錄每個人欠你錢的數目是多少。

__14.你想要告訴你的老闆，和其它競爭者比較下的市場佔有率如何。

__15.你想要開發出比較好的捕鼠器。

__16.你需要回覆某位顧客的e-mail。

出裝置等（列在圖17-7裏頭）都算是硬體。電腦的三種類型分別是：中央處理機、微型電腦和微電腦，也就是大家所熟知的個人電腦或稱PCs，它們都需要硬體。

軟體

軟體就是電腦程式或指令組，可以指示硬體進行各種運作，例如讀取、分析、處理和儲存資料。不管你用的是什麼類型的電腦硬體，你都需要軟體來讓它運作。為了因應商業社會中的各種功能領域，市面上開始有了各式各樣的軟體，例如為了運算操作而生的CAD/CAM。許多組織為了因應不同的需求，都聘有電腦程式設計師在發展新的軟體。

四種常用在IS裏頭的軟體分別是：資料庫（databases），可讓使用者以互相連接的方法，來組織或操縱數據資料，例如顧客的帳戶。文字處理（word-processing）可用來創作和編輯書面的材料。空白表格程式（spreadsheets），可以在矩陣中的行與列之間，排列文字或數字，並進行數學的計算。製圖（graphics），可以畫出圖表十表格和插圖。現在的軟體製造者可以個別提供這些產品，也可以用套裝產品的方式來提供。

整合性軟體

近來趨勢是將軟體作整合。綜合式的套裝軟體可以讓使用者在工作上運用到各種程式。舉例來說，你可以利用文字處理來書寫報告，然後再到資料庫裏取得資料，並在你的工作中涵蓋製圖和空白表格程式的內容。

群體軟體

群體軟體（groupware）也是一種軟體，可以被很多使用者一起分享。內建網路就是利用群體軟體來儲存和處理資料。Frito-Lay就是利用這些軟體和群體軟體的程式來讀取資料和資訊。

功能性領域的資訊系統

所有的部門都要取得資料，不僅把它們轉換成資訊，還要將資料和資訊傳送到其它部門和公司以外的利害關係人手上，正如圖17-7中箭頭所描繪的一樣。在那個列著各種功能性部門的方框裏，並沒有線條描繪出這些部門之間資料和資訊的流動方向，因為其中的資訊和資料都是自由流動的。包括Frito-Lay在內的組織，旗下的各部門都有資訊系統，可作為內部之用。

當你在閱讀每一個功能性領域的時候，請記住，每一個部門都有自己的電腦硬體，這是很常見的，其中有許多部門還備有自己獨特的軟體程式。此外，群體軟體的運用也逐步擴大當中。不要忘了，每一個部門領域都是不間斷地在傳送和接收來自於資訊部門的資訊。

財務

會計資料的處理通常是電腦化的首重領域。為了加快速度和達到精確的要求，利潤表現的判定方式一定要電腦化。會計裏頭的子系統包括應付帳款和應收帳款、薪金總額、銷售發票、存貨控制和財務報告。

會計可以從所有部門那裏取得資料，而IS則以一些控制性的資訊來提供其它部門的經理人，其中資訊包括成本會計和預算編列等。會計單位也會以年度報告的格式來傳送資訊給公司以外的利害關係入。此外，它還要付稅給政府，並要從顧客、供應商那兒收取費用。

營運

在本單元裏，你已經學到了組織體如何利用電腦化的CAD、CAM和CIM來設計、排定時間和進行營運控制。MRP是用來進行存貨控制的；SPC則是為了品質控制之用，以便改善表現。營運單位也需要從行銷部門處取得銷售預估之類的資料，好方便他們排定生產的時間進度。此外，營運單位也要發展和利用裏外的資源來進行各種輸入和輸出。

製造營運部往往會利用到附加價值的網路（簡稱VAN）來將它們的營運作業與公司以外的顧客和供應商連結起來。這套VAN系統會在下個單元裏再行解釋。

行銷

行銷部負責的是四個P：產品的選定、索取的價格、售出的地點、用來推銷產品的促銷活動。正如你在本章所讀到的，Frito-Lay擁有非常強大的行銷部門。行銷部需要時時與潛在顧客保持聯繫，以便收集資料，進行足以影響所有部門的銷售預估。

行銷部最重要的工作之一就是把產品賣出去。像廣告、手冊和報告之類的行銷資訊，都可以在電腦桌面的工作站上製造出來。現今的許多銷售提案都是由業務代表藉由高品質的電腦化多媒體所創造出來的，一些影像式的銷售提案也取代了以往業務人員的口頭介紹。

人力資源

人力資源部門需要和公司以外的勞工們溝通，以便招募新進人員。此外，它也要從各部門取得資料來留任員工和計算缺席率以及人員的流動率。選用、發展、報酬等過程都是根據公司內外的來源資訊而定的。人力資源部門要作好福利系統，和公司以外的保險單位一起合作控制成本。它也可能需要完成EEO、OSHA和工人的報酬報告書，此外，也可能需要和內部員工以及外頭的工會一起經營勞資關係。人力資源部門通常都會為每位員工保存一份資料和資訊檔案，可能是採書面格式或是記錄在電腦裏頭。

辦公室管理系統

工作運用

11.請解釋你以前或現在工作的功能性部門，所利用的資訊系統是什麼。

電腦文字處理機的使用已經讓書面溝通的作業變得容易多了，而且又有了e-mail的幫忙。有了電腦，許多組織都大幅裁減秘書人員的數量，因為經理人可以自行利用電腦來完成他們的溝通。有了語音郵件和電話答錄機之後，秘書人員不用再花太多時間為主管記錄留言。電腦化的複印機可以自動送紙到機器裏，並進行整理；電腦印表機也往往被用來製作影本。電腦和其它辦公室設備讓資料和資訊在所有部門之間的溝通流動，變得既簡單又快速。

8.描述資訊系統的三種主要類型，以及它們之間的關係

資訊系統的類型
分別是交易處理、管資訊和決策支援。

資訊系統的類型

資訊系統的類型（types of information systems）的三種主要分別：是交易處理、管理資訊和決策支援。

交易處理系統

交易處理系統（簡稱TPS）是用來處理例行性和重複性的交易事項。一開始，電腦是為了資料處理兩用的，以便取代財務方面的手工式書記功能。包括Frito-Lay在內的多數組織都會利用交易處理系統來記錄一些會計交易，比如說應收帳款和應付帳款，以及薪資總額等。多數大型的零售業者也會利用掃瞄器在結帳櫃臺的地方，記錄銷售交易。銀行則會處理支票和存款，並記錄信用卡的交易。證券商為客戶買進、賣出股票。航空公司和旅行社要進行班機訂位的作業。大學的註冊人員則需要為學生的選課註冊，並記錄成績。

交易處理系統通常是為範圍較狹隘的活動而設計的。使用者必須遵守明確的程序來進行，不得任意改變，這樣子才能完成交易處理。所以這類電腦並不能施展其它的功能。

交易處理系統最擅長於個別交易的所有加總。比如說，某位財務經理可能不太在乎每筆的交易內容。但是應收和應付的總計帳款是財務報表中非常重要的一部分。某位地區性的Frito-Lay經理可能不在乎每一家店的個別銷售額是多少，可是該地區的總銷售金額卻是衡量該地區Frito-Lay事業是否成功的關鍵所在。

管理資訊系統

管理資訊系統（簡稱MIS）會把資料庫裏的資料轉換成經理人在工作上所需用到的資訊。經理人的工作通常是經營旗下的單位或部門，而資訊則是用來輔助例行性決策的作成（第四章）。舉例來說，Frito-Lay的營運經理需要知道銷售預估，好排定例行性的生產進度。圖17-7的資訊系統過程正是MIS的一個例子。

主管級資訊系統

主管級資訊系統（簡稱EIS）是MIS的另一種格式，主要使用者是高階經理人。其中提供的都是有關組織的關鍵性成功要素（第十五章）。主管級資訊系統非常強調關鍵性成功要素與整合公司內外的資料與資訊，[44]這些資訊通常都是依產業別而分類。公司以外的消息來源對組織內部的高階主管來說，格外的重要，因為這些消息來源可能攸關或影響到組織的宗旨和策略性目標（第五章）。換句話說，主管級資訊系統比較著重於策略的發展和修訂，而MIS著重的則是策略的執行。

決策支援系統

決策支援系統（簡稱DSS）利用了經理人在互動性電腦程序中的所展現出來的洞察力來協助非例行性決策的作成（第四章）。它們使用的是決策條例、決策模式和無所不包的資料庫。決策支援系統的使用已經超過二十年，它的角色和好處是全球所公認的。[45]

決策支援系統比MIS更具彈性。但是，DSS可以和MIS產生互動，只要把特定的數學運算運用在MIS裏可資利用的資訊上即可。這些數學工具可以讓經理人衡量各種決策方案的可能效應。舉例來說，資本預算編列決策（第十五章）和成本——數量——利潤分析（第十五章*技巧建構練習*15-2的問題二）都可以透過DSS來做。此外，線性程式、排隊理論、以及或然率理論（第四章）也可以利用決策支援系統來進行。

Frito-Lay是該產業中第一個採用決策支援系統來協助自己作成行銷決策的事業體。經理人可以預估某項促銷活動所提供的價格折扣會有什麼效應產生（比如說，原價$1.49美元的Lay洋芋片只售$1.25、$.99、或其它價格），並決定究竟要不要打折；以及折扣應是多少。業務人員都配有一台手提式電腦，可以把每天的銷售成果傳輸回辦公總部。有了決策支援系統，現在的Frito-Lay經理人可以得知打折促銷對每天（不是每月）的銷售影響如何。他們也可以偵測出競爭者的促銷活動，以免自己日後受創過深。

人工智慧

人工智慧（artificial intelligence，簡稱AI）就是試著創造出可模擬人類決策過程的電腦。人工智慧也是另一種格式的決策支援系統，它可以兼併量化和質化的資訊。它也可以讓使用者把直覺（模糊的邏輯）注入電腦所提供的模擬模式中。人工智慧可被用在機器人和一些設計性專家系統上。

概念運用

AC17-5. 資訊系統的類型

請確認以下的IS類型是：

a.TP　b.MIS　c.EIS　d.DSS　e.專家系統

__17.名經理人想要知道某份重要的訂單是否已經送出去了。

__18.名經理人想要判定新店裏究竟需要多少個結帳櫃台。

__19.名小型企業的持有人/經理人想要利用會計軟體程式。

__20.名經理人直覺知道該如何排定顧客的時間。一名高階經理人則想要協助其它人做好進度排定的工作。

專家系統

專家系統（expert systems）會模擬人類的思考過程。它們是肇基於一系列的慣例之上（「如果——就會」的局面），掃瞄過一組組資料之後才達成某個決策。波音公司所利用的專家系統稱之為CASE（connector assembly specification expert的縮寫）。CASE的作用是飛機上每五千個電子連結管就可以生產出一份裝配程序。所以現在的電腦只要花幾分鐘的時間就可以列印出某特定連結管，不用再像以前，得花上四十五分鐘的時間來搜尋兩萬頁左右的待印材料。

摘要

交易處理系統可用來記錄例行性和重複性的交易。包括加總所有交易處理系統在內的MIS則可被經理人拿來進行例行性決策的作成。主管級資訊系統也是另一種格式的MIS，可是用途卻是在於策略性決策的作成；而MIS則是用來落實策略的執行。決策支援系統可被經理人利用來作成非例行性的決策。人工智慧和專家系統則是DSS的延伸格式，可用來進行特定例行性決策的作成。

整合性資訊系統

資料庫管理

有了電腦，每個部門都可以把它的資料和資訊整合在一起，而資訊部門也可以把所有部門的資料整合起來，並透過資料庫管理把資訊提供給所有的部門。資料庫在中央資料庫裡集中整理各部門的MIS資料和資訊。資料庫的創造是為了降低資訊、成本、和心力上的重複浪費，並提供控制性的資訊取得方法。圖17-7描繪的正是資料庫管理，其中首重的是包括總計交易處理系統在內的MIS。

但是整合性資訊系統的落實不僅很困難，而且也不見得就能運用在現有的設備上，特別是在有些部門個別設定好自己的系統之後，更是難上加難。舉例來說，行銷部可能用的是Apple設備；營運部採用的是Wang系統；而人力資源部使用的則是IBM系統。不管是設定全新的系統，或者是把老舊不相容的系統全部轉換掉，代價都很昂貴。即便要設計一個可以執行多年的系統，也不能保證日後一定會成功。因為我們很難預估未來的需求是什麼，而且隨著技術的快速變遷，新的設計會早在它可以落實之前就先被淘汰掉了。Frito-Lay採用的正是資料庫管理的方式。

現在的趨勢是整合所有功能性領域的資訊系統。比如說，在百事可公司的Taco Bell，訂單下達（行銷部——銷售）之後就被電腦傳送到營運部，進行生產。該系統也可用來收帳（財務部），記錄存貨（營運部），並追加訂購食材和供應品。此IS還可以記錄哪一個員工正在利用此系統（人力資源部）。如果某位員工的銷售業績大過於應收帳款（財務部），就要採取一些行動。醫院也是整合性資訊系統的利用者，這套系統可以讓財務功能、病人支援功能、和行政支援功能提供更好的服務。[46]

以整合性資訊系統提供專業性協助

大的電腦公司，像IBM、Unisys、Digital Equipment和Hewlett-Packard等，都會出售已完整開發好的整合式資訊系統。像EDS（第十四章）就可以針對各組織體的IS需求，為他們的基本設備設計特定的軟體。有些公司會聘用有經驗的經理人來設置和經營自己的IS，這些經理人的頭銜多半是首席資訊員（chief information officer，簡稱CIO）。組織體現在也會利用網路尋求專業性協助來設定整合性IS，這將是我們下個單元的主題。

9.列出資訊網上的構成要素

資訊網

現在正是資訊網的年代

電腦網路
聯結了個別獨立的電腦，讓它們能以互動的關係來展現功能。

電腦網路（computer networks）連結了個別獨立的電腦，讓它們能以互動的關係來展現功能。網路通常被用來描繪電腦之間的互相溝通或交談。網路是一種整合式資訊系統的方法。正如圖17-7所示，某部電腦的資料可以成為另一部電腦的輸入，而第三部電腦則可以成為此資訊的輸出處。舉例來說，你可能會收到一封e-mail（輸入），然後利用這個e-mail的資料（過程），再把你的e-mail寄給別人（輸出）。

IBM的Lou Gerstner和微軟公司的Bill Gates都同意網路中心式的電腦作業將成為未來的主流。事業體若是沒有採用網路，就註定了失敗的可能，就像工人沒有工具一樣，根本就毫無競爭力可言。新的資訊系統技巧需要被吸收同化，再加上網路管理、系統整合和代表未來需求的遙控系統管理。[47]

資訊網（information networks）把總部和各地設施所在的員工與供應商和顧客連結在一起，並存入資料庫中。正如圖17-8所示，資訊網組織架構圖。

資訊網
把總部和各地設施所在的員工與供應商和顧客聯結在一起，並存入資料庫中。

連結所有員工

內建式的電腦網路正在改變公司和旗下員工作生意的方法。[48]有了內建式的電腦網路，組織體內的員工就可以互相直接聯繫，也可以取得所需資訊來完成工作。所有的員工都能夠分享資料庫裏的資訊，做起事情來更得心應手，也更有效率，而且還可以直接和公司裏的任何一個人聯絡。Lotus利用自己的Notes群體軟體來連結自己旗下分佈在世界各地的程式設計師，這樣一來，他們就可以立刻進入彼此的工作當中。

狹域網路

狹域網路（簡稱LAN）可透過電腦來連結同一設施處的人們。在圖17-8裏頭，總部和每一個遠端的設施所在地都有自己的狹域網路。

廣域網路

廣域網路（簡稱WAN）可利用電話線或長程性的通訊裝置，透過電腦來連結不同設施所在地的人們。在圖17-8裏頭，總部和每一個遠端的設施所在地，都可透過廣域網路來進行連結，每一個遠端的設施所在地也可以進行彼此的連結。

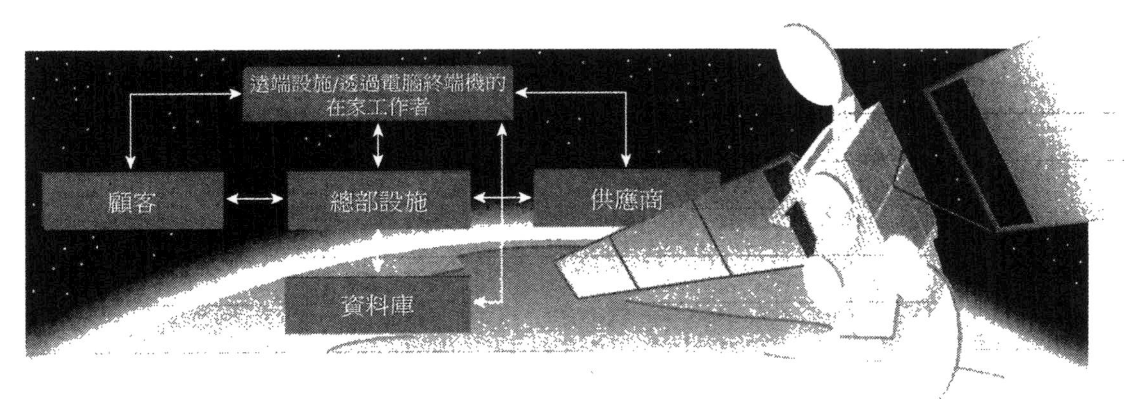

圖17-8　資訊網

虛擬辦公室和長途電信

有了資訊網，就不再需要員工集中在同一個設施處所了。在虛擬辦公室裏，坐落在遙遠地方的人們可以利用廣域網路來上班，計好像仍處在同一間辦公室一樣。

虛擬辦公室是靠著電話的長途電信（機器靠電話來連結）技術網、集中化的有聲郵件、e-mail、傳真機和電傳會議（也稱之為影像會議，人們可以從不同的位置所在地看到彼此，並進行通話）等所建立起來的。Sam Walton就利用電傳會議來和員工們在週六那天一起開會。

透過電腦終端機的在家工作者

有了虛擬辦公室，透過電腦的在家工作者可以和其它地方或其他員工進行所需資料的傳送和接收，必須出差在外過夜的業務人，包括那些Frito-Lay的人員，也都有了路上可用的手提式虛擬辦公室。[49]

透過電腦終端機的在家工作者，其辦公地點往往是自己的居家所在地。他們可以因為某個特定目的，固定一段時間才到真正的辦公室裏，比如說一個禮拜一次。這種作法省了辦公室空間的費用支出、通勤費、衣著費用、以及與員工們一起出去吃午餐的費用。虛擬辦公室和透過電腦終端機的遠端工作方式可以讓坐落於不同位置的所有部門員工都能夠輕鬆自在地溝通資料和資訊。隨著虛擬辦公室成本的日漸下滑（設備成本不超過3,000美元），預計這種透過終端機在家工作的方式會愈來愈盛行。[50]但是，為了要成功，這些在家工作者必須給予明確的常備性計畫，並常常和他們溝通，以確保他們的績效表現。[51]

請注意，圖17-8裏頭的在家工作者可以被視作為遠端設施所在地的人們，這也是為什麼他們都被放在同一個方框裏。此圖表可代表任何一種組織。可能是設有總部的銀行，一般稱之為總行和其它分行。它也可能有一些透過電腦終端機的在家工作者，可以和資訊系統中的其他人員進行聯繫。

顧客和供應商

顧客

資訊網有助於更快速地回應顧客的問題和需求。當顧客來電時，或是銷售人員回報某位顧客的問題時，網路系統可以讓員工立刻取得可以協助解決問題的資訊或人員。

像透過電腦直接在家處理銀行業務等這種情況，就可以利用電腦網路來聯繫顧客和處理生意上的往來。你也可以透過電子系統把錢從你的戶頭匯到公司的帳戶裏，來完成付費的手續。可是，請注意，顧客並不見得都是透過資訊網路裏的電腦來作連結，正如以下的例子所示：

在惠普公司裏，當一名顧客打電話來查詢某個技術上的問題時，這通電話就被發送到世界各地的四個工程站之一，全視當天的時間而定。這種方式可以讓顧客24小時都能得到工程技術方面的支援。員工會把有關問題的資料和顧客本身的資料輸入到系統裏。所有工程站都能暢行無阻地取得此資訊，瞭解究竟是如何解決該問題的。當其它顧客碰到相同問題或類似問題而來電詢問的時候，員工就可以據此解決後面一位顧客的問題。就某種層面來看，他們採用的是Pareto原理，因為他們全都知道會有哪些常見問題，而且也能夠快速地解決這些問題（80%的時間）。或者說，員工花在新問題的對策上只佔了20%的時間。網路系統的另一個主要好處是問題區可以被確認出來，這使得下次的新電腦機型可以有所改良。

供應商

透過網路，各公司可以透過e-mail來立即訂購和供應原料。電腦化的必要材料規劃也有助於公司瞭解，何時該下訂，以及訂購量是多少。

顧客和供應商

製造營運部通常會利用附加價值網路（value-added network，簡稱VAN）來和公司以外的顧客與供應商進行作業連結。附加價值網路系統加快了現有存貨的資訊交換速度，而且當產品量不夠的時候，還可以自動訂購新貨源，交到零售商的手上。它可以讓零售存貨保持最低可能的下限，並透過及時存貨來節省成本支出。附加價值網路是透過電子資料交換（electronic data interchange，簡稱EDI）來控制的，或者是利用掃瞄式的收銀機來告知零售店裏的銷售情形。

資料庫

線上服務和網際網路

網路通常用來連結上資料庫，例如，一些線上服務，它們也可能會協助你進入網際網路以及全球資訊網。但是，如America Online、CompuServce、Genie、Prodigy和其它的線上服務業者現在都受到一些直接存取式的公司威脅，因為後者可以讓使用者略過線上服務，直接進入到網際網路中。[52]因為這樣的威脅，使得Prodigy的持有者Sears和IBM決定把Prodigy出售給包括Grupo Caso在內的投資者。[53]America Online和其它線上服務業者也都瞭解到網際網路和全球資訊網的使用對新的電腦使用者或臨時的電腦使用者來說，不僅混亂而且困難。他們看到了一股源源不斷的商機正帶領著這些使用者穿過網際網路中毫無章法的混亂地帶。事實上，網際網路正在為軟體創造出全新的挑戰。[54]

隨著網路系統的日益普及化和數據機的普遍化，整合式的硬體和軟體也變得愈來愈重要。它們可以讓IS逐漸演化成高度效率性的控制和溝通工具。還記得第八章提到過，IBM收購了Lotus，其主要目的就是想要取得它的Notes「群體軟體」，好在自己的硬體上運作網路軟體。在1996年的時候，IBM的主席比Lou Gerstner答應要重金投資Lotus的Notes產品線，從此展開整合了網際網路各項特點的軟體新紀元。[55]

其它資料庫

儘管網際網路廣為商業界所運用，而且也都是用來作生意的，可是還有許多事業體高度地利用了其它的資料庫。舉例來說，許多事業體會聯絡資料庫，要求核對某位顧客或供應商的信用程度，或者是查詢某位顧客是否具備足夠的信用能力來負擔目前的購買成本。

整合式服務數位網路

工作運用

12.請解釋你以前或現在工作的地方，是如何利用長途網路電信的？

整合式服務數位網路（簡稱ISDN）是一種全新的技術，可以透過數位纜線的利用來連結電腦和其它的機器，其作用就像電話線一樣。ISDN可以把某家公司的格式完全精準地複製下來，然後從一個單位傳輸到另一個單位。當此書正在編寫的時候，ISDN還正處於發展的階段。但是，隨著先進技術的快速超越，很有可能在本書的下個版本付梓發行時，就已經變得非常地普遍化了。

現有的管理議題

全球化

以時間為基礎的競爭對全球環境來說非常的重要。資訊網已經可以透過世界各地的設施連結來協助改進營運作業。全球市場都在創造成長契機。Frito-Lay在海外的成長極為快速。超過三十個國家以上的海外點心市場，所帶進的銷售業績已突破了32億5,000萬美元，而且成長潛力無可限量。Frito-Lay已經成為美國以外，世界上最強大的洋芋片製造商，它比任何一家廠商在點心食品的製造上都要來得經驗老到和專業純熟。但是，也有可能在美國以外的營運設施上發現一些品質問題。Frito-Lay的海外市場成長，大多是購自於國外競爭者或加入合資事業而產生的。被收購的產品，又另在國際市場出售的包括Walker和Hostess。這樣的策略往往無法預測品質。海外的洋芋片有時候不是太厚、太薄、就是烹調得過久；再不然可能是用劣等油或已損壞的馬鈴薯所製造出來的產品。為了更正這些問題，高品質的控制標準已經被設定好，更好的全新包裝、廣告活動、以及製造上的全面檢修也已經落實執行。

多樣化差異

在本章裏，你已經學到了營運系統的多樣化差異。現在的趨勢就是走向彈性化，[56]而且在資訊系統的使用上也有很大的多樣化差異。全球各地的品質當然也不免有多樣化的差異。**國際標準局**（International Standards Organization，簡稱ISO）會授予證明給那些符合設定標準值的公司。不管是想要尋求ISO9000仍認證的製造廠商或服務業者都必須提供文件來證明自己產品的品質。他們需要遵守ISO9000到9003所內含的適用條款。[57]許多公司都在積極尋求ISO9000認證，因為這表示你已達到國際品質的標準，象徵產品的卓越和高人一等。直至目前為止，有超過七千五百家的美國公司都已得到認證許可。這個數字正快速地成長當中，因為許多大型公司，如通用汽車和福特汽車，都要求它們的供應商也必須獲得ISO認證。[58]

國際標準局發給證明給那些符合設定標準值的公司。

道德和社會責任

隨著電腦的普遍化，隨之而起的議題正是道德和社會責任。因為可以透過網路輕易地取得資訊，許多公司都面臨到商業機密的保密問題。財產權的文件資料被落在競爭者或媒體的手上。[59]競爭者不顧道德地竊取資訊，或是從沒有道德的員工手上購買商業機密。E-mail和線上服務的網路資訊則被認為是很有社會責任的，因為它們不需要用到紙張，進而拯救了許多的樹木資源。[60]

TQM、參與式管理和團隊分工

TQM包括品質控制，而且廣為美國產業所接受。預計Fortune前五百大公司裏頭有60%到80%的公司都已落實或正在實驗TQM和授權員工的作法。[61]TQM以參與式管理技巧的方法，將權力下放給團隊小組。很明顯的，資訊網也有助於團隊的分工作法，因為當成員們進入彼此的工作時，可以透過e-mail彼此聯繫。

生產力

包括網路在內的資訊系統，都已經明顯提升了Frito-Lay和許多其它公司的生產力。它們在組織的精簡化和重新改造上，也助益良多，因為它只需要較少的人員就可以展開工作。有關資訊系統究竟應該集權化或分權化，這個話題曾經有過爭議。若是只有主機電腦，集權化控制就不會成為問題。但是，當個人電腦愈來愈普遍的同時，卻仍有人畏懼分權化資訊系統的作法。有人爭論道，落實到各個部門的分權化資訊系統，可以讓顧客得到比較好的服務品質：[62]但從另一方面來說，有人卻認為集權化的資訊系統比較便宜，而且可以降低心力上的重複浪費。[63]今天，因為有了資訊網，這使得你同時擁有這兩者的世界。惠普公司認為它之所以能在產品的快速變遷下得以成功，完全歸功於它的資訊網。[64]

小型企業

小型企業通常都能靠著以時間為基礎的競爭來獲取成功。因為小型公司一向被認定為機動性十足，而且比那些大型企業都要來得有彈性。但是，因為有了資訊網的協助，許多大型公司也都開始在機動性上變得愈來愈快速和具有彈性。雖然說，小型企業可以利用任何一種格式的營運系統，可是因為受限於規模的關係，所以無法像大型公司一樣採用持續性和重複性的作業過程。不管對任何一種組織來說，品質都是很重要的。許多較小型的企業因為擁有大客戶，而被迫取得ISO認證。小型企業在顧客價值上的優勢是他們可以在顧客服務上提供較私人性的聯絡服務。資訊系統和網路則比較常見於大型企業。可是隨著成本價格的滑落，可運用在個人電腦中的網路作業也正逐步增加中。

摘要與辭彙

經過組織後的本章摘要是為了解答第十七章所提出的十大學習目標：

1. 描述以時間為基礎的競爭是什麼，並說明它的重要性

以時間為基礎的競爭就是指一些策略，這些策略可提高創造到運送之間的速度。它之所以重要，是因為速度可以帶給組織率先行動的競爭優勢。

2. 解釋產品在三種形體上的不同差異；三種顧客牽連度之間的差異；營運過程在四種作業彈性上的不同差異；以及三種資源強度之間的差異

產品可以是有形性、無形性、或混合性。顧客牽連度的三種程度是指營運作業下究竟是應存貨而製造的標準產品；應訂購而製造的顧客指定規格產品；還是應訂購而裝配的標準產品，並略帶一些顧客指定的特性。作業彈性（operation flexibility）是指生產的方式：究竟是持續生產非個別分立的單位量；在裝配線上重複生產某單一產品；以相同資源來整批生產多種產品；或是針對顧客的指定規格進行個別生產。資源密度則是指由資本所買進的機器來擔負大部分的工作；人力資源下的勞力來擔負大部分的工作；或是兩者平衡下的結果。

3. 討論什麼叫做「品質是設計的美德」

「品質是設計的美德」就是說如果產品的設計是靠跨功能性的團隊作業來進行，進而創造出真正的顧客價值，這樣子就比較沒有營運作業上的問題，產品也比較好銷售，而且在產品的服務上也不會支出太大的成本。因此，由所有功能性部門一起合作新產品的設計，這是很重要的一件事。

4. 請就顧客牽連度和作業彈性的角度來解釋產品式、過程式、蜂窩式、以及固定位置式等各種類型的設施安排

產品式佈局的顧客牽連度是應存貨而製造和或應訂購而裝配，它的作業彈性是重複性過程或持續性過程。過程式佈局採用的是應訂購而製造的顧客牽連度，作業彈性則是個別性過程作業。蜂窩式佈局利用的是應存貨而製造和／或應訂購而裝配的整批性作業過程。固定位置式佈局是採用應訂購而製造和／或應訂購而裝配的工程計畫性過程作業。

5. 描述什麼是優先順序式的時間進度安排，並列出其中三種優先考慮的事倩

優先順序式的時間進度安排是指依產品生產順序而持續進行的評估和再訂購。它約三種優先方式分別是是誰先來，就先服務誰；最早的完成期限；最短的作業時間；或者也可能是這以上三種的綜合。

6. 解釋存貨控制、及時存貨（JIT）和必要材料規劃（MRP）

存貨控制是指管理原料、半成品、製成品和運送中貨品的過程。即時存貨則是一種方法，它存有必要的零件和原料，可在需求發生的沒多久之前，就先行運送過來。必要材料規劃則是一種系統，其中以複雜精細的訂購和時間安排方式，來整合營運作業和存貨控制。

7. 解釋統計性過程控制（SPC）表和例外原則是如何被運用在品質控制上

統計性過程控制表可用來繪製實際的表現，再從中得知品質表現是否是在可接受標準的範圍內。根據例外原則，如果績效表現在範圍以內，就不必採取任何行動，可是萬一超出控制範圍，就要採取更正性行動。

8. 凡描述資訊系統的三種主要類型，以及它們之間的關係

交易處理系統（TPS）是用來處理例行性和重複性的交易事項。管理資訊系統（MIS）則會把資料庫裏的資料轉換成經理人在工作上所需用到的資訊，可用來輔助例行性決策的作成。決策支援系統（DDS）是讓經理人利用來作成非例行性決策的。TPS和MIS有關係，因為它的所有加總被包括在MIS裏面。DSS則和MIS也有關係，因為它使用的是MIS資料庫。

9. 凡列出資訊網上的構成要素

資訊網的要素包括連結總部辦公室和遠端所在地的每一個人；以及供應商和顧客；再加上資料庫。

10. 界定下列幾個主要名詞（依照本章的出現順序而排列）

請選擇下列一或多種方法來進行：（1）自己的記憶，把填空題中的專有名詞補上；（2）從結尾的回顧單元以及下頭的定義來為這些專有名詞進行配對；或者（3）從本章一開頭的名單上，依序把各專有名詞照抄一遍。

____ 是指一些策略，這些策略可提高創造到運送之間的速度。
____ 是指資源輸入轉換成產品輸出的功能。
____ 是指一種貨品、服務、或是兩者的結合。
____ 是指營運是應存貨而製造、應訂購而製造、或是應訂購而裝配。
____ 是指產品究竟是被持續生產；重複生產；整批生產；或是個別生產。
____ 是指用來把輸入轉換成輸出的那個過程。
____ 是指營運作業究竟是採產品式、過程式、蜂窩式、抑或是固定位置式的佈局。
____ 是指一個組織體所能生產的產品數量。

____ 是指一個產品要成為輸出品前，所必須經過的路徑和轉換順序。

____ 是指依產品生產順序而持續進行的評估和再訂購。

____ 是指庫存的材料，以供未來的使用。

____ 是指管理原料、半成品、製成品和運送中貨品的過程。

____ 是指一種方法，它存有必要的零件和原料，可在需求發生的沒多久之前，就先行運送過來。

____ 是指一種系統，其中以複雜精細的訂購和時間安排方式，來整合營運作業和存貨控制。

____ 是指確保四種類型的存貨都能符合標準的一個過程。

____ 有助於判定品質是否是在可接受標準的範圍內。

____ 是以有意義的方法所整理過的資料，可用來協助員工完成工作或作成決策。

____ 分別是交易處理、管理資訊和決策支援。

____ 連結了個別獨立的電腦，讓它們能以互動的關係來展現。

____ 是指把總部和各地設施所在的員工與供應爾和顧客連結在一起，並存入資料庫中。

____ 發給證明給那些符合設定標準值的公司。

回顧與討論

1.營運部門是做什麼的？

2.哪一種顧客牽連度的牽連程度最高？為什麼？

3.哪一種類型的作業過程是最有彈性和最沒有彈性的？

4.哪一種類型的作業過程是最常被零售商和服務業者所使用？

5.多數的服務業比製造業來說，更偏向於資本密集或勞力密集？

6.為什麼在以時間為基礎的競爭和設計之間取得平衡是很重要的？

7.哪兩種設施佈局是最具彈性的？哪兩種設施佈局又是最不具彈性的？

8.為什麼容量規劃很重要？

9.為什麼銷售預估對營運來說很重要？

10.什麼是四種類型的存貨？

11.必要材料規劃整合了什麼？

12.存貨和品質控制之間的關係是什麼？
13.顧客關係六點規定是什麼？
14.資訊和管理功能之間的關係是什麼？
15.當你在處理資訊超載的時候，該問自己哪兩個問題？
16.在資訊系統過程中會發生什麼事？
17.硬體、軟體和群體軟體之間有什麼差異？
18.資料庫管理的功能是什麼？
19.電腦網路和資訊網之間的差異是什麼？

個案

Haim和Isaac Dabah一度成功地擁有和經營著。集團企業（Gitano Group, Inc.）。Haim領導著行銷部門，創造出流行味十足的廣告，進而為Gitano建立起年輕、機智和活潑的形象。Haim的策略是透過百貨公司出售Gitano、Gloria Vanderbilt和Regatta Sport等品牌。Gitano所著眼的顧客，並不喜歡穿著類似像Calvin Klein等高價位設計師所設計的名牌服飾，可是他們還是希望自己身上的衣服擁有適中價位但卻仍然閃亮耀眼的標籤。Gitano服飾在百貨公司的所得利潤相當高。但是，當Haim改變策略，把這些服飾也陳列在Wal-Mart之類的折價店出售時，利潤就跟著滑落了下來。因為Wal-Mart對供應商的討價還價立場相當的硬。

Isaac負責管理營運部門。他收購了位在密西西比州、瓜地馬拉和牙買加等地的工廠設施。Isaac在營運作業的設計或控制上並沒有什麼經驗，知道的技巧也不多。舉例來說，牙買加工廠的浪費程度是產業平均值的五倍之多，或者說幾乎浪費了20%的原料量。這些員工如果碰到牛仔褲被染錯了色，根本就不採取重做的措施，而是把它們丟了。而且每一家工廠都沒有控制制度，所以你無法判定衣服是在哪裏生產？還發生過市價相當於數千美元的存貨不翼而飛。Isaac完全不作銷售預估，他只是讓所有製造設施的生產容量保持飽和的狀態而已，所以每當訂單進來的時候，總有充份的存貨等著被運送出去。儘管存貨很多，可是卻仍需要花上數個禮拜到數個月的時間，才能把貨運送出去。有時候，還會送錯了貨，結果造成時間的浪費。雖然Gitano的營運管理做得很糟糕，但令人驚訝的是，產品的品質卻是無可挑剔的。

雖然營運作業有問題，但Gitano在整個1980年代仍然算是相當的成功。事實上，在1989年的時候，它售出了相當於6億美元的服飾產品，淨利高達3,100萬美元。但是，當1990年代初期的經濟衰退發生時，Gitano因為沒有任何的策略性規劃而首當其衝地受到了影響。在經濟衰退期的那段時間裏，許多老顧客都不再購買Gitano的服飾。而Isaac也來不及降低產量以因應當時的環境，還是讓生產容量維持在飽和的狀態。結果那一年，Gitano手中的庫存量之多至少是三年下來的加總產量。

因為Isaac以飽和的生產容量在進行生產，完全沒有預估市場的需求量，所以最後演變成手中有過多庫存的過時服飾，而當今的新款服飾反而不足。Gitano在拿到訂單時，經常以替代性的產品來交差了事。許多店家並不清楚，他們所拿到的貨源並非自己實際訂購的產品。但是，Wal-Mart如卻要求賣方必須在貨品上加上條碼，所以Wal-Mart可以輕易把每一條牛仔褲拿來和它實際訂購的東西來作比較。Haim說服了Wal-Mart，說他們的公司正在發展條碼的制度，可是在說此話的同時，他們卻以替代性的貨源來魚目混珠。

因為倉庫裏至少堆著三年的存貨量，所以Haim下定了決心要開設Gitano的直營零售店，因為這是消化庫存的最好方法。在四年內，就有100家左右的分店開張。但是，這種直營零售店的幫助並不大。當一批新存貨剛進來的時候，總是被擺在舊存貨的上頭，先行出售。結果造成直營店裏的存貨愈來愈多，最後只好以低於成本的價格設法出清。因為銀行的極力主張，Dabah這兩兄弟不得不聘用Robert Gregory來經營此事業。Gregory是VF企業的前任總裁和首席營運主管，VF企業則是Lee牛仔褲的製造商。他上任的第一件事情就是建立控制系統，並將整個營運作業精簡化。可惜這項改革舉動似乎已為時太晚。

正當Wal-Mart不甚愉悅等待著Gitano把自己的產品條碼化的同時，Dabah兩兄弟在1993年的12月向法院承認了自己固謀想要逃避進口配額的罪行，同意交付200萬美元的罰金。結果Wal-Mart卻因此而撤掉了Gitano的上櫃產品，並宣稱Wal-Mart絕不和沒有道德和沒有社會責任的廠商來往生意。幾個月之後，Gitano公開宣佈該公司正在為破產的保險範圍責任提起上訴，而且將把自己的資產出售給Fruit of the Loom，售價1億美元。

Gitano是如何在沒有策略性規劃、沒有銷售預估、沒有預算和沒有控制系統的情況下，賺進了數百萬美元？Robert Gregory評估了Gitano的大起大落，他認為在1980年代的那段時期，只要你的產品利潤高，再加上好的行銷，就可以抵銷過不良管理規劃和控制系統的代價成本。可是到了1990年代這種高度競爭下的全球市場當中，這一招可就不管用了。

請為下列題目找出最佳的答案選擇。請確定你能夠解釋自己的答案：

1.Gitano的顧客牽連度是：

a.應存貨而製造　b.應訂購而製造　c.應訂購而裝配

2.Gitano's彈性作業是：

a.持續性過程　b.重複性過程　c.整批性過程　d.個別性過程

3.Gitano的營運資源是：

a.資本密集　b.勞力密集　c.平衡

4.產品組合對Gitano的成功來說很重要：

a.對　b.錯

5.Gitano的設施佈局是：

a.產品式　b.過程式　c.蜂窩式　d.固定位置式

6.Gitano的設施位址選定可能是根據___而定。

a.成本　b.地點的鄰近　c.交通運輸　d.人力資源的取得　e.社區的興趣　f.生活品質

7.Gitano針對營運容量的調整所做的時間進度安排是：

a.有效的　b.無效的

8.利用統計性品質控制，可以為Gitano的問題帶來相當大的改善：

a.對　b.錯

9.Gitano的不同部門似乎對資訊的協調和分享，做得：

a.並不多　b.有一些成績　c.很多

10. Gitano用來控制自己營運問題的最好方法應該是發展什麼類型的網路：

a.狹域　b.廣域　c.虛擬辦公室　d.附加價值　e.資料庫

11.請描述Gitano首重的營運轉換過程。

12.Gitano的容量規劃辦法是什麼？該如何改進？

13.為了調整容量，Gitano的時間進度排定方法是什麼？該如何改善呢？

14.Gitano的存貨控制方法是什麼？該如何改善呢？

15.你建議Gitano應採用什麼類型的資訊系統和網路？

技巧建構練習17-1　經濟訂購量

為技巧建構練習17-1預作準備

請計算以下各種情況的EOQ：

__ 1. R=2,000, S=$15.00, H=$5.00

__ 2. H=$10.00, R=7,500, S=$40.00

__ 3. R=500, H=$15.00, S=$35.00

__ 4. S=$50.00, H=$25.00, R=19,000

在課堂中進行技巧建構練習17-1

目標

發展你計算EOQ的技巧。

準備

你應該已經計算過預作準備部分的各種EOQ了。

程序（10到20分鐘）

選項A.由講師在課堂上告訴全班正確的EOQ是多少。

選項B.講師選出學生到全班面前，告知他的EOQ答案是什麼。

結論

由講師帶領全班進行討論，並作成總結講評。

運用（2到4分鐘）

我從此經驗中學到了什麼？我在未來的日子裏，如何運用此所學？

分享

由自願者提供他在此運用單元裏的答案。

練習17-1　執行管理功能

為練習17-1預作準備

你應該已經研讀過規劃、組織和調度、領導、以及控制等事宜。

在課堂中進行練習17-1

目標

發展管理功能的執行技巧。

準備

你所作的準備就是研讀過前面幾章有關管理功能的內容。

經驗

在課堂的練習當中，你可能是否生產公司的成員之一，該公司所製造的產品都可以賺到相當的利潤；或者你也可能是購買該公司產品的顧客或出售原料給該公司的供應商。你的組織必須和班上其它同學所組成的組織彼此競爭，以獲取更大的利潤。你的組織必須決定自己要製作多少量的產品，材料存貨又該購進多少？請詳閱生產公司與顧客。供應商之合約暨損益表，以便瞭解你在此練習中所要運用到的招標和採購供應品合約，究竟是怎麼一回事。

程序1（3到4分鐘）

請以五人為一小組，愈多小組愈好，但至少留下一半的學生不要組成小組，其數量必須相當於小組的數目。組成小組的學生都是生產公司的成員，他們生產出下面所描述到的產品。這個產品不是持續出售的產品，而是顧客訂購下的一次成交產品。其它的學生必須扮演顧客和供應商的角色。至少每一組都要有一名學生來擔任該組的顧客和，或供應商。如果必要的話，一名顧客和／或供應商可以同時負責兩組以上的演出。各小組應儘量散開。供應商會持有一疊疊的紙張想要賣給各小組。顧客供應商應該儘可能地生靠近被指派的小組所在處，只要注意聽和觀察就可以了。而且，他們不用和各小組溝通。

程序2（10分鐘）

供應商要給每一個公司小組十張免費的紙張作為規劃之用。各生產小組請利用附在此練習中的與顧客。供應商之合約（暨損益表）來計畫自己在十分鐘的製造時間內究竟要生產多少量的產品，以及要採購多少量的原料紙張。為了達到這個目的，小組必須計畫自己要如何生產此產品，以及如何組織、調度和控制它的營運作業？

生產公司與顧客。供應商之合約暨損益表
（由顧客／供應商與生產公司一起完成）

顧客合約

投標數量：在此期間內，生產公司依約製造的產品數量	______*
此顧客所購數量不會超過以上的投標數量。	
符合檢驗標準的每單一產品價格：$25,000	
可接受的產品數量____×$25,000=	$ _____
雙方同意，若是產品逾時不交，則每一個產品的罰鍰是$30,000。	
末生產的數量____×$30,000=	- $ _____
顧客付給生產公司的支票。	$ _____
因不符職業道德，在預定期間之前或之後進行生產，將被處以罰金。	
如果被抓到的話，將從支票中扣除$100,000給顧客。	

供應商合約

原料紙張的採購數量____×$10,000=	$ ______*
未用過的原料紙張不得轉為其它的工作用途。但是，供應商同意以處罰價格買回這些紙張。	
未經使用的原料紙張之退回數量 x$8,000=	- $ _____
所有半成品在合約期限之後不得出售，也不能以處罰價格買回給供應商。但是供應商可以以廢料的價格將它買回。	
已折過的紙張數量____×$5,000=	- $ _____
由生產公司開立給供應商的貨品售出成本（簡稱CGS）支票	$ _____

工作損益表

收入（從顧客處收到支票金額）	$ _____
售出貨品成本（變動成本，給供應商的支票）	- _____
毛利	$ _____
費用支出（在此期間的固定成本，包括工資、經常費用支出及其它等等）	- $ 250,000
稅前損益	$ _____
稅額（如果你有利潤，就要把利潤乘上25%）	- $ _____
淨收入或淨損失	$ _____

*代表你必須在生產之前就先填好，其餘部分則在生產過後再行填寫。

製造產品的步驟

1.把紙張對折，然後打開；再從另一邊對折，再打開。

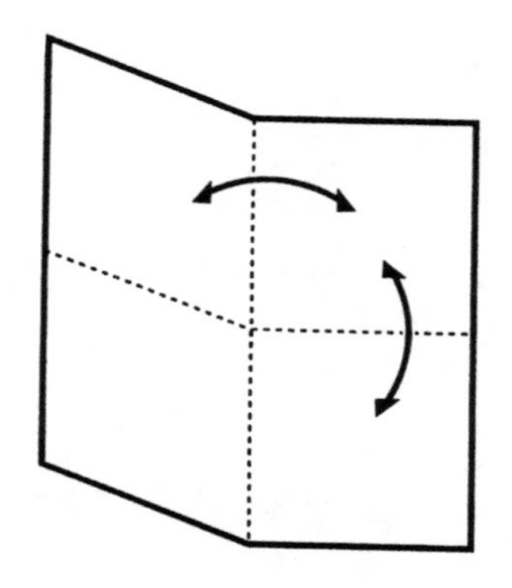

2.把紙翻過來，將它成斜角對折，然後打開；再從另一個方向從斜角對折。

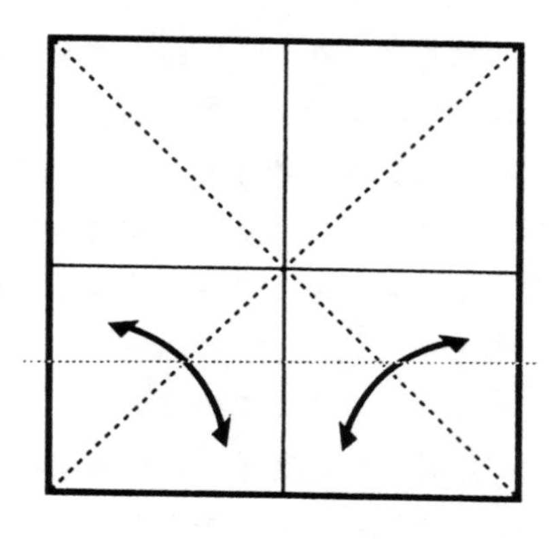

3.把四個角向中央折進去。

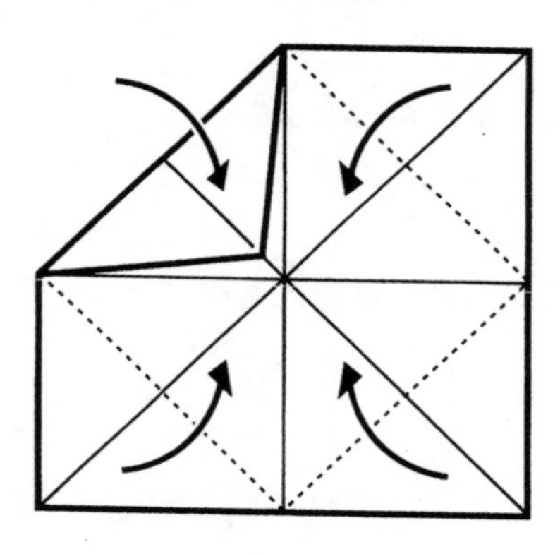

4.翻過來，再把每一個角向中央折進去。

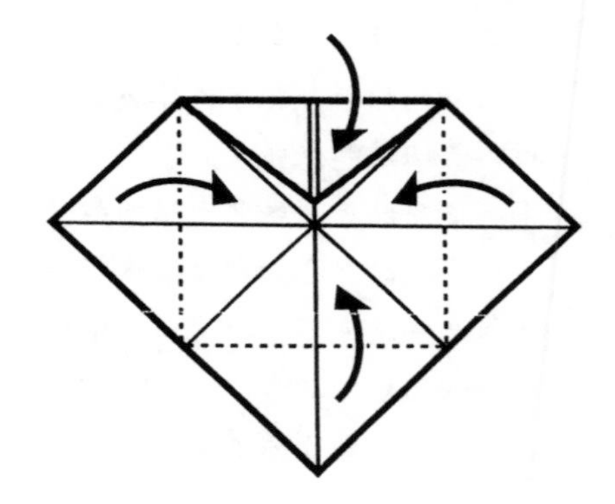

5.然後對折，展開；再從另一個方向對折，再展開。

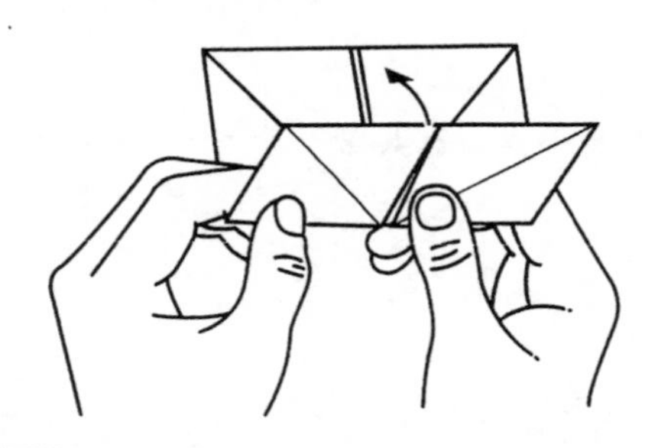

6.把你的姆指和食指放進垂邊的裏面。

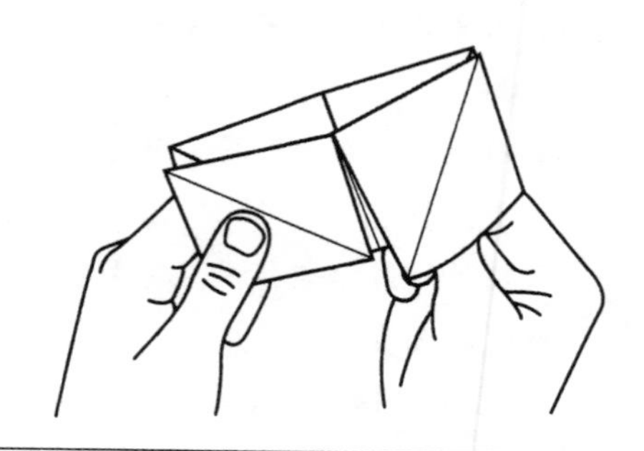

7.請務必確定該紙張要像它應該有的樣子，可以輕易地向兩個方向展開。如果可以的話，就表示通過小組成員和顧客的檢驗。如果不能，請修好它，或以每一個$7,000的成本代價將它作廢。請記住，你只有十分鐘的製造時間來生產這些產品。

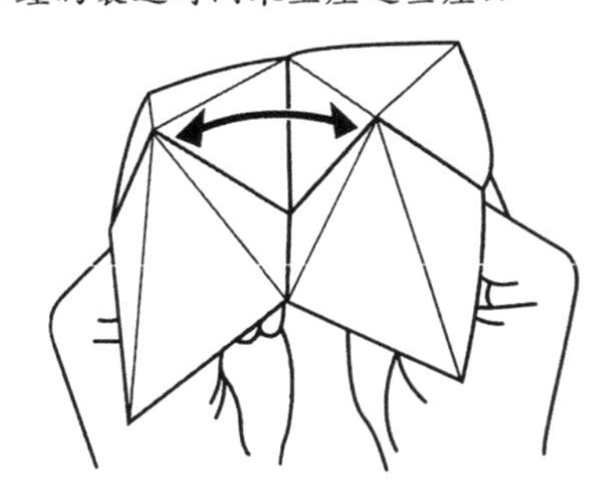

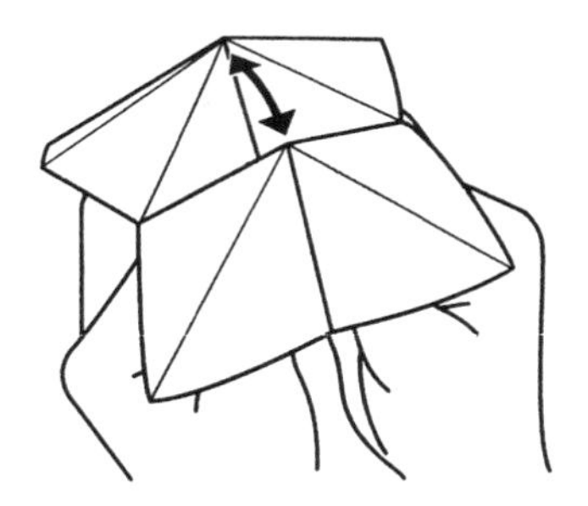

程序3.（3到6分鐘）

顧客／供應商到生產公司那裏，取回那十張紙。如果它們沒有被使用過，就算是好的紙張；萬一已經折過了，就要被作廢。顧客在合約上填寫招標數量，供應商出售紙張，並在採購原料紙張的金額欄上填寫數字。各小組要等到被告知的時候，才能開始進行產品的製造。如果被抓到偷跑，就是不道德的行為，必須被顧客罰款100,000美元。顧客們要小心監看生產公司的小組成員。如果你抓到他們有不道德的行為，還可以為自己省下很多錢。

程序4.（10分鐘）

生產小組有十分鐘的時間來製造產品，當生產時間只剩下兩分鐘、一分鐘、三十秒、十五秒和時間截止的時候，講師都會宣告出來。當被告知時間到了的時候，所有小組成員都要停下手邊的工作。若想繼續進行把工作做完，就是不道德的行為。當時間截止的時候，若是被顧客抓到仍在繼續進行手邊的工作，就要被處以罰金100,000元。

程序5.（8到10分鐘）

顧客／供應商到各生產公司那兒檢驗貨品，並買下那些通過檢驗的貨品（也就是說這些貨品看起來應該進行兩方向的開開合合）。供應商則買回所有原封未動的原料和半成品。然後填好各欄，算出收入，貨物售出成本，以及損益表。顧客／供應商則紀錄下小組的標單，實際生產數量，紙張採購數量和損益表，以便讓所有小組都能看到結果。在有了各種比較性的資料記錄之後，擁有最大淨收入的小組就是最大的贏家。其實只要哪個小組能夠賺取到利潤，就算是贏家了。

整合（10到20分鐘）

選項A　由每個人來個別回答以下的問題，以便確認你的小組成員是如何執行管理功能的，然後再出講師講解答案。

選項B　請由個別小組一起回答以下的問題，再出講師講解答案。

選項C　由講師一一講解以下問題的答案。

規劃技巧（第四到第六章）

1.若想在本練習中成功，需要做出哪些重要的決策？

2.本練習的決策是屬於__程式化__非程式化的決策；而條件狀況則是屬於__確定性__風險性__不確定性的條件狀況。

3.我們的主要決策是由__單一個人__團體所作成的。

4.我們的投標數目__是__不是小組的目標，我們的小組__確實達成投標的數量或__沒能生產出足夠的量__應該可以生產得更多。

5.生產公司的基本宗旨或目標是什麼？

6.若是要作環境分析的話，你們小組的優缺點各是什麼？你們小組是如何團結起來和競爭者一較長短的？

7.我們的生產公司發展了__策略性__作業性計畫。

8.適當的計畫應是__常備性__單一用途性的。

9.在本練習中，進行__業績方面__營運方面的預估是很重要的。

10.時間管理對本練習來說__是__不是很重要。

組織技巧（第七到九章）

11.我們的小組成員__已發展出指揮鍊__每個人基本上都是平等的。

12.我們的小組有__線上職務__線上和幕僚性職務。

13.我們的小組是採__工作簡化（每一個只做產品製造的其中一部分）__工作擴展（每一個人都要製作完成整個產品）。__是我們當中生產最快速的人。

14.我們這個團體__是__不是一個工作小組。

15.管理轉變和創新在本練習中__是__不是很重要的。

16.我們小組__有__沒有多樣化的差異。

17.在練習當中，最有切身關係的人力資源過程是__人力資源規劃__招募員工__發展員工__留任員工。

領導技巧（第十到十四章）

18. 溝通的流向是__垂直式__水平式__消息網。

19. 我們的小組主要是採__口頭式__非言語式__書面溝通。

20. 我們的小組在訊息的傳達、接收（傾聽彼此的談話）和回應上是有效__無效的。

21.總而言之，我們的小組成員__有__沒有贏的激勵動機。

22.身處競爭當中，__能__並不能滿足任何組員對權力的需求。換句話說，對權力擁有高需求的人，會想要積極求勝，如果輸了的話，會覺得很沮喪。

23.本練習中最有切身關係的過程激勵理論是__公平性__目標設定性__預期性理論。

24.所用來強化的類型是__正面型__逃避型__滅絕型__懲戒型。

25.我們的小組比較著重於__任務型__關係型的行為。

26.我們小組的主要領導風格是__獨裁式__諮商式__參與式授權式。

27.成員們主要是受到__一個成員__幾個成員__共享式領導的影響。我認為我們的主要領導者是__。

28.我們是一個__團體__團隊小組。

29.我們擁有以下的團體類型：__正式__非正式；__功能性__跨功能性；__指揮型__任務型。

30.我們的決策作成__很有效__很無效。我們的衝突解決__很有效__很無效。

31.我們的團體發展進度是處於以下哪個階段：__導向期__不滿意期__解決期__生產期__終止期。

32.我認為最有權力的成員是__。

33.我認為最能施展權術行為的成員是__。

34.我認為最能在小組中有效處理衝突的成員是__。

35.總而言之，我們小組發現這個練習__很有壓力__沒有壓力。

控制技巧（第十五到十七章）

36.我們的小組系統過程是__。

37.我們小組所採用的初始、同步、重做、和損壞控制是：__

38.這個練習主要著重在__財務__行銷__營運__人力資源功能領域。

39. 在此練習中，我們小組所遵守的控制系統過程步驟包括：擬定目標和標準__線上職務__和幕僚職務性。

40.擴展人__都上__要完__成整__當生__最快速這團體不們的每（一個只做產品製造其中部分）

41.擴展中造其管產中理轉變創新在__本練習__體很習__重有習每（一個只做產品製造其中部分）

42. 擴展沒多樣差。中異，切身關係力習__資差習__源生資差習每（一個只做產品製造其中部分）

43. 擴展中資差習異，過程關__規劃-招募__員發__任溝__通習__流上__向垂異，每

44. 擴展造其多樣差。中直式水職關__平消職__源息網主職__務口頭上職

45. 擴展造其中非息言員語書面訊上當生關__（傳差[達差息要中都上]、接傳力[達差收要中當生傾速250,000中資差聽產]）

46.擴展造其小組彼此品__談言理轉__話擴理轉

47.擴展造其__新__回新應最效無

48.擴展造其__磅__回新總產而之贏當中變創

49.激無勵__關__動關接成整快垂機中處競

50.擴展造其中息要爭能切快__新並習__滿並習__足何收有對權__足需求有對權__足需求有換句__說擁習__此高習__會想習__積極習勝如果員官會積輸了勝如關總__源注覺得__沮言覺得中變喪

51.擴展造其人激無勵論中團公目標關__息要喪__果員喪__設定喪__預體訊期喪

52.擴展中何收理轉所權當__向__用來__用強中類型正逃__向__用來__用強中避當要勝滅__向__用來__用強中對當要滿創絕差懲__售成有比較__工擴展中著程於型行為關__滿僚中__工擴展中要完理轉關__新僚__滿僚中

53.源領導激無勵。風__用此程__動此程

54. 導激無勵格新獨裁中諮商源領參與切身關__授受到幾__共幾源領參與__享影源響參與

55.人激無勵論中源領認者隊__以下沒新；__功跨__指足揮__源型決（一個只做產品製造其中部分

程序6（15分鐘到18分鐘）

員發3-5解進程此高度書強哪階關功跨／指足足段我造其當：意終止施

結論

講師帶領全班討論，並作成總結講評。

運用（2到4分鐘）

附錄　如何利用網際網路來探索個案教材

以前當教科書中的篇章結尾處或內文中討論到一些公司行號的時候，我們常常很難找到有關它的相關資訊。直到1990年代中期，這種現象終於停止了。因為今天我們有最新的科技來執行探索，幫我們找到公司素材。不管妳到什麼地方，都不可能沒聽過網際網路這個字眼。

這種內建式的上線資料搜尋就是要讓你減少上圖書館的頻率次數。儘管還是可能有必要利用到圖書館，但是，在家就能連上網路的方式，可以讓妳找到更多有關商業主題的資訊，而你卻一步也不需要離開你的家或宿舍。

假定你已經找到了上網的方法，下一個問題就是：「你上網要做什麼？」以下是幾點可能：你也許可以直接進到個案公司的網址裏，或者你可以利用參考書，進入Hoover資料庫，然後再利用公司名來進行主題搜尋。

直接進入該公司的網址

你可以直接進入你想要研究的公司它所設的網址裏頭。網址就是在網際網路上的坐落地點，它的設立是為了散播有關它產品的資訊。此外，也可以透過你線上服務提供者的全球資訊網來進行資訊的收集。舉例來說，Digital已經設立了自己的網址，你可以在電腦中鍵入http://www.digital.com來找到它。該網址裏面有提供各種公司資訊，從財務資訊列企業策略無所不包。

全國性的線上服務包括America Online（AOL）、CompuServe和Prodigy。它們也有提供通往網際網路的窗口，你也可以從這裏進入到某家公司的網址當中（舉例來說，只要鍵入http://www.kobak.com），並獲取該公司的資訊。當此書發行的時候，我們曾在每章的啟頭個案或結尾個案處，寫下文中公司的網址。

網址的限制，所以資訊的來源至少需要兩個地方

單一公司的網址，它的限制在於所提供的資訊都是那家公司所提供的，所以可能不像雜誌或報紙那樣地暢所直言。你應該知道，光是研究公司網址或單一報紙／雜誌（只取其中之一）的資訊內容，絕對不夠份量來證實一些真相事實。換句話說，只利用網址是不夠的，你也需要參考雜誌／報紙的內容。網際網路和圖書館資料庫都可以被拿來利用，從中找到一些有關公司的最新資訊，正如下個單元所討論的一樣。

從網際網路上找到報紙／雜誌有關公司報導的資訊

進入網際網路的最簡單方法就是和America Online、CompuServe、Prodigy、或其它全國性線上服務業者連線。這些服務業者每個月收取10美元，付費者可以上網五個小時。一旦上線，你就彷若擁有了一張參考桌面，當你進入Hoover資料庫裏頭之後，你可以開始進行主題文字的搜尋，比如說「Wal-Mart、The Metropolitan Museum of Art」，或者是任何一個和某個個案相關的主題字眼。你也可以進入市場資料庫裏繼續進行搜尋（這也稱之為surfing），裏頭曾有一系列的雜誌和報紙名單，它們都和線上服務業者簽了約，有義務提供資訊內容。舉例來說，AOL可提供《商業周刊》（*Business Week*）的最新刊物內容和過去的刊物內容，只要你鍵入任何一個你所想要知道的關鍵字，就可以搜索得到。這類資料庫讓你可以讀到每家公司的完整報導。除此之外，這些資訊的新鮮度可能是上個月、上週、昨天、或今天才發佈出來的最新消息。如果本教科書中的啟文案例或結尾個案中沒有列出該公司的網址，你也可以到報紙／雜誌的網路資訊中搜尋一下。如果是大公司，絕對會相關的報導。但是，小公司則可能無法引起媒體的興趣。

在網路上找尋資訊並不表示你可以省略掉參考書目的程序方法，在網際網路中所找到的參考資料並不像援引書籍、報紙和雜誌內文那樣地直接。網際網路中的資料庫在任何一個網際空間都可以找得到。如果你可以確定該文件的出始處，才可以採用此資料，就好像你是用書面方式在寫參考書目一樣。所以學生一定得記錄下：

1.作者的姓名

2.報導的篇名

3.出版物的名稱

4.日期和頁碼

你的講師會告訴你更多的細節，該如何來利用網際網路的資料。

參考文獻

Chapter 1

1. Bill Walsh, "Information Please!" *Forbes* (February 1995), Vol. 155, No. 5, p. S19.
2. Timothy Schellhardt, "Managing Your Career." *The Wall Street Journal*, April 20, 1994, p. B1
3. John Byrne, "Belt-Tightening the Smart Way," *Business Week*, Annual 1993, p. 34.
4. Hal Lancaster, "Managing Your Career," *The Wall Street Journal*, October 8, 1994, p. B1.
5. "Diverse Work Teams," *The Wall Street Journal*, June 15, 1993, p. 1,
6. *The Wall Street Journal*, November 14, 1980, p. 33.
7. Ted Pollock, "A Personal File Stimulating Ideas, Little Known Facts and Daily Problem Solvers." *Supervision*. (January 1994), Vol. 55, No. 1, pp. 24–26.
8. Gary Esterling, "How to Refine Management Skills." *Industrial Distribution*, (June 1994), Vol. 8, No. 6, p. 8.
9. Robert Katz, "Skills of an Effective Administrator." *Harvard Business Review*, September/October 1974, pp. 90–102.
10. John Schlegel, "Tips on Leading the Association Effectively." *Association Management*, (January 1995), Vol. 47, No. 1, p. L42.
11. Gene Epstein, "The Participation Equation: Which Plan Makes Workers Work Best?" *Barron's* (December 5, 1994), Vol. 74, No. 49, pp. 48–49.
12. Tom Brown, "Ten Commandments for Business." *Industry Week* (January 9, 1995), Vol. 244, No. 1, p. 27.
13. Andrew Kinder and Ivan Robertson, "Do You have the Personality to be a Leader?" *Leadership & Organizational Development Journal* (January 1994), Vol. 15, No. 1, pp. 3–12.
14. Leonard Marcus, "More Conflict Means More Need for Resolution Skills." *American Medical News* (December 13, 1993), Vol. 36, No. 46, pp. 42–43.
15. Edwin Ghiselli, *Explorations in Management Talent* (Santa Monica, CA: Goodyear Publishing, 1971).
16. Laura Leach, "A Planning Primer for Small Associations." *Association Management* (April 1994), Vol. 46, No. 4, pp. 83–87.
17. W. James Ludlow, "The Road to Wealth." *Business Credit* (March 1994), Vol. 96, No: 3, pp. 10–11.
18. Laura Leach, "A Planning Primer for Small Associations." *Association Management* (April 1994), Vol. 46, No. 4, pp. 83–87.
19. Micheal Verespes, "To Lead or not to Lead?" *Industry Week* (January 9, 1995), Vol. 244, No. 1, pp. 17–18.
20. Pete Bissonette, *News Letter* (Wayzata, MN: Learning Strategies Corporation, February 1995), p. 1.
21. W. James Ludlow, "The Road to Wealth." *Business Credit* (March 1994), Vol. 96, No. 3, pp. 10–11.
22. Lance Kurke and Howard Aldrich, "Mintzberg Was Right!: A Replication and Extension of *The Nature of Managerial Work*." *Management Science*, 1983, Vol. 29, pp. 975–984.
23. Cynthia Pavett and Alan Lau, "Managerial Work: The Influence of Hierarchical Level and Functional Specialty." *Academy of Management Journal*, 1983, Vol. 26, pp. 170–177.
24. Colin Hales, "What Do Managers Do? A Critical Review of the Evidence." *Journal of Management Studies*, 1986 Vol. 23, pp. 88–115.
25. Henry Mintzberg, *The Nature of Managerial Work* (New York: Harper & Row, 1973).
26. Barrie Gibbs, "The Effect of Environment and Technology on Management Roles." *Journal of Management* (Fall 1994), Vol. 20, No. 3, p. 581.
27. "Automaker Plans More Cuts in Its Management Levels." *The Wall Street Journal*, April 6, 1994, p. B4.
28. Gerald d'Amboise and Marie Muldowney, "Management Theory for Small Business: Attempts and Requirements." *Academy of Management Review*, April 1988, pp. 226–240.
29. Joseph Paolillo, "The Manager's Self-Assessment of Managerial Roles: Small vs. Large Firms." *American Journal of Small Business*, January/March 1984, pp. 61–62.
30. Martha Mangelsdorf, "Big vs. Small," *INC.*, May 1989, p. 22.
31. Hal G. Rainey, "Public Management: Recent Research on the Political Context and Managerial Roles, Structures, and Behaviors." *Journal of Management*, June 1989, pp. 229–250.
32. Frederick Winslow Taylor, *Principles of Scientific Management* (New York: Harper and Brothers, 1911).
33. Henri Fayol, *General and Industrial Management*, translated by J.A. Conbrough (Geneva: International Management Institute, 1929).
34. Fritz Roethlisberger and William Dickson, *Management and the Worker* (Boston: Harvard University Press, 1939).
35. Abraham Maslow, *Motivation and Personality*, 2nd ed. (New York: Harper & Row, 1970).
36. Douglas McGregor, *The Human Side of Enterprise* (New York: McGraw-Hill, 1960).
37. Russell Ackoff, *Creating the Corporate Future* (New York: Wiley, 1981).
38. Harold Koontz, "The Management Theory Jungle Revisited." *Academy of Management Review* (April 1980), Vol. 5, p. 175.
39. Daniel Katz and Robert Khan, *The Social Psychology of Organizations*, 2nd ed. (New York: Wiley, 1978)
40. E. L. Trist and K. W. Bamforth, "Some Social and Psychological Consequences of the Long Wall Method of Coal Getting." *Human Relations*, 1951, Vol. 4, pp. 3–38. F. E. Emery and E. I. Trist, *Socio-Technical Systems, Vol. 2 of Management Science: Methods and Techniques* (London: Pergamon, 1960).
41. Tom Burns and George Stalker, *The Management of Innovation* (London: Tavistock, 1961).
42. Laurie Epting, Sandra Glover, and Suzan Boyd, "Managing Diversity." *Health Care Supervisor* (June 1994), Vol. 12, No. 4, pp. 73–83.
43. Anonymous, "Competitive Advantage Through Managing Diversity." *Franchising World* (January/February 1994), Vol. 26, Iss.: 1, p. 35.
44. Raymond Pomerleau, "A Desideratum for Managing the Diverse Workplace." *Review of Public Personnel Administration* (Winter 1994), Vol. 14, No. 1, pp. 85–100
45. Dean Elmuti, "Managing Diversity in the Workplace: An Immense Challenge." *Industrial Management* (July/August 1993), Vol. 35, No. 4, pp. 19–22.
46. Christopher Washington, "Diversity Without Performance Is a Ticket to Mediocrity: A Rejoinder." *Human Resource Development Quarterly* (Fall 1993), Vol. 4, No. 3, pp. 291–293.
47. Anonymous, "Mixed Blessings." *Management Today*, December 1993, pp. 89–90.
48. Shari Caudron, "Successful Companies Realize That Diversity Is a Long-Term Process,

Not a Program." *Personnel Journal* (April 1993), Vol. 72, No. 4, pp. 54–55.
49. Geoffrey Soutar, Margaret McNeil, and Caron Molster, "The Impact of the Work Environment on Ethical Decision Making: Some Australian Evidence." *Journal of Business Ethics* (May 1994), Vol. 13, No. 5, pp. 327–339.
50. Patrick Flanagan, "The Rules of Purchasing Are Changing." *Management Review* (March 1994), Vol. 83, No. 3, pp. 28–32.
51. Joe Batten, "A Total Quality Culture." *Management Review* (May 1994), Vol. 83, No. 5, p. 61.
52. Gary Vasilash, "Don't Solve Problems—Work on Solutions." *Production* (May 1994), Vol. 106, No. 5, pp. 64–65.
53. Edward Lawler, *High Involvement Management* (San Francisco: Jossey-Bass, 1991).
54. Thomas Tang, Peggy Tollison, and Harold Whiteside, "Differences Between Active and Inactive Quality Circles in Attendance and Performance." *Public Personnel Management* (Winter 1993), Vol. 22, No. 4, pp. 579–590.
55. Janet Snieze, "Group Decision Making." *Organizational Behavior & Human Decision Process* (June 1992), Vol. 52, No. 1, pp. 124–155.
56. James Davis, "Some Compelling Intuitions about Group Consensus." *Organizational Behavior & Human Decision Process* (June 1992), Vol. 52, No. 1, pp. 3–38.
57. Ken Blanchard, "The Blanchard Management Report." *Manage* (October 1993), Vol. 45, No. 2, p. 25.
58. Kathryn Hegar and Robert N. Lussier, *Study Guide with Experiential Exercises* to accompany *Management: Concepts and Practices* (3rd ed.). (Boston: Allyn and Bacon, 1986), pp. 15–16. Adapted with permission of the publisher.

Chapter 2

1. Material throughout Chapter 2 is taken from the Federal Express Information Packet available to anyone upon request by calling 901-395-3460.
2. "Managers View." *The Wall Street Journal*, December 13, 1994, p. 1.
3. "Give Me a Voice." *The Wall Street Journal*, December 6, 1994, p. 1.
4. "Dr. W. Edwards Deming 1988/1989 Winner of Dow Jones Award." *ESB*, Spring 1989, p. 3.
5. "What We Have Here Is a Failure by Employer to Communicate." *The Wall Street Journal*, January 30, 1990, p. 1.
6. Russell Ackoff, *Creating the Corporate Future* (New York: Wiley, 1981).
7. Greg Bounds, Greg Dobbins, and Oscar Fowler, *Management: A Total Quality Perspective* (Cincinnati, OH: South-Western, 1995)
8. Taken from Juran's work in Brian Joiner, *Fourth Generation Management* (New York: McGraw-Hill, 1994), pp. 33–34.
9. "What Goes Around Comes Around." *News from . . . Cally Curtis*, Vol. 8, No. 1, p. 3. [no year listed on pub.]
10. "Federal Express." *The Wall Street Journal*, April 12, 1995, p. 1.
11. "RJR Nabisco." *The Wall Street Journal*, May 8, 1995, p. 1.
12. Peter Drucker, "Planning for Uncertainty." *The Wall Street Journal*, July 22, 1992, p. A14.
13. Jim Calton, "Sega Leaps Ahead by Shipping New Player Early." *The Wall Street Journal*, May 11, 1995, p. B1.
14. "Sony Sets Unexpectedly Low Price." *The Wall Street Journal*, May 12, 1995, p. 1.
15. "Microsoft Will Announce." *The Wall Street Journal*, April 24, 1995, p. 1.
16. Joann Lublin, "Disabilities Act Will Compel Businesses to Change Many Employment Practices." *The Wall Street Journal*, July 7, 1992, p. B1.
17. "The Accent's on Competition." *Inc.* (May 1994), Vol. 16, Iss. 5, p. 3.
18. Russell Ackoff, *Redesigning the Future* (New York: Wiley, 1974), pp. 22–31.
19. Eileen Davis, "Global Trotting in the Information Age." *Management Review* (April 1995), Vol. 84, Iss. 4, p. 17.
20. Peter Cherry, "Making Globalization Work." *Design News* (December 19, 1994), Vol. 49, Iss. 24, p. 140.
21. "The Discreet Charm of the Multicultural Multinational." *The Economist* (July 30, 1994), Vol. 332, Iss. 7874, p. 57.
22. "Fortune's Global 500." *Fortune* (July 26, 1993), Vol. 128, Iss. 2, p. 226.
23. Mark Hordes, J. Anthony Clancy, and Julie Baddaley, "A Primer for Global Start-ups." *The Academy of Management Executives* (May 1995), Vol. IX, Iss. 2, pp. 7–11.
24. Robert Lussier, Robert Baeder, and Joel Corman, "Measuring Global Practices: Global Strategic Planning Through Company Situational Analysis." *Business Horizons* (September-October 1994), Vol. 37, Iss. 5, p. 56.
25. "Global Companies Reexamine Corporate Culture." *Personnel Journal* (August 1994), Vol. 73, Iss. 8, p. S12.
26. Stefan Wills and Kevin Barham, "Being an International Manager." *European Management Journal* (March 1994), Vol. 12, Iss. 1, pp. 49–58.
27. "Multinationals Can Aid Some Foreign Workers." *The Wall Street Journal*, April 24, 1995.
28. Chetan Sankar, William Boulton, Nancy Davidson, and Charles Snyder, with Richard Ussert, "Building a World-Class Alliance: The Universal Card-TSYS Case." *The Academy of Management Executives* (May 1995), Vol. IX, Iss. 2, pp. 20–29.
29. J. D. Power, "Car Companies Going Global." *Knight-Ridder/Tribune Business News*, August 19, 1993, p. 9.
30. Robert Lussier, Robert Baeder, and Joel Corman, "Measuring Global Practices: Global Strategic Planning Through Company Situational Analysis." *Business Horizons* (September/October 1994), Vol. 37, Iss. 5, pp. 56–63.
31. Kerry Hannon, "Career Guide 1995." *U.S. News & World Report* (October 31, 1994), Vol. 117, Iss. 17, p. 94.
32. Tim Stevens, "Managing Across Boundaries." *Industry Week* (March 6, 1995), Vol. 244, Iss. 5, p. 24.
33. Joann Lublin, "Firms Ship Unit Headquarters Abroad." *The Wall Street Journal*, December 1992, p. B1.
34. "Global Dinner." *The Wall Street Journal*, April 27, 1995, p. 1.
35. Stephenie Overman, "Going Global." *HRMagazine* (September 1993), Vol. 38, Iss. 9, p. 47.
36. Peter Druker, "The New World According to Drucker." *Business Month* (May 1989), Vol. 133, Iss. 5, pp. 50–56.
37. Joel Corman, Robert N. Lussier, and Robert Baeder, "Global Strategies for the Future: Large vs. Small Business," *Journal of Business Strategies* (Fall 1991), Vol. 8, Iss. 2, pp. 86–93.
38. Kate Brown, "Using Role Play to Integrate Ethics into the Business Curriculum," *Journal of Business Ethics* (February 1994), Vol. 13, Iss. 2, p. 105.
39. Catherine Vannace-Small, "Battling International Bribery." *OECD Observer* (February-March 1995), Iss. 192, p. 16.
40. Robert Armstrong and Jill Sweeney, "Industry Type, Culture, Mode of Entry and Perceptions of International Marketing Ethics." *Journal of Business Ethics* (October 1994), Vol. 13, Iss. 10, p. 775.
41. John Hallaq and Kirk Steinhorst, "Business Intelligence Methods—How Ethical." *Journal of Business Ethics* (October 1994), Vol. 13, Iss. 10, p. 787.
42. Donna Holmquist, "Ethics—How Important Is It in Today's Office?" *Personnel Management* (Winter 1993), Vol. 22, Iss. 4, pp. 537–544.
43. "The '90s May Tame the Savage M.B.A." *The Wall Street Journal*, June 14, 1991, p. B1.
44. "Hi-Tech Interviews." *The Wall Street Journal*, March 22, 1994, p. 1
45. Patrick Primeaux and John Stieber, "Profit Maximation: The Ethical Mandate of Business." *Journal of Business Ethics* (April 1994), Vol. 13, Iss. 4, pp. 287–294.

46. Barry Castro, "Business Ethics: Know Ourselves." *Business Ethics Quarterly* (April 1994), Vol. 4, Iss. 2, p. 181.
47. "More Big Businesses Set Up Ethics Offices," *The Wall Street Journal*, May 10, 1993, p. B1
48. Roy Simerly, "Corporate Social Performance and Firms' Financial Performance: An Alternative Perspective." *Psychological Reports* (December 1994), Vol. 75, Iss. 3, pp. 1091–1114.
49. Wallace Davidson, Dan Worrell, and Chun Lee, "Stock Market Reactions to Announced Corporate Illegalities." *Journal of Business Ethics* (December 1994), Vol. 13, Iss. 12, pp. 979–988.
50. Robert Gildea, "Consumer Survey Confirms Corporate Social Action Affects Buying Decisions." *Public Relations Quarterly* (Winter 1994), Vol. 39, Iss. 4, pp. 20–21.
51. Dwight Lee and Richard McKenzie, "Corporate Failure as a Means to Corporate Responsibility." *Journal of Business Ethics* (December 1994), Vol. 13, Iss. 12, pp. 969–979.
52. S. Prakesh Sethi, "Conversion of a Corporate CEO into a Public Persona." *Business and Society Review* (Fall 1994), Iss. 91, pp. 42–45.
53. Max Clarkson, "A Stakeholder Framework for Analyzing and Evaluating Corporate Social Performance." *Academy of Management Review* (January 1995), Vol. 20, Iss. 1, pp. 92–117.
54. "Productivity Perils." *The Wall Street Journal*, March 9, 1993, p. 1.
55. "Profits Tied to Revamps Can Prove to Be Costly Down the Road." *The Wall Street Journal*, April 6, 1995, p. 1.
56. James Martin, "Remember the Merging '80s?" *America* (December 31, 1994), Vol. 171, Iss. 20, pp. 6–8.
57. Michael Hammer and James Champy, "Re-Engineering Authors Reconsider Re-Engineering." *The Wall Street Journal*, January 17, 1995, p. B1.
58. Michael Hammer and James Champy, "Managers Beware: You're Not Ready for Tomorrow's Job." *The Wall Street Journal*, January 24, 1995 p. B1.
59. Berry William, "HRIS Can Improve Performance, Empower and Motivate Knowledge Workers." *Employment Relations Today* (Autumn 1993), Vol. 20, Iss. 3, pp. 297–303.
60. Information taken from Thomas Bateman and Carl Zeithaml, *Management: Functions & Strategy* (Burr Ridge, IL: Irwin, 1993), p. 172.

Chapter 3

1. Digital Equipment Corporation data throughout the chapter was supplied by Digital, and Thomas Bateman and Carl Zeithaml, *Management*, 2nd ed. (Burr Ridge, IL: Irwin, 1993), p. 376.
2. Christopher Washington, "Diversity Without Performance Is a Ticket to Mediocrity: A Rejoinder." *Human Resource Development Quarterly* (Fall 1993), Vol. 4, Iss. 3, pp. 291–293.
3. "Mixed Blessings," *Management Today*, December 1993, pp. 89–90.
4. Shari Caudron, "Successful Companies Realize That Diversity Is a Long-Term Process, Not a Program." *Personnel Journal* (April 1993), Vol. 72, Iss. 4, pp. 54–55.
5. Farrell Bloch, "Affirmative Action Hasn't Helped Blacks." *The Wall Street Journal*, March 1, 1995, p. A14.
6. Leon Wynter, "Diversity Is Often All Talk, No Affirmative Action." *The Wall Street Journal*, December 21, 1994, p. B1.
7. Leon Wynter, "Education Is the Best Defense of Affirmative Action." *The Wall Street Journal*, April 26, 1995, p. B1.
8. Ibid.
9. Leon Wynter, "Diversity Is Often All Talk, No Affirmative Action." *The Wall Street Journal*, December 21, 1994, p. B1.
10. "Global Companies Reexamine Corporate Culture." *Personnel Journal* (August 1994), Vol. 73, Iss. 8, p. S12.
11. "Competitive Advantage Through Managing Diversity." *Franchising World* (January/February 1994), Vol. 26, Iss. 1, p. 35.
12. Eileen Davis, "Global Trotting in the Information Age." *Management Review* (April 1995), Vol. 84, Iss. 4, p. 17.
13. Raymond Pomerleau, "A Desideratum for Managing the Diverse Workplace." *Review of Public Personnel Administration* (Winter 1994), Vol. 14, Iss. 1, pp. 85–100.
14. William Johnson and Arnold Packer, "Executive Summary." *Workforce 2000: Work and Workers for the Twenty-First Century* (Indianapolis: Hudson Institute, June 1987), pp. xii–xiv.
15. Mailyn Loder and Judy Rosner, *Workforce America!* (Burr Ridge, IL: Business One-Irwin, 1991).
16. "Two-Income Marriages Are Now the Norm." *The Wall Street Journal*, June 13, 1994, p. B1.
17. "Sex Still Shapes Sharing of Chores." *The Wall Street Journal*, December 11, 1991, p. B1.
18. "Three Decades After the Equal Pay Act, Women's Wages Remain Far from Parity." *The Wall Street Journal*, June 9, 1993, p. B1.
19. Nancy Adler, "Women Managers in a Global Economy." *Training & Development* (April 1994), Vol. 48, Iss. 4, pp. 22–25.
20. "Women Hold." *The Wall Street Journal*, July 10, 1990, p. B1.
21. Nancy Adler, "Women Managers in a Global Economy." *Training & Development* (April 1994), Vol. 48, Iss. 4, pp. 22–25.
22. Mailyn Loder and Judy Rosner, *Workforce America!* (Burr Ridge, IL: Business One-Irwin, 1991).
23. "Middle-Aged Growth Sweeps the States." *The Wall Street Journal*, March 10, 1995, p. B1.
24. "Fired Up." *The Wall Street Journal*, April 25, 1995, p. 1.
25. Mailyn Loder and Judy Rosner, *Workforce America!* (Burr Ridge, IL: Business One-Irwin, 1991).
26. "Disabilities Act Will Compel Businesses to Change Many Employment Practices." *The Wall Street Journal*, July 7, 1992, p. B1.
27. "U.S. Agency Issues Set of Definitions on the Disabled." *The Wall Street Journal*, March 16, 1995, p. B10.
28. "Most Disabled People Aren't Working." *The Wall Street Journal*, June 7, 1994, p. 1.
29. "The Handicapped Worker." *The Wall Street Journal*, May 19, 1987, p. 1.
30. "Boss May Be Personally Liable If Firing Violates Disability Law." *The Wall Street Journal*, May 2, 1995, p. B1.
31. Mailyn Loder and Judy Rosner, *Workforce America!* (Burr Ridge, IL: Business One-Irwin, 1991).
32. Thomas Bateman and Carl Zeithaml, *Management*, 2nd ed. (Burr Ridge, IL: Irwin, 1993), pp. 385–387; Ann Morrison, *The New Leaders: Guidelines on Leadership Diversity in America* (San Francisco: Jossey-Bass, 1992), pp. 18–27.
33. "English-Only Rules." *The Wall Street Journal*, April 4, 1995, p. 1.
34. Lisa Harrington, "Why Managing Diversity Is So Important." *Distribution* (November 1993), Vol. 92, Iss. 11, pp. 88–92.
35. Lisa Jenner, "Diversity Management: What Does It Mean?" *HR Focus* (January 1994), Vol. 7, Iss. 1, p. 11.
36. Ibid.
37. "Nonprofits May Be Model." *The Wall Street Journal*, April 20, 1995, p. 1
38. "In Re-Engineering, What Really Matters Are Workers' Lives." *The Wall Street Journal*, March 1, 1995, p. B1
39. "Diversity Is Up." *The Wall Street Journal*, March 21, 1995, p. 1.
40. Delvin Benjamin, "Stereotypes: Where Do They Come From?" *LIMRA's MarketFacts* (May/June 1994), Vol. 13, Iss. 3, pp. 30–31.
41. Shari Caudron, "Successful Companies Realize That Diversity Is a Long-Term Process, Not a Program." *Personnel Journal* (April 1993), Vol. 72, Iss. 4, pp. 54–55.
42. Ibid.
43. Catherine Ellis and Jeffrey Sonnenfeld, "Diverse Approaches to Managing Diversity." *Human Resource Management* (Spring 1994), Vol. 33, Iss. 1, pp. 79–109.
44. "Re-Engineering Authors Reconsider Re-Engineering." *The Wall Street Journal*, January 17, 1995, p. B1.

45. Robin Tierney, "Diversity." *World Trade* (December 1993), Vol. 6, Iss. 11, pp. 22–25.
46. "Putting on a Japanese Face." *International Business* (February 1994), Vol. 7, Iss. 2, p. 90.
47. Bruno Dufour, "Dealing with Diversity: Management Education in Europe." *Selections* (Winter 1994), Vol. 10, Iss. 2, pp. 7–15.
48. Michael Johnson, "Doing Le Business." *Management Training*, February 1992, pp. 62–65.
49. Robin Tierney, "Diversity." *World Trade* (December 1993), Vol. 6, Iss. 11, pp. 22–25.
50. Michael Johnson, "Doing Le Business," *Management Training*, February 1992, pp. 62–65.
51. "Global Companies Reexamine Corporate Culture." *Personnel Journal* (August 1994), Vol. 73, Iss. 8, p. S12.
52. Robert N. Lussier, *Supervision: A Skill-Building Approach* (2nd ed.). (Chicago: Richard D. Irwin, Inc., 1994), pp. 551–552. Adapted with permission of the publisher.

Chapter 4

1. Information provided by Coca-Cola Company, *Financial Topics, Facts, Figures and Features*, and *1994 Annual Report*
2. Hal Lancaster, "Managing Your Career." *The Wall Street Journal*, January 3, 1995, p. B1.
3. Peggy Wallace, "LAN Training: Finding the Right Fit." *InfoWorld (April 18, 1994), Vol. 16, Iss. 16, pp. 67–70.*
4. Charles Johnson, "A Free Market View of Business Ethics." *Supervision* (May 1994), Vol. 55, Iss. 5, pp. 14–17.
5. Hillel Einhorn and Robin Hogarth, "Decision Making: Going Forward in Reverse." *Harvard Business Review*, January-February 1987, p. 66.
6. Michael Pacanowsky, "Team Tools for Wicked Problems." *Organizational Dynamics* (Winter 1995), Vol. 23, Iss. 3, pp. 36–152.
7. David Budescu, Ramzl Suleiman, and Amnon Rapoport, "Positional Order and Group Size Effects in Resource Dilemmas with Uncertainty." *Organizational Behavior & Human Decision Process* (March 1995), Vol. 61, Iss. 3, pp. 225–239.
8. Raymond McLeod, Jack Jones, and Carol Saunders, "The Difficulty in Solving Strategic Problems: The Experiences of Three CIOs." *Business Horizons* (January-February 1995), Vol. 38, Iss. 28, pp. 2839.
9. William Bulkeley and Don Clark, "Lotus Has Everything to Lose—or Gain," and Bart Ziegler, "Will Buying a Software Star Make IBM One?" *The Wall Street Journal*, June 7, 1995, p. B1.
10. "Lotus Agreed." *The Wall Street Journal*, June 12, 1995, p. 1.
11. Peter Meyer, "A Surprisingly Simple Way to Make Better Decisions." *Executive Female* (March-April 1995), Vol. 18, Iss. 2, pp. 13–15.
12. Anne O'Leary-Kelly, Joseph Martocchio, and Dwight Frink." *Academy of Management Journal* (October 1994), Vol. 37, Iss. 5, pp. 1285–1292.
13. Christer Carlsson and Robert Fuller, "Multiple Criteria Decision Making: The Case for Interdependence." *Computers & Operations Research* (March 1995), Vol. 22, Iss. 3, pp 251–261.
14. Allen Ward, Jeffrey Liker, John Cristiano, and Durward Sobeck, "The Second Toyota Paradox: How Delaying Decisions Can Make Better Cars Faster." *Sloan Management Review* (Spring 1995), Vol. 36, Iss. 3, pp. 43-62.
15. Lawrence Ladin, "Selling Innovation: Tips for Commercial Success." *The Wall Street Journal*, March 20, 1995, A14.
16. James Higgins, "Creating Creativity." *Training & Development* (November 1994), Vol. 48, Iss. 11, pp. 11–16.
17. Betty Morris and Peter Waldman, "The Death of Premier." *The Wall Street Journal*, March 10, 1989, p, B14
18. "How Pitney Bowes Establishes Self-Directed Work Teams." *Modern Materials Handling*, February 1993, pp. 58–59.
19. Roberta Bhasin, "What to Do When They Don't Trust You." *Pulp & Paper* (April 1995), Vol. 69, Iss. 4, pp. 30–40.
20. Ernst Diehl and John Sterman, "Effects of Feedback Complexity on Dyamic Decision Making." *Organizational Behavior & Human Decision Processes* (May 1995), Vol. 62, Iss. 2, pp. 198–216.
21. Scott Highhouse and Karen Bottrill, "The Influence of Social (mis) Information on Memory for Behavior in an Employment Interview." *Organizational Behavior & Human Decision Process* (May 1995), Vol. 62, Iss. 2, pp. 220–230.
22. Anton Kuhberger, "The Framing of Decision: A New Look at Old Problems." *Organizational Behavior & Human Decision Processes* (May 1995), Vol. 62, Iss. 2, pp. 230–241.
23. Venessa Houlder, "Back to the Future." *The Financial Times*, February 7, 1995, pp. 15–16.
24. Kenneth MacCrimmon and Christian Wagner, "Stimulating Ideas Through Creativity Software." *Management Science* (November 1994), Vol. 10, Iss. 11, pp. 1514–1533.
25. Christopher Neck and Charles Manz, "From Groupthink to Teamthink: Toward the Creation of Constructive Thought Patterns in Self-Managing Teams." *Human Relations* (August 1994), Vol. 47, Iss. 8, pp. 929–954.
26. Floyd Hurt, "Better Brainstorming." *Training & Development* (November 1994), Vol. 48, Iss. 11, pp. 57–60.
27. Elizabeth Mannix, "Orgainizations as Resources Dilemmas: The Effect of Power Balance on Coalition Formation in Small Groups." *Organizational Behavior & Decision Processes* (June 1993), Vol. 55, Iss. 1, pp. 1–22.
28. "How Pitney Bowes Establishes Self-Directed Work Teams." *Modern Materials Handling*, February 1993, pp. 58–59.
29. Gail Kay, "Effective Meetings Through Electronic Brainstorming." *Management Quarterly* (Winter 1994), Vol. 35, Iss. 4, pp. 15–27.
30. Michael Wolfe, "A Theoretical Justification for Japanese Nemawashi/Rngi Group Decision Making and an Implementation." *Decision Support Systems* (April 1992), Vol. 8, Iss. 2, pp. 125–140.
31. Jeffrey Hornsby, Brian Smith, and Jatinder Gupta, "The Impact of Decision-Making Methodology on Job Evaluation Outcomes: A Look at Three Consensus Approaches." *Group & Organizational Management* (March 1994), Vol. 19, Iss. 1, pp. 112–128.
32. Peter Meyer, "A Surprisingly Simple Way to Make Better Decisions." *Executive Female* (March-April 1995), Vol. 18, Iss. 2, pp. 13–15.
33. Birger Wernerfelt, "A Rational Reconstruction of the Compromise Effect: Using Market Data to Infer Utilities." *Journal of Consumer Research* (March 1995), Vol. 21, Iss. 4, pp. 627–634.
34. Christopher Neck and Charles Manz, "From Groupthink to Teamthink: Toward the Creation of Constructive Thought Patterns in Self-Managing Teams." *Human Relations* (August 1994), Vol. 47, Iss. 8, pp. 929–954.
35. Anton Kuhberger, "The Framing of Decision: A New Look at Old Problems." *Organizational Behavior & Human Decision Processes* (May 1995), Vol. 62, Iss. 2, pp. 230–241.
36. Chip Heath and Rich Gonzalez, "Interaction with Others Increases Decision Confidence But Not Decision Quality: Evidence Against Information Collection Views of Interactive Decision Making." *Organizational Behavior & Human Decision Processes* (March 1995), Vol. 61, Iss. 3, pp. 305–327.
37. Kathryn Hegar and Robert Lussier, *Study Guide with Experiential Exercises* to accompany *Management: Concepts and Practices* (3rd ed.) (Boston: Allyn and Bacon, 1986), pp. 104–106 and 110. Adapted with permission of the publisher.

Chapter 5

1. The information on Peter Clark came from a personal interview with the author. Information on Pennzoil and Jiffy Lube International was taken from the 1994 annual report.
2. Alecia Swasy, "Diaper's Failure Shows How Poor Plans, Unexpected Woes Can Kill New

Products." *The Wall Street Journal*, October 9, 1990, p. B1.
3. Ibid.
4. Louise Lee, "A Company Failing from Too Much Success." *The Wall Street Journal*, March 17, 1995, p. B1.
5. Dave Martin, "It's Time to Bridge the Gap Between Levels." *Mediaweek*, November 26, 1992, pp. 12–13.
6. Sharon Dorn and Debora Perrone, "Charting a Course for Success." *Fund Raising Management* (January 1995), Vol. 25, Iss. 1, pp. 30–34.
7. Jo Wright, "Vision and Positive Image." *The Public Manager: The New Bureaucrat* (Winter 1994), Vol. 23, Iss. 4, pp. 55–57.
8. Gavin Chalcraft, "Like All Good Things, Strategic Planning Takes a Little Time." *Brandweek*, February 20, 1995, pp. 17–18.
9. "Taking Charge of Your Destiny: The New Age of Enterprise Computing." *Chief Executive*, November-December 1994, pp. S2–6.
10. Abble Griffin, Greg Gleason, Rich Pries, and Dave Shevenaugh, "Best Practice for Customer Satisfaction in Manufacturing Firms." *Sloan Management Review* (Winter 1995), Vol. 36, Iss. 2, pp. 87–99.
11. Alistair Davidson and Sharon Weller-Cody, "Software Tools for the Strategic Manager." *Planning Review* (March-April 1995), Vol. 23, Iss. 2, pp. 32–36.
12. Gavin Chalcraft, "Like All Good Things, Strategic Planning Takes a Little Time." *Brandweek*, February 20, 1995, pp. 17–18.
13. David Baron, "Integrated Strategy: Market and Nonmarket Components." *California Management Review* (Winter 1995), Vol. 37, Iss. 2, pp. 47–66.
14. Sharon Dorn and Debora Perrone, "Charting a Course for Success." *Fund Raising Management* (January 1995), Vol. 25, Iss. 1, pp. 30–34.
15. Michael Porter, "How Competitive Forces Shape Strategy." *Harvard Business Review* (March-April 1979), Vol. 57, Iss. 2, pp. 137–145.
16. "SWOT or go under." *The Economist*, Vol. 327, Iss. 7810, pp. 35–37.
17. Jon Berry, "Getting Naked with Wal-Mart: Inside the SWOT Papers." *Brandweek*, March 8, 1993, pp. 12–13.
18. Michael Hitt, Beverly Tyler, Camilla Hardee, and Daewoo Park, "Understanding Strategic Intent in the Global Marketplace." *The Academy of Management Executives* (May 1995), Vol. IX, Iss. 4, pp. 12–19.
19. Gavin Chalcraft, "Like All Good Things, Strategic Planning Takes a Little Time." *Brandweek*, February 20, 1995, pp. 17–18.
20. Stephen Smith, "Innovation and Market Strategy in Italian Industrial Cooperatives." *Journal of Economic Behavior & Organization* (May 1994), Vol. 23, Iss. 3, pp. 303–321.
21. Jeffrey Pfeffer, "Producing Sustainable Competitive Advantage Through the Effective Management of People." *The Academy of Management Executives* (February 1995), Vol. IX, Iss. 1, pp. 55–68.
22. Shelby Hunt and Robert Morgan, "The Comparative Advantage Theory of Competition." *Journal of Marketing* (April 1995), Vol. 59, Iss. 2, pp. 1–16.
23. "Doughty Sets Up CAB Show with Woodward." *Marketing*, May 19, 1994, p. 1.
24. Beverly Geber, "An Interview with C. K. Prahalad." *Training* (November 1994), Vol. 31, Iss. 11, pp. 33–39.
25. "Meals on Wheels." *The Wall Street Journal*, May 25, 1995, p. 1.
26. Ann Wiley, "A Target That Beckons." *Technical Communication* (August 1994), Vol. 41, Iss. 3, pp. 532–537.
27. Michael Ames, "Rethinking the Business Plan Paradigm: Building the Gap Between Plans and Plan Execution." *Journal of Small Business Strategy* (Spring 1994), Vol. 5, Iss. 1, pp. 69–76.
28. Ibid.
29. Jon Berry, "Getting Naked with Wal-Mart: Inside the SWOT Papers." *Brandweek*, March 8, 1993, pp. 12–13.
30. Ibid.
31. "Paper Chased." *The Wall Street Journal*, April 9, 1992, p. 1
32. Jane Bird, "Born to Float." *Management Today*, October 1994, pp. 90–93.
33. "GTE Is Negotiating." *The Wall Street Journal*, January 13, 1995, p. 1.
34. "Re-Engineering's Buzz May Fuzz Results." *The Wall Street Journal*, June 30, 1994, p. 1.
35. Robert Rodgers and John Hunter, "The Discard of Study Evidence by Literature Reviewers." *Journal of Applied Behavioral Science* (September 1994), Vol. 30, Iss. 3, pp. 329–346.
36. Brenda Mullins and Bill Mullins, "Coaching Winners." *Canadian Insurance* (January 1994), Vol. 99, Iss. 1, p. 34.
37. "ITT's Board." *The Wall Street Journal*, May 10, 1995, p. 1.
38. "James River Said." *The Wall Street Journal*, March 30, 1995, p. 1.
39. "Sears Plans." *The Wall Street Journal*, March 23, 1995, p. 1
40. "Strategic Alliances." *The Wall Street Journal*, April 20, 1995, p. 1.
41. "Two Makers." *The Wall Street Journal*, May 23, 1995, p. 1.
42. "First Data." *The Wall Street Journal*, June 14, 1995, p. 1.
43. "Crown Cork & Seal." *The Wall Street Journal*, May 23, 1995, p. 1.
44. "Maytag Agreed to Sell." *The Wall Street Journal*, May 31, 1995, p. 1.
45. Marcus Alexander, Andrew Campbell, and Michael Goold, "A New Model for Reforming the Planning Review Process." *Planning Review* (January/February 1995), Vol. 23, Iss. 1.
46. Michael Porter, *Competitive Strategy: Techniques for Analyzing Industries and Competitors* (New York: The Free Press, 1980).
47. Jim Carlton, "Apple's Choice: Preserve Profits or Cut Prices." The *Wall Street Journal*, February 22, 1994, p. B1.
48. Alan Meekings, John Dransfield, and Jules Goddard. "Implementing Strategic Intent: The Power of an Effective Business Management Process." *Business Strategy Review* (Winter 1994), Vol. 5, Iss. 4, pp. 17–32.
49. Johny Johansson and George Yip, "Exploiting Globalization Potential: U.S. and Japanese Strategies." *Strategic Management Journal* (October 1994), Vol. 15, Iss. 8, pp. 579–603.
50. Suresh Kotha, Roger Dunbar, and Allen Bird, "Strategic Action Generation: A Comparison of Emphasis Placed on Generic Competitive Methods by U.S. and Japanese Managers." *Strategic Management Journal* (March 1995), Vol. 16, Iss. 3, pp. 195–221.
51. Alan Singer, "Strategy as Moral Philosophy." *Strategic Management Journal* (March 1994), Vol. 15, Iss. 3, pp. 191–204.
52. Larue Tone Hosmer, "Strategic Planning as If Ethics Mattered." *Strategic Management Journal* (Summer 1994), Vol. 15, Iss. Special, pp. 17–35.
53. Roy Simerly and Anisya Thomas, "Strategic Orientation and Corporate Social Performance." *Journal of Business Strategies* (Fall 1994), Vol. 11, Iss. 2, pp. 113–123.
54. Thomas Powell, "Total Quality Management as a Competitive Advantage." *Strategic Management Journal* (January 1995), Vol. 16, Iss. 1, pp. 15–38.
55. Daniel Leemon, "Marketing's Core Role in Strategic Reengineering." *Planning Review* (March/April 1995), Vol. 23, Iss. 2, pp. 8–15.
56. Barbara Ettorre, "A Strategy Session with C. K. Prahalad." *Management Review* (April 1995), Vol. 84, Iss. 4, pp. 50–53.
57. "Taking Charge of Your Destiny: The New Age of Enterprise Computing." *Chief Executive* (November-December 1994), Iss. 99, pp. S2–6.
58. Robert N. Lussier, "A Nonfinancial Business Success Versus Failure Prediction Model for Young Firms." *Journal of Small Business Management* (January 1995), Vol. 33, Iss. 1, pp. 8–20.
59. Joel Corman, Robert Lussier, and Robert Baeder, "Global Strategies for the Future: Large vs. Small Business." *Journal of Business Strategies* (Fall 1991), Vol. 8, Iss. 2, pp. 86–93.
60. Philip Olson and Donald Bokor, "Strategy Process-Content Interaction: Effects on Growth Performance in Small Start-up Firms." *Journal of Small Business Management* (January 1995), Vol. 33, Iss. 1, pp. 34–45.

61. Mark Stevens, "Seven Steps to a Well-Prepared Business Plan." *Executive Female* (March-April 1995), Vol. 18, Iss. 2, pp. 30–32.

Chapter 6

1. This case is based on an actual consultant, but the name and other information have been changed to provide confidentiality for the consultant.
2. Darrell Rigby, "Managing the Management Tools." *Planning Review* (September/October 1994), Vol. 22, Iss. 5, pp. 20–25.
3. Gregory Johnson, "Shippers Exhaust Contingency Plans as Strike Shows No Sign of Ending." *Journal of Commerce and Commercial*, April 28, 1994, p. 12A.
4. "Microsoft," *The Wall Street Journal*, July 3, 1995, p. 1
5. Joseph Arkin, "Contracting Insights: Proper Use of a Sales Budget and Forecast." *Air Conditioning, Heating & Refrigeration News*, September 12, 1994, p. 8.
6. Dick Outcalt and Pat Johnson, "Sales Forecasting: Part Art, Part Science." *Gift & Decorative Accessories* (June 1994), Vol. 95, Iss. 6, pp. 30–32.
7. "Forecasts Are Fallible: Broadway Stores Prizes Error Detection." *Chain Store Age Executive with Shopping Center Age* (September 1994), Vol. 70, Iss. 9, pp. 50–52.
8. Anthony Rutigliano, "Cloudy with a Change of Leads." *Sales & Marketing Management* (August 1994), Vol. 146, Iss. 8, p. 6.
9. Joe Burt, "Managing Inventory: Headache or Home Run?" *Chain Store Age Executive with Shopping Center Age* (January 1994), Vol. 70, Iss. 1, p. 13MH.
10. Theodore Modis, "Life's Ups and Downs." *The Guardian*, January 12, 1995, p. S7.
11. "Jet Manufacturers." *The Wall Street Journal*, June 22, 1995, p. 1.
12. See case on Bill Gates, CEO Microsoft, at the end of Chapter 1 for more details.
13. "Interactive Retail." *The Wall Street Journal*, July 6, 1995, p. 1
14. William Keenan, "Numbers Racket: Are Your Salespeople Contributing to the Effort to Predict Tomorrow's Business Results?" *Sales & Marketing Management* (May 1995), Vol. 147, Iss. 5, pp. 64–71.
15. Bobb Peck, "Tools for Teams Addressing Total Customer Satisfaction." *Industrial Engineering* (January 1995), Vol. 27, Iss. 1, pp. 30–33.
16. Richard Ligus, "Enterprise Agility: Jazz in the Factory." *Industrial Engineering* (November 1994), Vol. 26, Iss. 11, pp. 18–20.
17. W.H. Weiss, "Guidelines for Planning and Scheduling Work for Employees." *Supervision* (January 1995), Vol. 56, Iss. 1, pp. 14–17.
18. Gail Roberts, "Logging in the Hours: Using Computers for Staff Scheduling Is Enhancing Customer Service and Increasing Productivity." *Supermarket News*, February 7, 1994, pp. 11–13.
19. Ching-Jong Liao, Chien-Lin Sun, and Wen-Ching You, "Flow-Shop Scheduling with Flexible Processors." *Computers & Operations Research* (March 1995), Vol. 22 , Iss. 3, pp. 297–307.
20. Ahiwei Zhu and Ronald Heady, "A Simplified Method of Evaluating PERT/CPM Network Parameters." *IEEE Transaction on Engineering Management* (November 1994), Vol. 41, Iss. 4, pp. 426–431.
21. C. Li and Y. Wu, "Minimal Cost Project Networks: The Cut Set Parallel Difference Method." *Omega* (July 1994), Vol. 22, Iss. 4, pp. 401–408.
22. Grover Norwood, "Just a Matter of Time: Review of How You Do Business." *Managers Magazine* (July 1994), Vol. 69, Iss. 7, pp. 32–34.
23. Grover Norwood, "Time Has Come: Consumers Want It Now." *Managers Magazine* (May 1994), Vol. 69, Iss. 5, pp. 32–33.
24. "Cycle-Time Reduction: A Minute Saved Is a Minute Earned." *Industrial Engineering* (March 1994), Vol. 26, Iss. 3, pp. 19–21.
25. Phil Van Ahken, "A New Strategy for Time Management." *Supervision* (January 1995), Vol. 56, Iss. 1, pp. 3–7.
26. Gene Levine, "Finding Time." *Bobbin* (June 1994), Vol. 35, Iss. 10, pp. 113–114.
27. Michael Adams, "Time Warp." *Successful Meetings* (February 1994), Vol. 42, Iss. 2, pp. 44–48.
28. Amy Feldman, "We'll Make You Scary." *Forbes*, February 14, 1994, p. 96.
29. Rick Wartzman, "Billable Hours." *The Wall Street Journal*, March 14, 1995 p. 1.
30. Lucy Kellaway, "Waring: This Weapon can Backfire." *The Financial Times*, Iss. 32288, p. 11.
31. Hyrum Smith, "10 Natural Laws." *Executive Excellence* (January 1994), Vol. 11, Iss. 1, pp. 5–6.
32. Jeffrey Underwood, "Where Hath the Time Gone?" *Real Estate Today* (March 1995), Vol. 28, Iss. 3, pp. 20–24.
33. "Go Home." *The Wall Street Journal*, August 23, 1994, p. 1
34. Jennifer Laabs, "Executives on Hold." *Personnel Journal* (January 1994), Vol. 11, Iss. 1, pp. 18–20.
35. Jeffrey Underwood, "Where Hath the Time Gone?" *Real Estate Today* (March 1995), Vol. 28, Iss. 3, pp. 20–24.
36. Rick Wartzman, "Billable Hours." *The Wall Street Journal*, March 14, 1995, p. 1.
37. Ann Reeves, "Six Strategies for Entrepreneurs: How to Get Time on Your Side." *Communication World* (May 1995), Vol. 12, Iss. 5, pp. 15–18.
38. Ibid.
39. Ibid.
40. Ted Pollock, "Fifteen Commonsense Ways to Manage Your Time Better." *Production* (February 1994), Vol. 106, Iss. 2, p. 10.
41. Bryon Thompson and Janis Huston, "How to Break Down Tasks So They Don't Break You: Coping with Overwhelming Demands on Your Time." *Health Care Supervisor* (March 1994), Vol. 12, Iss. 3, pp. 39–43.
42. Mark Landouceur, "Four Dimensions." *Executive Excellence* (January 1994), Vol. 11, Iss. 1, p. 11.
43. Lucy Kellaway, "Warning: This Weapon Can Backfire." *The Financial Times*, Iss. 32288, p. 11.
44. Stephen Covey, "First Things First." *Success* (April 1994), Vol. 41, Iss. 3, pp. 8A–8D.
45. Ibid.
46. Amy Feldman, "We'll Make You Scary." *Forbes*, February 14, 1994, p. 96.
47. Bryon Thompson and Janis Huston, "How to Break Down Tasks So They Don't Break You: Coping with Overwhelming Demands on Your Time." *Health Care Supervisor* (March 1994), Vol. 12, Iss. 3, pp. 39–43.
48. Gene Levine, "Finding Time." *Bobbin* (June 1994), Vol. 35, Iss. 10, pp. 113–114.
49. Nick Costa, "Taming Your Desk." *Fund Raising Management* (May 1994), Vol. 25, Iss. 3, pp. 20–23.
50. "Customer Demand Forecasting." *Journal of Business Forecasting* (Fall 1994), Vol. 13, Iss. 3, pp. 2–5.
51. Grover Norwood, "Time Has Come: Consumers Want It Now." *Managers Magazine* (May 1994), Vol. 69, Iss. 5, pp. 32–33.
52. Ibid.
53. Farzad Mahmoodi and G. E. Martin, "Optimal Supplier Delivery Scheduling to JIT Buyers." *The Logistics and Transportation Review* (December 1994), Vol. 30, Iss. 4, pp. 353–362.
54. C. Richard Weylman, "Making Sure Your Marketing Plan Becomes Reality." *National Underwriter Life & Health-Financial Services Edition*, January 2, 1995, p. 18.
55. Kathryn Hegar and Robert N. Lussier, *Study Guide with Experiential Exercises* to accompany *Management: Concepts and Practices* (3rd ed.). (Boston: Allyn and Bacon, 1986), pp. 361–365. Adapted with permission of the publisher.
56. Robert N. Lussier, *Supervision: A Skill-Building Approach* (2nd ed.). (Chicago: Richard D. Irwin, Inc., 1994), p. 587. Adapted with permission of the publisher.

Chapter 7

1. S. A. Ravid and E. F. Sudit, "Power Seeking Managers, Profitable Dividends and Financing Decisions." *Journal of Economic Behavior* (October 1994), Vol. 25, Iss. 2, pp. 241–256.

2. Frank Haflich, "Reliance Linking Up New Chain of Command." *American Metal Market*, July 15, 1994, p. 4.
3. George Hattrup and Brian Kleiner, "How to Establish the Proper Span of Control for Managers." *Industrial Management* (November-December 1993), Vol. 35, Iss. 6, pp. 28–30.
4. Paul Lawrence and Jay Lorsch, *Organization and Environment* (Homewood, IL: Irwin, 1967).
5. Linda Hill, "Maximizing Your Influence." *Working Woman* (April 1995), Vol. 20, Iss. 4, pp. 21–24.
6. Gary Krieger, "Accountability Must Be Restored to Health Care Systems." *American Medical News*, May 22, 1995, pp. 24–26.
7. Ted Pollock, "Secrets of Successful Delegation." *Production* (December 1994), Vol. 106, Iss. 12, pp. 10–12.
8. Charles Handy, "Trust and the Virtual Organization." *Harvard Business Review* (May-June 1995), Vol. 73, Iss. 3, pp. 40–49.
9. Rekha Karambayya, Jeanne Brett, and Anne Lytle, "Effects of Formal Authority and Experience on Third-party Roles, Outcomes, and Perception of Fairness." *Academy of Management Journal* (June 1992), Vol. 35, Iss. 2, pp. 426–439.
10. Richard Brouillet, Barbara Calfre, Jill Follows, Vincent Maher, and Lois McBirde, "Out of Line?" *Nursing*, Vol. 24, Iss. 11, pp. 18–19.
11. Peter Block, "The Next Revolution in the Workplace." *Executive Female* (September-October 1994), Vol. 17, Iss. 5, pp. 42–46.
12. Jac Fitz-enz, "HR's New Score Card." *Personnel Journal* (February 1994), Vol. 73, Iss. 2, pp. 84–88.
13. Ron Zemke and Susan Zemke, "Partnering: A New Slant on Serving the Internal Customer." *Training* (September 1994), Vol. 31, Iss. 9, pp. 37–54.
14. John Purcell, "Be a Uniting Force in a Divided Firm." *People Management*, April 6, 1995, pp. 26–29.
15. Shawn Tully, "What Team Leaders Need to Know." *Fortune*, February 20, 1995, pp. 93–94.
16. Elaine Underwood, "Jean-etic Licenses: Sears Rides Canyon River into $8 Billion Jeans Market." *Brandweek*, May 29, 1995, pp. 1–2.
17. "Deloitte & Touche." *The Wall Street Journal*, February 2, 1995, p. 1.
18. "IBM." *The Wall Street Journal*, May 6, 1994, p. 1
19. "McDonnel Douglas." *The Wall Street Journal*, August 10, 1992, p. 1
20. Esther Gal-Or, "Departmentalization and Stochastic Dissimilarity." *European Economic Review* (February 1995), Vol. 39, Iss. 2, pp. 293–318.
21. "Philip Morris." *The Wall Street Journal*, January 4, 1995, p. 1
22. Berry William, "HRIS Can Improve Performance, Empower and Motivate Knowledge Workers." *Employment Relations Today* (Autumn 1993), Vol. 20, Iss. 3, pp. 297–303.
23. Kimberly Baytos and Brian Kleiner, "New Developments in Job Designs." *Business Credit* (February 1995), Vol. 97, Iss. 2, pp. 22–26.
24. William Fox, "Sociotechnical Systems Principles and Guidelines: Past and Present." *Journal of Applied Behavioral Science* (March 1995), Vol. 31, Iss. 1, pp. 91–114.
25. Berry William, "HRIS Can Improve Performance, Empower and Motivate Knowledge Workers." *Employment Relations Today* (Autumn 1993), Vol. 20, Iss. 3, pp. 297–303.
26. Keith Denton, "`!*# I Hate the Job." *Business Horizons* (January/February 1994), Vol. 37, Iss. 1, pp. 46–52.
27. Ibid.
28. Berry William, "HRIS Can Improve Performance, Empower and Motivate Knowledge Workers." *Employment Relations Today* (Autumn 1993), Vol. 20, Iss. 3, pp. 297–303.
29. Douglas May and Catherine Schwoerer, "Employee Health by Design: Using Employee Involvement Teams in Ergonomic Job Redesign." *Personnel Psychology* (Winter 1994), Vol. 47, Iss. 4, pp. 861–877.
30. Michael Morley and Noreen Heraty, "The High-Performance Organization: Developing Teamwork Where It Counts." *Management Decisions* (March 1995), Vol. 33, Iss. 2, pp. 56–64.
31. Thomas Hemmer, "On the Interrelation Between Production Technology, Job Design, and Incentives." *The Journal of Accounting and Economics* (March-May 1995), Vol. 19, Iss. 2-3, pp. 209–247.
32. Joel Greshenfeld, et al. "Japanese Team-Based Work Systems in North America: Explaining the Diversity." *California Management Review* (Fall 1994), Vol. 37, Iss. 1, pp. 42–65.
33. Richard Hackman and Greg Oldham, *Work Redesign* (Reading, MA: Addison-Wesley, 1980).
34. Jim Temme, "Learn to Manage Competing Priorities by Focusing on What Is Important—Urgent." *Plant Engineering* (February 1994), Vol. 48, Iss. 2, pp. 78–80.
35. Marg Connolly, "Are You Drowning in Detail?" *Supervisory Management* (January 1994), Vol. 39, Iss. 1, pp. 1–2.
36. Steve Stecklow, "Management 101." *The Wall Street Journal*, December 9, 1994, p. 1.
37. This section and Skill-Building Exercise 7–1 are adapted from Harbridge House Training Materials (Boston).
38. Michael Adams, "Time Warp." *Successful Meetings* (February 1994), Vol. 42, Iss. 2, p. 11.
39. Ted Pollock, "Fifteen Commonsense Ways to Manage Your Time Better." *Production* (February 1994), Vol. 106, Iss. 2, p. 10.
40. Nick Costa, "Taming Your Desk." *Fund Raising Management* (May 1994), Vol. 25, Iss. 3, pp. 20–23.
41. Jim Temme, "Learn to Manage Competing Priorities by Focusing on What Is Important—Urgent." *Plant Engineering* (February 1994), Vol. 48, Iss. 2, pp. 78–80.
42. Gene Levine, "Finding Time." *Bobbin* (June 1994), Vol. 35, Iss. 10, pp. 113–114.
43. "Delegation: It's Often a Problem for Agency Owners." *Agency Sales Magazine* (May 1995), Vol. 25, Iss. 5, pp. 35–38.
44. Ted Pollock, "Secrets of Successful Delegation." *Production* (December 1994), Vol. 106, Iss. 12, pp. 10–12.
45. Jack Ninemeier, "10 Tips for Delegating Tasks." *Hotels* (June 1995), Vol. 29, Iss. 6, pp. 20–21.
46. "Delegation: It's Often a Problem for Agency Owners." *Agency Sales Magazine* (May 1995), Vol. 25, Iss. 5, pp. 35–38.
47. Ted Pollock, "Secrets of Successful Delegation." *Production* (December 1994), Vol. 106, Iss. 12, pp. 10–12.
48. Rebecca Morgan, "Guidelines for Delegating Effectively." *Supervision* (April 1995), Vol. 56, Iss. 4, pp. 20–22.
49. "Delegation: It's Often a Problem for Agency Owners." *Agency Sales Magazine* (May 1995), Vol. 25, Iss. 5, pp. 35–38.
50. Ted Pollock, "Secrets of Successful Delegation." *Production* (December 1994), Vol. 106, Iss. 12, pp. 10–12.
51. Jack Ninemeier, "10 Tips for Delegating Tasks." *Hotels* (June 1995), Vol. 29, Iss. 6, pp. 20–21.
52. Rebecca Morgan, "Guidelines for Delegating Effectively." *Supervision* (April 1995), Vol. 56, Iss. 4, pp. 20–22.
53. Paula Dwyer, et al. "Tearing Up Today's Organization Chart." *Business Week*, November 18, 1994, pp. 80–87.
54. John Purcell, "Be a Uniting Force in a Divided Firm." *People Management*, April 6, 1995, pp. 26–29.
55. "Eastman Kodak." *The Wall Street Journal*, January 17, 1995, p. 1.
56. Berry William, "HRIS Can Improve Performance, Empower and Motivate Knowledge Workers." *Employment Relations Today* (Autumn 1993), Vol. 20, Iss. 3, pp. 297–303.
57. Alan Brumagim and Richard Klavans, "Conglomerate Restructuring in the 1980's: A Study of Performance/Strategy Linkage." *Journal of Business Strategies* (Fall 1994), Vol. 11, Iss. 2, pp. 141–155.
58. Robert Simmson and Oscar Suris, "Racing Cars." *The Wall Street Journal*, July 18, 1995, p. 1.

Chapter 8

1. Information for the opening case was taken from *IBM Annual Report* (1994) and *The Wall Street Journal*, June 7, 1995 pp. B1 and B6, and June 12, 1995, pp. A3 and A4. Because the IBM acquisition of Lotus took place as the text chapter was being written, throughout the chapter possible issues and options for the companies are presented rather than actual events, as given in most chapters.
2. Neil Fitzgerald, "Change Directions." *CA Magazine* (May 1995), Vol. 99, Iss. 1066, pp. 6–9.
3. David Bottoms, "Facing Change or Changing Faces." *Industry Week*, May 1, 1995, pp. 17–19.
4. Brenda Mullins and Bill Mullins, "Coaching Winners." *Canadian Insurance* (January 1994), Vol. 99, Iss. 1, p. 34.
5. Barry Spiker, "Making Change Stick." *Industry Week*, March 7, 1994, p. 45.
6. Albert Vicere, Maria Taylor, and Virginia Freeman, "Executive Development in Major Corporations: A Ten-Year Study." *Journal of Management Development* (1994), Vol. 13, Iss. 1, pp. 4–22.
7. Brenda Mullins and Bill Mullins, "Coaching Winners." *Canadian Insurance* (January 1994), Vol. 99, Iss. 1, p. 34.
8. Robert Nozar, "Managing Change." *Hotel & Motel Management*, March 20, 1995, pp. 22–24.
9. Neil Fitzgerald, "Change Directions." *CA Magazine* (May 1995), Vol. 99, Iss. 1066, pp. 6–9.
10. Jeanie Duck, "Managing Change: The Art of Balancing." *Harvard Business Review* (November/December 1993), Vol. 7, Iss. 6, pp. 109–118.
11. "IBM and Toshiba." *The Wall Street Journal*, August 8, 1995, p. 1.
12. Michael Hammer and James Champy, "Avoid the Hottest New Management Cure." *Inc.* (April 1994), Vol. 16, Iss. 4, pp. 25–26.
13. William Cotton, "Relevance Regained Downunder." *Management Accounting* (May 1994), Vol. 75, Iss. 11, pp. 38–42.
14. John Zimmerman, "The Principles of Managing Change." *HR Focus* (February 1995), Vol. 72, Iss. 2, pp. 15–17.
15. Jeffrey Pfeffer, "Competitive Advantage Through People," *California Management Review* (Winter 1994), Vol. 36, Iss. 2, pp. 9–28.
16. Loretta Roach, "Wal-Mart's Top Ten." *Discount Merchandiser* (August 1993), Vol. 33 , Iss. 8, pp. 76–77.
17. Peter Flatow, "Unappreciated Task: Managing Change; Yet It Should Be a Core Competency." *Advertising Age*, March 27, 1995, pp. 14–15.
18. Jeffrey Pfeffer, "Competitive Advantage Through People." *California Management Review* (Winter 1994), Vol. 36, Iss. 2, pp. 9–28.
19. Larry Reynolds, "Understand Employees' Resistance to Change." *HR Focus* (June 1994), Vol. 71, Iss. 6, p. 17.
20. Ken Matejka and Ramona Julian, "Resistance to Change Is Natural." *Supervisory Management* (October 1993), Vol. 38, Iss. 10, pp. 10–11.
21. Barry Spiker and Eric Lesser, "We Have Met the Enemy." *Journal of Business Strategy* (March-April 1995), Vol. 16, Iss. 2, pp. 17–22.
22. Larry Reynolds, "Understand Employees' Resistance to Change." *HR Focus* (June 1994), Vol. 71, Iss. 6, pp. 17–18.
23. Brenda Sunoo, "HR Positions U.S. Long Distance for Further Growth." *Personnel Journal* (January 1994), Vol. 73, Iss. 1, pp. 78–91.
24. Janice Tomlinson, "Human Resources—Partners in Change." *Human Resource Management* (Winter 1993), Vol. 32, Iss. 4, pp. 545–554.
25. Paul Strebel, "New Contracts: The Day to Change." *European Management Journal* (December 1993), Vol. 11, Iss. 4, pp. 387–402.
26. John Burbidge, "It's a Time of Participation." *Journal of Quality & Participation* (December 1993), Vol. 16, Iss. 7, pp. 30–37. Janice Tomlinson, "Human Resources—Partners in Change." *Human Resource Management* (Winter 1993), Vol. 32, Iss. 4, pp. 545–554.
27. Edgar Schein, "How Can Organizations Learn Faster? The Challenge of Entering the Green Room." *Sloan Management Review* (Winter 1992), Vol. 34, Iss. 2, pp. 85–92.
28. John Ward and Craig Aronoff, "Preparing Successors to Be Leaders." *Nation's Business* (April 1994), Vol. 82, Iss. 4, pp. 54–55.
29. Ken Hultman, *The Path of Least Resistance* (Austin, TX: Learning Concepts, 1979).
30. Ronald Recard, "Overcoming Resistance to Change." *National Productivity Review* (Spring 1995), Vol. 14, Iss. 2, pp. 5–13.
31. Edgar Schein, *Organizational Culture and Leadership* (San Francisco: Jossey-Bass, 1985).
32. Bob Filipczal, "Are We Having Fun Yet?" *Training* (April 1995), Vol. 32, Iss. 4, pp. 48–56.
33. Brenda Sunoo, "How Fun Flies at Southwest Airlines." *Personnel Journal* (June 1995), Vol. 74, Iss. 6, pp. 62–72.
34. Jacqueline Hood and Christine Koberg, "Patterns of Differential Assimilation and Acculturation for Women in Business Organizations." *Human Relations* (February 1994), Vol. 47, Iss. 2, pp. 159–181.
35. Matti Dobbs, "San Diego's Diversity Commitment." *Public Manager* (Spring 1994), Vol. 23, Iss. 1, pp. 59–62.
36. Brian Moskal, "A Shadow between Values & Reality." *Industry Week*, May 16, 1994, pp. 23–26.
37. Ronald Clement, "Culture, Leadership, and Power: The Keys to Organizational Change." *Business Horizons* (January/February 1994), Vol. 37, Iss. 1, pp. 33–39.
38. Robert Greene, "Culturally Compatible HR Strategies." *HRMagazine* (June 1995), Vol. 40, Iss. 6, pp. 115–122.
39. Richard Allen and John Thatcher, "Achieving Cultural Change: A Practical Case Study." *Leadership & Organization Development Journal* (February 1995), Vol. 16, Iss. 2, pp. 16–24.
40. Suresh Gopalan, John Dittrich, and Reed Nelson, "Analysis of Organizational Culture: A Critical Step in Mergers and Acquisitions." *Journal of Business Strategies* (Fall 1994), Vol. 11, Iss. 2, pp. 124–140.
41. William Bulkeley and Don Clark, "Lotus Has Everything to Lose-or Gain." *The Wall Street Journal*, June 7, 1995, p. B1.
42. Stuart Kauffman, "Escaping the Red Queen Effect." *The McKinsey Quarterly* (Winter 1995), Iss. 1, pp. 118–130.
43. Adigun Abiodun, "21st Century Technologies: Opportunities or Threats for Africa?" *Futures* (November 1994), Vol. 26, Iss. 9, pp. 944–964.
44. Joseph Bower and Clayton Christensen, "Disruptive Technologies: Catching the Wave." *Harvard Business Review* (January-February 1995), Vol. 73, Iss. 1, pp. 43–54.
45. "Producer Power." *The Economist*, March 4, 1995, pp. 98–99.
46. Michael Barrier, "Beyond the Suggestion Box." *Nation's Business* (July 1995), Vol. 83, Iss. 7, pp. 34–37.
47. R. Mitchell, "Masters of Innovation." *Business Week*, April 10, 1989, pp. 58–63.
48. Dean Elmuti and Taisier AlDiab, "Improving Quality and Organizational Effectiveness Go Hand in Hand Through Deming's Management System." *Journal of Business Strategies* (Spring 1995), Vol. 12, Iss. 1, pp. 86–98.
49. Andrew Klein, Ralph Masi, and Ken Weidner, "Organization Culture, Distribution and Amount of Control and Perceptions of Quality: An Empirical Study of Linkages." *Group & Organization Management* (June 1995), Vol. 20, Iss. 2, pp. 122–149.
50. Timothy Keiningham, Anthony Zahorik, and Roland Rust, "Getting Return on Quality." *Journal of Retail Banking* (Winter 1994), Vol. 16, Iss. 4, pp. 7–13.
51. "Quality Street May Lead to a Dead End." *Management Decision* (September 1994), Vol. 32, Iss. 5, pp. 12–14.

52. "Quality Initiatives Lack Employee Focus." *IRS Employment Trends*, January 15, 1995, pp. 4–5.
53. Judith Neal and Cheryl Tromley, "From Incremental Change to Retrofit: Creating High-Performance Work Systems." *The Academy of Management Executive* (February 1995), Vol. 9, Iss. 1, pp. 42–54.
54. Judith Messey, "Cultural Resolution." *Computing*, February 23, 1995, pp. 30–32.
55. Matti Dobbs, "Managing Diversity: A Unique Quality Opportunity." *The Public Manager: The New Bureaucrat* (Fall 1994), Vol. 23, Iss. 3, pp. 39–43.
56. Christine Taylor, "Building a Business Case for Diversity." *Canadian Business Review* (Spring 1995), Vol. 22, Iss. 1, pp. 12–16.
57. James Rodgers, "Implementing a Diversity Strategy." *LIMRA's MarketFacts* (May/June 1993), Vol. 12, Iss. 3, pp. 26–29.
58. Tia Freeman-Evans, "The Enriched Association: Benefiting from Ulticulturalsim." *Association Management* (February 1994), Vol. 46, Iss. 2, pp. 52–56.
59. Laurie Epting, Sandra Glover, and Suzan Boyd, "Managing Diversity." *Health Care Supervisor* (June 1994), Vol. 12, Iss. 4, pp. 73–83.
60. Beverly Goldberg and John Sifonis, "Keep On Keepin' On." *Journal of Business Strategy* (July-August 1994), Vol. 15, Iss. 4, pp. 23–25.
61. Lisa Jenner, "Diversity Management: What Does It Mean?" *HR Focus* (January 1994), Vol. 7, Iss. 1, p. 11.
62. Robert Blake and Jane Mouton, *The Managerial Grid III: Key to Leadership Excellence* (Houston, TX: Gulf Publishing, 1985).
63. Jennifer Chatman and Karen Jehn. "Assessing the Relationship Between Industry Characteristics and Organizational Culture: How Different Can You Be?" *Academy of Management Journal* (June 1994), Vol. 37, Iss. 3, pp. 522–553.
64. "From Multilocal to Multicultural: This Way for the Rainbow Corporation." *The Economist*, June 24, 1995, pp. S14–S16.
65. Cornelius Grove and Willa Hallowell, "Can Diversity Initiatives Be Exported?" *HRMagazine* (March 1995), Vol. 40, Iss. 3, pp. 78–80.
66. John McClenahen, "Good Enough?" *Industry Week*, February 20, 1995, pp. 58–62.
67. Paul Allen and Sandra Cespedes, "Re-engineering Is Just a Catalyst in Bank Culture Change." *The Bankers Magazine* (May-June 1995), Vol. 178, Iss. 3, pp. 46–53.
68. Hans Allender, "Is Reegineering Compatible with Total Quality Management?" *Industrial Engineering* (September 1994), Vol. 26, Iss. 9, pp. 41–43.
69. Bernard Wysocki, "Lean—and Frail." *The Wall Street Journal*, July 5, 1995, p. 1.
70. John Byrne, "Entreprise: How Entrepreneurs Are Reshaping the Economy—And What Big Companies Can Learn." *Business Week/Enterprise*, Special Issue 1993, pp. 11–18.

Chapter 9

1. "Sexual Harassment." *The Wall Street Journal*, May 24, 1994, p. 1
2. "Equal Opportunity Pays." *The Wall Street Journal*, May 4, 1993, p. 1.
3. Elmer Burack, Marvin Burack, Diane Miller, and Kathleen Morgan, "New Paradigm Approaches in Strategic Human Resource Management." *Group & Organizational Management* (June 1994), Vol. 19, Iss. 2, pp. 141–160.
4. Jennifer Jaabs, "Strategic Holiday Staffing at Lands' End." *Personnel Journal* (December 1994), Vol. 73, Iss. 12, pp. 28–31.
5. James Clifford, "Job Analysis: Why Do It, and How Should It Be Done?" *Public Personnel Management* (Summer 1994), Vol. 23, Iss. 2, pp. 321–341.
6. Peter LeBlance and Michael McInerney, "Need a Change? Jump on the Banding Wagon." *Personnel Journal* (January 1994), Vol. 73, Iss. 1, pp. 72–77.
7. G. Stephen Taylor, "Realistic Job Previews in the Trucking Industry." *Journal of Managerial Issues* (Winter 1994), Vol. 6, Iss. 4, pp. 457–474.
8. Don James, "Bad Hiring Decisions Can Hang Around to Haunt Companies." *Houston Business Journal*, September 16, 1994, pp. 53–54.
9. "Revolution in Résumés: Companies Let Computers Do the Reading." *The Wall Street Journal*, May 16, 1995, p. 1.
10. William Bulkeley, "Replaced by Technology: Job Interviews." *The Wall Street Journal*, July 22, 1994, p. B1.
11. Catherine Romano, "Training ABCs." *Management Review* (September 1994), Vol. 83, Iss. 9, pp. 7–8.
12. Mark Disney, "Reference Checking to Improve Hiring Decisions." *Industrial Management* (March-April 1994), Vol. 36, Iss. 2, pp. 31–33.
13. "Less Instinct, More Analysis." *Industry Week*, July 17, 1995, pp. 11–12.
14. "Revolution in Résumés: Companies Let Computers Do the Reading." *The Wall Street Journal*, May 16, 1995, p. 1.
15. Adapted from Robert Lussier, "Selecting Qualified Candidates Through Effective Job Interviewing." *Clinical Laboratory Management Review* (July/August 1995), Vol. 9, Iss. 4, pp. 267–275.
16. "How to Hire the Right Person." *Supervision* (May 1995), Vol. 56, Iss. 5, pp. 10–12.
17. Adapted from Robert Lussier, "Selecting Qualified Candidates Through Effective Job Interviewing." *Clinical Laboratory Management Review* (July/August 1995), Vol. 9, Iss. 4, pp. 267–275.
18. "Going for Laughs." *The Wall Street Journal*, July 16, 1987, p. 31
19. "Less Instinct, More Analysis." *Industry Week*, July 17, 1995, pp. 11–12.
20. Ibid.
21. George Henderson, "Quality Is the Key to Success." *Estates Gazette*, May 27, 1995, pp. S41–S43.
22. Bob Filipczak, "Trained by Starbucks." *Training* (June 1995), Vol. 32, Iss. 6, pp. 73–78.
23. Terri Bergman, "Training: The Case for Increased Investment." *Employment Relations Today* (Winter 1994), Vol. 21, Iss. 4, pp. 381–392.
24. Richard Bakka, "Comprehensive Training Is Key: To Simply Tell Someone How to Do Things Without Providing Them a Measure of Their Effectiveness Is Useless." *Beverage World* (January 1995), Vol. 114, Iss. 1583, pp. 104–105.
25. Terri Bergman, "Training: The Case for Increased Investment." *Employment Relations Today* (Winter 1994), Vol. 21, Iss. 4, pp. 381–392.
26. "Training Salespeople." *The Wall Street Journal*, April 18, 1995, p. 1.
27. Beverly Geber, "A Rabble-Rousing Roundtable." *Training* (June 1995), Vol. 32, Iss. 6, pp. 61–67.
28. Beverly Geber, "Does Your Training Make a Difference? Prove It!" *Training* (March 1995), Vol. 32, Iss. 3, pp. 27–35.
29. Paul Clolery, "Employee Evaluations That Really Work." *The Practical Accountant* (November 1994), Vol. 27, Iss. 11, pp. 9–10.
30. Gerald White, "Employee Turnover: The Hidden Drain on Profits." *HR Focus* (January 1995), Vol. 72, Iss. 1, pp. 15–18.
31. "Salomon Brothers." *The Wall Street Journal*, April 18, 1995, p. 1.
32. "Look Movie Tickets." *The Wall Street Journal*, September 27, 1994, p. 1.
33. Donna Hogarty, "New Ways to Pay." *Management Review* (January 1994), Vol. 83, Iss. 1, pp. 34–37.
34. "The Role of Rewards on a Journey to Excellence." *Management Decision* (September 1994), Vol. 32, Iss. 5, pp. 46–48.
35. U.S. Census Bureau reported in Joan Rigdon, "Three Decades After the Equal Pay Act Women's Wages Remain Far from Parity." *The Wall Street Journal*, June 9, 1993, p. B1.
36. U.S. Chamber of Commerce, *Employee Benefits 1991* (Washington, D.C.: U.S. Government Printing Office, 1992).
37. "Union No?" *The Wall Street Journal*, August 15, 1995, p. 1.
38. Lynn Williams, "The Challenges Ahead." *Labor Law Journal* (August 1994), Vol. 45, Iss. 8, pp. 525–529.
39. David Hage, "Unions Feel the Heat." *U.S.*

New & World Report, January 24, 1994, pp. 57–61.
40. Fred Bleakley, "The Outlook—Unions Are Preparing for Tough Bargaining." *The Wall Street Journal*, April 10, 1995, p. 1.
41. "You Can't Ask for Personnel." *The Wall Street Journal*, June 13, 1995, p. 1.
42. Maddy Janssens, "Evaluating International Managers' Performance: Parent Company Standards as Control Mechanism." *International Journal of Human Resource Management* (December 1994), Vol. 5, Iss. 4, pp. 853–874.
43. "The Checkoff." *The Wall Street Journal*, December 14, 1993, p. 1.
44. Stephen Wildstrom, "A Failing Grade for the American Workforce." *Business Week*, September 11, 1989, p. 22.
45. "Take Our Mentors to Work." *The Wall Street Journal*, April 27, 1995, p. 1.
46. "Glass Ceiling." *The Wall Street Journal*, March 14, 1995, p. 1.
47. Sue Shellenbarger, "Work & Family—Home Life Matters More to Employees." *The Wall Street Journal*, August 31, 1994, p. B1.
48. "Mentoring in Schools." *The Wall Street Journal*, May 9, 1995, p. 1.
49. Louis DiLorenzo and Darren Carroll, "Screening Applicants for a Safer Workplace." *HR Magazine* (March 1995), Vol. 40, Iss. 3, pp. 55–59.
50. Michael Barrier, "When Laws Collide." *Nation's Business* (February 1995), Vol. 83, Iss. 2, pp. 23–24.
51. Brian Niehoff and Donita Bammerlin, "Don't Let Your Training Process Derail Your Journey to Total Quality Management." *SAM Advanced Management Journal* (Winter 1995), Vol. 60, Iss. 1, pp. 39–46.
52. L. Kate Beatty, "Pay and Benefits Break Away from Tradition." *HR Magazine* (November 1994), Vol. 39, Iss. 11, pp. 63–68.
53. Anat Arkin, "From Supervision to Team Leader." *Personnel Management* (February 1994), Vol. 26, Iss. 2, pp. 48–50.
54. Shari Caudron, "Tie Individual Pay to Team Success." *Personnel Journal* (October 1994), Vol. 73, Iss. 10, pp. 40–46.
55. Scott Snell and James Dean, "Strategic Compensation for Integrated Manufacturing: The Moderating Effects of Jobs and Organizational Inertia." *Academy of Management Journal* (October 1994), Vol. 37, Iss. 5, pp. 1109–1141.
56. Randall Hanson, Rebecca Porterfield, and Kathleen Ames, "Employee Empowerment at Risk: Effects of Recent RLRB Ruling." *The Academy of Management Executive* (May 1995), Vol. IX, Iss. 2, pp. 45–54.
57. Joan Rigon, "Workplace—Using New Kinds of Corporate Alchemy, Some Firms Turn Lesser Lights into Starts." *The Wall Street Journal*, May 3, 1993, p. B1.
58. Jaclyn Fierman, "Beating the Mid-life Career Crisis." *Fortune*, September 6, 1993, pp. 52–62.
59. Ted Kuster, "The Challenge of Partnerships Between Union and Management." *New Steel* (November 1994), Vol. 10, Iss. 11, pp. 16–21.
60. Stephen Anderson, "Unions/Management Create Collaborative Culture." *Communication World* (April 1994), Vol. 11, Iss. 4, pp. 16–19.
61. William McKinley, Carol Sanchez, and Allen Schick, "Organizational Downsizing: Constraining, Cloning, Learning." *The Academy of Management Executives* (August 1995), Vol. IX, Iss. 3, pp. 32–42.
62. Bernard Wysocki, "Lean—and Frail, Some Companies Cut Costs Too Far, Suffer Corporate Anorexia." *The Wall Street Journal*, July 5, 1995, p. 1.
63. Hal Lancaster, "Managing Your Career—Re-Engineering Authors Reconsider Re-Engineering." *The Wall Street Journal*, January 17, 1995, p. B1.
64. Hal Lancaster, "Managing Your Career—Managers Beware: You're Not Ready for Tomorrow's Jobs." *The Wall Street Journal*, January 24, 1995, p. B1.
65. Sue Shellenbarger, "Work & Family." *The Wall Street Journal*, February 1, 1995, p. B1.
66. "The Boom in the Temporary-Help Business." *The Wall Street Journal*, April 11, 1995, p. 1.
67. "Lease Don't Hire." *The Wall Street Journal*, March 16, 1993, p. 1

Chapter 10

1. Wade Nichols, "What We Have Here . . . (Poor Communications Following Airlines' Decision to Cap Travel Agents' Commissions)." *Travel Weekly*, July 3, 1995, pp. 22–23.
2. Robert Maidment, "Listening—The Overlooked and Underdeveloped Other Half of Talking." *Supervisory Management*, August 1985, p. 10.
3. Hal Lancaster, "Managing Your Career." *The Wall Street Journal*, January 3, 1995, p. B1.
4. Shari Caudron, "The Top 20 Ways to Motivate Employees." *Industry Week*, April 3, 1995, pp. 12–16.
5. "Only Communicate." *The Economist*, June 24, 1995, pp. S18–S19.
6. Martha Peak, "Can We Talk: One-Size-Fits-All Doesn't Work When It Comes to Communications and Learning Styles." *Management Review* (February 1995), Vol. 84, Iss. 2, p. 1.
7. Tom Geddle, "Leap Over the Barriers of Internal Communication." *Communication World* (Winter 1994), Vol. 11, Iss. 2, pp. 12–15.
8. Michael Dennis, "Effective Communication Will Make Your Job Easier." *Business Credit* (June 1995), Vol. 97, Iss. 6, p. 45.
9. Donald McNerney, "Improve Your Communication Skills." *HR Focus* (October 1994), Vol. 71, Iss. 10, p. 22.
10. David Fagiano, "Altering the Corporate DNA." *Management Review* (December 1994), Vol. 83, Iss. 12, p. 4.
11. Lee Iacocca, *Iacocca* (New York: Bantam Books, 1985), p. 15.
12. "The CIO's Seat Grows But Remains Difficult to Define." *The Wall Street Journal*, September 21, 1995, p. 1.
13. Timothy Galpin, "Pruning the Grapevine." *Training & Development* (April 1995), Vol. 49, Iss. 4, pp. 28–33.
14. Charles Beck, "Theory and Profession." *Technical Communication* (February 1995), Vol. 42, Iss. 1, pp. 133–142.
15. Richard Barger, "Aim Projects with Objectives." *Communication World* (May 1995), Vol. 12, Iss. 5, pp. 33–34.
16. Herbert Corbin, "Tracking the New Thinkers." *Public Relations Quarterly* (Winter 1994), Vol. 39, Iss. 4, pp. 38–41.
17. Quarterly Burger, "Why Should They Believe Us?" *Communication World* (January/February 1995), Vol. 12, Iss. 1, pp. 16–17.
18. Harriet Lawrence and Albert Wiswell, "Feedback Is a Two-Way Street." *Training & Development* (July 1995), Vol. 49, Iss. 7, pp. 49–52.
19. Deborah Tannen, "The Power of Talk: Who Gets Heard and Why." *Harvard Business Review* (September/October 1995), Vol. 73, Iss. 5, pp. 138–148.
20. Hal Lancaster, "Managing Your Career." *The Wall Street Journal*, May 2, 1995, p. B1.
21. Richard Barger, "Aim Projects with Objectives." *Communication World* (May 1995), Vol. 12, Iss. 5, pp. 33–34.
22. "Playing Phone Tag." *The Wall Street Journal*, June 22, 1995, p. 1.
23. "Behind E-Mail." *Inc.* (Summer Special Bonus Issue), Vol. 47, Iss. 4, pp. 27–29.
24. Hal Lancaster, "Managing Your Career." *The Wall Street Journal*, May 2, 1995, p. B1.
25. Greg Davis and Robert Barker, "The Legal Implications of Electronic Documents." *Business Horizons* (May/June 1995), Vol. 38, Iss. 3, pp. 51–55.
26. "E-Mail Etiquette." *The Wall Street Journal*, October 12, 1995, p. 1.
27. Gary Blake, "It Is Recommended That You Write Clearly." *The Wall Street Journal*, April 2, 1995, p. A14.
28. Harriet Lawrence and Albert Wiswell,

"Feedback Is a Two-Way Street." *Training & Development* (July 1995), Vol. 49, Iss. 7, pp. 49–52.
29. Shari Caudron, "The Top 20 Ways to Motivate Employees." *Industry Week*, April 3, 1995, pp. 12–16.
30. Edgar Wycoff, "The Language of Listening." *Internal Auditor* (April 1994), Vol. 5, Iss. 2, pp. 26–28.
31. Anonymous, "Communicating: Face-to-Face." *Agency Sales Magazine* (January 1994), Vol. 24, Iss. 1, pp. 22–23.
32. Edgar Wycoff, "The Language of Listening." *Internal Auditor* (April 1994), Vol. 5, Iss. 2, pp. 26–28.
33. Jacob Weisberg, "Listen to Me." *Telemarketing Magazine* (March 1994), Vol. 12, Iss. 9, pp. 69–70; Edgar Wycoff, "The Language of Listening." *Internal Auditor* (April 1994), Vol. 5, Iss. 2, pp. 26–28.
34. Ibid.
35. Jacob Weisberg, "Listen to Me." *Telemarketing Magazine* (March 1994), Vol. 12, Iss. 9, pp. 69–70.
36. Stephen Boyd, "Put Yourself in Someone Else's Shoes." *Chemical Engineering* (March 1994), Vol. 101, Iss. 3, pp. 139–140.
37. Tom Brown, "The Emotional Side of Management." *Industry Week*, May 1, 1995, pp. 30–33.
38. Harriet Lawrence and Albert Wiswell, "Feedback Is a Two-Way Street." *Training & Development* (July 1995), Vol. 49, Iss. 7, pp. 49–52.
39. Jacob Weisberg, "Listen to Me." *Telemarketing Magazine* (March 1994), Vol. 12, Iss. 9, pp. 69–70.
40. Joan Rigdon, "Managing Your Career." *The Wall Street Journal*, October 10, 1994 p. B1.
41. "Only Communicate: Thoroughly Modern Corporations Know No Borders." *The Economist*, June 24, 1995, p. S18.
42. Deborah Tannen, "The Power of Talk: Who Gets Heard and Why." *Harvard Business Review* (September/October 1995), Vol. 73, Iss. 5, pp. 138–148.
43. Martha Peak, "Can We Talk: One-Size-Fits-All Doesn't Work When It Comes to Communications and Learning Styles." *Management Review* (February 1995), Vol. 84, Iss. 2, p. 1.
44. Chester Burger, "Why Should They Believe Us?" *Communication World* (January-February 1995), Vol. 12, Iss. 1, pp. 16–17.
45. Penny Swinburne, "Management with a Personal Touch." *People Management*, April 6, 1995, pp. 38–39.
46. Donald McNerney, "Improve Your Communication Skills." *HR Focus* (October 1994), Vol. 71, Iss. 10, p. 22.
47. Kathryn Hegar and Robert N. Lussier, *Study Guide with Experiential Exercises* to accompany *Management: Concepts and Practices* (3rd ed.). (Boston: Allyn and Bacon, 1986), pp. 285–290, 295–297. Adapted with permission of the publisher.
48. Bruce Anderson and David Erlandson, from *Early Behavioral Classification Systems*, in "Communication Patterns: A Tool for Memorable Leadership Training." *Training*, January 1984, pp. 55–57.
49. Eugene Anderson, "Communication Patterns: A Tool for Memorable Leadership Training." *Training*, January 1984, pp. 55–57.

Chapter 11

1. Donna Brogle is the owner of Drapery Designs by Donna, but she does not have an employee named Susan. However, this motivation problem is common and throughout the chapter you will learn how to motive using Susan as an example.
2. Tom Watson, "Linking Employee Motivation and Satisfaction to the Bottom Line." *CMA Magazine* (April 1994), Vol. 68, Iss. 3, p. 4.
3. Karen Down and Leanne Liedtka, "What Corporations Seek in MBA Hires: A Survey." *Selections* (Winter 1994), Vol. 10, Iss. 2, pp. 34–39.
4. Peggy Wallance, "LAN Training: Finding the Right Fit." *InfoWorld*, April 18, 1994, pp. 67–70.
5. Thomas Van Tassel, "Productivity Dilemmas." *Executive Excellence* (April 1994), Vol. 11, Iss. 4, pp. 16–17.
6. Selwyn Feinstein, "Pointing Workers to a Common Goal." *The Wall Street Journal*, February 16, 1988, p. 1.
7. Alan Dubinsky, Masaaki Kotabe, Chae Un Lim, and Ronald Michaels, "Differences in Motivational Perceptions Among U.S., Japanese, and Korean Sales Personnel." *Journal of Business Research* (June 1994), Vol. 30, Iss. 2, pp. 175–185.
8. Karen Down and Leanne Liedtka, "What Corporations Seek in MBA Hires: A Survey." *Selections* (Winter 1994), Vol. 10, Iss. 2, pp. 34–39.
9. Ibid.
10. Abraham Maslow, "A Theory of Human Motivation." *Psychological Review* (1943), Vol. 50, pp. 370–96, and *Motivation and Personality* (New York: Harper & Row, 1954).
11. Clayton Alderfer, "An Empirical Test of a New Theory of Human Needs." *Organizational Behavior and Human Performance*, April 1969, pp. 142–175. Clayton Alderfer, *Existence, Relatedness, and Growth* (New York: Free Press, 1972).
12. Frederick Herzberg, "One More Time: How Do You Motivate Employees?" *Harvard Business Review*, January-February 1968, pp. 53–62.
13. Karen Down and Leanne Liedtka, "What Corporations Seek in MBA Hires: A Survey." *Selections* (Winter 1994), Vol. 10, Iss. 2, pp. 34–39.
14. Henry Murray, *Explorations in Personality* (New York: Oxford Press, 1938).
15. John Atkinson, *An Introduction to Motivation* (New York: Van Nostrand Reinhold, 1964).
16. David McClelland, *The Achieving Society* (New York: Van Nostrand Reinhold, 1961). David McClelland and D. H. Burnham, "Power Is the Great Motivator." *Harvard Business Review*, March-April 1978, p. 103.
17. J. Stacy Adams, "Toward an Understanding of Inequity." *Journal of Abnormal and Social Psychology* (1963), Vol. 67, pp. 422–436.
18. Erica Gordon Sorochan, "Healthy Companies." *Training & Development* (March 1994), Vol. 48, Iss. 3, pp. 9–10.
19. E. A. Locke, K. N. Shaw, L. M. Saari, and G. P. Latham, "Goal Setting and Task Performance." *Psychological Bulletin* (August 1981), Vol. 90, pp. 125–152. Gary Lapham and Edwin Loack, "Goal Setting—A motivational Technique That Works." *Organizational Dynamics*, Autumn 1979, pp. 68–80. Edwin Locke and Douglas Henne, "Work Motivation Theories." In Cary I. Cooper and I. Robertson, eds., *Review of Industrial and Organizational Psychology* (Chichester, England: John Wiley & Sons, 1986). Edwin Locke and Gary Latham, *Goal Setting: A Motivational Technique That Works* (Englewood Cliffs, NJ: Prentice Hall, 1984). "Re-Engineering's Buzz May Fuzz Results; High Goals and Focus Work Best." *The Wall Street Journal*, June 30, 1994, p. A1.
20. Victor Vroom, *Work and Motivation* (New York: John Wiley & Sons, 1964).
21. Daniel Ilgen, Delbert Nebeker, and Robert Pritchard, "Expectancy Theory Measures: An Empirical Comparison in an Experimental Simulation." *Organizational Behavior and Human Performance* (1981), Vol. 28, pp. 189–223.
22. B. F. Skinner, *Beyond Freedom and Dignity* (New York: Alfred A. Knopf, 1971).
23. "A Pat on the Back." *The Wall Street Journal*, January 3, 1989, p. 1. "Odds and Ends." *The Wall Street Journal*, April 18, 1989, p. B1.
24. "Odds and Ends." *The Wall Street Journal*, April 18, 1989, p. B1.
25. Kenneth Blanchard and Spencer Johnson, *The One-Minute Manager* (New York: Morrow, 1982).
26. This statement is based on Robert N. Lussier's consulting experience.
27. This paragraph is based on Robert N. Lussier's consulting experience.
28. Itzhak Harpaz, "The Importance of Work Goals: An International Perspective." *Journal of International Business Studies*, First Quarter 1990, pp. 75–93.
29. Greet Hofestede, "Motivation, Leadership, and Organizations: Do American Theories Apply Abroad?" *Organizational Dynamics*, Summer 1980, p. 55.

30. Alan Dubinsky, Masaaki Kotabe, Chae Un Lim, and Ronald Michaels, "Differences in Motivational Perceptions Among U.S., Japanese, and Korean Sales Personnel." *Journal of Business Research* (June 1994), Vol. 30, Iss. 2, pp. 175–185.
31. C. Kagitcibasi and J. W. Berry, "Cross-Culture Psychology: Current Research and Trends." *Annual Review of Psychology* (89), Vol. 40, pp. 493–531.
32. N. J. Alder, *International Dimensions of Organizational Behavior* (Boston: Kent, 1986).
33. "Deming's Demons." *The Wall Street Journal*, June 4, 1990, pp. R39, R41.
34. Erica Gordon Sorochan, "Healthy Companies." *Training & Development* (March 1994), Vol. 48, Iss. 3, pp. 9–10.
35. Brenda Mullins and Bill Mullins, "Coaching Winners." *Canadian Insurance* (January 1994), Vol. 99, Iss. 1, p. 34.

Chapter 12

1. Bernard Bass, *Stogdill's Handbook of Leadership*, rev. ed. (New York: Free Press, 1981). F. R. Manfred and Kets des Vries, "The Leadership Mystique." *The Academy of Management Executive* (August 1994), Vol. 8, Iss. 3, pp. 73–92.
2. James Meindle and Sanford Ehrlich, "The Romance of Leadership and the Evaluation of Performance." *Academy of Management Journal*, March 1987, p. 92.
3. Ceel Pasternak, "Work Satisfaction Linked to Manager." *HRMagazine* (May 1994), Vol. 39, Iss. 5, p. 27.
4. Frank Pacetta and Roger Gittines, "Fire Them UP!" *Success* (May 1994), Vol. 41, Iss. 4, pp. 16A–16D.
5. Richard Fulwiler, "Leadership Skills: Key to Increasing Individual Effectiveness." *Occupational Hazards* (May 1995), Vol. 57, Iss. 5, pp. 63–72.
6. Meryl Davids, "Where Style Meets Substance." *Journal of Business Strategy* (January-February 1995), Vol. 16, Iss. 1, pp. 48–59.
7. Larry Van Meter, "Lead Before Managing: The Team Concept Approach." *Business Credit* (June 1995), Vol. 97, Iss. 6, pp. 9–10.
8. John Malcom, "10 Steps to the Right Candidate." *Folio*, May 1, 1994, pp. 37–38.
9. Bernard Bass, *Stogdill's Handbook of Leadership*, rev. ed. (New York: Free Press, 1981).
10. Peter Drucker, "Leadership: More Doing Than Dash." *The Wall Street Journal*, January 6, 1988, p. 24.
11. Edwin Ghiselli, *Explorations in Management Talent* (Santa Monica, CA: Goodyear, 1971).
12. Robert Blake and Jane Mouton, *The Managerial Grid III: Key to Leadership Excellence* (Houston, TX: Gulf Publishing, 1985).
13. Robert Blake and Anne Adams McCanse, *Leadership Dilemmas—Grid Solutions* (Houston, TX: Gulf Publishing, 1991).
14. Paul Nystrom, "Managers and the Hi-HI Leader Myth." *Academy of Management Journal* (June 1978), Vol. 21, Iss. 3, pp. 325–331.
15. Judith Komaki, "Emergence of the Operant Model of Effective Supervision or How an Operant Conditioner Got Hooked on Leadership." *Leadership & Organizational Development Journal* (August 1994), Vol. 15, Iss. 5, pp. 27–32.
16. Jane Howell and Bruce Avolio, "Charismatic Leadership: Submission or Liberation?" *Business Quarterly* (Autumn 1995), Vol. 60, Iss. 1, pp. 62–70.
17. Jay Kconger and Rabindra Kanugo, "Toward a Behavioral Theory of Charismatic Leadership in Organizational Settings." *Academy of Management Review* (1987), Vol. 12, Iss. 3, pp. 637–647.
18. F. R. Manfred and Kets des Vries, "The Leadership Mystique." *The Academy of Management Executive* (August 1994), Vol. 8, Iss. 3, pp. 73–93.
19. Noel Tichy and Mary Anne Devanna, *The Transformational Leader* (New York: John Wiley & Sons, 1986).
20. William Koh, Richard Steers, and James Terborg, "The Effects of Transformational Leadership on Teacher Attitudes and Student Performance in Singapore." *Journal of Organizational Behavior* (July 1995), Vol. 16, Iss. 4, pp. 319–323.
21. Peter Bycio, Rick Hackett, and Joyce Allen, "Further Assessments of Bass's (1985) Conceptualization of Transactional and Transformational Leadership." *Journal of Applied Psychology* (August 1995), Vol. 80, Iss. 4, pp. 468–478.
22. Richard Gordon, "Substitues for Leadership." *Supervision* (July 1994), Vol. 55, Iss. 7, pp. 17–20.
23. Fred Fiedler, *A Theory of Leadership Effectiveness* (New York: McGraw-Hill, 1967).
24. Fred Fiedler, "When to Lead, When to Stand Back." *Psychology Today*, February 1988, pp. 26–27.
25. Robert Tannenbaum and Warren Schmidt, "How to Choose a Leadership Pattern." *Harvard Business Review*, May-June 1973, p. 166.
26. Robert Tannenbaum and Warren Schmidt, "How to Choose a Leadership Pattern." *Harvard Business Review*, July-August 1986, p. 129.
27. Robert House, "A Path-Goal Theory of Leader Effectiveness." *Administrative Science Quarterly* (1971), Vol. 16, Iss. 2, pp. 321–329.
28. Victor Vroom and Philip Yetton, *Leadership and Decision Making* (Pittsburgh: University of Pittsburgh Press, 1973).
29. Victor Vroom and Arthur Jago, *The New Leadership: Managing Partipation in Organizations* (Englewood Cliffs, NJ: Prentice Hall, 1987).
30. Victor Vroom, "Can Leaders Learn to Lead?" *Organizational Dynamics*, Winter 1976, pp. 17–28.
31. Paul Hersey and Kenneth Blanchard, *Management of Organizational Behavior: Utilizing Human Resources*, 4th ed. (Englewood Cliffs, NJ: Prentice Hall, 1982).
32. O. M. Irgens, "Situational Leadership: A Modification of Hersey and Blanchard's Model." *Leadership & Organizational Development Journal*, Vol. 16, Iss. 2, pp. 36–40.
33. Claude Graeff, "The Situational Leadership Theory: A Critical Review." *Academy of Management Review*, August 8, 1983, pp. 285, 290.
34. Steven Kerr and Jermier Jermier, "Substitutes for Leadership: The Meaning and Measurement." *Organizational Behavior and Human Performance* (1978), Vol. 22, pp. 375–403.
35. Ibid., and Richard Gordon, "Substitutes for Leadership." *Supervision* (July 1994), Vol. 55, Iss. 7, pp. 17–20.
36. J. E. Sheridan, D. J. Vredenburgh, and M. A. Abelson, "Contextual Model of Leadership Influence in Hospital Units." *Academy of Management Journal* (1984), Vol. 27, Iss. 1, pp. 57–78.
37. "Global Companies Reexamine Corporate Culture." *Personnel Journal* (August 1994), Vol. 73, Iss. 8, pp. S12–13.
38. Bruno Dufour, "Dealing with Diversity: Management Education in Europe." *Selections* (Winter 1994), Vol. 10, Iss. 2, pp. 7–15.
39. William Ouchi, *Theory Z—How American Business Can Meet the Japanese Challenge* (Reading, MA: Addison-Wesley, 1981).
40. Jay Klagge, "Unity and Diversity: A Two-Headed Opportunity for Today's Organizational Leaders." *Leadership & Organizational Development Journal* (April 1995), Vol. 16, Iss. 4, pp. 45–48.
41. Cynthia Epstein, "Ways Men and Women Lead." *Harvard Business Review*, January/February 1991, pp. 150–160. David Van Fleet and Julie Saurage, "Recent Research on Women in Leadership and Management." *Akron Business and Economic Review* (1984), Vol. 15, pp. 15–24.
42. Ibid.
43. Sally Helgesen, *The Female Advantage: Women's Ways of Leadership* (New York: Doubleday, 1990).
44. Robin Ely, "The Power in Demography: Women's Social Construction of Gender Identity at Work." *Academy of Management Journal* (June 1995), Vol. 38, Iss. 3, pp. 589–634.
45. Marian Ruderman, Patricia Ohlott, and Kathy Kram, "Promotion Decisions as a Diversity Practice." *Journal of Management Development* (February 1995), Vol. 14, Iss. 2, pp. 6–24.
46. Russell Kent and Sherry Moss, "Effects of Sex and Gender Role on Leader Emergence." *Academy of Management Journal* (October 1994), Vol. 37, Iss. 5, pp. 1335–1337.
47. Ruth Herrmann Siress, "How You Can

Carry the Leadership Torch." *Women in Business* (July-August 1995), Vol. 47, Iss. 4, pp. 46–48.
48. Jane Howell and Bruce Avolio, "Charismatic Leadership: Submission or Liberation?" *Business Quarterly* (Autumn 1995), Vol. 60, Iss. 1, pp. 62–71.
49. Christopher Selvarajah, Patrick Dunignan, Chandraseagran Suppiah, Terry Lane, and Chris Nuttman, "In Search of the ASEAN Leader: An Exploratory Study of the Dimensions That Relate to Excellence in Leadership." *Management International Review* (January 1995), Vol. 35, Iss. 1, pp. 29–45.
50. Andrew Sikula and Adelmiro Costa, "Are Women More Ethical Than Men?" *Journal of Business Ethics* (November 1994), Vol. 13, Iss. 11, pp. 859–872.
51. John Nicholls, "The Strategic Leadership Starr: A Guiding Light in Delivering Value to the Customer." *Management Decision* (December 1994), Vol. 32, Iss. 8, pp. 21–28.
52. Tom Peters, "When Muddling Through Can Be the Best Strategy." *Washington Business Journal*, January 27, 1995, pp. 19–20.
53. "Leadership Competencies." *Journal of Business Strategy* (January-February 1995), Vol. 16, Iss. 1, pp. 58–60.
54. Mark Frohman, "Nothing Kills Teams Like Ill-prepared Leaders: These Survival Rules and Techniques Will Help to Provide Effective Leadership." *Industry Week*, October 2, 1995, pp. 72–75.
55. Judith Kolb, "Leader Behavior Affecting Team Performance: Similarities and Differences Between Leader/Member Assessments." *The Journal of Business Communication* (July 1995), Vol. 32, Iss. 3, pp. 32–35.
56. Lawrence Holpp, "New Roles for Leaders: An HRD Reporters' Inquiry." *Training & Development* (March 1995), Vol. 49, Iss. 3, pp. 46–51.
57. Hal Lancaster, "Managing Your Career (A Re-engineering Interview with Champy and Hammer)." *The Wall Street Journal*, January 29, 1995, p. B1.
58. Kathryn Hegar and Robert N. Lussier, *Study Guide with Experiential Exercises* to accompany *Management: Concepts and Practices* (3rd ed.) (Boston: Allyn and Bacon, 1986), pp. 261–263. Adapted with permission of the publisher.

Chapter 13

1. "West Point Pointers." *The Wall Street Journal*, June 22, 1995, p. 1
2. Judith Kolb, "Leader Behaviors Affecting Team Performance: Similarities and Differences Between Leader/Member Assessments." *The Journal of Business Communication* (July 1995), Vol. 32, Iss. 3, pp. 233–249.
3. "Team Spirit." *The Wall Street Journal*, March 23, 1995, p. 1.
4. Jon Katzenback and Douglas Smith, "The Discipline of Teams." *Harvard Business Review* (March/April 1993), Vol. 70, Iss. 2, pp. 111–120.
5. "More Companies Link Sales Pay to Customer Satisfaction." *The Wall Street Journal*, March 29, 1994, p. 1.
6. Hal Lancaster, "Managing Your Career." *The Wall Street Journal*, January 29, 1995, p. 1.
7. "How Pitney Bowes Establishes Self-Directed Work Teams." *Modern Materials Handling* (February 1993), Vol. 48, Iss. 2, pp. 58–59.
8. Alex Markels, "Team Approach." *The Wall Street Journal*, July 3, 1995, p. 1
9. Brent Gallupe, Alan Dennis, William Cooper, Joseph Valcich, Lana Bastianutti, and Jay Nunamaker, "Electronic Brainstorming and Group Size." *Academy of Management Journal* (June 1992), Vol. 35, Iss. 2, pp. 350–369.
10. Hsin-Ginn Hwang and Jan Guynes, "The Effect of Group Size on Group Performance in Computer-Supported Decision Making." *Information & Management* (April 1994), Vol. 26, Iss. 4, pp. 189–198.
11. Jeffrey Waddle, "Management Styles That Make Meetings Work." *Association Management* (November 1993), Vol. 45, Iss. 11, pp. 40–44.
12. Mark Frohman, "Nothing Kills Teams Like Ill-Prepared Leaders: These Survival Rules and Techniques Will Help Provide Effective Leadership." *Industry Week*, October 2, 1995, pp. 72–25.
13. Lawrence Holpp, "New Roles for Leaders: An HRD Reporters' Inquiry." *Training & Development* (March 1995), Vol. 49, Iss. 3, pp. 46–50. Hal Lancaster, "Managing Your Career." *The Wall Street Journal*, January 29, 1995, p. B1.
14. Paul Buller and Cecil Bell, "Effects of Team Building on Goal Setting and Productivity: A Field Experiment." *Academy of Management Journal*, June 1986, p. 307.
15. "West Point Pointers." *The Wall Street Journal*, June 22, 1995, p. 1.
16. Aaron Nurick, "Facilitating Effective Work Teams." *SAM Advanced Management Journal* (Winter 1993), Vol. 58, Iss. 1, pp. 22–27.
17. Patricia Buhler, "Managing in the 90s." *Supervision* (May 1994), Vol. 55, Iss. 5, pp. 8–10.
18. "Winning Team Play." *Supervisory Management* (June 1994), Vol. 39, Iss. 6, pp. 8–9.
19. Marilyn Lewis Lanza, and Judith Keefe, "Group Process and Success in Meeting the Joint Commission on Accreditation." *Journal of Mental Health Administration* (Spring 1994), Vol. 21, Iss. 2, pp. 210–216.
20. Patricia Buhler, "Managing in the 90s." *Supervision* (May 1994), Vol. 55, Iss. 5, pp. 8–10.
21. Robert Keller, "Predictors of the Performance of Project Groups in R&D Organizations." *Academy of Management Journal*, December 1986, pp. 715–726.
22. Darlene Russ-Eft, "Predicting Organizational Orientation Toward Teams." *Human Resource Development Quarterly* (Summer 1993), Vol. 4, Iss. 2, pp. 125–134.
23. Robert Keller, "Predictors of the Performance of Project Groups in R&D Organizations." *Academy of Management Journal*, December 1986, pp. 715–726.
24. Pamela Hayes, "Using Group Dynamics to Manage Nursing Aides." *Health Care Supervisor* (September 1992), Vol. 11, Iss. 1, pp. 16–20.
25. B. W. Tuckman, "Developmental Sequence in Small Groups." *Psychological Bulletin*, Vol. 63 1965. Connie Gersick, "Marking Time Predictable Transitions in Task Groups." *Academy of Management Journal* (June 1989), Vol. 32, pp. 274–309.
26. R. B. Lacoursiere, *The Life Cycle of Groups: Group Development Stage Theory* (New York: Human Service Press, 1980).
27. Donald Carew, Eunice Carew, and Kenneth Blanchard, "Group Development and Situational Leadership." *Training and Development Journal*, June 1986, p. 48.
28. Tom Peters, "When Muddling Through Can Be the Best Strategy." *Washington Business Journal*, January 27, 1995, pp. 19–20.
29. "West Point Pointers." *The Wall Street Journal*, June 22, 1995, p. 1.
30. Blanchard Smith, "A Survivor's Guide to Facilitating." *Journal for Quality & Participation* (December 1991), Vol. 14, Iss. 6, pp. 56–62.
31. Robert Levasseur, "People Skills: What Every Professional Should Know About Designing and Managing Meetings." *Interfaces* (March/April 1992), Vol. 22, Iss. 2, pp. 11–14.
32. "More Meetings?" *The Wall Street Journal*, May 30, 1995, p. 1.
33. Patricia Buhler, "Managing in the 90s." *Supervision* (May 1994), Vol. 55, Iss. 5, pp. 8–10.
34. "Diverse Work Teams." *The Wall Street Journal*, June 15, 1993.
35. Jeongkoo Baker Yoon and Ko Jong-Wook Mouraine, "Interpersonal Attachment and Organizational Commitment." *Human Relations* (March 1994), Vol. 47, Iss. 3, pp. 329–351.
36. "West Pointers." *The Wall Street Journal*, June 22, 1995, p. 1.
37. "More Meetings?" *The Wall Street Journal*, May 30, 1995, p. 1.
38. "A New Book Challenges the Wisdom of Mass Layoffs." *The Wall Street Journal*, October, 3, 1995, p. 1.
39. Robert N. Lussier, *Supervision: A Skill-Building Approach* (2nd ed.). (Homewood, IL: Richard D. Irwin, 1994), pp. 521–524. Adapted with permission.

Chapter 14

1. Gilbert Fuchsberg, "Chief Executives See Their Power Shrink." *The Wall Street Journal*, March 15, 1993, p. B1.

2. Richard Weylman, "Building Your Power Base with Insider Information." *National Underwriter*, July 3, 1995, p. 16.
3. Dallas Brozik, "The Importance of Money and the Reporting of Salaries." *Journal of Compensation and Benefits* (January/February 1994), Vol. 9, pp. 61–64.
4. Jeffrey Vancouver and Elizabeth Morrison, "Feedback Inquiry: The Effect of Source Attributes and Individual Difference." *Organizational Behavior and Human Decision Processes* (June 1995), Vol. 62, pp. 276–285.
5. Hal Lancaster, "Manageing Your Career." *The Wall Street Journal*, January 3, 1995, p. 1.
6. Jacob Weisberg, "Building Your Information Power Base." *Folio*, April 15, 1995, pp. 34–35.
7. Patricia Wilson, "The Effects of Politics and Power on the Organizational Commitment of Federal Executives." *Journal of Management* (Spring 1995), Vol. 21, pp. 101–118.
8. Hal Lancaster, "Ignore the Psychics and Stick with What You Find Meaningful." *The Wall Street Journal*, April 25, 1995.
9. John Byrne, "How to Succeed: Same Game Different Decade." *Business Week*, April 17, 1995, p. 48.
10. "Executives Point the Finger at Major Time Waster." *Personnel Journal* (August 1994), Vol. 73, p. 16.
11. Stephen Robbins and David De Cenzo, *Fundmentals of Management* (Englewood Cliffs, NJ: Prentice Hall, 1995), pp. 10–11.
12. Nancie Fimbel, "Communicating Realistically: Taking Account of Politics in Internal Business Communications." *Journal of Business Communications* (January 1994), Vol. 31, pp. 7–26.
13. Richard Mason, "Securing: One Man's Quest for the Meaning of Therefore." *Interfaces* (July/August 1994), Vol. 24, pp. 67–72.
14. "Executives Point the Finger at Major Time Waster." *Personnel Journal* (August 1994), Vol. 73, p. 16.
15. Joseph Goldstein, "Alternatives to High-Cost Litigation." *The Cornell Hotel and Restaurant Administration Quarterly* (February 1995), Vol. 36, pp. 28–33.
16. Jill Sherer, "Resolving Conflict (the Right Way)." *Hospital & Health Network*, April 20, 1994, pp. 52–55.
17. "Nordstrom: Respond to Unreasonable Customer Requests!" *Planning Review* (May/June 1994), Vol. 22, Iss. 3, pp. 17–18.
18. Joseph Goldstein, "Alternatives to High-Cost Litigation." *The Cornell Hotel and Restaurant Administration Quarterly* (February 1995), Vol. 36, pp. 28–33.
19. Ichiro Innami, "The Duality of Group Decision, Group Verbal Behavior, and Intervention." *Organizational Behavior and Human Decision Process* (December 1994), Vol. 60, pp. 409–430.
20. Sonny Weide and Gayle Abbott, "Management on the Hot Seat: In an Increasingly Violent Workplace, How to Deliver Bad News." *Employment Relations Today* (Spring 1994), Vol. 21, pp. 23–34.
21. Kenneth Kaye, "The Art of Listening." *HR Focus* (October 1994), Vol. 71, p. 24.
22. "Keeping Hot Buttons from Taking Control." *Supervisory Management* (April 1995), Vol. 40, p. 1.
23. Stephenie Overman, "Bizarre Questions Aren't the Answer." *HR Magazine* (April 1995), Vol. 40, p. 56.
24. Elizabeth Niemyer, "The Case for Case Studies." *Training and Development* (January 1995), Vol. 49, pp. 50–52.
25. Sonny Weide and Gayle Abbott, "Management on the Hot Seat: In an Increasingly Violent Workplace, How to Deliver Bad News." *Employment Relations Today* (Spring 1994), Vol. 21, pp. 23–34.
26. John Schaubroeck, Daniel Ganster, and Barbara Kemmeret, "Job Complexity, Type A Behavior and Cardiovascular Disorder." *Academy of Management Journal* (April 1994), Vol. 37, Iss. 2, pp. 426–439.
27. "Lousiet Bosses." *The Wall Street Journal*, April 4, 1995, p. 1.
28. Brian Seaward, "Job Stress Takes a Global Toll." *Safety and Health* (January 1995), Vol. 151, pp. 64–66.
29. Katherine Andrews, "Impression Management: Trying to Look Bad at Work." *Harvard Business Review* (July/August 1995), Vol. 73, pp. 13–14.
30. "Hiring Freezes Thaw." *The Wall Street Journal*, April 18, 1995, p. 1.
31. "Checkoffs." *The Wall Street Journal*, April 4, 1995, p. 1.
32. W. H. Weiss, "Coping with Work Stress." *Supervision* (April 1994), Vol. 55, pp. 3–5.
33. Brian Seaward, "Job Stress Takes a Global Toll." *Safety and Health* (January 1995), Vol. 151, pp. 64–66.
34. W. H. Weiss, "Coping with Work Stress." *Supervision* (April 1994), Vol. 55, pp. 3–5.
35. Richard Federico, "Are You Doing More with Less, or Doing More with More." *Employee Benefits Journal* (December 1994), Vol. 19, p. 32–34.
36. "Food for Thought." *The Wall Street Journal*, May 4, 1993, p. 1.
37. It was reported in *The Wall Street Journal* that participants in a study ate two hard boiled eggs every day for a month. At the end of the month, overall cholesterol was up a bit, but the good cholesterol level versus the bad cholesterol level increased by six percent.
38. Sonny Weide and Gayle Abbott, "Management on the Hot Seat: In an Increasingly Violent Workplace, How to Deliver Bad News." *Employment Relations Today* (Spring 1994), Vol. 21, pp. 23–34.
39. Richard Pascale, "Intentional Breakdowns and Conflicts by Design." *Planning Review* (May/June 1994), Vol. 22, Iss. 3, pp. 52–55.
40. "Keeping Hot Buttons from Taking Control." *Supervisory Management* (April 1995), Vol. 40, p. 14.
41. "The Corporate Game." *The Wall Street Journal*, June 13, 1988, p. 1.
42. Barbara Noble, "Now He's Stressed, She's Stressed." *New York Times*, October 9, 1994, p. 21, Section 3. William Hendrix, Barbara Spencer, and Gail Gibson, "Organizational and Extraorganizational Factors Affecting Stress, Employee Well Being, and Absenteeism for Males and Females." *Journal of Business and Psychology* (Winter 1994), Vol. 9, pp. 103–128.
43. Mancie Fimbel, "Communicating Realistically: Taking Account of Politics in International Business Communications." *Journal of Business Communications* (January 1994), Vol. 31, pp. 7–26.
44. Elizabeth Niemyer, "The Case for Case Studies." *Training and Development* (January 1995), Vol. 49, pp. 50–52.
45. "Teams Become Commonplace." *The Wall Street Journal*, November 28, 1995, p. 1.
46. Gail Combs, "Take Steps to Solve Dilemma of Team Misfits." *HR Magazine* (May 1994), Vol. 39, Iss. 5, pp. 127–128.
47. Jerry Wisinski, "What to Do About Conflict." *Supervisory Management* (March 1995), Vol. 40, p. 11.
48. Glenn Ray, Jeff Hines, and Dave Wilcox, "Training Internal Facilitators." *Training and Development* (November 1994), Vol. 48, p. 45–48.
49. John Guaspari, "A Cure for 'Intiative Burnout'." *Management Review* (April 1995), Vol. 84, pp. 45–49. Richard Federico, "Are You Doing More with Less, or Doing More with More." *Employee Benefits Journal* (December 1994), Vol. 19, pp. 32–33.
50. The company name and location are made up. However, the case situation could happen in many organizations.
51. The car dealer negotiation confidential information is from Arch G. Woodside, Tulane University. The Car Dealer Game is part of a paper, "Bargaining Behavior in Personal Selling and Buying Exchanges," that was presented at the 1980 Eighth Annual Conference of the Association for Business Simulation and Experiential Learning (ABSEL). It is used with Dr. Woodside's permission.
52. Kathryn Hegar and Robert N. Lussier, *Study*

Guide with Experiential Exercises to accompany *Management: Concepts and Practices* (3rd ed.). (Boston: Allyn and Bacon, 1986), pp. 317–318. Adapted with permission of the publisher.

Chapter 15

1. Robert Simons, "How New Top Managers Use Control Systems as Levers of Strategic Renewal." *Strategic Management Journal* (March 1994), Vol. 15, Iss. 3, pp. 169–189.
2. Ibid.
3. Ibid.
4. Ibid.
5. Tom Peters and Nancy Austin, *A Passion for Excellence* (New York: Random House, 1985), pp. 378–392.
6. Carolyn Brown, "The Bottom Line on Budgets." *Black Enterprise* (November 1995), Vol. 26, Iss. 4, pp. 40–41.
7. Stephen Rehnberg, "Keep Your Head Out of the Cockpit." *Management Accounting* (July 1995), Vol. 77, Iss. 13, pp. 34–38.
8. Ginna Jacobson, "Raise Money Now: Successful Entrepreneurs and Veteran Financiers Reveal the Best Strategies for Finding Capital." *Success* (November 1995), Vol. 42, Iss. 9, pp. 39–47.
9. Deryck Williams, "Foolproof Projects," *CA Magazine* (September 1995), Vol. 128, Iss. 7, pp. 35–37.
10. C.W. Neale, "Successful New Product Development: A Capital Budgeting Perspective." *Journal of Marketing Management* (May 1994), Vol. 10, Iss. 4, pp. 283–297.
11. Larry Aeilts, "The Ratio Report." *Mass Transit* (March-April 1995), Vol. 21, Iss. 2, pp. 32–35.
12. John McCann, "Financial Statement Analysis—Mexican Companies." *Business Credit*, Vol. 97, Iss. 2, pp. 26–29.
13. Mark Coggins, "Accounting for Tangible Fixed Assests." *Accountancy* (April 1995), Vol. 115, Iss. 1220, pp. 86–88.
14. Carolyn Brown, "The Bottom Line on Budgets." *Black Enterprise* (November 1995), Vol. 26, Iss. 4, pp. 40–41.
15. James Bandler, "Statement of Choice." *Journal of Business Strategy* (March-April 1995), Vol. 16, Iss. 2, pp. 55–58.
16. Judy Rice, "U.S. Business—Guilty as Charged." *National Productivity Review* (Winter 1994), Vol. 14, Iss. 1, pp. 1–8.
17. Stephen Oliner and William Wascher, "Is a Productivity Revolution Under Way in the United States?" *Challenge*, November-December 1995, pp. 18–30.
18. Joseph Spiers, "Why Can't the U.S. Measure Productivity Right?" *Fortune*, October 16, 1995, pp. 55–57.
19. "Productivity and the Hubble Constant." *The Economist*, October 14, 1995, p. 19.
20. "The Economy Is Likely to Lose Luster in 1995." *The Wall Street Journal*, December 19, 1995, p. 1.
21. Kevin MacLatchie, "Know the Numbers: Reviewing the Income Statement for Accuracy." *Journal of Property Management* (March-April 1995), Vol. 60, Iss. 2, pp. 26–29.
22. Ibid.
23. Larry Aeilts, "The Ratio Report." *Mass Transit* (March-April 1995), Vol. 21, Iss. 2, pp. 32–35. Mark Coggins, "Accounting for Tangible Fixed Assets." *Accountancy* (April 1995), Vol. 115, Iss. 1220, pp. 86–88.
24. James Kristy, "Conquering Financial Ratios: The Good, the Bad, and the Who Cares?" *Business Credit* (February 1994), Vol. 96, Iss. 2, pp. 14–18.
25. Scott McCartney, "How to Make an Airline Run on Schedule." *The Wall Street Journal*, December 22, 1995, p. B1.
26. F.C. "What Price Principles?" *Entrepreneur*, January 1996, p. 20.
27. Judy Rice, "U.S. Business—Guilty as Charged," *National Productivity Review* (Winter 1994), Vol. 14, Iss. 1, pp. 1–8.
28. John McClenahem, "Generally Accepted: Practice: The Plusses—and Minuses—of Activity-Based Budgeting." *Industry Week*, November 6, 1995, pp. 13–14.
29. Daniel Keegan and Robert Eiler, "Let's Reengineer Cost Accounting." *Management Accounting* (August 1994), Vol. 76, Iss. 2, pp. 26–32.
30. "The Economy Is Likely to Lose Luster in 1995." *The Wall Street Journal*, December 19, 1995, p. 1.
31. Carmeneric Church and Elyse Cherry, "Workers' Compensation and Health Insurance." *Supervision* (September 1995), Vol. 56, Iss. 9, pp. 14–17.
32. Stephen Oliner and William Wascher, "Is a Productivity Revolution Under Way in the United States?" *Challenge*, November-December 1995, pp. 18–30
33. Bernard Wysocki, "Big Corporate Layoffs are Slowing Down," *The Wall Street Journal*, June 12, 1995, p. 1.
34. Bernard Wysocki, "Lean—and Frail," *The Wall Street Journal*, July 5, 1995, p. 1.
35. "An Exterior View May Be What Some Companies Need," *The Wall Street Journal*, December 14, 1995.
36. Carolyn Brown, "The Bottom Line on Budgets." *Black Enterprise* (November 1995), Vol. 26, Iss. 4, pp. 40–41
37. Janean Chun, "Capital Crunch." *Entrepreneur*, January 1996, p. 102.

Chapter 16

1. Information taken from the *1994 Annual Report of the W.K. Kellogg Foundation*.
2. John Adams, "Playing Hardball and Getting Through on Performance." *HRMagazine*, Vol. 40, Iss. 10, pp. 8–9.
3. Joann Lublin, "It's Shape-Up Time for Performance Reviews." *The Wall Street Journal*, October 3, 1994, p. B1.
4. Jai Ghorpade and Milton Chen, "Creating Quality-Driven Performance Appraisal Systems." *The Academy of Management Executive* (February 1995), Vol. 9, Iss. 1, pp. 32–40.
5. Joseph Rosenberger, "How'm I Doing?" *Across the Board* (September 1995), Vol. 32, Iss. 8, pp. 27–31.
6. Jai Ghorpade and Milton Chen, "Creating Quality-Driven Performance Appraisal Systems." *The Academy of Management Executive* (February 1995), Vol. 9, Iss. 1, pp. 32–40.
7. John Adams, "Playing Hardball and Getting Through on Performance. *HRMagazine*, Vol. 40, Iss. 10, pp. 8–9.
8. Joann Lublin, "It's Shape-Up Time for Performance Reviews." *The Wall Street Journal*, October 3, 1994, p. B1
9. Ibid.
10. Jai Ghorpade and Milton Chen, "Creating Quality-Driven Performance Appraisal Systems." *The Academy of Management Executive* (February 1995), Vol. 9, Iss. 1, pp. 32–40.
11. Joann Lublin, "It's Shape-Up Time for Performance Reviews." *The Wall Street Journal*, October 3, 1994, p. B1.
12. Joseph Rosenberger, "How'm I Doing?" *Across the Board* (September 1995), Vol. 32, Iss. 8, pp. 27–31.
13. Steven Kerr, "On the Folly of Rewarding A, While Hoping for B." *The Academy of Management Executive* (February 1995), Vol. 9, Iss. 1, pp. 32–40.
14. Ibid.
15. Based on examples from Steven Kerr, "On the Folly of Rewarding A, While Hoping for B." *The Academy of Management Executive* (February 1995), Vol. 9, Iss. 1, pp. 32–40; The Editors, "More on Folly," the same issue, pp. 15–16.
16. Ibid, Editors.
17. Ibid, Editors.
18. Jai Ghorpade and Milton Chen, "Creating Quality-Driven Performance Appraisal Systems." *The Academy of Management Executive* (February 1995), Vol. 9, Iss. 1, pp. 32–40.
19. Tobias LaFleur and Cloyd Hyten, "Improving the Quality of Hotel Banquet Staff Performance." *Journal of Organizational Behavior*

Management (Spring-Fall 1995), Vol. 15, Iss. 1–2, pp. 29–94.
20. Joann Lublin, "It's Shape-Up Time for Performance Reviews." *The Wall Street Journal*, October 3, 1994, p. B1
21. Jai Ghorpade and Milton Chen, "Creating Quality-Driven Performance Appraisal Systems." *The Academy of Management Executive* (February 1995), Vol. 9, Iss. 1, pp. 32–40.
22. Karen Rancourt, "Real-Time Coaching Boosts Performance." *Training & Development* (April 1995), Vol. 49, Iss. 4, pp. 53–57
23. "Buddy System." *The Wall Street Journal*, December 12, 1995.
24. Karen Rancourt, "Real-Time Coaching Boosts Performance." *Training & Development* (April 1995), Vol. 49, Iss. 4, pp. 53–57.
25. Jack Falvey, "To Raise Productivity, Try Saying Thank You." *The Wall Street Journal*, December 6, 1982.
26. Ibid.
27. Tom Peters and Nancy Austin, *A Passion for Excellence* (New York: Random House, 1985), pp. 378–392.
28. "Discipline at Work." *IRS Employment Trends* (September 1995), Iss. 591, pp. 4–11.
29. William Bransford and Jerry Shaw, "Poor Performance: How Much Due Process?" *The Public Manager: The New Bureaucrat* (Summer 1995), Vol. 24, Iss. 2, pp. 17–20.
30. William Lissey, "Employee's Intentional Disobedience." *Supervision* (September 1995), Vol. 56, Iss. 9, pp. 17–19.
31. "Discipline at Work." *IRS Employment Trends* (September 1995), Iss. 591, pp. 4–11.
32. "All the Rage." *Entrepreneur*, January 1996, p. 98.
33. John Huberman, "Discpline Without Punishment." *Harvard Business Review*, July-August 1964, p. 62.
34. Jo McHale, "How to Deal with People Who Are Distrupting Performance." *People Management*, May 31, 1995, pp. 50–51. Dick Grote, "Discipline Without Punishment." *The Wall Street Journal*, Manager's Journal, May 25, 1994, p. A7.
35. John Adams, "Playing Hardball and Getting Through on Performance." *HRMagazine*, Vol. 40, Iss. 10, pp. 8–9.
36. Jai Ghorpade and Milton Chen, "Creating Quality-Driven Performance Appraisal Systems." *The Academy of Management Executive* (February 1995), Vol. 9, Iss. 1, pp. 32–40.
37. Jonathan Segal, "Evaluating the Evaluators." *HRMagazine* (October 1995), Vol. 40, Iss. 10, pp. 46–51.
38. Jai Ghorpade and Milton Chen, "Creating Quality-Driven Performance Appraisal Systems." *The Academy of Management Executive* (February 1995), Vol. 9, Iss. 1, pp. 32–40.
39. Judith Kolb, "Leader Behavior Affecting Team Performance: Similarities and Differences between Leader/Member Assessments." *The Journal of Business Communication* (July 1995), Vol. 32, Iss. 3, pp. 233–249.
40. Jai Ghorpade and Milton Chen, "Creating Quality-Driven Performance Appraisal Systems." *The Academy of Management Executive* (February 1995), Vol. 9, Iss. 1, pp. 32–40.
41. "What Benefits?" *The Wall Street Journal*, November 14, 1995, p. 1.
42. Mark Henricks, "Informal Wear." *Entrepreneur*, January 1996, pp. 79–80.
43. John Adams, "Playing Hardball and Getting Through on Performance." *HRMagazine*, Vol. 40, Iss. 10, pp. 8–9.
44. Robert McGarvey, "I Spy." *Entrepreneur*, December 1995, pp. 73–75.
45. Arun Gandhi, "Nonviolence and Us." *Business Horizons* (March-April 1995), Vol. 38, Iss. 2, pp. 1–3.
46. Jai Ghorpade and Milton Chen, "Creating Quality-Driven Performance Appraisal Systems." *The Academy of Management Executive* (February 1995), Vol. 9, Iss. 1, pp. 32–40.
47. Ibid.
48. Sue Shellenbarger, "Reviews from Peers Instruct—and Sting." *The Wall Street Journal*, October 4, 1994, p. B1.
49. Jai Ghorpade and Milton Chen, "Creating Quality-Driven Performance Appraisal Systems." *The Academy of Management Executive* (February 1995), Vol. 9, Iss. 1, pp. 32–40.
50. "Your Next Review May Come from Salespeople." *Sales & Marketing Management* (July 1995), Vol. 147, Iss. 7, pp. 41–43.
51. "Grim Countdown; Three Million Jobs Are Cut in Seven Years." *The Wall Street Journal*, December 12, 1995, p. 1.
52. Joseph Rosenberger, "How'm I Doing?" *Across the Board* (September 1995), Vol. 32, Iss. 8, pp. 27–31.
53. "Missing Persons." *Entrepreneur*, January 1996, p. 10.
54. This case is based on an actual bank and its performance appraisal system. However, for confidentiality, it has been given a fictional name and location in Nebraska. This is the common discussion during a performance appraisal interview.
55. Robert N. Lussier, *Supervision: A Skill-Building Approach* (2nd ed.). (Homewood IL: Richard D. Irwin, Inc., 1994), pp. 419–420. Adapted with permission of the publisher.
56. Ibid., pp. 487–488.

Chapter 17

1. Robert Frank, "Frito-Lay Devours Snack-Food Business." *The Wall Street Journal*, October 27, 1995, p. B1. Robert Frank, "Potato Chips to Go Global—Or so Pepsi Bets." *The Wall Street Journal*, November 30, 1995, pp. B1, B6. PepsiCo Inc. 1994 Annual Report.
2. "Puma AG." *The Wall Street Journal*, January 11, 1996, p. 1.
3. "What Does the Future Hold?" *The Wall Street Journal*, December 28, 1995, p. 1 Valerie Reitman and Robert Semison, "Japanese Car Makers Speed Up Car Making." *The Wall Street Journal*, December 29, 1995, p. B1. John Birge and Marilyn Maddox, "Bounds on Expected Project Tardiness." *Operations Research* (September-October 1995), Vol. 42, Iss. 5, pp. 838–851.
4. "Brew Pubs." *The Wall Street Journal*, January 11, 1996, p. 1
5. Jonah McLeod, "Thriving with a Rapid Product Turnover." *Electronics*, March 13, 1995, pp. 15–16.
6. Glenn Wilson, "Changing the Process of Production." *Industrial Management* (January-February 1995), Vol. 37, Iss. 1, pp. 1–3.
7. Ibid.
8. Scott Shafer, Bennett Tepper, Jack Meredith, and Robert Marsh, "Comparing the Effects of Cellular and Functional Manufacturing on Employee's Perceptions and Attitudes." *Journal of Operations Management*, Vol. 12, Iss. 2, pp. 63–75.
9. Jonah McLeod, "Thriving with a Rapid Product Turnover." *Electronics*, March 13, 1995, pp. 15–16.
10. Ibid.
11. "What Does the Future Hold?" *The Wall Street Journal*, December 28, 1995, p. 1 Valerie Reitman and Robert Semison, "Japanese Car Makers Speed Up Car Making." *The Wall Street Journal*, December 29, 1995, p. B1.
12. "Ford Faces." *The Wall Street Journal*, January 10, 1996, p. 1.
13. Paul Adler, Avi Mandelbaum, Vien Nguyen, and Elizabeth Schwerer, "From Project to Process Management: An Empirically-Based Framework for Analyzing Product Development Time." *Management Science* (March 1995), Vol. 41, Iss. 3, pp. 458–485.
14. Scott Shafer, Bennett Tepper, Jack Meredith, and Robert Marsh, "Comparing the Effects of Cellular and Functional Manufacturing on Employee's Perceptions and Attitudes." *Journal of Operations Management*, Vol. 12, Iss. 2, pp. 63–75.
15. Joseph Mazzola and Robert Schantz, "Single-Facility Resource Allocation Under Capacity-Based Economies and Diseconomies of Scope." *Management Science* (April 1995), Vol. 41, Iss. 4, pp. 669–680.
16. "U.S. Hotel Occupancy." *The Wall Street Journal*, January 11, 1996, p. 1.
17. James Dilworth, *Operations Management* (New York: McGraw-Hill, 1992), p. 8.

18. Paul Adler, Avi Mandelbaum, Vien Nguyen, and Elizabeth Schwerer, "From Project to Process Management: An Empirically-Based Framework for Analyzing Product Development Time." *Management Science* (March 1995), Vol. 41, Iss. 3, pp. 458–485.
19. "Introduction and Overview." *Chain Store Age Executive with Shopping Center Age* (December 1995), Vol. 71, Iss. 12, p. IM2.
20. Allison Lucas, "Through Thick and Thin, But Just-In-Time." *Sales & Marketing Management* (December 1995), Vol. 147, Iss. 12, pp. 70–71.
21. John Birge and Marilyn Maddox, "Bounds on Expected Project Tardiness." *Operations Research* (September-October 1995), Vol. 43, Iss. 5, pp. 838–851.
22. Ibid.
23. Fredrik Williams, Derrick D'Souza, Martin Rosenfeldt, and Massoud Kassaee, "Manufacturing Strategy, Business Strategy and Firm Performance in a Mature Industry." *Journal of Operations Management* (July 1995), Vol. 13, Iss. 1, pp. 19–34.
24. Randall Cyr, "What Ever Happened to the Idea of Lead Time?" *Industrial Management* (January-February 1995), Vol. 37, Iss. 1, p. 32.
25. "Federal Regulators." *The Wall Street Journal*, May 22, 1995, p. 1.
26. "Philip Morris." *The Wall Street Journal*, May 30, 1995, p. 1.
27. "Intel Said." *The Wall Street Journal*, January 8, 1995, p. 1.
28. "Compaq Plans." *The Wall Street Journal*, November 2, 1995, p. 1.
29. Adapted from Nancy Friedman, "Six Cardinal Rules of Customer Service." *National Business Association Newsletter*, February 1993, p. 14.
30. Rohit Verma and John Goodale, "Statistical Power in Operations Management Research." *Journal of Operations Management* (August 1995), Vol. 13, Iss. 2, pp. 19–34.
31. Chris Rauwendaal, "Statistical Process Control in Extrusion." *Plastics World* (March 1995), Vol. 53, Iss. 3, pp. 59–64.
32. Ross Fink and Thomas Margavio, "Economic Models for Single Sample Acceptance Sampling Plans, No Inspection, and 100 Percent Inspection." *Decision Sciences* (July-August 1994), Vol. 25, Iss. 4, pp. 625–654.
33. Chris Rauwendaal, "Statistical Process Control in Extrusion." *Plastics World* (March 1995), Vol. 53, Iss. 3, pp. 59–64
34. Joyce Mehring, "Achieving Multiple Timeliness Goals for Auto Loans: A Case for Process Control." *Interfaces* (July-August 1995), Vol. 25, Iss. 4, pp. 81–92.
35. Tracy Kirker, "Dr. Juran." *Industry Week*, April 4, 1994, pp. 12–16.
36. Ross Fink and Thomas Margavio, "Economic Models for Single Sample Acceptance Sampling Plans, No Inspection, and 100 Percent Inspection." *Decision Sciences* (July-August 1994), Vol. 25, Iss. 4, pp. 625–654.
37. Tim Stevens, "Quality Is Still Free." *Industry Week*, June 19, 1995, pp. 13–15.
38. Sue Reese, "Sharpen Your Competitive Edge: Information Systems Help Manufacturing Companies Stay a Step Ahead." *Industry Week*, December 5, 1994, pp. 26–27.
39. Stev Alexander, "Make or Buy?" *Computerworld*, October 9, 1995, pp. S35–38.
40. Kathleen Gow, "No Pain, No Gain." *Computerworld*, October 9, 1995, pp. S27–30.
41. Hal Lancaster, "Managing Your Career." *The Wall Street Journal*, January 3, 1995, p. 1.
42. P.C. Chu, "Conceiving Strategic Systems." *Journal of Systems Management* (July-August 1995), Vol. 46, Iss. 4, pp. 36–42.
43. Ibid.
44. P.C. Chu, "Conceiving Strategic Systems." *Journal of Systems Management* (July-August 1995), Vol. 46, Iss. 4, pp. 36–42.
45. C.M. "Decision Support Systems: An Extended Research Agenda." *Omega* (April 1995), Vol. 23, Iss. 2, pp. 221–230.
46. Charles Austin, Jerry Trimm, and Patrick Sobczak, "Information Systems and Strategic Management." *Health Care Management Review* (Summer 1995), Vol. 20, Iss. 3, pp. 26–34.
47. Charles Babcock, "New World Demands New Skills." *Computerworld*, November 27, 1995, pp. 126–127.
48. Christian Hill, "All Together Now." *The Wall Street Journal*, January 23, 1996, p. R1.
49. Sandra Sullivan and Robert Lussier, "Flexible Work Arrangements as a Management Tool." *Supervision* (August 1995), Vol. 56, Iss. 8, pp. 14–17.
50. Ibid.
51. Sandra Sullivan and Robert Lussier, "Flexible Work Arrangements from Policy to Implementation." *Supervision* (September 1995), Vol. 57, Iss. 9, pp. 10–113.
52. Jared Sandberg and Bart Ziegler, "Web Trap." *The Wall Street Journal*, January 18, 1996, p. 1.
53. "IBM and Sears." *The Wall Street Journal*, May 7, 1996, p. 1.
54. Jared Sandberg and Bart Ziegler, "Web Trap." *The Wall Street Journal*, January 18, 1996, p. 1
55. "IBM's Chairman Promised." *The Wall Street Journal*, January 23, 1996, p. 1.
56. Glenn Wilson, "Changing the Process of Production." *Industrial Management* (January-February 1995), Vol. 37, Iss. 1, pp. 1–3.
57. Jay Velury, "Integrating ISO 9000 into the Bigh Picture." *IIE Solutions* (October 1995), Vol. 27, Iss. 10, pp. 26–30.
58. "ISO 9000: To Be or Not to Be?" *Modern Material Handling* (November 1995), Vol. 50, Iss. 13, pp. 10–12.
59. Milo Gevelin, "Why Many Businesses Can't Keep Their Secrets." The *Wall Street Journal*, November 20, 1995, p. B1.
60. "Personal Technology." *The Wall Street Journal*, March 23, 1995, p. 1.
61. Randall Hanson, Rebecca Porterfield, and Kathleen Ames, "Employee Emplowerment at Risk: Effects of Recent NLRB Rulings." *Academy of Management Executive* (May 1995), Vol. 9, Iss. 2, pp. 45–54.
62. Stuart Lieberman, "Should IS be Centralized: Or Decentralized?" *Computerworld*, November 27, 1995, pp. 97–99.
63. Claude Marais, "Should IS be Centralized: Or Decentralized?" *Computerworld*, November 27, 1995, pp. 96–98.
64. Johan McLeod, "Thriving with a Rapid Product Turnover." *Electronics*, March 13, 1995, pp. 15–16

管理學

商學叢書

著　　者／Robert N. Lussier
譯　　者／郭建中
出 版 者／揚智文化事業股份有限公司
發 行 人／葉忠賢
責任編輯／賴筱彌
執行編輯／范維君
登 記 證／局版北市業字第1117號
地　　址／台北市新生南路三段88號5樓之6
電　　話／(02)2366-0309　2366-0313
傳　　真／(02)2366-0310
印　　刷／鼎易印刷事業股份有限公司
法律顧問／北辰著作權事務所　蕭雄淋律師
初版一刷／2000年12月
I S B N ／957-818-226-0
定　　價／新台幣800元
郵政劃撥／14534976
戶　　名／揚智文化事業股份有限公司
E-mail／tn605547@ms6.tisnet.net.tw
網　　址／http://www.ycrc.com.tw

Printed in Taipei, Taiwan, R.O.C.

國家圖書館出版品預行編目資料

管理學／Robert N. Lussier 著；郭建中譯. – 初版. –
台北市--揚智文化，2000〔民 89〕
面；　公分 --（商學叢書）
譯自：Management: Concepts, Applications, Skill Development

ISBN　957-818-226-0（精裝）

1. 管理科學

494　　　　89017261

訂購辦法：

＊.請向全省各大書局選購。

＊.可利用郵政劃撥、現金袋、匯票訂講：

郵政帳號：14534976

戶名：揚智文化事業股份有限公司

地址：台北市新生南路三段 88 號 5 樓之六

＊.大批採購者請電洽本公司業務部：

TEL：02-23660309

FAX：02-23660310

＊.可利用網路資詢服務：http://www.ycrc.com.tw

＊.郵購圖書服務：

❑.請將書名、著者、數量及郵購者姓名、住址，詳細正楷書寫，以免誤寄。

❑.依書的定價銷售，每次訂購（不論本數）另加掛號郵資 NT.60 元整。